Rainer Bokranz/Kurt Landau

Handbuch
Industrial Engineering

Produktivitätsmanagement mit MTM

Band 2: Anwendung

2., überarbeitete und erweiterte Auflage

2012
Schäffer-Poeschel Verlag Stuttgart

Autoren
Prof. Dr. Rainer Bokranz, Hochschule RheinMain
Prof. Dr. Kurt Landau, Technische Universität Darmstadt

Das Werk erschien in der ersten Auflage unter dem Titel »Produktivitätsmanagement von Arbeitssystemen«.

Gedruckt auf chlorfrei gebleichtem, säurefreiem und alterungsbeständigem Papier.

Bibliografische Information der Deutschen Nationalbibliothek:
Die Deutsche Nationalbibliothek verzeichnet diese Publikation in der Deutschen
Nationalbibliografie; detaillierte bibliografische Daten sind im Internet
über http://dnb.d-nb.de abrufbar.

ISBN Gesamtwerk Band 1 und Band 2: 978-3-7910-2863-7

© 2012 Schäffer-Poeschel Verlag für Wirtschaft · Steuern · Recht GmbH
www.schaeffer-poeschel.de
info@schaeffer-poeschel.de

Einbandgestaltung: Willy Löffelhardt/Jessica Joos
Illustrationen: Atelier f:50, Berlin; colormat – grafisches Büro, Chemnitz
Lektorat: Kerstin Heuse-Mönnich, Dresden; Bernd Marquard, Stuttgart
Bilder Einband: Montageszene links (Foto): Miele & Cie. KG, Gütersloh; Montageszenen Mitte (Fotos):
Daimler AG, Stuttgart; 3-D-Szene rechts (Computermodell): visTABLE®touch – Fabrikplanungssoftware,
plavis GmbH, Chemnitz
Satz: DTP + TEXT Eva Burri, Stuttgart · www.dtp-text.de
Druck und Bindung: CPI – Ebner & Spiegel, Ulm

Printed in Germany
November 2012

Schäffer-Poeschel Verlag Stuttgart
Ein Tochterunternehmen der Verlagsgruppe Handelsblatt

Gliederung

Band 1 Konzept

Band 2 Anwendung

Teil IV   Betrieb und Verbesserung von Arbeitssystemen

Inhalt

Teil III   Entstehung von Produkten und Arbeitssystemen

Teil IV   Betrieb und Verbesserung von Arbeitssystemen

Teil III

Entstehung von Produkten und Arbeitssystemen

1 Einleitung

Teil III dieses Handbuches beschäftigt sich mit Vorbereitung und Entstehung von Arbeitssystemen. Die beiden ersten PEP-Phasen stehen im Mittelpunkt des MTM-Produktivitätsmanagements, weil hier – dem Prinzip »Von Anfang an richtig« folgend – die Voraussetzungen für nachhaltige Wettbewerbsfähigkeit von Unternehmen geschaffen werden.

Auf der Basis der strategischen Unternehmensplanung werden in der Vorentwicklung

- die Marktanforderungen an das Produkt,
- die Funktionenstruktur der Produkte oder Produktfamilien und
- die Zuordnung von Kostenzielwerten zu Funktionen

bestimmt.

Anschließend können über Virtual Reality oder Simulationen Marktanforderungen und Produkteigenschaften gegenübergestellt (und optimiert) werden. Der Bau von Prototypen ist möglich. Nach der Freigabe des Entwicklungsprojekts folgt die eigentliche Konstruktion.

Sowohl die Vorentwicklung als auch die Serienentwicklung sollte unter dem Leitgedanken der fertigungsgerechten Produktentwicklung mit MTM stehen. Durch die Präventivfunktion von MTM liegen in der frühen Phase außerordentliche Chancen

- nicht am Markt vorbeizuproduzieren,
- die Zeit bis zur Vermarktung zu verkürzen,
- den Grundstein einer möglichst hohen OEE (Overall Equipment Effectiveness, vgl. Teil I, Abschnitt 2.4.5) zu legen,
- insbesondere die Arbeitsproduktivität in der Serienfertigung zu stimulieren,
- und dennoch ergonomisch und menschengerecht zu fertigen.

Wir verstehen unter der fertigungsgerechten Produktentwicklung mit MTM

- die Vereinfachung des Produkts und des damit verbundenen Herstellungsprozesses,
- die integrative Behandlung von Produkt und Produktion bereits in der frühen Phase, aber auch in der Prozessentwicklungs-, Betriebs- und Verbesserungsphase,
- mit dem Ziel der Produktivitätsverbesserung und unter den Randbedingungen einer möglichst effektiven und effizienten Partizipation der Beschäftigten.

Ein mit MTM entwickeltes Produkt hat im Regelfall eine geringere Zahl an Teilen und Baugruppen, dies führt zur Vereinfachung in der Herstellung, vor allem in der Montage, und zu zahlreichen Folgewirkungen in der gesamten Lebensdauer des Produkts, von der Integration der Zulieferer bis hin zum abschließenden Recycling oder der stofflichen Verwertung.

Deshalb haben wir in Teil III mit der Produktentwicklung (Kapitel 2) einen Schwerpunkt gesetzt. Entscheidungen bei der Produktgestaltung werden in den Produktionsdokumenten niedergelegt. Im Kapitel 3 werden zwei Themen behandelt, (die wichtigsten) »Produktionsdokumente« und das Durchführen von »Vorkalkulationen«. Unter den Produktionsdokumenten haben Arbeitspläne insofern eine besondere Bedeutung, als sie, wie Abbildung III-89 zu entnehmen ist, die Datenbasis für andere Anwendungen sind. Kalkulationen, Produkt- und Prozessentwicklungen, das Anlaufmanagement in der Serienfertigung, Personalbedarfsermittlungen, leistungsbezogene Entgeltdifferenzierungen oder Terminierung und Kapazitätswirtschaft basieren direkt oder indirekt auf Arbeitsplandaten. Deshalb wird die Bedeutung und Funktionsweise von Stücklisten und Arbeitsplänen erläutert und gezeigt, welche Möglichkeiten es gibt, Arbeitspläne mit Prozessbausteinen und Sollzeiten bzw. OEE-Datensätzen zu versorgen.

Die Bedeutung des Themas »Kalkulation« liegt darin, dass damit eine Entscheidungshilfe für die Auftragsakquisition geliefert wird. Kalkulationsfehler können dazu führen, dass Aufträge angenommen werden, die man hätte ablehnen sollen, weil dabei unzulängliche Deckungsbeiträge erwirtschaftet werden. Sie können aber auch dazu führen, dass man Aufträge mit eigentlich auskömmlichen Deckungsbeiträgen an Wettbewerber verliert. Mit der Vorkalkulation wird auch eine wichtige Orientierungshilfe für die Produkt- und Prozessentwicklung geschaffen. Realistische Vorkalkulationen haben für die Unternehmensführung deshalb eine herausragende Bedeutung.

Im Kapitel 4 geht es um das Thema »Betriebliche Prozessbausteinsysteme«. Das Entwickeln betriebsspezifischer Prozessbausteine ist eine Kernaufgabe des Industrial Engineering, eine Kernkompetenz von MTM-Anwendern und eine Kernaufgabe in der Zeitwirtschaft. Sie werden in vielen Unternehmen bereits in der zweiten PEP-Phase, also vor dem SOP angelegt, um sie bei der Planung neuer Arbeitssysteme oder zur Kalkulation neuer Aufträge zu nutzen.

Kapitel 5 befasst sich mit der Arbeitsplatzgestaltung. Dabei berücksichtigt die räumliche Arbeitsgestaltung Körpermaße und Körperhaltungen bei der Auslegung von Arbeitssystemen und weiterer Betriebsmittel. Die physiologische Arbeitsgestaltung stellt sicher, dass Wirkungsgrade der menschlichen Arbeit, Körperkräfte und Lastenhandhabung mit den körperlichen Eigenschaften und Fähigkeiten des Menschen im Einklang stehen. Die bewegungstechnische Optimierung hat den direktesten Bezug zu den MTM-Prozessbausteinsystemen. Das Industrial Engineering kommt ohne die Berücksichtigung sicherheitstechnischer Belange nicht aus. Die Arbeitsumgebung soll so gestaltet werden, dass physikalische, chemische und biologische Bedingungen keine schädlichen Auswirkungen auf den Menschen besitzen. Insbesondere steht die beleuchtungstechnische Gestaltung im engen Zusammenhang mit dem MTM-Sichtprüfen.

In Kapitel 6 geht es um die Planung der Arbeitsprozesse in komplexen Arbeitssystemen. Die Themen Fabrik-Layout und Materialbewirtschaftung werden unter dem Aspekt des Wertstroms behandelt. Die Strukturierungsprinzipien Einzelarbeit, Gruppenarbeit, Job-Rotation und Mehrstellenarbeit werden ebenso wie Job-Enrichment und Job-Enlargement besprochen. Einflussgrößen auf die Produktivität in der Teilefertigung werden behandelt. Die Planung von Montagesystemen – als dem für das MTM-Produktitvitätsmanagement wichtigsten Thema – wird vertieft. Weitere Schwerpunkte sind die Gestaltung von Werkstückträgern, die Bereitstellung von Teilen und Hilfsmitteln sowie die Verkettung von einzelnen Arbeitsstationen. Unter der Rubrik Sicherungs- und Notfallkonzepte werden Rüsten, Wartung, Inspektion und Instandhaltung besprochen. Der Text zur Logistik in Arbeitsprozessen umfasst den innerbetrieblichen Materialfluss zum und am Arbeitsplatz und diskutiert die durch das MTM-Verfahren erschließbaren Produktivitätsreserven.

2 Produktentwicklung aus Sicht des Industrial Engineering

2.1 Grundlagen

2.1.1 Produkttypologie

Viele betriebliche oder unternehmerische Entscheidungen setzen an einer *Produkttypologie* an. Produkttypen können nach ganz verschiedenen Kriterien gebildet werden. Abbildung III-1 zeigt einige Möglichkeiten, Produkttypologien zu bilden.

Produkttypen

Produkte kann man nach den Unternehmenszielen klassifizieren, vor allem nach der Umsetzung von strategischen Zielen, z. B. nach den Aspekten der Nachhaltigkeit. Ein Automobilhersteller könnte seine Erzeugnisse gliedern in

- Kraftfahrzeuge mit Verbrennungsmotoren,
- Kraftfahrzeuge mit Hybrid-Antrieb,
- Kraftfahrzeuge mit vollelektrischem Antrieb.

Unter dem Aspekt der Globalisierung könnte dieser Automobilhersteller auch folgende Produkttypen bilden:

- Kraftfahrzeuge für den asiatischen Markt,
- Kraftfahrzeuge für den amerikanischen Markt,
- Kraftfahrzeuge für den europäischen Markt,
- Kraftfahrzeuge für den Rest der Welt.

Eine andere Typenbildung wäre nach dem Herstellerland möglich.

Weitverbreitet ist die Produkttypenbildung nach Absatz- bzw. Marketinggesichtspunkten. Seit den 1960er-Jahren hat sich die *Produkt-Portfolio-Analyse* der Boston Consulting Group durchgesetzt.[1]

Produkt-Portfolio-Analyse

Die Produkte oder Produkttypen stellt man in einer *Marktwachstum-Marktanteil-Matrix* dar (Abbildung III-2).

Nimmt man z. B. an, dass ein Automobilhersteller vier Typen produziert:

- das Fahrzeug F1 mit »verunglücktem« Design, das zwar technisch ausgereift ist, aber von den Verbrauchern nicht angenommen wird und bei dem auch keine Verbesserung zu erwarten ist,
- das Fahrzeug F2, das schon vier Jahre produziert wird und bisher hervorragende Verkaufszahlen liefert,
- das Fahrzeug F3 mit Hybrid-Technologie und
- das Fahrzeug F4, eine preisgünstige Offerte, das sich hervorragend in China und Indien verkauft,

---

1 Mit einem Portfolio stellt man eine zunächst unübersichtliche Situation nach Vereinfachungen möglichst anschaulich dar. Dazu werden zwei Achsen mit qualitativen oder quantitativen Stufungen versehen. Durch Größe, Position und Farbgebung von Symbolen in der x/y-Ebene werden vor allem Marktsituationen klassifiziert und mögliche Entscheidungen abgeleitet.

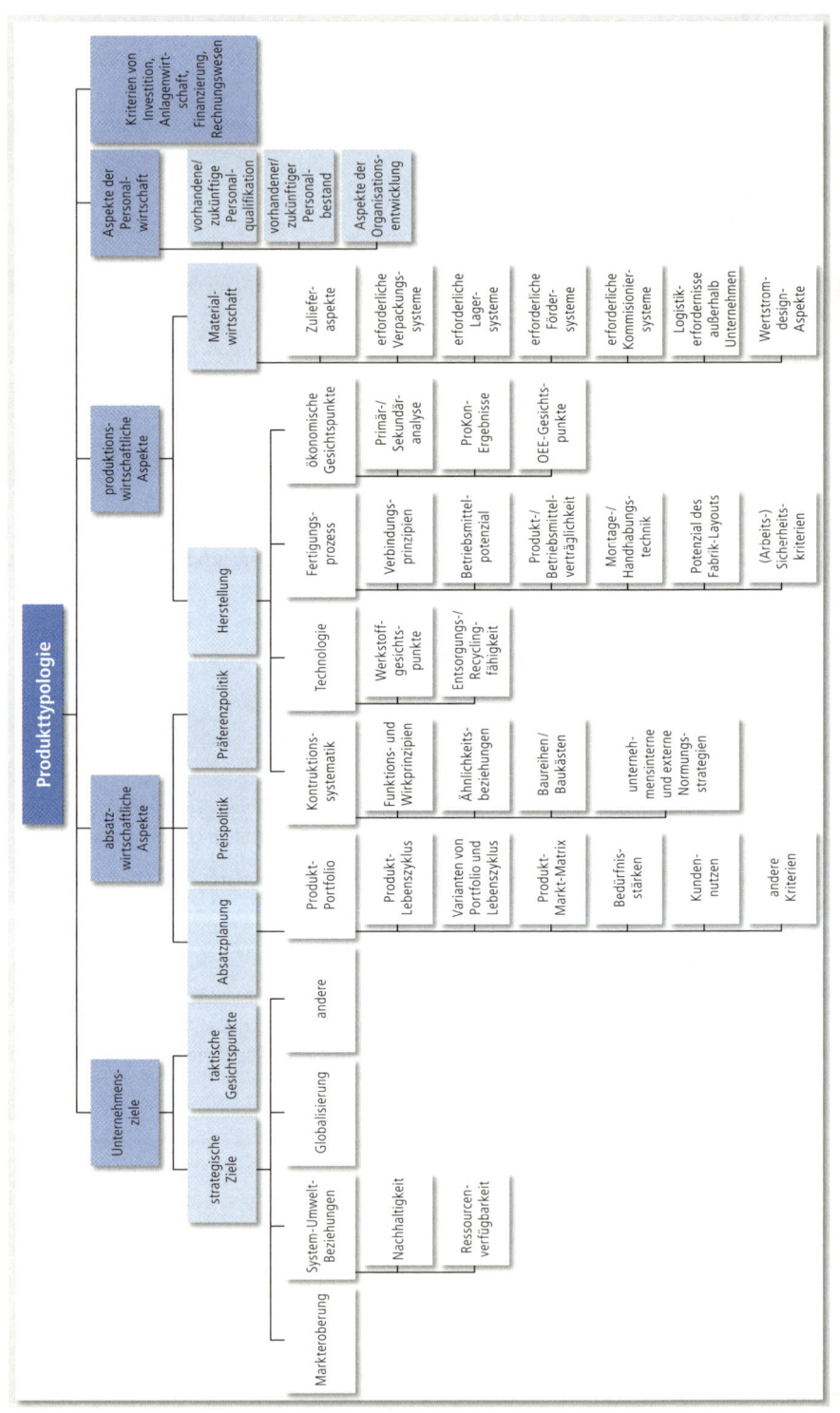

Abbildung III-1
Übersicht zu den wichtigsten Kriterien, nach denen Produkttypologien gebildet werden können

dann bezeichnet man

- F1 als *Poor Dog*,
- F2 als *Cash Cow*,
- F3 als *Question Mark*,
- F4 als *Star*.

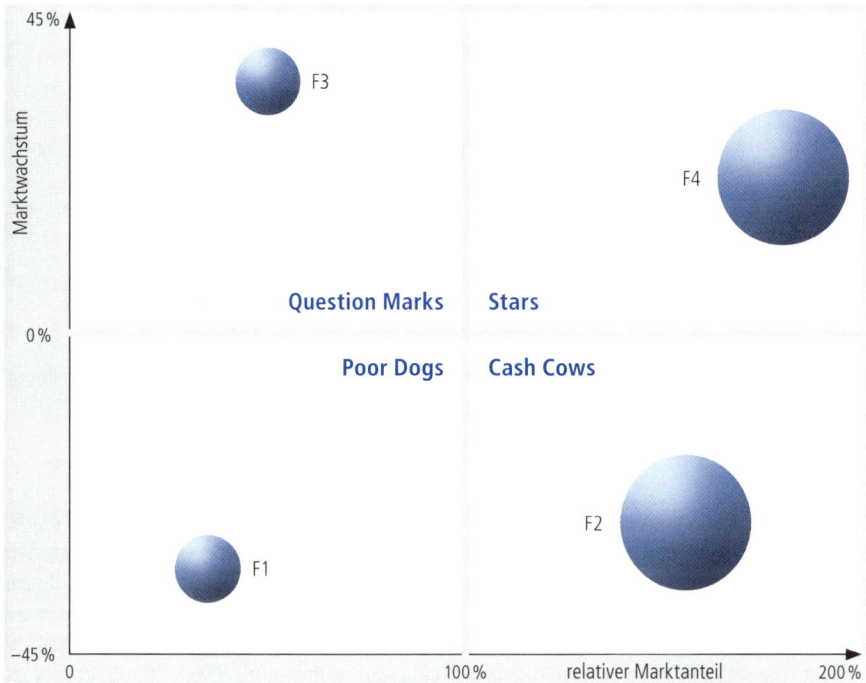

Abbildung III-2   Marktwachstums-Marktanteil-Matrix: Darstellungsweise der Boston Consulting Group

Die Kreisdurchmesser in der Abbildung III-2 kennzeichnen den Umsatz des jeweiligen Kraftfahrzeugs.

Die Produkttypologie nach der Boston-Matrix ist keineswegs unumstritten. Der derzeitige Marktanteil muss nicht unbedingt ein guter Indikator für künftige Cash-Zuflüsse sein. Eine Aussage zur Rentabilität der jeweiligen Fahrzeugproduktion ist auf der Basis dieser Matrix nicht zulässig. Die Trennlinie zwischen niedrigem und hohem Marktanteil ist willkürlich und wird normalerweise bei 100 % gesetzt. Dies bedeutet, dass nur der Marktführer *Cash Cows* und *Stars* in seinem Portfolio haben kann.[2]

Strategische Maßnahmen der Unternehmensführung, wie F1 möglichst schnell vom Markt zu nehmen, die *Cash Cow* weiter zu »melken«, sehr viel Entwicklungskapazität in F3 zu stecken und mit F4 noch stärker in den asiatischen Markt zu investieren, können Fehlentscheidungen sein, da z. B. politische Setzungen in den Abnehmerländern oder Ressourcenausfall u. v. m. unberücksichtigt bleiben.

Die *Produktlebenszyklus-Modelle* von McKinsey entwickeln die Boston-Matrix weiter und vermeiden durch etwas differenziertere Darstellung einige dieser Nachteile (Abbildung III-3). Die Marktattrak-

Produktlebenszyklus-Modell

---

2 Eine fundierte und teilweise auch kritische Auseinandersetzung mit Portfolio-Analysen findet man z. B. bei Müller-Stewens, G.; Lechner, C.: Strategisches Management, 2. Auflage. Stuttgart: Schäffer-Poeschel, 2003.

tivitätsachse (y-Achse) setzt sich dabei aus Faktoren wie Marktwachstum, Marktgröße, Marktrisiko, Markteintrittskosten, Konkurrenzsituation, Investitionsattraktivität zusammen.[3] Die Unternehmensachse (x-Achse) kann aus dem relativen Marktanteil, der Produktqualität oder aus Preisvorteilen abgeleitet werden.

Abbildung III-3   Produktlebenszyklus-Portfolio-Matrix nach McKinsey[4]

Lebenszyklus

Die Typenbildung nach *Lebenszyklus* und künftiger Marktentwicklung führt zu einer *Produkt-Markt-Matrix*. Hierbei werden der Stand der Technik und die Abschätzung künftiger Entwicklungen stärker berücksichtigt, als dies nach der McKinsey-Matrix möglich ist.[5] Man unterscheidet in diesem Zusammenhang Produkte mit Basis-, Schlüssel- und Schrittmachertechnologien. Investitionen in die Basistechnologie (z. B. Griffigkeit der Pneus in Abbildung III-4) weisen nur geringe Wachstumschancen auf. Die Differenzierung gegenüber dem Wettbewerb gelingt nur schwer, der Preisdruck ist enorm. Mit Schlüssel- oder Schrittmacherprodukten vermag ein Hersteller dagegen, das Markttempo zu bestimmen und Marktanteile zu gewinnen.[6] Abbildung III-4 wird auch als KANO-Modell zur Kategorisierung von Kundenbedürfnissen bezeichnet.[7] Am Beispiel des Fahrrades betrachtet wäre die Verminderung des Tretwiderstands eine Schlüsselleistung, die Speicherung bzw. Abgabe der Bremsenergie eine Schrittmacherleistung.

Produktionswirt-
schaftliche Kriterien

Produkttypen nach produktionswirtschaftlichen Kriterien können auf Merkmale von Fertigung, Montage oder Materialwirtschaft Bezug nehmen (Abbildung III-1, Bildmitte). Werden Aspekte der Konstruktionssystematik oder der Fertigungstechnologie herangezogen, dann kann damit sehr gut eine systematische Lösungssuche verknüpft werden, z. B. nach der Methode des morphologischen Kastens[8]. Aus

---

3   Vgl. Müller-Stewens, G. et al.: a. a. O., 2003.
4   Modifiziert nach Day, S.: Analysis for Strategic Marketing Decisions, St. Paul, Minn.: West Publishing 1986, S. 202–204.
5   Vgl. Kramer, F.: Erfolgreiche Unternehmensplanung. Berlin: Beuth, 1998.
6   Sommerlatte, T.: Management erfolgreicher Produkte. Düsseldorf: Symposium, 2008.
7   Kano, N.; Seraku, N.; Takahashi, F.; Tsuji, S.: Attractive quality and must be Quality. In: Quality Journal, 14, 1984, 2, S. 39–48.
8   Der morphologische Kasten ist ein tabellarisches Ordnungsschema, das die Kombinationsmöglichkeiten von Funktionen und gestalterischen Lösungen aufzeigt. Er wird als Methode zur systematischen Lösungssuche benutzt.

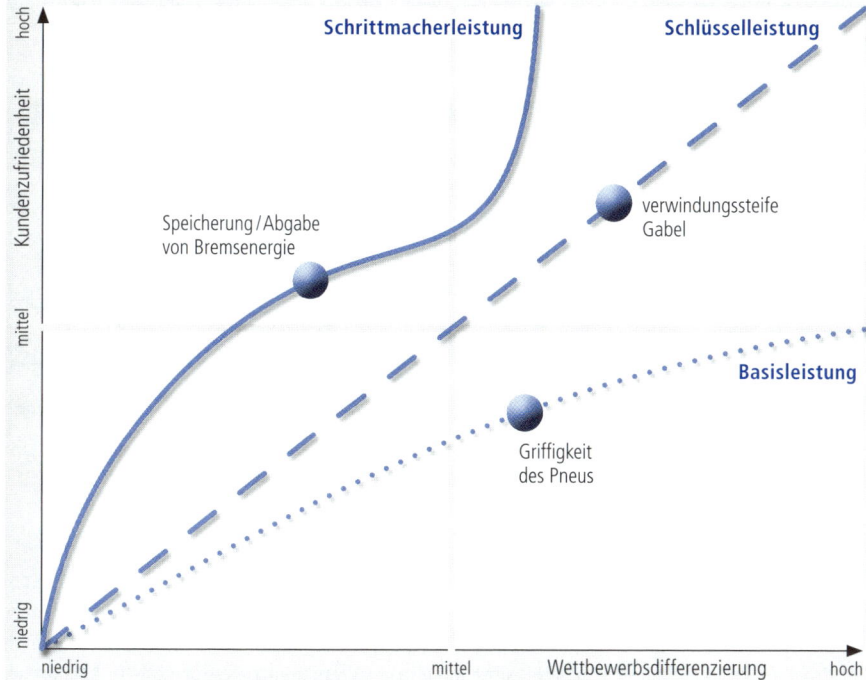

Abbildung III-4   Strategische Entwicklungsschwerpunkte am Beispiel Fahrrad[9]

Funktions- und Wirkstrukturen des Konstrukteurs entwickelt man Lösungsvarianten, die wiederum Basis einer Produkttypologie sein können.

Weiter unten in diesem Kapitel wird insbesondere auf Gliederungskriterien des *Fügens* im Hinblick auf die Gestaltungsmittel des Konstrukteurs eingegangen (vgl. Abschnitt 2.4). Produktionstypen, die sich nach Fertigungs-, Montage- und Logistikaspekten ableiten lassen, werden in Kapitel 6 behandelt.

Die *Wertstromanalyse* (vgl. Teil II, Abschnitt 3.8) verlangt die Bildung von *Produktfamilien.* Dabei wird nach Unterschieden im Produktionsablauf gegliedert. Für jede Produktfamilie ist ein eigener Wertstrom darzustellen.[10] Damit unterscheidet sich die Produkttypologie der Wertstromanalyse grundlegend von z. B. der Typologie nach Marketing-Gesichtspunkten.

Wertstromanalyse

Die Bildung von Produktfamilien kann nach dem *Bottom-up-Prinzip* oder dem *Top-down-Prinzip* erfolgen.[11] Im ersten Falle erstellt man eine Matrix aus Produkten und deren Betriebsmittelnutzung. Alle Produkte, die zur (annähernd) gleichen Betriebsmittelnutzung führen, gehören zu einer Produkt-familie (vgl. Teil II, Abschnitt 3.8.2, Abbildung II-153).[12]

Bei breitem Produktspektrum und differenzierten Fertigungs- und Montageprozessen kann die Bottom-up-Vorgehensweise nur bei Anwendung multivariater Analysemethoden zum Ziel führen. Selbst erfahrenen Industrial Engineers gelingt die Produktfamilienbildung nach der »Methode des genauen Hinsehens« nicht.

---

9 Darstellungsart nach Little, A. D.: ADL Product Innovation Survey. Cambridge, Mass., 1992.
10 Bei Großserienfertigung können auch einzelne Produkte in der Wertstromanalyse analysiert werden.
11 Vgl. Erlach, K.: Wertstromdesign. Berlin: Springer, 2007.
12 Im Teil II, Abschnitt 3.8.2 wird die Produktfamilienbildung nach dem Bottom-up-Prinzip noch weiter detailliert.

Produktionsablauf-
schema

In solchen Fällen empfiehlt sich als Top-down-Vorgehensweise die Bildung von *Produktionsablauf-schemata* (vgl. Abbildung III-5).

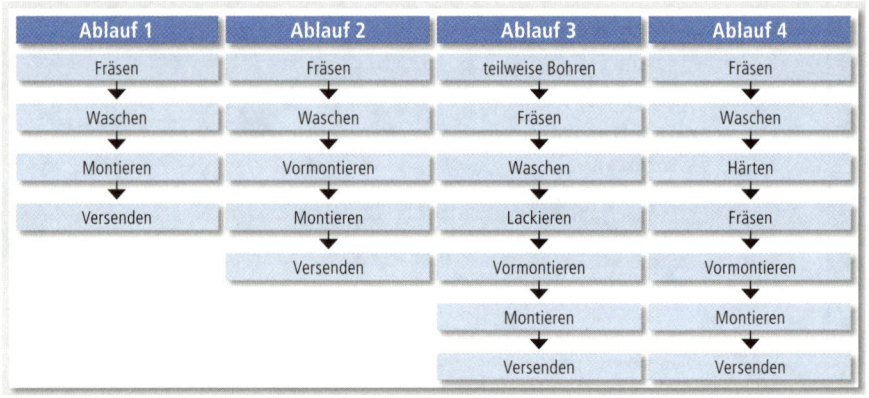

Abbildung III-5 Produktionsablaufschema nach Top-down-Prinzip[13]

Damit sind die grundsätzlich im Betrieb bzw. Unternehmen möglichen Fertigungs- und Montageab-lauffolgen festgelegt.[14] Die Merkmale, nach denen die Ablaufschemata weiter differenziert werden, entnimmt man den produktionswirtschaftlichen Kriterien der Abbildung III-1. Für jede Produktfami-lie wird dann ein einzelnes Produkt als Repräsentant in der Wertstromanalyse dargestellt. Ablaufsche-mata und Definition der Produktfamilie müssen schriftlich fixiert werden. Neue Produkte sind somit problemlos den vorhandenen Produktfamilien (oder gegebenenfalls auch neuen Produktfamilien) zuzuordnen.

Baureihen/Baukästen

Baureihen oder *Baukästen* (vgl. Abschnitt 2.3.3) können – müssen aber nicht – gleichzeitig Produkt-typen sein. Da das Wertstromdesign aus Kundensicht und nachfrageorientiert bzw. marktorientiert durchgeführt wird, sind alle Elemente einer Baureihe oder eines Baukastens keineswegs automatisch auch einer Produktfamilie bzw. einem Produktionssegment zugehörig.[15]

2.1.2 Lebensphasen von Produkten

Kostensenkungs-
potenzial

In Teil I, Kapitel 2 wurden beim PEP in der Produktentwicklungsphase die entwicklungsrelevanten Aktivitäten angeführt. Das Verlaufsprinzip des Kostensenkungspotenzials und der Änderungskosten über die Wertschöpfungskette hinweg, wie es Abbildung III-6 zu entnehmen ist, ist in der Praxis seit Langem bekannt. Je früher man mit einer gezielten Produktivitätsförderung beginnt, desto

- höher sind die in Produkt und Prozessen begründeten Wettbewerbsvorteile und damit der Kun-dennutzen,
- geringer sind die bei später notwendigen Verbesserungsmaßnahmen anfallenden Kosten.

---

13 Erlach, K.: Wertstromdesign. Berlin: Springer, 2007.
14 Die Ablaufschemata können später auch als Strukturgrafiken des Wertschöpfungsprozesses weiterentwickelt und Basis für das Ideal-Layout sein (vgl. Abschnitt 6.2).
15 Z.B. kann es sinnvoll sein, »Orchideen«-Produkte einer Baureihe mit sehr geringer Nachfrage in Einzel- oder Kleinserienfertigung nach dem Werkstattprinzip herzustellen und aus dem Wertstrom der Produktfamilie her-auszulösen.

Durch *fertigungsgerechte Produktentwicklung* in der frühen Phase des PEP sind potenzielle Produktivitätsverluste in Arbeitssystemen und -prozessen vorbeugend zu vermeiden.

Fertigungsgerechte
Produktentwicklung

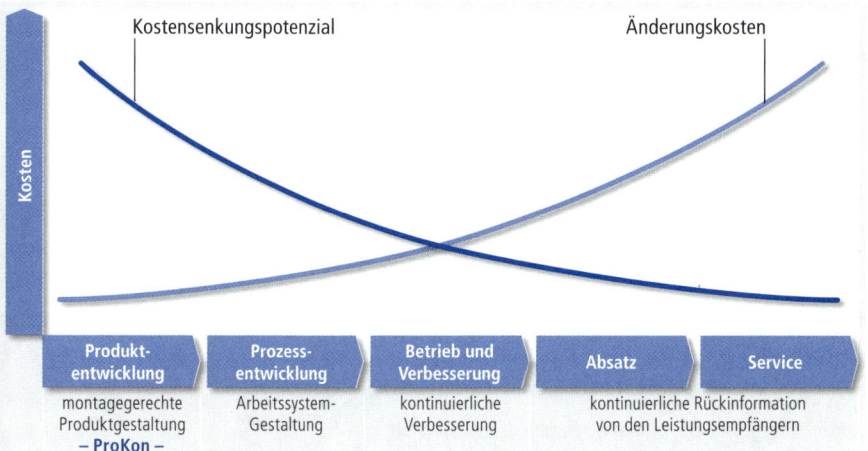

Abbildung III-6   Kostensenkungspotenzial und Änderungskosten über den Produktlebenszyklus[16]

Entwicklung und Konstruktion legen im Regelfall etwa 75 % der Herstellkosten fest. Durch Arbeitssystem-Gestaltung kann ebenfalls noch ein hohes Kostensenkungspotenzial umgesetzt werden (in Abbildung III-6: Phase »Prozessentwicklung«, vgl. Kapitel 5 und 6). Systematisches Verbesserungsmanagement hat dagegen ein geringeres Kostensenkungspotenzial und führt im Regelfall auch zu höheren Änderungskosten (Phase »Betrieb und Verbesserung«, vgl. Teil IV). Rückinformation vom Kunden (Phase »Absatz«) kann dagegen nur für künftige Entwicklungsschritte verwendet werden. Ist das Produkt in der Nutzung, dann gibt es nur geringe Einflussmöglichkeiten auf Betriebs- und Wartungskosten. Betriebs-, Wartungs- und später auch die Entsorgungskosten wurden in der Produktentwicklungsphase durch die Art der Konstruktion, die Wahl der Werkstoffe und die angestrebte Fertigungsqualität weitgehend festgelegt. Die laufenden Kosten der Nutzungsphase steigen gewöhnlich über der Nutzungsdauer an.

Die besonders hohe Bedeutung der Änderungskosten zeigt das Beispiel eines Werkzeugmaschinenherstellers:[17] Der gesamte Entwicklungsaufwand von 168 Personenjahren pro neuer Werkzeugmaschine besteht zu 20 % aus der Entwicklungstätigkeit bis zur Übergabe an die Fertigung, zu 35 % aus Änderungs- und Detaillierungsaufwand in der Konstruktions- und Entwicklungsabteilung bei der Vorbereitung für die Serienfertigung und zu 45 % aus Änderungsaufwand nach Beginn der Serienproduktion. Durch organisatorische Verbesserungen konnten sehr schnell 40 % des Änderungsaufwands eliminiert und über 10 % der Entwicklungskosten sowie über 20 % der Werkzeugkosten eingespart werden.

Beispiel

Das MTM-Produktivitätsmanagement steht auch für eine abgestimmte Optimierung von Kunden-, Unternehmens- und Mitarbeiternutzen. Bei der Produktentwicklung ist deshalb die gesamte Lebensdauer des Produkts »durchzuspielen«. Gesetzliche Rahmenbedingungen im Kontext der Nachhaltigkeitsdiskussion, wie z. B. das »Kreislaufwirtschaftsgesetz«[18] fordern die Integration ökologischer

MTM-Produktivitäts-
management

---

16 Vgl. Lindemann U.; Kiewert A.: Kostenmanagement im Entwicklungsprozess – marktgerechte Kosten durch Target Costing. Schäppi, B. et al. (Hrsg.): Handbuch Produktentwicklung. München, Wien: Hanser, 2005.
17 Sommerlatte, T.: Management erfolgreicher Produkte. Düsseldorf: Symposion, 2008, S. 81.
18 KrW-/AbfG – Gesetz zur Förderung der Kreislaufwirtschaft und Sicherung der umweltverträglichen Beseitigung von Abfällen. Stand 27. September 1994.

Aspekte schon in der frühen Phase der Entwicklung. Ein zusätzlicher Aspekt ist das – zumindest international – wachsende Interesse der Kunden an den Arbeitsbedingungen im Herstellungsprozess.[19] Konzepte zur *Integrierten Produktentwicklung* müssen die Konsequenzen der Produktgestaltung für die Arbeitssysteme und die Auswirkungen auf die späteren Nutzer betrachten. In hart umkämpften Märkten werden Wettbewerbsvorteile auch durch nutzungsgerecht gestaltete Produkte erschlossen, was bis heute offenbar nicht alle Unternehmen so sehen.

2.2 Vorgehen bei der Produktentwicklung

2.2.1 Innovationsstrategie und Entwicklungsprozesse

Produktentwicklungs-
prozess
Der Produktentstehungsprozess wurde in Teil I, Abschnitt 2.5.3 als Überblick dargestellt (Abbildungen I-18 und I-19). In diesem Kapitel wird der *Produktentwicklungsprozess* detailliert und die Erfolgsfaktoren einer geglückten Produktentwicklung werden beschrieben.

Zunächst unterscheidet man, ob es sich darum handelt,

- mit neuen Produkten neue Märkte zu erschließen,
- mit Veränderungen im Produktmix sich Vorteile im Wettbewerb zu verschaffen,
- bestehende Produkte an veränderte Normen oder gesetzliche Vorschriften anzupassen,
- die Eigenschaften, Erlöse, Deckungsbeiträge etc. von Produkten oder Produktfamilien zu verbessern.

Die erfolgreiche Produktentwicklung wird durch die Faktoren

- Innovationsstrategie des Unternehmens,
- Kompetenzen und Unternehmenskultur,
- Ressourcen und
- Entwicklungsprozess

bestimmt (Abbildung III-7).

---

19 Vgl. Zink, K; Eberhard, D.: Integration arbeitswissenschaftlicher Aspekte in ein lebenszyklusorientiertes Produktmanagement, Zeitschrift für Arbeitswissenschaft (62) 2008/2.

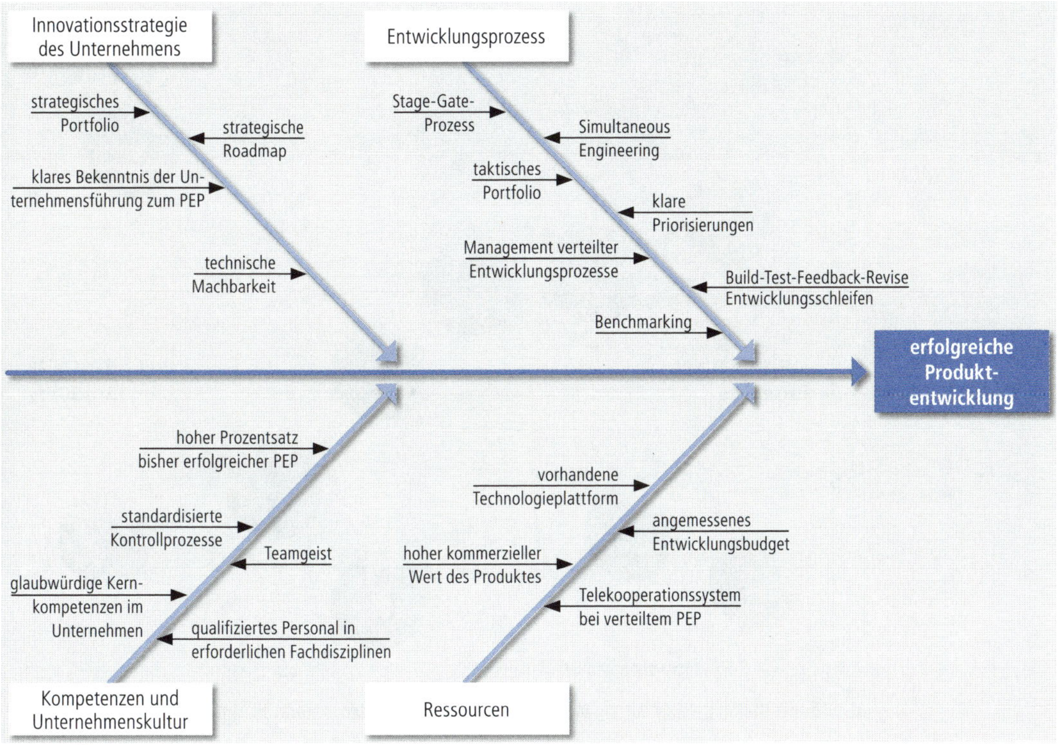

Abbildung III-7: Ishikawa-Diagramm[20] für erfolgreiche Produktentwicklungen

Strategisches Portfolio

Die Innovationsstrategie des Unternehmens setzt am *strategischen Portfolio* an (Ast links oben des Ishikawa-Diagramms, Abbildung III-7). Das strategische Portfolio ist Teil der Geschäftsstrategie und von Vision, Wertesystem, Geschäftsfeldern und Kernkompetenzen abhängig (vgl. Teil I, Abschnitt 3.3). Das strategische Portfolio kann man als Vierfelder-Tafel – ähnlich Abbildung III-2 – darstellen (Abbildung III-8). In der Senkrechten werden die Marktattraktivität, in der Waagrechten die erwarteten Umsätze aufgetragen. Jedes (potenzielle) Produkt wird in den beiden Dimensionen mit einer einfachen Checkliste nach der Erfahrung von Entwicklern und Geschäftsleitung eingestuft. Die Mittel- oder Modalwerte werden im Diagramm dargestellt. Das Feld links oben »aussichtsreiche Produkte« enthält die Entwicklungen, die als erste verfolgt werden sollten.

---

20 Das Ishikawa-Diagramm (Ursache-Wirkungs-Diagramm oder Fischgrät-Diagramm) ist eine von Kaoru Ishikawa entwickelte Diagrammform, die Kausalitätsbeziehungen darstellt.

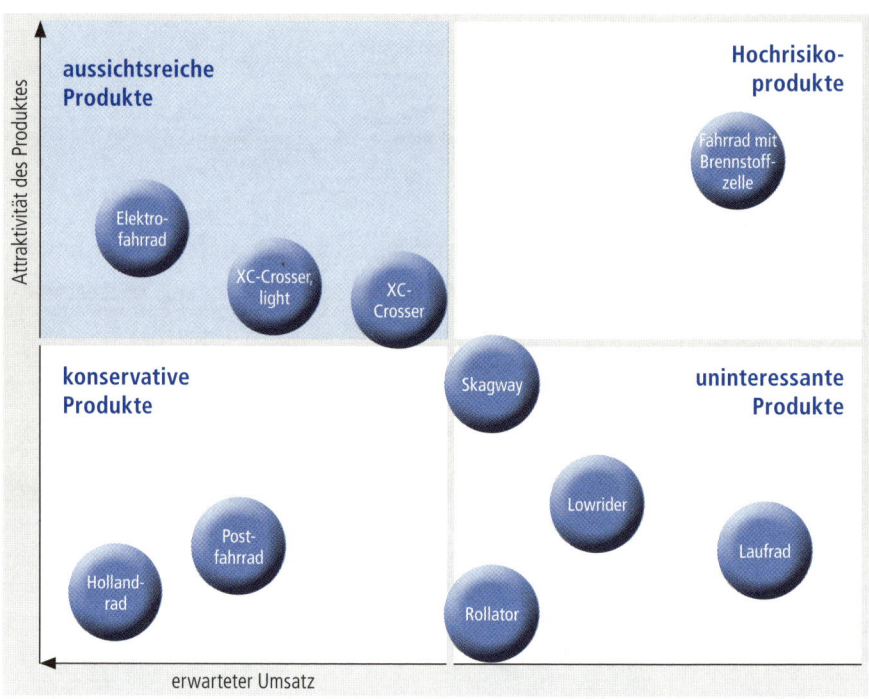

Abbildung III-8   Beispiel für ein strategisches Portfolio aus dem Fahrradmarkt

Stage-Gate-
Darstellung

Es gibt mannigfaltige Ansätze, den Produktentwicklungsprozess als Phasenschema darzustellen.[21] Die *Stage-Gate-Darstellung* hat sich in vielen Industrieanwendungen bewährt. Der Produktentwicklungsprozess wird hierbei in etwa vier bis sechs Phasen zerlegt, die jeweils in *Gates* überprüft werden.[22]

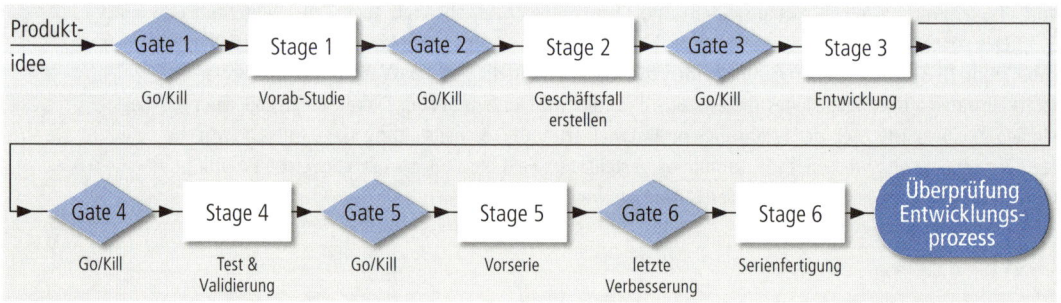

Abbildung III-9   Stage-Gate-Entwicklungsprozess[23]

21 An dieser Stelle wird der Entwicklungsprozess aus einer Makro-Sicht dargestellt. Führungskräfte im Unternehmen können anhand von Abbildung III-9 sehen, wie das derzeitige Entwicklungsstadium ist und ob sich z.B. ein Vorhaben mit vertretbaren Kosten noch stoppen lässt. Für das Entwicklungsteam reicht diese Darstellung nicht aus. Insbesondere wird daraus die Vernetzung innerhalb der Entwicklungsaufgaben nicht sichtbar. Für diese Fälle bevorzugen wir deshalb die Darstellung in einem Netzwerk, z.B. mit dem Münchener Vorgehensmodell (Abschnitt 2.2.3).
22 Die Vorgehensweise ist mit den *quality gates* im Qualitätsmanagement verwandt (vgl. Teil IV, Abschnitt 3.2).
23 Cooper, R. G.: Doing it right – winning with new products. Ivey Business Journal, July-August 2000, S. 54–60.

Die Vorgehensweise erfolgt vom Groben zum Feinen. Wichtig sind diese *Gates* deshalb, weil nach jeder Phase eine harte Prüfung erfolgt, so dass Fehlentwicklungen nach menschlichem Ermessen vermieden oder rechtzeitig abgebrochen werden können. An jedem *Gate* müssen vorher definierte Soll- und Kann-Anforderungen erfüllt werden. Hier werden die Entscheidungen »Go«, »Kill«, »Hold« oder »Recycle« getroffen. Weiterhin erfolgt eine Qualitätskontrolle des Projekts. In alle Phasen sind Entwickler und Entscheider aus unterschiedlichen Fachdisziplinen bzw. Unternehmensbereichen involviert. Herkömmliche Phasenschemata wie »F&E«, »Marketing« werden vermieden.

Gates

An Gate 1 werden Produktideen aus anderen Projekten, von Kunden, aus dem Forschungsbereich des Unternehmens etc. ausgewählt und anhand des strategischen Produkt-Portfolios überprüft.[24] Nur wenige, qualitative Entscheidungskriterien kommen hier zum Zuge. Danach werden – üblicherweise niedrige – Mittel für eine Vorabstudie (Stage 1) freigegeben. Die Vorabstudie kann im Regelfall mit nur wenigen Personentagen durchgeführt werden. Sie konzentriert sich auf überblicksmäßige Studien des Marktes und der technischen Machbarkeit. An Gate 2 erfolgt eine strengere Prüfung. Erfolgt hier die Freigabe, dann wird ein Geschäftsfall (*Business Case*) mit einem größeren Budget installiert. Gate 3 ist die letzte Stopp-Möglichkeit vor der eigentlichen Entwicklungsphase. Nach Stage 3 liegt ein Prototyp vor, der im Labor getestet werden kann (Stage 4). Nach Gate 5 kann eine Vorserie hergestellt werden. Wenn die Prüfung in Gate 5 letzte Produktverbesserungen ergibt, kann die Serienfertigung beginnen (Stage 6). Das Entwicklungsvorhaben wird jetzt beendet, das Team aufgelöst. Das Produkt wird zum »Standard« in der Produktpalette des Unternehmens. Wichtig ist jetzt auch eine Überprüfung des Entwicklungsprozesses, um aus Fehlern für künftige Entwicklungsprozesse zu lernen.

Während die meisten Faktoren in Abbildung III-7 selbsterklärend sind, müssen neben dem strategischen Portfolio und dem Stage-Gate-Prozess noch erklärt werden:

- Strategische Roadmap,
- Taktisches Portfolio,
- Management und Telekooperation verteilter Entwicklungsprozesse,
- Simultaneous Engineering und
- Build-Test-Feedback-Revise-Entwicklungsschleifen.

Die *Strategische Roadmap* zeigt über dem Zeitstrahl die wichtigsten mittel- und langfristig angelegten Entwicklungsprojekte und eventuelle Entwicklungsplattformen auf (Abbildung III-10). Taktische Roadmaps listen dagegen alle Produkte und Varianten über der Zeitachse auf. Die Betrachtung ist hier kurz- bis mittelfristig.

Strategische Roadmap

Durch Globalisierung, Komplexität der Aufgaben, hohe Entwicklerkompetenz an verschiedenen Orten und Minimierung von Entwicklungszeiten ist der *verteilte Produktentwicklungsprozess* heute nicht mehr die Ausnahme, sondern fast die Regel.[25] Hierfür ist jedoch eine angemessene Kommunikations- und Kooperationsumgebung im Unternehmen die Voraussetzung. Für Standardprozesse werden formalisierter Datenaustausch und *Workflow-Management* notwendig. Gleichzeitig müssen aber unstrukturierte und Ad-hoc-Aufgaben in einem Entwicklernetzwerk realisiert werden können. Hierfür sind Videokonferenzen und Desktop-Videokonferenzen[26] erforderlich – nicht nur, um die technische Qualität der Lösung zu verbessern, sondern auch um die soziale Präsenz zwischen den Entwicklern herzustellen. Für die gemeinsame Bearbeitung müssen den (autorisierten) Mitgliedern

Verteilter Produktentwicklungsprozess

---

24 Cooper, R. G.; Kleinschmidt, E. J.: Stage-gate process for new product success. Product Development Institute Inc., 2010.

25 Koppenhöfer, C.; Johannsen, A.; Krcmar, H.; Bumiller, J.: Bedarf und Nutzung von Telekooperationssystemen im verteilten Produktentwicklungsprozess. http://www.w-infobase.de/lehrstuhl\publikat.nsf, 2010.

26 Desktop-Videokonferenzen benötigen keinen Videokonferenzraum. Sie werden DV-unterstützt direkt am Arbeitsplatz durchgeführt.

der Entwicklungsgruppe eine Datenbasis sowie Werkzeuge zum *Joint Viewing* und *Joint Editing* zur Verfügung gestellt werden.[27]

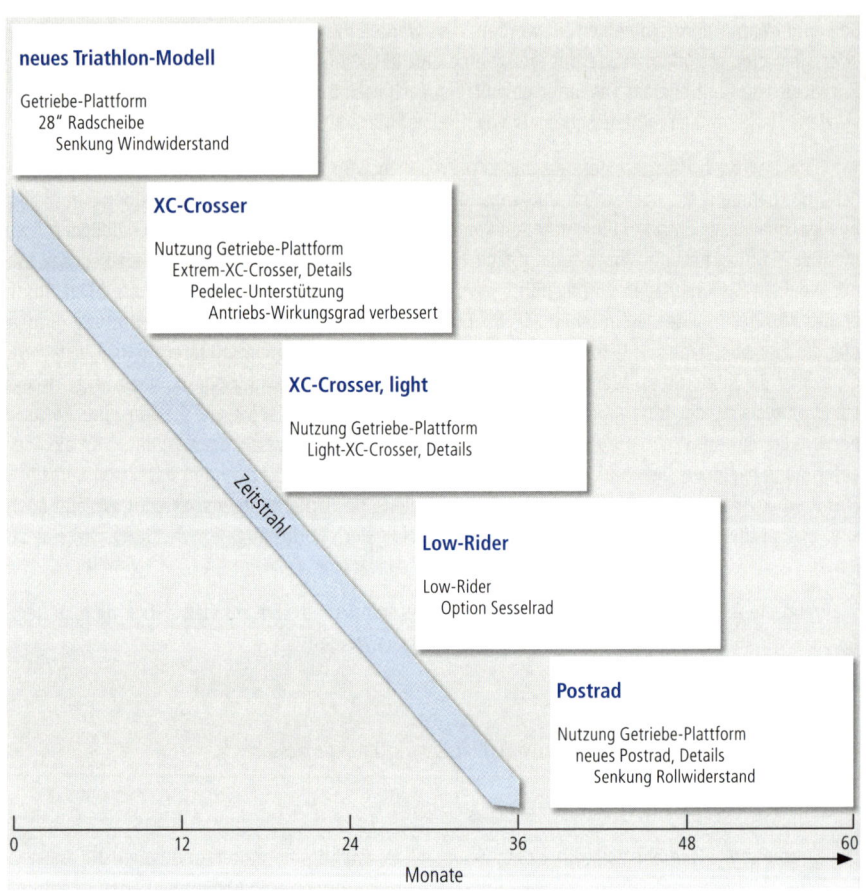

neues Triathlon-Modell

Getriebe-Plattform
28″ Radscheibe
Senkung Windwiderstand

XC-Crosser

Nutzung Getriebe-Plattform
Extrem-XC-Crosser, Details
Pedelec-Unterstützung
Antriebs-Wirkungsgrad verbessert

XC-Crosser, light

Nutzung Getriebe-Plattform
Light-XC-Crosser, Details

Zeitstrahl

Low-Rider

Low-Rider
Option Sesselrad

Postrad

Nutzung Getriebe-Plattform
neues Postrad, Details
Senkung Rollwiderstand

| 0 | 12 | 24 | 36 | 48 | 60 |

Monate

Abbildung III-10   Strategic Roadmap am Beispiel einer Fahrradentwicklung

Simultaneous Engineering

Simultaneous Engineering ist ein wichtiges Instrument zur Verkürzung der Markteintrittszeit. Hierauf wird im Abschnitt 2.2.5 eingegangen.

Build-Test-Feedback-Revise

Bei anspruchsvollen technischen Neuentwicklungen, insbesondere bei Hochrisiko-Produkten (vgl. z. B. Abbildung III-8, Elektrofahrrad mit Brennstoffzelle), sind nicht alle Phasen im *Stage-Gate*-Prozess möglich.[28] Produktspezifikationen sind noch unklar, Marktanalysen nicht möglich, da der Markt noch nicht eingeschätzt werden kann. Hierfür kommen modifizierte Stage-Gate-Prozesse infrage, z. B. mit einfacheren Beurteilungsinstrumenten. Üblicherweise werden solche Produktentwicklungen iterativ ablaufen, d. h. der Stage-Gate-Prozess wird Schleifen haben (*Build-Test-Feedback-Revise*).

---

27 So wird z. B. Electronic Data Interchange (EDI) für den Austausch elektronischer Geschäftsdokumente bei über 80 % der europäischen Automobilindustrie eingesetzt. Auf dieser Basis ist jedoch ein Telekooperationssystem mit der erforderlichen sozialen Präsenz nicht möglich.
28 Cooper, R. G.: Managing Technology Development Projects. IEEE Engineering Management Review, 35, 2007, 1, S. 67–76.

2.2.2 Bedeutung der Konstruktion im Rahmen der Produktentwicklung

Die Einbettung des *Konstruktionsprozesses* in den PEP, also das eigentliche Product Engineering, kann man nach verschiedenen Gesichtspunkten vornehmen. Vorgehensmodelle dienen

- als Hilfsmittel zur Planung von Entwicklungsprozessen,
- als Orientierungshilfe bei der Problemlösung,
- zur Analyse und Reflexion des Vorgehens (auch im Nachhinein).[29]

Konstruieren ist eine Ingenieurtätigkeit, die

- alle Gebiete des menschlichen Lebens berührt,
- sich der Gesetze und Erkenntnisse der Naturwissenschaft bedient,
- zusätzlich auf speziellem Erfahrungswissen aufbaut und
- die Voraussetzungen zur stofflichen Verwirklichung von Lösungsideen schafft.[30]

Konstrukteure arbeiten insbesondere im Maschinen- und Anlagenbau, in der Metallverarbeitung, im Fahrzeugbau, in der Elektrotechnik, in der Kunststoffindustrie, in der Luft- und Raumfahrt sowie in Ingenieurbüros verschiedener Branchen. Sie konzipieren, entwerfen und berechnen. Ihre Arbeit beginnt mit der Anforderungsanalyse und setzt umfangreiche Kenntnisse und Erfahrungen in den naturwissenschaftlich-technischen Grundlagen, der Mechanik, Elektrotechnik, Mechatronik und der Konstruktionsmethodik[31] voraus.

Bevor Zeichnungen und Berechnungen entstehen, sind Lösungsprinzipien zu entwickeln[32]. In der Startphase werden oft Handskizzen angefertigt. Zunehmend wird jedoch von Beginn an mit CAD gearbeitet, weil sich durch die virtuelle Entwicklung des Konstruktionsobjektes spätere Eigenschaften (z. B. die Gebrauchstauglichkeit) sehr früh testen lassen. Im Verlaufe des Konstruktionsprozesses werden die erzielten Eigenschaften immer wieder mit den Lastenheft-Kriterien abgeglichen und das Konstruktionsobjekt so iterativ den gegebenen Anforderungen angenähert.

Bei der *Konstruktion* werden alle wichtigen Produkteigenschaften bestimmt, z. B. die Funktionserfüllungen, Handhabungssicherheit, ergonomischen Eigenschaften, wirtschaftliche Produzierbarkeit, leichte und sichere Transportierbarkeit, Servicefreundlichkeit und die Entsorgbarkeit.[33] Deshalb arbeitet die Konstruktion im Rahmen des PEP insbesondere mit der Produktion, dem Industrial Engineering und dem Qualitätsmanagement eng zusammen (vgl. Abbildung III-11). Eine Voraussetzung für ein wettbewerbsfähiges Produkt ist seine kostengünstige Konstruktion. Der Konstrukteur kann die späteren Herstellungs-, Nutzungs- und Entsorgungskosten maßgeblich beeinflussen. Zunehmende Bedeutung gewann in den letzten Jahren die sogenannte »nachhaltige Konstruktion«, bei der die Recylinggerechtheit des Konstruktionsobjektes im Mittelpunkt steht. Konstrukteure haben auch wichtige Managementfunktionen. Beispielsweise beobachten und analysieren sie technische Trends und leiten daraus Empfehlungen und Vorschläge ab für die zukünftige Produktpolitik des Unternehmens.

Vorgehensmodelle

Konstruieren

Produkteigenschaften

---

29 Lindemann, U.: Methodische Entwicklung technischer Produkte, 3. Auflage. Berlin: Springer, 2009.
30 Martyrer, E.: Der Ingenieur und das Konstruieren, Konstruktion 12 (1960), S. 1–4.
31 Hacker, W.; Wetzstein, A.; Römer, A.: Gibt es Vorgehensmerkmale erfolgreichen Entwickelns von Produkten? Zeitschrift für Arbeitswissenschaft, 56 (2002) 05, S. 305–317.
32 Das methodische Entwickeln von Lösungsprinzipien wird in der Richtlinie VDI 2222 (Blatt 1) behandelt. Diese Richtlinie enthält eine Anleitung, wie das Finden der »prinzipiellen Lösung« eines technischen Produkts methodisch vollzogen und dokumentiert werden kann.
33 Pahl, G.; Beitz, W.; Feldhusen, J.; Grote, K. H.: Konstruktionslehre. Berlin: Springer, 2003.

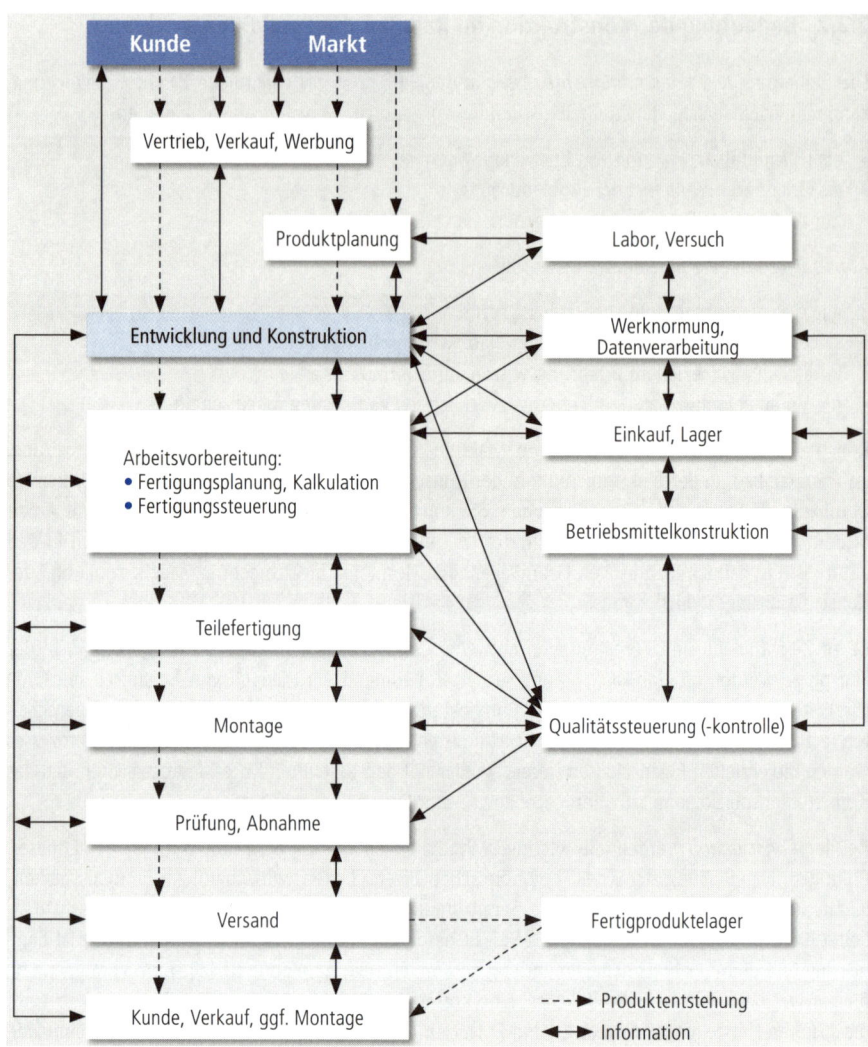

Abbildung III-11   Stellung von Entwicklung und Konstruktion im Unternehmen[34]

2.2.3   Methoden der Produktentwicklung

Allgemein verbindliche *Methoden der Produktentwicklung* gibt es nicht. Stattdessen steht dem Konstrukteur bzw. dem Entwicklungsteam eine Reihe von Vorgehensweisen zur Verfügung, die je nach Ausbildung, Vorlieben und dem aktuellen Problem angewendet werden kann (Abbildung III-12).

34 Pahl, G. et al.: a.a.O., 2003.

Methode	Inhalt	Ziele
Analysieren	Informationsgewinnung durch Zerlegen und Aufgliedern; Untersuchen der Eigenschaften einzelner Elemente.	Erkennen, Definieren, Einordnen, Strukturieren, Problemanalyse, Schwachstellenanalyse.
Abstrahieren	Durch Verallgemeinern und Vereinfachen einen übergeordneten Zusammenhang finden.	Problem so definieren, dass es von Zufälligkeiten befreit ist und einer möglichst allgemeingültigen Lösung zugeführt werden kann.
Synthese	Informationsverarbeitung durch Bilden von Verbindungen, durch Verknüpfen von Elementen; Aufzeigen einer neuen Ordnung; Ganzheits- oder Systemdenken anwenden; Anwendung von Systemtechnik, Wertanalyse etc.	Systemdarstellung des Problems.
Methode des gezielten Fragens	Auf selbst gestellte oder vorgelegte Fragen konzentrieren; Intuition anregen; Checklisten verwenden.	Mit gezielten Fragen zu einer neuen Sichtweise des Problems kommen.
Methode der Negation und Neukonzeption	Mit bewusster Negation von bekannten Lösungen ausgehen; Weglassen von Elementen; methodisches Zweifeln.	Aus bewusster Umkehrung neue Lösungsmöglichkeiten generieren.
Methode des Vorwärtsschreitens	Von einem ersten Lösungsansatz ausgehen, dann alle denkbaren oder möglichst viele Wege einschlagen; Methode des morphologischen Kastens anwenden.	Mit divergentem Denken Lösungssuche beschreiten.
Methode des Rückwärtsschreitens	Von der Zielsituation ausgehen; rückwärts schreitend alle nur denkbaren Wege entwickeln, die zu diesem Ziel führen; von idealem System ausgehen.	Idealsystem als Messlatte schaffen.
Methode des Systematisierens	Durch systematische Variation ein vollständiges Lösungsfeld schaffen; schematisierte Darstellung von Merkmalen und Lösungen.	Durch Aufbau und Ergänzung einer Ordnung neue Lösungen finden.
Arbeitsteiligkeit und Zusammenarbeit	Bei komplexen Fragestellung ist die Arbeitsteilung nach Qualifikationen und Fachrichtungen unumgänglich; Methoden: Brainstorming, Methode 6-3-5, Delphi-Methode, Synektik etc.	Durch Arbeitsteilung Informationsdefizite abbauen und gegenseitige Anregungen schaffen.

Abbildung III-12   Übersicht zu den Konstruktionsmethoden[35]

In der Vergangenheit hat sich die in Abbildung III-13 dargestellte Vorgehensweise vor allem aus didaktischer Sicht bewährt.[36] Sie hilft jungen und unerfahrenen Entwicklern, sich zurechtzufinden und nach einem »Rezept« eine Produktentwicklung durchzuführen.   Konstruktionsmethodik

Die Realität lässt sich aber in der Mehrzahl der Fälle nicht durch linear-sequenzielle Vorgehensmodelle beschreiben. Stattdessen muss man von einer »Entwicklungslandkarte« mit Netzwerkcharakter ausgehen. Es sind ganz verschiedene Wege in diesem Netz möglich – je nach der zu lösenden Entwicklungsaufgabe.

---

35 Pahl, G. et al.: a.a.O., 2003, S. 72–77.
36 VDI-Richtlinie 2221: Methodik zum Entwickeln und Konstruieren technischer Systeme und Produkte. Düsseldorf: VDI-Verlag 1993; VDI-Richtlinie 2222, Blatt 1: Methodisches Entwickeln von Lösungsprinzipien. Düsseldorf: VDI-Verlag 1997; VDI-Richtlinie 2220: Produktplanung; Ablauf, Begriffe und Organisation. Düsseldorf: VDI-Verlag 1980.

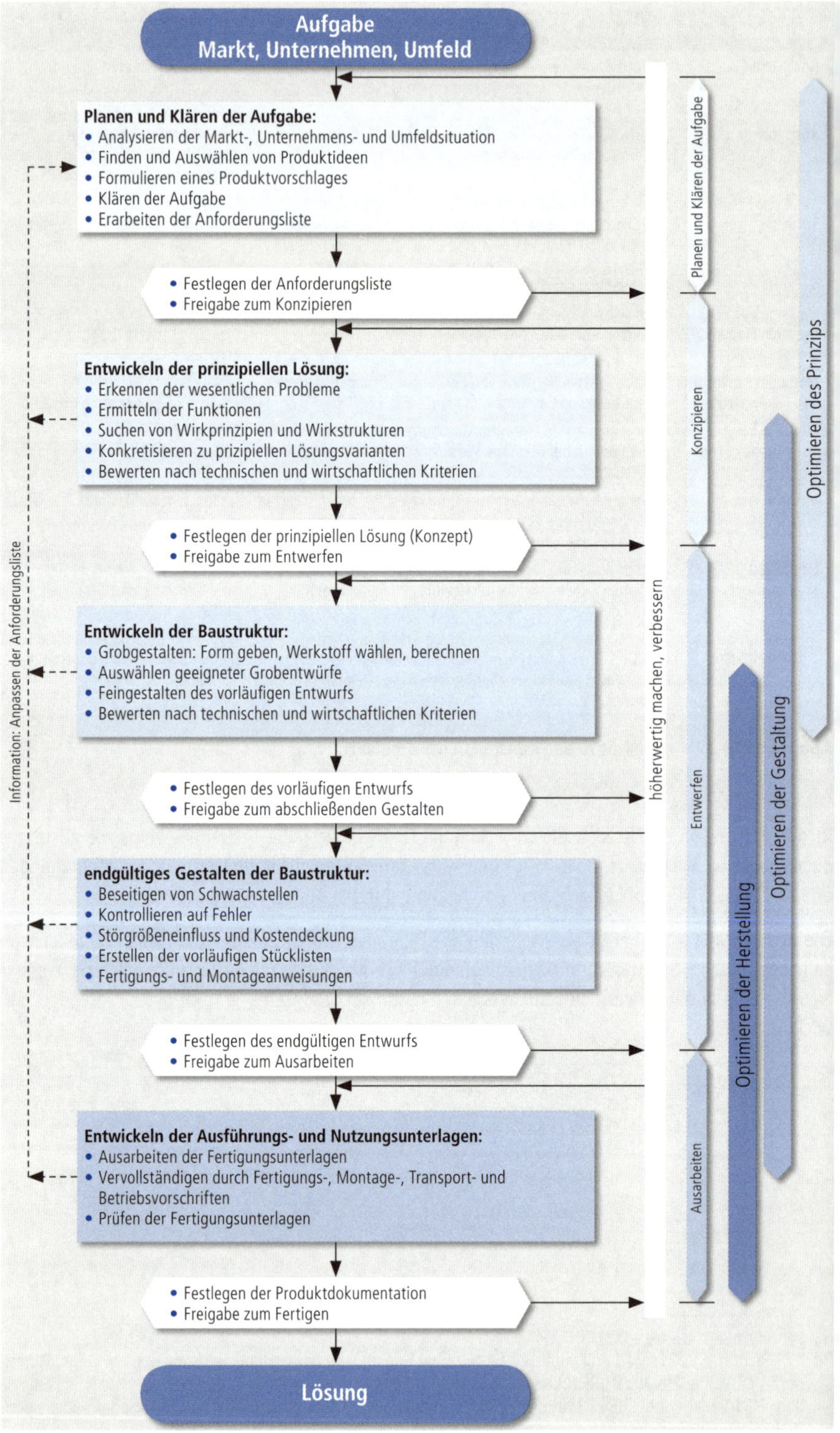

**Aufgabe
Markt, Unternehmen, Umfeld**

Planen und Klären der Aufgabe:
- Analysieren der Markt-, Unternehmens- und Umfeldsituation
- Finden und Auswählen von Produktideen
- Formulieren eines Produktvorschlages
- Klären der Aufgabe
- Erarbeiten der Anforderungsliste

- Festlegen der Anforderungsliste
- Freigabe zum Konzipieren

Entwickeln der prinzipiellen Lösung:
- Erkennen der wesentlichen Probleme
- Ermitteln der Funktionen
- Suchen von Wirkprinzipien und Wirkstrukturen
- Konkretisieren zu prizipiellen Lösungsvarianten
- Bewerten nach technischen und wirtschaftlichen Kriterien

- Festlegen der prinzipiellen Lösung (Konzept)
- Freigabe zum Entwerfen

Entwickeln der Baustruktur:
- Grobgestalten: Form geben, Werkstoff wählen, berechnen
- Auswählen geeigneter Grobentwürfe
- Feingestalten des vorläufigen Entwurfs
- Bewerten nach technischen und wirtschaftlichen Kriterien

- Festlegen des vorläufigen Entwurfs
- Freigabe zum abschließenden Gestalten

endgültiges Gestalten der Baustruktur:
- Beseitigen von Schwachstellen
- Kontrollieren auf Fehler
- Störgrößeneinfluss und Kostendeckung
- Erstellen der vorläufigen Stücklisten
- Fertigungs- und Montageanweisungen

- Festlegen des endgültigen Entwurfs
- Freigabe zum Ausarbeiten

Entwickeln der Ausführungs- und Nutzungsunterlagen:
- Ausarbeiten der Fertigungsunterlagen
- Vervollständigen durch Fertigungs-, Montage-, Transport- und Betriebsvorschriften
- Prüfen der Fertigungsunterlagen

- Festlegen der Produktdokumentation
- Freigabe zum Fertigen

Lösung

Information: Anpassen der Anforderungsliste

höherwertig machen, verbessern

Planen und Klären der Aufgabe

Konzipieren

Entwerfen

Ausarbeiten

Optimieren des Prinzips

Optimieren der Gestaltung

Optimieren der Herstellung

Abbildung III-13
Die wichtigsten
Arbeitsschritte bei
der Produktent-
wicklung[37]

Das »*Münchener Vorgehensmodell*«, das hier stellvertretend für viele andere Entwicklungsnetzwer- ke dargestellt wird (Abbildung III-14), enthält die folgenden Schritte:[38]

Münchener Vorgehensmodell

- Ziel planen (Kunden, Märkte, Produkte, Wettbewerber werden analysiert, eine Entwicklungsprognose wird erstellt),
- Ziel analysieren (detaillierte Untersuchung von Funktionen, Normen, Vorschriften, Fertigungsverfahren etc.),
- Problem strukturieren (Entwicklungsschwerpunkte identifizieren, Transparenz schaffen),
- Lösungsideen ermitteln (systematische Ideensuche und -bewertung),
- Eigenschaften ermitteln (Erkennen von Produkteigenschaften und -schwachstellen),
- Entscheidungen herbeiführen (strukturierte Auswahl einer Gestaltungslösung),
- Zielerreichung absichern (präventive Maßnahmen zur Qualitätssicherung, Vermeidung von Imageverlusten und Schadensersatz).

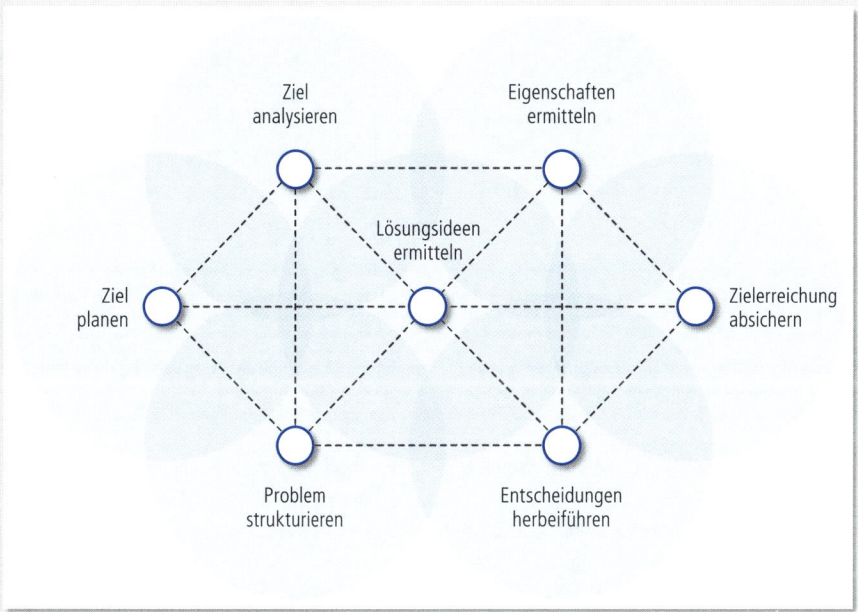

Abbildung III-14 Münchener Vorgehensmodell als Beispiel eines Entwicklungsnetzwerkes[39]

Am Beispiel Entwicklung eines »XC-Crossers, light« unter Plattform-Nutzung (Getriebe-Plattform und Bauteile des XC-Crossers, normal) aus dem Beispiel »Fahrradmarkt« (vgl. Abbildung III-8; Abbildung III-10) wird deutlich, dass nicht alle Wege im Netzwerk des Münchener Vorgehensmodells gegangen werden müssen (Abbildung III-15): Nach Klärung der Marktchancen für ein Light-Modell wird eine Anforderungsliste erstellt, Lösungsideen werden generiert, Eigenschaften der verschiedenen Lösungsalternativen werden untersucht – dieser Weg wird mehrfach gegangen – eine abschließende Entscheidung wird danach herbeigeführt.

Beispiel

37 Pahl, G. et al.: a. a. O., 2003, S. 170.
38 Lindemann, U.: a. a. O., 2009.
39 Lindemann, U.: Methodische Entwicklung technischer Produkte, 3. Auflage. Berlin: Springer, 2009, S. 47.

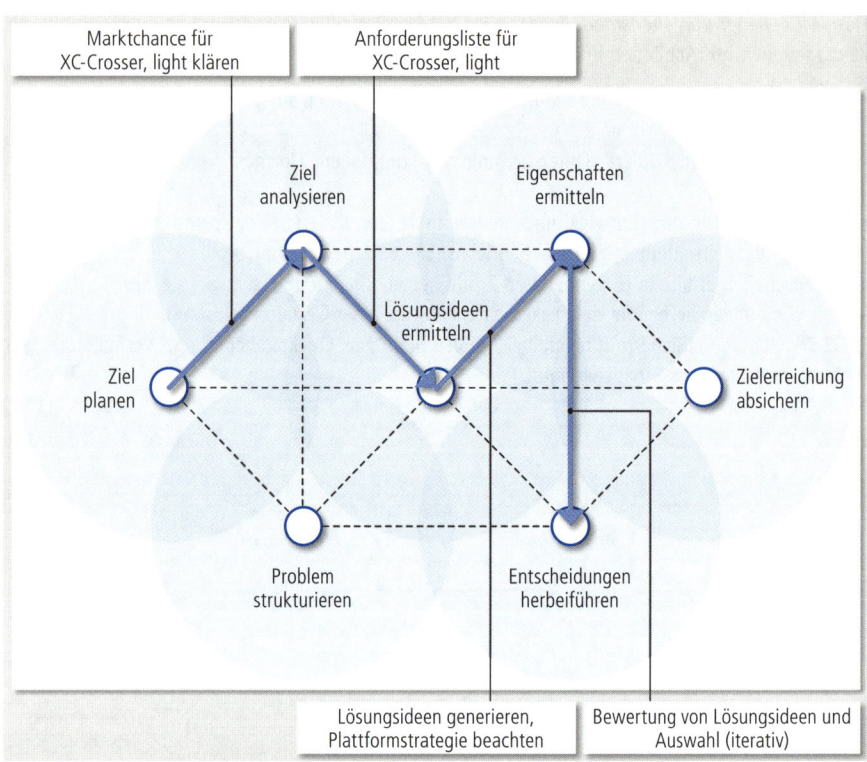

Abbildung III-15 Münchener Vorgehensmodell für die Entwicklung eines XC-Crossers, light aus einem bereits bestehenden Fahrradmodell und unter Nutzung einer Getriebe-Plattform

Das Vorgehensmodell kann auch verschachtelt benutzt werden. So wird z. B. in einem Entwicklungsprozess nach der Generierung von Lösungsalternativen festgestellt, dass zur Ermittlung der Eigenschaften Versuche notwendig sind. Diese können mit Hilfe eines Versuchs-Vorgehensmodells geplant und durchgeführt werden.[40]

2.2.4 Anforderungsliste, Lasten- und Pflichtenheft

Anforderungsliste

Die *Anforderungsliste* ist ein wichtiges Dokument, um die Ergebnisse der Zielanalyse (in Abbildung III-14) festzuhalten und während des jetzt anlaufenden Entwicklungsvorhabens für alle Teammitglieder die wichtigsten Informationen stets präsent zu haben (Abbildung III-16). Oft ist die Anforderungsliste (oder ein Teil davon) Bestandteil des Vertrages mit dem Kunden. Anhand der Anforderungsliste kann die spätere Produktabnahme erfolgen.[41]

Die Anforderungsliste in Abbildung III-16 zeigt am Beispiel Cross-Fahrrad für ausgewählte Baugruppen die zu erfüllenden technischen Bedingungen (»Minimum, Maximum und/oder Mittelwert«). Sie informiert über die Herkunft dieser Anforderungen (»Quelle«) und kennzeichnet farbig nach einem

---

40 Lindemann, U.: a. a. O., 2009, S. 47.
41 DIN 69901-5: Projektmanagement – Projektmanagementsysteme – Teil 5: Begriffe; VDI 2519, Blatt 1: Vorgehensweise bei der Erstellung von Lasten-/Pflichtenheft.

Ampelschema Kosten- und Nutzentrends. Weiterhin ist die Unterscheidung nach den Kategorien »Forderung« oder »Wunsch« möglich.

Die Anforderungen sollen lösungsneutral, positiv formuliert, klar und eindeutig sein.[42] Andere Begriffe für die Anforderungsliste sind:

- *Lastenheft*: Dies ist die Anforderungsliste des Kunden, die bei Auftragserteilung zum Vertragsbestandteil wird.
- *Pflichtenheft*: Das ist die Anforderungsliste des Herstellers. Sie enthält das Lastenheft des Kunden sowie darüber hinaus Pflichten, die aus Fertigungsverfahren, innerbetrieblicher Normung etc. resultieren.

Lastenheft, Pflichtenheft

ID	Kategorie	Quelle	Forderung/ Wunsch	Min.	Mittel	Max.	Beschreibung	Kosten- trend	Nutzen- trend	Bemer- kung
Federgabel	…	…	…	…	…	…	…	…	…	…
	Federweg	Team	F	40 mm		100 mm				
	Right-side-up-Prinzip	Kundenvorschlag	F						hoch	
	Dämpfung	intern	W				open cartridge	niedrig		
	…	…	…	…	…	…	…	…	…	…
Rahmen	Höhe	Marktanalyse	F	440 mm		610 mm				
	Oberrohrlänge	Marktanalyse	F	575 mm		630 mm				
	Kettenstrebenlänge	Marktanalyse	F	440 mm		440 mm				
	…	…	…	…	…	…	…	…	…	…

Abbildung III-16   Auszug aus einer Anforderungsliste

2.2.5 Simultaneous Engineering

Mitte der 1980er-Jahre wurde in vielen Industrieunternehmen immer deutlicher, dass die lange Zeitdauer für die Entwicklung neuer Produkte erhebliche Wettbewerbsnachteile mit sich brachte. Wer mit einem neuen Produkt als erster auf dem Markt erschien, konnte nicht nur größere Marktanteile gewinnen, sondern auch die Preise für sein Produkt wesentlich mitbestimmen. Hinzu kam, dass in vielen Bereichen die Produktlebenszyklen durch die zunehmende Entwicklung neuer Technologien und Fertigungsverfahren immer kürzer wurden. So tat sich eine gefährliche Kluft zwischen der viel zu langen Produktentwicklungszeit und der nachfolgenden Lebensdauer des Produkts auf.[43]

Produktlebenszyklus

Abbildung III-17 zeigt das »Aneinander-vorbei-Arbeiten« – das im PEP häufig anzutreffen ist – und die vielen, zum großen Teil unnötigen Entwicklungsschleifen (oberer Teil der Abbildung) und die Potenziale zur Zeiteinsparung (unterer Teil der Abbildung).

Zunächst versuchten viele Unternehmen, durch die datentechnische Vernetzung in der Produktion unter früher Einbeziehung der Daten aus der Konstruktion die Produktentstehungszeiten abzukürzen, was jedoch nur begrenzt möglich war, da die Ursachen langer Entwicklungszeiten nur zum geringen Teil beseitigt wurden. Diese CIM-Strategien (CIM = Computer Integrated Manufacturing) waren jedoch eine wichtige Voraussetzung für die grundlegende organisatorische Änderung der Entwicklungsabläufe im Sinne von Simultaneous Engineering (SE).

CIM-Strategien

---

42 Lindemann, U.: a.a.O., 2009.
43 Zu diesem Abschnitt vgl. Landau, K.; Hellwig, R.: Projektmanagement – Grundlagen und Anwendungen. Stuttgart: Ergonomia, 2004.

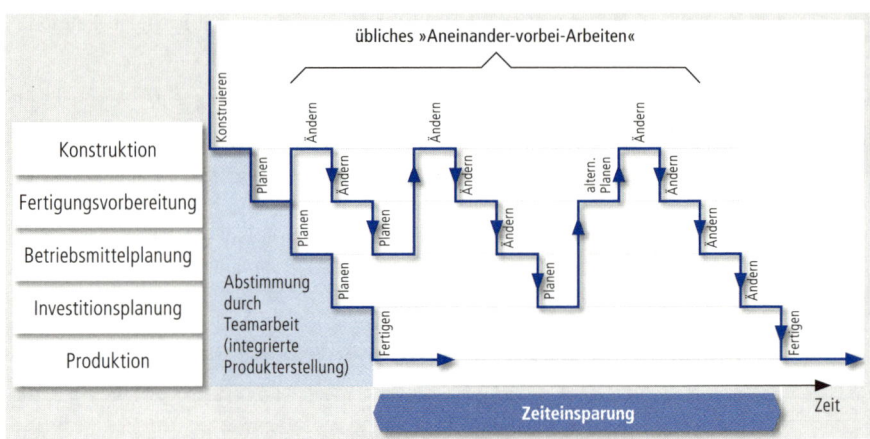

Abbildung III-17   Potenziale für Zeit- und Kosteneinsparung[44]

Parallelisierung

Heute wird SE in vielen Firmen angewendet, vor allem in der Automobilindustrie, wobei insbesondere die vielen Systempartner (Zulieferer) sehr frühzeitig mit in die Entwicklung einbezogen werden. Jedoch muss man bei genauer Analyse der dort praktizierten Abläufe feststellen, dass man unter SE lediglich die Parallelisierung der Entwicklungsphasen versteht. Das ist jedoch nur die halbe Wahrheit, denn der gesamtheitliche, professionelle Ansatz von SE beinhaltet auch die Optimierung der gesamten Prozesskette auf den verschiedensten Ebenen, was automatisch zur Umstellung von Arbeitsabläufen innerhalb einzelner Bereiche und innerhalb der Projektphasen führt. Daher haben viele Unternehmen, die bereits SE anwenden, noch weitere, nicht ausgeschöpfte Möglichkeiten (von erfahrungsgemäß etwa 20 bis 30 %), um ihre Produktentwicklungszeiten zu verkürzen.

Meilensteine

Das Simultaneous Engineering wird durch das *wegmarkenorientierte* Entwickeln vervollständigt: An den definierten Wegmarken (Meilensteinen) wird über die Gewerke hinweg der Reifegrad des Produkts gemessen. Der Fachbegriff hierfür ist *Maturity Driven Engineering*. Im SE-Projektteam werden schon zu Beginn der Entwicklungsarbeit die den Reifegrad treibenden Informationen identifiziert und im Laufe des Projektfortschrittes auch den Beteiligten verfügbar gemacht. Es ist zulässig, auch »unreife« Informationen zwischen Teams auszutauschen, da diese oft nur die einzigen Datenquellen sind, um anstehende Entwicklungsschritte nicht zu verzögern.

2.2.6 Rapid Prototyping und Virtual Reality

Neben Simultaneous Engineering kann der PEP – und damit auch die Zeit bis zum Markteintritt des Produkts bzw. der Baureihe – noch durch eine Reihe weiterer Techniken verkürzt bzw. optimiert werden. Eine Reihe schillernder englischer Begriffe – von *Rapid Prototyping* bis hin zu *E-Manufacturing* – hat sich eingebürgert.

---

44 Vgl. Ehrlenspiel, K.: Integrierte Produktentwicklung, 2., überarbeitete Auflage. München, Wien: Hanser Verlag, 2003.

Zunächst geht es um den möglichst schnellen Muster-, Modell- und *Prototypenbau*. Der Akzent liegt hier auf dem gegenständlichen Modell, das im PEP folgende Vorteile bietet:

Prototypenbau

- schnelle Verfügbarkeit für die Erprobung, Evaluierung, Optimierung und Freigabe,
- bessere Berücksichtigung sich verändernder Kundenwünsche,
- Unterstützung bei der Vermarktung,
- kurzfristige Einzel- und Kleinserienfertigung,
- Realisierung hochkomplexer Bauteile,
- Wegfall von (kundengebundenen) Werkzeugen,
- Verringerung von Herstell- und Montagezeiten für *Prototypen*,[45]
- durchgängig digitale Produktbeschreibung und -herstellung.

Das *Rapid Prototyping* (deutsch: schneller Prototypenbau) ist ein generatives Herstellverfahren von Musterbauteilen und Modellen. Es setzt ein vollständiges 3-D-Geometriemodell sowie weitere Konstruktionsdaten des Objektes voraus.

Rapid Prototyping

Prototypen werden mit Urformverfahren, die das Werkstück schichtweise aus formlosem oder formneutralem Material unter Nutzung physikalischer und/oder chemischer Effekte aufgebaut. Von besonderer Bedeutung haben sich in der letzten Dekade die Stereo-Lithografie und das Laser-Sintern erwiesen.

In der *Stereolithographie* wird ein lichtaushärtender Kunststoff (flüssiges Epoxidharz oder Acrylharz) von einem Laser Schicht um Schicht ausgehärtet. Der Laserstrahl wird durch die geometrischen Steuerdaten, die aus den 3-D-CAD-Daten des Werkstücks generiert wurden, geführt. Gegebenenfalls müssen Stützkonstruktionen hinzugefügt werden, um z. B. Überhänge erzeugen zu können. Die Stereolithographie ermöglicht sehr präzise Fertigung mit sehr feinen Strukturen (Details bis zu 0,02 mm) und glatten Oberflächen, können aber bezüglich Temperaturbeständigkeit und mechanischer Belastbarkeit Defizite gegenüber Prototypen haben, die lasergesintert wurden.

Stereolithographie

Beim *Laser-Sintern* erhitzt und schmilzt ein Laserstrahl einen pulverförmigen Werkstoff (z. B. Polyamid 12). Die Pulverpartikel werden durch Anschmelzen miteinander verbunden und bilden eine Schicht des späteren Bauteils. Durch die Körnigkeit des Pulvers ergeben sich aber rauere Oberflächen als bei der Stereolithografie. Laser-Sinter-Prototypen sind dafür jedoch temperaturbeständiger und belastbarer.

Laser-Sintern

Eine Reihe weiterer Verfahren wird für das Rapid Prototyping benutzt, z. B. Lasergenerieren, Fused und Laminated Deposition Modeling, 3-D-Printing.[46] Alle diese Entwicklungen können unter der Überschrift Rapid Product Development zusammengefasst werden.

Über den PEP hinaus können diese Verfahren, insbesondere das Laser-Sintern, auch für die Herstellung von individualisierten Kleinstserien (»Mass Customization«, Rapid Manufacturing) herangezogen werden.

Prototypen müssen nicht unbedingt gegenständlich sein – auch eine Softwarelösung kann ein Prototyp sein. So ist in der Datenverarbeitung das Prototyping eine Methode der Softwareentwicklung, die – ebenso wie oben für den PEP ausgeführt – schnell zu einer dem Kunden vorzeigbaren Oberfläche führt und damit frühzeitiges Feedback bezüglich der gewählten Lösung gestattet. Nach Freigabe z. B. der Benutzeroberfläche und des Programmablaufs erfolgt die weitere Produktentwicklung iterativ.

Softwarelösung

---

45 Unter einem Prototyp versteht man ein voll oder teilweise funktionsfähiges, möglicherweise vereinfachtes Versuchsmodell eines geplanten Produkts oder Bauteils.
46 Vgl. Gebhardt, A.: Rapid Prototyping – Werkzeuge für die schnelle Produktentstehung, 2. Auflage. München: Hanser, 2000.

Virtuelle Produkt-entwicklungsmethoden

In einer Reihe von Branchen ist heute das Product Engineering ohne die virtuellen Produktentwicklungsmethoden nicht mehr denkbar. Dies trifft vor allem auf den Fahrzeugbau und die Luft- und Raumfahrtindustrie zu. In bestimmten Anwendungsbereichen kann ganz auf gegenständliche Prototypen zugunsten virtueller Prototypen verzichtet werden. Ebenso sind aber auch Zwischenformen von gegenständlichem und virtuellem Prototyp im Sinne von Augmented Reality oder Mixed Reality möglich. Allerdings ist die Generierung virtueller Prototypen methodisch sehr anspruchsvoll. Vor allem in KMUs kann nicht davon ausgegangen werden, dass die DV- und Simulations-Qualifikation der Mitarbeiter im Product Engineering vorhanden ist.

Simulationswerkzeuge

Zu den virtuellen Produktentwicklungsmethoden gehören auch *Simulationswerkzeuge* und *Finite-Elemente-Modelle*, mit deren Hilfe eine Leistungsprüfung der neu konstruierten Bauteile und -gruppen auf der Basis der CAD-Daten vorgenommen werden kann.

Ein *Digital Mock-Up* (digitale Nachbildung) stellt Methoden und Funktionen bereit, um eine vollständig digital repräsentierte Produktbeschreibung handhaben, darstellen und analysieren zu können.[47]

Prototypen von Produkten mit eigener Software können mit Hardware-in-the-Loop-Simulation frühzeitig getestet werden. Zahlreiche Beispiele aus dem Automobilbau und der Zulieferindustrie, z. B. elektro-hydraulische Bremssysteme oder radargestützte Tempomaten, belegen die Funktionsfähigkeit und die Ökonomie dieses Product-Engineering-Ansatzes.

Am anspruchsvollsten ist die Generierung einer virtuellen Realität und die Einbettung eines neu entwickelten Produkts in eine dreidimensionale Computergrafik, die auf Aktionen des Nutzers, wie beispielsweise Kopf- und Handbewegungen, Gesten und verbale Kommandos reagiert. Das Produkt besitzt dann Echtzeit-Interaktivität, d. h. Nutzeraktionen führen ohne wahrnehmbare Zeitverzögerung zur Applikation des Produkts in der zu erwartenden Nutzungsumgebung. Man spricht hier von Immersion, d. h. dem Gefühl des direkten Einbezogenseins in die Umgebung.[48]

2.3 Modulare Produktstrukturen

2.3.1 Produktstruktur

Eine *Produktstruktur* wird durch die Zusammensetzung eines Erzeugnisses aus Elementen (Teile und Baugruppen) und die Zuordnung der Elemente zueinander gekennzeichnet. Die Entscheidung für eine bestimmte Produktstruktur impliziert Kostenwirkungen und hat immense strategische Bedeutung für das Unternehmen. Die Erzeugnisgliederung ist das Abbild einer Produktstruktur.

Integrale und differentiale Bauweisen

Zunächst unterscheidet man grundsätzlich *integrale und differentiale Bauweisen*. Bei der integralen Bauweise besteht das gesamte Bauteil aus einem einzigen Teil, während bei der differentialen Bauweise die Strukturen aus Einzelkomponenten gefügt werden. Integrale Bauteile sind gewöhnlich weniger fehleranfällig, weniger korrosionsanfällig und haben – wegen des durchgängigen Stoffschlusses – auch die bessere Wärmeleitfähigkeit. Differentiale Bauweisen weisen demgegenüber Nachteile auf, haben vor allem auch lokale, unerwünschte Spannungskonzentrationen. Allerdings können bei differentialer Bauweise öfter Gleichteile verwendet werden, was durch Skaleneffekte[49] zur Senkung

---

47 Pahl, G. et al.: a. a. O., 2003.
48 Auf Aspekte der Usability – allein aus der Sicht des späteren Nutzers – gehen wir über die Betrachtungen in Teil II, Abschnitt 2.2.4 hinaus nicht ein. Stattdessen sei z. B. verwiesen auf Jordan, P. W.: An Introduction to Usability. London: Taylor&Francis, 1998.
49 Kostenersparnisse, die bei gegebener Produktionstechnik infolge konstanter Fixkosten auftreten, wenn die Ausbringungsmenge wächst.

der Herstellkosten führen kann. Das Fertigprodukt entsteht daher erst am Ende der Prozesskette bei der Montage.

Differentiale Bauweise begünstigt die *Variantenvielfalt*. Durch Variantenvielfalt sollen neue Kunden-   *Variantenvielfalt*
gruppen erschlossen und die Anwendungsbreite des Produkts erhöht werden. Die Produktstruktu-
rierung in vormontierbare und vorprüfbare Baugruppen erleichtert die Endmontage, verkürzt Liefer-
zeiten und verringert durch bessere Austauschbarkeit von Teilen die Instandhaltung. Viele Varianten
bedeuten aber auch:

- höherer Aufwand im Einkauf,
- erhöhter Pflegeaufwand für Zeichnungen, Stücklisten und Prüfpläne,
- Verbreiterung der Mitarbeiter-Schulung,
- gegebenenfalls höhere Lagerkosten.[50]

Die Variantenvielfalt von Produkten kann durch verschiedene *Produktstrukturkonzepte* erreicht wer-   *Produktstruktur-*
den (vgl. z. B. Abbildung III-18):   *konzepte*

- Module,
- Baureihen,
- Baukästen,
- Pakete,
- Plattformen.

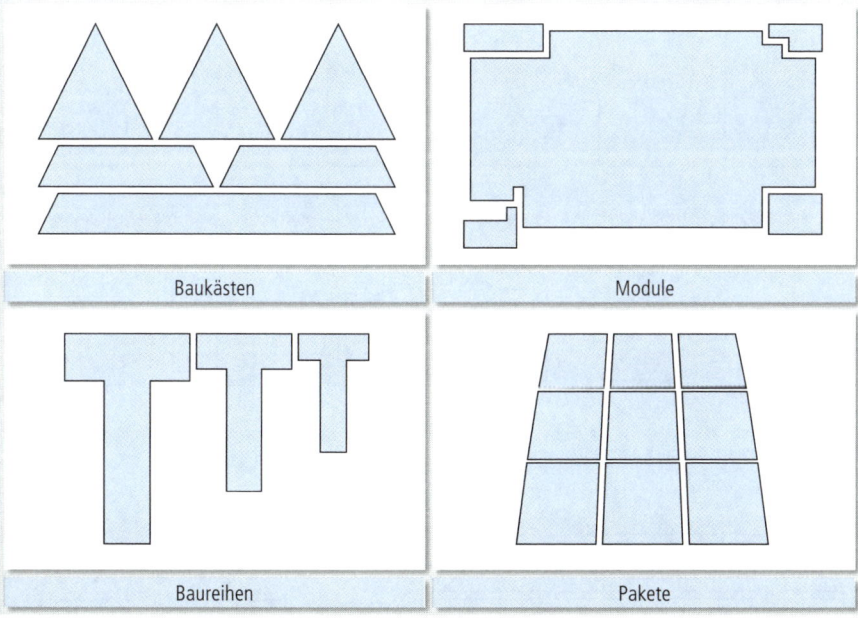

Abbildung III-18   Strukturtypen[51]

50 In der Automobilindustrie rechnet man damit, dass etwa 20 % der Gesamtkosten durch die Variantenvielfalt entstehen.
51 Schuh, G.: Gestaltung und Bewertung von Produktvarianten. Fortschritt-Berichte VDI, Reihe 2. Düsseldorf: VDI, 1989.

2.3.2 Module

Die verschiedenartige Kombinierbarkeit von Teilen oder Baugruppen kann durch *Module* ermöglicht werden. Module sind Anbauteile mit unterschiedlichen Funktionen aber einheitlichen Schnittstellen.[52] Die Modulbauweise findet man insbesondere in der Elektrotechnik. Im Automobilbau versteht man unter Modulbauweise etwas anderes: Durch Auslagerung von Baugruppen aus der Bandmontage in den Vormontagebereich wird die Bandmontage übersichtlicher. Module können u. U. an anderen Standorten kostengünstiger gefertigt werden.

Modularität kann auf verschiedene Weise erreicht werden (Abbildung III-19):

1. Modularität durch Gemeinsamkeit von Bauteilen: Die gleichen Bauteile werden in verschiedenen Produkten eingesetzt – Kostensenkung durch Skaleneffekte;
2. Modularität durch Austausch von Bestandteilen: Standard-Ausgangsprodukt mit verschiedenartigen Anbauteilen;
3. Modularität durch passenden Zuschnitt: Teile können in Größe variieren, ohne die Schnittstellen zu beeinflussen;
4. Mischmodularität: Gemenge von verschiedenen Substanzen (z. B. Farben);
5. Bus-Modularität: Eine Grundstruktur (Bus) wird mit verschiedensten Bauteilen gekoppelt;
6. Teil-Modularität: Wie (1) und (2), der Umfang des Produkts ist jedoch nicht von vornherein definiert.[53]

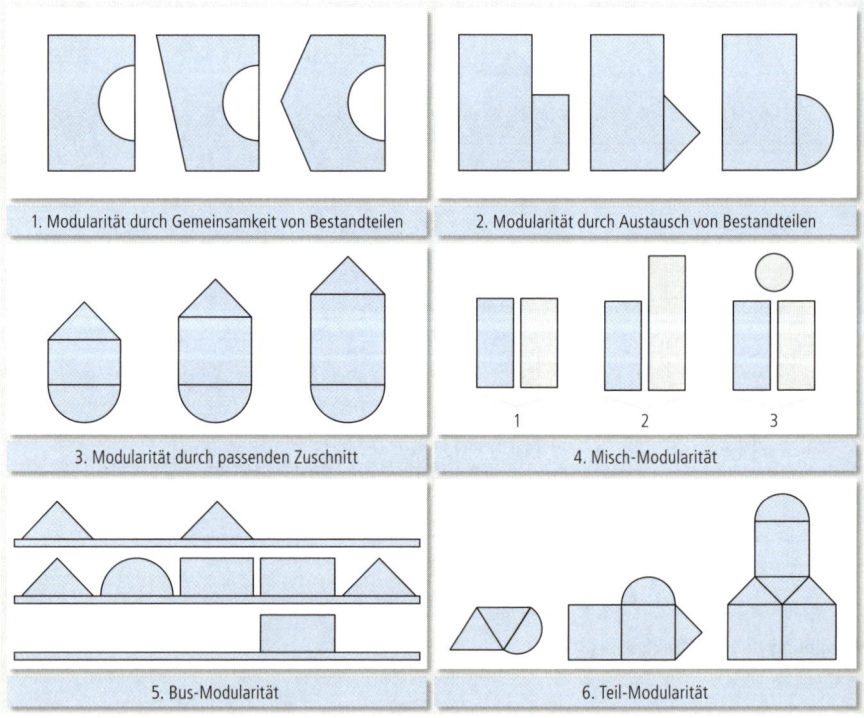

1. Modularität durch Gemeinsamkeit von Bestandteilen	2. Modularität durch Austausch von Bestandteilen
3. Modularität durch passenden Zuschnitt	4. Misch-Modularität
5. Bus-Modularität	6. Teil-Modularität

Abbildung III-19   Verschiedene Arten von Modularität[54]

52 Rapp, T.: Produktstrukturierung. Norderstedt: Books on Demand, 2010, S. 52–55.
53 Hinweis: Produkte können u. U. mehreren Modularitätstypen zugeordnet werden.
54 Pine, B. J.: Maßgeschneiderte Massenfertigung: Neue Dimensionen im Wettbewerb. Wien: Überreuter, 1994.

In den meisten Fällen versucht man, durch Gleichteile und Normteile Skaleneffekte zu erzielen und gleichzeitig auch Ersatzteilwesen und Instandhaltung zu vereinfachen. Die Bildung von Teilefamilien hat für das *Wertstromdesign* Bedeutung (vgl. Abschnitt 2.1.1).

2.3.3 Baureihen und Baukästen

Unter einer *Baureihe* versteht man Elemente einer technischen Gesamtlösung, die dieselbe Funktion in mehreren Größenstufen bei möglichst ähnlicher Fertigung erfüllen.

Ausgangspunkt ist ein Grundentwurf, aus dem dann auf der Basis von Ähnlichkeitsgesetzen Folge-entwürfe abgeleitet werden. Nach Möglichkeit werden dezimalgeometrische Normzahlreihen zur Größenstufung herangezogen. Übergeordnete Aufgabenstellungen oder Wirtschaftlichkeitserwägungen machen oft geometrisch ähnliche Baureihen mit dezimal-geometrischer Stufung unmöglich (z. B. wachsen Bediener nicht mit der Größe der Anlage mit). In solchen Fällen werden dann halbähnliche Baureihen entwickelt.[55]

Baureihen werden oft bei anspruchsvollen Konstruktionen im Maschinen- und Anlagenbau gebildet.

Ebenso wie Baureihenentwicklung und -produktion zu deutlichen Produktivitätsverbesserungen bei ein und derselben technischen Funktion führt, haben *Baukastensysteme* Produktivitätswirkungen bei der Realisierung verschiedener technischer Funktionen.

Unter einem Baukastensystem versteht man eine technische Gesamtlösung, mit deren Hilfe Bauteile, Baugruppen, Vor- und Endprodukte durch Kombination für unterschiedliche Zwecke verwendet werden können. Baukästen stellen eine Erweiterung des Modulprinzips dar. Eine bestimmte Funktionsvariante wird also durch Kombination von Funktionsbausteinen erfüllt.

Damit werden zwar der konstruktive Aufwand und die Gestaltung der Fertigungsprozesse nicht immer vereinfacht, Vermarktungsmöglichkeit und Service jedoch erheblich erweitert bzw. verbessert:

- es können möglichst viel Wiederholteile entstehen,
- mit steigender Losgröße ist der Übergang zur Großserien- oder Massenfertigung möglich,
- anstelle von Universalmaschinen können hochleistungsfähige Spezialmaschinen eingesetzt werden,
- Umrüstvorgänge werden reduziert bzw. vereinfacht,
- die Lagerhaltung von Ersatzteilen wird vereinfacht,[56]
- die Einarbeitung des Servicepersonals wird vereinfacht.

Abbildung III-20 zeigt als Beispiel ein *Baukastensystem* aus vier Motortypen, die einen großen Leistungsbereich abdecken (unterer Teil der Abbildung); die oben dargestellten Bausteine bilden fünf Stator- und Rotorgrößen mit vier Wellendurchmessern.

Für Hersteller und Käufer dieses Motortypen-Baukastensystems ergeben sich Vorteile und Nachteile, die Vorteile überwiegen jedoch im Regelfall deutlich (vgl. Abbildung III-21).

Baureihe *(Marginalie)*

Baukastensystem *(Marginalie)*

---

55 Vertiefende Darstellung von Baureihen und Baukästen findet man bei Pahl, G. et al.: a. a. O., 2003.
56 In der Förder- und Materialflusstechnik gibt es eine Fülle von Baukastenlösungen für Logistikanwendungen, auf die hier nicht näher eingegangen wird. Stattdessen sei auf Abschnitt 6.7 verwiesen.

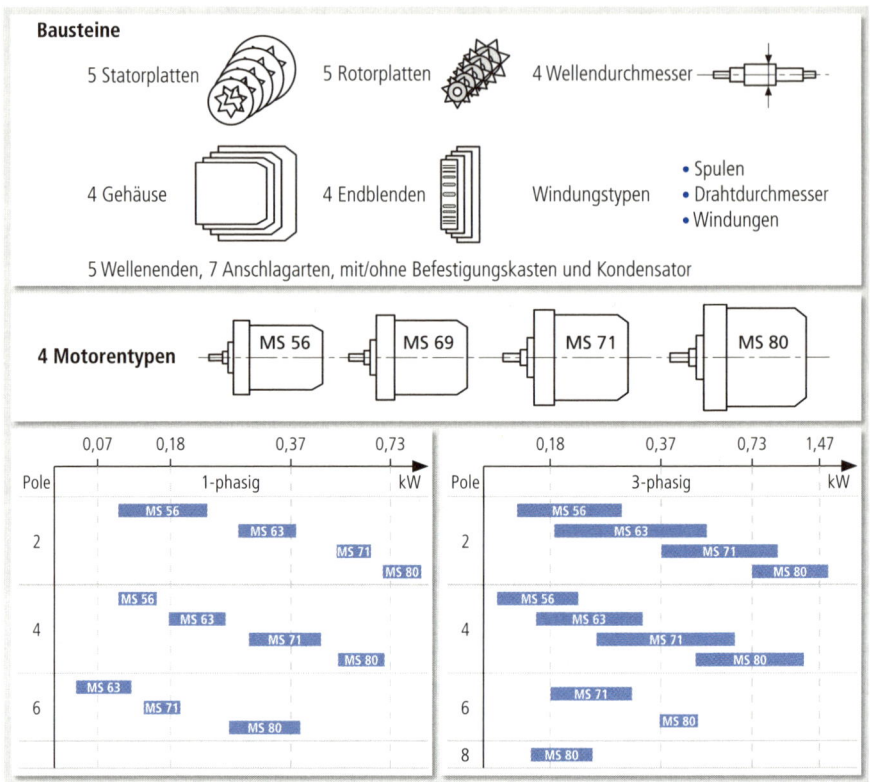

Abbildung III-20 Baukastensystem aus vier Motortypen[57]

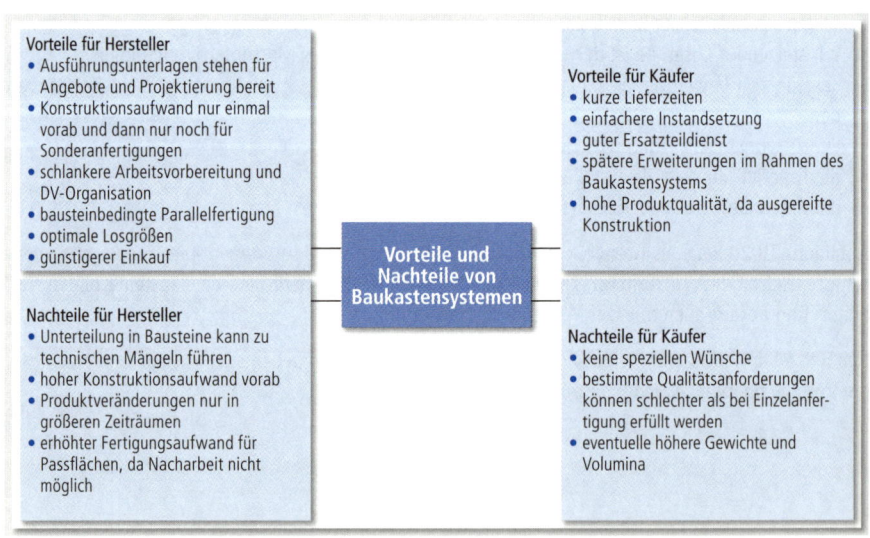

Abbildung III-21 Vor- und Nachteile eines Baukastensystems für Hersteller und Käufer[58]

57 Vgl. Andreasen, M. M. et al.: a.a.O., 1985, S. 116.
58 Vgl. Pahl, G. et al.: a.a.O., 2003.

Abbildung III-22 zeigt zunächst Baukastensysteme für einfache Konstruktionen auf, die noch nicht dezimalgeometrischen Normzahlreihen zur Größenstufung genügen, jedoch bereits die Handhabung durch den Werker erheblich erleichtern können.

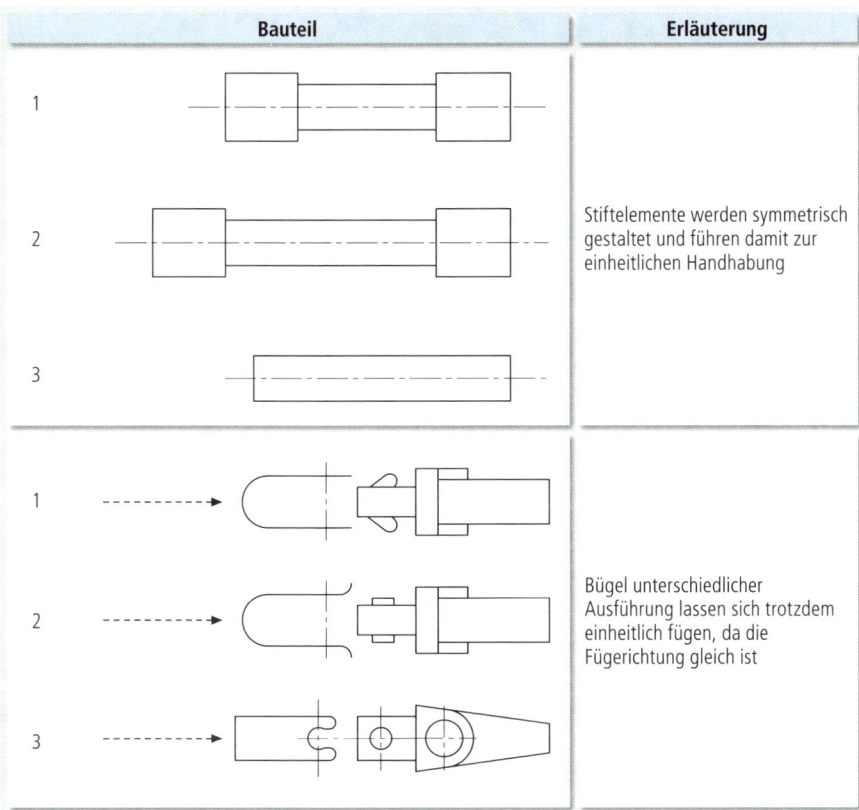

Bauteil	Erläuterung
1	
2	Stiftelemente werden symmetrisch gestaltet und führen damit zur einheitlichen Handhabung
3	
1	
2	Bügel unterschiedlicher Ausführung lassen sich trotzdem einheitlich fügen, da die Fügerichtung gleich ist
3	

Abbildung III-22 Beispiele für Bauelementfamilien[59]

2.3.4 Variantenzahl

Die Variantenvielfalt eines Erzeugnisses kann man mit einem Variantenbaum darstellen. Am Beispiel »Auspuffkrümmer« wird die Vorgehensweise deutlich (Abbildung III-23).[60] Die drei technischen Merkmale »Lenkseite«, »Abgasreinigung« und »Getriebeart« lassen insgesamt zwar acht Varianten zu, aber nicht alle Kombinationsmöglichkeiten werden auch tatsächlich realisiert; zum Beispiel werden Fahrzeuge ohne Katalysator nur als Rechtslenker angeboten.

Ausgangspunkt ist eine Maximalstückliste (vgl. Abschnitt 3.1.3), die Muss-Teile und Kann-Teile enthält. Muss-Teile können Standardteile sein, die immer verbaut werden, und Variantenteile, die ebenfalls immer, aber in unterschiedlichen Ausführungen vorkommen. Kann-Teile können nur in einer Ausführung oder in verschiedenen Ausführungen enthalten sein.

Variantenbaum

---

59 Vgl. Bürger, E.: a.a.O., 1986, S. 24.
60 Rapp, T.: a.a.O., 2010.

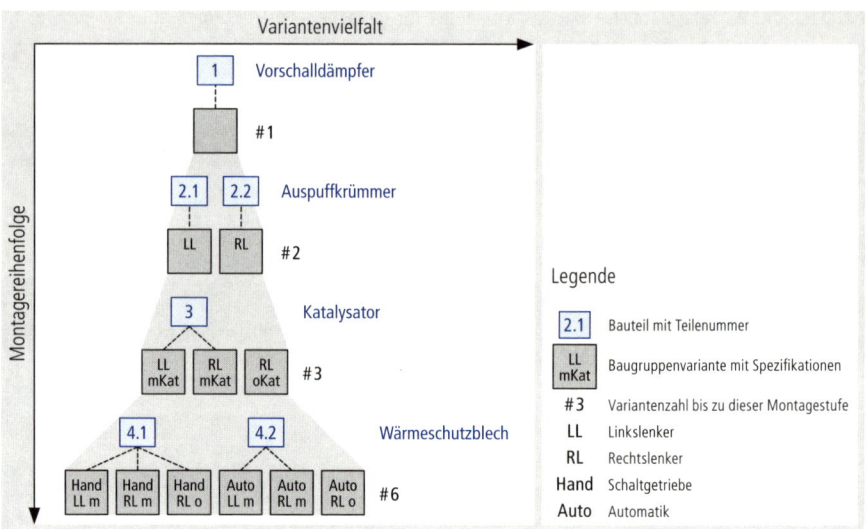

Abbildung III-23 Variantenbaum einer Pkw-Auspuffanlage[61]

Mit der Zahl der *Varianten* ist ein hyperbolischer Anstieg der Prozesskosten zu erwarten. Am Beispiel »Außenspiegel Pkw« wird deutlich, wie sich die Zahl der Varianten auf die Kosten auswirkt – selbst wenn eine Baukastenlösung (Abschnitt 2.3.3) angestrebt wird (Abbildung III-24).

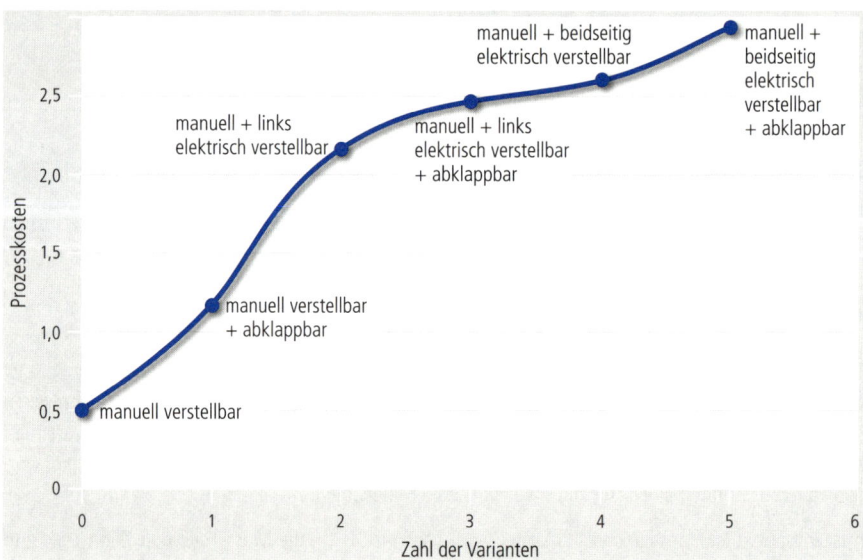

Abbildung III-24 Einfluss der Variantenzahl auf die Prozesskosten am Beispiel »Pkw-Außenspiegel«

61 Rapp, T.: a. a. O., 2010, S. 109.

Es ist also sinnvoll, die Varianten, die am Markt angeboten werden, zu reduzieren. Um solche Varianten zu lokalisieren, die künftig nicht mehr angeboten werden, gilt folgende Prüfliste:[62]

1. Verwendung
   - Absolute Variantenzahl eines Produkts
   - Anzahl neuer Varianten pro Jahr
   - Durchschnittlicher Verbrauch der Varianten
   - Durchschnittlicher Verbrauch der Varianten als Ersatzteile
2. Kosten
   - Durchschnittliche Kosten der Varianten
   - Kostenreduzierungspotenzial
3. Geometrie
   - Ähnlichkeit der Varianten
4. Werkstoff
   - Anzahl der Werkstoffvarianten
5. Technik
   - Weiterentwicklungspotenzial
   - Schwachstellen
6. Produktion
   - Durchschnittliche Losgröße
   - Lagerhaltung
7. Kunde
   - Häufigkeit »exotischer« Kundenwünsche
   - Markttrends

Prüfliste Variantenzahl

Auf die Kostenkurve in Abbildung III-24 sowie auch auf die Prüfliste zur Reduktion der Variantenzahl wirken sich nur die tatsächlich aktiven Varianten aus. Die Reduzierung passiver Varianten – also der »Karteileichen« ohne Kundennachfrage – macht sich dagegen kaum bemerkbar. Hier fallen lediglich zum Entwicklungsbeginn Einmalkosten an. Das Einsparpotenzial bei den laufenden Kosten ist gering.

Passive Varianten

Die Variantenreduzierung ist vor allem ein Thema für KVP-Teams, die z. B. im Rahmen des Simultaneous Engineering eingesetzt werden (vgl. Abschnitt 2.2.5).

Gegenüber einem Ist-Zustand mit den Kosten K_1 und der Variantenzahl V_1 können die Kosten im verbesserten Zustand K_2 mit weniger Varianten V_2 folgendermaßen abgeschätzt werden:

$$K_2 = K_1 \left\{ \frac{V_2}{V_1} \right\} \cdot \lambda$$

λ liegt zwischen 0,23 und 0,42, durchschnittlich bei 0,32.[63]

Wird also ein Produkt anstatt in zehn Varianten nur in acht Varianten produziert, dann ist mit einem Rückgang der Kosten von 100 % auf etwa 93 % zu rechnen.

Besonders aus der Automobilindustrie ist das Paketprinzip bekannt. *Pakete* setzen sich aus Anbauteilen für verschiedene Ausstattungen und Funktionen zusammen, die jeweils nur gemeinsam, nicht aber in einem anderen Paket auftreten.[64]

Paketprinzip

62　Kohlhase, N.; Schnorr, R.; Schlücker, E.: Reduzierung der Variantenvielfalt in der Einzel- und Kleinserienfertigung. In: Konstruktion, 50, 1998, 6, S. 15–21.
63　Kohlhase, N. et al.: a. a. O., 1998, S. 17.
64　Rapp, T.: a. a. O., 2010, S. 73.

Die Kombinationsmöglichkeiten des Käufers werden dadurch eingeschränkt. Pakete senken also die Variantenvielfalt, sie sind die Umkehrung der Modularisierung.

2.3.5 Plattformkonzepte

Plattform

Unter einer *Plattform* versteht man einen Satz von Subsystemen und Schnittstellen, die eine gemeinsame Struktur bilden. Aus dieser Struktur können Produkte abgeleitet und produziert werden.[65] Durch Vorausplanung von Produktfamilien kann der Gleichteileanteil über die verschiedenen Produktvarianten erhöht werden. Baugruppen können über mehrere Produktgenerationen eingesetzt und der Innovationszyklus kann dadurch verkürzt werden.[66]

Nicht nur die Automobilindustrie, sondern auch die Konsumgüterindustrie, die Elektrotechnik sowie der allgemeine Maschinenbau haben mit Plattformkonzepten in Vergangenheit und Gegenwart bedeutsame Skaleneffekte realisiert. Die Ziele hierbei sind:

- Mehrfachverwendbarkeit innerhalb des Unternehmens oder über das Unternehmen hinaus,
- Anschlussfähigkeit verschiedener Baugruppen an die Plattform.

Die dadurch entstehenden Vorteile sind mannigfaltig: Die Zahl der zu produzierenden Varianten wird herabgesetzt, die unternehmenseigene Standardisierung wird forciert, Investitionen in weitere Betriebsmittel entfallen, Qualitäts- und Instandhaltungskosten sinken u. a.

In der Automobilindustrie können Plattformen für mehrere Marken eines Herstellers, aber auch für andere Unternehmen im Konzernverbund verwendet werden. Oft werden annähernd gleiche Fahrzeuge unter ganz verschiedenen Marken angeboten (*Badge Engineering* – Beispiel: nur Kühlergrill, Scheinwerfer und Logo sind unterschiedlich).

Der VW-Konzern ist mit seinem Plattformkonzept führend. Zum Beispiel steht die Plattform PQ35 für

P = Plattform

Q = Einbaulage des Motors; hier quer

3 = Fahrzeugklasse; hier Kompaktklasse (»Golfklasse«)

5 = Entwicklungsstand; hier 5. Generation

Die Plattform beinhaltet außer der Rohkarosse fast alle technisch anspruchsvollen Teile von Motor über Getriebe bis zur Verkabelung. Eine besonders hohe Zahl von Gleichteilen innerhalb des Konzerns ist die Folge dieses Konzepts.

---

65 Meyer, M.; Lehnerd, A. P.: The power of product platforms. New York: Free Press, 1997.
66 Rapp, T.: a. a. O., 2010, S. 73.

2.4   Fertigungsgerechtes Konstruieren

2.4.1   Kostenwirkungen

Die Nutzung von Zeit- und Kostendaten in der Produktentwicklung und der Prozessplanung ist mit entscheidend für den wirtschaftlichen Erfolg eines Produkts (Abbildung III-25). Etwa 80 % der Kosten sind nach Abschluss der Produktentwicklung und Prozessplanung festgelegt. Werkzeugen, die in der frühen Phase der Produktentwicklung eingesetzt werden, kommt daher eine hohe Bedeutung zu.[67]

Zeit- und Kostendaten

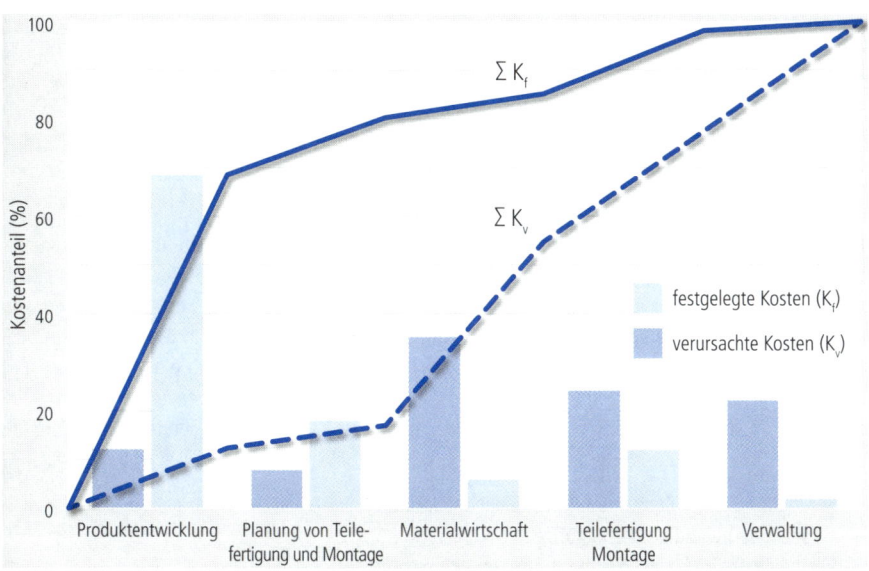

Abbildung III-25   Zusammenhang zwischen Kostenverantwortung und Kostenentstehung[68]

Abbildung III-25 weist auf die Kostenwirkungen hin, die in der frühen Phase durch Product Engineering erzielt werden können. Eine geringere Zahl von Bauteilen und vereinfachte Montageprozesse führen zu einer ganzen Reihe von Einsparungen, die allerdings nicht immer genau in ihrer Höhe beziffert werden können (vgl. Abbildung III-26).

Der aus IE-Sicht wichtigste Aspekt der Produktentwicklung ist die Fertigungsgerechtheit. Eine fertigungsgerechte Produktentwicklung schöpft Kostenreserven systematisch aus durch produktionsgerechte Konstruktion (ProKon). Zwar existieren bereits seit den 1970er-Jahren Unterstützungsmethoden wie *Design for assembly* (DFA), *Design for automatic assembly* (DFAA) oder *Design for manufacturing* (DFM)[69], es zeigte sich jedoch, dass die Anwendung dieser Methoden in der täglichen Praxis umständlich und aufwändig ist. Mit der produktionsgerechten Konstruktion (ProKon) ist dagegen eine praxisorientiertere Methode entstanden, welche auch rechnerunterstützt ein bedeutsames Rationalisierungspotenzial in der montagegerechten Konstruktion bietet.[70]

Fertigungsgerechte Produktentwicklung

67 Picker, C.: Prospektive Zeitbestimmung für nichtwertschöpfende Montagetätigkeiten. Dissertation, Universität Dortmund, 2006.
68 VDI 2234, Wirtschaftliche Grundlagen für den Konstrukteur, 5.
69 Vgl. z.B. Boothroyd, G.; Dewhurst, P.; Knight, W.: Product design for manufacture and assembly. New York: Marcel Dekker, 1994.
70 Klein, B.; Sanzenbacher, G.: Kostenreserven ausschöpfen durch produktionsgerechte Konstruktion (ProKon). In: Konstruktion, 2008, 4, S. 1–6.

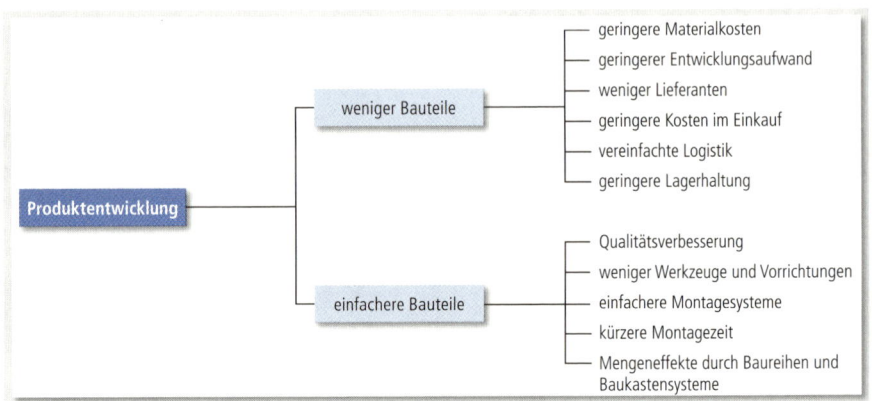

Abbildung III-26   Kostensenkungspotenzial in der Produktentwicklung

Herstellkosten

Die späteren *Herstellkosten* eines Produkts werden vor allem durch die konstruktive und fertigungstechnische Komplexität bestimmt. Leicht können die Montagekosten bis zu 50 % der Fertigungskosten ausmachen. Dies vor allem dann, wenn die Anzahl der Wirkflächen, der Funktionsbeziehungen und Systemzustände die konstruktive und fertigungstechnische Komplexität in die Höhe treibt. »Lineares Denken« der Konstrukteure – also jede erforderliche Funktion wird mit einem separaten Teil umgesetzt – führt zu ansteigenden Teilzahlen und damit erheblichen Herstellkosten. Fertigungstechnische Produktentwicklung mit *ProKon* setzt dagegen eine Reihe grundlegender Richtlinien um:

- Minimiere die Zahl der Teile und Baugruppen.
- Sorge für einfache Zusammenführung bei der Montage.
- Vermeide aufwändige Befestigungen.
- Vermeide Teile, die als Wirrgut gelagert werden (müssen).
- Bevorzuge symmetrische Teile.
- Unterstütze die visuelle und taktile Orientierung durch entsprechende Formgebung.

Teilezahl

Es geht also darum, einzelne Funktionen zusammenzufassen, um damit Funktionsträger im Produkt überflüssig zu machen. Es kann eine Hilfe sein, die theoretisch minimale *Teilezahl* zu ermitteln[71], wenngleich dieses Minimum in der betrieblichen Praxis im Regelfall nicht zu erreichen ist. Diese minimale Teilezahl dient dem Konstrukteur jedoch als wichtige Orientierungsgröße.

Zur Charakterisierung der konstruktiven und prozessrelevanten Schwierigkeiten in der Montage haben sich folgende Kriterien bewährt:[72]

- das Gewicht und die Hauptabmessungen,
- die Anzahl an Fügestellen,
- die Zugänglichkeit und Sichtfreiheit,
- die Lage- und Positionseindeutigkeit,
- die Ein- oder Zweihandmontage,
- die Füge- und Befestigungsrichtung,
- der Befestigungsprozess und
- der notwendige Werkzeugeinsatz.

Im Einzelnen wird darauf in Abschnitt 2.6 eingegangen.

71 Vgl. Boothroyd, G. et al.: a. a. O., 1994.
72 Klein, B. et al.: a. a. O., 2008.

Die Wahl des »richtigen« Werkstoffs hat auf die Herstellkosten des Produkts einen nachhaltigen Einfluss. Dies trifft nicht nur auf die Werkstoffeinzel- und -gemeinkosten zu, sondern auch auf die Fertigungskosten und die späteren Service- und Recyclingkosten.

Werkstoff

Die Brutto-*Materialeinzelkosten* MEK_b lassen sich (näherungsweise) schon in der frühen Phase aus dem Brutto-*Materialvolumen* V_b und den auf das Volumen bezogenen spezifischen Werkstoffkosten k_{v0} berechnen:[73]

$$MEK_b = V_b \cdot k_v$$

mit

$$k_v = k_v \cdot k_{v0}$$

$$k_{v0} = k_{G0} \cdot \rho$$

$$k_{G0} = kg\text{-}Preis$$

$$\rho = \text{Dichte des Basismaterials.}$$

Als Basismaterial wird Rundstahl USt 37-2 mit $k_v = 1$ angesetzt. Die für den jeweiligen *Werkstoff* geltenden k_v-Werte liest man aus Tabellen ab.[74]

Die *Fertigungseinzelkosten* FEK bestimmen sich aus den Fertigungszeiten für alle Fertigungs- und Montagevorgänge, die mit den zugeordneten Lohnsätzen k_L multipliziert werden.[75]

Fertigungseinzelkosten

$$FEK = k_L \cdot (t_h + t_n + t_r)$$

mit

$$t_h = \text{Hauptzeiten}$$

$$t_n = \text{Nebenzeiten}$$

$$t_r = \text{Rüstzeiten}$$

Aus der Summe der Fertigungseinzelkosten und den Materialeinzelkosten bestimmen sich dann die variablen Herstellkosten zu

$$VHK = MEK + \Sigma\, FEK$$

Die Haupt-, Neben- und Rüstzeiten sind häufig Potenzfunktionen[76] mit kostenbeeinflussenden Parametern x_{ij} mit den zugehörigen Exponenten p_{ij} und Konstanten C_i.

Damit erhält man eine allgemeine Form für die variablen Herstellkosten

Herstellkosten

$$VHK = \Sigma\, C_i \cdot \Pi\, x_{ij}^{p_{ij}}$$

Wegen des mit dieser Gleichung verbundenen Berechnungsaufwands hilft man sich oft mit einfachen Regressionsgleichungen

$$VHK = a + bx^p$$

oder einer Hochrechnung aufgrund von Ähnlichkeitsbeziehungen.[77]

---

73 Zu diesem Absatz vgl. VDI-Richtlinie 2225, Blatt 2: Technisch wirtschaftliches Konstruieren. Düsseldorf. VDI-Verlag, 1998.
74 Zu den k_v-Werten vgl. Pahl, G. et al.: a.a.O., 2003.
75 Pahl, G. et al.: a.a.O., 2003.
76 Z.B. geht bei Dreharbeiten der Durchmesser des Drehteils mit Exponent 2 in die Materialeinzelkosten und mit Exponent 1 in die Hauptzeiten ein.
77 Vgl. Pahl, G. et al.: a.a.O., 2003.

Zu bedenken ist, dass bei der Schätzung der Herstellkosten in der frühen Phase nur die planbaren Kosten berücksichtigt werden. Kosten für *Stützleistung*, *Blindleistung* und *Fehlleistung* werden bestenfalls im Nachhinein unter den Gemeinkosten oder gar nicht erfasst (vgl. Abbildung III-27). Somit ergibt sich für die Gestaltung des PEP, solche Konstruktionslösungen zu wählen, die möglichst nicht anfällig für Stütz-, Blind- und Fehlleistungen sind.

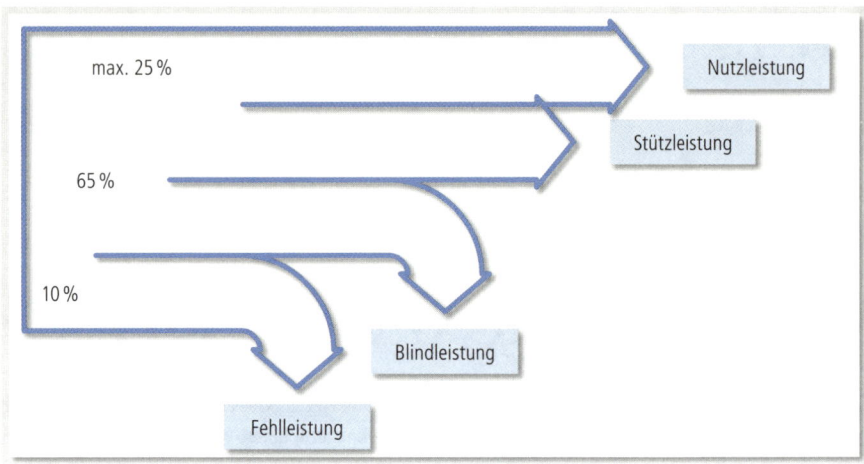

Abbildung III-27 Beispiel für die Aufteilung der planbaren und nicht planbaren Kosten[78]

2.4.2 Übersicht zu Fertigungsverfahren

Mit Hilfe von *Fertigungsverfahren* werden unter Nutzung physikalischer und chemischer Gesetze mit einer kaum überschaubaren Vielzahl Maschinen metallische und nichtmetallische Werkstoffe ur- und umgeformt, getrennt und gefügt, beschichtet oder deren physikalischen oder chemischen Eigenschaften geändert (vgl. Abbildung III-28).

Ausgangspunkt ist der Rohling, dessen »richtige« Auswahl neben den technischen Kriterien auch nach Kostenwirkungen vorzunehmen ist. Die durch die Fertigungsverfahren erzeugten Objekte können sein:

- Maschinenteile: sie bestehen nur aus einem Material,
- Formloses Material: z.B. Flüssigkeiten, Kleber, Granulat, Farben,
- Basiskomponente: Ausgangsteil, in das andere Komponenten montiert werden,
- Komponenten: bestehen aus mehreren Teilen,
- Baugruppen sind das Ergebnis einer Vormontage.

Die Fertigungsverfahren Urformen, Umformen, Trennen, Beschichten und Stoffeigenschaften verändern, werden bezüglich ihrer Kostenwirkungen in diesem Buch nicht weiter behandelt.[79] Gestaltungsempfehlungen dazu sind jedoch in der Checkliste zur Produktentwicklung (Abschnitt 2.7) enthalten.

---

78 Vgl. Kamiske, G.F.; Tomys, A.K.: Die Rationalisierungspotentiale des TQM. Qualität und Zuverlässigkeit, 1993, S. 403–405
79 Stattdessen sei verwiesen auf Landau, K.: Urformen, Umformen und Trennen im Product Engineering. Darmstadt: Institut für Arbeitswissenschaft, 2009.

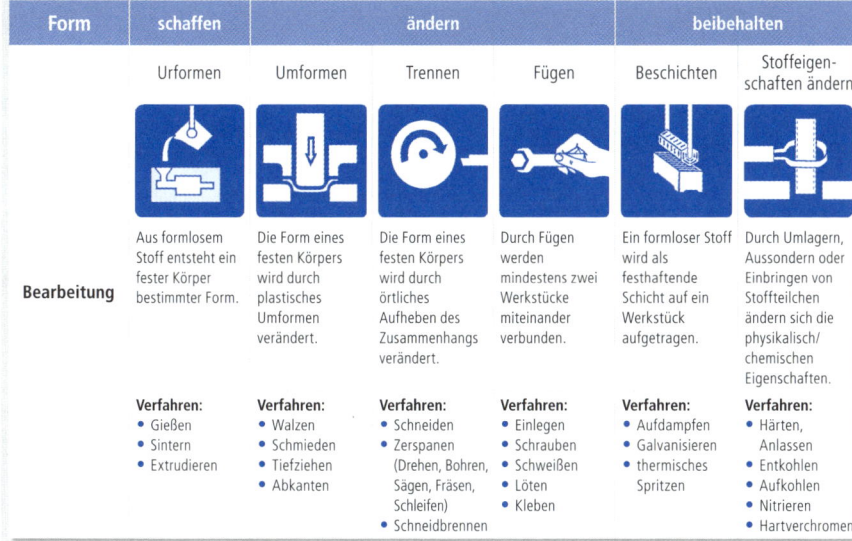

Form	schaffen			ändern	beibehalten	
	Urformen	Umformen	Trennen	Fügen	Beschichten	Stoffeigen-schaften ändern
Bearbeitung	Aus formlosem Stoff entsteht ein fester Körper bestimmter Form.	Die Form eines festen Körpers wird durch plastisches Umformen verändert.	Die Form eines festen Körpers wird durch örtliches Aufheben des Zusammenhangs verändert.	Durch Fügen werden mindestens zwei Werkstücke miteinander verbunden.	Ein formloser Stoff wird als festhaftende Schicht auf ein Werkstück aufgetragen.	Durch Umlagern, Aussondern oder Einbringen von Stoffteilchen ändern sich die physikalisch/chemischen Eigenschaften.
	Verfahren: • Gießen • Sintern • Extrudieren	**Verfahren:** • Walzen • Schmieden • Tiefziehen • Abkanten	**Verfahren:** • Schneiden • Zerspanen (Drehen, Bohren, Sägen, Fräsen, Schleifen) • Schneidbrennen	**Verfahren:** • Einlegen • Schrauben • Schweißen • Löten • Kleben	**Verfahren:** • Aufdampfen • Galvanisieren • thermisches Spritzen	**Verfahren:** • Härten, Anlassen • Entkohlen • Aufkohlen • Nitrieren • Hartverchromen

Abbildung III-28   Hauptgruppen von Fertigungsverfahren[80]

2.4.3 Überblick Fügen

Mit dem Begriff *Fügen* bezeichnet man das dauerhafte Verbinden von mindestens zwei Bauteilen.[81]   Fügen
Es kann sich dabei um feste Werkstücke oder um formlosen Stoff handeln. Die hergestellte Verbindung kann lösbar oder unlösbar, fest oder beweglich sein. Über die Wirkflächen der Verbindung werden die auftretenden Betriebskräfte übertragen.

Die weitere Unterteilung des Fügens wird nach der Art des Zusammenhalts in acht Gruppen vorgenommen (vgl. Abbildung III-29).

Fügen ist eine Untermenge des *Montierens*. Beim Montieren kommen zum Fügen noch die damit   Montieren
verbundenen Handhabungsvorgänge sowie ggf. das *Messen* und *Prüfen* hinzu. Beim *Handhaben* werden ein oder mehrere Teile bzw. *Baugruppen* in eine bestimmte räumliche Anordnung gebracht.

Beim Messen wird ein (möglichst verlässlicher) Wert für eine bestimmte physikalische Eigenschaft eines Teils, einer Baugruppe oder eines Produkts bestimmt. Weiterhin erfolgt eine Aussage über die Messabweichung[82].

Beim Prüfen werden Ist-Zustand und Soll-Zustand verglichen, es wird festgestellt, ob ein produziertes Objekt festgelegte Bedingungen erfüllt.

Auf Messen und Prüfen wird in Abschnitt 5.8.5 näher eingegangen.

80 Vgl. Neudörfer, A.: Metallbearbeitung. In: Landau, K.; Pressel, G. (Hrsg.): Medizinisches Lexikon der beruflichen Belastungen und Gefährdungen, 2. Auflage. Stuttgart: Gentner, 2008, S. 678.
81 DIN 8593 Fertigungsverfahren – Begriffe, Einteilung. Berlin: Beuth, 2003.
82 DIN 1319-1 Grundlagen der Messtechnik. Berlin: Beuth, 1995.

Fügen **DIN 8593, Teil 0**	
1. Zusammensetzen DIN 8593, Teil 1	z. B. Einlegen, Einhängen, Auflegen
2. Füllen DIN 8593, Teil 2	z. B. mit Flüssigkeit, Granulat, Gas
3. An- und Einpressen DIN 8593, Teil 3	z. B. Schrauben, Klemmen, Schrumpfen, Einpressen, Nieten
4. Fügen durch Urformen DIN 8593, Teil 4	z. B. Gießen
5. Fügen durch Umformen DIN 8593, Teil 5	z. B. Falzen, Schmieden, Bördeln, Walzen
6. Fügen durch Schweißen DIN 8593, Teil 6	
7. Fügen durch Löten DIN 8593, Teil 7	
8. Kleben DIN 8593, Teil 8	

Abbildung III-29 Aufgliederung des Fügens[83]

Gesamtplatzier-
bewegung

Das Fügen laut DIN 8593 entspricht der *Gesamtplatzierbewegung*, also der Bewegungsfolge Platzieren bei MTM-1 (vgl. Teil II, Abschnitt 6.3.2). Zur Gesamtplatzierbewegung (Fügen i. w. S.) gehören Transportbewegungen und Richtbewegungen (Abbildung III-30). Wenn in diesem Kapitel von Fügen gesprochen wird, dann wird dieser Begriff immer im weiteren Sinne verstanden.

Der Zeitbedarf für das Ausführen einer Gesamtplatzierbewegung hängt neben der Bewegungslänge wesentlich vom Kontrollaufwand ab. Der Kontrollaufwand ist umso höher, je höher die erforderliche Zielgenauigkeit am Bewegungsende und je geringer das *Spiel* am Bewegungszielpunkt ist.

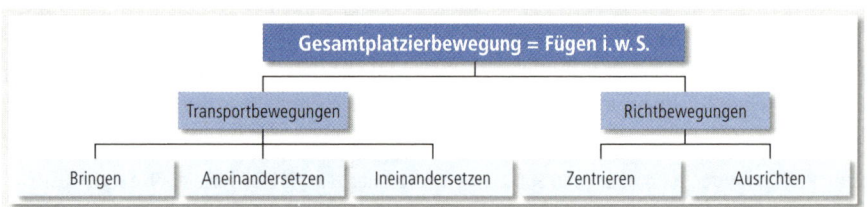

Abbildung III-30 Gesamtplatzierbewegung entspricht Fügen i. w. S.

Aufgabe der *Montage* ist es also, Baugruppen, Einzelteile und gegebenenfalls formlose Werkstoffe zu einem komplexen Produkt zusammenzufügen (Abbildung III-31).

83 Nach DIN 8593 Allgemeines; Einordnung, Unterteilung, Begriffe.
    Wiedergegeben mit Erlaubnis des DIN Deutsches Institut für Normung e. V. Maßgebend für das Anwenden der DIN-Norm ist deren Fassung mit dem neuesten Ausgabedatum, die bei der Beuth Verlag GmbH, Burggrafenstraße 6, 10787 Berlin, erhältlich ist.
    Hinweis: Das Fügen durch Urformen und Umformen wird in diesem Buch nicht behandelt.

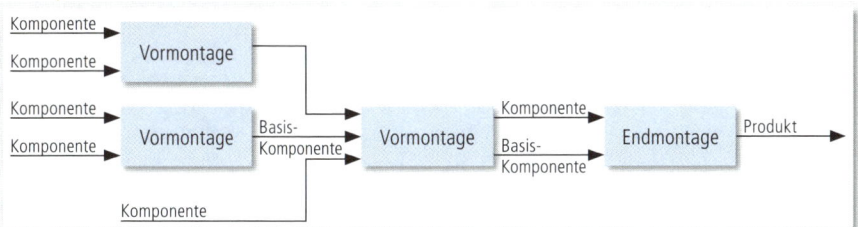

Abbildung III-31 Begriffe zum Montagesystem

Man spricht von *Vormontage*, wenn Einzelteile und formlose Werkstoffe (Komponenten) zu Bau-   Vormontage
gruppen zusammengefügt werden.

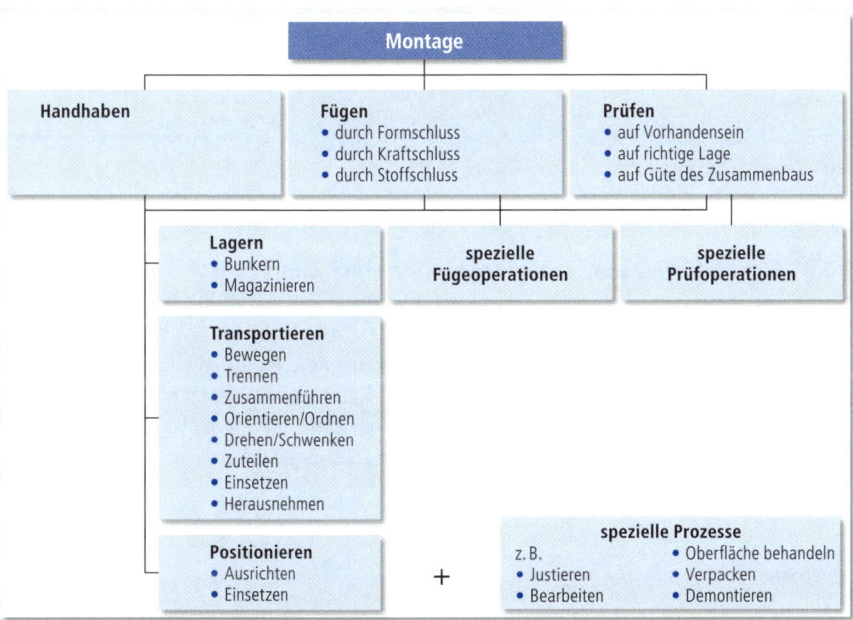

Abbildung III-32   Montagevorgänge setzen sich aus Handhaben, Fügen und Prüfen zusammen[84]

Dementsprechend enthält ein Montagesystem die in Abbildung III-32 dargestellten Teilsysteme, auf
die in Kapitel 6 vor allem aus dem Blickwinkel des Industrial Engineering eingegangen wird. Das
Handhaben und Fügen ist jedoch sehr stark mit der Produktgestaltung verbunden, deshalb ist es ein
Schwerpunkt in diesem Kapitel.

Abbildung III-33 listet die Montageinflussgrößen auf. Die Merkmale zur Fabrikplanung, die Produk-
tions- und Montagebedingungen, die hier nicht dargestellt sind, können mit Methoden des Industrial
Engineering optimiert werden. Hervorgehoben sind dagegen die Produkteigenschaften unter Zeit-,
Ergonomie- und Kostenerwägungen. Nach diesen Kriterien ist die Darstellung in Abbildung III-33
geordnet.

---

84 Vgl. Andreasen, M M.; Kähler, S.; Lund, T.: Montagegerechtes Konstruieren. Berlin: Springer, 1985.

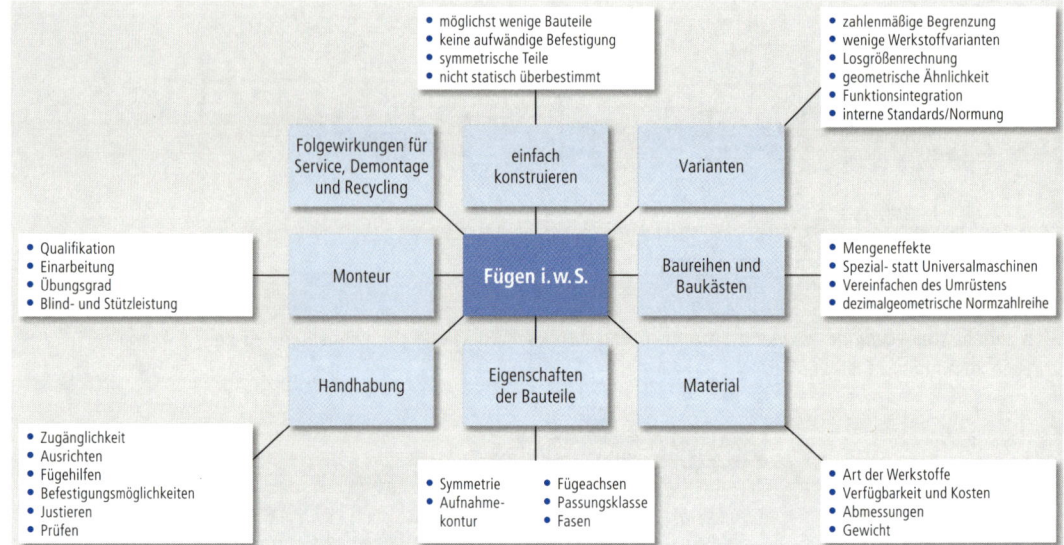

Abbildung III-33   Wirkzusammenhänge beim Fügen

2.4.4 Fügen durch Zusammensetzen, Füllen und Anpressen

Materialstärke
und Bauteilgröße

Die Dicke von Bauteilen hat starken Einfluss auf das *Greifen* und *Vorrichten*. Abbildung III-34 weist Relativkosten für unterschiedliche Bauteildicken aus. Ab etwa 2 mm Dicke entstehen kaum Erschwernisse beim Greifen und Vorrichten. Dünnere Teile müssen dagegen mit Hilfsmitteln (z. B. Pinzette) gegriffen werden oder erfordern bei der Manipulation beträchtliche Fingergeschicklichkeit. Weiterhin ist zwischen zylindrischen und nicht zylindrischen Bauteilen zu unterscheiden.

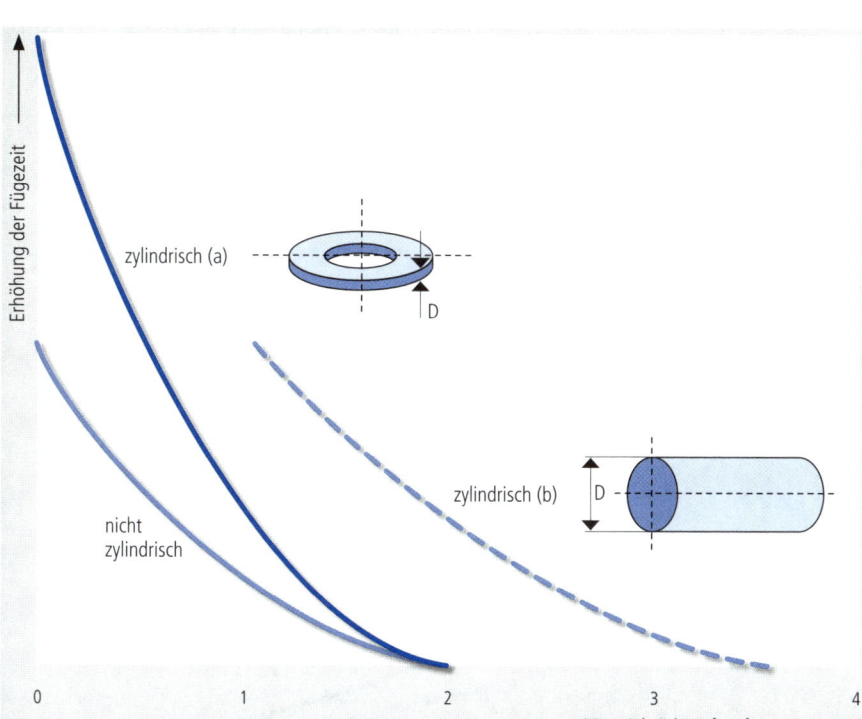

Abbildung III-34 Zusatzaufwand für das Greifen und Vorrichten dünner Bauteile[85]

---

85 Vgl. Boothroyd, G. et al.: a.a.O., 1994.

Die Größe des Bauteils wirkt sich ebenfalls auf den *Zeitbedarf* aus (Abbildung III-35). Die Handhabung zylindrischer Teile ist aufwändiger als bei nicht zylindrischen.

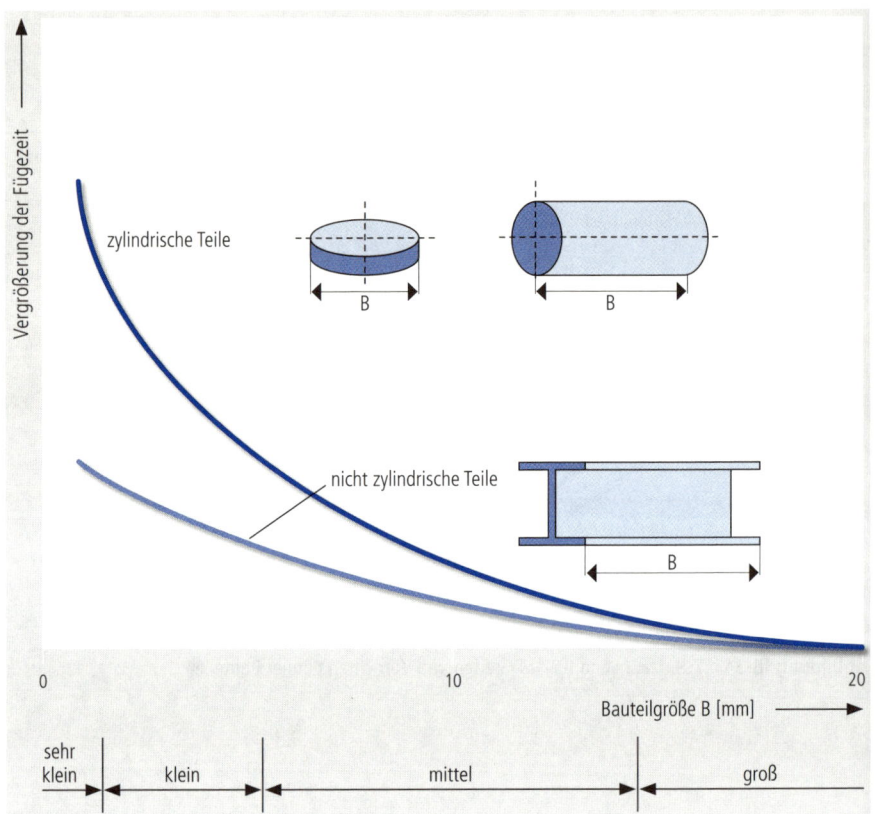

Abbildung III-35   Zusatzaufwand für das *Greifen* und *Vorrichten* kleiner bzw. kurzer Teile[86]

---

86 Vgl. Boothroyd, G. et al.: a.a.O., 1994, S. 80.

Natürlich hat auch das *Bauteilgewicht* einen Einfluss auf das Greifen, Bringen und Vorrichten (Abbildung III-36). Auch die *Fügezeiten* hängen vom Gewicht (und vom Volumen) der jeweiligen Bauteile ab, dieser Einfluss ist gegenüber den Auswirkungen der Passung und der Symmetrie jedoch sekundär.

Gewicht

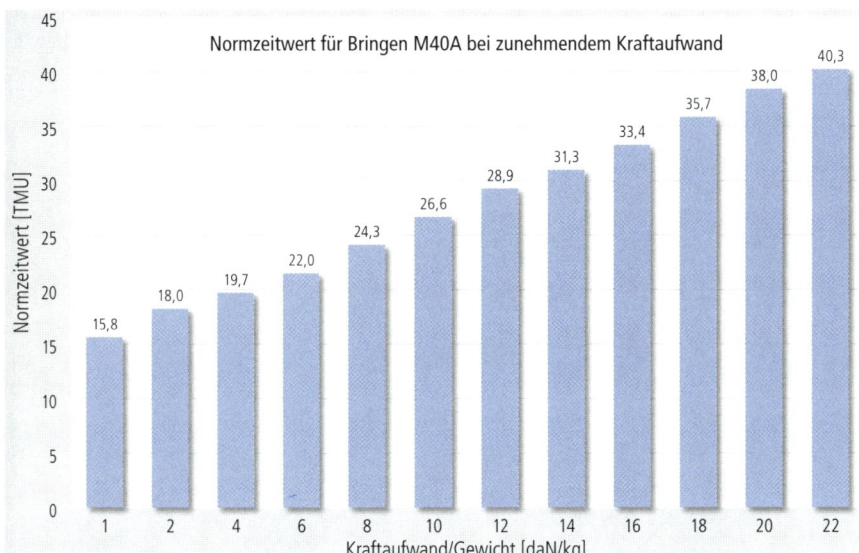

Abbildung III-36   Veränderung des Normzeitwertes für das Bringen M-A mit unterschiedlichen Gewichten bei einer Bewegungslänge von 40 cm

Das Fügen großer und/oder schwerer Bauteile, z. B. im Schwermaschinenbau, erfordert eine gesonderte Optimierung unter dem Gesichtspunkt der Lastenhandhabung[87].

Trotz des Gewichtseinflusses auf den Zeitbedarf und damit auch die *Herstellkosten* ist aber doch gelegentlich eine Überdimensionierung zu erwägen, da hierdurch Fügevorgänge erleichtert und die *Fertigungsqualität* verbessert werden kann.

---

87 Auf das Thema Lastenhandhabung wird im Teil II, Abschnitte 2.6 und 2.7 eingegangen.

Symmetrie

Man kann die *Symmetrie* von Bauteilen wie in Abbildung III-37 definieren.

Die Werte von α und β geben an, um wie viele Grad das Einzelteil gedreht werden muss, um wieder die richtige Ausrichtung für die Platzierbewegung zu erreichen. Die Werte von α und β werden addiert. Je größer die Summe dieses zusammengefassten *Symmetriewinkels* ist, umso mehr wird im Mittel um die angegebenen Achsen gedreht werden müssen (vgl. die Umsetzung der Symmetriewinkel in ProKon, Abschnitt 2.6).

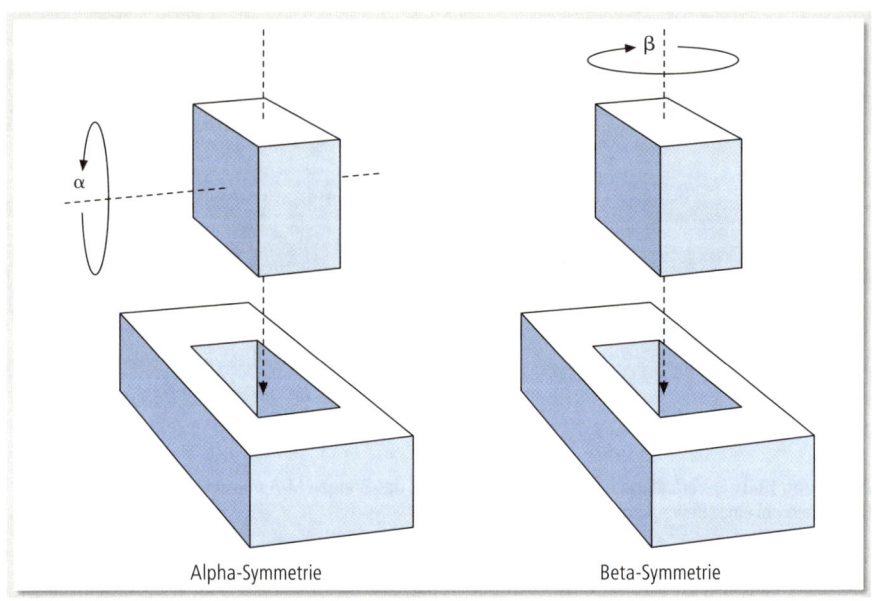

Alpha-Symmetrie   Beta-Symmetrie

Abbildung III-37   Die Symmetriewinkel α und β sind ein Maß für die Symmetrie des zu fügenden Teils

Abbildung III-38 zeigt ein mit MTM-1 kodiertes Beispiel für die drei Fügesituationen. Beim symmetrischen Fügen (oben) brauchen die Teile nicht um die Fügeachse gedreht zu werden. Sie können aus jeder Stellung ineinander gefügt werden. Beim halbsymmetrischen Fügen (Bildmitte) ermöglichen die Querschnitte ein Fügen in mehreren Stellungen. Es wird ein durchschnittlicher Drehwinkel von 45° für das Ausrichten angenommen. Das unsymmetrische Fügen (unten) ist nur in einer Stellung möglich. Hier wird ein durchschnittlicher Drehwinkel von 75° für das Ausrichten angesetzt.

Zunehmende Asymmetrie führt demnach zu höherem Fügeaufwand, allerdings verringert das *Vorrichten* während der Bringbewegung den Zeitbedarf. So würde man im unteren Beispiel von Abbildung III-38 davon ausgehen, dass bei einer Bewegungslänge von 50 cm beim Bringen ein Vorrichten des Bauteils erfolgt; das Fügen wäre dann halbsymmetrisch und würde hier wie im mittleren Beispiel mit P2SSE analysiert.

Bauteil	Kodierung				Bemerkung
	TMU	Kode	A · H	Beschreibung	
	18,4	R50B		zum Bolzen	
	2,0	G1A			
	21,8	M50C		zur Bohrung	
		G2			
	16,2	P2SE		symmetrisches Fügen	
	2,0	RL1			
	60,4				Bauteil mit rechter Hand aufnehmen und in Durchbruch einfügen. Das Bauteil liegt allein bzw. kann wie ein alleinliegendes Teil gegriffen werden.
	TMU	Kode	A · H	Beschreibung	
	18,4	R50B		zum Bauteil	
	2,0	G1A			
	21,8	M50C		zum Durchbruch	
		G2			
	19,7	P2SSE		halbsymmetrisches Fügen	Annahme: Während der Bringbewegung wird nicht vorgerichtet.
	2,0	RL1			
	63,9				
	TMU	Kode	A · H	Beschreibung	
	18,4	R50B		zum Bauteil	
	2,0	G1A			
	21,8	M50C		zum Durchbruch	
		G2			
	21,0	P2NSE		unsymmetrisches Fügen	
	2,0	RL1			
	65,2				

Abbildung III-38 Vergleich der MTM-1-Kodierungen (nur rechte Hand) für symmetrische, halbsymmetrische und unsymmetrische Fügebeispiele

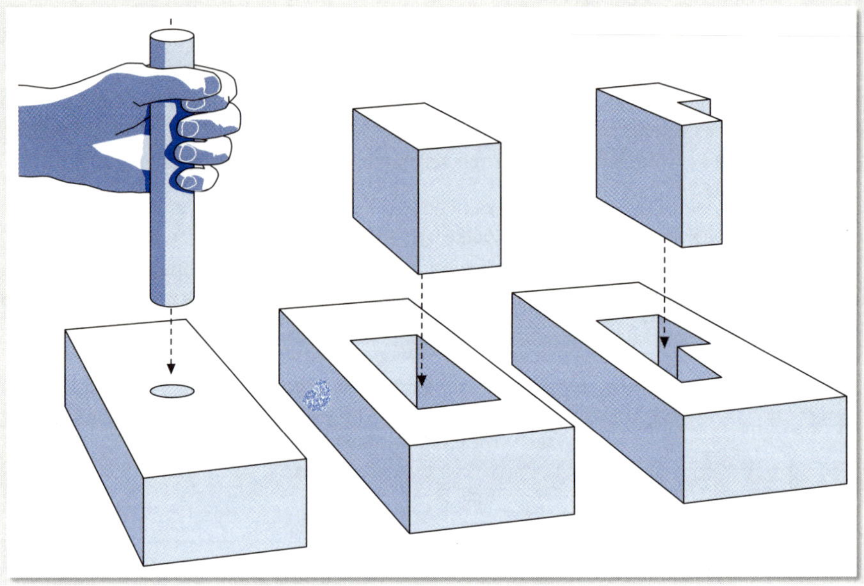

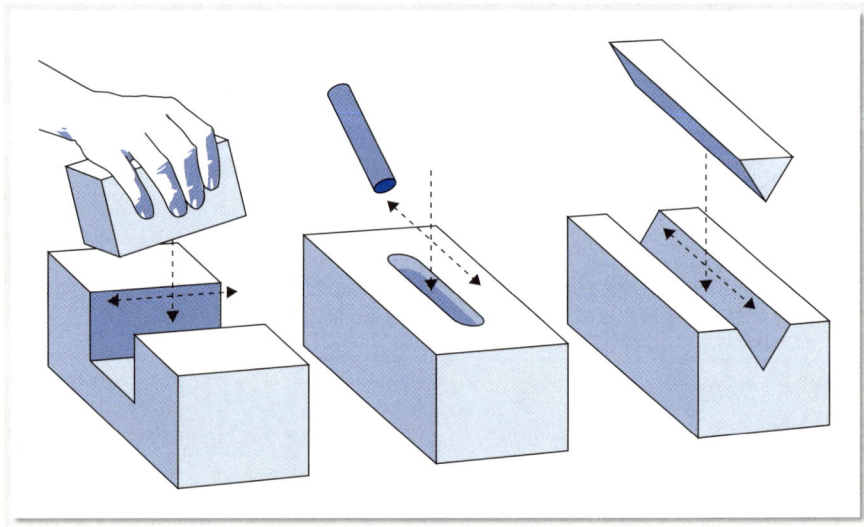

Abbildung III-39   Beispiele für nur eine Fügeachse

Fügeachsen

Die Zahl der *Fügeachsen* wirkt sich auf den Zeitbedarf beim Fügen aus.

In Abbildung III-39 entspricht die Fügeachse der Bewegungsrichtung des Einfügens. Die Fügeachse eines Bauteils kann bei verschiedenen Bestimmungsorten unterschiedlich sein (vgl. Abbildung III-40). Der Gegenstand allein erlaubt also keinen Rückschluss auf die Fügeachse.

Abbildung III-40   Beispiele für zwei Fügeachsen

Zentrieren und *Ausrichten* beschreiben jeweils Drehbewegungen des Bauteils. Das Ausrichten erfolgt dabei um die Fügeachse, das Zentrieren ist ein Drehen oder Kippen des Gegenstandes.

Im Gegensatz zu den Fügevorgängen in Abbildung III-39 handelt es sich in der Abbildung III-41 um Fügen bzw. bündiges Einsetzen bei teilweise offener *Aufnahmekontur*; lediglich in einer Achse ist die Kontur definiert. Dies bedeutet, dass bis auf den im mittleren Bild dargestellten Fall ein Ausrichten des Bauteils mit P2SD = 21,8 TMU erforderlich wird.[88] Eine geschlossene Kontur vermeidet zusätzliches Ausrichten, sie erspart in diesen Beispielen etwa 30 % der Zeit für das Handhaben.[89]

Aufnahmekontur

Bauteil	Kodierung*				Bemerkung
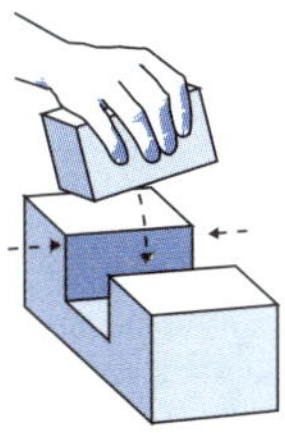	TMU	Kode	A · H	Beschreibung	
	18,4	R50B		zum Bauteil	
	2,0	G1A			
	21,8	M50C		zur Nut	
		G2			
	19,7	P2SSE		erkennbare Verzögerung	
	2,0	M2C		bündig	
	21,8	P2SD		bündig, mit Finger versetzen	
	2,0	RL1			
	87,7				
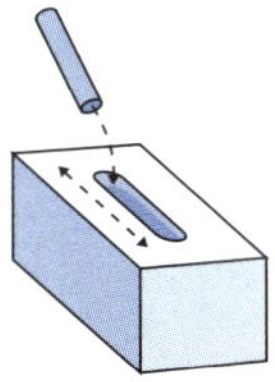	TMU	Kode	A · H	Beschreibung	Das runde Bauteil wird schräg eingesetzt; Zielgenauigkeit > ±6 mm; Platzieren ist Bringbewegung Fall C
	18,4	R50B		zum Bauteil	
	2,0	G1A			
	21,8	M50C		zum Durchbruch	
		G2		Zielgenauigkeit > ±6 mm	
	2,0	RL1			
	44,2				
	TMU	Kode	A · H	Beschreibung	Bauteil von oben platziert; kein Fügen; Bringen Fall B
	18,4	R50B		zum Bauteil	
	2,0	G1A			
	18,0	M50B		in Formteil	
		G2		Zielgenauigkeit > 25 mm	
	2,0	M2C		bündig	
	21,8	P2SD		bündig, mit Finger versetzen	
	2,0	RL1			
	64,2				

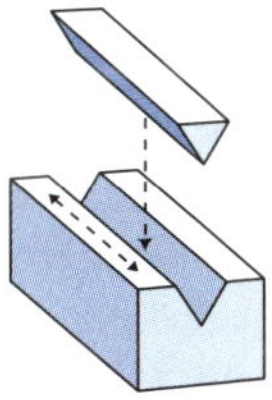

* Die Teile liegen vereinzelt im Arbeitsbereich (max. 50 cm).

Abbildung III-41 Fügen bei teilweise offener *Aufnahmekontur*

Die *Passungsklasse* wirkt sich auf die Fügezeit aus. Von Passungsklasse 1 bis Passungsklasse 3 nimmt die Fügezeit zu, da das Spiel kleiner wird.[90] Beim Einfügen in den Passungsklassen 2 und 3 wird der zusätzlich benötigte Zeitaufwand zu P1 mit *Drücken* bewertet (vgl. Teil II, Abschnitt 6.3). Durch das Anbringen von Fasen o. Ä. kann eine günstigere Passungsklasse erreicht werden.

Passungsklasse, Fasen und Spiel

Presspassungen, z. B. zwischen Bolzen und Bohrung, führen außerdem zu einer hohen Belastung des Finger-/Hand-/Armsystems – sofern sie händisch montiert werden.

Presspassungen

---

88 Zur Erklärung dieser Kodierung vgl. Teil II, Abschnitt 6.3.2.
89 Zum Thema Ausrichten vgl. den weiter unten folgenden Abschnitt.
90 Zur Definition der Passungsklasse vgl. Teil II, Abschnitt 6.3.2, insbesondere Abbildung II-221.

Funktionsintegration

Unter *Funktionsintegration* versteht man die Vereinigung mehrerer Funktionen in einem Bauteil. Sie leistet einen erheblichen Beitrag zur Senkung der Herstellkosten, kann aber durchaus auf negative Wirkungen auf die Gebrauchstauglichkeit beim Endkunden haben.

Abbildung III-42 stellt ungünstige und günstige Lösungen aus dem Blickwinkel der Funktionsintegration dar.

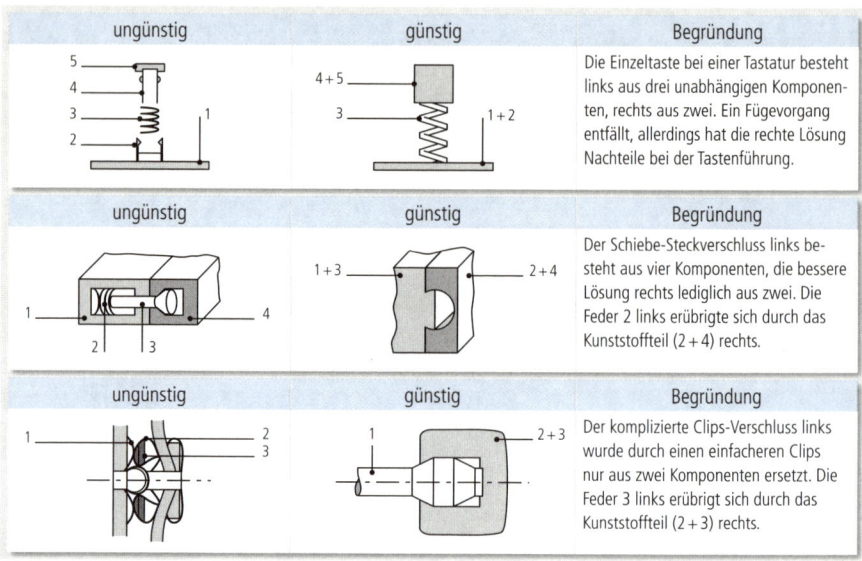

Abbildung III-42   Funktionsintegration von Bauteilen – Beispiele[91]

Ausrichten eines Bauteils und Fügehilfen

Das *Ausrichten* von Bauteilen während des Zusammenbaus ist oft sehr zeitaufwändig. Abbildung III-43 zeigt links die ursprüngliche Konstruktion, die sich aus zwei Teilen unterschiedlicher Werkstoffe zusammensetzte und ein Ausrichten erforderlich machte. Die Lösung rechts in Abbildung III-43 stellt das Bauteil aus einem Werkstoff her, so dass das Ausrichten beim Zusammenbau entfällt.

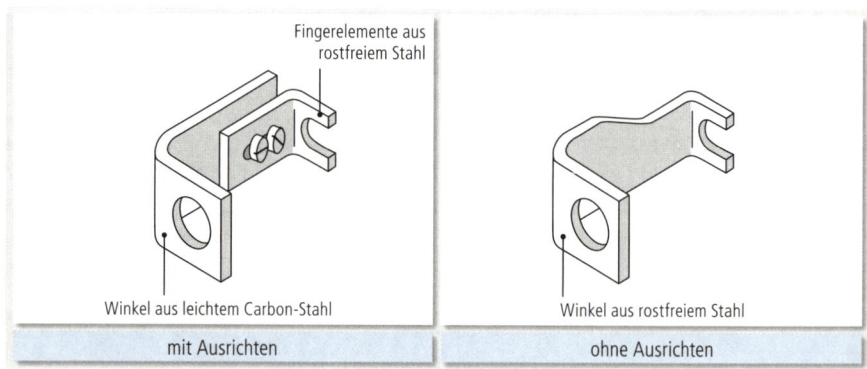

Abbildung III-43   Gestaltungsalternativen für ein Verbindungsteil[92]

---

91 Vgl. Bürger, E.: Robotergerechte Gerätekonstruktion. TU Chemnitz, 1986.
92 Vgl. Boothroyd, G. et al.: a. a. O., 1994, S. 107.

Vor dem Bereitlegen muss der Winkel aus leichtem Carbon-Stahl und das Fingerelement aus rostfreiem Stahl mit leichtem Druck zusammengefügt werden. Die Analysen zeigen den Unterschied zwischen dem Bereitlegen von zwei Bauteilen, die vorher montiert werden müssen und dem Bereitlegen eines konstruktiv geänderten Bauteils (nur noch ein Teil) auf. Werden Winkel und Fingerelement verschraubt, ist die zeitliche Differenz noch höher.

Orientierungs- und Führungshilfen am Bauteil erleichtern die Handhabung und verkürzen die Füge-   Orientierungs- und
zeit. Diese konstruktiven Elemente verbessern die taktile Wahrnehmung und vereinfachen damit den   Führungshilfen
Fügevorgang. Die Orientierungshilfen müssen deutlich über den Bauteilkörper hinausragen, damit sie
rechtzeitig wirksam werden können (Abbildung III-44).

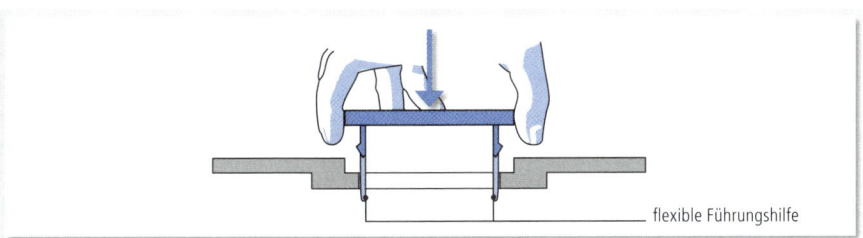

flexible Führungshilfe

Abbildung III-44   Führungshilfen am Bauteil

So zeigt Abbildung III-45 als Beispiel einen Dimmerschalter, der im alten Zustand ohne Führungsnasen eingebaut wurde (a). Bringt man an allen vier Seiten Führungsnasen an, die mit einer großzügigen Fase ausgebildet sind (b), verkürzt dies die Fügezeit auf etwa den halben Wert.

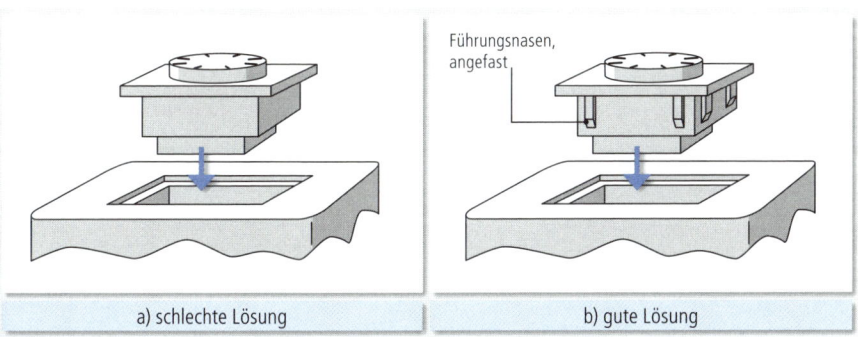

Führungsnasen, angefast

a) schlechte Lösung   b) gute Lösung

Abbildung III-45   Verkürzung der Fügezeit durch Orientierungshilfen an einem Dimmer

Bei Schraubenverbindungen (und vielen anderen Maschinenelementen ebenfalls) ergeben sich durch einfache Fügehilfen ebenfalls beträchtliche Zeitvorteile (Abbildung III-46).

Besonders beim Fügen an engen Stellen machen sich Kegelspitzen oder zylindrische Fügehilfen bei Fügen von Schrauben durch beträchtliche Zeitersparnisse bemerkbar.

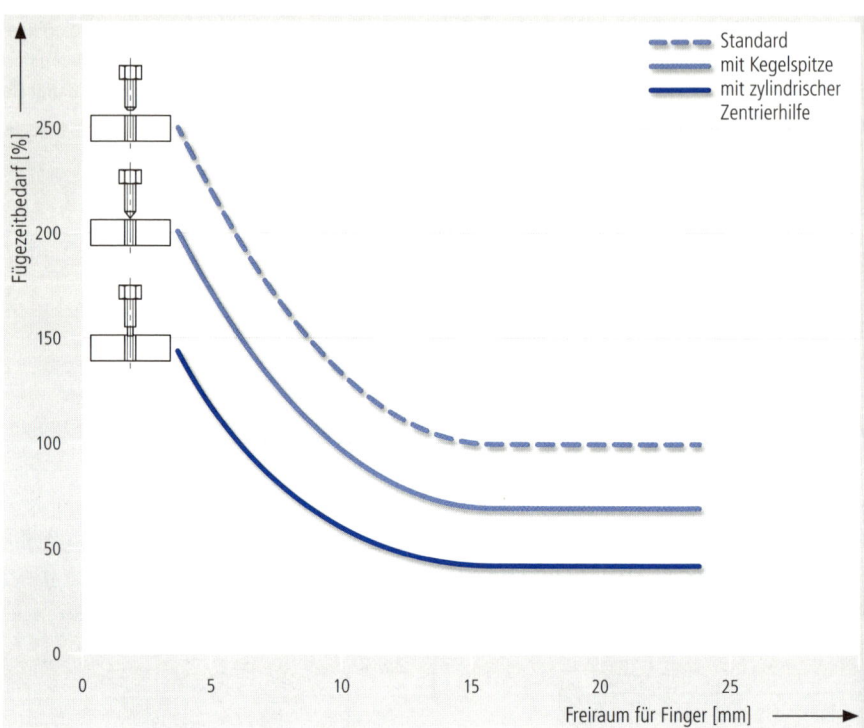

Abbildung III-46   Fügezeitbedarf an engen Stellen bei Schrauben mit und ohne Führungshilfen

Das Verhaken von Bauteilen beim Fügen kann im Regelfall konstruktiv vermieden werden. Die Einrichtung von Schrägen vermeidet das Verhaken (Abbildung III-47).

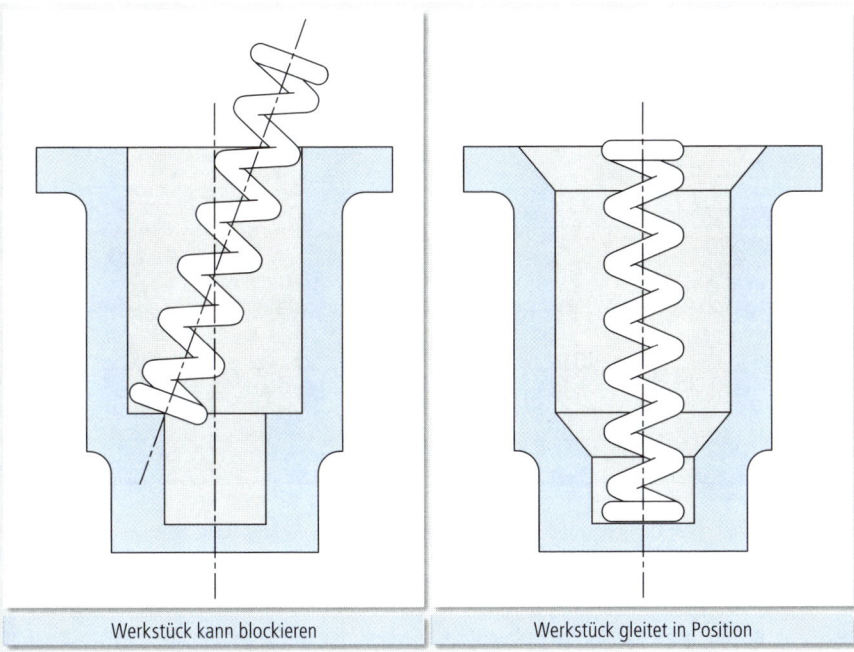

| Werkstück kann blockieren | Werkstück gleitet in Position |

Abbildung III-47   Schrägen verhindern Verhaken von Bauteilen[93]

Scheiben, die in Bohrungen einzuführen sind, können ebenfalls leicht blockieren. Die zylindrische Ausführung des Bauteils vermeidet dagegen das Blockieren (Abbildung III-48).

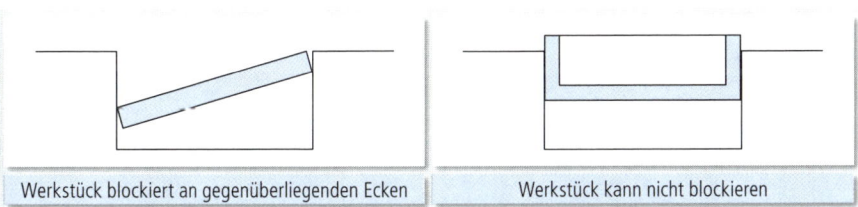

| Werkstück blockiert an gegenüberliegenden Ecken | Werkstück kann nicht blockieren |

Abbildung III-48   Zylindrische Ausführung eines Bauteils vermeidet das Verhaken in Bohrungen[94]

Flachteile mit hohem Ordnungsgrad erleichtern das Handhaben – insbesondere bei Montageautomatisierung (Abbildung III-49).

93 Vgl. Boothroyd, G. et al.: a.a.O., 1994, S. 67.
94 Vgl. Boothroyd, G. et al.: a.a.O., 1994, S. 66.

**Falsches Bild
(Bild III-18)**

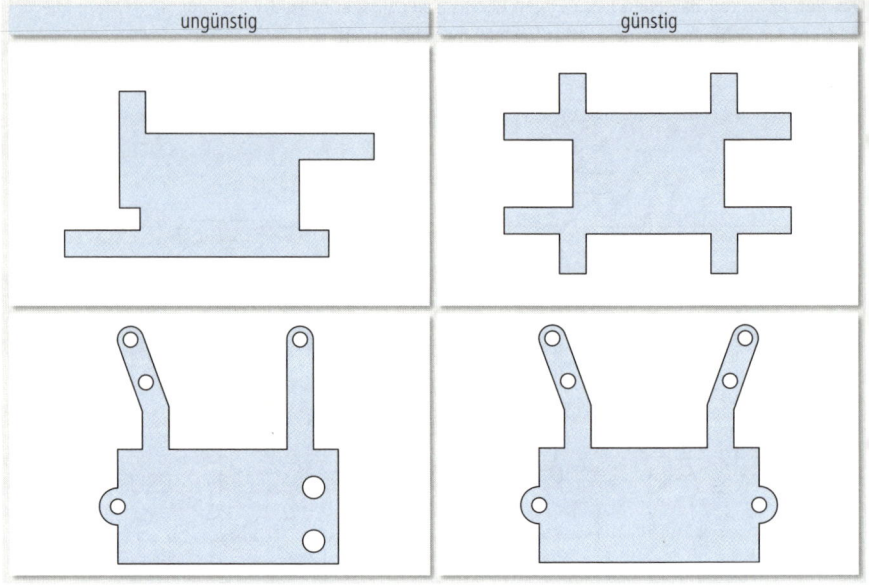

Abbildung III-49   Der Ordnungsgrad spielt bei der handhabungsgerechten Bauteilauslegung eine Rolle[95]

Bohren

Das *Bohren* von Sacklöchern und die spätere Weiterverarbeitung sind mit Erschwernissen verbunden: Beim Bohren eines Sackloches ist der *Spanfluss* und das Entfernen der Späne aufwändiger als beim Bohren eines Durchgangsloches. Ebenso ist die genaue Bohrtiefe einzuhalten. Bei späteren Fügevorgängen kann eine Entlüftungsöffnung die Einführung eines Bolzens erleichtern (Abbildung III-50).

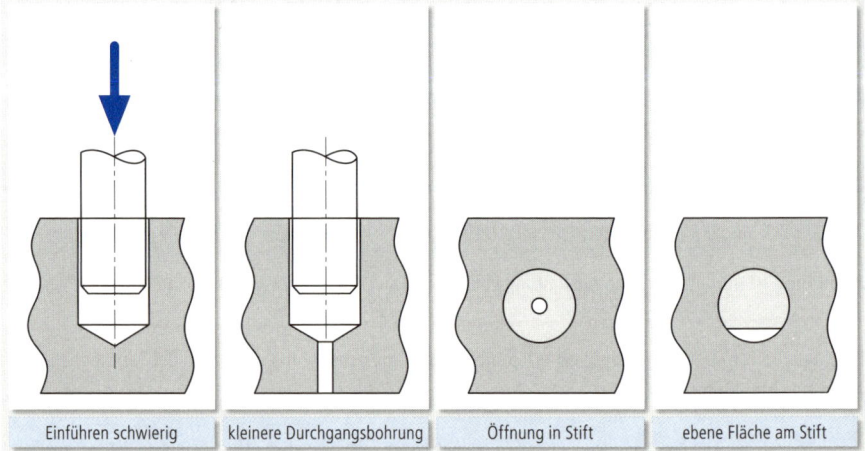

Abbildung III-50   Entlüftungsöffnung verbessert Fügen von Bolzen in Sacklöchern[96]

---

95 Vgl. Bürger, E.: a.a.O., 1986, S. 24.
96 Vgl. Boothroyd, G. et al.: a.a.O., 1994, S. 66.

Es gibt sehr unterschiedliche Kabelhalterungen am Markt. Je nach Ausführung werden ein oder mehrere Einzelteile und ein, zwei oder gar kein Werkzeug benötigt. Der relative Zeitbedarf ist Abbildung III-51 zu entnehmen.

Kabelhalterungen

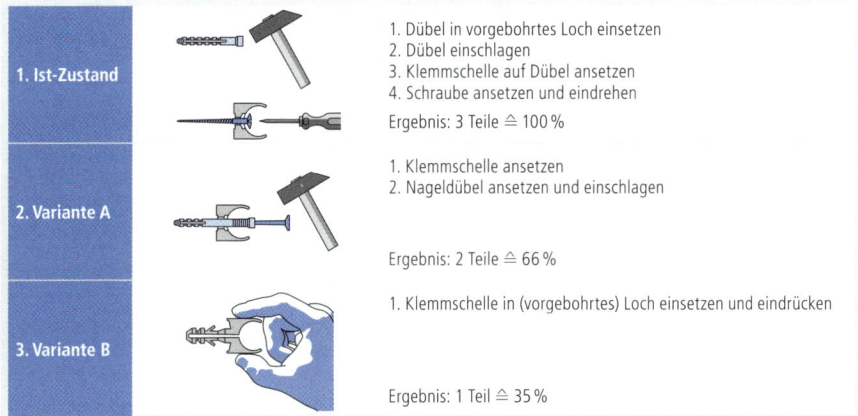

Abbildung III-51 Verschiedene Befestigungen von Kabelhaltern im Vergleich

Auch andere Befestigungselemente unterscheiden sich bei der Fügezeit (Abbildung III-52); das Clipsen geht am schnellsten, an zweiter Stelle folgen Bolzen mit Biegezungen. Aufwändiger sind dagegen Niete und Schrauben.

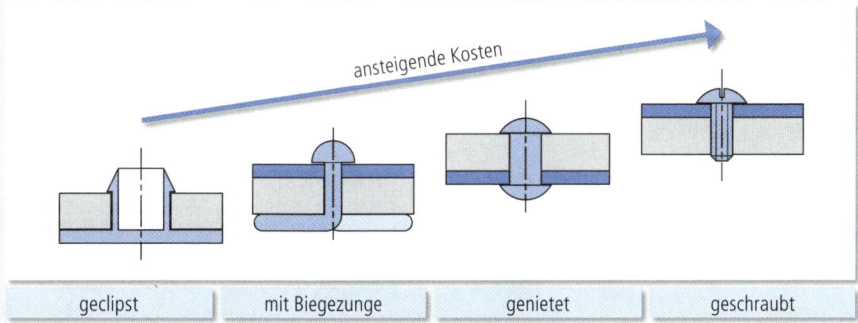

Abbildung III-52 Befestigungsmethoden mit ansteigender Fügezeit[97]

Der Konstrukteur sollte *statisch überbestimmte Bauteilauslegungen* nach Möglichkeit vermeiden, da sie die Fügezeiten erhöhen können (Abbildung III-53).

Statisch überbestimmte Bauteilauslegungen

---

97 Vgl. Boothroyd, G. et al.: a.a.O., 1994, S. 69.

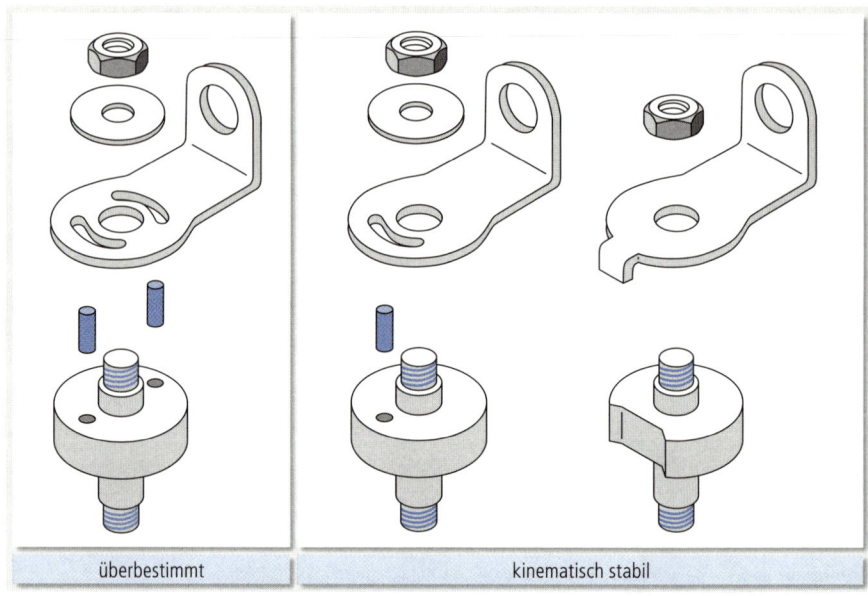

| überbestimmt | kinematisch stabil |

Abbildung III-53 Statisch überbestimmte Konstruktionen erhöhen auch die Zeit für das Fügen[98]

In der linken konstruktiven Lösung mit zwei Stiften und zwei Langlöchern sind ein Stift und ein Langloch überflüssig. Die Fügezeit erhöht sich dadurch beträchtlich. Die beiden rechten Lösungen erfüllen den beabsichtigten Zweck genauso gut.

Clips- oder Schnapp-verbindungen

Eine *Clipsverbindung* bezeichnet eine formschlüssige Verbindung zwischen zwei Bauteilen unter Ausnutzung der Materialelastizität ohne zusätzliches Fügeelement. Während des Zusammensteckens muss eine Wulst überwunden werden, die sich kurzzeitig verformt und dann in die Ausgangslage zurückfedert.

Abbildung III-54 gibt einen Überblick zu der breiten Palette der Clipse, die vor allem im Automobilbau und der Konsumgüterindustrie eingesetzt wird.

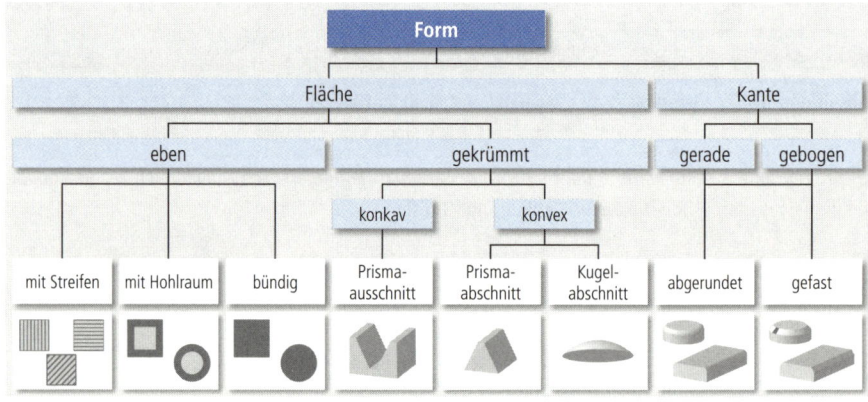

Abbildung III-54 Systematik der Clipsverbindungen

98 Vgl. Boothroyd, G. et al.: a.a.O., 1994, S. 108.

Der Einsatz von *Clipsverbindungen* nimmt (nicht nur) in der Automobilindustrie stark zu. Ursache dieser Entwicklung sind vor allem Kostenvorteile, die durch Reduzierung des Montageaufwands entstehen können. Clipsverbindungen erhöhen die Prozesssicherheit der Montage, sie erlauben z. B. im Fahrzeugbau einen Toleranzausgleich von etwa ±2 mm, sie sind robust und korrosionsbeständig. Clipsverbindungen machen deshalb in der Fahrzeugmontage mehr als 20 % der Verbindungselemente aus.[99] Bereits seit einigen Jahren kann eine Verschiebung von Schraub- hin zu Clipsverbindungen konstatiert werden. Vorteile wie

- Gewichtsreduktion,
- Vereinfachung der formschlüssigen Verbindungen und damit auch
- Reduktion der Material- und Fertigungskosten,
- Reduktion des Anlernaufwands

spielen eine Rolle.

Nachteile des Clipsens können sich jedoch aus den Handhabungsbedingungen und auch aus dem Recycling ergeben.

Durch *Integralbauweise* kann zum einen die Anzahl der Montagevorgänge reduziert werden, zum anderen kann durch Clipse die Abdeckung der Fügestelle (z. B. bei der Innenverkleidung in der Fahrzeugmontage) ermöglicht werden.

Das Clipsen begünstigt zudem die modulare *Vormontage*, was zur besseren Zugänglichkeit und auch zu kürzeren Fertigungszeiten führt. Mit der Vormontage von Baugruppen ist im Allgemeinen eine Belastungssenkung der Werker verbunden, da die Vormontage unter anthropometrisch günstigeren Bedingungen durchgeführt werden kann. — Vormontage

Clipse lassen sich anhand verschiedener Parameter untergliedern. Zum einen durch die verwendeten Gestaltelemente, welche unterschiedlichen Funktionen dienen. Im Wesentlichen handelt es sich dabei um schließende Elemente (locks) und positionierende Elemente. — Gestaltelemente

Zu einem Clips gehören zum einen ein block- oder plattenförmiger *Clipsträger*, der eigentliche *Schnapphaken* (Verschluss) sowie *Orientierungs- und Führungshilfen* für das Fügen (locators und enhancements, vgl. Abbildung III-55).

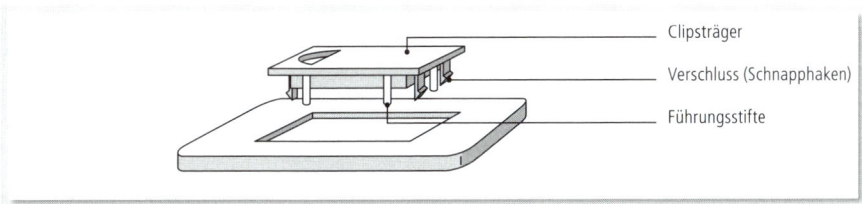

Clipsträger
Verschluss (Schnapphaken)
Führungsstifte

Abbildung III-55 Bestandteile eines Clipses

Der *Schnapphaken* funktioniert häufig nach dem Biegebalkenprinzip (Abbildung III-56) jedoch sind auch andere konstruktive Lösungen möglich (Abbildung III-57).

---

99 Hübner, A.; Irmer, W.; Martinek, M.; Pieschel, J.; Zwickert, H.; Zinke, M.: Studienmaterial Fertigungslehre. Universität Magdeburg, Institut für Werkstoff- und Fügetechnik, 2006.

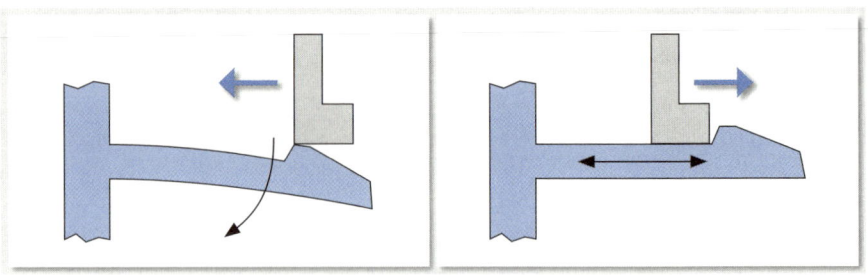

Abbildung III-56   Schnapphaken nach dem Biegebalkenprinzip[100]

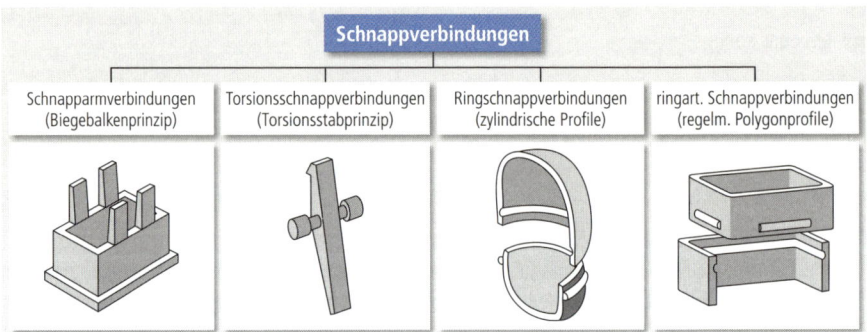

Abbildung III-57   Unterschiedliche mechanische Prinzipien führen zu vielfältigen Schnappverbindungen

Zum anderen sind aus ergonomischer Sicht darüber hinaus auch die Parameter *Fügekraft*, Fügebewegung, Oberfläche und Greifform von Interesse (Abbildung III-58).

Fügekraft	Fügemoment (sofern vorhanden)	Fügebewegung	Freiheitsgrad	Oberfläche	Greifform	funktionale Elemente
2 N bis 250 N	< 3 Nm	• Drücken (push) • Schieben (slide) • Kippen (tip) • Drehen (twist)	≤ 12	• eben und glatt • scharfkantig • gebogen	• Drücken mit Fingerspitze • Pinzettengriff • Druck	• schließend (lock) • positionierend (locator) • erweiternd (enhancement)

Abbildung III-58   Klassifikation des Clipsens

Grundvoraussetzungen   Eine zuverlässige Clipsverbindung erfüllt die folgenden vier konstruktiven Grundvoraussetzungen:[101]

- Festigkeit ist die Eigenschaft des Materials, den Belastungen im montierten Zustand zu widerstehen. Eine Clipsverbindung, die nicht fest genug ist, versagt im Einsatzfall.
- Halt (constraint) ist die Funktion eines Clips, mit der Aufnahme eine fixierende Verbindung einzugehen. Ein Clip kann in allen 12 Freiheitsgraden fixieren oder aber kontrollierte relative Bewegungen erlauben.

100   Bonenberger, P. R.: The first snap-fit handbook. München: Hanser, 2005.
101   Bonenberger, P. R.: a. a. O., 2005, S. 43.

- Kompatibilität bedeutet, dass Clips und Aufnahme in ihrer Form so zueinander passen, dass sowohl Fügebewegung als auch Demontagebewegung nicht durch die funktionalen Elemente des Clips behindert werden.
- Robustheit ist die Toleranz der Clipse gegenüber allen variablen bzw. unbekannten Einflussfaktoren in Entwicklung, Herstellung, Montage und Einsatz. Ein montage-robuster Clip bietet beispielsweise Hilfselemente, die einen Fehleinbau verhindern. Weiterhin erleichtert er das Zentrieren und Einfügen durch Führungsnasen, die nach Möglichkeit angefast sind.

Von Sonderfällen abgesehen, können Clipse aufgedrückt (Abbildung III-59(a)), eingehängt und danach aufgedrückt (b) oder eingeschoben (c) werden. Hinzu kommt noch das Fügen mit Dreh-Drück-Bewegungen (hier nicht dargestellt). Im Falle (a) ist die Orientierung der Finger, die Fügebewegung und die Arretierung des Clipses eine Einheit, bei (b) und (c) sind Orientierung der Finger, Fügen und Arretieren dagegen getrennt.

Die Ergebnisrückkoppelung erfolgt beim Fügen von Clipsen schwerpunktmäßig über taktile und/oder auditive Wahrnehmung (Teil II, Abschnitt 2.5.6). Im verarbeitenden Gewerbe werden oft mehrere Tausend Clipse pro Mitarbeiter und Schicht gesetzt. Die damit verbundene dynamische und quasi-statische Kraftaufbringung kann u. U. zu schmerzhaften Störungen und langwierigen Erkrankungen des Finger-/Hand-/Arm-Systems führen (»*Repetitive Strain Injuries*«, RSI; vgl. Teil II, Abschnitt 2.7.7).

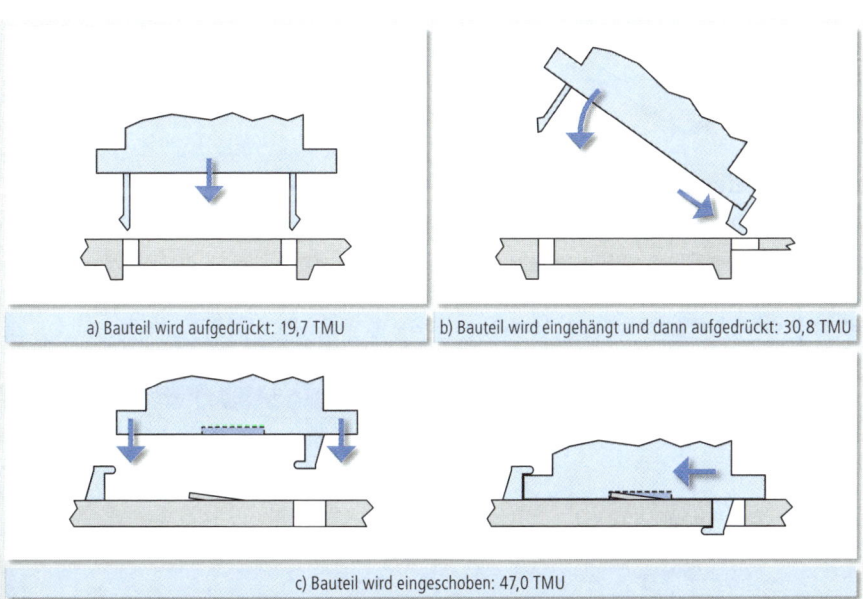

a) Bauteil wird aufgedrückt: 19,7 TMU   b) Bauteil wird eingehängt und dann aufgedrückt: 30,8 TMU

c) Bauteil wird eingeschoben: 47,0 TMU

Abbildung III-59   Vergleich verschiedener Fügeoperationen[102]

Beim Einsetzen des Clipses wirkt sich die Stärke der Werkstückaufnahme aus: Handelt es sich um ein dünnes Blech oder aber mehrere Zentimeter Vollmaterial (Abbildung III-60)? Bleche, die sich beim Fügen durchbiegen, können dazu führen, dass sich das einzufügende Bauteil verkantet. Unter Umständen kommt es in solchen Fällen zu Spitzenwerten der notwendigen Fügekraft und damit auch zu hohen Hand-/Arm-Beanspruchungen.

Einsetzen des Clips

---

102   Vgl. Bonenberger, P. R.: a.a.O., 2005, S. 235.

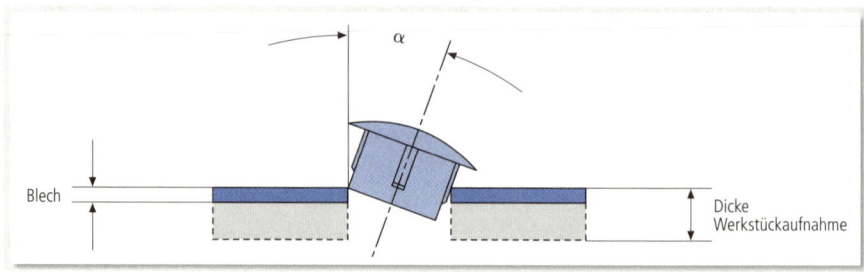

Abbildung III-60   Einfluss der Dicke der Werkstückaufnahme auf das Setzen von Clipsen

Gegenüber dem Setzen eines Stopfens mit einer einfachen Drückbewegung bedeutet ein kombinierter Fügevorgang aus Drücken und Schieben oft bis zu 40 % mehr an Zeit (Abbildung III-61).

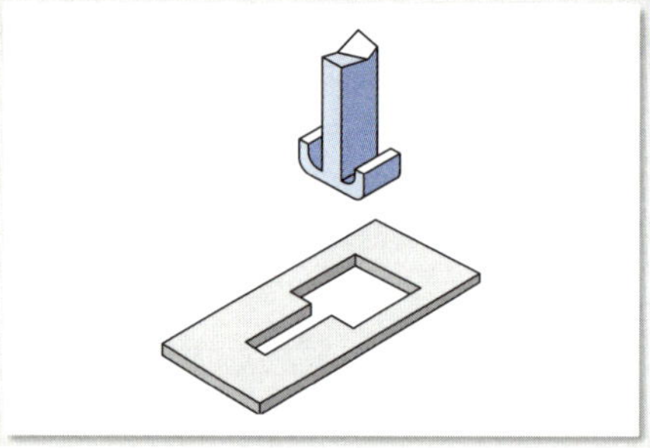

TMU	Kode	A · H	Beschreibung
19,6	R50C		zum Clips
9,1	G4B		
21,8	M50C		zur Öffnung
	~~G2~~		
25,3	P2SSE		halbsymmetrisches Fügen
2,0	M2A		Arretieren (schieben)
2,0	RL1		
79,8			

Abbildung III-61   MTM-1-Analyse für Clips eindrücken und schieben

Sonderausführungen von Clipsen können mit erhöhtem Zeitbedarf und u. U. *Belastungsspitzen* beim Fügen verbunden sein. So kann es erforderlich sein, einen spritzwassergeschützten Clip mit starkem Druck in die Bohrung einzusetzen. Abbildung III-62 zeigt dafür eine MTM-Analyse.

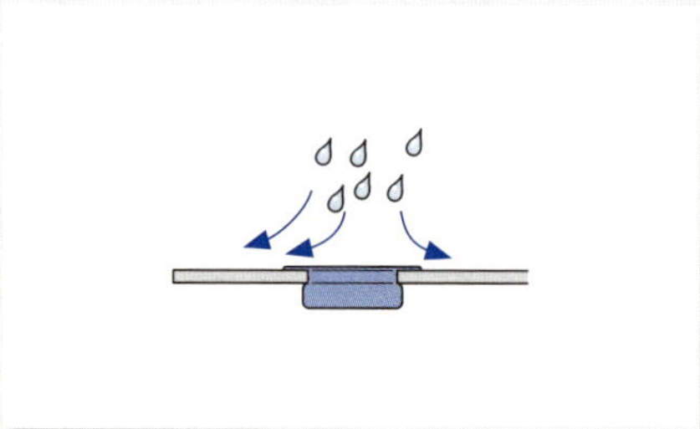

TMU	Kode	A · H	Beschreibung
19,6	R50C		zum Clips
9,1	G4B		
21,8	M50C		zur Öffnung
	~~G2~~		
48,6	P3SD		Fügen mit Finger versetzen
2,0	RL1		
101,1			

Abbildung III-62   MTM-1-Analyse für das Setzen eines spritzwassergeschützten Clips

Zusatzarbeiten, wie z.B. *Biegezungen* mit Werkzeug oder Hand umlegen, können die Fügezeit stark erhöhen, vor allem dann, wenn noch ein entsprechendes Werkzeug geholt oder gesucht werden muss. Abbildung III-63 schlüsselt den Zeitbedarf für das Setzen des Clipses und das Umbiegen per Hand auf.

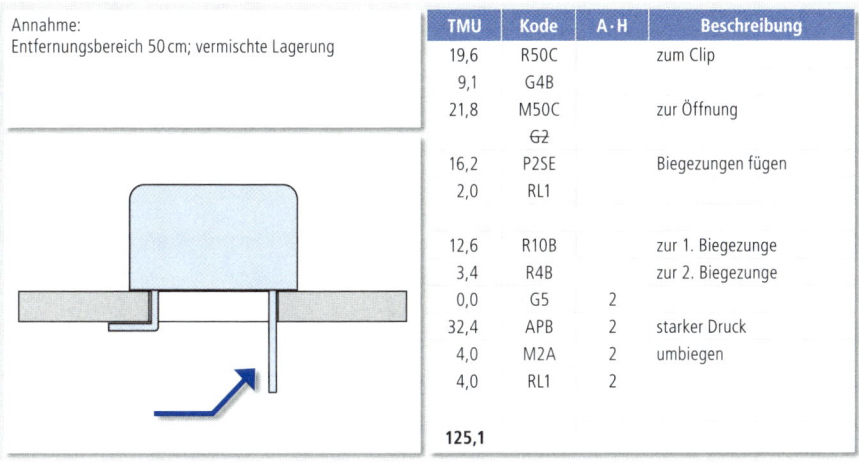

	TMU	Kode	A·H	Beschreibung
Annahme: Entfernungsbereich 50 cm; vermischte Lagerung	19,6	R50C		zum Clip
	9,1	G4B		
	21,8	M50C		zur Öffnung
		G2		
	16,2	P2SE		Biegezungen fügen
	2,0	RL1		
	12,6	R10B		zur 1. Biegezunge
	3,4	R4B		zur 2. Biegezunge
	0,0	G5	2	
	32,4	APB	2	starker Druck
	4,0	M2A	2	umbiegen
	4,0	RL1	2	
	125,1			

Abbildung III-63 MTM-1-Analyse für das Setzen eines Clips mit Biegezunge

Der Zeitbedarf für das Fügen verschiedener *Clipsarten* ist beispielhaft in Abbildung III-64 und Abbildung III-65 dargestellt.

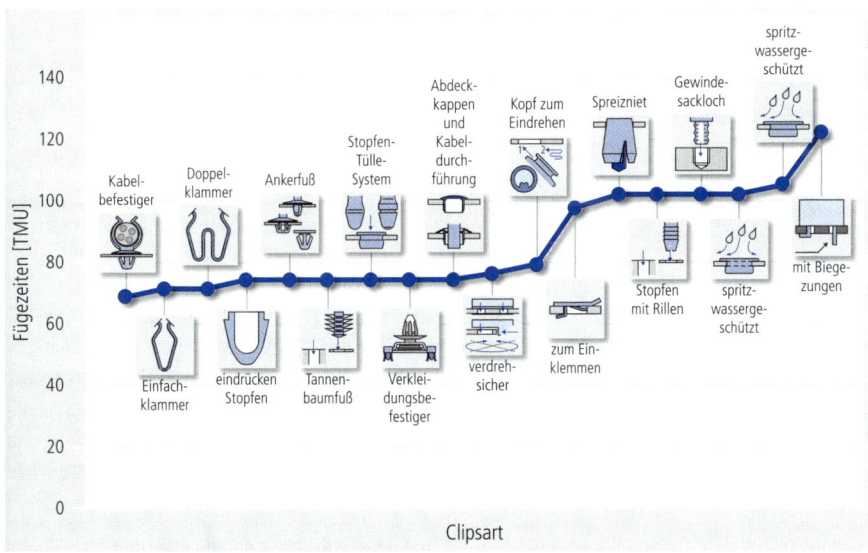

Abbildung III-64 Fügezeiten für verschiedene Clipsarten

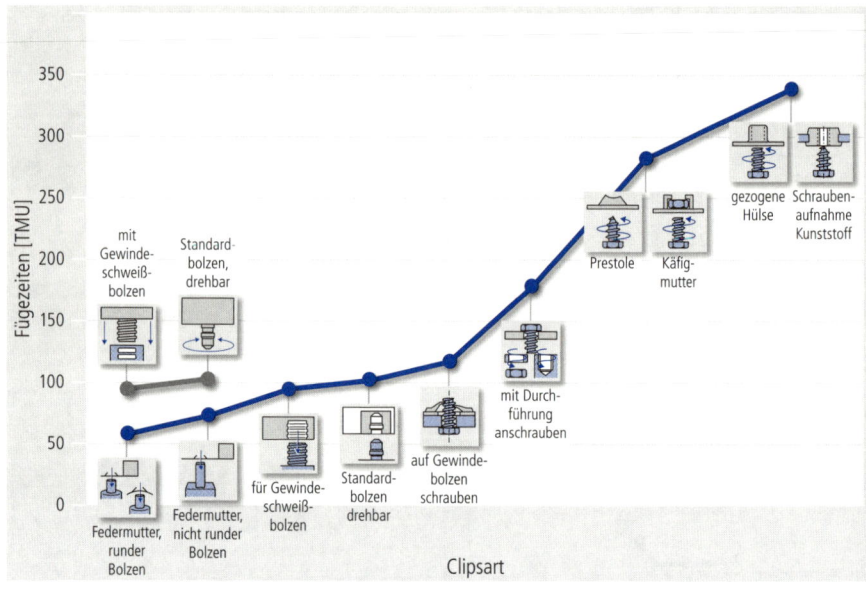

Abbildung III-65   Fügezeiten für verschiedene Bolzentypen und Schraubenaufnahmen

Es gibt verschiedene Möglichkeiten, Clipsverbindungen z. B. für Service oder Reparatur wieder zu lösen (sofern überhaupt zerstörungsfreie Lösbarkeit gewünscht ist): mit oder ohne Werkzeug. Zu bevorzugen sind Lösungen, bei denen die *Demontagemöglichkeit* schon in das Bauteil mit hinein konstruiert wurde.

Zusammengefasste Bewertung von Baugruppen Beim Fügen von Bauteilen oder *Baugruppen* liegen 12 *Freiheitsgrade* vor:

- zwei Bewegungen in x-Richtung,
- zwei Bewegungen in y-Richtung,
- zwei Bewegungen in z-Richtung,
- zwei Drehmöglichkeiten um die x-Achse,
- zwei Drehmöglichkeiten um die y-Achse,
- zwei Drehmöglichkeiten um die z-Achse.

Diese werden realisiert durch Drücken, Ziehen, Schieben, Antippen, Drehen, Schwenken oder Kombinationen dieser Bewegungen.[103] Die gewählte konstruktive Lösung soll dabei dem Werker Orientierungshilfen geben, z. B. durch *Führungshilfen* am Bauteil selbst oder an dem aufnehmenden Teil, durch Schrägen, Fasen oder Freiräume. Taktiles bzw. kinästhetisches Feedback ist von großer Bedeutung (vgl. Teil II, Abschnitt 2.5.6). Akustische Hilfen, z. B. ein Klick beim Einrasten, sind ebenfalls möglich, sollten aber mit Bedacht gewählt werden, um »akustische Umweltverschmutzung« zu vermeiden. Diese Fügehilfen sind auch im Hinblick auf die möglichst beschädigungsfreie Demontage und den Service mit Bedacht zu konstruieren.

Konstruktionsausführung Negativ im Hinblick auf den Konstruktionsausführung und Zeitbedarf sind zu bewerten:

- Wenn das zu montierende Teil gegenüber den bereits montierten Teilen eine Relativbewegung macht.

---

103   Zur Definition von Drücken nach MTM-1 vgl. Teil II, Abschnitt 6.3.3.

- Wenn das zu montierende Teil aus anderem Werkstoff als die bisher montierten Teile besteht.
- Wenn eine bereits montierte Baugruppe demontiert werden muss.

Aus der Sicht der Beanspruchung des Hand-/Arm-Systems ist für das Fügen durch Zusammensetzen festzuhalten:

- Die gewählte Passungsklasse hat einen starken Einfluss auf die erforderliche Fügekraft. Presspassungen können zu hohen Muskel- und Gelenkbeanspruchungen führen, sofern die Fügeoperation manuell durchgeführt wird.
- Verkanten der zu fügenden Bauteile erhöhen nicht nur die Fügezeit, sondern auch Fügekräfte und Hand-/Armbeanspruchung des Mitarbeiters. Natürlich sind durch das Verkanten auch Qualitätseinbußen möglich.
- Dünne Bleche zur Aufnahme von Bauteilen können sich beim Fügen durchbiegen. Auch das begünstigt das Verkanten und erhöht wiederum Kraftbedarf und Beanspruchung.

2.4.5 Fügen durch Schweißen

Schweißen ist das Vereinigen von Werkstoffen in der Schmelzzone unter Anwendung von Energie (Wärme oder Kraft), mit oder ohne Schweißzusätze (Abbildung III-66). Nach dem Zweck wird Schweißen unterteilt in Verbindungsschweißen und Auftragsschweißen. Beim Verbindungsschweißen wird eine unlösbare Verbindung von Fügeteilen hergestellt, beim Auftragsschweißen ein Werkstück beschichtet. Schweißverfahren

Die zum Schweißen nötige Energie kann durch brennbares Gas, elektrischen Strom, energiereiche Strahlung oder Druck und Bewegung aufgebracht werden.

Beim Schmelzschweißen werden die *Stoßstellen* der Fügeteile in den Schmelzbereich erwärmt und ohne Anwendung von Kraft und mit oder ohne Zusätze geschweißt. Beim Pressschweißen werden die auf Schweißtemperatur (1.200 °C) erwärmten Stoßstellen unter Druck und ohne Zusatzwerkstoff verbunden.

Schweißen wird besonders häufig für die Verbindung von Metallen verwendet, jedoch auch für Glas (z. B. bei Glasfasern) und Kunststoffe. Die Verbindung kann je nach Schweißverfahren punktförmig, nahtförmig oder flächig sein.

Schweißverfahren	
Gasschmelzschweißen	**Widerstandspressschweißen** • Punktschweißen
offenes Lichtbogenschweißen • Lichtbogenhandschweißen • Kohlelichtbogenschweißen • ...	• Buckelschweißen • Rollennahtschweißen • ...
Schutzgasschweißen • Inertgasschweißen • Aktivgasschweißen • Plasmaschweißen • ...	**Pressschweißen mit unterschiedlicher Energiezufuhr**
Widerstandsschmelzschweißen	**Strahlschweißen** • Laserstrahlschweißen • Elektronenstrahlschweißen • ...

Abbildung III-66   Übersicht Schweißverfahren

Das gewählte *Schweißverfahren* hat dabei starken Einfluss auf die Schweißzeit (Abbildung III-67).

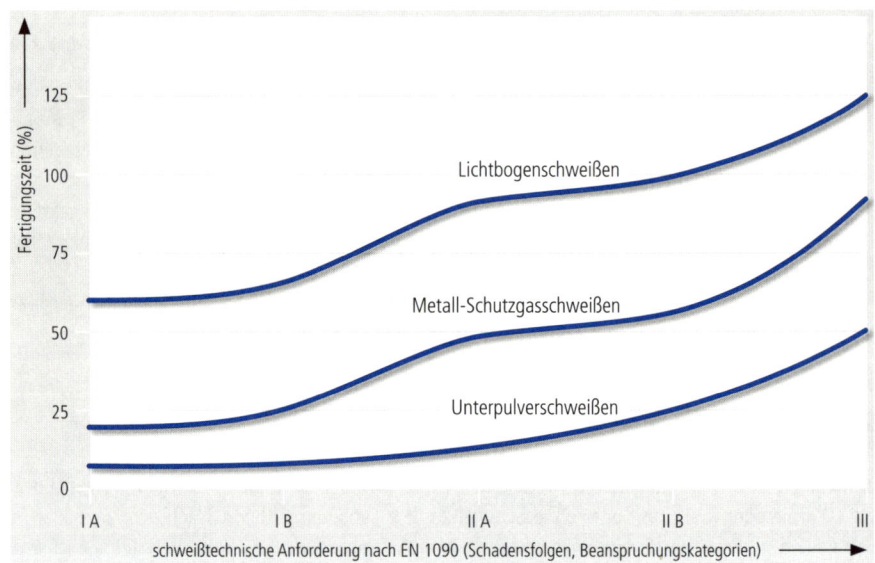

Abbildung III-67　Einfluss des Schweißverfahrens auf die Schweißzeit[104]

Bei der Vorbereitung der Einzelteile ist auf möglichst geringen Verschnitt durch einen Zuschnitt- oder Brennplan zu achten.

Schweißgerechte
Gestaltung

In vielen Fällen können *Schweißnähte* dadurch vermieden werden, dass vermehrt abgekantet wird. Kaltumgeformte Profile helfen, aufwändige *Schweißkonstruktionen* zu vermeiden (Abbildung III-68). Nahtanhäufungen und Nahtkreuzungen sind sowohl aus Gründen des Verzugs als auch aus Kostenerwägungen zu bedenken.

Abbildung III-68　Kaltumgeformte Profile helfen, Schweißkonstruktionen zu vermeiden[105]

Ebenso können Klemm- oder Schnappverbindungen (vgl. Abschnitt 2.4.4) Schweißkonstruktionen vereinfachen oder ganz vermeiden.

104　Vgl. Neumann, A.: a.a.O., 1984.
105　Vgl. Fahrenwaldt, H.J. et al.: a.a.O., 2006, S. 341.

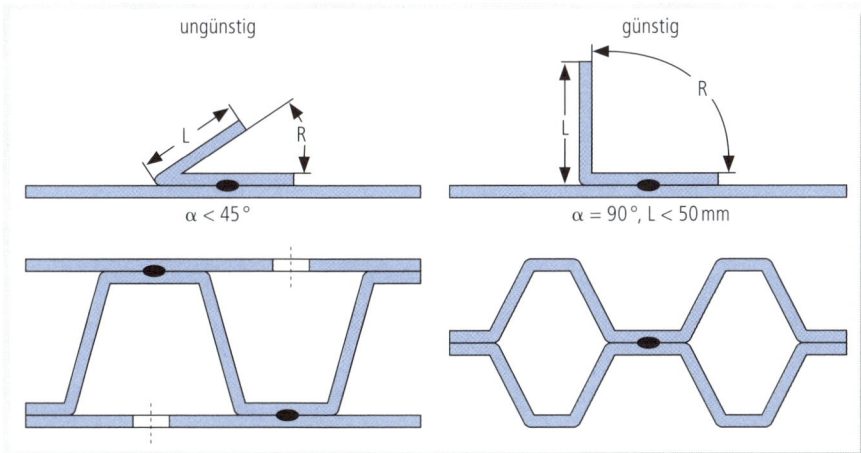

Abbildung III-69 Schlechte Zugänglichkeit der Schweißnaht (links) und verbesserte Lösung (rechts)[106]

Unterbrochene Nähte haben gegenüber durchgehenden Nähten Kostennachteile. Deshalb sind dünne, durchgehende Nähte dicken, unterbrochenen Nähten vorzuziehen.

Die Zugänglichkeit der Naht wirkt sich stark auf die Schweißzeit aus. Eine Naht ist dann gut zugänglich, wenn sie die Hand/Armbewegungen des Schweißers, das Brennervolumen bzw. den Neigungswinkel der Elektrode berücksichtigt (vgl. Abbildung III-69).

Zugänglichkeit der Naht

Bei dünnwandigen Werkstücken sind Sicken zur Dehnungsaufnahme vorzusehen, um dem Verzug vorzubeugen. Richtarbeiten können leicht oberhalb 20 % der Schweißzeit liegen. Verzug kann durch Hohlkastenprofile, minimale Kehlnahtdicken und durch Entfall von Stützrippen begrenzt werden.[107]

Einseitige körperliche Belastungen wie z.B. *Zwangshaltungen* bei Schweißen an ungünstigem Arbeitsort oder statische Haltearbeit durch das Halten von Elektrode oder Brenner und zusätzlich des Schweißerschutzschilds können chronische Verspannungen besonders im Schulter-Nacken-Bereich, Rückenschmerzen und Haltungsschäden zur Folge haben. Abhilfe kann in vielen Fällen durch Maßnahmen der ergonomischen Arbeitsgestaltung erfolgen, etwa durch die Möglichkeit zur individuellen Anpassung der Arbeitshöhe und durch Berücksichtigung der Zugänglichkeit von Arbeitsorten bei der Konstruktion.

Schweißarbeitsplatz

Die ergonomisch ungünstige Gestaltung des Schweißarbeitsplatzes wirkt sich auf die Ermüdung des Werkers und damit auf dessen quantitative und qualitative Leistung aus. Soweit an stationären Arbeitsplätzen geschweißt wird, sollte das Schweißobjekt so angeordnet werden, dass mit herabhängenden, möglichst wenig abgespreizten Oberarmen gearbeitet werden kann. In jedem Fall sind *Schweißnähte* unterhalb Kniehöhe und oberhalb Brusthöhe zu vermeiden. Bei instationären Schweißarbeiten, z.B. in der Werftindustrie, sind diese Vorgaben allerdings selten einzuhalten.

Die Zugänglichkeit beim Schweißen von Rippen, Stegen und an Durchbrüchen und Hohlkörpern ist sicherzustellen. Beim Schweißen handelt es sich um statische Haltearbeit, häufig verbunden mit Zwangshaltungen, so dass ermüdungsbedingte Minderleistungen absehbar sind (vgl. Teil II, Kapitel 2).

---

106 Vgl. Fahrenwaldt, H.J. et al.: a.a.O., 2006, S. 344.
107 Neumann, A.: Schweißtechnisches Handbuch für Konstrukteure, Teil I. Düsseldorf: Deutscher Verlag für Schweißtechnik, 1984.

Durch die ungünstige Nahtlage in Abbildung III-70 wird der *Arbeitsablauf* suboptimal. Ein Überlappstoß hilft dies zu vermeiden. Allerdings kommt es hierbei zur Verschlechterung des Kraftflusses.

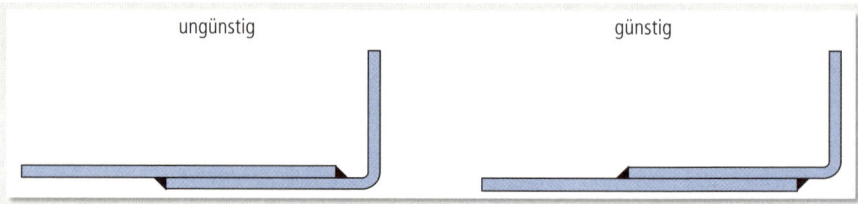

ungünstig   günstig

Abbildung III-70   Durch andere Nahtlage verbesserte Zugänglichkeit[108]

2.4.6 Fügen durch Löten

Löten

Löten ist ein thermisches Verfahren zum stoffschlüssigen Fügen und Verbinden oder *Beschichten* von Werkstoffen, wobei eine flüssige Phase durch Schmelzen eines Lotes (Schmelzlöten) oder durch Diffusion an den Grenzflächen (Diffusionslöten) entsteht.[109] Beim Lötvorgang wird das Lot geschmolzen, während die Werkstoffe der Fügeteile im festen Zustand bleiben. Beim Verbindungslöten werden zwei Fügeteile mit Hilfe eines metallischen Zusatzwerkstoffs (Lot; vgl. Abbildung III-71) verbunden, beim Beschichtungslöten wird ein Werkstück mit einem (ggf. anderen) Metall beschichtet.

Das in aller Regel manuell ausgeführte *Fugenlöten* (vor allem von verzinkten Stahlrohren) ähnelt in der Nahtvorbereitung und Ausführung dem Gasschmelzschweißen. Beim Spaltlöten werden die Fügeteile so vorbereitet, dass die Verbindungsstelle als Spalt ausgebildet ist. Bei Erwärmung der Werkstücke über der ganzen Spaltfläche auf Löttemperatur füllt das flüssige Lot durch Kapillarwirkung den Spalt. Lötaufgaben werden überwiegend im leicht mechanisierbaren Spaltlötverfahren ausgeführt.

Lötverbindung

Obwohl die *Lötverbindung* durch Erwärmen wieder gelöst werden kann, zählt die Lötverbindung zu den nicht lösbaren Verbindungen, da sich beim Lötvorgang die Materialeigenschaften an den Fügeflächen verändern. Durch das Zusammentreffen unterschiedlicher Metalle an Lötverbindungen können bei Anwesenheit eines Elektrolyten (z. B. Wasser) galvanische Elemente entstehen, die Korrosion befördern.

Neben metallischen Bauteilen können auch Fügeteile aus Glas oder Keramik mittels Glaslot oder – nach Metallisierung – mit Metalllot untereinander oder mit Metallteilen verbunden werden.

Nach der Liquidustemperatur des Lotes (das ist die Temperatur, ab der eine Legierung oder ein Glas homogen geschmolzen ist) werden Lötverfahren unterteilt in Weichlöten (bis 450 °C), Hartlöten (ab 450 °C) und Hochtemperaturlöten (oberhalb 900 °C). Hartlötverbindungen weisen in der Regel eine höhere Festigkeit als Weichlötverbindungen, aber eine geringere Festigkeit als Schweißverbindungen auf.

Werkstoffe

Lötbarkeit ist die Eigenschaft eines Bauteils, durch Löten derart gefügt zu werden, dass es die gestellten Anforderungen erfüllt. Voraussetzungen für die Lötbarkeit sind die Löteignung des Werkstoffs, die Lötmöglichkeit in der Fertigung, also die Anwendbarkeit von Lötverfahren, und die Lötsicherheit der Konstruktion, d. h. die Zuverlässigkeit des Bauteils unter den Einsatzbedingungen in der Praxis.

---

108 Vgl. Fahrenwaldt, H. J. et al.: a. a. O., 2006, S. 381.
109 DIN 8593-7: Fertigungsverfahren Fügen – Teil 7: Fügen durch Löten; Einordnung, Unterteilung, Begriffe, 2003.

Nach ihrer Löteignung werden die Werkstoffe in drei Gruppen eingeteilt:

- Werkstoffe, die mit allen üblichen Verfahren unter Einsatz von Universalloten und -flussmitteln gelötet werden können, wie Kupfer und Nickel und ihre Legierungen, beliebige Stähle und Eisenwerkstoffe sowie Edelmetalle.
- Werkstoffe, die mit üblichen Lötverfahren unter Einsatz spezieller Lote oder Flussmittel gelötet werden können, wie Aluminium und seine Legierungen.
- Werkstoffe, die nur mit speziellen Verfahren und Loten gelötet werden können, wie Titan, Zirkon, Beryllium, Keramiken.

Mittels Löttechnik können praktisch alle lötgeeigneten Werkstoffe miteinander kombiniert werden, die Lötparameter sind nach dem löttechnisch schwierigeren Werkstoff auszuwählen.

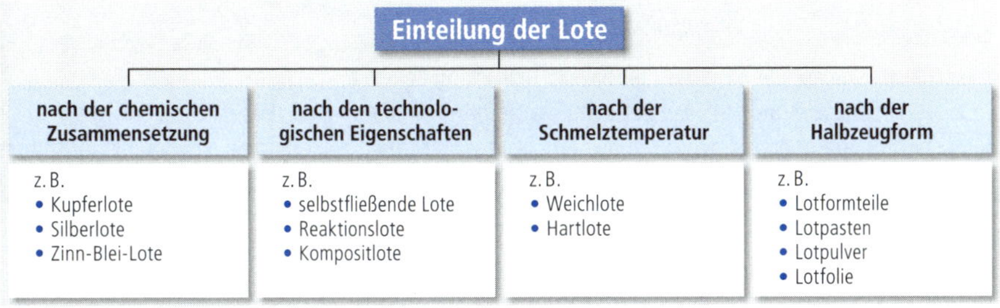

Einteilung der Lote			
nach der chemischen Zusammensetzung	**nach den technologischen Eigenschaften**	**nach der Schmelztemperatur**	**nach der Halbzeugform**
z. B. • Kupferlote • Silberlote • Zinn-Blei-Lote	z. B. • selbstfließende Lote • Reaktionslote • Kompositlote	z. B. • Weichlote • Hartlote	z. B. • Lotformteile • Lotpasten • Lotpulver • Lotfolie

Abbildung III-71   Einteilung der Lote

Lötverbindungen setzen eine gute Benetzung des Lotes auf dem Fügeteil, eine ausreichende Kapillarwirkung des Lotes im Fügespalt und die Entstehung von Bindungen zwischen Grundwerkstoffen und Lot voraus. Voraussetzung für gute Lötverbindungen sind metallisch reine Oberflächen der Fügeteile, frei von Verschmutzung und insbesondere von Oxiden. Über eine mechanische Vorbehandlung hinaus müssen bei Lötungen unter Lufteinwirkung in der Regel Flussmittel verwendet werden, um restliche oder sich beim Lötvorgang bildende Oxidschichten zu entfernen, die Fließ- und Benetzungseigenschaften des Lots zu verbessern und die Oberflächenspannung des Lots zu verringern (Abbildung III-72).   *Lötverbindungen*

Flussmittel mit korrosiver Wirkung müssen nach dem Lötvorgang entfernt werden. Auf Flussmittel verzichtet werden kann beim Löten unter Schutzgas oder im Vakuum, wo Oxidation verhindert wird und bestimmte Schutzgase auch eine reduzierende Wirkung auf Oxidschichten haben.   *Flussmittel*

Herstellung einer Lötverbindung:

- Lötflächen von mechanisch oder chemisch von Fremdschichten (z. B. Farben, Oxide) befreien,
- die zu lötenden Fügeteile gegeneinander fixieren, z. B. mit Lötvorrichtungen,
- Lötstoß und Lot auf Arbeitstemperatur bringen, Oxidbildung durch Zugabe von Flussmitteln verhindern,
- Lötverbindung frei von Erschütterungen und Bewegungen abkühlen lassen,
- Lötverbindung zur Vermeidung von Korrosion, Zunder und Rückständen von Flussmitteln befreien,
- Qualität der Lötverbindung prüfen, z. B. Füllgrad des Lötspalts, Risse in der Lötnaht.

Abbildung III-72   Oberflächenaktivierung beim Löten

Qualität von
Lötverbindungen

Besonders bei Lötverbindungen elektronischer Bauelemente sind mangelhafte (»kalte«) Lötstellen ein schwer erkennbarer Fertigungsfehler. Sowohl elektrische wie mechanische Eigenschaften kalter Lötstellen sind mangelhaft, sie erzeugen Probleme der Zuverlässigkeit elektronischer Baugruppen.

Ursachen kalter Lötstellen können sein:

- Erschütterungen während der Zeit bis zur Erstarrung des Lots,
- zu niedrige Löttemperatur, bei der keine vollständige Benetzung der Fügeflächen erfolgte,
- zu hohe Löttemperatur, wodurch das Flussmittel zu schnell zersetzt oder verdampft und schon während des Lötvorgangs Oxidation im Bereich der Fügeflächen eintrat,
- unzureichend vorbereitete (verschmutzte, oxidierte) Fügeflächen.

Vorteile von
Lötverbindungen

Vorteile von Lötverbindungen sind je nach Anwendungsfall:

- elektrische Leitfähigkeit,
- Dichtigkeit gegen Gase und Flüssigkeiten,
- niedrige Arbeitstemperaturen, die die Fügeteile nicht beeinträchtigen,
- keine Schwächung der Fügeteile durch Bohrungen,
- Verbindung unterschiedlicher Werkstoffe,
- Möglichkeit der Automatisierung,
- parallele Herstellung mehrerer Lötverbindungen an einem Werkstück oder an mehreren Werkstücken.

Nachteile von
Lötverbindungen

Nachteile von Lötverbindungen sind:

- geringere Festigkeit im Vergleich zu Schweißverbindungen,
- höherer Aufwand bei der Vorbereitung,
- mögliche Korrosion durch Flussmittelreste,
- hohe Kosten des meist teuren Lots mit hohen Anteilen von Silber und Zinn.

2.4.7   Fügen durch Kleben

Kleben

Kleben ist – wie Schweißen und Löten – ein stoffschlüssiges Fügeverfahren der Fertigungstechnik. Fügeteile werden mittels Klebstoff (stoffschlüssig) verbunden.

Die Festigkeit der geklebten Verbindung hängt von der Eigenfestigkeit des Klebstoffs (Kohäsion) und von dessen Verformungseigenschaften sowie von den Bindekräften zwischen Klebstoffschicht und den Oberflächen der Fügeteile (Adhäsion) ab, darüber hinaus von den Werkstoffeigenschaften der Fügeteile und von der Größe der Klebefläche.

Mittels Kleben können nahezu alle Werkstoffe miteinander verbunden werden. Da keine größere Hitze zum Kleben erforderlich ist, werden die Fügeteile thermisch nicht stark beansprucht, so dass Wärmeverzug (Verformung), Spannungen beim Abkühlen und Gefügeveränderungen der Fügeteile vermieden werden. Anders als bei Schraub- oder Nietverbindungen sind beim Kleben auch keine eventuell die Struktur der Fügeteile schwächenden Löcher erforderlich. Kleben eignet sich besonders zum Verbinden dünner Fügeteile, bei denen Nieten oder Schweißen allenfalls unter großem Aufwand möglich ist.

Vorteile des Klebens gegenüber anderen Fügemethoden sind beispielsweise:

- Verbindung unterschiedlicher Stoffe,
- keine Schwächung der Fügeteile durch Gewinde oder Löcher,
- gas- und flüssigkeitsdichte Verbindungen, die Korrosion weitgehend verhindern,
- gleichmäßige Kraftverteilung in der Klebefuge,
- Gewichtsersparnis.

Vorteile und Nachteile des Klebens

Nachteile beim Kleben können sein:

- aufwändige Vorbehandlung der Klebeflächen,
- eine im Vergleich zu z.B. Schweiß- oder Schraubverbindungen geringere thermische Beständigkeit der Klebeverbindungen,
- begrenzte Möglichkeiten der Reparatur: Nur Klebeverbindungen mit Schmelzklebern können (durch Erwärmung) wieder gelöst werden.

Die *Festigkeit von Klebstoffen* ist auf den ersten Blick im Vergleich zu den Materialien vieler Fügeteile wie z.B. Metalle, Holz, Keramiken eher gering (Abbildung III-73). Damit die Tragfähigkeit einer Klebung und die der geklebten Werkstoffe annähernd gleich sind, müssen die Klebeflächen ausreichend groß sein. Im Automobilbau ersetzen jedoch Klebeverbindungen durch ausgefeilte Rezepturen zunehmend Schweiß- oder Schraubverbindungen, ohne dass die Steifigkeit der Karosserie leidet. Zudem verbesserte man durch Klebeverbindungen die Resistenz gegen Lösungsmittel, Hitze, Feuchtigkeit und Verwitterung.

Festigkeit von Klebstoffen

Beanspruchung von Klebeverbindungen			
Beanspruchung	Zugfestigkeit	Umgebung	Einsatzgebiete
niedrig	bis 5 MPa	Raumklima, kein Wasserkontakt	Feinmechanik, Elektrotechnik, Modellbau, Möbelindustrie
mittel	5 – 10 MPa	moderate Klimabedingungen, Einwirkung von Feuchte, Öl, Treibstoffe	Maschinenbau, Fahrzeugbau, Reparaturen
hoch	über 10 MPa	beliebiges Klima, Kontakt mit wässrigen Lösungen, Ölen, Treibstoffen, Lösungsmitteln	Fahrzeugbau, Flugzeugbau, Schiffbau, Behälterbau
(1 MPa = 1 N/mm²)			

Abbildung III-73 Beanspruchung von Klebeverbindungen

Voraussetzungen einer guten Klebeverbindung sind:

- gute und gleichmäßige Benetzbarkeit der Klebeflächen durch den Klebstoff,
- möglichst geringe innere Spannungen im Klebstoff nach dem Abbinden (geringe Schrumpfung),
  keine Luft- oder Gaseinschlüsse,
- saubere Klebeflächen (frei von Schmutz, Fetten und Ölen und anderen Verunreinigungen), ggf. aufgeraut.

Voraussetzungen guter Klebeverbindungen

2.5 Wertanalyse

2.5.1 Ziele

Wertanalyse als organisierter und kreativer Ansatz

In der ursprünglichen Definition verfolgt die *Wertanalyse* das Ziel, die Funktionen eines Produkts für die niedrigsten Kosten zu erstellen, ohne dass die

- erforderliche Qualität,
- Zuverlässigkeit und
- Marktfähigkeit

des Produkts negativ beeinflusst werden.[110] Wertanalyse ist also ein organisierter und kreativer Ansatz, der einen funktionenorientierten und wirtschaftlichen Gestaltungsprozess mit dem Ziel der Wertsteigerung eines Produkts oder eines Einzelteils zur Anwendung bringt.[111] Die Wertanalyse bezieht sich in Form der Wertverbesserung auf bereits vorhandene Teile oder Produkte, die *Wertgestaltung* richtet sich auf Objekte, die noch in der Entwicklung sind. Eine Wertanalyse kann sowohl für gegenständliche Objekte als auch für Fertigungsprozesse und Dienstleistungen durchgeführt werden.

Bereits in Abbildung III-6 wurde deutlich, dass *Kostenwirkungen* schon sehr früh im PEP festgelegt werden und die Möglichkeiten der Kostenbeeinflussung mit fortschreitendem PEP immer geringer werden. Nicht notwendige Kosten müssen rechtzeitig erkannt werden.

Die Wertanalyse geht ausschließlich von den *Funktionen* eines Produkts aus, Geometrie, Material und Design bleiben unberücksichtigt. Unter Funktion versteht man in der Diktion der Wertanalyse jede einzelne Wirkung des Wertanalyse-Objektes. Wirkung wird sowohl als Vorgang als auch als Ergebnis verstanden. Die Wertanalyse bezieht sich auf den vom Kunden gesehenen Gebrauchswert eines Objektes, ggf. auch auf den Prestigewert.

Der *Gebrauchswert* ermittelt sich aus den Hauptfunktionen und eventuellen unterstützenden Nebenfunktionen. Unnötige Funktionen müssen beseitigt werden. Das folgende Beispiel erläutert diesen Zusammenhang anhand eines Pkw-Motors.

Beispiel

Pkw-Motor, 4,2 Liter Hubraum, 250 kW Leistung.

Hauptfunktion:

1. Pkw antreiben (Gebrauchswert)
2. sportliche Motorleistung garantieren (Prestigewert)

Nebenfunktionen:

- Energie für Klimaanlage, Audio, Beleuchtung etc. bereitstellen

Unerwünschte Funktion:

- extrem hohe CO_2-Emission

Die Einteilung der Funktionen in *Funktionsklassen* führt zu einer Rangordnung bzw. einer Funktionenhierarchie.

---

110 Miles, L. D.: Technique of Value Analysis and Engineering. New York: Wiley, 1961.
111 DIN EN 1325: Value Management, Wertanalyse, Funktionenanalyse, 1996.

2.5.2 Durchführung der Wertanalyse

Die Wertanalyse funktioniert nur im Team. Wie bereits in Abschnitt 2.2.3 gezeigt wurde, sind die Erfolge im interdisziplinären Team – das in der Regel aus fünf bis sieben Personen besteht – am höchsten. Zum Team gehören Mitarbeiter aus den Bereichen Entwicklung, Fertigung, Beschaffung, Absatz, Arbeitsvorbereitung und Controlling. Ein Wertanalyse-Koordinator ist für das Teammanagement verantwortlich. Die Teamsitzungen können durch den Wertanalyse-Koordinator oder aber einen gesonderten Wertanalyse-Moderator geleitet werden (vgl. auch Thema Verbesserungsmanagement, Teil IV, Abschnitt 3.4).

Wertanalyse im Team

Die Wertanalyse wird relativ streng nach einem *Arbeitsplan* durchgeführt (Abbildung III-74).[112] Möglich sind auch Wertanalyse-Module, die zur besseren Strukturierung der Teamarbeit beitragen können.[113]

Mit der Wertanalyse sollen *Wertverbesserungen* von mindestens 15 % erreicht werden, sie geht also über normale Rationalisierungsprojekte hinaus und hat stärker innovative Züge.

Die Wertanalyse ist wegen des Teameinsatzes recht aufwändig, sie erfordert gut geschulte, auch bezüglich der Sozialkompetenz ausgesuchte Mitarbeiter und ist oft auch mit einer langen Projektlaufzeit verbunden. Der Projektablauf ist in Abbildung III-74 dargestellt.

Grundschritt	Teilschritte	
1. vorbereitende Maßnahmen	1.1	Auswählen des Wertanalyse-Objekts und Stellen der Aufgabe
	1.2	Festlegen des quantifizierten Ziels
	1.3	Bilden der Arbeitsgruppe
	1.4	Planen des Ablaufs
2. Ermitteln des Ist-Zustands	2.1	Informationsbeschaffung und Beschreibung des Wertanalyse-Objekts
	2.2	Beschreibung der Funktion
	2.3	Ermitteln der Funktionskosten
3. Prüfen des Ist-Zustands	3.1	Prüfen der Funktionserfüllung
	3.2	Prüfen der Kosten
4. Ermitteln der Lösungen	4.1	Suchen nach allen denkbaren Lösungen
5. Prüfen der Lösungen	5.1	Prüfen der sachlichen Durchführbarkeit
	5.2	Prüfen der Wirtschaftlichkeit
6. Vorschlag und Verwirklichung einer Lösung	6.1	Auswählen der Lösungen
	6.2	Empfehlen einer Lösung
	6.3	Verwirklichung einer Lösung

Abbildung III-74   Wertanalyse-Arbeitsplan[114]

In der *Informationsphase* werden zunächst alle relevanten Daten des Objektes im Ist-Zustand (sowie auch die Produktdaten des Wettbewerbs) gesammelt. Hierzu gehören nach Möglichkeit alle Konstruktionsunterlagen, Stücklisten, Spezifikationen, Prüfverfahren sowie die Beschaffungs- und Herstellkosten. Diese Daten münden üblicherweise in einer ABC-Analyse (vgl. Teil II, Abschnitt 3.4.2).

---

112 VDI 2800 Blatt 2: Technische Regel, Entwurf, Wertanalyse-Arbeitsplan nach DIN EN 12973 – Formularsatz – Wertanalyse-Arbeitsplan, 2006.
113 VDI-Bericht 849: Wertanalyse – Wertgestaltung – Value Management. VDI Verlag, Düsseldorf, 1990.
114 Nach VDI 2800 Blatt 2, Technische Regel, Entwurf, 2006–07.
     Wiedergegeben mit Erlaubnis des DIN Deutsches Institut für Normung e. V. Maßgebend für das Anwenden der DIN-Norm ist deren Fassung mit dem neuesten Ausgabedatum, die bei der Beuth Verlag GmbH, Burggrafenstraße 6, 10787 Berlin, erhältlich ist.

In der *Funktionsanalyse* werden aus den recherchierten Daten Haupt-, Neben- und unnötige Funktionen abgeleitet (Abbildung III-75).[115]

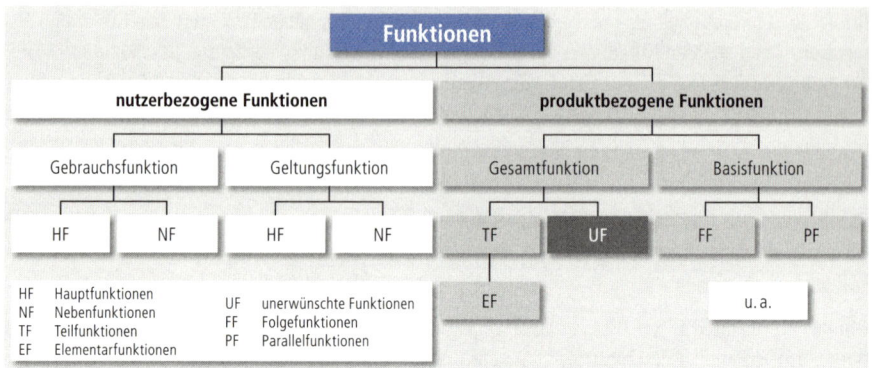

Abbildung III-75 Aufgliederung der Funktionen des Wertanalyse-Objektes[116]

Abbildung III-76 weist darauf hin, wie Funktionen im Ist-Zustand von einem kritischen, unerwünschten Bereich in einen Zielbereich mit niedrigen Kosten, aber hoher Bedeutung verlagert werden. Mit unterschiedlichen Wertstrategien lässt sich die Relation »Funktion/Kosten« verbessern: Bei Strategie 1 vermindert man lediglich die Kosten, die Bedeutung der Funktion bleibt unverändert. Für ein neues Fahrrad würde man dieser Strategie folgend z. B. den Gepäckträger aus einem billigeren, aber voraussichtlich ebenso haltbaren Werkstoff fertigen. Die Wertstrategien 2 und 3 verbessern die Funktionalität bei gleichen (3) oder verminderten (2) Kosten. Beim Beispiel Fahrradgepäckträger würde die Kombination mit einem Einkaufskorb in einem Bauteil diese Strategien beispielhaft verdeutlichen. Den Übergang zwischen den Funktionen im Ist-Zustand und den neu ermittelten und bewerteten Funktionen nach der kreativen Phase zeigt Abbildung III-77.

115 VDI 2803 Blatt 1: Funktionenanalyse – Grundlagen und Methode, 1996.
116 Bronner, A.; Herr, St.: Vereinfachte Wertanalyse. Berlin: Springer, 2006.

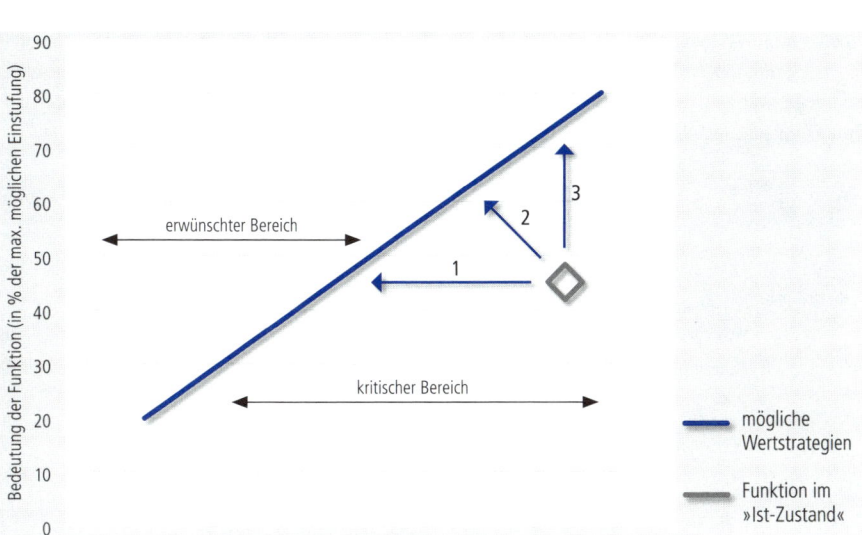

Abbildung III-76 Verbesserungen der Funktionen vom kritischen, unerwünschten Bereich in den Zielbereich[117]

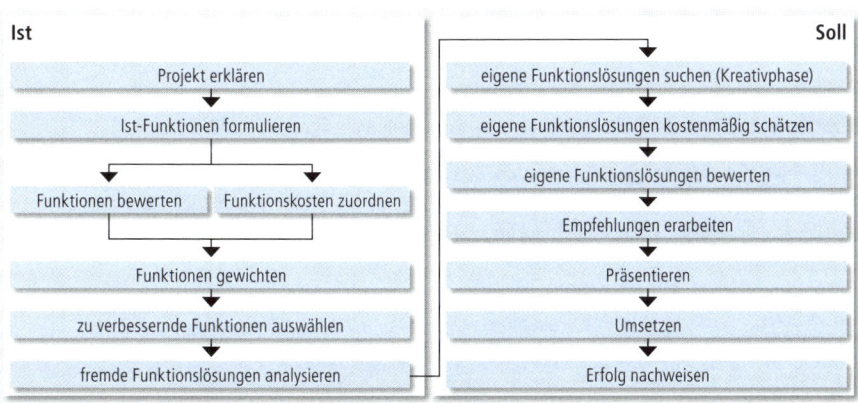

Abbildung III-77 Übergang von den Funktionen des Ist-Zustands zu den neuen Funktionslösungen nach der kreativen Phase[118]

Die Funktionen werden bewertet und ihrem Kostenanteil gegenübergestellt. Diskrepanzen zwischen Funktionen, den *Herstellkosten* im Ist-Zustand und Funktionskosten werden hiermit sichtbar gemacht (Abbildung III-78). Pro Funktion werden im Team Kostenziele festgelegt (vgl. Abschnitt 3.2). Es erfolgt eine Kosten-/Nutzen-Bewertung im Hinblick auf die Funktionen.

117 Schoder, H.: Einführung in die Wertanalyse. Manuskript, Eggenstein, o. Jg.
118 DIN EN 12973: Value Management, 2002. Wiedergegeben mit Erlaubnis des DIN Deutsches Institut für Normung e. V. Maßgebend für das Anwenden der DIN-Norm ist deren Fassung mit dem neuesten Ausgabedatum, die bei der Beuth Verlag GmbH, Burggrafenstraße 6, 10787 Berlin, erhältlich ist.

Abbildung III-78 zeigt einen Ausschnitt aus einer Funktionskostentabelle für einen Pkw-Türfeststeller. Die Funktionen sind nach einer dreistufigen Hierarchie gegliedert. Die Herstellkosten betreffen den gegenwärtigen Ist-Zustand. In den Zeilen darunter sind die Funktionskosten je Teil oder Baugrupe aufgegliedert. Sie ergeben sich aus dem Kostenziel, das prozentual aufgeschlüsselt wurde.

Funktionen		Teile oder Baugruppen					
	Kostenziel	Funktions-kosten	Montage – Einbau	Montage – Türsteller	Befesti-gungsteile	Ver-stärkung
Herstellkosten	2,81	3,92	1,1	0,51	0,18	0,57
Türöffnungswinkel begrenzen	1,42	2,01				
Haltearm drehlagern		0,97	0,32		0,04	0,57
Gehäuse befestigen		0,77	0,66		0,05	
Anschlagkräfte übertragen		0,27				
Festrolle lagern		0,17		0,1		
Federrolle lagern		0,07		0,02		
Rasthebel verbreitern		0,03				
Raststellung halten	1,29	1,7				

Abbildung III-78   Ermittlung der Funktionskosten für Türfeststeller[119]

In der schöpferischen Phase ermittelt man für die notwendigen bzw. erwünschten Funktionen möglichst viele Alternativen. Dabei löst man sich vollständig vom Produkt im Ist-Zustand.

In der Bewertungsphase kristallisieren sich die erfolgversprechenden Lösungen heraus. Dafür werden jetzt Projektplanungen durchgeführt (vgl. Teil II, Kapitel 9). In der Vorschlagsphase werden die alternativen Lösungen den Entscheidungsträgern präsentiert. Eine Lösung wird schließlich ausgewählt und umgesetzt.

2.6   ProKon

2.6.1   Grundlagen

Einflussmöglichkeiten des Konstrukteurs

In den Abschnitten 2.1 bis 2.4 wurden die Einflussmöglichkeiten des Konstrukteurs in der frühen Phase durch viele Beispiele erläutert. Die Verläufe des Kostensenkungspotenzials und der Änderungskosten über die Wertschöpfungskette hinweg ist eine jedem Praktiker bekannte Wirkungstendenz bei Produktivitätsförderprogrammen. Je früher man in der Wertschöpfungskette mit Maßnahmen zur Produktivitätsförderung beginnt,

---

119 Vgl. Bronner, A.: Einsatz der Wertanalyse in Fertigungsbetrieben. Köln: TÜV Rheinland, 1989, S. 139.

- desto höher sind die zur Umsetzung der Verbesserungsmaßnahmen erforderlichen Kostensenkungspotenziale und
- desto geringer sind die sich aus Verbesserungsmaßnahmen ergebenden Änderungskosten.

Aus diesen Überlegungen resultierende Anforderungen aus Mitgliedsunternehmen führten zu Beginn der 1990er-Jahre dazu, dass die Deutsche MTM-Vereinigung e. V. das Bewertungssystem *ProKon* (= produktionsgerechte Konstruktion) entwickelte, mit dem Ziel, die dem MTM-Prozessbausteinsystem immanenten methodischen Hinweise auf Schwachstellen zur Bewertung von Produktkonstruktionen zu nutzen.[120]

Die praktische Relevanz des mit ProKon verfolgten Ansatzes mag man sich daran verdeutlichen, dass eine zu Beginn der 1990er-Jahre durchgeführte Untersuchung der Ford Motor Company ergab, dass die Kosten für das Produktdesign ca. 5 % der Stückkosten ausmachen, jedoch ca. 70 % der Herstellkosten beeinflussen. Die in Kapitel 5 und 6 dargestellten Gestaltungsansätze zielen fast ausschließlich auf die Planungs- und Leistungserstellungsphase in der Wertschöpfungskette. Mit ProKon wird ein auf die Entwicklungsphase, den »Einstieg« in die Wertschöpfungskette, zielender Ansatz vorgestellt.

ProKon ist ein MTM-basiertes Verfahren zur Analyse und Bewertung konstruktiver Lösungen, wobei der Schwerpunkt auf der Montage bzw. der Montagefreundlichkeit liegt. Mit ProKon werden systematisch Hinweise zur Verbesserung konstruktiver Lösungen identifiziert und in Bezug auf ihre Produktivitätswirkung quantifiziert. Dazu werden in einem Analyseblatt die »Montageerschwernisse«, welche in der Montagefolge auftreten, systematisch erfasst und mittels vorgegebener ProKon-Einheiten bewertet. Dabei handelt es sich um dimensionslose Einheiten, ähnlich der RPZ (Risiko-Prioritäts-Zahl) bei der FMEA, die in Summe eine Aussage über die Qualität der Konstruktion im Hinblick auf die Montagetauglichkeit ermöglichen. Diese dimensionslose Zahl zur Gewichtung einzelner Erschwernisse in der ProKon-Matrix (Abbildung III-79) wurde aus einer Vielzahl statistisch ausgewerteter Analysen für typische Montageeinzelschritte ermittelt und in umfangreichen Praxistests validiert. Mit ProKon wird demzufolge ein Montagevorgang aus seinen konstruktiven Gegebenheiten heraus beschrieben, ohne das Umfeld und eventuelle arbeitsgestalterische Maßnahmen zu berücksichtigen. Aus dieser Betrachtung ergibt sich eine Reihe von Ansätzen zur Veränderung der Konstruktion in Richtung auf größere Montagefreundlichkeit.

Zur Durchführung von ProKon-Projekten werden Mitarbeiter aus Entwicklung/Konstruktion, Fertigungsplanung/Industrial Engineering, Fertigung, Qualitätsmanagement, Einkauf und Vertrieb in Projektgruppen delegiert. Entwickler und Konstrukteure fokussieren sich dabei primär auf die konstruktive Auslegung von Einzelteilen unter den Aspekten Funktionsfähigkeit und -sicherheit, Preis und Qualität. Der Aufgabenschwerpunkt der Fertigungsplaner und Industrial Engineers liegt primär in der Entdeckung von Montageerschwernissen, wie z. B. fehlenden Fügehilfen, großer Anzahl Einzelteile oder Sicht- und Bewegungsbehinderungen.

Bei folgenden Voraussetzungen wird ProKon besonders wirksam: Voraussetzungen hoher Wirksamkeit

1. Der Produktentstehungsprozess ist so zu strukturieren, dass produktionsgerechte Konstruktion aktiv abgefragt wird.
Produktionsgerechtes bzw. montagegerechtes Konstruieren ist für den Konstrukteur eine von vielen Anforderungen. Betriebswirtschaftlich wächst die Bedeutung montagegerechter Konstruktion. In den Arbeitsabläufen der Konstrukteure ist die montagegerechte Produktgestaltung, z. B. gegenüber Qualitätsanforderungen, von untergeordneter Bedeutung. Aus diesem Grund ist es sinnvoll, im Laufe des Produktentstehungsprozesses (PEP) zu überprüfen, welche Konstruktionsvarianten

---

120 Vgl. Sanzenbacher, G.: ProKon – Produktionsgerechte Konstruktion – Bewertung der Montagetauglichkeit von Erzeugnissen. In: Personal – MTM-Report 1993, S. 418–421.

hinsichtlich des zu erwartenden Montageaufwands die besten Ergebnisse ausweisen. Diese Überprüfung sollte methodisch in einfacher Form und anhand objektiver Kriterien durchgeführt werden. ProKon erfüllt als einfach zu handhabende und schnell erlernbare Methode zur Bewertung
von Montageaufwänden diese Anforderung. Subjektive Einschätzungen der aus Konstruktionen
entstehenden Montageaufwände sind für die Auswahl der besten Konstruktionsvariante zu unge-
nau.[121]

2. Die Bewertung der Produktionsgerechtheit (ProKon-Punktzahl) ist im PEP fest zu verankern.
   Montagegerechtes Konstruieren wirkt besonders auf die Effektivität, wenn hohe Stückzahlen ge-
   fertigt werden. Sinnvoll ist es, dass beispielsweise bei der Entwicklung von Zulieferteilen Projekt-
   teams gebildet werden, in denen Konstrukteure, Qualitätsplaner, Prozessplaner und Einkäufer
   zusammenarbeiten. In der Phase der Konzepterstellung wird mit der Aktivität »Produktgespräch
   Montage« die fertigungs- und montagegerechte Konstruktion sichergestellt. Als Output aus den
   Produktgesprächen werden Dokumente wie Lastenhefte für Einzelteile, Prüfmittel, Lehren und
   Betriebsmittel erstellt.

3. Komplexitätsbetrachtungen mit dem Ziel der möglichen Reduzierung sind Aufgabe der OEMs.
   Damit werden die Voraussetzungen geschaffen, Teile und Baugruppen vorwiegend in nicht sichtbaren Bereichen des Produkts zu vereinheitlichen. Beispielsweise ist bei Automobilherstellern
   in Entwicklungs- und Planungsprozessen eine hohe Arbeitsteilung ausgeprägt. Daraus resultiert
   eine hohe Spezifik der einzelnen Produktvarianten. Dringend erforderlich ist es, beginnend bei
   Einzelteilen, zu hinterfragen, in welcher Vielfalt die Teile wirklich benötigt werden. Klar ist, dass
   weniger Teile geringeren administrativen (Teileverwaltung) und logistischen Aufwand (Teiletrans-
   port) erfordern. Zudem sinkt das Risiko, falsche Teile zu montieren. Komplexitätsreduzierung ist
   der Schlüssel für Vereinfachungen in vielen anderen Bereichen.

4. Montagegerechtes Konstruieren entspricht auch den Zielsetzungen einer logistikorientierten Fa-
   brik.
   Dafür ist ein fertigungsflussorientiertes Mitarbeiterdenken zu etablieren. Dazu ist es notwendig,
   konsequent Gestaltungs- und Optimierungsmethoden anzuwenden. Wichtig ist ferner, in den
   Unternehmen einige grundlegende Methoden fest zu verankern, die als Referenzpunkte gelten.
   MTM fungiert dabei als Bezugssystem und Prozesssprache zugleich. Transparenz in den Prozessen ist die Voraussetzung dafür, dass Veränderungen (im Regelfall Einsparungen, ggf. aber auch
   Mehraufwände) sofort zeitwirksam gemacht werden. Um die Ziele der logistikorientierten Fabrik
   zu erreichen, muss Prozesstransparenz bis ins Detail hergestellt werden. Das ist die Voraussetzung
   dafür, dass die Umsetzung von Planungen verlustarm und mit hoher Anfangsproduktivität realisiert wird.

5. Entwicklungs- und Konstruktionsbereiche haben oft Nachholbedarf bezüglich konsequenter Methodenanwendung.
   Studien beweisen, dass DV-Hilfsmittel, Methoden und Systeme die drei Erfolgsfaktoren für innovative Unternehmen sind. Bei der Auswahl der richtigen Methode können zwei Drittel des
   Aufwands gespart werden.[122] Festgestellt werden kann, dass der Bekanntheitsgrad von Methoden
   zur fertigungsgerechten Produktgestaltung bei den Konstrukteuren eher niedrig ist. Nach wie vor
   werden zu diesem Thema in der Konstrukteursausbildung hauptsächlich Regeln vermittelt. Nicht
   selten kollidieren diese Regeln mit anderen Gestaltungshinweisen, beispielsweise zum umwelt-
   gerechten oder demontagegerechten Konstruieren. So bleibt das Konstruktionsergebnis häufig
   ein Kompromiss, der vor allem die Erfüllung von Muss-Kriterien beinhaltet. Die Scheu vor der

---

121 Vgl. Klein, B.; Sanzenbacher, G.: Kostenreserven ausschöpfen durch produktionsgerechte Konstruktion
     (ProKon). In: Konstruktion, April 4-2008.
122 Klein, B. et al.: a.a.O., 2008.

Methodenanwendung ist nicht unbegründet. Hoher Aufwand und damit auch fehlende Routine bei der Methodenanwendung führt nicht selten zur Skepsis. Besonderer Wert muss deshalb auf die Entwicklung einfacher Bewertungsinstrumente gelegt werden. ProKon ist ein hervorragendes Beispiel für ein anwenderfreundliches Methodenangebot.

ProKon wird in der Entwicklungsphase häufig mit weiteren Methoden kombiniert angewendet, um ganzheitlich zu gestalten:

1. Wertanalyse: Geforderte technische Funktionen des Produkts zu möglichst geringen Kosten realisieren.
2. FMEA (Failure Mode and Effects Analysis = Fehler-Möglichkeits- und Fehler-Einfluss-Analyse): Aus Fehlhandlungen und -funktionen entstehende Fehlerrisiken im Produkt und im Prozess minimieren.
3. QFD (Quality Function Deployment = Merkmal-Funktionsdarstellung): Bevorzugt jene Produktfunktionen oder Prozessphasen gestalten, die einen besonderen Einfluss auf die Kundenzufriedenheit haben.

Bei der Anwendung von ProKon ergeben sich häufig folgende *Verbesserungsansätze*:

1. *Teilevereinfachung*: Vereinfachung der Fügevorgänge durch z. B. einfache Teilegeometrie oder einfache Fügerichtung.
2. *Positionierhilfen*: Vereinfachung der Fügevorgänge durch z. B. Anschläge, Fasen, Zentrierdorne.
3. *Teilevereinheitlichung*: Reduzierung der Anzahl unterschiedlicher zu montierender Teile, einfachere Teileherstellung, einfachere Montage durch z. B. einheitliche Werkzeuge.
4. Reduzierung der *Teilezahl*: Vereinfachte Montage, indem weniger Teile zu montieren sind, Integration von Teilen (z. B. von Schraube und Unterlegscheibe).
5. Reduzierung und Vereinheitlichung von *Fügeachsen*: Vereinfachte Fügevorgänge durch z. B. Zuführmöglichkeit aller Teile von oben, verbesserten Werkzeugeinsatz, z. B. nur eine Anwendungsrichtung.

Verbesserungsansätze

2.6.2 ProKon-Analyse

Durch das standardisierte *ProKon-Analyseblatt* (Abbildung III-79) wird der Anwender angehalten, Montagehandlungen so zu beschreiben, wie sie sich aus dem konstruktiven Aufbau des Produkts und dessen Einzelteilen ergeben. Der Schwierigkeitsgrad einer Montagearbeit ergibt sich aufgrund folgender Merkmale:

ProKon-Analysenblatt

1. Aus dem zu montierenden Teil bzw. der zu montierenden Baugruppe resultierende Faktoren. Das sind:
   • Gewicht,
   • Hauptabmessungen,
   • Anzahl *Fügestellen*.
2. Aus dem *Montageort* bzw. der Fügestelle resultierende Faktoren. Das sind:
   • Zugänglichkeit,
   • Sichtfreiheit,
   • Erschwerte Handhabungsbedingungen.

Jede Baugruppe und jedes Teil wird für sich analysiert und bewertet. Es bleibt hier also unberücksichtigt, dass z. B. zwei Teile mit zwei Händen gleichzeitig montiert werden und dabei Schraube und Unterlegscheibe gleichzeitig aufzunehmen, die Scheibe auf die Schraube zu stecken und danach die Schraube zu montieren ist. In der *ProKon-Analyse* wird die Montage von Teilen nur auf die Fügestelle bezogen. Deshalb wird zunächst das Fügen der Scheibe auf das Gewindeteil und anschließend deren gemeinsames Fügen auf das Gewinde analysiert. Das Analysierprinzip von ProKon orientiert sich ausschließlich an den konstruktiven Merkmalen eines Teils bzw. einer Baugruppe und der sich daraus ergebenden Montageaufgabe.[123]

Anwendungsregeln
zur ProKon-Analyse

Es gibt hierzu zwei Anwendungsregeln:

ProKon Regel 1	Bauteile bzw. Baugruppen werden nacheinander bewertet.
ProKon Regel 2	Ist mehr als 1 Mitarbeiter zur Montage eines Bauteils erforderlich, so ist der Montageinhalt je Mitarbeiter in der ProKon-Analyse zu berücksichtigen.

Abbildung III-79 ist zu entnehmen, dass im ProKon-Analyseblatt in vertikaler Richtung die Teile-Reihenfolge und in horizontaler Richtung die sich dafür ergebende Montagesituation beschrieben wird. In die betreffenden Zeilen werden Häufigkeiten eingetragen. Sind z. B. in ein Gehäuse vier Schrauben einzudrehen, erscheint beim Basiswert »< 8 daN« die Häufigkeit »4«. Aus dem Produkt von Häufigkeitssumme und ProKon-Einheit wird die Summe aller ProKon-Einheiten gebildet.

---

123 Produktkonstruktionen bergen oft Montageerschwernisse, die man durch Montagehilfsmittel zu mildern versucht, z. B. durch Spezialwerkzeuge, Fügehilfen oder spezielle Vorrichtungen. Derartige Montagehilfsmittel werden bei ProKon-Analysen nicht berücksichtigt, weil es gerade das Anwendungsziel von ProKon ist, ohne derartige Hilfen auszukommen.

ProKon-Analyseblatt

Teilprojekt-Nr.:
Bearbeiter:
Datum

Baugruppe:
Teilprojekt:

Anzahl Bauteile:

MTM

Montagefolge	Basiswert				Montageerschwernisse														
	Gewicht 1. Fügestelle		Hauptabmessung > 300 × 300 mm	Teiledimensionen > 800 mm	Anzahl Fügestellen			mit Behinderung		falsche Einbaulage möglich	mit Festhalten	Nachrichten beim Fügen	ohne Positionierhilfen	Änderung Füge-/Befestigungsrichtung pro Achse (x, y, z)	Justage/Prüfen	Prozess			Anzahl der verwendeten Werkzeuge
	≤ 8 kg	> 8 kg			2	3	> 3	Sicht	Raum							P1	P2	P3	
ProKon-Einheiten:	40	55	10	100	10	15	40	15	35	15	20	10	15	20	100	50	150	300	40

Σ Häufigkeit:

Σ Gesamt:

Σ ProKon-Einheiten:

Abbildung III-79
ProKon-Analyseblatt

Aus der ProKon-Analyse sind Erkenntnisse über die bei Einzelteilen und Baugruppen auftretenden Montageerschwernisse und deren Relevanz zu gewinnen.

Dazu werden spaltenweise die ProKon-Einheiten betrachtet. Jedes Montageerschwernis deutet auf partielle konstruktive Verbesserungsnotwendigkeiten hin, umso gravierender, je höher die ProKon-Einheit ist. Mit dem Gesamtwert wird die Verbesserungsrelevanz der konstruktiven Lösung ausgewiesen.

2.6.3 ProKon-Analysierkriterien

Abbildung III-79 sind als Spaltenüberschriften die 13 *Analysierkriterien* von ProKon zu entnehmen. Sie werden nachfolgend erläutert.

Mit dem Kriterium 1 »*Basiswert*« werden Teile- oder Baugruppenmontage belegt, wenn die konstruktiven Merkmale zu keinen Montageerschwernissen führen. Der Basiswert wird für jedes analysierte Teil ausgewiesen.

Mit dem Kriterium 2 »*Hauptabmessung* > 300 × 300 mm« werden erschwerende Abmessungen eines Teils beschrieben. Sind zwei Teileabmessungen > 300 mm, so beeinflusst das entscheidend das Fügen. Solche Teile werden z. B. bei UAS als sperrig bezeichnet.

Mit dem Kriterium 3 »*Teiledimension* > 800 mm« wird ein Teil gekennzeichnet, wenn mindestens eine Teileabmessung > 800 mm ist. Das führt zu besonders aufwändigen Teilehandhabungen und erfordert mitunter auch den Einsatz einer zweiten Person.

Das Kriterium 4 »Anzahl *Fügestellen*« steht für die konstruktiv gegebene Anzahl Fügestellen (vgl. Abbildung III-80). Mit zunehmender Anzahl Fügestellen steigt die Schwierigkeit des Fügens.

Anwendungsregeln und Beispiel zu »Anzahl Fügestellen«

Es gibt hierzu zwei Anwendungsregeln:

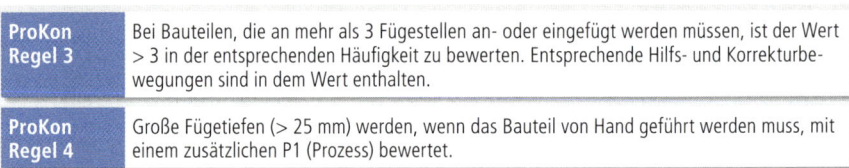

| ProKon Regel 3 | Bei Bauteilen, die an mehr als 3 Fügestellen an- oder eingefügt werden müssen, ist der Wert > 3 in der entsprechenden Häufigkeit zu bewerten. Entsprechende Hilfs- und Korrekturbewegungen sind in dem Wert enthalten. |
| ProKon Regel 4 | Große Fügetiefen (> 25 mm) werden, wenn das Bauteil von Hand geführt werden muss, mit einem zusätzlichen P1 (Prozess) bewertet. |

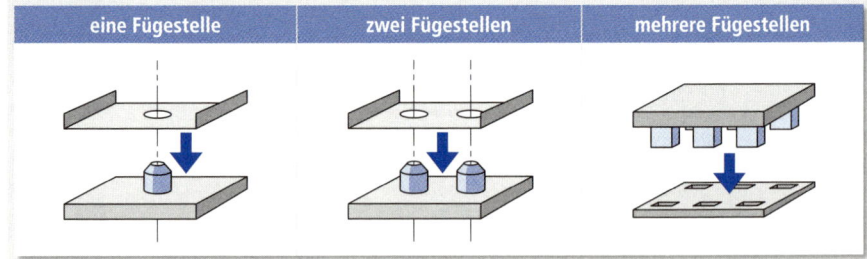

Abbildung III-80   Beispiele zur Fügestellenanzahl

Mit dem Kriterium 5 »mit Behinderung« werden durch eingeschränkte Sicht- oder Raumverhältnisse verursachte Erschwernisse beschrieben. Eingeschränkte Sicht bedeutet, dass die Fügestelle nicht oder

nur bedingt einzusehen und keine visuelle Kontrolle möglich ist. Eingeschränkte Raumverhältnisse führen dazu, dass die Fügestellen nicht frei zugänglich und deshalb Korrekturbewegungen erforderlich sind.

Es gibt hierzu zwei Anwendungsregeln:

Anwendungsregeln zu
»mit Behinderung«

ProKon Regel 5	Ist eine Behinderung in Raum oder Sicht gegeben, wird diese in der entsprechenden Spalte mit der Häufigkeit 1 bewertet.
ProKon Regel 6	Ist eine Behinderung in Raum und Sicht gegeben, werden beide Arten der Behinderung mit der Häufigkeit 1 bewertet.

Mit dem Kriterium 6 »*falsche Einbaulage möglich*« wird eine Montagesituation beschrieben, bei der das zu fügende Teil in mehr als einer Einbaulage gefügt werden kann, jedoch nur eine Einbaulage richtig ist. Dadurch können zusätzliche Bewegungen erforderlich oder die Teilefunktion gefährdet sein. Deshalb sollten Teile bzw. Baugruppen so konstruiert sein, dass keine falsche Einbaulage möglich ist.[124]

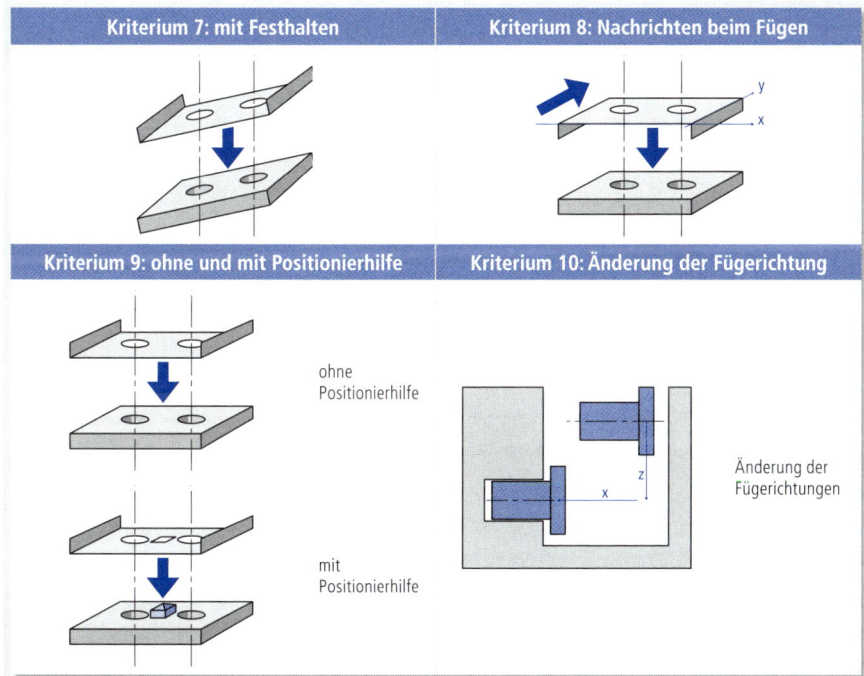

Abbildung III-81   Beispiele zu den ProKon-Analysierkriteren

Mit dem Kriterium 7 »mit *Festhalten*« wird eine Montage bewertet, wenn das zu fügende Teil nach dem Fügen und bis zur folgenden Montageoperation noch keine stabile (endgültige) Lage hat und deshalb nicht losgelassen werden kann (Abbildung III-81).

---

124 Vgl. Hirano, H.: Poka-yoke. 240 Tips für Null-Fehler-Programe. Landsberg: Moderne Industrie, 1992.

Mit dem Kriterium 8 »*Nachrichten beim Fügen*« wird gekennzeichnet, dass an der Fügestelle trotz vorgesehener Fügehilfen noch zusätzliche Korrekturbewegungen anfallen werden.

Mit dem Kriterium 9 »*ohne Positionierhilfen*« wird gekennzeichnet, dass weder am Teil noch an der Fügestelle zweckdienliche Positionierhilfen vorhanden sind, z. B. Anschläge oder Führungen.

Das Kriterium 10 »*Änderung Füge-/Befestigungsrichtung*« während eines Fügens ist dann erforderlich, wenn ein Teil in mehr als einer Fügerichtung entlang einer definierten Fügeachse zu fügen ist.

Mit dem Kriterium 11 »*Justage/Prüfen*« werden Erschwernisse identifiziert, die daraus resultieren, dass vor der Ausführung der folgenden Montageoperationen Justage- bzw. Prüfvorgänge zwingend erforderlich sind.

Anwendungsregeln zur Justage

Es gibt hierzu drei Anwendungsregeln:

ProKon Regel 7	Ist nach einem abgeschlossenen Fügevorgang (inkl. eines eventuellen Nachrichtens) auf Grund konstruktiver Toleranzen eine Prüfung (visuell/von Hand) und ein damit verbundenes Ausrichten des Bauteils erforderlich, wird ein »Justage/Prüfen« bewertet.
ProKon Regel 8	Einstellarbeiten sind im Wert »Justage/Prüfen« enthalten.
ProKon Regel 9	De- und Remontagetätigkeiten, die auf Grund der Prüfung anfallen und zum Ausrichten des Bauteils erforderlich sind, sind separat zu bewerten.

Mit dem Kriterium 12 »*Prozesse*« werden bei ProKon alle Vorgänge beschrieben, die über das unmittelbare Fügen[125] hinausgehen. Prozesse werden nach drei *Erschwernisklassen* unterschieden, »P1«, »P2« und »P3«. Diese sind betriebs- bzw. prozessspezifisch zu bilden, nach den in Abbildung III-82 dargestellten Zuordnungsbeispielen.

Mit dem Kriterium 13 »*Anzahl verwendeter Werkzeuge*« wird die Anzahl einzusetzender Werkzeuge berücksichtigt. Dazu gehören auch Werkzeugwechsel, wie z. B. das Austauschen eines Bohrers oder einer Schraubernuss. Werden an einem Teil zur Befestigung unterschiedliche Befestigungselemente verwendet, erfordert dies üblicherweise den Einsatz mehrerer Werkzeuge. Wird z. B. ein Bauteil mit je einer Schraube M8 und M6 befestigt, also mit unterschiedlichen Schlüsselweiten, sind zwei Schraubwerkzeuge einzusetzen oder die Schraubernuss auszutauschen.

---

125 Fügen wird hier i. e. S. als An- oder Einfügen von Bauteilen im Sinne der MTM-Grundbewegung Fügen verstanden.

Bauteil		Verrichtung/Werkzeug	P1	P2	P3
Einrastvorgang von Hand, z.B. Clipsen bzw. Deckel, Klappen, Türen etc. öffnen und schließen			×		
Schraube befestigen (oder Schrauben und Muttern, die wie eine Blechschraube gehandhabt werden, bzw. angefädelte Mutter festziehen)	Maschinenschraube	mit Schrauber		×	
		mit Handwerkzeug			×
	Blechschraube	mit Schrauber	×		
Schraube anfädeln		mit Schrauber		×	
		mit Handwerkzeug		×	
		von Hand	×		
Schraube auf Drehmoment anziehen (Werkzeugwechsel beachten)			×		
Pop-Niet setzen (Niet handhaben muss zusätzlich bewertet werden)		mit Handzange		×	
		mit Pistole (Einzelzuführung)	×		
		mit Pistole (Magazin)	×		
Taumelnieten				×	
Präge-, Klemm-, Kant-, Bördel- und/oder Stanzvorgang			×		
Buckelschweißen/Lötvorgang				×	
Medium auftragen (Öl, Fett, Kleber, Farbe, Primer etc.)		Punkt/Strich je 10 cm	×		
		Fläche $< 100\,cm^2$		×	
		Fläche $> 100\,cm^2$			×
Aufkleber (Etikett, Dämmmatte etc.)		$< 100\,cm$		×	
		$> 100\,cm$			×
Werkzeugverwendung (Hammer, Schere, Zange, Schrauber, Pinsel etc.)		1 Werkzeug	×		
Stellteile bewegen (Hebel, Schalter, Kurbel etc.)			×		
Handlinggerät (Großteile mit Handlinggerät umsetzen)					×

Abbildung III-82   Beispiele für Prozesszuordnungen

2.6.4 Anwendungsbeispiel

Der folgenden Abbildung III-83 »Anschluss Frischwasserleitung« ist beispielhaft die Bewertung von Produktgestaltungen mit Hilfe von ProKon zu entnehmen. Dabei sind eine Beschreibung des Ist-Zustands sowie zweier Konstruktionsalternativen dargestellt.

Ist-Zustand	Soll-Zustand

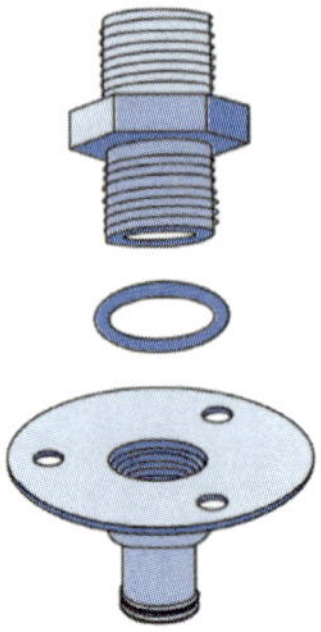

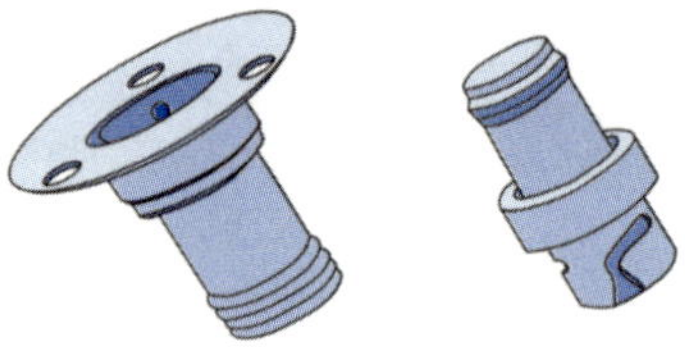

Ist-Zustand:
- Verbindungsstück zwischen Anschlusstopf und Frischwasserleitung Bordküche
- O-Ring
- Anschlusstopf in der Fußbodenplatte vormontiert

Soll-Zustand:
- Anschlusstopf in der Fußbodenplatte vormontiert
- Schnellkupplung mit Bajonettverriegelung in küchenseitiger Frischwasserleitung integriert

Montageablauf
- Verschlussstopfen aus Anschlusstopf
- O-Ring auf Verbindungsstück
- Verbindungsstück in Anschlusstopf
- Verschlussstopfen von Schlauchleitung
- Schlauchleitung auf Verbindungsstück

Montageablauf
- Verschlussstopfen aus Anschlusstopf
- Verschlussstopfen von Schnellkupplung
- Schnellkupplung in Verbindungsstutzen koppeln

Abbildung III-83   Beispiel für mit ProKon gegenüber Ist-Zustand erzielte Verbesserung: Anschluss Frischwasserleitung in Flugzeug-Bordküche

Der Abbildung III-84 ist die Bewertung des Ist-Zustands zu entnehmen. Abbildung III-85 weist die deutlichen Verbesserungen im Soll-Zustand aus.

ProKon-Analyseblatt

Teileprojekt-Nr.:		0815
Bearbeiter:		Schulz, S.
Datum:		30.04.2008

Baugruppe: Bordküche
Teilprojekt: Anschluss Frischwasserleitung Fußboden (Ist-Stand)

Anzahl Bauteile: 3

MTM

Montagefolge	Gewicht 1. Fügestelle ≤8kg	>8kg	Hauptabmessung >300×300 mm	Teiledimensionen >800 mm	Anzahl Fügestellen 2	3	>3	mit Behinderung Sicht	Raum	falsche Einbaulage möglich	mit Festhalten	Nachrichten beim Fügen	ohne Positionierhilfen	Änderung Füge-/Befestigungsrichtung pro Achse (x, y, z)	Justage/Prüfen	Prozess P1	P2	P3	Anzahl der verwendeten Werkzeuge
Basiswert											*Montageerschwernisse*								
Verbindungsstück aus Anschlußstopf:																			
Verschlussstopfen	1															1		1	1
Verbindungsstück	1										1					1		1	1
O-Ring	1										1	1	1						
Schlauchleitung an Verbindungsstück:																			
Verbindungsstück	1										1	1	1			1		1	
Überwurfmutter der Schlauchleitung	1												1			1			1
Schlauchleitung																			
Σ Häufigkeit:	5	0	0	0	0	0	0	0	0	0	3	2	3	0	0	3	0	3	3
ProKon-Einheiten:	40	55	10	100	10	15	40	15	35	15	20	10	15	20	100	50	150	300	40
Σ Gesamt:	200	0	0	0	0	0	0	0	0	0	60	20	45	0	0	150	0	900	120

Σ ProKon-Einheiten: **1495**

Abbildung III-84
ProKon-Beispiel
Frischwasserleitung
Flugzeug-Bordküche
– Ist-Zustand

ProKon-Analyseblatt

Teileprojekt-Nr.:	0815
Bearbeiter:	Schulz, M.
Datum:	30.04.2008

Baugruppe: Bordküche
Teilprojekt: Anschluss Frischwasserleitung Fußboden (Soll-Stand)

Anzahl Bauteile: 3

Montagefolge	Basiswert – Gewicht 1. Fügestelle ≤ 8 kg	Gewicht 1. Fügestelle > 8 kg	Hauptabmessung > 300 × 300 mm	Teiledimensionen > 800 mm	Montageerschwernisse – Anzahl Fügestellen 2	Anzahl Fügestellen 3	Anzahl Fügestellen > 3	mit Behinderung Sicht	mit Behinderung Raum	falsche Einbaulage möglich	mit Festhalten	Nachrichten beim Fügen	ohne Positionierhilfen	Änderung Füge-/Befestigungsrichtung pro Achse (x, y, z)	Justage/Prüfen	Prozess P1	Prozess P2	Prozess P3	Anzahl der verwendeten Werkzeuge
Anschlusstopf:																			
Verschlussstopfen	1																		1
Schlauchleitung an Verbindungsstück:																			
Verschlussstopfen	1											1	1		1	1			
Schlauchleitung mit Schnellkupplung	1				1						1							1	1
Σ Häufigkeit:	3	0	0	0	1	0	0	0	0	0	1	1	1	0	1	1	0	1	2
ProKon-Einheiten:	40	55	10	100	10	15	40	15	35	15	20	10	15	20	100	50	150	300	40
Σ Gesamt:	120	0	0	0	10	0	0	0	0	0	20	10	15	0	100	50	0	300	80

Σ ProKon-Einheiten: 705

Abbildung III-85
ProKon-Beispiel Frischwasserleitung Flugzeug-Bordküche – Soll-Zustand

MTM

Folgende Vorteile von ProKon werden an diesem Beispiel deutlich:

- ProKon zwingt zur analytischen Auseinandersetzung mit der konstruktiven Lösung.
- Durch frühzeitige Anwendung im Konstruktionsprozess werden kostspielige nachträgliche Erzeugnisänderungen vermieden.
- Die Analyse-Ergebnisse sind eine wertvolle Grundlage für die Fertigungsplanung.
- ProKon fördert die Kreativität und bereichsübergreifende Teamarbeit.[126]

Dabei ist ProKon

- leicht erlernbar und
- hat eine hohe Analysiergeschwindigkeit.

2.6.5 ProKon und Verfahren zur montagefreundlichen Produktgestaltung

»Flexibilität erzeugen wir nicht, indem wir auf allen Ebenen der Architektur Variationen gestalten. Das produziert nur Chaos. Flexibilität auf hohen Ebenen entsteht aus Standardisierung auf niedrigen Ebenen. Paradoxerweise ist Struktur der Schlüssel zur Freiheit.«[127]

Hohe Flexibilität und beherrschbare Komplexität

Um Montagekosten gering zu halten, wurden zuerst entsprechende Regeln wie

- Reduziere die Anzahl der Fügestellen,
- Vereinheitliche die Fügerichtungen,
- Verwende Gleichteile,
- Halte die Anzahl der zu fügenden Teile gering

formuliert.

Aufgrund der Vielzahl konstruktiver Erfordernisse (Demontagegerechtheit, Anpassung an logistische Vorgaben etc.) wirkt die Umsetzung der Regeln zur montagefreundlichen Produktgestaltung in verschiedenste Richtungen. Deshalb und um die Effekte der Bemühungen um montagefreundliches Konstruieren zu quantifizieren, wurden Bewertungsverfahren entwickelt. Hohe Bekanntheit haben vor allem DFM[128] (Design for Manufacturing) und DFA[129] (Design for Assembly).

Bei diesen Vorgehensweisen wird nach Vorliegen einer Konzeptskizze oder einer Fertigungszeichnung ein Teil des Produkts als Basisteil deklariert. Dieses Teil wird als Träger der anderen Teile gesehen und ist unverzichtbar. Die Sinnfälligkeit aller weiteren Teile ist dann in einem Vorklärungsdialog und mit Leitfragen zu klären (Abbildung III-86).

---

126 Auf Abschnitt 2.2.5 Simultaneous Engineering wird noch einmal hingewiesen.
127 Vgl. Reinertsen, D. G.: Die neuen Werkzeuge der Produktentwicklung. Hanser, München, 1998.
128 Boothroyd, G.: Assembly Automation and Product Design. New York – Basel: Marcel Dekker, Inc., 1992.
129 Boothroyd, G.; Dewhurst, P.; Knight, W.: Product Design for Manufacture and Assembly. New York – Basel: Marcel Dekker, Inc., 2002.

Vorklärungsdialog		Ja	Nein
VKD1:	Dient das Teil nur zur Befestigung anderer Teile?	Teil eliminieren	Teil bleibt zunächst erhalten
VKD2:	Dient das Teil nur zur Verbindung anderer Teile?	Teile direkt verbinden	

Leitfragenkatalog	
Wenn ein Teil bisher erhalten bleibt, so muss es einen anderen Zweck erfüllen, der wie folgt zu hinterfragen ist.	
LFD1	Müssen sich zwei miteinander in Beziehung stehende Teile bei der Wahrnehmung ihrer Funktion relativ zueinander bewegen können? (Kleine Bewegungen, die durch eine elastische oder plastische Materialverformung aufgenommen werden können, genügen nicht für eine Ja-Antwort.)
LFD2	Müssen zwei miteinander in Beziehung stehende Teile aus einem anderen Material sein als das bereits montierte? (Nur fundamentale Gründe, die sich auf Materialeigenschaften beziehen, sollen als Ausschlusskriterium akzeptiert werden.)
LFD3	Muss ein Teil von bereits montierten Teilen getrennt sein, weil sonst die Montage oder Demontage anderer Teile unmöglich wird?
Ergebnis	3 x Nein = Kandidat 1 x Ja = notwendiges Teil

Abbildung III-86   Vorklärungs- und Leitfragendialog[130]

Gegenüber ProKon ist diese Vorgehensweise aufwändig. Klein verglich über einen Zeitraum von mehreren Monaten mehrere Analyseteams und die von ihnen erreichten Ergebnisse. Es wurde festgestellt, dass die prognostizierten Montagezeiten nur unwesentlich voneinander abweichen (Abbildung III-87), während der Anwendungsaufwand für ProKon nur bei einem Drittel des Aufwands für DFA lag.[131] ProKon kann sehr schnell erlernt und bereits bei geringer Anwendungspraxis effektiv eingesetzt werden. Demgegenüber erfordert DFA den hochspezialisierten Anwender. Durch eine sehr detaillierte Methodik birgt DFA eine Vielzahl von Fehlerquellen. Mit ProKon können bis zu 60 % der Teile und bis zu 50 % der Montagezeit eingespart werden.

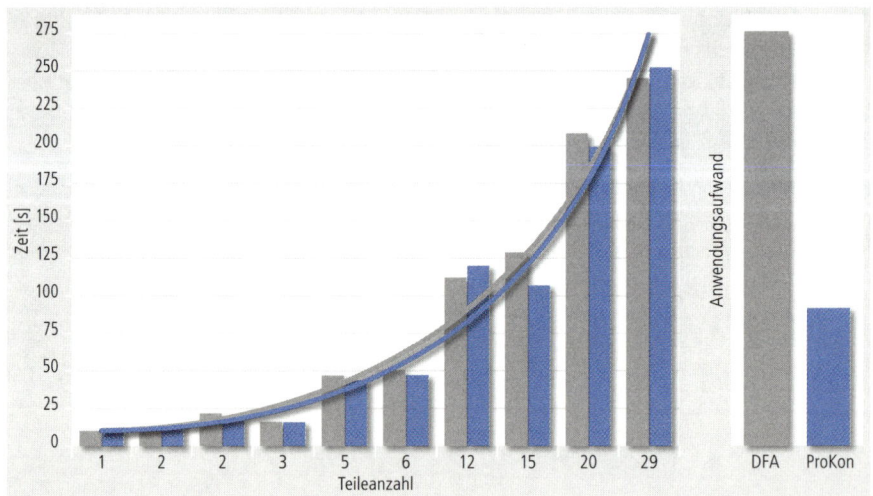

Abbildung III-87   Methodenvergleich anhand der Montagezeit zwischen DFA und ProKon[132] und Vergleich des durchschnittlichen Anwendungsaufwands

130 In Anlehnung an Boothroyd, G.; Dewhurst, P.; Knight, W.: Product Design for Manufacture and Assembly. New York – Basel: Marcel Dekker, Inc., 2002.
131 Klein, B.; Sanzenbacher, G.: Kostenreserven ausschöpfen durch produktionsgerechte Konstruktion (ProKon). In: Konstruktion April 4-2008.
132 Klein, B.: Kostenoptimiertes Produkt- und Prozessdesign. München, Wien: Hanser, 2010.

Mit DFA und ProKon stehen demnach zwei Vorgehensweisen zur Verfügung, die sowohl methodisch als auch im Aufwand sehr unterschiedlich sind, wenngleich ihre Endergebnisse sich nur wenig unterscheiden.

2.7 Checkliste zur Produktentwicklung

1. Planung von Konstruktionsaufgaben und -prozessen
   - Formuliert jeder Beteiligte an einem Entwicklungsprojekt frühzeitig seinen Informationsbedarf gegenüber den anderen Teammitgliedern?
   - Werden rechtzeitig (= frühzeitig) für die jeweils nachgeschalteten Bereiche eines Entwicklungsprojekts die dort benötigten Informationen bereitgestellt?
   - Werden die einzelnen Entwicklungsaufgaben auf die Möglichkeit zur Parallelisierung geprüft?
   - Werden mehrere aussichtsreiche Lösungen parallel detailliert?
   - Werden statt der Entwicklung eines bestimmten Produkts Baureihen entwickelt und optimiert?
   - Wird der Musterbau (Prototypenbau) gleichzeitig für mehrere Typen der Baureihe veranlasst?
   - Werden schon während der Erprobung der ersten gebauten Muster die anderen Typen einer Baureihe konstruktiv detailliert?
   - Wird schon während der Erprobung der Muster die Vorbereitung der Fertigung und der Logistik eingeleitet?

2. Prototypen
   - Wird beim Prototypenbau der Einsatz von Stereolithographie oder Laser-Sintern geprüft?
   - Wird verstärkt mit virtuellen Produktentwicklungsmethoden (*digital mock-ups*) gearbeitet?
   - Ist bereits während der Produktentwicklung Echtzeit-Interaktivität (auch für die Bewertung der Gebrauchstauglichkeit) möglich?

3. Einfach konstruieren
   - Wird eine konstruktive Lösung mit möglichst wenigen Bauteilen angestrebt?
   - Werden aufwändige Befestigungen vermieden?
   - Werden symmetrische Teile bevorzugt?
   - Lassen sich Teile problemlos an Unterauftragnehmer auslagern?
   - Werden statisch überbestimmte Konstruktionen vermieden?
   - Wird bedacht, dass bei Teileabmessungen > 800 mm aufwändige Handhabung, eventuell mit zweiter Person, erforderlich wird?

4. Variantenvielfalt
   - Wird auf die geometrische Ähnlichkeit der Varianten geachtet?
   - Wird die Zahl der Werkstoffvarianten begrenzt?
   - Wird eine Losgrößenrechnung durchgeführt?
   - Werden exotische Kundenwünsche vermieden?

5. Gießen
   - Werden bei zu gießenden Teilen spitz zulaufende Konturen und scharfe Kanten vermieden?
   - Werden schroffe Wanddickenübergänge vermieden?
   - Werden Aushebeschrägen vorgesehen?
   - Werden möglichst wenig Kerne vorgesehen?
   - Werden in der Gießkonstruktion später eventuell erforderliche Spannflächen berücksichtigt?
   - Werden in die Form reichende dünne Formstoffbereiche wegen des Aufheizens beim späteren Abgießen vermieden?

- Werden Materialanhäufungen vermieden?
- Werden Wabenkonstruktionen bevorzugt?
- Kann das Gießen durch Separierung einfacher Bauteile (und z. B. späteres Hartverlöten) ganz entfallen?

6. Schmieden
   - Werden bei der Gestaltung von Schmiedeteilen die später folgenden Fertigungsverfahren berücksichtigt (Spann- und Anlageflächen)?
   - Wird bei geringer Stückzahl Freiformschmieden erwogen?
   - Werden bei Gesenkschmiedeteilen die (hohen) Werkzeugkosten in die Produktkalkulation einbezogen?
   - Werden scharfe Kanten, starke Vorsprünge, geringe Radien, dünne Böden und schmale Rippen an den Werkstücken vermieden?
   - Werden rotationssymmetrische Teile angestrebt?
   - Wird Gesenkteilung in etwa der halben Werkstückhöhe in Richtung der geringeren Ausdehnung vorgesehen?
   - Werden geknickte Trennfugen (Grate) vermieden?
   - Werden Seitenschrägen zur Erleichterung des Lösens aus dem Gesenk berücksichtigt (aber an die sich daraus ergebende spanende Bearbeitung gedacht)?
   - Wird die beim Schmieden auftretende thermische Ausdehnung und elastische Verformung der Gesenke berücksichtigt?

7. Spanende Verarbeitung allgemein
   - Wird unnötige Zerspanarbeit vermieden?
   - Wird die Zahl der Bearbeitungsflächen reduziert?
   - Werden hohe Anforderungen an die Oberflächengüte und Toleranzen nur dann vorgesehen, wenn sie für Montage und Produktqualität unabdingbar sind?
   - Sind die Bearbeitungsflächen parallel oder senkrecht zur Aufspannfläche?
   - Wird Drehen und Bohren gegenüber Fräsen und Hobeln bevorzugt?
   - Werden die hohen Zerspanungskosten nitrierter oder vergüteter Stähle bedacht?
   - Ist die Konstruktion auf hohe Nutzungsgrade der Bearbeitungsmaschinen ausgelegt?
   - Verlangt die spätere Teilefertigung möglichst wenig Spezialkenntnisse (z. B. vertiefte CNC-Kenntnisse)?

8. Abkanten und Sägen
   - Werden einfache Schnittformen und abgeschrägte Ecken angestrebt?
   - Werden Rundungen vermieden?
   - Werden scharfkantige Übergänge angestrebt?
   - Werden zu dünne Stempelausführungen vermieden?
   - Werden Blechstreifen verschachtelt, um den Abfall zu minimieren?
   - Werden spitzwinklige Ausschnittformen und zu enge Lochabstände vermieden?

9. Fräsen
   - Werden gerade Fräsflächen angestrebt?
   - Sind Satzfräser einsetzbar?
   - Sind bei Verwendung von Scheibenfräsern auslaufende Nuten an den Teilen vorgesehen?
   - Ist der Werkzeugauslauf an Fräserdurchmesser angepasst?
   - Werden lange Fräswege vermieden?
   - Werden gewölbte Bearbeitungsflächen zugelassen?
   - Werden Fräsflächen in gleicher Höhe und parallel zur Aufspannung vorgesehen?

10. Bohren
  - Werden Sacklöcher nur mit Bohrspitze zugelassen?
  - Folgt auf Schräglöcher eine Auslauffläche?

11. Drehen
  - Werden Werkzeugauslauf und Spannmöglichkeiten bei der Konstruktion bedacht?
  - Werden einfache Formmeisel angestrebt?

12. Schleifen
  - Werden die Schleifflächen so konstruiert, dass unbehinderte Bearbeitung und Schleifscheibenauslauf möglich ist?
  - Werden Ausrundungsradien und Neigungen standardisiert?

13. Spätere Montage
  - Wird bei der späteren Montage besonderen Wert auf das Vermeiden von Blindleistung und Stützleistung gelegt?
  - Werden Teile vermieden, die als Wirrgut gelagert werden (müssen)?
  - Wird die visuelle und taktile Orientierung durch entsprechende Formgebung sowie durch Orientierungs- und Fügehilfen unterstützt?
  - Wird bedacht, dass mit wachsendem Symmetriewinkel auch die Fügezeit anwächst?
  - Ist Freiraum für die Finger vorgesehen?
  - Wird bedacht, dass durch wachsende Passungsklassen die Fügezeit zunimmt?
  - Wird durch geschlossene Konturen zusätzliches Ausrichten vermieden?
  - Werden für das Platzieren möglichst wenig Werkzeuge und Vorrichtungen benötigt?
  - Wird bedacht, dass die Handhabung kleiner zylindrischer Teile ($< 3 \times 3$ mm) aufwändiger als die von nicht zylindrischen kleinen Teilen ist?
  - Wird die Verwendung von Pinzetten, Lupen, Mikroskope auf das unbedingt Notwendige begrenzt?
  - Werden Bohrungen bzw. Bolzen mit Fase vorgesehen?
  - Wird Verhaken von Bauteilen durch entsprechende Formgebung vermieden?
  - Wird anstelle von Schrauben und Nieten geclipst oder geklebt?
  - Wird Verkanten von Bauteilen beim Einfügen vermieden?
  - Wird auf kombinierte Fügebewegungen (z. B. Drücken + Schieben) zugunsten einfacher Drückbewegungen verzichtet?
  - Wird darauf geachtet, dass beim Einfügen eines neuen Bauteils keine bereits vorhandene Baugruppe wieder demontiert werden muss?
  - Wird die Situation »falsche Einbaulage« konstruktiv vermieden?

14. Baukasten und Baureihen
  - Sind Mengeneffekte durch Baureihen und Baukästen erzielbar?
  - Können bei steigender Losgröße durch Baureihen/Baukästen Spezialmaschinen statt Universalmaschinen eingesetzt werden?
  - Werden Umrüstvorgänge vereinfacht oder reduziert?
  - Werden durch Baureihen/Baukästen Lagerhaltung von Ersatzteilen und Einarbeitung von Servicepersonal vereinfacht?
  - Werden vorzugsweise dezimalgeometrische Normzahlreihen zur Größenstufung verwendet?

15. Schweißen
  - Wird Schweißfolgeplan mit Werkstoffen, Abmessungen, Gewichten, Nahtarten, Nahtvorbereitung, Schweißverfahren, Schweißfolge und -richtung sowie Anforderungen an die Qualifikation des Schweißers vorbereitet?

- Wird bedacht, dass mit der Bemessung der Kehlnaht die Schweißgutmenge exponentiell zunimmt?
- Wird bedacht, dass die Schweißzeit vom Lichtbogenschweißen über das Metall-Schutzgasschweißen hin zum Unterpulverschweißen abnimmt?
- Werden dünne, durchgehende Nähte gegenüber dicken, unterbrochenen Nähten bevorzugt?
- Wird auf die Zugänglichkeit der Naht beim Schweißen von Rippen und Stegen sowie an Durchbrüchen und Hohlkörpern geachtet?
- Wird die Durchbruchgefahr bei der Wurzelschweißung durch Badsicherung verhindert?
- Wird bei der Schweißprüfung auf die Möglichkeit der Prüfkopfbewegung problemlos neben der Naht geachtet?
- Wird Schweißen durch kaltumgeformte Profile sowie auch durch Klemm- und Schnappverbindungen vermieden?

16. Löten und Kleben
- Wird ggf. auf Flussmittel durch Löten unter Schutzgas verzichtet?

17. Qualität
- Sind Teile so konstruiert, dass die Fertigungsqualität gleichbleibend und hoch sein wird?
- Wird der Zeiteinfluss bedacht, wenn vor der Ausführung einer weiteren Montageoperation zwingend ein Justage- oder Prüfvorgang der bisher montierten Teile erforderlich ist?

3 Produktionsdokumente und Kalkulation

3.1 Produktionsdokumente

3.1.1 Überblick

Als *Produktionsdokumente* werden Datenträger bezeichnet, mit denen das Erfüllen von Arbeitsaufgaben beschrieben, angewiesen oder unterstützt wird. Mit ihrer Hilfe werden Produkte und Prozesse beschrieben und die Produktion prozessbegleitend unterstützt. Abbildung III-88 sind die wichtigsten Produktionsdokumente zu entnehmen. Beim Produktivitätsmanagement interessieren uns vorwiegend Stücklisten und Arbeitspläne. Aus betriebswirtschaftlicher Sicht sind das jene Dokumente, mit denen die Produktionsfunktionen von Betrieben beschrieben werden.

Produktionsdokumente

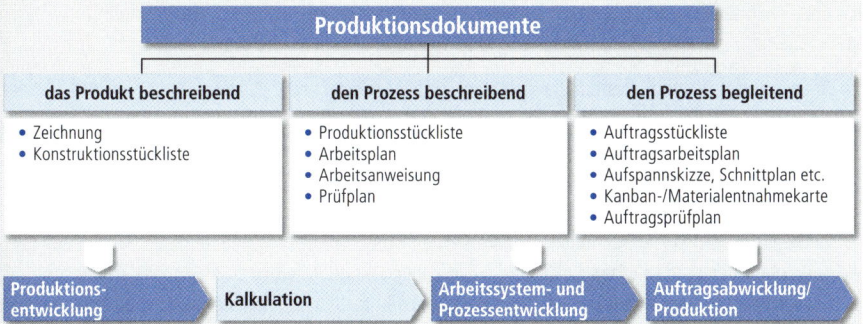

Abbildung III-88   Die wichtigsten Produktionsdokumente

Der Abbildung III-89 ist zu entnehmen, dass Arbeitspläne bei einer Reihe betrieblicher Kernaufgaben benötigt werden. Arbeitspläne sind die Datenbasis der in Abbildung III-89 angeführten Kernaufgaben. Systematisch entwickelte, zuverlässige Zeitstandards sind wiederum die notwendige Bedingung dafür, dass Arbeitspläne an sie gestellte Anforderungen erfüllen können. Die wichtigsten *Anforderungen an Arbeitspläne* sind:

Anforderungen an Arbeitspläne

1. Alle zur Auftragsabwicklung notwendigen Arbeitsvorgänge und deren Reihenfolge sind enthalten.
2. Es werden jene Arbeitssysteme einschließlich verwendeter Werkzeuge, Vorrichtungen und Prüfmittel ausgewiesen, in denen die Arbeitsvorgänge ausgeführt werden.
3. Für jeden Arbeitsvorgang werden die Zeitstandards, die Rüstzeit t_r und die Zeit je Einheit t_e, ausgewiesen.
4. Zu jedem Arbeitsvorgang werden die benötigten Materialien, Teile und Baugruppen aufgeführt.

In den folgenden Abschnitten werden zuerst einige Grundsachverhalte zu Stücklisten und Arbeitsplänen erläutert und dann gezeigt, wie Arbeitspläne mit Zeitstandards zu versorgen sind.

Hauptverwendung von Arbeitsplänen				
Anlagenwirtschaft	**Fertigungsplanung**	**Personalwirtschaft**	**Vertrieb**	**Rechnungswesen**
• Investitions-begründungen • Maschinen- und Logistikkapazitäten	• Kapazitätsbelegung • Terminplanung • Fertigungs- und Montageablauf	• Personalbedarfs-ermittlung • leistungsbezogenes Entgelt	• Orientierungsbasis für Vorkalkulation • Indikation kundenbestimmter Preisänderungen	• Fakturierung • Basis der Nachkalkulation

Abbildung III-89   Die wichtigsten Verwendungen von Arbeitsplänen

3.1.2 Stamm-, Bewegungs- und Bestandsdaten

Stamm-, Bewegungs-
und Bestandsdaten

In der Wirtschaftsinformatik und in der Produktionsplanung werden drei Arten von Daten unterschieden:[133]

1. *Stammdaten* (Grunddaten, Referenzdaten) sind zustandsbeschreibende Daten, die über einen längeren Zeitraum unverändert bleiben. Sie haben meist keinen Zeitbezug und werden von mehreren Anwendungen genutzt, z. B. Artikelstämme von der Entwicklung, Fertigungsplanung, Logistik, vom Einkauf, Vertrieb, und Rechnungswesen. In Abbildung III-90 wird ein Überblick zu den Stammdatenarten gegeben.

2. *Bewegungsdaten* (Transaktionsdaten) sind arbeitsflussbeschreibende Daten, aus den Bewegungsvorgängen der betrieblichen Leistungsprozesse entstehend. Sie führen zu einer Veränderung der Bestandsdaten, haben meist einen Zeitbezug, werden zeitlich begrenzt benötigt und von wenigen Anwendungen genutzt.

3. *Bestandsdaten* sind die betriebliche Mengen- und Wertestruktur beschreibende Daten. Sie unterliegen durch die Verarbeitung der Bewegungsdaten systematischen Änderungen. Wie die Stammdaten werden auch die Bestandsdaten langfristig gehalten.

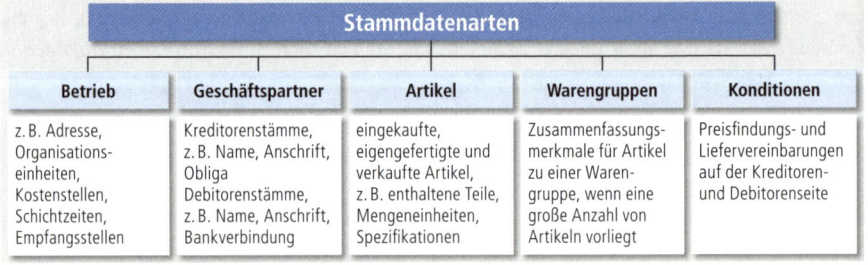

Stammdatenarten				
Betrieb	**Geschäftspartner**	**Artikel**	**Warengruppen**	**Konditionen**
z. B. Adresse, Organisations-einheiten, Kostenstellen, Schichtzeiten, Empfangsstellen	Kreditorenstämme, z. B. Name, Anschrift, Obliga Debitorenstämme, z. B. Name, Anschrift, Bankverbindung	eingekaufte, eigengefertigte und verkaufte Artikel, z. B. enthaltene Teile, Mengeneinheiten, Spezifikationen	Zusammenfassungs-merkmale für Artikel zu einer Waren-gruppe, wenn eine große Anzahl von Artikeln vorliegt	Preisfindungs- und Liefervereinbarungen auf der Kreditoren- und Debitorenseite

Abbildung III-90   Stammdatenarten nach SAP® Retail

In der Materialwirtschaft sind z. B. die

- Artikeldaten Stammdaten,
- Lagerzugänge und -abgänge Bewegungsdaten,
- verfügbaren Materialmengen Bestandsdaten.

---

133 Vgl. Kurbel, K.: Produktionsplanung und -steuerung im Enterprise Resource Planning und Supply Chain Management, 6. Auflage. München: Oldenbourg, 2005, S. 57 f.

In der Fertigungsplanung und -steuerung sind z. B. die

- Stücklisten und Arbeitspläne Stammdaten,
- die Auftrags- und Liefermengen Bewegungsdaten,
- die ausgelasteten und freien Kapazitäten Bestandsdaten.

Stammdaten werden im DV-System hinterlegt, damit sie allen Anwendungen zur Verfügung stehen. Die sorgfältige Anlage und konsequente Pflege von Stammdaten ist eine Kernaufgabe der Produktionsplanung und -steuerung (PPS). Die wichtigsten aus den Artikelstämmen gewonnenen Dokumente für das Produktivitätsmanagement sind die Stückliste, der (Teile-)Verwendungsnachweis und der Arbeitsplan.

3.1.3 Stücklisten

Als *Stückliste* wird in Industriebetrieben mit »stückweiser Produktion«[134] das Verzeichnis aller zu einem Artikel (Produkt, Erzeugnis, Baugruppe, Einzelteil) gehörenden, nach ihren strukturellen Eigenschaften geordneten Objekte bezeichnet, die mindestens durch Benennung, Sachnummer, Mengeneinheit und Menge beschrieben werden. Nach der Art der Darstellung am Bildschirm oder im Ausdruck wird in der Literatur[135] überwiegend unterschieden nach:[136]   Stückliste

1. Mengenübersichts-Stückliste: Das ist eine Aufzählung der für einen Artikel benötigten Mengen je Objekt. Diese werden nicht zu Baugruppen zusammengefasst.
2. Struktur-Stückliste: Diese zeigt die Zusammensetzung eines Artikels über alle Fertigungsstufen und weist alle Baugruppen und Einzelteile aus.

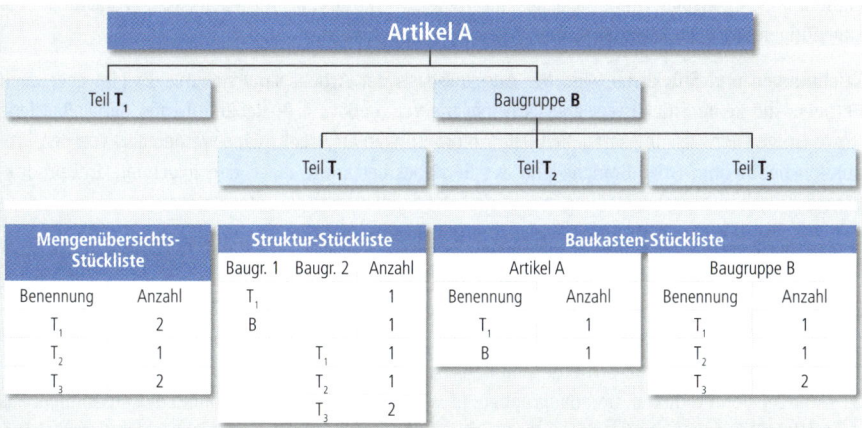

Abbildung III-91   Die drei Stücklisten-Grundformen

---

134 In Branchen mit »verfahrenstechnischer Produktion«, z. B. Nahrungsmittelindustrie oder Pharmazie, wird stattdessen der Begriff Rezeptur verwendet.
135 Vgl. Dickersbach, J.; Keller, G.; Weihrauch, K.: Produktionsplanung und -steuerung mit SAP, 2. Auflage, Bonn: Galileo Press, 2006, S. 101 f. Domschke, W.; Scholl, A; Voß, S.: Produktionsplanung. Berlin: Springer, 2005, S. 50 f. REFA (Hrsg.): Methodenlehre der Planung und Steuerung, Band 1. München: Hanser, 1985, S. 400 f.
136 Neben diesen Grundformen gibt es artikelspezifische Stücklistenarten wie Plus-Minus-Stückliste, Varianten-Stückliste oder Mehrfach-Stückliste sowie zweckspezifische Stücklistenarten wie Montage-Stückliste und Dispositions-Stückliste (aus Struktur-Stücklisten überführt).

3. Baukasten-Stückliste: Dabei wird jeweils nur eine Ebene der Artikelstruktur (= Baugruppe) betrachtet. Für jede Baugruppe gibt es eine Stückliste, auf die in den Stücklisten der übergeordneten Baugruppen Bezug genommen wird.

Grundformen

In der Abbildung III-91 werden diese drei Grundformen an einem kleinen Beispiel verdeutlicht.

Die Stückliste enthält die zentrale Datenstruktur der Artikelstämme und ist die Basis zur Ermittlung des Materialbedarfs, für die Bestellung und letztlich für die Fakturierung. Stücklisten können auftragsneutral oder auftragsspezifisch sein. Neben den drei Grundformen gibt es eine Reihe spezieller Stücklistenformen, z. B. Montage-Stückliste, Plus-Minus-Stückliste, Gleichteile-Stückliste.

Stücklisten gliedern Artikel, indem sie deren Objekte und ggf. deren Struktur abbilden. Beim *(Teile-) Verwendungsnachweis* wird dagegen festgestellt, in welchen Artikeln die Objekte enthalten sind. Teileverwendungsnachweise werden analog den Stücklisten unterschieden nach Mengenübersichts-Verwendungsnachweis, Struktur-Verwendungsnachweis und Baukasten-Verwendungsnachweis.

3.1.4 Arten und Inhalt von Arbeitsplänen

Arbeitsplan

Als *Arbeitsplan* wird die tabellarische Zusammenstellung der zur Fertigung eines Artikels (Produkt, Erzeugnis, Baugruppe, Einzelteil) vorgesehenen (Reihen-)Folge von Aufgabenerfüllungen (Arbeitsvorgänge, Operationen) bezeichnet.[137] Je Arbeitsvorgang werden die Arbeitsobjekte, die Arbeitssysteme (Arbeitsplätze, Betriebsmittel, Werkzeuge, Vorrichtungen), die Zeitstandards/Vorgabezeiten und ggf. die Entgeltgruppen angeführt. Während in der Stückliste dokumentiert wird, woraus sich ein Artikel zusammensetzt, sind dem Arbeitsplan die Arbeitsschritte zur Erstellung dieses Artikels zu entnehmen. Arbeitsplan und Stückliste sind insofern verknüpft, als für jeden Arbeitsvorgang auf die zugehörigen Stücklistenspezifikationen Bezug genommen wird.

Arbeitsplanarten

Zeichnungen und Stücklisten sind die Ausgangsbasis der Arbeitsplanerstellung. Es gibt aber auch Betriebe, die keine Stücklisten, aber Arbeitspläne verwenden, z. B. Reparatur- und Servicebetriebe sowie einige Dienstleistungsbranchen. Die Anforderungen an Arbeitspläne werden also von den Produktionsbedingungen der Branche und des Betriebes bestimmt. Nach den folgenden drei produktionstechnischen Aufgabenstellungen sind drei *Arbeitsplanarten* zu unterscheiden:

1. Fertigung gering strukturierter Einzelteile: Es wird nur aufzählend strukturiert. Analog zur Mengenübersichts-Stückliste verwendet man einen Mengenübersichts-Arbeitsplan.
2. Fertigung von Produkten, Baugruppen und Einzelteilen: Es wird dem Gesichtspunkt des Zusammenbaus, also dem Ablauf gefolgt. Diese Ablauf-Arbeitspläne werden analog zu den zu Grunde liegenden Stücklisten als Struktur- und Baukasten-Arbeitspläne gegliedert.
3. Montage von Produkten und Baugruppen: Es wird primär dem Gesichtspunkt des Zusammenbaus gefolgt. Das entspricht dem Strukturprinzip der Montage-Stückliste, weshalb man diese Arbeitsplanart als Montage-Arbeitsplan bezeichnet.

Wie bei den Stücklisten werden bei den Arbeitsplänen neben den Grundformen eine Reihe spezieller Pläne verwendet, z. B. Plus-Minus-Arbeitspläne, Prüf(-arbeits-)pläne. Ferner gibt es, wie bei den Stücklisten, in der Auftragsfertigung unter dem Aspekt des Auftragsbezugs auftragsneutrale und auftragsbezogene Arbeitspläne. In der Serienfertigung wird diese Unterscheidung nicht angestellt.

---

137 Vgl. Dickersbach, J. et al.: a. a. O., 2006, S. 127 f.; Domschke, W. et al.: a. a. O., 2005, S. 48 f.

Nicht nur die zweckmäßige Arbeitsplanform wird durch die Branche, die Eigenheiten des Betriebes und die Verwendungen der Arbeitspläne bestimmt, sondern auch der *Inhalt der Arbeitspläne*. Neben den der Abbildung III-92 zu entnehmenden Daten wird man deshalb im Einzelfall gegebenenfalls auf einige Daten verzichten oder weitere Daten verwenden.

Inhalte von Arbeitsplänen			
allgemeine Daten	**Ausgangsdaten**	**Ablaufdaten**	**Ergebnisdaten**
auftragsneutral • Arbeitsplan-Nr. • Verwendungsrestriktionen • Ersteller/Prüfer/Änderer – inkl. Status und Datum auftragsspezifisch • z. B. Auftragsart, -Nummer, -bezeichnung, -menge • z. B. Losnummer, -menge • z. B. Prüfvorschriften	auftragsneutral • Teile-Nummern, -bezeichnungen • Menge, Mengeneinheiten • Ausgangsmaße, -gewichte auftragsspezifisch • z. B. Rohmaße, -gewichte • z. B. Lieferanteninformationen	auftragsneutral • Vorgangs-Nummer, -bezeichnung • Arbeitsplatz, Kostenstelle • Entgeltgruppe • Werkzeuge, Vorrichtungen • Zeit- und Mengeneinheit • (Mehr-)Stellenzahl • Rüst- und Stückzeit auftragsspezifisch • z. B. Rüst- und Stückzeit	auftragsneutral • Artikelbezeichnungen (Produkt, Baugruppe, Teil) • Dokumentationsvorschriften auftragsspezifisch • z. B. Qualitätsvorschriften

Abbildung III-92 Die verbreitetsten Inhalte von Arbeitsplänen

3.1.5 Arbeitsplanversorgung mit Sollzeiten

In Teil IV, Abschnitt 5.2.2 werden die funktionelle Eingliederung der Arbeitspläne in die *Zeitwirtschaft* und die Aufgaben des Sollzeiten-Managements erläutert (vgl. dort Abbildung IV-71). Arbeitsvorgängen sind grundsätzlich zwei Arten von Zeitstandards[138] zuzuordnen:

1. Rüstzeit t_r
2. Zeit je Einheit (z. B. pro Stück) t_e

Dazu gibt es, klammert man manuelle Prozeduren aus[139], zwei Konzepte[140]: Konzepte

1. *Aktivkonzept*, d.h. die Prozessbausteine werden in TiCon® gehalten. Dort werden betriebliche Prozessbausteine entwickelt, wie in Kapitel 4 erläutert. Ferner wird dort die Kalkulation der Rüstzeit bzw. der Zeit je Einheit durchgeführt, wenn es noch keine verwendungsfertigen Prozessbausteine gibt. Die Zeitstandards werden über eine Schnittstelle in das PPS-System (z. B. SAP® PP) bzw. in den Arbeitsplan exportiert.
2. *Passivkonzept*, d.h. die Prozessbausteine werden wie beim Aktivkonzept in TiCon® gehalten, wo auch die betriebsspezifischen Prozessbausteine entwickelt werden. Im PPS-System gibt es eine Importfunktion, mit der die betriebsspezifischen Prozessbausteine aus TiCon® importiert werden. Im PPS-System wird die Kalkulation der Rüst- und Stückzeiten durchgeführt, so dass diese schnittstellenfrei in den Arbeitsplan übernommen werden.

---

138 Beim OEE-Konzept werden zusätzlich Störungsanteile und Ausschussraten eingestellt. Je nach Prozesstyp (z. B. Mengenfertigung) und Arbeitssystem-Typ (z. B. bei manchen Montagen) kommt es aber auch vor, dass keine Rüstzeiten anfallen.
139 Diese bestehen darin, Rüstzeiten und Stückzeiten direkt von Hand in die Arbeitspläne einzugeben, was unter dem Gesichtspunkt der Aktualisierung der Arbeitspläne wenig effektiv und zudem eine unsichere Methode ist.
140 Vgl. auch Roesgen, R.; Schmidt, C.: Auswahl und Einführung von ERP-/PPS-Systemen. In: Schuh, G. (Hrsg.): Produktionsplanung und -steuerung. Grundlagen, Gestaltung und Konzepte. Berlin, Heidelberg, New York: Springer, 2006, S. 330–375.

Standardarbeitsplan   Den Abbildungen III-93 und III-94 ist ein Beispiel aus dem Maschinenbau zur Anwendung des Passivkonzepts zu entnehmen. In Abbildung III-93 ist ein Standard-Arbeitsplan für eine Baugruppe (hier: »Farbwerk Fertigmontage«) zu entnehmen (Feld 1). Zu diesen wird ein Arbeitsvorgang (hier: »Lagergehäuse montieren«) betrachtet. In Feld 2 werden die zu diesem Arbeitsvorgang vorhandenen allgemeinen Daten gezeigt. Zu entscheiden ist nun, mit welchen spezifischen Daten dieser Arbeitsvorgang zu ergänzen ist (Feld 3). Zu ergänzen ist er unter anderem mit Sollzeiten (SAP: »Vorgabewerte«), zu entnehmen dem betrieblichen Prozessbausteinsystem, gehalten unter TiCon®. Dabei ist zu wählen, ob Prozessbausteine für Rüst-, Ausführen-, Logistik- oder Kommissionieraufgaben benötigt werden. Im nächsten Schritt geht es darum, den Arbeitsvorgang mit den dafür anzusetzenden Sollzeiten zu »versorgen«, indem vorhandene und unverändert zu übernehmende Prozessbausteine identifiziert oder diese kalkuliert werden.

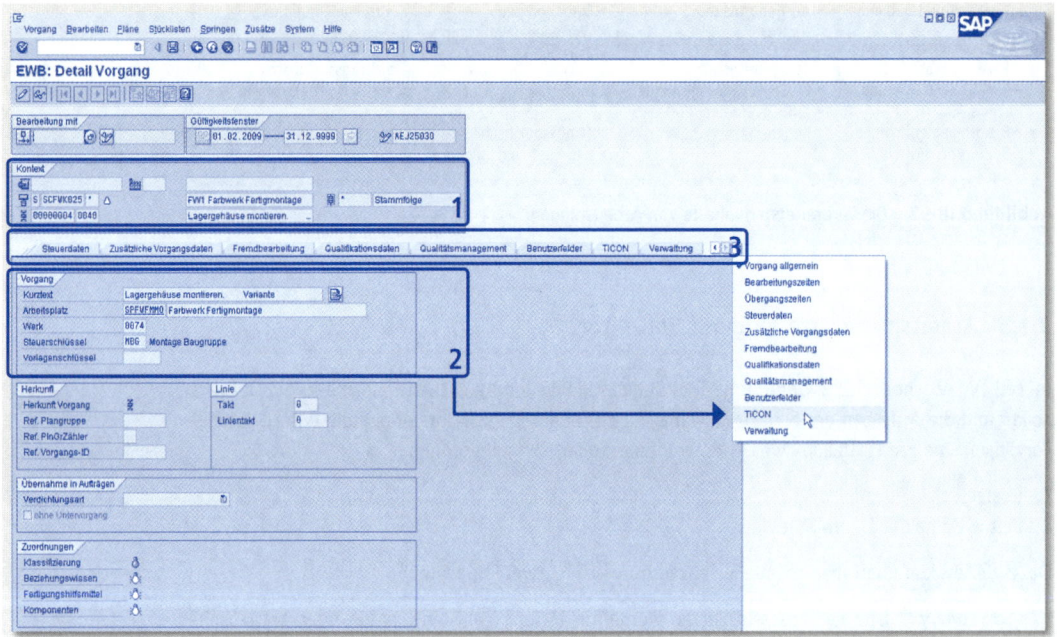

Abbildung III-93   Beispiel für einen mit Zeitstandards zu versorgenden Arbeitsplan[141]

Ausführungszeit
kalkulieren

Im Beispiel ist eine Ausführungszeit zu kalkulieren. Für die vorliegende Variante gibt es zwar eine Reihe von Prozessbausteinen, aber noch keine Kalkulation. In Abbildung III-94 ist dem Kopfteil (Feld 1) zu entnehmen, für welchen Arbeitsvorgang die durchgeführte Kalkulation gilt (hier: »Lagergehäuse montieren«). Der Arbeitsplaner hat in der Spalte »Beschreibung« (Feld 5) dazu für diesen Arbeitsvorgang den Ablauf in Form von Arbeitsschritten geplant. Die anderen Spalten wurden erst im Verlauf der nun folgenden Kalkulation gefüllt.

Dem mit Feld 2 markierten Maskenteil ist eine Strukturübersicht zu den unter TiCon® gehaltenen Prozessbaustein-Datenkarten zu entnehmen. Diese sind nach Baugruppen gegliedert, weil die Arbeitsvorgänge im Arbeitsplan baugruppenweise kalkuliert werden. Unter der Baugruppenbezeichnung »Farbwerk, allgemein« sind die dafür benötigten Prozessbausteine zusammengefasst. Wird diese gewählt, öffnet sich die unter TiCon® gehaltene Datenkarte (Feld 3). Von dort aus werden den

─────────────

141   SAP® PP, Heidelberger Druckmaschinen AG.

in der Beschreibungsspalte (Feld 5) angeführten Arbeitsschritten (vgl. Feld 4) per »Drag and Drop« die Kodierung (Spalte Kode) und die Sollzeit (Spalte t_g) zugewiesen (Feld 5). Der Arbeitsplaner gibt dann Anzahl und Häufigkeit (Spalte A × H) ein, und als Kalkulationsergebnis wird die Sollzeit für den Arbeitsschritt (Spalte t_g × A × H) ausgewiesen.

Die mit W-W markierten Positionen weisen aus, dass dort eine definierte Wertschöpfung bzw. ein unmittelbarer Arbeitsfortschritt vorliegt. Die so kalkulierte Zeit wird mit Zuschlägen (mindestens für Verteilzeit) versehen und als Vorgabewert in den SAP®-Arbeitsplan übernommen.

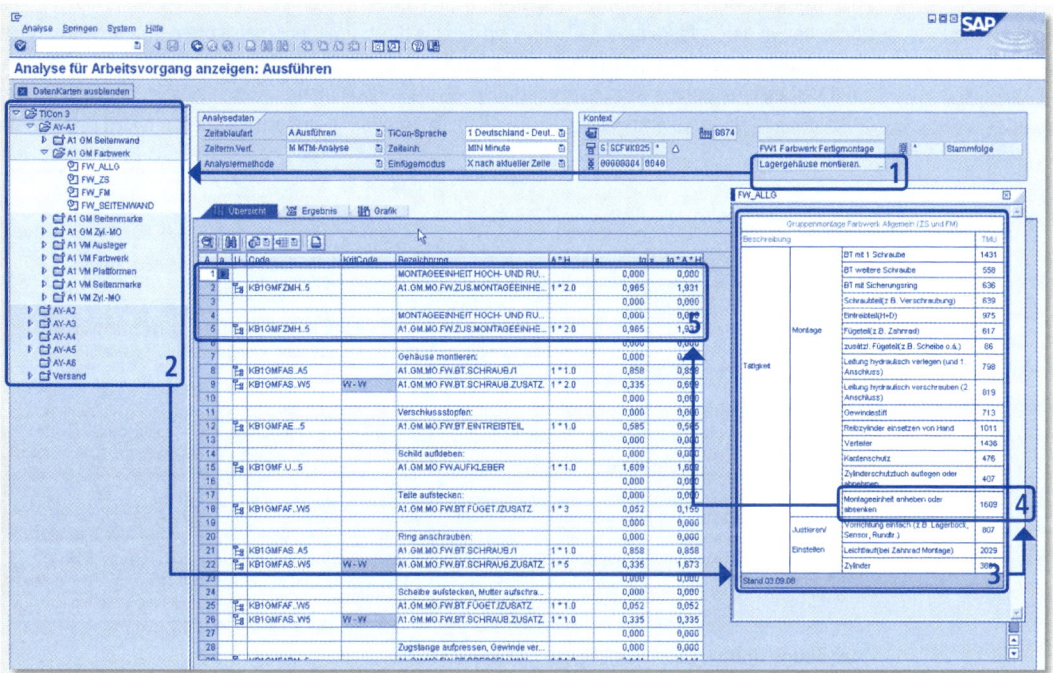

Abbildung III-94 Beispiel für die Kalkulation der Sollzeit für einen Arbeitsvorgang nach dem Passivkonzept[142]

Im vorliegenden Beispiel werden die Arbeitspläne mit Sollzeiten versorgt, denen als Bezugsleistung die MTM-Normleistung zu Grunde liegt. Der Vorteil gegenüber dem Prinzip, die Zeitstandards mit den betrieblichen Zeitgraden zu bewerten, liegt darin, dass man für alle Arbeitsplan-Verwendungen, von der Vorkalkulation bis zum leistungsbezogenen Entgelt, eine einheitliche und reproduzierbare Bezugsleistung verwendet. Damit nutzt man die funktionelle Eigenschaft der *Bezugsleistungstreue* des MTM-Verfahrens. Bei Kalkulationen, Personalbemessungen oder Kapazitäts- und Terminplanungen ist im Einzelfall zu entscheiden, inwieweit die erreichten Zeitgrade zu berücksichtigen sind. | **Bezugsleistung**

Es gibt Unternehmen in der Serienfertigung, die mit Arbeitsplänen das *Anlaufmanagement* (vgl. Teil IV, Abschnitt 3.2) unterstützen wollen und dazu über die Rüstzeit und Stückzeit hinaus die geplante Verfügbarkeit sowie den erwarteten Ausschuss, also den vollständigen *OEE-Datensatz*, in den Arbeitsplan einstellen. Das führt zwar zu einem höheren Planungsaufwand, zwingt aber zu einem sorgfältigen Durchdenken der Planung und lässt Risiken leichter erkennen. | **Anlaufmanagement**

---

142 TiCon®, SAP® PP, Heidelberger Druckmaschinen AG

3.2 Kalkulation

3.2.1 Überblick

Das MTM-Produktivitätsmanagement zeichnet sich durch seine Präventionsfunktion aus. Daher besitzt das Thema Vorkalkulation einen besonders hohen Stellenwert, weil dabei die Weichen für das Gewinnen profitabler Aufträge gestellt werden. Dem wird auch dadurch Rechnung getragen, dass »Reproduzierbare Technische Kalkulationen« eine der zwölf mit dem MTM-Produktivitätsmanagement verfolgten Absichten ist (vgl. Teil I, Abbildung I-51). Beim Produktentstehungsprozess werden in den meisten Branchen in der 1. PEP-Phase *Kalkulationen* durchgeführt, um die Herstellkosten[143] und Selbstkosten zu ermitteln oder einen Referenzpreis zu beurteilen. In der Entstehungsphase sowie in der Betriebs- und Verbesserungsphase ist dann festzustellen, ob die vorkalkulierten Kosten eingehalten werden. Der Abbildung III-95 ist zu entnehmen, welche Kalkulationsarten in Industriebetrieben üblich sind.

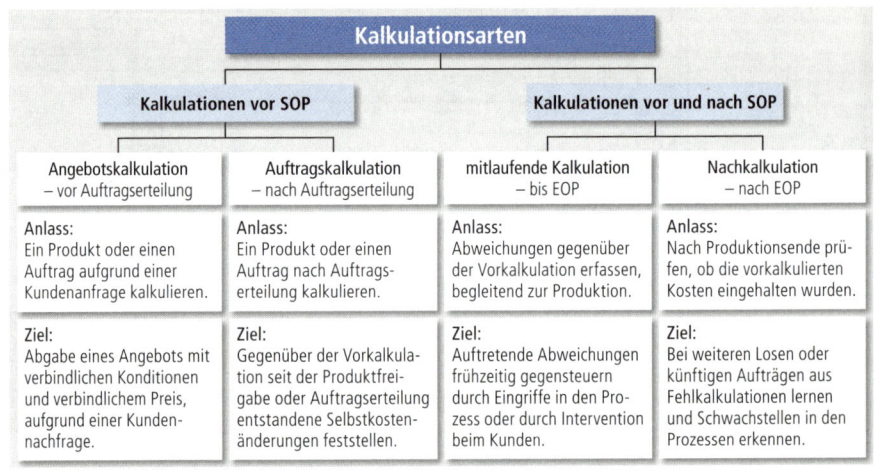

Kalkulationsarten			
Kalkulationen vor SOP		**Kalkulationen vor und nach SOP**	
Angebotskalkulation – vor Auftragserteilung	Auftragskalkulation – nach Auftragserteilung	mitlaufende Kalkulation – bis EOP	Nachkalkulation – nach EOP
Anlass: Ein Produkt oder einen Auftrag aufgrund einer Kundenanfrage kalkulieren.	**Anlass:** Ein Produkt oder einen Auftrag nach Auftragserteilung kalkulieren.	**Anlass:** Abweichungen gegenüber der Vorkalkulation erfassen, begleitend zur Produktion.	**Anlass:** Nach Produktionsende prüfen, ob die vorkalkulierten Kosten eingehalten wurden.
Ziel: Abgabe eines Angebots mit verbindlichen Konditionen und verbindlichem Preis, aufgrund einer Kundennachfrage.	**Ziel:** Gegenüber der Vorkalkulation seit der Produktfreigabe oder Auftragserteilung entstandene Selbstkostenänderungen feststellen.	**Ziel:** Auftretende Abweichungen frühzeitig gegensteuern durch Eingriffe in den Prozess oder durch Intervention beim Kunden.	**Ziel:** Bei weiteren Losen oder künftigen Aufträgen aus Fehlkalkulationen lernen und Schwachstellen in den Prozessen erkennen.

Abbildung III-95   Die vier häufigsten Kalkulationsarten

Vorkalkulation

Die Kalkulationen vor SOP werden als *Vorkalkulationen* bezeichnet. In manchen Branchen, z. B. in den Zulieferindustrien, werden neben Angebots- auch Auftragskalkulationen durchgeführt. Damit wird ermittelt, ob in der zweiten Phase des PEP, der Arbeitssystem- und Arbeitsprozessentwicklung, kostenrelevante Änderungen gegenüber dem Zeitpunkt der Angebotsabgabe entstanden sind. Diese können selbst oder vom Kunden verursacht sein.

Nachkalkulation

Die projektbegleitenden Kalkulationen bei der zweiten und dritten PEP-Phase werden als *mitlaufende Kalkulation* bezeichnet, wenn man, begleitend zur Produktion, zu einem frühestmöglichen Zeitpunkt feststellen will, ob und warum evtl. Fehlkalkulationen entstanden sind. Als *Nachkalkulation* bezeichnet man die nach EOP durchgeführte Prüfung, ob und wodurch man Fehleinschätzungen unterlegen war und was man daraus für künftige Planungen und Vorkalkulationen lernen kann.[144]

Vorkalkulationen, Fragestellungen

Wir setzen uns hier nur mit dem Durchführen von Vorkalkulationen auseinander, weil mitlaufende Kalkulationen und Nachkalkulationen Themen des Controlling und nur die Verwendung der Ergeb-

---

143 Als Herstellkosten wird die Summe aus Materialkosten, Fertigungskosten und Sondereinzelkosten der Fertigung bezeichnet. Verwaltungs- und Vertriebskosten sind also nicht eingeschlossen. Als Herstellungskosten wird nach §255 HGB der zulässige bilanzielle Wert selbst erstellter Vermögensgegenstände bezeichnet.
144 Vgl. Teil IV, Abschnitt 3.2.

nisse Themen des Industrial Engineering sind. Vorkalkulationen können zwei Fragestellungen zu Grunde liegen:

1. *Preisfindung*: Es existiert kein Referenzpreis in Form eines Marktpreises oder eines zugestandenen Preises. Dann wird eine *Vollkostenkalkulation* durchgeführt, um einen mindestens kostendeckenden Preis zu ermitteln.[145]
2. *Preisakzeptanzprüfung*: Es existiert ein Referenzpreis, z. B. weil Wettbewerber einen Preis bereits akzeptiert haben. Dann wird eine *Teilkostenkalkulation* durchgeführt, um entscheiden zu können, ob man zu diesem Referenzpreis anbieten, eventuell sogar unterbieten oder von einem Angebot Abstand nehmen will.

Oft treten beide Situationen auf, so dass sich die Frage, welcher dieser beiden Ansätze »richtig« sei, eigentlich gar nicht stellt. Es ist nur situativ zu beantworten, ob eine Voll- oder eine Teilkostenkalkulation[146] zielführender ist. Deshalb sollte man kombinierte voll- und teilkostenbasierte Kalkulationen durchführen, weil damit kein Mehraufwand verbunden ist.

Im folgenden Abschnitt werden zunächst kostenrechnerische Aspekte von Vorkalkulationen diskutiert, anhand eines kleinen Beispiels, wie es typisch für Zulieferindustrien ist. Im Maschinen- und Anlagenbau fallen sehr viel komplexere Kalkulationen an, die für grundlegende Erläuterungen ungeeignet sind.[147] Wir verzichten darauf, die Vorzüge und Nachteile von Kalkulationsverfahren oder die Prinzipien zur Bestimmung von Verrechnungssätzen zu diskutieren.[148] Es wird hier also ein Verständnis zu kostenrechnerischen Grundsachverhalten vorausgesetzt. Im Abschnitt 3.2.2 wird erläutert, welche Überlegungen bei Vorkalkulationen anzustellen und welche Anforderungen an die Durchführung von Vorkalkulationen zu stellen sind.

Kostenrechnerische Aspekte von Vorkalkulationen

Im Abschnitt 3.2.4 wird gezeigt, wie man Technische Kalkulationen durchführt. Das umfasst das Vorgehen bis zur Ermittlung der Selbstkosten. Das Erstellen Technischer Kalkulationen ist eine Kernaufgabe des Industrial Engineering, weil sie in der ersten Phase des Produktentstehungsprozesses anfällt und nicht nur Wissen über die betrieblichen Arbeitssysteme und -prozesse erforderlich ist. Bei der Technischen Kalkulation ist es, insbesondere in der Serienfertigung, auch erforderlich, technische Lösungen zu antizipieren. Entsprechend dem *MTM-Konzept zum Produktivitätsmanagement* geht es bei der Technischen Kalkulation auch darum, durch einen frühestmöglichen Einsatz des *MTM-Verfahrens*

Technische Kalkulationen

- einerseits die Produktion auf »Machbarkeit« hin abzusichern, also Risiken zu minimieren und
- andererseits dem Angebot effektive und effiziente Produktionsprozesse zu unterlegen, um damit die Wettbewerbsfähigkeit zu maximieren.[149]

In Branchen, bei denen z. B. nur etwa 10 % aller abgegebenen Angebote zu Auftragserteilungen führen und Aufträge in wenigen Tagen abgearbeitet werden, führt man pauschalere Vorkalkulationen als hier dargestellt durch. Andererseits gibt es Branchen, z. B. Massenkonsumgüterhersteller, bei denen noch detailliertere Kalküle erstellt werden.

---

145 Eine Vollkostenkalkulation ist darüber hinaus nach den »Leitsätzen für die Preisermittlung von Selbstkosten« (LSP) auch bei Angeboten an öffentlich-rechtliche Institutionen erforderlich. Ferner benötigt man sie als Basis für die Bewertung von Halb- und Fertigfabrikaten in der Handels- und Steuerbilanz und für die Bildung von Verrechnungspreisen bei Beteiligungsverflechtungen.

146 Ein wesentliches Ziel von Teilkostenkalkulationen ist die Ermittlung von Deckungsbeiträgen. Das ist das Vermögen von Aufträgen, über die Abdeckung der auftragsbegründeten (variablen) Kosten einen Beitrag zur Abdeckung des Fixkostenblocks des Unternehmens zu leisten.

147 Spezielle Produktionstypen, wie z. B. Baustellen- oder Kuppelproduktion, werden hier nicht berücksichtigt.

148 Vgl. Kilger, W.; Pampel, J; Vikas, K.: Flexible Plankostenrechnung und Deckungsbeitragsrechnung, 12. Auflage. Wiesbaden: Gabler, 2007. Riebel, P.: Einzelkosten- und Deckungsbeitragsrechnung, 7. Auflage. Wiesbaden: Gabler, 1994.

149 Bei Angebotskalkulationen geht es immer auch darum, wirtschaftlichste Produktionsmöglichkeiten aufzuzeigen und sich dadurch gegenüber Wettbewerbern zu positionieren.

3.2.2 Grundstruktur von Kalkulationen

Vorkalkulation
eines Produkts
oder eines Auftrags

Bei der *Vorkalkulation* eines Produkts oder eines Auftrags ist jener betriebliche Produktionsprozess zu planen, der bei seiner späteren Herstellung mutmaßlich anfallen wird. In den Abschnitten 3.3.2 und 3.3.3 wird gezeigt, wie man mit Hilfe des MTM-Verfahrens Werkzeug- und Fertigungskosten sicher kalkuliert. Da sich die Produktionsprozesse zwischen den Branchen erheblich unterscheiden, trifft das auch für deren Vorkalkulationen zu. Den in Abbildung III-96 dargestellten Grundaufbau wird man in vielen Industriebetrieben vorfinden, aber auch davon mehr oder weniger abweichende Prinzipien. Wichtig ist, die Stückkosten nach ihren variablen und fixen Bestandteilen zu splitten[150], weil man dann sowohl Preisfindungen als auch Preisakzeptanzprüfungen vornehmen kann.

Beispiel

In der Folge werden anhand eines kleinen Beispiels der Grundaufbau einer Vorkalkulation und die Verwendung der Rechenergebnisse erläutert. Als Verrechnungssätze werden *Planverrechnungssätze* verwendet, die zwei Eigenschaften haben:

1. Die Planverrechnungssätze (z. B. Personalkostensätze, Materialgemeinkostenzuschlagssätze) gelten für eine Planperiode, meist für ein Geschäftsjahr.
2. Sie werden nicht auf der Basis von Ist-Kosten der Vergangenheit, sondern auf der Basis standardisierter periodenrepräsentativer (z. B. für das Geschäftsjahr 2009) Ressourcenpreise (inkl. Preis- und Tariferwartungen) gebildet.[151]

Abbildung III-96 ist zu entnehmen, dass nach dem Kostenbezug bzw. Kostenverhalten drei Kostenkategorien unterschieden werden:

1. *Auftragsfixe Kosten* als Folge auftragsbezogener Investitionsausgaben: Im folgenden Beispiel fallen unabhängig von der Gesamtauftragsmenge (850.000 Stück in 5 Jahren) 670.000 € auftragsbezogene Investitionsausgaben an. Die daraus resultierenden Abschreibungskosten betragen 134.000 € p. a. und die auftragsfixen Stückkosten 0,79 €.
2. *Stückfixe Kosten*: Bei 170.000 Stück p. a. (in 5 Losen zu je 34.000 Stück) und Fixkosten von 4,78 €/Stück fallen pro Jahr 2.638.124 € an stückfixen Herstellkosten an.
3. *Stückvariable Kosten*: Die von der Auftragsmenge und Losgröße unabhängigen Herstellkosten pro Stück (variable Stückkosten) betragen 15,52 €. Bei der vorliegenden Jahresstückmenge betragen diese 813.280 €.

Die weiteren Positionen sind:

- Herstellkosten p. a.   3.451.404 €
- Selbstkosten p. a.   3.861.516 €
- Erlöse p. a.   3.825.000 €

Die Kostenunterdeckung p. a. beträgt 36.516 €, über die Produktionsdauer von 5 Jahren ca. 183.000 €. Dieses Ergebnis wird in der Folge diskutiert. Zuvor sind die wichtigsten Positionen der Kalkulation zu erläutern.

---

150 Das ist zwar ein betriebswirtschaftliches und kein Industrial-Engineering-Thema. Bei der dem Industrial Engineering zuzurechnenden Technischen Kalkulation ist aber ein Verständnis für die Prinzipien der Teilkostenrechnung erforderlich (z. B. der Deckungsbeitragsrechnung).

151 Da bei Vorkalkulationen die Kosten künftiger Aufträge zu ermitteln sind, sollte das nicht auf der Basis von Vergangenheitskosten erfolgen, was man beim Verwenden von Normalkosten (= Kostenmittelwerte aus der Vergangenheit) tun würde.

„Außenspiegel LL elo" – angefragte Auftragsmenge p.a.		170.000	€ pro Stück		€/ Projekt	Anteil an den SK
Produktionsdauer in Jahren		5	variabel	fix		
MK	11 Rohstoffe		4,10			60,0%
	12 Kaufteile		9,20			
	13 Abfallerlöse		-0,32			
	14 Materialeinzelkosten MEK (= 11 + 12 + 13)		12,98			
	15 Materialgemeinkostenzuschlag MGKZ auf MEK	5%	0,65			
	16 **Materialkosten MK (= 14 + 15)**		13,63			
FK	21 Personalkosten		0,95			28,8%
	22 Fertigungsgemeinkostenzuschlag auf Personalkosten	35%	0,33			
	23 Betriebsmittelkosten		0,44	1,68		
	24 Fertigungsgemeinkostenzuschlag auf Betriebsmittelkosten	180%		3,02		
	25 Rüstkosten		0,02	0,07		
	26 Fertigungskosten FK 1 (= Summe 21 bis 25)		1,74	4,77		
	27 Ausschusskosten – bezogen auf MEK	2,6%	0,02			
	28 **Fertigungskosten FK 2 (= 26 + 27)**		1,76	4,77		
LK	31 Transport- und Verpackungskosten		0,13			0,6%
	32 Lagerungskosten			0,01		
	33 **Logistikkosten LK (= 31 + 32)**		0,13	0,01		
HK	41 **Herstellkosten**		15,52	4,78		89,4%
	42		20,30			
AI	51 Produkt- und Prozessentwicklungskosten				125.000	3,5%
	52 Werkzeug-/Vorrichtungs- und Prüfmittelkosten				140.000	
	53 Betriebsmittelkosten				325.000	
	54 IT-Kosten				80.000	
	55 **auftragsbezogene Investitionsausgaben AI (= Summe 51 bis 54)**		0,79		670.000	
VVGK	60 **Verwaltungs- und Vertriebsgemeinkosten auf HK**	8%	1,24	0,38		7,2%
SK	71 **Selbstkosten (= HK + AI + VVGK)**		16,76	5,95		
	72		22,71			
Er-geb-nis	81 **angefragter Verkaufspreis VKP bzw Nettoerlös (exkl. MwSt.)**		22,50			
	82 **Erfolg bei Vollkosten E (= 81 − 72)**		−0,21			
	83 **Deckungsbeitrag DB (= 81 − 41 variabel)**		6,98			

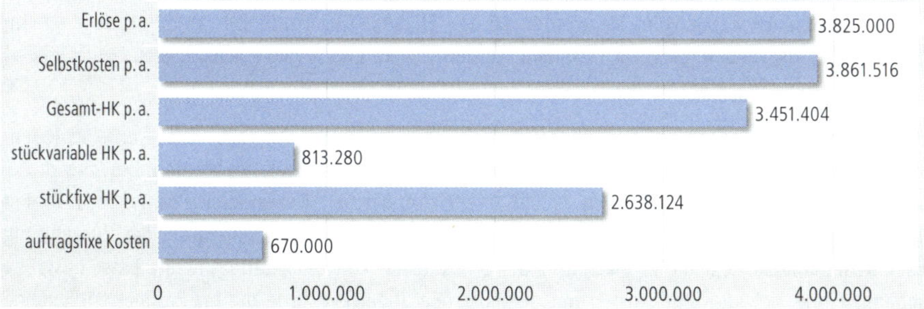

Erlöse p.a.	3.825.000
Selbstkosten p.a.	3.861.516
Gesamt-HK p.a.	3.451.404
stückvariable HK p.a.	813.280
stückfixe HK p.a.	2.638.124
auftragsfixe Kosten	670.000

0 1.000.000 2.000.000 3.000.000 4.000.000

Abbildung III-96 Beispiel für eine Vorkalkulation

1. Die Materialkosten (MK) sind variable Kosten. Sie betragen bei unserem Beispiel 60% der Selbst- Materialkosten kosten und bilden den stärksten Hebel für eine Beeinflussung der Stückkosten. So würde z. B. eine Reduzierung der Materialkosten um 5% zu einer Senkung der Selbstkosten um ca. 3% führen. Dagegen müssten die Personalkosten halbiert werden, um den gleichen Effekt zu erhalten. Die Materialkosten bestehen überwiegend aus Kaufteilekosten. Das Unternehmen hat also eine relativ

geringe Fertigungstiefe. Werden in unserem Beispiel die Kaufteile durch den Kunden geordert (sogenanntes Setzlieferantenprinzip), liegt ein Problem darin, dass 43 % der Herstellkosten nicht aktiv beeinflussbar sind, obwohl es sich um variable Kosten handelt. Es können auch negative Materialkosten entstehen, nämlich dann, wenn Abfallerlöse erzielt werden.

Fertigungskosten

2. Die Fertigungskosten (FK) sind nur zu ca. 18 % variabel, werden also als überwiegend fix eingestuft. Dabei wurden in unserem Beispiel pauschalisierende Vereinfachungen vorgenommen, indem z. B. die in der Position 24 enthaltenen variablen Kosten (z. B. Energiekosten) nicht als solche ausgewiesen werden. Hier würde man in der Praxis stärker differenzieren.

Logistikkosten

3. Der Anteil der Logistikkosten (LK) an den Selbstkosten ist ebenfalls gering. Je weiter jedoch die Produktionsstandorte vom Kundenverbrauchsort entfernt sind, z. B. in weit entfernten Niedriglohnregionen liegen, desto mehr nähern sich die Fertigungs- und Logistikkosten an und die Niedriglohnregion verliert an Attraktivität. In unserem Beispiel bestehen die Logistikkosten aus »Transport- und Verpackungskosten«, die in manchen Unternehmen als Sondereinzelkosten der Fertigung ausgewiesen werden.

Herstellkosten

4. Die Herstellkosten (HK) betragen in diesem Beispiel ca. 90 % der Selbstkosten und sind zu ca. 77 % als variabel eingestuft. Die Höhe der Periodenkosten, die dieser potenzielle Auftrag verursachen würde, ist überwiegend von der Auftragsmenge abhängig. Der hohe Kaufteileanteil von 45 % der Herstellkosten birgt eine Einsparungschance, wenn die Kaufteile nicht durch den Kunden, sondern selbst eingekauft werden. Er birgt aber ein Risiko, wenn mit Setzlieferanten gearbeitet wird, weil er dann nur durch den Kunden zu beeinflussen ist.

Auftragsbezogene Investitionsausgabe

5. Die auftragsbezogenen Investitionsausgaben (AI) werden in manchen Fällen auch von Kunden getragen, zumindest bei den drei ersten Positionen. Dann würde man sie hier nicht anführen. In unserem Beispiel sind sie vom Anbieter zu tragen und haben so investiven Charakter[152], führen zu auftragsfixen Kosten und sind über den Stückpreis bzw. Stückerlös zurückzuverdienen. Bei der angefragten Auftragsmenge von 170.000 Stück p. a. und einer Produktlaufzeit von 5 Jahren haben sie einen Anteil von 3,5 % an den Selbstkosten. Würden jedoch jährlich z. B. nur 100.000 Stück abgerufen, stieg dieser Anteil auf 4,2 %. Ohne Abnahmegarantie würden dann bei jährlich 70.000 weniger abgerufenen Teilen über 5 Jahre hinweg 350.000 kalkulierte, aber nicht abgerufene Teile zu nicht erlösgedeckten Investitionsausgaben von ca. 275.000 € führen. Damit wird das Risiko auftragsbezogener Investitionsausgaben deutlich.

Selbstkosten

6. Die Verwaltungs- und Vertriebsgemeinkosten (VVGK) werden aus methodischen Gründen auf die Herstellkosten bezogen. Sie werden zu den Herstellkosten und den auftragsbezogenen Investitionsausgaben addiert. Die Summen werden als fixe und variable Selbstkosten bzw. (Stück-) Selbstkosten (SK) ausgewiesen.

In unserem Beispiel werden die Stückkosten nach ihrem fixen und variablen Anteil unterschieden. Variable Kostenanteile sind Positionen, die als mengenproportional erachtet werden. Bei einigen Positionen, z. B. bei den Materialkosten, ist das zweifelsfrei der Fall. Bei anderen Positionen, z. B. den Transportkosten, liegt keine strikte Mengenproportionalität vor. Das Problem bei der Zurechnung fixer Kostenanteile liegt darin, dass die fixen Stückkosten von der Auftragsmenge bzw. Losgröße abhängen und sich die Stückkosten mit der Losgröße ändern. Würde die im Beispiel vorliegende Jahresmenge von 170.000 Stück bzw. die Losgrößen von 34.000 Stück reduziert, stiegen die fixen Stückkostenanteile.

Serienfertigung, Trends

In der Serienfertigung, insbesondere dann, wenn sich die Auftragsdauer über mehrere Jahre erstreckt, sind bei der Selbstkostenermittlung bei jeder Kostenposition zu zwei Sachverhalten Trends auszuweisen:

---

152 In der Praxis würde man diese Investition abzinsen. Darauf verzichten wir hier, um das Beispiel übersichtlich zu halten.

1. In den Planverrechnungssätzen sind zwar Ressourcenpreis-Änderungen für das laufende Geschäftsjahr eingepreist, nicht aber darüber hinaus. Deshalb weisen manche Unternehmen für die interne Verwendung je Kostenposition die für die folgenden Jahre prognostizierte Preisentwicklung mit aus. Bei den Materialkosten, deren Höhe durch eigene Anstrengungen nicht zu beeinflussen ist, versucht man sich der Preisrisiken durch eine Zeitstaffelung der Preise oder durch eine Preisindizierung (Preisgleitklausel) zu entledigen.
2. Über den Auftragsverlauf wird die erwartete Lernkurve prognostiziert, weil in den meisten Branchen von den (internen oder externen) Kunden »Savings« (jährliche Preissenkungen für die Produktlebensdauer bzw. den mehrjährigen Auftragsablauf hinweg) erwartet und verhandelt werden. Deshalb weisen manche Unternehmen für den internen Gebrauch je Kostenposition die für die nächsten Jahre erwarteten Reduzierungen bei den Ressourceneinsätzen aus. Je weniger Chancen man dazu sieht, desto geringer sollte die Bereitschaft sein, unter Vollkosten liegende Preise zu akzeptieren.

3.2.3   Preisfindung und Preisakzeptanzprüfung

Bei unserem Beispiel liegt ein angefragter Netto-Verkaufspreis von 22,50 € vor. Mit einer Vollkostenkalkulation werden in Position 72 Selbstkosten von 22,71 € ausgewiesen. Damit entsteht eine Stückkostenunterdeckung (»Stückverlust«) von 0,21 €. Das entspricht ca. 1 % des angefragten Verkaufspreises. Bei der angefragten Gesamtauftragsmenge würden dabei, so vorstehend schon ausgeführt, über die fünfjährige Auftragslaufzeit ca. 183.000 € ungedeckte Kosten auflaufen. Deshalb wird man zuerst die in der Kalkulation angesetzten Positionen darauf prüfen, ob es nicht kostengünstigere Produktionslösungen gibt. Bei Übernahme der auftragsbezogenen Investitionsausgaben durch den Kunden würde eine Kostenüberdeckung von 0,58 €/Stück verbleiben. Wird keine Lösung zum Vermeiden eines »Stückverlustes« gefunden, stellt sich die Frage, ob man den Auftrag ablehnen oder annehmen will.

Würde es für das betreffende Unternehmen nur diesen Auftrag geben, müsste es ihn aus wirtschaftlichen Gründen ablehnen[153], auch auf das Risiko einer Betriebsschließung hin.[154] Da Betriebe aber im Allgemeinen

- mehrere Kunden haben und
- häufig von jedem Kunden mehrere Aufträge,
- und wenn sie zudem noch über freie Kapazitäten verfügen,

stellt sich für viele die Frage ganz anders. Würde man – freie, ansonsten nicht auszulastende Kapazitäten unterstellt – diesen Auftrag ablehnen[155], würden zwar die variablen Kosten nicht entstehen. Die fixen Kosten (ausgenommen die auftragsbezogenen Investitionsausgaben) würden aber weiterhin anfallen.[156] Als Entscheidungshilfe führt man hier eine Teilkosten- oder Deckungsbeitrags-Betrachtung durch.

---

153 Wir vernachlässigen hier Taktiken, die darauf hinauslaufen, solche Aufträge dennoch anzunehmen, mit der Absicht, den Kunden im Zeitverlauf immer wieder mit von ihm zu vertretenden Unvorsehbarkeiten zu konfrontieren (sogenannte Taktik der »Preisqualitäts-Verbesserung«). Zu bedenken ist aber, dass in vielen Branchen von den Kunden jährlich »Cost Savings« erwartet werden, durch die sich die Erfolgsposition ceteris paribus über die Auftragslaufzeit weiter verschlechtern würde.

154 Es würden ansonsten vorsätzlich und mit Sicherheit Vermögenswerte vernichtet und das Unternehmen in eine Krise, evtl. sogar in die Insolvenz geführt.

155 »Diesen Auftrag« weist darauf hin, dass die hier vorgetragene Teilkostenbetrachtung nur für eine isolierte Entscheidungssituation zweckmäßig ist. Sie ist als grundsätzlicher Ansatz zur Preisbildung dagegen nicht geeignet, weil man insgesamt an einer Überdeckung der Vollkosten nicht vorbeikommt.

156 Prämisse ist also, dass die fixen Kosten nicht oder erst nach einem längeren Zeitraum abzubauen sind oder dass man aus anderen Gründen auf einen solchen Abbau verzichtet.

Deckungsbeitrag

Der *Deckungsbeitrag* DB wird ermittelt als Differenz aus Netto-Stückerlös E und variablen Herstell-Stückkosten k_{var}. Er ergibt sich hier wie folgt:

$$DB = 22,50 \text{ € } – 15,52 \text{ € } = 6,98 \text{ €}$$

Bei Annahme des Auftrags würde bei jedem produzierten Stück ein Beitrag von 6,98 € zur Abdeckung des Fixkostenblocks des Unternehmens geleistet, der bei Ablehnung des Auftrags ausbliebe. Würde man den Auftrag zum angefragten Preis annehmen, würde man mit jährlich 170.000 Stück und einem Deckungsbeitrag von 6,98 € pro Stück[157] fixe Kosten in Höhe von ca. 1,19 Mio. € abdecken, die bei unausgelasteten Kapazitäten ansonsten ungedeckt blieben.

Das praktische Problem liegt nicht darin, zu erkennen, dass eine Vollkostendeckung vorzuziehen wäre, sondern darin, zu entscheiden, ob eine Teildeckung der fixen Kosten eine Alternative ist oder ob man auf einer Vollkostendeckung beharren sollte. Ein verbreitetes Entscheidungsmuster für diese Situation lautet: Man nimmt diesen Auftrag dann an, wenn

- die freien Kapazitäten ansonsten unausgelastet blieben und
- man nicht die Gefahr sieht, mit dem Akzeptieren dieses Preises die Preisstabilität anderer Aufträge oder Produkte zu gefährden,
- man noch über andere profitable Aufträge verfügt und
- keine weiteren profitableren Aufträge in Aussicht sind.

Eine solche Entscheidung kann nur im Einzelfall getroffen werden, weil man damit von der grundsätzlichen Pflicht zur Vollkostendeckung nicht entbunden wird. Um solche Überlegungen überhaupt anzustellen zu können, müssen die Kostenarten so weit detailliert werden, dass sie nach fixen und variablen Bestandteilen zu splitten sind.

Ausgelastete Kapazitäten, Kapazitätsengpässe

Bei der vorstehend beschriebenen Entscheidung sind wir von freien Kapazitäten ausgegangen. Liegen dagegen ausgelastete Kapazitäten vor, könnten weitere Aufträge aufgrund der Kapazitätsengpässe nicht angenommen werden, es sei denn, dass man sich durch Fremdvergaben die benötigte Kapazitätserweiterung verschaffen kann. Kapazitätsengpässe können in der Produktion oder im Engineering entstehen, und man kann ihnen auf zweierlei Weise begegnen:[158]

1. Investition: Es wird eine Erweiterungsinvestition getätigt. Vorsichtige, gewissenhafte Kaufleute erwarten dann, dass bei dem zusätzlichen Auftrag der Deckungsbeitrag so hoch ist, dass er auch die investitionsbegründeten Kosten trägt. Insbesondere dann, wenn die durch die Investition geschaffene Kapazitätserweiterung nicht sicher mit anderen Aufträgen auszulasten ist.
2. Auftragsablehnung: Man trennt sich von einem vorhandenen Auftrag, lehnt einen angefragten Auftrag ab oder vergibt diesen an ein Subunternehmen.[159] Dabei verliert man mit dem abgelehnten, verdrängten Auftrag auch dessen Deckungsbeitrag. Dieser wird dem zusätzlichen Auftrag »geopfert«. Den für den abgelehnten/verdrängten Auftrag entgangenen Deckungsbeitrag bezeichnet man als *Opportunitätskosten* (= durch opfern einer Alternative entfallende Deckungsbeiträge). Vorsichtig agierende Kaufleute werden den alternativen Auftrag nur dann annehmen, wenn dessen Deckungsbeitrag höher als der des abgelehnten/verdrängten Auftrags ist.

---

157 Die SK wurden nicht verwendet, weil die Verwaltungs- und Vertriebsgemeinkosten zwar in der Kalkulation variabilisiert wurden, in der tagesgeschäftlichen Realität aber als über einen längeren Zeitraum fix anzusehen sind.

158 Zum Umgang mit Engpässen vgl. z. B. Macha, R.: a. a. O., 2006, S. 93 f.

159 Es sei hierbei vernachlässigt, dass das in den meisten Branchen zu erheblichen Problemen mit den Kunden führen wird und dass es häufig aus vertragsrechtlichen Gründen nicht oder nur schwer lösbar ist.

Dazu ein Beispiel: Es sei unterstellt, dass die Annahme des in Abbildung III-96 kalkulierten Auftrags dazu führt, dass man einen anderen angefragten Auftrag ablehnen muss oder umgekehrt. Somit werden dort zwei Alternativen verglichen:

Beispiel

- Alternative 1, ein angefragter, ggf. anzunehmender Auftrag versus
- Alternative 2, einem vorhandenen, dafür ggf. zu verdrängenden Auftrag.

Durch eine kostenrechnerische Engpassanalyse ist festzustellen, welche Alternative aus finanzwirtschaftlicher Sicht[160] vorzuziehen ist. Die Kalkulation entspricht bis zur Position 7 der bei freien Kapazitäten. Man könnte argumentieren, dass die Auftrags-Alternative 2 vorzuziehen ist, weil sie zu höheren Deckungsbeiträgen führt. Dabei werden aber noch nicht die Engpass-Situation und der damit verbundene Umstand gewürdigt, dass man nur einen der beiden Aufträge fertigen kann, also einen der beiden Aufträge ablehnen oder fremdvergeben müsste.

Funktionen		Rechengrößen und Formeln	Alternative 1: angefragt und ggf. hereinzunehmen	Alternative 2: vorhanden und ggf. zu verdrängen
1	angefragte Menge in Stück p.a.	m_j	170.000	145.000
2	Produktlaufzeit in Jahren	n	5	3
3	Gesamtauftragsmenge in Stück	$m = m_j \cdot n$	850.000	435.000
4	Nettoerlös in €/Stück	E	22,50	16,45
5	variable Herstellkosten in €/Stück	k_{var}	15,52	9,27
6	Deckungsbeitrag in €/Stück	$DB = E - k_{var}$	6,98	7,18
7	Deckungsbeitrag in €/Auftrag	$DB_{Auf} = DB \cdot m$	5.933.000	3.123.300
8	Engpass-Stückzeit in Std./Stück	$t_{e, Eng}$	0,08	0,12
9	spezifischer Deckungsbeitrag in €/Std.	$DB_{spez} = DB_{verd} / t_{e, Eng}$	87,25	59,83
10	Opportunitätskosten in €/Stück	$K_{Opp} = DB_{spez} \cdot t_{e, Eng, Alternative}$	10,47	4,79
11	Preisuntergrenze in €/Stück	$p_{min} = k_{var, Altern.} + K_{Opp}$	20,31	19,74
12	Restdeckungsbeitrag in €/Stück	$DB_{Rest} = DB_{zus} - K_{Opp}$	2,19	−3,29
13	Restdeckungsbeitrag in €/Auftrag	$DB_{Rest, Auf} = DB_{Rest} \cdot m$	1.864.333	−1.431.150

Abbildung III-97　Beispiel für die Kalkulation spezifischer Deckungsbeiträge und Opportunitätskosten zur Entscheidung bei Engpass-Situationen und zur Bestimmung von Preisuntergrenzen

In Position 8 werden die Stückzeiten im Engpass angeführt. Für Alternative 1 sind das 0,08 Std. und 0,12 Std. für Alternative 2. Diese hat also eine um 50 % höhere Engpass-Stückzeit:

- Alternative 2 belastet den »wertvollen« Engpass erheblich mehr als Alternative 1 bzw.
- bei gleichem Stück-Deckungsbeitrag würde Alternative 2 gegenüber Alternative 1 pro Stunde einen um 50 % geringeren Deckungsbeitrag generieren.

Auf diesem Grundgedanken beruhen die folgende Entscheidungsrechnung und die Bestimmung von spezifischem Deckungsbeitrag und Opportunitätskosten:

Spezifischer Deckungsbeitrag, Opportunitätskosten

1. Spezifischer Deckungsbeitrag (Position 9): Die dort ausgewiesenen spezifischen Deckungsbeiträge von 87,25 €/Std. (Alternative 1) und 59,83 €/Std. (Alternative 2) sind jene Deckungsbeiträge, die dem Unternehmen beim Verdrängen der jeweiligen Alternative pro Stunde entgehen würden. Beim Verdrängen von Auftrags-Alternative 1 wäre der »Deckungsbeitrags-Verlust« um 87,25 €/ Std. − 59,83 €/Std. = 27,42 €/Std. (ca. 30 %) höher als bei Verdrängung von Auftrags-Alternati-

---

160　Es gibt andere Sichten, z. B. vertriebsstrategischer Art, bei denen man zu anderen Ergebnissen gelangt. Im Gegensatz zur finanzwirtschaftlichen Sicht sind diese jedoch nicht zu verallgemeinern.

ve 2. Die finanzwirtschaftliche Entscheidungsempfehlung lautet also: bei dem gegebenem Netto-Stückerlös die Auftrags-Alternative 1 annehmen.

2. *Opportunitätskosten* (Position 10): Die angeführten Opportunitätskosten werden zur Bestimmung der Preisuntergrenzen benötigt und ermittelt nach:

- Opportunitätskosten Alternative 1: 87,25 €/Std. × 0,12 Std./Stück = 10,47 €/Stück wären Auftrags-Alternative 2 zu belasten, würde man Alternative 1 ablehnen.
- Opportunitätskosten der Alternative 2: 59,83 €/Std. × 0,08 Std./Stück = 4,69 €/Stück wären Auftrags-Alternative 1 zu belasten, würde Alternative 2 abgelehnt.

Die Opportunitätskosten stehen also für jenen Deckungsbeitrag, mit dem jedes Teil der anderen Auftrags-Alternative im Ablehnungs-/Verdrängungsfall zu belasten wäre. Aufgrund der niedrigeren Engpass-Stückzeit wird Alternative 1 mit deutlich geringeren Opportunitätskosten als die Alternative 2 belastet.

Preisuntergrenze

Die Opportunitätskosten werden auch zur Ermittlung der *Preisuntergrenze* bei ausgelasteten Kapazitäten benötigt. Bei freien Kapazitäten entspricht die Preisuntergrenze[161] den variablen Herstellkosten. Bei ausgelasteten Kapazitäten entspricht sie der Summe aus variablen Herstellkosten und Opportunitätskosten. Bei unserem Beispiel wird als Preisuntergrenze für die Alternative 1 20,31 €/Stück ermittelt, was noch zu einem positiven Restdeckungsbeitrag führt. Würde man sich (aus finanzwirtschaftlicher Sicht zu Unrecht) für die Alternative 2 entscheiden, läge deren Preisuntergrenze bei 19,74 €/Stück. Bei einem Nettoerlös von 16,45 €/Stück (Pos. 4), würde mit –3,29 €/Stück ein negativer Restdeckungsbeitrag entstehen. Die Alternative 2 ist also aus finanzwirtschaftlicher Sicht auch deshalb abzulehnen, weil der erzielbare Netto-Stückerlös ca. 15 % unter der Preisuntergrenze liegt.

3.2.4 Technische Kalkulation

Als Technische Kalkulation wird die Ermittlung aller Informationen und Daten bezeichnet, die zur Selbstkostenermittlung erforderlich sind. Grundlage Technischer Kalkulationen ist ein technisch-organisatorisches Konzept für das Erstellen der (eigentlichen) Vorkalkulation (vgl. Abbildung III-96).

Anforderungen

Die wichtigsten Anforderungen an Technische Kalkulationen sind:

1. Technische Detaillierung unter Darlegung des Produktionsprozesses, um mit Kunden technische und organisatorische Details besprechen und verhandeln zu können. Dabei sollte der Kalkulationsaufbau bei den Fertigungskosten dem späteren Ablauf bei der Auftragsausführung folgen.
2. Realistische und sichere technische Lösung, die im Falle der Auftragserteilung so wie kalkuliert umzusetzen ist. Die Inhalte der späteren Stücklisten und Arbeitspläne sollten nicht wesentlich von den bei der Technischen Kalkulation getroffenen Annahmen abweichen, sondern diese im Idealfall lediglich konkretisieren.
3. Innovative technische Lösung, in der sich ein Vorsprung gegenüber Wettbewerbern ausprägt, sofern es die Kundenspezifikationen zulassen. Diese und die vorhergehende Anforderung verhalten sich kontradiktorisch, sie schließen einander also aus.

Anfragenformationen

Eine notwendige Bedingung für eine Vorkalkulation ist das Vorliegen ausreichender Anfragenformationen und dabei z. B. insbesondere folgender Informationen:

- Kunde und Ansprechpartner beim Kunden für technische Fragen,
- Produktbezeichnung,

---

161 Stets unter den Nebenbedingungen, dass keine auftragsspezifischen Investitionsausgaben anfallen und durch diese Entscheidung keine anderen Produktpreise gefährdet werden.

- CAD-Modell, Zeichnungen und sonstige produktbezogene Daten des Kunden,
- Lasten-/Pflichtenheft und sonstige verbindliche Spezifikationen,
- Verbindliche produktionsbegleitende Prüfungs- und Freigabeprozeduren,
- Zielpreise,
- Setzlieferanten und Materialpreisvorgaben des Kunden,
- Prototypen, Muster, Beistellteile,
- Stückzahlen über die Produktlebensdauer einschließlich Peak-Stückzahlen und Ersatzteilkonzept,
- SOP und EOP,
- Variantendefinitionen und -verteilungen (Anteile der Varianten an der Stückzahl),
- vom Kunden geforderter Produktionsstandort,
- Transportmittel, Verpackung und Anlieferungsstandort des Kunden,
- Lieferkonditionen und Belieferungskonzept (Lager, JIT, JIS ...).

Der Aufbau Technischer Kalkulationen sollte dem Ausführungsprozess entsprechen, der bei Auftragserteilung entstehen würde. Deshalb versucht man so weit wie möglich

- auf in der Vergangenheit erstellte Kalkulationen zurückzugreifen – ein Grund, warum Technische Kalkulationen transparent und die darin getroffenen Annahmen reproduzierbar sein sollten,
- zumindest Teile vorhandener Stücklisten und Arbeitspläne zu nutzen,
- Analogien zu vorhandenen Werkzeugen und Vorrichtungen herzustellen,
- sich an abgeschlossenen Produkt- und Prozessentwicklungsprojekten zu orientieren.

Bei jedem zu kalkulierenden Leistungsblock, insbesondere aber bei Werkzeugen, Vorrichtungen, Prüfmitteln sowie den Fertigungs- und Logistikprozessen, ist abzuwägen, ob Leistungen zweckmäßiger und kostengünstiger selbst erstellt oder fremdbezogen werden. Diese Entscheidung bez. der Wertschöpfungstiefe wird oft unter strategischen Gesichtspunkten getroffen. Deshalb sollte man die Wertschöpfungsstrategien so klar darlegen, dass dieser Aspekt nicht mehr im Einzelfall zu diskutieren ist.

In Branchen mit Kundenauftragsfertigung werden häufig *Kalkulationsformeln* verwendet, um Herstellkostenfunktionen und daraus Staffelpreise bei alternativen Anfragemengen bestimmen zu können. Ferner sind damit die Degressionseffekte fixer Kosten aufzuzeigen (vgl. Abbildung III-98). Im einfachsten Fall bestehen Kalkulationsformeln aus vier Positionen:

Kalkulationsformel

K_{af} auftragsfixe Kosten (z. B. Werkzeuge, Vorrichtungen)

K_r Rüstkosten für alle Rüstvorgänge zu einem Auftrag

K_{av} Fertigungs- und Materialkosten pro Mengeneinheit (z. B. pro 1.000 Stück)

m   Auftragsmenge

Die Herstellkosten pro Auftrag HK_A und pro Stück $HK_{Stück}$ werden bestimmt nach:

$$HK_A = K_{af} + K_r + K_{av} \cdot m$$

$$HK_{Stück} = \frac{(K_{af} + K_r + K_{av} \cdot m)}{m}$$

Betragen z. B. die auftragsfixen Kosten 5.000 €, die Rüstkosten 1.800 € und die auftragsvariablen Kosten 6.500 €/1.000 Stück, ergeben sich alternative Herstellkosten z. B. wie folgt:

$$HK_{(1.000)} \quad = 6.800\,€ + 6.500\,€ = 13.300\,€$$

$$HK_{\text{Stück (1.000)}} = \frac{6.800\,€ + 6.500\,€ \cdot \dfrac{1.000}{1.000}}{1.000} = 13,30\,€ / \text{Stück}$$

$$HK_{(5.000)} \quad = 6.800\,€ + 6.500\,€ \cdot 5 = 39.300\,€$$

$$HK_{\text{Stück (5.000)}} = \frac{6.800\,€ + 6.500\,€ \cdot \dfrac{5.000}{1.000}}{5.000} = 7,86\,€ / \text{Stück}$$

$$HK_{(10.000)} \quad = 6.800\,€ + 6.500\,€ \cdot 10 = 71.800\,€$$

$$HK_{\text{Stück (10.000)}} = \frac{6.800\,€ + 6.500\,€ \cdot \dfrac{10.000}{1.000}}{10.000} = 7,18\,€ / \text{Stück}$$

Der Abbildung III-98 sind die Herstellkostenfunktionen zu diesem Beispiel zu entnehmen.

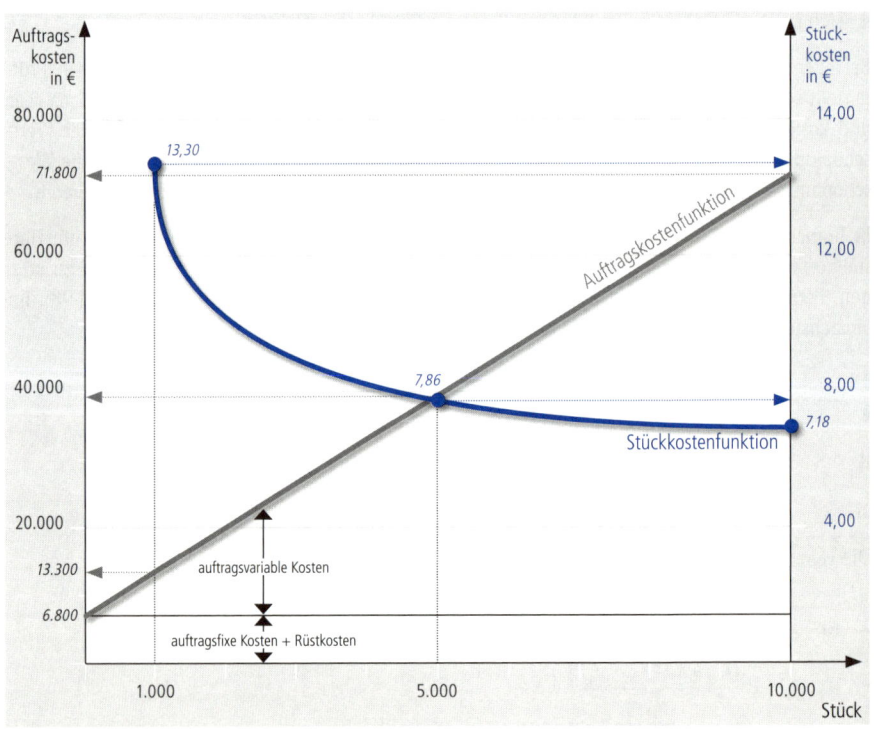

Abbildung III-98   Beispiel für Herstellkostenfunktionen

3.2.5 Organisation des Kalkulationsprozesses

Abbildung III-99 und Abbildung III-113 sind Beispiele für einen standardisierten Prozess zur Techni- Standardisierter
schen Kalkulation zu entnehmen, mit dem man sicherstellen will, dass die oben angeführten Anfor- Prozess
derungen erfüllt werden. Dieser ist in folgende Prozessphasen gegliedert:

1. Einsatzmittel- und Fertigungskosten
   - Materialkosten
   - Werkzeug-, Vorrichtungs-, Prüfmittelkosten
   - Fertigungskosten
2. Entwicklungs- und Logistikkosten
   - Produktentwicklungskosten
   - Prozessentwicklungskosten
   - Logistikkosten

Zu jeder Prozessphase ist festgelegt, wer welche Aufgaben zu erfüllen hat. Bei Detailproblemen,
z. B. der Kalkulation von Tests und Versuchen oder von Produkt- und Prozessentwicklungskosten,
werden zudem Unterstützungen durch Fachspezialisten geleistet. Je komplexer Produkte sind, desto
notwendiger ist es, Technische Kalkulationen im Rahmen solcher Projektorganisation zu erstellen
(vgl. Abbildung III-99 und Abbildung III-113).

Wie beim PEP sollten Quality Gates (Meilensteine) definiert werden, um sicherzustellen, dass alle Quality Gates
wichtigen Arbeitsschritte mit der notwendigen Sorgfalt ausgeführt werden. So ist z. B. die Kalkulation
der Fertigungskosten erst dann abgeschlossen, wenn die Betriebsmittelkosten, die Personalkosten, die
IT-Kosten und die Qualitätskosten kalkuliert sind.

Zur Angebotsabgabe liegen oft noch keine vollständigen Anfrageinformationen vor, wie sie im vorhergehenden Abschnitt angeführt wurden. Man spricht dann von einer Angebotskalkulation, und
Anbieter und Nachfrager konzedieren, dass sich bis zur möglichen Auftragserteilung noch nachvollziehbare Änderungen gegenüber der Angebotskalkulation ergeben können. Endgültige Vorkalkulationen werden als Auftragskalkulation bezeichnet und basieren auf endgültigen, auch rechtsgültigen,
Anfrageinformationen.

Abbildung III-99 ist ein Beispiel für den Prozess der Technischen Kalkulation zu entnehmen, und Prozess der
zwar für Technischen
Kalkulation

1. Einsatzmittel (Material, Werkzeuge, Vorrichtungen, Prüfmittel) und
2. Fertigung (Maschinen-/Anlagekosten, Personalkosten, IT-Kosten, Qualitätskosten).

Die Kalkulationsschemata unterscheiden sich zwar zwischen den Branchen. Den in den Abbildungen III-99, III-112 und III-113 beschriebenen Prozess findet man aber in vielen Branchen.

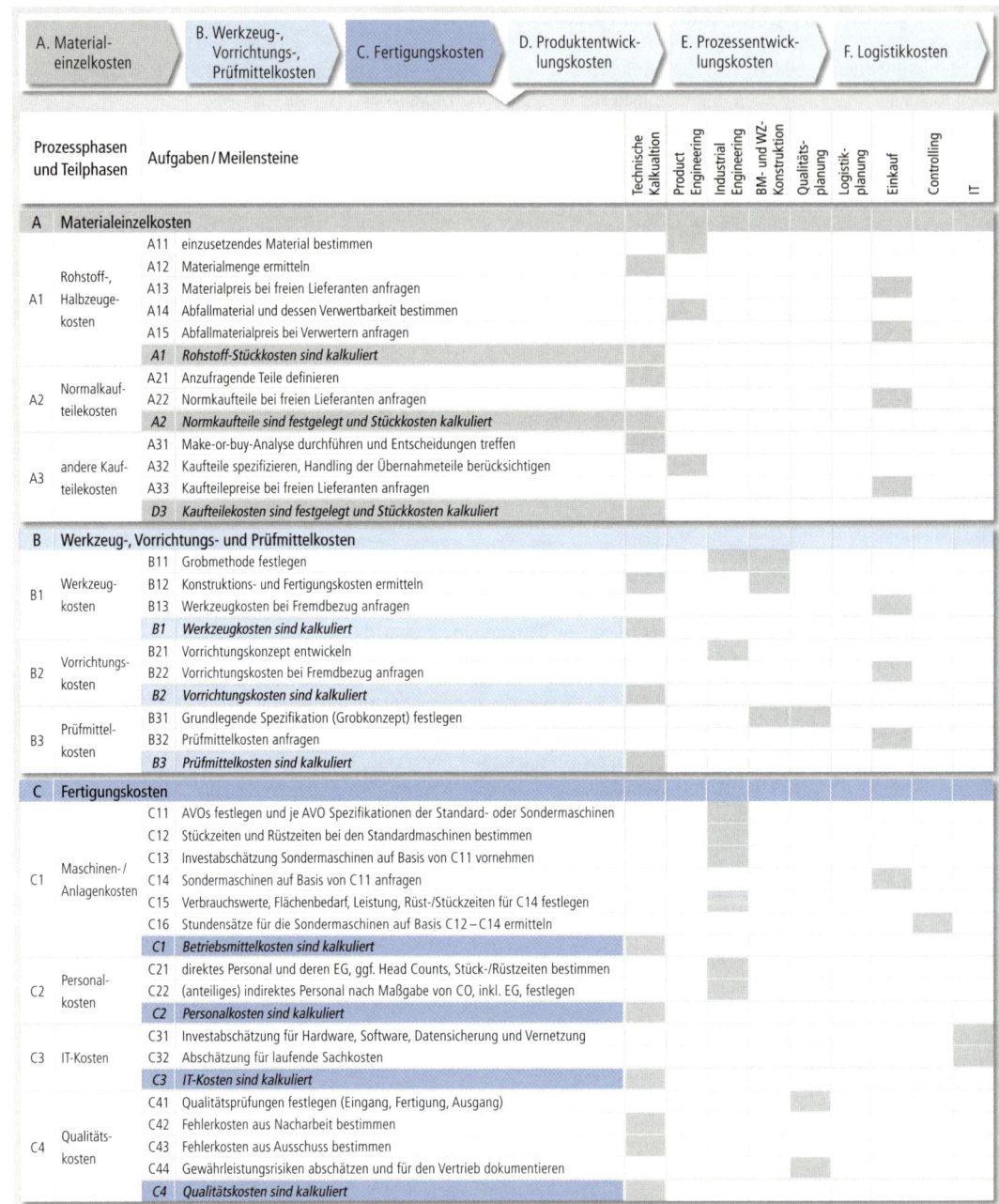

Abbildung III-99   Beispiel für einen standardisierten Prozess zur Technischen Kalkulation (Teil I: Einsatzmittel- und Fertigungskosten)

3.3 Durchführung von Technischen Kalkulationen

3.3.1 Kalkulation der Materialeinzelkosten

Unter der Kostenart *Materialeinzelkosten* werden die Kosten zusammengefasst für

Materialeinzelkosten

- eingesetzte Rohstoffe/Halbzeuge (z. B. Granulate, Stähle, Gewebe),
- Normkaufteile (z. B. Schrauben, Nieten, Simmerringe®),
- andere Kaufteile (insbesondere Zulieferteile).

Kaufteile werden stets als Einzelkostenmaterial betrachtet. Bei Rohstoffen ist das nicht immer der Fall. Die Abgrenzung zwischen Einzel- und Gemeinkostenmaterial wird nach zwei Prinzipien vorgenommen:

1. Jedes im einzelnen Produkt nachzuweisende und diesem eindeutig zuzurechnende Material wird als Einzelkostenmaterial behandelt, ungeachtet seiner Stückkostenrelevanz.
2. Jedes in der Stückliste angeführte Teil wird, ungeachtet seines Geldwertes, als Einzelkostenmaterial behandelt.

Danach würde man z. B. in geringen Mengen eingesetzte Klebstoffe oder Fette nach dem erstgenannten Prinzip als Einzelkostenmaterial, nach dem zweitgenannten Prinzip als Gemeinkostenmaterial betrachten.

Bei den meisten Materialien sind Zuschläge zu geben für Verschnitte, Zuschuss (z. B. bei Coils und für Rüstvorgänge) und zu erwartendem Ausschuss. Der Abbildung III-100 ist ein Beispiel für die Kalkulation der Materialkosten bei einem einfachen Teil zu entnehmen.

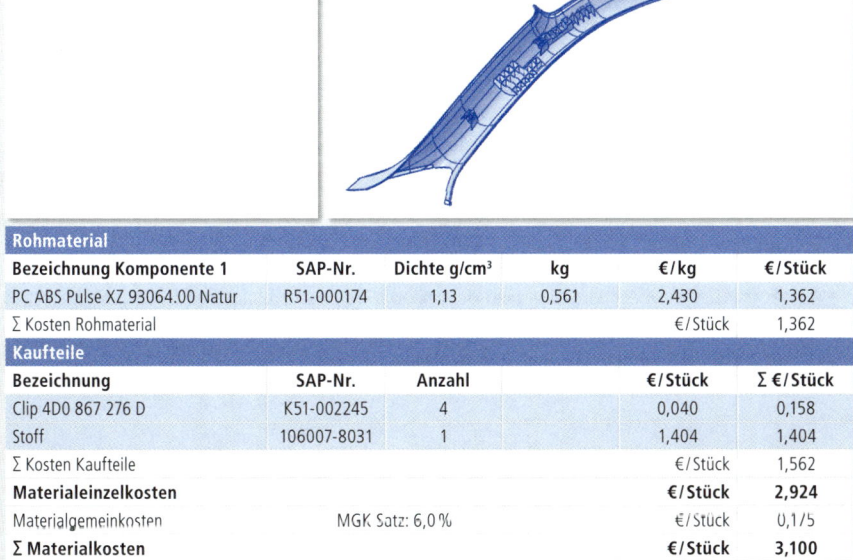

Materialkostenkalkulation
A-Säule, Spritzguss, stoffverkleidet

Rohmaterial						
Bezeichnung Komponente 1	**SAP-Nr.**	**Dichte g/cm³**	**kg**	**€/kg**	**€/Stück**	
PC ABS Pulse XZ 93064.00 Natur	R51-000174	1,13	0,561	2,430	1,362	
Σ Kosten Rohmaterial				€/Stück	1,362	
Kaufteile						
Bezeichnung	**SAP-Nr.**	**Anzahl**		**€/Stück**	**Σ €/Stück**	
Clip 4D0 867 276 D	K51-002245	4		0,040	0,158	
Stoff	106007-8031	1		1,404	1,404	
Σ Kosten Kaufteile				€/Stück	1,562	
Materialeinzelkosten				**€/Stück**	**2,924**	
Materialgemeinkosten	MGK Satz: 6,0 %			€/Stück	0,1/5	
Σ Materialkosten				**€/Stück**	**3,100**	

Abbildung III-100 Beispiel für eine Materialkostenkalkulation

3.3.2 Kalkulation der Werkzeug-, Vorrichtungs- und Prüfmittelkosten

Eigenerstellung
versus Fremdbezug

Bei der Kalkulation benötigter Werkzeuge, Vorrichtungen und Prüfmittel sind die zuständigen Technischen Bereiche einzubeziehen[162], z. B. der Betriebsmittel- oder Werkzeugbau. Ferner stellt sich die Frage, ob diese Positionen *eigenerstellt* oder *fremdbezogen* werden. Wenn man diese Positionen fremdvergibt, verbleibt im Extremfall die Frage, ob man auch deren Konstruktion fremdvergeben oder als letzte Kernkompetenz im Hause behalten will. Ist das Thema »Fremdvergaben« im Rahmen der Wertschöpfungsstrategie (interne Strategie, vgl. Teil I, Abschnitt 2.2.3) nicht bereits geregelt, bieten sich zwei Überlegungen an:[163]

1. Strategische Überlegung: Ungeachtet wirtschaftlicher Aspekte kann es als Kernkompetenz angesehen werden, z. B. Werkzeuge selbst zu bauen und/oder selbst zu konstruieren. Besitzen viele Werkzeugbauunternehmen uneingeschränkt diese Fähigkeit, ist fraglich, ob hier wirklich eine erhaltenswerte Kernkompetenz vorliegt oder ob man sich auf die Werkzeuginstandhaltung zurückziehen kann. Häufig werden Argumente wie Terminsicherheit, Qualitätsfähigkeit oder Sicherung von Arbeitsplätzen im eigenen Hause verwendet, um Fremdvergaben abzuwehren.
2. Wirtschaftliche Überlegung: Spielen strategische Aspekte keine Rolle, trifft man eine betriebswirtschaftlich begründete Entscheidung. Entscheidungsregeln für die Wahl zwischen Eigenerstellung und Fremdbezug sind der Abbildung III-101 und den weiteren Ausführungen zu entnehmen.

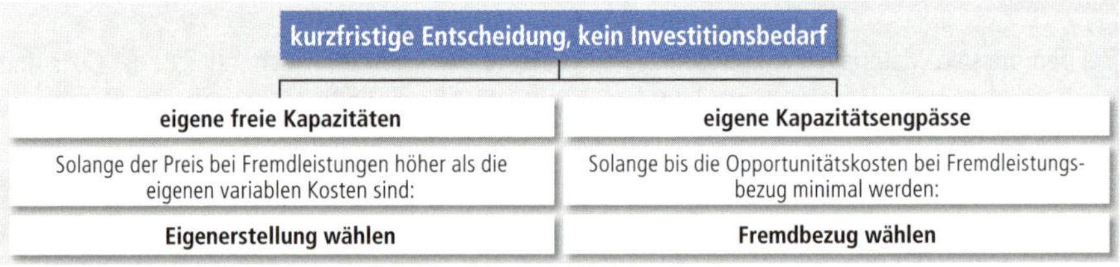

kurzfristige Entscheidung, kein Investitionsbedarf	
eigene freie Kapazitäten	**eigene Kapazitätsengpässe**
Solange der Preis bei Fremdleistungen höher als die eigenen variablen Kosten sind:	Solange bis die Opportunitätskosten bei Fremdleistungsbezug minimal werden:
Eigenerstellung wählen	**Fremdbezug wählen**

Abbildung III-101   Entscheidungsregeln für die Wahl zwischen Eigenerstellung und Fremdbezug von Leistungen

Fall 1: Freie eigene Kapazitäten

Die variablen Kosten eines in vier Varianten herzustellenden Teils betragen 4,80 €/Stück. Solange die eigene Kapazitätsgrenze nicht erreicht ist und Fremdanbieter die Herstellung für nicht weniger als 4,80 €/Stück anbieten, sollte man das Teil selbst herstellen.

Fall 2: Ausgelastete eigene Kapazitäten

Die Ausgangsdaten für diese Situation sind dem oberen Teil von Abbildung III-102 zu entnehmen. Die Engpasskapazität beträgt 750 Stunden/Monat, und es ist zu entscheiden, welche Produktvariante man selbst erstellen und welche man fremdvergeben sollte.

---

162 Zur Kalkulation von Werkzeugkosten vgl. z. B. Menges, G.; Michaeli, W.; Mohren, P.: Spritzgießwerkzeuge. Auslegung, Bau, Anwendung, 6. Auflage. München: Hanser, 2007, S. 102 f.
163 Vgl. dazu auch Teil IV, Abschnitt 3.3, Outsourcing und Insourcing.

Ausgangsdaten				
Position	Variante 1	Variante 2	Variante 3	Variante 4
1 niedrigster Fremdpreis in €/1.000 Stück	864	960	768	672
2 eigene variable Kosten in €/1.000 Stück	480	576	576	384
3 Opportunitätskosten bei Fremdbezug in €/1.000 Stück	384	384	192	288
4 Engpassbelegungszeiten in Stunden/1.000 Stück	2	1	2	2
5 Engpasskapazität in Stunden/Monat		750		
6 Opportunitätskosten bei Fremdvergabe in €/Engpassstunde	192	384	96	144
7 anfallende Auftragsmenge in Stück/Monat	200.000	300.000	35.000	130.000
8 Opportunitätskosten in € je Variante	76.800	115.200	6.720	37.440
9 Opportunitätskosten in € bei Fremdvergabe aller vier Varianten		236.160		
Entscheidungskalkül				
Position	Variante 1	Variante 2	Variante 3	Variante 4
1 Auftragsmenge in Stück/Monat	300.000	200.000	130.000	35.000
2 Engpassbelegungszeiten in Stunden/Monat	300	400	260	70
3 Engpassbelegungszeiten in kumulierten Stunden/Monat	300	700	960	1.030
4 Auslastung eigener freier Kapazitäten in Stunden/Monat und relativ	700	93 %	Überhang	
5 minimale Opportunitätskosten in €/Monat			44.160	
5 Entscheidung		selbst erstellen	fremdvergeben	

Abbildung III-102   Beispiel für ein Entscheidungskalkül bei der Wahl zwischen Eigenerstellung und Fremdbezug von Leistungen

Die Engpasskapazität reserviert man primär für jene Produktvarianten, deren Fremdvergabe zu den höchsten Opportunitätskosten, also zu den höchsten entgehenden Deckungsbeiträgen führen. Aufgrund der Opportunitätskosten/Engpassstunde lautet die Prioritätsreihenfolge für eine Fremdvergabe:

1. Variante 3:   96 €/Std.

2. Variante 4:   144 €/Std.

3. Variante 1:   192 €/Std.

4. Variante 2:   384 €/Std.

Werden die Produktvarianten 3 und 4 fremdvergeben, also nur die Varianten 1 und 2 selbst gefertigt, wird die Kapazitätsgrenze nicht mehr überschritten, und die (nun minimalen) Opportunitätskosten betragen:

   70 Std./Monat · 96 €/Std. + 260 Std./Monat · 144 €/Std. = 44.160 €/Monat

Ein Beispiel einer Kalkulation der *Werkzeugkosten* für ein Beschneide-Loch-Werkzeug (Größe ca.   Werkzeugkosten
2×4 m) ist den beiden Abbildungen III-103 und III-104 zu entnehmen. In Abbildung III-104 ist im oberen Bildteil der zu kalkulierende Werkzeugbauauftrag in fünf Prozessschritte unterteilt.

Mit Hilfe von in Datenkarten enthaltenen Prozessbausteinen wird zuerst die Ablaufkalkulation durchgeführt (siehe Abbildung III-103, oberer Bildteil). Im unteren Bildteil von Abbildung III-103 ist der geplante Ablauf angeführt, unter TiCon® erstellt. Darin werden zuerst nur die den Datenkarten entnommenen Prozessbausteine und deren Anzahl und Häufigkeit angeführt. Erst wenn die Ablaufkalkulation verprobt und ggf. korrigiert ist, wird die Zeitkalkulation durchgeführt.

Kalkulationsbasis: in TiCon® hinterlegte Datenkarten			
Ziehwerkzeuge	Bei jedem Baustein muss in der Kalkulation der Faktor festgelegt werden! **Basis ist Faktor 1**	Kodierung	Werkzeug-Nummer
Transport pro Bauteil			
Laufkran 10/32t	Längsbewegung 50 m	BOWZ.LAUFKRAN.50	
Laufkran 10/32t	Drehen hin und zurück	BOWZ.LAUFKR.DREH.32	
Laufkran 10/32t	Transport in den Aufbau	DOWA.TRANS.AUFBAU	
Wagen	Lager	BOWZ.WAGEN.LAGER	
Wagen	Kaufteillager	BOWZ.WAGEN.KAUFTEIL	
Härteversand auf Palette	Mischbaustein von 8 bis 50 Teile	DOWA.HÄRTEV.PALETTE	
Handwagen, Härteversand	Bringen, abholen 4 Teile	DOWA.HÄRTEV.HANDWAGEN	
Begleitkarte pro Bauteil			
Auftragsbegleitkarte	analysieren	DOWA.BEGLEITKARTE	
Matrize/Stempel			
montieren	bis 6 Bohrungen	DOWZ.MONTAGE.6BO	
montieren	bis 12 Bohrungen	DOWZ.MONTAGE.12BO	
montieren	bis 24 Bohrungen	DOWZ.MONTAGE.24BO	
Keil montieren mit und ohne Passung			
1 Keil	2 Bohrungen	DOWZ.MONTAGE.KEIL.PAS	
Führungsplatte montieren 2 bis 4 Bohrungen			
Führungsplatten	2 bis 4 Bohrungen	DOWZ.FÜHRUNGSPL	
Stollen- und Niederhalter/Blechhalterführungsflächen			
Führungsflächen (8 Stk.)	abziehen	DOWZ.FÜHRUNGSFL.ABZIEHEN	
Führungsbuchse			
Säulengestell/Niederhalter	2 Befestigungen	DOWZ.MONTAGE.FÜHR.BUCHSE	

Ablaufplanung: in TiCon® unter Nutzung der hinterlegten Prozessbausteine					
Nr.	Beschreibung	Kode	Index	Variante	A · H
1	Transport mit Laufkran 10/32i, 50 m	BOWA.LAUFKRAN.5(			10
2	Transport: Drehen mit Laufkran 32T (	BOWA.LAUFKR.DREH			8
3	Transport mit Lore zur Bank	BOWB.LORE			8·2
4	Transport mit Wagen vom Lager (2 m	BOWA.WAGEN.LAGE			2
5	Transport mit Wagen vom Kaufteillag	BOWA.WAGEN.KAUF			1
6	Härteversand der Teile mit Handwag	DOWA.HÄRTEV.HAN|			1
7	Auftragsbegleitkarte analysieren (2 n	DOWA.BEGLEITKART			10·2
8	Matrize/Stempel montieren bis 12 B(	DOWA.MONTAGE.12			2·2
9	Schneidmatrize, Rund-/Formloch einp	DOWA.MATR.EIND.N			2·2
10	Keil montieren mit 2 Bohrungen	DOWA.MONTAGE.12			18
11	Führungsplatte montieren 2 bis 4 Bio	DOWA.FÜHRUNGSPL			34
12	Führungsbuchse 2 Befestigungen für	DOWA.MONTAGE.KE			8
13	Niederhalter/Blechhalter 2 mal ein- (	DOWA.MONT/DEMO|			2·2
14	Unterlegen der Trennmesser auf der	DOWA.UNTER.TRENN			1·12
15	Schnittmesser montieren	DOWA.MESSER.MON			58
16	Schnittmesser tuschieren und montie	DOWA.MESSER.GER			58
17	Schieber tuschieren und einbauen kle	DOWA.SCHIEBER			2
18	Schieber tuschieren und einbauen nn	DOWA.SCHIEBER.3			2
19	Schieber ein-/ausbauen	DOWA.SCHIEBER.EIN			4·2
20	Deckplatte Montage, Demontage un	DOWA.DECKPL.MON			14·2
21	Bohren von Hand (schwer zugänglich	DOWA.BOHREN.HAN			4
22	Säule einbauen für Niederhalter mit S	DOWA.SÄULE.NH.B			8

Abbildung III-103
Beispiel für den Kalkulationsablauf bei einem Werkzeug unter TiCon®, Teil 1: Ablaufplanung

In Abbildung III-104 ist diese Ablaufkalkulation in eine Zeitkalkulation umgesetzt, indem unter TiCon® die Sollzeiten für die Prozessbausteine in die Analyse eingestellt wurden. Die Summe der Sollzeiten für die verwendeten Prozessbausteine wird als Grundzeit in die Zusammenstellung (oberer Bildteil) übernommen. Dort wird sie mit einem Verteilzeitzuschlag versehen und als Stückzeit t_e je Prozessschritt ausgewiesen. Die Summe der Stückzeiten über die fünf Prozessschritte ergibt die Fertigungszeit, hier ca. 953 Stunden. Multipliziert mit dem Stunden-Verrechnungssatz (hier 102 €/ Std.) ergeben sich die Fertigungskosten für das Werkzeug, im Beispiel 97.226 €. Um die Herstellungskosten für das Werkzeug zu ermitteln, sind zu den Fertigungskosten noch die Materialkosten (im Beispiel: 20.870 €) zu addieren, so dass die Herstellkosten 118.096 € betragen

Ziehwerkzeug (vordere Kotflügel)		
1. Aufbaugruppe Kotflügel	t_g = 215,1 Std.	t_e = 225,9 Std.
2. Regelgeometrie	t_g = 234,0 Std.	t_e = 245,7 Std.
3. Wirkflächen fräsen	t_g = 79,1 Std.	t_e = 82,9 Std.
4. Werkzeugfertigung	t_g = 282,2 Std.	t_e = 296,3 Std.
5. Tryout inkl. 2 Personen	t_g = 97,5 Std.	t_e = 102,4 Std.
Fertigungszeit		953,2 Std.
Fertigungskosten		97.226 €

Nr.	Beschreibung	Kode	Faktor	gesamt t_g (h)
1	Transport mit Laufkran 10/32t, 50 m	BOMA.LAUFKRAN.50	10	2
2	Transport: Drehen mit Laufkran 32t (hin und zurück)	BOMA.LAUFKRAN.DREH.32	8	2
3	Transport mit Lore zur Bank	BOMB.LORE	8×2	1
4	Transport mit Wagen vom Lager (2-mal)	BOMA.WAGEN.LAGER	2	1
5	Transport mit Wagen vom Kaufteillager	BOMA.WAGEN.KAUFTEIL	1	0
6	Härteversand der Teile mit Handwagen hin und zurück	DOMA.HÄRTEN.HANDWAGEN	1	0
7	Auftragsbegleitkarte analysieren (2-mal pro Werkzeug)	DOMA.BEGLEITKARTE	10×2	14
8	Matrize / Stempel montieren bis 12 Bohrungen	DOMA.MONTAGE.12BO	2×2	2
23	Schneidmatrize, Rund-/Formloch einpassen und montieren	DOMA.MATR.EIND.MONTAGE	2×2	3
	Summe			215,1

Abbildung III-104   Beispiel für die Kalkulation der Werkzeug-Fertigungskosten unter TiCon®,
Teil 2: Zeitkalkulation

3.3.3   Kalkulation der Fertigungskosten

Bei der Kalkulation der *Fertigungskosten* werden meist Betriebsmittel- und Personalkosten getrennt kalkuliert, um die Auswirkungen von Mehrstellenarbeit, Gruppenarbeit, Springereinsatz oder Rüsten durch Einrichter erkennen zu können. Die Rüstkosten werden deshalb separat ausgewiesen, weil sie auftrags- bzw. losgrößenfix sind. Bei der Kalkulation der *Fertigungszeiten* (Rüstzeiten, Zeiten je Einheit) wird auf *betriebliche Prozessbausteine* zurückgegriffen (vgl. Kapitel 4), wenn mit Hilfe vorhandener Arbeitssysteme produziert wird. Sind auftrags- oder produktspezifische Arbeitssysteme zu entwickeln, greift man bei manuellen Tätigkeiten auf ein MTM-Prozessbausteinsystem zurück (vgl. Abbildung III-106). Bei technischen Prozessen versucht man, Analogien zu vergleichbaren Prozessen herzustellen und Informationen von einem potenziellen Betriebsmittellieferanten zu gewinnen. Die üblichen Grundformeln für jeden Fertigungsvorgang sind in Abbildung III-105 gezeigt (vgl. auch Abbildung III-111).

Fertigungskosten

	Positionen	Beispiel
1	Betriebsmittel-Rüstkosten = $t_r \cdot KB_\epsilon$	160 min · 150 €/Std. / 60 = 400 €
2	Personal-Rüstkosten = $t_r \cdot KP_\epsilon$	160 min · 30 €/Std. / 60 = 80 €
3	Betriebsmittel-Stückkosten = $t_s \cdot KB_\epsilon$	0,85 min · 150 €/Std. / 60 = 2,25 €
4	Personal-Stückkosten = $t_s \cdot KP_\epsilon$	0,85 min / 2* · 25 €/Std. / 60 = 0,18 €

* 2-Maschinen-Bedienung

Abbildung III-105   Verbreitete Grundformeln zur Kalkulation der Fertigungskosten

Zeitkalkulation
für die Montage

Abbildung III-106 ist die *Zeitkalkulation* für die *Montage* eines Produkts zu entnehmen, für das im Falle einer Auftragserteilung produktspezifische Arbeitssysteme zu entwickeln wären.

In der Spalte »Verteilung« ist die Vorkommenshäufigkeit pro Stück eingetragen, z. B. 5 % bei Nacharbeit, was bedeutet, dass bei jedem zwanzigsten Teil eine Nacharbeit kalkuliert ist. Jeder Ablaufabschnitt ist mit einer UAS-Analyse hinterlegt. Es ergibt sich ein Personaleinsatz von sechs Mitarbeitern pro Schicht. Aus der Spalte »Abtaktung« ist zu erkennen, dass es sich um eine Vorkalkulation handelt, denn die Aufteilung der Aufgaben auf die einzusetzenden Mitarbeiter ist noch verbesserungsbedürftig. Je Ablaufabschnitt sind jene Werkzeuge, Hilfsmittel und Vorrichtungen angeführt, deren Verfügbarkeit in den UAS-Analysen unterstellt wird. Damit sind die Grunddaten für zwei Kostenpositionen ermittelt:

1. Es werden 6 FTE (Full Time Equivalent) pro Schicht benötigt.
2. Die Werkzeug-, Vorrichtungs-, und Prüfmittelkosten betragen ca. 230.000 €.

	Ablaufschritte	Vertei-lung	min. inkl. z_v	FTE	Abtak-tung	FTE/Schicht	FTE/AT	Werkzeuge, Vorrichtungen, Prüfmittel	An-zahl	Invest/Stück	Invest ges.
Start 01	Teil kommisionieren, JIT-Auftrag aus Drucker, Oberflächenkontrolle	100%	0,98	1,0		1,00	2,99	Kommissionierwagen für max. 6 Teile	6	12.000€	72.000€
	11 SRA Stanzen										
	12 Teil in Stanzvorrichtung SRA	13%	0,19			0,03	0,08	Werkstückträger	11	5.000€	55.000€
	13 Stanzen SRA Öffnung	13%	0,46			0,06	0,18	Andrückvorrichtung	1	3.000€	3.000€
Takt 1	14 Teil in Montageaufnahme	100%	0,19	1,0	91%	0,20	0,59	Ablagewagen für KLT	2	500€	1.000€
	15 Emblem aufkleben	100%	0,33			0,34	1,01	Ablagewagen für KLT	2	500€	1.000€
	16 Bezel Air links, rechts	55%	0,28			0,16	0,47	Ablagewagen für KLT	2	500€	1.000€
	17 Bezel Nebellampen Air links, rechts	45%	0,28			0,13	0,39	Ablagewagen für KLT	2	500€	1.000€
	21 Protector rechts, links einclipsen	100%	0,32			0,32	0,97	Ablagewagen für KLT	2	500€	1.000€
Takt 2	22 Grill unten einclipsen	100%	0,13	1,0	103%	0,13	0,40	Setzhilfe	6	200€	1.200€
	23 Radiator Grill rechts, links einclipsen	100%	0,42			0,42	1,27				
	24 je 2 Blechmuttern für Nebellampen einclipsen	45%	0,33			0,15	0,45	Schrauber ohne Zuführung	4	1.200€	4.800€
Takt 3	31 Towing Hook aus Stf. in PE-Tüte	100%	0,30			0,31	0,93	drehbare Montageaufnahme	11	2.500€	27.500€
	32 Nebellampe mit je 2 Schrauben befestigen	45%	0,64	1,0	80%	0,29	0,88	Ablagewagen	2	500€	1.000€
	33 Teil in Montagaufnahme	100%	0,19			0,20	0,59	drehbare Montageaufnahme	11	1.000€	11.000€
Takt 4	41 Airguide beidseitig einclipsen und schrauben	100%	0,47	1,0	113%	0,48	1,43	Schrauber ohne Zuführung	4	2.500€	10.000€
	42 Spoiler einclipsen	100%	0,64			0,65	1,95	Hilfsmittel / Vorrichtung	4	500€	2.000€
	51 SRA mit je 2 Schrauben befestigen	13%	0,70			0,09	0,28	Schrauber ohne Zuführung	4	1.200€	4.800€
	52 SRA Deckel einclipsen	13%	0,13			0,02	0,05				
Takt 5	53 SRA Schlauch in Stf. mit Kabelbinder	13%	1,17	1,0	50%	0,15	0,46	Klebestreifenspender	1	200€	200€
	54 Teil wenden	100%	0,08			0,08	0,25	Wendevorrichtung	1	2.000€	2.000€
	55 eingetütete Towing Hook in Stf. clipsen	100%	0,14			0,15	0,44	Werkzeuge	4	2.000€	8.000€
	61 Teil nach JIT-Label kontrollieren und etikettieren	100%	0,95			0,96	2,89				
	62 Teil in JIT-Gestell ablegen	100%	0,19			0,20	0,59				
Takt 6	63 JIT-Gestell verriegeln	100%	0,08	1,0	74%	0,08	0,24	Scanner, Drucker	1	5.000€	5.000€
	64 Warenbegleitschein an JIT-Gestell	100%	0,02			0,02	0,07				
	65 Nacharbeit	5%	10,00			0,51	1,53	Nacharbeitsplatz	1	16.000€	16.000€
Summe			19,63	6,0		6,13	18,39				228.500€

Ablaufschritt	Teil kommisionieren, JIT-Auftrag aus Drucker, Oberflächenkontrolle					
Nr.	Ablauf	Kode	Zeit in TMU	Häufigkeit	Zeit in TMU	Zeit in min
1	Werker steht am Drucker				0,00	0,00
2	JIT Zettel aufnehmen	AD2	45,00	1,00	45,00	0,03
3	Abreißen	ZA2	15,00	1,00	15,00	0,01
4	lesen	VA	15,00	5,00	75,00	0,05
5	zum Wagen gehen	KA	25,00	0,50	12,50	0,01
6	Wagen anfassen	AD3	60,00	0,25	15,00	0,01
7	Drücken	ZD	20,00	0,25	5,00	0,00
8	Schieben unter Last	AL3	115,00	0,25	28,75	0,02
9	gehen	KA	25,00	8,75	218,75	0,13
10	Stf. in Wagen	AAAHTTBUB1.5	265,00	1,00	265,00	0,16
11	zurückgehen	KA	25,00	8,75	218,75	0,13
12	Lappen aufnehmen	AD3	60,00	0,33	20,00	0,01
13	Wischzyklen	ZB3	40,00	5,00	200,00	0,12
14	Sichtkontrolle	VA	15,00	20,00	300,00	0,18
Grundzeit					1.418,75	0,85
Verteilzeit	15,0 %				212,81	0,13
Zeit je Einheit					1.631,56	0,98

Abbildung III-106 Beispiel für eine Kalkulation der Montagezeit in einer Serienfertigung

Abbildung III-107 ist ein Beispiel für die Kalkulation von *Bearbeitungskosten*, hier der Fertigungskosten für das Drehen eines Werkstücks, zu entnehmen.[164] Die Ermittlung der Fertigungskosten (die Rüstkosten sind im Beispiel nicht mit angeführt) erfolgt in vier Schritten:

1. Anhand der Teilezeichnung wird zuerst der aus Plan- und Längsdrehoperationen bestehende Bearbeitungsprozess geplant. Dieser besteht aus fünf Schritten, bei denen jeweils ein anderes Werkzeug benötigt wird, also vier Werkzeugwechsel anfallen.

---

164 Zur Ermittlung von Prozesszeiten vgl. Abschnitt 5.4 und Abschnitte 4.4.4 bis 4.4.6.

2. Mit Hilfe der angeführten Prozesszeitformeln werden die (unbeeinflussbaren) Hauptnutzungszeiten t_{h1} bis t_{h5} ermittelt.

3. Die Bearbeitungszeit wird als Summe der Hauptnutzungszeiten ermittelt, hier 54,9 min. Dazu werden die Nebenzeiten t_n addiert und die Grundzeit t_g ausgewiesen, hier 66,38 min. Darauf wird die Verteilzeit zugeschlagen und die Stückzeit ausgewiesen, hier 1,28 Stunden.

4. Durch Multiplikation der Stückzeit mit dem Stunden-Verrechnungssatz werden die Fertigungsstückkosten ermittelt, hier ca. 123 €.

Aus diesem Beispiel ist zu erkennen, worin der Schwerpunkt bei der Ermittlung der Fertigungskosten liegt, nämlich in der detaillierten Planung des späteren Prozesses. Das setzt weniger kostenrechnerische als fertigungstechnische Kenntnisse voraus und macht deutlich, welche Bedeutung das professionelle Industrial Engineering für die Technische Kalkulation und diese für das Erstellen von Angeboten hat.

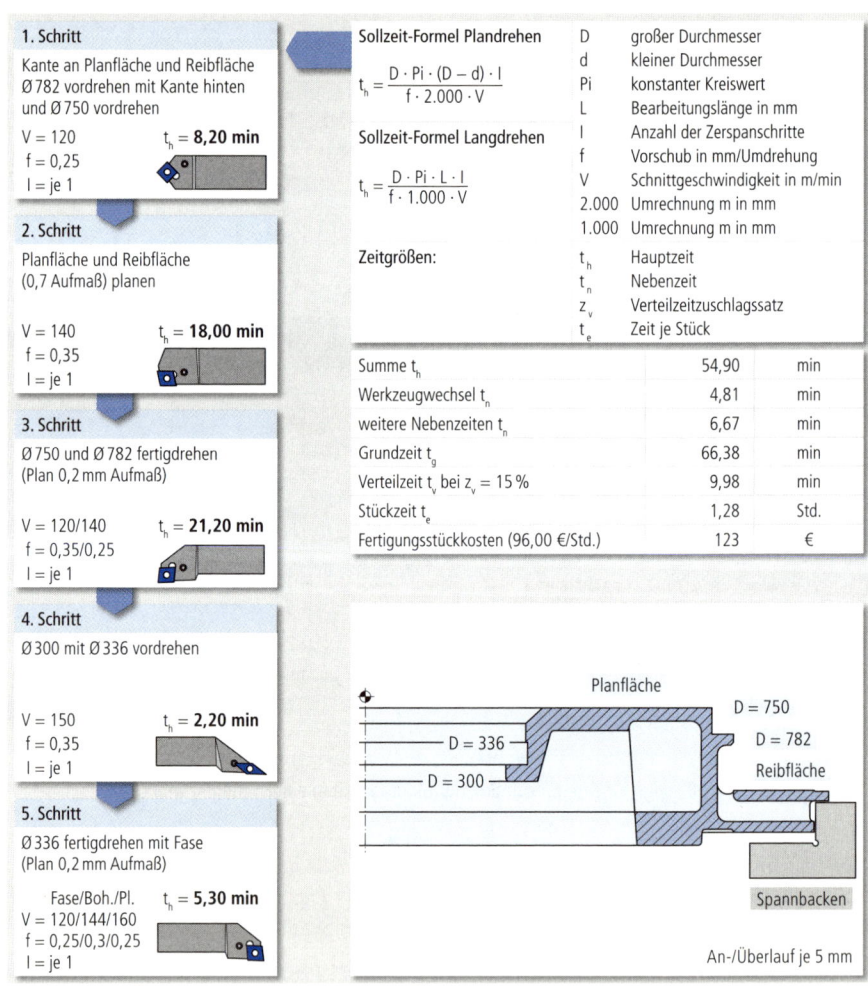

Abbildung III-107   Beispiel für eine Kalkulation der Bearbeitungskosten (Drehen)

In der Einzelfertigung (z. B. im Sondermaschinenbau), insbesondere in kleinen und mittelständischen Unternehmen, gibt es im Allgemeinen keine so stabilen Prozesse und weniger Standards als in der Serienfertigung. Ferner sind oft Zeitvolumina von mehreren Tausend Stunden zu kalkulieren und die Kunden sehen sich oft nicht in der Lage, so präzise Spezifikationen wie in der Serienfertigung üblich zu erstellen. Dieses höhere Maß an Unsicherheit betrifft weniger die Teilefertigung als die Montage. Dennoch müssen auch Montageprozesse zuverlässig kalkuliert werden. Der Abbildung III-108 ist die Kalkulation eines Montagevorgangs bei einem kleinen Sondermaschinenbauer zu entnehmen. Es handelt sich um einen von insgesamt elf Montagevorgängen. Die Ausführungszeit für den Montagevorgang wurde mit 51 Stunden kalkuliert, was ca. 24 % der Gesamtmontagezeit entspricht.

Kleine und mittelständische Unternehmen

Mit solchen Zeitkalkulationen sind alle Vorgänge des in Abbildung III-109 dargestellten *Montagenetzplans* hinterlegt. Die Netzplantechnik wurde im Teil II, Abschnitt 9.4.3 erläutert, weshalb hier keine methodischen Fragen behandelt werden. Die Bearbeitungszeiten und -kosten werden differenziert nach Vormontagen (11 % der Montagekosten), mechanischen Montagen (54 % der Montagekosten) und Elektromontagen (35 % der Montagekosten). Die Durchlaufzeiten je Vorgang sind gleichzeitig auch die Bearbeitungszeiten, wenn nur ein FTE eingesetzt ist. Ansonsten sind sie mit der Anzahl FTE zu multiplizieren. Für den Vorgang M06 ergibt sich die Bearbeitungszeit von 32 Stunden aus der Multiplikation der Durchlaufzeit von 16 Stunden mit 2 FTE. Liegezeiten zwischen den Bearbeitungsvorgängen werden für die auf dem kritischen Weg liegenden Vorgänge ausgeschlossen. Bei den nichtkritischen Vorgängen stehen die Pufferzeiten für die maximalen Liegezeiten. Diese Montagekalkulation ist wesentlicher grober als die in Abbildung III-106 angeführte Kalkulation. Das lässt sich insofern rechtfertigen, als die Stückzeit dort ca. 20 Minuten und bei der in Abbildung III-109 angeführten Montagekalkulation 210 Stunden beträgt.

Montagenetzplan

Vorgang M3	Sollzeit in Std.
1 Umlenksterne montieren und einstellen	8
2 Dichtlippen anpassen, kleben und montieren	6
3 UV-Absaugung vorbereiten und Abdeckungen anpassen	4
4 Kühlkanal verlegen und Anschlüsse vorbereiten	4
5 Schmiersystem anschließen und testen	7
6 Temperiereinheit anbauen, anschließen und Probelauf	6
7 Verschlauchung der Druckwerke vorbereiten	4
8 Farbpumpen montieren und anschließen	3
9 UV-Absaugung und Kühlgerät anschließen	4
10 Probelauf und Antriebssystem feinjustieren	5
Ausführungszeit (Grund- und Verteilzeiten)	**51**

Abbildung III-108   Beispiel für die Kalkulation von Montagevorgängen mit Hilfe von Richtwerten, Prozessbausteinen und Schätzwerten

Für die Vorkalkulation werden zwar nur die Bearbeitungszeit und die Bearbeitungskosten (Montagekosten) benötigt. Will man das Kalkulationsergebnis jedoch nicht einfach hinnehmen, sondern zu einem preislich oder terminlich attraktiveren Angebot kommen, muss man sich mit zwei Arten von Vorgängen auseinandersetzen. Nach dem ABC-Analyse-Prinzip bergen

ABC-Analyse-Prinzip

1. Vorgänge mit hohen Bearbeitungszeiten (in Abbildung III-109 z. B. V03, V04, V06, M07/M08, E03) große Chancen, dass Verbesserungen zu geringeren Montagekosten führen,
2. kritische Vorgänge (= Vorgänge ohne Pufferzeit) um so höhere Chancen zur Verkürzung der Montage-Durchlaufzeit, je höher deren eigene Durchlaufzeit ist.

Bei dem angeführten Beispiel wurden keine Überlappungen der Vorgänge vorgesehen. Diese führen zwar nicht zur Reduzierung der Montage- und damit der Herstellkosten, jedoch zur Verkürzung der Auftragsdurchlaufzeit. Allerdings besteht dabei die Gefahr, insbesondere bei klein- und mittelständischen Unternehmen, dass zu viele Vorgänge kritisch werden und dann Terminüberschreitungen im Montageverlauf in den folgenden Vorgängen nicht mehr zu kompensieren sind.

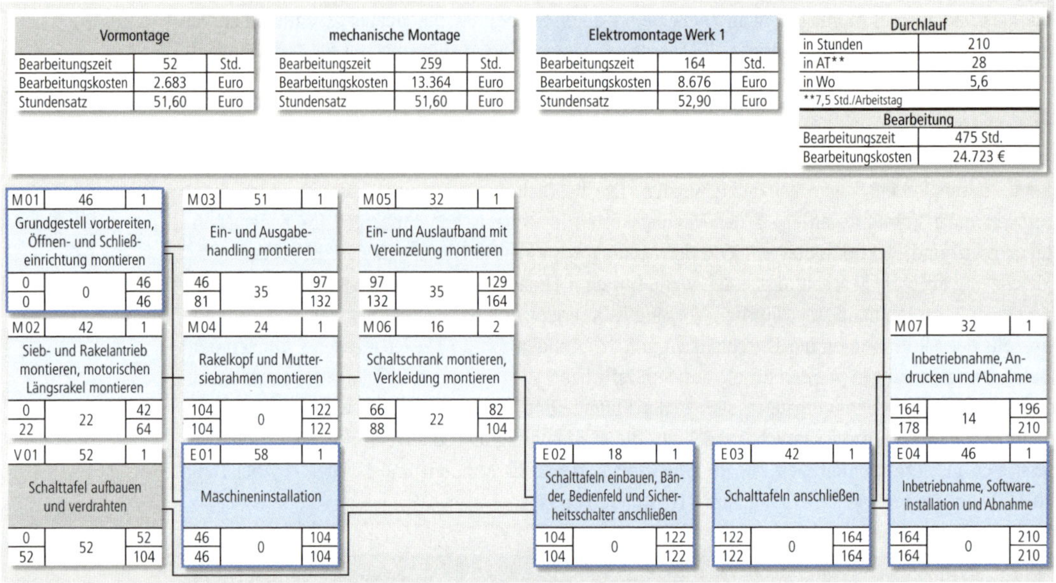

Abbildung III-109 Beispiel für die Kalkulation eines Montageauftrags im Sondermaschinenbau mit Hilfe eines Netzplans

IT-Kosten

IT-Kosten fallen z. B. an, wenn für die BDE (z. B. Zeit-, Qualitäts-, Betriebsmitteldaten) Vernetzungen vorzunehmen oder Hardware zu installieren ist.[165] Bei dem in Abbildung III-111 dargestellten Beispiel wurden keine IT-Kosten eingestellt.

Qualitätskosten

Als vierte Position der Fertigungskosten sind in Abbildung III-99 *Qualitätskosten* angeführt. Ein in der Praxis verbreitetes Verständnis zum Qualitätskostenbegriff ist Abbildung III-110 zu entnehmen. Fehlerverhütungskosten wird man im Allgemeinen nicht als Fertigungskosten-Bestandteil in Vorkalkulationen aufnehmen, sondern als Kostenstellengemeinkosten (Qualitätsmanagement) verrechnen.

Qualitätsprüfungskosten werden nur Unternehmen kalkulieren können, die einen hohen organisatorischen Reifegrad haben. Deshalb findet man in Vorkalkulationen unter der Position Qualitätskosten oft nur Fehlerkosten. Dabei beschränken sich viele Unternehmen auf die Kalkulation der Ausschusskosten, weil die anderen Qualitätskostenarten auch über Analogieschlüsse zu anderen Produkten schwer abzuschätzen sind. Ausschussprognosen sind methodisch wesentlich schwieriger als Zeitbedarfsprognosen. Bei der Verrechnung von Qualitätskosten bestehen zwischen den Unternehmen noch größere Unterschiede als bei den Fertigungskosten. In dem Beispiel in Abbildung III-111 sind als Qualitätskosten nur Ausschusskosten ausgewiesen.

---

165 Zur Kalkulation von IT-Kosten vgl. Gadatsch, A.: IT-Controlling – operative und strategische Werte umsetzen. In: Tiemeyer, E.: Handbuch IT-Management: Konzepte, Methoden, Lösungen und Arbeitshilfen, 2. Auflage. München: Hanser, 2007, S. 408 f.

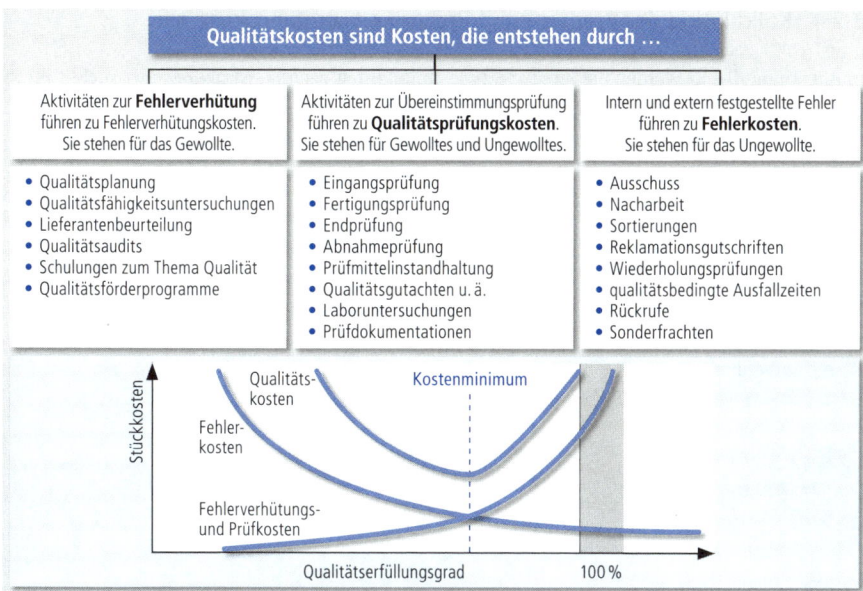

Abbildung III-110 Der Qualitätskostenbegriff nach DIN 5530

In Abbildung III-111 sind die in Abbildung III-100 ermittelten Materialkosten und Fertigungskosten, nicht aber die Werkzeugkosten in die Herstellkosten eingestellt. Es wurden keine Entwicklungskosten angesetzt, weil in vorhandenen Arbeitssystemen produziert werden soll.

Pos.	Arbeitsbeschreibung	Spritzguss t	Kostenstelle	Rüstkosten €	Pers.zahl	Std.Satz €/h	Stückzeit min	Lohnsatz €/min	BM-Kosten €/h	Stückzeit min	Kostensatz €/min	Menge/h Stück	FK A/ Stück €	FK B/ Stück €	FK B/ Stück €
10	Spritzen	950	2109	416	1	36,34	0,5	0,606	52,42	0,5	0,8737	120	0,303	0,437	0,740
20	Schiebetisch für Stoffzufuhr, allgemein								2,08	0,5	0,0347	120		0,017	0,017
30	Schiebetisch für Stoffzuschnitt, artikelspezifisch								0,33	0,5	0,0055	120		0,003	0,003
40	3× Montagebank								3,66	0,5	0,0610	120		0,031	0,031
50	Umbiegen inkl. montieren, verpacken				1	19,26	2,143	0,321	3,06	2,143	0,0546	28	0,688	0,117	0,805
60	1× Montagebank								1,22	2,143	0,0218	28		0,047	0,047
70	Handbeschnittanlage								2,85	2,143	0,0509	28		0,109	0,109
80	Handbedampfungsanlage								2,85	2,143	0,0509	28		0,109	0,109
Stückzeiten							2,643			10,572					

FK und HK: *A-Säule, Spritzguss, stoffverkleidet* — A. Personalkosten — B. Betriebsmittelkosten

Fertigungskosten €/Stück	0,991	0,869	1,860
Rüstkosten €/Stück			0,084
Materialkosten			3,100
Logistikkosten			0,101
Herstellkosten €/Stück ohne Ausschusskosten			5,145
Ausschusskosten €/Stück, 3 % Ausschussanteil			0,154
Herstellkosten €/Stück inkl. Ausschusskosten			5,300

Abbildung III-111 Beispiel für eine Fertigungs- und Herstellkostenkalkulation

3.3.4 Kalkulation der Produkt- und Prozessentwicklungskosten

Produktentwicklungs-kosten

In Abbildung III-112 werden die Produktentwicklungskosten nach Konstruktions-, Versuchs-, Proto-typen- und Berechnungskosten gegliedert. Ferner ist als zuständige Organisationseinheit das Product Engineering vorgesehen und der Technischen Kalkulation die Zuständigkeit für das Bestätigen der Quality Gates übertragen.[166] Die Produktentwicklungskosten trägt

1. der Auftraggeber. Das ist in Zulieferbranchen oft der Fall. Dann ist in einer Leistungsbeschreibung festzulegen, was darunter fällt. Alle später anfallenden Arbeiten sind zu erfassen und dem Kunden zu belasten. Dennoch benötigen Kunden Rahmenbudgets, weshalb diese Position stets zu kalkulieren ist.
2. der Auftragnehmer: Dann sind sie in die Kalkulation einzustellen. Sie sind auftragsbezogene In-vestitionsausgaben (vgl. Abbildung III-96) und über die Auftragsdauer mindestens wieder »zu-rückzuverdienen«.

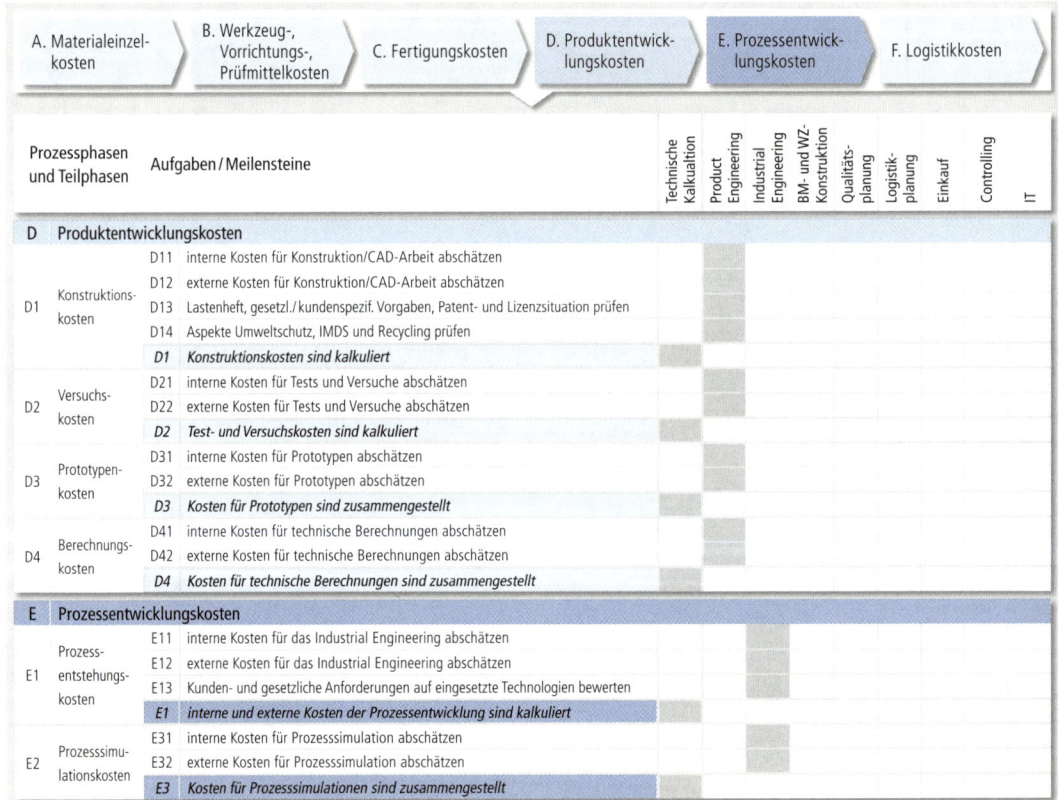

Abbildung III-112   Beispiel für einen standardisierten Prozess zur Technischen Kalkulation (Teil II: Entwicklungskosten)

Prozessentwicklungs-kosten

Prozessentwicklungskosten fallen an, wenn nicht mit vorhandenen Arbeitssystemen produziert wird, sondern Arbeitssysteme zu entwickeln sind. Es gibt zwar auch Fälle, in denen Kunden und nicht die produzierenden Unternehmen auftragsbezogene Betriebsmittel tragen, überwiegend beschränkt sich das jedoch auf Werkzeuge oder produktspezifische Investitionen.

---

166   Zur entwicklungsbegleitenden Kalkulation vgl. Wasmuth, K.: Kostenmanagement im Service Engineering industrieller Dienstleistungen. Hamburg: Dr. Kovac, 2009.

3.3.5 Kalkulation der Logistikkosten

Die *Logistikkosten* werden in unserem Beispiel nach Transport-, Verpackungs- und Lagerungskos- Logistikkosten
ten unterschieden.[167] Verpackungen und Behälter werden oft durch Kunden festgelegt und gestellt.
Dagegen ergeben sich bei den Transportkosten meistens Gestaltungsspielräume. Transportkosten
werden oft unterschätzt, und man entdeckt ihren Stellenwert spätestens beim Anlaufmanagement.
Es folgen zwei Beispiele zur Kalkulation der Logistikkosten. Manche Unternehmen haben solche
»Grundkalkulationen« standardisiert und daraus »Logistik-Zuschlagssätze« auf die Herstellkosten gebildet.

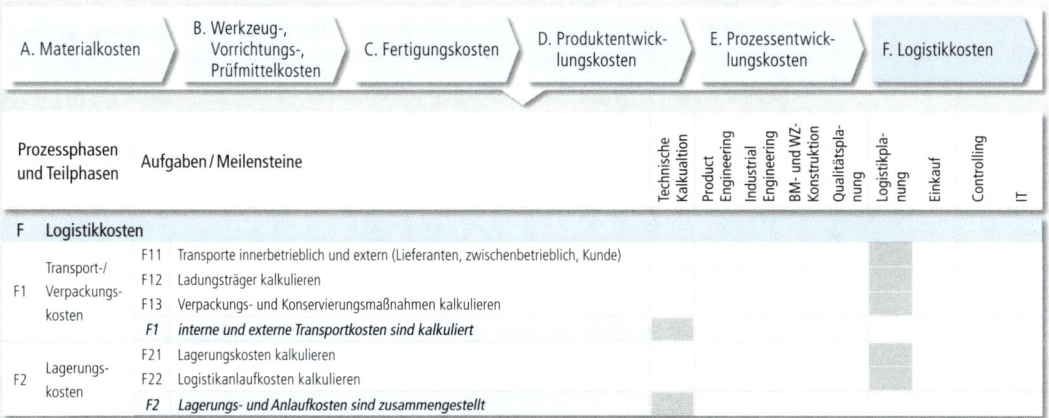

Abbildung III-113 Beispiel für einen standardisierten Prozess zur Technischen Kalkulation (Teil III: Logistikkosten)

Transportkosten lassen sich z. B. detailliert mit Hilfe einer Wertstromanalyse kalkulieren. Wie Abbil- Transportkosten, Wertstromanalyse
dung III-115 zu entnehmen ist, werden alle relevanten Daten der Warenstromdokumentation ent-
nommen. Es werden drei Transportarten unterschieden:

1. Gabelstapleroperationen beim Beladen und Entladen von Lkw,
2. Gabelstapleroperationen bei innerbetrieblichen Transporten,
3. Lkw-Transporte.

Die Transportzeiten wurden mit Hilfe betrieblicher Richtwerte bestimmt, weil in frühen Angebots-
phasen keine Informationen vorliegen, die eine exaktere Rechnung rechtfertigen. So kennt man die
innerbetrieblichen Transportstrecken noch nicht und verfügt über keine genauen Informationen zu
Ladungsträgern oder Behältern.

Bei Lkw-Fahrten sind einfache Wegstreckenentfernungen anzusetzen, wenn die Spediteure auch
Rücktransportaufträge erhalten. Andernfalls setzt man die doppelte Wegstrecke an. Die Transportkosten pro Stück betragen in unserem Beispiel 1,33 €. Davon sind ca. 0,75 €, also ca. 55 %, durch die
beiden »verlängerten Werkbänke« (externe Fertigung) bedingt. Hier wird man sich ggf. überlegen,
ob es nicht wirtschaftlicher wäre,

- entweder auch die Vorgänge 1, 2 und 5 extern zu vergeben oder
- die Vorgänge 3 und 4 selbst durchzuführen.

---

167 Zur Kalkulation von Logistikkosten vgl. z. B. Gudehus, T.: Logistikkosten und Leistungsrechnung, 3. Auflage.
Berlin, Heidelberg, New York: Springer, 2005.

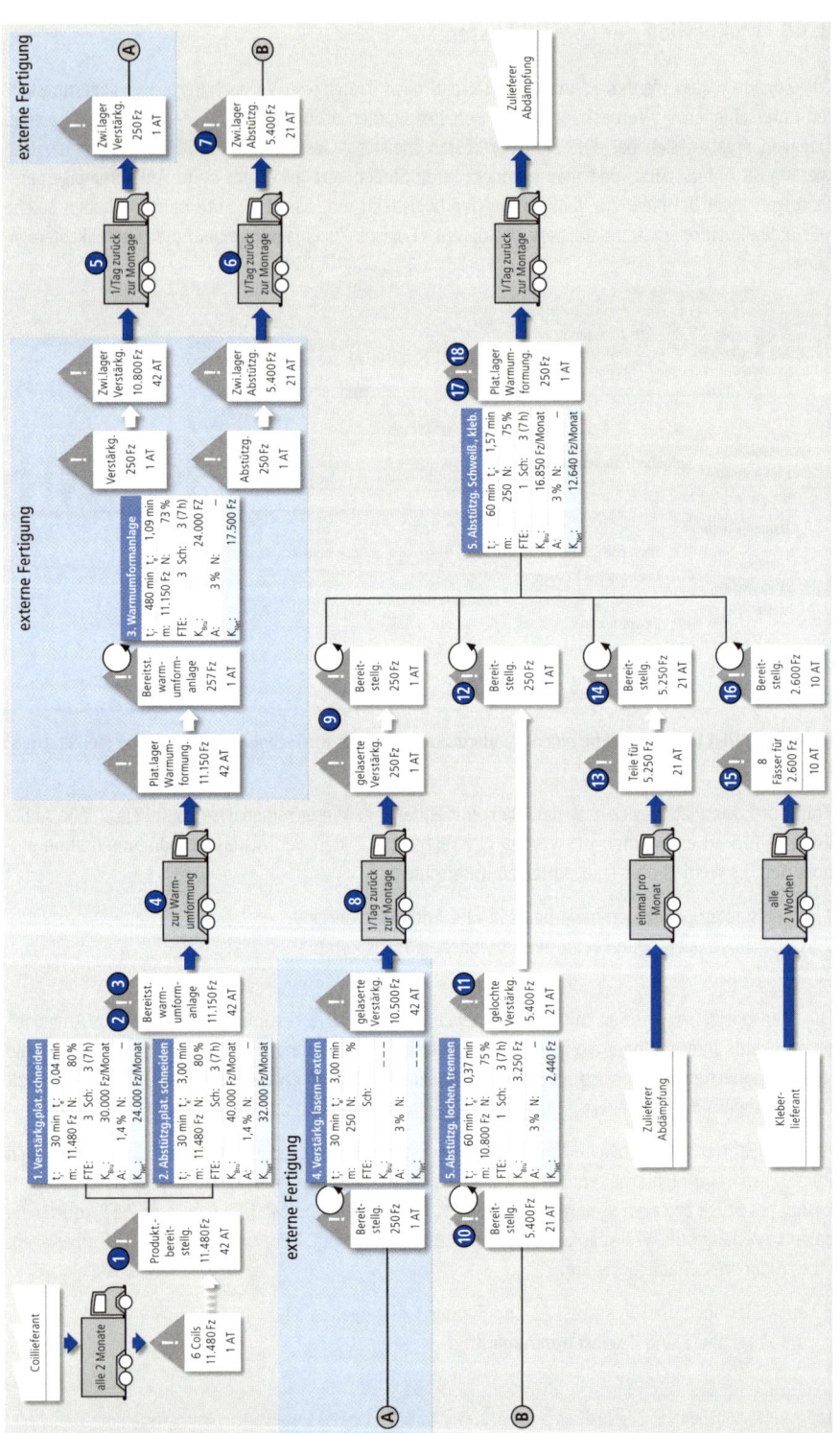

Abbildung III-114
Wertstromanalyse
als Grundlage
der Transportkos-
tenkalkulation

Vorgang	(1) Gabelstapler – aufnehmen, fördern, absetzen, Lkw-Transport			(2) Gabelstapler – innerbetrieblicher Transport			(3) Lkw-Transport		
	Verrechn.-Satz €/Std.		34,00	Verrechn.-Satz €/Std.		28,00	Verrechn.-Satz €/km		1,10
Nr. Zweck	Anz. FZ	Zeit in Std.	€/Fz	Anz. FZ	Zeit in Std.	€/Fz	Fz/Fahrt	km/Fahrt	€/Fz
1 Coils abladen	11.480	0,50	0,00148						
2 Platinen in Zw.-Lager	11.150	1,25	0,00381						
3 Platinen auf Lkw	11.150	1,25	0,00381						
4 Lkw zur Warmumformung							11.150	74	0,00730
5 Lkw zum Lasern							250	88	0,38720
6 Lkw zurück ins Werk							5.400	74	0,01507
7 Abstützung abladen	5.400	0,75	0,00472						
8 Lkw zurück ins Werk							250	74	0,32560
9 Verstärkg. bereitstellen				250	0,25	0,02800			
10 Abstützg. bereitstellen				5.400	1,00	0,00519			
11 gel. Abstützg. Zw.-Lager				5.400	1,25	0,00648			
12 gel. Abstützg. bereitstellen				250	0,25	0,02800			
13 Abdämpfg. abladen	5.250	0,25	0,00162						
14 Abdämpfg. bereitstellen				5.250	0,25	0,00133			
15 Kleber abladen	2.600	0,25	0,00327	2.600	0,25	0,00269			
16 Kleber bereitstellen				2.600	0,25	0,00269			
17 Tagesproduktion ins Lager				240	0,25	0,02917			
18 auf Versand-Lkw	240	0,25	0,03542						
19 Sammel-Lkw zum Kunden							240	316	0,43450
Summen			0,05413			0,10355			1,16967
Gesamt				1,327					

Abbildung III-115 Kalkulationsbeispiel für die Transportkosten auf Grundlage der Wertstromanalyse aus Abbildung III-114

Der Abbildung III-116 ist eine Kalkulation der (innerbetrieblichen) Transportkosten zu entnehmen. Diese wird mit Hilfe eines Kalkulationsblattes durchgeführt, das auf der Grundlage der MTM-Logistikdaten entwickelt wurde. Dabei wird gezeigt, wie man die im vorstehenden Beispiel verwendeten Zeiten fundiert kalkuliert, wenn die räumlichen Bedingungen bekannt sind, unter denen man produzieren will.

Für die Kalkulation eines Auftrags sind in die markierten Felder die auftragsspezifischen Daten einzutragen (in Kursivschrift). Diese betreffen die

1. Anzahl Ladungsträger im Lkw (hier: 28),
2. Anzahl pro Staplerhub zu bewegenden Ladungsträger (hier: 1),
3. Vorkommensanteile pro Fahrt (z. B. 10 % der Fahrtstrecke »vorsichtig« fahren),
4. Fahrtweglänge (hier: 120 m).

In Spalte [1] sind die geplanten Ablaufabschnitte angeführt und in Spalte [2] deren Sollzeiten. Für den ersten und dritten Ablaufabschnitt ist im unteren Bildteil beispielhaft gezeigt, wie diese mit Hilfe von MTM-Logistikdaten bestimmt wurden. Die Anwendung des Kalkulationsblattes erfolgt in drei Schritten:

1. Je Ablaufabschnitt wird entschieden, ob er im vorliegenden Fall zu berücksichtigen ist (Spalten [3], [4]).
2. Für Ablaufabschnitte, die eine Feldmarkierung in den Spalten [5] und [6] haben, werden die Anteilswerte pro Fahrt und die Fahrweglängen eingetragen.
3. In Spalte [7]
   - wird für die vorkommenden Ablaufabschnitte (in Spalte [3] angekreuzt) der Zeitwert aus Spalte [2] direkt übernommen,

Kalkulationsblatt »Produktionsversorgung mit Leergut« (Ladungsträger vom Trailer über Station A zum Verbauort)		t_i in Minuten	fällt an		Kalkulationswerte		kalkulierte t_i in Minuten
Anzahl der Ladungsträger am Lkw							28
Anzahl der Ladungsträger/Hub							1
Verrechnungssatz in €/Stunde							28,00
			ja	nein	Anteil je Fahrt	Fahrtweg in m	
	[1]	[2]	[3]	[4]	[5]	[6]	[7]
1	Auftrag annehmen, Informationen verarbeiten	0,078	×				0,078
2	vom letzten Vorgang zum Verbauort fahren (80 Meter)	0,640	×				0,640
3	Palettenumsetzer entladen und beladen	1,321					
4	1 leeren Ladungsträger (LT) aufnehmen (Gestell/Rollenbahn)	0,290	×		100 %		0,290
5	auf 2. LT stapeln (2 LT aufnehmen, wenn 2 LT/Weg)	0,650		×			
6	zum Lkw fahren	0,008	×			120	0,960
7	LT auf Lkw und LT stellen	0,360	×				0,360
8	ersten beiden leeren LT abstellen und am Ende aufladen	0,470	×				0,017
9	Teile-Nummer lesen	0,011	×				0,011
10	vollen LT aufnehmen; vom Lkw/und LT abladen	0,360	×				0,360
11	zum Verbauort fahren	0,008	×			120	0,960
12	bei labilem Ladezustand behutsam/langsam fahren	0,004	×		10 %	120	0,048
13	LT auf Gestell/Rollenbahn abstellen	0,290	×				0,290
14	am Boden abstellen und verteilen; wenn 2 LT/Weg	1,120		×			
15	Informationen verarbeiten und Auftrag abschließen	0,053	×				0,053
Sollzeit für planmäßige Aufgaben							**4,067**
16	liegt im Fahrweg eine Schubplattform	0,132	×		6 %		0,008
17	ist im selben Fahrweg ein zweiter Stapler tätig (Wartezeit)	0,060	×		80 %		0,048
18	sind im selben Fahrweg 3 Stapler tätig (Wartezeit)	0,120	×		20 %		0,024
19	LT-Breite > 0,5 × Fahrwegbreite und Stapleranzahl > 2	0,160	×		40 %		0,100
20	2 Umreifungen abschneiden und entsorgen	0,365		×			
21	Deckel vom LT abnehmen und entsorgen	0,324		×			
22	Aufkleber am leeren LT entfernen (mit Absteigen)	0,370		×			
Sollzeit für nicht planmäßige Aufgaben							**0,180**
Grundzeit t_g							**4,247**
Verteilzeitzuschlagssatz in % und Verteilzeit						10,15	**0,431**
Transportzeit t_e in min (pro Ladungsträger)							**4,680**
Transportkosten in € pro Ladungsträger							**2,180**
Transportzeit t_a in Std. (pro Lkw)							**2,180**
Transportkosten in € pro Lkw							**61,120**

Bezeichnung	Auftrag annehmen und lesen			
Beginn:	Auftrag aufnehmen			
Inhalt:	Auftrag ins Blickfeld bringen, Worte und Zeichen lesen			
Ende:	Auftrag ablegen			
Begrenzung:	maximal 20 Worte und 30 Zeichen			
Kode	**Bezeichnung**	**TMU**	**A · H**	**Gesamt-TMU**
4LHIAHA....5	Auftrag annehmen und wieder ablegen	70	1 · 1,0	70
4LHIAVW....5	Auftrag lesen (20 Worte)	45	1 · 1,0	45
4LHIALE....5	Auftrag lesen (30 Zeichen)	15	1 · 1,0	15
Sollzeit				**130**

Bezeichnung	Palettenumsetzer entladen und beladen			
Beginn:	zum Palettenumsetzer fahren			
Inhalt:	Leeren LT mit Stapler aus Palettenumsetzer herausnehmen, absetzen, neuen LT einsetzen			
Ende:	zum Ausgangspunkt zurückfahren			
Begrenzung:				
Kode	**Bezeichnung**	**TMU**	**A · H**	**Gesamt-TMU**
5LTSAABFM..L	Ladungsträger mit Stapler aus Palettenumsetzer	980	1 · 1,0	980
5LTSABBFM..L	neuen Ladungsträger mit Stapler in Palettenumsetzer	1.081	1 · 1,0	1.081
4LTSFISF...P	Fahren geradeaus 6 Meter	13	6	78
4LTSFKSF...P	Fahren Kurven 4 Meter	16	4	64
Sollzeit				**2.203**

Abbildung III-116
Beispiel für eine Kalkulation von Transportkosten mit Hilfe eines Kalkulationsblattes

- bei den Ablaufabschnitten 6, 11, und 12 wird das Produkt aus den Spalten [2] und [6] gebildet,
- bei den Ablaufabschnitten 4, 12 und 16 bis 22 wird das Produkt aus den Spalten [2] und [5] gebildet.

Ausgewiesen werden

1. die Transportzeit pro Ladungsträger (hier: 4,68 min) und pro Lkw-Beladung (hier: 2,18 Std.) sowie
2. die dazu anfallenden Kosten (hier 2,18 € pro Ladungsträger und 61,12 € pro Lkw).

So ermittelte Daten sind, solange sich die Arbeitsabläufe und Verrechnungssätze nicht ändern, auch auf vergleichbare Vorkalkulationen zu übertragen.

3.4 Abweichungsanalyse

Es werden zwei Arten von *Abweichungsanalysen* durchgeführt:

1. Parallelschau: Auftragskalkulation versus *mitlaufende Kalkulation*[168],
2. Nachschau: Auftragskalkulation versus *Nachkalkulation*[169].

Bei der Parallelschau, wie sie z.B. beim *Anlaufmanagement* (vgl. Teil IV, Abschnitt 3.2) praktiziert wird, geht es darum,

1. so früh wie möglich die Ursachen von Abweichungen gegenüber der Vorkalkulation zu erkennen,
2. durch Beseitigen dieser Ursachen so schnell wie möglich die Kammlinienhöhe zu erreichen und
3. ggf. Verbesserungsmaßnahmen einzuleiten, damit sich mindestens der kalkulierte Erfolg einstellt.

Anders als bei der Nachschau ist bei der Parallelschau am laufenden Auftrag »noch etwas zu retten«. Das Nachschauprinzip taugt aber dazu, aus Fehlkalkulationen zu lernen. Abbildung III-117 sind die wichtigsten Abweichungsursachen zu entnehmen.

---

168 Mitlaufende Kalkulationen werden nicht in allen Branchen durchgeführt. Sie sind üblich in der Massenfertigung und verbreitet bei Serienfertigern, bei denen Aufträge über Monate oder Jahre hinweg laufen. Vgl. Ehrenspiel, K.; Kiewert, A.; Lindemann, U.: Kostengünstig entwickeln und konstruieren, 6. Auflage. Berlin, Heidelberg, New York: Springer, 2007, S. 449 f.
169 Nachkalkulationen werden insbesondere in der Kundenauftragsfertigung durchgeführt, bei der auf mitlaufende Kalkulationen verzichtet wird. Daneben werden Nachkalkulationen auch als Konsolidierungen mitlaufender Kalkulationen erstellt.

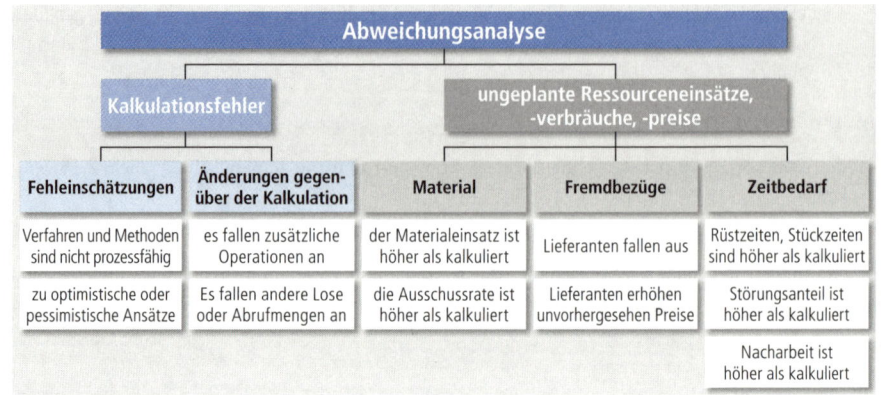

Abbildung III-117   Die wichtigsten Ursachen für Abweichungen zwischen Vorkalkulationen und mitlaufenden bzw. Nachkalkulationen

Verantwortung des
IE für gezielten KVP

Abweichungsanalysen durchzuführen ist eine der wichtigsten Industrial-Engineering-Aufgaben in der dritten PEP-Phase. Unternehmen sind gut beraten, wenn sie ihr *Verbesserungsmanagement* auf Abweichungsanalysen gründen, weil man sich dann gezielt den produktivitäts- und profitabilitätsrelevanten Aspekten und Bereichen zuwendet.

3.5   Zusammenfassung

Stücklisten und
Arbeitsplan

Aus betriebswirtschaftlicher Sicht werden mit Stücklisten und Arbeitsplänen die Produktionsfunktionen von Betrieben abgebildet. Aus technischer Sicht sind sie die »Rezepturen« für die Produktion. Sie haben deshalb eine grundlegende Bedeutung für alle technischen und kaufmännischen Prozesse. Fehlerhafte, nicht aktuelle oder lückenhafte Stücklisten und Arbeitspläne sind Indikatoren für unbeherrschte und risikobehaftete Geschäftsabläufe.

Stücklisten und Arbeitspläne entstehen in der Vorbereitungsphase des PEP, unter konstruktionstechnischen Gesichtspunkten bei der Produktentwicklung (vgl. Kapitel 2). In der Entstehungsphase werden sie unter produktionsorganisatorischen Gesichtspunkten umgesetzt, z. B. in Mengenübersichten oder Strukturschemata, wie z. B. Montage-Stücklisten und -arbeitspläne. Im Industrial Engineering, in der Zeitwirtschaft, sind sie mit Sollzeiten zu versorgen. Das wird in Teil IV, Kapitel 5 ausführlich erläutert.

Vorkalkulationen

Vor SOP durchgeführte Kalkulationen werden als Vorkalkulationen bezeichnet. Wenn diese bei Anfragen oder Akquisitionen zur Preisbildung oder -beurteilung verwendet werden, bezeichnet man sie als Angebotskalkulationen. Werden sie nach Auftragserteilung durchgeführt, nennt man sie Auftragskalkulationen. Vorkalkulationen werden für zwei Aufgabenstellungen benötigt:

1. Preisfindung mit Hilfe einer Vollkostenrechnung,
2. Preisakzeptanzprüfung, einschließlich der Ermittlung von Preisuntergrenzen mit Hilfe einer Teilkostenrechnung.

Aufgabe des Indus-
trial Engineering

Eine wichtige Aufgabe des Industrial Engineering ist das Erstellen Technischer Kalkulationen. Dazu gehören die Ermittlung der notwendigen Material- und Ressourceneinsätze, also die Planung des mutmaßlichen Verbrauchs an Einsatzfaktoren. Die Filigranität Technischer Kalkulationen und die

Kostenartenstruktur sind branchenabhängig. Manche Unternehmen gliedern ihre Technische Kalkulation in die Blöcke:

1. Herstellkosten (= Materialkosten + Fertigungskosten + Logistikkosten),
2. Selbstkosten (= Herstellkosten + Werkzeug-/Vorrichtungs-/Prüfmittelkosten + Produkt-/Prozessentwicklungskosten).

Andere entscheiden sich für die Blöcke:

1. Einsatzmittel- und Fertigungskosten (= Materialkosten + Werkzeug-/Vorrichtungs-/Prüfmittelkosten + Fertigungskosten),
2. Entwicklungs- und Logistikkosten (= Produktentwicklungskosten + Prozessentwicklungskosten + Logistikkosten).

Wichtiger als die Anwendung einer bestimmten Kostenartenstruktur ist die Sorgfalt bei der Planung des mutmaßlichen Verbrauchs an Einsatzfaktoren sowie die Entscheidung über die Eigenerstellung oder den Fremdbezug von Leistungen, insbesondere bei Werkzeugen, Vorrichtungen und Fertigungsvorgängen.

MTM-Verfahren, Planungstransparenz

Bei allen Arbeitsprozessen, vom Werkzeugbau über die Fertigung bis hin zur Logistik, bietet das MTM-Verfahren aufgrund seiner hohen Planungstransparenz vier Vorteile:

1. Es wird die Voraussetzung dafür geschaffen, dass den Kunden bei Auftragserteilung gegenüber der Angebotskalkulation entstandene und von ihnen zu vertretende Änderungen anschaulich zu vermitteln sind.
2. Es wird eine Datenbasis angelegt, die es ermöglicht, bei Vorkalkulationen anderer Produkte oder Aufträge zumindest auf Teile der Vorkalkulation zurückzugreifen.
3. In Abweichungsanalysen können nicht nur Abweichungen identifiziert, sondern auch deren Ursachen begründet werden.
4. Produktionsalternativen (Varianten, Eigenerstellung vs. Fremdbezug) können detailliert verglichen und die Auswirkungen von Produkt- und Prozessmodifikationen simuliert werden.

Schließlich erlaubt es das MTM-Verfahren, aufgrund seiner Präventionsfähigkeit, Abläufe in virtuellen Arbeitssystemen so präzise zu planen, dass das Risiko fehlkalkulierter Arbeitsgänge gering ist.

4 Betriebliche Prozessbausteinsysteme
4.1 Überblick

Betriebliche Prozessbausteinsysteme sind ein wichtiger Bestandteil der Zeitwirtschaft (vgl. Teil IV, Kapitel 5). Beim *MTM-Produktivitätsmanagement* (vgl. Teil I, Abschnitt 3.5) werden drei Absichten durch betriebliche Bausteinsysteme unterstützt:

- minimierte Bearbeitungs- und Durchlaufzeiten,
- maximale Arbeitssystem-Produktivität,
- optimierter Wertstrom.

Bei der Prozessbausteinhierarchie (vgl. Teil I, Abschnitt 4.3.5) stehen die ersten drei Ebenen (Grundbewegung, Bewegungsfolge, Grundvorgang) für branchen- und unternehmensunabhängige Prozessbausteine. Die bereits höher aggregierten Standardvorgänge der Hierarchieebenen 4 bis 6 können die Anwendung beschleunigen, sind aber schon nicht mehr universell einsetzbar und müssen für ihre betriebliche Verwendung im Einzelfall geprüft werden. Für viele Unternehmen ist es daher sinnvoll, eigene, höher aggregierte Prozessbausteine zu entwickeln, um

- den Anwendungsaufwand bei der Prozessmodellierung zu reduzieren,
- einen höheren Abdeckungsgrad mit Prozessbausteinen bei vergleichbarem Aufwand zu erreichen,
- um den Pflege- und Änderungsaufwand bei den Prozessbausteinen zu reduzieren,
- eine transparente und einfach handhabbare Datenbasis für die Vorkalkulation, KVP-Maßnahmen oder eine umfassende Arbeitssystem-Gestaltung zu erreichen.

In diesem Kapitel werden die beim Entwickeln betrieblicher Prozessbausteine zu lösenden Aufgaben und ein standardisiertes Vorgehen nach drei Phasen geschildert, das Abbildung III-118 zu entnehmen ist.

Vorgehens-phasen		Vorgehensschritte	Elemente der Prozess-baustein-Notation
Phase 1: Identifikation	1.1	Anwendungsbereich abgrenzen, Ziel und Verwendungszweck (z. B. Angebotskalkulation, Taktung) festlegen	
	1.2	Bausteinbedarf durch Produkt- und Aufgabengliederung erheben	
	1.3	oberste Aggregationsebene festlegen und Rahmenbedingungen beschreiben	
	1.4	darunter liegende Aggregationsebenen gemäß der Anwendererfordernisse festlegen	
Phase 2: Planung	2.1	Bezugsgrößen und Bezugsmengen festlegen	1. Bezeichnung 5. Faktor 6. Einflussgrößen 7. Kodierung
	2.2	Zeiteinflussgrößen/Ausprägungen, anzuwendende MTM-Bausteinsysteme/Ergänzungstechniken sowie Ausmaß an Arbeitssystembeschreibung festlegen	
	2.3	Bezeichnung und Kodierung festlegen	
Phase 3: Erstellung	3.1	Inhalt, Ablauf und Abgrenzung der Prozessbausteine festlegen	2. Inhalt 3. Ablauf 4. Abgrenzung des Bausteins 10. Beschreibung inkl. Begrenzung 11. Sollzeit
	3.2	Sollzeiten ermitteln (MTM-Analyse)	
	3.3	Restriktionen (Begrenzungen und Anwendungsregeln) festlegen	

Abbildung III-118 Vorgehen beim Entwickeln betrieblicher Prozessbausteinsysteme

4.2   Identifikation von Prozessbausteinen

4.2.1   Abgrenzen des Anwendungsbereichs

Verwendungszweck

Je nach Zweckbestimmung eines Prozessbausteinsystems sind die Bedingungen für das Erstellen, Anwenden und die Pflege verschieden. Folgende Sachverhalte sollten zu Beginn der Prozessbaustein-entwicklung geklärt werden:

- Produkt-, Teile- und Verrichtungsspektrum,
- Auswahl der Arbeitssysteme, die Prozessbausteinen zu entwickeln sind,
- Ausbildungsstand und Kapazität des für die Entwicklung verfügbaren Personals,
- fachliche Voraussetzungen der Nutzer der Prozessbausteine,
- Informationstransfer aus vorhandenen Prozessplanungsunterlagen,
- notwendige Prozessauflösung,
- geforderte Anwendungsgeschwindigkeit,
- angestrebte Übertragbarkeit auf andere Anwendungsbereiche,
- Bedingungen aus den arbeitsrechtlichen Regelungen.

Anwendungsbereich

Abbildung III-119 ist zu entnehmen, dass bei der Identifikation von Prozessbausteinen zuerst jene betrieblichen Bereiche festgelegt werden, für die man Bausteine benötigt. *Anwendungsbereiche* stehen für Arbeitssysteme, die ähnliche Aufgaben erfüllen (z. B. Kundendienst, Vormontage), in denen ähnliche Betriebsmittel und Arbeitsgegenstände vorliegen und für die es deshalb gleiche oder ähnliche Prozessbausteine geben wird. Um Anwendungsbereiche abzugrenzen, gliedert man die betrieblichen Leistungsbereiche so, dass sie ähnliche Arbeitssysteme repräsentieren. Dadurch erhofft man sich, die innerhalb eines Anwendungsbereichs identifizierten Prozessbausteine in mehreren Arbeitssystemen verwenden zu können.

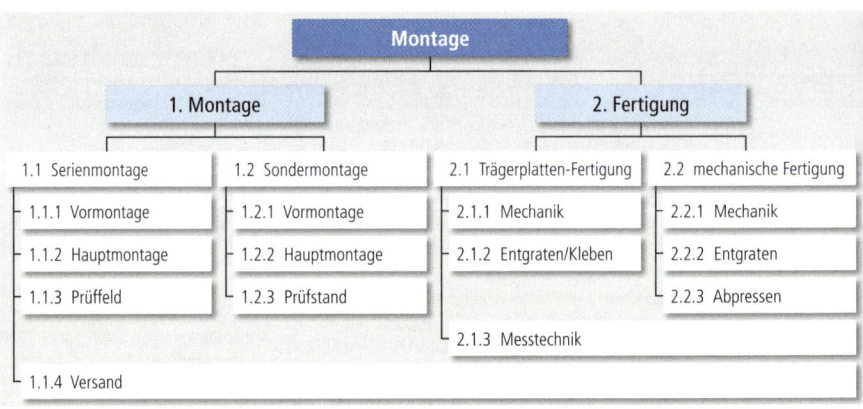

Abbildung III-119   Beispiel für die Festlegung eines Anwendungsbereichs von Prozessbausteinen

4.2.2 Erheben des Prozessbausteinbedarfs

Nun sind die in den Anwendungsbereichen zu erfüllenden Aufgaben zu erheben. Prozessbaustei- Aufgaben
ne werden für Abläufe mit planmäßigen Vorkommnissen gebildet. Im Teil II, Abschnitt 4.2 wurde
erläutert, was planmäßig auftretende Vorkommnisse sind.[170] Beim Ermitteln des *Prozessbausteinbedarfs*[171] werden Aufgabenanalysen durchgeführt, wie in Teil II, Abschnitt 3.3 beschrieben. Abbildung III-120 ist ein Ausschnitt aus einer unter TiCon® verwalteten Aufgabenstruktur zu entnehmen,
die für die spätere Prozessbausteinstruktur steht, also die geplanten Prozessbausteine ausweist.

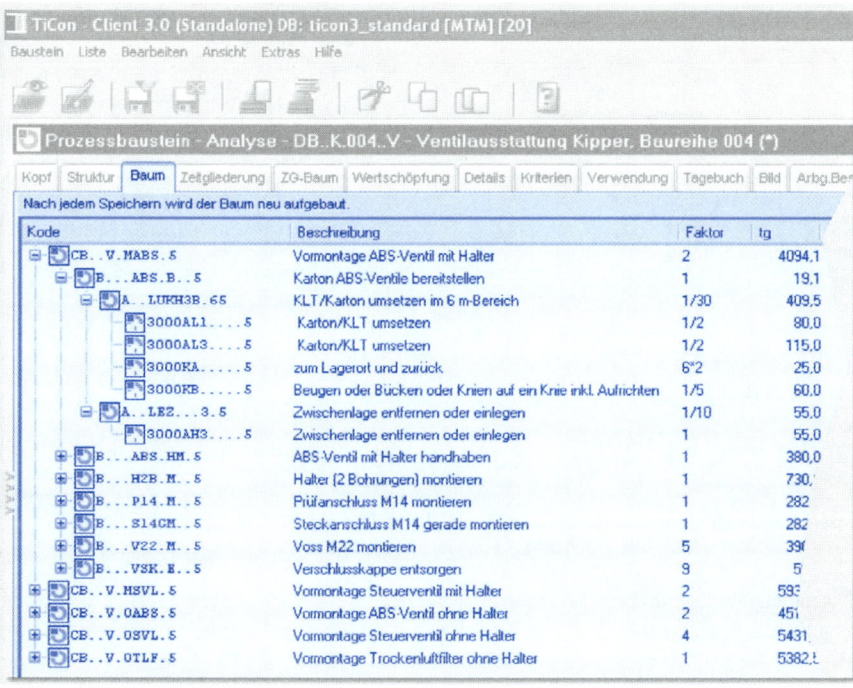

Abbildung III-120 Beispiel (Ausschnitt) für eine Aufgabengliederung zur Identifizierung
von Prozessbausteinen

4.2.3 Festlegen der Anwendungsebenen

In Teil II wurde bei der Aufgabenanalyse und -synthese erläutert, wie Aufgaben und Prozessbausteine zu benennen sind. Auf den Standardvorgangsebenen (Vorgangsschritt, Vorgangsfolge, Arbeitsvorgang) werden sie durch mindestens einen Objekt- und Verrichtungsbegriff bezeichnet (z.B. Kabel
abmanteln, Reibahle in Bohrfutter einsetzen). Zuerst werden Prozessbausteine für besonders häufig
vorkommende Verrichtungen (z.B. Schrauben, Transportieren, Normteile montieren) entwickelt, die
ein hohes Ausmaß an Allgemeingültigkeit haben. Die Deduzierungsprinzipien[172] beim Bilden von

---

170 Die Berücksichtigung nicht planmäßig auftretender Vorkommnisse im Rahmen von Verteilzeitzuschlagssätzen wurde bereits im Teil II, Abschnitt 4.3.5 erläutert, so dass dieses Thema hier nicht zu behandeln ist.
171 Mutmaßlich deshalb, weil noch nicht darüber entschieden wurde, ob die identifizierten Aufgaben nicht durch
Kombinationen und Verdichtungen mit einer geringeren Menge an Prozessbausteinen »abzudecken« sind.
172 Damit ist gemeint, dass es verschiedene Prinzipien gibt, die man bei der Bildung der hierarchischen Gliederungsebenen verwendet, nach denen man den »Verzweigungsgang« betreiben kann.

Standardvorgängen wurden bereits in Teil I, Abschnitt 4.3.5 mit den Hierarchieebenen des MTM-Prozessbausteinsystems beschrieben. Die Anwender müssen die dort angeführten Definitionen der Hierarchieebenen kennen.

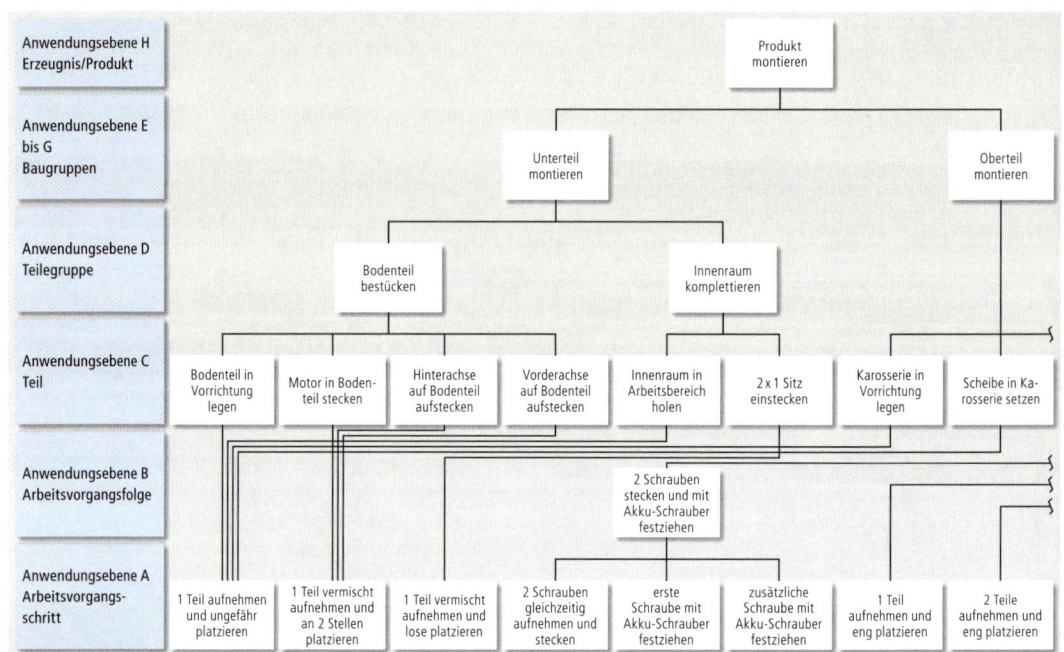

Abbildung III-121　Beispiel (Ausschnitt) für eine Identifikation von Prozessbausteinen auf den Anwendungsebenen

Anwendungsebenen　Anwendungsebenen für betriebsspezifische Prozessbausteine sind Abbildung III-121 und Abbildung III-125 zu entnehmen. Dabei wird primär nach Objekten und sekundär nach Verrichtungen deduziert. Bei den Anwendungsebenen versucht man, so weit wie möglich *allgemeingültige*, universell verwendbare *Prozessbausteine* zu bilden, die

1. produktneutral, zumindest aber bei den meisten Produkten verwendbar und
2. arbeitssystemneutral, zumindest aber für die meisten Arbeitssysteme gültig sind.

Auf der Ebene A erfasste Aufgaben kommen häufig in gleicher Weise und unter gleichen Arbeitsbedingungen vor, wie z.B. Schraubarbeiten, Klebearbeiten, Transportarbeiten. Prozessbausteine der Ebene B entstehen durch Kombination von Prozessbausteinen der Ebene A, z.B. indem man ein »Ansetzen und Andrehen von Schrauben« und ein »Schraubeneindrehen mit Maschinenschrauber« zu einem komplexeren Baustein zusammenfasst. Auch dieser ist noch allgemeingültig. Werden dagegen zwei oder mehr Prozessbausteine der Ebene B kombiniert und in die Ebene C eingestellt, entsteht bereits ein produkt- oder arbeitssystemspezifischer Prozessbaustein (vgl. Abbildung III-121). Ab diesen Ebenen entstehen so nur noch für bestimmte Produkte oder Arbeitssysteme gültige Prozessbausteine.

4.2.4　Prinzipien der Prozessbaustein-Aggregation

Im Abschnitt 4.2.2 wurde erläutert, wie man Prozessbausteine identifiziert und durch Deduzieren von Aufgaben[173] den mutmaßlichen Bausteinbedarf festlegt. Um möglichst wenige Prozessbausteine zu erhalten, versucht man diese so zu aggregieren, dass sie für mehrere Aufgaben gelten. Bei der *Prozessbaustein-Aggregation* (Verdichtung) gibt es zwei Richtungen:

1. Horizontale Aggregation (Segmentierung): Es werden ähnliche Prozessbausteine auf der gleichen Hierarchieebene zusammengefasst, um die Anzahl notwendiger Bausteine zu verringern. Dabei entstehen umfassendere, aber keine komplexeren Bausteine.
2. Vertikale Aggregation (Kaskadierung): Es werden in einem prozesslogischen Zusammenhang stehende Prozessbausteine aus einer, seltener auch aus mehreren Hierarchieebenen zusammengefasst, um die Anzahl notwendiger Bausteine zu verringern. Dabei entstehen umfassendere und komplexere Bausteine.

Aggregation von Prozessbausteinen

Jede Aggregationsrichtung steht für bestimmte Aggregationsprinzipien. Für die horizontale Aggregation gibt es sechs Aggregationsprinzipien:

1. Mittelwertbildung: Weichen die Sollzeiten gleichartiger Bausteine nur gering voneinander ab und haben diese nur einen geringen Anteil an der Auftragszeit, können sie unter einer mittleren Sollzeit zusammengefasst werden.

Aggregationsprinzipien, horizontal

Baustein	Zeit in TMU	Abweichung vom Mittelwert in %
Ein-/Zweinutzenform ausblasen	613	+ 0,2
Dreinutzenform ausblasen	590	− 3,6
Viernutzenform ausblasen	633	+ 3,4
Formen ausblasen	612	

2. Häufigkeitsgewichtung: Unterscheiden sich die Sollzeiten mittlerer bis großer gleichartiger, unterschiedlich häufig vorkommender Bausteine, können sie unter einem häufigkeitsgewichteten Mittelwert zusammengefasst werden.

Baustein	Zeit in TMU	Häufigkeit/ 1.000 Stück	Gewichtungsfaktor	häufigkeitsgewich- tete Zeit in TMU
Späne ausblasen	120	8	0,8	96
Späne in Sammelbehälter fegen	230	1,5	0,15	45
Späne in Behälter kippen	240	0,5	0,05	12
Späne handhaben			1	153

3. Einflussgrößenelimination: Bei kleinen bis mittleren Bausteinen können ggf. insignifikante Zeiteinflussgrößen zu verschiedenen Sollzeiten führen. Eliminiert man diese, gelangt man durch Mittelwertbildung oder Häufigkeitsgewichtung zu einem komplexeren Baustein. Beim unter 1. angeführten Beispiel hängt die Sollzeit von zwei Einflussgrößen ab, der »Nutzenzahl« und der »Fläche«. Eliminiert man die Einflussgröße »Nutzenzahl«, führt das zu ca. 3 % Abweichung vom Mittelwert. Da die »Fläche« noch insignifikanter als die »Nutzenzahl« ist, ist diese ebenfalls zu vernachlässigen.

173　Durch das Gliedern einer Aufgabe entstehen Teilaufgaben, ggf. über mehrere Gliederungsebenen hinweg. Die dabei entstehenden Äste des Gliederungsbaumes nennt man Aufgabenstrings. Die am Ende des Deduktionsgangs, am Ende der Aufgabenstrings, entstandenen kleinsten Aufgabenteile nennt man Unteraufgaben.

4. Reduzierung der Ausprägungen: Bei kleinen bis mittleren Bausteinen führen Ausprägungsstufungen der Zeiteinflussgröße oft nur zu geringen Sollzeiten-Stufungen. Dann kann man die Anzahl Bausteine durch gröbere Stufung reduzieren. Bei der Einflussgröße »Teilezahl« wurden die Ausprägungen z. B. um eine Stufe reduziert.

Teilezahl je Transport	Transportweg in m		
	≤ 2	> 2 bis ≤ 5	> 5 bis ≤ 10
≤ 3 Teile	150 TMU	225 TMU	320 TMU
> 3 Teile bis ≤ 8 Teile	180 TMU	240 TMU	340 TMU
	185 TMU	250 TMU	350 TMU
> 8 Teile bis 15 Teile	190 TMU	260 TMU	360 TMU

5. Bausteinsubstitution: Wenn sich die Sollzeiten eines selten und eines häufig vorkommenden gleichartigen Bausteins unterscheiden, kann man den selten vorkommenden Baustein durch den häufig vorkommenden ersetzen. Dabei verwendet man eine abstrakte Bezeichnung[174], der zu entnehmen ist, dass beide eingeschlossen sind. Bei dem unter 2. angeführten Beispiel kommt es gelegentlich (ca. alle 75 Teile) vor, dass Späne durch Ausblasen nicht zu entfernen und mit einem Stichel herauszukratzen sind. Die Sollzeit beträgt zwar 40 TMU mehr, aber angesichts der geringen Äquivalenz ($1/75 = 0{,}013$) wirkt sich das nicht aus (40 TMU $\times$ 0,013 = 0,52 TMU), denn für den Substitutionsbaustein »Späne entfernen« wird ebenfalls die Sollzeit von 120 TMU verwendet.

Baustein	Zeit in TMU	Äquivalenz	Äquivalenz-faktor	äquivalenzgewichtete Zeit in TMU
Späne ausblasen	120	1	1	120,00
Späne herauskratzen	160	75	0,013	120,52
Späne entfernen				120

6. Funktionsbildung: Nach ihrem funktionalen Verhalten[175] werden Prozessbausteine unterschieden nach einem
   - konstanten Bestandteil: stets vorkommend, z. B. »Teil spannen und erste Schraube lösen« (310 TMU) und
   - variablen Bestandteil (sog. Ergänzungswerte): zusätzlich vorkommend, z. B. »weitere Schraube lösen« (90 TMU).

Baustein	Zeit in TMU	Differenz/Schraube	Funktion
Teil spannen und eine Schraube lösen	310	—	310 TMU
Teil spannen und zwei Schrauben lösen	400	90 TMU	
Teil spannen und vier Schrauben lösen	580	270 TMU	90 TMU je weitere Schraube
Teil spannen und acht Schrauben lösen	940	630 TMU	

Bei der vertikalen Aggregation werden zwei Aggregationsprinzipien unterschieden:

Aggregations-prinzipien, vertikal

1. Sequenzielle Addition: Zwischen den Prozessbausteinen gleicher oder verschiedener Hierarchieebenen bestehen prozesslogische, sequenzielle Zusammenhänge. Dann kann man diese zu einem komplexeren Baustein zusammenfassen und den Baustein einer höheren Ebene zuordnen. Für

---

174 Dieses Prinzip wird auch als Abstraktionsprinzip bezeichnet.
175 Aus mathematischer Sicht handelt es sich bei den Konstanten um eine linear-inhomogene Funktion vom Typ $t = a + bx$, bei den Variablen um eine Funktion vom Typ $t = bx$. In der Praxis wird das auch als »Erster-und-weiterer-Prinzip« bezeichnet.

eine Montagearbeit gibt es z.B. die Bausteine »20 Teile von der Palette auf den Arbeitstisch setzen« (285 TMU) und »20 Teile vom Arbeitstisch auf die Rollenbahn schieben« (135 TMU). Beide treten gleich häufig auf. Deshalb werden sie nach dem Prinzip der sequenziellen Addition zum Baustein »Teil auf den Arbeitstisch setzen und absetzen« (= 420 TMU/20 Teile = 21 TMU/ Teil) zusammengefasst.

2. Häufigkeitsgewichtung: Prozessbausteine gleicher oder verschiedener Hierarchieebenen treten in unterschiedlicher Kombination und Häufigkeit auf. Dann wird, wie bei der horizontalen Aggregation erläutert, ein gewichteter Mittelwert bestimmt. Wären im vorstehenden Beispiel beim ersten Baustein 30 Teile und beim zweiten Baustein 10 Teile zu handhaben, würde man sie häufigkeitsgewichten, also die Sollzeit bestimmen nach 285 TMU / 30 Teile + 135 TMU / 10 Teile = 23 TMU/Teil.

4.2.5 Arbeitssystemübergreifend gültige Prozessbausteine

Es wird versucht, solche Prozessbausteine zu identifizieren, die in mehreren Arbeitssystemen zu verwenden sind. Im ersten Schritt wurden die Anwendungsbereiche unter dem Gesichtspunkt der Synergiegewinnung abgegrenzt. Nun wird geprüft, ob Synergien wirklich entstehen. Das kann z.B. bei Prüfaufgaben, bei Informationsaufnahmen und -abgaben, bei der Zu- und Abführung sowie dem Transport von Werkstücken oder bei Standardverrichtungen (Bohren – Senken – Nieten) der Fall sein.

Arbeitssystemübergreifend gültige Prozessbausteine sind den Hierarchieebenen A oder B zuzuweisen (vgl. Abbildung III-125). Bei der nun folgenden Planung der Prozessbausteinerstellung ist zu prüfen, welche Einflussgrößen in den artgleichen Arbeitssystemen auftreten und was zu berücksichtigen ist, damit diese Prozessbausteine später tatsächlich arbeitssystemübergreifend gültig sind.

4.3 Planung der Prozessbausteinerstellung

4.3.1 Planen von Bezugsgrößen und -mengen

In der Planungsphase sind für jeden Prozessbaustein zu planen:

1. Ablaufabschnittsbenennung und -kodierung,
2. Bezugsgrößen und Bezugsmengen,
3. Zeiteinflussgrößen und deren Ausprägungen,
4. zu verwendendes MTM-Bausteinsystem und ggf. Ergänzungstechniken.

Bezugsgrößen werden durch praktische Überlegungen bestimmt. Bei der Wahl der *Bezugsmenge* sollte man möglichst Stückbezüge wählen, weil mit Sollzeiten letztlich Zeiten je Einheit (z.B. »Stückzeiten«) zu bestimmen sind (vgl. Abbildung III-122). Die Bezugsgröße kann von Prozessbaustein zu Prozessbaustein wechseln und gilt oft für ganze Produktgruppen.[176] Die Bezugsmenge ist ein Vielfaches, das Einfache oder der Bruchteil der Mengeneinheit der Bezugsgröße. Mit diesem ist die Sollzeit eines Prozessbausteins zu multiplizieren, um die Sollzeit rechnerisch korrekt zu bestimmen.

Bezugsgröße, Bezugsmenge

---

176 Beispielsweise werden in Druckereien im Allgemeinen nur zwei Bezugsgrößen verwendet. Bis zur Druckstockerstellung wird die Bezugsgröße »Auftrag« (z.B. pro 1 Auftrag die Bezugsmenge = 1 Stück), danach die Bezugsgröße »Bogenzahl« (z.B. pro 1.000 Bögen, also die Bezugsmenge 1.000 Stück) verwendet.

Bezugsgröße: Gerät Bezugsmenge: 1 Stück Prozessbausteine:	Anzahl pro 1 Gerät*	Bezugsmenge
1 Gerät auf den Tisch stellen	1	1
2 15 Schrauben auf den Tisch legen	4	4 / 15 = 0,27 pro Stück
3 bei jedem 5. Gerät Lötstelle prüfen	1	1 / 5 = 0,20 pro Stück
4 Karton mit 10 Geräten abstellen	1	1 / 10 = 0,10 pro Stück
5 Palette mit 5 Kartons transportieren	1	(1 / 5) / 10 = 0,02 pro Stück

*Jedes Gerät erhält 4 Schrauben und 1 Lötstelle.

Abbildung III-122   Beispiel für die Bestimmung von Bezugsgrößen und -mengen

4.3.2 Planen von Zeiteinflussgrößen

Zeiteinflussgrößen

Nach dem Zuweisen der Bezugsgrößen und -mengen sind für die Prozessbausteine die signifikanten[177] Zeiteinflussgrößen zu planen. Erst in der dritten Phase, nach der Ermittlung der Sollzeiten, ist der Nachweis zu erbringen, ob die geplanten Zeiteinflussgrößen wirklich signifikant sind. Erfahrungsgemäß sind die meisten Praktiker in der Lage, signifikante Zeiteinflussgrößen so zu planen, dass spätere Modifikationen nur selten erforderlich sind.

Bezugsgröße: Ventil   Bezugsmenge: 1 Stück   Prozessbausteine:

Bezugsmenge bei — **Zeiteinflussgrößen**

Nr.	Objekt	Verrichtung	Anzahl	ABS-Ventil	Trockenluftfilter	Steuerventil	Bremsventil	Gewicht > 1 daN	Entfernung in m	Entfernungs-bereich	Bücken/Beugen	Aufnehmen	Platzieren	Anzahl Platzierstellen	Betätigen	Anzahl Bewegungszyklen
1	Karton ABS-Ventile	in Arbeitsbereich holen	1	1/30				10	6		1/5					
2	Zwischenlage	entfernen	1	1/10				sperrig	3			leicht	ungef.			
3	Gehäuse ABS-Ventil	in Arbeitsbereichsmitte holen	1	1							2	leicht	ungef.			
4	Gehäuse ABS-Ventil	in Vorrichtung setzen	1	1							2		lose	2		
5	Verschlusskappe	entsorgen	1	9		10					3	leicht	ungef.			
6	Vorrichtung	spannen und lösen	1	1							2				zus.	
7	Vorrichtung	schwenken	1	2							2				einfach	
8	ZB ABS-Ventil	in Karton ablegen	1	1							3	leicht	ungef.			
9	Karton ZB ABS-Ventile	zum Lagerort transportieren	1	1/30				11	6		1/5					
10	Zwischenlage	einlegen	1	1/10							3	leicht	ungef.			
11	KLT Gehäuse Steuerventil	in Arbeitsbereich holen	1			1/12		10	4		1/5					
12	Gehäuse Steuerventil	in Arbeitsbereichsmitte holen	1			1					2	leicht	ungef.			
13	Gehäuse Steuerventil	in Vorrichtung setzen	1			1					2		lose	2		
14	Vorrichtung	spannen und lösen	1			1					2				zus.	

Abbildung III-123   Beispiel für die Planung von Zeiteinflussgrößen (Ausschnitt)

---

177 Signifikant bedeutet wichtig oder wesentlich. Eine Zeiteinflussgröße ist dann signifikant, wenn ihre Verwendung bzw. der Verzicht auf ihre Verwendung einen praktisch bedeutsamen Einfluss auf die Höhe der Sollzeit eines Prozessbausteins hat.

Dem in Abbildung III-123 angeführten Beispiel ist zu entnehmen, wie zu Prozessbausteinen die

- Bezugsgrößen und -mengen sowie
- Zeiteinflussgrößen und Ausprägungen geplant werden.

Zeiteinflussgrößen sind sehr detailliert zu planen, wenn der Prozesstyp 1 vorliegt und man MTM-1 anwendet. Beim Prozesstyp 2 (UAS) und beim Prozesstyp 3 (MEK) nimmt die notwendige Granularität ab. Die Planung der Zeiteinflussgrößen und ihrer Ausprägungen wird benötigt

Planung der Zeiteinflussgrößen

1. als Basis für die Kodierung, weil die Zeiteinflussgrößen der wesentlichste Verschlüsselungssachverhalt sind, und
2. als Leitlinie für die Ermittlung der Sollzeiten, weil darin festgelegt wird, welches MTM-Bausteinsystem anzuwenden und bei welchen Prozessbausteinen Ergänzungstechniken einzusetzen sind.

Der *Einflussgrößenplanung* ist zu entnehmen,

- inwieweit vorhandene Prozessbausteine zu nutzen oder zu modifizieren sind,
- ob verschiedene Prozessbausteine zwar unterschiedliche Benennungen haben, inhaltlich aber vergleichbar sind. Dann werden sie, ggf. durch Abstraktion, zu einem Baustein zusammengefasst.
- ob zu den Arbeitssystemen ein Gestaltungsbedarf vorliegt, weil man keine Bausteine entwickeln möchte, die man in absehbarer Zeit verändern will.

Bei der Einflussgrößenplanung ist zu prüfen, ob die Verwender der Prozessbausteine deren Ausprägungen vor Auftragsbeginn bestimmen können.[178]

4.3.3 Qualitätsforderungen an Prozessbausteine

Im Teil II, Abschnitt 5.4 wurde erläutert, was man unter Prozessbausteinqualität versteht und welche Qualitätsforderungen an Prozessbausteine zu stellen sind. Eine hohe Stabilität wird erreicht, wenn sie wie hier erläutert beschrieben werden und die Entwickler ausreichend qualifiziert sind. Die Anforderungen an die Reproduzierbarkeit von Prozessbausteinen sind umso höher, je breiter ihr Verwendungsspektrum ist. In manchen Unternehmen will man sie in anderen inländischen Standorten und in anderen Ländergesellschaften anwenden. In jedem Unternehmen will man sie aber zumindest auf künftige ähnliche Arbeitssysteme übertragen. Je höher die Anforderungen an die Übertragbarkeit sind, desto reproduzierbarer sind Prozessbausteine zu dokumentieren.

Prozessbaustein-qualität

Beim Planen der Bezugsgrößen und -mengen sowie der Zeiteinflussgrößen sind auch die anzuwendenden MTM-Bausteinsysteme und Ergänzungstechniken festzulegen. Eine hohe Validität wird erreicht, indem man

1. ein prozesstypadäquates MTM-Bausteinsystem bestimmt und
2. dieses so weit wie technisch möglich anwendet, also
3. den Einsatz von Ergänzungstechniken auf ein Mindestmaß beschränkt.[179]

Das MTM-Bausteinsystem und die eingesetzten Ergänzungstechniken werden in der Prozessbaustein-Kodierung vermerkt. Je höher die Anforderungen an die Übertragbarkeit der Prozessbausteine

---

178 Die Zeitstandards müssen vor Auftragsbeginn vorliegen, d. h. bevor man einen realen Arbeitsvollzug sowie die Bedingungen im Arbeitssystem beobachten kann. Das ist nur möglich, wenn die Verwender der Prozessbausteine die Ausprägungen der Zeiteinflussgrößen ebenfalls ohne Beobachtung eines realen Arbeitsvollzugs vorherbestimmen können.
179 Im Teil II, Abschnitt 5.4 wurde erläutert, welche Bedeutung diese Maßnahmen auf die System- und Anwendungsabweichung und damit auf die Validität von Prozessbausteinen haben.

sind, desto präziser müssen der Geltungsbereich und die Anwendungsvoraussetzungen beschrieben werden.

4.3.4 Festlegen der Prozessbausteinbezeichnung und -kodierung

Kodierung   Das Prinzip der Prozessbaustein-Kodierung hängt nicht davon ab, ob man TiCon® nutzt oder Analysen mit Tabellenkalkulationen erstellt. In beiden Fällen strebt man eine effektive Kodierung an, weil das die Voraussetzung für die effektive Verwendung der Prozessbausteine und für einen sicheren Änderungsdienst ist. Prozessbausteine lassen sich also, mit ein paar Einschränkungen, grundsätzlich auch ohne TiCon® entwickeln, z. B. in Form von Datenkarten oder Kalkulationsblättern. Ein effektiver und effizienter Änderungsdienst ist dagegen ohne TiCon® nicht möglich.

In den folgenden Ausführungen werden die dem MTM-Prozessbausteinsystem zu Grunde liegenden Kodierungsprinzipien erläutert.

1. Produktneutrale Kodierung: Verschlüsselungsschema für überbetriebliche und damit produktneutrale Prozessbausteine.
2. Produktspezifische Kodierung: Verschlüsselungsschema für betriebliche und damit produktspezifische Prozessbausteine.

Bei beiden Prinzipien handelt es sich um keine zwingenden Vorschriften, sondern um vielfach bewährte Schemata der Deutschen MTM-Vereinigung e. V., denen viele Unternehmen folgen. Das betrifft sowohl die 12 Kodierungsstellen[180] als auch die zu kodierenden Sachverhalte.

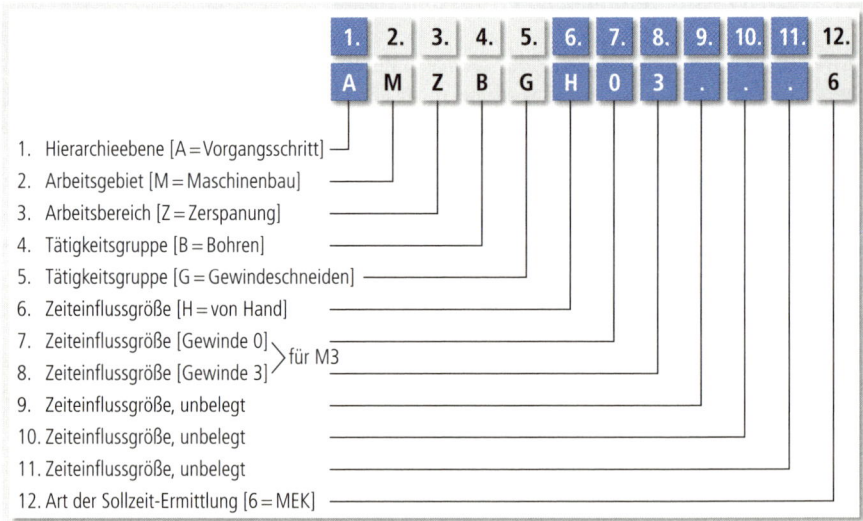

Abbildung III-124   Kodierungsbeispiel für produktneutrale Prozessbausteine

---

180 Beispielsweise sind bei TiCon® 50 Kodierungsstellen zugelassen. Es wird jedoch relativ wenige Unternehmen geben, die mehr als 12 Kodierungsstellen benötigen.

Das der Abbildung III-124 zu entnehmende Beispiel zeigt ein Verschlüsselungsschema für produktneutrale Prozessbausteine, bei dem produktneutrale Arbeitsinhaltsbeschreibungen und Zeiteinflussgrößen verwendet werden.[181] Es gibt vier Verschlüsselungssachverhalte:

1. Hierarchieebene (1. Stelle, vgl. Abbildung III-125),
2. Arbeitsinhalts- oder Aufgabenspezifikation (2. bis 5. Stelle, vgl. Abbildung III-126),
3. Zeiteinflussgrößen (6. bis 11. Stelle) und
4. Art der Sollzeit-Ermittlung (12. Stelle).

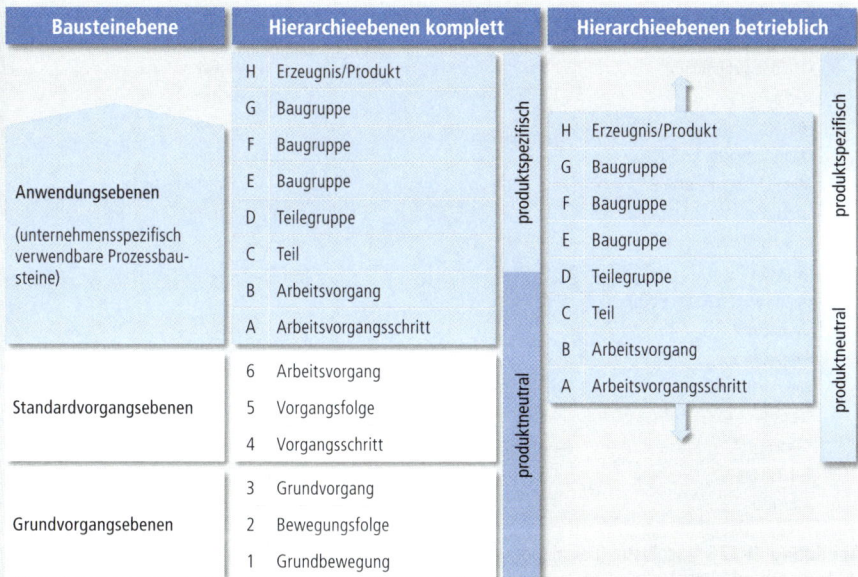

Abbildung III-125   Schlüssel (Beispiel) für die Kodierung der ersten Stelle (Hierarchieebene)

Für die Kodierung der ersten Stelle gibt es aufgrund der standardisierten Hierarchieebenen des MTM-Hierarchiekonzepts eine zwingende Vorgabe.[182] Die Arbeitsinhalts- bzw. Aufgabenspezifikation ist dagegen nicht zwingend, jedoch verbreitet. Konzeptionelle Grundlage ist das Abbildung III-126 zu entnehmende, von der Deutschen MTM-Vereinigung e.V. praktizierte Schema, bei dem in der

* zweiten Stelle das Arbeitsgebiet angeführt wird,
* dritten Stelle der Arbeitsbereich ausgewiesen wird (hier »M – Metall/Maschinenbau«),
* vierten Stelle nach der Tätigkeitshauptgruppe differenziert wird, das ist eine Untermenge des Arbeitsbereichs (im vorliegenden Beispiel von »Z – Zerspanen«),

---

181 Bei der produktspezifischen Kodierung werden produktbegründete und damit betriebsspezifische Zeiteinflussgrößen verwendet. Die beiden Kodierungsprinzipien stehen also für zwei verschiedene Prinzipien der Definition von Zeiteinflussgrößen.
182 Logisch nicht ganz befriedigend ist die Einlagerung von Prozesszeiten, z.B. betriebsspezifische Zerspanungsformeln oder Pressenhubzeiten. Dafür bieten sich zwei Lösungen an. Einerseits entspricht ihre Bausteinkomplexität jener der Hierarchieebene »1«, denn sie sind nicht »weiter zu unterteilen«. Andererseits handelt es sich um betriebsspezifisch verwendbare Prozessbausteine, die ab der Hierarchieebene »A« eingelagert sind. Zwischen diesen beiden Möglichkeiten kann man sich entscheiden. Praktische Vor- oder Nachteile birgt keine dieser beiden Lösungen.

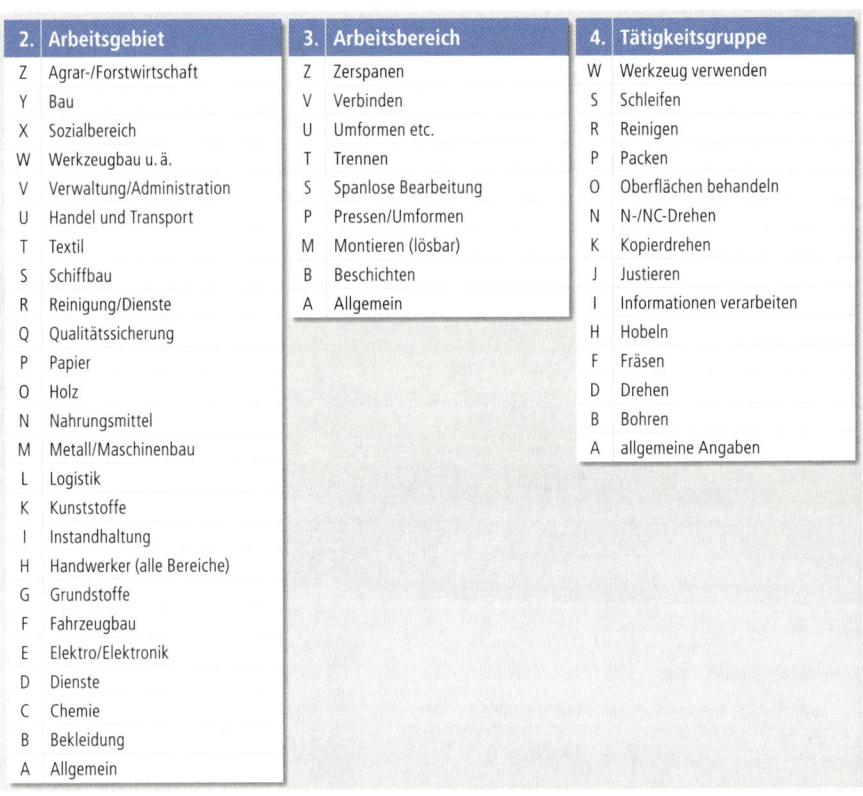

2.	Arbeitsgebiet	3.	Arbeitsbereich	4.	Tätigkeitsgruppe
Z	Agrar-/Forstwirtschaft	Z	Zerspanen	W	Werkzeug verwenden
Y	Bau	V	Verbinden	S	Schleifen
X	Sozialbereich	U	Umformen etc.	R	Reinigen
W	Werkzeugbau u. ä.	T	Trennen	P	Packen
V	Verwaltung/Administration	S	Spanlose Bearbeitung	O	Oberflächen behandeln
U	Handel und Transport	P	Pressen/Umformen	N	N-/NC-Drehen
T	Textil	M	Montieren (lösbar)	K	Kopierdrehen
S	Schiffbau	B	Beschichten	J	Justieren
R	Reinigung/Dienste	A	Allgemein	I	Informationen verarbeiten
Q	Qualitätssicherung			H	Hobeln
P	Papier			F	Fräsen
O	Holz			D	Drehen
N	Nahrungsmittel			B	Bohren
M	Metall/Maschinenbau			A	allgemeine Angaben
L	Logistik				
K	Kunststoffe				
I	Instandhaltung				
H	Handwerker (alle Bereiche)				
G	Grundstoffe				
F	Fahrzeugbau				
E	Elektro/Elektronik				
D	Dienste				
C	Chemie				
B	Bekleidung				
A	Allgemein				

Abbildung III-126 Schlüssel (Beispiel) für die Kodierung der zweiten bis vierten Stelle (Aufgabenspezifikation)

Abbildung III-124 ist zu entnehmen, dass man bis zu sechs Zeiteinflussgrößen berücksichtigen kann. Das wird nur selten ausgeschöpft. Im Beispiel werden die Einflussgrößen-Stellen wie folgt genutzt:

- Fünfte Stelle: Tätigkeitsuntergruppe, z. B. »G = Gewindeschneiden«.
- Sechste Stelle: Ausführungsart, z. B. »H = Gewindeschneiden von Hand«.
- Siebente und achte Stelle: Werkstückausprägungen, z. B. »03« für Gewinde M3, »05« für Gewinde M4/M5, »10« für Gewinde M6 bis M10.
- Neunte bis elfte Stelle: Man hätte weitere Einflussgrößen berücksichtigen können, z. B. Material, Gewindetiefe oder Lochart, worauf hier verzichtet wurde.
- Zwölfte Stelle: Die Art der Sollzeit-Ermittlung wird verschlüsselt, z. B. steht die Schlüsselziffer »6« für MEK.

Dieser produktneutralen Kodierung können praktisch alle Unternehmen folgen. *Kodierungsmodelle für produktspezifische Prozessbausteine* sind dagegen betriebsspezifisch festzulegen, z. B. aufgrund von Branchenspezifika, Eigenheiten der Produkte und Fertigungstypologien (z. B. Kundenauftragsfertigung versus Serienfertigung) oder logistischen Konzepten. Das Abbildung III-127 zu entnehmende Schema ist deshalb nur ein Beispiel. Wichtig ist eine Richtlinie für die betriebsspezifische Kodierung zu schaffen, durch Involvierung der Beteiligten und Betroffenen abzusichern und in das Produktionssystem aufzunehmen.

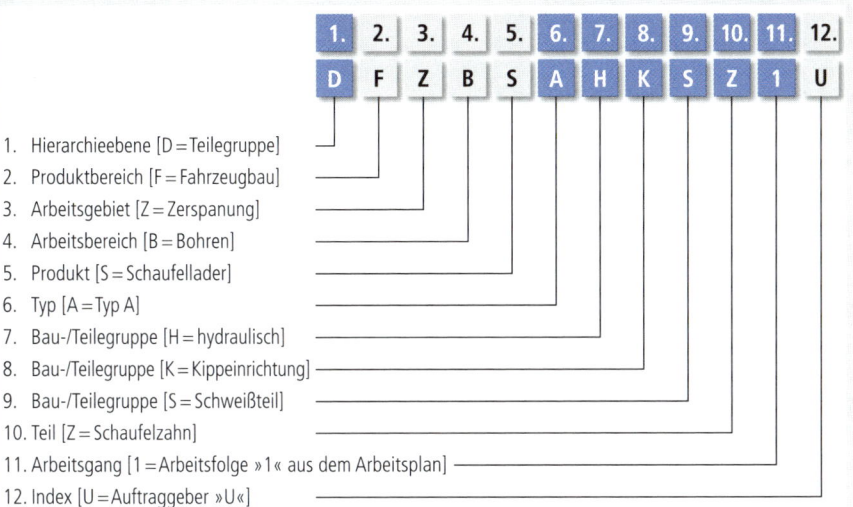

1. Hierarchieebene [D = Teilegruppe]
2. Produktbereich [F = Fahrzeugbau]
3. Arbeitsgebiet [Z = Zerspanung]
4. Arbeitsbereich [B = Bohren]
5. Produkt [S = Schaufellader]
6. Typ [A = Typ A]
7. Bau-/Teilegruppe [H = hydraulisch]
8. Bau-/Teilegruppe [K = Kippeinrichtung]
9. Bau-/Teilegruppe [S = Schweißteil]
10. Teil [Z = Schaufelzahn]
11. Arbeitsgang [1 = Arbeitsfolge »1« aus dem Arbeitsplan]
12. Index [U = Auftraggeber »U«]

Abbildung III-127   Kodierungsbeispiel für produktspezifische Prozessbausteine

Abbildung III-128 zeigt eine betriebsspezifische Kodierung, basierend auf dem in Abbildung III-127 angeführten Kodierungsmodell. Es handelt sich um noch produktneutrale Prozessbausteine[183] (vgl. Abbildung III-125) der Hierarchieebene A (betriebliche Standardbausteine). Darüber rangieren noch produktneutrale Prozessbausteine der Hierarchieebene B (Teile und Zusammenbauten). Die Prozessbausteine der weiteren Hierarchieebenen C (Teile) und D (Teilegruppen) sind dann produktspezifisch.

---

183 Das bedeutet nicht, dass diese unternehmensinternen produktneutralen Prozessbausteine ohne Weiteres auf andere Unternehmen übertragen werden können.

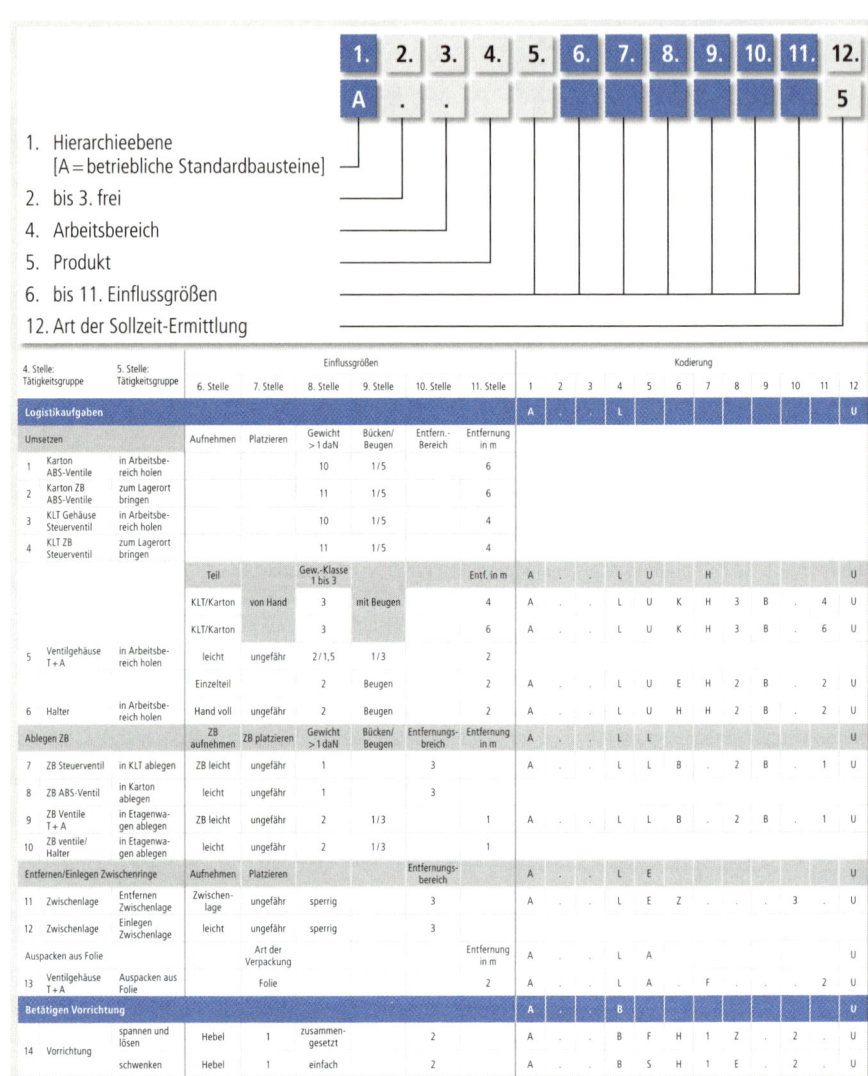

Abbildung III-128 Beispiel einer betrieblichen Kodierung

Die zweite und dritte Kodestelle ist bei dem in Abbildung III-128 angeführten Beispiel nicht belegt. Die vierte Stelle steht für fünf Arbeitstechnik-Kategorien:

- Logistikaufgaben L,
- Betätigen von Vorrichtungen B,
- Handhaben von Teilen H,
- Schraubarbeiten S,
- Prüfen P.

Die fünfte Stelle steht für die zugehörigen Aufgaben. Bei der Arbeitstechnik-Kategorie »Logistikaufgaben« sind das z. B. die vier Aufgaben:

- Umsetzen U,
- Ablegen von Zusammenbauten L,
- Entfernen/Einlegen von Zwischenlagen E und
- Auspacken aus Folie A.

4.4 Erstellen von Prozessbausteinen

4.4.1 Anwendung der MTM-Prozessbausteinsysteme

In der zweiten Phase werden die zur Prozessbausteinentwicklung notwendigen Ausgangsdaten zusammengetragen. In der dritten Phase der Prozessbausteinerstellung sind zuerst die Inhalte und Abläufe zu beschreiben, die Abgrenzungen (Beginn, Inhalt, Ende) der Prozessbausteine vorzunehmen und notwendige Anwendungsregeln festzulegen.

Abbildung III-129 zeigt, wie bei der Entwicklung von Prozessbausteinen unter TiCon® auf die »Hintergrundanalysen«, also den Entwicklungsgang von Prozessbausteinen, zuzugreifen ist. Das ist notwendig, um über deren Verwendung oder Modifikation für das Erstellen eines komplexeren Prozessbausteins zu entscheiden. Gesucht werden in unserem Beispiel Bausteine für den Arbeitsvorgang »Bremskraftverstärker herstellen«. Im ersten Schritt wird geprüft, ob dazu Bausteine auf der Teilgruppenebene D vorliegen. Dort liegt der Baustein »Bremskraftverstärker montieren« vor, der aus drei Bausteinen der Arbeitsvorgangsebene A gebildet wurde. Für den A-Baustein »Bremskraftverstärker in Öffnung einsetzen« wird wiederum die Hintergrundanalyse aufgerufen. Das ist auf der Bausteinebene 3 bereits eine UAS-Analyse. Bei jedem Deduktionsschritt kann entschieden werden, ob der jeweilige Baustein verwendbar oder anpassungsnotwendig ist.

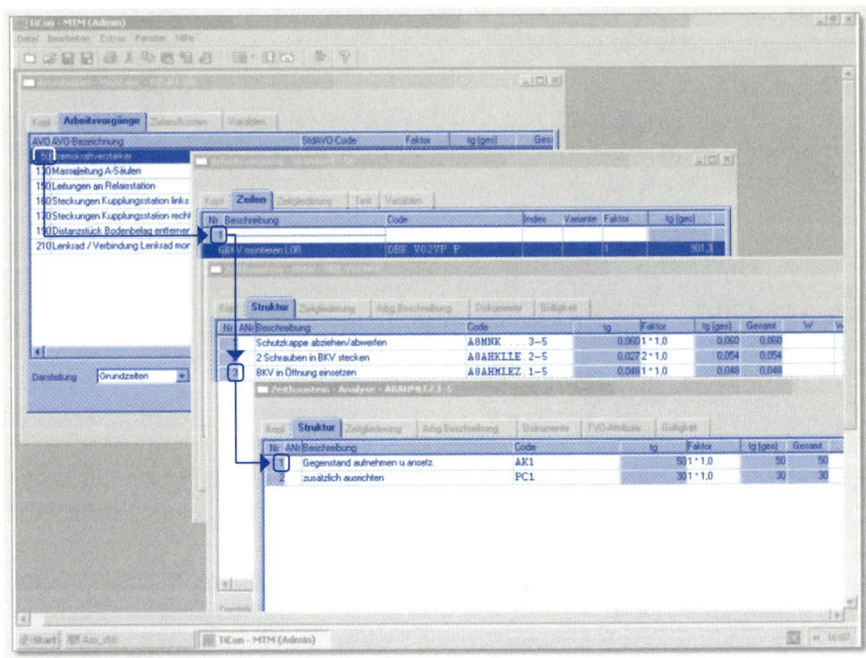

Abbildung III-129 Beispiel für die Entwicklung eines Prozessbausteins der Hierarchieebene D unter Rückgriff auf Bausteine niedrigerer hierarchischer Ebenen

Sollzeiten für Prozessbausteine sind darauf zu prüfen, ob

1. zeitliche Differenzierungen zwischen verschiedenen Prozessbausteinen plausibel sind,
2. Arbeitsmethoden von den Fachvorgesetzten vertreten und von den Mitarbeitern in den Arbeitssystemen bestätigt werden,
3. Besonderheiten und Erschwernissen Rechnung getragen wird und die notwendigen Hinweise darauf in Form von Restriktionen und Anwendungsregeln beschrieben sind,
4. eine hohe Stabilität vorliegt, indem die Anwender bei Verprobungen hochgradig objektive und reliable Ergebnisse erzielen.

4.4.2 Verwendung von Prozessbausteinen

Prozessbausteine sind

1. direkt zu verwenden, indem damit aus TiCon® z. B. Arbeitspläne, Kalkulations- oder Personalbemessungsprogramme versorgt werden (vgl. Abbildung III-94).
2. indirekt zu verwenden, indem aus ihnen Prozessplanungsunterlagen, z. B. zur Kalkulation, entwickelt werden.

Logistikarbeiten

Umsetzen

Gegenstand	m-Bereich	Kode	TMU
Karton/KLT	4	LUKA	310
	6	LUKB	410
Einzelteil	2	LUEA	145
Hand voll Teile	2	LUHA	160

Ablegen ZB

Ablageort	EB	m-Bereich	Kode	TMU
in Karton/KLT	3		LLBA	50
Etagenwagen		1	LLBA	95

Entfernen/Einlegen

Gegenstand	EB	Kode	TMU
Zwischenlage	3	LEZA	55

Auspacken

Packart	m-Bereich	Kode	TMU
aus Folie	2	LAFA	270

Handhaben Teile

Aufnehmen und Platzieren

Teile-gewicht	Platzier-genauigkeit	EB	Anzahl Fügestellen	Kode	TMU
≤ 1 daN	ungefähr	2		HAUA	35
		3		HAUB	50
	lose	3	1	HALC	60
		3	2	HALD	80

Platzieren

				Kode	TMU
	lose	2	2	HPLA	40

Schraubarbeiten

Stecken

Gegenstand	Platzier-genauigkeit	EB	Kode	TMU
Teil/Schraubteil stecken	eng	2	SSSA	65

Schraubzyklen von Hand

Schraubteil andrehen		EB	Kode	TMU
mit Aufnehmen Schraubteil	erster Turnus	2	SHEA	75
mit Spezialwerkzeug		2	SHEB	50
Schraubteil andrehen	weiterer Turnus	1	SHWA	10

Schrauben mit Werkzeug

Schraubteil anziehen		EB	Kode	TMU
Anziehen mit Schlüssel	erster Hub	1	SWSA	28
(Ring-, Gabelschlüssel)	weiterer Hub	1	SWSB	30
Schraubteil festziehen (drehmomentfest)				
mit Ratsche			SWRA	110
mit Powerflex			SWPA	140
mit E-Schrauber			SWEA	60

Zuschläge

Art		EB	Kode	TMU
Festziehen und Drehmoment abknicken			SZFA	25
Gegenschlüssel ansetzen		1	SZGA	20
Hilfsmittel handhaben		3	SZHA	55

Betätigen Vorrichtung

Verrichtung	EB	Kode	TMU
Teil in Vorrichtung spannen und lösen	2	BFHA	90
Teil in Vorrichtung schwenken	2	BSHA	60

Prüfen

Verrichtung	EB	Kode	TMU
Kontrollieren mit Prüfdorn	1	PKPA	55

Abbildung III-130　Beispiel zur Entwicklung einer Datenkarte für die Hierarchieebene A

Bei der indirekten Verwendung werden die Prozessbausteine zu eigenständigen Dokumentationen, Prozessplanungsunterlagen, zusammengefasst. Die verbreitetsten Formen von Prozessplanungsunterlagen sind Datenkarten und Kalkulationsblätter.

Als *Datenkarten* werden tabellarische Darstellungen von Prozessbausteinen bezeichnet. Den folgenden Beispielen ist zu entnehmen, wie man die in zwölfstelligen Kodes steckenden Informationen so zusammenfasst, dass (hier z. B. vierstellige) Kurzkodes entstehen (vgl. Abbildung III-130). Dabei bleiben die ersten drei Stellen unverändert und die vielen Einflussgrößenstellen werden an der vierten Stelle durch eine Verschlüsselung in alphabetischer Folge (A, B, C, …) ersetzt.[184] Datenkarten und Kalkulationsunterlagen können über TiCon® generiert werden (vgl. Abbildung III-131).

Datenkarten

184　Dieses Prinzip wurde auch bei der UAS- und der MEK-Normzeitwertkarte angewandt.

Hierarchieebene D

Objekte: Ventilausrüstung der Baumuster		
Kipper Baumuster	**Kode**	**MIN**
004	K004	33,71
005	K005	34,21
Sattelschlepper Baumuster		
003	S003	45,55
008	S008	39,13
Transporter Baumuster		
006	T006	44,66
012	T012	34,58

Hierarchieebene C

Objekte: Ventile		
mit Halter	**Kode**	**MIN**
ABS-Ventil	MABS	2,46
Steuerventil	MSVL	3,56
ohne Halter		
ABS-Ventil	OABS	2,71
Anhänger-Bremsventil	OABV	2,57
Steuerventil	OSVL	3,26
Trockenluftfilter	OTLF	3,23

Hierarchieebene B

Prüfen			
Verrichtung	EB	Kode	TMU
Kontrollieren mit Prüfdorn	1	PKPA	55

Logistikarbeiten			
Umsetzen			
Gegenstand	m-Bereich	Kode	TMU
Karton/KLT	4	LUKA	310
	6	LUKB	410
Einzelteil	2	LUEA	145
Hand voll Teile	2	LUHA	160

Betätigen Vorrichtung			
Verrichtung	EB	Kode	TMU
Teil in Vorrichtung spannen und lösen	2	BFHA	90
Teil in Vorrichtung schwenken	2	BSHA	60

Ablegen ZB			
Ablageort	EB	m-Bereich	Kode	TMU
in Karton/KLT	3		LLBA	50
Etagenwagen		1	LLBA	95

Handhaben Teile					
Aufnehmen und Platzieren					
Teile-gewicht	Platzier-genauigkeit	EB	Anzahl Fügestellen	Kode	TMU
	ungefähr	2		HAUA	35
		3		HAUB	50
≤ 1 daN	lose	3	1	HALC	60
		3	2	HALD	80
> 1 daN ≤ 2 daN	lose	2	2	HALE	80
Platzieren				Kode	TMU
	lose	2	2	HPLA	40

Entfernen/Einlegen			
Gegenstand	EB	Kode	TMU
Zwischenlage	3	LEZA	55

Auspacken			
Packart	m-Bereich	Kode	TMU
aus Folie	2	LAFA	270

Abbildung III-131   Beispiel für die Entwicklung von Datenkarten für die Hierarchieebenen B, C und D

Kalkulationsblatt

Kalkulationsblätter sind tabellarische Darstellungen von Prozessbausteinen, mit denen man Zeitstandards (z. B. Vorgabezeiten) nachvollziehbar berechnet. Kalkulationsblätter sind nicht nur »Bausteinspeicher«, sondern auch »Verwendungsleitfäden«. Abbildung III-132 ist ein einfaches[185] Kalkulationsblatt zu entnehmen. Wird ein Baustein im Rechengang verwendet, trägt man seine Vorkommenshäufigkeit in die Spalte »Faktor« ein. In der Spalte »Gesamt TMU« wird das Produkt aus der Sollzeit des Bausteins (Spalte »TMU«) und dem »Faktor« gebildet. Im vorliegenden Beispiel werden 8 von 25 verfügbaren Prozessbausteinen verwendet.

---

185 Einfach bedeutet, dass nur Operatoren und keine Vektoren oder Kreuztabellen verwendet werden.

Kode:	K...VV.....5				
Bezeichnung:	Kalkulationsblatt Vormontage		ABS-Ventile ohne Halter		
Nr.	**Beschreibung**	**Kode**	**TMU**	**Faktor**	**Gesamt TMU**
1	Karton ABS-Ventile bereitstellen	B...ABS.B..5	19	1	19
2	ABS-Ventil mit Halter handhaben	B...ABS.HM.5	380		
3	ABS-Ventil ohne Halter handhaben	B...ABS.HO.5	335	1	335
4	Karton ZB ABS-Ventile ohne Halter zum Lagerort bringen	B...ABS.W..5	19	1	19
5	Anhänger Bremsventil bereitstellen	B...ABV.B..5	415		
6	Anhänger Bremsventil handhaben	B...ABV.H..5	385		
7	Anschlussstutzen M22 montieren	B...ASS.M..5	350		
8	Dichtring aufstecken	B...DRG.E..5	65		
9	Halter (1 Bohrung) montieren	B...H1B.M..5	480		
10	Halter (2 Bohrungen) montieren	B...H2B.M..5	730		
11	Prüfanschluss M14 montieren	B...P14.M..5	283	1	283
12	Steckanschluss M14 gerade montieren	B...S14GM..5	283	1	283
13	Steckanschluss M14 Winkel montieren	B...S14WM..5	283		
14	KLT Gehäuse Steuerventile bereitstellen	B...SVL.B..5	26		
15	Gehäuse Steuerventil mit Halter handhaben	B...SVL.HM.5	260		
16	Gehäuse Steuerventil ohne Halter handhaben	B...SVL.HO.5	215		
17	KLT ZB Steuerventile ohne Halter zum Lagerort bringen	B...SVL.W..5	26		
18	Trockenluftfilter bereitstellen	B...TLF.B..5	415		
19	Trockenluftfilter handhaben	B...TLF.H..5	385		
20	Voss M10 montieren	B...V10.M..5	568		
21	Voss M16 montieren	B...V16.M..5	588	2	1.176
22	Voss M22 montieren	B...V22.M..5	390	5	1.950
23	Verschlusskappe entsorgen	B...VSK.E..5	50	9	450
24	Verschlussschraube M10 montieren	B...VSS10..5	263		
25	Verschlussschraube M16 montieren	B...VSS16..5	313		
					4,515
			Grundzeit t_g in min		**2,71**
			Verteilzeit in min bei $z_v = 10\%$		**0,27**
			Zeit je Einheit t_e in min		**2,98**

Abbildung III-132   Beispiel für die Verwendung eines Kalkulationsblattes

4.4.3   Beispiel zur Entwicklung betriebsspezifischer Prozessbausteine

In den vorhergehenden Abschnitten wurde erläutert, wie betriebsspezifische Prozessbausteine zu entwickeln sind. In diesem Abschnitt wird anhand eines Beispiels aus dem Werkzeugbau (Werkzeugbearbeitung und -montage) gezeigt, wie Prozessbaustein-Sammlungen zu entwickeln sind, mit denen

Beispiel Werkzeugbau

1. Arbeitspläne zu versorgen und
2. Werkzeugkostenkalkulation durchzuführen sind.

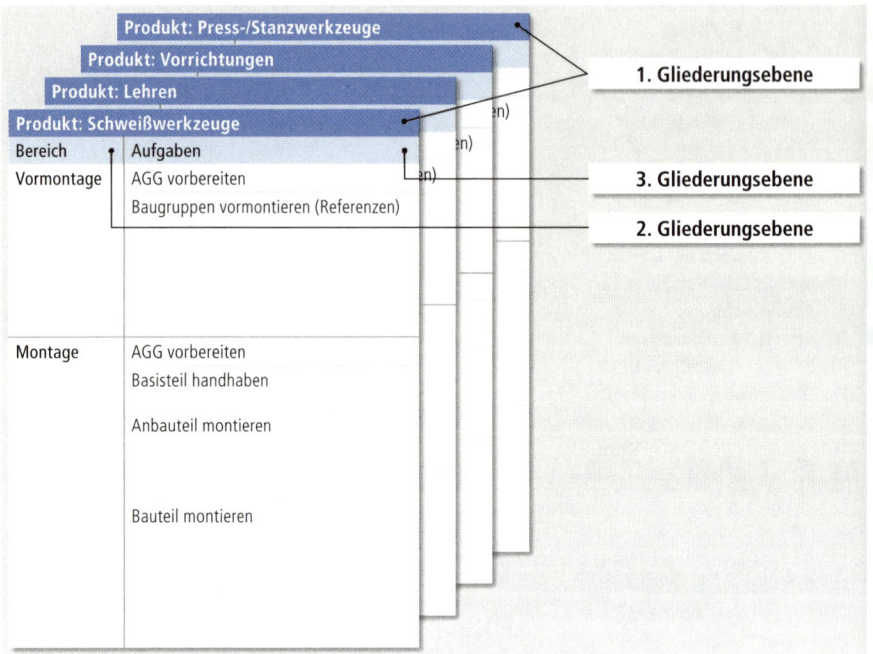

Abbildung III-133   Beispiel (Ausschnitt) für die Erhebung des Prozessbausteinbedarfs

Abbildung III-133 ist die Erhebung des Bausteinbedarfs zu entnehmen. Oberstes Gliederungskriterium ist die Produktebene, bei der z. B. nach Schweißwerkzeugen, Lehren, Vorrichtungen, Press-/Stanzwerkzeugen unterschieden wird.

In der nächsten Gliederungsebene wird nach Bereichen unterschieden, z. B. nach mechanischer Bearbeitung, Schweißen, Anpassen/Heften/Putzen, Vormontage, Montage, Inbetriebnahme. Nicht alle Werkzeuge durchlaufen alle Bereiche, aber jedes Werkzeug durchläuft die Vormontage, Montage und Inbetriebnahme. Es gibt also bereits auf dieser Ebene viele Gemeinsamkeiten.

In der dritten Gliederungsebene wird nach Aufgaben gegliedert. Bei der tiefergehenden Gliederung der Aufgaben wird

1. von der Ausrichtung an Objekten auf die Ausrichtung an Verrichtungen übergegangen und
2. versucht, Synergien zu erzielen, indem so weit wie möglich bereichsneutrale Standardverrichtungen, also universell verwendbare Bausteine der fünften und sechsten Hierarchieebene, verwendet werden.

Beim Erstellen von Prozessbausteinen sollten also möglichst wenige spezifische Bausteine gebildet und weitestgehend vorhandene Standardverrichtungs-Bausteine verwendet werden. Ein Beispiel für die Verwendung von Standardverrichtungen im Werkzeugbau ist Abbildung III-134 zu entnehmen.

Standardabschnitte	Objekte, Verrichtungen	Standardabschnitte	Objekte, Verrichtungen
Festspannen/Lösen	Schraubstock	Teilebearbeitung manuell	Bohren
	Backenfutter		Gewindeschneiden
	Maschinentisch		Zentrierbohrung
Informationen bearbeiten	Einbauposition kennzeichnen		Senken
	Bauteil skizzieren		Reiben
	Informationsgespräch		Schleifen
Justieren	Maß- oder Form		Feilen
	Einmessen (Messmaschine)		Putzen
	Einstellen		Entgraten
	Einpassen (Presse)	Teilhandhabungen	Hand
	Richten (Richtpresse)		Kran
Verbindungen	Schraubverbindungen	Touschieren	Vorbereiten
	Pressverbindungen		Touschieren
	Steckverbindungen	Transporte	Kran
	Heftverbindungen		Hand
	Schweißverbindungen		Hubwagen
	Klebverbindungen	Kennzeichnen	Körner
	Nietverbindungen		Stift/Pinsel
Vorbereiten	Auftragsinformation		Schlagzahl
	Werkzeuge	Prüfen, Messen	Maß- oder Formlehre
	Material		Messgeräte
	Bauteile		Sichtprüfung
Pneumatik	Schlauchverlegung		Dichtigkeit
	Schlauchverbindung		Funktion

Abbildung III-134   Beispiel (Ausschnitt) für Standardverrichtungen im Werkzeugbau

Nach Abschluss der Identifikationsphase liegt die Bausteinstruktur vor, die späteren Prozessbausteine sind »herausgearbeitet«. Auf dieser Grundlage werden Prozessbausteine geplant, indem Bezugsgrößen und -mengen, Zeiteinflussgrößen und Kodierungen festgelegt werden. Das wird in Abbildung III-135 zu dem in Abbildung III-133 angeführten Beispiel gezeigt.

Produkt: Schweißwerkzeuge				
Bereich	Aufgaben	Einflussgröße 1	Einflussgröße 2	Bezugsgröße
Vormontage	AGG vorbereiten			je AGG
	Baugruppen vormontieren (Referenzen)	Elektrodenhalter		je BG
		Zangengriff		je BG
		Pneumatikzylinder		je BG
		Verteiler		je BG
		Wasseranschluss		je BG
		Klemmaufnahme		je BG
		Schwenkaufnahme		je BG
		Kühleinheit		je BG
Montage	AGG vorbereiten			je AGG
	Basisteil handhaben	Kran		je Basisteil
		Hand		je Basisteil
	Anbauteil montieren	ohne Schrauben		je BT
		bis 2 Schrauben		je BT
		bis 4 Schrauben		je BT
		> 4 Schrauben, Zuschlag verstiften		je BT
	Bauteil montieren	mit Konus		je BT
		Bolzen/Stutzen/ Verschluss	gesteckt	je BT
			geschraubt	je BT
		Klemmen	bis 2 Schrauben	je BT
			> 2 Schrauben	je BT
		Iso-Platte	zuschneiden/bohren	je BT
			montieren	je BT
		Typenschild		je BT
		Elektrodenhalter		je BT

Abbildung III-135   Beispiel (Ausschnitt) zur Planung der Einfluss- und Bezugsgrößen im Werkzeugbau

Typische *Zeiteinflussgrößen* im Werkzeugbau sind z. B.:

- Entfernungszonen,
- Werkzeugart,
- Gewichte und Sperrigkeiten von Teilen,
- verwendete Hilfsmittel (z. B. Kran),
- Prinzipien der Teile- und Hilfsmittelbereitstellung.

Typische *Bezugsgrößen* im Werkzeugbau sind z. B. die Anzahl

- Zyklen/Vorgang,
- Schrauben/Anbauteil.

Um die Effekte von Prozessänderungen zu veranschaulichen und die Simulationsfähigkeit von MTM zu nutzen, sollte man nicht zu viele Einfluss- und Bezugsgrößen verwenden. So könnte z. B. interessieren, welche Effekte aus der Änderung des Bereitstellungsprinzips, dem Ersatz einer Flur- durch eine Kranförderung oder durch den Einsatz von Mehrfachwerkzeugen entstehen.

Nach Planungsabschluss werden die Prozessbausteine erstellt, so weit wie möglich mit Hilfe von Standardverrichtungen oder vorhandenen Prozessbausteinen niedrigerer Hierarchieebenen. Abbildung III-136 ist ein Beispiel für eine nach diesem Arbeitsprinzip entstandene Bausteinstruktur zu entnehmen.

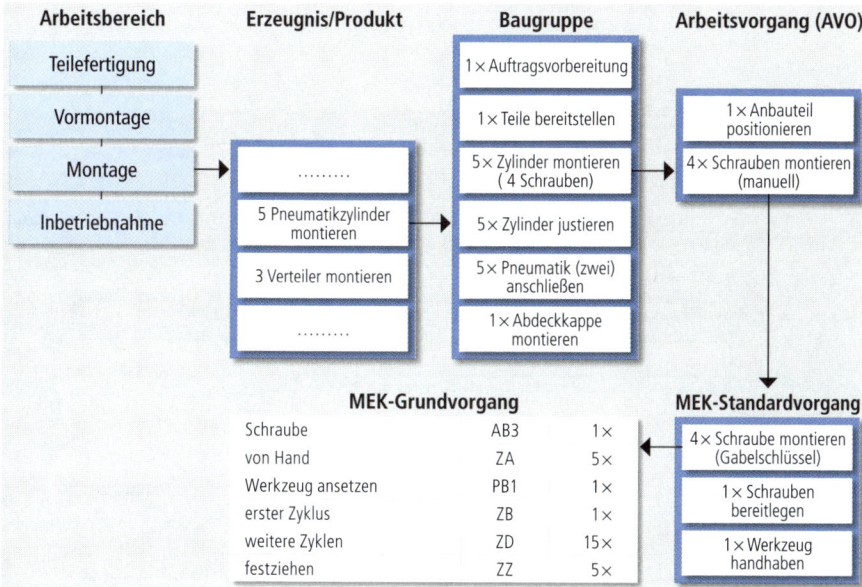

Abbildung III-136 Beispiel (Ausschnitt) für eine Bausteinstruktur im Werkzeugbau

In Abbildung III-137 wird gezeigt, wie man solche Bausteinstrukturen unter TiCon® handhabt. Dabei ist der Kodespalte die strukturelle Position und die Bestandteile des jeweiligen Bausteins (hier: »Führungsplatte montieren«) zu entnehmen.

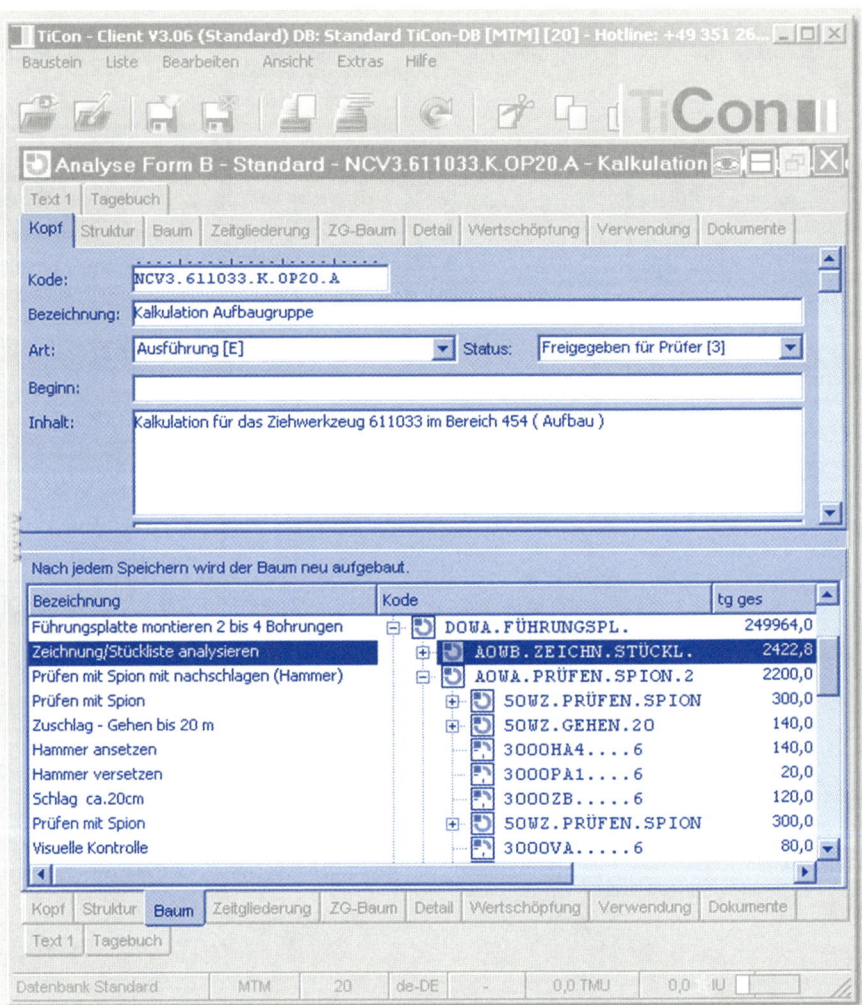

Abbildung III-137   Beispiel zur Bildung und Gliederung von Prozessbausteinen unter TiCon®

Die Prozessbausteine werden abschließend in eine für die Anwender günstige Darstellungsform gebracht (vgl. Abbildung III-138), hier ein produktbezogenes Kalkulationsblatt. Dort findet man in der zweiten Zeile auch den in der vorhergehenden Abbildung ausgewiesenen Baustein »Führungsplatte montieren«.

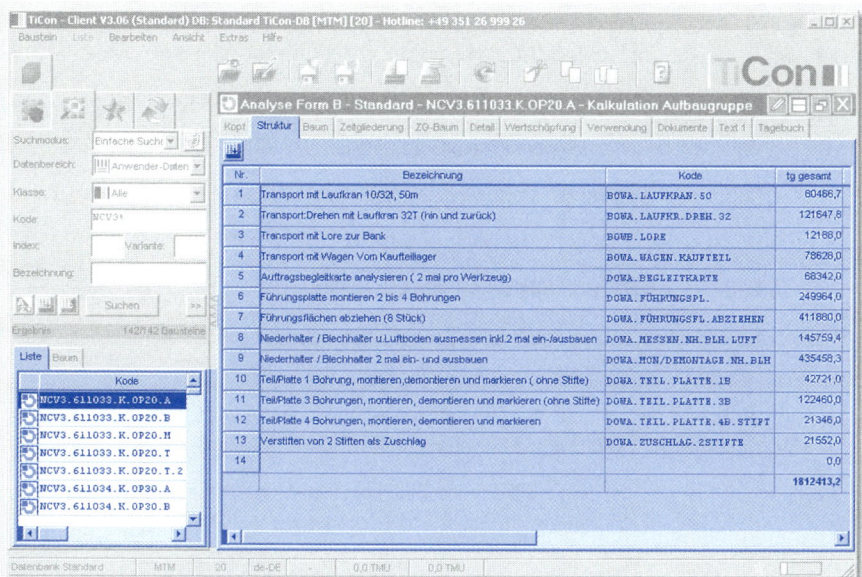

Abbildung III-138   In TiCon® hinterlegtes Kalkulationsblatt für Ziehwerkzeuge

4.4.4   Arbeiten mit Sollzeit-Formeln

Im vorhergehenden Abschnitt wurde gezeigt, wie Sollzeiten für Prozessbausteine in tabellarischer Form darzustellen sind. Es kann jedoch zweckmäßig sein, sie nicht zu tabellieren, sondern *Sollzeit-Formeln* zu verwenden. Dabei werden Ausprägungen von Zeiteinflussgrößen in eine Bestimmungsgleichung eingesetzt und als Ergebnis eine Sollzeit ausgewiesen. In der Folge wird dieses Prinzip erläutert und gezeigt, wie

1. Prozessbaustein-Sollzeiten in Form von Bestimmungsgleichungen darzustellen sind.
2. In Abschnitt 4.4.5 wird erläutert, wie man mit Sollzeit-Formeln für technische Prozesse arbeitet.
3. In Abschnitt 4.4.6 wird gezeigt, wie Sollzeit-Formeln aus empirisch erhobenen Istzeiten zu gewinnen sind.

Wenn Tabellen zu umfangreich werden oder ohnehin eine DV-Anwendung ansteht, werden Sollzeiten mit Hilfe von Bestimmungsgleichungen berechnet, die in der Praxis oft als »Zeitformeln« bezeichnet werden. Der Grundtyp aller Bestimmungsgleichungen zur Sollzeit-Berechnung t für einen Prozessbaustein ist:

$$t = f \text{ (Einflussgrößen)}$$

Der Abbildung III-139 ist eine Sollzeit-Formel für den Baustein »Lasten mit Gabelstapler transportieren« zu entnehmen. Dabei handelt es sich um eine Funktion des Typs:

$$t = a + bx$$

Darin stehen a für eine Konstante, b für ein Steigungsmaß (pro Einheit der Zeiteinflussgröße) und x für die Ausprägung der Zeiteinflussgröße. Sind mehrere Zeiteinflussgrößen zu berücksichtigen, wie beim folgenden Beispiel, liegt eine erweiterte Funktion vor, vom Typ

$$t = a + b_1x_1 + b_2x_2 + \ldots\ldots + b_ix_i + \ldots\ldots + b_px_p$$

Die Sollzeit-Formel für den Prozessbaustein »Lasten mit Gabelstapler transportieren« lautet:

981 TMU		als Konstante für das Aufnehmen und Absetzen der Last (SAABFM)
+	13 TMU ×	Fahren pro Meter mit stabiler Ladung (SFISF)
+	56 TMU ×	Verzögerungen Start/Stopp beladenes Fahrzeug (SFVBF)
+	30 TMU ×	Verzögerungen Start/Stopp unbeladenes Fahrzeug (SFVUF)
+	16 TMU ×	Anzahl zu durchfahrender 90°-Kurven (SFKSF)

Für eine Fahrtstrecke von 20 m, zwei Start/Stopps bei beladenem und drei bei unbeladenem Fahrzeug sowie drei 90-Grad-Kurven ergibt sich folgende Sollzeit-Bestimmung:

t_g = 981 TMU + 13 TMU/m × 20 m + 56 TMU/Start/Stopp × 2 Start/Stopps + 30 TMU/Start/Stopp × 3 Start/Stopps + 16 TMU/Kurve × 3 Kurven = 1.491 TMU bzw. 0,89 min.

In Abbildung III-139 sind der Spalte »Wert« die Einflussgrößen-Ausprägungen zu entnehmen. Als Ergebnis wird die Sollzeit als t_g für den Prozessbaustein ausgewiesen, 1.491 TMU.

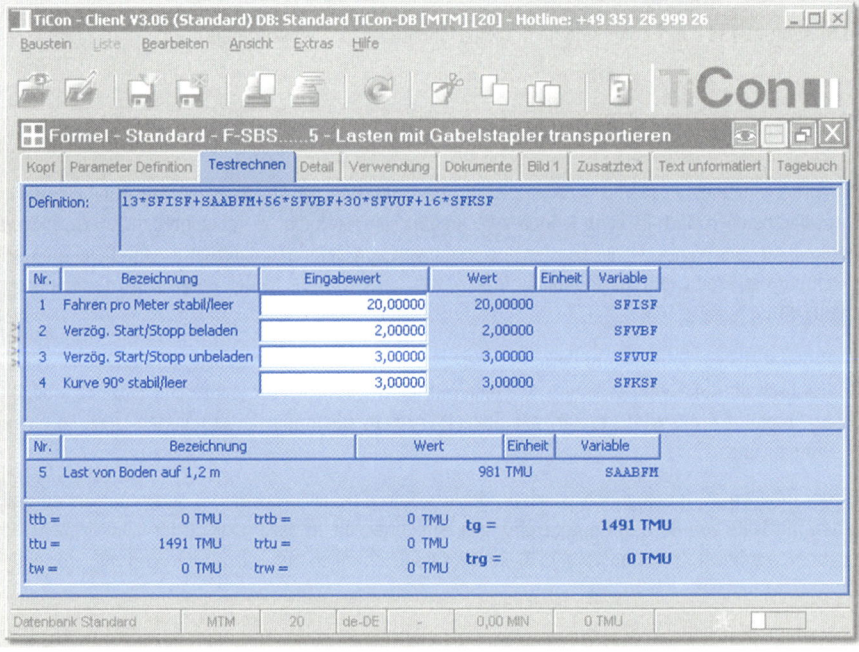

Abbildung III-139   Beispiel für die Verwendung einer Sollzeit-Formel aus der Logistik

4.4.5 Sollzeit-Formeln für technische Prozesse

Sollzeiten für
technische Prozesse

Bestimmungsgleichungen zur Ermittlung von Sollzeiten für Prozessbausteine technischer Prozesse, die vom Menschen unbeeinflussbar ablaufen, sind manchmal von Maschinenherstellern zu beziehen, mitunter auch durch in der Maschine installierte Prozessrechner zu ermitteln. Oft müssen aber bei

Betriebsmitteln anfallende Istzeiten mit Hilfe von Selbstaufschreibungen oder Zeitmessungen erhoben und mit Hilfe einer Regressionsanalyse zu Bestimmungsgleichungen verarbeitet werden.

Sollzeiten für technische Prozesse stehen bei Betriebsmitteln für Hauptnutzungen. Sie werden in der Praxis auch als *Prozesszeiten* bezeichnet. Die meisten Formeln zur Berechnung von Prozesszeiten sind vom Typ:

$$t_{hu} \text{ bzw. } PT = \frac{\text{Maße des zu bearbeitenden/verarbeitenden Arbeitsgegenstands}}{\text{Arbeitsgeschwindigkeit des Betriebsmittels}}$$

Sollzeit-Formeln in der mechanischen Bearbeitung liegen meist Wege-Geschwindigkeits-Relationen zu Grunde. Die Grundformeln für die Prozesszeitberechnung beim Bohren und Drehen sowie für das Fräsen lauten:

Bohren und Drehen:

$$t_{hu} \text{ bzw. } PT = \frac{\text{Anzahl Schnitte/Späne } \times \text{ Bohr-/Drehlänge}}{\text{Drehzahl } \times \text{ Vorschub}}$$

Fräsen:

$$t_{hu} \text{ bzw. } PT = \frac{\text{Bearbeitungslänge } \times \text{ Schnitt-/Spanzahl}}{\text{Vorschubgeschwindigkeit}}$$

Abbildung III-140 ist die Berechnung einer durch den Menschen unbeeinflussbaren Hauptnutzungszeit t_{hu} (Prozesszeit für einen Bohrvorgang) an einer Bohrmaschine zu entnehmen. Nach Eingabe der Parameter (Ausprägungen der Zeiteinflussgrößen), hier B = 4 Bohrungen und T = 10 mm Bohrtiefe, wird die Prozesszeit mit 824 TMU bzw. 0,49 min ausgewiesen.

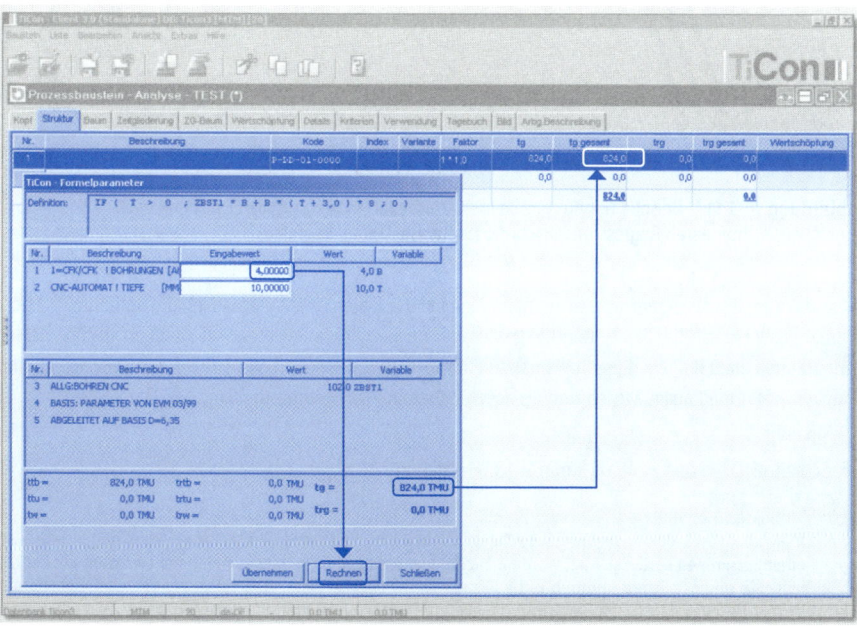

Abbildung III-140 Beispiel für die Verwendung einer Sollzeit-Formel für die Prozesszeit eines Zerspanungsvorgangs (Bohren)

4.4.6 Sollzeit-Formeln aus empirisch erhobenen Istzeiten

Die Regressionsanalyse wird seit Langem zur Ermittlung von Sollzeit-Formeln aus empirisch erhobenen Istzeiten angewandt, um Sollzeiten für Prozessbausteine mit mitarbeiterbestimmten oder betriebsmittelbestimmten Vorkommnissen zu quantifizieren. Die Regressionsanalyse wurde in den 1970er- und 1980er-Jahren vielfach publiziert[186], weshalb hier auf eine Erläuterung der Rechentechnik verzichtet wird. Bei Einsatz einer Software werden zudem nur relativ geringe Anforderungen an statistisches Methodenwissen gestellt.

Der folgenden Abbildung III-141 ist ein Beispiel einer einfachen nichtlinearen Regressionsanalyse[187] bei einem Prozessbaustein »Maschinenmesser schleifen« zu entnehmen. Für den Schleifprozess wurde unterstellt, dass es ausreicht, nur eine Einflussgröße, die »Messerlänge in m«, zu betrachten, obwohl z. B. auch der Verschleißgrad, der sich in der Einflussgröße »Abschleifbreite in mm« ausprägt, erfahrungsgemäß signifikant ist.

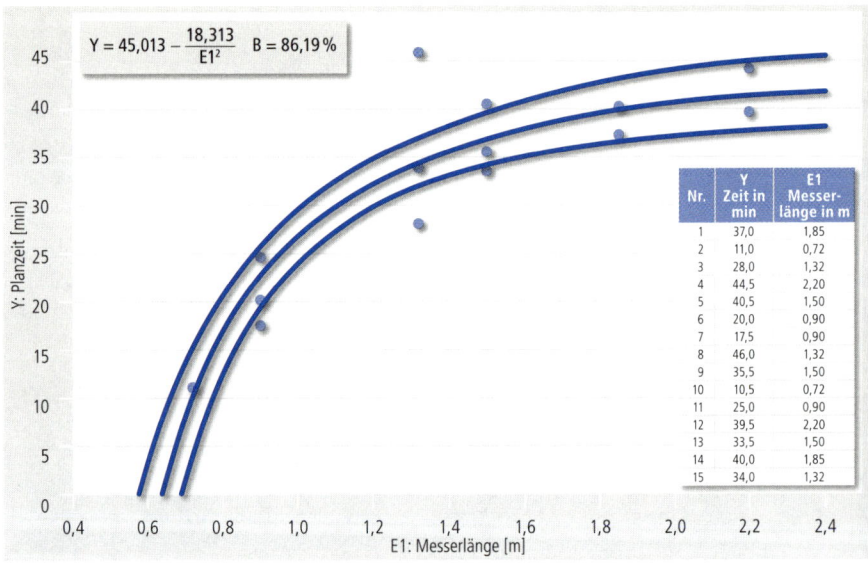

Abbildung III-141 Beispiel (Einflussgröße in m, Zeitbedarf in min) für die Ermittlung einer einfachen, nichtlinearen Regressionsgleichung (Software: Drigus Regressa)

Regressionsanalyseprogramme weisen nach Eingabe der Datensätze automatisch die optimale[188] Transformationsvorschrift für die Zeiteinflussgröße aus. Im Beispiel lautet diese: »1 dividiert durch Messerlänge zum Quadrat«. Zu dieser optimalen Transformationsvorschrift wird die *Regressionsgleichung*, die Sollzeit-Formel, ausgewiesen und als deren Gütemaß das Bestimmtheitsmaß B. Die Regressionsgleichung lautet:

Schleifzeit[189] in min $= 45,013$ min $- 13,313$ min/m $\cdot$ 1/m^2

186 Vgl. Bokranz, R. et al.: a.a.O., 1986, S. 92f.
187 Einfach bedeutet, dass nur eine Zeiteinflussgröße berücksichtigt wird und mehrfach, dass mindestens zwei Zeiteinflussgrößen berücksichtigt werden. Nichtlinear besagt, dass der Zusammenhang zwischen der Zeiteinflussgröße und den Istzeiten durch keine Gerade wiederzugeben ist.
188 Optimal ist jene Transformationsvorschrift, die zum höchsten Bestimmtheitsmaß B führt. Im vorliegenden Beispiel gibt es keine Transformationsvorschrift, die zu einem B > 86,19 % führt.
189 Dabei handelt es sich bei der Ressource Mensch um eine Wartezeit t_w, bei der Ressource Arbeits-/Sachmittel um eine Hauptnutzungszeit t_h (vgl. Teil II, Abschnitt 4.3.2).

Die Schleifzeit für eine Messerlänge von 2 m beträgt dann:

$$45{,}013 \text{ min} - 13{,}313 \text{ min/m} \times 1/(2 \text{ m})^2 = 45{,}013 \text{ min} - 3{,}328 \text{ min} = 41{,}7 \text{ min}$$

Sollzeit-Formeln können in TiCon® übernommen oder in Datenkarten tabelliert werden. In Abbildung III-142 wird diese Formel nach Klassenmittelwerten tabelliert. Da sich die Stufensprünge als Klassen ausprägen, z. B. »> 100–115 cm«, gelten nach diesem Prinzip die zugehörigen Zeitwerte für alle Schleiflängen zwischen 100 cm und 115 cm, und dafür wird eine Sollzeit von 33,5 min[190] verwendet, also nicht interpoliert. Wenn man aus Genauigkeitsgründen auf Interpolationen nicht verzichten will, sollte man besser keine Tabelle, sondern direkt die Sollzeit-Formel verwenden.

Messerlänge in cm									
70–85	>85–100	>100–115	>115–130	>130–145	>145–160	>160–175	>175–190	>190–205	>205–220
29,5	33,5	36,1	38,0	39,3	40,3	41,0	41,6	42,3	
Schleifzeit in min									

Abbildung III-142 Beispiel für das Tabellieren einer Regressionsgleichung
$[t = 45{,}013 - 13{,}313 \times (1/m^2)]$

Abbildung III-141 ist zu entnehmen, dass ein *Bestimmtheitsmaß* B = 86,19 % ausgewiesen wird. Das bedeutet, die Zeitbedarfsstreuung, dort der Tabellenspalte »Zeit in min« und dem Streubild zu entnehmen, kann zu ca. 86 % durch unterschiedliche Messerlängen erklärt werden. 14 % der Streuung sind damit nicht zu begründen, sondern resultieren aus anderen, hier vernachlässigten oder nicht erkannten Einflussgrößen, z. B. der Abschleifbreite. Zur Höhe des erforderlichen Bestimmtheitsmaßes kann man sich an folgenden Richtwerten orientieren: — Bestimmtheitsmaß

1. Prozesstyp 1: B > 95 %
2. Prozesstyp 2: B > 90 %
3. Prozesstyp 3: B > 85 %

Hätte man im vorliegenden Beispiel die Abschleifbreiten mit erfasst, wäre das Bestimmtheitsmaß vermutlich auf ca. 95 % gestiegen. Daraus leitet sich die Empfehlung ab, im Zweifelsfall eher eine Zeiteinflussgröße mehr zu erfassen. Wenn man sie nicht benötigt, weil sie keinen Erklärungsbeitrag zur Zeitbedarfsstreuung leistet, wird sie durch das Regressionsanalyse-Rechenprogramm automatisch eliminiert.

Diese Empfehlung führt uns zur *multiplen Regression*, d. h. der Verarbeitung mehrerer Zeiteinflussgrößen. Für den Prozessbaustein »Brennschneiden von Blechen« (ausschließlich betriebsmittelbestimmte Vorkommnisse) wurde folgende Sollzeit-Formel durch Auswertung maschineller Selbstaufschreibungen (BDE) ermittelt, bei einem Bestimmtheitsmaß B = 94,4 %. — Multiple Regression

$$t_{\text{Länge; Stärke; Ausbrüche, Brennerzahl}} = [7{,}22$$
$$+ 9{,}45 \cdot (\text{Länge in mm} / 10.000)$$
$$+ 0{,}33 \cdot (\text{Länge in mm} \cdot \text{Stärke in mm} / 10.000)$$
$$+ 1{,}15 \cdot \text{Anzahl Ausbrüche}$$
$$- 2{,}22 \cdot \text{Brennerzahl}] / 60$$

---

190 Diese wurde ermittelt nach 45,013 – 13,313 / 1,0752.

Bei einem Blech von 50 mm Stärke, einer Brennlinienlänge von 2,45 m, zwei Ausbrüchen und zwei eingesetzten Brennern ergibt sich für den Brennprozess folgende Sollzeit:

$$t_{50\ mm;\ 2,45\ m;\ 2;\ 2}\ = (7,22\ min$$

$$+\ 9,45\ min \cdot 0,245$$

$$+\ 0,33\ min \cdot 12,25$$

$$+\ 1,15\ min \cdot 2$$

$$-\ 2,22\ min \cdot 2)\ /\ 60$$

$$=\ 0,19\ Std.$$

4.5   Zusammenfassung

Das Entwickeln betrieblicher Prozessbausteine ist eine Kernaufgabe des Industrial Engineering (vgl. Teil I, Abbildung I-20). Dabei sind Methoden anzuwenden, die in Teil II und in den vorhergehenden Ausführungen erläutert wurden.

Wie bei anderen Methoden des Industrial Engineering auch, bildet die Planungsphase, das sind die beiden ersten Phasen in Abbildung III-118, den methodischen Schwerpunkt. In der ersten Phase ist festzulegen, welche Prozessbausteine es am Ende geben soll und nach welchem hierarchischen Gefüge sie zu aggregieren sind. Bei der vertikalen Aggregation (Kaskadierung) orientiert man sich am MTM-Konzept der Hierarchieebenen, bei der horizontalen Aggregation (Segmentierung) an betrieblichen Gegebenheiten. Durch Prozessbaustein-Aggregation versucht man, bereits in der ersten Phase die identifizierten (mutmaßlich benötigten) Prozessbausteine zu reduzieren.

In der zweiten Phase sind für jeden Prozessbaustein die Bezugsgröße und -menge sowie die Zeiteinflussgrößen zu planen und zu entscheiden, welche MTM-Bausteinsysteme und welche Ergänzungstechniken anzuwenden sind. In manchen Unternehmen sind diese Festlegungen dem Produktionssystem zu entnehmen. Die Planungsphase wird mit dem Kodierungsentwurf abgeschlossen. Die Kodierung hat bei der MTM-Prozesssprache eine herausgehobene Bedeutung. Nicht nur, weil es eine technische Notwendigkeit war, sondern weil man dabei logische Verknüpfungen aller bis dahin geleisteten Arbeiten auf Plausibilität prüfen kann, vergleichbar mit der Anlage eines Inhaltsverzeichnisses bei einer schriftlichen Ausarbeitung. Mit Hilfe der Prozessbaustein-Aggregation wird hier wiederum versucht, die Anzahl benötigter Bausteine zu reduzieren.

In der dritten Phase werden die so vorbereiteten Prozessbausteine »gefüllt«, insbesondere durch die Beschreibung des Ablaufs und die Zuordnung der Sollzeiten. Die erstellten und getesteten Prozessbausteine werden entweder direkt verwendet, indem man sie z. B. in Arbeitsplandateien übernimmt oder indirekt, indem sie zu einer eigenständigen Dokumentation zusammengefasst werden, zu Darstellungstabellen (z. B. Datenkarten, Vorgabezeittabellen), Formeln oder Zeitberechnungstabellen (z. B. Kalkulationsblätter).

5 Arbeitsplatzgestaltung

5.1 Überblick

Der folgende Abschnitt befasst sich mit der Gestaltung von Arbeitsplätzen. Dabei behandeln wir zunächst einen Einzelarbeitsplatz mit einem Mitarbeiter. Beide bilden ein Arbeitssystem[191] auf der untersten hierarchischen Ebene. Komplexere Arbeitssysteme setzen sich aus mehreren Arbeitsplätzen mit im Regelfall mehreren Mitarbeitern zusammen (vgl. Kapitel 6). Dort werden Phänomene wie z. B. die Gruppenarbeit behandelt, hier geht es dagegen um die räumliche, informations-, bewegungs- und sicherheitstechnische Arbeitsgestaltung.

Gestaltung von Arbeitsplätzen

Die räumliche Arbeitsgestaltung berücksichtigt Körpermaße und Körperhaltungen bei der Auslegung von Arbeitssystemen und weiterer Betriebsmitteln. Dabei soll der Arbeitsplatz dem Mitarbeiter angepasst werden und nicht umgekehrt. Die physiologische Arbeitsgestaltung stellt sicher, dass Wirkungsgrade der menschlichen Arbeit, Körperkräfte und Lastenhandhabung mit den körperlichen Eigenschaften und Fähigkeiten des Menschen im Einklang stehen. Die bewegungstechnische Optimierung hat den direktesten Bezug zum MTM-Prozessbausteinsystem. Weite, Stärke, Geschwindigkeit und Häufigkeit der Bewegungen werden aufeinander abgestimmt.[192] Das Industrial Engineering kommt ohne die Berücksichtigung sicherheitstechnischer Belange nicht aus. Die sicherheitstechnische Arbeitsgestaltung basiert auf einer Gefährdungsbeurteilung der Arbeit und leitet daraus sicherheitstechnische Maßnahmen ab. Die Arbeitsumgebung soll so gestaltet werden, dass physikalische, chemische und biologische Bedingungen keine schädlichen Auswirkungen auf den Menschen besitzen. Insbesondere steht die beleuchtungstechnische Gestaltung im engen Zusammenhang mit der Auslegung von Prüfarbeitsplätzen. Auch Klima, Lärm und Schwingungen können sehr stark die Leistungsabgabe und die Erträglichkeit einer Arbeit beeinflussen. Schließlich stellt die informationstechnische Gestaltung die Brücke zu den sensorischen und mentalen Funktionen dar, die in den MTM-Prozessbausteinen Blickverschieben, Prüfen und vergleichbaren Prozessbausteinen enthalten sind.

5.2 Anthropometrische Arbeitsgestaltung

5.2.1 Grundlagen

Unter *anthropometrischer Arbeitsgestaltung* versteht man die Anpassung von Arbeitsplatz und Arbeitsmittel an die menschliche Gestalt.

Es geht dabei um die Beachtung der Abmessungen, Gelenkwinkel und der weiteren Funktionsparameter des Mitarbeiters bei der Auslegung von Arbeitssystemen. Insoweit ist die anthropometrische Arbeitsgestaltung ein zentraler Punkt im MTM-Produktivitätsmanagement (vgl. Teil I, Kapitel 3), da optimierte räumliche Beziehungen zwischen Mensch, Arbeitsmittel und Arbeitsobjekt weniger arbeitsbedingte Erkrankungen, höhere Arbeitsmotivation und Leistung und auch Wohlbefinden bei der Arbeit erwarten lassen. Anthropometrische Arbeitsgestaltung stimuliert also alle Ergebnisparameter beim Management von Arbeitssystemen.

---

191 Vgl. Teil I, Abschnitt 2.4.1, Abbildung I-7.
192 ISO 6385, Prinzipien der Ergonomie in der Auslegung von Arbeitssystemen, 1990.

Konkret bedeutet dies, die Form, Abmessungen und relative Anordnung einzelner Elemente von Arbeitsplätzen bzw. -bereichen (z. B. Arbeitsflächen, Stützflächen, Arbeitsmitteln) festzulegen. Als wesentliche Einflussgrößen der räumlichen Gestaltung sind dabei

- die Arbeitsaufgabe und daraus resultierende räumliche Anforderungen (z. B. an visuelle und manuelle Zugänglichkeit, an Körperhaltungen und -bewegungen),
- die räumlichen Anforderungen aus sonstigen Gestaltungsansätzen (z. B. biomechanische, physiologische, informatorische Gestaltung) sowie
- die Abmessungen des menschlichen Körpers mit ihrer interindividuellen Variabilität einzubeziehen.

Ihre systematische Berücksichtigung und gezielte Umsetzung bei der räumlichen Gestaltung setzen eine integrative Vorgehensweise bei der räumlichen Gestaltung voraus.

5.2.2 Körpermaße

Gestaltung für große und kleine Personen

Die Gestaltung eines Dauerarbeitsplatzes für »den« durchschnittlichen Mitarbeiter ist falsch! Es kann leicht gezeigt werden, dass es *den* Menschen, der in allen Körperparametern und -proportionen durchschnittlich ist, nicht gibt. Stattdessen sind die Häufigkeitsverteilungen der Körperabmessungen zu beachten, insbesondere sind Arbeitssysteme auszulegen, die für kleine und große Menschen gleichermaßen optimales Arbeiten ermöglichen.

Sowohl allgemeingültige als auch fallbezogene *Körpermaße* bzw. geometrische Parameter können im Wesentlichen nach der Art ihres Ursprungs und ihrer Verwendung in drei Gruppen aufgeteilt werden:

- räumliche Begrenzungsmaße des menschlichen Körpers (aus Skelett- und Umrissmaßen abgeleitet);
- Funktionsmaße des menschlichen Körpers (z. B. Beweglichkeitsbereiche, Reichweiten, Sichtmaße);
- anthropometrische Parameter als zu berücksichtigende Einflussgrößen innerhalb anderer Problemkreise (Physiologie, Biomechanik etc.).

DIN-Normen

Die Ergebnisse aktueller Untersuchungen einzelner Körpermaße mitteleuropäischer Bevölkerung sowie weiterführende Erläuterungen sind in folgenden *DIN-Normen* zugänglich (es handelt sich lediglich um eine Auswahl von Grundlagennormen, weitere gestaltungsorientierte DIN-Normen mit anthropometrischem Bezug sind zu beachten):

- DIN 33402 Teil 1 (03.08)
  Ergonomie – Körpermaße des Menschen; Begriffe, Messverfahren
- DIN 33402 Teil 2 (12.05)
  Ergonomie – Körpermaße des Menschen; Werte
- DIN 33402 Teil 2 – Berichtigung (05.07)
  Ergonomie – Werte, Berichtigungen zu DIN 33402 Teil 2 (12.05)
- DIN 33402 Teil 2 (08.06)
  Beiblatt 1, Körpermaße des Menschen; Werte; Anwendung von Körpermaßen in der Praxis
- DIN 33402 Teil 3 (10.84)
  Körpermaße des Menschen; Bewegungsraum bei verschiedenen Grundstellungen und Bewegungen
- DIN 33406 (07.88)
  Arbeitsplatzmaße im Produktionsbereich; Begriffe, Arbeitsplatztypen, Arbeitsplatzmaße

- DIN 33408 Teil 1 (01.87)
  Körperumriss-Schablonen für Sitzplätze
- DIN 33408 Teil 1 (01.87)
  Beiblatt 1, Körperumriss-Schablonen für Sitzplätze, Anwendungsbeispiele
- DIN EN 547 Teil 1 (01.09) Sicherheit von Maschinen – Körpermaße des Menschen
  Teil 1: Grundlagen zur Bestimmung von Abmessungen für Ganzkörperzugänge an Maschinenarbeitsplätzen; Deutsche Fassung EN 547-1:1996 + A1:2008
- DIN EN 547 Teil 2 (01.09) Sicherheit von Maschinen – Körpermaße des Menschen
  Teil 2: Grundlagen für die Bemessung von Zugangsöffnungen; Deutsche Fassung EN 547-2: 1996 + A1:2008
- DIN EN 547 Teil 3 (01.09) Sicherheit von Maschinen – Körpermaße des Menschen
  Teil 3: Körpermaßdaten; Deutsche Fassung EN 547-3:1996 + A1:2008 sowie
- DIN EN ISO 7250 (10.97) Wesentliche Maße des menschlichen Körpers für die technische Gestaltung (ISO 7250:1996); Deutsche Fassung EN ISO 7250:1997.

Weiterführende anthropometrische Daten sind u. a. auch enthalten in:

- DIN 31001 (04.83), Sicherheitsgerechtes Gestalten von technischen Erzeugnissen – Sicherheitsabstand für Schutzeinrichtungen,
- DIN EN ISO 14738 (03.05), Sicherheit von Maschinen – Anthropometrische Anforderungen an die Gestaltung von Maschinenarbeitsplätzen.

Die Mehrzahl der oben genannten Normen enthält statistisch und pragmatisch begründete Festlegungen und Vereinfachungen. Tabellarische Angaben von Werten und ihren Streuungen für einzelne Körpermaße (DIN 33402) haben einen anthropometrischen Grundlagencharakter, für die Gestaltungspraxis ist jedoch die notwendige Verknüpfung der Einzelmaße zur funktionalen Einheit der menschlichen Gestalt durch geeignete Methoden (z. B. DIN 33408, DIN 33416) zu gewährleisten. Die Verknüpfung einzelner Körpermaße zum maßstabgetreuen Modell des menschlichen Körpers gelingt mit Hilfe entsprechender Schablonen oder der Computer-Anthropometrie[193].

Angesichts der großen Anzahl von Einzelmaßen des menschlichen Körpers und ihrer interindividuellen Streuung (auch hinsichtlich der Proportionalität) ist die Festlegung

- eines anthropometrischen Modells des menschlichen Körpers sowie
- eines Systems der Köpergrößen

als eine Grundlage für praxisgerechte Gestaltungsmethoden notwendig.

Die DIN 33408 sowie die zurückgezogene DIN 33416[194] stellen zwei unterschiedliche Ansätze dar. DIN 33408 konzentriert sich auf die Sitzhaltungen, die der DIN 33416 zu Grunde liegende Methode – die Somatografie[195] – ermöglichte eine dreidimensionale Darstellung von unterschiedlichen Körperhaltungstypen. Von dieser Methode gingen auch die »Arbeitshilfen für ergonomische Gestaltung« aus.[196]

---

193 Die Begriffe Computer-Anthropometrie und Computer Somatografie werden synonym verwendet.
194 DIN 33416: Zeichnerische Darstellung der menschlichen Gestalt in typischen Arbeitshaltungen, 1985 (zurückgezogen).
195 Jenik, P.: Maschinen menschlich konstruiert. MM-Industriejournal, 78, 5, 1972, S. 87–90.
196 Robert Bosch GmbH (Hrsg.): Arbeitshilfen für die ergonomische Arbeitsgestaltung. Jenner, R.-D; Kaufmann, H., Schäfer, D. und Bauer, O.: Bosch-Arbeitshilfen für die ergonomische Arbeitsplatzgestaltung, Zeichenschablonen für die menschliche Gestalt. Stuttgart, 1985.

Als grundlegendes anthropometrisches Maß, von dem alle anderen Körpermaße abgeleitet werden, dient die *Körperhöhe*. Die wichtigsten Einflussfaktoren der individuellen Körperhöhe sind folgende:

- Geschlecht,
- Lebensalter,
- Körperbautyp,
- überwiegende Arbeitsform bis zum betreffenden Lebensalter,
- Geburtsjahr bzw. die Angehörigkeit zu einer bestimmten Generation,
- Bevölkerungsgruppe (Stadtbevölkerung, Landbevölkerung etc.),
- Regionalität (Angehörigkeit zu einem geografischen Gebiet),
- Volkszugehörigkeit (z. B. »Skandinavier«, »Südländer«, »Mitteleuropäer«),
- Volksgruppenzugehörigkeit (Weiße, Farbige etc.).

Die Proportionalität der Körpermaße (d. h. das Verhältnis einzelner Körpermaße zur Körperhöhe) wird im ganzen Körperhöhenbereich ohne Unterschied des Geschlechts und Alters zwischen 15 und 65 Jahren als konstant vorausgesetzt.

Abbildung III-143 weist auf eine (weitgehend) normalverteilte Grundgesamtheit der Körpergrößen hin. Die Arbeitsgestaltung sollte im Regelfall die Körpergrößen von 90 % der erwachsenen Bevölkerung berücksichtigen. Die restlichen 10 % der sehr kleinen und sehr großen Personen können aus Kostengründen in die Gestaltung eines Standardarbeitsplatzes nicht einbezogen werden.

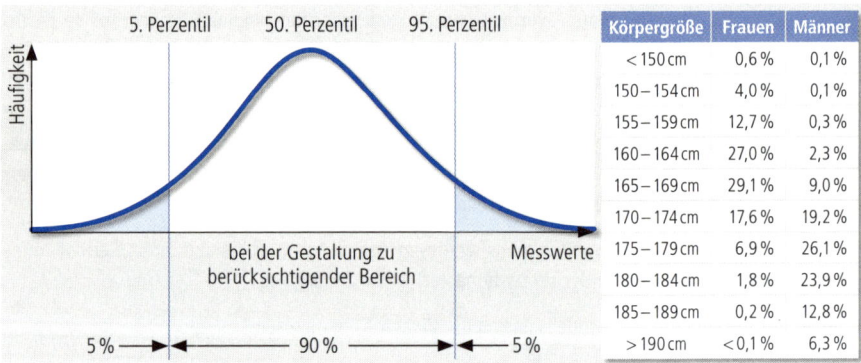

Körpergröße	Frauen	Männer
< 150 cm	0,6 %	0,1 %
150 – 154 cm	4,0 %	0,1 %
155 – 159 cm	12,7 %	0,3 %
160 – 164 cm	27,0 %	2,3 %
165 – 169 cm	29,1 %	9,0 %
170 – 174 cm	17,6 %	19,2 %
175 – 179 cm	6,9 %	26,1 %
180 – 184 cm	1,8 %	23,9 %
185 – 189 cm	0,2 %	12,8 %
> 190 cm	< 0,1 %	6,3 %

Abbildung III-143   Häufigkeitsverteilung der Körperhöhen in der Bevölkerung und für die Gestaltung zu berücksichtigender Körperhöhenbereich[197]

Die noch bei vielen betrieblichen Anwendungen verwendete DIN 33402 aus 1986 enthält aus mehreren Gründen überholte Daten, die nicht mehr verwendet werden sollten: Die Datengrundlage ist die der alten Bundesrepublik, die Akzeleration und die demografische Entwicklung der Erwerbsbevölkerung, die in Deutschland lebenden ausländischen Erwerbspersonen u. a. sind unberücksichtigt. Weiterhin wurde nach 1986 mit der EN ISO 7250 eine verbindliche Messmethode für anthropometrische Maße vorgelegt.

---

197   Quelle (Tabellenwerte): Sozio-ökonomisches Panel (SOEP), 2006.

Die neue DIN 33402-2 ist nicht nach der Staatsangehörigkeit der Erwerbspersonen ausgerichtet, sondern umfasst alle Personen im Untersuchungsgebiet. Die Norm enthält 70 Tabellen der wichtigsten
Begrenzungs- und Funktionsmaße des menschlichen Körpers[198] in perzentilierter Form[199].

Das *Körpergrößensystem* der DIN 33402 Teil 2 bezieht sich auf 90 % der gesamten Erwerbsbevölkerung, d. h. die Personen, die zu den kleinsten und größten 5 % gehören, sind nicht in die Norm
einbezogen. Da die Streuung in den beiden Restgruppen sehr groß ist, wäre die darauf rücksichtneh-
mende Arbeitsgestaltung sehr unökonomisch. Bei Personen der Altersgruppe 18–65 Jahre liegt die
Körperhöhe zwischen

- etwa 1.535 mm für die »kleine« Frau (5. Perzentil der Häufigkeitsverteilungskurve für Frauen)
  und
- etwa 1.855 mm für den »großen« Mann (95. Perzentil der Häufigkeitsverteilungskurve für
  Männer)[200]

bei jeweils vorausgesetzter annähernder Normalverteilung (Abbildung III-144). Die Maße müssen
für die praktische Arbeitsgestaltung noch um 30 mm Schuhwerk erhöht werden.

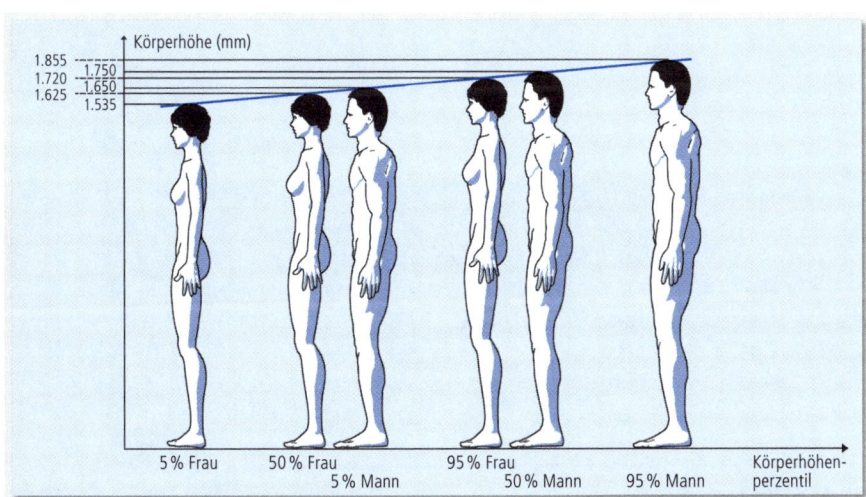

Abbildung III-144   Verteilung der Körpergrößen von Männern und Frauen in der Bundesrepublik
(ohne Schuhwerk)

Die möglichen Körperhöhenunterschiede für rund 90 % der Bevölkerung betragen demnach maximal
1.855 − 1.535 = 320 mm. Für diesen Bereich werden zwei weitere praktisch wichtige Werte der
Körperhöhe abgeleitet:

- etwa 1.625 mm für die »durchschnittliche« Frau (Summenhäufigkeit 50 %) und näherungsweise
  auch für den »kleinen« Mann (Summenhäufigkeit ca. 5 %),

---

198 Hinweis: Tabellenwerte der DIN 33402-2 dürfen wegen kinematischer und statistischer Effekte nicht ohne
     Weiteres addiert werden. So unterscheidet sich beispielsweise die Summe der tabellierten Werte aus Ober-
     arm-, Unterarm- und Handlänge von der gesamten Armlänge vom Schultergelenk bis zu den Fingerspitzen.
199 Die Norm hat auch Auswirkungen auf zahlreiche andere Betriebsmittelnormen, z. B. DIN EN ISO 9241-5:
     Ergonomische Anforderungen für Bürotätigkeiten mit Bildschirmgeräten – Teil 5: Anforderungen an Arbeits-
     platzgestaltung und Körperhaltung, 1999.
200 Zu anderen Altersgruppen vgl. DIN 33402-2.

- etwa 1.750 mm für den »durchschnittlichen« Mann (Summenhäufigkeit 50 %) und näherungsweise auch für die »große« Frau (Summenhäufigkeit ca. 95 %).

Als grundlegender Ansatz für die räumliche Gestaltung ist zu beachten:[201]

Ein Arbeitsplatz kann in der Regel nicht lediglich für einen konkreten Mitarbeiter »maßgeschneidert« gestaltet werden. Es muss davon ausgegangen werden, dass Personen mit unterschiedlichen Körperabmessungen abwechselnd am gleichen oder einzeln an mehreren verschiedenen Arbeitsplätzen arbeiten werden.

Wenn keine Gründe für die Wahl eines besonderen Körpergrößenbereiches vorliegen, sind folgende Spannen bei der Arbeitsgestaltung zu verwenden:

- Körpergrößenbereich für Männer von 1.680–1.880 mm (inkl. 30 mm Schuhwerk)
- Körpergrößenbereich für Frauen von 1.565–1.750 mm (inkl. 30 mm Schuhwerk)

Wichtige Körperabmessungen für die Arbeitsplatzgestaltung werden in Abbildung III-145 bis Abbildung III-149 aufgeführt.

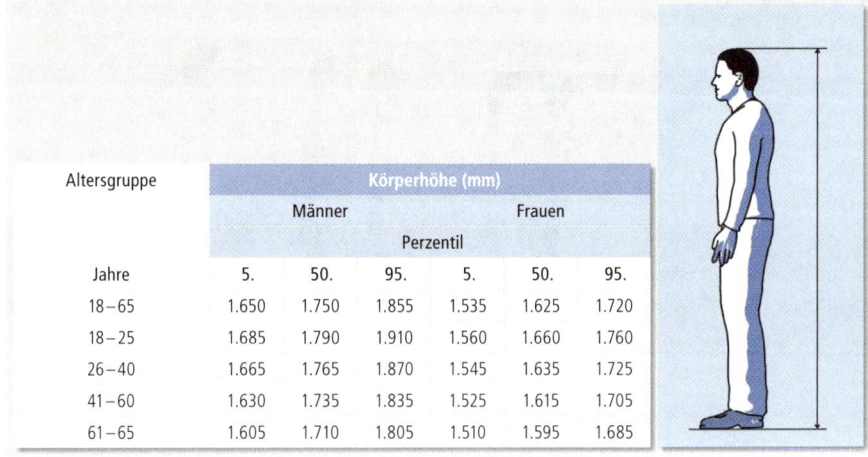

Altersgruppe	Körperhöhe (mm)					
	Männer			Frauen		
	Perzentil					
Jahre	5.	50.	95.	5.	50.	95.
18–65	1.650	1.750	1.855	1.535	1.625	1.720
18–25	1.685	1.790	1.910	1.560	1.660	1.760
26–40	1.665	1.765	1.870	1.545	1.635	1.725
41–60	1.630	1.735	1.835	1.525	1.615	1.705
61–65	1.605	1.710	1.805	1.510	1.595	1.685

Abbildung III-145   Perzentile für die Körperhöhe in Abhängigkeit von Altersgruppen[202]

---

201 Rohmert, W. u. Mitarb.: Umdruck zur Vorlesung Arbeitswissenschaft I. TU Darmstadt, 1993.
202 DIN 33402 Teil 2, Ergonomie – Körpermaße des Menschen; Werte.
Wiedergegeben mit Erlaubnis des DIN Deutsches Institut für Normung e. V. Maßgebend für das Anwenden der DIN-Norm ist deren Fassung mit dem neuesten Ausgabedatum, die bei der Beuth Verlag GmbH, Burggrafenstraße 6, 10787 Berlin, erhältlich ist.

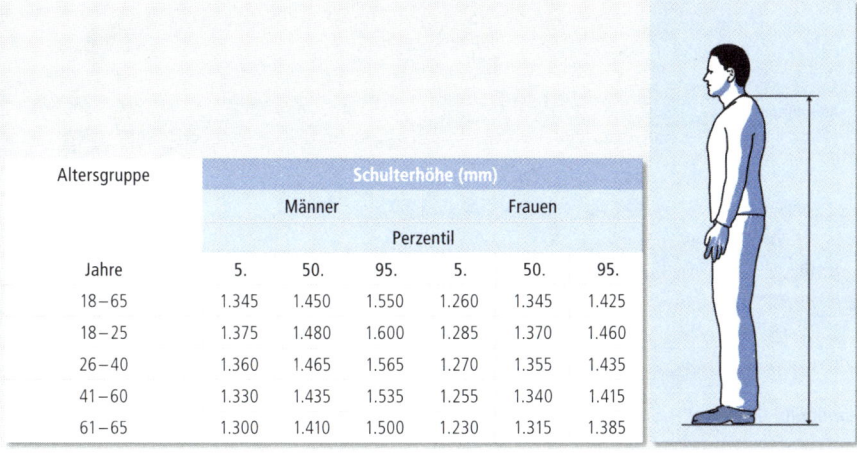

Abbildung III-146   Perzentile für die Schulterhöhe in Abhängigkeit von Altersgruppen[203]

Altersgruppe	Schulterhöhe (mm)					
	Männer			Frauen		
	Perzentil					
Jahre	5.	50.	95.	5.	50.	95.
18–65	1.345	1.450	1.550	1.260	1.345	1.425
18–25	1.375	1.480	1.600	1.285	1.370	1.460
26–40	1.360	1.465	1.565	1.270	1.355	1.435
41–60	1.330	1.435	1.535	1.255	1.340	1.415
61–65	1.300	1.410	1.500	1.230	1.315	1.385

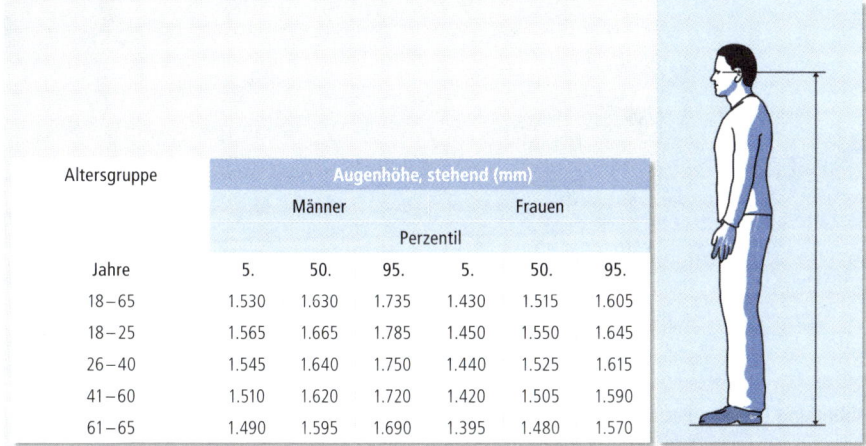

Abbildung III-147   Perzentile für die Augenhöhe stehend in Abhängigkeit von Altersgruppen[204]

Altersgruppe	Augenhöhe, stehend (mm)					
	Männer			Frauen		
	Perzentil					
Jahre	5.	50.	95.	5.	50.	95.
18–65	1.530	1.630	1.735	1.430	1.515	1.605
18–25	1.565	1.665	1.785	1.450	1.550	1.645
26–40	1.545	1.640	1.750	1.440	1.525	1.615
41–60	1.510	1.620	1.720	1.420	1.505	1.590
61–65	1.490	1.595	1.690	1.395	1.480	1.570

203 DIN 33402 Teil 2, Ergonomie – Körpermaße des Menschen; Werte.
Wiedergegeben mit Erlaubnis des DIN Deutsches Institut für Normung e.V. Maßgebend für das Anwenden der DIN-Norm ist deren Fassung mit dem neuesten Ausgabedatum, die bei der Beuth Verlag GmbH, Burggrafenstraße 6, 10787 Berlin, erhältlich ist.
204 DIN 33402 Teil 2, Ergonomie – Körpermaße des Menschen; Werte.
Wiedergegeben mit Erlaubnis des DIN Deutsches Institut für Normung e.V. Maßgebend für das Anwenden der DIN-Norm ist deren Fassung mit dem neuesten Ausgabedatum, die bei der Beuth Verlag GmbH, Burggrafenstraße 6, 10787 Berlin, erhältlich ist.

Altersgruppe	Augenhöhe, sitzend (mm)					
	Männer			Frauen		
	Perzentil					
Jahre	5.	50.	95.	5.	50.	95.
18–65	740	795	855	705	755	805
18–25	760	810	870	720	770	820
26–40	745	805	860	710	760	810
41–60	730	785	850	700	750	800
61–65	710	770	830	685	735	795

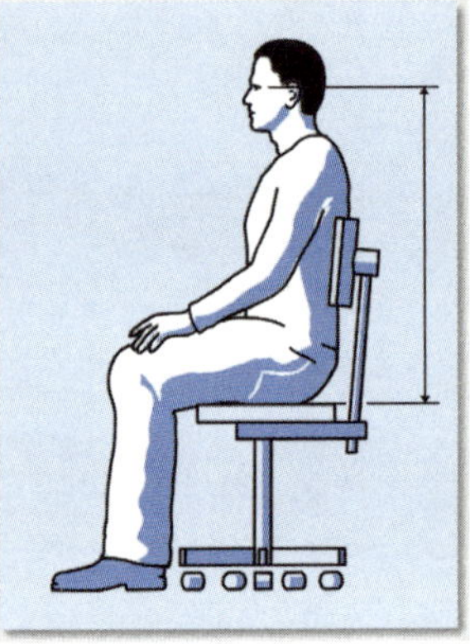

Abbildung III-148   Perzentile für die Augenhöhe sitzend in Abhängigkeit von Altersgruppen[205]

Altersgruppe	Körpertiefe, stehend (mm)					
	Männer			Frauen		
	Perzentil					
Jahre	5.	50.	95.	5.	50.	95.
18–65	260	285	380	245	290	345
18–25	225	255	305	235	265	310
26–40	260	280	360	245	285	335
41–60	275	300	415	250	300	365
61–65	260	290	400	245	290	355

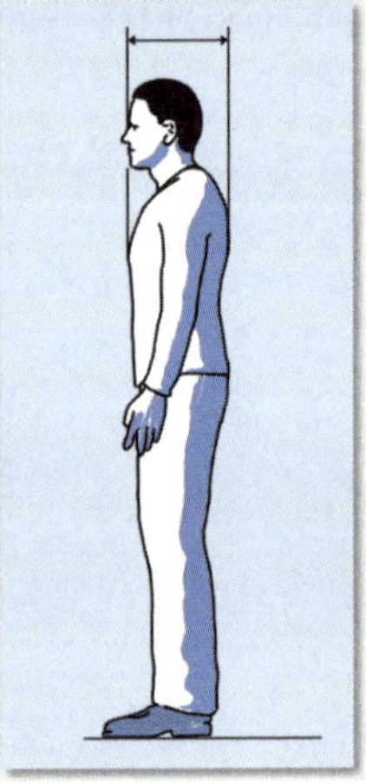

Abbildung III-149   Perzentile für die Körpertiefe in Abhängigkeit von Altersgruppen[206])

Handabmessungen

Gerade für die Montagegestaltung ist die Kenntnis der *Handabmessungen* wichtig – sowohl für die Arbeitsplatzauslegung mit MTM-Prozessbausteinen (Prozesstyp 1, vgl. Teil II, Kapitel 6) als auch für Produktergonomie und Gebrauchstauglichkeit (Abbildung III-150).

205 DIN 33402 Teil 2, Ergonomie – Körpermaße des Menschen; Werte.
     Wiedergegeben mit Erlaubnis des DIN Deutsches Institut für Normung e. V. Maßgebend für das Anwenden der DIN-Norm ist deren Fassung mit dem neuesten Ausgabedatum, die bei der Beuth Verlag GmbH, Burggrafenstraße 6, 10787 Berlin, erhältlich ist.
206 DIN 33402 Teil 2, Ergonomie – Körpermaße des Menschen; Werte.
     Wiedergegeben mit Erlaubnis des DIN Deutsches Institut für Normung e. V. Maßgebend für das Anwenden der DIN-Norm ist deren Fassung mit dem neuesten Ausgabedatum, die bei der Beuth Verlag GmbH, Burggrafenstraße 6, 10787 Berlin, erhältlich ist.

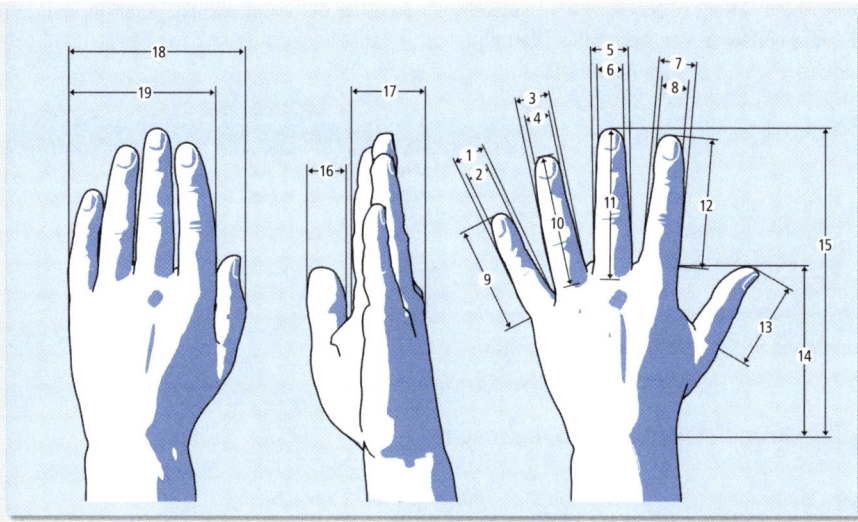

	Perzentile					
	Männer			**Frauen**		
Abmessungen in mm	5.	50.	95.	5.	50.	95.
1 Kleinfingerbreite körpernah nahe Handteller	15	17	19	12	14	17
2 Kleinfingerbreite körperfern nahe Fingerspitze	14	15	17	11	13	16
3 Ringfingerbreite körpernah	17	20	21	15	17	19
4 Ringfingerbreite körperfern	15	16	18	13	16	18
5 Mittelfingerbreite körpernah	19	21	23	17	19	22
6 Mittelfingerbreite körperfern	16	17	19	14	17	19
7 Zeigefingerbreite körpernah	19	21	23	17	19	21
8 Zeigefingerbreite körperfern	17	18	20	14	16	18
9 Kleinfingerlänge	57	64	72	51	59	66
10 Ringfingerlänge	72	80	87	65	73	81
11 Mittelfingerlänge	76	84	93	71	77	86
12 Zeigefingerlänge	68	75	83	62	69	77
13 Daumenlänge	59	68	75	53	60	69
14 Handflächenlänge	104	111	121	92	100	108
15 Handlänge	175	189	207	162	177	193
16 Daumenbreite	20	22	24	16	20	22
17 Handdicke	24	30	31	21	26	32
18 Handbreite mit Daumen	98	107	117	82	90	99
19 Handbreite	80	87	94	70	77	84

Abbildung III-150 Anthropometrie der Hand – Teil 1[207]

---

207 DIN 33402 Teil 2, Ergonomie – Körpermaße des Menschen; Werte.
Wiedergegeben mit Erlaubnis des DIN Deutsches Institut für Normung e.V. Maßgebend für das Anwenden
der DIN-Norm ist deren Fassung mit dem neuesten Ausgabedatum, die bei der Beuth Verlag GmbH, Burggrafenstraße 6, 10787 Berlin, erhältlich ist.

Bei Instandhaltungsaufgaben ist u. a. auch der Griffumfang der Hand wichtig, wenn in schmalen Öffnungsbereichen von Aggregaten Wartungs- und Instandsetzungsaufgaben zu erledigen sind (Abbildung III-151, vgl. auch Abschnitt 5.4.3).

	Perzentile					
	Männer			Frauen		
Abmessungen in mm	5.	50.	95.	5.	50.	95.
Griffumfang der Hand	120	135	155	110	130	155
Handumfang ohne Daumen	195	210	230	175	195	210
Handgelenkumfang	160	175	190	150	165	180

Abbildung III-151   Anthropometrie der Hand – Teil 2[208]

5.2.3 Körperstellungen und -haltungen

Einflussfaktoren der Körperhaltung

Als wesentliche Einflussfaktoren von Körperhaltungen sind zu beachten:

- Anforderungen der Tätigkeit an die Zugänglichkeit (visuell: z. B. Fixation des Auges an Mikroskopen; manuell: z. B. Handhaltung und Bewegungsabläufe);
- räumliche Anordnung des Arbeitsplatzes (z. B. des Arbeitssitzes und -tisches, der Fuß- und Armstützen);
- biomechanische Parameter (z. B. Kraftrichtung, Bewegungsbahnen);
- Arbeitsgegenstand (z. B. Anordnung, Form, Größe).

Ungünstige Körperhaltungen resultieren vorwiegend

- aus mangelhafter räumlicher Arbeitsgestaltung (die Arbeitsperson passt sich im negativen Sinne an und ordnet bewusst oder unbewusst ihre Körperhaltung den Arbeitsanforderungen unter) oder
- aus mangelhaften Arbeitsweisen (häufig verursacht durch ungenügende Unterweisung sowie geringe Motivation).

Diskomfort

Jede Körperhaltung, die längere Zeit eingenommen werden muss, hat eine statische Gewebebeanspruchung zur Folge, die negativ zu bewerten ist. Der Gleichgewichtszustand in den betroffenen Muskeln wird gestört, da der Blutzufluss zum Muskel und die Abfuhr der bei der Verbrennung im Muskel entstandenen Stoffwechselprodukte behindert werden. Mit langandauernden Körperhaltungen wächst ebenfalls der *Diskomfort* in der Schulter-Nacken-Region, im Lendenbereich und in den Armen. Beschwerden und gegebenenfalls Erkrankungen können die Folge sein. Aber auch psychomentale Beanspruchungen können mit Beschwerden der Schulter-Nacken-Region verbunden sein. Langandauernde Sitztätigkeiten mit Bildschirmarbeit wirken sich daher möglicherweise auf zweierlei Weise negativ aus: statische Haltungsarbeit durch das Sitzen und psychomentale Beanspruchung durch die Arbeitsaufgabe.

Damit sind auch die wesentlichen Ansätze der Gestaltung in Bezug auf Körperhaltungen erkennbar. Auf der Grundlage einer Anforderungsanalyse sind die geeigneten Körperhaltungen mit ihrer Dynamik tätigkeitsbezogen und physiologisch zu definieren und bei der räumlichen Gestaltung zu berücksichtigen, die Mitarbeiter sind gezielt zu unterweisen und zur adäquaten Verwendung des Arbeitsplatzes zu motivieren.

---

208   DIN 33402 Teil 2, Ergonomie – Körpermaße des Menschen; Werte.
Wiedergegeben mit Erlaubnis des DIN Deutsches Institut für Normung e. V. Maßgebend für das Anwenden der DIN-Norm ist deren Fassung mit dem neuesten Ausgabedatum, die bei der Beuth Verlag GmbH, Burggrafenstraße 6, 10787 Berlin, erhältlich ist.

Auf die Wechselwirkungen von arbeitsplatz- und menschbezogenen Faktoren, welche die Körperhaltung bei beruflichen Tätigkeiten beeinflussen, wurde bereits in Teil II, Abschnitt 2.5.2 eingegangen.

Der *Energieumsatz* beim Stehen ist höher als beim Sitzen. Stehen ist statische Haltungsarbeit, bei der die Beinmuskulatur besonders belastet wird, weil Stehen zu einem erhöhten hydrostatischen Blutdruck in den Beinvenen sowie zu einer im Zeitablauf zunehmenden Stauung der Gewebeflüssigkeit in Beinen und Füßen führt.

Berufsgruppen, die langandauernd im Stehen arbeiten, gelten als erhöht anfällig für Erweiterungen der Beinvenen (Varizen), für Entzündungen der Beinvenen mit Bildung von Blutgerinnseln (Thrombosen) sowie für Gewebequellungen in Füßen und Unterschenkeln (Knöchelödeme).

Diesen Ausführungen ist zu entnehmen, dass dauerndes Stehen zu Beschwerden, evtl. sogar zu gesundheitlichen Schädigungen führen kann, wobei die Frage nach der Prädisposition zu stellen ist. Ein häufigeres Gehen bei der Arbeit schafft hier bereits Entlastung. Die bessere Lösung ist jedoch ein wählbarer Wechsel zwischen Stehen, Gehen und Sitzen. Das Sitzen hat insbesondere die in Abbildung III-152 aufgeführten Nachteile.

Nachteile	Begründung
1. erhöhte Belastung von Wirbelsäule und Rückenmuskulatur	Spitze Winkel und auch ein rechter Winkel zwischen Rückenlehne und Sitzfläche erhöhen den Bandscheibeninnendruck und die Aktivierung eines Teils der Rückenmuskulatur.
2. Aufnahme des Körpergewichts von einer relativ kleinen Fläche	Auf etwa 10 cm² lasten ca. 400 bis 900 N, dadurch leidet die Durchblutung der Haut, ständige Körperhaltungswechsel sind nötig.
3. mangelnde Durchblutung der inneren Organe, Erschlaffung der Bauchmuskulatur, Gefahr der Rundrückenbildung	Länger andauerndes Sitzen behindert den Blutfluss im Bauchraum.
4. Reduzierung von Greifraum und Stellungskräften	Durch die feste Positionierung des Körpers in der Horizontalen sind die Bewegungsbahnen der Hände eingeschränkt (s. Abbildung II-150).

Abbildung III-152 Nachteile einer langandauernden Sitzhaltung

Die *Maximalkräfte* sind im Sitzen geringer als im Stehen, weil dort das Körpergewicht in höherem Maße als Zusatzkraft einzusetzen ist.

Diese Ausführungen sollten verdeutlichen, warum es sinnvoll ist, langandauerndes Stehen zu vermeiden, aber auch, warum langandauerndes Sitzen problematisch ist, insbesondere unzweckmäßiges Sitzen.

Die *optimale Körperhaltung* ist ungezwungen und freizügig, weist minimale statische Haltungsarbeit aus; sie kann beliebig oft verändert werden, wobei die optimierten räumlichen Beziehungen der Augen, Hände und Arme in Bezug auf das Arbeitsobjekt unverändert bleiben. Die Körperhaltung muss dynamisch, d.h. während der einzelnen Tätigkeiten variierbar sein.

Besondere Bedeutung hat das bei Arbeitsplätzen, an denen ein Wechsel zwischen Sitzen und Stehen möglich sein soll, sogenannten Sitz-Steh-Arbeitsplätzen. Dabei ist die Abstimmung zwischen Körpergröße, Arbeitsflächenhöhe und Arbeitssitzhöhe zu optimieren. Die Arbeitsflächenhöhe ist für das Stehen auszulegen. Beim Sitzen ist die Arbeitssitzfläche in eine relativ hohe Sitzposition zu bringen (vgl. Abschnitt 6.5 zur Auslegung von Montagestationen).

5.2.4 Innere und äußere Arbeitsplatzmaße

Um den Arbeitsplatz den individuellen anthropometrischen Gegebenheiten anzupassen, müssen die *Stützflächen* des Körpers (Sitz- und Tischfläche, Armlehne, Fußstütze sowie auch die Stellteile, Handgriffe, Pedale) verstellbar vorgesehen werden. Dabei muss man die Innenmaße und die Außenmaße beachten.

Als *Innenmaße (Außenmaße)* werden solche Abmessungen bezeichnet, die mindestens notwendig (höchstens zulässig) sind, damit auch der größten (kleinsten) Person ein ungehindertes Arbeiten bzw. Benutzen ermöglicht wird. Innenmaße sind z. B. die minimale lichte Höhe unter der Tischplatte, Außenmaße z. B. die maximale Armreichweite.

Die Innenmaße hängen also von der gewählten maximalen Gestalt, die Außenmaße von der minimalen Gestalt ab. Abbildung III-153 zeigt die falsche Vorgehensweise beim Ableiten der *Arbeitsplatzmaße* von der durchschnittlichen Gestalt; Abbildung III-154 gibt die richtige Lösung wieder.[209]

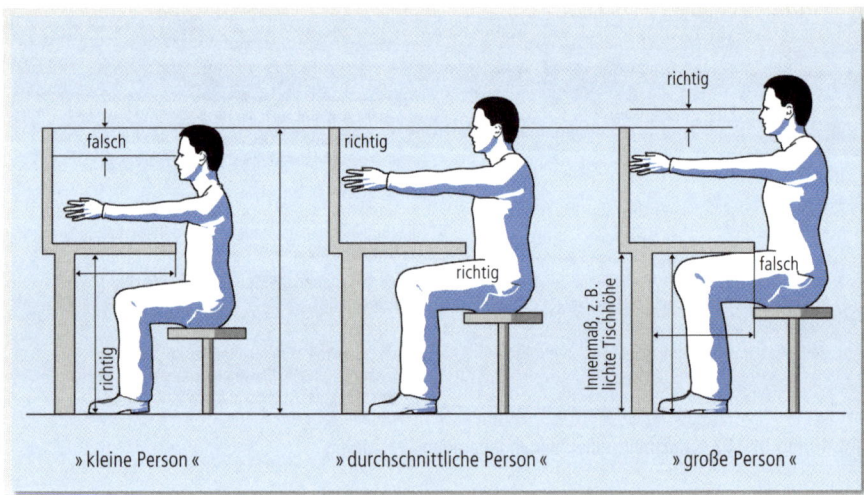

Abbildung III-153 Arbeitsplatz, dessen ergonomische Maße von der durchschnittlichen Gestalt abgeleitet wurden (falsche Vorgehensweise)

---

209 Vgl. Landau, K.; Schaub, K.: Körpermaße. In: Landau, K. u. Mitarb.: Ergonomie I, TU Darmstadt, Institut für Arbeitswissenschaft, 2003.

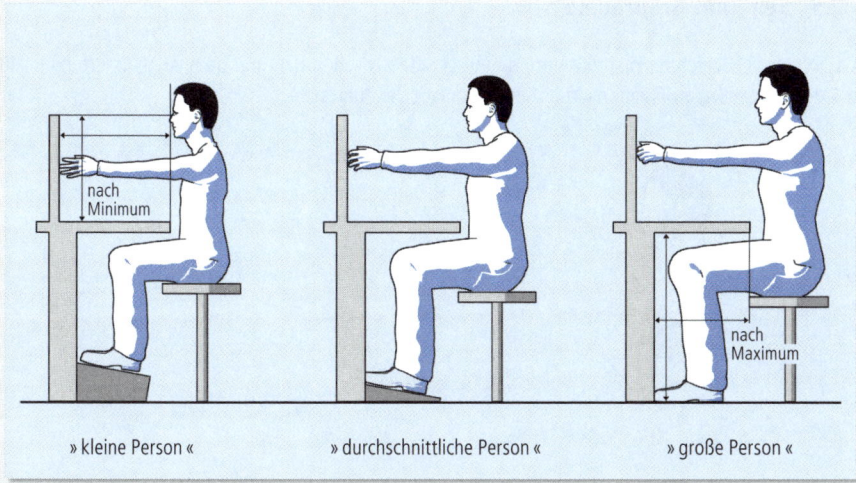

Abbildung III-154 Richtige Lösung – innere Maße sind nach der größten, äußere nach der kleinsten Gestalt abgeleitet. Arbeitssitz und Fußstütze sind in der Höhe einstellbar.

Durch die *Verstellbarkeit* der einzelnen Arbeitsplatzelemente sind die individuellen Abweichungen von der Proportionalität der Körpermaße zu berücksichtigen. Somit ist gewährleistet, dass sich wechselnde Mitarbeiter mit Beginn ihrer Arbeitsschicht ihren Arbeitsplatz optimal einstellen können. Dabei sind folgende Regeln zu beachten:

1. Der Benutzer soll über Sinn und Vorteil der Verstellbarkeit informiert werden.
2. Die Anwendung der verstellbaren Elemente soll vorgeführt und geübt werden.
3. Die individuell gefundenen Einstellwerte sollen normiert und markiert werden.
4. Die Verstellbarkeit muss konstruktiv einfach, absolut zuverlässig und funktionell sein.
5. Die Verstellung selbst darf keinen größeren Kraftaufwand verlangen.
6. Das Lösen und Anziehen der Stellteile muss einfach durchführbar sein, ohne Schraubenschlüssel, direkt von der Hand mittels Flügelmutter, Sternhandgriff o. Ä.
7. Genügend große Passflächen sind zu wählen (Durchmesser, Gewinde möglichst in Trapezform), um vorzeitigen Verschleiß und Verklemmungen zu vermeiden.
8. Im ganzen Bereich der Verstellungen sind Skalen oder Markierungen anzubringen; der bewegliche Teil ist mit einem einfachen Zeiger zu versehen, der deutlich die eingestellte Lage erkennen lässt.

Verstellbarkeit

5.2.5 Seh- und Greifräume

Sehachse

Als *Sehachse* bezeichnet man die Verbindungsgerade zwischen dem mit dem Auge fixierten Objekt und dem zugehörigen Fixationsort auf der Netzhaut des Auges.

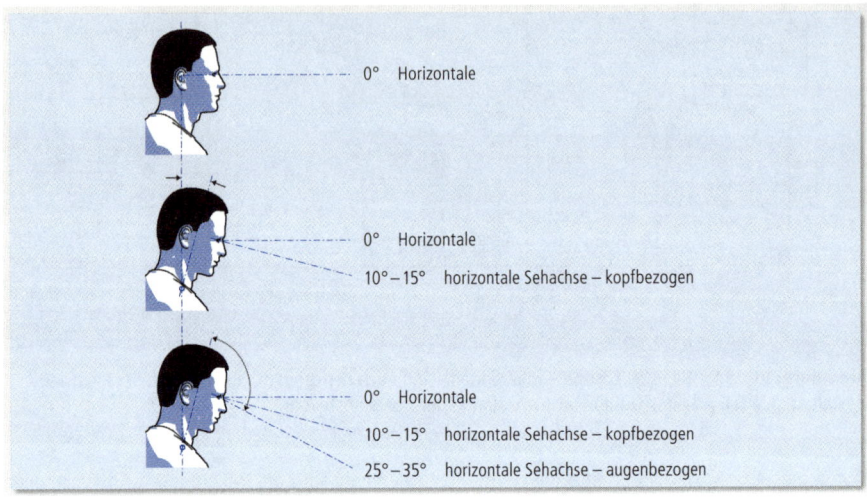

0° Horizontale

0° Horizontale
10°–15° horizontale Sehachse – kopfbezogen

0° Horizontale
10°–15° horizontale Sehachse – kopfbezogen
25°–35° horizontale Sehachse – augenbezogen

Abbildung III-155 Normale Sehachse bei entspannter Kopf- und Augenposition[210]

In entspannter Ruhestellung ist der Kopf typischerweise um 10–15° gegenüber der Horizontalen nach vorne geneigt. In Ruhestellung sind auch die Augen gegenüber dem Kopf nochmals um 15–20° nach unten geneigt, woraus sich eine Gesamtneigung der Sehachse gegenüber der Horizontalen von ca. 25–35° ergibt. Diese natürliche »Nullstellung« der Sehachse sollte bei der Arbeitsgestaltung berücksichtigt werden, um Zwangshaltungen zu vermeiden (Abbildung III-155).

Gesichtsfeld, Blickgesichtsfeld und Umblickgesichtsfeld

Es gibt verschiedene Sehräume des Menschen. Ihre Größe und Leistungsfähigkeit hängen von einer Reihe von Einflüssen ab, z. B. dem Alter, der Körperhaltung, der Verteilung der Beleuchtungsstärke und Leuchtdichte oder der Bewegungsgeschwindigkeit des Menschen (bei Fahrtätigkeiten).

Das *Gesichtsfeld* umfasst den Bereich der Umgebung, der ohne Bewegung von Kopf und Augen gleichzeitig wahrgenommen werden kann. Es hat eine gewölbte ovale Form. Man unterscheidet das monokulare Gesichtsfeld des jeweils rechten und linken Auges vom binokularen Gesichtsfeld der beiden Augen. Scharf sehen kann man innerhalb des Gesichtsfeldes jedoch nur in einem Bereich, der um 1–2° um die Sehachse liegt (Abbildung III-156). Die Entdeckungswahrscheinlichkeit eines Objektes – z. B. bei Kontroll- oder Überwachungstätigkeiten – wird nach außen hin kleiner. Es können nur noch sich bewegende Objekte wahrgenommen werden, eine Mustererkennung ist nicht mehr möglich. Am äußeren Rand sieht das Auge nur Grautöne.

---

210 Schmidtke, H. (Hrsg.): a. a. O., 1993, S. 508.

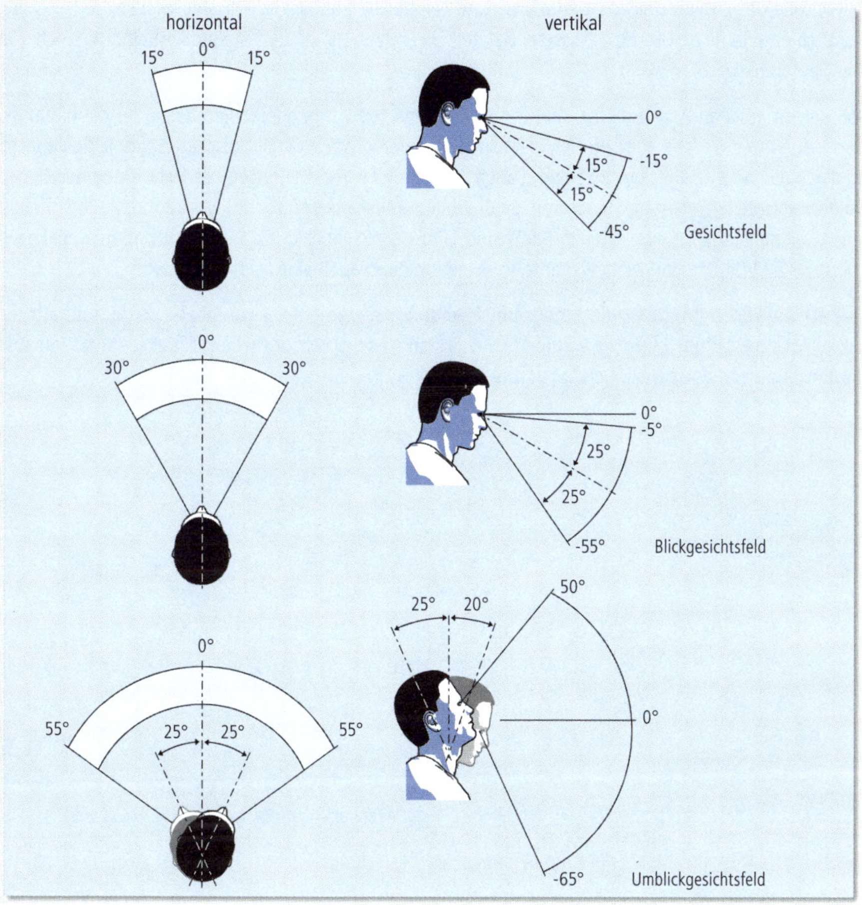

Abbildung III-156 Gesichtsfeld, Blickgesichtsfeld und Umblickgesichtsfeld[211]

Das *Blickgesichtsfeld* beschreibt den Wahrnehmungsbereich bei ruhendem Kopf, aber mit bewegten Augen. Im binokularen Blickgesichtsfeld können bestimmte Bereiche nur monokular fixiert werden. Das binokulare gemeinsame Blickgesichtsfeld ist daher kleiner als die Summe der beiden monokularen Blickgesichtsfelder.

Für MTM-Anwendungen gilt zu beachten, dass für das Prüfen ein *normales Blickfeld* definiert ist, welches mit ca. 15° kleiner als das Gesichtsfeld (30°) ist. Dies entspringt dem Umstand, dass MTM ursprünglich zur Zeitplanung entwickelt wurde. Dabei wurde empirisch ermittelt, dass mit einer Fixation (EF) in einem Bereich von 15° bis zu 3 Kontrollmerkmale erkennbar und mental im Sinne einer ja/nein-Entscheidung zu verarbeiten sind. Dass über dieses normale Blickfeld hinaus ein Bereich von 30° wahrgenommen wird, ist für die Modellbildung beim Prüfen irrelevant.

Das *Umblickgesichtsfeld* schließlich berücksichtigt zusätzlich die Bewegung des Kopfes. Alle Wahrnehmungen, die bei unveränderter Körperhaltung, aber maximalen Kopf- und Augenbewegungen durchgeführt werden, gehören also zum Umblickgesichtsfeld.

211 Schmidtke, H. (Hrsg.): a.a.O., 1993, S. 509.

Die Größe des Gesichtsfeldes ist vom Tag- und Nachtsehen abhängig. Für Helligkeitsreize ist es wesentlich empfindlicher als für Farbreize. Bei den Farbreizen hängt die Empfindlichkeit zusätzlich von der Spektralfarbe ab.

Bei der räumlichen Arbeitsplatzgestaltung sind demnach die besonders wichtigen oder die häufig zu beobachtenden Gegenstände im Gesichtsfeld zu platzieren. Weniger bedeutsame Sehobjekte gehören in das Blick- oder Umblickgesichtsfeld. Langandauernde Extremstellungen des Kopfes und der Augen sollten vermieden werden, da sie mit einer hohen Muskelbeanspruchung verbunden sind. Reicht das Gesichtsfeld nicht aus, müssen Blick- und Umblickgesichtsfeld für die Gestaltung herangezogen werden. Zudem ist sicherheitsrelevante Information dann auch akustisch darzubieten.

Arbeitshöhe

Neben der Blickrichtung ist die Entfernung zum betrachteten Objekt von großer Bedeutung für die Arbeitsplatzgestaltung. Der zu wählende Sehabstand hängt vom visuellen Tätigkeitsinhalt ab und bestimmt auch die Arbeitshöhe (Abbildung III-157).

Sitzhaltungen

Arbeits-höhen-bereich	Tätigkeits-beschreibung	Beispiele
A	**feinst manuell:** höchste Anforderungen an die Bewegungs-steuerung und das Sehvermögen	• Montieren kleinster Teile • Justieren • Bestücken von Leiterplatten • feine Lötarbeiten • Zeichnen, Anreißen, Körnen in waagerechter Ebene
B	**fein manuell:** hohe Anforderungen an die Bewegungs-steuerung und das Sehvermögen	• Montieren kleiner Teile • normale Lötarbeiten • Verdrahten, Drahtlegen
C	**geschickt manuell:** leichte Kraftanstren-gungen, normale Bewegungssteuerung und Sehvermögen	• Drehknöpfe in hor./vert. Ebene • Montieren größerer Teile • Sortier- und Verpackungsarbeiten • Betätigen einer Tastatur • Schreiben auf waagerechter Fläche
D	**grob manuell:** kraft- und bewegungs-aufwendige Arbeit in horizontaler Ebene	• Schieben großer Werkstücke — nur für Steh-arbeiten • Greifen mit hängendem Arm ohne Rückenbeugen
E	**schwer manuell:** kraft- und bewegungs-aufwendige Arbeit mit schwerem Körperein-satz (weitestgehend zu vermeiden)	• Betätigen von Kraftstellteile — nur für Steh-arbeiten • Anheben schwerer Lasten in gebückter Haltung • kräftiges Wenden und Drücken

Diagramm oben (Sitzhaltungen), Abstand (mm) über Mitarbeiter (MA)-Größe (mm):
- 1305 — Augenhöhe über Fußboden
- 1035 / 1080 **A** — Arbeitshöhen, je nach Arbeitsaufgabe
- 860 / 990 **B**
- 780 / 860 **C**
- 680 / 690 — MA-bedingte Beinfreiraum-höhe H
- 480 — MA-bedingte Sitzflächenhöhe
- 380
- 5. Perzentil **Frau** 95.
- 5. Perzentil **Mann** 95.
- x-Achse: 1500, 1630, 1760, 1900

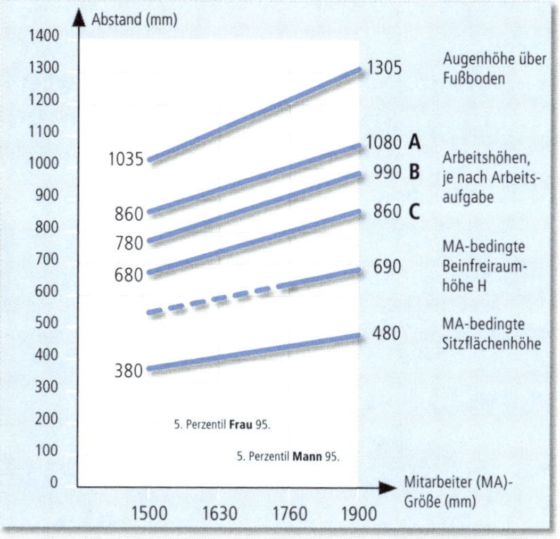

A   feinst manuell
B   fein manuell
C   geschickt manuell
D   grob manuell

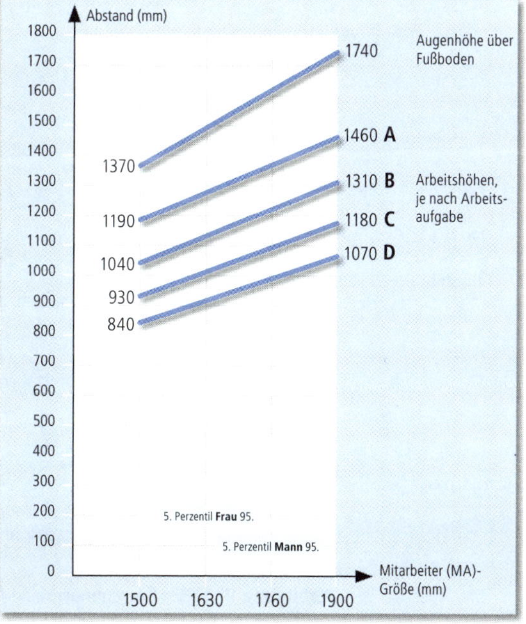

Diagramm unten (Stehhaltungen), Abstand (mm) über Mitarbeiter (MA)-Größe (mm):
- 1740 — Augenhöhe über Fußboden
- 1370 / 1460 **A** — Arbeitshöhen, je nach Arbeitsaufgabe
- 1190 / 1310 **B**
- 1040 / 1180 **C**
- 930 / 1070 **D**
- 840
- 5. Perzentil **Frau** 95.
- 5. Perzentil **Mann** 95.
- x-Achse: 1500, 1630, 1760, 1900

Stehhaltungen

Abbildung III-157   Arbeitshöhen in Abhängigkeit von den Arbeitsaufgaben[212]

---

212 Kirchner, J. H.; Baum, E.: Ergonomie für Konstrukteure und Arbeitsgestalter. München: Hanser, 1990, S. 235–240.

Durch den erforderlichen Sehabstand und Anforderungen an die Körperstabilität ergeben sich für unterschiedliche Arbeitsaufgaben typische Arbeitshöhen.

Bewegungsräume   *Bewegungsräume* des menschlichen Körpers ergeben sich aus den Längenmaßen der Körperteilsegmente und der Stellung der Segmentachsen in den an der Bewegung beteiligten Gelenken. Abbildung III-158 zeigt die Bewegungsräume für Kopf, Arme, Hände, Beine und Füße.[213]

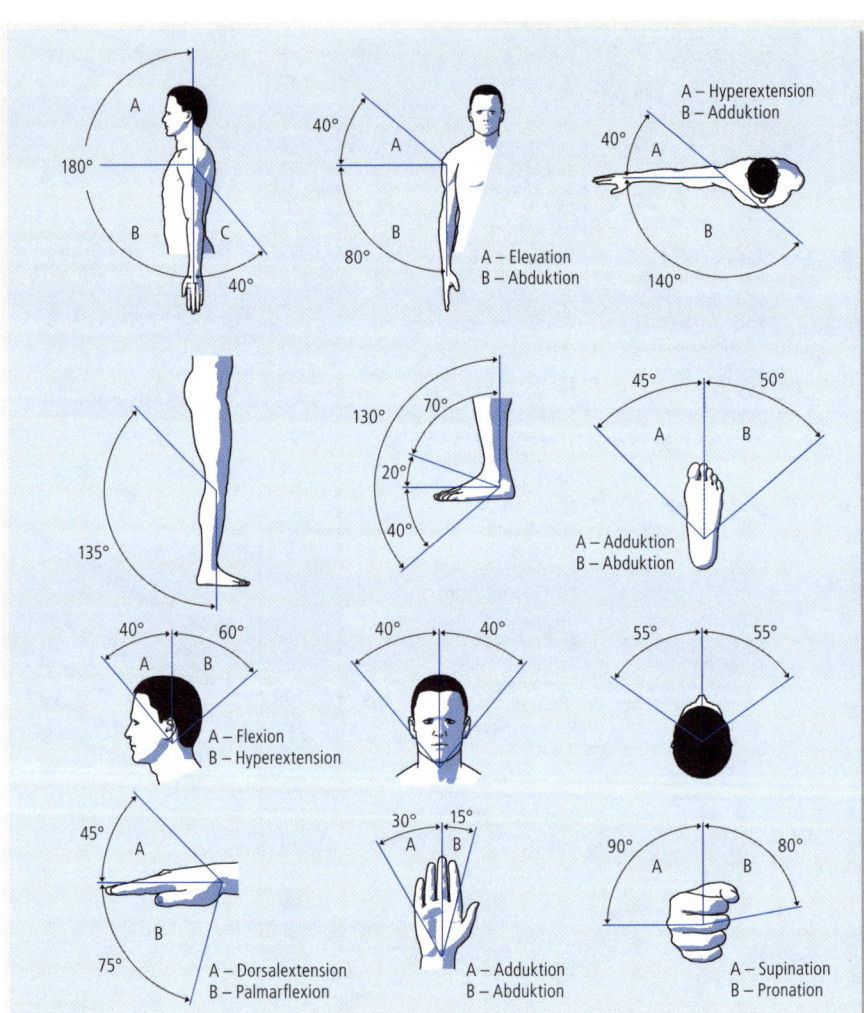

Abbildung III-158   Bewegungsräume für Kopf, Arme, Hände, Beine und Füße[214]

Die hier aufgeführten Werte sind als statistische Werte zu verstehen. Bewegungsumfänge streuen interindividuell und sind u. a. von Alter, Geschlecht und Trainingszustand abhängig.

---

213 Vgl. a. Flügel, B.; Greil, H.; Sommer, K.: Anthropologischer Atlas. Frankfurt/M.: Wötzel, 1986.
214 Abduktion: Wegführen eines Körperteils von Medianebene; Adduktion: Heranführen eines Körperteils; Dorsalextension: Beugung nach rückwärts; Elevation: Anhebung; Hyperextension: Überstreckung; Pronation: Einwärtsdrehung; Supination: Auswärtsdrehung.

Aus den Bewegungsräumen der Gelenke und den Körpersegmentlängen lassen sich optimale Greif- und Sehräume ableiten (vgl. auch Abbildung III-160). Dabei werden unterschiedlich günstige Zonen unterschieden (Abbildung III-159).

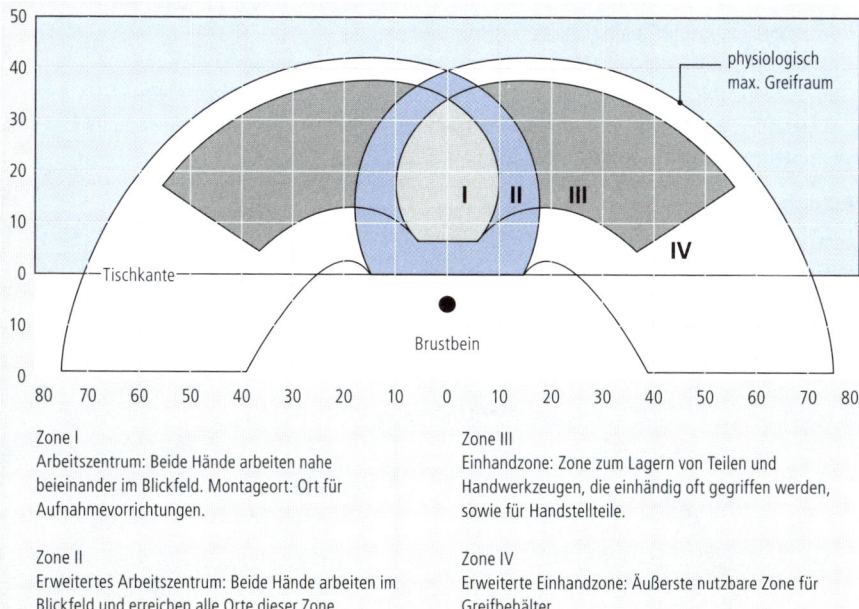

Zone I
Arbeitszentrum: Beide Hände arbeiten nahe beieinander im Blickfeld. Montageort: Ort für Aufnahmevorrichtungen.

Zone II
Erweitertes Arbeitszentrum: Beide Hände arbeiten im Blickfeld und erreichen alle Orte dieser Zone.

Zone III
Einhandzone: Zone zum Lagern von Teilen und Handwerkzeugen, die einhändig oft gegriffen werden, sowie für Handstellteile.

Zone IV
Erweiterte Einhandzone: Äußerste nutzbare Zone für Greifbehälter.

Abbildung III-159 Arbeitszonen für unterschiedliche Tätigkeiten[215]

Der Greifraum sollte sich an dem »kleinen« Benutzer (5. oder 1. Körperhöhenperzentil) orientieren. Bei sitzender Arbeitsausführung mit aufrechter Körperhaltung ergibt sich der Greifraum durch die Bewegungsbahnen der beiden Arme.

Man unterscheidet:

- Geometrisch (anatomisch) maximaler *Greifraum* ist der Raum, der bei unbewegtem Oberkörper mit maximal ausgestrecktem Arm, unter Mitbewegen des Schultergelenkes, umfahren werden kann.
- Physiologisch maximaler Greifraum (für die Arbeitsgestaltung wichtiger Greifraum) ist der Raum, welcher bei unbewegtem Oberkörper mit entspannten Armen, ohne Mitbewegung des Schultergelenks, umfahren werden kann. Der Radius ist um etwa 10 % kleiner als beim geometrisch maximalen Greifraum.
- Kleiner Greifraum (für die Arbeitsgestaltung bei häufig wiederkehrenden Greifbewegungen empfohlener Greifraum) ist derjenige Raum, welcher bei unbewegtem Oberkörper, herabhängenden Oberarmen und annähernd waagerechten Unterarmen umfahren wird.

Der Arbeitsbereich der Hände ist im Sitzen kleiner als bei stehender Körperstellung. Im Allgemeinen wird bei der Auslegung des Greifraums jedoch nicht nach sitzender bzw. stehender Arbeitsausführung unterschieden.

215 VDI (Hrsg.): Handbuch der Arbeitsgestaltung und Arbeitsorganisation. Düsseldorf: VDI, 1980, S. 93.

Bei der Gestaltung der Greifräume sollte Folgendes beachtet werden:

- Unterarmbewegungen (Oberarm herabhängend oder Ellbogen aufgestützt) verlaufen am günstigsten vom Körper weg bzw. auf den Körper zu,
- Oberarmbewegungen (Bewegungen des ganzen Armes) dagegen vor dem Körper von rechts nach links oder umgekehrt (natürliche Bewegungsbahnen),
- die Präzision der Bewegungsführung reduziert sich mit zunehmender Entfernung,
- die Körperkräfte im Greifraum sind von Armstellung und Kraftrichtung abhängig,
- längeres Verweilen der Hand an der Greifraumgrenze sollte wegen der damit verbundenen Haltungsarbeit vermieden werden.

Gesichtsfeld und physiologisch maximaler Greifraum entsprechen sich nicht. Dies bedeutet, dass im Greifraum nicht ohne (häufige) Blickverschiebung und Kopfbewegungen gearbeitet werden kann. Ebenso sind die stark unterschiedlichen Greifräume der kleinen Frau und des großen Mannes zu beachten (Abbildung III-160).

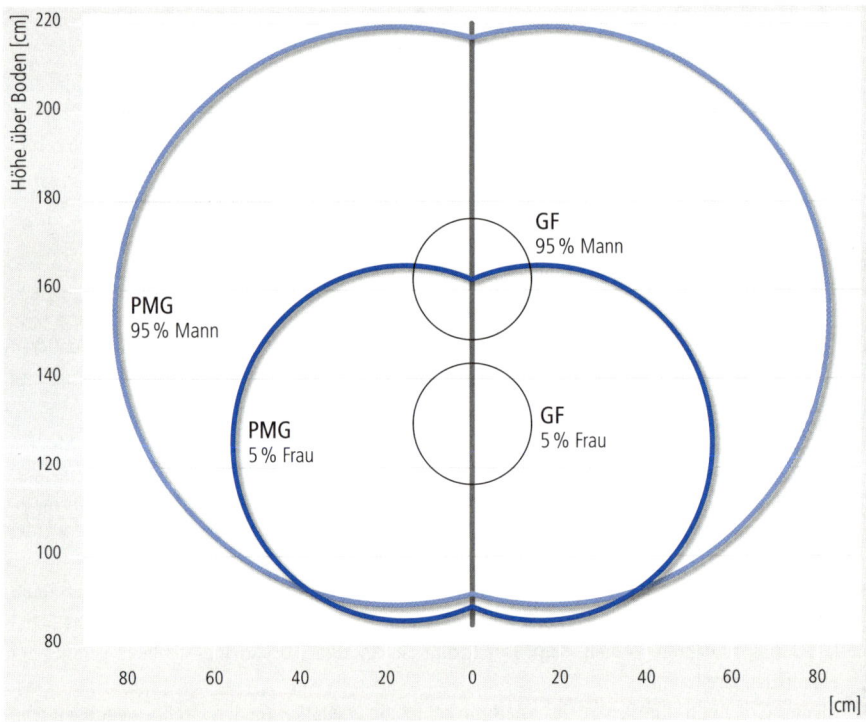

Abbildung III-160 Überdeckung von physiologisch maximalen Greifräumen (PMG) und Gesichtsfeld (GF) für 5 % Frau und 95 % Mann in Stehhaltung

Menschliche Gestalt maßstabsgetreu

5.2.6 Somatografie

Die in den Normen angebotenen Körpermaße sind nicht geeignet, das technische Bild der menschlichen Gestalt maßstabgetreu mit gänzlichem, ununterbrochenem Umriss in den üblichen Ansichten (Seiten-, Vorder- und Draufsicht) in verschiedenen Köperstellungen zu konstruieren.

Als *Somatografie* (aus dem Griechischen: soma: Körper, graphein: zeichnen) wird eine Methode zur maßstabgetreuen Darstellung schematischer Bilder der menschlichen Gestalt in eindeutig definierten und reproduzierten Körperstellungen unter Berücksichtigung der anatomischen und anthropometrischen Gegebenheiten bezeichnet.

Die Somatografie bietet damit einen Kompromiss zwischen den variablen und komplizierten biologischen Gegebenheiten des menschlichen Körpers und der Praktikabilität in der Anwendung. Die Somatografie muss der Denkweise des Anwenders (des Konstrukteurs) entsprechen.

Die Somatografie macht eine Reihe von Vereinfachungen:

1. Das Skelett des menschlichen Körpers wird durch ein schematisches kinematisches Modell ersetzt. Statt der anatomischen Gelenke werden technische Gelenke mit eindeutigen, fixen geometrischen Achsen vorausgesetzt. Dabei werden trotz der Simplifikation die anatomischen Prinzipien weitgehend berücksichtigt. Die Gelenkarten werden auf drei Typen reduziert:
   * Scharniergelenke mit einer Drehachse (z. B. Kniegelenk),
   * Kugelgelenke mit zwei Drehachsen (z. B. Fußgelenk) und
   * Kugelgelenke mit drei Drehachsen (Schwenken in zwei Ebenen und Rotation, z. B. Hüftgelenk).
2. Die Beweglichkeitsbereiche in einzelnen Gelenken des Skelettmodells sind ohne Rücksicht auf Geschlecht und Alter (15–65 Jahre) invariant vorausgesetzt.
3. Zur Ableitung der resultierenden Körpergliedeinstellung gilt das Gesetz der Superposition der elementaren anatomischen Bewegung (Beugung, Streckung, Drehung) in einzelnen Gelenken.
4. Die Körpermaße werden durch zwei Maßsysteme (Skelettmaße und Umrissmaße) bestimmt und gewährleisten eine vollständige und nicht unterbrochene Bildkontur der menschlichen Gestalt. Die Umrisszeichnung besteht lediglich aus Geraden und Kreisbögen und schließt das Freihandzeichnen völlig aus.
5. Die Proportionalität der Körpermaße (d. h. das Verhältnis einzelner Maße zur Körperhöhe) wird im ganzen Körperhöhenbereich ohne Unterschied des Geschlechts und Alters als unveränderlich vorausgesetzt. Die Konturen schließen Bekleidung und Schuhwerk ein.

Als zeichnerisches Hilfsmittel für das Konstruieren der technischen Bilder der menschlichen Gestalt standen früher lediglich somatografische Schablonen zur Verfügung, wobei für jede Körpergröße und für einzelne technische Maßstäbe (z. B. 1:20, 1:10, 1:5, 1:25 u. a.) jeweils drei Schablonen bestimmt waren (Vorderansicht, Seitenansicht und Draufsicht). Eine Weiterentwicklung der Schablonensomatografie war die *Videosomatografie*. Sie beruht auf der Überblendung von zwei Videobildern, von denen eines die Testperson und das andere die Zeichnung des Arbeitsplatzes enthält.

Sowohl Schablonen- als auch Videosomatografie werden inzwischen in der praktischen Arbeitsplatzgestaltung durch die *Computer-Somatografie* weitgehend ersetzt (Abbildung III-161). Körperbewegungen können mit der Computer-Somatografie unter Berücksichtigung der Gelenkwinkel; Reichweiten, Sehräume etc. realistisch simuliert werden. Werkzeuge zur Computer-Somatografie sind mittlerweile breit verfügbar.

Computer-Somatografie

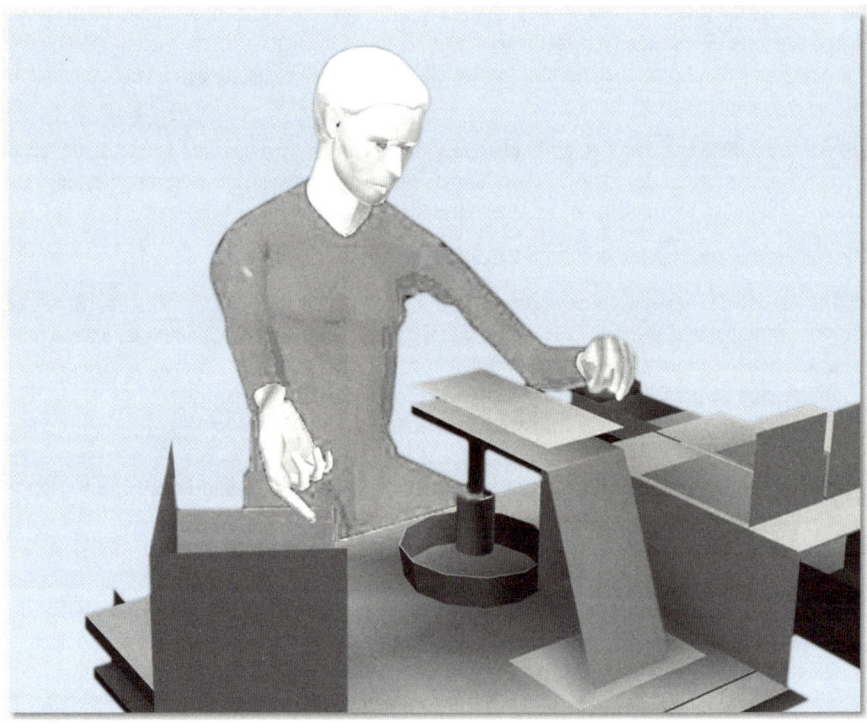

Abbildung III-161   Beispiel eines Werkzeugs der Computer-Somatografie (ANTHROPOS)

5.2.7 Körperunterstützungen beim Sitzen und Stehen

Stützflächen

Das wichtigste Ziel bei langandauernder Sitztätigkeit besteht darin, anatomisch falsche und physiologisch schädliche Körperhaltungen zu vermeiden. Der *Körperunterstützung* (bei sitzender Arbeit) können vier *Stützflächen* dienen:

- Sitzfläche,
- Fußstütze,
- Armstütze,
- Handstütze.

Diese vier Stützflächen sind voneinander abhängig; sie können nicht für sich alleine optimiert werden. Die räumliche Anordnung der Stützflächen wird durch die Art der Arbeitsaufgabe und die Körpermaße des Mitarbeiters bestimmt. Die Vorgehensweise bei der Auslegung von Stützflächen ist hier wie folgt:

1. Körpergrößenbereich der einzusetzenden Mitarbeiter festlegen.
2. Arbeitsplatzmaße für die größte und kleinste Gestalt ermitteln.
3. Für beide Gestalten das Arbeitsplatz- und Stützflächensystem festlegen und vermaßen.
4. Das ermittelte Stützflächensystem mit dem Gesamtarbeitsplatz und dem Hallen-Layout in Übereinstimmung bringen.

Auslegung von
Tisch-Stuhl-Einheiten

Von besonderer Bedeutung ist die *Verstellbarkeit* der einzelnen Stützflächen. Werden Arbeitsplätze vom 5. Perzentil Frau bis zum 95. Perzentil Mann ausgelegt, dann ist die Verstellbarkeit von Stuhl,

Tisch, Fußstütze und Armstütze unabdingbar. Weiterhin kann von der Proportionalität von Körperhöhe und Gliedmaßengröße beim einzelnen Mitarbeiter nicht in exakter Weise ausgegangen werden, was ebenfalls die Verstellbarkeit der Ausstattungselemente des Arbeitsplatzes erfordert. Auch bequeme Körperhaltungen sollen variiert werden können, weil selbst eine »optimale« Körperhaltung auf Dauer nicht bequem ist. Dies weist insbesondere auf die freie Wechselbarkeit der Körperhaltung hin. Folgende Anforderungen sind bei der Auslegung von Tisch-Stuhl-Einheiten zu beachten:

- Falsche Arbeitshöhen und *Sichtgeometrien* dürfen nicht zu Zwangshaltungen führen.
- Fehlende Knie-Einrück- und Fußvorstoßräume müssen vermieden werden.
- Körperhaltungen und Bewegungsabläufe müssen sich entsprechen.
- Ungünstige Hebelwirkungen müssen vermieden werden.
- Der Körper muss immer in einer stabilen Lage sein.
- Die Eigengewichte des Mitarbeiters sollen auf die Stützflächen optimal verteilt werden können.
- Ein ungehinderter Wechsel der Körperhaltungen muss jederzeit möglich sein.
- Unzulässige Kompressionen des Muskelgewebes, der Blutgefäße und der Nerven sind zu vermeiden.

Bei sitzender Körperhaltung werden drei Sitzgrundstellungen unterschieden:

- nach vorne gebeugter Oberkörper (Schreibhaltung),
- senkrecht, aufrechter Oberkörper,
- nach hinten angelehnter Oberkörper,
- die je nach Tätigkeitsart variiert auftreten.

Nach den einschlägigen DIN-Normen werden für *Arbeitssitze* die in Abbildung III-162 angegebenen Maße und Eigenschaften gefordert.[216]

Arbeitssitze

Eigenschaft	Wertebereich (mm)	Bemerkung
Breite Sitzfläche	400–480	Sitzfläche soll leichtes Sitzprofil aufweisen und Vorneigung −2° Rückneigung +12°
Tiefe Sitzfläche	380–420	Kniekehlen sollen etwa 50 mm von Sitzvorderkante entfernt sein
Höhenverstellung Sitzfläche	120 bei unterster einstellbarer Sitzflächenhöhe ≤ 570, 180 bei unterster einstellbarer Sitzflächenhöhe > 570	
Breite Rückenlehne	360–400	darf größere Manipulationen mit Werkstück und Werkzeug nicht behindern
Höhe Rückenlehne	mind. 220 bei höhenverstellbarer Rückenlehne, 320 bei nicht verstellbarer Rückenlehne	in ihrer Form an die Rückenkontur bei aufrechter Sitzhaltung angepasst
Höhenverstellung Rückenlehne	Befestigungspunkt der Rückenlehne 170–230 über der Sitzfläche	
Neigungsverstellung	80°–115° gegen die waagerechte Sitzfläche geneigt	Vorkippung in der vorderen Sitzhaltung etwa 100, rückwärtige Neigung für die entspannte Sitzlage < 25°
Lendenbauschhöhe	170–30	Möglichst in Höhe einstellbar; konvex nach vorne gekrümmt

Abbildung III-162 Wichtige Eigenschaften von Arbeitssitzen[217]

---

216 Vgl. DIN 68877: Arbeitsdrehstuhl, 1981 sowie DIN EN 1335-1: Büro-Arbeitsstuhl, 2002.
217 Die Werte beziehen sich auf industrielle Arbeitsstühle.

Die Sitzflächenform soll nicht zu sehr der Körperkontur angepasst werden, weil dies das dynamische Sitzen verhindern würde. Die Sitzvorderkante soll großzügig abgerundet werden, damit Pressungen im Kniegelenkbereich vermieden werden.

Arbeitssitze mit Synchronmechanismus gewährleisten, dass sich das Gesäß bei Einnahme der hinteren Sitzstellung nicht in den vorderen Teil der Sitzfläche verschiebt und dabei die genutzte Sitzfläche verkürzt.

Bei vorderer Sitzhaltung sind Rückenstützen nicht erforderlich. Bei hinterer Sitzhaltung und in Ruhepausen, wenn der Rumpf zur Entspannung nach hinten gelehnt wird, dienen sie dazu, Kyphose und Beckenrückdrehung zu begrenzen und die Muskulatur zu entlasten.

Kippsicherheit

Das *Kippsicherheitsmaß* (Abstand des Abstützpunktes der Rückenseite von der Drehachse des Stuhls) ist zu beachten, um beim Verlagern des Körperschwerpunktes nach hinten die Standsicherheit des Arbeitssitzes nicht zu gefährden. Nach DIN 4551 muss bei einem 5-Fußkreuz-Untergestell der Radius zwischen Abstützung (Säule) und Bodenkontaktteilen (Rollen, Gleiter) mindestens 195 mm betragen.

Die meisten Stuhlhersteller bieten *Synchronmechanismen* an. Das sind gelenkartige Verbindungen zwischen Sitzfläche und Lehne. Wenn der auf die Sitzfläche bezogene Drehpunkt unter den Sitzbeinhöckern liegt, soll verhindert werden, dass die zurückschwingende Lehne schräg aufwärts gegen den Rücken drückt und den Benutzern die Kleidung am Rücken nach oben zieht. Eine vom Körpergewicht abhängig einstellbare Rückstellkraft wirkt auf die Lehne und löst den Synchronmechanismus aus. Beim Synchronmechanismus sollten drei Größen einzustellen sein:

1. Lehnenrückstellkraft (nach dem Körpergewicht des Benutzers),
2. stufenlose Arretierung des Synchronmechanismus,
3. Begrenzung der Synchronmechanik-Wirkung bei horizontaler Sitzfläche.

Armauflagen

Armauflagen an Arbeitsstühlen sollen eine zusätzliche Stützhilfe beim Sitzen sein, indem sie Schulter- und Oberarmmuskulatur von statischer Haltungsarbeit entlasten. Sie sollen die Bewegungsfreiheit der Arme und Hände nicht beeinträchtigen und beim Auflegen der Unterarme keine nennenswerte Flächenpressung bewirken. Armauflagen sind zwar oft eher hinderlich als nützlich, weil zu einem hohen Zeitanteil in vorderer Sitzstellung gearbeitet wird oder sich mancher durch die Armauflagen eingeengt fühlt. Dennoch sollte man den Mitarbeitern Armauflagen anbieten, weil:

- sie bei den meisten Arbeitssitzen schnell anzubringen und im Bedarfsfall leicht zu demontieren sind,
- man bei der Beschaffung von Arbeitssitzen meist nicht den Nutzer und oft nicht die konkrete Verwendung kennt und
- das »Gewähren« von Armauflagen in manchen Betrieben als Statussymbol angesehen wird.

Die wichtigsten ergonomischen Empfehlungen für Armauflagen sind in Abbildung III-163 wiedergegeben.

Zur Polsterung von Armauflagen werden überwiegend Schaumstoffe verwendet. Das Oberflächenmaterial sollte einen hohen Reibungskoeffizienten haben, um ein Abrutschen der aufgestützten Arme zu vermeiden. Zudem sollte es schmutzabweisend, wärme- und feuchteleitend und leicht zu reinigen sein. An den Kanten sollten die Auflagen gerundet sein und eine geschlossene Form haben, um ein Verhaken an der Vorderkante zu vermeiden. Sie sollten bei der Lehnenrückneigung so mitschwingen, dass sie ihre in etwa waagerechte Position zur Sitzfläche beibehalten.

Merkmal	empfohlene Werte (mm)
Länge	200–250
Breite	> 50
Höhe über Sitzfläche	230
Abstand zur Sitzvorderkante	> 150
Distanz zwischen Armauflagen	460–500

Abbildung III-163   Ergonomische Empfehlungen für Armauflagen

Sitz- und Rückenlehnenpolsterung des Arbeitsstuhles sollen bewirken, dass

- interindividuelle Unterschiede in der Körperform ausgeglichen werden und der Körper dennoch uneingeschränkt gestützt wird, der Flächendruck der Sitzfläche auf Gesäß und Beine auf ein Minimum reduziert wird und
- eine Wärme- und Feuchteabführung begünstigt wird.

Als Polsterstärken werden für die Sitzfläche 30–40 mm, für die Lehne 20–30 mm vorgeschlagen.

Für das Bezugsmaterial können drei Anforderungen formuliert werden:

1. rutschfest, gegen statische Aufladung unempfindlich sowie luft- und wasserdampfdurchlässig (deshalb Gewebe z. B. mit hohem Baumwollanteil),
2. hohe Abriebfestigkeit,
3. Unempfindlichkeit gegen Verschmutzung und leicht zu reinigen.

Die *Stellteile bei Arbeitsstühlen* dienen u. a. der individuellen Einstellung von:

Stellteile
bei Arbeitsstühlen

- Sitzhöhe,
- Sitzflächenneigung,
- Rückenstützenhöhe und -tiefe,
- Lendenbauschhöhe,
- Synchronmechanismus.

Die Stellteile sollen einfach, leicht, ohne Verletzungsgefahr, sinnfällig und im Sitzen zu handhaben sein. Sie sollen stufenlos verstellbar sein, um den Arbeitssitz genau an die individuellen Bedürfnisse der Benutzer anpassen zu können.

Das *Untergestell* des Stuhles muss zwei Anforderungen erfüllen:

1. Standsicherheit des Arbeitssitzes gewährleisten (kein Kippen oder Wegrollen),
2. Wechsel des Standorts ermöglichen.

Dabei sind vier konstruktive Elemente näher zu betrachten:

1. Rollen und Gleiter,
2. Fußkreuz,
3. Stuhlsäule,
4. Fußstütze.

Die meisten heute angebotenen Arbeitssitze lassen wahlweise die Verwendung von Gleitern (z. B. wenn der Sitz gegen Verschieben zu sichern ist) oder Rollen zu.

Das Fußkreuz soll so weit ausgelegt sein, dass ein Kippen vermieden wird, ohne durch eine zu weite Auslage zu einer erheblichen Stolpergefahr zu führen. In DIN 4551 wurde u.a.

- für die Verwendung von Rollen ein fünfarmiges Fußkreuz (optimale Synthese von Armzahl und Kippsicherheit) vorgeschrieben,
- die Armlänge auf 365 mm begrenzt (Kompromiss aus Kippsicherheit und Stolpergefahr).

Die Stuhlsäule hat zwei wichtige Funktionen zu erfüllen:

- durch vertikal wirkende Federung (Druckfeder) ein Stauchen der Wirbelsäule beim Hinsetzen zu vermeiden,
- einen Höhenausgleich zur Arbeitsflächenhöhe zu ermöglichen.

Richtige Nutzung Ein aus ergonomischer Sicht geeigneter Arbeitssitz ist noch keine Gewähr für eine optimale Nutzung. Die Benutzer müssen zum richtigen Sitzen motiviert und von den für sie daraus entstehenden Vorteilen überzeugt werden:

- richtige Einstellung der *Sitzhöhe* (waagrechte Oberschenkel, Knie im stumpfen Winkel),
- Nutzen der gesamten Sitzfläche bei mittlerer und hinterer Sitzhaltung,
- Einstellen der Sitzneigung entsprechend der überwiegend eingenommenen Sitzstellung,
- richtige Einstellung der Lehnenhöhe und -tiefe (keine Pressungen in der Kniekehle) sowie des Lendenbauschs (Position zwischen 5. und 3. Lendenwirbel),
- Einstellung des Verstellwiderstands der Rückenlehne nach dem Körpergewicht und Nutzen des »Dynamikbereichs« der Lehnen (Bereich, in dem sie dem nach vorn gehenden Rücken folgt),
- Montage oder Demontage von Armlehnen und ggf. Fußstütze,
- Wechsel in der Sitzstellung und Beinhaltung und Einnahme der Entspannungsposition (extreme Rückenlage und hinter dem Kopf verschränkte Arme).

Stehhilfen *Stehhilfen* (Stehsitze) sind Körperunterstützungen zur Entlastung der Bein- und Rückenmuskulatur. Sie können an Arbeitsplätzen eingesetzt werden, wo Sitzen nicht möglich ist.

Kennzeichen der Stehhilfe sind, dass

- das Gesäß auf einer meist nach vorn geneigten Abstützfläche platziert und der Körper dadurch abgestützt wird,
- die Beine schräg nach vorn gestreckt werden, um einem Abrutschen von der Abstützfläche entgegenzuwirken.

Die Abstützfläche kann klappbar oder drehbar mit dem Untergestell verbunden und höhen- und neigungsverstellbar sein. Das Untergestell kann starr auf dem Boden stehen, mit diesem verankert, an einem Betriebsmittel schwenkbar befestigt oder pendelnd gelagert sein. Es gibt zwei Typen von Stehhilfen:

- starre Stehhilfen, bei denen die Gestellstützen während der Benutzung feststehen, und
- pendelnd gelagerte Stehhilfen, bei denen die Stützsäule beweglich gelagert ist, so dass die Abstützfläche kleineren Verlagerungen der Sitzposition folgt.

Die Abstützflächen sollten eine Breite von mindestens 350 mm und eine Tiefe zwischen 150 mm und maximal 250 mm haben. Bei größeren Tiefen besteht die Gefahr, dass der Stehsitz als Arbeitssitz benutzt wird und dabei eine hohe Druckbelastung an der Unterseite der Oberschenkel entsteht. Als Höhenverstellbereiche für die Abstützflächen sind etwa 700–850 mm vorzusehen.

Fußstützen *Fußstützen* dienen dem Abgleich von Sitzfläche, Arbeitsfläche und Fußbodenebene. Sie bringen den Fuß gegenüber dem Unterschenkel in die physiologische Null-Lage und erlauben längere Zeit entspannteres Arbeiten. Die Anforderungen an Fußstützen sind wie folgt:

- Die Stellfläche sollte eine Breite von mindestens 450 und eine Tiefe von mindestens 350 mm haben, um die Füße ganzflächig aufsetzen zu können und Stellungsänderungen zu ermöglichen. Aufsetzrohre anstelle einer durchgehenden Fußplatte sind unzweckmäßig, weil die Füße zu balancieren sind und ein zu hoher Flächendruck am Aufsetzpunkt entsteht.
- Der Neigungswinkel der Fußaufstellfläche soll zwischen 5 und 25° verstellbar sein. Als Stellteile sind seitlich an der Fußstütze angebrachte sternförmige Stellteile zu bevorzugen, die mit den Füßen zu betätigen sind.
- Die Fußstützenfläche sollte einen rutschhemmenden Belag mit geringer Wärmeleitfähigkeit haben. Die Ausbildung der Aufstellfläche sollte der Fußform angepasst sein, um ein Abrutschen der Füße zu erschweren.
- Fußstützen sollten horizontal (30–125 mm) und vertikal zu verstellen sein. Der Verstellbereich soll einer kleinen Frau ebenso wie einem großen Mann die Benutzung ermöglichen.

In der Praxis werden Fußstützen häufig nicht genutzt,

- weil sie die vorstehend angeführten Anforderungen nicht erfüllen oder
- es an der notwendigen Information über ihre zweckentsprechende Nutzung mangelt.

5.2.8 Arbeitsflächen

Als *Arbeitsflächen* werden (Schreib-)Tische, Werkbänke, Konsolen, Pulte u. Ä. bezeichnet, an denen in stehender, angelehnter oder sitzender Körperhaltung Arbeitsgegenstände manipuliert werden. Auch Arbeitsgegenstände können Arbeitsflächen sein, z. B. bei Montagen, wenn Werkstücke auf Werkstückträgereinrichtungen gefördert werden. Arbeitsflächen werden auch zum Auflegen von Armen und Händen benutzt und sind von daher Körperunterstützungen.

Maßgebend für die Arbeitsflächenhöhe ist nicht die Tisch- oder Werkstückträgerhöhe, sondern die Einwirkungsstelle des Menschen am Arbeitsgegenstand.

Beim Auslegen von Arbeitsflächen sind insbesondere folgende Aspekte zu beachten:[218]

Auslegen von Arbeitsflächen

1. Körperhaltung der Benutzer,
2. maximaler und funktioneller Greifraum der Benutzer,
3. Höhe der Vorrichtungen und darin fixierten Arbeitsgegenstände über der Arbeitsfläche,
4. erforderlicher Bein- und Fußfreiraum,
5. Oberflächeneigenschaften der Arbeitsfläche in Bezug auf
   - Lage bzw. Standsicherheit der Arbeitsgegenstände,
   - Beschädigungsresistenz,
   - Reflexionseigenschaften,
   - Wärme-/Kälteleiteigenschaften (z. B. Vermeiden von Tischplatten aus Metall oder Stein wegen der Gefahr von Kälteeinleitung in die Handgelenke).

---

218 Schmidtke, H. (Hrsg.): a. a. O., 1993.

Zusätzliche Probleme beim Festlegen von Arbeitsflächenhöhen ergeben sich, wenn

- im Stehen und Sitzen gearbeitet wird (Lösung: fürs Stehen auslegen),
- verschiedene Personen, evtl. auch beiderlei Geschlechts, tätig sind (Lösung: nach größter Person auslegen),
- die Abmessungen zu bearbeitender Arbeitsgegenstände erheblich differieren (Lösung: nach den Abmessungen der am häufigsten bearbeiteten Teile auslegen).

Höhe der Arbeitsfläche | Die notwendige *Höhe der Arbeitsfläche* hängt ab von:

- den Sehanforderungen (Sichtgeometrie),
- der Art muskulärer Belastung (fein- oder grobmotorische Arbeit),
- der Körperhaltung (Sitzen oder Stehen),
- der Höhe eventueller Vorrichtungen und Arbeitsgegenstände auf der Arbeitsfläche.

Weitere wichtige Eigenschaften von Arbeitsflächen werden in Abbildung III-164 dargestellt.

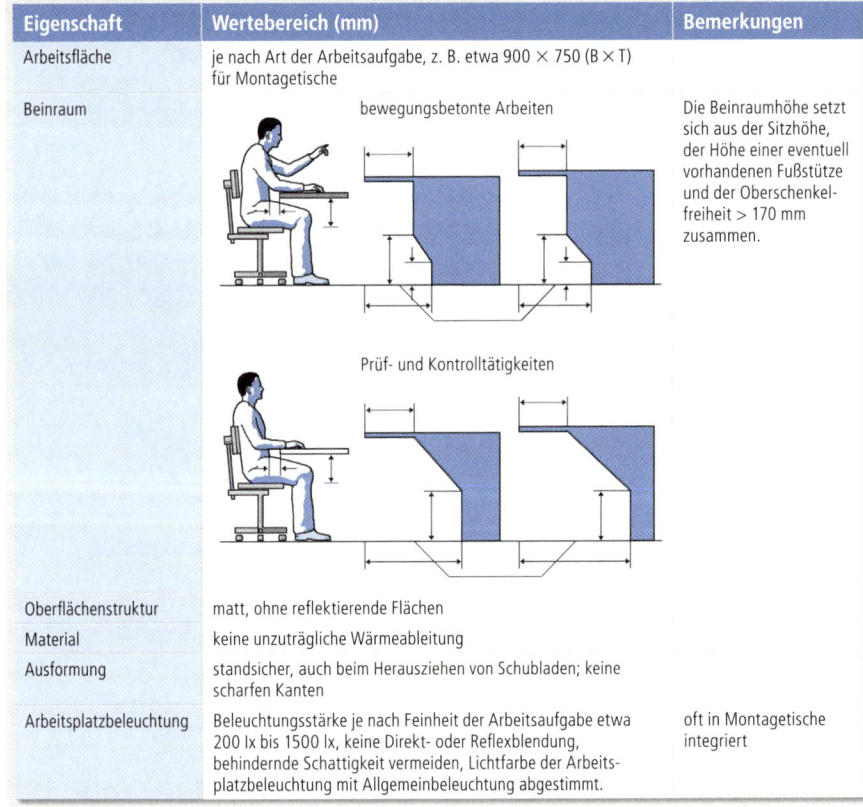

Eigenschaft	Wertebereich (mm)	Bemerkungen
Arbeitsfläche	je nach Art der Arbeitsaufgabe, z. B. etwa 900 × 750 (B × T) für Montagetische	
Beinraum	bewegungsbetonte Arbeiten Prüf- und Kontrolltätigkeiten	Die Beinraumhöhe setzt sich aus der Sitzhöhe, der Höhe einer eventuell vorhandenen Fußstütze und der Oberschenkel- freiheit > 170 mm zusammen.
Oberflächenstruktur	matt, ohne reflektierende Flächen	
Material	keine unzuträgliche Wärmeableitung	
Ausformung	standsicher, auch beim Herausziehen von Schubladen; keine scharfen Kanten	
Arbeitsplatzbeleuchtung	Beleuchtungsstärke je nach Feinheit der Arbeitsaufgabe etwa 200 lx bis 1500 lx, keine Direkt- oder Reflexblendung, behindernde Schattigkeit vermeiden, Lichtfarbe der Arbeits- platzbeleuchtung mit Allgemeinbeleuchtung abgestimmt.	oft in Montagetische integriert

Abbildung III-164   Wichtige Eigenschaften von Arbeitstischen im gewerblichen Bereich[219]

---

219 Zum Beinraum: Schultetus, W.: Montagegestaltung. Köln: TÜV Rheinland, 1980. Zur Arbeitsplatzbeleuchtung vgl. Abschnitte 5.7.2 und 5.8.5.

Abbildung III-165 gibt die Abhängigkeiten von Tisch, Stuhl und Fußstütze für verschiedene Arbeitsplatztypen wieder.

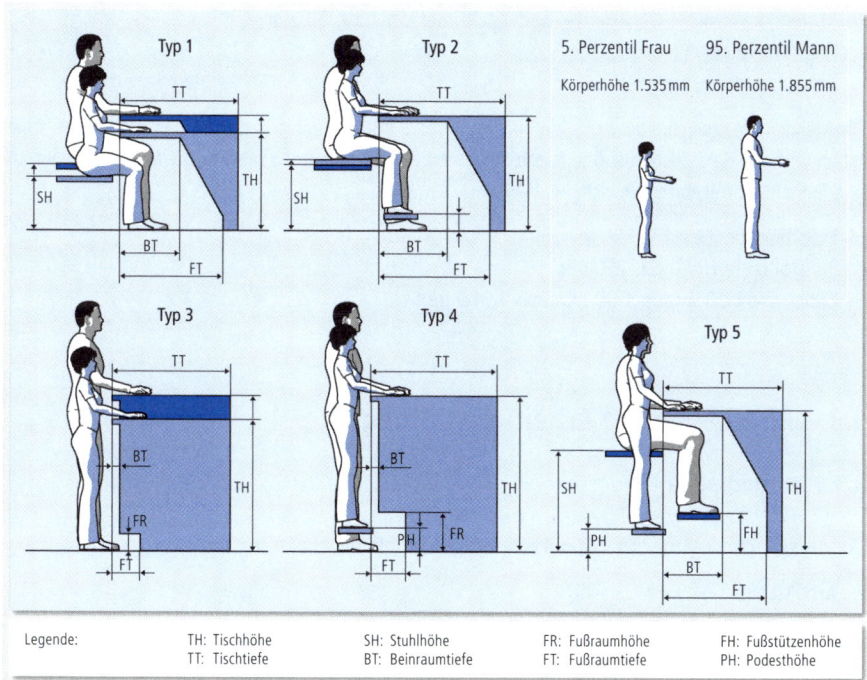

Abbildung III-165 Abhängigkeiten von Arbeitstisch, Stuhl und Fußstütze für verschiedene Arbeitsplatztypen

Arbeitsplatztypen werden hier nach der Körperhaltung unterschieden (Abbildung III-166).

Arbeitsplatztypen

	Arbeitsplatztypen				
	Sitzarbeitsplatz		Steharbeitsplatz		Sitz-/Steharbeitsplatz
Bezeichnung Typ	1	2	3	4	5
Tischhöhe	variabel	fest	variabel	fest	fest
Sitzhöhe	variabel	variabel	–	–	variabel
Fußstützenhöhe	–	variabel	–	variabel	variabel

Abbildung III-166 Klassifizierung von Arbeitsplatztypen[220]

Wichtige Maßangaben nach Abbildung III-165 sind:

- Freiraum BT: mindestens 350 mm
- Freiraum FT: mindestens 700 mm
- Stuhlhöhe SH: ca. 450 mm ± 80 mm

---

220 Bullinger, H.-J.: Ergonomie. Stuttgart: B. G. Teubner, 1994, S. 234.

- Tischhöhe TH
  - sitzend: ca. 700 mm (nach Möglichkeit leicht höhenverstellbar)
  - stehend inkl. Werkstückhöhe: ca. 900 mm P5 Frau, ca. 1.350 mm P 95 Mann
- Abstand zwischen Oberschenkel und Tischunterkante: ca. 30 mm
- Fußstützenneigung: 0–20°
- Tischplattenneigung: 0–10°

Für Maschinen-Arbeitsplätze im gewerblichen Bereich können keine verbindlichen Richtwerte angegeben werden, da die Arbeitshöhe durch die jeweilige Arbeitsaufgabe bestimmt wird. Anhaltspunkte sind jedoch die folgenden Pauschalwerte:

- Fußstoßraum Tiefe FT: 200 mm,
- Fußstoßraum Höhe FH: 150 mm,
- Ellbogenhöhe Männer: 1.020 mm bis 1.180 mm.

5.3 Physiologische Arbeitsgestaltung

5.3.1 Grundlagen

Definition

Die *physiologische Arbeitsgestaltung* beschäftigt sich mit der Anpassung von

- Arbeitsplatz,
- Arbeitsmittel,
- Arbeitsmethode,
- Arbeitsablauf,
- Arbeitsumgebung

an die energetischen und biomechanischen Möglichkeiten des Menschen. Einflussfaktoren sind dabei:

- Arbeitsform,
- Arbeitsschwere,
- Arbeitsdauer,
- Arbeitsgeschwindigkeit,
- eingesetzte Muskelmasse.

Weiterhin sind die individuellen Faktoren zu beachten:

- Leistungsstreuung,
- Alter und
- Geschlecht.

Der Mensch transformiert bei der Arbeit chemische Energie in mechanische und wandelt die Energie, die er über Nahrungsmittel erhalten hat, in bestimmte Dauer- oder Maximalleistungen um, wie sie für die Durchführung der Arbeitsaufgabe erforderlich sind.

Bei jeder körperlichen Arbeit kann jedoch nur ein Teil der vom Körper eingesetzten Energien als wirksame mechanische Arbeit nach außen abgegeben werden. Die Behandlung des Menschen als Kraftmaschine ist daher fragwürdig, da für viele Tätigkeiten die geleistete physikalische Arbeit in Kilojoule (kJ) je Zeiteinheit vernachlässigbar ist. Im Vordergrund stehen dagegen, gerade bei Montage-, Prüf- und Überwachungstätigkeiten, die sensomotorische oder informatorische Arbeitsaufgabe und der erzielte Arbeitserfolg.

Allerdings gibt es – z. B. in der Logistik (vgl. Abschnitt 6.7) oder auch bei vielen menschbezogenen Dienstleistungen, wie z. B. der Pflege – eine Reihe von Fällen, wo Körperkräfte und mechanische Kraftübertragungen immer noch eine große Rolle spielen, die Betrachtung des arbeitenden Menschen als Kraftmaschine daher zulässig zu sein scheint. In diesen Fällen spielt auch der mechanische Wirkungsgrad eine Rolle.

Der *mechanische Wirkungsgrad* bei körperlicher Arbeit wird definiert durch den Quotienten aus der bei der Arbeit abgegebenen mechanischen Energie und der gleichzeitig insgesamt umgesetzten Energiemenge.[221] *(Randnotiz: Mechanischer Wirkungsgrad)*

Dabei ist zu beachten, dass die gleiche physikalische Arbeit unterschiedliche Energieumsätze bewirken kann. Der Wirkungsgrad der Muskelarbeit beträgt im günstigsten Fall knapp 30 %. Im Allgemeinen besteht jedoch eine erhebliche Diskrepanz zwischen der durch die Arbeitsform bedingten Muskelarbeit und dem physiologisch optimalen Einsatz der Muskeln, so dass bei bestimmten Arbeitsformen auch die bestmöglichen Wirkungsgrade in der Größenordnung von 5 % und darunter liegen. Dies ist bedingt durch das Mitbewegen eigener Körpermassen, die entsprechend dem individuellen Körperbau (Größe, Gewicht) und der Arbeitsweise verschieden sind. Die Ausführungsweise der Arbeit, der Arbeitsplatz, die Arbeitsbedingungen sind so zu gestalten, dass keine unnötigen energetischen Belastungen für den Menschen auftreten. Häufig wird ein zu geringer Wirkungsgrad bei körperlicher Arbeit verursacht durch:

- Mitbewegen einer zu großen Masse des eigenen Körpers:
  Der Wirkungsgrad einer Arbeit ist schlecht, wenn zu viel von der eigenen Masse des Körpers mitbewegt wird. Soll z. B. bei einer Bück-Hebe-Arbeit 1 kg Last 1 m hochgehoben werden, so beträgt die Nutzleistung für das Heben etwa 10 Nm (physikalisch), die Verlustleistung für Bücken und Heben des Oberkörpers etwa 200 Nm. Für schwere Arbeit sollen die größeren Muskelgruppen herangezogen werden; eine leichte Arbeit soll von schwachen, kleineren Muskelgruppen verrichtet werden.

- Zu langsame oder zu schnelle Arbeitsgeschwindigkeit des Muskels:
  Es gibt ein Geschwindigkeitsoptimum für die einzelnen Muskelgruppen. Die Dauerleistung von Muskeln ist an ein bestimmtes Verhältnis von Kontraktions- zu Ruhezeit gebunden. So beträgt beispielsweise die Kontraktionszeit der Armmuskulatur oder der Beinmuskulatur etwa 0,5 s; dann ist häufig die Erholungspause, die zur langen Aufrechterhaltung gleicher Leistung erforderlich ist, ebenfalls ungefähr 0,5 s. Bei kleineren Muskeln kann die Kontraktionszeit geringer und damit die optimale Bewegungsfrequenz höher sein. Es folgt daraus: Die eingesetzten Muskelgruppen und die gewählte Arbeitsgeschwindigkeit sind aufeinander abzustimmen.

- Statische Arbeit: *(Randnotiz: Statische Arbeit)*
  Die *statische Arbeit* gewinnt weiter an Bedeutung, da die Bewegungsarmut heutiger Arbeitsformen eher zu- als abnimmt und zwangsläufige Ausgleichsbewegungen im Arbeitsablauf selten geworden sind (industrielle Kleinmontage, fixierte Bandarbeitsplätze).

Bei der statischen Muskelarbeit werden große und kleine Muskeln nur zur Fixierung von Gelenk- oder Körperstellungen bzw. zur Abgabe von Kräften (z. B. Anpressdruck an Werkzeug oder Werkstück) nach außen angespannt; bei dieser Arbeitsform führt die Muskelanspannung zu keiner Bewegung von Körperteilen (vgl. auch Teil II, Abschnitt 2.3). Die für die Aufrechterhaltung des Körpers oder bestimmter Haltungen des Oberkörpers und einzelner Gliedmaßen benötigte Energie wird im Körper in Wärme umgesetzt und kann nicht als wirksame mechanische Energie nach außen abgegeben werden. Dadurch verschlechtert sich der Wirkungsgrad bei der ausgeführten Arbeit. Bei

---

221 Vgl. zu diesem Absatz Rohmert, W. et al.: a. a. O., 1993.

statischer Muskelarbeit ermüden die eingesetzten Muskeln darüber hinaus sehr rasch, da durch den Muskelinnendruck die Blutversorgung der Muskeln stark gedrosselt wird. Beispiele für ungünstiges Arbeiten infolge hoher statischer Komponenten: Überkopfschweißen, Sitzen ohne Rückenlehne, Guss-Schleifen ohne Auflage an Schleifscheibe, Halten von Werkzeugen.

5.3.2 Körperkräfte

Biomechanik

Die physiologische Arbeitsgestaltung umfasst neben der Energieerzeugung und umwandlung im menschlichen Körper auch die *Biomechanik.*

Die Biomechanik wendet die Gesetze der Mechanik auf lebende Körper und ihre Bestandteile an. Ziel ist dabei die Optimierung der mechanisch beschreibbaren Komponenten der menschlichen Arbeitstätigkeit.[222]

Man unterscheidet die im Körpersystem wirkenden *Kräfte* (Muskel-, Sehnen-, Ligament-, Knochen- und Gelenkkräfte) und die nach außen wirkenden, sogenannten *Aktionskräfte*. Aktionskräfte können dynamisch (Eigenbewegungs- oder Manipulationskräfte) oder statisch (Halte- oder Stützkräfte) sein. *Massenkraft* ist eine Körperkraft, die auf die Körpermasse als Trägheitskraft wirkt, z. B. dynamisch als Beschleunigungskraft bei mobilen Arbeitsplätzen oder statisch als Eigengewichtskraft.

Weiterhin wird zwischen den effektiven Aktionskräften und den parasitären Kräften differenziert. Parasitäre Kräfte tragen zur Erfüllung der Arbeitsaufgabe nicht bei, sind jedoch ebenfalls beanspruchungswirksam.

Eine Körperkraft wird durch folgende Bestimmungsgrößen festgelegt:

- Betrag (Größe, Zahlenwert) der Kraft (F) in Newton (N)
- Lage des Kraftangriffspunktes relativ zum Körper
- Richtung der Wirkungslinie der Kraft relativ zum Körper-Kraftrichtungssinn.

Maximalkraftvermögen

Das *Maximalkraftvermögen* hängt von einer Reihe von inter- und intraindividuellen Faktoren(Alter, Geschlecht, Körpergröße, Gewicht u. a.), vom Arbeits- und Pausenregime, den Umgebungseinflüssen, den biomechanischen Randbedingungen, der Richtung der Wirkungslinie der Kraft, Kraftrichtungssinn sowie der Art des Kraftaufbaus (ruckartiger Kraftaufbau oder kontinuierlicher Kraftaufbau) ab. Daten zu maximalen Aktionskräften finden sich in Normen und Kräfteatlanten.[223]

Körperkräfte sind vom 20. bis zum 30. Lebensjahr am größten, wobei die Körperkräfte bei Männern dieses Alters ca. 40 % höher als bei den Frauen liegen.

Da für die Darstellung der *Isodynen*[224] die Mittelwerte (50. Kraftperzentil der Probanden) verwendet wurden, sind weiterreichende quantitative Aussagen zur Beurteilung der Belastungshöhe auf Basis dieses Normteils nicht möglich (Abbildung III-167).

---

222 Vgl. Rohmert, W.: Biomechanische Grundlagen. In: Schmidtke, H. (Hrsg.): Ergonomie, München: Hanser, 1981.
223 DIN 33411 Körperkräfte des Menschen.
224 Isodynen: Linien gleicher Aktionskräfte in Abhängigkeit von Kraftrichtung, Höhenwinkel und Seitenwinkel.

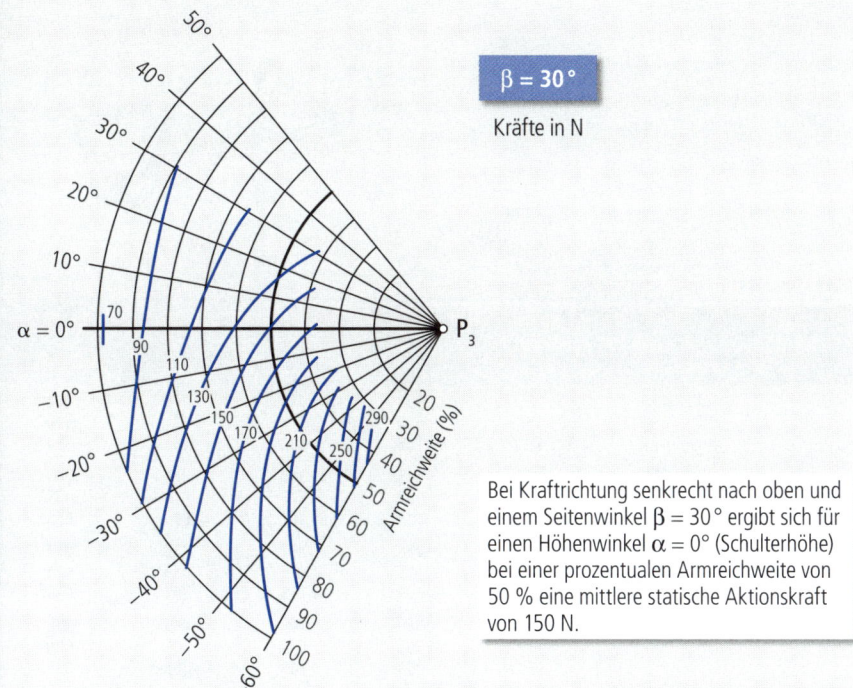

$\beta = 30°$

Kräfte in N

Bei Kraftrichtung senkrecht nach oben und einem Seitenwinkel $\beta = 30°$ ergibt sich für einen Höhenwinkel $\alpha = 0°$ (Schulterhöhe) bei einer prozentualen Armreichweite von 50 % eine mittlere statische Aktionskraft von 150 N.

Abbildung III-167   Beispiel für Isodynen

Für die verschiedenen Kraftausübungsfälle müssen deshalb die jeweiligen Maximalkraftwerte in perzentilierter, tabellarischer Form[225] oder DV-gestützt dargeboten werden. Abbildung III-168 enthält als ein Beispiel dafür die im Stehen aufgebrachten Stellungskräfte senkrecht nach oben und unten.

---

225 DIN 33411-1, Körperkräfte des Menschen; Begriffe, Zusammenhänge, Bestimmungsgrößen, 1982;
DIN 33411-3, Körperkräfte des Menschen; maximal erreichbare statische Aktionsmomente männlicher Arbeitspersonen an Handrändern, 1986;
DIN 33411-4, Körperkräfte des Menschen; Maximale statische Aktionskräfte, Isodynen, 1987;
DIN 33411-5 Körperkräfte des Menschen – Teil 5; Maximale statische Aktionskräfte, Werte, 1999;
DIN-EN 1005-1 Sicherheit von Maschinen – Menschliche körperliche Leistung – Teil 1: Begriffe, 2002;
DIN-EN 1005-2, Teil 2. Manuelle Handhabung von Gegenständen in Verbindung mit Maschinen und Maschinenteilen, 2003;
DIN-EN 1005-3 Teil 3: Empfohlene Kraftgrenzen bei Maschinenbetätigung, 2002;
DIN-EN 1005-4, Teil 4: Bewertung von Körperhaltungen und Bewegungen bei der Arbeit an Maschinen, 2002;
DIN-EN 1005-5, Teil 5: Risikobewertungen für kurzzyklische Tätigkeiten bei hohen Handhabungsfrequenzen, 2003.

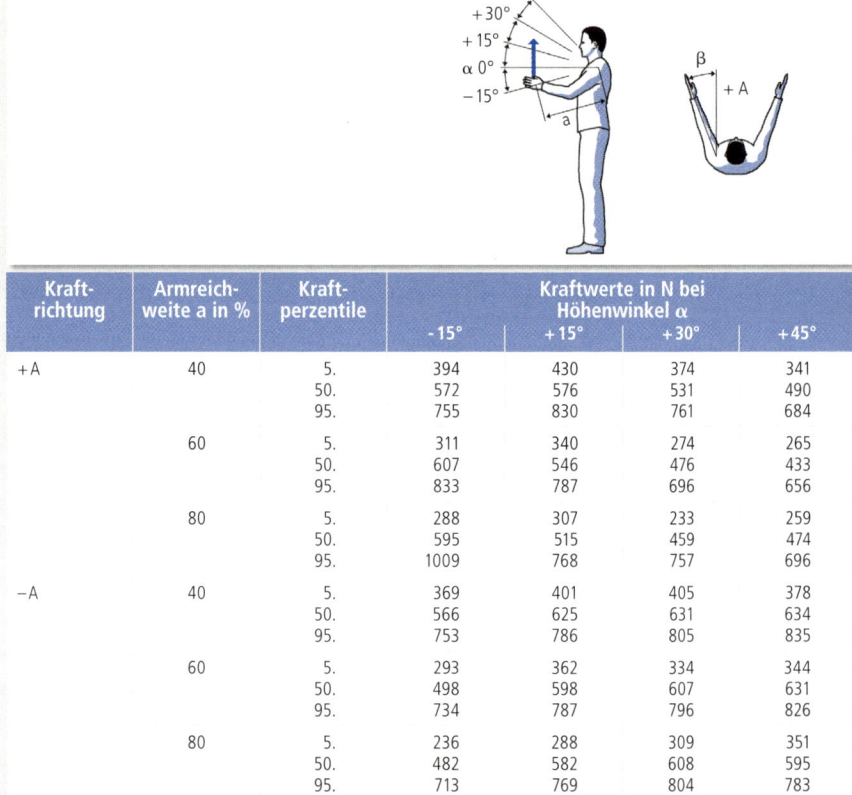

Kraft-richtung	Armreich-weite a in %	Kraft-perzentile	Kraftwerte in N bei Höhenwinkel α			
			-15°	+15°	+30°	+45°
+A	40	5.	394	430	374	341
		50.	572	576	531	490
		95.	755	830	761	684
	60	5.	311	340	274	265
		50.	607	546	476	433
		95.	833	787	696	656
	80	5.	288	307	233	259
		50.	595	515	459	474
		95.	1009	768	757	696
−A	40	5.	369	401	405	378
		50.	566	625	631	634
		95.	753	786	805	835
	60	5.	293	362	334	344
		50.	498	598	607	631
		95.	734	787	796	826
	80	5.	236	288	309	351
		50.	482	582	608	595
		95.	713	769	804	783

Abbildung III-168   Perzentilierte Kraftwerke für die Kraftrichtung ± A (senkrecht nach oben oder nach unten, Seitenwinkel β = 15°, beidhändige Kraftausübung, Körperstellung Stehen aufrecht, Kraftwerte in N)[226]

In der Automobil- und Zulieferindustrie sind für das Setzen von Clipsen und auch für andere Montagevorgänge zum Teil hohe Finger-/Handkräfte erforderlich. Die bisher vorliegenden Maximalkraftwerte gewann man jedoch unter idealisierten (Labor-)Bedingungen. Sie sind daher als Planungswerte nur näherungsweise geeignet. Der neuentwickelte automobilspezifische Kraftatlas vermeidet diese Einschränkungen und enthält daher Kraftwerte, die direkt an den in der Automobilindustrie vorkommenden Körperhaltungen auch gemessen wurden. Abbildung III-169 gibt einen Überblick zu den isometrischen Maximalkräften des Finger-Hand-Systems.[227]

---

226   Rohmert, W.; Berg, K.; Bruder, R.; Schaub, K.: Kräfteatlas, Teil 1 Datenauswertung statischer Aktionskräfte. Berlin: Bundesanstalt für Arbeitsmedizin, 1994, S. 65.
227   Wakula, J.; Berg, K.; Schaub, K.; Bruder, R.; Glitsch, U.; Ellegast, R.: Statische maximale Ganzkörper und Hand-Fingerkräfte für realtypische Kraftausübungen für den montagespezifischen Kraftatlas, Frühjahrskongress der Gesellschaft für Arbeitswissenschaft, Dortmund, 2009.

Kraftanfall	Faustschluss		Daumen		Daumen-Zeige-fingerseite		Daumen gegen 2 Finger		Zange		Handballen		Zeigefinger		Daumen gegen 4 Finger	
	ø 40 mm				Abstand 15 mm		Abstand 15 mm		Greifweite 65 mm						Greifweite 51 mm	
Körperhaltung	Sitzen	Stehen	Sitzen	Stehen	Sitzen	Stehen	Sitzen	Stehen	Sitzen	Stehen	Sitzen	Stehen	Sitzen	Stehen	Sitzen	Stehen
15. Perzentil	255	230	100	125	80		70		245		175	335	65		85	
50. Perzentil	365	340	145	170	105		90		340		260	450	85		115	

Abbildung III-169 Isometrische Maximalkräfte des Finger-Hand-Systems für ausgewählte Körper- und Armhaltungen[228]

Bei grobmotorischen Verrichtungen kommt es zu keinen nennenswerten Unterschieden in den Maximalkräften der linken und der rechten Hand. Kann der Werker Handkräfte in stehender Haltung erzeugen, dann wird häufig das Körpergewicht mit eingesetzt, es handelt sich also in diesem Falle nicht um Hand- sondern um Ganzkörperkräfte.

Folgende Regeln sollten bei der Gestaltung der Aktionskräfte beachtet werden:[229]

- Große Kräfte im Stehen durch Drücken nach unten erzeugen.
- Große Kräfte mit den Beinen (z. B. Pedalbetätigung) lassen sich am besten im Sitzen durch Drücken nach schräg vorne (bei Abstützung durch Rückenlehne) aufbringen.
- Drücken zwischen Fingern und Daumen ist vorteilhafter als nur Druckausübung mit Daumen oder Zeigefinger.
- Zugbewegungen auf die Körpermittelachse hin, Druckbewegungen von ihr weg. Zusätzliche Drehmomente werden damit vermieden.

5.3.3 Handhabung von Lasten

Unter *manueller Handhabung* versteht man jedes Befördern oder Abstützen einer Last durch menschliche Kraft, unter anderem das Heben, Absetzen, Schieben, Ziehen, Tragen oder Bewegen einer Last (vgl. Teil II, Abschnitte 2.5.2 und 2.7.5).

Manuelle Handhabung

Die Handhabung von Lasten ist die wohl am häufigsten als Ursache für *Wirbelsäulenerkrankungen* vermutete Belastung. Ein Vergleich von ausgewählten Berufen bezüglich der Auftretenshäufigkeit der Lastenhandhabung über die letzten Jahrzehnte zeigt, dass die Belastung nicht gesunken ist – wie oft vermutet wird, sondern bei den Männern von 21 % auf 30 % und bei den Frauen von 6 % auf 8 % der Arbeitsplätze gestiegen ist.[230] Als Begründung wird die starke Belastung der Bandscheiben im Bereich der Lendenwirbelsäule, und zwar insbesondere am Übergang L5/S1 genannt (das ist der besonders für Schäden anfällige Übergang von der Lendenwirbelsäule zum Kreuzbein).

Bei der *Lastenhandhabung* gibt es bestimmte Einflussfaktoren, die das Risiko von Beschwerden und Erkrankungen erhöhen:

---

228 Berg, K.; Wakula, J.; Schaub, K.: Isometrische Maximalkräfte des Hand-Fingersystems für einen montagespezifischen Kraftatlas. Frühjahrskongress der Gesellschaft für Arbeitswissenschaft, Dortmund, 2009.
229 Kirchner, J. H. et al.: a.a.O., 1990.
230 Osterholz, U.: Gegenstand, Formen und Wirkungen arbeitsweltbezogener Interventionen zur Prävention muskuloskeletaler Beschwerden und Erkrankungen. Berlin: Wissenschaftszentrum für Sozialforschung, 1991.

Lastgewicht

Eine allgemeingültige, zulässige bzw. zumutbare Obergrenze für Lastgewichte lässt sich sinnvoll kaum festlegen, da die Reihe von Einflussfaktoren aus der Sphäre des Stelleninhabers sowie des Arbeitsregimes zu beachten ist. Dabei unterscheidet man:[231]

- eine allgemeine, funktionelle Befähigung des mechanischen Systems des menschlichen Körpers; besonders sind hier die kinematischen Gegebenheiten des Skeletts und der Muskulatur angesprochen;
- den charakteristischen Verlauf der Körperkräfte in Abhängigkeit von der jeweiligen Lage der Körperteile zueinander;
- Eigenschaften der Arbeitsperson (Geschlecht, Alter, Körpergewicht und Körperhöhe und daraus resultierender physischer Körperbautyp; weiterhin anthropometrische Abmessungen der Hand);
- allgemeine Leistungsfähigkeit der jeweiligen Arbeitsperson (Gesundheitszustand und körperliche Leistungsfähigkeit);
- individuelle Geübtheit (Training und Erfahrungen).

Als Anhaltspunkte für den Begriff »schwere Lasten« im Sinne der Berufskrankheitenverordnung[232] werden im Bundesarbeitsblatt die folgenden Lastgewichte angeführt (vgl. Abbildung III-170). Die Werte sollen für Lastgewichte gelten, die eng am Körper getragen werden. Bei weit vom Körper entfernt getragenen Gewichten, z. B. beim einhändigen Mauern von Steinen, können auch geringere Lastgewichte mit einem Risiko für die Entwicklung von bandscheibenbedingten Erkrankungen der Wirbelsäule verbunden sein.

Alter	Last in kg (Frauen)	Last in kg (Männer)
15–17 Jahre	10	15
18–39 Jahre	15	25
ab 40 Jahre	10	20

Abbildung III-170   Lastgewichte, deren regelmäßiges Heben oder Tragen mit einem erhöhten Risiko für die Entwicklung bandscheibenbedingter Erkrankungen der Wirbelsäule verbunden ist[233]

Hubhöhe

Unter der Hubhöhe versteht man die Höhendifferenz zwischen Hubbeginn und Hubende. Eine Minimierung der Hubhöhe bedeutet eine Verringerung der zu leistenden mechanischen Arbeit und wirkt sich damit positiv auf die muskuloskelettale Beanspruchung aus.

Hubhäufigkeit, -frequenz, -dauer, -geschwindigkeit

Ein signifikanter Zusammenhang zwischen der Häufigkeit von Hebevorgängen und dem relativen Risiko für Erkrankungen der Lendenwirbelsäule ist festgestellt worden. Einige Wissenschaftler bezeichnen sechs Höchstbelastungen über den Tag verteilt als unkritisch. Eine zeitliche Raffung könnte aber bereits Schäden verursachen. Andere Quellen gehen von maximal vier Stunden pro Tag für schwere körperliche Tragearbeit aus. Besonders kritisch ist das zu schnelle Anheben (Reißen) von Lastgewichten, das das Schädigungsrisiko erheblich erhöht. Nach dem Merkblatt zur BK 2108 (Bandscheibenbedingte Erkrankungen der Lendenwirbelsäule) muss es sich um eine häufige und regelmäßige Belastung handeln, die in der überwiegenden Zahl der Schichten vorkommt. Außerdem muss die Dauer einer Belastung mindestens 10 Jahre betragen, wobei aber auch Unterbrechungen vorliegen können.

---

231   Landau, K.; Rohmert, W.; Imhof-Gildein, B.; Mücke, S.; Brauchler, R.: Risikoindikatoren für Wirbelsäulenerkrankungen. Berlin: Schriftreihe der Bundesanstalt für Arbeitsmedizin, FB 09.010, 1996.

232   Bundesministerium für Arbeit und Sozialordnung: Merkblatt für die ärztliche Untersuchung zu Nr. 2108. Anlage 1, Berufskrankheitenverordnung. a.a.O., 1992.

233   Bundesministerium für Arbeit und Sozialordnung: a.a.O., 1992.

Was ist also die »richtige« Hubgeschwindigkeit?

Sie ergibt sich bei minimierten physiologischen Kosten dann, wenn statische und dynamische Komponenten in der richtigen Beziehung zueinander sind. Es kann davon ausgegangen werden, dass der Mitarbeiter die Hubgeschwindigkeit wählt, bei der seine physiologischen Kosten minimal sind. Übungsversuche zeigen außerdem, dass hochgeübte Mitarbeiter niedrigere Hubgeschwindigkeiten wählen als Mitarbeiter, die noch am Anfang der Übungskurven stehen (Abbildung III-171).

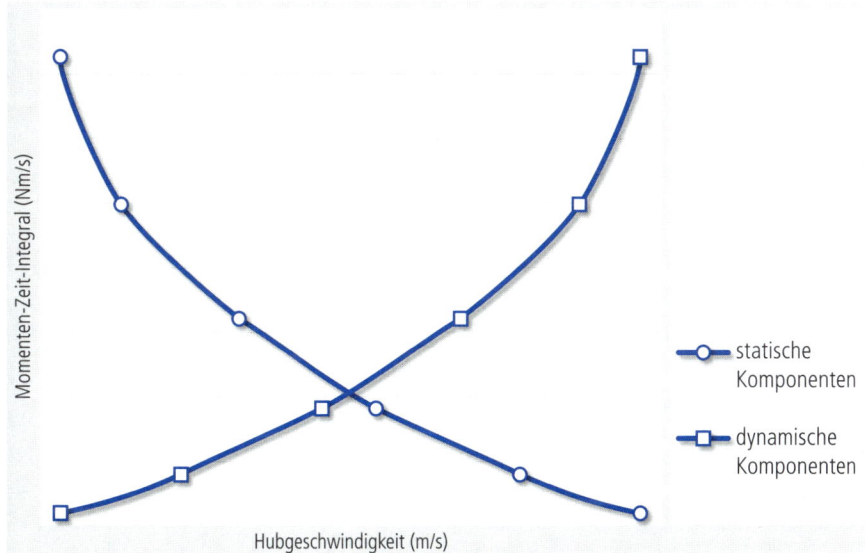

Abbildung III-171   Optimum aus statischen und dynamischen Komponenten bestimmt die »richtige« Hubgeschwindgkeit (= Schnittpunkt der beiden Kurven)

Schwere Lasten sollen nicht unter Knie- oder über Schulterhöhe gehoben werden. Dagegen kommt einer angepassten Absetzhöhe druckmindernde Bedeutung zu, d. h. dass die Belastungen der Wirbelsäule und insbesondere der Bandscheiben dadurch vermindert werden.

Abbildung III-172 weist auf fehlerhafte und auch auf asymmetrische Lastenhandhabung hin. Abbildung III-173 zeigt die korrekten Vorgehensweisen.

Horizontale und vertikale Einflussfaktoren

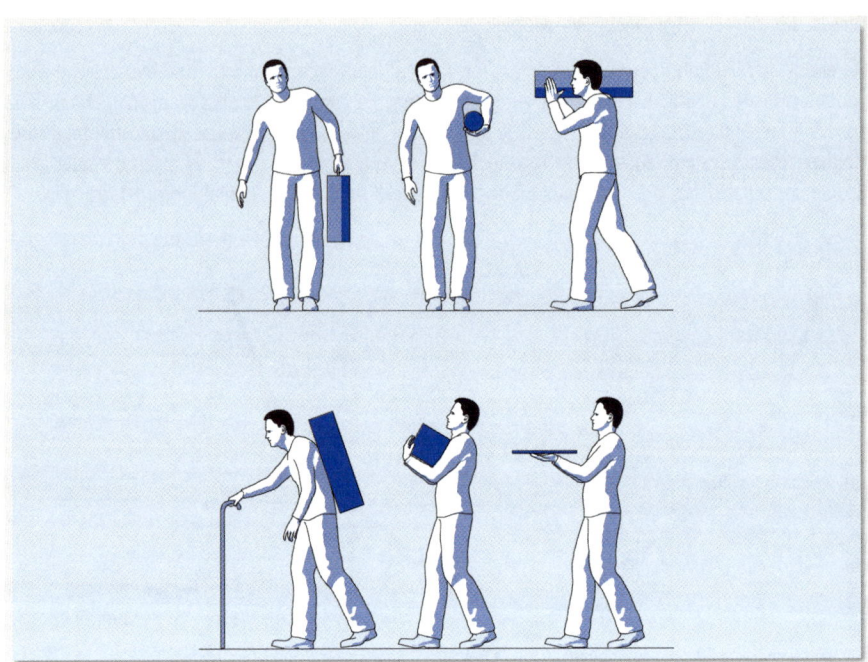

Abbildung III-172   Beispiele für fehlerhafte Lastenhandhabung

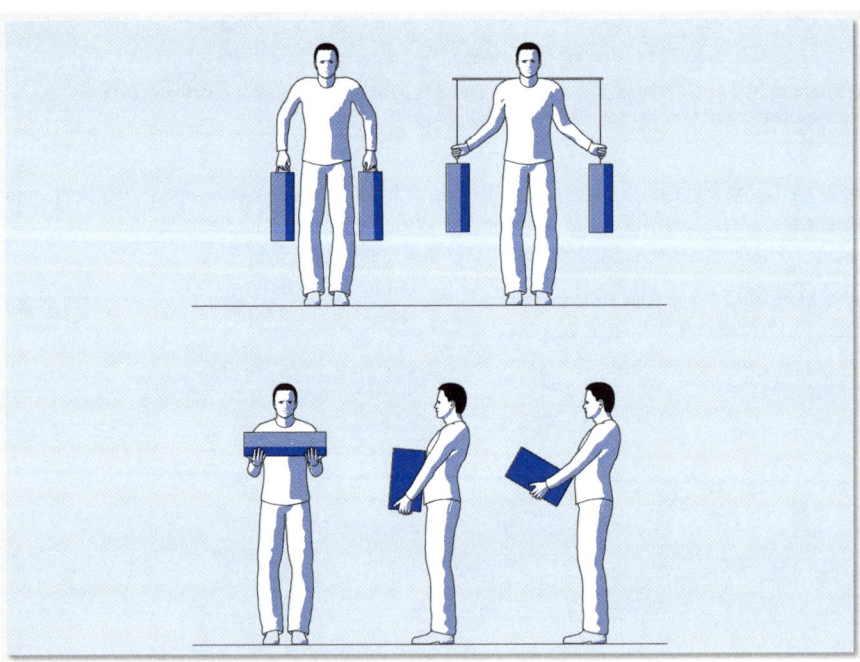

Abbildung III-173   Vorschläge zur Verbesserung der Lastenhandhabung

Asymmetrisches Handhaben von Lasten, wie einarmiges Heben, verursacht analog den Rumpfbeugehaltungen ungleichmäßige Belastungen, d. h. erhöhte Schub- und Kompressionskräfte auf Gelenkfacetten und die zugehörigen Bandscheiben.

Asymmetrisches Handhaben

Lasten mit geeigneten Griffen erleichtern das Heben und Verhindern das Fallenlassen. Viele der Bewertungsverfahren für die Lastenhandhabung berücksichtigen die Greifbedingungen (*Händigkeit* der Last). Bei schlechten Greifbedingungen kann es zu einem Abschlag in der Lastobergrenze von bis zu 10 % kommen.

Drehbewegungen beim Heben von Lasten sind zusätzlich risikoerhöhend, sie führen zu *verdrehter Körperhaltung*.

Ebenso wie die Beugehaltung des Rumpfes hat auch die *Armhaltung* Einfluss auf die Entfernung der Last zur Körperlängsachse (Hebelarm) und somit auf die Belastungshöhe im Bereich der Lendenwirbelsäule.

Zwangshaltungen stellen Positionen mit Haltungskonstanz außerhalb der natürlichen Balance des Körpers oder einzelner Wirbelsäulenabschnitte dar.[234] Dieser Belastungsfaktor tritt oft additiv zum Heben und Tragen von Lasten auf. Eine Zwangshaltung ist mit erheblicher Muskelanspannung verbunden, die sogenannte physiologische Null-Lage, also das Gleichgewicht zwischen Agonisten[235] und Antagonisten ist verloren. Zwangshaltungen haben damit – wegen der asymmetrischen Bandscheibenbelastung – vermutlich ein hohes Schädigungspotenzial.

Zwangshaltung

Diese Körperhaltungen sind meist verbunden mit einer einseitigen Beweglichkeitsausnutzung (Bücken: vorwiegend kyphotische Einstellung, Überkopfarbeit: vorwiegend lordotische Einstellung[236]). Als typische Berufe mit Belastungen durch Zwangshaltungen sind Bauarbeiter, Bergleute, Fliesenleger, Land- und Forstarbeiter, aber auch Transport- und Ladearbeiter zu nennen. Tätigkeiten in der mechanischen Fertigung und der Montage können ebenfalls mit Zwangshaltungen verbunden sein.

Die folgende Abbildung III-174 weist auf die Belastung der Bandscheibe L3 der Lendenwirbelsäule im Stehen bei unterschiedlichen Körperhaltungen hin.

Haltung	Druckkraft [N]
Gerades Stehen	1.000
Drehen des Körpers	1.200
seitliches Beugen	1.250
Vorwärtsbeugen um 20°	1.500
Vorwärtsbeugen um 20° mit 10 kg in jeder Hand	2.150
Heben von 20 kg mit geradem Rücken	2.500
Heben von 20 kg mit gebeugtem Rücken	3.800

Abbildung III-174   Belastung der Zwischenwirbelscheibe L3 der Lendenwirbelsäule im Stehen[237]

---

234 Hedtmann, A.; Krämer, J.: Prophylaxe von Wirbelsäulenschäden am Arbeitsplatz. Orthopäde 19, 1990, S. 150–157.
235 Agonist: Muskel, der eine bestimmte, dem Antagonisten entgegengesetzte Bewegung hervorruft.
236 Kyphose: Konvexe Krümmung der Wirbelsäule zum Rücken hin. Lordose: Konvexe Krümmung der Wirbelsäule zum Bauch hin.
237 Osterholz, U.: a. a. O., 1991.

Die Schädigungswirksamkeit der Lastenhandhabung ist auch sehr stark von individuellen Einflussfaktoren abhängig. Dazu zählen (vgl. auch Teil II, Abschnitt 2.7.5):

- Alter
  Die Reduzierung des Wassergehalts des Bandscheibengewebes ist ein charakteristisches Zeichen der Bandscheibenalterung und hat entsprechende Auswirkungen auf die Biomechanik des Bewegungsapparates. Bis zu einem Alter von 50 bis 60 Jahren nimmt die Häufigkeit von Wirbelsäulenbeschwerden zu, danach ist eine Abnahme festzustellen.

- Geschlecht
  Hinsichtlich der Belastungsfähigkeit je Volumeneinheit insbesondere der Bandscheiben konnten bisher keine biologischen Unterschiede zwischen Mann und Frau festgestellt werden. Jedoch liefert der im Durchschnitt geringere Bandscheibendurchmesser der Frau eine Begründung für eine geringere Belastungsfähigkeit. Die Auswertung verschiedener Untersuchungen zur Druckfestigkeit der Lendenwirbelsäule bestätigen den Einfluss von Geschlecht und Alter. Daneben ist das besondere Schädigungsrisiko unter gynäkologischen Gesichtspunkten zu beachten.

- Körpergröße
  Zur Beziehung zwischen anthropometrischen Maßen und Wirbelsäulenerkrankungen gibt es unterschiedliche Ergebnisse: In manchen Untersuchungen hatten größere Menschen ein höheres Risiko an Wirbelsäulenerkrankungen, in anderen dagegen nicht. Da mit der Körpergröße regelmäßig auch die Hebelarme bzw. die Momente um L5/S1 zunehmen, stellt die überdurchschnittliche Körpergröße ein erhöhtes Risiko für einen Bandscheibenprolaps[238] dar.

- Körpergewicht
  Zum Einfluss eines erhöhten Körpergewichts auf die Schädigungswirksamkeit der Lastenhandhabung liegen widersprüchliche Befunde vor. In der Mehrzahl der Fälle kann jedoch von einem erhöhten Risiko bei einem Übergewicht von mehr als 20 % ausgegangen werden.

- Körperliche Fitness
  Auch hier liegen unterschiedliche Ergebnisse vor. Untersuchungen zeigen, dass Personen mit einer hohen Leistungsfähigkeit des Herz-Kreislauf-Systems und körperlichen Anforderungen im Beruf, wie Feuerwehrleute, weniger Rückenbeschwerden haben. Andere Studien konnten diesen Nachweis nicht führen.

Nicht zuletzt soll darauf hingewiesen werden, dass viele der aufgeführten Einzelbelastungsfaktoren superponiert (überlagert) auftreten, was zu synergistischen (additiven oder potenzierten) Belastungswirkungen führen kann. So sind häufiges Heben und Tragen von Lasten oft mit Haltungskonstanz und Zwangshaltungen kombiniert; ebenso sind Kopplungen von Vibrationsbelastungen mit Haltungskonstanz oder Schwerarbeit, aber auch mit einer sitzenden Zwangshaltung anzutreffen.

---

238 Bandscheibenprolaps: Bandscheibenvorfall.

5.4 Bewegungstechnische Optimierung

5.4.1 Grundlagen

Mit Hilfe von Arbeitsbewegungen wirkt der Mensch unmittelbar oder mittelbar (d. h. durch Betätigung von Stellteilen oder durch Einsatz von Werkzeugen) auf das Arbeitsobjekt ein. Arbeitsgestaltung unter *bewegungstechnischen Gesichtspunkten* befasst sich damit, die Einwirkungen auf Arbeitsgegenstand und Arbeitsmittel optimal zu gestalten. Ergonomisch gestaltete Bewegungen verursachen möglichst geringe physiologische Kosten, sie sind schnell und sicher auszuführen. Die Bewegungsanalyse dient dabei der qualitativen Beschreibung der Bewegungsabläufe und der Ermittlung der dazu erforderlichen Zeiten.

Arbeitsbewegung

Die *bewegungstechnische Arbeitsgestaltung* fußt auf der Wissenschaftsdisziplin Kinesik und hat im Einzelnen mechanische, physiologische und psychologische Aspekte.

Die Arbeitsbewegung ist eine zeitliche Kette von momentanen Körperhaltungen und stellungen. Zur Bewegungsforschung, die in der Arbeitswissenschaft vorwiegend ökonomisch orientiert ist, wurde in Teil II, Kapitel 6 Stellung genommen. Hier wird dagegen auf die ergonomischen Gestaltungsaspekte eingegangen. Bewegungen können nicht als rein effektorische Phänomene analysiert werden. Sensorische und kognitive Prozesse müssen mit bedacht werden.[239] Bei Fertigungs-und Montageprozessen sind die Rückmeldungen über die Lage der Gliedmaßen, über äußere Widerstände, über reaktive Kräfte etc. ein wesentlicher Bestandteil.

Bewegungen, die kontinuierlich erscheinen, sind in Wirklichkeit eine Folge von Beschleunigungs- und Bremsvorgängen. Sie beinhalten Energieansammlungen und Relaxationserscheinungen.[240] Mitarbeiter, die in den Arbeitsvorgang hochgradig eingeübt sind, zeichnen sich durch eine besondere Rhythmik der Bewegung und durch das Annähern an das energetische Optimum aus. Arbeitsbewegungen streuen demnach erheblich sowohl inter- als auch intraindividuell. Arbeitsbewegungen können danach klassifiziert werden, wie viele Körpersegmente betroffen sind, ob sie symmetrisch ablaufen und ob die Körperhaltung dabei stabil bleibt. Man kann einfache und komplexe Bewegungen unterscheiden, ebenso grobmotorische und feinmotorische, bewusste und automatisierte Bewegungen.

Von *grobmotorischen Bewegungen* spricht man dann, wenn größere Muskelmassen eingesetzt werden, im Regelfall schwerere Arbeitsgegenstände oder Werkzeuge bewegt werden müssen und dabei die Zielgenauigkeiten der Bewegungen gering sind. Beispiele hierfür sind Schmieden, Sandschaufeln und Stapelarbeiten.

Grobmotorische Bewegungen

Feinmotorische Bewegungen zeichnen sich dadurch aus, dass kleine Muskelmassen eingesetzt werden, Werkstücke oder Werkzeuge nur geringes Gewicht haben und geringe Kräfte bei jedoch hohen Bewegungsgenauigkeiten aufzubringen sind. Hierfür stehen z. B. Löt- oder Bestückungsarbeiten.

Feinmotorische Bewegungen

Bei *automatisierten Bewegungen* laufen im Sinne der EDV-Terminologie »Unterprogramme« ab, die nicht mehr bewusstseinspflichtig sind. Eine Vielzahl der industriellen Arbeitsbewegungen sind dieser Kategorie zuzurechnen. Bewusste Bewegungen müssen dagegen einer anspruchsvollen sensorischen und kognitiven Regulation unterworfen werden.

Automatisierte Bewegungen

Arbeitsbewegungen sollen die maximal möglichen *Gelenkwinkelbereiche* nicht ausnutzen; bequeme Einstellungen im mittleren Bereich der Gelenkwinkel sind anzustreben. Hier ist auch die Bewegungs-

---

239 Hacker, W.: Sensomotorik aus psychologischer Sicht. In: Landau, K.; Luczak, H.; Laurig, W.: Ergonomie der Sensomotorik. München: Hanser, 1996, S. 21–33.
240 Stier, F.: Über die Geschwindigkeiten von Armbewegungen unter besonderer Berücksichtigung der Einlegearbeiten an Pressen. Dissertation TH Hannover, 1959.

genauigkeit der Gelenke am höchsten. Eine Belastung der Gelenke ist jedoch notwendig, um die Leistungsfähigkeit des Bewegungsapparates zu erhalten.

Eine Arbeitsbewegung wird durch folgende Belastungsdeterminanten gekennzeichnet:[241]

- Bewegungskategorie (Finger, Hand, Arm etc.),
- Leistungsabgabe,
- Bewegungsfrequenz,
- Bewegungsbahn (frei, geführt),
- Bewegungsrichtung,
- Bewegungsablauf (unterbrochen, ununterbrochen),
- Bewegungsform (Kreis, Teilkreis, geradlinig),
- Bewegungskontrollaufwand,
- Bewegungsraum (Kniehöhe, Hüfthöhe, Brusthöhe etc.),
- Kraftgröße/-verlauf,
- Bewegungslänge,
- Kraftangriffspunkt,
- Bewegungsgeschwindigkeit/-beschleunigung,
- Winkel zwischen Kraftrichtung und Bewegungsrichtung.

5.4.2 Bewegungsstudium

Hand-Arm-Bewegungen

Bei *Hand-Arm-Bewegungen* wird zwischen ballistischen Zielbewegungen, wie Hinlangen und Bringen, und verhaltenen Führungsbewegungen, wie Greifen und Fügen, unterschieden. *Ballistische Zielbewegungen* werden erst am Ende der Bewegung aufgrund optischer und taktiler Signale kontrolliert und korrigiert. Demgegenüber werden *verhaltene Führungsbewegungen* ständig kontrolliert und korrigiert, dabei sind ständige Kraft- und Geschwindigkeitswechsel erforderlich.

Ballistische Zielbewegungen

Bei ballistischen Zielbewegungen sollten das Bewegungsziel und die Hand immer visuell wahrnehmbar sein, damit die maximale Bewegungsgeschwindigkeit und eine hohe Genauigkeit erreicht werden können. Auch bei hoher Übung haben Zielbewegungen mit visueller Kontrolle eine bis zum 100-fachen höhere Zielgenauigkeit gegenüber nicht visuell kontrollierten Bewegungen. Ist keine ständige visuelle Kontrolle möglich, sollte die Bewegung immer am gleichen Ort beginnen und konstante Bewegungslänge und -richtung haben. Ist während der gesamten Bewegung keine visuelle Kontrolle möglich, sollen die Hand-Orientierung durch taktile Markierungen unterstützt und ein Bezugspunkt für den Bewegungsraum durch einen »Nullpunkt« angeboten werden.

Bei der *Bewegungsablaufanalyse* werden Bewegungen des Menschen, seiner Extremitäten und ggf. handgeführter Werkzeuge analysiert.[242] Erfasst werden – je nach Anwendungsfall – Bewegungswege (Entfernungen und Bahnen), Geschwindigkeiten und Beschleunigungen sowie die Bedingungen und Einflussgrößen, unter denen die Bewegungen auszuführen sind. Auch die zeitliche Veränderung von Bewegungen als Folge von Übung oder von Ermüdung kann Objekt der Untersuchung sein.

Klassische Methode der Bewegungsanalyse ist die Beobachtung, die durch Videoaufzeichnungen unterstützt werden kann. Die Ausprägung der Einflussgrößen wird gemessen oder mit Hilfe von

---

241 Vgl. Paul, G.: Ein Beitrag zur Methode der ergonomischen Beurteilung des Einstiegs ausgewählter Nutzfahrzeuge. Dissertation TU Darmstadt, 2002.
242 Peters, H.; Landau, K.: Methoden und Hilfsmittel der Bewegungsablaufanalyse. In: Landau, K. u. Mitarb.: Ergonomie I. TU Darmstadt, 2003.

Beschreibungsmerkmalen und anhand von Fallbeispielen eingestuft. Für die Analyse und Gestaltung von Bewegungsabläufen und hier insbesondere von Bewegungsbahnen eignen sich besonders die Spuraufzeichnungsmethoden wie *Zyklografie* und *Motografie*.

Mit Hilfe der Zyklografie werden die Bewegungen des Menschen bzw. seiner Körperteile als Licht-spuren fotografisch aufgezeichnet. Um diese Lichtspuren zu erzeugen, werden die entsprechenden Körperteile (z. B. Finger, Handgelenk, Oberarm) mit kleinen Glühlampen bestückt. Die Tätigkeit wird in Dunkelheit (bzw. unter Beleuchtung mit Rotlicht, für das der fotografische Film nicht empfindlich ist) ausgeführt und von einer Kamera mit geöffnetem Verschluss aufgezeichnet; dabei erzeugen die Bewegungen Lichtspuren auf dem Film. Am Ende oder während der Aufzeichnung wird der Mensch am Arbeitsplatz durch Auslösen eines Blitzes mit aufgenommen.

Die Zyklografie erlaubt es, ganze Bewegungsbahnen aufzunehmen. Die Verschlusszeit wird dafür so gewählt, dass etwa fünf bis zehn Bewegungszyklen mit einer Aufnahme aufgezeichnet werden. Abbildung III-175 zeigt die Grundanordnung der Zyklografie, wie sie schon von Gilbreth in seinen Bewegungsanalysen verwendet wurde.[243]

Zyklografie

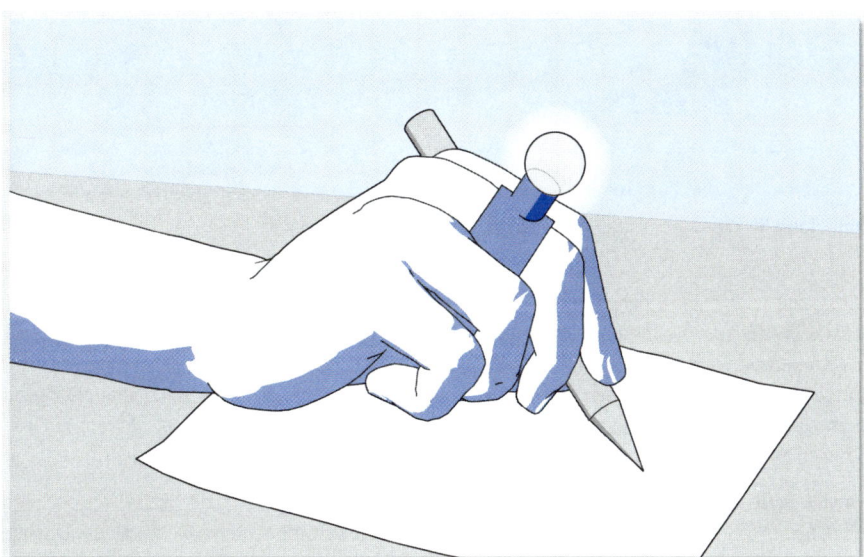

Abbildung III-175   Grundanordnung der Zyklografie

Mit Hilfe der Zyklografie können der räumliche Ablauf der Bewegungen einzelner Körperteile beob-achtet und z. B. Aussagen zur Harmonie aufeinanderfolgender Bewegungszyklen abgeleitet werden. Grundlegender Nachteil der Zyklografie ist, dass die Aufnahmen nur in Dunkelheit bzw. unter für viele Arbeitstätigkeiten, wie z. B. Montageaufgaben, unzureichenden Beleuchtungsverhältnissen er-folgen müssen. Die mangelnde Orientierung in Dunkelheit kann untypische Bewegungsabläufe und Koordinationsfehler zur Folge haben.

Die *Motografie* ermöglicht Bewegungsanalysen und -aufzeichnungen im Tageslicht, da bei dieser Methode nicht der Arbeitsplatz verdunkelt, sondern das Tageslicht durch geeignete Filter auch bei geöffnetem Verschluss der Kamera vom Film ferngehalten wird. Dabei werden auch ein vor allem für

Motografie

---

243 Gilbreth, F. B.: Bewegungsstudien. Berlin: Springer, 1921.

infrarotes Licht sensibler Film und Infrarot-Strahler an den für die Bewegungsanalyse wesentlichen Körperteilen eingesetzt (Abbildung III-176).

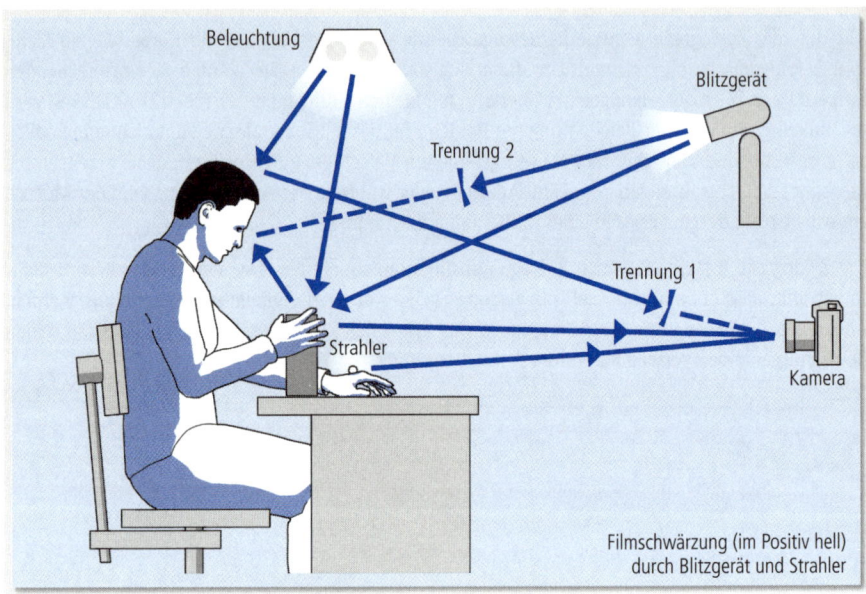

Abbildung III-176   Technischer Aufbau für motografische Aufnahmen[244]

Die Arbeit erfolgt unter der normalen Arbeitsplatzbeleuchtung, die (durch einen Filter am Kameraobjektiv, der nur für infrarotes Licht durchlässig ist) den Film nicht erreicht. Die Bewegungen der Körperteile werden mit Hilfe von Infrarot-Strahlern als Lichtspuren auf dem Film aufgezeichnet. Durch ggf. mehrfaches Auslösen eines Infrarot-Blitzgerätes werden der Arbeitsplatz und die Person bei bestimmten Arbeitsbewegungen mit aufgenommen; ein Filter an der Blitzlampe, der nur Infrarot-Strahlen durchlässt, sorgt dafür, dass der Blitz die Arbeitsperson nicht stört.

Beispiel   Abbildung III-177 zeigt ein Anwendungsbeispiel aus einer Gebrauchstauglichkeits-Untersuchung eines neuen Telefonmodells. Hierbei war zu prüfen, inwieweit die späteren Benutzer die Displaytasten des Telefons und deren mögliche Funktionen erkennen können. Die Art und Weise, wie die Probanden die Displaytasten benutzen, sollte mit Hilfe einer motografischen Untersuchung ermittelt werden. Die Bewegungsspuren von der Haupttastatur zur Displaytastatur waren zu ermitteln und zu bewerten. Ebenso sollten Bewegungsspuren für Rechtshänder und Linkshänder erfasst und kritisch beurteilt werden.

Die Auswertung der motografischen Untersuchung erbrachte folgende Ergebnisse:

- Je länger die Bewegungsspur zwischen Haupt- und Displaytastatur ist, umso ungünstiger ist die Gestaltungslösung für die jeweilige Probandengruppe.
- Je mehr Beschleunigungs- und Bremsvorgänge aus der Bewegungsspur zu erkennen sind, umso ungünstiger ist die Gestaltungslösung für die jeweilige Probandengruppe.
- Je geringer die Zielgenauigkeit auf der angesteuerten Displaytaste, umso ungünstiger ist die Gestaltungslösung für die jeweilige Probandengruppe.

---

244 Baum, E.: Motografie. Band I und II. Bremerhaven: Wirtschaftsverlag NW, 1980 und 1983.

- Je mehr sich Bewegungsspuren im intraindividuellen Retestversuch unterscheiden umso ungünstiger ist die Gestaltungslösung für die jeweilige Probandengruppe.
- Je mehr Körperteile mit bewegt werden müssen, umso ungünstiger ist die Gestaltungslösung für die jeweilige Probandengruppe.

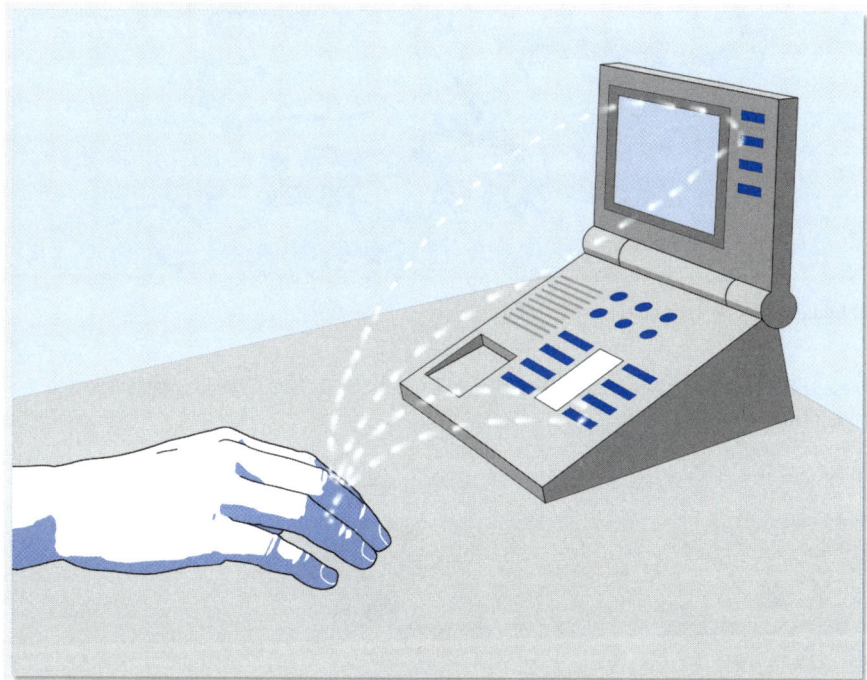

Abbildung III-177 Motografie-Aufnahme der Bewegungsspuren an einem Telefon-Prototyp

Bei der Motografie ermöglicht die Verwendung einer Videokamera, einzelne Bewegungsabfolgen gegenüberzustellen und Detailanalysen mit Hilfe von Standbildern, Einzelbild-Folgen und Zoom durchzuführen. Bei der Online-Motografie werden die Videobilder sofort analysiert und nur die Bewegungsinformationen im Rechner gespeichert bzw. für weitere Analysen verwendet; dadurch werden längere Aufzeichnungen und schnellere Analysen möglich.

5.4.3 Greifarten und Bewegungswinkel

Ausgangspunkt für die Gestaltung der Schnittstelle Hand/Objekt sind die anthropometrischen Abmessungen der Hand (Abbildung III-150 und Abbildung III-151). Die Interaktion von Hand und Objekt kann prinzipiell auf zwei Arten erfolgen: über den kraftbetonten und über den präzisionsbetonten Griff.[245] Abbildung III-178 zeigt außerdem noch die Ruhelage der Hand.

---

245 Pheasant, St.: Bodyspace. London: Taylor & Francis, 1988.

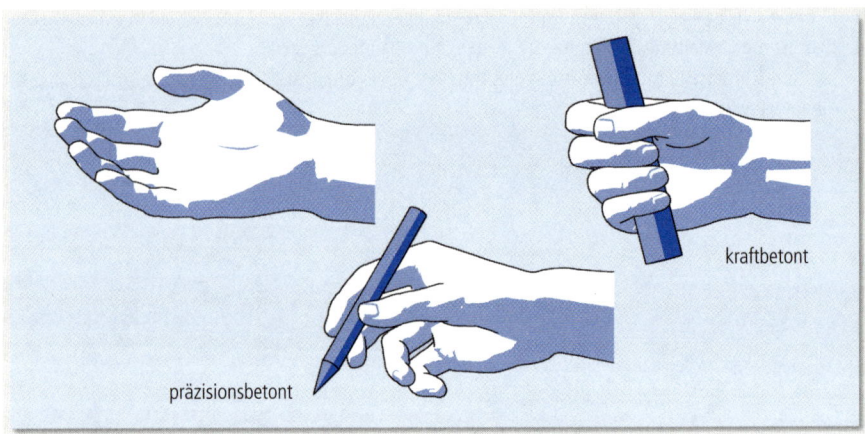

Abbildung III-178   Prinzipielle Greifarten der Hand

Greifarten

Diese prinzipiellen Greifarten der Hand sind mit unterschiedlichen Bewegungsgenauigkeiten verknüpft (Abbildung III-179).[246]

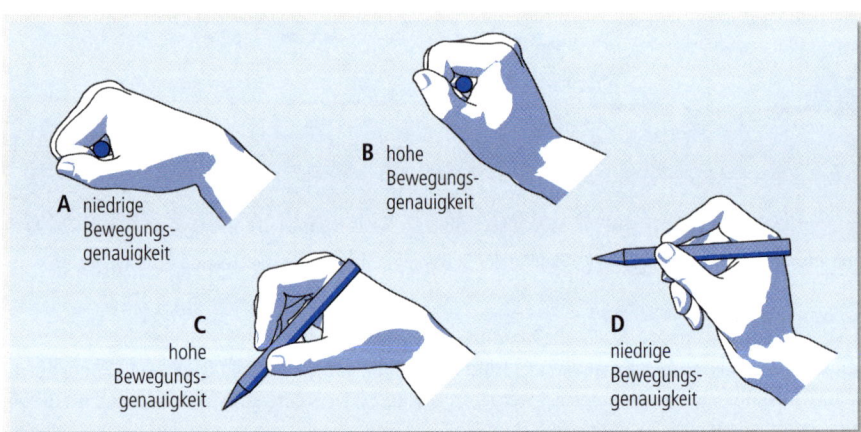

Abbildung III-179   Bewegungsgenauigkeiten bei unterschiedlichen Handbeugewinkeln

Der Kraftgriff gibt die besten Resultate beim Fluchten von Hand- und Unterarmachse (B). Die abgewinkelte Faust (A) vermag keine hohen Kräfte zu übertragen. Beim »*Präzisionsgriff*« ist es umgekehrt: Das gebeugte Handgelenk erlaubt höhere Präzision (C) als das ausgestreckte Handgelenk (D). Erfordert eine Arbeitsbewegung gleichzeitig eine Handgelenkbewegung nach außen und eine Innen- oder Außendrehung, so reduziert sich der zur Verfügung stehende Drehwinkel auf etwa die Hälfte (Abbildung III-180). Vorzeitige Ermüdung und eventuell auch Schädigungen können die Folge sein.

---

246 Pheasant, S.: a. a. O., 1988.

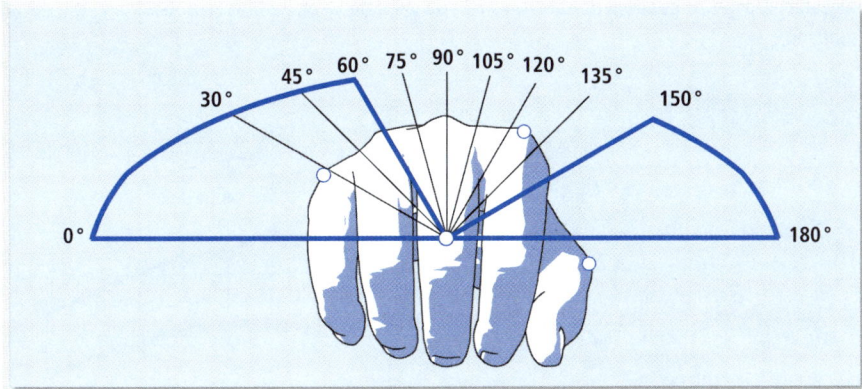

Abbildung III-180   Reduzierte Drehwinkel bei gleichzeitig abgewinkeltem Handgelenk[247]

Hochrepetitive Arbeitsbewegungen unter solchen Konditionen sind auch mit einem beträchtlichen Schädigungsrisiko verbunden. Die arbeitsgestalterische Konsequenz lautet daher: Lieber mit angepassten Handwerkzeugen arbeiten als mit abgewinkelten und gleichzeitig gedrehtem Handgelenk.

Die Grundgreifarten der Hand werden in Abbildung III-181 weiter aufgeschlüsselt.

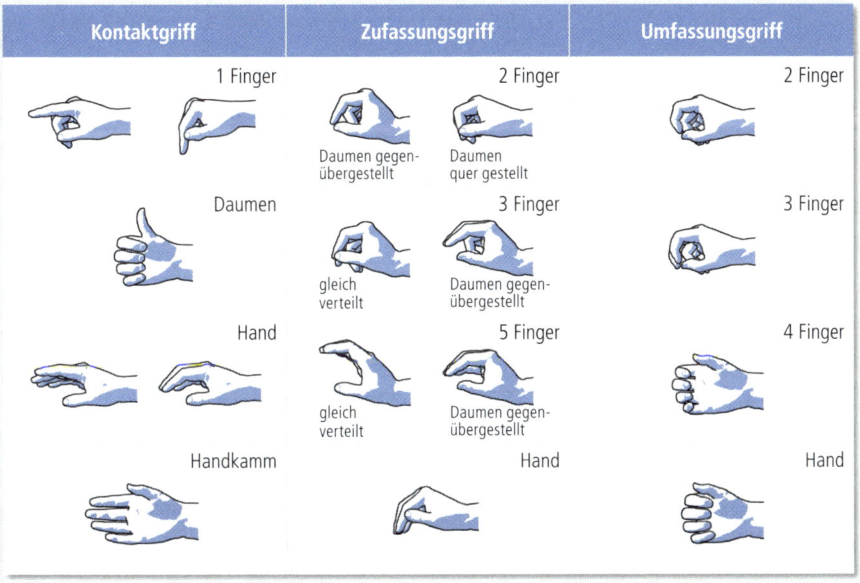

Kontaktgriff	Zufassungsgriff	Umfassungsgriff
1 Finger	2 Finger	2 Finger
	Daumen gegen-übergestellt Daumen quer gestellt	
Daumen	3 Finger	3 Finger
	gleich verteilt Daumen gegen-übergestellt	
Hand	5 Finger	4 Finger
	gleich verteilt Daumen gegen-übergestellt	
Handkamm	Hand	Hand

Abbildung III-181   Detaillierte Darstellung der Hand/Objekt-Interaktion[248]

Bei vielen Montagehandlungen ebenso wie in der mechanischen Fertigung und auch in der Instandhaltung sind (z. T. erhebliche) Greifkräfte erforderlich. Werden diese wie bei einer Zangenbetätigung

247 Tichauer, E. R.: Occupational Biomechanics. New York: Manuskriptdruck, 1975, S. 28.
248 Bullinger, H. J.; Solf, J. J.: Ergonomische Arbeitsmittelgestaltung I–III. Bremerhaven: Wirtschaftsverlag NW, 1979.

aufgebracht, dann ist mit dem in Abbildung III-182 gezeigten Verlauf über dem Griffdurchmesser zu rechnen.

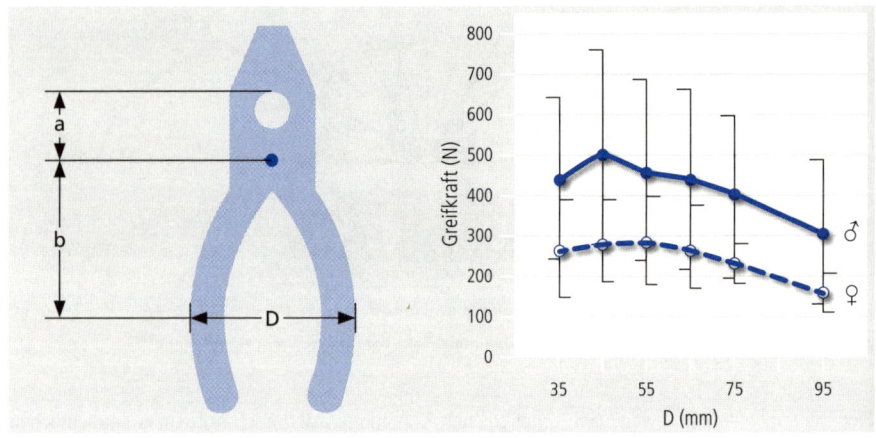

Abbildung III-182   Greifkraftverlauf über dem Griffdurchmesser[249]

Drehmoment

Greift man einen Handgriff und bringt danach ein *Drehmoment* um die Längsachse des Handgriffs auf, ergeben sich die in Abbildung III-183 dargestellten Drehmomente für Männer und Frauen über dem Griffdurchmesser. Die Drehmomente hängen u. a. von Form, Material und der Oberfläche des Handgriffs ab.

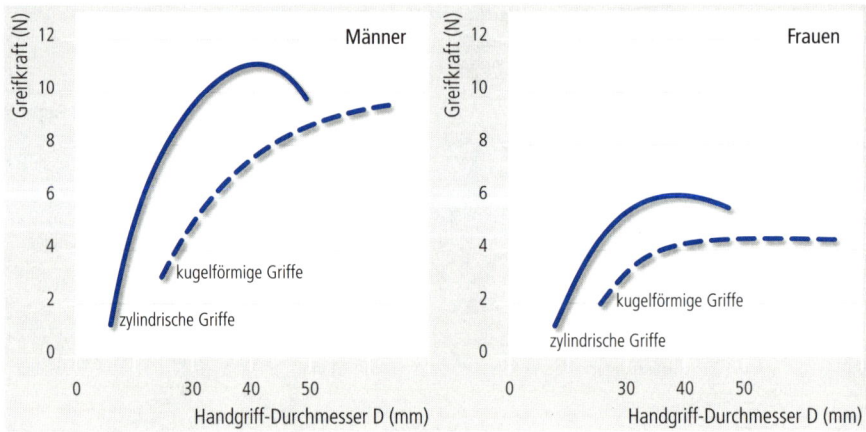

Abbildung III-183   Drehmomentverlauf über dem Griffdurchmesser[250]

Die Abbildung III-184 gibt die minimalen Abmessungen für die Handöffnungen wieder, die zur Betätigung unterschiedlicher Werkzeuge erforderlich sind. Die in der Abbildung genannten Abmessungen gelten für den Fall ohne Sichtkontakt zum Arbeitsobjekt. Können Objekte nur bei Sichtkontakt bearbeitet werden oder wird zur Unterstützung die zweite Hand benötigt, vergrößern sich die Maße bis auf Schulterbreite.

---

249 Werte in Anlehnung an Pheasant, S.: a. a. O., 1988.
250 Werte in Anlehnung an Pheasant, S.: a. a. O., 1988.

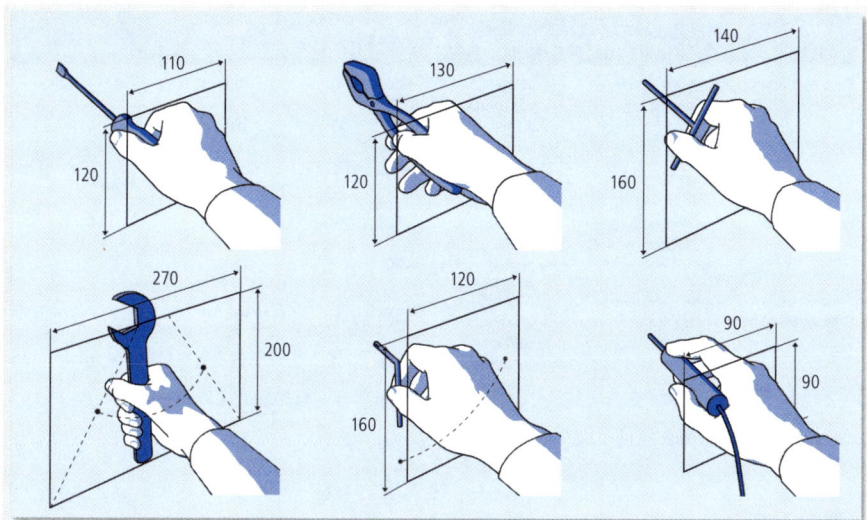

Abbildung III-184 Notwendige Abmessungen für das Durchgreifen der Hand[251]

Über die Bewegungsbreite der Hand hinaus enthält Abbildung III-185 die maximalen Bewegungswinkel anderer Körperglieder und gibt Anhaltspunkte für eine bequeme Einstellbreite. Es ist zu bedenken, dass die Bewegungswinkel bei älteren Arbeitspersonen und auch bei dickerer Kleidung eingeschränkt sind.

Durch Überlagerung der Winkelstellungen in einer mehrgliedrigen Kette ergeben sich größere Gesamtbewegungsbereiche (z. B. Rumpfbeugung + Kopfbeugung). Die maximalen Bewegungsbereiche werden durch die Kleidung verringert. In Abbildung III-185 sind diese Sachverhalte durch Indizes gekennzeichnet:

- 1) aus der Überlagerung der angegebenen Gelenkbewegungen,
- 2) Klammerwerte für Sitzen,
- 3) Klammerwerte für Manipulieren,
- 4) Für Stellung der flachen Hand parallel zur Rumpfseite als Ausgangsstellung,
- 5) Greifwinkel der ganzen Hand gegen Querachse der Hand: 12° nach unten zum Daumen.

251 Kroemer, K. et al.: a.a.O., 2001, S. 361.

Körperglieder-stellung	Gelenke	Bewegung	maximale Winkel (°)	maximaler Bereich (°)	bequemer Einstellbereich (°)
Kopf zum Rumpf	Kopf-, Hals-gelenk	1 beugen vor/zurück	+80 … −80[1]	160	+12 … +25
		2 neigen rechts/links	+60 … −60[1]	120	0
		3 drehen rechts/links	+120 −120[1]	240	0
Rumpf in sich	Wirbelsäule, Becken	4 beugen vor/zurück	+50 … −25[1]	75	0
		5 drehen rechts/links	+60 … −60[1]	120	0
Oberschenkel zum Rumpf	Hüftgelenk	6 beugen vor/zurück	+120 … −15	135	0 (+85 … +100)[2]
		7 zur Seite auswärts/einwärts	+30 … −15	45	0
Unterschenkel zum Oberschenkel	Kniegelenk	8 schwenken vor/zurück	0 … −135	135	0 (−85 … −120)[2]
Fuß zum Unterschenkel	Fußgelenk	9 schwenken nach oben/unten	+110 … +60	50	+85 … +95
Fuß zum Rumpf	Hüftgelenk, Unterschenkel, Fußgelenk	10 schwenken auswärts/einwärts	+110 … −70[1]	180	0 … +15
Oberarm zum Rumpf	Schultergelenk, Schlüsselbein	11 schwenken auswärts/einwärts	+180 … −35[1]	215	0
		12 schwenken auf/ab	+180 … −50[1]	230	0 (+15 … +35)[3]
		13 schwenken	+140 … −40[1]	180	+40 … +90
Unterarm zum Oberarm	Ellenbogenge-lenk	14 beugen/strecken	+145 … −5	150	+85 … +110
Hand zum Unterarm	Handgelenk	15 schwenken auswärts/einwärts	+15 … −45	60	0[5]
		16 beugen/strecken	+90 … −60	150	0
Hand zum Rumpf	Schultergelenk, Unterarm	17 drehen rechts/links	+130 … −120[1, 4]	250	−30 … −50

Abbildung III-185 Bewegungswinkel für verschiedene Körperglieder zueinander[252]

Arbeitsenergieumsatz

Vor allem bei sitzend ausgeführten Montagehandlungen ist es wichtig, dass die Abduktion[253] des Oberarms möglichst gering ist. Je größer der Abduktionswinkel ist, umso mehr steigen *Arbeitsenergieumsatz* und die empfundene *Beanspruchung* (Abbildung III-186).

---

252 Lange, W.; Kirchner, J. H.; Lazarus, H.; Schnauber, H.: Kleine Ergonomische Datensammlung. Köln: TÜV Rheinland, 1991.
253 Abduktion: Wegführen von der Medianebene des Körpers.

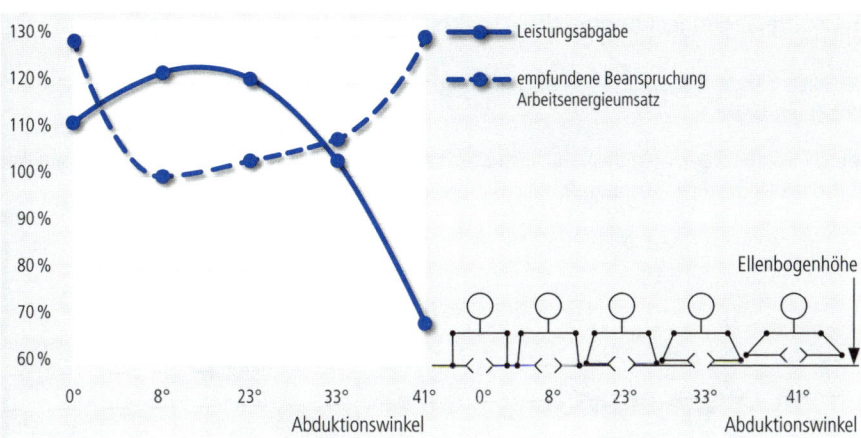

Abbildung III-186   Arbeitsenergieumsatz und empfundene Beanspruchung in Abhängigkeit von der Armabduktion

Abduktionswinkel, die in die Nähe von 90° führen, haben den Einsatz großer und schwerer Muskel- Körperhaltungen
gruppen zur Folge, sie führen zu asymmetrischen *Körperhaltungen*, die als sehr anstrengend empfunden werden (Abbildung III-187).

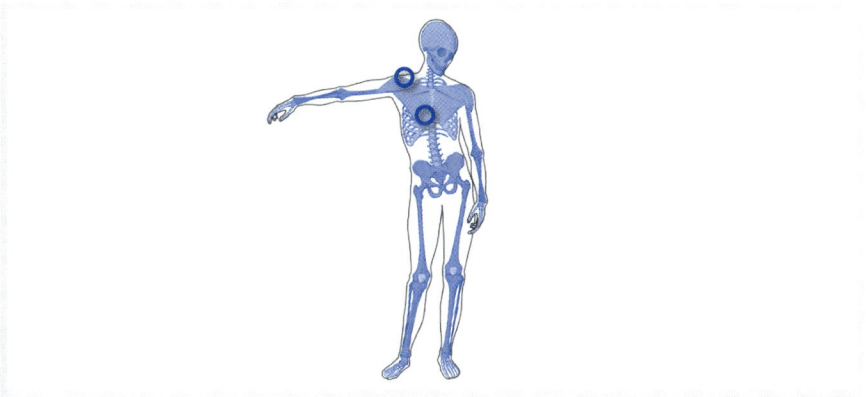

Abbildung III-187   Asymmetrische Oberkörperhaltung und potenzielle Schmerzregionen[254]

Insbesondere bei älteren Mitarbeitern und solchen mit Übergewicht können Schmerzen in der Schulter und im Brustkorb die Folge sein, falls diese Position über längere Zeit eingenommen werden muss. Allerdings ist auch von eng am Körper anliegenden Oberarmen abzuraten.

Sowohl die Bedienung von Werkzeugmaschinen als auch stehend ausgeführte Montagehandlungen oder Verpackungstätigkeiten sind oft mit seitlicher Rumpfbeugung und Körper-Asymmetrie verbunden. Diese Körperhaltung kommt durch einen Seitwärtsschritt zustande. Sie ist mit seitlichen Biegemomenten verbunden und – vor allem, wenn eine Lastenhandhabung damit verknüpft ist (vgl. Abschnitt 5.3.3 und Teil II, Abschnitt 2.7) – gestalterisch zu vermeiden oder aber durch Verhaltensergonomie zu verbessern.

---

254 Tichauer, E. R.: a.a.O., 1975, S. 20.

5.4.4 Bewegungsökonomische Aspekte

Die folgenden Abbildungen III-189 bis III-205 zeigen die Zeitersparnisse, die in der Bewegungsvereinfachung liegen.

Arbeitserleichterung

Mit der Zeitreduktion ist im Regelfall auch eine Arbeitserleichterung für den Mitarbeiter verbunden. Z. B. entfallen unnötige Suchprozesse für Werkzeuge (Abbildung III-188).

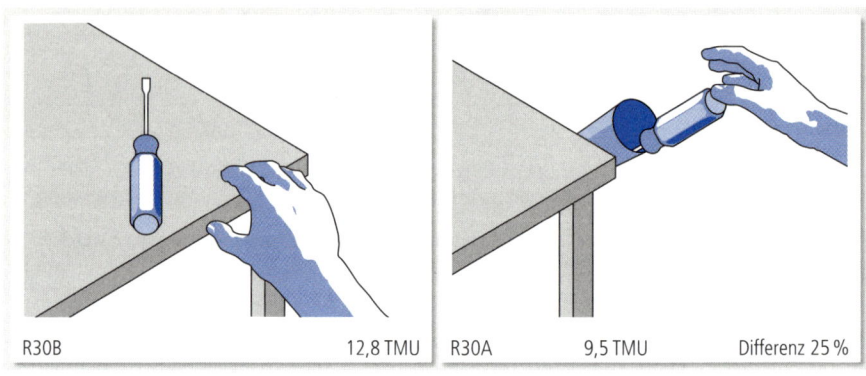

| R30B | 12,8 TMU | R30A | 9,5 TMU | Differenz 25 % |

Abbildung III-188 Bewegungsvereinfachung beim Hinlangen (Beispiel 1)

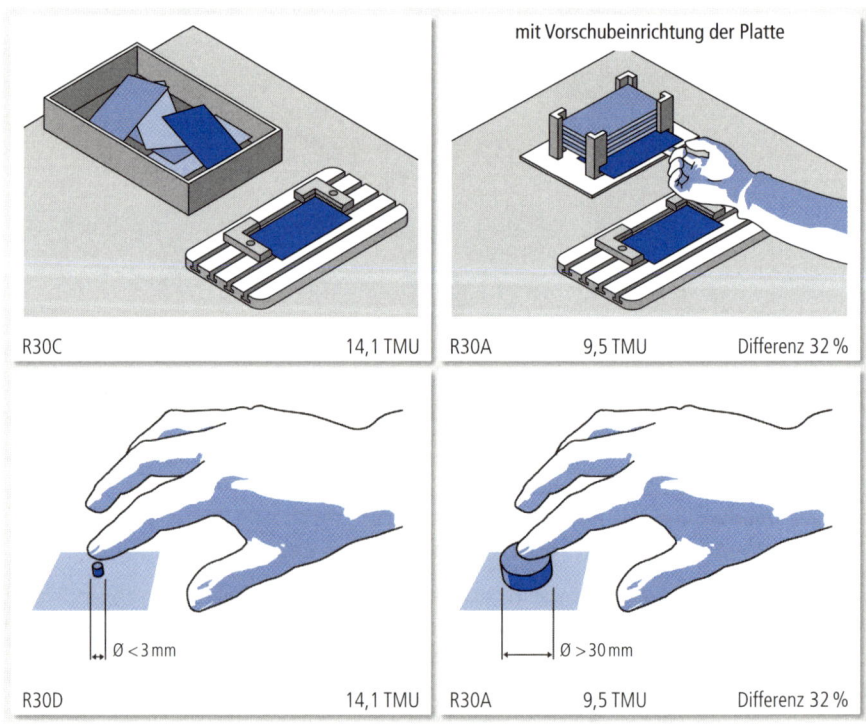

mit Vorschubeinrichtung der Platte

| R30C | 14,1 TMU | R30A | 9,5 TMU | Differenz 32 % |

| R30D | 14,1 TMU | R30A | 9,5 TMU | Differenz 32 % |

Ø < 3 mm   Ø > 30 mm

Abbildung III-189 Bewegungsvereinfachung beim Hinlangen (Beispiele 2 und 3)

Verbesserte Werkstückbereitstellung führt zu bedeutender Zeitreduktion, präzisiert die Mikro-Logistik am Arbeitspatz (Füllungsgrad des Behälters sofort ersichtlich) und schont gleichzeitig die Fingerkuppen des Mitarbeiters (Abbildung III-189 oben rechts).

Allein die Vergrößerung des Bewegungsziels reduziert den Zeitbedarf um 1/3 (Abbildung III-189 unten rechts).   *Vergrößerung des Bewegungsziels*

Die Umstellung von Handauslösung auf Fingerauslösung, z. B. bei einer Presse, verkürzt wegen des Übergangs von einem Zufassungsgriff G1A auf einen Berührungsgriff G5 den Zeitbedarf (Abbildung III-190 oben rechts).

Die Vereinzelung von Arbeitsobjekten erlaubt statt eines Auswahlgriffs G4B (mit Suchanteil) einen   *Vereinzelung*
einfachen Aufnahmegriff G1A und ist mit einer Zeitersparnis von fast 80 % verbunden (Abbildung III-190 unten). Auf die veränderte Arbeitshöhe (rechts) wird hingewiesen.

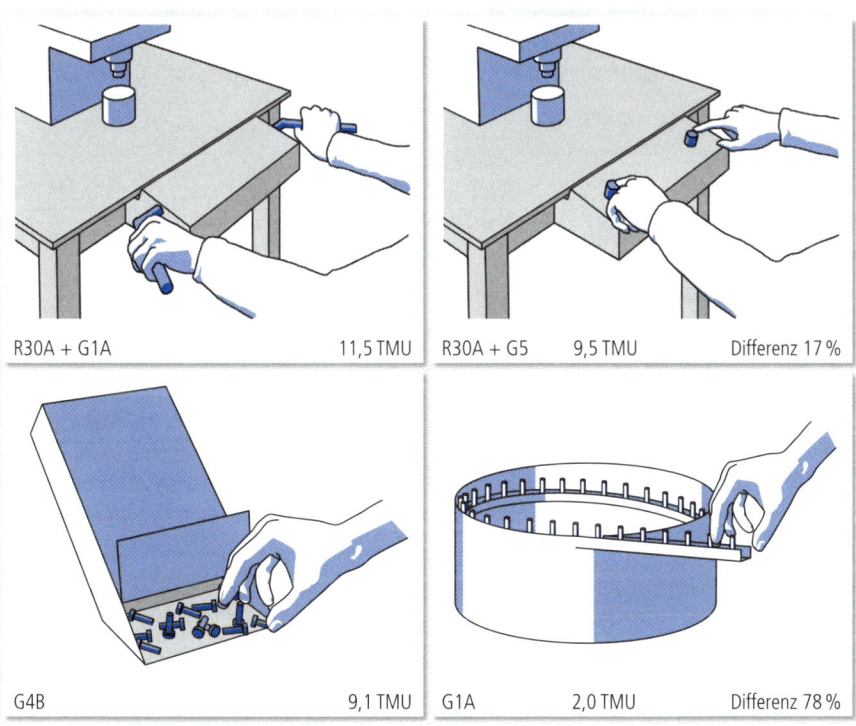

| R30A + G1A | 11,5 TMU | R30A + G5 | 9,5 TMU | Differenz 17 % |
| G4B | 9,1 TMU | G1A | 2,0 TMU | Differenz 78 % |

Abbildung III-190   Bewegungsvereinfachung beim Hinlangen (Beispiele 4 und 5)

Die Aufnahme von zylindrischen Arbeitsobjekten, die direkt auf dem Tisch liegen, bedeutet ein Greifen unter Abrollen des Arbeitsobjektes mit G1C1, das Greifen aus einem ergonomischen Greifbehälter heraus macht dagegen nur einen einfachen Aufnahmegriff G1A notwendig. Die Zeitdifferenz beträgt hier über 70 % (Abbildung III-191 oben).

Vermischte Lagerung

Die vermischte Lagerung von Arbeitsobjekten bedingt ein zielgenaues Hinlangen, z. B. R30C und ein G4A (Abbildung III-191 unten links). Die Vereinzelung der Arbeitsobjekte (z. B. schon durch den Zulieferer) führt in Abbildung III-191 unten rechts zu geringerer Zielgenauigkeit beim Hinlangen (R30B), verbunden mit einem einfacheren Griff G1A. Die Zeitdifferenz beträgt 30 %.

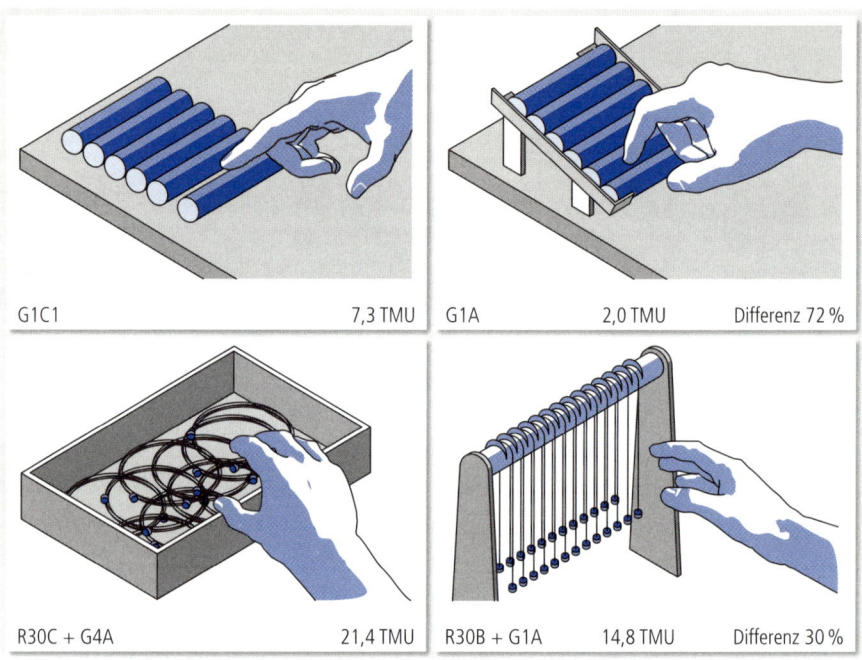

| G1C1 | 7,3 TMU | G1A | 2,0 TMU | Differenz 72 % |

| R30C + G4A | 21,4 TMU | R30B + G1A | 14,8 TMU | Differenz 30 % |

Abbildung III-191 Bewegungsvereinfachung beim Greifen (Beispiele 1 und 2)

Die ortskonstante Bereitstellung von Werkzeugen, z. B. auf einem Werkzeugträger, führt zu routiniertem Ablegen der Werkzeuge und im Regelfall auch zu einer Verkürzung des Greifens und der Bringbewegung mit Zeitgewinnen von etwa 5 % bis 30 % (Abbildung III-192).

Bereitstellung von Werkzeugen

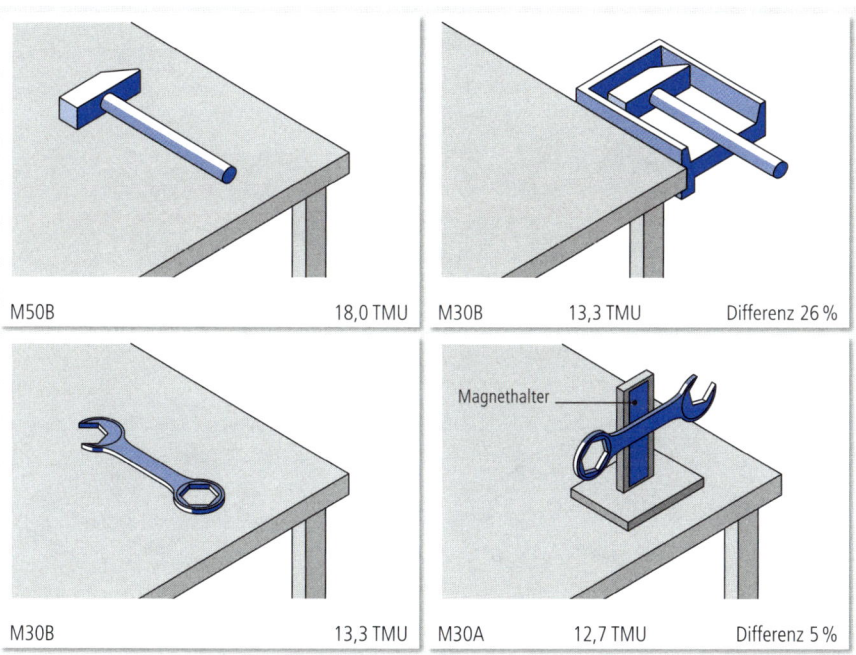

| M50B | 18,0 TMU | M30B | 13,3 TMU | Differenz 26 % |
| M30B | 13,3 TMU | M30A | 12,7 TMU | Differenz 5 % |

Abbildung III-192 Bewegungsvereinfachung beim Greifen (Beispiele 3 und 4)

Sehr einleuchtend ist die Verkürzung der Bewegungswege beim Bringen (Abbildung III-193). Die Lösung in Abbildung III-193 rechts oben setzt einen ergonomischen Greifbehälter voraus.

Abbildung III-193 unten illustriert, wie durch einen speziellen Abwurfschacht nicht nur der Zeitbedarf gesenkt, sondern auch die Investitionskosten vermindert werden, da im Gegensatz zur Lösung in Abbildung III-193 links kein Hubtisch mehr erforderlich ist.

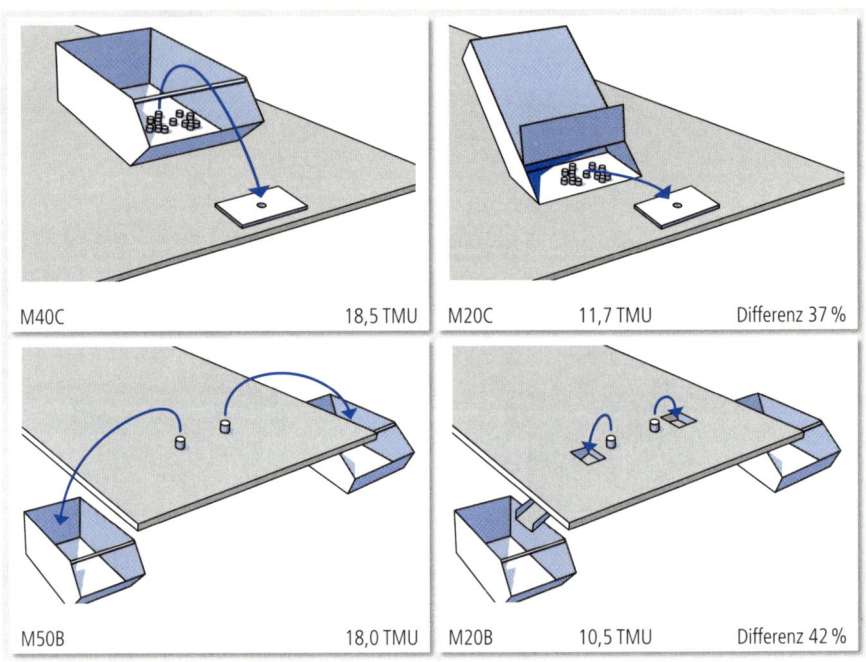

| M40C | 18,5 TMU | M20C | 11,7 TMU | Differenz 37 % |
| M50B | 18,0 TMU | M20B | 10,5 TMU | Differenz 42 % |

Abbildung III-193   Bewegungsvereinfachung beim Bringen

Auf den zeitsparenden Einfluss einer Fase (Abbildung III-194 oben) wurde bereits in Abschnitt 2.4.4 Fase
hingewiesen. Das Verwenden eines Anschlags (Abbildung III-194 unten) macht ein M30C zu einem
Bringen mit geringerer Zielgenauigkeit (M30B) und vermeidet aufwändiges Positionieren (P2SE).

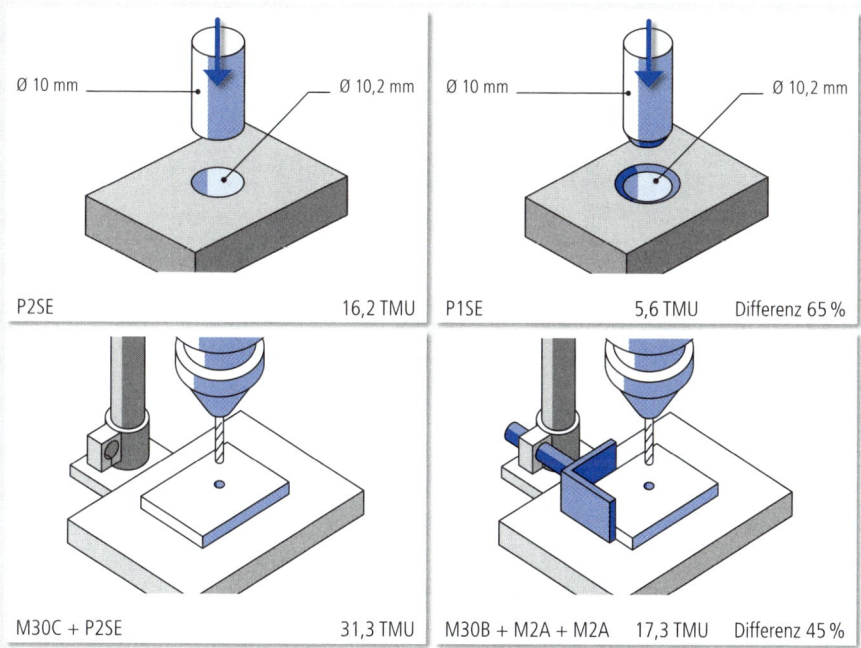

Abbildung III-194   Bewegungsvereinfachung beim Fügen

Über die Bewegungsvereinfachung hinaus gibt es auch wichtige Hinweise zur ergonomischen Bewegungsgestaltung, hier gezeigt anhand von Fallbeispielen für Sitz-Arbeitsplätze in der Montage. Im
Vordergrund stehen dabei ebenfalls bewegungsökonomische Aspekte.[255]

---

255 Britzke, B.; Klüglich, U.; Storm, P.: Rationalisierung manueller Arbeitsprozesse. Dresden: Grafischer Großbe-
    trieb »Völkerfreundschaft«, 1989.

Arbeitszonen

Greifbehälter, Bauteile, Werkzeuge und Vorrichtungen sollen so platziert werden, dass häufig benutzte Teile zentral, selten benötigte dezentral angeordnet sind (Abbildung III-195). Die unterschiedlich günstigen Arbeitszonen sind zu berücksichtigen.[256]

Abbildung III-195   Anordnung von Greifbehältern und Wirkstellen nach Benutzungshäufigkeit (»1« sehr häufig; »5« sehr selten)

Ziel einer Handlung

Das Ziel einer Handlung muss endgültig sein, mehrmaliges Aufnehmen, Bewegen und Ablegen eines Bauelementes ist zu vermeiden. Möglichst ist keine Zwischenlagerung vorzusehen (Abbildung III-196).

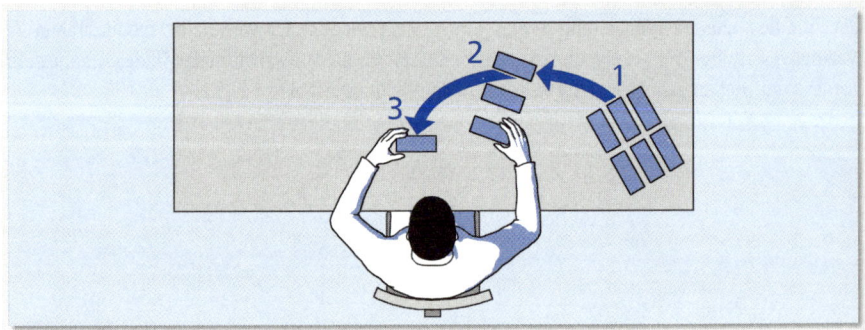

Abbildung III-196   Bauteilbewegung am Arbeitsplatz ohne Zwischenlagerung

Fehlerhafte Bauelemente

Fehlerhafte Bauelemente sind vor ihrer Handhabung auszusortieren, da sonst der Arbeitsrhythmus unterbrochen wird und unproduktive Handlungen (z. B. Demontagen und Kontrollen) erforderlich sind (Abbildung III-197). Der Mitarbeiter erhält Bauelemente, die bereits am liefernden Arbeitsplatz mängelbehaftet waren. Hier werden sie nun trotzdem weiterbearbeitet, bis der Mitarbeiter den Fehler erkennt. Um diese nicht wertschöpfenden Arbeiten von Anfang an zu vermeiden, gilt für jeden Mitarbeiter die Regel »Der nächste Prozess ist dein Kunde«.

256 Vgl. Abschnitt 5.2.5, Abbildung III-153.

Damit ist gemeint, dass niemals qualitativ schlechte Ware weitergegeben wird und jeder Mitarbeiter seinen Kollegen als seinen Kunden betrachtet.

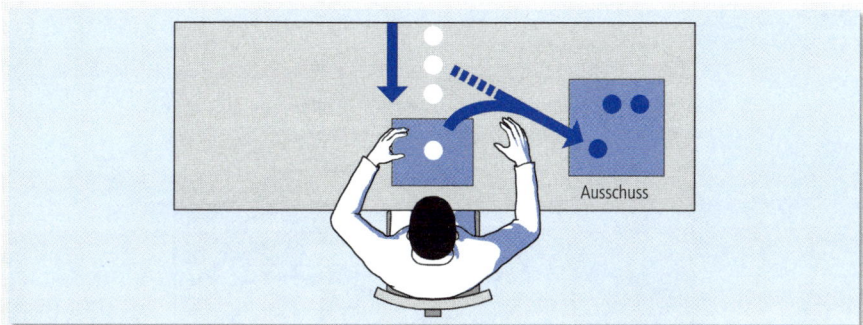

Abbildung III-197   Aussonderung fehlerhafter Bauelemente vor ihrer Handhabung

Der Endpunkt einer Handlung soll so angeordnet sein, dass er in unmittelbarer Nähe des Anfangpunktes für die folgende Bewegung liegt. Unnötige Kreuz- und Querwege sind zu vermeiden (Abbildung III-198). Die Punkte E und A sollen möglichst nahe beieinander sein.

Endpunkt einer Handlung

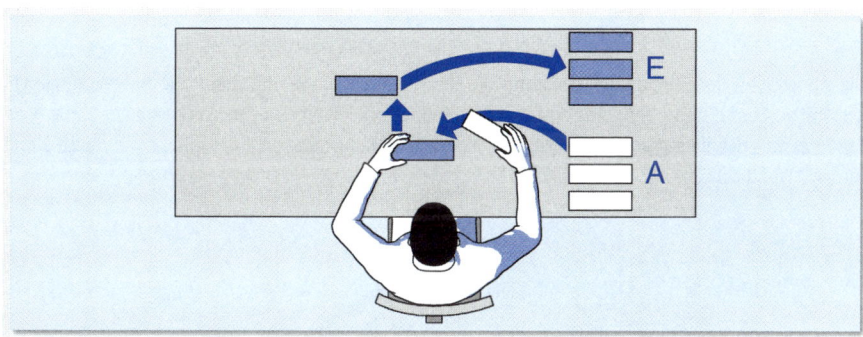

Abbildung III-198   Endpunkte vorangegangener Bewegungen und Anfangspunkte neuer Bewegungen liegen nahe beieinander

Unterarmbetonte Bewegungen benötigen bis zu 30 % weniger Zeit als Oberarmbewegungen. Die durchgezogenen Bewegungsbahnen in Abbildung III-199 sind oberarmbetont, die unterbrochenen Bewegungsbahnen sind unterarmbetont; sie liegen näher am Körper und sind daher schneller auszuführen.

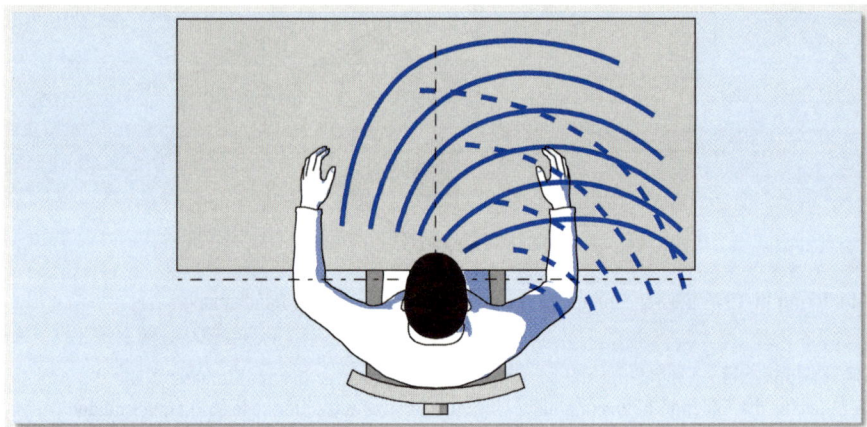

Abbildung III-199   Unterarmbetonte Bewegungen (unterbrochene Linien) sind schneller als oberarmbetonte (durchgezogene Linien)

Die Anordnung des Zielpunktes bestimmt die Bewegungsrichtung und damit die Bewegungslänge. Günstig gestaltete und richtig angeordnete Zielpunkte (z. B. Ablagen oder Werkzeugaufnahmen) reduzieren den Bewegungsaufwand. Dabei ist auf visuelle Kontrollmöglichkeit (Ziel nicht durch Hand verdecken) zu achten (Abbildung III-200).

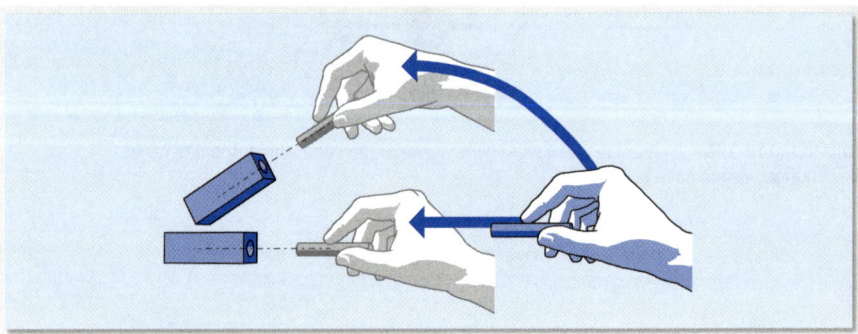

Abbildung III-200   Hand bewegt sich auf ballistischen Bahnkurven

Häufige Bewegungen senkrecht oder parallel zur Medianebene[257] sind zu vermeiden. Sie führen zu zusätzlichen Biegemomenten und statischer Haltungsarbeit (Abbildung III-201). Andererseits verursachen Bewegungen in der Medianebene vom Körper weg (z.B. bei der Ablage eines Werkstücks) bei hochfrequenter Wiederholung vorzeitige Ermüdung, da bei dieser Bewegung ein Teil des großen Rückenmuskels (Musculus latissimus dorsi) hoch beansprucht wird.

Häufige Bewegungen

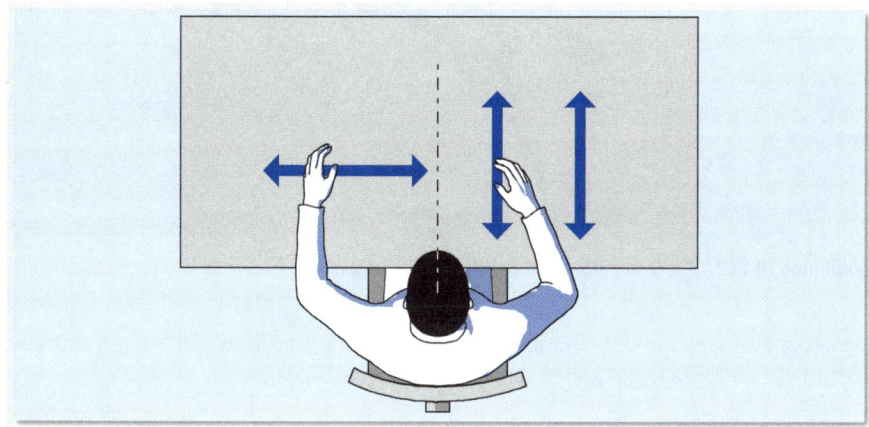

Abbildung III-201   Bewegungen senkrecht oder parallel zur Medianebene vermeiden

Hebelbewegungen sollen durch Anschläge begrenzt werden. Unnötige Bewegungen werden dadurch vermieden (Abbildung III-202).

Hebelbewegungen

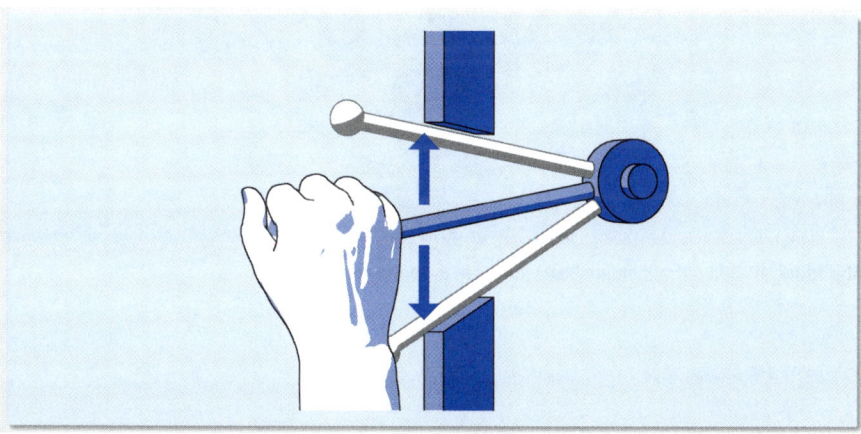

Abbildung III-202   Hebelbewegungen durch Anschläge begrenzen

---

257 Mittelebene, die den Körper in zwei gleiche Teile teilt.

Fließender Übergang

Der Übergang von einer Bewegung in die andere soll möglichst fließend geschehen. Abbrems- und Beschleunigungsphasen werden dadurch eingespart (Abbildung III-203).

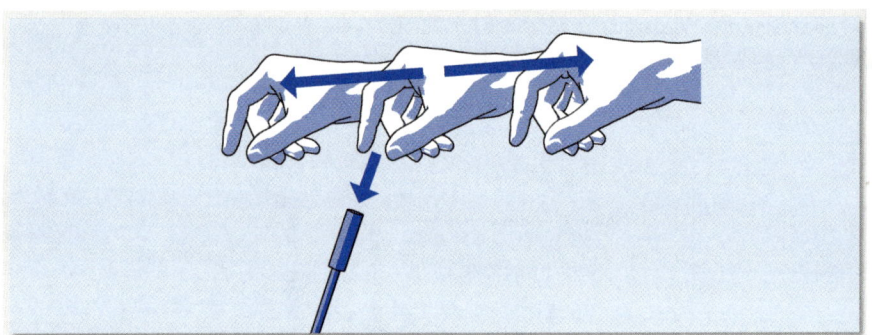

Abbildung III-203   Fließender Übergang zwischen Bewegungen

Kraftbetonte Bewegungen

Kraftbetonte Bewegungen sind in Richtung auf ein Gelenk durchzuführen. Bewegungen senkrecht oder parallel zur Medianebene sind zu vermeiden (Abbildung III-204).

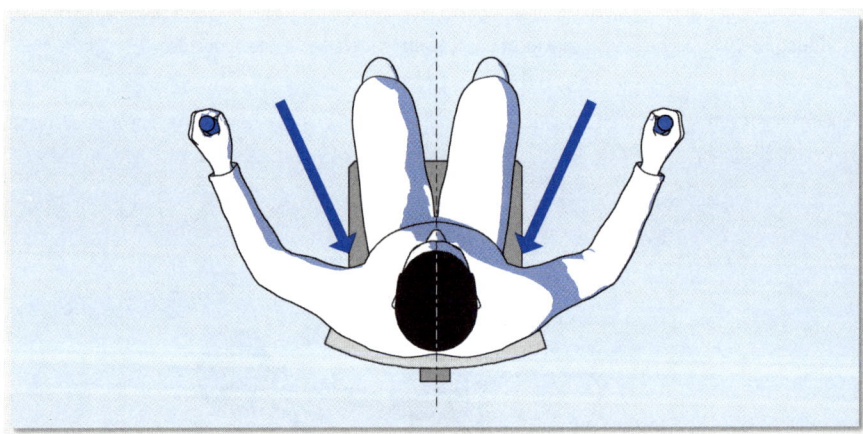

Abbildung III-204   Kraftbetonte Bewegungen in Richtung der Gelenke

Die Höhenkonstanz zwischen den Handlungsstellen am Arbeitsplatz und weiteren Vorrichtungen oder Paletten ist zu beachten. Zusätzliche Körperbewegungen können dadurch vermieden werden (Abbildung III-205). Höhenkonstanz

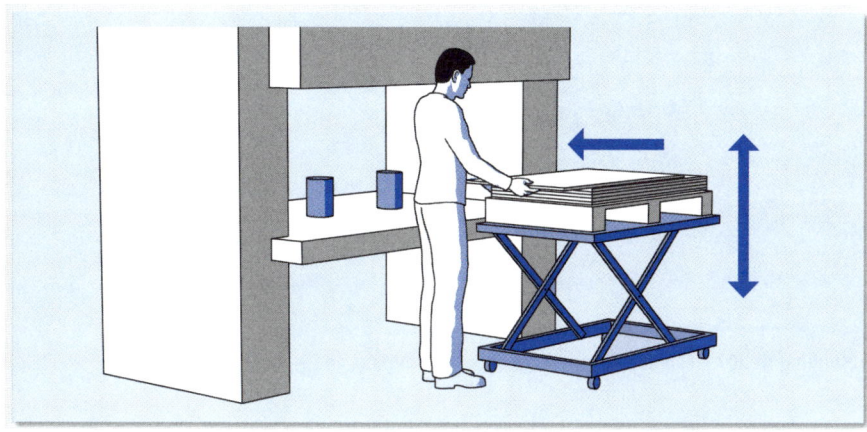

Abbildung III-205   Auf Höhenkonstanz zwischen den Handlungsstellen am Arbeitsplatz achten

Die Greifräume sind bei der Anordnung von Arbeitsstellen auf dem Arbeitstisch zu beachten. Häufiges Vorbeugen an Greifbehälter außerhalb des maximalen Greifraums sind zu vermeiden (Abbildung III-206). Vorbeugen

Abbildung III-206   Häufige Arbeitsbewegungen außerhalb des maximalen Greifraums vermeiden

Führungsschienen

Führungsschienen für Bauelemente ermöglichen günstige Greifpositionen. Die Greifstelle ist ungehindert zugänglich (Abbildung III-207). Die Bauelemente können mit einem einfachen Zufassungsgriff sicher gegriffen werden.

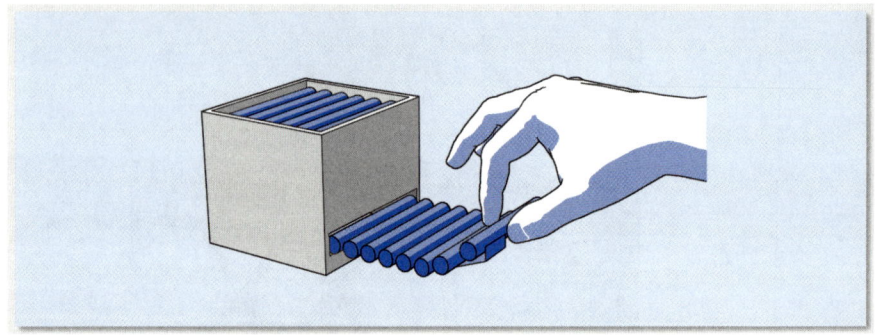

Abbildung III-207   Führungsschiene für günstige Greifpositionen

Führungsschienen und Gleitkanäle sind so zu gestalten, dass am Ende, d.h. an der Greifstelle, ein ungehindertes Greifen möglich ist (Abbildung III-208).

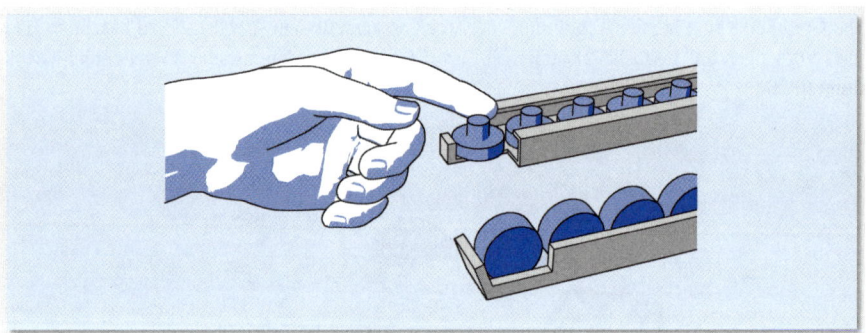

Abbildung III-208   Unbehindertes Greifen bei Führungsschienen

Flache Bauelemente sind zu magazinieren. Die Magazine sind durch geeignete Führungen so zu gestalten, dass die Entnahme eines Bauelementes das nächste in eine günstige Griffposition befördert (Abbildung III-209).

Flache Bauelemente

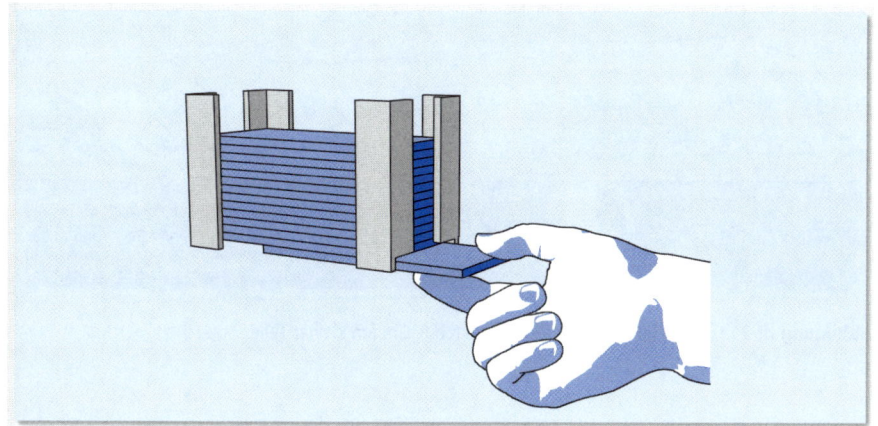

Abbildung III-209   Flache Bauelemente magazinieren

Greifzungen vereinfachen das Greifen von kleinen und flachen Bauelementen (Abbildung III-210).

Greifzungen

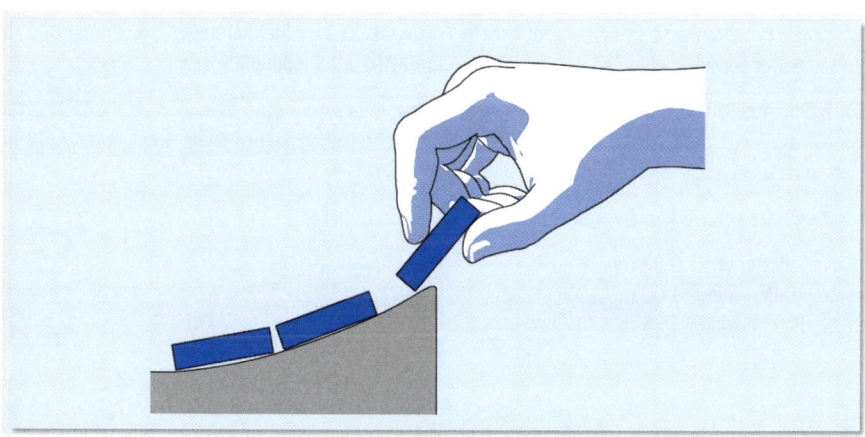

Abbildung III-210   Greifzungen für flache Bauelemente

Weiche Unterlagen

Kleine Teile lassen sich von glatten Flächen sehr schlecht aufnehmen. Schaumstoffunterlagen verbessern die Greifbedingungen erheblich (Abbildung III-211).

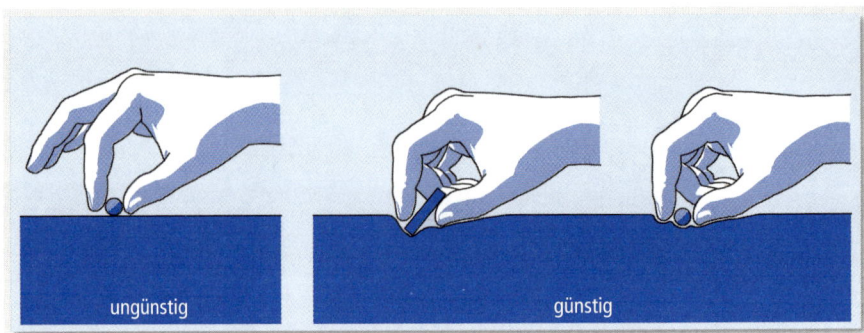

Abbildung III-211 Weiche Unterlagen verbessern das Greifen kleiner Teile

5.4.5 Bewegungen im Arbeitsraum

Abmessungen des Arbeitsraums

Im Anschluss an die Gestaltungsregeln der Anthropometrie (vgl. Abschnitt 5.2) stellt sich die Frage nach den Abmessungen des Arbeitsraums, in dem ein oder mehrere Mitarbeiter arbeiten. Die folgenden Abbildungen geben minimale Abmessungen wieder, die am Arbeitsplatz, auf Fluren, in Werkhallen etc. zu beachten sind. Dabei bezieht sich Abbildung III-212 auf Stehhaltungen, Abbildung III-213 auf Sitzhaltungen, Abbildung III-214 bis Abbildung III-216 auf Sonderhaltungen.

Für jeden Arbeitnehmer sollte an seinem Arbeitsplatz mindestens eine freie Bewegungsfläche von 1,5 m² zur Verfügung stehen. Die freie Bewegungsfläche soll an keiner Stelle weniger als 1,00 m breit und tief sein.[258]

Für die Breite von Verkehrswegen gelten folgende Baurichtmaße:

- bis 5 Personen: 0,875 m,
- bis 20 Personen: 1,00 m,
- bis 100 Personen: 1,25 m.

---

258 Zwischenzeitlich wurden diese Regelungen aufgeweicht (vgl. ArbStättV vom 12. August 2004, Anhang Anforderungen an Arbeitsstätten nach § 3 Abs. 1 ArbStättV, Punkt 3.1). Hält man sich dennoch an diese ehemaligen gesetzlichen Maßvorgaben, wird man keinen Gestaltungsfehler begehen. Im Übrigen sei in diesem Zusammenhang auf die Unfallverhütungsvorschriften (UVV) der jeweilig zuständigen Berufsgenossenschaften verwiesen, die im Zweifel für die Praxis relevant sind.

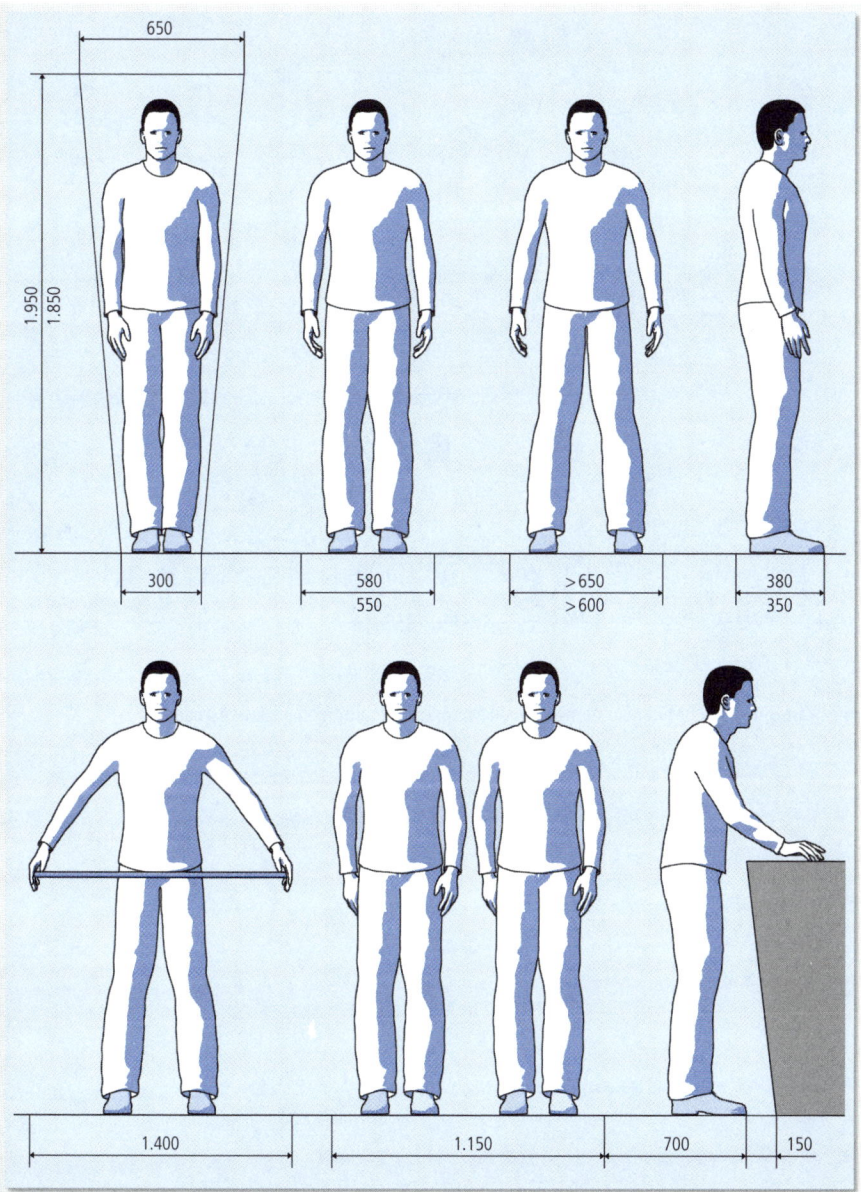

Abbildung III-212   Minimale Abmessungen [mm] für Stehhaltungen im Arbeitsraum[259]

---

259 Vgl. a. Kirchner, J. H.; Baum, E.: a. a. O., 1990, S. 256. Werden zwei Zahlenwerte angegeben, dann ist der
     untere Wert das Minimum, der obere Wert das Optimum.

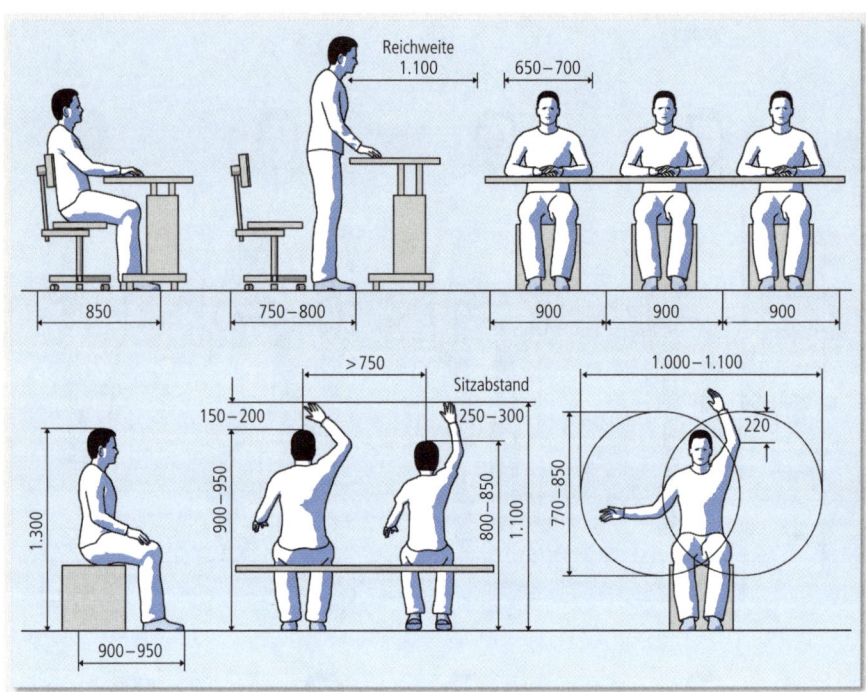

Abbildung III-213 Minimale Abmessungen [mm] für Sitzhaltungen im Arbeitsraum

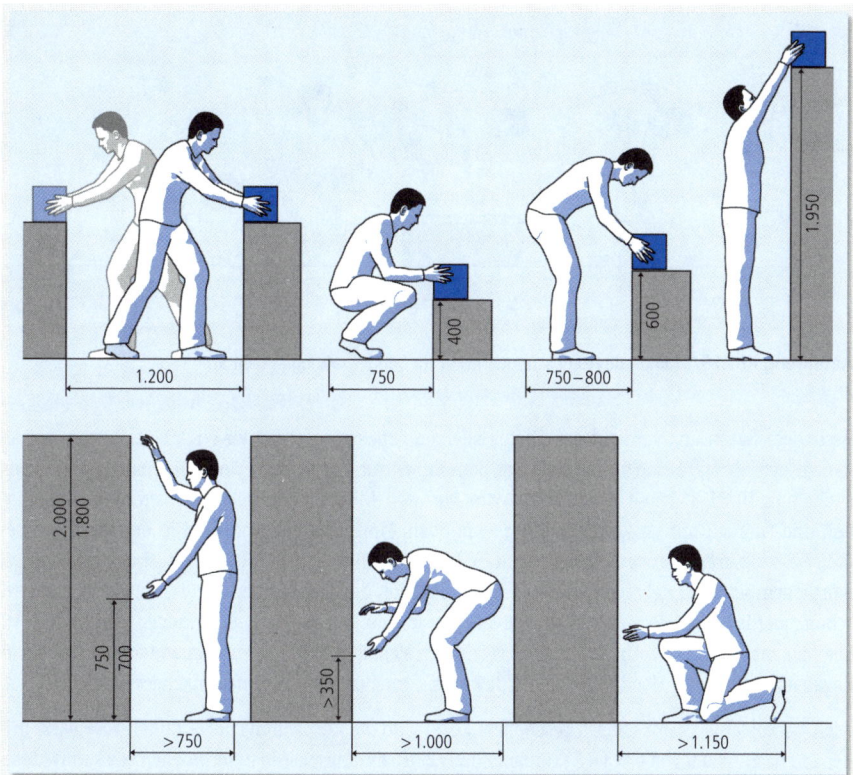

Abbildung III-214   Minimale Abmessungen [mm] für Sonderhaltungen (Teil 1)

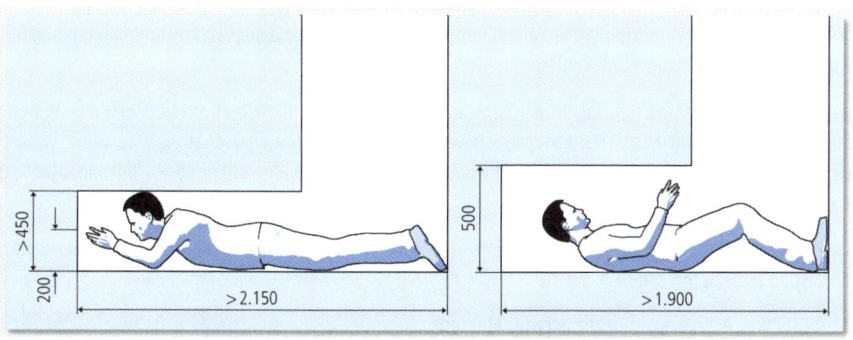

Abbildung III-215   Minimale Abmessungen [mm] für Sonderhaltungen (Teil 2)[260]

---

260 Vgl. a. Kirchner, J. H.; Baum, E.: a. a. O., 1990, S. 256.

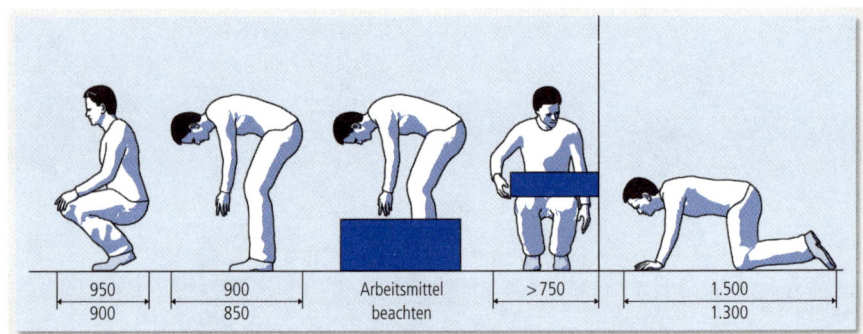

| 950 | 900 | Arbeitsmittel | >750 | 1.500 |
| 900 | 850 | beachten | | 1.300 |

Abbildung III-216   Minimale Abmessungen [mm] für Sonderhaltungen (Teil 3)

Beengte Arbeitsräume   Besondere Beachtung verdient das Thema beengte Arbeitsräume. Bei vielen Arbeitsplätzen, vor allem in der Montage und Instandhaltung, kommt es zur Arbeit der Hände oberhalb des Herzens (Abbildung III-217). Diese Arbeitsform wird von den Mitarbeitern als sehr anstrengend empfunden und ist auch mit starker Ermüdung verbunden. Umgangssprachlich wird in der Regel der Begriff *Überkopfarbeit* verwendet (vgl. auch Teil II, Abschnitte 2.5 und 2.7.2). Er ist jedoch nicht im wörtlichen Sinne zu gebrauchen, da nicht die Position der Hände oberhalb des Schädels, sondern schon oberhalb des Herzens mit negativen physiologischen Begleiterscheinungen verbunden ist. Die maximal möglichen Ausdauerzeiten verringern sich allerdings mit zunehmender Handhöhe; ein negativer Einfluss der Handhöhe auf die Bewegungsgenauigkeit ist ebenfalls nachgewiesen.[261]

Überkopfarbeit   Die Überkopfarbeit kann statisch geschehen. Dann wird die Anspannung der Schultermuskulatur frühestens nach Ablauf von etwa 4 Sekunden durch Entspannungsphasen unterbrochen; sie kann jedoch auch dynamisch ablaufen. Ausschlaggebend für die besondere Ermüdung bei *Überkopfarbeit* ist das Nachlassen der arteriellen Durchblutung des Armes. Allerdings fällt die Durchblutung keineswegs gleichmäßig mit wachsender Arbeitshöhe oberhalb des Herzens ab. Verantwortlich dafür ist eine Arterie, die für die Versorgung des Armes verantwortlich ist (arteria subclavia) und zwischen erster Rippe und Schlüsselbein hindurchläuft.

In ungünstigen Oberarmstellungen kann die Arterie zwischen Schlüsselbein und erster Rippe nahezu abgeklemmt werden. Hinzu kommen noch weitere (auch individuelle) anatomische Bedingungen des Muskel-Skelett-Apparates im oberen Brustbereich, die bei der Bewertung der Überkopfarbeit zu beachten sind.

Bei Überkopfarbeit ergeben sich Konsequenzen für die Arbeitsgestaltung. Belastung bei Überkopfarbeit ist zu reduzieren durch:

- Wahl von Arbeitsorten unterhalb des Herzens,
- Verringerung der gesamten Belastungsdauer,
- Verringerung der Dauer von Haltephasen,
- Verkleinern der aufzubringenden Kräfte,
- Verringerung von Zusatzbelastungen.

261   Bier, M.: Ergonomie der Überkopfarbeit. Fortschritt-Berichte VDI, Reihe 17, Nr. 70. Düsseldorf: VDI, 1991.

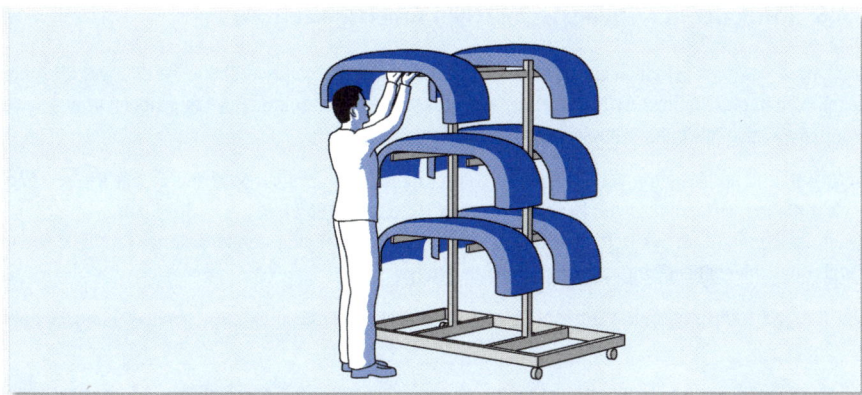

Abbildung III-217   Beispiel für Überkopfarbeit in der Automobilmontage

Auch bei der Handhabung von Arbeitsobjekten unterhalb des Herzens kann es zu ungünstigen Arbeitsgestaltungsbedingungen kommen. Abbildung III-218 weist darauf hin, dass es in Bereichen, die nicht eingesehen werden können und die gleichzeitig zu unsicheren Körperhaltungen führen, hohe Belastungen des Menschen bei gleichzeitig problematischer Arbeitsqualität geben kann.

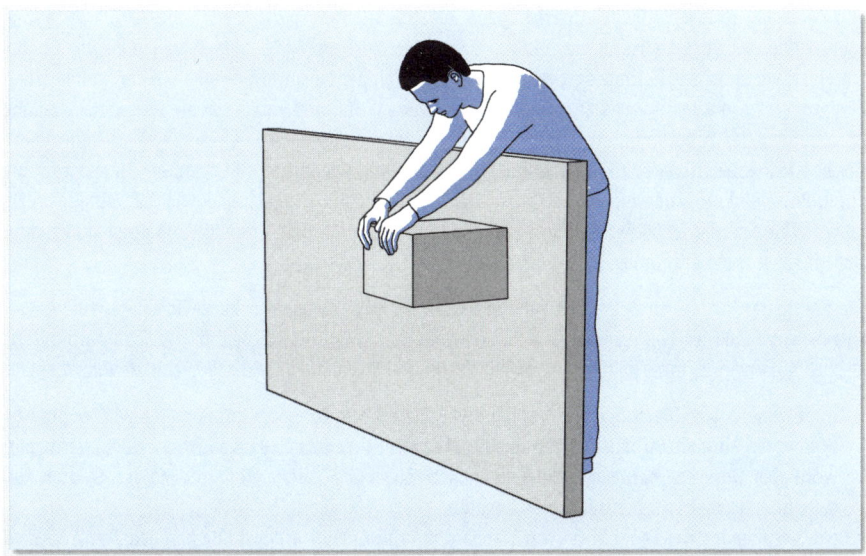

Abbildung III-218   Manipulation in nicht einsehbaren Bereichen und bei unsicheren Körperhaltungen vermeiden

5.4.6   Kritik der bewegungstechnischen Arbeitsgestaltung

Industriearbeit

Industriearbeit war bis zu Beginn des 20. Jahrhunderts durch handwerkliche Fertigungsstrukturen gekennzeichnet: Qualifizierte Mitarbeiter fertigen komplette Produkte oder Baugruppen weitgehend manuell an, also mit niedrigem *Mechanisierungsgrad.*[262]

In Umsetzung der Arbeiten von Taylor und Gilbreth, die in Deutschland vor allem über REFA erfolgte, war die Industriearbeit in der Periode von etwa 1920 bis gegen Ende der 1980er-Jahre vorwiegend gekennzeichnet durch zyklisch repetitive Arbeit zur Massenfertigung standardisierter Produkte sowie durch hohe Mechanisierung und Teilautomatisierung.

Die heutige Industriearbeit kann durch zwei gegensätzliche Ausprägungsformen gekennzeichnet werden:

1. die weitgehend automatisierte (hochautomatisierte oder flexibel automatisierte) Fertigung unter intensivem Einsatz von Betriebsmitteln der Fertigungs- und Informationstechnik, bei der die Aufgaben der Mitarbeiter im Wesentlichen auf Überwachung, Materialversorgung und Störungsbeseitigung beschränkt sind;
2. teamorientierte Arbeitsstrukturen, in denen die Mitarbeiter ganzheitliche Arbeitsaufgaben mit Anteilen der Planung, Ausführung und Kontrolle erfüllen und größere Dispositionsspielräume auch hinsichtlich organisatorischer Aspekte der Arbeit haben.

Wissenschaftliche Betriebsführung

Jede dieser Entwicklungsstufen stellt unterschiedliche Anforderungen an den arbeitenden Menschen und hat auch unterschiedliche Auswirkungen auf ihn. Die bewegungstechnische Arbeitsgestaltung ebenso wie das ihr zu Grunde liegende Konzept der *Wissenschaftlichen Betriebsführung* Taylors hatten im vergangenen Jahrhundert erheblichen Anteil an der Leistungsentwicklung der industriellen Fertigung ebenso wie für Beschäftigung und (relativen) Wohlstand sowie soziale wie wirtschaftliche Absicherung der Arbeitnehmer. Schon von Beginn ihrer betrieblichen Umsetzung an trafen diese Ansätze jedoch auch auf Kritik: Überlastung durch dauernd wiederholte Tätigkeiten, Unterforderung durch Beschränkung auf einfache und vorwiegend ausführende Tätigkeiten sowie das Fehlen von Erfolgserlebnissen und Möglichkeiten zur Identifikation mit der Arbeit. Der eigene Beitrag am Produkt war oft nicht mehr erkennbar.

Die Zergliederung von ursprünglich ganzheitlichen Arbeitsvollzügen in kurzzyklisch-repetitive Teilaufgaben, wie sie im Gefolge der Arbeiten Taylors und Gilbreths zu Beginn des 20. Jahrhunderts festzustellen war, ist innerhalb des wirtschaftlichen und sozialen Umfeldes der Zeit zu verstehen.

* In der Phase des Übergangs von der handwerklichen Fertigung zur industriellen Massenproduktion waren auf dem Arbeitsmarkt Industriearbeiter mit technischer Qualifikation nicht verfügbar, wohl aber Ungelernte, meist ehemalige Landarbeiter oder Bauern, die in der in den Städten entstehenden Industrie ihr Auskommen suchten.
* Die Verbilligung der Produktion von Standardgütern mit Hilfe arbeitsteilig zergliederter Aufgaben und optimierter Bewegungsabläufe machte die so produzierten Waren für viele erschwinglich und schaffte Kaufkraft in den Händen der neu gewonnenen Industriearbeiter.

Die dabei verfolgten Ziele, wie die Nutzung von Übungseffekten zur besten – ökonomischsten – Ausführung der Tätigkeit und die Erschließung der in der Phase zunehmender Industrialisierung verfügbaren Arbeitskräfte durch eine an den vorhandenen Fähigkeiten orientierte Aufgabengestaltung trugen dazu bei, dass dieser Gestaltungsansatz zur Zeit der Einführung und auch noch für lange Zeit

---

262 Peters, H.; Landau, K.: Kritik der bewegungstechnischen Arbeitsgestaltung. In: Landau, K.: Ergonomie I. TU Darmstadt, 2003.

als sozial erträglich angesehen wurde. Gleichwohl wurden die Tendenzen der Arbeitszergliederung und die zyklisch repetitive Arbeit in der Folge auch sehr kritisch diskutiert.

Arbeitsteilung ist weitverbreitet und in der Industriegesellschaft letztlich unverzichtbar. Dies gilt für die Aufteilung der Arbeit auf die dafür qualifizierten und spezialisierten Berufe, aber auch für einzelne Aufgabenbereiche innerhalb einzelner Berufe. Vollständige Arbeitsaufgaben (als sicherlich extremes Beispiel sei die Komplettmontage eines Kfz genannt), würden beispielsweise eine umfassende Qualifikation des Mitarbeiters sowie die Bereitstellung aller Teile und erforderlichen Betriebsmittel am Arbeitsplatz bedingen und so die Herstellkosten wesentlich erhöhen, wenn denn diese Montageaufgabe überhaupt in hinreichender Qualität ausgeführt werden könnte.

Repetitive Arbeitsvorgänge mit kurzer Zykluszeit und hoher Frequenz sind kennzeichnend für eine weitgehende Arbeitsteilung (Artteilung). Arbeitsaufgaben stellen dann meist nur geringe Anforderungen an die Fähigkeiten, binden aber die Aufmerksamkeit. Planung, Ausführung und Kontrolle sind voneinander getrennt und unterschiedlichen Personen bzw. Arbeitsgruppen übertragen (vgl. dazu auch Abschnitt 6.3).

Repetitive Arbeitsvorgänge

Wirtschaftliche und organisatorische Vorteile dieser Einschränkung auf ständig wiederholte Teilaufgaben liegen in dem hohen Grad an Übung und Spezialisierung, der eine hohe Arbeitsleistung begünstigt (hohe Arbeitsgeschwindigkeit und niedrige Fehlerrate), in der nur kurzen Einarbeitungszeit und der Möglichkeit zur Beschäftigung angelernter Mitarbeiter. Die Mechanisierung einfacher Teilaufgaben ist leichter und mit geringerem Investitionsaufwand möglich als die komplexer oder wechselnder Aufgaben; die Nutzung der damit verbundenen Betriebsmittel ist hoch. Als Einschränkung ist der Aufwand des Materialtransports bzw. der materialflusstechnischen Verkettung der Arbeitsstationen zu nennen, der mit der Zahl der Arbeitsstationen stark zunimmt.

Nachteile weitergehender Artteilung und kurzzyklisch repetitiver Arbeit ergeben sich vor allem aus Sicht der Mitarbeiter. Einseitige körperliche Belastungen als Folge ständig wiederholter Bewegungsabläufe können körperliche Überforderung bewirken und Erkrankungen des Bewegungsapparates nach sich ziehen. Bei der Beschränkung auf eng begrenzte Teilaufgaben ausführender Art erhält der Mitarbeiter weder zur Qualität und zum Erfolg seiner Arbeit noch zur Bedeutung seines Arbeitsbeitrags zum fertigen Produkt eine angemessene Rückmeldung. Dies verhindert eine Identifikation des Mitarbeiters mit seiner Tätigkeit und mit deren Ergebnissen und die Ausprägung des Gefühls eigener Verantwortung für das Produkt und dessen Qualität. Die ständige Wiederholung weitgehend festgelegter Tätigkeiten kann die Mitarbeiter unterfordern: Der Erwerb neuer Qualifikationen wird nicht gefordert, und auch vorhandene Fähigkeiten werden nicht genutzt.

5.4.7 Regeln zur bewegungstechnischen Arbeitsgestaltung

Die hier vorgestellten Prinzipien lassen sich in Verbindung mit den physikalischen Gesetzen über Schwerkraft und Trägheitskräfte und den Erkenntnissen aus der Biomechanik zu knapp gefassten Leitsätzen zusammenfassen; es sei betont, dass es sich lediglich um Faustregeln handelt, die bei isolierter Anwendung zu Fehlern führen können:

1. Beide Hände sind zeitlich und räumlich unter gleicher Belastung simultan einzusetzen.
2. Kinetische Energie sollte nicht vernichtet, sondern auf weitere Bewegungen übertragen werden.
3. Massenkräfte sind bei den Bewegungen auszunutzen (z. B. Werfen von Mauersteinen).
4. Der Übergang von einer Bewegung in eine andere darf nur ein Minimum an Kraft und Aufmerksamkeit erfordern.

Prüfpunkte zur bewegungstechnischen Optimierung

5. Bewegungen mit Kraftaufwendungen gegen die Schwerkraft sind zu vermeiden (z. B. Überkopfarbeiten).

6. Bewegungswege sind in der Amplitude klein zu halten; z. B. können schwere Lasten mit einer Winde ökonomischer angehoben werden als mit einem Hebebaum.

7. Bei Dauerleistungen sind Systeme mit großem Trägheitsmoment solchen mit kleinem Trägheitsmoment vorzuziehen; z. B. sollte ein von Hand zu drehender Schleifstein einen großen Durchmesser haben.

8. Hebel, Handräder etc. sollen ohne Veränderung der Körperstellung und bei optimalem Kräfteeinsatz zu betätigen sein.

9. Der Brutto-Energieumsatz für Körperhaltungen ist klein zu halten; z. B. ist Arbeit im Sitzen stehender Arbeitsweise vorzuziehen.

10. Lasten sind möglichst in der senkrechten Körperachse zu tragen; z. B. trägt sich ein schmaler Koffer leichter als ein breiter.

11. Statische Haltearbeit ist auszuschalten (Haltevorrichtungen und Hilfswerkzeuge einsetzen).

12. Am Arbeitsplatz ist ein ausreichender Bewegungsraum für den Mitarbeiter vorzusehen.

13. Die Umgebungseinflüsse am Arbeitsplatz sind so zu gestalten, dass Belastungen durch Vibrationen, Beleuchtung, Lärm und Klima sowie durch Staub und Gase vermieden werden.

5.4.8 MTMmotion

Klassische Schulungsmaßnahmen zur ergonomischen Arbeitsgestaltung leiden – selbst wenn sie durch Videos unterstützt werden – unter mangelndem Realitätsbezug. Insbesondere ersetzt die visuell dargebotene Information auf keinen Fall das eigene taktil-kinästhetische Erleben.

Bewegungstechnische Optimierung

Hinzu kommt insbesondere bei der bewegungstechnischen Optimierung die »Was-wäre-wenn-Situation«: Wie verändern sich die Bewegungsspuren der Hände, wenn z. B.

* andere Greifbehälter verwendet werden?
* der Greifraum neu aufgeteilt wird?
* Werkzeuge in Köchern bereitgestellt werden?

Mit *MTMmotion* steht eine hybride Trainingsumgebung aus Montagearbeitsplatz, PC, Kameras für die Bewegungsanalyse und Software speziell für die Ausbildung in MTM-1 und der ergonomischen Arbeitsgestaltung zur Verfügung.

In einer E-Learning-Umgebung werden markergestützt mit entsprechender Kameratechnik Bewegungsspuren am Arbeitsplatz in Realzeit ausgewertet und in einen Dialog mit dem Probanden überführt (Abbildung III-219 und Abbildung III-220).

Die Zielgruppen sind hierbei:

* Arbeitsgestalter, Fertigungsplaner, Betriebsräte, Sicherheitsfachkräfte u. a.,
* MTM-Anwender in Betrieben,
* MTM-Instruktoren in Seminaren als Multiplikatoren,
* Dozenten an Universitäten, Fachhochschulen und Technikerschulen ebenfalls als Multiplikatoren.

Soweit MTMmotion in Seminaren eingesetzt wird, soll es das zunächst vom Dozenten passiv Gehörte in aktives, selbst erlebtes Wissen bzw. Erfahrung umsetzen. Der Behaltegrad ist damit um ein Vielfaches höher, die Seminareffizienz steigt.

Im Einzelnen geht es darum:

* Regeln zur Arbeitsplatz- und Bewegungsgestaltung praktisch demonstrieren,
* Zeigen, dass Zeiteinflussgrößen und Ergonomie in Win-Win-Situation gebracht werden können,

- Anwendungsregeln im MTM-Grundverfahren verdeutlichen,
- durch interaktives Üben Theoriewissen verfestigen.

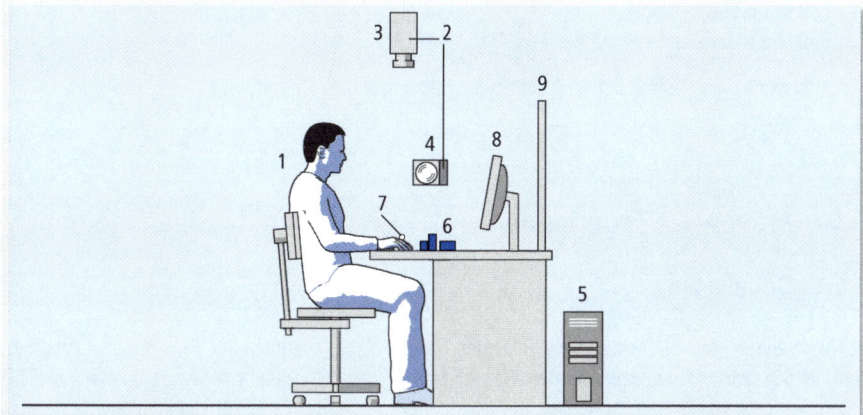

Abbildung III-219 Bestandteile von MTMmotion (1: Proband, 2: Aufnahmevorrichtung; 3: erste Kamera; 4: zweite Kamera; 5: PC; 6: Montageobjekte; 7: Marker; 8: Monitor; 9: Kalibrierwand)

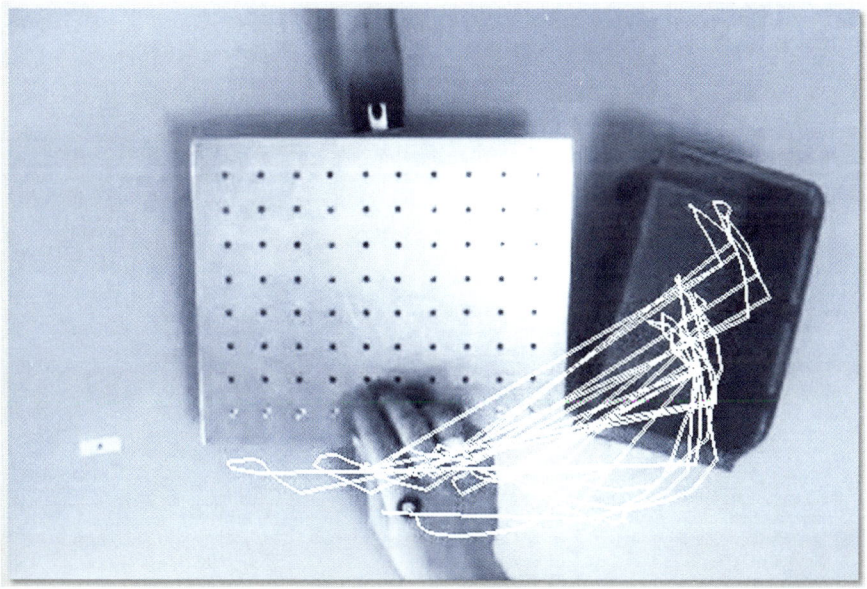

Abbildung III-220 Bewegungsspur der Hand beim Bestücken wird live durch Probanden erlebt

MTMmotion umfasst derzeit zehn Lektionen:

1. Hinlangen,
2. Greifen,
3. Vorrichten,
4. Blindes Fügen,
5. Beidhandarbeit,

6. Layout Arbeitstisch,
7. Verkürzung Bewegungslänge,
8. Belastungsbewertung I,
9. Belastungsbewertung II,
10. Einflussgrößen des Fügens.

Hinzu kommen ein Glossar der wichtigsten Begriffe sowie Hilfefunktionen.

5.5 Präventive Ergonomie im MTM-Produktivitätsmanagement

5.5.1 Grundlagen

Produktentstehungs-
prozess

MTM-Analysen finden Anwendung bei der Überprüfung bestehender Prozesse (Ist-Analyse), sind jedoch am effizientesten in den frühen Phasen des *Produktentstehungsprozesses* (MTM-Planungsanalysen).[263] Hier bietet sich die Chance, Produkte und Prozesse »von Anfang an richtig« zu gestalten, zumal die Gestaltungsrestriktionen und damit auch entstehende Zusatzkosten für die Realisierung von Veränderungen noch gering sind (vgl. Abbildung III-221).

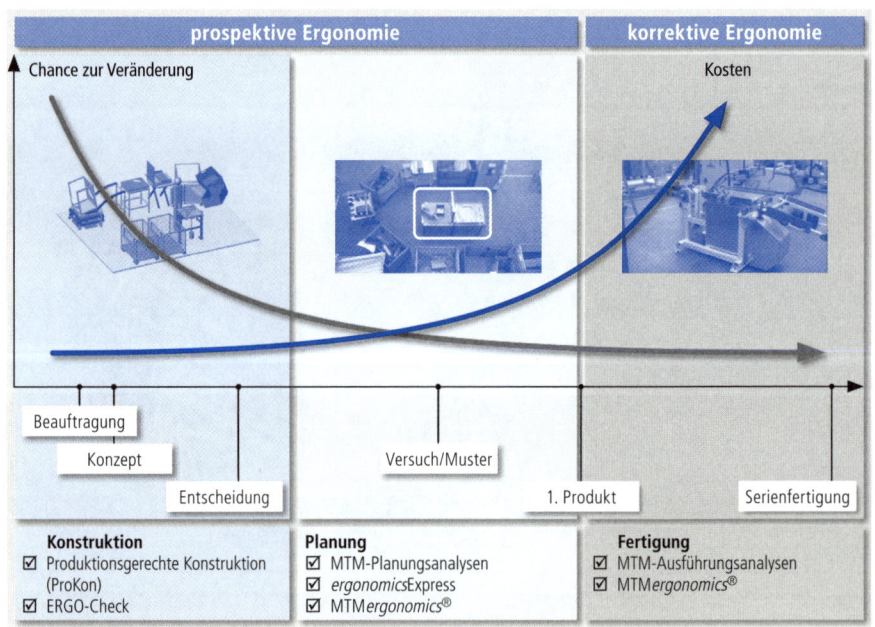

Abbildung III-221   Anwendung ergonomisch wirksamer Instrumente des MTM-Verfahrens im Produktentstehungsprozess

Nach Jahrzehnten der Optimierung von technischen Prozessen, Arbeitsplätzen, Arbeitsmitteln und IT steht heute mehr denn je der arbeitende Mensch im Mittelpunkt des Gestaltungsinteresses. Mensch-

---

263 Das Kapitel 5.5 wurde von S. Rast und T. Finsterbusch erarbeitet und in Teilen veröffentlicht, vgl. Finsterbusch, T.; Rast, S.: Ergonomie im Industrial Engineering. In: Angewandte Arbeitswissenschaft (ifaa) 47/2010, 204, S. 145.

liche Arbeit »erträglicher und ertragreicher« zu machen, wie Rohmert es einmal formulierte, ist die unabdingbare Voraussetzung, um in der härter werdenden Konkurrenz der sich globalisierenden Märkte erfolgreich bestehen zu können.

Hier setzt MTM*ergonomics*® an. Ziel ist es, in der Konzeptphase der Fertigungsplanung – auf Basis von MTM-Analysen[264] – körperliche Belastungen, die bei geplanten Tätigkeiten zu simulieren, gegebenenfalls ungünstige Belastungen zu erkennen und Hinweise zu einer Verbesserung der prognostizierten ergonomischen Gestaltungsgüte zu geben (vgl. Abbildung III-222).[265]

Diese Bemühungen werden unterstützt durch die Forderungen des *Betriebsverfassungsgesetzes* (§ 90). Mit den Worten »Arbeitgeber und Betriebsrat sollen dabei auch die gesicherten arbeitswissenschaftlichen Erkenntnisse über die menschengerechte Gestaltung der Arbeit berücksichtigen«, werden die Sozialpartner in die Pflicht genommen. Gesetzliche Voraussetzungen

Auch das duale europäische System zu Sicherheit und Gesundheitsschutz am Arbeitsplatz stellt Anforderungen bezüglich der ergonomischen Gestaltungsgüte. So verpflichtet das *Arbeitsschutzgesetz* (ArbSchG) als nationale Implementierung der EU-Rahmenrichtlinie 89/391/EWG (nebst zugehöriger Einzelrichtlinien; z. B. 90/269/EWG) und gegründet auf den Artikel 95 des Vertrages von Nizza u. a. den Arbeitgeber dazu, eine Verbesserung von Sicherheit und Gesundheitsschutz der Beschäftigten anzustreben und hierbei den »Stand von Technik, Arbeitsmedizin und Hygiene sowie sonstige gesicherte arbeitswissenschaftliche Erkenntnisse zu berücksichtigen«.

Die *Maschinenrichtlinie* (2006/42/EG), in Deutschland national umgesetzt in der 9. Verordnung des *Geräte- und Produktsicherheitsgesetzes* (GPSG), fordert vom Konstrukteur, Hersteller und In-Verkehr-Bringer von Maschinen: »Bei bestimmungsgemäßer Verwendung müssen Belästigung, Ermüdung sowie körperliche und psychische Fehlbeanspruchung des Bedienungspersonals auf das mögliche Mindestmaß reduziert sein unter Berücksichtigung ergonomischer Prinzipien ...«. Diese Anforderungen zu bündeln und somit zusätzliche Synergieeffekte zu schaffen ist ein weiteres Ziel von MTM*ergonomics*®.

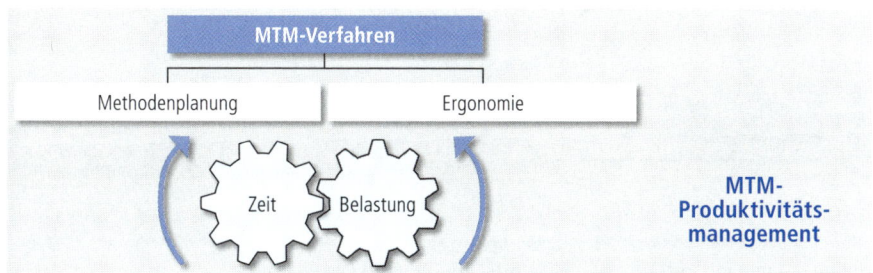

Abbildung III-222   Die Verbindung von Methodenplanung und Ergonomie in MTM*ergonomics*®

MTM-Prozessbausteine und darin enthaltene Einflussgrößen liefern bereits wertvolle Informationen zur ergonomischen Gestaltung von Arbeitsplätzen und -abläufen. Sie reichen jedoch alleine nicht aus, um daraus eine entsprechende *Gefährdungs-/Risikoanalyse* abzuleiten. Aus diesem Grund wur- MTM als Planungsinstrument

---

264 Durch die mit MTM*ergonomics*® mögliche Integration von Analyseerstellung und ergonomischer Bewertung werden Synergiepotenziale bei der Planung von Arbeitssystemen erschlossen.
265 Zur Entwicklung von MTM*ergonomics*® und zu diesem Teilabschnitt vgl. Schaub, K.; Britzke, B.; Sanzenbacher, G.; Jasker, K. Landau, K.: Ergonomische Risikoanalysen mit MTM-Ergo. In: Landau, K. (Hrsg.): Montageprozesse gestalten. Stuttgart: Ergonomia, 2004, S. 175–199 und Schaub, K.; Britzke, B; Landau, K.: Ergonomische Risikoanalysen mit Hilfe von MTM-Ergo. In: Arbeit und Gesundheit in effizienten Arbeitssystemen. Dortmund: GfA-Press, 2004.

de in Kooperation zwischen der Deutschen MTM-Vereinigung e. V. und dem Institut für Arbeitswissenschaft der TU Darmstadt (IAD) MTM*ergonomics*® als offenes, integratives Softwaremodul geschaffen, das folgende praktische Erfordernisse von Prozessplanern und Arbeitsgestaltern erfüllt:

- standardisierte proaktive Arbeitsplatz-/Prozessgestaltung und -bewertung mit Normleistungsbezug,
- kumulierte, aber auch engpassorientierte Betrachtung und Bewertung physischer Belastungen eines Arbeitstages (ggf. mit Job-Rotation),
- ganzheitlicher Betrachtungs- und Bewertungsspielraum (Perzentil: 5–50–95 und weitere, Geschlecht, weiblich, männlich, »unisex«, anthropometrische Gruppe, Mitteleuropäer oder andere Populationen),
- Personalunion bei Planung und ergonomischer Prozessbewertung gemäß »Verursacherprinzip«,
- erkannten Gestaltungsbedarf den betrieblichen Prozessen/Problemverfolgungssystemen zuführen,
- standardisierte Kommunikation zwischen Produktion (KVP, Ist-Analysen) und Entwicklung/Planung sowie der Arbeitssicherheit und dem Gesundheitsschutz.

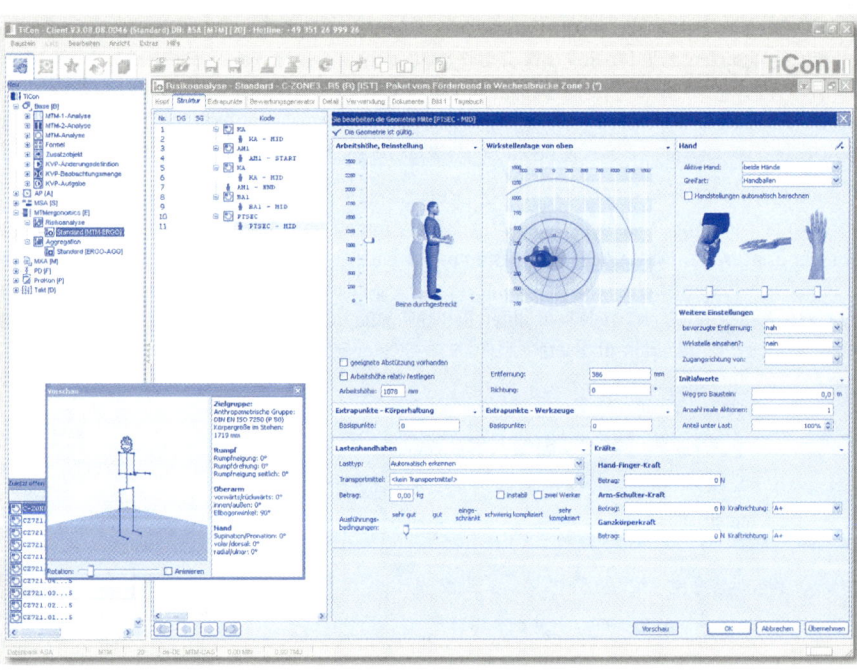

Abbildung III-223   Offenes, integratives Softwaremodul MTM*ergonomics*®

Systemarchitektur

MTM*ergonomics*® besitzt eine modulare *Systemarchitektur* und steht in der MTM-Software TiCon® oder als Plug-In für firmenspezifische Softwarelösungen zur Verfügung. Das Modul ist universell einsetzbar und erweiterbar. Dies bezieht sich sowohl auf die Softwareumgebung als auch auf die arbeitswissenschaftlichen Verfahren, mit denen die erstellten Ablaufbeschreibungen bewertet werden können. Abbildung III-223 ist die Bedienoberfläche von MTM*ergonomics*® für die Erfassung ergonomischer Einflussgrößen (Ergonomiekodegenerator) unter TiCon® zu entnehmen, Abbildung III-224 zeigt die Modularität bezüglich der Verfahrensintegration.

EAWS

Als Standard-Bewertungsverfahren für ergonomische Risikoanalysen und Aggregationen mit dem Softwaremodul MTM*ergonomics*® dient das EAWS (*Ergonomic Assessment Worksheet*). Weitere Bewertungsverfahren können bei Bedarf integriert werden (vgl. Abbildung III-224).

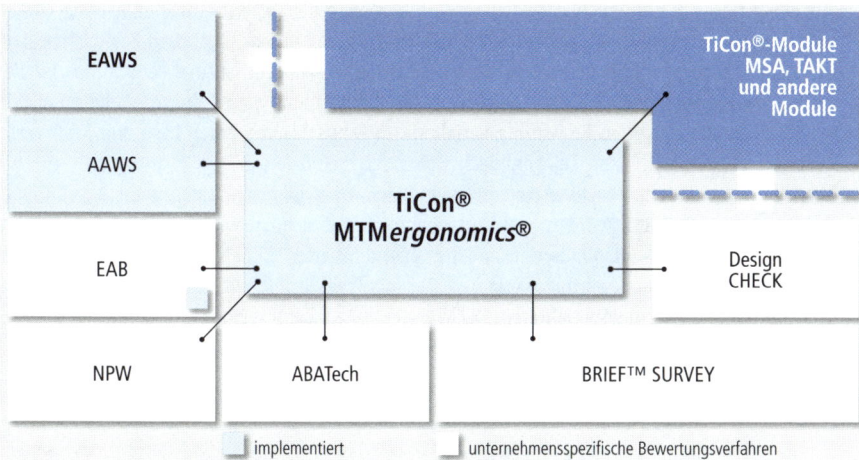

Abbildung III-224 Modulare Architektur von MTM*ergonomics*®

Das EAWS wurde als Standardwerkzeug gewählt, weil es – im Gegensatz zu traditionellen Verfahren – nicht nur einzelne Belastungsarten (z. B. NIOSH/LMM für Lastenhandhabungen; Schultetus/Burandt/REFA für Aktionskräfte; OWAS für Körperhaltungen; RULA/OCRA für repetitive Belastungen der oberen Extremitäten, vgl. Teil II, Abschnitt 2.7) berücksichtigt, sondern auch deren kumulierte Wirkung. Dabei werden körperliche Belastungen, welche aus der Arbeitsaufgabe stammen, bezogen auf den »ganzen Körper« und die »oberen Extremitäten« analysiert und bewertet. Dies entspricht dem Stand der Wissenschaft und orientiert sich an der europäischen Normenreihe EN 1005[266] sowie der internationalen Normenreihe ISO 11228[267] und ISO 11226[268]. Die Anwendung des EAWS hat sich für alle kurzgetakteten Tätigkeiten bewährt. Längere (z. B. > 10 min) Taktzeiten bedürfen ergänzender Betrachtungen.

Das Softwaremodul ermöglicht, bereits in der Arbeitssystem-Planung ungünstige körperliche Belastungen zu prognostizieren. Grundlage dafür sind die mit Prozessbausteinen modellierten Prozesse in Verbindung mit dem Bewertungsverfahren EAWS.

Gemäß der RSI-Problematik[269] im verarbeitenden Gewerbe ist die Analyse und Bewertung der Belastung der oberen Extremitäten bei sich stark wiederholenden Tätigkeiten (repetitive Arbeit) zwingend notwendig.

Für die Anwendung von MTM*ergonomics*® gelten derzeit folgende Modellannahmen:

* Als Nutzerpopulation wird die europäische Arbeitsbevölkerung angesehen – beliebig erweiterbar auf weitere Populationen (z. B. Weltbevölkerung).
* Alle MTM*ergonomics*®-Analysen können momentan für das 5., 50. und 95. Körperhöhenperzentil der europäischen Bevölkerung (geschlechtsneutral) durchgeführt und ausgewertet werden. Unter TiCon® kann mit MTM*ergonomics*® prinzipiell jedes Perzentil bewertet werden.

---

266 EN 1005: Sicherheit von Maschinen – Menschliche körperliche Leistung – Teil 1: Begriffe; 2009 sowie weitere Normteile.
267 ISO 11228-1: Ergonomics – Manual handling – Part 1: Lifting and carrying, 2003. ISO 11228-2: Ergonomics – Manual handling – Part 2: Pushing and pulling, 2007. ISO 11228-3: Ergonomics – Manual handling – Part 3: Handling of low loads at high frequency, 2007.
268 ISO 11226: Ergonomics – Evaluation of static working postures, 2000.
269 RSI: Repetitive Strain Injuries.

- Zur Bewertung der körperlichen Belastung wird bezüglich der Lastenhandhabungen von einem max. Lastgewicht von 25 kg, bezüglich der Körperkräfte von unterschiedlichen Kraftperzentilen (z. B. 15. Kraftperzentil für Planungsanalysen; 40. Kraftperzentil für Ist-Analysen; zu den Begriffen vgl. Teil II, Abschnitt 2.7.4) ausgegangen. Die Verwendung dieser Werte erfolgt zum Teil spezifisch für die einzelnen Bewertungsverfahren. In Deutschland werden Last- und Kraftwerte verfahrensabhängig und zum Teil geschlechtsspezifisch modifiziert.

- Grenzwerte und Verfahren, wie sie im Umfeld des Arbeitsschutzgesetzes nebst zugehörigen Verordnungen realisiert wurden, werden ebenso berücksichtigt wie die einschlägigen, im Rahmen der Maschinenrichtlinie entstandenen harmonisierten CEN-Normen. (Nach Abschluss der Praxistests für die Bewertungsverfahren des montagespezifischen Kräfteatlas sollen dessen Kraftdaten und Bewertungsverfahren in MTM*ergonomics*® berücksichtigt werden.)

5.5.2 Verfahrensablauf

Ergonomiekode-
generator

Die Funktionsstruktur setzt sich aus der Datenbasis (Prozessbausteine), dem sogenannten Ergonomiekodegenerator und einem Aggregator zusammen. Der Ablauf von ergonomischen Risikoanalysen mit Hilfe von MTM*ergonomics*® erfolgt in einem dreistufigen Verfahren (Abbildung III-225). Zunächst erzeugt ein *Ergonomiekodegenerator* aus dem vorliegenden Prozessbausteininformationen (z. B. SD-BW, UAS, MEK oder anderer Zeitwerte wie Zeitstudien, Vergleichen und Schätzen) und interaktiver Benutzereingaben zur Wirkstellenlage, -höhe, Handstellung, Kräften, Lasten u. a. relevanter Informationen einen »vollständigen« Datensatz zur anthropo-kinetischen Beschreibung der betrachteten Verrichtung. Dabei sind die ergonomischen Einflussgrößen vordefiniert und nur bei Bedarf an die betriebliche Situation anzupassen. Mittels ergonomischer Datenkarten (z. B. für Werkzeuge, Arbeitsbereiche) kann eine wesentlich effizientere und zugleich standardisierte Datenerfassung erfolgen. Der erzeugte anthropo-kinetische Datensatz wird im Prozessbaustein selbst hinterlegt, so dass der beschriebene Ablauf in einer höheren Qualität der Prozessbeschreibung und -visualisierung als beim früheren »Zeitbaustein« zur Verfügung steht. Diese Vorgehensweise und der somit erzeugte Datensatz ist »allgemeingültig«, d. h. auf dieser Basis können nicht nur Bewertungen gemäß EAWS durchgeführt werden, sondern es sind auch andere Verfahren »bedienbar«, wie sie z. B. in Abbildung III-224 dargestellt sind.

Bewertungsgenerator

Daraus erzeugt ein *Bewertungsgenerator* für den zu untersuchenden Prozessbaustein (z. B. UAS-Analyse mit zugehörigem Ergonomiekode) eine ergonomische Risikoanalyse, bezogen auf eine einstellbare Dauer (z. B. Schichtdauer von 8 Stunden, 480 Minuten).

Bewertungsaggregator

Mit dem *Bewertungsaggregator* lassen sich Belastungen simulieren, die bei regelmäßigem Wechsel zwischen mehreren Arbeitsstellen bzw. -systemen (Job-Rotation) hervorgerufen werden. Dies erfolgt durch die summarische Bewertung mehrerer Risikoanalysen (z. B. lange und kurze Belastungsabschnitte). So können die durch eine Arbeitsbereicherung und/oder -erweiterung entstehenden körperlichen Belastungen ermittelt werden (vgl. Abbildung III-226).

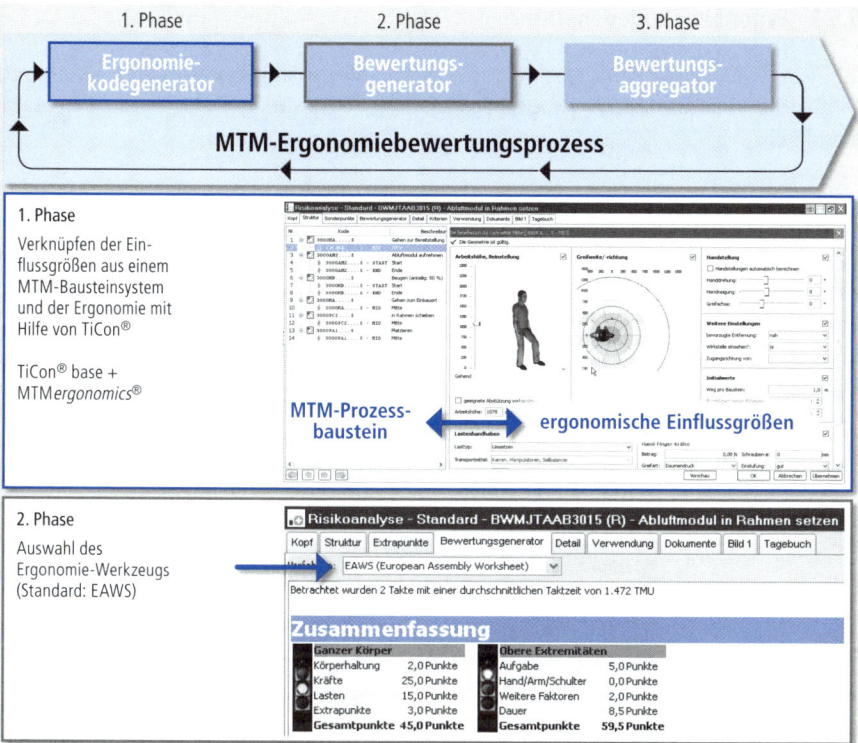

Abbildung III-225 Verfahrensablauf MTM*ergonomics*® (Phasen 1 und 2) mit EAWS

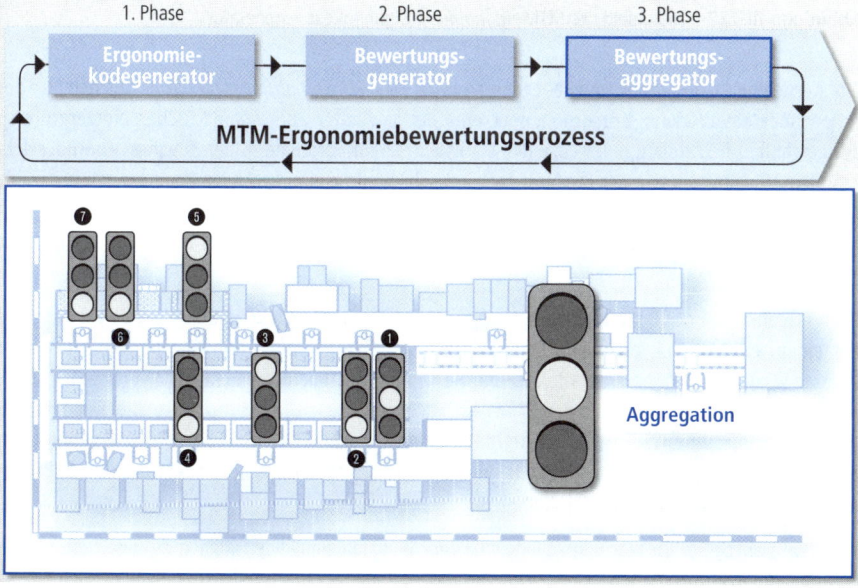

Abbildung III-226 Verfahrensablauf MTM*ergonomics*® (Phase 3) mit EAWS

5.5.3 Ergonomiekodegenerator

Mit dem *Ergonomiekodegenerator* werden benötigte, aber in dem Prozessbaustein nicht direkt vorhandene Daten »intelligent« vorbelegt und lassen sich bei Bedarf im Dialog modifizieren (Abbildung III-227).

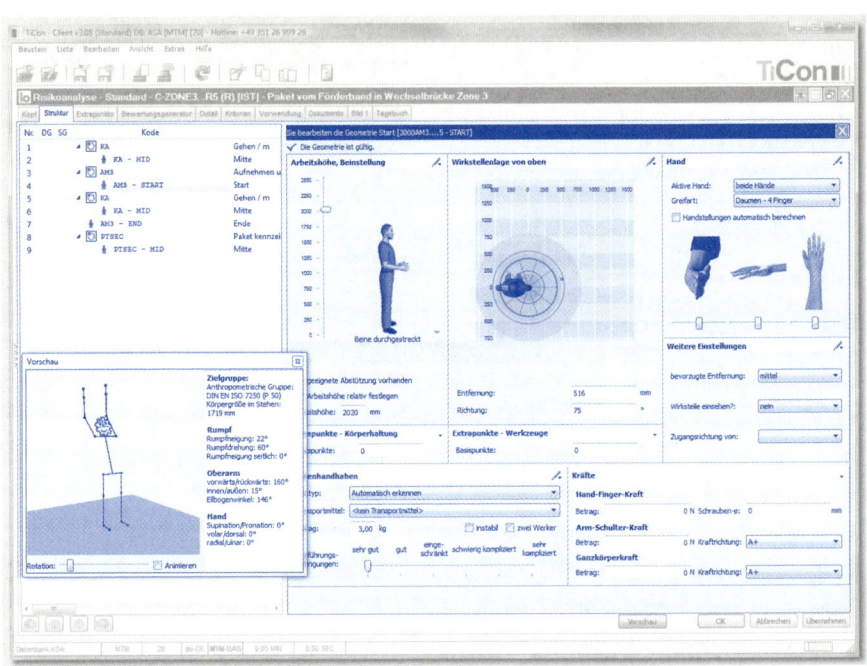

Abbildung III-227   Dialogfeld des MTM*ergonomics*® Ergonomiekodegenerators

Körperhaltungs-
predikator

Ein Kernelement des Ergonomiekodegenerators ist der *Körperhaltungsprediktor*, welcher aus der Arbeitshöhe des Werkers (Körperhöhenperzentil der gewählten anthropometrischen Nutzergruppe), der gewählten Beinstellung, der Lage der Wirkstelle (3-D-Koordinaten), der Zugangs- und Blickrichtung zur Wirkstelle sowie der Stellung der Greifachse eine eindeutige Körperhaltung ermittelt. Die Körperhaltung – in Verbindung mit weiteren ergonomischen Einflussgrößen (z. B. Gewichte und Kräfte) – ergibt eine verfahrensunabhängige Beschreibung der körperlichen Belastung des Werkers – den Ergonomiekode.

Wirkstelle

Zur Vereinfachung des Benutzerdialogs ist jeder MTM-Prozessbaustein im Sinne seiner Verwendung mit einem ergonomisch optimalen Standard (z. B. UAS, Aufnehmen und Platzieren die Lage der Wirkstelle auf Bauchhöhe) vordefiniert. Die Bewegung des nachfolgenden MTM-Prozessbausteins beginnt an der Stelle, an der die Bewegung im vorangegangenen MTM-Prozessbaustein endete. Als Bewegungslänge wird stets die Bereichsmitte des zugehörigen MTM-Prozessbausteins angenommen. Je nach Größe des physischen Aufwands wird er dem Finger-Hand-System oder dem Arm-Schulter- bzw. dem Ganzkörpersystem zugeordnet.

Einstufungshilfen

Um den praktischen Einsatz von MTM*ergonomics*® so effizient wie möglich zu gestalten, gibt es zusätzliche Einstufungshilfen. So ist es derzeit möglich, mehrere MTM-Prozessbausteine gleichzeitig auszuwählen und für sie identische Ergonomiekodes oder Teile des Ergonomiekodes zu erzeugen. Zusätzlich können ergonomische Datenkarten, die einen Teil oder auch den gesamten Ergonomiekode beinhalten, erzeugt und genutzt werden. Ideal ist dies für die ergonomische Beschreibung der Werkzeughandhabung. So können z. B. bei einem Schraubendreher die Anzahl der Bedienhände, die Greifart und die drei Handstellungen vordefiniert werden, da diese durch das Werkzeug selbst bestimmt sind. Nicht vorgegeben wird jedoch die Arbeitshöhe, die durch die Verwendung am Bestimmungsort festgelegt ist. Zudem führt die Verwendung vorgegebener Ergonomiekodes zu einer standardisierten Beschreibung bei unterschiedlichen Nutzern.

Durch die ergonomische Grundbewertung mit verdichteten ergonomischen Einflussgrößen entste- Ergonomiedatenkarten
hen Ergonomiedatenkarten im Softwaremodul MTM*ergonomics*®. Abbildung III-228 zeigt, wie per Mausklick mehrere ergonomische Einflussgrößen bezogen auf den im unteren Bildschirmbereich dargestellten Prozessbaustein eingestuft werden (z. B. Verbauort, Produkt, Körperhaltung, Gewichtsklasse, Entfernungsbereich, Greifweite). Die ergonomische Bewertung und Gestaltung kann so sehr schnell und wissenschaftlich abgesichert erfolgen. Ziel ist die zweckmäßige Entwicklung und Verwendung von MTM*ergonomics*®-Datenkarten, um einerseits mit wenigen Standard-Ergonomie-Bausteinen auszukommen, und andererseits die Arbeitsprozesse so genau wie nötig bei minimalem Aufwand ergonomisch bewerten zu können. Zudem führen die Datenkarten zu einer homogeneren Dateneingabe bei unterschiedlichen Anwendern. Datenkarten bilden die Grundlage für eine effiziente Anwendung von MTM*ergonomics*® im jeweiligen Untersuchungsbereich.[270]

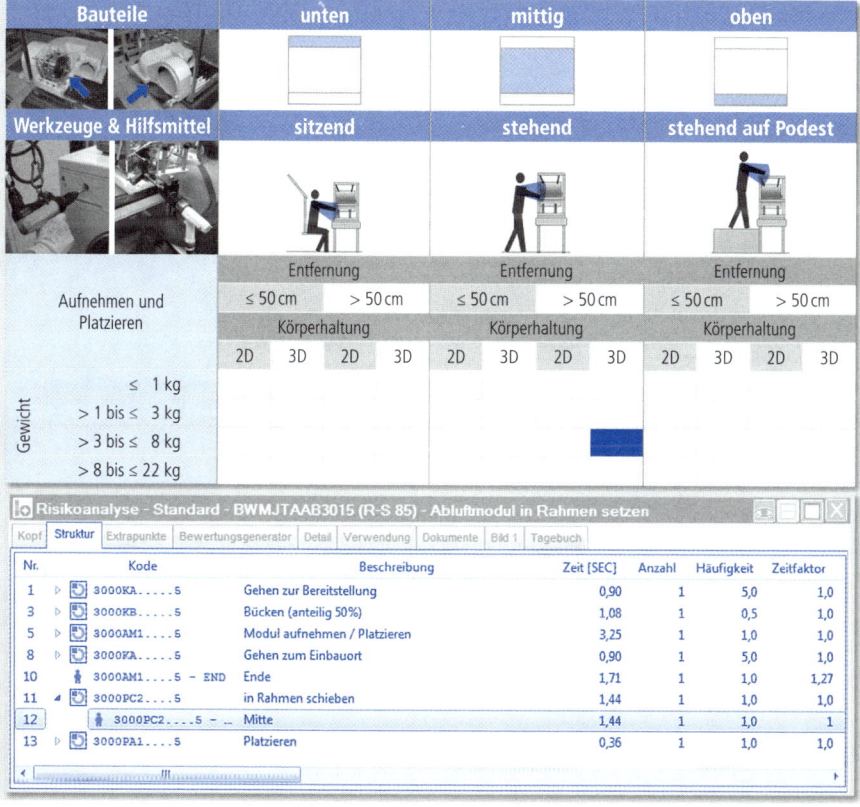

Abbildung III-228   Ergonomiedatenkarte am Beispiel »weiße Ware«

270 Finsterbusch, T.; Rast, S.: Ergonomie im Industrial Engineering. In: Angewandte Arbeitswissenschaft (ifaa) 47/2010, 204, S. 145.

Durch die Validierung von MTM*ergonomics*® mit Datenkarten (z. B. in der Zulieferindustrie, der Branche weiße und braune Ware etc.) ergab sich, dass die Verdichtung von ergonomischen Einflussgrößen den Anforderungen in der Praxis (branchenübergreifend) und in der Wissenschaft (EAWS) gerecht wird.

Ergodeklaration und Risikoanalyse

Der anthropo-kinetische Datensatz kann per Ergodeklaration oder in einer Risikoanalyse erzeugt werden. Bei der Ergodeklaration wird der Datensatz im Baustein selbst erzeugt. Bei dessen Verwendung (z. B. Bausteinaggregation oder Taktung) stehen die Informationen dem übergeordneten Prozessbausteinen oder anderen Modulen in TiCon® zur Verfügung. Dies lässt eine Flexibilität bei der Zuordnung der Arbeitsinhalte auf einzelne Arbeitsstellen zu, ohne dass die Informationen verloren gehen. Das Erzeugen des Datensatzes in einer Risikoanalyse dient der Bewertung einer Arbeitsstelle bzw. eines Arbeitsplatzes.

5.5.4 Bewertungsgenerator

Bewertungsgenerator

Nach erfolgter Analyse der ergonomischen Einflussgrößen scannt MTM*ergonomics*® den für einen Prozessbaustein erzeugten *Ergonomiekode* und selektiert verfahrensspezifisch die zu bewertende Belastungsart (z. B. Körperhaltung, Aktionskraft, Lastenhandhabung, obere Extremitäten im EAWS). MTM*ergonomics*® ordnet jeder ergonomischen Geometrie basierend auf Körperhaltung und äußerer Belastung (z. B. Lastgewicht, Finger-/Ganzkörperkraft oder -moment) eine physische Belastungsart zu und beschreibt diese nach Belastungsdauer und -höhe. Anschließend werden entsprechend dem gewählten Bewertungsverfahren (z. B. EAWS) die Eingabeparameter für die Ergonomiebewertung vorbereitet.

Der Bewertungsgenerator bewertet die identifizierten Belastungen und ordnet sie den relevanten Stellen im gewählten Bewertungsverfahren zu (Abbildung III-229).

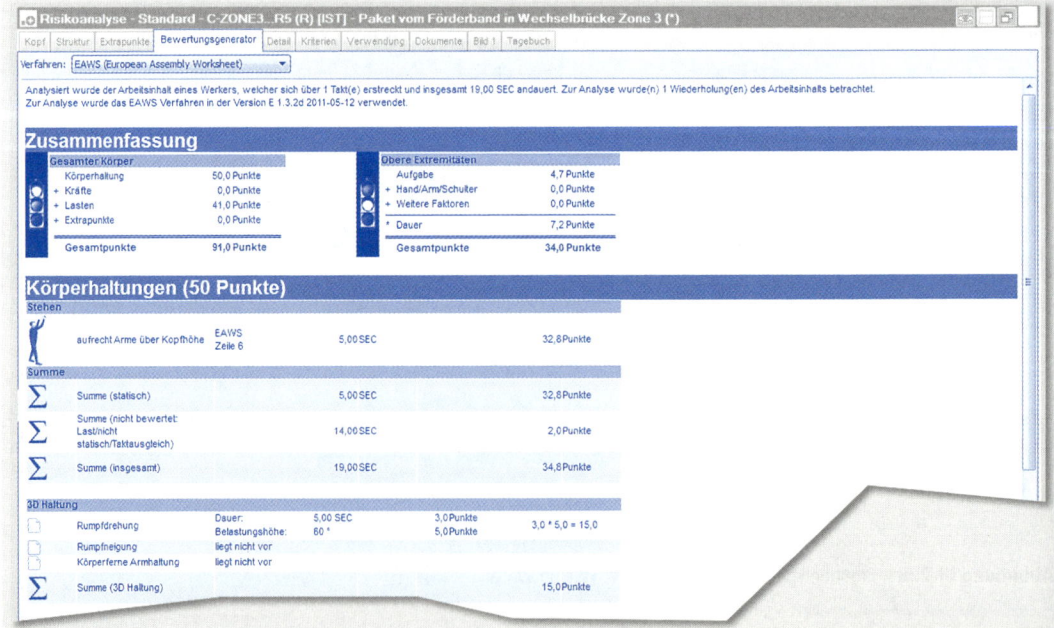

Abbildung III-229   Funktion des Bewertungsgenerators

Daraus erzeugt der Bewertungsgenerator je nach gewähltem Ergonomieverfahren eine ergonomische Risikoanalyse. Auf Basis der Risikoanalyse wird eine Risikobewertung nach dem Ampelschema gemäß EN 614 ermöglicht (3-Zonen-Bewertungssystem, Abbildung III-230).

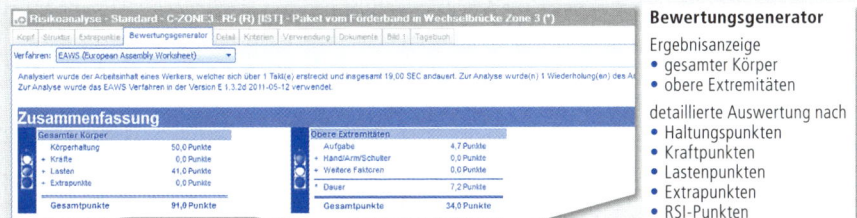

Abbildung III-230   Bewertungsgenerator in MTM*ergonomics*®

Die *Risikobewertung* in MTM*ergonomics*® mit EAWS erfolgt für den gesamten Körper (linke Ampel) und die oberen Extremitäten (rechte Ampel). In Abhängigkeit von der Punktsumme (0 bis ≤ 25 grün, > 25 bis < 50 gelb, ≥ 50 rot) erfolgt gemäß ISO Guide 51 zur Risikoanalyse die Bildung der Maßnahmenklasse. Die Zuordnung der Risikopunkte zu den Maßnahmenklassen orientiert sich an den Leitmerkmalmethoden der BAuA. **Risikobewertung**

Der Bewertungsgenerator arbeitet stets spezifisch gemäß gewähltem Bewertungsverfahren.

5.5.5   Bewertungsaggregator

Der Bewertungsaggregator dient dem Zusammenführen von mehreren Risikoanalysen zu einer summarischen Bewertung (Abbildung III-231) und ermöglicht somit z. B. die Bewertung von Arbeitsaufgaben in Job-Rotation (d. h. eine Summation der Punkte der Teilbelastungen aus Körperhaltungen, Aktionskräften, Lastenhandhabungen und oberen Extremitäten). Entscheidend für die Bewertung ist die Häufigkeit/Verteilung der Arbeitsplätze pro Rotation oder Arbeitstag. Bei der Aggregation werden die Belastungspunkte aus den beteiligten Risikoanalysen zu einer Gesamtsumme zusammengefasst. **Summarische Bewertung**

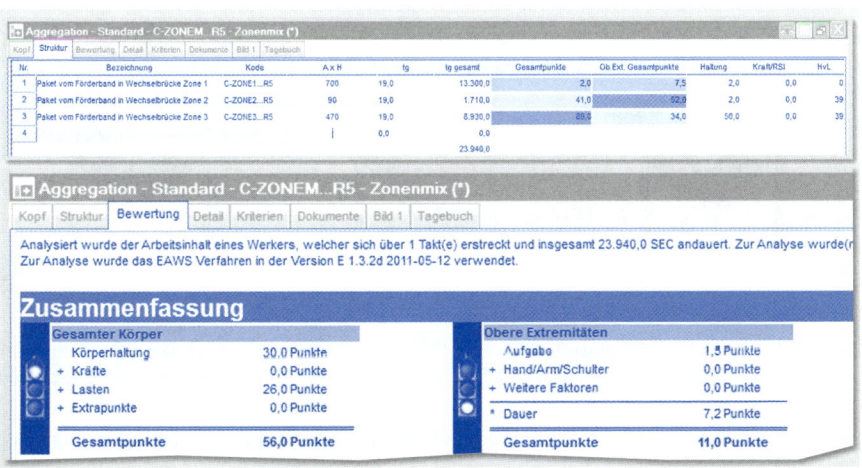

Abbildung III-231   Bewertungsaggregator in MTM*ergonomics*®

5.5.6 Anwendung im Unternehmen

Ergonomiewerkzeuge

Die erfolgreiche Einführung von Ergonomiebewertung und -gestaltung in einem Unternehmen setzt das Vorhandensein eines *Ergonomieprozesses* voraus, welcher seinerseits geeignete betriebliche Strukturen und Ergonomiewerkzeuge zur Arbeitsbewertung erfordert. Abbildung III-232 sind MTM-Ergonomiewerkzeuge im Kontext zu Anwendungsaufwand und Prozessauflösung zu entnehmen.

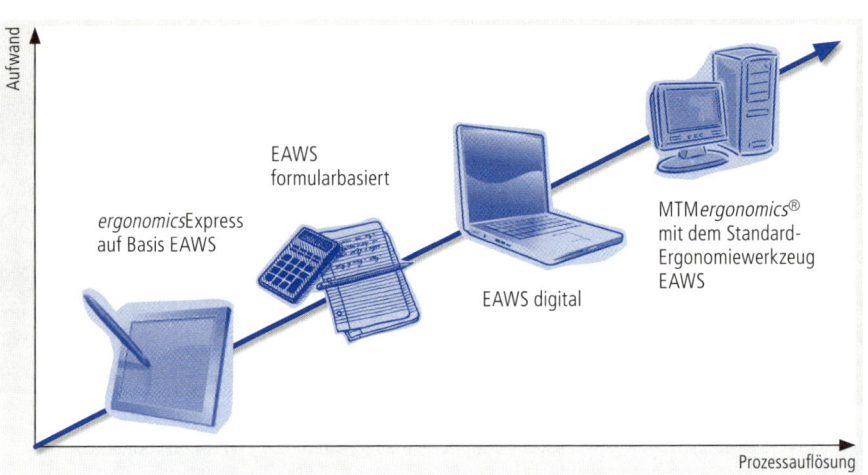

Abbildung III-232   MTM-Ergonomiewerkzeuge

*ergonomics*Express

Als praktisches Problem in der betrieblichen Anwendung ergonomischer Bewertungsverfahren wird häufig der personelle Aufwand geltend gemacht. Sinnvoll ist es daher, für eine flächendeckende Bewertung zunächst Vorscreening-Verfahren wie *ergonomics*Express einzusetzen (vgl. Abbildung III-233). Die Anwendung führt zu einer Selektion relevanter/kritischer Arbeitsplätze von ergonomisch unbedenklichen. Zudem liefert *ergonomics*Express eine Aussage über den ergonomischen Engpass (Belastungsart).

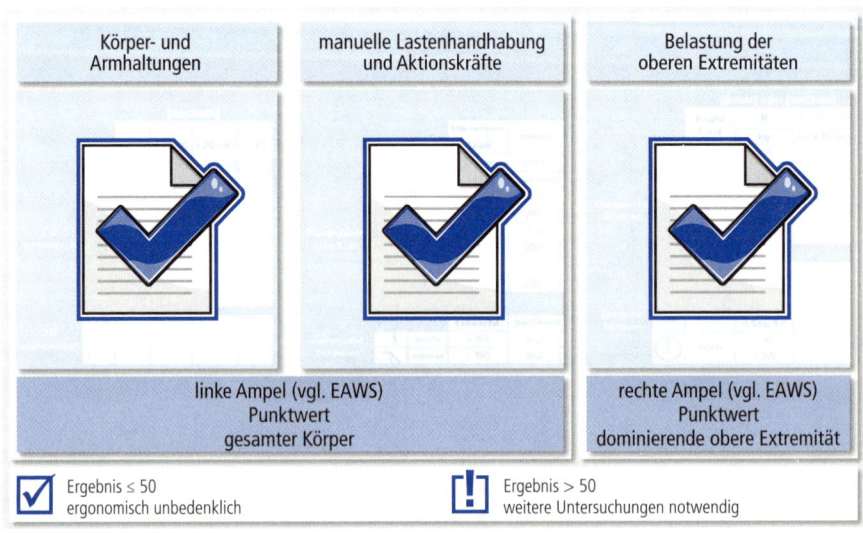

Abbildung III-233   *ergonomics*Express

EAWS digital (vgl. Abbildung III-234) ermöglicht durch

EAWS digital

- ein implizites Regelwerk und
- die Vermeidung von Nebenrechnungen

eine schnellere Bewertung gegenüber der EAWS-Anwendung mit Papierformularen, wie in Teil II, Abschnitt 2.7.7 dargestellt. Die Basis bilden einzelne Ablaufabschnitte, die mit einem Ergonomiekode beschrieben werden. Die Bewertung erfolgt analog zu EAWS und betrachtet eine Arbeitsstelle.

Durch eine MTM-basierte Prozessbeschreibung können zukünftige Arbeitsplätze simuliert und eine ergonomische Bewertung prognostiziert werden.

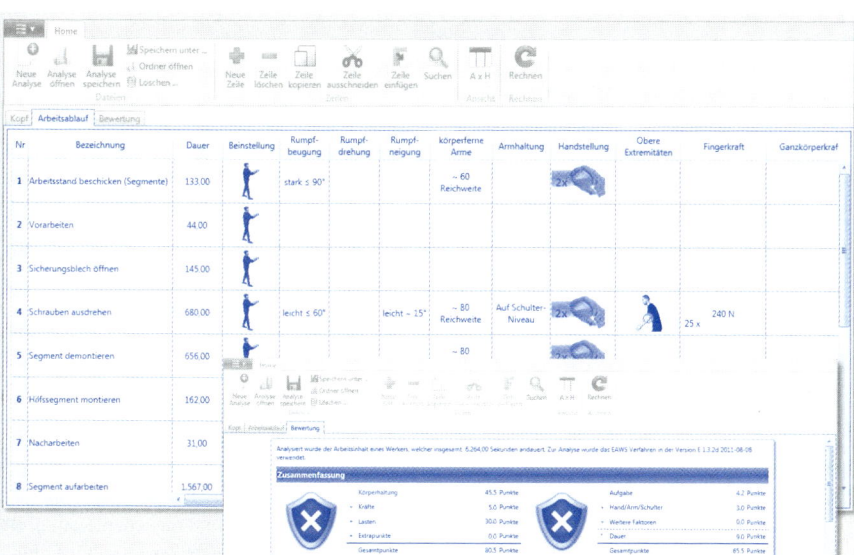

Abbildung III-234   EAWS digital

Grundlage für den korrekten Umgang mit solchen Werkzeugen ist ein Ergonomietraining, das ergonomisches Grundlagenwissen vermittelt und auch das korrekte Anwenden der Werkzeuge selbst schult. Darüber hinaus muss auf allen betrieblichen Ebenen der Nutzen eines Ergonomieprozesses bekannt sein und gelebt werden. Die Abbildung III-235 zeigt die erforderlichen Iterationen von ergonomischen Risikoanalysen bis zur Umsetzung der notwendigen Gestaltungsmaßnahmen. Daraus wird das Leistungsspektrum von MTM*ergonomics*® erkennbar.

Ergonomieprozess

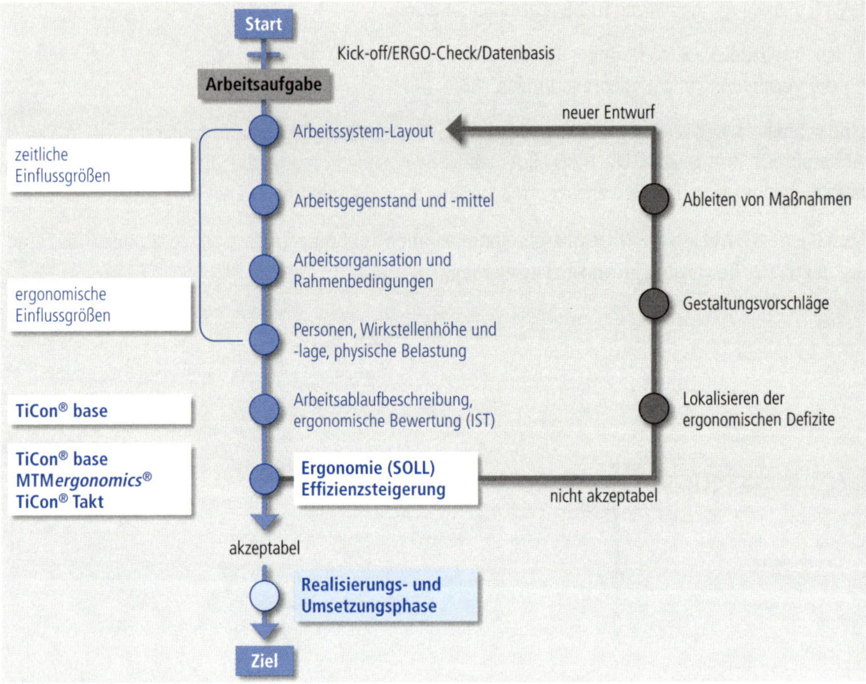

Abbildung III-235   Erstellung ergonomischer Risikoanalysen und anschließende Gestaltung

In der Planungs- wie auch in der Optimierungsphase kann durch MTM*ergonomics*®-Risikoanalysen die Wirksamkeit arbeitsorganisatorischer Maßnahmen hinsichtlich der körperlichen Belastung der Werker überprüft werden, z. B. erreicht man eine ergonomisch günstige Linienaustaktung durch Zuordnung von geeigneten Prozessbausteinen zu Stationen (Abbildung III-236).

Werden einzelne Arbeitszyklen analysiert, so ist ein Rückschluss auf die körperliche Belastung während einer ganzen Schicht nur dann statthaft, wenn die analysierten Belastungen tatsächlich auch annähernd gleichmäßig über die gesamte Schicht verteilt sind.

Prospektive Gestaltung   Ziel von MTM*ergonomics*® ist es, erträgliche und ertragreiche Arbeitsbedingungen sicherzustellen. Dies erfordert quantifizierbare Risikoanalysen vor Ort. Durch die *prospektive Gestaltung* der Produkte besteht die Möglichkeit, Defizite, z. B. hinsichtlich belastender Körperhaltungen, ungünstiger Lastenhandhabungen, extreme Gelenkstellungen, Belastungen der oberen Extremitäten u. a., nachhaltig zu verringern oder zu beseitigen sowie zu einer Verbesserung der prognostizierten und erreichten ergonomischen Gestaltungsgüte beizutragen.

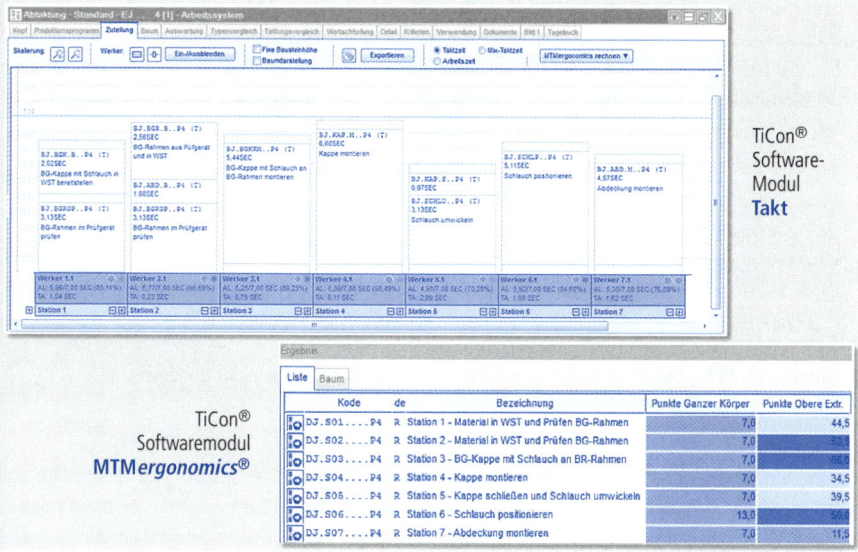

TiCon®
Software-
Modul
Takt

TiCon®
Softwaremodul
MTM*ergonomics*®

Abbildung III-236 Simultane Optimierung durch MTM*ergonomics*® und TiCon® Takt

5.5.7 Ausbildungsvoraussetzungen

MTM*ergonomics*® ist ein komplexes Analyseverfahren, welches nur mit einer ausreichenden Schulung korrekt angewendet werden kann. Der MTM*ergonomics*® Anwender sollte über folgende Kenntnisse verfügen:

* Grundkenntnisse zu den MTM-Prozessbausteinsystemen. Diese sollten sinnvollerweise über eine zertifizierte Ausbildung im MTM-Grundverfahren (MTM-1) und in UAS nachgewiesen werden.
* Ausreichende Kenntnisse zur Ergonomie und der ergonomischen Arbeitsgestaltung. Grundwissen hierzu vermittelt auch die MTM-1-Ausbildung. In den Bereichen anthropometrischer und physiologischer Arbeitsgestaltung ist jedoch zusätzliches Wissen zur Arbeitsgestaltung erforderlich. Kenntnisse in diesen Bereichen bieten der Lehrgang zum EAWS bzw. einschlägige Seminare in Zusammenarbeit mit der Deutschen MTM-Vereinigung e. V.

5.6 Sicherheitsgerechte Arbeitsgestaltung

5.6.1 Grundlagen

Arbeitssicherheit kennzeichnet einen Zustand, bei dem der Mensch im Arbeitsprozess vor Unfällen und Berufskrankheiten geschützt ist. *Arbeitsschutz* schließt alle Maßnahmen ein, die dazu beitragen, Leben und Gesundheit des arbeitenden Menschen zu schützen, ihre Arbeitskraft zu erhalten und die Arbeit menschengerecht zu gestalten. **Arbeitssicherheit**

Dieses umfassende Verständnis von Arbeitsschutz, das dem *Arbeitsschutzgesetz* (ArbSchG) von 1996 zu Grunde liegt, greift über die Verhütung von Unfällen und arbeitsbedingten Gesundheitsgefahren hinaus und berührt alle Bereiche der Arbeitsgestaltung. Zwar sind die Häufigkeiten von Arbeitsunfällen und Berufskrankheiten seit einer Reihe von Jahren rückläufig, die absolut immer noch hohen Zahlen zeigen jedoch den Bedarf für Maßnahmen der Arbeitsgestaltung zur Verbesserung der Arbeitsbedingungen unter dem Aspekt von Arbeits- und *Gesundheitsschutz* auf (Abbildung III-237).

meldepflichtige Arbeitsunfälle	1.045.816
meldepflichtige Wegeunfälle	226.554
tödliche Arbeitsunfälle	674
tödliche Wegeunfälle	373
Anzeigen auf Verdacht einer Berufskrankheit	73.425
neue Renten wegen Berufskrankheit	6.202

Abbildung III-237 Überblick zu Arbeitsunfällen und Berufskrankheiten in der Bundesrepublik Deutschland (Angaben bezogen auf das Jahr 2010)[271]

Die *sicherheitstechnische Arbeitsgestaltung* hat die Aufgabe, durch konstruktive technische und organisatorische Maßnahmen Arbeitsunfälle und Berufskrankheiten zu verhüten. Sie muss mit den anderen Bereichen der ergonomischen Arbeitsgestaltung zusammenwirken, die auf langfristig erträgliche, zumutbare und Zufriedenheit schaffende Arbeitsbedingungen abheben.

Arbeitsschutz

Im Gegensatz zur früher üblichen Delegation von Arbeitssicherheitsmaßnahmen an Experten ist heute der *Arbeitsschutz* ein untrennbarer Bestandteil betrieblicher Aufgaben und das Anliegen aller Funktionsträger.[272] Arbeitgeber haben mittlerweile auch erkannt, dass der betriebliche Arbeitsschutz im eigenen Unternehmensinteresse liegt. Der Arbeitsschutz ist deshalb bereits in Planungs- und Konzeptphasen, z. B. bei Baumaßnahmen oder Betriebsmittelanschaffungen eingebunden. Die korrektive sicherheitstechnische Gestaltung tritt zu Gunsten der präventiven Gestaltung zurück. Der Arbeitsschutz ist ein ganzheitliches Aufgabengebiet der Geschäftsleitung und umfasst

- Schutz vor Arbeitsunfällen und arbeitsbedingten Erkrankungen,
- Berücksichtigung von Lernvorgängen und des Verhaltens der Mitarbeiter,
- aktive Gesundheitsförderung,
- menschengerechte Arbeitsgestaltung.

Arbeitsschutz ist in die betriebliche Organisation integriert, betroffene Mitarbeiter werden zu Beteiligten.[273] Abbildung III-238 fasst die wichtigsten Anforderungen an Arbeitgeber und an Fachkräfte für Arbeitssicherheit zusammen.

---

271 Vgl. a. www.baua.de und dip.bundestag.de.
272 Bundesverband der Unfallkassen (Hrsg.): Zeitgemäßer Arbeitsschutz, München, 2001.
273 Bundesverband der Unfallkassen (Hrsg.): a. a. O., 2001.

Anforderungen an den Arbeitgeber	Anforderungen an die Fachkraft für Arbeitssicherheit
Basis: Arbeitsschutzgesetz	Basis: Arbeitssicherheitsgesetz
umfassende, vorausschauende Handlungspflicht hinsichtlich Sicherheit und Gesundheit	Arbeitgeber unterstützen
risikoorientiertes Vorgehen	beim Arbeitsschutz und bei der Unfallverhütung
kontinuierliche Verbesserung der Arbeitsbedingungen	in allen Fragen der Arbeitssicherheit
geeignete Organisation	einschließlich der menschengerechten Gestaltung der Arbeit
Integration des Arbeitsschutzes in alle Führungsebenen und Tätigkeiten	
Voraussetzungen schaffen zur Mitwirkung der Beschäftigten	

Abbildung III-238   Anforderungen an Arbeitgeber und Fachkräfte für Arbeitssicherheit[274]

Wichtige Aspekte betreffen die rechtlichen Regelungen, die Organisation des Arbeitsschutzes, die Gliederung von Sicherheitsmaßnahmen (Abbildung III-239).

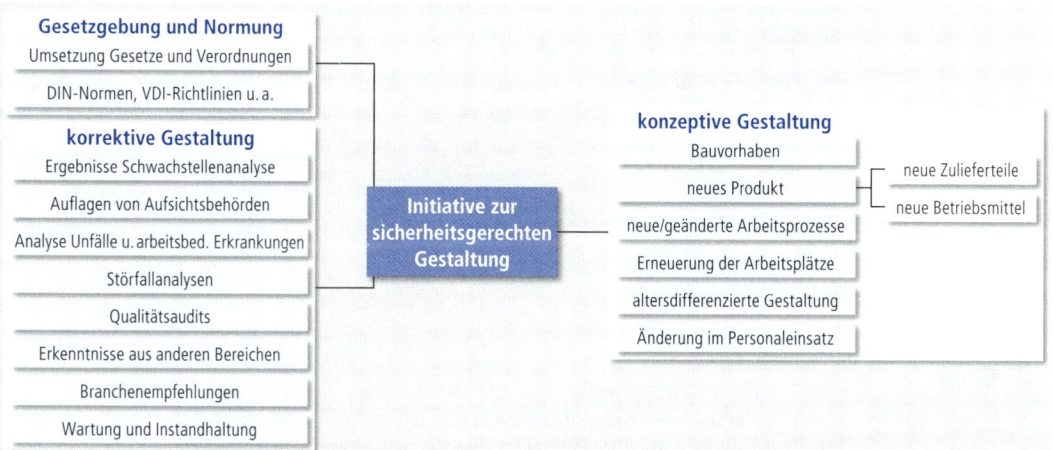

Abbildung III-239   Initiativen zur sicherheitsgerechten Gestaltung

Die betriebliche Verantwortung für die Arbeitssicherheit obliegt dem Unternehmer. Er muss eine geeignete Organisation schaffen und die erforderlichen Mittel bereitstellen. Für Einzelbereiche überträgt der Unternehmer die Verantwortung auf die entsprechenden Linieninstanzen. Die jeweils vorgesetzte Instanz ist verantwortlich für die Auswahl der Mitarbeiter sowie für Aufsicht und Kontrolle.

Verantwortung für die Arbeitssicherheit

Die Stabsstellen (*Betriebsarzt* und *Sicherheitsfachkraft*) tragen die fachliche Verantwortung für die ihnen übertragenen Aufgaben. Sie unterstützen den Arbeitgeber beim Arbeitsschutz und bei der Unfallverhütung in allen Fragen des Gesundheitsschutzes und der Arbeitssicherheit einschließlich der menschengerechten Gestaltung der Arbeit (*Arbeitssicherheitsgesetz* ASiG).

---

274 Bundesverband der Unfallkassen (Hrsg.): a. a. O., 2001.

Wirksame Maßnahmen zur Verhütung von Arbeitsunfällen und Berufskrankheiten können nur getroffen werden, wenn deren Ursache bekannt ist. Grundsätzlich lassen sich drei Ursachen unterscheiden:[275]

- Sicherheitswidrige Zustände
    - technische Mängel, Schutzvorrichtungen und Sicherheitseinrichtungen, Betriebsmittel, Betriebsanlagen und -einrichtungen,
    - organisatorische Mängel, Personaleinsatz, Aufsichts- und Informationsmängel;
- Sicherheitswidriges Verhalten
    - sicherheitswidrige Handlungen,
    - sicherheitswidrige Unterlassungen;
- Höhere Gewalt.

Sicherheitswidrige Zustände können auf technischen und organisatorischen Mängeln beruhen.

Technische Mängel betreffen beispielsweise *Schutzvorrichtungen*, die fehlen oder schadhaft sein können, fehlende oder ungeeignete *persönliche Schutzausrüstungen*, mangelhaft konstruierte, ungeeignete oder schadhafte Betriebsmittel und Mängel an Betriebsanlagen und -einrichtungen, wie eine behindernde Anordnung (Unübersichtlichkeit, Bewegungseinschränkung), sicherheitswidrige Beleuchtung, unzureichendes Raumklima, schädlicher Lärm und Vibrationen sowie Schadstoffe am Arbeitsplatz.

Organisatorische Mängel gibt es vor allem beim Personaleinsatz (durch Einsatz von Mitarbeitern ohne die für die Aufgabe erforderliche Qualifikation, durch unzureichende Unterweisung in den für die Aufgabe erforderlichen Kenntnissen, den spezifischen Unfallgefahren und den Schutzmaßnahmen), durch Aufsichtsmängel (z. B. fehlende Regelungen für Verantwortlichkeit).

5.6.2 Rechtsrahmen

Die Realisierung des Europäischen Binnenmarktes 1993 hatte erheblichen Einfluss auf die nationale Rechtsprechung und damit auf das *Arbeitsschutzsystem* der Bundesrepublik. Von besonderer Bedeutung für den Arbeits- und Gesundheitsschutz sind die Artikel 95 und 137 EWG-Vertrag. Mit Rechtsvorschriften auf Grundlage von Artikel 95 werden die wesentlichen Anforderungen hinsichtlich des Arbeits- und Gesundheitsschutzes an Erzeugnisse festgelegt, die bei deren Konzeption, Herstellung und Vermarktung in der EU zu erfüllen sind.

Auf Artikel 95 gestützte *EU-Richtlinien* zielen auf die Beseitigung von Handelshemmnissen innerhalb der Union ab; die Mitgliedstaaten sind verpflichtet, ihr nationales Recht ohne Abweichung nach diesen Richtlinien auszurichten (Abbildung III-240).[276]

In Artikel 137 (EWG-Vertrag) werden die wichtigsten Aufgaben der Union und der Mitgliedstaaten hinsichtlich des Arbeits- und Gesundheitsschutzes am Arbeitsplatz festgelegt. Ziel ist die Schaffung von Mindestnormen für alle Beschäftigten in der EU, die einen ausreichenden Schutz von Arbeitsunfällen und Berufskrankheiten gewährleisten. Die Mitgliedstaaten sind verpflichtet, bei der Umsetzung in nationales Recht diese Mindeststandards zu gewährleisten, können aber weitergehende Schutzziele verfolgen.

---

275 REFA (Hrsg.): Arbeitsgestaltung in der Produktion. München: Hanser, 1991.
276 Spelten, C.; Schaub, K.; Landau, K.: IAD-Toolbox körperliche Arbeit. In: Landau, K. (Hrsg.): Montageprozesse gestalten. Stuttgart: Ergonomia, 2004, S. 113–149.

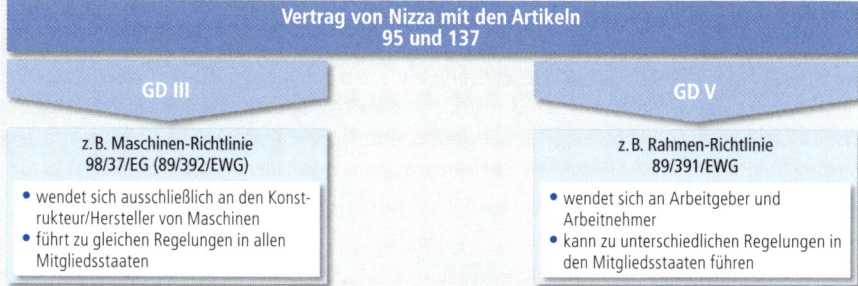

Abbildung III-240   Rechtsgrundlagen des europäischen Arbeitsschutzes und Adressaten[277]

Richtlinien nach Artikel 95 legen grundlegende Sicherheitsanforderungen fest, die dann in europäischen Normen spezifiziert werden. Der Inhalt dieser Normen ist nicht obligatorisch, die nationalen Institutionen sind jedoch verpflichtet anzunehmen, dass Erzeugnisse, die nach harmonisierten Normen hergestellt sind, den Anforderungen der entsprechenden europäischen Richtlinien entsprechen.

Die für den Bereich des Arbeits- und Gesundheitsschutzes wesentliche EU-Richtlinie gemäß Artikel 95 ist die *Maschinenrichtlinie.* In deren Geltungsbereich fallen – mit Ausnahme fast aller Fahrzeuge zum Personenverkehr – praktisch alle Arten von kraftbetriebenen Maschinen. Für die sicherheitsgerechte Konzeption der Maschine verantwortlich sind die Hersteller und bei Maschinen von außerhalb der EU deren Beauftragte oder deren Importeure. Maßstab für die Erfüllung der Maschinenrichtlinie sind die in deren Anhang 1 aufgeführten Sicherheitsanforderungen zum Schutz gegen mechanische Gefahren, vor Strahlung, Gasen, Dämpfen, Stäuben, Explosionen sowie den Anforderungen an Software. Maschinenrichtlinie

Bei der Gestaltung der Maschinen muss auch dafür Sorge getragen werden, dass bei bestimmungsgemäßer Verwendung Belästigung, Ermüdung und psychische Belastung des Bedienungspersonals unter Berücksichtigung der ergonomischen Prinzipien auf das mögliche Mindestmaß reduziert werden. Neben dem technischen Maschinenschutz müssen also auch Fragen der Arbeitsgestaltung und Arbeitsorganisation berücksichtigt werden.

Durch die Konformitätserklärung muss der Hersteller einer Maschine (ggf. sein Beauftragter oder der Importeur) die Übereinstimmung mit allen grundlegenden Sicherheitsanforderungen erklären; anschließend kann ein CE-Kennzeichen angebracht und die Maschine in der EU in Verkehr gebracht werden.

Richtlinien nach Artikel 137 legen Mindestvorschriften für Schutz und Verbesserung von Sicherheit und Gesundheit der Arbeitnehmer am Arbeitsplatz fest. Die Mitgliedstaaten müssen diese Mindeststandards in nationalen Regelungen sicherstellen, können aber auch Maßnahmen zu einem verstärkten Schutz der Arbeitnehmer ergreifen oder beibehalten, solange dadurch keine Handelshemmnisse oder Ähnliches entstehen.

Für den Arbeits- und Gesundheitsschutz von zentraler Bedeutung sind die nach Artikel 137 erlassene *Arbeitsschutz-Rahmenrichtlinie* über die »Durchführung von Maßnahmen zur Verbesserung der Sicherheit und des Gesundheitsschutzes der Arbeitnehmer bei der Arbeit« (89/391/EWG) sowie die Einzelrichtlinien hierzu (für Arbeitsstätten, zur Benutzung persönlicher Schutzausrüstungen, zur manuellen Lastenhandhabung und zur Bildschirmarbeit). Weitere Einzelrichtlinien behandeln bei- Arbeitsschutz-Rahmenrichtlinie

---

277   Spelten, C. et al.: a.a.O., 2004.

spielsweise den Schutz gegen Gefährdungen durch physikalische Einwirkungen, durch biologische Arbeitsstoffe und durch Karzinogene bei der Arbeit sowie Aspekte der Arbeitszeitgestaltung.

Gerätesicherheitsgesetz

Die europäischen Vorgaben der Maschinenrichtlinie werden durch das *Gerätesicherheitsgesetz* von 1992 in deutsches Recht umgesetzt. Es regelt das In-Verkehr-Bringen und Aufstellen technischer Arbeitsmittel, zu denen Werkzeuge, Arbeitsgeräte, Arbeits- und Kraftmaschinen, Hebe- und Fördereinrichtungen, Schutzausrüstungen, Einrichtungen zum Beleuchten, Heizen, Kühlen, Lüften zu rechnen sind; darüber hinaus überwachungsbedürftige Anlagen (z. B. Dampfkessel, Druckbehälter, Aufzugsanlagen).

Arbeitsschutzgesetz

Das *Arbeitsschutzgesetz* (Gesetz über Sicherheit und Gesundheitsschutz bei der Arbeit, ArbSchG) setzt die europäische Arbeitsschutz-Rahmenrichtlinie um. Es gilt in allen Tätigkeitsbereichen mit nur ganz wenigen Ausnahmen.

Das Arbeitsschutzgesetz[278] richtet sich vorrangig an den Arbeitgeber, der verpflichtet ist, die erforderlichen Maßnahmen des Arbeitsschutzes zu treffen, deren Wirksamkeit zu überprüfen und sie erforderlichenfalls an sich ändernde Gegebenheiten anzupassen. Hierzu muss er eine Beurteilung der für die Beschäftigten mit der Arbeit verbundenen Gefährdung durchführen, die die Gestaltung von Arbeitsplatz und Betriebsmitteln, von Arbeitsverfahren, -ablauf und -zeit, Auswahl und Einsatz von Arbeitsstoffen, die Umgebungseinflüsse und die Qualifikation und Unterweisung der Beschäftigten umfasst.

Zur Planung und Durchführung der Arbeitsschutzmaßnahmen sind eine geeignete Organisation zu schaffen und die erforderlichen Mittel bereitzustellen. Der Unternehmer darf Arbeitsaufgaben nur an dazu befähigte Mitarbeiter übertragen, muss diese bei besonderen Gefahren unterrichten und unterweisen. Bei Arbeitsschutzmaßnahmen muss er als allgemeine Grundsätze insbesondere die Vermeidung möglicher Gefährdungen nach dem Stand der Technik und die Gefahrenbekämpfung an der Quelle beachten.

Gefährdungs-/Belastungskataloge können über die Vereinigung der Metall-Berufsgenossenschaften und über die Berufsgenossenschaft Energie Textil Elektro Medienerzeugnisse bezogen werden.[279]

Arbeitsstättenverordnung

Die novellierte *Arbeitsstättenverordnung* von 2004 enthält lediglich 8 Paragrafen, die keine präzise, direkt umsetzbare Regeln enthalten (Abbildung III-241).

§ 1: Ziel, Anwendungsbereich

§ 2: Begriffsbestimmungen

§ 3: Einrichten und Betreiben von Arbeitsstätten

§ 4: Besondere Anforderungen an das Betreiben von Arbeitsstätten

§ 5: Nichtraucherschutz

§ 6: Arbeitsräume, Sanitärräume, Pausen- und Bereitschaftsräume, Erste-Hilfe-Räume, Unterkünfte

§ 7: Ausschuss für Arbeitsstätten

§ 8: Übergangsvorschriften

Anhang: besondere Anforderungen nach § 3, Abs. 1, Arbeitsstättenverordung

Abbildung III-241   Inhalt der Arbeitsstättenverordnung

---

278 Arbeitsschutzgesetz (ArbSchG, 1996), § 3(1) »Der Arbeitgeber ist verpflichtet, die erforderlichen Maßnahmen des Arbeitsschutzes zu treffen, die Maßnahmen auf ihre Wirksamkeit zu überprüfen und erforderlichenfalls anzupassen.«

279 Maschinenbau- und Metallberufsgenossenschaft, Düsseldorf. BG ETEM, Köln.

Besonders wichtig ist jedoch § 3:

- Der Arbeitgeber hat dafür zu sorgen, dass die Arbeitsstätte entsprechend der Verordnung und dem Anhang so eingerichtet und betrieben wird, dass keine Gefährdung für Sicherheit und Gesundheit entsteht.
- Der Arbeitgeber hat Regeln des Ausschusses für Arbeitsstätten zu berücksichtigen.
- Wendet der Arbeitgeber die Regeln nicht an, muss er durch andere Maßnahmen die gleiche Sicherheit und den gleichen Gesundheitsschutz der Beschäftigten erreichen.

Der Anhang der Arbeitsstättenverordnung enthält 27 (allgemein gehaltene) Anforderungen, die durch technische Regeln für Arbeitsstätten konkretisiert werden. Gegenüber der umfangreichen und auch bürokratietypischen alten Arbeitsstättenverordnung bedeutet die kurz gefasste neue Arbeitsstättenverordnung erhöhte fachliche Anforderungen an den Arbeitgeber und die Aufsichtsbehörden.

Die Arbeitsstättenverordnung wird durch verschiedene *Arbeitsstättenregeln* (ASR) spezifiziert. Wendet der Arbeitgeber die Gestaltungsmaßnahmen laut ASR an, dann wird davon ausgegangen, dass die Vorschriften der Arbeitsstättenverordnung auch eingehalten werden. Weicht der Arbeitgeber von der Arbeitsstättenregel ab, so muss ein gleichwertiger Arbeits- und Gesundheitsschutz der Mitarbeiter gewährleistet sein. Der *Ausschuss für Arbeitsstätten (ASTA)* ermittelt den Stand der Technik, Arbeitsmedizin und Hygiene sowie die sonstigen gesicherten arbeitswissenschaftlichen Erkenntnisse. Der ASTA setzt Arbeitsgruppen zur Erstellung neuer Arbeitsstättenregeln ein. Der ASTA hat derzeit 15 sachverständige Mitglieder aus den gesellschaftlichen Gruppen der öffentlichen und privaten Arbeitgeber, der Gewerkschaften, der Länderbehörden, der Träger der gesetzlichen Unfallversicherungen und der Wissenschaft.

Arbeitsstättenregel

5.6.3　Vorgehen

Übergeordnete Grundsätze sicherheitsgerechter Gestaltung von Maschinen, Anlagen und Systemen sind Funktions-, Gestaltungs- und Umweltsicherheit. *Funktionssicherheit* betrifft zum einen die verwendeten Werk- und Betriebsstoffe und zum anderen die Konstruktion. *Umweltsicherheit* umfasst den gesamten Lebenszyklus der Maschine oder Anlage bzw. des Arbeitssystems, d. h. die Herstellung, die Nutzungsphase und die Entsorgung.

Grundsätze sicherheitsgerechter Gestaltung

Lösungsansätze der *sicherheitstechnischen Gestaltung* und Konstruktion müssen der folgenden Hierarchie folgen:

- Gefahren sind, soweit möglich, zunächst mit konstruktiven Mitteln von vornherein zu vermeiden, z. B. durch Wahl weniger gefährdender Arbeitsmethoden oder durch Einsatz weniger oder nicht schädigender Arbeits- und Betriebsstoffe. Hier kommt die unmittelbare Sicherheitstechnik zum Einsatz.
- Gelingt dies nicht, sind die Mitarbeiter gegen Gefahren zu sichern, z. B. durch den möglichst integrierten Einsatz von Schutzeinrichtungen und ggf. durch arbeits-organisatorische Maßnahmen (mittelbare sicherheitstechnische Maßnahmen).
- Auf verbleibende Gefahrenquellen müssen die Benutzer und alle anderen möglicherweise Betroffenen hingewiesen werden; dies erfordert die Kennzeichnung von verbleibenden Gefahrstellen und Warnanlagen, Schilder und Farbgebung sowie die Unterrichtung über Gefahrenquellen und Unterweisung zum Umgang damit (hinweisende Sicherheitstechnik).
- Darüber hinaus müssen immer dann persönliche Schutzausrüstungen bereitgestellt sein und von den Mitarbeitern verwendet werden, wenn die Maßnahmen der unmittelbaren und mittelbaren

Sicherheitstechnik nicht ausreichend sind. Der persönliche Arbeitsschutz wird in einer Reihe von BG-Regeln behandelt.[280]

Nach § 5 des Arbeitsschutzgesetzes hat der Arbeitgeber durch eine Gefährdungsbeurteilung zu ermitteln, welche Maßnahmen des Arbeitsschutzes erforderlich sind. Die möglichen Gefährdungen im Arbeitssystem sind in Abbildung III-242 aufgeführt.

Gefährdungen – Unfälle können entstehen durch:	
(1) Bewegungen/Relativbewegungen: 1 Zerbersten (z.B. Schleifscheibe) 2 Abschleudern (z.B. Drehspäne) 3 Mitnehmen (z.B. Aufwicklung loser Kleidung oder Haare durch überstehende Welle) 4 Einziehen (z.B. Finger zwischen Zahnräder) 5 Einhaken 6 Quetschen (z.B. Finger in Tür) 7 Scheren (z.B. Hände in Blechschere) 8 Schneiden (z.B. Hineingreifen in Gussteil mit scharfem Grat) 9 Stechen (z.B. mit Schraubendreherklinge) 10 Stoßen (z.B. an hervorstehender Ecke) 11 Schlagen (z.B. mit Hammer) 12 Kippen (z.B. mit Stuhl oder Umkippen mit Fahrzeug) 13 Schleudern 14 Werfen 15 Fallen (z.B. Teile aus Regal auf Kopf) 16 Rutschen 17 Ausgleiten (z.B. auf Ölfleck) 18 Stolpern (z.B. über Kante oder Stufe) 19 Anfahren oder Überfahren durch Fahrzeug (z.B. mit Gabelstapler) 20 Reibung (z.B. Hautabschürfung) **(2) Temperaturunterschiede:** 21 Verbrühen (z.B. durch heißes Wasser oder Dampfstrahl) 22 Unterkühlung (z.B. durch Berühren eines Behälters mit flüssiger Luft) **(3) chemische/biologische Wirkung:** 23 Verbrennen (z.B. durch Funkenflug oder nicht abgedeckte, leicht entflammbare Flüssigkeit)	24 Vergiftung (z.B. durch Abgase eines Verbrennungsmotors) 25 Ätzung (z.B. durch Säure) 26 Luftentzug oder Luftmangel (z.B. in Großbehälter) 27 Ertrinken 28 Infektion durch Krankheitserreger (Bakterien, Viren) **(4) Druck:** 29 Explosionen (z.B. eines vorschriftswidrig mit Benzin gereinigten Getriebekastens, entzündet mit einer Zigarette) 30 Implosion (z.B. einer Fernsehröhre) 31 Druckunterschied (z.B. beim zu schnellen Auftauchen aus großer Tiefe) **(5) Überbelastung des Menschen:** 32 Verrenken (z.B. durch Anheben zu schwerer Lasten) 33 Verstauchen 34 Umknicken **(6) Strom:** 35 elektrischer Strom (z.B. Überschlag von nicht isoliertem Leiter) 36 Blitzschlag 37 elektrostatische Aufladung **(7) Strahlung:** 38 schädliche Strahlung – Röntgen-/Laser-/Mikrowellen-/Infrarot-/Ultraviolett-/radioaktive Strahlung (z.B. Überdosis aus defekter Anlage) **(8) Licht, Schall:** 39 Blendung (z.B. durch Lichtblitz) 40 unerträglicher Schall (z.B. sehr lauter Knall)

Abbildung III-242 Übersicht zu den möglichen Gefährdungen im Arbeitssystem[281]

Zur Gefährdungsbeurteilung gibt es eine Fülle von Hilfestellungen[282], die auf die Branche oder die Art der Betriebsmittel bezogen sind. So empfiehlt z.B. die Berufsgenossenschaft Metall die in Abbildung III-243 beschriebene Vorgehensweise bei der Gefährdungsbeurteilung.[283]

280 BGR 189, Benutzung von Schutzkleidung, 2007; BGR 190, Benutzung von Atemschutzgeräten, 2004; BGR 191, Benutzung von Fuß- und Knieschutz, 2007; BGR 192, Benutzung von Augen- und Gesichtsschutz, 2006; BGR 193, Benutzung von Kopfschutz, 2006; BGR 194, Benutzung von Gehörschutz (in Vorbereitung); BGR 195, Benutzung von Schutzhandschuhen, 2007; BGR 197, Benutzung von Hautschutz, 2008; BGR 198, Einsatz von persönlicher Schutzausrüstung gegen Absturz, 2004.
281 Kirchner, J. et al.: a.a.O., 1990.
282 Vgl. GUV (Hrsg.): Beurteilung von Gefährdungen und Belastungen am Arbeitsplatz, GUV-I 8700, 1997.
283 www.bg-metall.de; dort auch weitere Literaturangaben und Praxishilfen.

Wer?	Was?	Erfüllt?
Arbeitsschutzausschuss (ASA)	Werden die Arbeitsbedingungen bei stationären Arbeitsplätzen arbeitsplatzbezogen und bei wechselnden Arbeitsplätzen personenbezogen beurteilt? Werden die Ergebnisse der Beurteilung schriftlich so dokumentiert, so dass die Ergebnisse weiter verwendet werden können? Werden die erforderlichen Maßnahmen zur Beseitigung der Gefährdungen festgelegt und später kontrolliert, ob die festgelegten und umgesetzten Arbeitsschutzmaßnahmen wirksam sind?	
Unternehmer/ Führungskraft	Gliedert den Betrieb in einzelne Einheiten, so dass anschließend die beauftragte Führungskraft, wie z.B. Meister, die Gefährdungsbeurteilung tätigkeitsbezogen durchführen kann. Veranlasst, dass eine Gefährdungsbeurteilung bei folgenden Anlässen durchgeführt wird: • als Erstbeurteilung an bestehenden Arbeitsplätzen, • bei Änderungen im Betrieb (Arbeitsmittel, Verfahren, Gefahrstoffe, Abläufe oder Organisation), • in regelmäßigen Abständen, spätestens bei Veränderung des Stands der Technik, • nach Störfällen sowie nach dem Auftreten von Arbeitsunfällen, Beinaheunfällen, Berufskrankheiten oder anderen arbeitsbedingten Gesundheitsbeeinträchtigungen.	
Betriebsrat	Nimmt Anregungen von Mitarbeitern auf, schlägt Verbesserungen vor und fördert die Umsetzung von Arbeitsschutzmaßnahmen und die Akzeptanz von sicherheitstechnischem Verhalten.	
Fachkraft für Arbeitssicherheit (Sifa)	Wird als Berater zur Unterstützung der Vorgesetzten tätig, fasst die Ergebnisse von Beurteilungen verschiedener Arbeitsbereiche in Gruppen zusammen und bewertet sie gemeinsam. Bezieht Experten bei der Beurteilung der Arbeitsbedingungen ein.	
Betriebsarzt	Wird als Berater zur Unterstützung der Vorgesetzten und Mitarbeiter tätig. Gibt Informationen u. a. zu den Themen Gefahrstoffe, Lärm und Gesundheitsförderung.	
Sicherheitsbeauftragter	Achtet darauf, dass alle Tätigkeiten in seinem Bereich beurteilt werden. Spricht Mitarbeiter an, die weitergehende Informationen zur Gefährdungsbeurteilung geben können und achtet darauf, dass die festgelegten Maßnahmen durchführbar sind und eingehalten werden.	

Abbildung III-243   Aufgaben der verschiedenen betrieblichen Stellen bei der Gefährdungsbeurteilung (Berufsgenossenschaft Metall)

Merkmal	Dokumentiert?
gefährliche Eigenschaften der Stoffe oder Zubereitungen	
Arbeitsplatz Grenzwerte und biologische Grenzwerte	
Informationen des Herstellers/In-Verkehr-Bringers zum Gesundheitsschutz und zur Sicherheit	
Ausmaß, Art und Dauer der Exposition	
physikalische, chemische Wirkungen	
Arbeitsbedingungen und Verfahren	
Möglichkeiten einer Substitution	
Wirksamkeit der getroffenen und zu treffenden Schutzmaßnahmen	
Schlussfolgerungen aus den arbeitsmedizinischen Vorsorgeuntersuchungen	

Abbildung III-244   Wichtige Angaben in der Gefährdungsbeurteilung beim Umgang mit Gefahrstoffen

Bei Tätigkeiten mit Gefahrstoffen muss der Arbeitgeber die Gefährdungsbeurteilung unabhängig von der Anzahl der Beschäftigten dokumentieren.[284] Die wichtigsten Angaben der Gefährdungsbeurteilung zeigt Abbildung III-244.

Maschinen und deren Sicherheitsbauteile dürfen in Europa nur in Verkehr gebracht werden, wenn sie den grundlegenden Sicherheits- und Gesundheitsanforderungen der EU-Maschinenrichtlinie (98/37/EG) entsprechen. In der Regel kann der Hersteller die Konformitäten der Richtlinie in Eigenverantwortung erklären.[285]

Sicherheitsbezogene Maschinensteuerungen sind in der Sicherheitsnormen DIN EN ISO 13849 festgeschrieben. Bei Bearbeitungsmaschinen sind die Normen DIN EN 12100-1 sowie DIN EN 12417 zu beachten.[286]

Beispiel

Das folgende Beispiel erläutert die systematische Ermittlung von Sicherheitsmaßnahmen (Abbildung III-245).[287]

- Art der Anlage: Dispersionsproduktion
- Funktionseinheit: Produktionshalle
- Funktionselement: Rührwerksbehälter zur Dispersionsherstellung

---

284 TRGS 400: Gefährdungsbeurteilung für Tätigkeiten mit Gefahrstoffen, 2008.
285 BGIA, Institut für Arbeitsschutz der deutschen Gesetzlichen Unfallversicherungen, o. Jg.
286 DIN EN ISO 13849-1, Sicherheit von Maschinen – Sicherheitsbezogene Teile von Steuerungen, 2008;
     DIN EN ISO 12100-1/A1, Sicherheit von Maschinen – Grundbegriffe; DIN EN 12417/A2, Werkzeugmaschinen – Sicherheit.
287 Ausschuss für Gefahrstoffe – Bundesanstalt für Arbeitsmedizin und Arbeitsschutz, Dortmund, S. 16–17.

Lfd. Nr.	Sicherheitsgrundsatz	Sicherheitsanforderungen	Sicherheitsmaßnahmen
1	Vermeiden von Explosionsgefahr bei Anwendung brennbarer Lösemittel Unterdrücken der Explosionsgefahr beim Einlassen von brennbarem Lösemittel	• Vermeiden von explosionsfähiger Atmosphäre • Vermeiden von Zündquellen	• Inertisierung • Verhindern elektrostatischer Aufladungen durch Erdung • Verhindern elektrostatischer Aufladungen durch Begrenzung der Strömungsgeschwindigkeit • Einfüllen unter Spiegel • Anströmen der geerdeten Behälterwand • Elektroinstallation nach ElexV • Explosionsschutzeinstufung und Maßnahmen nach Ex-RL (13)
2	Vermeiden von Explosionsgefahr beim Umgang mit brennbaren Stäuben Verhindern der Explosionsgefahr beim Einfüllen brennbarer Stäube in den Behälter	• Vermeiden von explosionsfähigem Staub-Luft-Gemisch • Verhindern von Aufladungen • Verhindern von Staubablagerungen • Verhindern von Aufwirbelungen des Staubes • Vermeiden von Zündquellen	• Änderung der Staubkonsistenz (größerer Meridiandurchmesser, Anteilung, Pellets) • regelmäßige Reinigung der Umgebung • Einsaugen des Staubes • Einbringen von Sackgebinden über Sackaufreißanlage mit Absaugung • Einbringen des Staubes über Zellradschleusen, Doppelschiebersysteme, Schneckenförderung etc. • Vermeiden von heißen Oberflächen • Vermeiden von hohen Schüttgeschwindigkeiten (Elektrostatik)
3	Vermeiden der Exposition des Betriebspersonals	• Vermeiden des Gefahrstoffaustritts	• geschlossenes System • Behälterabsaugung • Objektabsaugung • Leckageminimierte Wellendurchführung (Gleitringdichtung, Magnetkupplung) • Schleusensysteme zum Feststoffeintrag • Überfüllsicherung • Leckagefrüherkennung im Produktionsraum • persönliche Schutzausrüstung bereithalten • optimiertes Probenahmesystem • Bindemittel für Verschüttungen bereithalten • Raumluftüberwachung
4	Verhindern von Betriebsstörungen	• Schulung des Personals • Verhindern von unzulässigen Betriebsparametern	• Unterweisungen, Schulungen • Betriebsanweisungen • Kontrollgänge • Wartung • Schutz- und Überwachungseinrichtungen • druckfeste Bauweise • Überdruckventil, Berstscheibe

Abbildung III-245   Beispiel für die systematische Ermittlung von Sicherheitsmaßnahmen

Mit steigendem Automatisierungsgrad verlagern sich die Tätigkeiten des Menschen vom Bearbeiten hin zum Beschicken, Überwachen und Instandhalten. Hierbei entstehen besondere Gefahrbereiche, die der Mitarbeiter nur betreten soll, wenn die Anlage komplett ausgeschaltet ist. Es gibt eine ganze Reihe von Zugangssicherungen (vgl. Abbildung III-246).

technische Lösung	Eigenschaften	Bild
Gummischaltleisten an Quetschkanten	• wird der im Gummiprofil geführte IR-Strahl verändert, erfolgt Maschinenstopp • Gummischaltleisten sind nach Kategorie 4 der EN 954-1 zugelassen • Ansprechzeit < 35 ms • einfache und wirtschaftliche Lösung, jedoch kein umfassender Schutz	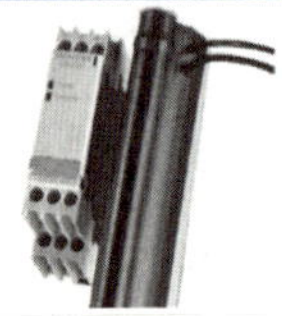
Lichtschranken zur Zugangssicherung von Gefahrstellen/-bereichen	• Lichtschranken werden zur Zugangsabsicherung von Gefahrenstellen und -bereichen eingesetzt • sind nach Kategorien 2 und 4 der EN 954-1 bzw. IEC/EN 61496 zuzulassen • Kategorie 2: Reichweiten etwa bis 150 m; Kategorie 4: Reichweiten etwa bis 60 m • Ansprechzeit < 20 ms	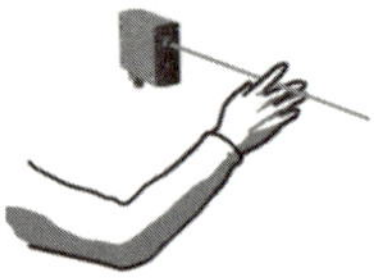
Lichtvorhänge zur Gefahrenbereichs-sicherung	• Anzahl von (IR-) Sende- und Empfangsdioden übereinander angeordnet • sind nach Kategorie 4 IEC/EN 61496 bzw. EN 954-1 zuzulassen • kann horizontal und vertikal wirken • Auflösung > 15 mm	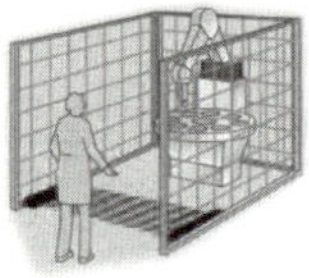
Lichtgitter zur Zugangssicherung	• max. Reichweite etwa 20 m • übliche Auflösung > 300 mm • bestimmte – zulässige – Objekte im Lichtgitter können ausgeblendet werden	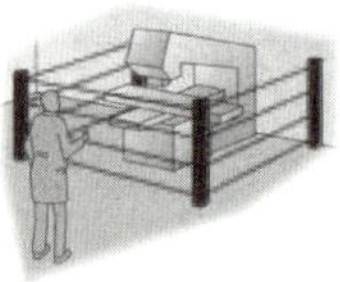
Laserscanner zur Gefahrenbereichs-sicherung	• wird das definierte Personenschutzfeld verletzt, veranlasst er einen sofortigen Maschinenstopp • Auflösung > 30 mm • Reichweite bis etwa 4 m, darüber erfolgen nur Warnmeldungen • Laserschutzklasse 1 (augensicher) nach DIN EN 60825-1 • Auflösung > 30 mm • übliche Ansprechzeit > 40 ms	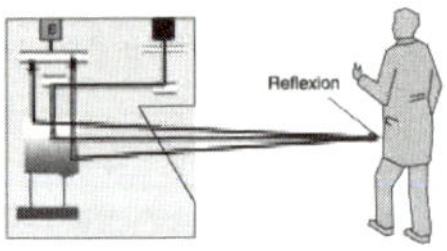

Abbildung III-246   Technische Lösungen für die Gefahrenbereichssicherung[288]
(Bilder: Siemens Automation)

---

288 Vgl. a. Normen für Sicherheitssensoren:
IEC/EN 61496-1, -2, Anforderungen für berührungslos wirkende Schutzsysteme.
EN 61508, Funktionale Sicherheit sicherheitsbezogener elektrischer/elektronischer/programmierbarer elektronischer Systeme.
EN 999 u. a. Berechnung der Sicherheitsabstände.
EN 954-1, Sicherheit von Maschinen, sicherheitsbezogene Teile von Steuerungen. Hier werden die Sicherheitskategorien festgelegt.

Die verschiedenen Einsatzgebiete der Zugangs- und Gefahrenbereichsabsicherung in der Metall- und Elektroindustrie illustriert Abbildung III-247.

Ziel	Vorgehensweise	Einsatzgebiete	Beispiel
Schutz vor Eingreifen in Gefahrenstellen, z. B. Finger/Hand schützen	Einsatz berührungsloser Lichtvorhänge oder Lichtgitter	Pressen, Einlegestationen, Montageroboter, Transferstraßen, Palettieranlagen u. a.	
	Einsatz Sicherheits-Laserscanner: Überwachungsbereich kann frei programmiert werden.	Einlegestationen z. B. an Drehtischen, an hybriden Montageanlagen (Bild rechts: an einer Wafer-Polieranlage)	
Zugangsabsicherung	Einsatz berührungsloser Lichtvorhänge oder Lichtgitter	Montageroboter, Transferstraßen, Palettieranlagen, Prüfstände u. a.	
	Einsatz Sicherheits-Laserscanner: Überwachungsbereich kann frei programmiert werden.	Montageroboter, Transferstraßen, Palettieranlagen u. a.	
	elektromechanische Sicherheitsschalter: Die Verriegelung des Rückhaltemagneten wird erst dann gelöst, wenn Roboter laufende Operation beendet hat.	Montageroboter, Transferstraßen, Palettieranlagen u. a.	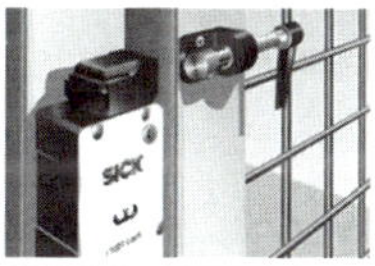
	Mit berührungslosen Sicherheitsschaltern und -Lichtschranken oder -Lichtvorhängen wird die Zufahrt fahrerloser Transportsysteme erlaubt, der Zugang durch Mitarbeiter jedoch blockiert.	Montageroboter u. a.	
Gefahrbereichs-absicherung	Sicherheits-Lichtschranken, Sicherheits-Laserscanner	Fahrweg des fahrerlosen Transportsystems (FTS) und Seiten des FTS-Fahrzeugs werden gesichert	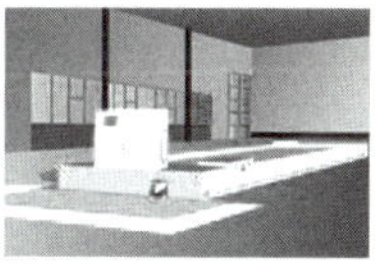

Abbildung III-247 Beispiele für Zugangs- und Gefahrbereichsabsicherung mit Sicherheits-Lichtschranken, -vorhängen und Laserscannern[289]

---

289 Bilder: Sick AG, Waldkirch.

Sicherheitsabstände

Abbildung III-248 und Abbildung III-249 führen die wichtigsten Sicherheitsabstände auf, die bei der *Auslegung von Arbeitsstationen* berücksichtigt werden müssen.

Sicherheitsabstände gegen Hineinreichen oder Hindurchreichen – nach DIN 31 001

zu schützendes Körperteil		Fingerspitze			Finger bis Fingerwurzel			Hand bis Daumenansatz				Arm bis Schulteransatz	
längliche Öffnungen mit parallelen Seiten	e (mm)	<4 (<4)	<6	<8	<10 (<6)	<12 (<8)	<20	<30 (<10)	(<12)	(<20)		<120 (<120)	
	r (mm)	>2 (>2)	>10	>20	>80 (>20)	>100 (>8)	>120	>180 (>80)	(>100)	(>120)		>850 (>900)	
quadratische oder kreisförmige Öffnungen	e (mm)	<4 (<4)	<6	<8	<10 (<6)	<12 (<8)	<30 (<10)	(<12)	<40 (<20)			<120 (<30)	(<120)
	r (mm)	>2 (>2)	>6	>10	>20 (>10)	>80 (>30)	>130 (>60)	(>80)	>200 (>120)			>850 (>550)	(>900)

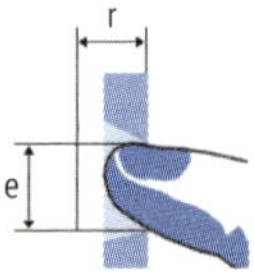

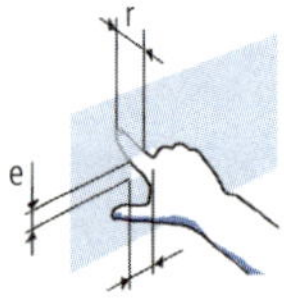

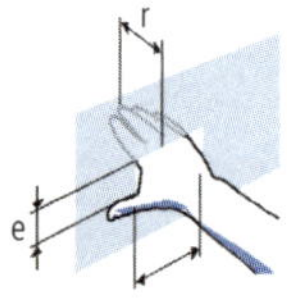

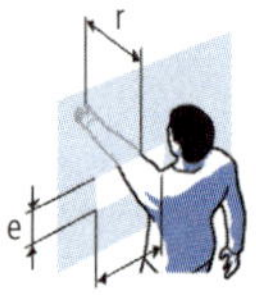

e = Spaltbreite bzw. Seitenlänge bzw. Durchmesser
r = Sicherheitsabstand
Werte für Erwachsene und Kinder ab 14 Jahre, in Klammern für Kinder ab 3 Jahre.
Für e > 120 mm Hineinbeugen des Körpers möglich.

Abbildung III-248   Sicherheitsabstände gegen Hineinreichen nach DIN 31001[290]

---

290 DIN 31001 Teil 1: Sicherheitsgerechtes Gestalten technischer Erzeugnisse – Schutzeinrichtungen. DIN 31000 Allgemeine Leitsätze für das sicherheitsgerechte Gestalten technischer Erzeugnisse. Wiedergegeben mit Erlaubnis des DIN Deutsches Institut für Normung e.V. Maßgebend für das Anwenden der DIN-Norm ist deren Fassung mit dem neuesten Ausgabedatum, die bei der Beuth Verlag GmbH, Burggrafenstraße 6, 10787 Berlin, erhältlich ist.

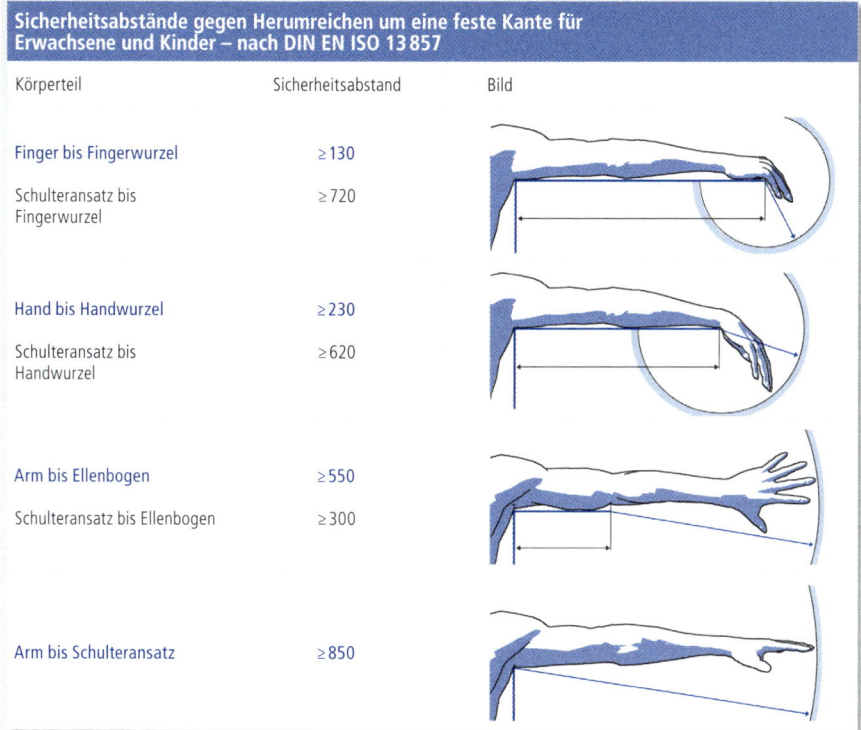

Sicherheitsabstände gegen Herumreichen um eine feste Kante für Erwachsene und Kinder – nach DIN EN ISO 13857		
Körperteil	Sicherheitsabstand	Bild
Finger bis Fingerwurzel	≥ 130	
Schulteransatz bis Fingerwurzel	≥ 720	
Hand bis Handwurzel	≥ 230	
Schulteransatz bis Handwurzel	≥ 620	
Arm bis Ellenbogen	≥ 550	
Schulteransatz bis Ellenbogen	≥ 300	
Arm bis Schulteransatz	≥ 850	

Abbildung III-249   Sicherheitsabstände gegen Herumreichen

Prüfpunkte des personenbezogenen Arbeitsschutzes bei der Maschinenarbeit:

Checkliste personenbezogener Arbeitsschutz

1. Einzugsgefährdung für Kleidung bei der Maschinenbedienung wird durch enganliegende Kleidungsstücke vermieden.
2. Durch Tragen eines Kopfschutzes (Haarnetz, Mütze, Haarhaube) wird Einzugsgefährdung für Haare bei der Maschinenbedienung vermieden.
3. Sicherheitsschuhe werden zum Schutz gegen herabfallende Teile und gegen das Einklemmen der Fußzehen getragen.
4. Der Betrieb von maschinellen Anlagen bei demontierten Schutzeinrichtungen ist strikt untersagt.
5. Bei Reinigungs-, Wartungs- oder Instandsetzungsaufgaben sind die Anlagen vorher stromlos geschaltet.
6. Das Entfernen von Verlierteilen darf nicht bei laufender Anlage vorgenommen werden.
7. Bereits am ersten Tag neu eingetretener Mitarbeiter erfolgt eine Unterweisung im Unfallschutz in Abhängigkeit der Anlagen, an denen diese Mitarbeiter beschäftigt werden. Die Unterweisung wird in angemessenen Zeitabständen, mindestens jedoch einmal jährlich wiederholt.

Prüfpunkte zur sicherheitsgerechten Layout-Gestaltung:

Checkliste sicherheitsgerechte Layout-Gestaltung

1. Auf Fluchtwegen und an Notausgängen sind manuelle Karussell- und Schiebetüren untersagt.
2. Türen in Notausgängen schlagen in Fluchtrichtung auf.
3. Bei erhöhter Brandgefahr oder einer größeren Anzahl gleichzeitig anwesender Personen ist ein zweiter Fluchtweg eingerichtet.

4. Fluchtwege sind kurz, ständig frei gehalten, können selbstständig begangen werden und führen in einen sicheren Bereich.
5. Fluchtwege sind dauerhaft gekennzeichnet und mit einer Sicherheitsbeleuchtung versehen.
6. Es existieren Flucht- und Rettungspläne (Lageplan, Verhalten im Brandfall, Verhalten bei Unfällen), die an markanten Stellen allen Mitarbeitern zur Einsicht gelangen.
7. Die Sicherheits- und Gesundheitsschutzkennzeichnung nach ASR A1.3 wurde vorgenommen.

5.7 Gestaltung der Arbeitsumgebung

5.7.1 Grundlagen

Belastungen der Arbeitsumgebung können physikalisch-chemischer wie sozial-emotionaler Natur sein. Die Kenntnis der physikalisch-chemischen Umgebungseinflüsse ist wichtig, weil z. B.

Belastungen der Arbeitsumgebung

- Beleuchtungsgestaltung die Ermüdung der Augen bei sensorisch hoch belastenden Tätigkeiten vermindert (z. B. Kontrolltätigkeiten),
- Beleuchtungsgestaltung die Arbeitsqualität erhöhen kann,
- lärmbedingte Schwerhörigkeit immer noch die bedeutsamste der entschädigungspflichtigen Berufskrankheiten darstellt,
- Lärmeinwirkung am Arbeitsplatz die Leistung und Arbeitsmotivation negativ beeinflussen kann,
- gezielte Klimagestaltung die Erträglichkeit vor allem körperlich schwerer Arbeit sicherstellt.

Um Beeinträchtigungen, Leistungsminderungen und ggf. gesundheitliche Schädigungen zu vermeiden, müssen die Umgebungsbelastungen analysiert, die durch sie im Menschen verursachten Veränderungen betrachtet und Belastungs- sowie Beanspruchungsgrenzwerte festgelegt werden, deren Einhaltung am Arbeitsplatz sicherzustellen ist.

Maßnahmen zur Gestaltung der Arbeitsumgebung müssen sich an der folgenden Gestaltungshierarchie orientieren:

- Vermeidung der Entstehung von Belastungen aus dem Bereich der Arbeitsumgebung,
- Vermeidung der Ausbreitung,
- Vermeidung der Einwirkung auf den Menschen,
- Verwendung persönlicher Schutzausrüstungen.
- Ausgangspunkt der Umgebungsgestaltung ist die Arbeitsstättenrichtlinie der europäischen Union.[291]

5.7.2 Beleuchtung

Sehaufgaben am Arbeitsplatz

Die Gestaltung der Beleuchtung am Arbeitsplatz ist von entscheidender Bedeutung, da ein Großteil der Wahrnehmung und der Informationsaufnahme über das Auge stattfindet. Schlechte Beleuchtung führt zu einer zusätzlichen Belastung am Arbeitsplatz. Sie hat unmittelbare Auswirkungen auf die Leistung, vor allem bei sensumotorischer Arbeit. Mittel- und langfristig können gesundheitliche Schäden sowohl an Muskulatur und Skelett durch ungünstige Körperhaltungen – eine Folge schlechter Sehbedingungen – als auch an den Augen und deren Bewegungsmechanismen entstehen. Konzen-

---

291 Richtlinie 89/654/EWG, umgesetzt durch die deutsche Arbeitsstättenverordnung.

trationsschwäche und Ermüdung der Augen können weitere Auswirkungen ungünstiger Beleuchtung sein. Häufig sind schlechte Beleuchtungsverhältnisse eine der Unfallursachen.

Die Beleuchtung am Arbeitsplatz muss so beschaffen sein, dass als Folge der Beleuchtungsbedingungen

- keine Unfall- und Gesundheitsgefahren entstehen und
- leistungsoptimiertes Arbeiten möglich ist.

Sehaufgaben werden gekennzeichnet durch:

- Leuchtdichte,
- Größe der wahrzunehmenden Details,
- erforderliche Geschwindigkeit der Wahrnehmung,
- erforderliche Sicherheit des Erkennens,
- Dauer der Seharbeit.

Je schwieriger die Sehaufgaben sind, desto höher sind die Anforderungen an die Beleuchtungsgestaltung. In jedem Einzelfall ist zu entscheiden, ob diesen Anforderungen durch eine Allgemeinbeleuchtung im Arbeitsbereich, durch eine Einzelplatzbeleuchtung oder durch eine Kombinationslösung entsprochen wird.

Die Beleuchtungsverhältnisse können u. a. also auf folgende Punkte einen Einfluss haben:

- Arbeitssicherheit,
- Leistungsentfaltung,
- Beanspruchung und Ermüdung,
- Wohlbefinden.

Das Licht ist physikalisch betrachtet elektromagnetische Strahlung im Wellenlängenbereich zwischen 380 und 700 Nanometer (Abbildung III-250).

Beleuchtungstechnische Grundbegriffe

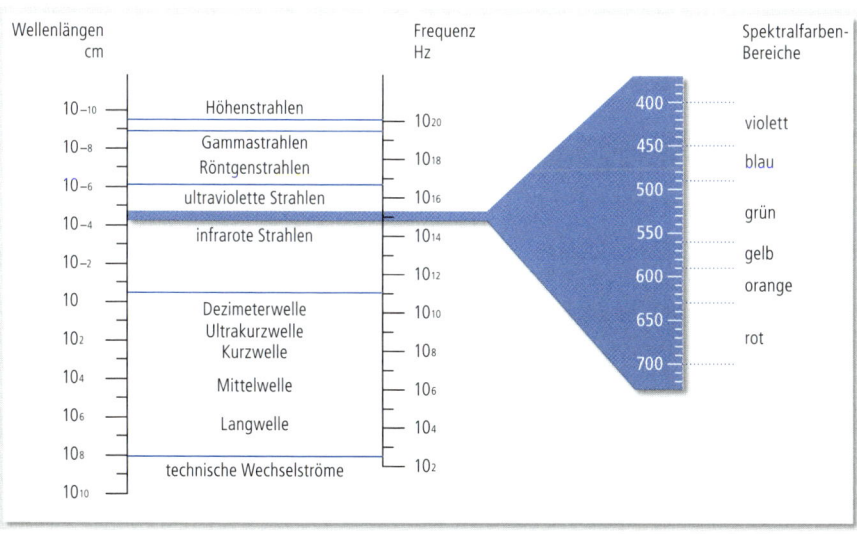

Abbildung III-250 Der Bereich der elektromagnetischen Strahlung: Wellenlängen und Frequenzen

Lichtstrom

Die von einer Lichtquelle abgegebene und vom Auge aufgenommene Strahlungsmenge wird als *Lichtstrom* bezeichnet (Abbildung III-251). Der Lichtstrom Phi (f) wird in Lumen (lm) gemessen. Die Lichtströme einzelner Lichtquellen werden in der Regel nicht direkt gemessen, sondern sind entsprechenden Tabellen der Hersteller bzw. der Literatur zu entnehmen. Beispielsweise gibt eine Glühlampe mit einer elektrischen Leistung von 100 Watt einen Lichtstrom von 1.380 lm ab. Hingegen hat eine handelsübliche Leuchtstofflampe mit einer elektrischen Leistung von 76 Watt einen Lichtstrom von 4.000 lm.

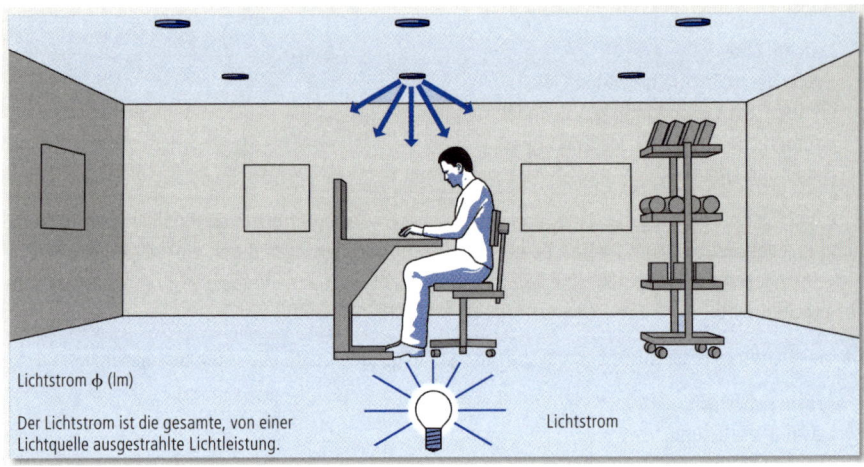

Lichtstrom φ (lm)

Der Lichtstrom ist die gesamte, von einer Lichtquelle ausgestrahlte Lichtleistung.

Lichtstrom

Abbildung III-251   Bedeutung des Lichtstroms[292]

Lichtstärke

Die *Lichtstärke* I bezeichnet den Lichtstrom, der in einem bestimmten Raumwinkel Ω abgegeben wird (Abbildung III-252). Der Raumwinkel Ω ist über die Einheitskugel (Radius r = 1 m) festgelegt. Der Raumwinkel Ω = 1 str (Steradiant) schneidet auf einer Kugel von 1 m Radius ein Oberflächenstück von 1 m² aus. Die Einheit der Lichtstärke I ist Candela (cd); sie wurde aus dem lateinischen Wort »candela« = Kerze abgeleitet.

$$I = \frac{\phi}{\Omega}$$

Eine Lichtquelle strahlt den Lichtstrom nicht in alle Richtungen gleich stark ab. Stellt man sich diese Lichtquelle als Nullpunkt in einem Polardiagramm vor und trägt die Lichtstärken als Vektoren ein, so ergeben sich Lichtstärkenverteilungskurven.

---

292 Gall, D.; Vandahl, C.; Greiner Mai, U.; Wolf, S.; Helm, H.-P.: Einzelplatzbeleuchtung und Allgemeinbeleuchtung am Arbeitsplatz. Dortmund: Bundesanstalt für Arbeitsschutz und Arbeitsmedizin, Fb. 753, 1998.

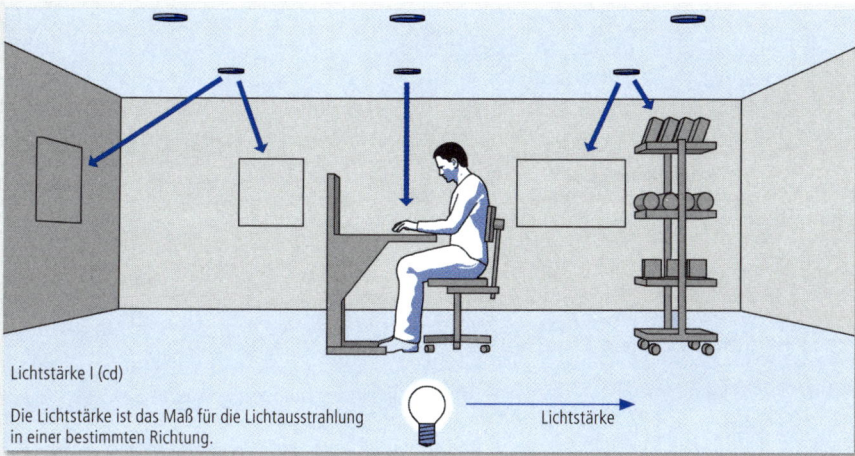

Lichtstärke I (cd)

Die Lichtstärke ist das Maß für die Lichtausstrahlung in einer bestimmten Richtung.

Lichtstärke

Abbildung III-252 Bedeutung der Lichtstärke[293]

Die Maßeinheit für die *Beleuchtungsstärke* ist das Lux (lx). Sie wird in Lichtstrom pro Fläche gemessen, wobei die Beleuchtungsstärke von 1 Lux dann gegeben ist, wenn ein Lichtstrom von 1 Lumen auf eine Fläche von 1 m² trifft. Die Beleuchtungsstärke errechnet sich aus Lichtstrom und Fläche zu:

Beleuchtungsstärke

$$\text{Beleuchtungsstärke } E = \frac{\text{Lichtstrom}}{\text{Fläche}} = \frac{\phi}{A}$$

Die nach dieser Formel errechneten Beleuchtungsstärken sind als Flächenmittelwerte aufzufassen. Die Beleuchtungsstärke E kann aus der Lichtstärke I der Lichtquelle und dem Abstand r zwischen Lichtquelle und beleuchtetem Punkt berechnet werden, sofern die sogenannte photometrische Grenzentfernung (Abmessung der Lichtquelle klein gegenüber dem Abstand des Betrachters) überschritten wird.

Für den senkrechten Lichteinfall gilt:

$$E = \frac{I}{r^2}$$

Für schrägen Lichteinfall gilt:

$$E = \frac{I}{r^2} \cdot \cos \alpha$$

Nach dem *photometrischen Entfernungsgesetz* (Abbildung III 253) nimmt die Beleuchtungsstärke mit dem Quadrat der Entfernung ab. Dieses Gesetz gilt jedoch nicht für flächige Lichtquellen wie Leuchtbänder und Leuchtflächen. Auch durch Begrenzungsflächen zusätzlich reflektiertes Licht wird durch die Punktbeleuchtungsformel nicht erfasst.

293 Gall, D. et al.: a.a.O., 1998.

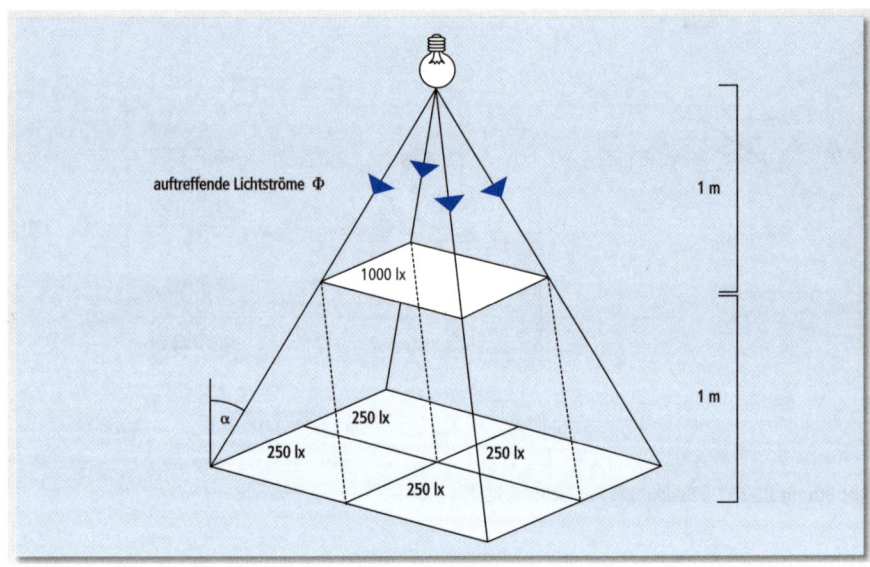

Abbildung III-253   Photometrisches Entfernungsgesetz[294]

Die Beleuchtungsstärke ist eine der wichtigsten Größen zur Beurteilung von Arbeitsplätzen. Die Beleuchtungsstärke wird mit einem Luxmeter gemessen. Beispiele für Beleuchtungsstärken aus dem Alltagsbereich gibt Abbildung III-254.

Beleuchtung	Beleuchtungsstärke (Lux)	Bemerkung
klare Neumondnacht	0,01	Orientierung möglich
Licht vom Vollmond	0,24	Lesen möglich
nächtliche Straßenbeleuchtung	1 bis 50	Beginn der Farbunterscheidung
gute Arbeitsbeleuchtung	200 bis 2.000	
trüber Wintertag	2.000 bis 4.000	
Sommertag bei bedecktem Himmel	10.000 bis 30.000	
Sonnenschein am Sommernachmittag	bis 100.000	Absolutblendung

Abbildung III-254   Beispiele für Beleuchtungsstärken

Die Beleuchtungsstärke wird auf horizontalen (z. B. auf einer Werkbank) und vertikalen Flächen (z. B. an Maschine oder Lagerregal) gemessen. Für gutes Erkennen vertikaler Flächen und Gegenstände im Raum wird die zylindrische Beleuchtungsstärke verwendet. Sie ist der Mittelwert der vertikalen Beleuchtungsstärke auf der Oberfläche eines Zylinders.

Leuchtdichte

Die *Leuchtdichte* kennzeichnet den Helligkeitseindruck, den ein Beobachter von einer Fläche hat. Hierbei ist es für das Auge gleichgültig, ob eine Fläche selbst leuchtet oder ob von einer Fläche Licht reflektiert wird. Die Leuchtdichte L wird in Lichtstärke pro Fläche angegeben (cd/m^2). Nimmt man für eine Kerzenflamme eine wahrgenommene Fläche von etwa $0,5\ cm^2$ an, so hat diese eine Leucht-

---

294   In Anlehnung an Böcker, W.: Künstliche Beleuchtung. Ergonomisch und energiesparend. Frankfurt: Campus, 1981.

dichte von etwa 20.000 cd/m². Die Leuchtdichte kann mit Hilfe der Lichtstärke I, der Fläche F und der Einstrahlrichtung ε berechnet werden (Abbildung III-255).

$$L = \frac{I}{F \cdot \cos \varepsilon}$$

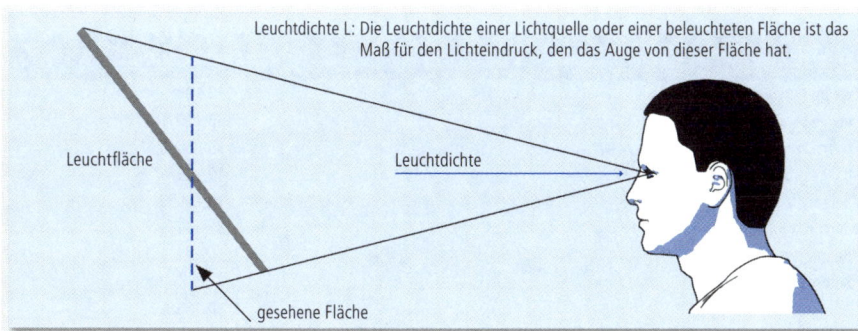

Die Leuchtdichte L: Die Leuchtdichte einer Lichtquelle oder einer beleuchteten Fläche ist das Maß für den Lichteindruck, den das Auge von dieser Fläche hat.

Leuchtfläche

Leuchtdichte

gesehene Fläche

Abbildung III-255 Erläuterung zur Leuchtdichte[295]

Die Leuchtdichte stellt somit eine Quellen- oder Sendereigenschaft dar. Sie ist eine von der Beobachtungsrichtung abhängige und von der Beobachtungsentfernung unabhängige Größe. Die Leuchtdichte ist damit die wichtigste lichttechnische Größe. Die Leuchtdichte und ihre Verteilung im Raum beeinflussen das Wohlbefinden des Menschen, es ist deshalb auf eine harmonische und ausgewogene Verteilung zu achten. Beispiele für Leuchtdichten aus dem Alltag gibt Abbildung III-256.

Lichtquelle	Leuchtdichte in cd/m²
Sonne je nach Sonnenstand	6.000.000 bis 1,6 Mrd.
Glühlampe matt	20.000 bis 500.000
Leuchtstofflampe 40 W	4.000 bis 8.000
Leuchtstofflampe 100 W	12.000 bis 15.000
blauer Himmel	5.000
Vollmond	3.000 bis 5.000
Kerzenflamme	6.000
gleichmäßig bedeckter Himmel, mittags im Zenit:	
im Dezember	3.000
im März/September	6.000
im Juni	8.000

Abbildung III-256 Beispiele für Leuchtdichten

In der Praxis wird die Leuchtdichte nur selten gemessen; da Reflexions- und Glanzgrad in die Messungen eingehen, ist die Leuchtdichtemessung anspruchsvoll.

Die Leuchtdichte einer reflektierenden Fläche ist von deren *Reflexionsgrad* ρ abhängig. Da der entstehende Helligkeitseindruck bei diffus reflektierenden Flächen insbesondere vom Reflexionsgrad der Fläche abhängt, gilt in diesen Fällen auch folgende Beziehung für die Leuchtdichte (in cd/m²):

Reflexionsgrad

---

295 Gall, D. et al.: a.a.O., 1998.

Leuchtdichte $L = \dfrac{E \cdot \rho}{\pi}$

Man unterscheidet zwischen gemischter, gerichteter und gestreuter Reflexion. Je größer der Reflexionsgrad, umso größer wird die Leuchtdichte. Prinzipiell gilt: Je heller und glatter eine Oberfläche, umso größer ist der Reflexionsgrad (Abbildung III-257).

Oberfläche	Reflexionsgrad
weiß	70–90 %
hellgelb	50–60 %
hellgrün	35–65 %
dunkelgrün	10–20 %
hellrot	30–50 %
himmelblau	35–45 %
Beton, neu	50 %
Beton, alt	15 %
Alu-Folie	80–85 %
blanko Stahl	60 %
ölverschmutzter Stahl	30 %
weißer Innenputz	70–85 %
helle Tapete	65–75 %
Eiche hell	40–50 %
Teak-Furnier	30–45 %
Holzfaserplatten	40–60 %

Abbildung III-257 Reflexionsgrade für verschiedene Oberflächen[296]

Kontraste

Den Unterschied der Leuchtdichte zwischen einem Detail und dessen Untergrund bezeichnet man als *Kontrast*. Den Kontrast kann man als Zahl ausdrücken, indem man die Differenz der Leuchtdichte des Details und der Leuchtdichte des Untergrundes bildet und diese Differenz auf die Leuchtdichte des Untergrundes bezieht.

$$C = \frac{\left(L_{Detail} - L_{Untergrund}\right)}{L_{Untergrund}}$$

Bei starken Unterschieden in der Leuchtdichte, d. h. wenn besonders helle oder besonders dunkle Flächen oder Gegenstände im Gesichtsfeld liegen, muss sich das Auge bei Blickwechseln auf die neue Leuchtdichte einstellen, was zu einer zusätzlichen Belastung und zur kurzzeitigen Minderung der Sehleistung führt.

Lichtfarbe

Die *Lichtfarbe* einer Lichtquelle wird durch die »ähnlichste Farbtemperatur« definiert. Die ähnlichste Farbtemperatur ist die fiktive Temperatur eines Temperaturstrahlers, bei der dieser die beste Annäherung an die Farbe des betrachteten Objektes erreicht (Abbildung III-258).

---

296 Werte z. T. nach Hecker, R.: Physikalische Arbeitswissenschaft. Berlin: Dr. Köster, 1998.

Lichtfarbe	ähnlichste Farbtemperatur [K]	Farbanteile	Beispiel
warmweiß (ww)	< 3.300	überwiegend rot	Glühlampe
neutralweiß (nw)	3.300 bis 5.300	ausgewogen rot, blau, grün	Leuchtstofflampe
tageslichtweiß (tw)	> 5.300	überwiegend blau	Quecksilberdampfhochdrucklampe

Abbildung III-258 Zuordnung der Farbtemperaturen[297]

Tageslichtweiße Lichtfarben kommen wegen ihrer unangenehm kühlen Wirkung für viele Arbeitsräume nicht in Betracht. Neutralweiße Lichtfarben führen zu einem angenehm hellen Licht ohne Zwielichterscheinungen in den Morgen- und Abendstunden mit einer für Leuchtstofflampen sehr guten Farbwiedergabe. Aufgrund ihres hohen Anteils an relativ warmen Spektralfarben (gelb und rot) eignen sich Lampen mit warmweißer Lichtfarbe insbesondere für Aufenthaltsräume sowie Sitzungszimmer.

Zur *Beleuchtungsplanung*, -gestaltung und -messung liegen zahlreiche europäische und deutsche Gesetzesvorschriften und Normen vor. Auf staatliche Regelungen wurde bereits in Abschnitt 5.6.2 eingegangen. Die Arbeitsstättenrichtlinien

Normung

- ASR 7/1: Sichtverbindung nach außen
- ASR 7/3: Künstliche Beleuchtung
- ASR 7/4: Sicherheitsbeleuchtung

wurden als Folge der Arbeitsstättenverordnung von 1975 geschaffen und sind teilweise veraltet. Insbesondere ASR 7/1 wird nur noch als eine Planungshilfe herangezogen. Derzeit entsteht die Arbeitsstättenregel[298] (ASR) A3.4 Beleuchtung, die die alten Arbeitsstättenrichtlinien ersetzen soll. Der Entwurf der ASR A3.4 beinhaltet wesentlich mehr Gestaltungsparameter und macht eine differenzierte Lichtplanung erforderlich.

Die Berufsgenossenschaftliche Regel »Natürliche und künstliche Beleuchtung von Arbeitsstätten«[299] geht auf die Beleuchtungserfordernisse ein, die aus Arbeitssicherheit und Gesundheitsschutz resultieren. Die Handlungsanleitung zur Beleuchtung von Arbeitsstätten[300] stellt die gesicherten Erkenntnisse zur Analyse, Bewertung und Gestaltung von Beleuchtungsanlagen dar.

Große Bedeutung hatte in der Vergangenheit DIN 5035 (Innenraumbeleuchtung mit künstlichem Licht) erlangt. Daneben sind die DIN 5034 (Tageslicht in Innenräumen) sowie die VDI 6011 (Optimierung von Tageslichtnutzung und künstlicher Beleuchtung) zu erwähnen.

Die DIN 5035[301] gab für die verschiedenen Raumtypen bzw. Tätigkeitsarten Hinweise zur Nennbeleuchtungsstärke, zur Lichtfarbe, zu den Farbwiedergabeeigenschaften sowie der Güteklasse der Begrenzung der Direktblendung. DIN 5035, Teil 1, wurde mittlerweile ersetzt durch DIN EN 12665, Teil 2 durch DIN EN 12464, Teile 1 und 2.[302]

---

297 In Anlehnung an Görner, B.: Beleuchtung von Arbeitsstätten – Stand der Regelsetzung. Forschung Projekt F 1988. Dortmund: Bundesanstalt für Arbeitsschutz und Arbeitsmedizin, 2008, S. 21.
298 Auf dieselbe Abkürzung ASR bei unterschiedlicher Bedeutung und Aktualität (Arbeitsstättenrichtlinie versus Arbeitsstättenregel) sei hingewiesen.
299 BGR 131, Teil 1: Handlungshilfen für Unternehmer; Teil 2: Leitfaden zur Planung und zum Betrieb der Beleuchtung, 2006.
300 Länderausschuss für Arbeitsschutz und Sicherheitstechnik (LASI): Handlungsanleitung zur Beleuchtung von Arbeitsstätten, Potsdam, 2005.
301 DIN 5035, Beleuchtung mit künstlichem Licht; Teil 6: Messung und Bewertung (2006); Teil 7: Beleuchtung von Räumen mit Bildschirmarbeitsplätzen (2004); Teil 8: Arbeitsplatzleuchten, 2007.
302 DIN EN 12464 Beleuchtung von Arbeitsstätten, Teil 1: Arbeitsstätten in Innenräumen, 2003; Teil 2: Arbeitsplätze im Freien, 2007.

Die DIN 5035 wurde kritisiert, weil durch Zahlenwerte für Beleuchtungsstärke, Lichtfarbe und Farbwiedergabeeigenschaft die komplexe Wirkung einer Beleuchtungssituation nicht hinreichend wiedergegeben wird. Insbesondere die emotional wirkenden Faktoren, die die Abhängigkeiten zwischen Licht, Material und Raum berücksichtigen, sind durch die Beleuchtungsstärken allein nicht auszudrücken. Mit der neuen DIN EN 12464 hat man versucht, einige der Kritikpunkte an der DIN 5035 zu beseitigen.

DIN EN 12464 bezieht sich auf den *Arbeitsbereich*, das ist der Bereich der Arbeitsstätte, in dem die Sehaufgabe ausgeführt wird. Die den Arbeitsbereich umgebende, sich im Gesichtsfeld befindende Fläche von mindestens 0,5 m Breite wird als *unmittelbare Umgebung* bezeichnet.

Wartungswert der Beleuchtungsstärke

Mit der neuen DIN zur Beleuchtung von Arbeitsstätten stellt man auf den *Wartungswert der Beleuchtungsstärke* E_n ab. Dieser Wert darf zu keinem Zeitpunkt unterschritten werden. Damit wird die natürliche Alterung oder Verschmutzung der Beleuchtungsanlage berücksichtigt. Die Beleuchtungsstärkewerte werden unmittelbar auf der Arbeitsfläche oder im Bereich der Sehaufgabe ermittelt. Die normierte Messhöhe von 0,85 m über dem Boden wurde aufgegeben.

Der Wartungswert der Beleuchtungsstärke kann in die früher verwendete Nennbeleuchtungsstärke E_m folgendermaßen umgerechnet werden:

$$E_m = 0,8 \times E_n$$

Die Blendung am Arbeitsplatz wird mit dem *UGR-Wert* beurteilt[303]. Diese Blendungszahl wird auf der Basis von Herstellertabellen in Abhängigkeit von Blickrichtung, Raumreflexionsgraden und Raumflächenmaßen ermittelt. Die UGR-Zahlen sind durch den Laien nicht sicher festzulegen.

Farbwiedergabeindex

Der *Farbwiedergabeindex (R_a)* ist von häufig vorkommenden Testfarben abgeleitet und gibt an, wie natürlich Farben wiedergegeben werden. Generell gilt: Je niedriger der Index, desto mangelhafter werden die Körperfarben beleuchteter Gegenstände wiedergegeben. Der Farbwiedergabeindex von $R_a = 100$ ist optimal; in Innenräumen sollte R_a nicht unter 80 liegen.

Der Farbwiedergabeindex R_a wurde von der alten DIN 5035 unverändert übernommen. Eine Empfehlung für die richtige *Lichtfarbe* fehlt. Sie muss durch den erfahrenen Beleuchtungsplaner festgelegt werden. Abbildung III-259 gibt einen Überblick zu wichtigen Beleuchtungsstärken und Farbwiedergabe-Indizes für ausgewählte Arbeitsräume und Tätigkeiten.

Große Unterschiede der Leuchtdichten im Sehfeld haben laufende Adaptationsvorgänge zur Folge. Große Leuchtdichtedifferenzen, z.B. durch Fenster im Sehfeld, müssen daher durch Blendungsbegrenzungen, wie z.B. Jalousien, und durch helle Decken und Wände gemildert werden, damit der Kontrast im unmittelbaren Sehfeld und dann im erweiterten Arbeitsbereich nicht übermäßig hoch wird.

Für die Zeichendarstellung auf Bildschirmen im Vergleich zum Hintergrund wird demgegenüber ein Kontrast von 6:1 und 10:1 empfohlen (DIN 66234, Teil 2); auch bei noch höheren Kontrasten werden noch keine Leistungsminderungen verzeichnet. Für die reine Arbeit am Bildschirm wäre also ein abgedunkelter Arbeitsraum sinnvoll.

Sowohl Arbeitsunterlagen als auch Informationen auf dem Bildschirm müssen gut lesbar sein. Dies erfordert also eine höhere Beleuchtungsstärke. Als Kompromiss für die gegenläufigen Forderungen wird eine Beleuchtungsstärke von mindestens 500 lx empfohlen, die allein durch künstliche Allgemeinbeleuchtung erreicht werden muss; Arbeitsplatzleuchten können dies ergänzen.

DIN EN 12665: Licht und Beleuchtung – Grundlegende Begriffe und Kriterien für die Festlegung von Anforderungen an die Beleuchtung, 2002.
303 UGR: Unified-Glare-Rating.

Arbeitsräume, Arbeitsplätze Tätigkeit	Mindestwert der Beleuchtungs- stärke in lx	Mindestwert der Farbwiedergabe Index R_a
Verkehrswege, Aufenthaltsräume		
• Empfangstheken, Theken im Pförtnerhaus	300	80
• Verkehrsflächen und Flure ohne Fahrzeugverkehr	50	40
• Verkehrsflächen und Flure mit Fahrzeugverkehr	150	40
• Treppen, Fahrtreppen, Fahrsteige, Aufzüge	100	40
• Laderampen, Ladebereiche	150	40
• Halleneinfahrten (Tagesbetrieb)	400	40
• Kantinen, Pausenräume, Waschräume	200	80
• Küchen	500	80
Lager		
• Versand- und Verpackungsbereiche	300	60
• Lagerräume für gleichartiges oder großteiliges Lagergut	50	60
• Lagerräume mit Suchaufgabe bei nicht gleichartigem Lagergut	100	60
• Lagerräume mit Leseaufgaben	200	60
Chemie und Verfahrenstechnik		
• Arbeitsplätze in verfahrenstechnischen Anlagen	300	80
• Reifenproduktion	500	80
• Zuschneiden, Nachbearbeiten, Kontrollarbeiten	750	80
• Steuerwarten, Kontrollräume, Schaltwarten	500	80
Büros		
• DV-Arbeit, Lesen, Schreiben	500	80
• Nebenarbeiten (Ablage, kopieren)	300	80
Elektroindustrie		
• Grobe Montagearbeiten (z. B. an großen Transformatoren)	300	80
• Mittelfeine Montagearbeiten (z. B. an Schalttafeln)	500	80
• Feine bis sehr feine Montagearbeiten (z. B. an Messinstrumenten)	750 – 1.000	80
• Elektronikwerkstätten, Prüfen, Justieren	1.500	80
Metallerzeugung, -be- und -verarbeitung		
• Walz-, Hütten- u. Stahlwerke: Produktionsanlagen mit manuellen Eingriffen	200	40
• Gieß- und Schmelzhallen, Maschinenformerei, Gussputzerei, Schmiede	200	60
• Schweißen, Drahtziehen, Kaltverformung, Galvanisieren	300	60
• Anreißen, Kontrolle	750	60
• Grobe und mittlere Maschinenarbeiten: Toleranzen $\geq$ 0,1 mm	300	60
• Feine Maschinenarbeiten, Schleifen: Toleranzen < 0,1 mm	500	60
• Blechverarbeitung	200 – 300	60
• Werkzeugbau, Mikromechanik	1.000	80
• Montagearbeiten	je nach Detail- größe 200 – 750	80
• Oberflächenbearbeitung und Lackierung	750	80
Automobilbau		
• Karosseriebau und Montage	500	80
• Lackieren, Schleifen	750	80
• Endkontrolle, Oberflächenkontrolle	1.000	80
Textilherstellung und -verarbeitung		
• Krempeln, Waschen, Bügeln, Strecken, Kämmen	300	80
• Nähen, Feinstricken	750	80
• Stoffdrucken, Spinnen, Weben	500	80

Abbildung III-259 Ausgewählte Beleuchtungsstärken und Farbwiedergabe-Indizes für Arbeitsräume und Tätigkeiten[304]

Deckenleuchten müssen möglichst blendfrei ausgeführt sein, d. h. direkt strahlend mit einer weitestgehenden Abschirmung für größere Ausstrahlwinkel (Abbildung III-260). Hierdurch werden sowohl die Reflexblendung an der Bildschirmoberfläche als auch die Direktblendung vermieden. Geeignet sind beispielsweise Deckenleuchten mit Entladungslampen mit Reflektor und Rasterabdeckung.

---

304 Werte z. T. nach Technische Regeln für Arbeitsstätten (ASR A3.4): Beleuchtung, Ausschuss für Arbeitsstätten – ASTA, Bundesanstalt für Arbeitsschutz und Arbeitsmedizin, Dortmund, Ausgabe April 2011.
Beleuchtungsstärken auf der Bezugsfläche der Sehaufgabe; nur für künstliche Beleuchtung in Innenräumen anwenden.

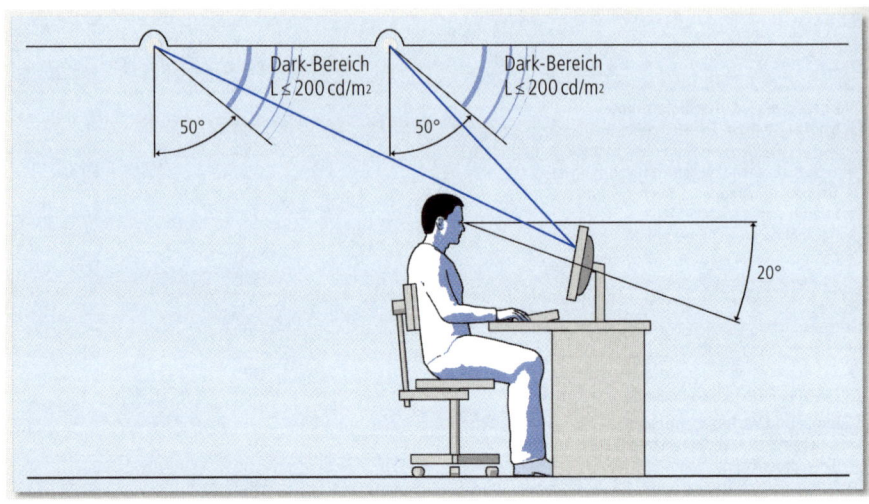

Abbildung III-260   Blendungsbegrenzung bei der Bildschirmarbeit

Bildschirmarbeitsplatzleuchten sind sehr gut entblendet, so dass auf der Bildschirmoberfläche keine Reflexe entstehen können. Es handelt sich in der Regel um Spiegelrasterleuchten für Dreibandenleuchtstofflampen oder Kompaktleuchtstofflampen.

Checkliste zur Beleuchtungsgestaltung

Die folgende Checkliste fasst die wichtigsten Merkmale der Beleuchtungsgestaltung zusammen:

1. Je dunkler das Arbeitsgut ist, desto höher muss die Beleuchtungsstärke sein.
2. Je kleiner die notwendig zu erkennenden Sehdetails sind, desto höher muss die Beleuchtungsstärke sein.
3. Je niedriger die Kontraste sind, desto höher muss die Beleuchtungsstärke sein.
4. Großflächiges helles oder gar weißes Material führt bei zu hohen Beleuchtungsstärken zu Blendung. Das schließt auch Umgebungsflächen und gegenüberliegende Gebäudeflächen mit ein.
5. Große Räume, in denen an jeder Stelle gleich gut gesehen werden muss, werden mit einer Allgemeinbeleuchtung hoher Gleichmäßigkeit ausgestattet.
6. Der Richtwert für die zu erreichende Allgemeinbeleuchtung beträgt 15 Lux, für die Sicherheitsbeleuchtung 1 Lux bzw. 1 % der Allgemeinbeleuchtung.
7. Einrichtungs-, Anordnungs- und Beschaffenheitsvorgaben z.B. gemäß LV 41 sind einzuhalten oder gleichwertige Maßnahmen zu treffen.
8. Während der Tageslichtzeit ist für ausreichenden Tageslichteinfall durch Fenster und Glaswände zu sorgen.
9. Fenster und Oberlichter sind sicher zu öffnen, schließen, verstellen und arretieren. Im geöffneten Zustand dürfen Fensterelemente nicht in die freie Bewegungsfläche der Beschäftigten hineinragen.
10. Der Kontrast von Arbeitsplatz zum näheren Umfeld sollte nicht stärker als 3:1 und zur weiteren Umgebung nicht stärker als 10:1 sein.
11. Direktblendung wird durch die richtige Auswahl der Leuchtenart und die richtige Anordnung der Leuchten und der Arbeitsplätze vermieden. Reflexblendung kann durch mattes Arbeitsgut und matte Arbeitsflächen verhindert werden.
12. Als Lichtfarbe sollte warmweiß bevorzugt werden. Es wird als angenehmer empfunden.
13. Die Beleuchtung von Arbeitsplätzen mit Bildschirm soll mit BAP-Arbeitsplatzleuchten erfolgen, die rechtwinklig zu den Arbeitsplätzen angeordnet sind.

5.7.3 Klima und Lüftung

Dem Umgebungsklima – ob natürlich oder künstlich erzeugt – ist jeder Mensch am Arbeitsplatz ausgesetzt. Das *Klima* kann so beschaffen sein, dass es in der jeweiligen Situation und Tätigkeit als angenehm angesehen wird. Abweichungen von diesem Optimalpunkt in Richtung zu warm oder kalt können bei der Tätigkeit störend oder beeinträchtigend wirken, den Menschen physisch belasten und ihn ggf. auch gefährden. Die Art der Wirkung hängt ab von der Ausprägung der Klimagrößen – dies sind Lufttemperatur, Luftfeuchte, Luftgeschwindigkeit und Wärmestrahlung – und darüber hinaus von der jeweiligen körperlichen Aktivität und von der getragenen Bekleidung.

Bedeutung
am Arbeitsplatz

Abweichungen von als komfortabel oder behaglich empfundenen Klimabedingungen, die bei der Arbeit ggf. störend oder beeinträchtigend wirken, können an fast allen Arbeitsplätzen auftreten: beispielsweise als Folge von Zugluft, kalten Wand- oder Fensterflächen oder von individuell nicht als behaglich empfundenen Temperaturen im Großraumbüro oder in Verkaufsräumen.

Belastende Klimaeinflüsse bei der Arbeit kommen an einer Vielzahl von Arbeitsplätzen und mit sehr unterschiedlichen Ausprägungen und Auswirkungen vor: warme oder heiße Bedingungen z. B. bei der Metallerzeugung und -verarbeitung, bei der Herstellung von Glas- und Keramikprodukten, in Küchen und Wäschereien und im Hoch- und Tiefbau bei der Arbeit im Freien; Arbeit in Kälte beispielsweise in Kühlhäusern und bei der Lebensmittel- und Genussmittelherstellung sowie wieder bei der Arbeit im Freien.

Nach dem Unfallverhütungsbericht der Bundesregierung arbeiten ca. 20 % der Beschäftigten unter Klimabelastungen, wobei besonders Berufe in Land- und Forstwirtschaft und im Gartenbau, in der Fertigung und im Bergbau betroffen sind. Hitzearbeit leisten in Deutschland Schätzungen zufolge ca. 200.000 Menschen. Die Anzahl von Arbeitsplätzen in technisch gekühlten Räumen wird auf ca. 300.000 geschätzt. Hinzu kommen in mehrfacher Anzahl Arbeitsplätze im Freien, bei denen in Abhängigkeit von Jahreszeit und Witterung sowohl Hitze- wie Kältearbeit auftreten kann.

Für eine optimale Funktion des menschlichen Körpers ist eine konstante Temperatur des Körperkerns erforderlich, die bei etwa 37 °C liegen soll. Der Körperkern umfasst die Schädel- sowie die Brust- und Bauchhöhle mit dem zentralen Nervensystem und den inneren Organen. Nur geringe Abweichungen bis zu etwa 1,0–1,5 °C von diesem Optimum sind tolerierbar, stärkere Abweichungen führen zu Funktionseinschränkungen, gesundheitlichen Beeinträchtigungen und ggf. auch Schädigungen.

Thermoregulation
und Wärmeaustausch

Mit Hilfe der *Thermoregulation* wird die Temperatur des Körperkerns auf möglichst gleichmäßigem Niveau gehalten. Ziel ist eine ausgeglichene *Wärmebilanz* zwischen dem menschlichen Körper und der Umgebung (Abbildung III-261).

Q_{sp} =	Q_{prod} ±	Q_{leit} ±	Q_{konv} ±	Q_{str} ±	Q_{verd} ±	Q_{atem} ±
Wärmespeicherung bzw. Wärmeverlust	Wärmeproduktion im Körper	Wärmeleitung	konvektiver Wärmeübergang	Wärmestrahlung	Wärmetransport durch Wasserverdunstung (oder Kondensation)	Wärmetransport über die Atemluft
• immer positiv • Stoffwechselrate M – in Ruhe ca. 300–400 kJ/h – bei körperlicher Arbeit bis zu 5–10-mal höher	• positiv oder negativ • abhängig von Temperaturdifferenz, Kontaktfläche, Bekleidung (in der Regel sehr gering)	• positiv oder negativ • abhängig von Temperaturdifferenz, Oberfläche, Bekleidung, Luftbewegung	• positiv oder negativ • abhängig von Temperaturen und Größe der strahlenden Flächen, Bekleidung	• fast immer negativ • abhängig von Temperatur, Luftfeuchte, Luftbewegung, Bekleidung	• positiv oder negativ • abhängig von Lufttemperatur, Wärmeproduktion im Körper (in der Regel sehr gering)

Abbildung III-261   Wärmebilanzgleichung

Durch Stoffwechselprozesse im Körper entsteht in Muskeln und inneren Organen Wärme. Diese innere Wärmeproduktion steigt mit zunehmender Intensität der Muskelarbeit stark an. Die Stoffwechselwärme wird mit Hilfe des Blutkreislaufs von den wärmebildenden Organen weg transportiert und dann vom Körper an die Umgebung abgegeben. In kalter Umgebung drosselt der Körper die Durchblutung der Peripherie (Extremitäten und Haut) und verringert so die Wärmeabgabe an die Umgebung, bei Wärme wird demgegenüber die periphere Durchblutung gesteigert.

Zum Wärmeaustausch mit der Umgebung stehen mehrere Mechanismen zur Verfügung; die wichtigsten sind Konvektion, Wärmestrahlung und Schweißverdunstung.

Konvektion erfolgt durch Wärmeübergang zwischen der Körperoberfläche bzw. der Bekleidung und der an ihr vorbeiströmenden Luft. Maßgeblich für den Beitrag der Konvektion sind die Temperaturdifferenz zwischen Körperoberfläche und Umgebungsluft, die Geschwindigkeit der Luftbewegung und die Eigenschaften der Bekleidung.

Benachbarte Körper tauschen Energie auch in Form von *Wärmestrahlung* aus. Der Wärmetransport erfolgt vom wärmeren zum kälteren Körper. Der Strahlungswärmeaustausch zwischen dem Menschen und der Umgebung wird von der Temperatur der den Menschen umgebenden Oberflächen, z. B. von glühendem oder geschmolzenem Material, von Öfen oder Fensterflächen, von deren Ausrichtung und Abstand zum Menschen sowie von den Eigenschaften der Bekleidung – v. a. dem Reflexions- und Absorptionsvermögen – beeinflusst.

Schweißverdunstung auf der Haut entzieht dem Körper die zur Verdunstung erforderliche Wärme. Die Intensität der Wärmeabgabe hängt ab von der Feuchtigkeit der Umgebungsluft und von der Luftbewegung, von der beteiligten Körperoberfläche sowie bei der Bekleidung insbesondere von deren Durchlässigkeit für Wasserdampf.

Vor allem im Kältebereich muss auch die Wärmeabgabe durch *Wärmeleitung* – bei Kontakt vor allem über Hände und Füße und ggf. die Sitzfläche – in Betracht gezogen werden. Auch bewusste, verhaltensregulatorische Maßnahmen tragen zum Ausgleich der Wärmebilanz bei, z. B. die Anpassung der Bekleidung, das Einlegen einer Pause bei Muskelarbeit oder der Wechsel des Aufenthaltsortes weg von einer Wärmequelle.

Beanspruchung

Zur Beurteilung der *Beanspruchung* des Menschen bei Belastungen durch die Klimasituation sind diese Regulationsvorgänge und hierauf bezogene Messgrößen geeignet: die *Herzschlagfrequenz* als Indikator für den inneren Wärmetransport zwischen Körperkern und -schale, die *Schweißrate*, die vor allem bei trocken-heißen Bedingungen den äußeren Wärmetransport (zwischen Körperoberfläche und Umgebung) übernimmt und der Anstieg oder Abfall der *Körperkerntemperatur*, der im Falle einer nicht ausgleichbaren Wärmebilanz ein Maß der Überforderung der Regulationsprozesse liefert. Darüber hinaus werden subjektive Urteile der Betroffenen z. B. in Form von Skalen der *thermischen Befindlichkeit* eingesetzt.

Akklimatisierung

Hitzeakklimatisation ist ein langfristiger – ca. 14 Tage beanspruchender – Prozess, in dem sich der Körper an eine regelmäßig vorliegende Klimasituation anpasst. Unter gleicher Wärmebelastung steigert sich während der Akklimatisierung die Schweißabgabe, wobei parallel dazu der Salzgehalt im Schweiß stark abnimmt, wodurch sich der Körper vor einem übermäßigen Verlust an Elektrolyten schützt. Gleichzeitig reduzieren sich in Folge der so verbesserten Wärmeabgabe die Herzschlagfrequenz und der ggf. zu beobachtende Anstieg der Körperkerntemperatur. Zu beachten ist, dass Hitzeakklimatisation reversibel ist: 2–4 Wochen in anderen Klimabedingungen, z. B. während eines Urlaubs, führen zu vollständigem Akklimatisierungsverlust, aber auch schon ein arbeitsfreies Wochenende verringert den Grad der Akklimatisation.[305]

---

305 Vgl. Peters, H.: Hitzearbeit. In: Landau, K. (Hrsg.): Lexikon Arbeitsgestaltung. Best Practice im Arbeitsprozess. Stuttgart: Gentner, 2007, S. 660–664.

Anpassungsreaktionen an Kältebedingungen sind demgegenüber weniger stark ausgeprägt. Hier wurden Anstiege von *Energieumsatz* bzw. innerer Wärmeproduktion und ein Absinken der diese auslösenden Körperkerntemperatur berichtet, die auch dazu beitragen, dass ein Temperaturabfall erst bei niedrigeren Temperaturen als unbehaglich empfunden wird.

Starke lokale Wärmezufuhr – durch Kontakt mit Flammen, heißen Flächen, Flüssigkeiten oder Dämpfen, durch Wärmestrahlung von glühenden oder geschmolzenen Materialien oder durch Sonneneinstrahlung – kann zu lokaler Gewebeschädigung führen. Mögliche Folgen sind mit zunehmender Schwere Hautrötung, Hautschwellung mit Blasenbildung, Verschorfung und Defekte des unter der Haut liegenden Gewebes (Muskeln und Knochen) bis hin zur Verkohlung. Globale, den gesamten Organismus betreffende Erkrankungen als Folge von Hitzeeinwirkung können in Form von Hitzekollaps, Hitzeerschöpfung und Hitzschlag eintreten.

Gesundheitliche Beeinträchtigungen als Folge von Klimabelastungen

Beim *Hitzekollaps* weiten sich die peripheren Blutgefäße übermäßig aus und die Organe des Körperkerns werden nur noch unzureichend durchblutet. Nach Kopfschmerzen, Schwächegefühl, Schwindel und Übelkeit wird der Erkrankte ohnmächtig, die Haut ist mit kaltem Schweiß bedeckt. Körperruhe an einem kühlen Ort führt in der Regel schnell zur Erholung.[306]

Hitzeerschöpfung kann durch Wasserverarmung des Körpers eintreten, wenn das durch Schwitzen abgegebene Wasser nur ungenügend wieder zugeführt wird. Anzeichen sind Durst, Müdigkeit und Atemnot. Ab einem Flüssigkeitsverlust von mehr als ca. 10 % des Körpergewichts treten Krämpfe auf, die betroffene Person kann das Bewusstsein verlieren, der Verlauf kann tödlich sein. Nach dem Klimasummenmaß Vorhergesagte Wärmebeanspruchung (Predicted Heat Strain PHS[307]) wird der maximal zulässige Wasserverlust während einer Hitzeexposition auf 7,5 % des Körpergewichts begrenzt, wovon (während einer 8-Stunden-Arbeitsschicht) maximal 60 % dem Körper wieder durch Trinken zugeführt werden können.

Beim *Hitzschlag* infolge Wärmestaus steigt die Kerntemperatur so weit an, dass Schädigungen des zentralen Nervensystems eintreten können. Nach Anzeichen wie Übelkeit und Erbrechen folgt ein Schockstadium mit tiefer Bewusstlosigkeit, ohne Schweißbildung und evtl. verbunden mit Krämpfen. Auch bei frühzeitiger Behandlung verläuft der Hitzschlag in etwa 20 % der Fälle tödlich. Auch beim Sonnenstich infolge lokaler Überwärmung des zentralen Nervensystems durch ungeschützte Sonneneinstrahlung auf Kopf und Nacken werden Gehirnfunktionen gestört.

Längerfristige Einwirkung von *Kälte* kann zu chronischen Erkrankungen des Muskel-Skelett-Systems (Rheuma), der Atemwege, der Harnorgane und des peripheren Gefäßsystems führen. Extreme Kälteexposition kann lokale Erfrierungen der Extremitäten (Finger, Zehen, Nase, Ohren, Haut) und im Extremfall zur Unterkühlung des Organismus mit der Abnahme von Handlungsfähigkeit und Erinnerungsvermögen führen; bei weiterer Auskühlung kann Bewusstseinsverlust einsetzen und ein lebensbedrohlicher Zustand erreicht werden. Im Einzelnen sind bei Kälteeinwirkung zu bedenken:

- Erkrankungen der Atemwege,
- Erkrankungen des Herz-Kreislauf-Systems,
- Durchblutungsstörungen an Händen und Füßen,
- Rheumatische Erkrankungen,
- Erkrankungen der Harnorgane,
- Minderung der Abwehrkräfte des Organismus,
- Migräne,

306 Wenzel, H. G.; C. Piekarski: Klima und Arbeit, 2. Auflage. München: Bayerisches Staatsministerium für Arbeit und Sozialordnung, 1982.

307 DIN EN ISO 7933: Ergonomie der thermischen Umgebung – Analytische Bestimmung und Interpretation der Wärmebelastung durch Berechnung der vorhergesagten Wärmebeanspruchung, 2004.

- Einbuße der Beweglichkeit,
- Herabsetzung der Sensibilität,
- Reduzierung der Geschicklichkeit,
- Herabsetzung der Beobachtungs- und Reaktionsfähigkeit,
- Verminderung der Arbeitssicherheit.

Klimabeurteilung

Zur Beurteilung der Klimabelastung des Menschen hinsichtlich der Kriterien der Erträglichkeit und Ausführbarkeit müssen die vier Klimagrößen sowie zusätzlich die körperliche Aktivität und die thermischen Eigenschaften der Bekleidung berücksichtigt werden.[308] Mit Hilfe von *Klimasummenmaßen* werden die Auswirkungen aller oder einiger Einflussgrößen auf den Menschen zu einer einzigen Zahl zusammengefasst (Abbildung III-262).

Effektivtemperatur

Aus dem subjektiv gleichen Klimaempfinden unterschiedlicher Kombinationen von Lufttemperatur, -feuchte und -geschwindigkeit wurde schon 1927 das Summenmaß *Effektivtemperatur* (nach Yaglou) entwickelt.[309] Eine Effektivtemperatur von 26 °C wird beispielsweise erreicht bei einer Lufttemperatur von ca. 28–29 °C und gleichzeitig hoher Luftfeuchte (70–85 %) und geringer Luftbewegung, Bedingungen, die z. B. an schwülwarmen Sommertagen auftreten können und die auch bei ungünstiger Gestaltung – beispielsweise in Großküchen und Wäschereien – an der Tagesordnung sind. 26 °C Effektivtemperatur entsprechen auch einer Lufttemperatur von ca. 31–32 °C bei normaler Luftfeuchte (um 50 %). Die für eine Leistungsminderung von 50 % genannte Effektivtemperatur (32–33 °C) wird erreicht bei z. B. einer Lufttemperatur von 35 °C bei 80 % Luftfeuchte oder bei 40 °C und 50 % Feuchte, jeweils bei geringer Luftbewegung. Derartige Klimawerte treten am Arbeitsplatz eher selten und unter ungünstigen Bedingungen auf.

Analytische Klimasummenmaße

Analytische Klimasummenmaße modellieren die Wärmebilanz des Menschen: Die im Körper umgesetzte Energie muss durch Konvektion, Strahlung und Schweißverdunstung wieder abgegeben werden, wenn ein thermisches Gleichgewicht aufrechterhalten werden soll; andernfalls wird Wärme gespeichert. Das analytische Summenmaß »Vorhergesagte Wärmebeanspruchung«[310] erlaubt in Abhängigkeit des Akklimatisierungszustands Aussagen zur Zulässigkeit einer Hitzearbeit sowie die Angabe der maximal zulässigen Arbeitsdauer, wenn die Dauerexposition über eine 8-Stunden-Schicht nicht erträglich ist.

Auf der arithmetischen Zusammenfassung von Einflussgrößen beruht das zur Beurteilung von Arbeit unter Wärme oder Hitze geeignete Summenmaß *WBGT* nach Yaglou und Minard (Wet Bulb Globe Temperature WBGT). Grenzwerte für WBGT werden für unterschiedliche Intensitäten der Muskelarbeit und unterschiedliche Bekleidungsisolationen sowie für akklimatisierte und nicht akklimatisierte Personen festgelegt.

Für die Beurteilung der Kältebelastung wurde auf Grundlage der Wärmebilanzgleichung das Klimasummenmaß Erforderliche *Bekleidungsisolation* (Required Isolation I_{req}) entwickelt. I_{req} ist definiert als die resultierende Isolation der Bekleidung, die unter den herrschenden Umgebungsbedingungen erforderlich ist, um den menschlichen Körper bei zulässigen Werten für die Körper- und Hauttemperatur im thermischen Gleichgewicht zu halten.[311] Ist die Isolation der getragenen Schutzkleidung geringer als der erforderliche Wert, wird mit Hilfe des Verfahrens die maximal zulässige Expositionsdauer berechnet, nach der eine Erwärmungspause in thermisch neutraler Umgebung vorzusehen ist.

---

308 Vgl. Peters, H.: Klima. In: Landau, K. (Hrsg.): Lexikon Arbeitsgestaltung. Best Practice im Arbeitsprozess. Stuttgart: Gentner, 2007, S. 715–719.

309 DIN 33403 – Klima am Arbeitsplatz und in der Arbeitsumgebung, Teil 2: Einfluss des Klimas auf den Wärmehaushalt des Menschen, 2000; Teil 3: Beurteilung des Klimas im Warm- und Hitzebereich auf der Grundlage ausgewählter Klimasummenmaße, 2001; Teil 5: Ergonomische Gestaltung von Kältearbeitsplätzen, 1997.

310 DIN EN ISO 7933: Ergonomie der thermischen Umgebung, a. a. O., 2004.

311 DIN EN ISO 11079: Ergonomie der thermischen Umgebung – Bestimmung und Interpretation der Kältebelastung bei Verwendung der erforderlichen Isolation der Bekleidung (IREQ) und lokaler Kühlwirkungen, 2006.

Beurteilung der Klimabelastung – Methoden und Normen		
warme und heiße Bedingungen	vorhergesagte Wärmebeanspruchung • analytisches Summenmaß auf Basis der für eine ausgeglichene Wärmebilanz erforderlichen Schweißrate	DIN EN ISO 7933 (2004)
	WBGT-Index (wet bulb globe temperatur) • arithmetische Zusammenfassung der Einflussgrößen Lufttemperatur, -feuchte und -geschwindigkeit; Grenzwerte abhängig von Bekleidung und Arbeitsschwere	DIN EN 27243 (1993)
	Effektivtemperatur NET • subjektiv gleiches Empfinden unterschiedlicher Kombinationen aus Lufttemperatur, -feuchte und -geschwindigkeit; Grenzwerte abhängig von der Arbeitsschwere	DIN 33403 - Teil 3 (2001)
Komfortbereich	PMV- und PPD-Indizes • analytisches Summenmaß zur Vorhersage der subjektiven Beurteilung des Klimas – PMV: vorhergesagte mittlere Bewertung – PPD: vorhergesagter Anteil Unzufriedener	DIN EN ISO 7730 (2006)
Arbeit im Freien und im Kältebereich	Wind-Chill-Temperatur • Gefährdung durch den durch Wind gesteigerten konvektiven Wärmeverlust bei Temperaturen unterhalb von +10 °C	
	erforderliche Bekleidungsisolation • analytisches Summenmaß auf Basis der für eine ausgeglichene Wärmebilanz erforderlichen Isolation der Bekleidung	DIN EN ISO 11079 (2006)
personenbezogene Einflussgrößen der Klimabeurteilung, gültig für alle Klimabereiche	Ermittlung des (Arbeits-)Energieumsatzes (metabolische Wärmeproduktion)	DIN EN ISO 8996 (2005)
	Wärmeisolation und Verdunstungswiderstand der Bekleidung	DIN EN ISO 9920 (2004)

Abbildung III-262 Beurteilung der Klimabelastung – Methoden und Normen[312]

Für den *Behaglichkeitsbereich* wurde das Klimasummenmaß »Vorhergesagte mittlere Beurteilung« (Predicted Mean Vote PMV[313]) entwickelt. PMV sagt den Durchschnittswert der Klimabeurteilung durch eine große Personengruppe auf einer siebenstufigen Skala der thermischen Empfindung voraus. Die Skalenstufen sind mit »kalt« – »kühl« – »etwas kühl« – »neutral« – »etwas warm« – »warm« – »heiß« verbalisiert. In die Bestimmung von PMV gehen alle sechs Einflussgrößen der Klimabeurteilung ein. Mit Hilfe von PMV kann vorhergesagt werden, wie groß der Anteil mit den jeweiligen Klimabedingungen unzufriedener Personen (Predicted Percentage of Dissatisfied PPD) ist, wobei »unzufrieden« einer der Einstufungen »warm«, »heiß«, »kühl« und »kalt« entspricht. Es wird empfohlen, die Klimabedingungen so einzurichten, dass PPD unter 10 % liegt.

Behaglichkeitsbereich

312 DIN EN ISO 8996: Ergonomie der thermischen Umgebung – Bestimmung des körpereigenen Energieumsatzes (2005);
DIN EN ISO 9886: Ergonomie – Ermittlung der thermischen Beanspruchung durch physiologische Messungen (2004);
DIN EN ISO 9920: Ergonomie des Umgebungsklimas – Abschätzung der Wärmeisolation und des Verdunstungswiderstandes einer Bekleidungskombination (2004);
DIN EN ISO 11079: Ergonomie der thermischen Umgebung, a. a. O., 2004.;
DIN EN ISO 12894: Ergonomie des Umgebungsklimas – Medizinische Überwachung von Personen, die einer extrem heißen oder kalten Umgebung ausgesetzt sind (2002);
DIN EN 13779: Lüftung von Nichtwohnräumen – Allgemeine Grundlagen und Anforderungen an Lüftungs- und Klimaanlagen (2005);
DIN EN ISO 15265: Ergonomie der thermischen Umgebung – Strategie zur Risikobeurteilung zur Abwendung von Stress oder Unbehagen unter thermischen Arbeitsbedingungen (2004);
DIN EN 27243: Ermittlung der Wärmebelastung des arbeitenden Menschen mit dem WBGT-Index (Wet Bulb Globe Temperature) (1993);
DIN 33403, a. a. O., 2000.
313 DIN EN ISO 7730: Ergonomie der thermischen Umgebung – Analytische Bestimmung und Interpretation der thermischen Behaglichkeit durch Berechnung des PMV- und des PPD-Indexes und Kriterien zur lokalen thermischen Behaglichkeit, 2006.

Vorgehensweise bei der Gestaltung

Die Arbeitsgestaltung sollte nach folgender Maßnahmen-Hierarchie vorgehen (vgl. Abbildung III-263): In der ersten Stufe muss versucht werden, die Entstehung belastender Klimabedingungen zu verhindern, z. B. durch Einsatz entsprechender Fertigungsverfahren oder durch bauliche Maßnahmen zur Verhinderung von Sonneneinstrahlung am Arbeitsplatz. Die zweite Stufe betrifft Maßnahmen, mit deren Hilfe die Wärmeübertragung zwischen Quelle und Arbeitsplatz unterbunden wird, beispielsweise durch Umkleidung von Strahlungsquellen oder Schutzschirme oder durch Belüftungsmaßnahmen. Auf der dritten Stufe wird versucht, die Hitzeeinwirkung auf den arbeitenden Menschen zu verhindern bzw. zu reduzieren. Dies geschieht z. B. durch die räumliche Trennung von Wärmequelle und Arbeitsbereich (z. B. in Form abgeschirmter Steuerstände) oder durch ein Arbeitszeit-Pausen-Regime, bei dem durch Pausen in neutralem Klima einer thermischen Überbeanspruchung vorgebeugt wird. Gelingt es durch derartige Gestaltungsmaßnahmen nicht, die Wärmebelastung in ausreichendem Maße zu reduzieren, ist die Benutzung *persönlicher Schutzausrüstungen* vorzusehen, z. B. Hitzeschutzkleidung aus aluminiumbeschichtetem Gewebe bei Arbeiten an glühendem oder schmelzflüssigem Material.

Verhalten bei Hitzearbeit

Neben diesen technischen und organisatorischen Maßnahmen muss Arbeits- und Gesundheitsschutz auch direkt am arbeitenden Menschen ansetzen: Physiologische Schutzmaßnahmen bestehen insbesondere in Eignungsuntersuchungen. Auch dabei als tauglich eingestufte Beschäftigte sollten an die Bedingungen akklimatisiert sein. Erträglichkeitsgrenzen für Hitzearbeit gehen von einem ausreichenden Trinkregime aus: Der Schweißverlust, der unter extremen Bedingungen bis zu 10 Liter in der 8-Stunden-Schicht betragen kann, muss durch ausreichende Flüssigkeitszufuhr während der Arbeitszeit zumindest teilweise kompensiert werden. Als Hitzegetränk eignet sich besonders lauwarmer, möglichst ungesüßter Kräutermischtee. Nicht geeignet sind – wegen der oft großen aufzunehmenden Flüssigkeitsmenge – Kaffee, schwarzer Tee, alkoholhaltige und kohlensäurehaltige Getränke. Zusätze von Kochsalz oder anderen Elektrolyten zur Kompensation des schweißbedingten Verlusts sind nicht erforderlich; diese Stoffe werden mit normaler Ernährung in ausreichendem Maße aufgenommen.

konzeptionelle Maßnahmen	• Auswahl von unter dem Aspekt der Klimabelastung geeigneten Fertigungsverfahren
bauliche Maßnahmen	• zur Regulierung der Sonneneinstrahlung • zur Steigerung des Luftaustausches
technische Maßnahmen	• zur Regelung von Temperatur, Feuchte, Luftaustausch • zur Reduzierung der Wärmestrahlung • zum Schutz vor der Entwicklung von Wärmestrahlung auf den Menschen
organisatorische Maßnahmen	• Begrenzung der Expositionszeit … durch Arbeitswechsel … durch Klimapausen (Abkühlen, Aufwärmen) • persönliche Schutzausrüstung (Hitze-, Kälte-, Regenschutzkleidung)
personen-(verhaltens-)bezogene Maßnahmen	• Eignungsuntersuchung • Akklimatisierung • Anpassen der Bekleidung (persönliche Schutzausrüstung) • Anpassung der Körperaktivität an die Klimabedingungen • Trinkregime bei Hitzebelastung
Aufgabengestaltung körperlicher Arbeit	• Vorsehen bei Arbeit in Kälte • Vermindern bei Arbeit in Hitze

Abbildung III-263   Maßnahmen zur Minderung von Belastung und Gefährdung durch das Klima am Arbeitsplatz

Gestaltungsmaßnahmen bei Hitzearbeit

Erfolgt die Erwärmung von Innenräumen vor allem durch Sonneneinstrahlung, können bauliche Maßnahmen Abhilfe schaffen: Dachüberstände und auskragende Lamellen schirmen im Sommer die hochstehende Sonne ab, während im Winter die Wärmezufuhr durch Sonnenstrahlung erhalten bleibt. Jalousien können der Intensität der Sonnenstrahlung entsprechend eingestellt werden. Zu bevorzugen sind Außenjalousien, die die absorbierte Strahlungswärme an die Außenluft abgeben, während Innenjalousien die Innenluft erwärmen und als Sekundärstrahler wirken. Auch Strahlung absorbierende Fensterscheiben erwärmen sich und heizen den Innenraum auf; günstiger sind daher Reflexionsschichten auf den Scheiben.

Bei Wärmestrahlungsquellen im Arbeitsbereich sollten die strahlenden Flächen möglichst klein sein, ihre Temperatur durch Isolation so gering wie möglich gehalten und die Abstrahlung durch Umkleidungen mit geringem Emissionsvermögen (z. B. blanke Bleche) oder durch Anstriche wärmestrahlender Flächen mit Aluminiumfarben verringert werden. Die Einwirkung unvermeidlicher Wärmestrahlung auf die Beschäftigten kann durch Abschirmungen aus reflektierenden Blechen und bei der Notwendigkeit von Sichtkontakt aus Drahtgewebe oder Schutzglas oder durch Wasserschleier vermindert werden.

Hohe Lufttemperaturen und Luftfeuchten können durch erhöhte Luftwechselraten vermieden werden, durch natürlichen Luftwechsel über geöffnete Fenster, Türen und Dachaustrittsöffnungen. Bei künstlicher Belüftung dürfen die Frischlufttemperatur nicht so niedrig und die Luftgeschwindigkeit so hoch sein, dass an einzelnen Arbeitsplätzen Diskomfortempfindung oder gar gesundheitliche Beeinträchtigung infolge Zugluft oder kühle Temperaturen entstehen

Die Steigerung der Luftwechselrate trägt auch dazu bei, die Wärmebelastung durch Sonneneinstrahlung und durch Wärmequellen im Arbeitsbereich zu reduzieren.

Klimaanlagen erzeugen ein für Menschen zuträgliches Klima und stellen Frischluft in der für die Arbeit erforderlichen Menge und Qualität/Gefahrstofffreiheit bereit.[314] Für die störungsfreie Funktion von Maschinen und Anlagen sichern sie die notwendigen Umgebungsbedingungen, beispielsweise durch die Abfuhr der Prozesswärme einer DV-Anlage oder durch eine staubfreie Atmosphäre bei der Chipfertigung.

Raumlufttechnische Anlagen (RLT)

Vorteile der maschinellen Lüftung[315] sind ihre Unabhängigkeit von den Außenbedingungen und die Möglichkeit einer gezielten Luftführung im Raum. Durch diffuse Luftführung über sehr viele kleine Zulufteinlässe in der Decke und durch Beimischung von Raumluft oder Temperierung der Zuluft kann Diskomfortempfinden weitgehend vermieden werden. Durch Luftführung von unten nach oben – bei der von unten zugeführte Zuluft die verbrauchte Raumluft nach oben in die Abluftdüsen verdrängt und die Vermischung von Zu- und Raumluft gering gehalten wird – können vor allem Räume mit hohem Wärmeanfall und gleichzeitig geringen Anforderungen an die Behaglichkeit belüftet/klimatisiert werden, beispielsweise thermisch hochbelastete DV-Anlagen.

Teil-Klimaanlagen regeln Raumtemperaturen oder Raumluftfeuchten auf vorgegebene Werte. Zusätzlich zur Lüftungsanlage müssen sie mit Einrichtungen zur Kühlung oder Erwärmung der Zuluft oder zu ihrer Be- und Entfeuchtung versehen werden. Voll-Klimaanlagen müssen Raumtemperaturen und Raumluftfeuchten auf vorgegebenen Werten halten.

Extreme Prozesswärme ist für viele technische Prozesse erforderlich. Für dabei erforderliche Arbeitsvorgänge im unmittelbaren Einflussbereich von Hitze muss das Tragen persönlicher Schutzausrüstung vorgeschrieben werden. Die zusätzliche Belastungswirkung von Schutzbekleidung gegen Hitze ist dabei zu beachten.

Ergonomische Gestaltungsmaßnahmen bei Kältearbeit zielen insbesondere darauf ab, eine Unterkühlung des Körperinneren und der Körperperipherie – hier vor allem von Händen und Fingern sowie von Füßen und Zehen – zu vermeiden.[316] Grenzkriterien bezüglich der Hauttemperatur sind

Gestaltungsmaßnahmen bei Kältearbeit

314 Peters, H.: Klimaanlagen und Lüftung. In: Landau, K.; G. Pressel (Hrsg.): Medizinisches Lexikon der beruflichen Belastungen und Gefährdungen, 2. Auflage. Stuttgart: Gentner, 2009, S. 525–529.
315 Vgl. BGR 121, Arbeitsplatzlüftung – Lufttechnische Maßnahmen, 2004.
316 Gebhardt, Hj.; Müller, B. H.: Ergonomische Gestaltung von Kältearbeitsplätzen. Dortmund: Bundesanstalt für Arbeitsschutz und Arbeitsmedizin (Hrsg.), 2003.

dabei eine minimale mittlere Hauttemperatur von 30 °C und eine minimale lokale Hauttemperatur (insbesondere an Fingern und Zehen) von 12 °C.[317] An ortsgebundenen Kältearbeitsplätzen können Strahlungsheizungen den Körper gezielt lokal beheizen; Wärmeleitung durch Körperkontakt kann durch Einsatz wärmeisolierender Materialien bei Arbeitssitzen und Fußbodenbelägen sowie durch beheizte Bedienelemente vermindert werden. Gabelstapler in Kühlhäusern können mit beheizten Fahrerkabinen und wärmeisolierten Fahrersitzen ausgestattet werden.

Organisatorische Maßnahmen

Organisatorische Maßnahmen betreffen besonders das Vorsehen von Aufwärmzeiten in neutraler Klimaumgebung. Da die kältebedingten Anpassungsvorgänge (Durchblutungsverminderung der Extremitäten, Verringerung der Hauttemperatur) nur sehr langsam zurückgebildet werden, sind lange Aufwärmpausen physiologisch günstiger als mehrere kurze. Empfehlungen für maximale Expositionsdauern und empfohlene Aufwärmzeiten in Abhängigkeit von der Temperatur des Kältebereichs gibt DIN 33405-5. Für Arbeiten bei der Lebensmittelherstellung mit Lufttemperaturen bis −18 °C wird die maximale Arbeitsdauer auf 90 min begrenzt, bei einer Mindest-Aufwärmdauer von 15 min. Zusätzlich sollten in den Aufwärmräumen Warmluftgeräte und Wärmeplatten zur Beschleunigung der Wiedererwärmung bereitgestellt werden.

Durch spezielle Kälteschutzkleidung kann die erforderliche *Bekleidungsisolation* für den Körper in der Regel erreicht werden. Auch hier ist zu beachten, dass Kälteschutzkleidung durch Gewicht und Bewegungseinschränkung einen zusätzlichen Belastungsfaktor darstellt. Bei körperlicher Arbeit und bei häufigeren Wechseln zwischen Kältebereich und z. B. normalem Hallen- oder Außenklima kann es zu vermehrter Schweißbildung kommen; durch von der Kleidung aufgesogenen Schweiß wird so die Isolationswirkung der Bekleidung für nachfolgende Arbeitsphasen in Kälte stark vermindert.

Gerade im Bereich der Kältearbeit sind die Gestaltungsanforderungen teilweise widersprüchlich: Kältearbeit ohne größere körperliche Aktivität und damit innerer Wärmeproduktion, wie z. B. Gabelstaplerfahren beim Kommissionieren im Kühlhaus, sollte möglichst vermieden werden, ebenso wie Arbeit mit wechselnder körperlicher Aktivität, wo die zeitweilige Schweißentwicklung die Wirksamkeit der Schutzkleidung reduziert. Ebenso wenig sollte der Ablauf häufige Wechsel zwischen dem Kältebereich und normal temperierten Bereichen vorsehen, ohne dass dann die Schutzkleidung abgelegt wird.

Gestaltungs- maßnahmen im Komfortbereich

Die Klimabedingungen für behagliche Bedingungen können mit Hilfe des Summenmaßes PMV abhängig von der Arbeitsschwere und der Bekleidung ermittelt werden. Nach der Arbeitsstättenrichtlinie werden für überwiegend sitzende Tätigkeit mindestens 19 °C Raumtemperatur vorgeschrieben, die Höchsttemperatur soll 26 °C nicht überschreiten.[318] Da das im Sommer auch im Büro oder in Werkshallen nicht immer einzuhalten ist, wird empfohlen, die Unterschiede zwischen Innen- und Außentemperatur zu begrenzen und für behagliche Bedingungen die Raumtemperatur oberhalb einer Außentemperatur von 26 °C ansteigen zu lassen.

Temperaturunterschiede zwischen Raumluft und Wand- oder Fensterflächen sollten möglichst gering sein, empfohlen werden Abweichungen von maximal 2 °C; vor allem im Winter führt die Wärmeabstrahlung des Körpers sonst zu Diskomfort. Übermäßige Sonneneinstrahlung im Sommer kann durch bauliche Maßnahmen (z. B. Dachüberstände, Auskragungen) oder durch Lamellen abgeschirmt werden, während im Winter die Wärmezufuhr durch die Sonne erhalten bleibt.

Zugluft ist für behagliche Bedingungen besonders bei Tätigkeiten ohne nennenswerte körperliche Aktivitäten möglichst zu vermeiden. Die Luftfeuchte sollte in geheizten Räumen im Bereich zwischen

---

317　DIN 33403, a. a. O., 2000.
318　Arbeitsstättenrichtlinien ASR 5: Lüftung, ASR 6/1.3: Raumtemperaturen. Hinweis: Zum Zeitpunkt der Drucklegung dieses Buches lagen die neuen Arbeitsstättenregeln ASR A3.6 Lüftung und ASR A3.5 Raumtemperaturen noch nicht vor.

ca. 40 % und 65 % liegen; bei höheren Werten wird die Schweißverdunstung behindert, niedrigere Feuchtigkeit lässt die Schleimhäute der Augen und der Atemwege austrocknen.

Im *Behaglichkeitsbereich* werden auch nach dem Summenmaß PMV für eine Tätigkeit optimale Klimabedingungen von einer Reihe von Personen jeweils als zu warm oder zu kühl beurteilt (vgl. Abbildung III-264). In einem Großraumbüro oder einer Werkshalle ist es daher nicht möglich, durch Klimatisierung für alle dort Tätigen behagliche Bedingungen zu schaffen; bei unterschiedlichen körperliche Aktivitäten und Bekleidungsniveaus an verschiedenen Arbeitsplätzen wird der Anteil von mit dem Raumklima Unzufriedener noch erheblich größer. Individuelle Einflussmöglichkeiten der Betroffenen auf das Klima am Arbeitsplatz, die auch dem Gefühl entgegenwirken, den gegebenen Bedingungen ausgeliefert zu sein, sind in klimatisierten Bereichen oft nicht gegeben oder sie beeinflussen auch die Mitarbeiter an benachbarten Arbeitsplätzen.

Behaglichkeitsbereich

Die neue *Arbeitsstättenverordnung* enthält bezüglich der Raumlüftung keine konkreten Zahlenangaben für Mindestgrundfläche, lichte Höhe und Mindestluftraum.

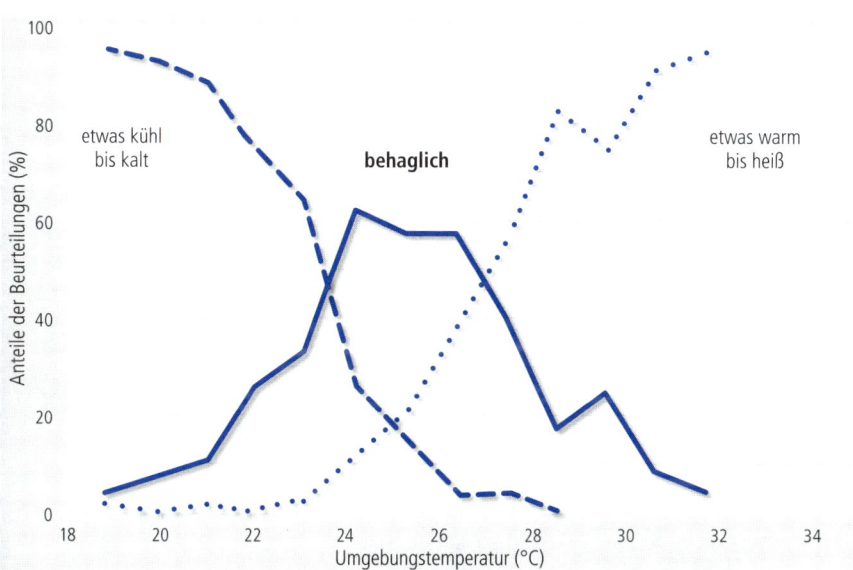

Abbildung III-264 Thermische Empfindung in Abhängigkeit von der Umgebungstemperatur[319]

5.7.4 Schall

Mit *Schall* bezeichnet man Schwingungen der Luft oder anderer elastischer Medien, die im Hörbereich des Menschen liegen. Schallschwingungen können sich in Gasen, in Flüssigkeiten und in festen Körpern (Körperschall) ausbreiten. Bei Luftschall handelt es sich um Schwankungen des Luftdrucks um den atmosphärischen Druck. Am häufigsten wird der Schall beim Betrieb von technischen Geräten beweglichen Teilen sowie bei Bearbeitung, Transport und Handhabung von Material und Werkstücken erzeugt. Töne sind Schallschwingungen mit einer einzigen Frequenz; Klänge sind Überlagerungen von Schallschwingungen mit mehreren harmonischen Frequenzen. Geräusche sind

Definition

---

319 Vgl. Fanger, P. O.: Thermal Comfort. Malabar: Robert E. Krieger Publishing Company, 1982.

aperiodische Luftdruckschwankungen, an denen viele unterschiedliche Frequenzen beteiligt sind. Ein impulsartiges Schallereignis wird als Knall bezeichnet.

Jeglicher Schall, der subjektiv als belästigend empfunden wird, der störend wirkt und/oder der gesundheitsschädlich ist, wird als *Lärm* bezeichnet. Der Grad von Belästigung und Störung hängt neben der Intensität des Schalls auch vom Informationsgehalt (z. B. Musik, Sprache) und von der Einstellung des Hörers gegenüber der Art des Schalls und dem Verursacher ab.[320]

Physikalische Grundlagen

Schall wird gekennzeichnet durch seine Frequenz bzw. Frequenzzusammensetzung und durch die Schallstärke, die durch die *Schallintensität* oder den *Schalldruck* ausgedrückt wird.

Die von einer Schallquelle pro Zeiteinheit abgegebene Energie heißt *Schallleistung*. Unter Schallintensität wird die Schallleistung je Flächeneinheit (in W/m^2) verstanden. Der Mensch kann Schallintensitäten von der *Hörschwelle* bei 10^{-12} W/m^2 bis zur *Schmerzgrenze* bei 1 W/m^2 (und darüber hinaus) wahrnehmen.[321] Für diesen äußerst großen Wahrnehmungsbereich empfiehlt sich die Verwendung eines logarithmischen Intensitätsmaßes.

Der *Schallintensitätspegel L_I* ist definiert als

$$L_1 = 10 \lg\left(\frac{1}{I_0}\right) \qquad \text{(in dB)}$$

(I_0: Schallintensität an der Hörschwelle bei 1.000 Hz: $I_0 = 10^{-12}$ W/m^2)

Entsprechend dem logarithmischen Aufbau der Dezibel-Skala entspricht eine Verdopplung der Schallintensität einer Pegelzunahme um 3 dB, eine Verzehnfachung der Intensität einer Pegelzunahme um 10 dB.

Die Schallintensität ist dem Quadrat des Schalldrucks proportional. Für den *Schalldruckpegel* resultiert daraus:

$$L_p = 20 \lg\left(\frac{p}{p_0}\right)$$

(p_0: Schalldruck an der Hörschwelle bei 1.000 Hz: $p_0 = 2 \cdot 10^{-5}$ Pa)

Rechnen mit Schallpegeln

Die beim Empfänger ankommende Schallintensität hängt neben der Schallleistung vom Abstand zur Schallquelle ab. Die Schallleistung einer punktförmigen Schallquelle, die in den freien Raum abstrahlt, breitet sich gleichförmig auf einer Kugelfläche im Raum aus: eine Verdopplung des Abstandes von der Schallquelle (entsprechend einer Vervierfachung der Kugeloberfläche) führt zur Verminderung des Schallpegels um 6 dB. Wirken am gleichen Ort zwei (oder mehrere) Schallpegel, kann der Gesamtpegel mit Hilfe eines Nomogramms ermittelt werden[322] (Abbildung III-265), das den zum höheren Schallpegel zu addierenden dB-Wert in Abhängigkeit von der Pegeldifferenz angibt: Eine gleich laute Schallquelle erhöht den Gesamtpegel um 3 dB, eine um 6 dB weniger laute Schallquelle steigert den Gesamtpegel nur um 1 dB und bei einer Pegeldifferenz von 20 dB trägt die leisere Schallquelle praktisch nichts mehr zum Gesamtpegel bei.

---

320 Vgl. DIN 1320/A1 Akustik-Begriffe; Änderung 1, Norm-Entwurf, 2007.
321 Auf die Eigenschaften des menschlichen Gehörs wurde bereits im Teil II, Abschnitt 2.5.5 eingegangen.
322 Vgl. DIN 45641, Mittelung von Schallpegeln, 1990; DIN 45645, Ermittlung von Beurteilungspegeln aus Messungen, 1995/1997.

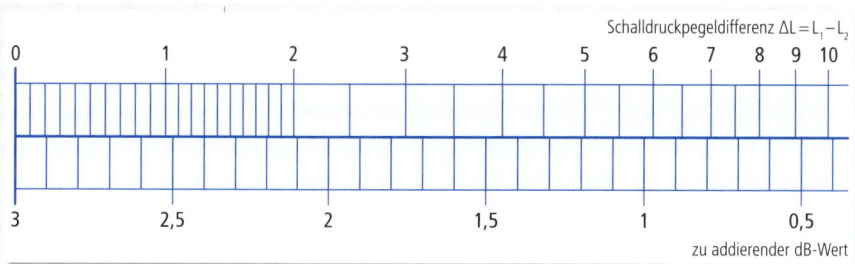

Abbildung III-265 Ermittlung des Gesamtpegels bei zwei Schallquellen

Abbildung III-266 und Abbildung III-267 enthalten ein Beispiel zur Berechnung des Gesamtpegels   Beispiel
aus den Einzelpegeln an mehreren Maschinen.

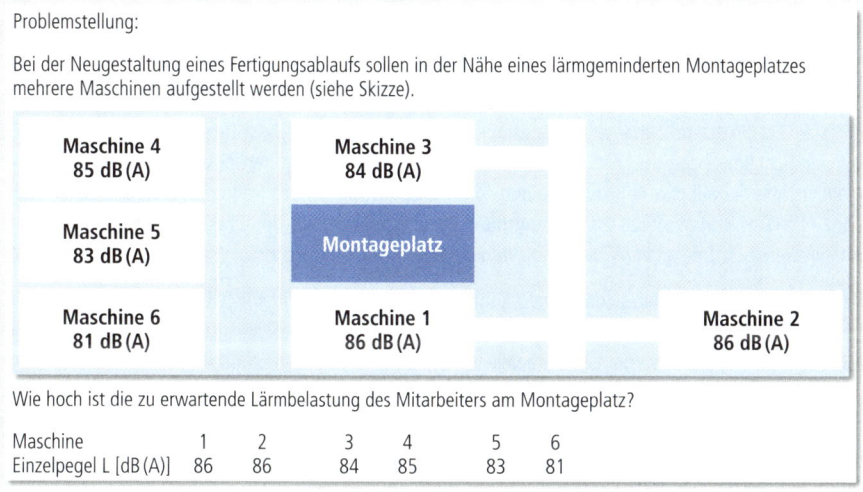

Problemstellung:

Bei der Neugestaltung eines Fertigungsablaufs sollen in der Nähe eines lärmgeminderten Montageplatzes
mehrere Maschinen aufgestellt werden (siehe Skizze).

Maschine 4	Maschine 3	
85 dB (A)	84 dB (A)	
Maschine 5		
83 dB (A)	Montageplatz	
Maschine 6	Maschine 1	Maschine 2
81 dB (A)	86 dB (A)	86 dB (A)

Wie hoch ist die zu erwartende Lärmbelastung des Mitarbeiters am Montageplatz?

Maschine	1	2	3	4	5	6
Einzelpegel L [dB (A)]	86	86	84	85	83	81

Abbildung III-266 Beispiel Gesamtpegel bei mehreren Schallqellen – Teil 1

Maschine	1	2	3	4	5	6
Einzelpegel L [dB (A)]	86	86	84	85	83	81

Addition der Einzelpegel der Maschinen 1 und 2:	$L_1 = L_2 = 86$ dB (A)
	$L_{1+2} = 86$ dBA + 3 dB (A) = 89 dB (A)

Addition der Einzelpegel der Maschinen 3, 4 und 5, 6: $L_3 = 84$ dB (A) $L_4 = 85$ dB (A) $\Rightarrow \Delta L_{3,4} = 1$ dB (A)
$L_5 = 83$ dB (A) $L_6 = 81$ dB (A) $\Rightarrow \Delta L_{5,6} = 2$ dB (A)

Maschine	$1 + 2$	$3 + 4 + 5 + 6$
Schallpegel	89 dB (A)	89,5 dB (A)

Addition der errechneten Schallpegel $L_{1,2} + L_{3,4 + 5,6}$
$\Delta L - 0,5$ dB (A)

$L_{ges} = 92,3$ dB (A)

Abbildung III-267 Beispiel Gesamtpegel bei mehreren Schallquellen – Teil 2[323]

323 Landau, K.: Arbeitsunterlage, a. a. O., S. 32

Messungen der *Schallemission* erfolgen unter der Zielsetzung, die von einer Schallquelle, z. B. einer Maschine, ausgehende Schallleistung zu ermitteln, um sie mit Emissionsgrenzwerten (z. B. des Maschinenschutzgesetzes) zu vergleichen.[324]

Die Ergonomie befasst sich vor allem mit der *Lärmimmission*. Hier ist durch Messungen die Höhe der Lärmbelastung des Menschen am Arbeitsplatz zu bestimmen, um auf die Dringlichkeit von Gestaltungsmaßnahmen zu schließen.[325]

Die Belastung durch Schall wird bestimmt durch Belastungshöhe und Belastungsdauer. Die Belastungshöhe wird vor allem durch die Schallstärke (z. B. den Schalldruck) und die Frequenz gekennzeichnet; für die Belastungsdauer ist neben der Einwirkungsdauer der zeitliche Verlauf der Schalleinwirkung von Bedeutung. Für den zeitlich veränderlichen Schalldruck wird als Intensitätsmaß der Effektivwert, d. h. der mittlere Betrag, mit Hilfe eines Mikrophons gemessen. Eine für die Schallimmission repräsentative Messung muss in ihrer Dauer an der Art des Schallereignisses bzw. am zeitlichen Verlauf des Pegels orientiert werden: Je gleichförmiger der Pegel verläuft, desto kürzer kann die Messdauer sein; für unvorhersehbar schwankende Schallpegel muss über den gesamten *Beurteilungszeitraum*, z. B. die 8-Stunden-Schicht, gemessen werden. Da die Empfindlichkeit des Menschen gegenüber Schalleinwirkung stark frequenzabhängig ist, muss die Frequenzzusammensetzung des Schalls berücksichtigt werden.[326]

Die von der Frequenz abhängige Empfindlichkeit des Menschen gegenüber Schalleinwirkung wird bei der Schallmessung durch eine frequenzabhängige Gewichtung berücksichtigt. Hierdurch ist es möglich, die Schallbelastung durch einen Wert auszudrücken. Der frequenzbewertete Schallpegel wird mit dem verwendeten Bewertungsfilter gekennzeichnet. In der Praxis wird vorwiegend der A-bewertete Schallpegel verwendet und in der Einheit dB(A) angegeben.

Bei zeitlich veränderlichen Schallpegeln kann die Anzeige unterschiedlich träge eingestellt werden. Im Arbeitsschutz wird überwiegend die Zeitbewertung F (»fast«) verwendet (die auf Pegelsprünge mit einer Zeitkonstanten von 125 ms reagiert). In besonderen Anwendungsfällen wird auch die Impulsbewertung I eingesetzt, die durch eine schnelle Reaktion bei Pegelanstieg und eine sehr große Zeitkonstante beim Abfall eine starke Gewichtung von impulshaltigen Schallereignissen bewirkt; dies berücksichtigt deren besondere Wirkung auf das Gehör. Die Einstellung S (slow) wird bei Schallleistungsmessungen an Maschinen (Emissionsmessung) verwendet.

Bei zeitlich veränderlichen Schallpegeln muss ein *Mittelungspegel* bestimmt werden, indem mit einem festen Takt (z. B. 1/s) der Schallpegel abgetastet und über das Messintervall ein entsprechend der logarithmischen Pegelskala gewichteter Mittelwert gebildet wird. Dieser Mittelungspegel wird als äquivalenter Dauerschallpegel L_{eq} bezeichnet. Die genaue Kennzeichnung des Mittelungspegels für einen Messzeitraum erfolgt durch die zusätzliche Angabe von Bewertungsfilter und Zeitbewertung. Der Mittelungspegel L_{AFeq} wurde beispielsweise mit A-Bewertung in der Einstellung »fast« gemessen.

---

324 Vgl. DIN 45630, Grundlagen der Schallmessung, 2003; DIN 45635, Geräuschmessung an Maschinen, 1984/1987; DIN EN 61672, Schallpegelmesser, 2003; ISO 9612 Akustik – Messung und Berechnung der Lärmexposition im Arbeitsbereich – Verfahren der Genauigkeitsklasse 2, DIN 45631/A1, Berechnung des Lautstärkepegels und der Lautheit aus dem Geräuschspektrum – Verfahren nach E. Zwicker – Änderung 1: Berechnung der Lautheit zeitvarianter Geräusche, Norm-Entwurf, 2008.

325 Die Technische Anleitung zum Schutz gegen Lärm (TA Lärm) ist eine Allgemeine Verwaltungsvorschrift der Bundesrepublik Deutschland, die dem Schutz der Allgemeinheit und der Nachbarschaft vor schädlichen Umwelteinwirkungen durch Lärmeinwirkung dient. Wichtig ist die TA Lärm für Genehmigungsverfahren von Gewerbe- und Industrieanlagen sowie zur nachträglichen Anordnung bei bereits bestehenden genehmigungsbedürftigen Anlagen. Sie gilt nicht für Straßenverkehrslärm, Schienenverkehrslärm, Fluglärm oder Sportlärm.

326 Vgl. Institut für angewandte Arbeitswissenschaft IfaA (Hrsg.): Lärm und Vibrationen am Arbeitsplatz. Messtechnisches Taschenbuch für den Betriebspraktiker. Köln: Wirtschaftsverlag Bachem, 1994.

Schallpegel – Grenzwerte			
überwiegend geistige Tätigkeiten (hohe Konzentration, gute Sprachverständlichkeit), z. B. techn.-wissenschaftl. Arbeiten; Entwerfen, Korrigieren schwieriger Texte	nicht überschreiten: anstreben:	$L_r = 55\ dB(A)$ $L_r = 40\ dB(A)$	ArbStV VDI 2058/3 EG-Richtl. 90/270
	anzustrebende Hintergrundgeräusche:		
Büros		$L_{Aeq} = 30-45\ dB(A)$	VDI 2569
Sitzungsräume		$L_{Aeq} = 30-35\ dB(A)$	VDI 2719
Gaststätten		$L_{Aeq} = 40\ dB(A)$	VDI 2081
Unterrichtsräume		$L_{Aeq} = 30-45\ dB(A)$	VDI 4109
Bibliotheken		$L_{Aeq} = 30-45\ dB(A)$	
Wohnräume		$L_{Aeq} = 30-45\ dB(A)$	
alle technischen Geräuschquellen (Maschinen)	**$L_{pAc} > 70\ dB(A)$** Geräuschangabe:	$L_{WAc} = \dots\ dB(A)$ $L_{pAc} = \dots\ dB(A)$	EG-Richtl. 86/188 89/392
	$L_{pAc} > 70\ dB(A)$ Geräuschangabe:	$L_{pAc} < 70\ dB(A)$	Geräusch- sicherheitsgesetz
Beeinträchtigung Tätigkeit/Raumart Maschine	**Arbeitsplatz:** Beurteilungspegel (L_r) Schalldruckpegel (L_{Aeq}) **Maschine:** arbeitsplatzbezogener Emissionswert (L_{pA})		
Allgemeiner Grundsatz: Der Schallpegel soll so niedrig wie technisch möglich sein. Gesundheit, insbes. Gehörgefährdung, Unfallgefährdung, alle Tätigkeiten	**$L_r \geq 90\ dB(A)$:** Lärmminderungsprogramm durchführen, Lärmbereiche kennzeichnen, Gehörschutz tragen **$L_r \geq 85\ dB(A)$:** Geräuschangabe von Maschinen verlangen, Lärmbereiche ermitteln, Gehörschutz zur Verfügung stellen, an der Gehörvorsorge teilnehmen		ArbStV VDI 2058/2 EG-Richtl. 86/188
einfache und überwiegend mechanisierte Bürotätigkeiten, z. B. Disponieren, Verkaufen	nicht überschreiten: anstreben:	$L_r = 70\ dB(A)$ $L_r = 60\ dB(A)$	ArbStV VDI 2058/3 EG-Richtl. 90/270

Abbildung III-268   Schallpegel – Grenzwerte[327]

Der *Beurteilungspegel* kennzeichnet die Wirkung eines Geräuschs auf das Gehör. Er ist der Pegel eines achtstündigen konstanten Geräusches oder bei zeitlich schwankendem Pegel der diesem gleichgesetzte Pegel. Er wird in dB(A) angegeben.[328] Bei der Beurteilung hinsichtlich Lästigkeit und Störung (siehe unten) sind Impuls- und Tonzuschlag zu berücksichtigen; bei der Beurteilung der Schädigungsmöglichkeit in Lärmbereichen wird zunächst der äquivalente Dauerschallpegel ohne Zuschläge bestimmt und danach entschieden, ob ein *Lärmbereich* vorliegt ($L_{Ar} \geq 85\ dB(A)$, vgl. auch Abbildung III-268).

Beurteilungspegel

Der Beurteilungspegel wird aus dem äquivalenten Dauerschallpegel L_{Aeq} für die langfristig typische Arbeitsschicht und den Zuschlägen für Impulshaltigkeit und Tonhaltigkeit bestimmt.

Bei zeitlich wechselnden Lärmbedingungen am gleichen Ort oder bei Arbeit an verschiedenen Orten wird der Beurteilungspegel durch zeitgewichtete Mittelung bestimmt.

$$L_r = 10\ lg\left\{\left(\frac{1}{T}\right) \sum\left(t_i \cdot 10^{\frac{L_i}{10}}\right)\right\}$$

---

327 Eine kritische Übersicht zu den verschiedenen Methoden zur Messung und Bewertung der Schallbelastung findet man bei Strasser, H.: Dosis-Maxime und Energie-Äquivalenz bei der Beurteilung von Lärm sowie physiologische Kosten von Schallbelastungen. In: Lärmbekämpfung, 2, 2011, S. 51–57.
328 Unfallverhütungsvorschrift Lärm, BGV B3 (bisher VBG 121), 1990/2005.

mit

L_r, L_i in dB(A);

i indiziert zeitliche Abschnitte mit unterschiedlichen Lärmbedingungen;

T: Beurteilungszeitraum.

Dem logarithmischen Maßstab entsprechend spielt es beispielsweise fast keine Rolle, wie hoch der Schallpegel während 90 % der Beurteilungszeit genau ist, wenn er nur mindestens um 20 dB geringer ist als in den restlichen 10 % des Beurteilungszeitraums. Auch die Halbierung der Dauer der Schalleinwirkung führt im logarithmischen Maßstab nur zu einer Reduzierung des Beurteilungspegels um 3 dB. Dies bedeutet auch, dass Lärmpausen nur eine begrenzte Wirkung auf die gesamte Lärmbelastung haben bzw. dass Lärmpausen nach starker Lärmexposition sehr lange dauern müssen: Bei 95 dB(A) darf eine Lärmexposition nur maximal 10 % der Schichtzeit andauern, damit der Beurteilungspegel für die 8-Stunden-Schicht den Grenzwert der schädigungsfrei zulässigen Exposition von 85 dB(A) erreicht, wenn in den restlichen 90 % der Pegel 75 dB(A) nicht überschreitet.

Lärmwirkungen Eine ausreichend lange und intensive Lärmeinwirkung führt zunächst zu einer reversiblen Vertäubung, die sich in der Regel innerhalb von 12 bis 14 Stunden völlig zurückbildet.[329] Bei chronischer Lärmwirkung können die Haarzellen des Innenohrs dauerhaft geschädigt werden. Diese *Lärmschwerhörigkeit* kann ab einem Beurteilungspegel von ca. 85 dB(A) eintreten. Als Durchschnittswert kann davon ausgegangen werden, dass bei einer Exposition von 90 dB(A) über täglich 8 Stunden bei 5 % der Betroffenen nach 10 Jahren eine beginnende Lärmschwerhörigkeit zu beobachten ist (Hörverlust 30 dB bei einer Frequenz von 3 kHz). Die Entwicklung der Lärmschwerhörigkeit folgt einer Dosis-Wirkungs-Beziehung: Bei Verdopplung der Schallintensität wird bereits nach der Hälfte der Expositionszeit der gleiche Schädigungseffekt erreicht. Bei einer täglichen Exposition mit 93 dB(A) muss somit bereits nach 5 Jahren bei ca. 5 % der exponierten Personen mit beginnender Lärmschwerhörigkeit gerechnet werden. Umgekehrt kann die Verringerung der Lärmbelastung zu einer entsprechenden Verschiebung führen, wodurch die Bedeutsamkeit von Lärmschutzmaßnahmen begründet wird.

Physische Reaktionen auf Lärmeinwirkung, die ohne bewusste Empfindung bei Beurteilungspegeln unter 85 dB(A) erfolgen, sind als Einstellungen des Organismus anzusehen. Hier sind vor allem zu nennen:

- Anstieg von Blutdruck, Herz- und Atemfrequenz,
- Verengung der peripheren Blutgefäße,
- Muskelanspannung,
- Nervosität und Schlafstörungen.

Das Ausmaß der Lästigkeit bzw. die Störung, die von Lärm ausgeht, wird wesentlich von subjektiven Merkmalen beeinflusst, so z. B. von der Gewöhnung an das und von der Einstellung zu dem Geräusch. Selbst erzeugter Lärm wird beispielsweise als weniger störend oder belastend empfunden als fremd erzeugter (z. B. beim Gebrauch einer Bohrmaschine im Mehrfamilienhaus), in positivem Zusammenhang bewertete Geräusche werden subjektiv als weniger oder nicht belastend beurteilt, auch wenn ihre Intensität objektiv schon gesundheitlich schädigend sein kann (z. B. laute Musik in der Disco).

---

329 Vgl. Landau, K. (Hrsg.): Lexikon Arbeitsgestaltung. Best Practice im Arbeitsprozess. Stichworte Lärm, Definitionen und Vorkommen; Lärmminderung; Lärmwirkungen. Stuttgart: Gentner, 2007 sowie Bundesanstalt für Arbeitsschutz und Arbeitsmedizin (Hrsg.): Gesundheitsschutz 4: Lärmwirkungen. Dortmund 2004; DIN EN ISO 9921, Ergonomie – Beurteilung der Sprachkommunikation, 2004; VDI 2058/3, Beurteilung von Arbeitslärm am Arbeitsplatz unter Berücksichtigung unterschiedlicher Tätigkeiten, 1999; VDI 2058/2, Beurteilung von Arbeitslärm am Arbeitsplatz hinsichtlich Gehörgefährdung, 1988.

Störgeräusche z. B. von Maschinen oder Gesprächen im Hintergrund können die arbeitswichtige Lärm und Produktivität Kommunikation zwischen Menschen und mit Maschinen beeinträchtigen; dies geschieht durch

* Maskierung, wobei der Informationsgehalt durch Störungen überlagert und nicht mehr vollständig oder fehlerfrei wahrgenommen wird, oder
* Ablenkung, wobei die Zuwendung zur Arbeitsaufgabe nachlässt.

Das Verstehen gelesener oder gehörter Sätze und das Behalten von Informationen werden beeinträchtigt. Die willentliche Unterdrückung von Reaktionen auf störende Geräusche beansprucht mentale Kapazitäten, die zur Informationsverarbeitung dann nicht mehr bereitstehen. Hierdurch resultieren eine Beeinträchtigung von Funktionen des Arbeitsgedächtnisses, das Überhören und Übersehen arbeitswichtiger Informationen und eine schnellere Ermüdung. Nachfragen und Wiederholen nicht erfasster Informationen verbraucht Arbeitszeit, falsch verstandene Informationen beeinflussen das Arbeitsergebnis negativ, bei Einwegkommunikation können arbeitswichtige Informationen auch ganz verloren gehen. Gefährdungen entstehen für die Beschäftigten, wenn Warnsignale oder Warnrufe nicht wahrgenommen werden.

Auch Einschränkungen im Bereich von *Handgeschicklichkeit* und Bewegungsabläufen unter der Einwirkung von Lärm haben negative Auswirkungen auf die Leistung. Die Senkung des Schallpegels bei hoher, aber auch bei moderater Lärmbelastung kann erhebliche Leistungssteigerungen bewirken (Abbildung III-269).

Betriebsart / Tätigkeit	Ausgangsschallpegel dB (A)	Lärmminderung dB (A)	Leistungssteigerung %
Baggertätigkeit	96	10	12
Maschinenfabrik	93	7	5
Konfektionsbetrieb	82	10	13
Büromaschinenmontage	78	12	13
Fernmeldeamt	65	9	17
Büro	–	10	12
Versicherungsanstalt	–	4	9
Maschinenschreiben	–	10	24

Abbildung III-269   Leistungssteigerung durch Schallpegelsenkungen[330]

Nach der Arbeitsstättenverordnung ist der Beurteilungspegel so niedrig zu halten, wie es nach Art des Regelungen und Grenzwerte Betriebes möglich ist. Am Arbeitsplatz darf der Beurteilungspegel 85 dB(A) nicht überschreiten; sofern dieser Wert nach der betrieblich möglichen Lärmminderung zumutbarerweise nicht einzuhalten ist, darf er um 5 dB(A) überschritten werden. Die Lärm- und Vibrations-Arbeitsschutzverordnung[331] legt Auslösewerte für den Lärmpegel fest, bei deren Überschreitung der Arbeitgeber Schutzmaßnahmen nach dem Stand der Technik durchführen muss (Abbildung III-270).

---

330 Bundesanstalt für Arbeitsschutz und Arbeitsmedizin (BAuA, Hrsg.): Lärmwirkungen: Gehör, Gesundheit, Leistungen, 11. Auflage. Dortmund: 2004.
331 Verordnung zum Schutz der Beschäftigten vor Gefährdungen durch Lärm und Vibrationen, 2007/2008.

	Tages-Lärmexpositionspegel $L_{EX, 8h}$	Spitzen-Schalldruckpegel $L_{pC, peak}$
obere Auslösewerte	85 dB (A)	137 dB (C)
untere Auslösewerte	80 dB (A)	135 dB (C)

Abbildung III-270   Auslösewerte für den Lärmpegel

Bei Überschreiten eines der oberen Auslösewerte müssen der Arbeitsbereich als Lärmbereich gekennzeichnet und ein Programm zur Verringerung der Lärmexposition durchgeführt werden. Können auch danach die unteren Auslösewerte nicht eingehalten werden, muss der Arbeitgeber geeigneten persönlichen Gehörschutz zur Verfügung stellen, der die Gehörgefährdung beseitigt oder zumindest so verringert, dass der auf das Gehör einwirkende Lärm die oberen Auslösewerte nicht überschreitet. Der Gehörschutz muss verwendet werden, wenn auch nach Umsetzung der betrieblichen Maßnahmen zur Verringerung der Lärmexposition einer der oberen Auslösewerte überschritten wird. Einige Richtwerte von für unterschiedliche Arten von Tätigkeiten zulässige Lärmpegel wurden in Abbildung III-268 zusammengestellt. Sie haben den Charakter von Empfehlungen.

Schallschutz

Maßnahmen der Arbeitsgestaltung zum Schallschutz[332] müssen der in der Ergonomie grundlegenden Hierarchie folgen: Durch Auswahl geeigneter Technologie und Arbeitsverfahren sowie durch konstruktive Maßnahmen ist die Lärmentstehung zu verhindern oder zu vermindern, geeignete Konstruktionsmaßnahmen sollen dann die Lärmausbreitung verhindern oder begrenzen oder die Einwirkung auf den Menschen vermeiden. Reichen derartige technische Maßnahmen nicht aus, muss die Gesundheit der Beschäftigten durch Tragen persönlicher Schutzausrüstung geschützt werden.

Lärmentstehung an der Quelle verringern

Geräusche entstehen mechanisch vor allem durch Schlag oder Stoß, durch Reibung und durch wechselnde Kräfte (Unwucht) sowie durch Strömungen von Flüssigkeiten und Gasen, z. B. beim Transport in Rohrleitungen und bei Verbrennungsprozessen (Industrieöfen, offene Gasbrenner, Verbrennungsmotoren). Lärmminderung muss zuerst bei diesen Ursachen ansetzen.[333]

Zur Vermeidung von Schallentstehung tragen insbesondere der Einsatz lärmarmer Antriebe (Elektro- statt Verbrennungsmotor, Riemen- statt Kettenantrieb) und lärmarmer Arbeitsverfahren bei, die insbesondere Schlag- und Stoßvorgänge vermeiden (z. B. Schmiedepresse).

Der Schnittschlag in Stanzwerkzeugen wird durch geeigneten Schliff (Dachschliff, Schrägschliff, Wellenschliff) über einen längeren Weg verteilt und so die Lärmintensität erheblich vermindert; gleichzeitig sinkt die Beanspruchung der Maschine und die Standzeit der Werkzeuge steigt (Abbildung III-271).

Stoßvorgänge werden durch Dämpfung an der Krafteinleitungsstelle zeitlich gedehnt und so die Lärmintensität verringert.

---

332 DIN EN 457, Sicherheit von Maschinen; Akustische Gefahrensignale, Allg. Anforderungen, Gestaltung, Prüfung, 1992; DIN EN 11200–11204, Akustik – Geräuschabstrahlung von Maschinen und Geräten, 1996; DIN EN ISO 11688 Akustik; Richtlinien für die Gestaltung lärmarmer Maschinen und Geräte, 2001; DIN EN ISO 14163 Akustik; Leitlinien für den Schallschutz durch Schalldämpfer, 1999. DIN EN 15667 Akustik – Richtlinien für den Schallschutz durch Kapseln und Kabinen, 2001; DIN EN ISO 11690 Akustik – Richtlinien für die Gestaltung lärmarmer maschinenbestückter Arbeitsstätten, 1997/1999; VDI 2569, Schallschutz und akustische Gestaltung im Büro, 1990. (Dies ist nur eine Auswahl der derzeit gültigen Normen bzw. der Norm-Entwürfe. Umfassende Informationen erhält man über NA Akustik, Lärmminderung und Schwingungstechnik (NALS) im DIN und VDI.)

333 Vgl. Bundesanstalt für Arbeitsschutz (Hrsg.): Lärmarm konstruieren. Dortmund, 1990.

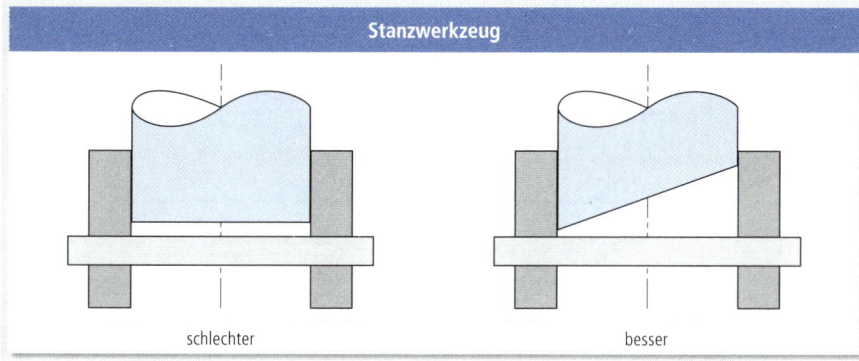

Abbildung III-271   Lärmminderung an der Quelle durch geeignete Werkzeuggestaltung

Durch einfache Gestaltungsmaßnahmen – wie z. B. die Reduktion der Fallhöhe von Gegenständen – lassen sich bereits beachtliche Lärmreduktionen erzielen.

Die Geräuschentwicklung durch Strömungsvorgänge in Flüssigkeiten und Gasen wird insbesondere durch die Verringerung von Druck und Strömungsgeschwindigkeit gemindert, beispielsweise durch langsam laufende Lüfter und Pumpen mit entsprechend größeren Durchmessern.

Bei Brennern oder Blasdüsen wird durch Mantelstromdüsen, bei denen um den schnell strömenden Luft- oder Brenngasstrahl ein ringförmiger Mantel von Luftstrahlen mit geringer Geschwindigkeit geführt wird, die Bildung von Wirbeln zwischen strömendem Gas und ruhender Luft und dadurch die Geräuschentwicklung verringert. Durch die Aufteilung einer Strömung in Teilströme z. B. mittels einer Vielröhrchendüse heben sich beim Austritt entstehende Wirbel teilweise auf, erhebliche Pegelverringerungen sind möglich (bis 10 dB(A)). Geräusche durch austretende Druckluft, die keine Arbeit mehr leisten soll (z. B. in pneumatischen Steuerungen), können durch Drosselschalldämpfer reduziert werden, in denen die Bewegungsenergie durch Reibungsvorgänge in Wärmeenergie umgewandelt wird.

Bei der *Luftschalldämpfung* werden Decken und Wände mit Schallschluckelementen (poröse Materialien) ausgekleidet; Reflexionen werden so verhindert und störender Nachhall vermieden, der direkte Schall am Arbeitsplatz wird jedoch nicht beeinflusst (Abbildung III-272). Die Schallabstrahlung in den Ansaug- oder Ausblasöffnungen von Verdichtern oder Klimaanlagen wird durch mit Schallschluckmaterial ausgekleidete Absorptionsschalldämpfer reduziert.

Lärmausbreitung verhindern oder vermindern

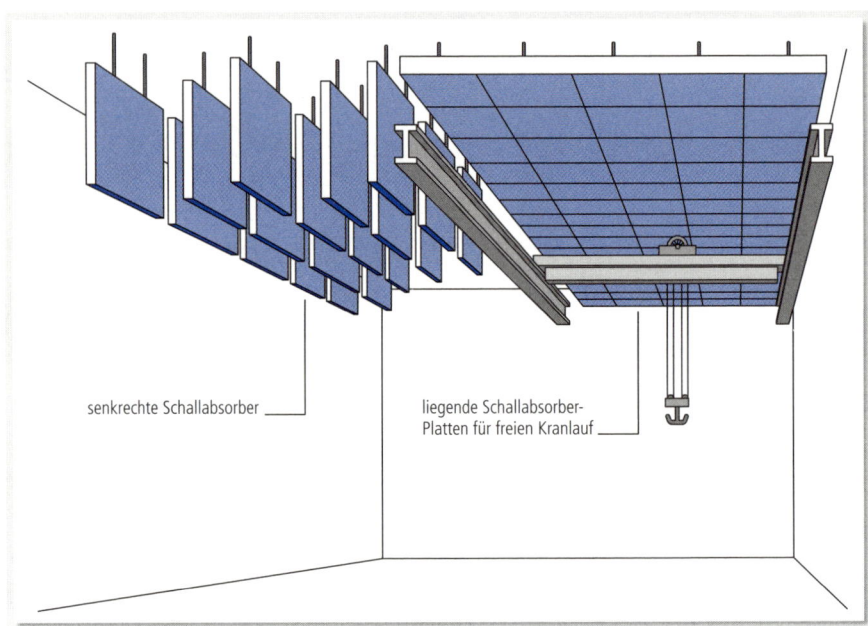

Abbildung III-272   Deckenelemente zur Luftschalldämpfung (Brüel&Kjaer)

Bei der *Luftschalldämmung* verhindern den Schall reflektierende Hindernisse aus schweren Baustoffen (z. B. Mauerwerk, Pressspan- oder Kunststoffplatten) die Schallausbreitung, die Schallenergie kann durch zusätzliche Auskleidung mit Schallschluckmaterial absorbiert werden (Abbildung III-273).

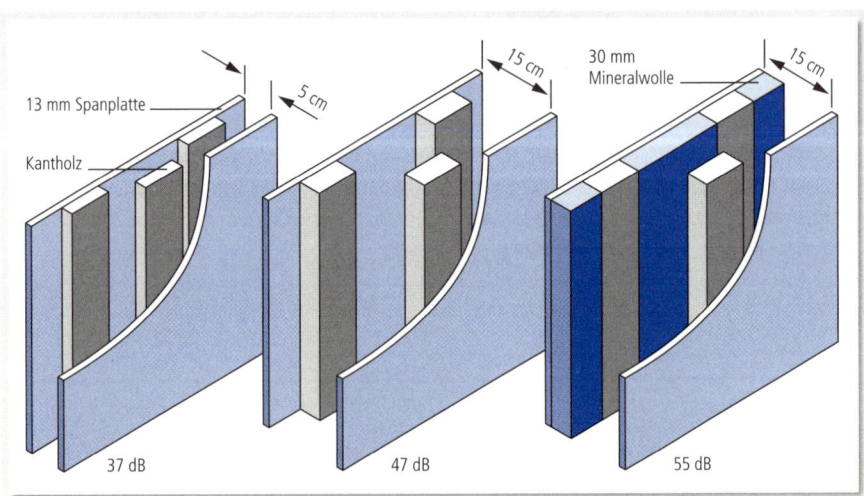

Abbildung III-273   Sandwichkonstruktionen senken die Schallübertragung

Bei *Körperschalldämpfung* wird Schallenergie durch innere Reibung in Wärme umgewandelt. Soweit technisch möglich, sollten Werkstoffe mit hoher innerer Reibung, wie z. B. Kunststoffe, Mineralfasern und Gusseisen anstelle von Stahl, Aluminium oder Glas eingesetzt werden. Wo dies nicht möglich ist, können Flächen mit geringer innerer Reibung mit Entdröhnungsmittel (z. B. Kunststoffe, Bitumen) beschichtet werden oder bewegliche, magnetische Antidröhnfolien, z. B. bei der Bearbeitung von Blechen, aufgelegt werden. Bei hohen Anforderungen an Festigkeit und Schalldämpfung, wie z. B. bei Materialrutschen, Maschinengebäuden und Verkleidungen, werden Sandwich-Strukturen (Blech – Entdröhnungsschicht – Blech) eingesetzt.

Körperschalldämmung (oder -isolierung) erfolgt z. B. durch elastische Lagerung von Maschinen auf Schwingfüßen, elastische Zwischenglieder in und Befestigungen von Rohrleitungen oder elastische Wellenkupplungen. Die Abstrahlung von Körperschall in die Luft wird vermindert, wenn schwingende Flächen aus Lochblech hergestellt werden: Das schwingende Lochblech kann keine große Druckdifferenz aufbauen, so dass Luftschall nur in geringerer Intensität entstehen kann, beispielsweise bei Schutzverkleidungen.

Wenn trotz aller technischen und organisatorischen Maßnahmen der Beurteilungspegel am Arbeitsplatz nicht unter die gesetzlichen Toleranzwerte abgesenkt werden kann, muss persönlicher *Gehörschutz* eingesetzt werden. Die Arbeitnehmer sind bei Pegelwerten von 85 dB(A) und darüber verpflichtet, persönliche Schallschutzmittel zu tragen. Als Schallschutzmittel dienen: Gehörschutzstöpsel, Kapselgehörschützer, Gehörschutzhelme und Schallanzüge, wobei die Helme und Anzüge nur unter extremen Lärmverhältnissen eingesetzt werden. Die entscheidenden Kriterien für Eignung, Auswahl und Anwendung eines bestimmten Schallschutzmittels sind Schalldämmung (Abbildung III-274), Unfallsicherheit und Tragekomfort.

Persönliche Schutzausrüstungen (PSA)

Gehörschutzmittel	mittlere Schalldämmung	Anwendungsbereich
Gehörschutzwatte oder -stöpsel	etwa 20 dB	bis 105 dB(A)
Kunststoffstöpsel	etwa 25 dB	bis 110 dB(A)
Gehörschutzkapseln	etwa 30 dB	bis 115 dB(A)
Gehörschutzhelme, Schallschutzanzüge	etwa 30 dB	über 115 dB(A)

Abbildung III-274   Mittlere Schalldämmung verschiedener Gehörschutzmittel

Die Einführung persönlichen Gehörschutzes trifft oft auf den Widerstand der Betroffenen, die einerseits auf den Diskomfort durch das Tragen von Gehörschutz, andererseits auf die erfolgte Gewöhnung an den Lärm verweisen. Praxiserfahrungen belegen, wie schnell auf der einen Seite die Empfindung der Lästigkeit von Gehörschutz mit der Benutzung abnimmt und auf der anderen Seite der Lärm als zunehmend lästig und beeinträchtigend empfunden wird.

5.7.5 Mechanische Schwingungen

Mechanische Schwingungen (*Vibrationen* und Erschütterungen) wirken auf den Menschen z. B. in Fahrzeugen aller Art (Land-, Luft- und Seefahrzeugen, Erdbaumaschinen u. a.) sowie bei der Benutzung von handgeführten Werkzeugen ein.

Begriffe, Grundlagen

Zu unterscheiden sind periodische und nichtperiodische Schwingungen: Periodische Schwingungen sind aus verschiedenen harmonischen sinusförmigen Schwingungen zusammengesetzt, die in technischen Prozessen von großer Bedeutung sind. Bei nichtperiodischen Schwingungen, die z. B. von stoßartig arbeitenden Werkzeugen ausgehen, ändert sich die Schwingungsbewegung unregelmäßig mit der Zeit.

Die Höhe der *Belastung durch Schwingungen* wird beschrieben durch

- die Parameter Schwingungsamplitude (das ist die maximale Auslenkung der Materieteilchen aus der Ruhelage) oder Schwingbeschleunigung, die Frequenzen und deren Zusammensetzung,
- die Schwingungsrichtung in Bezug auf die Körperachsen des Menschen,
- den Ort der Einleitung auf den Menschen und damit die Art der im Menschen angeregten Schwingungen (Ganz- oder Teilkörperschwingungen).

Mitwirkende Belastungsfaktoren sind bei Ganzkörperschwingungen die *Körperhaltung* sowie die Fixierung des Körpers oder einzelner Körperpartien, bei Hand-Arm-Schwingungen auch die Ankopplungskraft und Kälte.

Die Messung der Schwingungsparameter erfolgt mit Beschleunigungsaufnehmern, danach folgen, wie bei Schallsignalen, Frequenzbewertung und zeitliche Gewichtung. Die Messungen erfolgen an den Orten und Objekten der Schwingungseinleitung in den Körper, d.h. an der Sitzfläche des Fahrzeugs oder am Handgriff des Werkzeugs. Sollen z.B. auch die schwingungsdämpfenden Eigenschaften eines Fahrzeugsitzes beurteilt werden, werden mit einem zusätzlichen Messaufnehmer die Schwingungen am Ort der Befestigung des Sitzes erfasst.

Wirkungen
mechanischer
Schwingungen
auf den Menschen

Als Folge von *Schwingungseinwirkungen* können sich einstellen:

- Befindensstörung,
- Leistungsminderung,
- biomechanische Reaktionen,
- physiologische Reaktionen,
- Schmerzwahrnehmungen,
- Gesundheitsschädigungen.

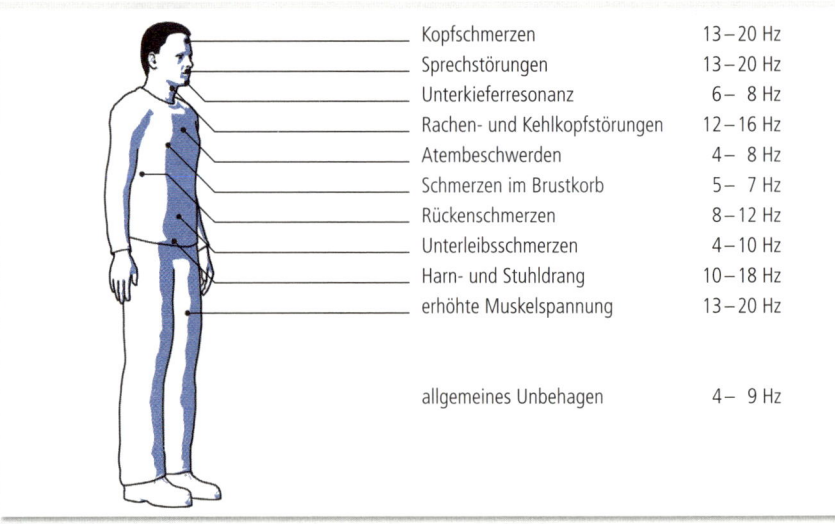

Kopfschmerzen	13 – 20 Hz
Sprechstörungen	13 – 20 Hz
Unterkieferresonanz	6 – 8 Hz
Rachen- und Kehlkopfstörungen	12 – 16 Hz
Atembeschwerden	4 – 8 Hz
Schmerzen im Brustkorb	5 – 7 Hz
Rückenschmerzen	8 – 12 Hz
Unterleibsschmerzen	4 – 10 Hz
Harn- und Stuhldrang	10 – 18 Hz
erhöhte Muskelspannung	13 – 20 Hz
allgemeines Unbehagen	4 – 9 Hz

Abbildung III-275 Beschwerdesymptome in verschiedenen Organbereichen in Abhängigkeit von der erregenden Schwingungsfrequenz[334]

---

334 Magid, E. B.; Coermann, R.: The reaction oft he human body to extreme vibrations. Proc. Inst. Envir. Sc., 1960, S. 135.

Mit ausschlaggebend für die Beschwerdewirkung bei Schwingungseinwirkung ist die Frage, ob es zu Resonanzerscheinungen kommt. Im Allgemeinen werden niedrige Frequenzen größere Organe des Menschen beanspruchen als höhere. Horizontale Schwingungen beanspruchen den Menschen aufgrund der Dämpfung weniger stark als vertikale. Abbildung III-275 zeigt auf, welche Beschwerden vertikale Schwingungen am sitzenden Menschen bewirken können.

Unter niederfrequenten mechanischen Schwingungen mit großer Amplitude können sich auch Kinetosen (Luft-, See-, Fahrstuhl-, Auto- etc. Krankheiten) einstellen, die einerseits auf die Beeinflussung des Gleichgewichtssinns, andererseits auf die Einwirkungen auf die Mechanorezeptoren der Haut, des Bindegewebes und der Muskulatur des Skelettsystems zurückzuführen sind.

Bekannt sind insbesondere die anerkennungspflichtigen *Berufskrankheiten*, die aus Abnutzungserkrankungen in Folge mechanischer Gefäßabdrosselungen an Hand-, Ellbogen- und Schultergelenk entstehen. Diese Erkrankungen sind dem Krankheitsbild »Arthrose« ähnlich. Die »Weißfinger-Krankheit« kann sich insbesondere bei hohen Schwingungsfrequenzen einstellen.

Starke Bewegungen der Wirbelkörper im Bereich der Lendenwirbelsäule vor allem bei Einwirkung vertikaler Schwingungen, vor allem in der Nähe der Resonanzfrequenz um ca. 4 Hz, können als Ursache für degenerative Veränderungen im Bereich der Bandscheiben infrage kommen. Hier sind beispielsweise Alterungen und Schrumpfungen des Bandscheibengewebes, Verschiebungen der Wirbelkörper sowie Schädigungen des Faserringes mit der möglichen Folge eines Bandscheibenvorfalls zu nennen.

Auch Erkrankungen des Magens können als Folge von Schwingungsbelastungen beobachtet werden. Unter dem Einfluss sinusförmiger oder auch stochastischer Schwingungen kann der Magen zu starken Resonanzbewegungen kommen, die das Gewebe in diesem Organbereich besonders beanspruchen. Betroffen sind auch hier vor allem Fahrzeugführer.

Die Leistungsfähigkeit kann durch Ganzkörperschwingungen vorwiegend auf zwei Wegen beeinträchtigt werden:

Schwingungen und Leistung

- durch eine direkte und üblicherweise momentan auftretende mechanische Störung des Menschen bei der Aufgabenerfüllung, d.h. im Bereich der sensorischen Informationsaufnahme und der sensumotorischen Tätigkeit,
- durch indirekte Wirkungen, die über eine Beeinträchtigung des physischen und psychischen Zustands vermittelt werden.

Hinsichtlich der direkten Einwirkungen ist bekannt, dass Schwingungen das *Sprachvermögen* beeinträchtigen können (Resonanzschwingungen der Luftröhre und der Bronchien). Stark beeinflusst wird die *Sehleistung* durch höherfrequente Schwingungen zwischen ca. 12 und 80 Hz bei horizontaler und vertikaler Einleitung. Das visuelle Auflösungsvermögen nimmt ebenso ab wie die Sehschärfe. Dieser Sachverhalt hat besonders für Fahr- und Steuertätigkeiten Bedeutung. Die Schwingungseinwirkung kann auch die *sensomotorische Leistungsabgabe* beeinflussen. Hierfür sind direkte mechanische Wirkungen auf das Hand-Arm-System und indirekte, psycho-physische Wirkungen verantwortlich. Gerade die psycho-physischen Einflüsse können zu starken Streuungen der Leistung führen; sie wirken auch nach Abbruch der Schwingungsbelastung noch nach.

Bei Leistungsanforderungen, die mit dem Führen von Kfz im Straßenverkehr oder von Erdbaumaschinen vergleichbar sind, wird es als wenig wahrscheinlich angesehen, dass für eine *Schwingbeschleunigung* $a_{w\,(8)} < 0,3\ m/s^2$ eine Beeinträchtigung von Leistungsfähigkeit oder Aufmerksamkeit erfolgt. Ungünstige Wirkungen im Sinne einer Belästigung oder Störungen der Feinkoordination bei andersartigen Leistungsanforderungen können jedoch auch bei Unterschreiten dieses Wertes nicht ausgeschlossen werden.[335]

---

335 VDI 2057 Blatt 1: Einwirkungen mechanischer Schwingungen auf den Menschen – Ganzkörperschwingungen, 2002.

Im Gegensatz zu mechanischen Systemen ist der Mensch in der Lage, Schwingungseinwirkungen bewusst oder unbewusst entgegenzuarbeiten, indem er Muskelarbeit leistet. Bei der Einleitung von sinusförmigen oder *periodischen Schwingungen*, die der Mensch durch ihre häufige Wiederkehr kennengelernt hat, kann er mit aktiver, vor allem dynamischer Muskelarbeit antworten. Damit will er sein Bewegungsverhalten so einstellen, dass er die Schwingungen als möglichst wenig lästig empfindet.

Im Falle von *stochastischen Schwingungen*, also Schwingungen mit regellosem Ablauf, muss sich der Mensch mit weitgehend statischer Muskelarbeit anspannen, um die Eigenfrequenzen und Dämpfung des Körpers so zu verändern, dass Resonanzwirkungen vermieden oder abgeschwächt werden.

Schwingungs-
bewertung und
-beurteilung

Neben dem zeitlichen Verlauf sind bei der Analyse von Schwingungen die Richtung der Schwingungen und die Art ihrer Einwirkung zu beachten.[336] Schwingungen können vertikal, horizontal, als Drehschwingungen oder in kombinierter Form einwirken. Je nach Einleitungsart können im Menschen *Ganzkörperschwingungen* (Einleitung im Stehen über die Füße oder im Sitzen über das Gesäß) und *Teilkörperschwingungen* (Einleitung vor allem über das Hand-Arm-System) unterschieden werden. Von besonderer Bedeutung ist bei Ganzkörperschwingungen die Schwingungseinleitung über das Gesäß (z. B. Fahrzeugsitz), bei der die Dämpfung durch Fuß-, Knie- und Hüftgelenke entfällt.

Die *Schwingungsrichtungen* werden für Ganzkörperschwingungen ebenso wie für Teilkörperschwingungen an einem personenbezogenen Koordinatensystem orientiert. X- und y-Achse werden im Stehen, sitzend und im Liegen durch die Horizontale bestimmt. Die z-Achse entspricht der Körperlängsachse. Beim Hand-Arm-System ist die Längsachse Arm-Hand die z-Achse.

Mechanische Schwingungen unterschiedlicher *Frequenz* werden unterschiedlich stark wahrgenommen. Der Schwellenwert der Schwingungswahrnehmung liegt für den Bereich der maximalen Empfindlichkeit zwischen 4 und 8 Hz bei $a_w = 0,005$ m/s^2, die Erträglichkeitsgrenze bei $a_w = 5$ m/s^2. Getrennt für Ganzkörper- und für Teilkörperschwingungen sowie nach den unterschiedlichen Schwingungsrichtungen wurden diejenigen Kombinationen aus Schwingbeschleunigung und Frequenz ermittelt, die subjektiv als gleich belastend empfunden werden.

Mit Hilfe dieser *Frequenzbewertung* werden die auf den Menschen einwirkenden mechanischen Schwingungen in ihrer Bandbreite begrenzt und entsprechend der von der Frequenz abhängigen Beanspruchung gewichtet.

Die frequenzbewertete Beschleunigung aw(t) wird aus dem Zeitsignal der Schwingbeschleunigung a(t) durch Anwendung der entsprechenden Frequenzbewertungskurve ermittelt. Die tägliche Schwingungsbelastung wird nach dem Dosisprinzip aus den Teilbelastungen (a_{wi}) und den zugehörigen Einwirkungsdauern (T_i) bestimmt. Die frequenzbewertete Beschleunigung während der Einwirkungszeit T wird berechnet nach:

$$a_{w(T)} = \left\{ \left(\frac{1}{T} \right) \sum \left(a_{wi}^2 \, T_i \right) \right\}^{0,5}$$

Dabei werden längere schwingungsfreie Zeiten wie z. B. während einer Erholungspause nicht einbezogen.

---

336 DIN EN 14253, Mechanische Schwingungen – Messung und rechnerische Ermittlung der Einwirkung von Ganzkörperschwingungen auf den Menschen am Arbeitsplatz im Hinblick auf seine Gesundheit – Praxisgerechte Anleitung.

Die *Beurteilungsbeschleunigung* $a_{w\,(8)}$ kennzeichnet die gesamte Schwingungsbelastung eines Tages (»Tagesdosis«). Sie wird aus der für die Einwirkungszeit T bestimmten Beschleunigung a_w für die Beurteilungsdauer $T_0 = 8$ h berechnet:

$$a_{w(8)} = a_w \left(\frac{T}{T_0} \right)^{0,5}$$

Die *Tagesdosis* $a_{w(8)}$ entspricht dem Tages-Vibrationsexpositionswert A(8), der nach der Lärm- und Vibrations-Arbeitsschutzverordnung zur Beurteilung der Gesundheitsgefährdung heranzuziehen ist.[337]

Bei Hand-Arm-Schwingungen gibt es für die drei Raumrichtungen nur eine Frequenzbewertungskurve. Die frequenzbewertete Beschleunigung $a_{h\,w}$ ergibt sich als quadratisches Mittel der Beschleunigungen in den drei Schwingungsrichtungen (vgl. auch Abbildung III-276).[338] Die auf einen 8-Stunden-Arbeitstag bezogene Schwingungsbelastung $a_{h\,w\,(8)}$ wird wie bei Ganzkörperschwingungen berechnet.

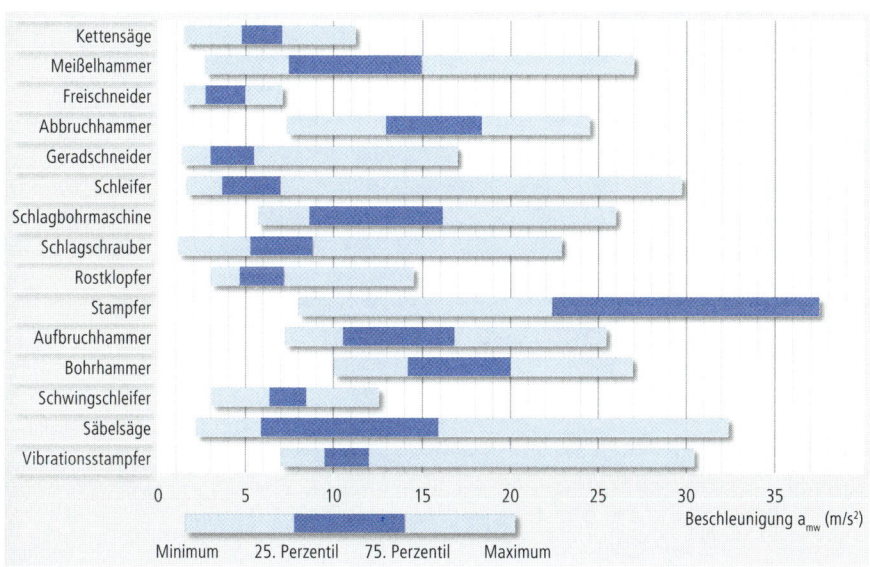

Abbildung III-276 Messwerte der bewerteten Schwingbeschleunigung beim Arbeiten mit vibrierenden handgehaltenen oder handgeführten Geräten[339]

Mindestvorschriften zum Schutz der Gesundheit bei Schwingungsbelastung gibt die Richtlinie 2002/44/EG, in Deutschland umgesetzt durch die Lärm- und Vibrations-Arbeitsschutzverordnung in der Expositionsgrenzwerte und Auslösewerte festgelegt werden.[340]

---

337 ISO 2631-1, Mechanische Schwingungen und Stöße – Bewertung der Einwirkung von Ganzkörperschwingungen auf den Menschen – Teil 1: Allgemeine Anforderungen, 1997.
338 VDI 2057 Blatt 1: Einwirkungen mechanischer Schwingungen auf den Menschen – Ganzkörperschwingungen, 2002.
339 Bundesanstalt für Arbeitsschutz und Arbeitsmedizin (Hrsg.): Handbuch zum Thema Hand-Arm-Vibration, Potsdam, 2007.
340 Verordnung zum Schutz der Beschäftigten vor Gefährdungen durch Lärm und Vibrationen, 2007/2008.

Expositionsgrenzwerte dürfen am Arbeitsplatz – auch unter Berücksichtigung von Schutzmaßnahmen oder persönlicher Schutzausrüstung – nicht überschritten werden. Schon das Überschreiten der niedrigeren Auslösewerte gibt Anlass zu technischen und organisatorischen Schutzmaßnahmen durch den Arbeitgeber, mit denen die Schwingungsexposition und die damit verbundenen Risiken für den Arbeitnehmer minimiert werden sollen, z. B. durch andere Arbeitsverfahren oder schwingungsdämpfende Ausrüstung von Sitzen und handgeführten Werkzeugen.

Management der
Schwingungs-
exposition mit dem
System der
Expositionspunkte

Für jede *Schwingungsexposition* (Fahrzeug, Maschine) wird z. B. für Ganzkörperschwingungen aus der Schwingungsintensität $a_{w(T)}$ und dem Faktor k (k = 1,4 für Schwingungen in der x- und y-Achse und k = 1,0 für die z-Achse) sowie der Einwirkungsdauer eine Zahl von Expositionspunkten pro Zeiteinheit (z. B. ½ h, 1 h, 2 h ...) bestimmt. Zur Auswertung werden die Expositionspunkte während der Abschnitte mit unterschiedlicher Schwingungsbelastung über den Arbeitstag addiert; die Tagessumme wird anhand einer Tabelle (vgl. Abbildung III-277) hinsichtlich der Einhaltung von Auslösewert und Expositionsgrenzwert beurteilt.

Als Auslösewert (bei Ganzkörperschwingungen 0,5 m/s²) gelten 100 Expositionspunkte, der Expositionsgrenzwert entspricht für Schwingungsbelastung in z-Richtung (0,8 m/s2) 256 Punkten, für Schwingungen in x- und y-Richtung (1,15 m/s²) 529 Punkten. Auch für Hand-Arm-Schwingungen liegt eine entsprechende Tabelle von Expositionspunkten vor.

Zur Berechnung der Anzahl Expositionspunkte PE für Ganzkörperschwingungen werden die folgenden Formeln verwendet (Schwingungsintensität $a_{w(T)}$ in m/s², Expositionsdauer T in Stunden, Multiplikator k: 1,4 für Schwingungseinleitung in x- bzw. y-Richtung, 1,0 bei Einleitung in z-Richtung):

$$P_E = \left\{ \frac{k a_w}{0,5 \frac{m}{s^2}} \right\} \cdot \frac{T}{8 \text{ Stunden}} \cdot 100$$

Berechnung der Tagesexposition A(8) aus Expositionspunkten:

$$A(8) = 0,5 \frac{m}{s^2} \sqrt{\frac{P_E}{100}}$$

	x- und y-Richtung	z-Richtung
Auslösewert eingehalten	Punktwert ≤ 100	Punktwert ≤ 100
Expositionsgrenzwert eingehalten	Punktwert ≤ 529	Punktwert ≤ 256
Exponentionsgrenzwert überschritten	Punktwert > 529	Punktwert > 256

$k\,a_w$ in m/s²	tägliche Einwirkungsdauer in Minuten										
	30	60	120	180	240	300	360	420	480	600	720
2,5	156	313	625	938	1.250	1.563	1.875	2.188	2.500	3.125	3.750
2,4	144	288	576	864	1.152	1.440	1.728	2.016	2.304	2.880	3.456
2,3	132	265	529	794	1.058	1.323	1.587	1.852	2.116	2.645	3.174
2,2	121	242	484	726	968	1.210	1.4521	1.694	1.936	2.420	2.904
2,1	110	221	441	662	882	1.103	1.323	1.544	1.764	2.205	2.646
2,0	100	200	400	600	800	1.000	1.200	1.400	1.600	2.000	2.400
1,9	90	181	361	542	722	903	1.083	1.264	1.444	1.805	2.166
1,8	81	162	324	486	648	810	972	1.134	1.296	1.620	1.944
1,7	72	145	289	434	578	723	867	1.012	1.156	1.445	1.734
1,6	64	128	256	384	512	640	768	896	1.024	1.280	1.536
1,5	56	113	225	338	450	563	675	788	900	1.125	1.350
1,4	49	98	196	294	392	490	588	686	784	980	1.176
1,3	42	85	169	254	338	423	507	592	676	845	1.014
1,2	36	72	144	216	288	360	432	504	576	720	864
1,15	33	66	132	198	265	331	397	463	529	661	794
1,1	30	61	121	182	242	303	363	424	484	605	726
1,0	25	50	100	150	200	250	300	350	400	500	600
0,9	20	41	81	122	162	203	243	284	324	405	486
0,8	16	32	64	96	128	160	192	224	256	320	384
0,7	12	25	49	74	98	123	147	172	196	245	294
0,6	9	18	36	54	72	90	108	126	144	180	216
0,5	6	13	25	38	50	63	75	88	100	125	150
0,4	4	8	16	24	32	40	48	56	64	80	96
0,3	2	5	9	14	18	23	27	32	36	45	54
0,2	1	2	4	6	8	10	12	14	16	20	24
für x, y: $k=1,4$ für z: $k=1$	0,5 h	1 h	2 h	3 h	4 h	5 h	6 h	7 h	8 h	10 h	12 h
	tägliche Einwirkungsdauer in Stunden										

Abbildung III-277   Expositionspunkte für Ganzkörperschwingungen[341]

Im folgenden Beispiel zu Hand-Arm-Schwingungen arbeitet ein Stahlarbeiter mit zwei Werkzeugen, einem Schleifer mit einer Vibrationsemission von 7 m/s² und einem Meißelhammer mit 16 m/s². Der Schleifer wird insgesamt 2,5 Stunden/Tag, der Hammer 15 Minuten/Tag benutzt. Es ergeben sich:[342]   *(Beispiel)*

- Schleifer: $A1(8) = 3,9$ m/s²
- Meißelhammer: $A2(8) = 2,8$ m/s²
- Gesamtbelastung: $A(8) = 4,8$ m/s²

Organisatorische Maßnahmen des Schwingungsschutzes sind: *(Gestaltungsmaßnahmen)*

- Einflüsse beseitigen, die negative Auswirkungen von Schwingungen auf den Menschen verstärken, wie niedrige Temperaturen/Kälte, ungünstige Körperhaltungen, statische Belastungen oder gleichzeitige Lärmeinwirkung.
- Arbeitsabläufe so gestalten, die den Wechsel von schwingungsbelastenden Tätigkeiten mit solchen ohne Schwingungseinwirkung oder mit Pausen vorsehen, da sich der Mensch in Schwingungspausen zu regenerieren vermag.

---

341 http://bb.osha.de/docs/gkv
342 Bundesanstalt für Arbeitsschutz und Arbeitsmedizin (Hrsg.): Handbuch zum Thema Hand-Arm-Vibration, Potsdam, 2007.

• Intensität und Dauer der Schwingungsbelastung müssen überwacht werden, beispielsweise mit dem System der Expositionspunkte.

Arbeitsgestaltung zur Reduzierung der Schwingungsbelastung sollte der Hierarchie ergonomischer Maßnahmen folgen: Vorrang hat der technische Schwingungsschutz der darauf abzielt, die Entstehung von Schwingungen an der Quelle zu verhindern oder zu reduzieren, und im zweiten Schritt die Ausbreitung von Schwingungen von der Quelle zum Menschen zu mindern.[343]

Gestaltungsmaßnahmen können auch auf die Kopplung zwischen dem Menschen und dem Schwingungserzeuger abheben: die ergonomisch günstigere Griffgestaltung z. B. eines Druckluftwerkzeugs ermöglicht eine normale Handhaltung mit fluchtender Achse Unterarm – Hand und damit geringerer Beanspruchung der Handwurzeln. So wird für die gleiche aufzubringende Kraft eine weniger enge Kopplung erforderlich oder bei gleicher Kopplung eine größere Anpresskraft mit verringerter Arbeitszeit für die gleiche Leistung möglich

Persönlicher Schwingungsschutz betrifft die Verhinderung oder Verringerung der Schwingungseinwirkung auf den Menschen, z. B. die Dämpfung durch gepolsterte Sitze oder durch Vibrationshandschuhe.

Prüfliste zur Schwingungsexposition und zum Schwingungsschutz

Folgende Checkliste fasst die wichtigsten Prüfpunkte zum Schwingungsschutz der Beschäftigten zusammen:

1. Angaben über Vibrationen lt. Maschinenrichtlinie liegen in Bedienungsanleitung vor.
2. Hersteller liefert Empfehlungen zu Schulungsmaßnahmen über den sicheren Einsatz eines schwingungsemittierenden Gerätes.
3. Hersteller liefert Empfehlungen zur Überwachung der Vibrationsexposition.
4. In der Gefährdungsbeurteilung laut Arbeitsschutzgesetz ist die Schwingungseinwirkung berücksichtigt.
5. Schwingungsexposition wird durch andere Arbeitsmethoden und/oder zeitverkürzende Maßnahmen verhindert oder verringert.
6. Einspannvorrichtungen haben vibrationsdämpfende Befestigungen.
7. Die vom Hersteller empfohlenen vibrationsdämpfenden Griffe werden auch verwendet.
8. Die Greif- und Andruckkräfte beim Einsatz eines schwingungsemittierenden Gerätes sind möglichst niedrig.
9. Zugentlastungen werden zur Stützung vibrierender Werkzeuge benutzt.
10. Antivibrations-Schutzhandschuhe tragen das CE-Kennzeichen.
11. Antivibrations-Schutzhandschuhe werden auch benutzt.
12. Da Kälte ein mitwirkender Belastungsfaktor ist, sind die Handgriffe (z. B. von Kettensägen) bei Bedarf beheizbar.
13. Die Geometrie der Handgriffe begünstigt ein Fluchten von Hand- und Unterarmachse.
14. Durch regelmäßige Wartung der Betriebsmittel wird Vibrationsemission minimiert.
15. Bei Tätigkeiten mit Ganzkörperschwingungen kann der Mitarbeiter eine bequeme, aufrechte Position einnehmen.
16. Die Einleitung von Ganzkörperschwingungen über den Fahrersitz wird durch pneumatische Sitzfederungen minimiert.

---

343 Zahlreiche Gestaltungsvorschläge sind enthalten in: Popov, K.: KAMIN – Katalog technischer Schwingungsschutzmaßnahmen. Katalog praktisch erprobter Lösungen des technischen Schwingungsschutzes und für Elemente zur Schwingungsminderung, 1. Auflage. Bremerhaven: Wirtschaftsverlag NW Verlag für neue Wissenschaft GmbH 2003. (Schriftenreihe der Bundesanstalt für Arbeitsschutz und Arbeitsmedizin: Forschungsbericht, Fb 981). Weiterhin: CEN/TR 15172-1, Ganzkörper-Schwingungen – Leitfaden zur Verringerung der Gefährdung durch Schwingungen – Teil 1: Technische Maßnahmen durch die Gestaltung von Maschinen. CEN/TR 15172-2, Ganzkörper-Schwingungen – Leitfaden zur Verringerung der Gefährdung durch Schwingungen – Teil 2: Organisatorische Maßnahmen am Arbeitsplatz.

5.7.6 Sonstige physikalische-chemische Umgebungseinflüsse

Gefahrstoffe sind reine Stoffe, Stoffgemische oder Erzeugnisse, die schädigende Einflüsse haben kön- Gefahrstoffe
nen, z. B.

- physikalisch-chemische Eigenschaften,
    - explosionsgefährlich,
    - brandfördernd,
    - entzündlich,
- akut toxische Eigenschaften,
    - giftig,
    - ätzend,
    - reizend,
- in sonstiger Weise gesundheitsschädlich,
- spezielle toxische Eigenschaften,
    - sensibilisierend,
    - krebserzeugend,
    - fortpflanzungsgefährdend,
    - erbgutverändernd,
- öko-toxische Eigenschaften,
    - umweltgefährlich.

Werden Gefahrstoffe transportiert, dann handelt es sich um *Gefahrgut.*

Aerosole sind disperse Verteilungen fester Stoffe bzw. chemischer Substanzen in Gasen. Für die Aerosole
Metall- und Elektroindustrie sind Schwebstoffe, wie Stäube, Rauche, Nebel, Gase und Dämpfe, besonders bedeutsam.

Stäube sind Dispersionen fester Stoffe in der Luft. Stäube können metallischen, mineralischen oder Stäube
pflanzlichen Ursprungs sein. Sie gelangen durch mechanische Prozesse oder durch Aufwirbelung in
die Luft. Die Gefahrstoffwirkung des Staubes hängt – neben dem Material – wesentlich von der Partikelgröße ab. Die Einteilung der Stäube erfolgt nach dem aerodynamischen Durchmesser (das ist der
Durchmesser einer Kugel der Dichte $1 g/cm3$, die in ruhender Luft mit der gleichen Geschwindigkeit
sinkt wie die betrachteten Teilchen beliebiger Form und Dichte).

Feine und feinste Stäube gelangen bis in die Lunge, während gröbere Stäube schon im Bereich der
Bronchien oder im Nasen-Rachen-Raum abgeschieden werden. In Abhängigkeit vom aerodynamischen Durchmesser der Partikel unterscheidet man

- einatembare Fraktion,
- thoraxgängige Fraktion,
- alveolengängige[344] Fraktion.

Der aerodynamische Durchmesser Partikel aus der thorax- und der alveolengängigen Fraktion liegt
größtenteils zwischen 0 und 15 µm.[345]

Bei der Bearbeitung keramischer Werkstoffe kann es zu lungengängigen Staubemissionen kommen.
Dies erfordert die Einhausung der Anwendung, lokale Absaugungen an der Entstehungsstelle und Ab-
saugung in der Bearbeitungskabine. Beim Schweißen, Schneiden und anderen Bearbeitungsverfahren
können ultrafeine Partikel entstehen. Wegen der Partikelgröße < 1 µm sind die Emissionen lungen-

---

344 Alveolen: Lungenbläschen.
345 Zu den Grenzwerten vgl. TRGS 900: Technische Regeln für Gefahrstoffe, 2001 und 2007.

gängig. Ultrafeine Partikel entstehen auch beim thermischen Schneiden, thermischen Spritzen und Löten. Wegen der toxischen Wirkungen sind Maßnahmen zum Schutz des Schweißers erforderlich.

Unter *Nanopartikeln* versteht man Materialien < 100 nm. Produkte mit Nanostrukturen (z. B. nanostrukturierte Oberflächen) müssen nicht gleichzeitig auch Nanopartikel emittieren. Bis heute ist es unklar, in welchem Maße durch Nanopartikel Auswirkungen auf die Gesundheit des Menschen zu erwarten sind. Es kann davon ausgegangen werden, dass die

- Partikelzahl,
- Partikelgeometrie,
- Partikelchemie

gesundheitlich relevante Größen sein können.

Faserstäube sind disperse Verteilungen von anorganischen oder organischen Fasern bestimmte Abmessungen in der Luft. Sie können bei der mechanischen Bearbeitung oder bei Erosionsprozessen entstehen.

Rauche, Dämpfe und Gase

Rauche sind Dispersionen (feine Verteilungen) fester Teilchen aus Verbrennungsvorgängen; Beispiele sind Löt- und Schweißrauch, Zinkoxidrauch. *Nebel* sind in Luft verteilte flüssige Schwebeteilchen; wichtig sind vor allem Ölnebel, die bei Zerspanungsvorgängen entstehen. *Gase* sind molekulare Beimengungen zur Luft, z. B. Kohlenmonoxid, Chlor, Chlorwasserstoff, Schwefelwasserstoff. *Dämpfe* sind gasförmige Beimengungen, die im Gleichgewicht mit ihren flüssigen oder festen Aggregatzuständen stehen; am Arbeitsplatz treten besonders Dämpfe von Löse- und Reinigungsmittel auf, z. B. Benzol-Tri- oder -Tetrachloräthylen.

Sowohl beim Pressen und Härten als auch beim Schweißen und der mechanischen Bearbeitung können krebserregende Stoffe, die zum Teil oberhalb der zulässigen Grenzwerte liegen, entstehen:

- Benzo(a)pyren,
- Benzol,
- Beryllium und seine Verbindungen,
- Cadmium und seine Verbindungen,
- Chrom (VI)-Verbindungen,
- Kobalt und seine Verbindungen,
- Nickel und seine Verbindungen,
- N-Nitrosamine.

Kühlschmierstoffe

Kühlschmierstoffe (KSS) werden zum Kühlen, Schmieren und Spülen bei den verschiedensten Bearbeitungsverfahren eingesetzt. Dabei handelt es sich um komplexe Stoffgemische aus natürlichen und synthetischen Ölen und einer Reihe von Additiven. Kühlschmierstoffe enthalten entweder direkt oder aber im Verlauf der Verarbeitungsvorgänge polezyklische, aromatische Kohlenwasserstoffe, die zu hohen Konzentrationen von Nitrosaminen führen können. So können neben den schmierstoffbedingten Hauterkrankungen durch Inhalation bei der Vernebelung von Kühlschmierstoffen Atemwegserkrankungen entstehen. Kühlschmierstoffe haben kanzerogene Inhalte, die überzufällige Entstehung von Lungen- oder anderen Krebsarten konnte jedoch nicht zweifelsfrei nachgewiesen werden.

Luftgrenzwert bei Kühlschmierstoffen

Bei Kühlschmierstoffen besteht ein Luftgrenzwert von 10 mg/m^3.[346] Bei wassergemischtem KSS die Bildung krebserzeugender EN-Nitrosamine zu vermeiden.[347] Nicht wassergemischte KSS sind dagegen in der Regel nicht mit gesundheitsschädlichen Konzentrationen in der Luft am Arbeitsplatz verbunden. Aerosole werden durch Verspritzen oder Vernebeln von Kühlschmierstoffen, durch

346 TRGS 900, Arbeitsplatzgrenzwerte.
347 TRGS 611, Verwendungsbeschränkungen für wassermischbare bzw. wassergemischte Kühlschmierstoffe.

Abschleudern an rotierenden Werkstücken und Werkzeugen oder durch Kondensation von Kühlschmierstoffdämpfen gebildet. Eine freie, (natürliche) Lüftung bei dem Einsatz von KSS ist nur in kleinen Räumen mit sporadischem Kühlschmierstoffeinsatz zulässig.

Es gibt folgende Primärmaßnahmen, um die Belastung durch Kühlschmierstoffe zu reduzieren: Primärmaßnahmen

* Einsatz möglichst verdampfungsarmer Kühlschmierstoffe,
* Abstimmung des KSS-Behältervolumens auf den Bedarf der Zerspanungsprozesse[348],
* Einsatz aufeinander abgestimmter, KSS-Schmieröle, Hydrauliköle etc.,
* Regelmäßige Pflege des KSS durch Abtrennung von Fremdölen und Verunreinigungen[349],
* Vermeidung des Abblasens mit Druckluft,
* Abdichten von Leckagen im KSS-Umlaufsystem,
* Schließen offener KSS-Ablauf und -Sammelstellen,
* Regelmäßige Reinigung der Bodenwannen, Maschinenoberflächen und Fußböden[350],
* Geschlossene Einhausung zur Erfassen der KSS-Emissionen bei der Bearbeitungsmaschine,
* Einsatz von Prallblechen oder Tropfenabscheidern,
* Fortluftbetrieb (keine Umluft- oder Reinluftrückführung)[351],
* Geschweißte Rohre mit öldichten Verbindungen einsetzen,
* Die Rohrleitungen und Lüftungskanäle sind leicht erreichbar und reinigbar auszuführen,
* Einwirkung auf die Haut wird durch persönliche Schutzmaßnahmen (Handschuhe, Schürzen, Augenschutz) unterbunden.[352] Das betroffene Personal ist entsprechend zu qualifizieren, Betriebsanweisungen zum Umgang mit KSS sind zu erstellen.[353]

---

348 VDI 3035.
349 VDI 3397, Blatt 2.
350 Berufsgenossenschaft der Feinmechanik und Elektrotechnik (Hrsg.): Lufttechnische Maßnahmen bei Tätigkeiten mit Kühlschmierstoffen, o. Jg.
351 Vgl. TA Luft, 24.7.2002; MAK-Wert < 25 mg/cm^3 ist einzuhalten.
352 Berufsgenossenschaft der Feinmechanik und Elektrotechnik (Hrsg.): Lufttechnische Maßnahmen bei Tätigkeiten mit Kühlschmierstoffen. Köln, 2005.
    BGR 143: Umgang mit Kühlschmierstoffen.
    DIN 51385, Schmierstoffe; Kühlschmierstoffe; Begriffe.
    VDI 3035, Anforderungen an Werkzeugmaschinen, Fertigungsanlagen und periphere Einrichtungen beim Einsatz von Kühlschmierstoffen.
353 Vgl. TRGS 611, DIN EN 12599; BGR 143.

Gefahrstoffemission
bei Handhabungs-
einrichtungen

Die Gefahrstoffemission bei Handhabungseinrichtungen fasst Abbildung III-278 zusammen.

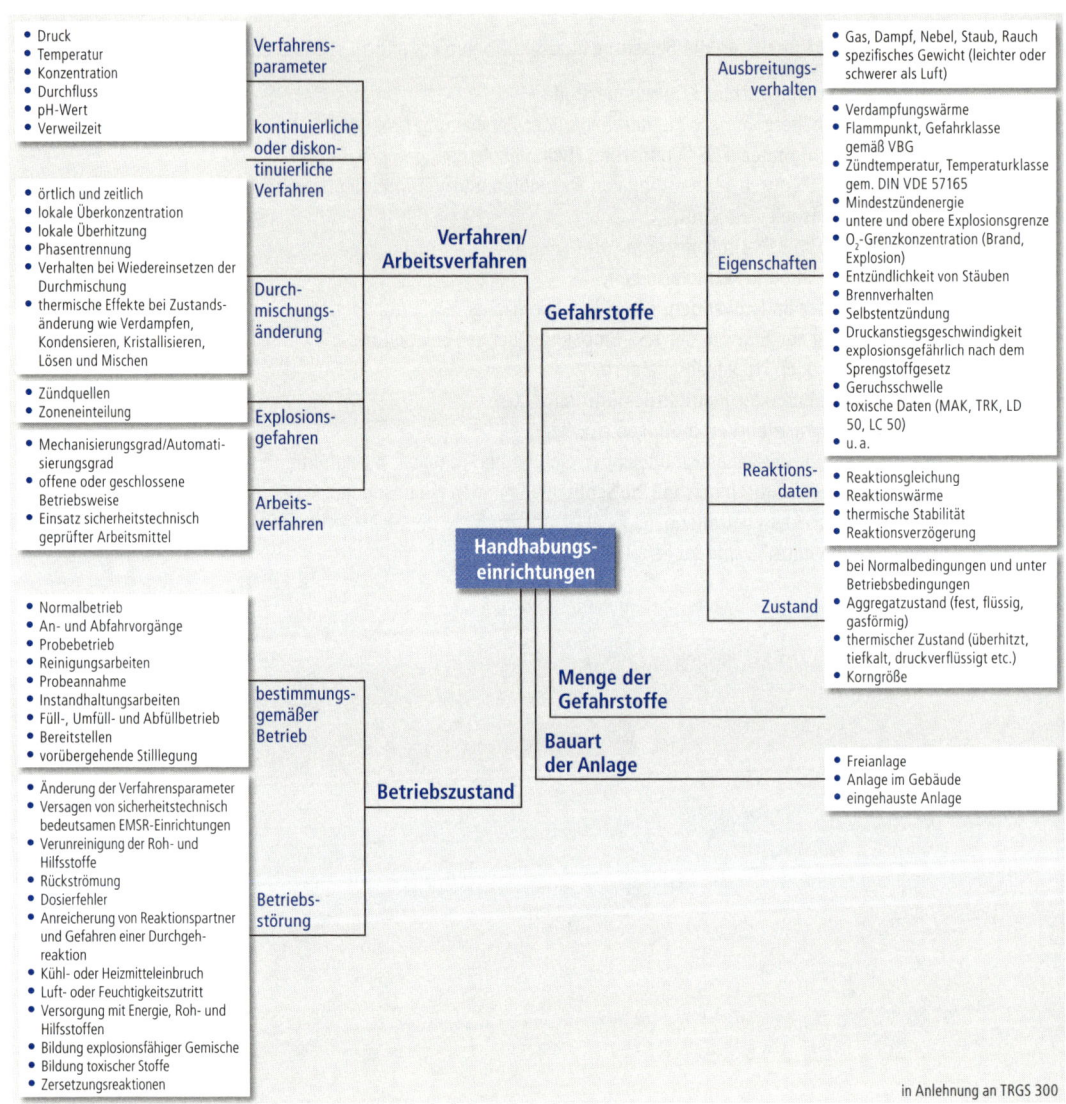

Abbildung III-278   Gefahrstoffemission bei Handhabungseinrichtungen[354]

Biologische
Arbeitsstoffe

Biologische Arbeitsstoffe können Infektionen verursachen, toxische und sensibilisierende Wirkungen haben. Man rechnet, dass in der Bundesrepublik etwa 5 Millionen Beschäftigte bei ihren Tätigkeiten der Exposition mit biologischen Arbeitsstoffen ausgesetzt sind.[355]

---

354 In Anlehnung and TRGS 300.
355 Informationen und Rechtstexte zu biologischen Arbeitsstoffen der Bundesanstalt für Arbeitsschutz und Arbeitsmedizin: http://www.baua.de.

Die *Wirkung von Gefahrstoffen* auf den Menschen wird durch eine Reihe von Merkmalen gekenn-zeichnet:

Wirkung von
Gefahrstoffen

* Gefahrstoffart und spezifische Gefahrstoffwirkung,
* Konzentration,
* Partikelgröße,
* Expositionszeit.

Es gibt eine Reihe von *Gefahrstoff-Datenbanken*, die wichtige Informationen über das In-Verkehr-Bringen und den Umgang mit Gefahrstoffen beinhalten. Ein Beispiel ist die GESTIS-Stoffdatenbank, die Informationen für den sicheren Umgang mit ca. 7.000 chemischen Stoffen enthält.[356]

Weiterhin sind toxikologische Bewertungen von Gefahrstoffen und Gefahrstofflisten am Arbeitsplatz von Bedeutung.[357] Hinweise für die *Gefahrstoffkennzeichnung* gibt eine weitere Broschüre.[358]

Sicherheitsdatenblätter enthalten alle wichtigen Informationen über chemische Erzeugnisse und sich daraus ergebende Schutzmaßnahmen.[359]

Sicherheitsdatenblätter

Sicherheitsdatenblätter wurden mit den EU-Richtlinien 91/155/EWG und 2001/58/EWG einheit-lich für alle EU-Mitgliedstaaten eingeführt. Sicherheitsdatenblätter unterstützen den Arbeitgeber bei seinen gesetzlichen Pflichten zum Schutz der Beschäftigten.[360] Sicherheitsdatenblätter müssen aus folgenden Inhalten bestehen:

* Stoff-/Zubereitungs- und Firmenbezeichnung,
* Zusammensetzung/Angaben zu Bestandteilen,
* Mögliche Gefahren,
* Erste-Hilfe-Maßnahmen,
* Maßnahmen zur Brandbekämpfung,
* Maßnahmen bei unbeabsichtigter Freisetzung,
* Handhabung und Lagerung,
* Expositionsbegrenzung und persönliche Schutzausrüstungen,
* Physikalische und chemische Eigenschaften,
* Stabilität und Reaktivität,
* Angaben zur Toxikologie,
* Angaben zur Ökologie,
* Hinweise zur Entsorgung,
* Angaben zum Transport,
* Vorschriften,
* sonstige Angaben.

Dem Anwender stehen Datenbanken mit mehreren Hunderttausend Sicherheitsdatenblättern zur Verfügung.[361] Weiterhin gibt es zahlreiche Leitfäden für die Sicherheitsdatenblatterstellung.[362] Die europäische REACH-Verordnung beinhaltet einen Forderungskatalog für Hersteller, Importeure und

356 http://www.dguv.de/bgia/de/gestis/stoffdb/index.jsp
357 z. B. http://www.bgchemie.de/toxikologischebewertungen oder http://www.dguv.de/bgia/de/pub/rep/
rep05/bgia0106/index.jsp#
358 http://www.baua.de/de/Themen-von-A-Z/Gefahrstoffe/Einstufung-und-Kennzeichnung/Kennzeich-
nung/Kennzeichnung.html?__nnn=true
359 http://www.dguv.de/bgia/de/gestis/isi-db/index.jsp
360 Zur Gefährdungsbeurteilung bei Schadstoffen vgl. Abschnitt 5.6.
361 z. B.: http://www.eusdb.de/index.php
http://home.fcio.at/Admin/Docs/LeitfadenSDB2002.pdf
362 http://www.gefahrstoff-info.de/

Anwender.[363] Unterliegen Arbeitssysteme der Gefahrstoffeinwirkung, dann ist eine Reihe von Vorschriften und technischen Regeln zu beachten.[364]

Die *technischen Regeln für Gefahrstoffe* (TRGS) reflektieren den Stand der sicherheitstechnischen, arbeitsmedizinischen, hygienischen und arbeitswissenschaftlichen Anforderungen an Gefahrstoffe. Handlungsanleitungen und Leitlinien zum Gefahrstoffbereich helfen auch Klein- und Mittelbetrieben bei der Umsetzung der Gefahrstoffverordnung.[365]

Zahlreiche Unterstützungen für die Erstellung von Betriebsanweisungen und die Durchführung von Mitarbeiterunterweisungen sind vorhanden.[366]

Ein sicherer Umgang mit Gefahrstoffen ist für Beschäftigte nur dann möglich, wenn alle Einflussgrößen, die zu einer Gefährdung führen können, ermittelt und angemessene Schutzmaßnahmen durchgeführt worden sind. Die technische Regel TRGS 300 enthält eine Methode zur systematischen Sicherheitsbetrachtung von Betriebsmitteln und Anlagen.[367] Die mögliche Einwirkung von Gefahrstoffen auf Beschäftigte oder auch auf die Bevölkerung ist durch folgende Maßnahmen zu verhindern bzw. zu reduzieren:

- Der Exposition der Beschäftigten,
- Reduzierung der Exposition, soweit eine Verhinderung nicht möglich ist,
- Verhinderung von Betriebsstörungen, die mit Gefährdungen durch Gefahrstoffe verbunden sein können,
- Begrenzung ihrer Auswirkungen.

Das Gefahrenpotenzial beim Umgang mit Gefahrstoffen hängt von folgenden Faktoren ab:

- Art des Gefahrstoffes,
- Menge des Gefahrstoffes,
- Verfahren und technische Arbeitsmittel,
- Art und Ausrüstung der Anlage,
- Betriebszustand der Anlage,
- Verwendungszweck der technischen Arbeitsmittel.

Die folgende Liste enthält wichtige *Prüfpunkte zu den Gefahrstoffen*:

1. Informationsermittlung und innerbetriebliche Kennzeichnung
   - Gefahrstoffe im Betrieb sind bekannt
   - Gefahrstoffe sind eindeutig beschriftet
   - Sammlung der Sicherheitsdatenblätter vollständig, aktuell und zugänglich
   - Gefahrstoffverzeichnis aktuell
   - wird geführt und aktuell gehalten
   - verweist auf das Sicherheitsdatenblatt
2. Gestaltung der Arbeitsstätte und des Arbeitsplatzes
   - leicht zu reinigende Oberflächen (z. B. Wände, Decken in Arbeitsräumen)
   - Fußböden sind rutschhemmend und leicht zu reinigen
   - ausreichende technische oder natürliche Lüftung
   - Funktionsfähigkeit von raumlufttechnischen Anlagen gewährleistet

363 Portal für die stoffbezogene Gesetzgebung der EU: http://europa.eu/scadplus/leg/de/s06070.htm; Gesetze zur Durchführung der Verordnung (EG 1907/2006 REACH-Anpassungsgesetz).
364 Verordnung zum Schutz von Gefahrstoffen – GEFStffV vom 23.12.2004, BGBl. I, 2004, S. 3758–3759.
365 http://www.gefahrstoff-info.de/
366 TRGS 555: Betriebsanweisung und Information der Beschäftigten (TRGS 555).
367 Ausschuss für Gefahrstoffe – Bundesanstalt für Arbeitsmedizin und Arbeitsschutz, TRGS 300. Technische Regeln für Gefahrstoffe, mit Änderungen und Ergänzungen. BarbBl, 1995.

- selbsttätige Warneinrichtung bei Störung an raumlufttechnischen Anlagen funktionsbereit
- Luftführung führt nicht zur Belastung Dritter mit Gefahrstoffen
- Pausenraum oder -bereich hygienisch

3. Gestaltung des Arbeitsverfahrens und der Arbeitsorganisation
   - Gefahrstoffe im Betrieb sind bekannt
   - Gefahrstoffe sind eindeutig beschriftet
   - Sammlung der Sicherheitsdatenblätter vollständig, aktuell und zugänglich
   - Gefahrstoffverzeichnis wird geführt und aktuell gehalten
   - Gefahrstoffverzeichnis verweist auf das Sicherheitsdatenblatt

4. Gestaltung der Arbeitsstätte und des Arbeitsplatzes
   - leicht zu reinigende Oberflächen (z. B. Wände, Decken in Arbeitsräumen)
   - Fußböden sind rutschhemmend und leicht zu reinigen
   - ausreichende technische oder natürliche Lüftung
   - Funktionsfähigkeit von raumlufttechnischen Anlagen gewährleistet
   - selbsttätige Warneinrichtung bei Störung an raumlufttechnischen Anlage funktionsbereit
   - Luftführung führt nicht zur Belastung Dritter mit Gefahrstoffen
   - Pausenraum oder -bereich hygienisch
   - staubarme Abwurf-, Füll- und Schüttstellen
   - Feuchtreinigung oder Einsatz von Industriestaubsaugern
   - Tauch-, Streich- oder Rollverfahren (statt Spritzverfahren)
   - Funktion und Wirksamkeit technischer Schutzmaßnahmen wird regelmäßig, mindestens jedoch jedes dritte Jahr überprüft und dokumentiert
   - nur die bekannten und vorgesehenen Gefahrstoffe werden gehandhabt
   - Gefahrstoffmengen am Arbeitsplatz werden auf Tagesbedarf begrenzt
   - Behälter werden geschlossen gehalten und nur zur Entnahme geöffnet
   - Zahl der mit Gefahrstoffen belasteten Beschäftigten wird begrenzt
   - Dauer und Ausmaß der Gefahrstoffbelastung und Kontamination des Arbeitsplatzes wird so gering wie möglich gehalten
   - nicht mehr benötigte Gefahrstoffe, restentleerte Gebinde und Reinigungstücher werden vom Arbeitsplatz entfernt und sachgerecht entsorgt

5. Aufbewahrung und Lagerung von Gefahrstoffen (Mindestanforderungen)
   - an festgelegten und übersichtlich geordneten Lagerbereichen
   - bei Lagerung staubender Gefahrstoffe kommen geeignete Lagertechnik sowie Lagermittel und -hilfsmittel zum Einsatz

6. Grundsätze der Arbeitshygiene
   - notwendige Arbeitskleidung wird getragen; verschmutzte Arbeitskleidung wird gewechselt
   - die erforderliche persönliche Schutzausrüstung wird gemäß erfolgter Unterweisung bestimmungsgemäß benutzt
   - Arbeitsplätze werden regelmäßig aufgeräumt und gereinigt

In immer stärkerem Maße werden Beschäftigte durch *elektromagnetische Felder*, nicht ionisierende und ionisierende Strahlung beeinträchtigt. Die Frequenzbereiche der hier interessanten elektromagnetischen Felder liegen zwischen 0 Hz und 300 GHz.

Elektromagnetische Felder

Hochfrequente elektromagnetische Felder können sich über große Entfernungen ausbreiten (z. B. Rundfunk, Fernsehen, Mobilfunk). Elektromagnetische Felder wirken sich auf Menschen in Abhängigkeit von Frequenz, Intensität und Einwirkungsdauer aus. Es kann zu Nerven- und Muskelreizungen bei niederfrequenten Feldern, zu thermischen Wirkungen bei hochfrequenten Feldern kommen. Mit zunehmendem Abstand von der Quelle nimmt jedoch die Stärke ab. Zu beachten ist auch die Wirkung magnetischer Felder auf aktive Körperhilfen, z. B. Herzschrittmacher.

Die BG-Vorschrift BGV B 11 »Elektromagnetische Felder« unterscheidet folgende Expositionsbereiche:

- Expositionsbereich 2 (allgemein zugänglich ohne Einschränkungen),
- Expositionsbereich 1 (kontrollierter Bereich mit Zugangsregelung),
- Bereich erhöhter Exposition,
- Gefahrbereich.

Grenzwerte für die Körperstromdichte sind bei beruflicher Exposition 10 mA/m^2.

Mit der spezifischen Absorptionsrate (W/kg) wird die Umwandlung hochfrequenter Strahlungsenergie in Körperwärme festgelegt. Für berufliche Exposition sind hier folgende Grenzwerte zu beachten:

- Ganzkörperexposition 0,4 W/kg (f > 100 kHz),
- Teilkörperexposition 10 W/kg (f > 1 MHz).

Nicht nur in der Strahlenmedizin oder in kerntechnischen Anlagen kann es zur beruflichen Strahlenexposition kommen, sondern auch im verarbeitenden Gewerbe bestehen vereinzelt Risiken, z. B. bei der Qualitätsprüfung von Schweißteilen.[368]

Laserstrahlung

Laserstrahlung ist nicht ionisierende künstliche, optische Strahlung mit Wellenlängen zwischen 100 nm und 1 mm. Durch Bündelung der Laserstrahlung können große Bestrahlungsstärken, z. B. für die Werkstoffbearbeitung, erzielt werden. Hierbei sind Expositionsgrenzwerte für Haut und Augen einzuhalten.[369]

Laser sind nach ihrer Strahlung und der dazugehörigen Schutzmaßnahme in 4 Klassen eingeteilt.[370] Mit wachsender Klassenzahl nimmt die Gefährdung zu. Neben der Gefährdung des Auges und der Haut können durch Laserstrahlung auch Sekundärwirkungen durch halogenierte Gase oder andere freigesetzte Luftschadstoffe hervorgerufen werden.[371]

---

368 Bundesamt für Strahlenschutz (BfS): Strahlung und Strahlenschutz, 3. Auflage, 2004.
369 DIN EN 60825-4:2007-07: Sicherheit von Lasereinrichtungen – Teil 4: Laserschutzwände (IEC 60825-4:2006) Deutsche Fassung EN 60825 4:2006
   DIN EN 60825 Beiblatt 14 2006-07: Sicherheit von Lasereinrichtungen – Teil 14: Ein Leitfaden für Benutzer (IEC/TR 60825-14-2004).
   DIN EN 60825 Beiblatt 14-2006-07: Sicherheit von Lasereinrichtungen – Teil 14: Ein Leitfaden für Benutzer (IEC/TR 60825-14:2004);
   prDIN EN 207-2008-02: Persönlicher Augenschutz – Filter und Augenschutzgeräte gegen Lasterstrahlung (Laserschutzbrillen); Deutsche Fassung prEN 207:2008;
   DIN EN ISO: 2005-05: Sicherheit von Maschinen-Laserbearbeitungsmaschinen – Teil I: Allgemeine Sicherheitsanforderungen (ISO 11553-1:2005).
   BGVB2 und Durchführungsanweisungen, Berufsgenossenschaftliche Vorschrift »Laserstrahlung«, 2007.
370 Seibel, D.; Landau, K.; Brose, M.: Laser. In: Landau, K. (Hrsg.): Lexikon Arbeitsgestaltung. Stuttgart: Ergonomia, 2007, S. 768–773.
371 Weitere physikalisch-chemische Umgebungseinflüsse und angemessene Gestaltungsmaßnahmen werden besprochen bei: Landau, K. (Hrsg.); a. a. O., 2007 und Landau, K.; Pressel, G.. Medizinisches Lexikon der beruflichen Belastungen und Gefährdungen, 2. Auflage. Stuttgart: Gentner, 2009.

5.8 Informationstechnische Arbeitsgestaltung

5.8.1 Grundlagen

Damit der Mensch mit der Umwelt interagieren kann und um eine Basis für seine Entscheidungen und Handlungen zu haben, muss er sich von dieser ein mentales Abbild schaffen. Ohne die anderen Sinneskanäle zu vernachlässigen, auch diese tragen einen wesentlichen Teil zur Bildung eines mentalen Modells bei, erscheint die visuelle Informationsaufnahme als dominant im Prozess der Situationserfassung bzw. bei der Vorbereitung von Entscheidungsgrundlagen. Information im MMS

Zweckgerichtetes Zusammenwirken von Mensch, Betriebsmittel und Material erfordert den Austausch von Informationen. Durch Informationen (Wahrnehmung und Entscheidung) wird der Energiefluss gesteuert.

Information ist eine Nachricht, die beim Empfänger eine Ungewissheit über ein Ereignis beseitigt. Im Sinne der Nachrichtentechnik (syntaktische Dimension der Information) gemessen als negativer, binärer Logarithmus der Wahrscheinlichkeit eines Ereignisses p:

$$H = - \log_2 p$$

Information im Mensch-Maschine-System wird in Form von Signalen übertragen. Als Signal können z. B. gelten:

- Stellung eines Zeigers auf einer Skala
- Signallampe
- Maschinengeräusch
- taktile Merkmale von Werkstücken oder Bedienteilen
- Widerstände (Rückstellkräfte) von Bedienteilen
- räumliche Lage der Hand oder eines Maschinenteils.

Die *informationstechnische Arbeitsgestaltung* dient der Optimierung des Informationsflusses im Hinblick auf menschliche Leistungsfähigkeit.

5.8.2 Anzeigen

Unter *Anzeigen* versteht man technische Einrichtungen, die dem Menschen veränderliche Informationen übermitteln. Definitionen

Anzeigen unterscheiden sich damit von Kennzeichen, die zur Darbietung gleichbleibender Informationen herangezogen werden. Anzeigen sind erforderlich, da

- veränderliche Informationen mit den Sinnesorganen nicht immer unmittelbar wahrgenommen werden können;
- natürliche Informationsaufnahme z. B. durch äußere Bedingungen beeinträchtigt ist;
- für manche der aufzunehmenden Informationen keine Sinnesorgane vorhanden sind;
- hohe Genauigkeitsanforderungen gestellt werden, die das menschliche Leistungsvermögen übersteigen.

Im Modell des Arbeitssystems stellen Anzeigen die Schnittstelle zwischen Arbeitsmittel bzw. Umwelt und Informationsaufnahme durch den Menschen dar. Üblicherweise ergibt sich ein Regelkreis zwischen Anzeigen, Sinnesorganen, Handlungsorganen und Stellteilen.

Anzeigen lassen sich unterscheiden nach

- der Art der dargestellten Signale,
- dem Informationsinhalt,
- der Art der Veränderungsdarstellung,
- der Anzeigenform.

Bei der Unterscheidung nach Art der dargestellten Signale kennt man analoge, digitale und hybride Anzeigen. Bei analogen Anzeigen (bildliche Darstellungsform) werden der Istwert und der zulässige Wertebereich gleichartig dargestellt. Dies hat beim Ablesen einen Dekodierungsprozess des Menschen zur Folge. Im Gegensatz dazu stellen digitale Anzeigen[372] die Informationen bereits in kodierter Form dar. Allerdings ist damit die Ähnlichkeit zur natürlichen Situation geringer. Anzeigen sind hybrid, wenn sie Informationen sowohl in analoger als auch in diskreter Form darstellen; dies trifft z. B. bei Bildschirmen zu.

Bei analogen Anzeigen unterscheidet man noch einparametrige und mehrparametrige Darstellung. Eine einparametrige, analoge Anzeige hat ein aktives Element (z. B. einen Zeiger) und ein passives Element (z. B. eine Skala). Mehrparametrige Anzeigen haben dagegen mehrere aktive und passive Elemente.

Digitale Anzeigen können nach der Anzahl ihrer aktiven Elemente und der zur Informationsdarstellung zur Verfügung stehenden Werte unterschieden werden. Binäre Anzeigen sind solche digitale Anzeigen mit einem Informationsparameter, der jeweils nur einen von zwei möglichen Werten einnehmen kann.

Die Anzeigen lassen sich ebenfalls nach dem angesprochenen Sinnesorgan unterteilen. Dabei ist die visuelle Ansprache die am häufigsten gewählte Form. Über den Gesichtssinn ist eine umfassende und zugleich detaillierte Informationsaufnahme möglich. Ein Nachteil der visuellen Anzeige besteht jedoch darin, dass die Zuwendung in Richtung der zu übermittelnden Information erforderlich ist. Dieser Nachteil wird bei akustischen Anzeigen vermieden. Deshalb haben solche Anzeigen, die den Gehörsinn ansprechen, häufig Warncharakter – der Mensch kann sich ihnen im Normalfall nicht verschließen. Die Kodierung akustischer Anzeigen kann über Sprache, Schallintensität, Frequenz und zeitliche Verteilung vorgenommen werden.

Auch über den Tastsinn können Warnsignale weitergegeben werden. Die Rezeptoren in der Haut, den Muskeln, Sehnen und Gelenken sprechen auf Druck, Berührung und Erschütterung an. Häufig werden diese Eigenschaften genutzt, haptische Anzeigen über Bedienelemente wirken zu lassen. Die anderen Sinnesorgane, z. B. die Thermorezeptoren, Geruchs- und Geschmacksnerven, werden über Anzeigen normalerweise nicht angesprochen. Bei der Verteilung der Anzeigen-Informationsaufnahme auf die verschiedenen Sinnesorgane ist zu bedenken, dass die Kapazität einzelner Sinnesorgane nicht überlastet werden darf. Dabei ist heute vor allem die Gefahr groß, dass die dem Auge dargebotene Information (z. B. über Displays) Kapazitätsgrenzen überschreitet. Weiterhin muss die Differenz zwischen Anzeigeninformation und Störsignalen aus der Umgebung hinreichend groß sein, damit Warnsignale mit hoher Sicherheit wahrgenommen werden können.

Nach der Art der Veränderungsdarstellung unterscheidet man bei den Anzeigen

- aktive Elemente (das Anzeigenbild ändert sich, sobald sich die dazustellende Information verändert) und
- passive Elemente (verändern sich nicht, wodurch die Veränderung der aktiven Elemente wahrnehmbar ist).

---

372 Der Begriff digitale Anzeigen wird hier umgangssprachlich verwendet; der korrekte Begriff wäre »diskrete Anzeigen«. Solche Anzeigen können endlich viele und wohl unterscheidbare (also diskrete) Werte eines abzählbaren Wertebereichs annehmen.

Werden Sollwert und Istwert zusammen dargestellt, so spricht man von einer Soll-/Istwert-Anzeige. Damit ist eine vollständige Informationsübermittlung möglich. Allerdings muss der Mitarbeiter selbst die Differenz zwischen Soll- und Istwert ermitteln. Dies kann zu verzögerten Reaktionen führen.

Die Differenzanzeige nimmt dem Mitarbeiter die Errechnung der Abweichung zwischen Sollwert und Istwert ab. Allerdings kommt es dabei zu einem Informationsverlust, denn die tatsächlichen Zustandsgrößen sind nun dem Mitarbeiter nicht mehr bekannt.

Bei der synthetischen Anzeige werden Zustandsgrößen noch stärker als bei der Differenzanzeige aggregiert. Der Mitarbeiter wird damit von Rechenarbeit entlastet. Der durch einen Bordcomputer errechnete Kraftstoffverbrauch eines Pkw ist ein Beispiel für die synthetische Anzeige.

Will man den Mitarbeiter bereits über die in Zukunft zu erwartenden Zustandsgrößen informieren, so benutzt man eine Voranzeige. Auch hier wird dem Menschen eine Entlastung zuteil, da ihm unter Umständen komplexe Rechenoperationen abgenommen werden. Die Ermittlung der Reichweite mit dem derzeit noch vorhandenen Kraftstoff durch einen Bordcomputer ist ein Beispiel für eine solche Voranzeige. Diese Voranzeige unterstellt, dass die künftige Fahrweise der bisherigen annähernd entspricht.

Bei der imperativen Anzeige werden dem Mitarbeiter fast alle mentalen Funktionen abgenommen. Der Mensch muss lediglich noch über ein Stellteil der Kommando-Anzeige nachkommen.

Bei der *Gestaltung und Anordnung von Anzeigen* ist so zu verfahren, dass die Anzeigeeinrichtungen möglichst gut an die menschliche Wahrnehmung angepasst sind. Dabei soll die Beanspruchung der Sinnesorgane unterhalb von Dauerleistungsgrenzen liegen; dies bedeutet, dass mit entsprechender Gestaltung der Anzeigen der Ermüdung der Sinnesorgane vorgebeugt werden muss. Daneben sollen Ablesefehler möglichst ausgeschlossen werden. Durch Anzeigen darf es nicht zu einer einseitigen Beanspruchung des Menschen bei der Arbeit kommen. Anzeigen sollen eine weitere Steigerung der Arbeitsqualität zulassen. Anzeigengestaltung

Anzeigen können für verschiedene Wahrnehmungsaufgaben herangezogen werden, unter anderem für

- das Ablesen eines Messwertes,
- das orientierte Wahrnehmen,
- das Verfolgen von Messwertänderungen.[373]

Beim Ablesen eines Messwertes geht es darum, einen angezeigten Wert irrtumsfrei festzustellen. Hierfür muss eine angemessene Zeit zur Verfügung stehen. Beim orientierten Wahrnehmen werden kurzzeitig angezeigter Wert und Vorgabewert verglichen, daraus wird auf die Einhaltung eines Toleranzbereiches geschlossen. Bei vielen Überwachungstätigkeiten fällt orientiertes Wahrnehmen an. Beim Verfolgen von Messwertänderungen geht es darum, während des Zeitablaufs die Richtung, Größenordnung oder Geschwindigkeit von Änderungen der Zustandsgröße zu erfassen. Vor allem Steuer- und Regeltätigkeiten zeichnen sich durch solche Wahrnehmungsaufgaben aus.

Zur Unterstützung der genannten Wahrnehmungsaufgaben kann die Arbeitsgestaltung auf folgende Merkmale einwirken:

- die *Kodierung,*
- die Anzeigengestaltung (im engeren Sinne) und
- die Anzeigenanordnung.

---

373 Vgl. DIN EN 894-2, Sicherheit von Maschinen – Ergonomische Anforderungen an die Gestaltung von Anzeigen und Stellteilen – Teil 2: Anzeigen; 2008; DIN EN ISO 9241-303, Ergonomie der Mensch-System-Interaktion – Teil 303: Anforderungen an elektronische optische Anzeigen, 2008, sowie Abbildung III-279.

Zu den visuellen Anzeigen haben sich für die verschiedenen Kodes maximal- und empfohlene Kodierungsstufen ergeben. Abbildung III-279 fasst diese Empfehlungen zusammen.

Kodierung	Stufenanzahl		Bewertung		
	Maximum	Empfehlung	Wahrneh-mungszeit	Platzbedarf	sonstiges
Farbe					
Leuchten	10	3	kurz	gering	gut zur qualitativen Kodierung
Oberflächen	50	9	kurz	gering	gut zur qualitativen Kodierung
Form					
Ziffern/Buchstaben	unbegrenzt	Kolonnen-bildung	variabel	gering	gut zur Identifizierung
geometrische Symbole	15	5	variabel	gering	manche Symbole schwer zu identifizieren
Piktogramme	30	10	kurz	gering	erlaubt direkte Assoziierung
Größe und Art					
Fläche	6	3	variabel	hoch	leichte Ortung
Länge	6	3	variabel	hoch	leichte Ortung
Leuchtdichte	4	2	variabel	gering	wird nicht empfohlen, da Interaktion mit Umgebung
räumliche Darstellung	4	2	variabel	mittel	wird nicht empfohlen, da räuml. Vorstellungsvermögen unterschiedlich
Neigungswinkel	24	12	kurz	gering	begrenzt auf kreisförmige Anzeigen
Blitzfolge (Stroboskop)	5	2	kurz	gering	nur zur Erregung der Aufmerksamkeit sinnvoll

Abbildung III-279   Empfehlungen zur Kodierung visueller Anzeigen[374]

Die Gestaltung visueller Anzeigen bezieht sich auf Skalen, Zeiger und die gegenseitige Zuordnung von Skalen und Zeigern. Generell kann empfohlen werden, eine lineare Skaleneinteilung vorzusehen. Dies ermöglicht ein rasches Ablesen und ggf. eine leichte Interpolation. Fehlerfreies, rasches Ablesen wird dann unterstützt, wenn die Skaleneinheit nicht kleiner als zwei Bogenminuten ist.

Bei 76 cm Ableseentfernung entspricht dies einer Distanz von 0,44 mm. Unter Zugrundelegung dieses minimalen Beobachtungswinkels von zwei Bogenminuten lassen sich die Skalenlänge und Skaleneinteilung folgendermaßen berechnen:[375]

$$L = \frac{D}{14{,}4} \cdot \frac{i \cdot m}{100}$$

Dabei ist

L   = Länge der Skala zwischen den Endmarken in cm

D   = Ableseentfernung

m   = Anzahl der Skalenabschnitte auf der Gesamtskala

i   = Anzahl von Skaleneinheiten zwischen zwei Marken, die bei der Interpolation mental zu bilden sind.

---

374 Helander, M. G.: Design of visual displays. In: Salvendy, G. (Hrsg.): Handbook of Human Factors, New York: Wiley, 1987, S. 507–548.
375 Bernotat, R.: Anzeigengestaltung. In: Schmidtke, H. (Hrsg.): Ergonomie. München: Hanser, 1981, S. 461–471.

Die Skalenteilung und -bezifferung kann nach folgenden Regeln vorgenommen werden: Es sollten

- nicht mehr als fünf Intervalle oder vier Unterteilstriche zwischen Haupt- und Zwischenteilstrichen vorkommen,
- zwischen bezifferten Teilstrichen nie mehr als 4 unbezifferte Teilstriche vorkommen,
- nicht mehr als dreistellige Ziffern vorkommen,
- unnötige Bezifferung vermieden werden.

Abbildung III-280 bewertet die Eignung verschiedener analoger und digitaler Anzeigen für verschiedene Wahrnehmungsaufgaben.

	Art der Anzeigeneinrichtung	Wahrnehmungsaufgabe		
		Ablesen eines Meßwertes	orientierendes Wahrnehmen	Verfolgen von Messwertänderungen
analoge Anzeigen — Skala fest, Zeiger beweglich	Vollkreis-Skala	geeignet	gut geeignet	gut geeignet (besonders gut geeignet bei großem Meßbereich)
	Dreiviertelkreis-Skala			
	Halbkreis-Skala	gut geeignet	gut geeignet	gut geeignet
		Skala ist vorzugsweise im 2. und 1. Quadranten zu verwenden. Andere Anordnungen erschweren die Wahrnehmung und vergrößen die Fehlerzahl.		
	Quadrant-Skala	geeignet	geeignet	geeignet
		Skala ist vorzugsweise nach oben gerichtet zu verwenden.		
	Sektor-Skala	bedingt geeignet (bei großen Radien)	bedingt geeignet (bei großen Radien)	nicht geeignet (Anzeigenbereich zu gering)
		Skala ist vorzugsweise nach oben gerichtet zu verwenden.		
	Querskala	geeignet	geeignet	geeignet
	Hochskala	bedingt geeignet	geeignet	geeignet
Skala beweglich, Zeiger frei	Anzeigeeinrichtung, bei der der Anzeigenbereich größtenteils bzw. vollständig sichtbar ist	geeignet	bedingt geeignet	bedingt geeignet
	Anzeigeneinrichtung, bei der nur ein kleiner Teil des Anzeigenbereichs sichtbar ist	bedingt geeignet, sofern nicht mindestens 2 Referenzziffern sichtbar sind	bedingt geeignet	nicht geeignet
digitale Anzeigen	Ziffern-Skala	gut geeignet (auch für sehr großen Meßbereich geeignet)	bedingt geeignet	nicht geeignet (Ausnahme: langsame und stetige Messwertänderung)

Abbildung III-280   Eignung von Anzeigeneinrichtungen

Schriftgrößen berechnen sich nach DIN 1451[376] anhand der Gleichung:

$$H = \frac{D + 250}{F}$$

mit:

H = Schriftgröße in mm

D = Ableseentfernung in mm

F = Faktor für Schriftart

Für eine minimale Schriftgröße und »Mittelschrift« ergibt sich F = 550 für günstige Lichtverhältnisse.

H/8 bis H/12 bei
weißer Schrift
auf schwarzem
Hintergrund

Die Verhältnisse von Schriftbreite, Schriftgröße, Strichdicke und Schriftabstand werden folgendermaßen empfohlen:

- Schriftbreite: 2/3 der Höhe H
- Schrifthöhe: H/6 bis H/8 bei schwarzer Schrift auf weißem Hintergrund
    H/8 bis H/12 bei weißer Schrift auf schwarzem Hintergrund
- Abstand zwischen Buchstaben und Ziffern: H/6
- Abstand zwischen Worten: 2/6 der Höhe H

Bei der Anordnung der Beschriftung ist darauf zu achten, dass es zu keiner Verdeckung durch den Zeiger kommt. Wird der Abstand zwischen Skala und Zeigerspitze jedoch zu groß, so nimmt die Ablesegenauigkeit ab und die Wahrscheinlichkeit von Ablesefehlern zu. Die Zeigerspitze sollte möglichst V-Form haben; der Höhenabstand zwischen Zeiger und Skala sollte minimiert werden, um Ablesefehler durch Parallaxen zu vermeiden. Darüber hinaus sollte die Unterteilung der Skala nicht feiner sein, als es für die Durchführung der Arbeitsaufgabe erforderlich ist. Die Skalenunterteilung, der Anzeige und die Genauigkeit des Messinstrumentes sollten aufeinander abgestimmt sein. Es kann günstig sein, auf der Skala den Sollwert zu markieren; damit können Abweichungen des Istwertes besser erkannt werden.

Die sinnfälligen Bewegungsrichtungen des Zeigers über der Skala können Abbildung III-281 entnommen werden.

Die Lage und Anordnung von Anzeigen, auch ihre Zuordnung zu Stellteilen, beeinflussen sehr stark die schnelle, korrekte und genaue Informationsaufnahme. Ordnet man Anzeigen nach den logischen Schritten der Verwendung (Flussdiagramm) an, so unterstützt das die optische Orientierung und begünstigt die Einarbeitung. Dieser Sachverhalt trifft vor allem für die Verwendung von Anzeigen in der Verfahrenstechnik zu. Hat man dagegen eine Anzahl gleicher Betriebsmittel, die über eine zentrale Einrichtung gesteuert werden, dann bietet sich die Platzierung der Anzeigen nach bestimmten geometrischen Mustern an. Dabei sind die Erkenntnisse der Gestalttheorie zu berücksichtigen. So empfiehlt es sich bei Kreisskalen, die Anzeigen in der »9-Uhr-Stellung« der Zeiger auszurichten. Die Zeiger linearer Skalen sollten dagegen in der Vertikalen ausgerichtet sein.

Anordnung
von Anzeigen

Bei der Gruppierung ist weiterhin zu beachten, dass Anzeigen nach ihrer Wichtigkeit und Beobachtungshäufigkeit im Gesichtsfeld, Blickgesichtsfeld oder im Umblickgesichtsfeld (vgl. Abschnitt 5.2.5) einzuordnen sind. Dauernd zu beobachtende oder besonders wichtige Anzeigen sind im zentralen Gesichtsfeld zu platzieren. Ist das nicht zu realisieren (z.B. infolge begrenzter Raumverhältnisse), können die an der Gesichtsfeldperipherie untergebrachten Anzeigen mit zentralen Warneinrichtun-

---

376 DIN 1451, Teile 1 bis 3, 1986, 1987 und 1998: Schriften – Serifenlose Linear-Antiqua.

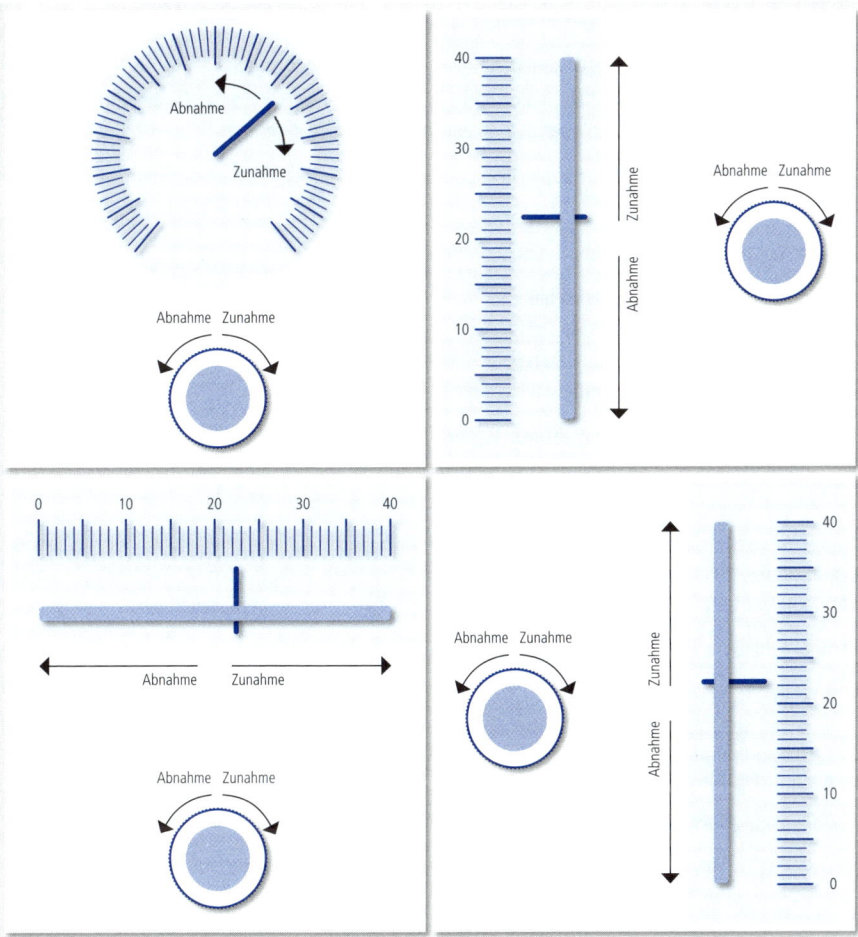

Abbildung III-281   Sinnfällige Bewegungsrichtungen von Zeiger und Stellteil

gen gekoppelt werden. Ablesefehler und Ablesezeit steigen an, wenn Anzeigen nicht nur im Gesichtsfeld, sondern auch im Blickgesichtsfeld oder sogar im Umblickgesichtsfeld abzulesen sind.

Anzeigen, die von der Funktion her miteinander verwandt oder sequenziell zu beobachten sind, sind horizontal nebeneinander anzuordnen, da dies der natürlichen Augenbewegungsrichtung entspricht. Funktionell unterschiedliche Anzeigen sind dagegen verschieden hoch zu platzieren oder zumindest in verschiedenen Farben zu gestalten. Die Wahrnehmungsaufgaben werden erleichtert, wenn gemeinsame Bezeichnungen für mehrere Anzeigen über den jeweiligen Anzeigengruppen, die Bezeichnungen dagegen einzelner Anzeigen unter den jeweiligen Anzeigen angebracht werden. Zusammengehörige Anzeigen können auch durch farbige Flächen hervorgehoben werden.

Um unnötige Akkomodationen des Auges zu vermeiden, empfiehlt es sich, auf gleiche Ableseentfernungen von Anzeigen zu achten. Weiterhin sollte sich die Haupt-Sehachse senkrecht zur Anzeigenebene orientieren.

5.8.3   Stellteile

Definitionen

Stellteile sind Elemente an Arbeitsmitteln, die beim Stellen eine Veränderung des Informations-, Energie- und/oder Stoffflusses bzw. einer Position bewirken. Dabei wird das Stellen durch Drehen, Schwenken, Drücken, Schieben oder Ziehen eines Stellteils vorgenommen.[377]

Synonym werden für Stellteile häufig die Begriffe Bedienelement, Bedienteil, Steuerarmatur oder Betätigungsteil verwendet.

Stellteile können dazu dienen,

- einen Vorgang ein- oder auszuschalten,
- die Lage eines Bauteils zu verändern,
- einen Prozess zu steuern bzw. zu regeln,
- Arbeitsmittel oder Arbeitsräume zu sichern.

Für die Stellaufgaben kommen nicht nur Finger und Hand des Bedieners, sondern auch Fuß, Knie, Bein, Rumpf oder Schulter infrage. Auch die menschliche Sprache kann für Stellvorgänge genutzt werden.

Bei der Auswahl, Gestaltung und Anordnung der Stellteile ist daher zu beachten, dass sie den Bewegungsmöglichkeiten des jeweils einzusetzenden Körperteils entsprechen; Anforderungen an Geschwindigkeit und auszuübende Kraft sind bei der Stellbewegung zu berücksichtigen.

Unterscheidung nach
Betätigungsarten

Darüber hinaus kann nach den Betätigungsarten unterschieden werden in

- diskrete Stufeneinstellung,
  - zwei Stellmöglichkeiten (z. B. Betriebsschalter),
  - drei und mehr Stellmöglichkeiten (z. B. Gangschaltung),
- kontinuierliche/stufenlose Einstellung (z. B. Lautstärkeregelung),
- sonstige (z. B. Beibehaltung der jeweiligen Einstellung).

Technische Ausführung

Die technische Ausführung der Stellteile kann anhand der folgenden Kriterien beurteilt werden:[378]

- Art der Kraftübertragung,
- Informationsart,
- Art der Stellfunktion,
- Stellgenauigkeit,
- Sicherheit,
- Platzbedarf.

Stellwege und
-widerstände

Stellwege und -widerstände sind in Abhängigkeit der physiologischen Gegebenheiten des Bedieners und der Stellaufgabe zu wählen. Folgende Gestaltungsmerkmale sind dabei zu berücksichtigen:

- Form des Stellteils bzw. Griffteils,
- Material, Oberfläche, Struktur des Stellteils bzw. Griffteils,
- Größe, Abmessungen des Stellteils/Griffteils,
- Abstand zu anderen Stellteilen,
- Abstand zu anderen Betriebsmitteln (Umgebung des Stellteils).

Von großer Bedeutung sind auch die Sinnfälligkeit der Stellbewegungen und die damit verbundene Anzeigenveränderung.

---

377 DIN EN 894-3, Sicherheit von Maschinen- Ergonomische Anforderungen an die Gestaltung von Anzeigen
     und Stellteilen – Teil 3: Stellteile, 2009
378 VDI-Handbuch der Arbeitsgestaltung und Arbeitsorganisation. Düsseldorf: VDI, 1980.

Beim Vorhandensein mehrerer Stellteile muss die räumliche Anordnung dergestalt erfolgen, dass sicheres, eindeutiges und aufgabengerechtes Stellen ermöglicht wird.

Dabei ist besonders zu beachten:

- der technische Ablauf des Stellvorgangs sowie der gesamten Arbeitsaufgabe (z. B. auch Möglichkeit schnellen Ortswechsels),
- die Wichtigkeit des Stellens,
- die Häufigkeit des Stellens,
- die Zugänglichkeit der Stellteile,
- die Arbeitssicherheit,
- die Kontrollmöglichkeit der Stellung,
- die Reihenfolge des Stellens.

Die Betätigung von Stellteilen muss in jedem Fall innerhalb von Ausführbarkeitsgrenzen (z. B. innerhalb der Armreichweite) und innerhalb von Erträglichkeitsgrenzen (z. B. Vermeidung statischer Halte- und Haltungsarbeit) liegen.

Auch die Hygienevorschriften (Sauberkeit, Reinigungsmöglichkeit) sollen bei der Stellteilgestaltung berücksichtigt werden.

Stellteile können über eine formschlüssige oder eine reibschlüssige Koppelung zur Hand oder zum Fuß bedient werden. Ein Formschluss ergibt sich dann, wenn Stellteile und Finger, Hand oder Fuß unmittelbar anliegen und damit die Kraftübertragung ermöglichen. Reib- oder kraftschlüssige Kopplung verlangt dagegen einen hohen Anpressdruck auf das Stellteil, um den Stellvorgang sicher auszulösen. Reibschlüssige Kopplungen ermöglichen zwar schnelleres Zugreifen und Umgreifen, aus Gründen der Arbeitssicherheit ist jedoch – vor allem dann, wenn Stellteile verschmutzen, ölig, fettig oder nass werden können – häufig der Formschluss vorzuziehen. Kann man jedoch auf reibschlüssige Kraftübertragung nicht verzichten, dann spielen die Werkstoffe des Stellteils bezüglich ihrer Reibungskoeffizienten, Wärmeleitfähigkeit und dermatologischen Aspekte eine besondere Rolle. Grobprofilierte Stellteil-Oberflächen ergeben ungünstige Kopplungsbedingungen. Die kraftübertragende Fläche wird dadurch klein, und die Verletzungsgefahr steigt. Koppelung

Unter *Stellkraft* (Dimension: N) versteht man die Aktionskraft, die zur Betätigung eines Stellteils erforderlich ist.

Unter *Stellweg* werden Gradzahl oder Weglänge zwischen zwei Stellpositionen eines Stellteils verstanden.

Unter *Stellwiderstand* (Dimension: Nm) versteht man das im Stellteil vorhandene, konstruktionsbedingte Moment, das beim Betätigen überwunden werden muss.

Erfordert die Steuerungs- oder Regelungsaufgabe die Aufbringung höherer Kräfte, so sind in diesen Fällen Arm- oder Beinbewegungen vorzusehen. Wird der Arm oder der Rumpf mitbewegt, so können auch größere Stellwege zurückgelegt werden. Dabei sind wiederum ungünstige Körperhaltungen bzw. Gelenkwinkel zu vermeiden.

Abbildung III-282 und Abbildung III-283 geben Bereiche für Stellwege, Stellkräfte und *Stellwinkel* an. Optimalbedingungen innerhalb dieser Bandbreite können dann realisiert werden, wenn

- Stellwege im ersten Drittel des Stellbereichs bevorzugt werden;
- Stellkräfte ebenfalls im ersten Drittel des Stellkräftebereichs gestaltet werden; dabei müssen jedoch Mindeststellkräfte eingehalten werden, um Fehlbedienungen auszuschließen.

Greifart und Stellbeispiel	Stellweg	Stellkraft
Kontaktgriff/Finger (Druckknopf)	2–10 mm	1–8 N
Kontaktgriff/Hand (Drucktaster)	10–40 mm	4–16 N, bei Notschaltern bis 60 N
Zufassungsgriff/3 Finger (Drehknopf)	> 360°, Nachgreifen erforderlich	0,02–0,3 Nm bei 15–25 mm Ø
Zufassungsgriff/Hand (Schalthebel)	20–300 mm	5–100 N
Umfassungsgriff/Hand (Stellhebel)	100–400 mm	10–200 N
Auflage/Fuß (Pedal)	20–150 mm	30–100 N

Abbildung III-282   Empfohlene Stellwege und Stellkräfte für ausgewählte Stellteile[379]

Stellteil	Stellwinkel	Drehmoment		
		Radius	Stellen einhändig	beidhändig
Kurbel	unbegrenzt	≤ 100 mm > 100 mm – 200 mm > 200 mm – 400 mm	0,5 Nm – 3 Nm 5 Nm – 14 Nm 4 Nm – 30 Nm	 10 Nm – 23 Nm 8 Nm – 160 Nm
Handrad	unbegrenzt ohne Nachgreifen 60°	25 mm – 50 mm > 50 mm – 200 mm > 200 mm – 250 mm	0,5 Nm – 6,5 Nm — —	— 2 Nm – 4 Nm 4 Nm – 60 Nm
Drehnebel	15–90° zwischen zwei Schaltstellungen		Knebellänge ≤ 25 mm: 0,1 Nm – 0,3 Nm > 25 mm: 0,3 Nm – 0,7 Nm	
Drehknopf	unbegrenzt		für Drehknopfdurchmesser > 15 mm – 25 mm: 0,02 Nm – 0,005 Nm > 25 mm – 70 mm: 0,035 Nm – 0,7 Nm	
Schlüssel	15–90° zwischen zwei Schaltstellungen		0,1 Nm – 0,5 Nm	

Abbildung III-283   Empfohlene Stellwinkel und Drehmomentbereiche[380]

Bei der Auswahl der Stellwege und Stellkräfte ist für eine Rückkopplung bei den Stellvorgängen zu sorgen, damit die augenblickliche Lage des Stellteils wahrgenommen werden kann.

Dimensionalität

Die Anzahl der Freiheitsgrade in den Stellmöglichkeiten eines Stellteils bezeichnet man als Dimensionalität. Sind mehrere Stellfunktionen in einem Stellteil zusammengefasst, so spricht man von hochintegrierten Stellfunktionen. Beispiele hierfür sind im Kraftfahrzeug kombinierte Stellteile für Änderung der Fahrtrichtung, Beleuchtung, Lichthupe und Parklicht oder für Scheibenwischer und Waschanlage. Bei der Flugzeugsteuerung ist das Stellteil für Querruder, Höhen- und Seitenruder ein Stellteil mit hoher Dimensionalität. Bei hoher Dimensionalität eines Stellteils bzw. hochintegrierten Stellfunktionen können sich leicht Fehlbedienungen ergeben, wenn die Anordnung, Funktionsrichtung und der Funktionszuwachs des Stellteils nichtstandardisiert sind. Die Dimensionalität der Arbeitsaufgabe und die des Stellteils müssen in der Regel übereinstimmen, um Fehlhandlungen des Bedieners zu vermeiden.

---

379 Schmidtke, H.: Ergonomische Prüfung von Technischen Komponenten, Umweltfaktoren und Arbeitsaufgaben. München: Hanser, 1989.
380 Schmidtke, H.: a.a.O., 1989.

Beispiele für Stellteile

Man gliedert die Stellteile danach, ob sie mit

- einem oder mehreren Fingern (Abbildung III-284),
- der Hand (Abbildung III-285, links) oder
- dem Fuß (Abbildung III-285, rechts)

betätigt werden.

So stehen bei den fingerbetätigten Stellteilen an erster Stelle die Druckschalter bzw. -taster. Während der Druckschalter in der jeweiligen Schaltstellung einrastet, geht der Drucktaster nach Loslassen in seine Ausgangsstellung zurück. Beide Stellteile erlauben zwei Einstellungen. Sie benötigen nur wenig Platz und können sehr schnell betätigt werden. Bei Kombinationen mit einer Leuchte kann die Schaltstellung optisch gut erkannt werden. Darüber hinaus sollte beim Betätigen eine spürbare oder hörbare Rückmeldung erfolgen.

	Druckschalter, -taster (Finger/Hand)	Kippschalter	Drehknebel	Drehknopf
Kräfte bzw. Momente, die ausgeübt werden können	sehr klein	sehr klein	sehr klein	klein
benötigte Zeit zur Einstellung	sehr kurz	sehr kurz	mittel bis kurz	mittel bis kurz
Zahl der möglichen Einstellungen bzw. Größe des Betätigungsbereichs	2	2 oder 3	3 bis 24 (evtl. mehr)	unbegrenzt
Raumbedarf für Anordnung und Betätigung	klein	klein	mittel	klein bis mittel
Kodierung durch Formung möglich	schlecht bis befriedigend	gut	gut	gut
Stellung kann optisch erkannt werden	schlecht*	gut	gut	befriedigend**
Stellung kann taktil erkannt werden	schlecht	sehr gut	befriedigend bis gut	schlecht
Einstellung eines in einer Gruppe von gleichen Betätigungsteilen erkennbar	schlecht*	sehr gut	schlecht	befriedigend bis gut**
gleichzeitige Betätigung mehrerer benachbarter Teile mit einer Hand möglich	sehr gut	sehr gut	schlecht	schlecht
als Teil eines kombinierten Betätigungselements brauchbar	sehr gut	schlecht	gut	gut

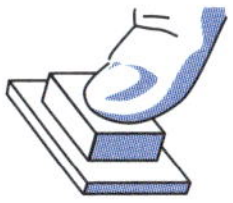

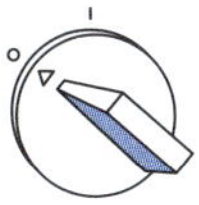

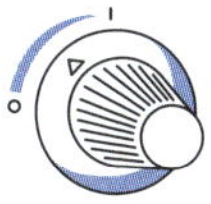

*Besser, wenn als Leuchttaster ausgebildet.
**Nur, wenn insgesamt mögliche Drehung < 360° und wenn Marke (Zeiger) vorhanden.

Abbildung III-284   Eigenschaften von fingerbetätigten Stellteilen[381]

381   Kroemer, K.; Kroemer, H.; Kroemer-Elbert, K.: Ergonomics. Upper Saddle River: Prentice Hall, 2001.

Kippschalter sind ebenfalls mit einem oder zwei Fingern zu betätigen. Sie erlauben zwei oder drei Stellungen; auch hier ist schnelles Stellen möglich. Bei Platzmangel können Kippschalter mit Vorteil eingesetzt werden. Die Schaltstellungen selbst sind sowohl optisch als auch taktil zu erkennen.

Eine Kombination von Kippschaltern und Drucktastern sind die Wippschalter. Diese Stellteile sind für zwei Stellungen vorgesehen. Auch sie benötigen wenig Platz, die Schaltstellungen sind schnell zu wechseln. Sie können auch optisch und taktil befriedigend erkannt werden.

Der Drehknebel ist geeignet sowohl für stufenloses Stellen als auch für Stellvorgänge in mehreren Stufen. Bei den Stellvorgängen in Stufen können zwischen zwei bzw. drei und vierundzwanzig Stellungen realisiert werden. Bei der Benutzung als Stufenschalter können exakte Stellungen erreicht werden. Diese Stellung ist optisch und taktil gut erkennbar. Schnelles Stellen ist möglich. Der Platzbedarf ist bei einer geringen Zahl von Stellmöglichkeiten im Verhältnis zu Drucktaster oder Kippschaltern groß, bei einer hohen Zahl von Einstellungen dagegen klein. Drehknebel müssen in die jeweiligen Schaltstellungen einrasten und dürfen nicht in Zwischenstellungen stehen bleiben. Nach einem Drehwinkel von ca. 150° muss bei der Betätigung eines Drehknebels umgegriffen werden.

Der Drehknopf ist für Drehbewegungen ohne Kraftaufwand günstig. Sowohl Grob- als auch Feineinstellungen sind möglich. Dabei kann die Einstellung stufenlos oder -stufig geschehen. Der Platzbedarf ist gegenüber Druck- und Kippschaltern etwas größer, schnelles Einstellen ist jedoch möglich. Die Rückmeldung der Einstellungen hat optisch über eine Zeigermarke zu erfolgen.

Mit einem Schlüssel (z. B. Zündschlüssel) ist Stellen in zwei oder mehr Stufen möglich. Der Schlüssel begünstigt schnelles Einstellen oder das Halten einer Stellung. Die Sicherheit gegen unbeabsichtigtes Verstellen muss jedoch gegeben sein.

Der Schalthebel ist für zwei oder mehr Einstellungen vorgesehen. Auch stufenloses Stellen in mehreren Bewegungsrichtungen ist möglich. Der Einsatz des Schalthebels begünstigt das schnelle Stellen, das Halten des Stellteils und auch die Stellgenauigkeit. Große Energien und Kräfte können eingeleitet werden. Nachteilig ist jedoch der hohe Platzbedarf des Schalthebels. Die jeweiligen Schaltstellungen sind leicht optisch und taktil erkennbar. Sollen große Kräfte mit Schalthebeln übertragen werden, so sind gerade Griffbahnen vorzusehen. Bei gekrümmten Griffbahnen ist dagegen eher eine Kurbel einzusetzen. Eine Variante des Schalthebels ist der Stellhebel, der auch für die Betätigung mit zwei bis drei Fingern vorgesehen werden kann. Der Stellhebel wird insbesondere bei genauen Steueraufgaben eingesetzt.

Die Vorteile der Kurbel liegen insbesondere im unbegrenzten Drehbereich. Kurbeln können mit Vorteil zur Einleitung großer Energien eingesetzt werden. Bei geringem Stellwiderstand ist genaues und schnelles Nachfahren möglich. Kurbeln benötigen jedoch viel Platz. Die Griffbahn der Kurbel sollte nach Möglichkeit in Hüft- oder Ellenbogenhöhe angeordnet sein. Bei der Übertragung großer Energien muss die Kurbel mit beiden Händen angefasst werden können. In diesem Falle ist die Drehachse waagerecht und parallel zur Körperfront des Bedieners angeordnet.

Handräder sind für Einstell- und Steuerbewegungen bei mittlerem Widerstand geeignet. Sie können gut in einer Position gehalten werden, ein genaues Stellen ist möglich. Handräder werden im Regelfall für stufenloses Stellen eingesetzt. Jedoch ist auch ein Handrad als Stufenschalter denkbar. Die Nachteile des Handrades liegen in dem großen Platzbedarf und der verhältnismäßig schlechten optischen Rückmeldung der Einstellung.[382]

---

382 Umfangreiche Untersuchungen zum Einsatz von Handrädern wurden von Mainzer vorgelegt: Mainzer, J.: Ermittlung und Normung von Körperkräften. Fortschritts-Berichte der VDI-Zeitschrift, Reihe 17, Nr. 12, Düsseldorf: VDI, 1982.

Fußschalter sind in erster Linie für zwei Stellungen – analog Drucktaster bei Handbedienung – vorgesehen. Pedale lassen dagegen zwei oder mehr Stellungen zu; auch stufenloses Betätigen ist möglich. Bei Pedalen können große Kräfte (z. B. Bremspedal im Pkw) übertragen werden. Ebenso ist schnelles Stellen möglich (z. B. Gaspedal im Pkw). Der Einsatz von Pedalen ist ebenfalls möglich, wenn über einen längeren Zeitraum der Fuß auf dem Pedal ruhen soll. Das häufigere Betätigen von Pedalen setzt eine sitzende Körperhaltung voraus. Fußschalter und Pedale haben den Nachteil eine großen Platzbedarfes, ihre jeweilige Stellung ist oft nur schlecht erkennbar.

	Kurbel	Handrad	Schalthebel	Druckschalter, -taster, fußbetätigt	Pedal
Kräfte bzw. Momente, die ausgeübt werden können	groß	groß	groß	klein bis mittel	groß
benötigte Zeit zur Einstellung	—	—	mittel	kurz	—
Zahl der möglichen Einstellungen bzw. Größe des Betätigungsbereichs	unbegrenzt	etwa ±60 ohne Umgreifen	etwa ±90 ohne Umgreifen	2	klein; für Pedalkurbel unbegrenzt
Raumbedarf für Anordnung und Betätigung	mittel bis groß	mittel bis groß	mittel bis groß	groß	groß
Kodierung durch Formung möglich	schlecht	schlecht	befriedigend	schlecht	schlecht
Stellung kann optisch erkannt werden	schlecht***	schlecht	befriedigend bis gut	schlecht	—
Stellung kann taktil erkannt werden	schlecht***	schlecht	schlecht bis befriedigend	schlecht	—
Einstellung eines in einer Gruppe von gleichen Betätigungsteilen erkennbar	schlecht	schlecht	gut	schlecht	—
gleichzeitige Betätigung mehrerer benachbarter Teile mit einer Hand möglich	schlecht	schlecht	gut	—	—
als Teil eines kombinierten Betätigungselements brauchbar	gut	gut	gut	schlecht	—

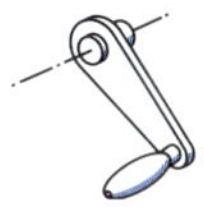

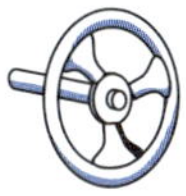

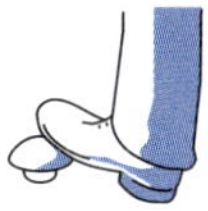

***Besser, wenn an der Kurbel weniger als eine volle Umdrehung durchgeführt wird.

Abbildung III-285 Eigenschaften von hand- und fußbetätigten Stellteilen[383]

Die Stellteile müssen in ihrer Geometrie und räumlichen Lage so gestaltet sein, dass sie ohne übermäßige statische Halte- und Haltungsarbeit auf Dauer praktisch ermüdungsfrei bedient werden können. Stellbewegungen sollen dabei mit einem möglichst kleinen Bewegungsaufwand unter Einbeziehung möglichst weniger Gelenke realisiert werden. Die bevorzugten Arbeitsbereiche der Hände und der Füße sind dabei zu beachten.

Räumliche Anordnung

Sind mehrere Stellteile zu betätigen, so reichen oft die bevorzugten Arbeitsbereiche nicht aus. Nach der Benutzungsfrequenz des Stellteils ist dann auch eine Platzierung des Stellteils außerhalb des bevorzugten Bereichs im zulässigen Betätigungsbereich vorzusehen. Weiterhin sollten die Extremitäten

383 Kroemer, K.: a. a. O., 2001.

möglichst gleichmäßig belastet werden. Die Grundstellung des Körpers entscheidet ebenfalls über die Verteilung der Stellteile: Da im Stehen Fußstellteile nur in Ausnahmefällen eingesetzt werden sollen, führen Stehhaltungen oft zu einer Anhäufung von Handstellteilen (z. B. bei der Bedienung einer Drehmaschine).

Die empfohlene Körperhaltung bei der häufigen Betätigung von Stellteilen richtet sich vor allem nach der Arbeitsaufgabe: Ist eine hohe Genauigkeit bei der Betätigung erforderlich und sind zudem noch anspruchsvolle Sehaufgaben abzuwickeln, so müssen die Stellteile im Hinblick auf eine sitzende Körperhaltung optimiert werden. Auch die Betätigung von Fußpedalen setzt im Regelfall Sitzen voraus.

Sind dagegen bei der Betätigung von Stellteilen große Handkräfte aufzubringen oder sind die Stellteile sehr groß, dann kommt nur eine Stehhaltung infrage. Dies trifft vor allem auf die Benutzung von Handrädern oder Kurbeln zu. Die Möglichkeit eines kombinierten Sitz-/Steh-Arbeitsplatzes ist zu prüfen.

Bei der Anordnung sehr vieler Stellteile – u. U. kombiniert mit Anzeigen (vgl. Abschnitt 5.8.2) – sind konkurrierende Prinzipien zu beachten:[384]

- Anordnung nach der Funktion (Stellteile mit ähnlicher Funktion werden gruppiert);
- Anordnung nach Wichtigkeit (handlungskritische Stellteile werden an Positionen im bevorzugten Greifraum/Sehraum angeordnet);
- Anordnung nach Einzeloptima (Stellteile werden an den jeweils »optimalen« Stellen in Bezug auf Reichweite, Genauigkeit, Krafteinsatz etc. angeordnet. Das Ergebnis muss kein Gesamtoptimum sein.);
- Anordnung nach der Benutzungsreihenfolge (Stellteile werden nach der Reihenfolge der Benutzung angeordnet);
- Anordnung nach der Benutzungsfrequenz (häufig benutzte Stellteile werden im bevorzugten Greifraum/Sehraum platziert).

Da in der Praxis der Arbeitsgestaltung üblicherweise Zielkonflikte zwischen diesen Anordnungsprinzipien auftreten, kann als Gestaltungsempfehlung angegeben werden, zunächst eventuell sicherheitskritische Stellteile an geeigneter Stelle zu platzieren und danach jedoch den Prinzipien Benutzungshäufigkeit und -reihenfolge höhere Priorität als den anderen aufgeführten Prinzipien zu geben. Bei vorwiegend sequenzieller Betätigung ist eine Platzierung der Stellteile in ihrer Benutzungsreihenfolge von links nach rechts oder von oben nach unten vorzusehen. Hochintegrierte Stellteile, die diese Benutzungsreihenfolge infrage stellen würden, sind nicht zweckmäßig. In jedem Fall sollten häufige Ortswechsel von Körper, Hand, Fuß oder Auge bei der Stellteilbedienung vermieden werden.

Kodierung von Stellteilen

Um Betätigungsfehler zu vermeiden, kann auch die Kodierung von Stellteilen vorgenommen werden. Bereits die räumliche Anordnung stellt eine Kodierung dar. Hinzu kommt die Kodierung durch Gestaltgebung – also Form und Größe – sowie Farbe und Beschriftung.

Bei der Formgebung erweist es sich als sinnvoll, auf die Funktion oder die Stellung des Stellteils hinzuweisen, also z. B. das Stellteil in Zeigerform auszubilden. Es werden hier visuelle und taktile Sinnesdimensionen angesprochen.

Eine Größenkodierung der Stellteile kann ebenfalls sinnvoll sein – beispielsweise große Drehknöpfe für die Grob-Einstellung, kleine Drehknöpfe für die Fein-Einstellung.

Die Beschriftung und die Farbgestaltung sprechen nur die visuelle Sinnesdimension an. Entsprechende Beleuchtungsqualität am Arbeitsplatz ist daher eine Voraussetzung. Kodierung durch Beschriftung

---

384 McCormick, E. J.: Human Factors Engineering. New York: Wiley, 1964.

sollte sparsam verwendet werden. Nur bekannte Symbole sollten benutzt werden, um z. B. auf Auswirkungen der Betätigungen hinzuweisen.[385]

Bestimmte Funktionsgruppen von Stellteilen oder besonders wichtige Stellteile können farblich markiert werden. Hierbei weist

- Rot auf unmittelbare Gefahr,
- Gelb auf eine Warnung,
- Grün auf Gefahrlosigkeit oder den normalen Betriebszustand hin.

Die genannten Kodierungsarten können zur Verstärkung auch miteinander kombiniert werden.

Die folgenden Prüfpunkte fassen die wichtigsten Gestaltungsmerkmale der informationstechnischen Arbeitsgestaltung zusammen:

Prüfliste für die informationstechnische Gestaltung

1. Keine Differenz zwischen dem erforderlichen und dem tatsächlich gelieferten Informationsumfang? Es fehlt keine Information.
2. Signalumfang für einzelne Informationen übersteigt nicht das normalerweise erforderliche Maß.
3. Die Signale sind hinsichtlich ihrer Aussage eindeutig.
4. Die Signale werden entsprechend ihrer Beziehung zur Tätigkeit und ihres Inhaltes in der geeigneten Modalität dargeboten.
5. Die allgemeinen Voraussetzungen der Wahrnehmung sind erfüllt?
6. Die Signale können jederzeit mit Sicherheit wahrgenommen werden.
7. Der Gesichtssinn wird durch erhöhten Einsatz des Tastsinns entlastet.
8. Es besteht keine Verwechslungsgefahr von Signalquellen unterschiedlicher Funktion.
9. Mehrere Signale werden nicht gleichzeitig gesendet.
10. Aus den Signalmerkmalen lässt sich die erforderliche Reihenfolge der Beantwortung entnehmen.
11. Die Dauer der sensorischen Anforderungen, die das einzelne Signal stellt, ist im Hinblick auf die Gesamtheit der vorgesehenen Signalquellen ausreichend.
12. Die im Maschinentakt oder in der Signalfolge vorgesehene Darbietungsdauer ist für das Treffen der Entscheidung ausreichend.
13. Die sprachliche Verständigung am Arbeitsplatz ist nicht behindert.
14. Der Mitarbeiter kann sofort die Auswirkung seiner Antwortreaktion überprüfen.
15. Der Mitarbeiter hat die Möglichkeit, bereits eingeleitete oder vollzogene Antworten sofort wirksam zu korrigieren.
16. Die Latenzzeit lässt sich durch eine Voranmeldung beschleunigen.
17. Die für die Entscheidung benötigten Daten werden zeitlich in der logischen Reihenfolge dargeboten.
18. Die Bedienteile sind den entsprechenden Signalquellen in eindeutiger und praktischer Weise zugeordnet.
19. Die Bewegung von Zeigern oder Stellteilen entspricht den eingeprägten Vorstellungen.
20. Die Farbsignale haben die übliche Bedeutung.

---

385 Hierbei sind die DIN 32830 (Gestaltungsregeln für grafische Symbole) und DIN 30602 (Empfehlungen für Bildzeichenanwendung) zu beachten.

5.8.4 Bildschirmarbeitsplätze in der Produktion

Bereits seit längerer Zeit ist auch die Arbeit in Produktion und Logistik ohne DV-Unterstützung nicht mehr denkbar. PC- oder Terminalsysteme gehören zur Grundausstattung vieler Arbeitssysteme in Fertigung, Montage und Vertrieb.

Bildschirmarbeits-verordnung

Die *Bildschirmarbeitsverordnung* definiert: »Ein Bildschirmgerät dient der Darstellung alphanumerischer Zeichen oder von Grafiken. Ein *Bildschirmarbeitsplatz* ist ein Arbeitsplatz mit einem Bildschirmgerät, der ausgestattet sein kann mit Einrichtungen zur Erfassung von Daten, Software, die den Beschäftigten bei der Ausführung ihrer Aufgaben zur Verfügung steht, Zusatzgeräten und Elementen, die zum Betreiben oder Benutzen des Bildschirmgerätes gehören, oder sonstigen Arbeitsmitteln, sowie der unmittelbaren Arbeitsumgebung.«[386]

Beschäftigte im Sinne der Bildschirmarbeitsverordnung sind Menschen, »die gewöhnlich bei einem nicht unwesentlichen Teil ihrer normalen Arbeit ein Bildschirmgerät benutzen«.

Ausnahmen sind jedoch zu beachten: Bildschirmarbeitsplätze im Sinne dieser Verordnung sind nicht

- Bedienerplätze an Maschinen,
- Messwertanzeigen, die nur zur unmittelbaren Benutzung des Arbeitsmittels erforderlich sind (Abbildung III-286),
- Bildschirme zur Videoüberwachung.

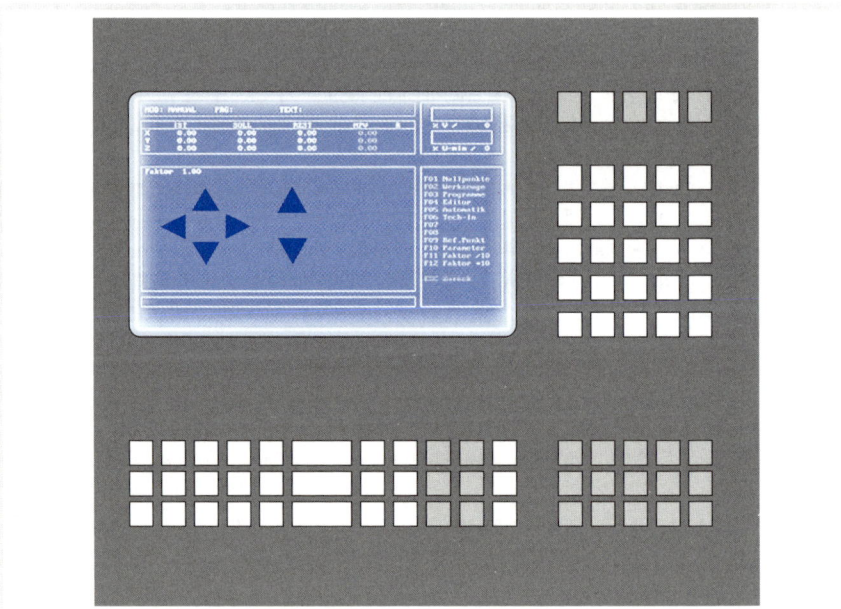

Abbildung III-286   Messwertanzeige, die nicht unter die Bildschirmarbeitsverordnung fällt

Oft ist der Bildschirm jedoch nicht in der klassischen, aus der Büroarbeit bekannten Form vorhanden, sondern als Display an Werkzeugmaschinen, Handhelds (PDAs) oder als Oszilloskop an Prüfarbeits-

386 Bildschirmarbeitsverordnung (BildscharbV), BGBl. I 1996, S. 1843. Zuletzt geändert durch Art. 7 der Verordnung vom 18. Dezember 2008 (BGBl. I. 2768).

plätzen. Ebenso sind Tastaturen im Einsatz, die in ihren Funktionen und Abmessungen gegenüber den Tastaturen an Büroarbeitsplätzen abweichen können.[387] Insbesondere an hochtechnisierten CNC-Bedienerarbeitsplätzen besteht allerdings Rechtsunsicherheit zwischen europäischer und nationaler Auslegung der EU-Richtlinien bzw. Bildschirmarbeitsverordnung: Fallen Programmierarbeitsplätze, die entfernt von einer CNC-Maschine aufgestellt sind, unter die Bildschirmarbeitsverordnung oder nicht?

Im Gegensatz zu Bildschirmarbeitsplätzen im Büro ist bei der Bildschirmarbeit in der Produktion nicht nur die Tisch/Stuhl-Einheit zu optimieren, sondern eine Gesamtoptimierung aller Betriebsmittel durchzuführen. Die Mensch-Maschine-Schnittstelle interessiert hier vor allem aus anthropometrischer, insbesondere aus sichtgeometrischer und bewegungstechnischer Sicht.

In Montage- oder Prüfarbeitssystemen gibt es oft Platzprobleme, den Bildschirm neben Greifbehältern und Handwerkzeugen und Vorrichtungen noch unterzubringen. Die Folge sind häufig anthropometrisch und sichtgeometrisch suboptimale Positionen des Monitors, z. B. auf der obersten Regalebene.

Hier spielen also folgende Faktoren eine Rolle:

- Zwangshaltungen,
- Belastung des Hand-Arm-Systems,
- Belastung der Augen,
- psychische Belastung.

Soweit in der Produktion Sitz-Arbeitsplätze vorliegen, die der Bildschirmarbeitsverordnung unterliegen (z. B. Arbeitsplätze von Arbeitsplanern, Kalkulatoren, Meistern etc.), sollten sie den geometrischen Bedingungen genügen, die in Abbildung III-287 aufgeführt sind.

Im Folgenden wird auf Gestaltungshinweise der wichtigsten Elemente eines Bildschirmarbeitsplatzes eingegangen. Die Ergonomie von Arbeitstisch und Stuhl wurde in Abschnitt 5.2 behandelt.[388]

In der Produktion kommen zunehmend Flachbildschirme (TFT- bzw. LCD-Displays) zum Einsatz. Verbreitet sind aber auch noch herkömmliche Bildschirme (Kathodenstrahlröhren, kurz: CRT). Zur Abprüfung der Bildschirmeigenschaften bezüglich Ergonomie, Energieverbrauch, Emissionen und Ökologie haben sich die Zertifizierungen nach TCO durchgesetzt[389]. Die Norm ISO 13406-2 stellt Ergonomie-Prüfkriterien für Flachbildschirme zur Verfügung[390].

Bildschirm

In rauen Umgebungen sind Monitore mit Stahlblech- oder Aluminium-Frontplatte von Vorteil. Weiterhin können sich Anforderungen auf Staubdichtigkeit und Strahlwasserschutz stellen.

---

387 Auf Bildschirmarbeitsplätze im Bürobereich wird hier nicht eingegangen. Stattdessen sei verwiesen auf: Helbig, R.; Ferreira, Y.: Bildschirmarbeit und Büroarbeit. In: Landau, K.; Pressel, G.: Medizinisches Lexikon der beruflichen Belastungen und Gefährdungen. Stuttgart: Gentner, 2008, S. 169–181.

388 Vgl. Helbig, R.; Ferreira, Y.: Bildschirmarbeit und Büroarbeit. In: Landau, K.; Pressel, G. (Hrsg.): Medizinisches Lexikon der beruflichen Belastungen und Gefährdungen. Stuttgart: Gentner, 2008, S. 169–181.

389 TCO'03 CRT Displays Ver 2.0 und Flat Panel Displays Ver 2.0. Stockholm: TCO Development 2004. TCO'05 umfasst Desktop- und Notebook-PC und ist somit Nachfolger der PC-Version von TCO'99. Stockholm: TCO Development.
TCO'06 ist ein Gütesiegel für Multimediabildschirme. Stockholm: TCO Development.

390 ISO 13406-2 Ergonomic Requirement for Flat Panel Displays. Qualitätskriterien dieser ISO-Norm: Anzeigenleuchtdichte, Kontraste, Reflexionen, Gleichmäßigkeit von Leuchtdichte und Farben, Pixelfehler, Flimmern. Vergleiche weiterhin auch ISO 9241 Teil 10.

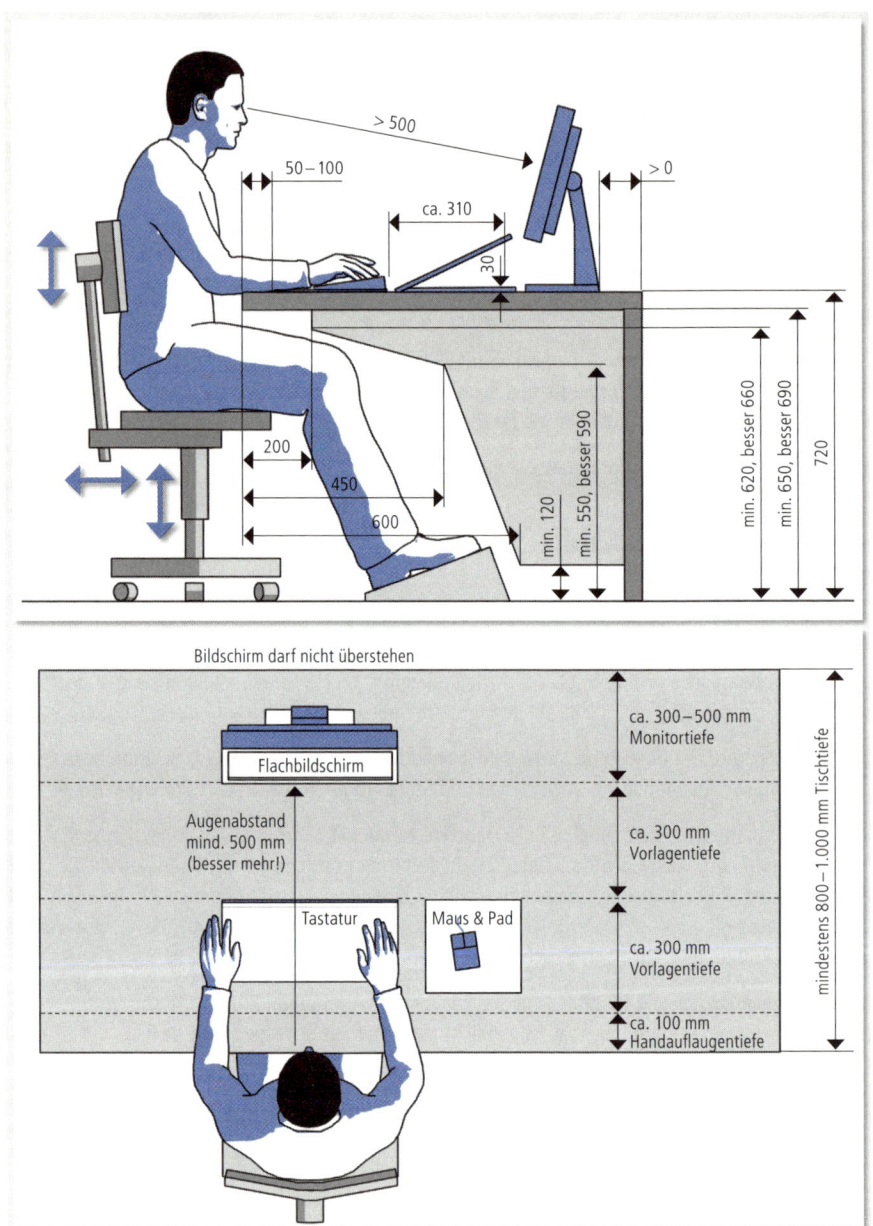

Abbildung III-287   Wichtige Maße zur Einrichtung eines Bildschirmarbeitsplatzes

Einzelanforderungen   Ein Computer-Bildschirm ist auf folgende Einzelanforderungen zu prüfen:

● Drehung und Neigung: Er muss dreh- und neigbar sowie frei aufstellbar sein (die Dreh- und Neigbarkeit soll bei der Arbeit ohne übermäßigen Kraftaufwand möglich sein), sich nicht unbeabsichtigt verändern und immer die Standsicherheit gewährleisten. Die Neigbarkeit soll mindestens den Bereich 5° nach vorn und 20° nach hinten ermöglichen.

- Flimmern: Ein Bildschirm muss flimmerfrei sein (d. h. die Bildwiederholfrequenz beträgt z. B. bei einer mittleren Leuchtdichte und mittlerer Nachleuchtdauer mindestens 85 Hz bei der für die Bildschirmgröße typischen Auflösung). Die Bildwiederholfrequenz muss leicht einstellbar sein.
- Leuchtdichte: Die Darstellung muss scharf und deutlich sein (das Verhältnis zwischen höherer und niedriger Leuchtdichte ist größer als 3:1 – außer bei Bildern. Bei Textverarbeitung ist eine Darstellung schwarz auf weiß, bei Zeichen und Flächen mit gleicher Leuchtdichte sind die Leuchtdichteunterschiede kleiner als 1,5:1 für CRT-Bildschirme und 1,7:1 für Flachbildschirme, die mittlere Leuchtdichte beträgt 100 candela [cd] pro m^2). Leuchtdichte (Helligkeit) und Kontrast müssen durch im Blickfeld angeordnete und in sitzender Körperhaltung ohne weites Vorbeugen zu bedienende Elemente leicht einstellbar sein.
- Flackern: Das Bild muss stabil sein: Zeitabhängige Schwankungen dürfen nicht wahrnehmbar sein. Zeichengröße, -gestalt und -abstände müssen eine gute Lesbarkeit gewährleisten. Die Bildverschiebungen durch Flackern bei CRT-Bildschirmen dürfen maximal 0,1 mm betragen.
- Reflexion des Bildschirmgehäuses: Der Reflexionsgrad der Bildumrahmung muss mindestens 20 % betragen. Der Monitorrahmen sollte nicht zu hell oder zu dunkel im Vergleich zur Wand hinter dem Monitor sein.
- Energieverbrauch: Für den Stand-by-Modus: maximal 15 Watt, abgeschaltet: maximal 5 Watt.[391]

Die angegebenen Größen können anhand der Bedienungsanleitung des Arbeitsmittels oder von Herstellerangaben überprüft werden. EDV-Arbeitsgeräte mit dem GS- oder TÜV-Prüfzeichen erfüllen üblicherweise die genannten Bedingungen.

Aus ergonomischer Sicht gibt es eine klare Empfehlung für den Einsatz von Flachbildschirmen. Sie sind in allen Einzelanforderungen den CRT-Monitoren überlegen.

Oszilloskope sind elektronische Messgeräte zur Darstellung des zeitlichen Verlaufs einer Spannung. Es gibt analoge, digitale und hybride Oszilloskope. Monochrome Oszilloskope sind stärker verbreitet als farbige. Die ergonomischen Anforderungen für Bildschirme können in den meisten Fällen nicht auf Oszilloskope übertragen werden. **Oszilloskope**

Die Tastatur an Bildschirmarbeitsplätzen orientiert sich an der Schreibmaschinentastatur und ist damit bezüglich Tastenauslegung und Handhaltung aus ergonomischer Sicht suboptimal. Im Einzelnen sind die folgenden Forderungen zu berücksichtigen:[392] **Tastatur**

- Neigung: Die Tastatur muss neigbar sein von 0–15°. Eine geringe Neigung des Tastenfeldes ist anzustreben (5–12 Grad), damit es nicht zur Einengung von Blutbahnen, Sehnen und Nerven am Übergang von Handrücken und Handgelenk kommt.
- Standfestigkeit: Die Unterseite der Tastatur muss rutschhemmend sein.
- Oberfläche und Tastengestaltung: Die Oberfläche muss frei von Reflexionen und Spiegelungen sein. Die Tastaturbeschriftung muss deutlich und gut lesbar sein (Kontrast bei dunklen Zeichen auf hellem Grund über 3:1, Schrifthöhe mindestens 2,9 mm, Beschriftung ausreichend abriebfest). Tasten sollen 12–15 mm Kantenlänge haben. Der Abstand von Tastenmittelpunkt bis Tastenmittelpunkt sollte 17–20 mm betragen. Tastenwege etwa müssen auf 2–4 mm bei deutlich wahrnehmbarem Druckpunkt ausgelegt werden.
  Häufig zu benutzende Tasten müssen etwas größer sein. Alphabetische, numerische und Sonderfunktionsbereiche sind zu trennen (beispielsweise durch Farbe, Form, Abstand und Lage). Sog. Ergonomie-Tastaturen (geteilte Tastaturen) ist der Vorzug zu geben, wenn sie ausreichend stabil ausgeführt wurden und wenn der Mitarbeiter das 10-Finger-Blind-System beherrscht. Damit können Unterarm- und Handachse fluchten und es kommt weniger zu verdrehten bzw. verspannten

---

391 Bezüglich der weiteren Umweltanforderungen sei auf die o. g. Normen verwiesen.
392 Vgl. DIN 2137-1, Büro- und Datentechnik, 1995.

Hand-Arm-Haltungen. Damit sind auch weniger gesundheitliche Beschwerden im Hand-Arm- und Schulter-Nacken-System zu erwarten.

- Handballenauflage: Durch eine Handballenauflage werden Handgelenke sowie Schultern und Nacken entlastet.

Maus

Für die Maus gelten die folgenden ergonomischen Anforderungen:

- Gehäuse und Tasten müssen der Anatomie der menschlichen Hand entsprechen.
- Die Benutzung muss für Links- und Rechtshänder möglich sein.
- Das Kabel zwischen Maus und Rechner muss flexibel sein oder es muss eine kabellose Übertragung möglich sein.
- Das Verhältnis zwischen Mausbewegung und Cursorgeschwindigkeit auf dem Bildschirm muss frei einstellbar sein.
- Die Maustasten müssen frei programmierbar sein.
- Die Unterseite der Maus muss gut gleiten und verschleißfest sein. Die Mausbewegung muss exakt ohne Aussetzer am Bildschirm übertragen werden. Optische und kabellose Mäuse sind gegenüber mechanischen Mäusen zu bevorzugen.
- Die Tastenauslösung muss taktil und akustisch (abstellbar) rückgemeldet werden.
- Die Doppelklickgeschwindigkeit muss über die Software einstellbar sein.
- Durch die Oberfläche dürfen keine störenden Reflexe und Spiegelungen entstehen.
- Die Anordnung der Maus auf dem Arbeitstisch soll möglichst körpernah sein, damit Verspannungen durch statische Haltungsarbeit vermieden oder wenigstens begrenzt werden.

Gerade eine über viele Stunden gehende Arbeit mit der Computermaus kann zu Zwangshaltungen führen, die der Mitarbeiter selbst gar nicht bemerkt. Anstelle der Mauseingabe sollten daher auch Shortcuts benutzt werden. Bildschirmpausen mit Entspannungs- bzw. Dehnungsübungen sind zu empfehlen.

Zentraleinheit

Die Bedienelemente (Hauptschalter, Laufwerke, USB-Schnittstellen etc.) müssen an der Frontseite der Zentraleinheit, idealerweise in Arbeitshöhe, angebracht sein. Festplatte und Lüfter müssen lärmarm arbeiten. Bezüglich der Lärmentwicklung an Bildschirmarbeitsplätzen in der Produktion sei auf die VDI-Richtlinie 2058 verwiesen.[393]

Sonderbedingungen

Bildschirmgeräte müssen für Dauerbetrieb in allen Umgebungen eventuell bis zu explosionsgefährdeten Zonen nach Class I/Div. 2 ausgelegt sein.[394] Industriemonitore müssen u. U. erheblichen mechanischen Belastungen (Vibrationen oder Stöße) standhalten, die von laufenden Motoren und Maschinenteilen auf das Display übertragen werden. Gelenkhalterungen sind bei Platzproblemen vorteilhaft. Sie sollten folgende Eigenschaften haben:

- leichtgängig,
- arretierbar,
- um bis zu 90° nach links und rechts drehbar,
- Positionsentfernungen bis zu 100 cm sinnvoll,
- Monitorgewichte bis ca. 90 kg möglich.

---

393 VDI 2058 Blatt 3: Beurteilung von Lärm am Arbeitsplatz unter Berücksichtigung unterschiedlicher Tätigkeiten, 1999.
394 Vgl. Normen IEC 60079 ff. der IEC (International Electrotechnical Commission).

5.8.5 Prüfarbeitssysteme

Bei der informationstechnischen Arbeitsgestaltung haben Prüfvorgänge eine sehr hohe Bedeutung. Gleichzeitig spielen Sehen, Beleuchtung und Farbe (vgl. Abschnitte 5.7.2 und 5.8) eine große Rolle.

Beim *Prüfen* wird festgestellt, ob der Prüfgegenstand eine oder mehrere vorgegebene oder erwartete Bedingungen erfüllt, insbesondere auch, ob Grenzwerte oder Toleranzen eingehalten werden.

Zum Unterschied versteht man unter *Messen* einen Vorgang, bei dem der Wert einer physikalischen Größe ermittelt wird.

Prüfungen werden überwiegend dann von Menschen (und nicht automatisiert) ausgeführt, wenn hohe Flexibilität, Intelligenz und geringere Kosten bei kleinen Losgrößen erforderlich sind.

In der Praxis treten folgende Prüfaufgaben häufig auf:

- Wareneingangsprüfung,
- Prüfung von Bauteilen,
- Prüfung von Erzeugnissen,
- Werkzeugprüfung,
- Sonderprüfungen.

Insbesondere bei den Bauteilprüfungen gibt es Zwischen- und Endprüfungen. Man unterscheidet weiterhin Selbstprüfung und Fremdprüfung. Im Zuge der Arbeitsstrukturierung mit Arbeitsbereicherungen hat die Selbstprüfung viele Vorteile: Sie senkt die Qualitätskosten, verkürzt die Durchlaufzeit und kann die Motivation des Mitarbeiters fördern.

Ein Prüfarbeitssystem[395] kann mit Hilfe von fünf Elementen beschrieben werden, wobei auch die Arbeitsumgebung und die Arbeitsorganisation Einfluss auf die Prüfergebnisse haben:

- *Prüfaufgabe*
  Die Prüfaufgabe beschreibt den Zweck des Arbeitssystems. In der Prüfaufgabe werden die zu prüfenden Qualitätsmerkmale festgelegt (z. B. Kratzer auf der Oberfläche, Vorhandensein eines Bauteils etc.).

- *Prüfperson*
  Prüfpersonen führen die Prüfaufgabe durch. Die Personen müssen geeignet sein (hierfür müssen Testbatterien entwickelt und eingesetzt werden). Um die Prüfaufgabe einwandfrei ausführen zu können, müssen Prüfpersonen weiterhin geübt und eingearbeitet sein.

- *Prüfobjekt*
  Das Prüfobjekt ist der Gegenstand, an dem die Prüfaufgabe durchgeführt wird, also beispielsweise angelieferte Halbzeuge, Bauteile oder Fertigerzeugnisse.

- *Prüfhilfsmittel/Vorrichtungen*
  Prüfhilfsmittel bzw. Prüfhilfsvorrichtungen wie beispielsweise Lupen, Mikroskope oder Vergleichsmuster unterstützen bzw. ermöglichen erst eine Prüfaufgabe.

- *Prüfablauf*
  Im Prüfablauf werden die Teilschritte und die Durchführung der Prüftätigkeit festgelegt.

---

395 Vgl. Tschich, H.: Gestaltung von Prüfarbeitssystemen in der Montage. In: Landau, K.; Luczak, H. (Hrsg.): Ergonomie und Organisation in der Montage. München, Wien: Hanser, 2001, S. 196–217.

Bei der Gestaltung von Prüfarbeitssystemen sind insbesondere die Sehbedingungen zu optimieren. Die *Sehbedingungen* werden beschrieben durch:

- Sehraum (Sehwinkel),
- Sehabstand,
- Sehabstandsänderungen,
- Sehobjektgröße,
- Beleuchtung und Kontrast.

Der Sehraum beschreibt den Blickbereich, in dem ein in entspannter Haltung sitzender oder stehender Mensch Sehobjekte durch normale Augen- und Kopfbewegungen wahrnehmen kann (vgl. Abschnitt 5.2.5).

Unter Sehabstand wird die Entfernung verstanden, auf welche die Augen akkommodieren (scharf stellen; vgl. Abbildung III-288). Der für Prüftätigkeiten empfohlene Sehabstand hängt vom Alter und von eventuell nicht erkannten Sehfehlern der Prüfpersonen ab. Für langandauernde *Sichtprüfungen* sollte ein Sehabstand von etwa 400 mm gewählt werden.

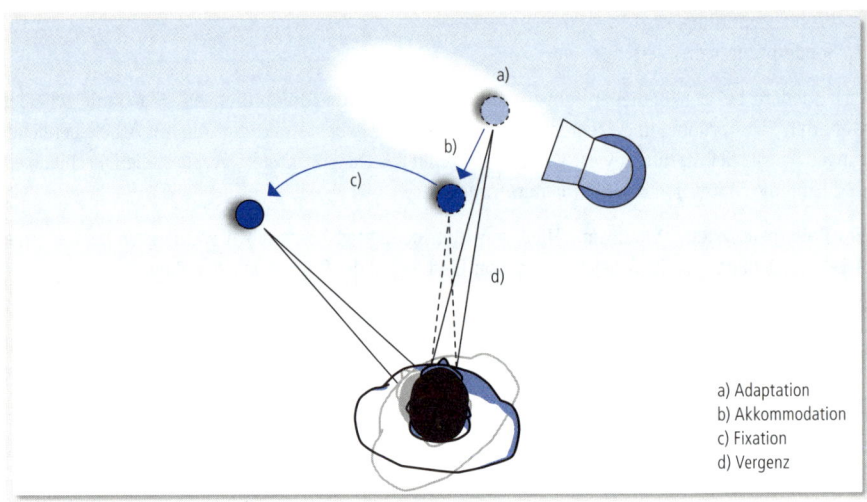

Abbildung III-288   Einstellfunktionen des Auges

Sehabstandsänderungen sollen bei Prüfvorgängen minimiert werden, da sie das Umakkommodieren der Augen hervorrufen. Häufiges Akkommodieren kann zu Ermüdung der Augenmuskulatur führen. Kann die Häufigkeit der Abstandsänderung nicht verringert werden, so sollte wenigstens versucht werden, die Entfernungsunterschiede zu minimieren. Ein Beispiel für notwendige Sehabstandsänderungen ist die Orientierung zwischen Prüfobjekt und Anweisung oder Anzeigegeräten.

Unter Sehobjektgröße versteht man das kleinste vom Auge zu erkennende Detail. Bei Prüfaufgaben handelt es sich hierbei i. d. R. um zu erkennende Fehler. Die minimale Sehobjektgröße ist abhängig vom Sehwinkel und der Sehschärfe der Person, von der Adaptationsleuchtdichte und dem Kontrast zwischen Sehobjekt und Hintergrund. Bei einem Sehabstand von 400 mm entspricht dies einer Sehobjektgröße von etwa 0,1 mm. Von Normalsichtigkeit spricht man bei einem Auflösungsvermögen von einer Bogenminute. Bei länger andauernden Prüftätigkeiten sollte von einem Sehwinkel von 1,6 bis 2,5 Bogenminuten ausgegangen werden. Bei einem Sehabstand von 400 mm wäre dann eine minimale Sehobjektgröße von 0,29 mm zu beachten (Abbildung III-289).

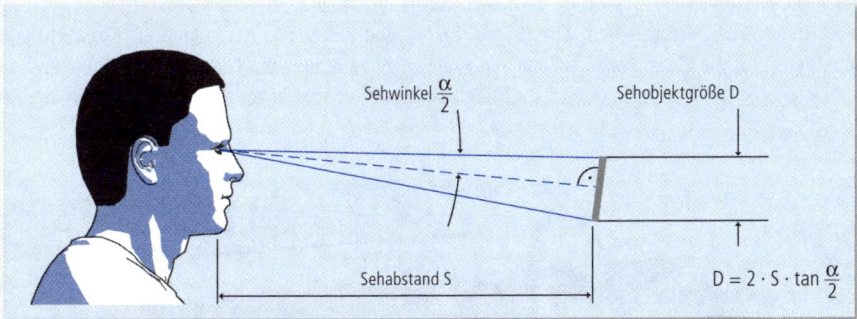

Abbildung III-289 Zusammenhang zwischen Sehwinkel, Sehabstand und Sehobjektgröße

Zu den Prüfhilfsmitteln gehören:

Prüfhilfsmittel

- optische Hilfsmittel (Lupen, Mikroskope, Monitore) und
- Vergleichsobjekte (Muster, Schablonen, Zeichnungen).

Optische Hilfsmittel ermöglichen teilweise erst oder aber erleichtern die Wahrnehmbarkeit. Lupen und Mikroskope beeinflussen die Sehbedingungen wie folgt:

- virtueller Sehabstand (= Entfernung, auf die die Augen tatsächlich akkommodieren);
- Sehobjektgröße (Vergrößerungsfaktor abhängig vom virtuellen Sehabstand);
- Wahrnehmungsbereich (Tiefenschärfe eingeschränkt; Zunahme der Vergrößerung führt zu verringerter Tiefenschärfe; Blickfeld wird durch Lupendurchmesser und Abstand zwischen Auge und Lupe begrenzt).

Vergleichsmuster werden verwendet, um eine Entscheidungsfindung zu erleichtern. Der Zeitbedarf für eine Prüfung steigt bei Verwendung von Vergleichsmustern. Das Prüfobjekt und das/die Vergleichsmuster sollen direkt nebeneinander angeordnet werden, um Sehabstandsänderungen zu vermeiden (siehe oben).

Die Gestaltung der Beleuchtungsbedingungen wird in Abschnitt 5.7.2 beschrieben.

Darüber hinaus sollten folgende Empfehlungen für die Beleuchtungsbedingungen an Prüfarbeitssystemen berücksichtigt werden:[396]

Checkliste für die Beleuchtung an Prüfarbeitssystemen

1. Bei Lupen- und Mikroskoparbeitsplätzen soll das Licht von Fenstern und Deckenleuchten von links oder rechts (bezogen zur Arbeitsblickrichtung) auf die Arbeitsfläche fallen.
2. Alle in der unmittelbaren Umgebung befindlichen Fenster sollen mit Blendschutz versehen sein.
3. Eine Mischung aus direkter und indirekter Beleuchtung ist anzustreben.
4. Alle Blendungsarten sollen vermieden werden.
5. Es sollten keine großen Helligkeitsunterschiede zwischen direktem Sehfeld und unmittelbarer Arbeitsplatzumgebung vorhanden sein.
6. Die Oberflächen der Arbeitstische sollten nicht zu dunkel oder zu hell gewählt sein und nicht glänzen.
7. Objektbeleuchtung sollte stufenlos einstellbar sein.
8. Deckenleuchten mit Leuchtstoffröhren sollen parallel zur Hauptblickrichtung angeordnet sein.

---

396 Tschich, H.: a.a.O., 2001.

Für Prüfaufgaben ist die Gestaltung der Leuchtdichte oft wichtiger als die Wahl der »richtigen« Beleuchtungsstärke. Mit gezieltem Einsatz gerichteten und diffusen Lichts gelingt es, Kontraste und Schattigkeit für die Qualitätsbeurteilung von Prüfobjekten einzusetzen. Gleichermaßen müssen suboptimale Leuchtdichte- bzw. Kontrastverhältnisse detektiert und abgestellt werden (Abbildung III-290).

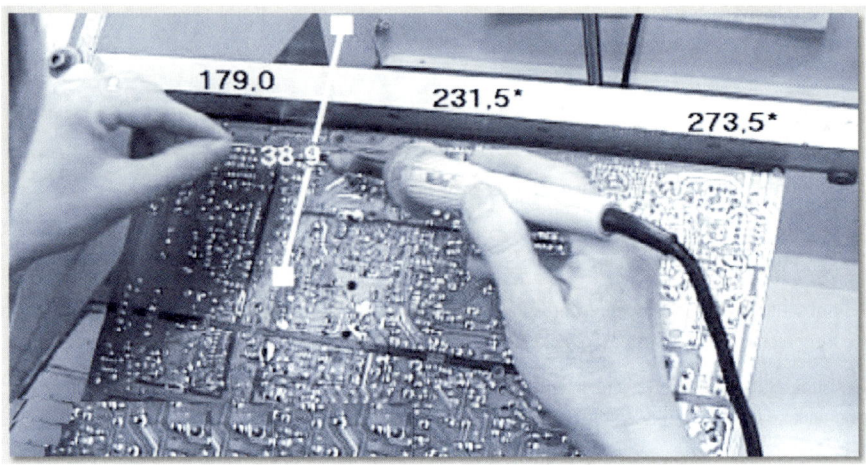

Abbildung III-290   Leuchtdichteverhältnisse auf einer Leiterplatine; Schattenwirkung von Hand und Werkzeug[397]

Bei der Prüfung von Metalloberflächen kann es leicht zu Reflexblendung kommen. Hier ist durch die Abstimmung von Direktstrahlern, diffusen Lichtquellen und Unter-Tisch-Beleuchtung jedoch Abhilfe möglich.[398]

Der von Brombach entwickelte Musterarbeitsplatz für Prüfaufgaben ist auf eine dreiteilige Beleuchtung ausgelegt (Abbildung III-291).

Die Spotbeleuchtung strahlt gerichtetes Licht von hinten ab und sorgt so dafür, dass die Teile in einer auf die entspannte Sehachse abgestimmten Weise gehalten werden können. Die Grundbeleuchtung durch Dreibandenlampen erzeugt demgegenüber ein diffuses Licht und ermöglicht eine gleichmäßige Ausleuchtung der Arbeitsfläche. Um zusätzlich die Leuchtdichte des eigentlichen Arbeitsbereiches einstellen zu können, wird eine von unten beleuchtete Platte aus getöntem Sicherheitsglas verwendet. Die Dimmbarkeit der Lampen ermöglicht eine definierte Helligkeitseinstellung, so dass keine zu großen Kontraste auftreten und der Untergrund immer etwas dunkler als die angestrahlten Prüfobjekte ist.

Mit dieser Prüfplatz-Auslegung können folgende Ziele verwirklicht werden:

- Für eine ausreichend hohe Unterscheidungsempfindlichkeit des Auges ist eine Gesichtsfeldleuchtdichte von mindestens 100 cd/m^2, höchstens jedoch 5.000 cd/m^2 herzustellen (wird mit der Grundbeleuchtung über Dreibandenlampen erreicht),

397   Kurtz, P.; Sievers, G.: Investigation and design of luminance situations at assembly workplaces. In: Proceedings of the XIX Annual International Occupational Ergonomics and Safety Conference, Las Vegas, Nevada, USA 27–29 June 2005, S. 195–197.
398   Brombach, J.: Analyse, Beurteilung und ergonomische Gestaltung der Arbeitsbedingungen in Arbeitssystemen der industriellen Qualitätskontrolle. Stuttgart: Ergonomia, 2005.

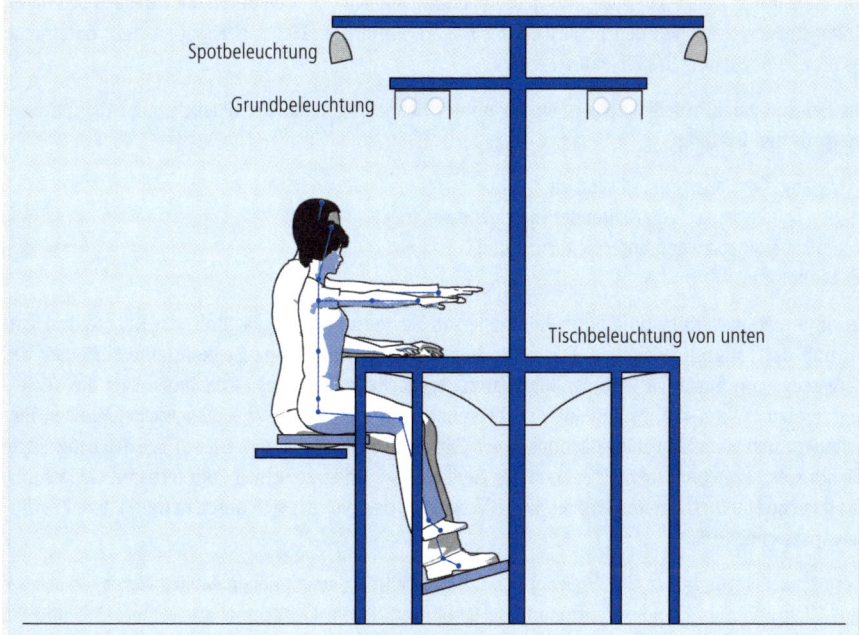

Abbildung III-291 Musterarbeitsplatz mit dreiteiliger Beleuchtung[399]

- der Kontrast zum Untergrund wird erhöht und damit die Fehlererkennbarkeit verbessert (wird durch Beleuchtung »von unten« ermöglicht),
- zu große Leuchtdichteunterschiede werden jedoch vermieden, Blendung und Glanzerscheinungen würden die Sehleistung einschränken,
- gerichtetes, streifendes Licht führt zu andersartigen Reflexionen der Fehler, vor allem dann, wenn die Prüfobjekte bewegt werden. Dazu dient die Spotbeleuchtung.

Die Informationsverarbeitung wird vereinfacht, wenn eine geordnete Lage von Prüfgegenständen vorliegt. Das wird durch eine entsprechend geplante Prüfmethode erreicht. Bei allen Prüfzyklen sollen die Prüfgegenstände nach der gleichen Methode geprüft werden, um die Orientierung zu vereinfachen, um Übungseffekte zu nutzen und zu sichern, dass stets nach gleichen Kriterien geprüft wird. *Informationsverarbeitung*

Die Dauer des Prüfvorgangs hängt unter anderem ab von der Größe des zu erkennenden Sehobjektes, von der Beleuchtung, dem Kontrast, der Form des Sehobjektes, bei bewegten Objekten von der Geschwindigkeit, vom Sehabstand, von der Anzahl und der Anordnung der Sehobjekte, vom Einsatz optischer Hilfsmittel wie z. B. der Lupe oder Mikroskop. Die zeitliche Bewertung von Sichtprüfaufgaben mit hoher Wiederholhäufigkeit kann mit dem *MTM-Sichtprüfen* erfolgen (vgl. Teil II, Abschnitt 6.6).

Zur Interpretation der *räumlichen Tiefe* werden unterschiedliche Informationsquellen herangezogen:[400] Die Wahrnehmung von Tiefe mit dem Auge erfolgt durch die Änderung der Linsenbrechkraft (Akkomodation) und durch den Winkel zwischen den beiden Sehachsen (Vergenz). Als Indikator für die richtige Fokussierung dienen dem Gehirn Kanten des Prüfobjektes, deren Position auf der Netzhaut durch den Reiz in den Photorezeptoren ermittelt werden kann. Die Wahrnehmung

399 Brombach, J.: a. a. O., 2005.
400 Kaiser, J.: Verwendung stereoskopischer Informationsdarstellung in durchsichtfähigen Anzeigen am Beispiel eines Head-Up-Displays. Stuttgart: Ergonomia, 2004.

von Tiefe durch stereoskopische Information beruht weiterhin auf den durch die Parallaxe bedingten Unterschieden zwischen den Bildern beider Augen. Ein dritter Tiefenschlüssel entsteht durch eine eventuelle Bewegung des Objektes.

Belastung der
Prüfpersonen

Die Belastung der Prüfpersonen ergibt sich aus den Sehbedingungen, der Beleuchtungssituation, aber auch aus den Faktoren

- Zwang zur Daueraufmerksamkeit,
- pro Zeiteinheit zu verarbeitender Informationsmenge,
- Entscheidungszwang unter Zeitdruck und
- Monotonie.

Zur Informationsverarbeitung nutzt die Prüfperson das sensorische Gedächtnis, das Kurzzeitgedächtnis und das Langzeitgedächtnis. Das sensorische Gedächtnis hat eine Zeitkonstante bezüglich des Vergessens von nur etwa 150 ms. Beim Kurzzeitgedächtnis (primäres Gedächtnis) liegt die Vergessenszeit bei etwa 3–4 s. Es hat eine sehr begrenzte Kapazität von etwa 7 ± 2 »psychologischen Einheiten«. Auch beim Langzeitgedächtnis gehen Elemente wieder verloren. Diesen Teil des Langzeitgedächtnisses bezeichnet man als sekundäres Gedächtnis – im Unterschied zum tertiären Gedächtnis, das tägliche Handfertigkeiten enthält, keine Vergessensrate hat und sich durch extrem kurze Zugriffszeit auszeichnet.[401]

Der Mensch verfügt über eine Vielzahl von durch Erfahrung gewonnenen Modellpaarungen »Handlung-Wahrnehmung« und »Wahrnehmung-Handlung«, die im Gedächtnis gespeichert sind und bei bestimmten Konstellationen abgerufen werden. Es wird dann jeweils die Modellpaarung abgerufen, die in der jeweiligen Situation den größten Nutzen verspricht. Auftretenswahrscheinlichkeiten von Ereignissen werden dabei recht zuverlässig geschätzt. Basis der Entscheidungen ist ein *inneres Modell* (das auch falsch sein kann und dessen Komplexität durch das geringe Fassungsvermögen des Kurzzeitgedächtnisses begrenzt ist).

Dieser (hier nur sehr verkürzt dargestellte) stark schematisierte Ablauf macht die Arbeitsweise des Menschen auch bei Prüftätigkeiten deutlich. Abbildung III-292 erläutert die verschiedenen Situationen, die beim Sichtprüfen entstehen können:

- Fall (a) zeigt die Verhältnisse ohne jede gegenständliche Vor-Information auf.
- Fall (b) zeigt die Prozesse des visuellen Suchens beim Lesen. (b) ist stärker beanspruchend als (a), da bei (b) die Schrift- und Druckkonventionen betrachtet werden müssen.
- Die beiden anderen Fälle (c) und (d) charakterisieren die Blickbewegungen bei räumlicher Vorinformation.

Bekannte Arbeitsprozesse und Prüfaufgaben erleichtern demnach das Sichtprüfen und senken die Augenbeanspruchung und -ermüdung.

Bei reinen Prüfaufgaben wird der Arbeitsinhalt naturgemäß durch eine Artteilung definiert. Hierdurch wird ein hoher Übungsgrad erreicht, aber diese Artteilung kann zu einseitiger Belastung, zu Monotonie oder dem Gefühl der Unterforderung führen. Diese negativen Nebenwirkungen können durch Arbeitsstrukturierungsmaßnahmen minimiert oder vermieden werden (z. B. durch Job-Rotation).

Feedback

Es ist notwendig, der Prüfperson ein Feedback über die Prüfungen zu geben, beispielsweise wenn bei Prüfungen mangelhafte Teile übersehen oder aber zu viele Teile aussortiert werden, die noch verwendbar gewesen wären. Feedback hilft den Prüfpersonen, ihre Prüfstrategien zu optimieren.

---

401 Bubb, H.; Schmidtke, H.: Physiologische und psychologische Grenzen menschlichen Leistungsvermögens. In: Masing, W.: (Hrsg.): Handbuch der Qualitätssicherung. München: Hanser, 1980, S. 69–90.

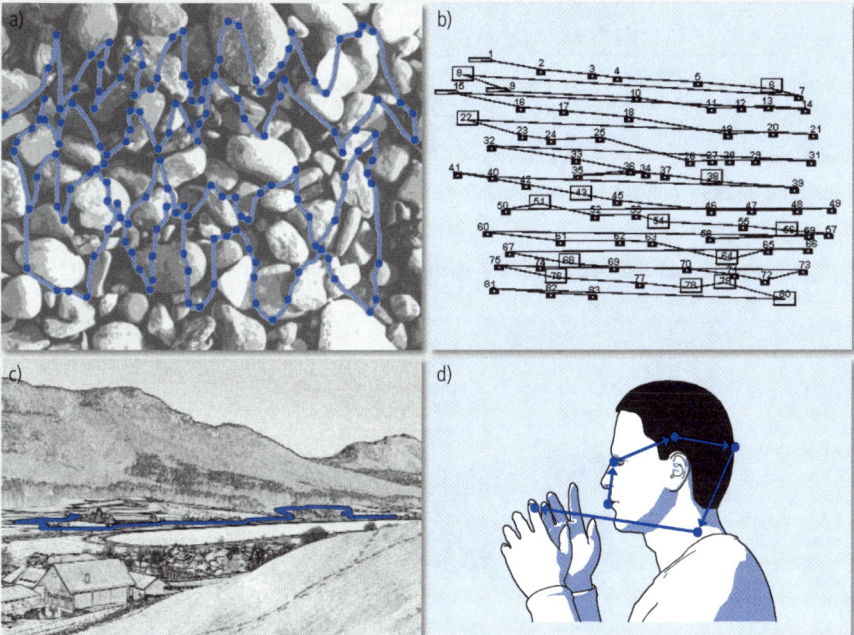

Abbildung III-292 Blickbewegungen bei unterschiedlichen Sehaufgaben[402]

Es ist darauf zu achten, dass der Prüfperson die Kommunikation mit Kolleginnen und Kollegen ermöglicht wird, um die negativen Auswirkungen der Arbeitsteilung nicht zu verstärken.

Der Aspekt der Arbeitszeit umfasst die Dauer und die Lage der Arbeitszeit sowie die Gestaltung der Pausen. Aufgrund der verschiedenen Ermüdungsphasen des menschlichen Körpers ergeben Sichtprüfungen in der Frühschicht bessere Resultate. Nach etwa 35–45 Minuten sollten die Prüfvorgänge durch Kurzpausen unterbrochen oder aber die Prüfperson durch eine andere ersetzt werden.

Hinsichtlich der Arbeitsumgebung ist besonders auf das Klima sowie die Umgebungsgeräusche zu achten. Um ein möglichst unbeeinträchtigendes Klima zu schaffen, sollte die Lufttemperatur bei ca. 20 °C, die Luftfeuchtigkeit bei ca. 50 % und die Luftgeschwindigkeit bei ca. 0,1 m/s liegen.

Bei anspruchsvollen visuellen Prüftätigkeiten sollten die Umgebungsgeräusche 55 dB (A) nicht überschreiten.

Das Prüfen ist ein substanzieller Teil der Fertigung und erfordert eine detaillierte Prüfplanung (Abbildung III-293).

402 Vgl. Stark, L.; Yamashita, I.; Tharp, G.; Ngo, H. X.: Search patterns and search paths in human visual search. In: Brogan, D.; Gale, A.; Carr, K.: Visual search. London: Taylor & Francis, 1993, S. 37–58.

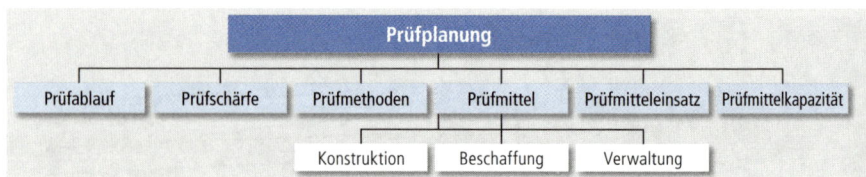

Abbildung III-293   Aufgaben der Prüfplanung[403]

Fertigungsplanung und *Prüfplanung* müssen dazu Hand in Hand gehen (Abbildung III-294).

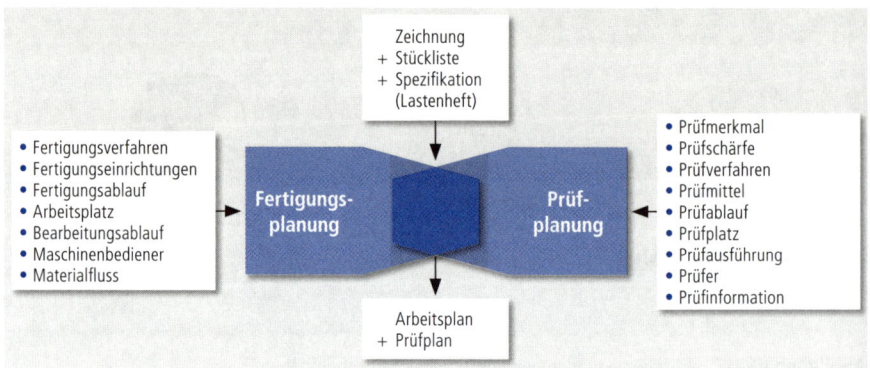

Abbildung III-294   Inhalte der Fertigungs- und Prüfplanung[404]

Folgende Unterlagen sind für die Durchführung der Prüfplanung erforderlich:

- Konstruktionszeichnungen,
- Stücklisten,
- Funktionswerte mit Toleranzen,
- Normen (innerbetrieblich, kundenbezogen, öffentlich),
- Arbeitspläne.

MTM-Sichtprüfen

Für die Planung der Prüfmethoden bietet das *MTM-Sichtprüfen* die Abbildung III-295 zu entnehmenden Grundbausteine.

Abbildung III-295   Grundbausteine beim MTM-Sichtprüfen

---

403 Bulgrin, H.; Müller, K. G.: Prüfplanung. In: Masing. W. (Hrsg.): Handbuch der Qualitätssicherung. München: Hanser, 1980, S. 167–185.
404 Bulgrin, H. et al.: a. a. O., 1980.

6 Gestaltung komplexer Arbeitssysteme

6.1 Überblick

Die Arbeitssystem-Gestaltung beinhaltet eine Fülle von Entscheidungen zum Layout, zur Anordnung der Arbeitsplätze, zu den Mensch-Maschine-Relationen, zur Materialbewirtschaftung und zu den Sicherungs- und Notfallkonzepten. Abschnitt 6.2 gibt dazu einen Überblick unter dem Aspekt Wertstrom. Das beinhaltet die Gestaltung von Arbeitsprozessen sowohl zwischen Arbeitsplätzen als auch am Arbeitsplatz selbst (Abschnitte 6.2.3 und 6.2.4).

Die Strukturierungsprinzipien Einzelarbeit, Gruppenarbeit, Job-Rotation, Mehrstellenarbeit werden, ebenso wie Job-Enlargement und Job-Enrichment, besprochen. Einflussgrößen auf die Produktivität in der Teilefertigung werden behandelt (Abschnitt 6.4). Die Planung von Montagesystemen – als das für das MTM-Produktivitätsmanagement wichtigste Thema – wird unterteilt in Grobplanung (Abschnitt 6.5.2), Kapazitätsplanung (Abschnitt 6.5.3), Feinplanung (Abschnitt 6.5.4), Layoutplanung (Abschnitt 6.5.5). Die Gestaltung von Werkstückträgern und die Bereitstellung von Teilen und Hilfsmitteln im Arbeitssystem werden behandelt (Abschnitte 6.5.7 und 6.5.8). Mit hybriden Montagestationen kombiniert man die Vorteile manueller Montagesysteme mit Montageautomaten bezüglich Stückzahl- und Variantenflexibilität (Abschnitt 6.5.9).

Im Abschnitt 6.6 (Sicherungs- und Notfallkonzepte) werden Rüsten, Wartung, Inspektion und Instandhaltung besprochen. Der Text zur Logistik im Arbeitsprozess (Abschnitt 6.7) umfasst den innerbetrieblichen Materialfluss am und im Arbeitssystem. Produktivitätsaspekte bei der Entscheidung für einen bestimmten Lagertyp, bei der Gestaltung der Kommissionierarbeit und bei der Realisierung von Kanban-Strukturen runden dieses Kapitel ab.

Arbeitsprozesse sind gekoppelt an Personen, Betriebsmittel und Flächen. Dieses Kapitel konzentriert sich auf die Aufgaben des Industrial Engineering bei der Gestaltung komplexer Arbeitssysteme. Menschbezogene Gestaltungsmerkmale stehen im Vordergrund, Fragen der Fabrikplanung, insbesondere aus der Sicht der Bauplanung und -leitung werden vernachlässigt.

In den einzelnen Abschnitten gibt es Checklisten, die die Umsetzung des Stoffes in die betriebliche Realität erleichtern.

6.2 Anordnungskonzepte

6.2.1 Vom Wertstrom zum Prozess-Layout

In Teil II, Abschnitt 3.8 wurde die Methodik der Wertstromanalyse und -gestaltung dargestellt. Die Wertstromgestaltung[405] basiert dabei auf folgenden Prinzipien:[406]

Wertstromgestaltung

- Der Nutzwert ist aus der Perspektive des Endverbrauchers festzulegen – in Bezug auf ein spezifisches Produkt mit spezifischen Eignungen, angeboten zu einem bestimmten Preis und Zeitpunkt.
- Für jedes Produkt (oder für jede Produktfamilie) ist der Wertstrom festzustellen und jegliche Verschwendung[407] abzustellen.

---

405 Die Begriffe Wertstromgestaltung und Wertstromdesign werden synonym verwendet.
406 Womack, J.P.; Jones, D.T.: Beyond Toyota: How to root out waste and pursue perfection. Harvard Business Review, 1996, Heft 9/10, S. 141.
407 Das Thema »Verschwendung« wird detailliert im Teil IV, Abschnitt 3.5 angesprochen.

- Die Produkte sollen ohne Unterbrechung entlang des Wertstroms fließen.
- Es ist nur das zu fertigen, was der Kunde will, aber auch erst, wenn er es tatsächlich will.

In einer idealen Fertigung existieren demnach:[408]

- keine Bestandspuffer zwischen den Arbeitsstationen,
- keine nicht wertschöpfenden Prozesse,
- kein Ausschuss, keine Nacharbeit,
- keine Überproduktion.

Es käme dann zu einem optimalen Fluss mit minimalen Beständen und Durchlaufzeiten und dabei jedoch hoher Varianten- und Abrufflexibilität.

In diesem Handbuch soll nicht umfänglich auf Methoden und Ergebnisse der *Fabrikplanung* eingegangen werden.[409] Im Folgenden wird vielmehr der Weg von der Wertstromanalyse zum Prozess-Layout beschrieben, insbesondere die Bestimmung von Arbeitsplatz- und Bereichsstrukturen anhand des Produktionsprozesses. Die Material-, Personal- und Informationsflüsse, vor allem die Logistikfunktionen, bestimmen die *Anordnungstrukturen*. Die räumlichen Strukturen werden als Ideal-Layout umgesetzt.[410] Das Ideal-Layout zeigt die Verkettung von

- Bearbeitungsprozessen (Fertigung, Montage und Qualitätssicherung),
- Bewegungsprozessen (Fördern und Handhaben),
- Lagerungsprozessen (Lagerung, Pufferung und Kommissionierung).

Die folgenden Punkte fassen den Weg vom Wertstrom zum Prozess-Layout zusammen.[411]

Ausgangspunkt: Wertstrom

1. Nachdem die aus technischer Sicht erforderliche Produktionsabfolge, die Produktfamilienbildung und die (möglichen) Kundenbedarfe festgelegt bzw. bekannt sind, werden die Technologie und die dafür erforderlichen Betriebsmittel im Grundsatz festgelegt. Alternative Lösungen werden vorgesehen. Grundlage hierfür sind entweder Wertstromanalysen für Vorgängerprodukte oder Analysen für bestehende Produktionen, z. B. im Falle des Outsourcings, die dann als Wertstromdesign optimiert werden. Die Wertstromanalyse erfasst sowohl Material- als auch Informationsflüsse.

Fertigungsstruktur

2. Der Kundentakt bestimmt das Kapazitätsangebot des Prozess-Layouts.[412]
3. Soweit von der Seriengröße und den technischen Prozessen möglich, ist eine kontinuierliche Fließfertigung als erste Lösung zu prüfen. Falls keine Fließfertigung möglich ist, gilt die Reihenfertigung mit Bestandsobergrenze als Alternative. Für Produktionsprozesse mit Maschinen-Rüstzeiten ist eine Losfertigung mit Supermarkt-Lagern vorzusehen.
4. Die Arbeitsinhalte sind von den *Verschwendungsanteilen* zu bereinigen.

Flächenbedarf

5. Für die Betriebsmittel wird eine Flächenbedarfsrechnung durchgeführt. Dabei wird auf enge Platzierung der Betriebsmittel entsprechend ihrer Stellung im Wertstrom geachtet.
6. Je nach Art der gewählten logistischen Verknüpfungen bestimmt man den Verkehrswegebedarf und die erforderlichen Lager- und Bereitstellungsflächen.
7. Es ist sinnvoll, Produktionsprozess, Materialfluss und Instandhaltung (direkt versus indirekt wertschöpfend) strikt zu trennen. Fließmontagen, in denen die Beschickung separiert wurde, kommen

---

408 Schumacher, G.: Untersuchung und Anwendung der Wertstrommethode zur Optimierung der Material- und Informationsflüsse am Beispiel eines Zulieferers der Robert Bosch GmbH. Lehrstuhl für Industriebetriebslehre und Arbeitswissenschaft, TU Kaiserslautern, 2007.

409 Zur Fabrikplanung existiert eine Fülle auch neuerer Literatur, z. B. Grundig, C.-G.: Fabrikplanung. München, Hanser, 2009; Wiendahl, H.-P.; Nofen, D.; Klußmann, J. H.; Breitenbach, F.: Planung modularer Fabriken. München: Hanser, 2005 oder das schon ältere Standardwerk Aggteleky, Bela: Fabrikplanung, Bände 1–3, München: Hanser, 1987 und 1990.

410 Bezüglich Feinplanung und Ausführungsplanung sei auf die einschlägige Literatur verwiesen.

411 Diese Richtlinien und Empfehlungen werden in den Abschnitten 6.3 bis 6.7 im Einzelnen besprochen.

412 Zu den folgenden Punkten vgl. Erlach, K.: Wertstromdesign. Heidelberg: Springer, 2007.

in der Summe auf einen wesentlich geringeren Flächenbedarf als Montagesysteme mit integrierter Logistik. Weiterhin sinken Durchlaufzeit und Materialbestände. Ebenso ist beim Personal zwischen Produktionsmitarbeitern, logistischen Mitarbeitern und Instandhaltern zu unterscheiden.

8. Jeder Wertstrom wird mit einem Schrittmacherprozess im Kundentakt gesteuert. Die Freigabe von Produktionsaufträgen erfolgt in kleinen Schritten, beachtet Engpass-Arbeitssysteme und sorgt somit für möglichst gleichmäßiges Produktionsvolumen. Bei der Produktionsreihenfolge wird auch auf Variantenwechsel geachtet. Produktionssteuerung

9. Anschließend wird das *Ideal-Layout* entworfen.[413] Es sieht möglichst kreuzungsfreie Materialströme vor. Weitere Empfehlungen sind: Ideal-Layout
   * Bei verzweigten Wertströmen Parallelstruktur vorsehen,
   * Bei starker Kaufteileanlieferung parallel zur Produktionslinie Logistikbereich einplanen,
   * Bei Zusammenführung von Wertströmen Spine-Struktur[414] installieren,
   * Sollen Wareneingang und -ausgang aus technischen oder organisatorischen Gründen (weit) auseinanderliegen, empfehlen sich U-Form, Eck- oder Schleifenstrukturen.

Es sei darauf hingewiesen, dass Wertstromanalyse und -gestaltung durchaus auch Schwächen aufweisen: Die mit der Wertstromanalyse dargestellte Prozesskette ist eine Ist-Aufnahme, die eigentlich nur zum Zeitpunkt der Begehung gültig ist. Würde man z. B. an anderen Wochentagen oder in einer anderen Saison eine Aufnahme machen, ergäbe sich möglicherweise ein anderes Bild.

Die Wertströme beziehen sich immer nur auf eine *Produktfamilie*. Verzweigte oder parallele Wertströme werden nicht automatisch optimiert. Es kann durchaus auch zu Widersprüchen oder Sub-Optima im Materialfluss oder den Durchlaufzeiten kommen.

6.2.2 Grundsachverhalte zur Gestaltung von Arbeitsprozessen

Arbeitsprozesse sind an Personen, Betriebsmittel und Flächen gekoppelt. Die Gestaltung des Arbeitsprozesses bezieht sich auf die Ordnung des Arbeitsinhalts, von Input, Output und Ressourcen bezüglich Reihenfolge, Arbeitszeit und Arbeitsort. Gestaltung des Arbeitsprozesses

In der Sprache des Operations Research[415] geht es darum, die Zielfunktion

$$Z = \sum_{i=1}^{n} \sum_{j=1}^{n} d_{ij} x_{ij} \quad \text{für i, j = 1, 2, ... n}$$

zu minimieren. Mit d_{ij} bezeichnet man Kosten[416], die beim Übergang von einem Systemelement i zu einem anderen Systemelement j entstehen. Mit der Variablen x_{ij} wird festgehalten, ob es zwischen den beiden Elementen i und j überhaupt eine Verbindung gibt. Diese Optimierung ist sowohl

---

413 Das Ideal-Layout ist das Ergebnis der Idealplanung. Die Idealplanung ist die »kompromissfreie« Fabrikplanung – zum Unterschied zu der darauf folgenden Realplanung. Ideal- und Realplanung bilden zusammen die Fabrikstrukturplanung. Diese ist vom Wesen her eine Grobplanung. Die spätere Ausführungsprojektierung ist dagegen eine Feinplanung.

414 Spine-Struktur: Ein Begriff, der in der Biologie verwendet wird. Hier: Hauptflussrichtung, in die kurze Nebenflüsse einlaufen.

415 Operations Research: Anwendung mathematischer Methoden zur Vorbereitung optimaler Entscheidungen. Häufig geht es bei der Optimierung von Anordnungskonzepten und der daraus resultierenden Arbeitsprozesse um Reihenfolgeprobleme, z. B. um das Traveling-Salesman-Problem als Modell der ganzzahligen linearen Planungsrechnung, siehe z. B. Müller-Merbach, H.: Operations Research. München: Vahlen 1973.

416 Kosten sind im wörtlichen und im übertragenen Sinne gemeint. Es können z. B. Transportkosten in Euro sein, aber auch »physiologische Kosten« in einer nichtmonetären Einheit sind denkbar.

zwischen den Arbeitsplätzen als auch innerhalb eines Arbeitsplatzes möglich (Abbildung III-296). Im ersten Fall geht es um die Optimierung eines komplexen Arbeitssystems, im zweiten Fall ist die Ausgestaltung eines Arbeitssystems niedriger Hierarchiestufe[417] angesprochen.

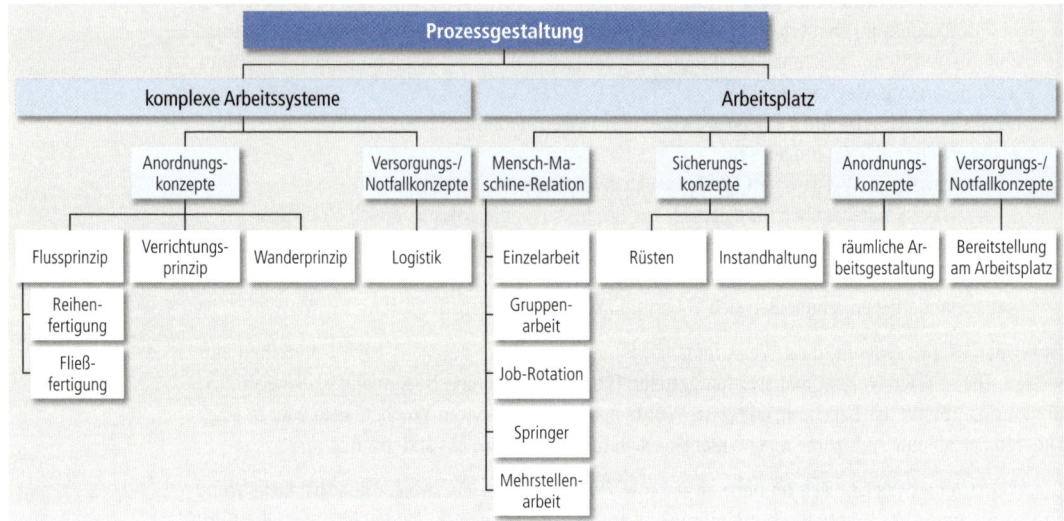

Abbildung III-296   Aspekte und Konzept der Prozessgestaltung

Beispiel

Ein Beispiel möge dies verdeutlichen: Bei der Herstellung eines Drehteils (Abbildung III-297 gibt einen Überblick zu den einzelnen Verrichtungen) werden in verschiedenen Arbeitssystemen Leistungen erbracht; mehrere Mitarbeiter sind daran beteiligt. Wenn nach dem Verrichtungsprinzip (s. u.) an unterschiedlichen Stellen in der Betriebsstätte gefertigt wird, dann sind Transportvorgänge beispielsweise zwischen Versäubern, Anreißen und Sägen erforderlich. Es gibt Fälle, wo nach dem Versäubern (Arbeitsgang i) und vor dem Sägen (Arbeitsgang j) nicht in allen Fällen ein Anreißen erfolgt. Bei großen zulässigen Toleranzen wird darauf verzichtet. Dieser Sachverhalt kann in der oben genannten Zielfunktion Z über die Variable x_{ij} berücksichtigt werden. Mit dij können in diesem Beispiel folgende Kosten ausgedrückt werden:

- Transportkosten von Arbeitsort i zu Arbeitsort j,
- Lohn- und Lohnzusatzkosten für den Staplerfahrer, der die Werkstücke vom Versäubern zum Sägen bringt oder
- Energieumsatz (vgl. Teil II, Abschnitt 2.5.2) des Staplerfahrers beim Verladen der Werkstücke.[418]

Bezieht sich die Betrachtungsweise auf den Arbeitsplatz, dann kann man eine ebensolche Optimierung für das Handhaben der Arbeitsgegenstände von Gitterbox zum Maschinentisch und danach wieder in eine weitere Gitterbox durchführen.

---

417   In Teil I, Abschnitt 2.4.1 und 2.4.2 wurde gezeigt, wie durch Prozessauflösung Arbeitssysteme hierarchisch strukturiert werden.
418   Das wären dann die »physiologischen Kosten«.

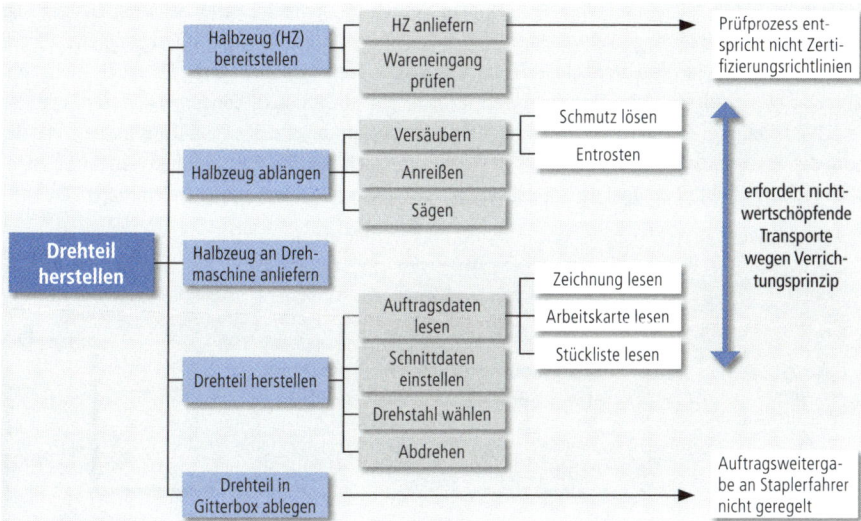

Abbildung III-297 Drehteil herstellen – Verrichtungen und Schwachstellen

6.2.3 Arbeitsprozesse zwischen Arbeitsplätzen

Arbeitsplätze können ortsgebunden oder ortsveränderlich in den Betriebsablauf eingebunden sein (vgl. linker Teil von Abbildung III-296). Der bekannteste Fall der ortsveränderlichen Einbindung ist die *Baustellenfertigung*. Sie gehört zum *Wanderprinzip*. Bei Ortsgebundenheit können zwei Prinzipien unterschieden werden: das Verrichtungs- und das Flussprinzip.

Beim *Verrichtungsprinzip* (*Werkstättenprinzip*) werden vergleichbare Arbeitssysteme räumlich zusammenhängend angeordnet, z.B. Fräserei, Dreherei, Stanzerei. Das Verrichtungsprinzip hat eine lange Tradition, man kennt es in ähnlicher Weise aus dem Handwerk und den Manufakturen. Es ist relativ unabhängig von den gerade produzierten Baugruppen und Produkten und kann sich daher wesentlich besser an organisatorische Veränderungen im Unternehmen anpassen. Ein gravierender Nachteil des Verrichtungsprinzips besteht darin, dass zusätzlicher Transportaufwand dadurch entsteht, dass Einzelteile und vormontierte Baugruppen einen wesentlich höheren Transportaufwand erforderlich machen als beim Flussprinzip. Die Teile werden zwischen den einzelnen Werkstätten zum Teil mehrfach hin und her transportiert. Diese Transporttätigkeiten erhöhen jedoch nicht die Wertschöpfung. Das Rationalisierungspotenzial ist daher gering.

Verrichtungsprinzip

Die wesentlichen Vorteile des Verrichtungsprinzips gegenüber dem Flussprinzip bestehen also darin, dass

- eine hohe Anpassungsfähigkeit an veränderte Produktionsanforderungen und Personalbestand besteht
- Störungen an einem Arbeitsplatz sich nicht auf alle anderen Stellen auswirken.

Die wesentlichen Nachteile gegenüber dem Flussprinzip sind demnach

- lange Durchlaufzeiten und höhere Kapitalbindung sowie
- hoher Aufwand bei der Produktionsplanung und -steuerung,
- schwieriges Qualitätsmanagement.

Abbildung III-298 zeigt eine Fertigung nach dem Verrichtungsprinzip in schematischer Darstellung. Es werden zwei Halbzeuge verwendet, eines davon stammt aus eigener Vorfertigung, das andere wird zugeliefert. Die Wege der beiden Halbzeuge über Wareneingang, Sägerei, Dreherei, Zwischenlagerung etc. erfolgen nicht nach dem Arbeitsfortschritt am Produkt, sondern nach der Lage der verschiedenen Werkstätten. Zum Zeitpunkt der Gebäudeplanung und des Fabrikbaus mag die Platzierung der Werkstätten vielleicht sinnvoll gewesen sein, nach den heutigen Produktverrichtungen jedoch nicht. Es kommt zu überaus komplizierten und langen, nicht wertschöpfenden Materialflüssen.

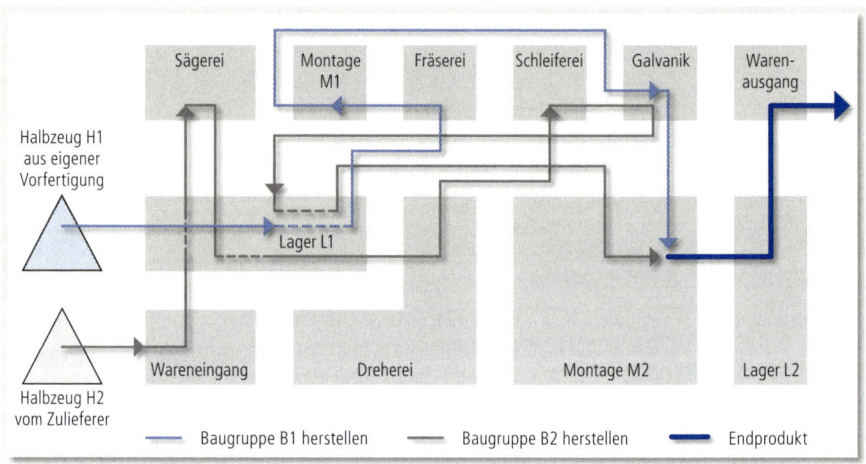

Abbildung III-298   Suboptimale Materialflüsse bei Anordnung nach dem Verrichtungsprinzip

Flussprinzip

Beim *Flussprinzip* werden die Arbeitssysteme in der Reihenfolge ihrer Mitwirkung bei der Erzeugnisherstellung angeordnet, so dass die Arbeitsplätze erzeugnisgebunden angeordnet sind. Häufig wird das Flussprinzip nach dem Ausmaß zeitlicher Bindung des Menschen unterschieden in:

1. *Reihenfertigung* (keine direkte zeitliche Bindung des Menschen am Arbeitsplatz) und
2. *Fließfertigung* (zeitliche Bindung des Menschen am Arbeitsplatz)[419]

Kennzeichnend für die Reihenfertigung ist das Fehlen eines Arbeitstaktes, d. h. des Zwangs, Arbeitsaufgaben in einer bestimmten konstanten Zeitdauer (Taktzeit) erfüllen zu müssen. Um eine strikte Taktbindung zu verhindern, werden Vorratspuffer (Teilepuffer, Arbeitspuffer, Zwischenpuffer) gebildet. Puffer sollen insbesondere

1. Störungswirkungen lokal begrenzen und damit zu einer besseren Arbeitsmittelnutzung führen und
2. den Menschen von technisch bedingten Zwängen befreien.[420]

Reihenfertigung

Abbildung III-299 verdeutlicht die *Reihenfertigung* am Beispiel eines Automobilzulieferers. Die Arbeitsplätze sind entsprechend der Folge der einzelnen Arbeitsaufgaben angeordnet. Der Materialfluss findet daher nur in einer Richtung statt. Förderprozesse werden dadurch erleichtert. Es wird mit Transportwagen gearbeitet, die gleichzeitig eine Pufferfunktion haben. Damit sind die einzelnen Arbeitsplätze in ihrer Arbeitsgeschwindigkeit nur bedingt voneinander abhängig.

---

419 Umgangssprachlich oft: Fließbandfertigung.
420 Warnecke, H. J.; Lederer, K. G.: Neue Arbeitsformen in der Produktion. Düsseldorf: VDI, 1982.

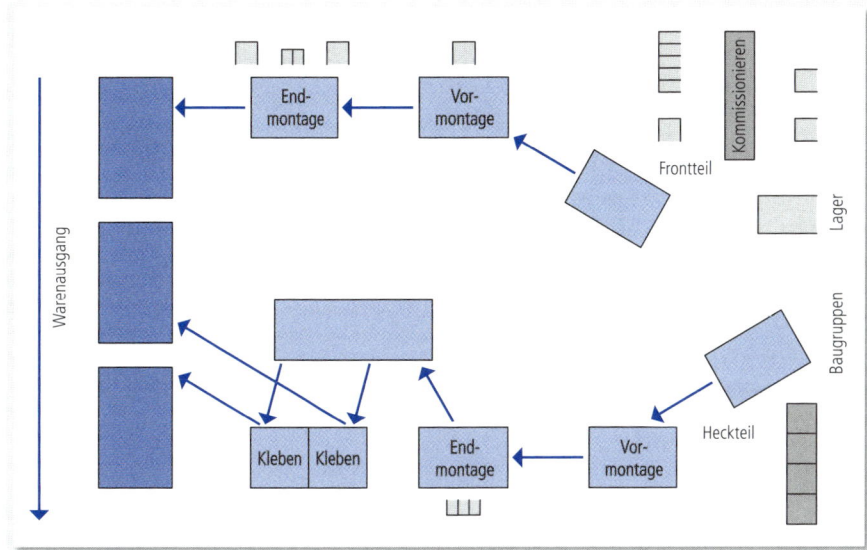

Abbildung III-299   Reihenfertigung eines Automobilzulieferers

Bei der *Fließfertigung* wandern die Arbeitsgegenstände selbsttätig von Arbeitsplatz zu Arbeitsplatz.   Fließfertigung
Die einzelnen Arbeitssysteme sind also durch Transportmittel miteinander verkettet. Dem Mitarbeiter steht lediglich der Arbeitstakt für seine Arbeitsaufgaben zur Verfügung. Hält er den Takt nicht ein, muss er entweder noch ein Stück mit dem Transportmittel mitlaufen, um den Arbeitsgegenstand fertigzustellen, oder aber muss das Transportmittel zum Stillstand gebracht werden. Insoweit unterliegt der Werker also einer strengen Zeitbindung.

Kennzeichnend für die Fließfertigung ist damit, dass

1. die Arbeitsprozesse zeitlich determiniert sind,
2. Arbeitsgegenstände an Arbeitsstationen gelangen, die mit Transportmitteln verkettet sind,
3. die am Arbeitsgegenstand vorzunehmenden Veränderungen in einer begrenzten Zeit durchzuführen sind,
4. die Arbeitsgegenstände die Arbeitsstationen auch zeitlich determiniert wieder verlassen.

Die strenge zeitliche Bindung des Menschen am Arbeitsplatz macht Abbildung III-300 deutlich. Auf zwei parallel laufenden Linien werden die beiden Halbzeuge H1 und H2 zu den Baugruppen B1 und B2 weiterverarbeitet. Es besteht keine Möglichkeit zur Pufferung. Lediglich zwischen den Arbeitssystemen b1 und b2 sowie f1 und f2 gibt es eine Mengenteilung. Die Arbeitsverrichtungen an diesen Arbeitssystemen erfordern mehr Zeit, so dass die Werker nicht in jedem Takt ein Werkstück bewältigen können. Die Arbeitsorganisation und der *Materialfluss* der beiden Fertigungslinien sind wegen der zahlreichen und zum Teil überflüssigen Transportvorgänge nicht optimal. Weiterhin arbeiten die meisten Mitarbeiter mit dem Rücken zur Transportlinie; das birgt sicherheitstechnische Risiken, verschlechtert das Qualitätsmanagement und erfordert zudem ungünstige Drehbewegungen der Werker bzw. Oberkörpertorsionen (siehe dazu Kapitel 5 sowie Teil II, Abschnitte 2.6 und 2.7).

Auf Fließarbeit wird im Einzelnen in den Abschnitten 6.5 und 6.7 sowie in Teil II, Abschnitt 4.4.4 eingegangen.

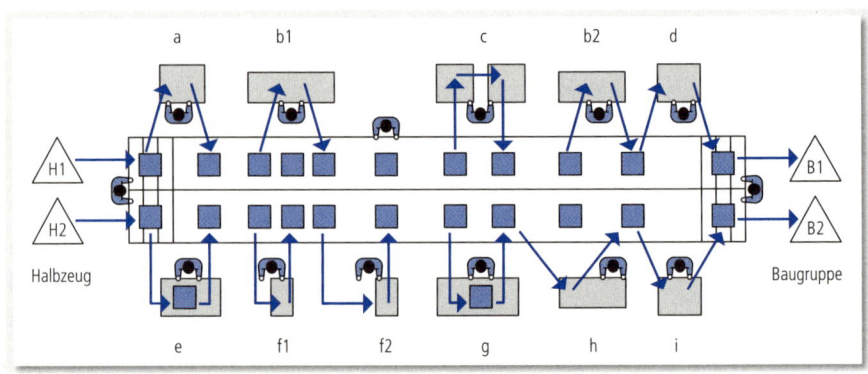

Abbildung III-300 Suboptimales Fließprinzip bei der Baugruppenfertigung eines Automobilzulieferers

Fließtransport

Die Fließfertigung wird auch als das Prinzip der »Einheit von Werkbank und Transportmittel« bezeichnet. Der Fließtransport ist das entscheidende Element bei der Fließfertigung und kann durch eine Vielzahl von Fördermitteln erfolgen. Das vielzitierte Fließband ist also nicht die einzige Lösung. So weist Abbildung III-301 auf die verschiedenen Formen der *logistischen Verkettung* hin (vgl. auch Abschnitt 6.4): An einem Arbeitstisch sind mehrere Arbeitsplätze angeordnet. Teile oder Baugruppen können sich auf dem Tisch von Mitarbeiter zu Mitarbeiter bewegen. Dieser Transport wird in der Regel manuell vorgenommen und ist nur bei Kleinteilen sinnvoll. Größere Teile und hoher Materialdurchsatz erfordern den Transport um den oder die Tische, z. B. mit Hand(-hub)wagen oder Körben. Der untere Teil von Abbildung III-301 kennzeichnet dagegen den gezielten Einsatz eines Fördermittels für Transport, Pufferung und Montage.

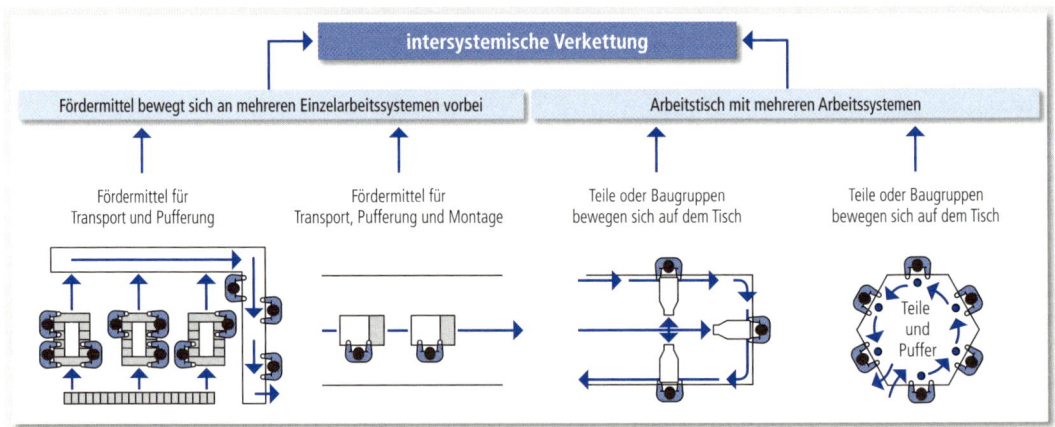

Abbildung III-301 Möglichkeiten der Verkettung von Arbeitssystemen

Taktbindung

Beim Flussprinzip ist es also von Bedeutung, zu einer Entkopplung einzelner Arbeitssysteme zu kommen. Damit werden die gegenseitige Abhängigkeit und die *Taktbindung* der betroffenen Werker gemildert.[421] Das *Hauptflussprinzip* ist mit einer starren Vorgabe des Arbeitstempos und einem hohen Zeitzwang verbunden (Abbildung III-302 oben). Obwohl es einige Vorteile hat (kurze Durch-

---

421 Zum Thema Taktausgleich vgl. auch Teil II, Abschnitt 4.4.4.

laufzeiten, im Verhältnis zu den anderen Flussprinzipien kleiner Flächenbedarf, kurze Einarbeitung und hoher Übungsgrad bei den Mitarbeitern) sprechen die durch Monotonie und hohe Repetitivität bedingten Risiken bezüglich der psycho-physischen Gesundheit der Werker und mögliche Abstriche in der Arbeitsqualität gegen diese Lösung. Das Hauptflussprinzip erlaubt nur geringe Flexibilität bezüglich Varianten und schwankender Nachfrage.

Durch mehrere Schleifen werden beim *Nebenflussprinzip* und beim *Umlaufprinzip* Materialfluss und Montagevorgang weitgehend entkoppelt (Abbildung III-302 Mitte und unten). Es kommt zur individuellen Leistungsentfaltung und oft auch zu größeren Arbeitsinhalten. Arbeitserweiterungs- und Arbeitsbereicherungseffekte sind möglich. Beim Nebenflussprinzip sind die Arbeitsbereiche voneinander unabhängig, beim Umlaufprinzip bleiben die Werkstücke so lange in der Schleife, bis sie bearbeitet sind und weiterbefördert werden können. Der Flächenbedarf und die Durchlaufzeiten sind höher als beim Hauptflussprinzip.

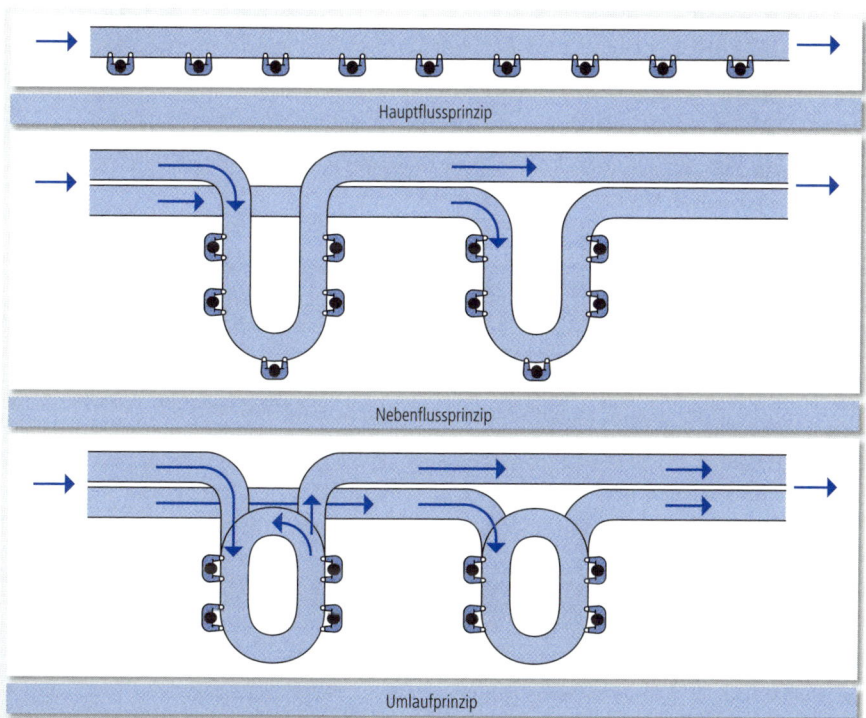

Abbildung III-302   Hauptflussprinzip, Nebenflussprinzip und Umlaufprinzip[422]

Abbildung III-303 zeigt eine weitere Möglichkeit, die Zeitzwänge in der Fließfertigung durch flexible *Verkettungs- und Puffersysteme* zu senken. Werkstücke werden vor und hinter einer automatischen Bearbeitung bzw. Montage gepuffert, die beiden manuellen Abschnitte sind entkoppelt. Puffer sind technische Einrichtungen zur Zwischenlagerung von Bauteilen und Baugruppen, die das eine Arbeitssystem verlassen und entsprechend dem Bedarf nach einem bestimmten Rhythmus an nachgelagerte Arbeitssysteme weitergegeben werden. In diesem Zusammenhang unterscheidet man auch zwischen fester und loser Verkettung: Bei *fester Verkettung* gibt es zwischen den Montagestationen

Verkettungs- und Puffersysteme

422 Vgl. Zink, K.: Arbeitsstrukturierung. In: Landau, K.; Luczak, H.: Ergonomie und Organisation in der Montage. München: Hanser, 2001, S. 363–364.

keine Zwischenspeicher (auch keine Werkstückträger), bei *loser Verkettung* befinden sich zwischen Montagestationen Zwischenspeicher, der Stillstand einer Montagestation führt also nicht oder erst zeitverzögert zum Stillstand der ganzen Linie. Führt das Verkettungsmittel durch die Montagestation, dann spricht man von *Innenverkettung*, führt dagegen das Fördersystem an der Montagestation vorbei, dann liegt *Außenverkettung* vor.

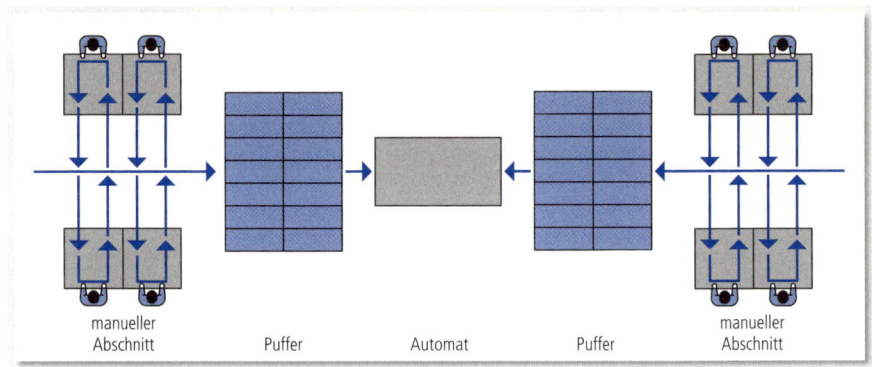

| manueller Abschnitt | Puffer | Automat | Puffer | manueller Abschnitt |

Abbildung III-303   Flexibles Verkettungs- und Puffersystem[423]

Pufferformen

Man unterscheidet die folgenden *Pufferformen*:

- Bereichspuffer (z. B. zwischen Teilefertigung und Montage),
- Abschnittspuffer (z. B. zwischen aufeinanderfolgenden Subsystemen einer Fertigungslinie) und
- Arbeitsplatzpuffer, unmittelbar vor oder hinter dem Arbeitsplatz.

Mit der Einrichtung eines Puffers wird eine möglicherweise enge *Zeitbindung* von Mitarbeitern gemildert.[424] Maschinenstillstände und weitere Störungen wirken sich nicht sofort auf den Produktionsfluss aus. Pausenzeiten und persönliche Verteilzeiten von Mitarbeitern können aufgefangen werden. Spezielle Entkoppelungsmodule dienen der automatischen Zwischenlagerung von Werkstücken. Dazu werden Werkstücke mit einem Linienportal[425] oder einem Regalbediengerät automatisch in definierte Regalfächer eingelagert. Die Ein- und Auslagerung wird nach unterschiedlichen Prioritäten gesteuert.

Blockbildung

Neben der Einrichtung von Puffern kann eine Entkopplung auch durch *Blockbildung* herbeigeführt werden. Hierbei kann sich ein komplexes Arbeitssystem beispielsweise in der Elektrotechnik oder Feinwerktechnik aus folgenden Blöcken zusammensetzen: Bauelemente-Vorbereitung, maschinelle Bestückung, manuelle Fertigungslinie mit Bestücken, Löten und Montieren. Die Bauelemente-Vorbereitung und die manuelle Bestückung sind als Gruppenarbeit organisiert (Abbildung III-304; vgl. auch Abschnitt 6.3.3).

---

423 Vgl. Zink, K.: a. a. O., 2001, S. 365.
424 Die Einrichtung von Puffern kann dem Prinzip der Wertstromgestaltung widersprechen, einen Fertigungsfluss möglichst ohne Zwischenlagerung in einer engen Aufeinanderfolge zu realisieren.
425 Linienportale sind Handhabungsgeräte, z. B. für Pack- oder Palettierarbeiten an der Fertigungslinie.

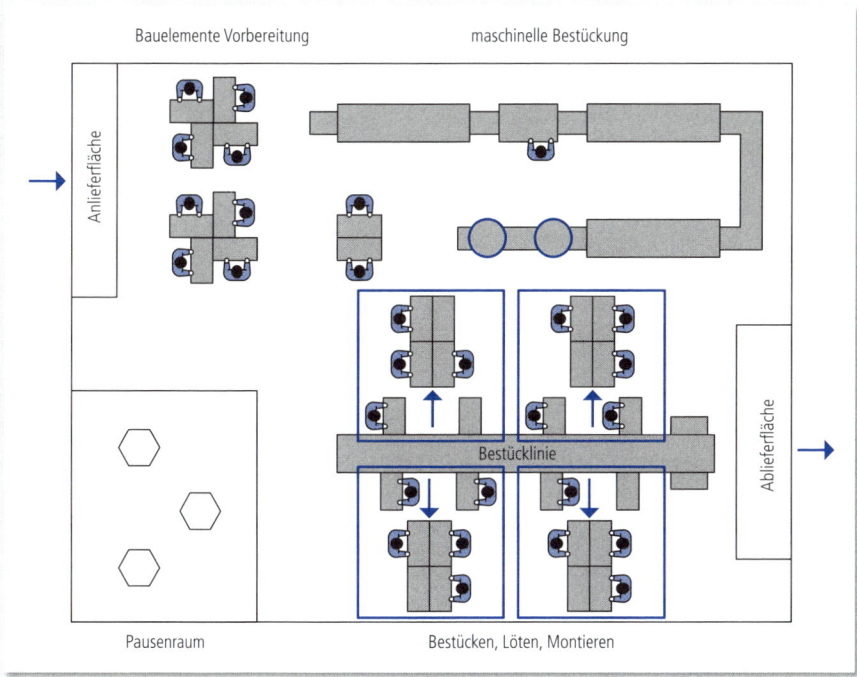

Abbildung III-304 Entkoppelung der Arbeitsprozesse und Pufferung durch Blockbildung[426]

Über die klassischen Fertigungsprinzipien (Verrichtungsprinzip, Flussprinzip) hinaus kennt man noch innovative Fertigungsprinzipien, so das Prinzip der *Fertigungssegmentierung*. Hierzu bildet man produktorientierte, weitgehend autonome Fertigungseinheiten. Die gesamte Fertigungskette wird dazu nach den Kriterien Markt und Produkt (oder Produktfamilie) aufgespalten. Es kommt damit zu Dezentralisierung und Komplexitätsabbau sowie zu einer produktbezogenen, durchgängigen Verantwortlichkeit. Indirekte Funktionen, z. B. Instandhaltung oder Qualitätsmanagement, werden in das Fertigungssegment integriert. Fertigungssegmente sind im Regelfall räumlich konzentriert und nach dem Wertstrom flussorientiert gestaltet.

Fertigungssegmentierung

Mit einer *Modulstrategie* werden (komplexe) Endprodukte in sinnvoll abgrenzbare Module aufgespalten. Damit folgt man dem Kunden-Lieferanten-Prinzip, versucht weitgehend Lager zu vermeiden und die Durchlaufzeiten zu verkürzen. Fertigungsmodule können leichter outgesourct werden (vgl. Abschnitt 6.6.2). Diese Strategie kann so weit gehen, dass abgegrenzte Bereiche einer Fabrik als *Fabrikmodule* ausgewiesen werden, die unternehmensintern oder -extern verkaufbare Leistungen herstellen (vgl. Abbildung III-305).[427]

Modulstrategie

---

426 Vgl. Zülch, G.; Starringer, M.: Differentielle Arbeitsgestaltung in Fertigungen für elektronische Flachbaugruppen. In: Zeitschrift für Arbeitswissenschaft, 1994, 4, S. 211–216.
427 Die Planung modularer Fabriken wird detailliert dargestellt bei: Wiendahl, H.-P.; Nofen, D.; Klußmann, J. H.; Breitenbach, F.: Planung modularer Fabriken. München: Hanser, 2005.

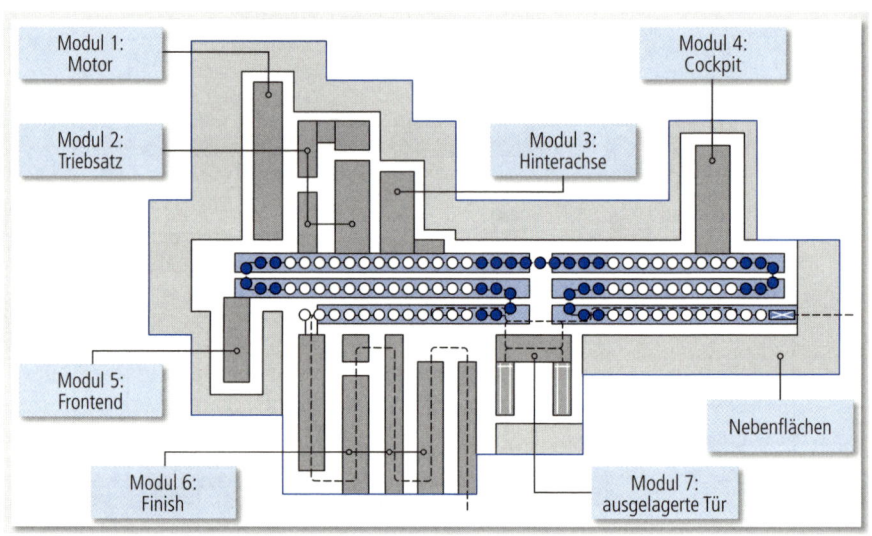

Abbildung III-305 Modulare Strukturierung einer Fahrzeugmontage[428]

Abbildung III-306 fasst die Eignung der verschiedenen Fertigungsprinzipien für die Einzel-, Klein-serien-, Großserien- und Massenfertigung zusammen.

		Fertigungsart				
	Fertigungsprinzip	EF	KSF	MSF	GSF	MF
konventionelle Fertigungsprinzipien	Punktfertigung	++	+	–	–	–
	Werkstattfertigung	++	++	+	–	–
	Nestfertigung	+	++	+	–	–
	Reihenfertigung	–	+	++	+	–
	Fließfertigung	–	–	–	++	++
innovative Fertigungsprinzipien	flexible Fertigungszelle	+	++	++	–	–
	flexible Fertigungsstraße	–	–	++	+	–
	Fertigungsinsel	+	++	++	–	–

EF: Einzelfertigung KSF/MSF/GSF: Klein-, Mittel-, Großserienfertigung MF: Massenfertigung
++ gut geeignet + bedingt geeignet – nicht geeignet

Abbildung III-306 Wechselbeziehungen zwischen Fertigungsprinzip und Fertigungsart[429]

6.2.4 Arbeitsprozesse am Arbeitsplatz

Mensch-Mensch-Relationen und Mensch-Maschine-Relationen

Für die Prozessgestaltung am Arbeitsplatz (vgl. Abbildung III-296, rechts) müssen die Zuordnungen zwischen den einzelnen Arbeitspersonen sowie zwischen Arbeitspersonen und Arbeitsmitteln ge-klärt werden – also die Mensch-Mensch-Relationen und die Mensch-Maschine-Relationen. Bei den Mensch-Mensch-Relationen wird zwischen Einzelarbeit, Gruppenarbeit und Job-Rotation unterschie-den.

428 Wiendahl, H.-P.; Nofen, D.; Klußmann, J. H.; Breitenbach, F.: Planung modularer Fabriken. München: Han-ser, 2005, S. 249.

429 in Anlehnung an Grundig, C.-G.: Fabrikplanung, 3. Auflage. München: Hanser, 2009.

Bei der *Einzelarbeit* erfüllt eine einzige Arbeitsperson die Arbeitsaufgabe eines Arbeitssystems.[430]

Die *Gruppenarbeit* steht für Arbeitssysteme, in denen kleine, eng zusammenarbeitende Teams bis etwa 12 Mitglieder weitgehend selbstständig die Arbeitsprozesse organisieren, durchführen und kontrollieren. Zielsetzungen sind hier eine möglichst menschengerechte Arbeitsgestaltung bei hoher Wirksamkeit und Wirtschaftlichkeit.

Bei *Job-Rotation* kommt es zu einem regelmäßigen Wechsel zwischen unterschiedlichen Arbeitsplätzen in einer Abteilung oder einem Werk.

Ein *Springer* ist eine Arbeitsperson, die für die Ablösung und/oder zur Unterstützung an mehreren Arbeitsplätzen eingesetzt wird.[431]

Bei *Mehrstellenarbeit* wird dementsprechend »die Arbeitsaufgabe eines Arbeitssystems mit Hilfe mehrerer gleichzeitig eingesetzter Betriebsmittel oder mehrerer Stellen eines Betriebsmittels erfüllt, wobei dieses durch eine Arbeitsperson oder bei mehrstelliger Gruppenarbeit durch mehrere Arbeitspersonen geschieht.«[432] Handelt es sich bei den einzelnen Arbeitsstellen um voneinander unabhängige Maschinen, wird auch häufig der Begriff *Mehrmaschinenbedienung* benutzt.

Abbildung III-307 weist auf die unterschiedlich großen Arbeitsinhalte der verschiedenen Mensch-Maschine-Relationen hin.

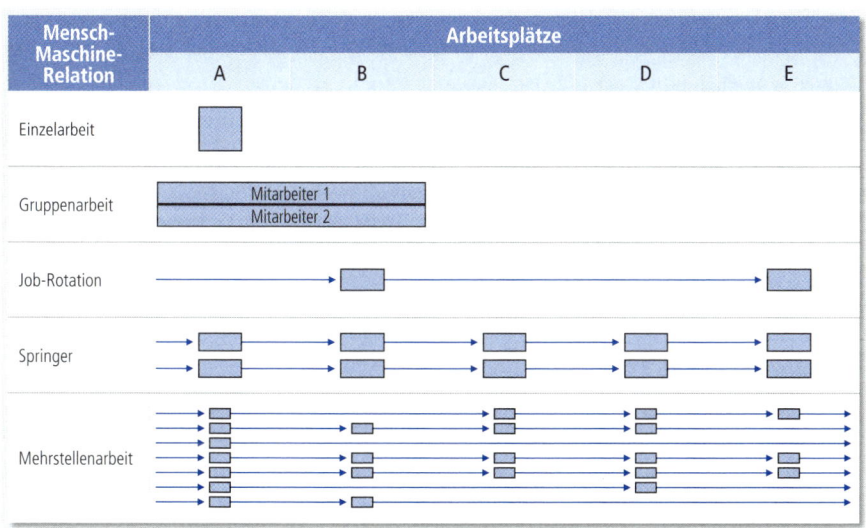

Abbildung III-307 Mensch-Maschine-Relationen mit unterschiedlich großen Arbeitsinhalten (Schemabeispiel)

Bei der Einzelarbeit ist der Werker allein am Arbeitssystem A über die gesamte Schichtzeit tätig.[433] Die sozialen Beziehungen am Einzelarbeitsplatz können (müssen aber nicht) eingeschränkt sein. Bei der Gruppenarbeit teilen sich hier die beiden Arbeitspersonen 1 und 2 die Arbeit an den Arbeitsplätzen A und B. Es kann sich hierbei um eine Gruppenarbeit mit gemeinsamem Ablauf handeln (z. B. die Endmontage eines schweren Maschinenteils, die nur zu zweit durchzuführen ist), es können

---

430 Vgl. dazu auch die Sonderfälle bei der Zeitartensynthese im Teil II, Abschnitt 4.4
431 Vgl. z. B. DIN 33415, Fließarbeit, 1984.
432 REFA (Hrsg.): Methodenlehre des Arbeitsstudiums, München, Hanser 1984.
433 Die Fläche stellt das Arbeitsvolumen eines 8-Stunden-Tages dar.

jedoch auch nur einzelne Ablaufabschnitte für die beiden Gruppenmitglieder am gleichen Arbeitsobjekt zu leisten sein (z. B. wird ein Vorratsbehälter gemeinsam aufgefüllt, anschließende Arbeitsgänge geschehen getrennt).

Bei der Gruppenarbeit können sehr umfangreiche Arbeitsinhalte entstehen, die Möglichkeit zum gegenseitigen Lernen und zur Weiterqualifikation ist in vielen Fällen gegeben.

Im Falle von Job-Rotation wechselt die Arbeitsperson planmäßig zwischen den beiden Arbeitsplätzen B und E. Dabei kommt es in der Regel auch zu einem Belastungsartenwechsel (vgl. Teil II, Abschnitt 2.6). Der Springer vertritt beispielsweise die planmäßigen Arbeitspersonen an den Arbeitsplätzen A bis E während ihrer Frühstücks- und Mittagspausen. Dabei kann es zu einem Belastungsartenwechsel kommen. Es muss jedoch nicht der Fall sein.

Bei der Mehrstellenarbeit bedient und überwacht die Arbeitsperson gleichzeitig die Arbeitsplätze A bis E. Die Arbeit an einem einzigen Arbeitsplatz würde ihn nicht ausfüllen. Oft kommt es dabei aber nicht zu einem Belastungsartenwechsel. Die Arbeitsperson verbleibt einige Minuten an jedem Arbeitsplatz.

Typisch für Mehrstellenarbeit sind beispielsweise Teilebearbeitungszentren und sogenannte Chaku-Chaku-Linien. Die Arbeitsperson legt an der gerade stillstehenden Maschine Teile ein, setzt die Maschine wieder in Betrieb und geht zur nächsten Maschine. Bei der Mehrstellenarbeit kann man folgende zwei Fälle unterscheiden:

- rhythmische Mehrmaschinenbedienung: Es wird die Bedienungsfolge der Arbeitsperson periodisch wiederholt (z. B. Chaku-Chaku-Linie).
- unrhythmische Mehrmaschinenbedienung: Die Bedienungsfolge des Menschen hängt von stochastisch verteilten Ereignissen (z. B. Unterbrechung des Maschinenlaufs infolge einer Störung) ab (vgl. Teil II, Abschnitt 4.4).

Bei der Mehrstellenarbeit ist die Auslegung des Arbeitssystems eine zentrale Herausforderung. Dabei bieten sich zwei alternative Sichtweisen an:[434]

1. Für eine gegebene Anzahl von Arbeitsstellen ist die optimale Zahl der Arbeitspersonen zu ermitteln.
2. Für eine Arbeitsperson oder eine Arbeitsgruppe ist die Anzahl der zu bedienenden Arbeitsstellen zu optimieren.

Abhängig von der jeweiligen Sichtweise ergeben sich unterschiedliche Zielsetzungen. Bei der Bestimmung der Anzahl der Arbeitspersonen für eine vorgegebene Maschinenkonfiguration können hierbei im Vordergrund stehen:[435]

- Minimierung der Wartezeiten der Arbeitsperson,
- Minimierung der Unterbrechungszeiten,
- Minimierung der Fertigungskosten,
- Maximierung des Fertigungsgewinns.

Bei der Mehrstellenarbeit ist besonders auf die zurückgelegten Wegstrecken des Mitarbeiters zu achten. Abbildung III-308 macht den Zusammenhang zwischen Mehrstellen-Layout und den zurückgelegten Wegstrecken des Mitarbeiters deutlich. Die lineare Ausrichtung bei der Mehrstellenarbeit führt im Regelfall zu beträchtlichen Wegstrecken bzw. Wegzeiten. Insbesondere, wenn die

434 Weinrich, H.-W.: Untersuchung der Mehrmaschinenbedienung von Einspindel-Drehautomaten mit Hilfe der Simulationstechnik. Dissertation, TU Braunschweig, 1978.
435 Fuchs, W.: Methodik zur Erstellung von Zeitmodellen zur Ablaufplanung in Arbeitssystemen. Berlin: Beuth, 1972.

Bedienungssequenz vorgegeben bzw. einzuhalten ist, kann es zu langen, unproduktiven Rückwegen kommen. Bereits eine L-Anordnung der Arbeitssysteme vermindert die unproduktiven Wege, oft ist jedoch ein U-förmiges Layout das Optimum.

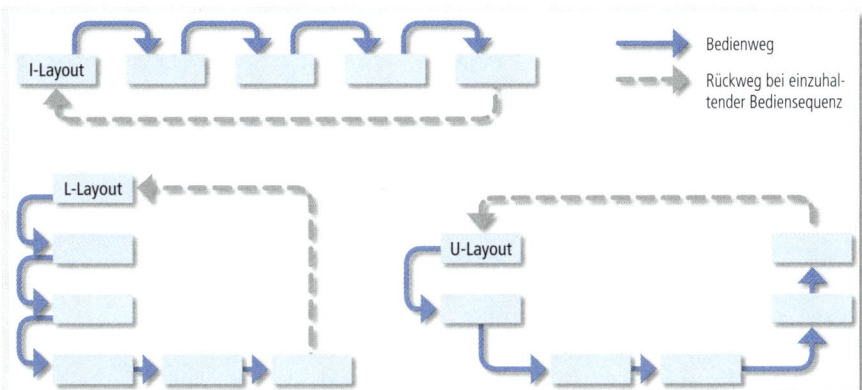

Abbildung III-308   Optimierung der Arbeitswege bei Mehrstellenarbeit

Die Aufstellung der Betriebsmittel direkt am Arbeitsplatz ist ebenfalls ein Optimierungsproblem zwischen zu weitläufiger Verteilung der Betriebsmittel und zu enger Anordnung, die u. U. auch sicherheitstechnische Probleme mit sich bringt (vgl. Abschnitt 5.6).

Betriebsmittelanordnung

Das *Layout* der Betriebsmittel wird u. a. bestimmt durch:

- das gesamte Gebäude-Layout,
- die Geometrie der Produkte,
- die gewählten Fördermittel,
- die Struktur des Arbeitsprozesses.

Insbesondere der Arbeitsprozess mit den durch die Betriebsmittel und Produkte determinierten Körperhaltungen und -bewegungen der Mitarbeiter muss im Vordergrund stehen. Weiterhin müssen die Lebenszeit der Produkte und eventuelle neue Betriebsmittel-Anschaffungen bedacht werden:[436]

- Ist größtmögliche Flexibilität des Betriebsmittel-Layouts gewährleistet?
- Wie können Betriebsmittel ausgelagert oder ausgetauscht werden?
- Ist Platz für zusätzliche Betriebsmittel vorhanden?
- Können ähnliche Produkte ohne große Veränderungen auf den geplanten Betriebsmitteln hergestellt werden?
- Ist das Betriebsmittel-Layout geeignet für Losgrößenschwankungen?

Die Betriebsmittelmobilität soll möglichst hoch sein, d. h. die Betriebsmittel sind einfach und schnell von der Bodenplatte zu lösen und die frei werdende Fläche kann sofort für andere Betriebszwecke genutzt werden. Nestler drückt diesen Sachverhalt durch den *Mobilitätsgrad* M aus, der nach dem Nomogramm von Abbildung III-309 berechnet werden kann.

---

436   Frey, S.: Plant Layout. München: Hanser, 1975.

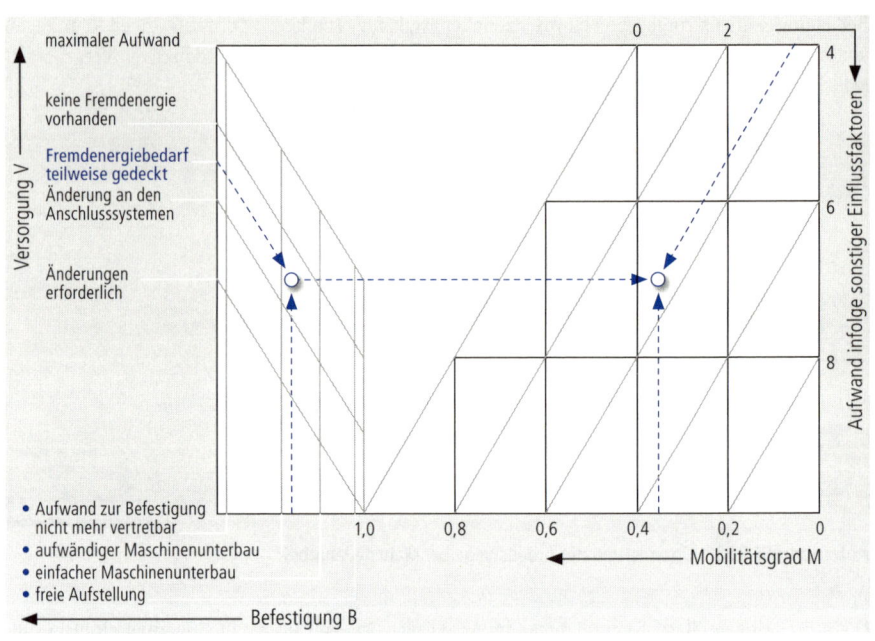

Abbildung III-309   Nomogramm zur Ermittlung des Mobilitätsgrades[437]

6.3   Arbeitsstrukturierung

6.3.1   Entwicklungsstränge

Interesse an Arbeits-
strukturierung

Seit den 1970er-Jahren ist ein sprunghaft gestiegenes Interesse an Fragen zur Arbeitsstrukturierung zu verzeichnen. Folgende Gründe können dafür angeführt werden:

1. Die Diskussion skandinavischer Experimente (z. B. von Volvo und Saab) erfolgte in den Medien.
2. Der humane Anspruch der Mitarbeiter nach »*Qualität des Arbeitslebens*« und die Anstrengungen der Unternehmen zur Verbesserung der Wettbewerbsfähigkeit wurden als sehr gegensätzlich und kaum miteinander vereinbar empfunden.
3. Motivationstheoretische Erkenntnisse wurden von Ingenieuren und Betriebswirten verstärkt zur Begründung organisatorischer Konzepte herangezogen.
4. In arbeitsrechtlichen Bestimmungen, wie z. B. dem Betriebsverfassungsgesetz, war der Begriff der *gesicherten arbeitswissenschaftlichen Erkenntnisse* mit Leben zu füllen.

In diesem Zusammenhang wurde der Begriff der *Arbeitsstrukturierung* geprägt.

Definition

Unter Arbeitsstrukturierung versteht man die arbeitsorganisatorischen Maßnahmen zur Veränderung der Arbeitsinhalte und der Arbeitsbereiche, um die Erträglichkeit der Arbeit zu garantieren und die Arbeitszufriedenheit der Mitarbeiter zu fördern.

Es ging dabei also um die Gestaltung neuer oder die Veränderung bestehender Arbeitsabläufe und Organisation mit dem Ziel, den Tätigkeits- und Entscheidungsspielraum der Mitarbeiter zu erweitern.

---

437 Nestler, H.: Wirtschaftliche Maschinenaufstellung. Berlin: Beuth, 1972.

Arbeitsstrukturierung war »eine Form der Organisationsentwicklung, die zum guten Funktionieren des Unternehmens beiträgt«[438].

Fast parallel dazu führte über den Umweg USA eine »Japan-Begeisterung« dazu, traditionelle Fabrik- und Prozessorganisationen infrage zu stellen. Was waren die Gründe für die Überlegenheit der japanischen Industrie? Waren es mehr als die Hinweise auf niedrigere Arbeitskosten und bessere Arbeitsmoral der Mitarbeiter?[439] Die Erfolge der japanischen Unternehmen auf den Weltmärkten, die zum ersten Mal in den 1980er-Jahren in Mitteleuropa registriert wurden, lagen zum einen in einer anderen Führungskultur, aber zum anderen auch im Streben nach immerwährender Verbesserung (KAIZEN) und einer ungewöhnlich einfachen Produktionssteuerung und Materialbewirtschaftung.

Der damit verbundene Wandel in der Arbeitswelt lässt sich durch folgende Schlagworte charakterisieren:[440]

- Organisatorische Einheit: Prozess- und Projektteams statt Fachabteilungen.
- Rolle der Mitarbeiter: Mitarbeiter mit Kompetenzen statt kontrollierte Mitarbeiter.
- Vergütungsgrundlagen: ergebnisorientiert statt tätigkeitsorientiert.
- Wertvorstellungen: Unternehmenssicherung statt Positionsabsicherung.
- Organisationsstruktur: flache Organisation statt Hierarchie.
- Führungskräfte: Führungspersönlichkeiten statt »Punktezähler«.

Man mag diese Darstellung verkürzt und holzschnittartig nennen, sie enthält jedoch einige bedenkenswerte Punkte.

6.3.2 Handlungsspielraum

Mit zunehmender Spezialisierung besteht die Gefahr, dass Aufgabenträger unterfordert oder einseitig belastet sind. Dem versucht man durch Maßnahmen zur Erweiterung von Handlungsspielräumen zu begegnen.

Erweiterung von Handlungsspielräumen

Der *Handlungsspielraum* ist die »Summe der Freiheitsgrade«, d. h. der Möglichkeiten zum unterschiedlichen Handeln in Bezug auf Verfahrenswahl, Mitteleinsatz und zeitliche Organisation von Aufgabenbestandteilen.[441]

Der Handlungsspielraum bei einer Aufgabe oder einem Aufgabenbündel setzt sich aus einer quantitativen Komponente (Tätigkeitsspielraum) und einer qualitativen Komponente (Dispositionsspielraum oder Verantwortungs- und Kompetenzspielraum) zusammen. Es wird auch von einer horizontalen (ausführenden) und einer vertikalen (dispositiven) Dimension gesprochen. Beide Dimensionen stehen in der Regel in einer Wechselbeziehung. Je umfangreicher und vielseitiger eine Aufgabe ist (horizontale Dimension), desto höher ist die Wahrscheinlichkeit, dass damit auch maßgebliche Kompetenzen und Verantwortungen (vertikale Dimension) verbunden sind.

Der objektive Handlungsspielraum umfasst die vorhandenen, der subjektive Handlungsspielraum die als solche erkannten diesbezüglichen Wahlmöglichkeiten.[442] Abbildung III-310 macht den Hand-

438 Hertog, F.: Arbeitsstrukturierung. Bern: Huber, 1978.
439 Imai, M.: KAIZEN. Berlin: Ullstein, 1998.
440 Herkommer, O.: Einführung in die Layout-Planung mit Prozess-Analyse. In: Ishiwata, J.: Die flexible Fabrik. Landsberg/Lech: Moderne Industrie, 2001, S. 11–34.
441 Vgl. Ulich, E.: Arbeitspsychologie. Zürich: Verlag der Fachvereine und Stuttgart: Poeschel, 1991. Hacker, W.: Allgemeine Arbeits- und Ingenieurpsychologie. Bern: Huber, 1978.
442 Ulich, E.: a. a. O., 1991.

lungsspielraum nach dem Konzept von Ulich deutlich, wie es in der Mehrzahl deutschsprachiger Veröffentlichungen verwendet wird.

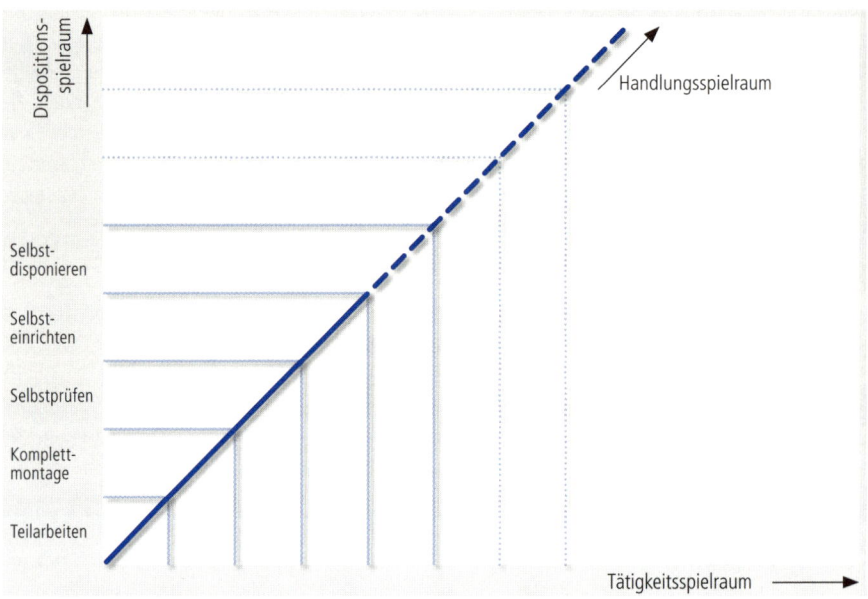

Abbildung III-310   Konzept des Handlungsspielraums mit den Dimensionen Aufgabenbreite (Tätigkeitsspielraum) und Entscheidungsspielraum (Dispositionsspielraum)

Aufgabenerweiterung (Job-Enlargement)

Bei der *Aufgabenerweiterung* (*Job-Enlargement*) geht es darum, die Anzahl verschiedenartiger Aufgaben je Aufgabenträger zu erhöhen und damit den Tätigkeitsspielraum auszudehnen. Dabei werden keine qualitativ »höherwertigen« Aufgaben einbezogen. Durch Aufgabenerweiterung sollen einseitige Belastungen vermieden und durch Belastungsartenwechsel soll der Gefahr der Ermüdung, begrenzt auch der Monotonie begegnet werden.

Aufgabenbereicherung (Job-Enrichment)

Bei der *Aufgabenbereicherung* (*Job-Enrichment*) geht es darum, zu den vorliegenden Aufgaben solche Aufgaben hinzuzufügen, die weitergehende Verantwortungen und Kompetenzen mit sich bringen. Dadurch will man den Freiheits- und Dispositionsspielraum vergrößern und den Aufgabenträgern mehr Möglichkeiten zur Entfaltung ihrer Potenziale geben. Ein Problem bei der Aufgabenbereicherung ist, den Aufgabenträgern jene Qualifikation zu vermitteln, die für das Ausführen komplexer Aufgaben erforderlich ist. Oft ist ihre Erfolgserwartung (der Glaube, die übertragenen Aufgaben auch erfüllen zu können) durch Information zu verstärken, insbesondere dann, wenn sie wenig Selbstvertrauen haben. Es besteht also eine Beziehung zwischen Aufgabenbereicherung und Qualifikationsentwicklung.

Beim geplanten oder ungeplanten *Aufgaben-* oder *Arbeitsplatzwechsel* (Job-Rotation) kann der Effekt einer Aufgabenerweiterung (beim Wechsel zwischen rang- und ebenengleichen Aufgaben) oder einer Aufgabenbereicherung (beim Wechsel zwischen rang- und ebenenverschiedenen Aufgaben) entstehen.

Abbildung III-311 zeigt für Aufgabenerweiterung und Aufgabenbereicherung schematisch eine Situation vor Gestaltungsmaßnahme und nach einer Gestaltungsmaßnahme.

Belastungsoptimierung

Der Wert von Ulichs Modell liegt darin, die beiden Sachverhalte der Aufgabenerweiterung und Aufgabenbereicherung zu veranschaulichen. Eine exakte Abgrenzung wurde weder zwischen den beiden

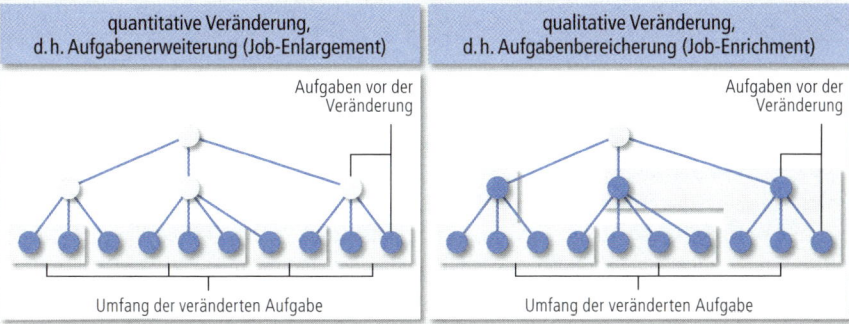

Abbildung III-311 Qualitative Veränderungen durch Aufgabenerweiterung und -bereicherung

Komponenten des *Handlungsspielraums* noch zwischen den Maßnahmen zu ihrer Vergrößerung vorgenommen. Mit der Erweiterung des Handlungsspielraums verbindet man Aspekte der Belastungssenkung bzw. der Belastungsoptimierung:

- Durch Aufgabenbereicherung und -erweiterung kann es zu einem Belastungswechsel kommen.
- Vor allem in der *Gruppenarbeit* besteht die Möglichkeit zur individuellen Entfaltung und Entwicklung der Mitarbeiter, da sie die Wahl zwischen verschieden komplexen Arbeitsinhalten haben.

Erweiterte und bereicherte Arbeitsinhalte enthalten weniger ablauftechnische Zwänge, da Aufgaben im Team möglicherweise besser gepuffert werden können. Das Unternehmen verbindet mit Aufgabenbereicherung und -erweiterung die folgenden Aspekte (vgl. auch Abbildung III-312):

- Durch qualifikationsadäquate *Arbeitsinhalte* entstehen weniger Fluktuation und Fehlzeiten;
- dadurch kann auch sichergestellt werden, dass der »richtige« Mitarbeiter die jeweilige Aufgabe durchführt;
- Mitarbeiter im Team qualifizieren sich gegenseitig, insgesamt steigt dadurch das fertigungs- und abwicklungstechnische Know-how;
- da dergestalt höher qualifizierte Mitarbeiter sich besser gegenseitig vertreten können, steigen die Maschinennutzungsgrade.

wünschenswerte Eigenschaften von Arbeitsinhalten				
Mitarbeiter sollte sich für einen wesentlichen Teil seiner Arbeit verantwortlich fühlen können	Mitarbeiter sollte seine Arbeitsergebnisse als bedeutsam werten können	Mitarbeiter sollte einen wesentlichen Teil seiner Fähigkeiten einsetzen können	Mitarbeiter sollte einen Arbeitsfortschritt am Endprodukt erkennen können	Taktbindung nur bei ausreichender Pufferung

Abbildung III-312 Wünschenswerte Eigenschaften von Arbeitsinhalten

Arbeitsinhalte mit großem Handlungsspielraum sollten also folgende Eigenschaften haben:[443]

Eigenschaften von Arbeitsinhalten

1. Eine Aufgabe sollte so gestaltet sein, dass sich der Mitarbeiter für einen wesentlichen Teil seiner Arbeit verantwortlich fühlen kann. Er soll seine Arbeitsergebnisse auf seinen Arbeitseinsatz und auf seine Tüchtigkeit zurückführen können. Ganz wichtig ist, dass er Erfolg und Misserfolg seiner Tätigkeit möglichst unmittelbar erkennen kann.

---

443 Porter, L. W.; Lawler, E. E.; Hackman, J. R.: Behavior in Organizations. New York: McGraw Hill, 1975.

2. Der Mitarbeiter sollte seine Arbeitsergebnisse als bedeutsam, z. B. als sichtbar wertschöpfend, bewerten können. Dazu sollte er möglichst unmittelbare Rückmeldungen über seine Arbeitsergebnisse erhalten.
3. Der Mitarbeiter sollte einen wesentlichen Teil seiner Fähigkeiten einsetzen können.

Die aus erweiterten und bereicherten *Arbeitsinhalten* herrührenden Arbeitsprozesse sollen *vollständig* sein. Ein Beispiel aus der Kunststoffverarbeitung möge die Forderung nach Vollständigkeit der Arbeitsprozesse verdeutlichen: Lebensmittelverpackungen werden z. B. aus Polypropylen gespritzt und dann bedruckt. Dies geschieht durch den Kunststofffertigungsbetrieb. Die Befüllung mit Lebensmitteln kann bis zu einem Jahr später z. B. durch eine Molkerei erfolgen. In der Zwischenzeit erfolgt eine Lagerung der Lebensmittelverpackungen in Kartons.

Der Mitarbeiter an der Spritzgießmaschine kennt nicht den Kunden und dessen Anforderungen, z. B. bezüglich Farbdruck oder Grat, der bei der Fertigung entsteht. Die Anforderungen des Kunden werden durch Verkauf, Konstruktion und Werkzeugbau, Produktionsleitung und Schichtmeister »gefiltert«. Der Mitarbeiter, der an der Maschine direkt auch für die Fertigungsqualität verantwortlich ist, kann die verschiedenen Kundenanforderungen nicht werten (z. B. nach dem ABC-Prinzip) und sich entsprechend kundengerecht verhalten. Ein solcher Arbeitsprozess ist unvollständig, der Werker kann sich in diesen Arbeitsprozessen nur schwer weiterqualifizieren.

Arbeitsinhalte müssen also so beschaffen sein, dass ein für die Mitarbeiter erkennbarer Arbeitsfortschritt am Endprodukt entsteht. Lange Arbeitszyklen sind nicht unbedingt Indikatoren für den *Dispositionsspielraum* und nur begrenzt Indikatoren für den Tätigkeitsspielraum. Dabei ist es oft nicht ganz einfach, dem Mitarbeiter ein Mehr an Disposition zu verschaffen, also seine Tätigkeit zu bereichern. Es hat sich oft als schwierig erwiesen, bei den Mitarbeitern Teilnahmebereitschaft zu wecken und die Vorgesetzten von den Vorzügen der Aufgabenbereicherung zu überzeugen.

Maßnahmen
Bei Projekten zur Aufgabenbereicherung wurden bevorzugt folgende Maßnahmen durchgeführt:[444]

1. Veränderte Aufgabenverteilung
   - Übernahme von Einrichteraufgaben,
   - Übernahme der Einsatzbeurteilung und des Wechsels von Vorrichtungen und Werkzeugen,
   - Qualitätsprüfung bei der eigenen Arbeit,
   - Beseitigung kleinerer Störungen und Durchführung kleinerer Reparaturen,
   - Unterscheidung zugewiesener Arbeitsinhalte nach fixen, jedem zuzuteilenden Aufgaben, sowie variablen, in Abhängigkeit von den Möglichkeiten des Einzelnen zu übernehmenden Aufgaben, was auch als »Fix-Vario-System« bezeichnet wird.
2. Planung, Einteilung und Kontrolle der eigenen Arbeit
   - Zeitlicher *Dispositionsspielraum*, auch zum Lehren und Lernen,
   - Kümmern um Material und Weiterleitung fertiger Teile,
   - Beteiligung bei der Gestaltung des eigenen Arbeitsplatzes,
   - Ermöglichen valider, zuverlässiger und unmittelbarer Rückmeldungen über Arbeitsergebnisse.

444 Warnecke, H.-J.; Lederer, K. G.: Neue Arbeitsformen in der Produktion. Düsseldorf: VDI, 1979. Hertog, F. J., den: a. a. O., 1978.
Pfeiffer, W.; Dörrie, U.; Soll, E.: Menschliche Arbeit in der industriellen Produktion. Vandenhoeck und Ruprecht. Göttingen, 1977.

6.3.3 Gruppenarbeit

Aufgabenerweiterung und -bereicherung haben besondere Bedeutung bei Arbeitsprozessen, die nach dem Flussprinzip organisiert sind (vgl. Abschnitt 6.2.3).

Um das Flussprinzip – gewöhnlich also eine hoch repetitive stark arbeitsteilige Fertigung mit den dabei oft verbundenen negativen Begleiterscheinungen für den Mitarbeiter, den Betrieb und die Gesellschaft – aus humaner und ökonomischer Sicht zu optimieren, entwickelte sich Anfang der 1970er-Jahre, zunächst in Skandinavien, die autonome und später die *teilautonome Gruppenarbeit*[445]. Man erhoffte sich mit der Gruppenarbeit umfangreichere und anspruchsvollere Arbeitsinhalte und damit vor allem auch ein Zurückgehen von *Absentismus* und *Fluktuation*. Die skandinavischen Schulsysteme produzierten immer mehr Menschen mit anspruchsvollen Ausbildungsqualifikationen. Wie sollten sich derart vorgebildete Mitarbeiter mit Arbeitstakten im Sekundenbereich zufriedengeben?

Im Vordergrund stand also die Verringerung der damals exorbitanten *Fehlzeiten*, nicht das Vermeiden von arbeitsbedingten Erkrankungen, die ebenfalls durch hoch repetitive Arbeitsinhalte begünstigt werden können. Gruppenarbeitsprojekte wurden nach den Erfolgen bei Saab und Volvo Mitte der 1970er-Jahre auch bei der Volkswagen AG, bei der Bosch-Siemens Hausgerätefertigung und bei AEG aufgenommen. Eine Reihe anderer, auch mittelständischer Unternehmen folgte. Viele dieser Gruppenarbeitsexperimente scheiterten jedoch. Die erhoffte ökonomische Verbesserung trat nicht ein. Organisatorische Abläufe waren schlechter beherrschbar, etablierte Interessen der Betriebsparteien wurden tangiert.

Misserfolge bei der Einführung der Gruppenarbeit in die Betriebe sind auch damit zu erklären, dass Vorgesetzte Entscheidungsbefugnisse abgeben und eine neue Identität als Coach oder Personalmanager erst finden mussten. Vor allem in den 1970er-Jahren, aber auch später kam es zwischen den Gruppen und den Betriebsräten gelegentlich zu Meinungsverschiedenheiten. Betriebsräte fürchteten, dass ihre Beteiligungsrechte aus §§ 87, 90 ff. des Betriebsverfassungsgesetzes verwässert würden. Wurde in der Gruppe ein leistungsbezogener Entlohnungsgrundsatz (vgl. § 87 des Betriebsverfassungsgesetzes) praktiziert, z. B. eine Gruppenprämie, so kann es zwischen den Hochleistern und den Schwachleistern zu solch starken Konflikten kommen, dass nachhaltig der Betriebsfrieden gestört ist.

In den 1980er-Jahren und Anfang der 1990er-Jahre geriet daher die Gruppenarbeit in Vergessenheit und erst seit Mitte der 1990er-Jahre erlebt sie eine Renaissance.

Definitionen:

Definitionen

• Bei Gruppenarbeit sind in einem Arbeitssystem mehrere Menschen an der Erfüllung einer gemeinsamen Aufgabe beteiligt und verantworten gemeinsam die Ergebnisse.
• Wird die Aufgabe völlig selbstständig organisiert, bearbeitet und kontrolliert, so liegt *autonome Gruppenarbeit* vor.
• Von *teilautonomer Gruppenarbeit* spricht man dann, wenn neben den eigentlichen Produktionstätigkeiten auch Funktionen der Disposition und des Qualitätsmanagements von der Gruppe übernommen werden, andere Entscheidungsaufgaben jedoch beim Management verbleiben.

Die Arbeitsgruppe regelt selbst ihre Versorgung mit Bauteilen, die Bereitstellung der richtigen Betriebsmittel und Hilfsstoffe. Die Gruppe prüft selbst die von ihr produzierten Baugruppen oder Endprodukte. Die Philosophie der hoch arbeitsteiligen Produktion (»am Ende des Bandes ist jemand, der

Qualitätsmanagement

---

445 Vgl. Landau, K., Peters, H.: Organisatorische Arbeitsgestaltung. In: Landau, K. (Hrsg.): Ergonomie I, Umdruck, Darmstadt: Institut für Arbeitswissenschaft, 2003. Vgl. Teil II, Abschnitt 4.4 zur Zeitartensynthese bei Gruppenarbeit.

die Qualität feststellt«) wird als nicht mehr zeitgemäß erkannt und beseitigt. Das Motto des ganzheitlichen *Qualitätsmanagements* heißt: Der nächste Prozess ist dein Kunde.

Dies bedeutet, jeder Mitarbeiter und jede Arbeitsgruppe gibt nur einwandfreie Teile bzw. Dienstleistungen an den nächsten Mitarbeiter oder die nächste Gruppe weiter. Der Kundengedanke kam nun mit einem hohen Stellenwert auf die Werkerebene. Man sprach hier auch vom *Internen Kunden*.

In teilautonomer Gruppenarbeit werden also Teile, Baugruppen, Endprodukte oder auch Dienstleistungen möglichst ganzheitlich hergestellt. Naturgemäß bleibt ein Teil der Managementaktivitäten der Arbeitsgruppe vorenthalten, z. B. die Entscheidung, wann etwas zu produzieren ist. Die Gruppe ist also nicht vollautonom, sondern, wie der Name schon sagt, teilautonom.

Eine Gruppe besteht im Regelfall aus drei bis zwölf Mitarbeitern, wobei Gruppengrößen unter acht Personen vorzuziehen sind. Die Gruppe muss für jedes Gruppenmitglied transparent bleiben, so dass jedem Mitarbeiter klar ist, wie sein eigener Beitrag zum gesamten Arbeitsergebnis der Gruppe ist.

Lern- und Überwachungselemente

Es sei nicht verschwiegen, dass ein starkes Motiv für die Einführung der Gruppenarbeit natürlich auch Lern- und Überwachungselemente untereinander sind. Die Gruppe wird punktuell Schwachleistungen eines Mitglieds dulden (z. B. wenn ein Gruppenmitglied gesundheitlich angeschlagen ist), dauerhaftes »Schmarotzertum« führt jedoch regelmäßig zum Ausschluss dieses Gruppenmitglieds; insoweit setzen Bereinigungsprozesse auf Mitarbeiterebene ein. Diese können durchaus eine Eigendynamik entwickeln, die dem Betriebsfrieden nicht zuträglich ist. Davon abgesehen entsteht jedoch in vielen Fällen ein »Wir«-Gefühl der Gruppe,

- das sowohl den Mitarbeitern in dieser Gruppe Befriedigung über die geleistete Arbeit verschafft (*intrinsische Arbeitsmotivation*[446]),
- das möglicherweise zu einem Wettbewerb zwischen den Gruppen führt,
- das qualitätsfördernd und auch ergebnisverbessernd für den Betrieb sein kann.

Die Gruppe wird einen Sprecher wählen, der sie nach außen vertritt. In den meisten Fällen wird damit eine Hierarchiestufe des Betriebes unnötig. Die früheren Vorarbeiter, Kolonnenführer etc. verschwinden, der Gruppensprecher übernimmt deren Funktion. Die Industriemeister alter Art wandeln ihre Aufgaben vom vorwiegend Technischen hin zum Gruppenmanagement. Die Zahl der Mitarbeiter einer Meisterei steigt an.[447] Auch dies bedeutet für den Betrieb eine zusätzliche Rationalisierungsmaßnahme.

Prämissen für erfolgreiche Gruppenarbeit

Abbildung III-313 zeigt die Prämissen für eine erfolgreiche Gruppenarbeit.

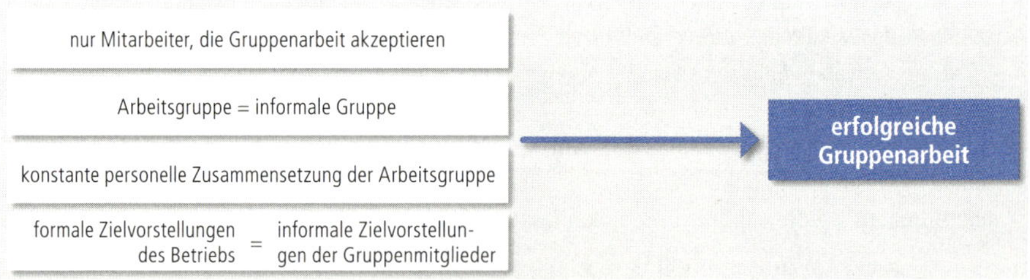

Abbildung III-313 Prämissen für erfolgreiche Gruppenarbeit

---

446 Arbeitsmotivation durch die Attraktivität der Arbeitsaufgabe von »innen heraus«.
447 Die einem Vorgesetzten zugeordnete Mitarbeiterzahl wird durch die Span-of-Control gekennzeichnet.

Die Vorteile der Gruppenarbeit werden in Abbildung III-314 dargestellt.

interpersonelles Lernen

Aufgabenbereicherung

verringerte Hierarchietiefe

Vorteile der Gruppenarbeit

Übernahme von Teilen der Werkstattsteuerung

Beseitigung organisatorischer Mängel

stärkere Identifikation mit der Arbeit

Abbildung III-314 Vorteile der Gruppenarbeit

Es sei nicht verschwiegen, dass es immer Mitarbeiter geben wird, die für die Gruppenarbeit wenig oder gar nicht geeignet sind. Für sie müssen Ersatzarbeitsplätze gefunden werden.

Abbildung III-315 stellt die *Effekte der Aufgabenerweiterung* und -bereicherung bei Gruppenarbeit und bei Einzelarbeit gegenüber. Insbesondere wird deutlich, wie mit dem erhöhten Handlungsspielraum auch vermehrt Wissen und Können des Werkers abgerufen werden.

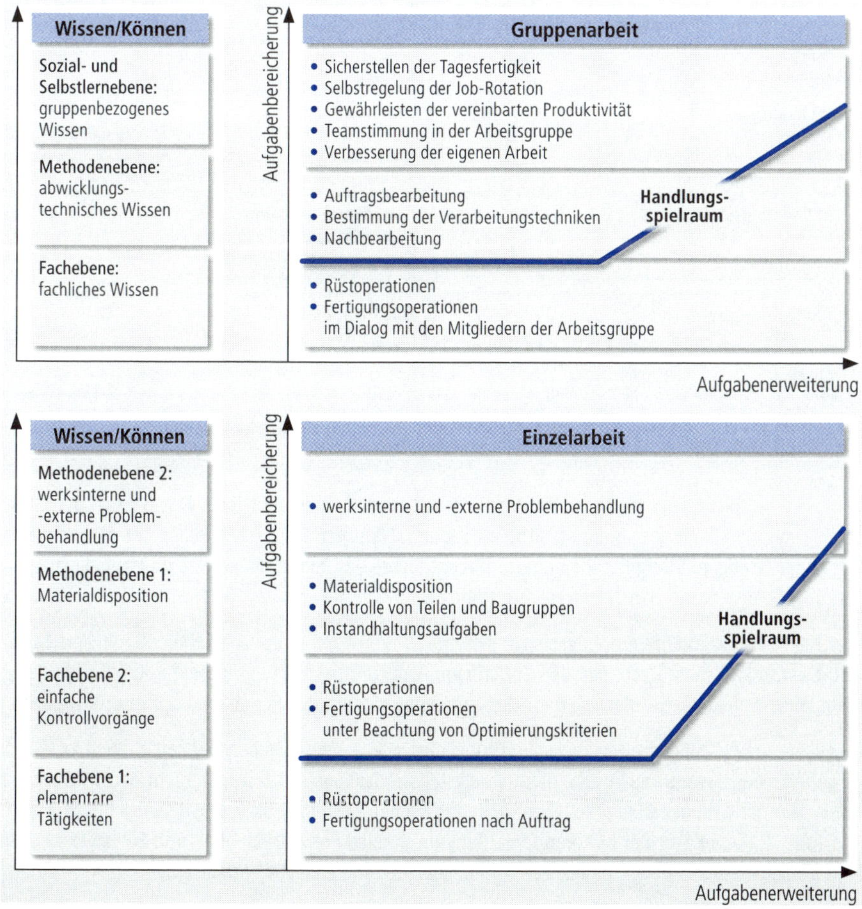

Effekte der Aufgabenerweiterung

Wissen/Können

Sozial- und Selbstlernebene: gruppenbezogenes Wissen

Methodenebene: abwicklungstechnisches Wissen

Fachebene: fachliches Wissen

Aufgabenbereicherung →

Gruppenarbeit

• Sicherstellen der Tagesfertigkeit
• Selbstregelung der Job-Rotation
• Gewährleisten der vereinbarten Produktivität
• Teamstimmung in der Arbeitsgruppe
• Verbesserung der eigenen Arbeit

• Auftragsbearbeitung
• Bestimmung der Verarbeitungstechniken
• Nachbearbeitung

• Rüstoperationen
• Fertigungsoperationen im Dialog mit den Mitgliedern der Arbeitsgruppe

Handlungsspielraum

Aufgabenerweiterung →

Wissen/Können

Methodenebene 2: werksinterne und -externe Problembehandlung

Methodenebene 1: Materialdisposition

Fachebene 2: einfache Kontrollvorgänge

Fachebene 1: elementare Tätigkeiten

Aufgabenbereicherung →

Einzelarbeit

• werksinterne und -externe Problembehandlung

• Materialdisposition
• Kontrolle von Teilen und Baugruppen
• Instandhaltungsaufgaben

• Rüstoperationen
• Fertigungsoperationen unter Beachtung von Optimierungskriterien

• Rüstoperationen
• Fertigungsoperationen nach Auftrag

Handlungsspielraum

Aufgabenerweiterung →

Abbildung III-315 Aufgabenerweiterung und -bereicherung bei Gruppen- und Einzelarbeit im Vergleich

Die wichtigsten Merkmale teilautonomer Arbeitsgruppen können folgendermaßen zusammengefasst werden:

- Die Gruppen stellen im Idealfall vollständige Baugruppen bzw. Endprodukte her.
- Die Tätigkeiten genügen dabei den Forderungen von Job-Enrichment und Job-Enlargement.
- Die Gruppe steht unter Erfolgsverantwortung und erhält ständig Rückmeldungen zu Quantität und Qualität ihres Zusammenwirkens.
- Die Gruppe hat erweiterte Entscheidungsspielräume.
- Sie versucht, gruppeninterne Konflikte möglichst kooperativ zu lösen.

Die folgende Abbildung III-316 zeigt verschiedene Möglichkeiten, *Gruppenarbeit in der Automobilmontage* zu realisieren.[448]

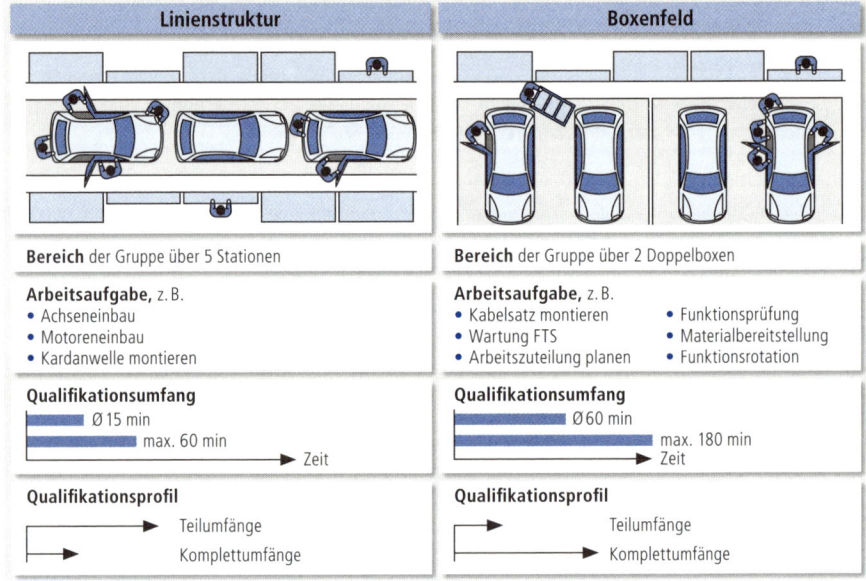

Abbildung III-316   Beispiel zur Einführung von Gruppenarbeit in einem Montagewerk

In diesem Beispiel kann eine herkömmliche Fertigungslinie bestehen bleiben. Der Bereich der Gruppe erstreckt sich dann über mehrere Arbeitsstationen. Naturgemäß ist der Umfang der Arbeitsqualifikation der Gruppenmitarbeiter kleiner als im rechten Teil des Bildes, wo eine echte Gruppenstruktur bei Aufgabe der klassischen Linien realisiert wurde.

Die Qualifikationsumfänge erhöhten sich in diesem Falle von durchschnittlich 15 auf 60 min Fertigungszeit. Es wird zudem deutlich, dass Job-Enrichment-Aspekte berücksichtigt wurden. Funktionsprüfung, Materialbereitstellung, die Planung der Arbeitszuteilung etc. wurden in der Arbeitsgruppe umgesetzt.

Polyvalenz   Möglichst viele Gruppenmitglieder sollen möglichst alle Arbeitsaufgaben der teilautonomen Gruppe beherrschen – wenn nicht alle, dann wenigstens Aufgabenbündel. Man spricht dann von hoher *Polyvalenz* der Gruppenarbeit. Sie führt im hierarchischen Bewertungskonzept der Arbeit (vgl. Teil II, Abschnitt 2.4) eher zu einer höheren Einstufung im Bereich der Zufriedenheit und Sozialverträglichkeit, als hätte jedes Gruppenmitglied immer die gleiche (und einfache) Arbeitsaufgabe.

---

448   Haller, E.: Einführung von Gruppenarbeit. Unveröffentlichtes Redemanuskript, 2002.

Die Polyvalenz spricht die Qualifikationserfordernisse an, hinzu kommen aber noch die Forderungen nach *Ganzheitlichkeit* der Arbeitsaufgabe. Es ist wünschenswert, dass Polyvalenz und Ganzheitlichkeit zusammenfallen, dies ist aber nicht zwangsläufig so.

Ein Mitarbeiter in der Kunststoffverarbeitung (Beispiel siehe weiter oben), beherrscht die Materialdisposition, Fertigung, Überwachung, Qualitätskontrolle und Abfallentsorgung (er ist damit polyvalent), aber in der betrieblichen Realität werden die Aufgaben nicht in ihrer Gesamtheit abgefordert, da die Teammitglieder eine Aufteilung vornehmen (die Arbeit ist damit nicht ganzheitlich).

Gruppenstrukturen müssen sich allerdings auch den unterschiedlichen Qualifikationen der beteiligten Mitarbeiter anpassen. Nach dem *Fix-Vario-System* werden die Aufgaben einer Gruppe in »fixe« und »variable« Inhalte aufgespalten. In den verkaufsfähigen Produkten ist ein gewisser Anteil fixer Einzelteile und Baugruppen immer enthalten. Darüber hinaus gibt es variantenbedingt variable Arbeitsinhalte mit unterschiedlichem Komplexitätsgrad. Der einzelne Mitarbeiter kann dann zwischen fixen und variablen Arbeitsinhalten wählen. Fix-Vario-System

Je mehr Produktionsflexibilität mit wechselnden Arbeitsaufträgen und Losgrößen im Betrieb gefordert wird, umso stärker sind auch die Mitarbeiter im Arbeitsprozess bezüglich Zeitbedarf, Arbeitsmenge, Arbeitsqualität etc. voneinander abhängig. Isoliert arbeitende Mitarbeiter in Fertigungslinien können diese Herausforderung nicht meistern, Gruppenstrukturen mit starker Arbeitskooperation/-kommunikation sind eine Notwendigkeit.

Mit der Einführung von Gruppenarbeit kommt es im Regelfall auch zu Aufgabenverschiebungen in anderen Unternehmensbereichen, vor allem im sogenannten *indirekten Bereich*. Es können insbesondere Aufgaben der Instandhaltung, der Disposition und des Qualitätswesens entfallen, da jetzt in der Gruppe entsprechende *Qualifikationen*, z. B. von Maschinenschlossern, vorhanden sind. In der Summe ergeben sich damit häufig Produktivitätsverbesserungen sowohl in der Gruppe als auch im indirekten Bereich. Mit der Ausdünnung der indirekten Bereiche verschlechtern sich allerdings auch Einführung von
Gruppenarbeit

- Kenntnis und Pflege der Methoden (z. B. der Methoden des Arbeitsstudiums),
- Qualifikationen, die außerhalb des »Tagesgeschäfts« zu erwerben sind,
- Überblick zu ähnlich gelagerten Problemen in unterschiedlichen Bereichen des Unternehmens,
- Standardisierung immer wiederkehrender Abläufe.

Gruppenarbeit ist auch in anderen technischen Bereichen von Bedeutung, z. B. in der Konstruktion.[449]

Die folgende Liste fasst wichtige Prüfpunkte zur Gruppenarbeit zusammen. Checkliste für die
Gruppenarbeit

1. Verantwortlichkeiten und Zuständigkeiten in der Gruppe sind eindeutig geregelt.
2. Gruppensprecher sind in Moderations- und Führungstechniken geschult.
3. Kompetenz in Gruppenorganisationen wird durch Job-Rotation und auch entsprechende Trainingsmaßnahmen gefördert.
4. Die Gruppenzusammensetzung bestimmt sich auch nach der »Teamfähigkeit« und der sozialen Kompetenz der Gruppenmitglieder.
5. Zielanalysen und Zielentscheidungen werden durch den Gruppensprecher bzw. durch die operative Führung (z. B. Meister) moderiert und gemeinsam in der Gruppe erarbeitet.
6. Gruppenarbeit ist durch ein geeignetes Anreizsystem unterstützt.
7. Der Qualitätsanspruch in einer Gruppe wird als »Gesamtqualität« der erzielten Lösung und nicht als Maximierung der Qualitäten von Teillösungen realisiert.

---

449 Vgl. Frankenberger, E.: Arbeitsteilige Produktentwicklung. Fortschrittsberichte VDI, Reihe 1, Nr. 291, Düsseldorf: VDI-Verlag, 1997.

8. Die Gruppe führt regelmäßige Gruppengespräche durch.
9. Die positiven und negativen Aspekte der Arbeitsteilung in der Gruppe sind abgewogen.
10. Kommunikationsschwierigkeiten zwischen den Gruppenmitgliedern werden durch Schulungen und gegebenenfalls durch externe Berater behoben.
11. Anforderungsanalysen, Lösungssuchen und Checklisten werden – soweit sinnvoll – gemeinsam in der Gruppe erarbeitet.

6.4   Teilefertigung

6.4.1   Eigenschaften von Fertigungssystemen

Produktivitäts-
relevante Aspekte

Unter dem Begriff *Teilefertigung* fasst man die Herstellung von Werkstücken geometrisch bestimmter Gestalt zusammen. Naturgemäß kann in einem Handbuch des Industrial Engineering nicht auf technische Grundlagen der Umformung und der mechanischen Bearbeitung und der damit verbundenen Werkzeugmaschinen eingegangen werden. Hier werden *produktivitätsrelevante* Aspekte der Teilefertigung angesprochen.[450]

Die *mechanische Bearbeitung* kann mit *Werkzeugmaschinen* unterschiedlicher Komplexität und Automatisierung vorgenommen werden. Das Spektrum reicht von konventionellen Dreh-, Fräs-, Bohr- und Schleifmaschinen über Halb- und Vollautomaten hin zu CNC-Werkzeugmaschinen, Bearbeitungszentren, flexiblen Fertigungssystemen und starren *Transferstraßen* (Abbildung III-317).

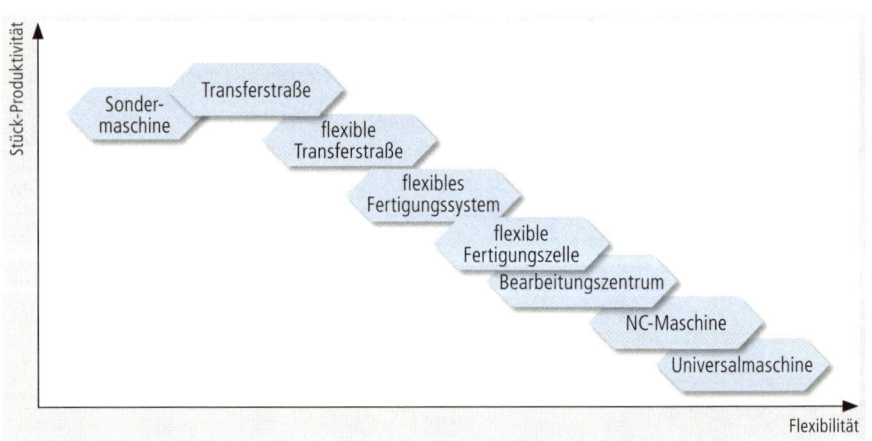

Abbildung III-317   Mechanische Bearbeitung mit Fertigungssystemen unterschiedlicher Flexibilität und Produktivität

Universalmaschinen werden häufig für die Einzelfertigung, NC-Maschinen, Fertigungszellen und Bearbeitungszentren für die Serienfertigung, Automaten, Sondermaschinen und Transferstraßen für die Massenfertigung eingesetzt.

---

450 Einen Überblick zu den Fertigungsmitteln aus rein technischer Sicht erhält man z. B. bei Grote, K.-H.; Feldhusen, J.(Hrsg.): Dubbel. Taschenbuch für den Maschinenbau. 22. Auflage. Berlin: Springer, 2007.

Gegenüber der früher üblichen manuellen oder maschinellen Programmierung von CNC-Werkzeug-maschinen[451] hat die werkstattorientierte Programmierung (WOP) für den Maschinenbediener neue Möglichkeiten erbracht, auch im Hinblick auf arbeitsbereichernde Maßnahmen. Hierbei wird das NC-Programm mit grafisch-interaktiver Eingabe ohne Kenntnis einer speziellen Programmiersprache erstellt. Durch eine grafische Abbildung des Maschinenraums, von Werkzeugen und Aufspannfolgen sind Simulationen und Optimierungen des Programmlaufs mit Fehlererkennung möglich. Die Geo-metriedaten des Werkstücks werden aus CAD-Dateien übernommen oder direkt eingegeben. Die Bedienerdialoge sind (weitgehend) einheitlich für alle Fertigungstechnologien (Drehen, Fräsen etc.). Nach Ende der Bearbeitung wird das erzeugte Programm in die Arbeitsvorbereitung übertragen, geprüft und dort für spätere Anwendungen gespeichert.

CNC-gesteuerte Werkzeugmaschinen verfügen sehr häufig über Werkzeugspeicher, die über eine Beladeeinrichtung die Arbeitsspindel mit dem jeweils benötigten Werkzeug versorgen. Die Werk-zeugspeicher sind je nach Typ der Werkzeugmaschine als Ketten-, Regal-, Paletten- oder Korbspeicher (u. a.) angelegt. Der Werkzeugwechsel wird mit Greifern vorgenommen.

Ebenso gehören zu modernen Werkzeugmaschinen zwei oder mehrere Paletten, auf denen die Werk-stücke unabhängig von der gerade stattfindenden Bearbeitung aufgespannt werden. Es bleibt dann nur noch die *Werkstückwechselzeit*, bei der keine überlappende Arbeitsweise möglich ist.

Automatisierte Messeinrichtungen tragen ebenfalls dazu bei, Stillstandszeiten für die Qualitätsprü-fung und gegebenenfalls notwendige Korrekturschritte zu verringern.

Kühlschmier- und Späne-Entsorgungseinrichtungen helfen *Störzeiten* zu vermeiden und schützen vor allem die Werker vor Schnittverletzungen und arbeitsbedingten Erkrankungen durch Kühl-schmierstoffe.

Die gewünschte *Bauteilgeometrie* mit den zugehörigen *Fertigungstoleranzen* kann nicht mit jedem Fertigungsverfahren hergestellt werden. Zu beachten sind neben der Bauteilgeometrie

- Werkstoff,
- Passungen und Toleranzen,
- Oberflächengüte,
- Härte,
- spätere Fügeprozesse.

Weiterhin berücksichtigt man die zur Verfügung stehenden Maschinen z. B. mit dem zulässigen Durchmesser und der Einspannlänge sowie die minimale Losgröße. Zudem spielen übergeordnete Kriterien – z. B. vorhandenes Personal, Arbeitssicherheit, Umweltschutz – eine Rolle.

Auch *Rohling* und Fertigungsverfahren sind nicht unabhängig voneinander (Abbildung III-319). Die erreichbaren Genauigkeiten einzelner Fertigungsverfahren und die Oberflächenqualitäten können Abbildung III-318 entnommen werden.

Damit ist es möglich, bei vorgegebenem Durchmesser und definierter Toleranz[452] die technologisch zulässigen Verfahren für die Endbearbeitung zu bestimmen. Mit höher werdenden Genauigkeits-anforderungen und steigendem Durchmesser (bei gleichbleibender IT-Qualität) nehmen auch die Fertigungskosten zu.

---

451 Vgl. DIN 66025 Industrielle Automation; Programmaufbau für numerisch gesteuerte Arbeitsmaschinen; Wegbedingungen und Zusatzfunktionen, 1988.

452 Die ISO-Grundtoleranzen geben für Nennmaßbereiche [in mm] und IT-Qualitäten (IT = Internationale Tole-ranz, IT1 bis IT 18) die Toleranzbereiche [μm] vor (vgl. ISO 286).

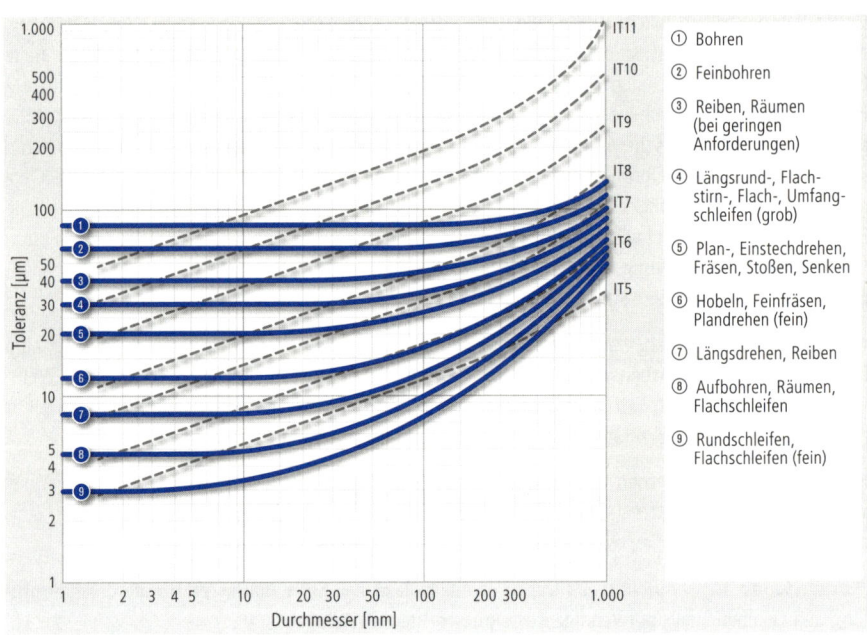

Abbildung III-318   Erreichbare Genauigkeiten unterschiedlicher Fertigungsverfahren in Abhängigkeit des Teile-Durchmessers (siehe auch DIN 4766)

Werkstück-
klassifizierungssystem

Mit einem *Werkstückklassifizierungssystem* werden Werkstückgruppen mit ähnlichen Eigenschaften abgeleitet und den für sie geeigneten Werkzeugmaschinen(-typen) zugewiesen. Mit *Relativkosten-katalogen* können alternative Fertigungsverfahren bewertet werden.[453]

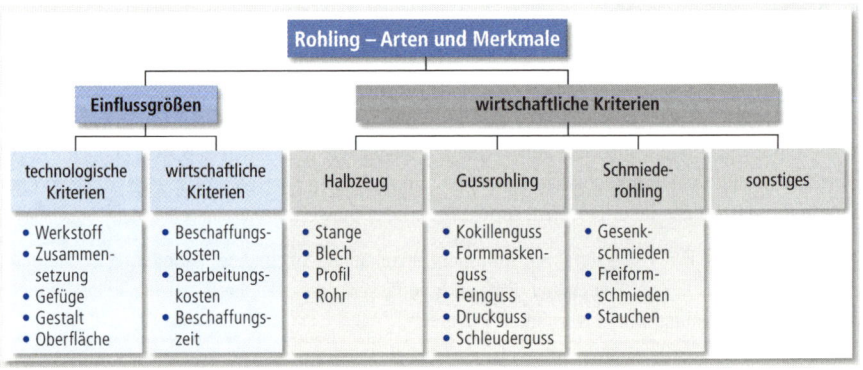

Abbildung III-319   Technologische und wirtschaftliche Kriterien bestimmen die Auswahl des Rohlings[454]

Aus den Auftragsdaten leitet man die Arbeitsvorgänge ab und bestimmt deren Reihenfolge. Je Arbeitsvorgang wird dann anhand der Einsatzkriterien der zur Verfügung stehenden Maschinen die *Maschinenauswahl* getroffen.

---

453 Relativkostenkataloge stellen für unterschiedliche Fertigungsverfahren in Abhängigkeit von Oberflächenqualität, Auftragsstückzahl etc. die (betriebsüblichen) Fertigungskosten dar.
454 In Anlehnung an Eversheim, W.: Organisation in der Produktionstechnik. Band 3. Düsseldorf: VDI-Verlag, 1989.

6.4.2 Zeitberechnungen in der Teilefertigung

Das folgende Beispiel zeigt die Berechnung der *Grundzeit* t_g für eine spanende Bearbeitung für eine Ständerbohrmaschine.[455]   *Beispiel*

1. Fertigungsaufgabe:
   Loch 9 mm Durchmesser, 32 mm tief in Grauguss GG18

2. Aus Zerspanungstabellen:
   Drehzahl n = 300 min⁻¹

   $$\text{Drehzahl } n = 300 \text{ min}^{-1}$$
   $$\text{Vorschub } s = 0,3 \text{ mm}$$

3. Zeit für Zerspanen t_z:

$$t_z = \frac{L}{s \cdot n} = \frac{32 \text{ mm}}{0,3 \text{ mm} \cdot 300 \text{ min}^{-1}} = 0,35 \text{ min}$$

4. Grundzeit t_g:

Zeit für das reine Zerspanen (Prozesszeit)	t_z = 0,35 min
Bohrspindel ein- und ausschalten	0,06 min
Bohrspindel heben und senken	0,10 min
Loch nach Riss anfahren und nachkörnen	0,16 min
Vorschub einrücken	0,03 min
	t_g = 0,70 min

Bei automatisierten Bearbeitungsmaschinen ist die Programmlaufzeit entscheidend. Die *Programmlaufzeit* t ist die Summe aller Nebenzeiten einschließlich der Vorschubzeiten (vgl. Abbildung III-320 zur Verknüpfung von Programmlaufzeit und weiteren Teilzeiten).

Die *Positionierzeit* t_p ist die Zeit zwischen dem Ende einer Vorschubbewegung und dem Beginn der nächsten Vorschubbewegung.[456] Sie enthält neben der eigentlichen Positionierzeit auch die anfallenden Wartezeiten aufgrund von Schaltzeiten und steuerungsinternen Verarbeitungszeiten. Für Vorgabezeitermittlungen bei beliebigen Zwischenwerten empfiehlt sich eine Darstellung der Positionier- oder Spindelbeschleunigungszeit im doppelt-logarithmischen Maßstab.

Die *Werkzeugwechselzeit* wirkt sich auf die Span-zu-Span-Zeit aus. Darunter versteht man die Zeit zwischen dem Beginn des Wegführens eines auszuwechselnden Werkzeugs aus einer repräsentativen Bearbeitungsposition und dem Ende des Heranführens eines folgenden, gleich langen Werkzeugs in die gleiche Bearbeitungsposition.[457]

Die *Spindelbeschleunigungszeit* t_{BSp} ist die Zeit zwischen dem Ende einer Vorschubbewegung ohne Spindeldrehzahl und dem Beginn der nächsten Vorschubbewegung, die dann startet, wenn die programmierte Drehzahl der Arbeitsspindel erreicht ist. Sie enthält analog zur Positionierzeit anfallende Wartezeiten aufgrund von Schaltvorgängen und steuerungsinternen Verarbeitungszeiten. Analog kann eine Spindelbremszeit ermittelt werden. Beide bestimmen maßgeblich die Programmlaufzeit (Abbildung III-320).

---

455 Wiendahl, H.-P.: Betriebsorganisation für Ingenieure, München: Hanser, 2005. Auf allgemeine Aspekte solcher Zeitberechnungen wird im Kapitel 4 (Betriebliche Prozessbausteine) eingegangen.
456 VDI 2852 Blatt 3: Kenngrößen numerisch gesteuerter Fertigungseinrichtungen – Positionierzeit, Spindelbeschleunigungszeit, Wartezeit, Berlin: Beuth, 2001-12.
457 VDI 2852 Blatt 1: Kenngrößen numerisch gesteuerter Fertigungseinrichtungen. Berlin: Beuth, 1984-10.

Als *Wartezeit* ist die Summe der Zeiten definiert, die über die Werkzeugwechsel-, die Positionier- und die Spindelbeschleunigungszeit hinaus zu einer Verlängerung der Programmlaufzeit (ohne Vorschubzeitanteil) führt. Dies können z. B. Lünetten- und Reitstockbewegungen, Spanndruckveränderungen und sonstige konzeptionell bedingte Zusatzbewegungen sein.

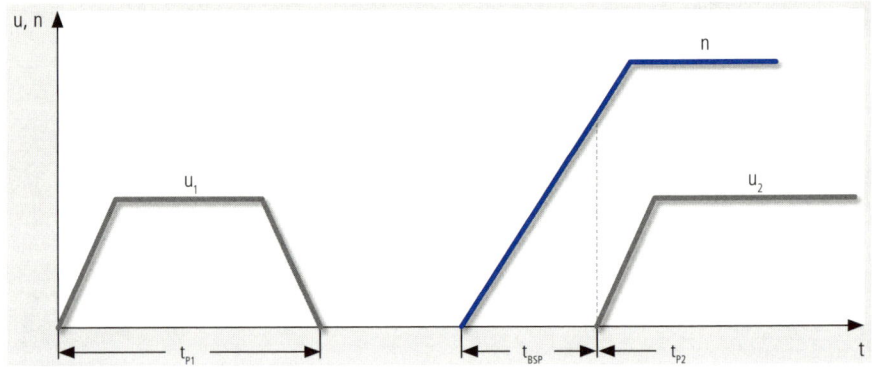

Abbildung III-320   Abhängigkeit von Positioniergeschwindigkeit und Programmlaufzeit (VDI 2852, Blatt 3)

Legende: Randbedingungen zur Ermittlung von t_P, t_{BSp} und t_W:

t_P Positionierzeit
t_{BSp} Spindelbeschleunigungszeit
t_W Wartezeit im Programmablauf
t Programmlaufzeit
n Spindeldrehzahl
u Positioniergeschwindigkeit

6.4.3 Fertigungskosten bei mechanischer Bearbeitung

Abbildung III-321 zeigt am Beispiel die Abhängigkeit der *Herstellkosten* je Stück von der Auswahl eines bestimmten Ausgangsmaterials in Abhängigkeit der zu produzierenden Stückzahlen.

Alternativen beim Fertigungsverfahren

Wenn zwischen alternativen Fertigungsverfahren zu wählen ist, dann bestimmt man nach Wirtschaftlichkeitserwägungen die Höhe der

- Vorbereitungskosten,
- Auftragswiederholungskosten,
- Einzelkosten,
- Folgekosten sowie die
- je Zeiteinheit zu fertigenden Stückzahlen.

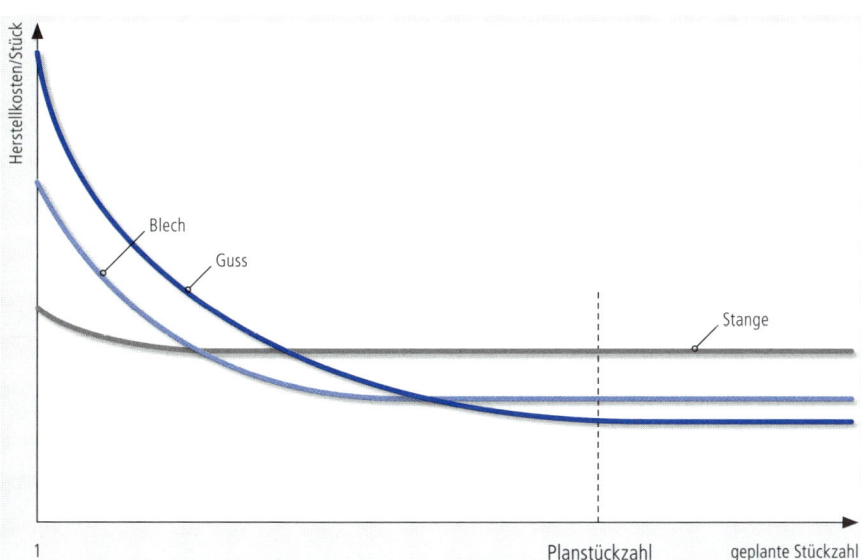

Abbildung III-321 Verlauf der Herstellkosten je Stück in Abhängigkeit des Ausgangsmaterials[458]

Bei der *spanenden Bearbeitung* hat die *Schnittgeschwindigkeit* einen maßgeblichen Einfluss auf die Fertigungskosten. Zwar steigen mit zunehmender Schnittgeschwindigkeit die Werkzeugkosten an – da die Standzeit des Werkzeugs abnimmt –, die maschinengebundenen Kosten vermindern sich jedoch. Die U-förmige Funktion weist für die Fertigungskosten bei der kostenoptimalen Schnittgeschwindigkeit ein Minimum aus (Abbildung III-322 links).

Schnittgeschwindigkeit

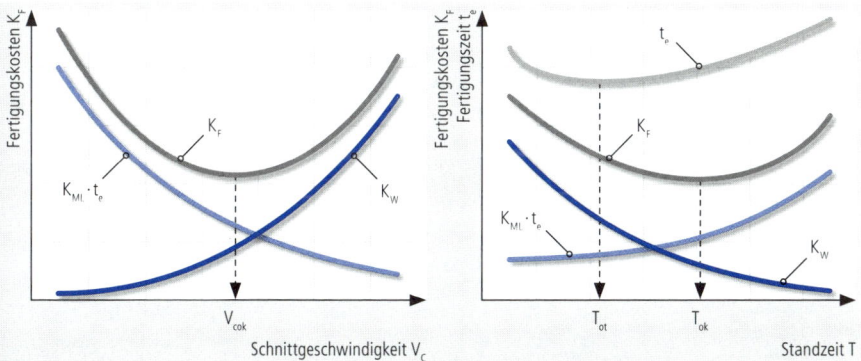

Abbildung III-322 Fertigungskosten je Werkstück in Abhängigkeit von der Schnittgeschwindigkeit und der Standzeit (VDI 3321, Bl. 1)

---

458 Vgl. Wiendahl, H.-P.: Betriebsorganisation für Ingenieure. München: Hanser, 2008, S. 207.

Vernachlässigt man die Kosten für Rüst- und Nebenzeiten, dann ergeben sich die Fertigungskosten K_F zu[459]

$$K_F = K_{ML} \cdot t_h + \frac{t_h}{T}\left(K_{ML} \cdot t_w + K_{WT}\right)$$

mit:

K_{ML} Maschinen- und Lohnkostensatz

K_{WT} Werkzeugkosten je Standzeit

T Standzeit

t_w Werkzeugwechselzeit

t_h Hauptzeit

Die *Hauptzeit* t_h errechnet sich unterschiedlich für die einzelnen spanabhebenden Fertigungsverfahren, z. B. für das Drehen zu

$$t_h = \frac{d_w \times \pi \cdot l_f}{f \cdot v_c}$$

mit:

d_W Werkstückdurchmesser

l_f Vorschubweg

f Vorschub

v_c Schnittgeschwindigkeit

Die *kostenoptimale Standzeit* T_{ok} erhält man durch Ableitung der *Kostenfunktion* K_F

$$T_{ok} = -(k+1) \cdot \left(t_w + \frac{K_{WT}}{K_{ML}}\right)$$

Die *zeitoptimale Standzeit* T_{ot} berechnet sich zu

$$T_{ot} = -(k+1) \cdot t_w$$

mit:

k Stoffkonstante, gibt die Steigung der Standzeitgeraden an.

---

459   Fritz, H.; Schulze, G. (Hrsg.): Fertigungstechnik. Düsseldorf: VDI-Verlag, 1990.

Ein Beispiel verdeutlicht die Berechnung der beiden Standzeit-Alternativen: Beispiel

- Maschinen- und Lohnkostensatz $\quad K_{ML} = 100$ Geldeinheiten/h
- Werkzeugkosten je Standzeit $\quad K_{WT} = 500$ Geldeinheiten/h
- Werkzeugwechselzeit $\quad t_w = 0,1$ h
- Werkzeug 1 (k = −8): $\quad T_{ok} = 35,7$ h, $T_{ot} = 0,7$ h
- Werkzeug 2 (k = −1,5): $\quad T_{ok} = 2,55$ h, $T_{ot} = 0,05$ h

Bei der kostenoptimalen Standzeit macht sich – außer der Werkstoffpaarung, der Schnittgeschwindigkeit und der Robustheit des Werkzeugs – das Verhältnis von Maschine-, Lohn- und Werkzeugkosten stark bemerkbar. Bei der zeitoptimalen Standzeit spielt nur die Stoffkonstante k und die Werkzeugwechselzeit eine Rolle.

Aus Abbildung III-322 (rechtes Bild) ist ersichtlich, dass zeitoptimale Standzeit T_{ot} und kostenoptimale Standzeit T_{ok} auseinanderklaffen. Strebt man möglichst niedrige Zeiten je Einheit t_e an, dann ist nach der zeitoptimalen Standzeit zu berechnen, möchte man dagegen die Fertigungskosten minimieren, dann ist ein Bearbeitungsvorgang nach der kostenoptimalen Standzeit auszulegen.[460]

Eine vereinfachte Darstellung und Berechnung der *Grenzstückzahl* im Vergleich zweier alternativer Grenzstückzahl
Bearbeitungsverfahren zeigt Abbildung III-323.

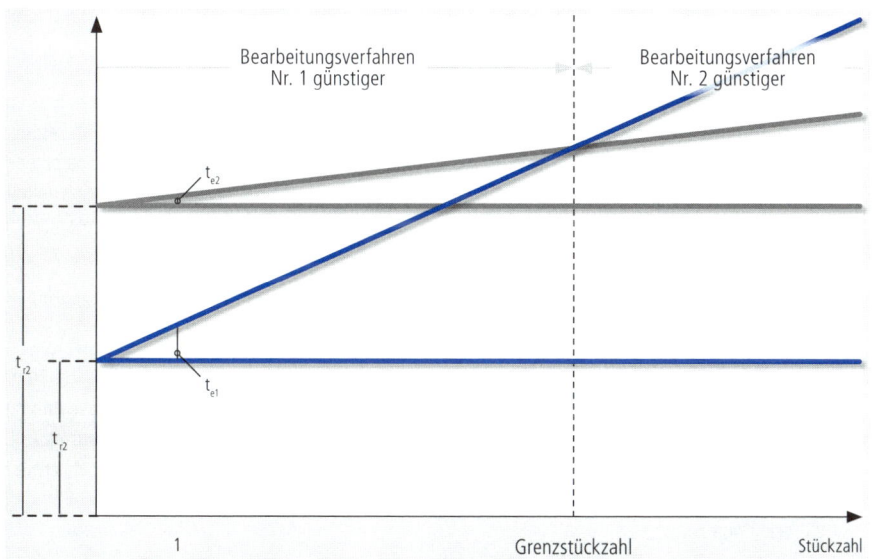

Abbildung III-323 Ermittlung der Grenzstückzahl beim Vergleich zweier Bearbeitungsverfahren[461]

Dabei ermittelt man bei einer Zeitbetrachtung die

$$\text{Grenzstückzahl} = \frac{\text{Differenz der Rüstzeiten}}{\text{Differenz der Stückzeiten}}$$

---

460 Die Standzeitgleichungen gelten nur für ein Werkzeug; ferner ist der Gültigkeitsbereich zwischen v_{cmin} und v_{cmax} zu beachten.
461 Wiendahl, H.-P.: Betriebsorganisation für Ingenieure. München: Hanser, 2008.

oder bei einer Kostenbetrachtung

$$\text{Grenzstückzahl} = \frac{\text{Differenz der Fixkosten}}{\text{Differenz der variablen Kosten}}$$

Auf allgemeine Aspekte bei der Berechnung der Grenzstückzahl wurde in Abschnitt 3.2 (Kalkulation) und Teil II, Abschnitt 9.7 (Entscheidungskalküle) eingegangen.

6.4.4 Mehrstellenarbeit in der Teilefertigung

Übergang auf Mehrmaschinenbedienung

Ergänzt man die allgemeine Besprechung der *Mehrstellenarbeit* in Abschnitt 6.2.4 um die Besonderheiten der Teilefertigung, dann ist bei einem niedrigen Quotienten ψ

$$\psi = \frac{\text{Summe aller Bedien- und Wegezeiten}}{\text{automatische Maschinenlaufzeit}}$$

der Übergang zu einer höheren Stellenzahl sinnvoll. Beim *Übergang auf Mehrmaschinenbedienung* können – aber nicht müssen – Arbeitserweiterungs- und Arbeitsbereicherungseffekte entstehen. Arbeitserweiterungseffekte werden bei Werkzeugmaschinen der gleichen Technisierungsstufe, Arbeitsbereicherungseffekte bei Werkzeugmaschinen unterschiedlicher Technisierungsstufe erzielt.

Die Mehrmaschinenbedienung in der Teilefertigung erfolgt überwiegend stochastisch und weniger deterministisch (vgl. Teil II, Abschnitt 4.4.3), da im Regelfall der Bedieneingriff zeitlich zufällig auftritt. Eine Maximierung der »aktiven« Bedienzeit und Minimierung der »passiven« Beobachtungszeit ist nicht unbedingt sinnvoll, da dann zeitliche Reserven für den unmittelbar notwendigen Bedieneingriff gegebenenfalls fehlen und zudem auch Erholungszeiten zum Ausgleich der psychischen Beanspruchung entfallen würden.

Mehrstellenarbeit kann also dazu dienen, einen Bediener an Maschinen mit hohen Prozesszeiten (und damit einem hohen Anteil an ablaufbedingten Wartezeiten) besser auszulasten.

Beispiel

Abbildung III-324 zeigt als Beispiel die Interaktion zwischen Haupt- und Nebentätigkeit an einer CNC-Fräse und einer Ständerbohrmaschine. Während der Hauptnutzungszeit der CNC-Fräse entgratet der Mitarbeiter Messfedern an der unmittelbar neben der Fräse stehenden Ständerbohrmaschine. Dabei gilt es jedoch sorgfältig abzuwägen zwischen zusätzlicher wertschöpfender Arbeit an der Ständerbohrmaschine und der damit verbundenen Aufmerksamkeitsablenkung und den eventuell zusätzlichen Wegezeiten.

Planungsfaktoren

Wichtige Planungsfaktoren sind:[462]

1. Allgemeine Bearbeitungsreihenfolge: erst grob, dann fein bearbeiten,
2. Lage und Form der zu bearbeitenden Oberflächen,
3. geforderte Maß- und Formgenauigkeit,
4. geforderte Oberflächenqualität,
5. eventuell vorausgegangene Wärmebehandlung ist zu berücksichtigen,
6. ggf. Vorbedingungen für die Feinbearbeitung (z. B. erst Honen nach Schlichtbearbeitung),
7. Spannflächen müssen vorhanden sein oder zuerst geschaffen werden,
8. Bezugsflächen möglichst in einer Aufspannung fertigen.

---

462 Matt, D.: Fertigungstechnik, Teil II. Universität Bozen, 2001.

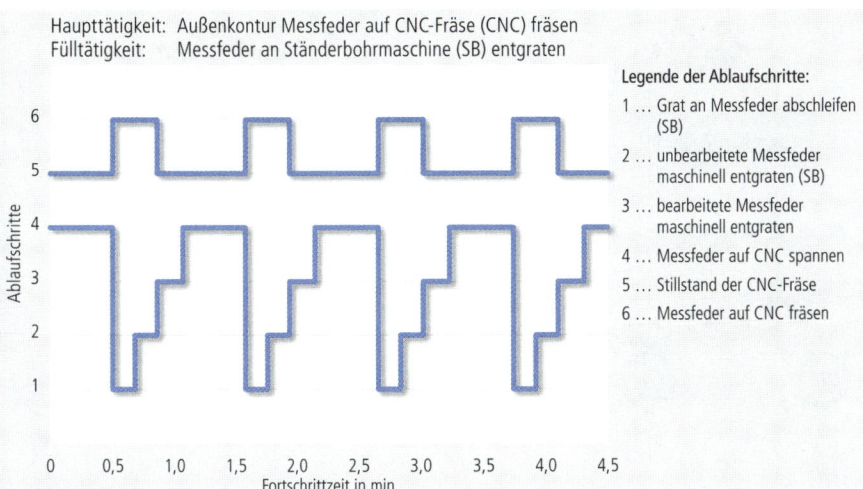

Haupttätigkeit: Außenkontur Messfeder auf CNC-Fräse (CNC) fräsen
Fülltätigkeit: Messfeder an Ständerbohrmaschine (SB) entgraten

Legende der Ablaufschritte:
1 ... Grat an Messfeder abschleifen (SB)
2 ... unbearbeitete Messfeder maschinell entgraten (SB)
3 ... bearbeitete Messfeder maschinell entgraten
4 ... Messfeder auf CNC spannen
5 ... Stillstand der CNC-Fräse
6 ... Messfeder auf CNC fräsen

Abbildung III-324 Interaktion zwischen Haupt- und Nebentätigkeit an einer CNC-Fräse und einer Ständerbohrmaschine

6.4.5 Flexible Fertigungssysteme

Nicht nur bei Fertigungssystemen, sondern auch bei Montage- und Prüfprozessen unterscheidet man nach dem jeweils zutreffenden Materialfluss folgende Strukturtypen (Abbildung III-325): *Strukturtypen*

- *Punktstruktur*:
  Ein Rohling wird über den Wareneingang an eine Produktionsstelle Pi angeliefert, dort bearbeitet/montiert und/oder geprüft und verlässt danach über den Warenausgang den Betrieb.

- *Linienstruktur*:
  Ein Rohling wird über den Wareneingang an eine Produktionsstelle Pi angeliefert, dort bearbeitet/montiert und/oder geprüft und danach an die Produktionsstelle Pi+1 weitergeleitet.

- *Netzstruktur*:
  Verschiedene Produktionsstellen führen Bearbeitungs-, Montage- und Prüfprozesse durch. Je nach Produkttyp bzw. Produktfamilie sind unterschiedliche Produktionsstellen beteiligt.

Die Verkettung mehrerer Bearbeitungsmaschinen zur Optimierung von Bearbeitungszeiten, Materi- *Flexibilität* al- und Informationsfluss bezeichnet man als *flexibles Fertigungssystem*. Solche Fertigungssysteme zielen darauf hin, auch kleine und mittlere Losgrößen bei steigender Variantenvielfalt wirtschaftlich zu bearbeiten. Flexible Fertigungssysteme zielen auf eine höhere Produktivität (als z. B. bei Universalmaschinen) bei gleichzeitig gewährter Flexibilität. Unter Flexibilität versteht man die Fähigkeit eines Produktionssystems, innerhalb einer bestimmten Zeitspanne für verschiedenartige Fertigungsaufgaben einsetzbar zu sein. Die Flexibilität kann dabei sowohl das Produkt als auch die zu fertigenden Mengen oder den Material- und Informationsfluss betreffen.

Man unterscheidet flexible *Fertigungszellen* (einstufige Produktionsanlage mit nur einem Bearbeitungssystem), flexible Fertigungssysteme (mehrstufige Anlage mit mehreren *Bearbeitungssystemen* und automatisiertem Materialfluss) und flexible Fertigungsstraße (mehrstufige Anlage nach dem Linienprinzip). Werden mehrere Bearbeitungsstationen fest miteinander verkettet, dann spricht man auch von flexiblen Transferstraßen.

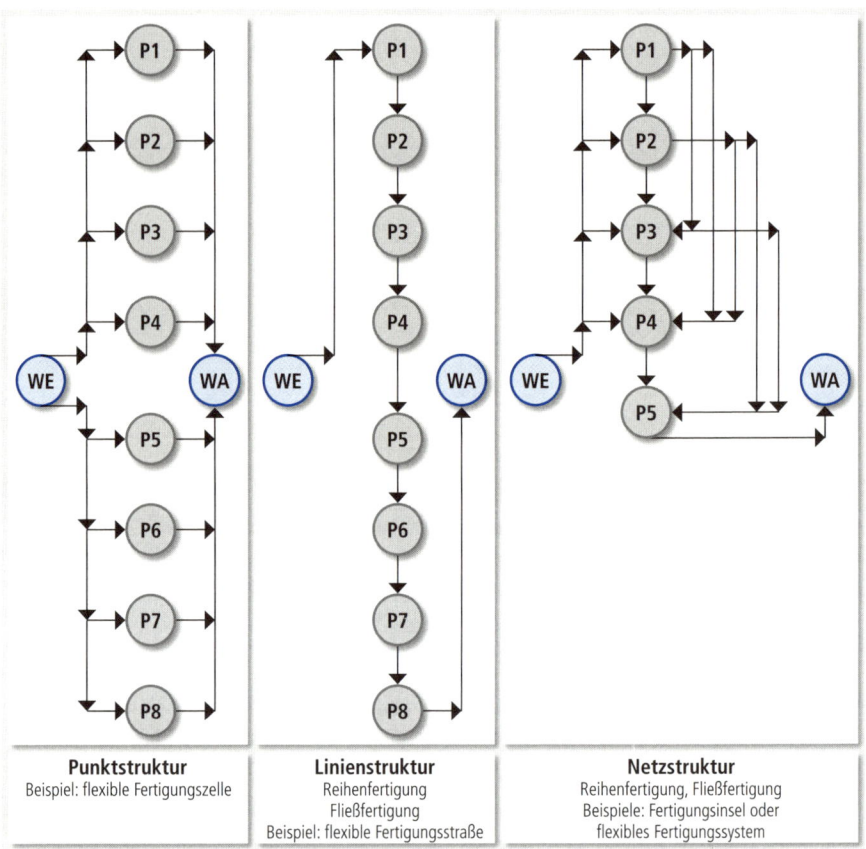

Abbildung III-325   Materialfluss und Fertigungsstruktur

In *Fertigungsinseln* wird eine Komplettbearbeitung von Teilen oder Baugruppen vorgenommen. Fertigungsinseln sind räumlich und organisatorisch konzentriert. Oft bietet es sich an, in Fertigungsinseln teilautonome Gruppenarbeit zu realisieren.

Artteilung oder Mengenteilung

Die einzelnen Bearbeitungsmaschinen können auf Artteilung oder Mengenteilung ausgelegt sein (siehe dazu Abschnitt 6.5.3), durch eine verstärkte Funktionsintegration[463] besteht jedoch eine Tendenz zur Mengenteilung.

Zu einem flexiblen Fertigungssystem gehören in der Regel (vgl. Abbildung III-326)

- *Be- und Entladestationen,*
- *Palettentransportfahrzeuge,*
- *Palettenübergabestationen,*
- *Werkzeugspeicher,*
- *Werkzeugwechselsysteme,*
- eigentliche (CNC-)Bearbeitungszentren,

---

463   Unter Funktionsintegration versteht man hier das Zusammenlegen vormals getrennter Bearbeitungsaufgaben mit dem Ziel, Artteilungen in Mengenteilungen umzuwandeln (vgl. Kapitel 2).

- ggf. Umlaufbänder,
- Hilfsstoffver- und Entsorgung,
- DV-Kapazitäten

sowie weitere Einheiten, je nach Anwendungszweck.

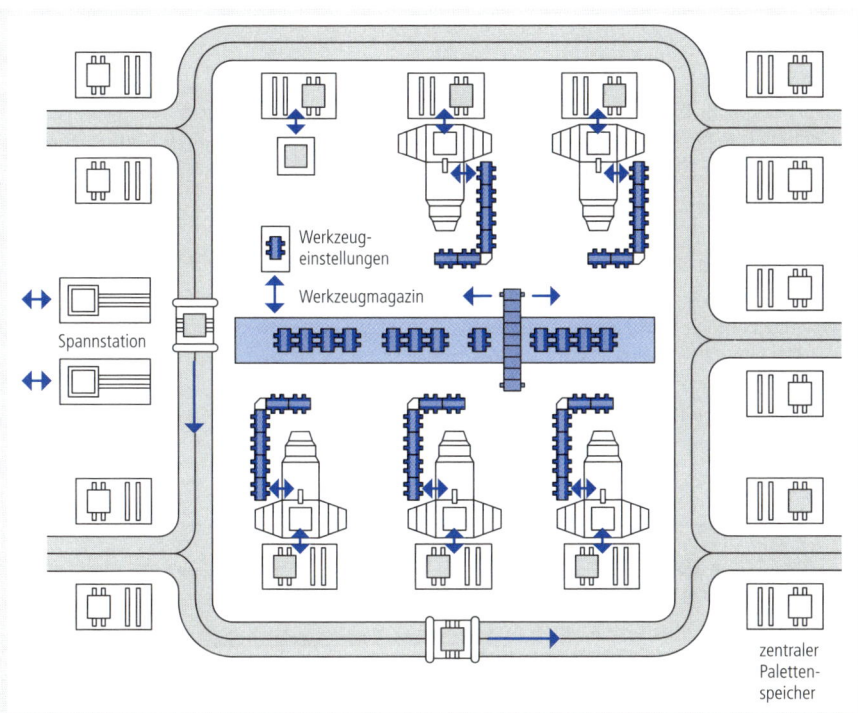

Abbildung III-326   Beispiel eines flexiblen Fertigungssystems mit Werkzeugwechselsystem[464]

Die wesentlichen *Prozessfunktionen*: Bearbeiten, Transportieren, Zwischenlagern, Speichern und Übergeben, Kontrollieren und Prüfen sind prozessbezogen integriert. Über die Bearbeitungsreihenfolge kann weitgehend frei entschieden werden. Je nach den eingesetzten Werkzeugen kann das flexible Fertigungssystem ganz unterschiedliche Bearbeitungsaufgaben übernehmen. Oft stellen die Werkzeugwechselsysteme den Kapazitätsengpass des flexiblen Fertigungssystems dar. Deshalb spielen zentrale *Palettenspeicher* und *Spannstationen* eine große Rolle.

Prozessfunktionen

Wenn flexible Fertigungssysteme in traditionelle Fertigungsorganisationen, z.B. in eine Werkstattfertigung, eingeführt werden, können sie nur einen Teil ihres Produktivitätsvorteils umsetzen: Es kommt zwar zur direkten Übertragung von Konstruktionsdaten in das Bearbeitungszentrum und zu einer verstärkten Automatisierung, die oben erwähnten Nachteile der Werkstattfertigung bleiben jedoch erhalten.

Die ökonomische Vorteilhaftigkeit von flexiblen Fertigungssystemen ist vor allem für kleine, einfach strukturierte Einheiten und für sehr große Fertigungssysteme mit 15 bis 30 Einheiten nachgewiesen.[465]

Die *Werkstückspeichereinrichtungen* und ein automatisiertes Werkstücktransportsystem erlauben längere Produktionszeiten ohne unmittelbare Überwachung.

---

464 Vgl. Tempelmeier, H.; Kuhn, H.: Flexible Fertigungssysteme. Berlin: Springer, 1993, S. 4.
465 Tempelmeier, H.; Kuhn, H.: Flexible Fertigungssysteme. Berlin: Springer, 1993.

Die Arbeitsaufgaben und die sich daraus ergebenden Anforderungen haben sich aus dem Spektrum der CNC-Fräser (Zerspanungsmechaniker) entwickelt. Eine arbeitsteilige Organisation würde z. B. zu den Tätigkeiten

- Werkstückspanner/Palettierer,
- Vorrichtungsumrüster,
- Einrichter,
- Qualitätsprüfer

führen. Oft kommt es jedoch zur Integration verschiedenartiger Teiltätigkeiten und einer zeitlichen und räumlichen Entkoppelung der Bediener von den einzelnen Aggregaten, die Arbeitsbereicherungseffekte haben können.

6.4.6 Flächenberechnung für Maschinenarbeitsplätze

In der Teilefertigung berechnet man die notwendige Fläche eines *Maschinenarbeitsplatzes* entsprechend Abbildung III-327 zu

$$F_{MA} = B_{MA} \cdot T_{MA} = \left(B_M + 0,8\right) \cdot \left(T_M + 1,4\right)\left[m^2\right]$$

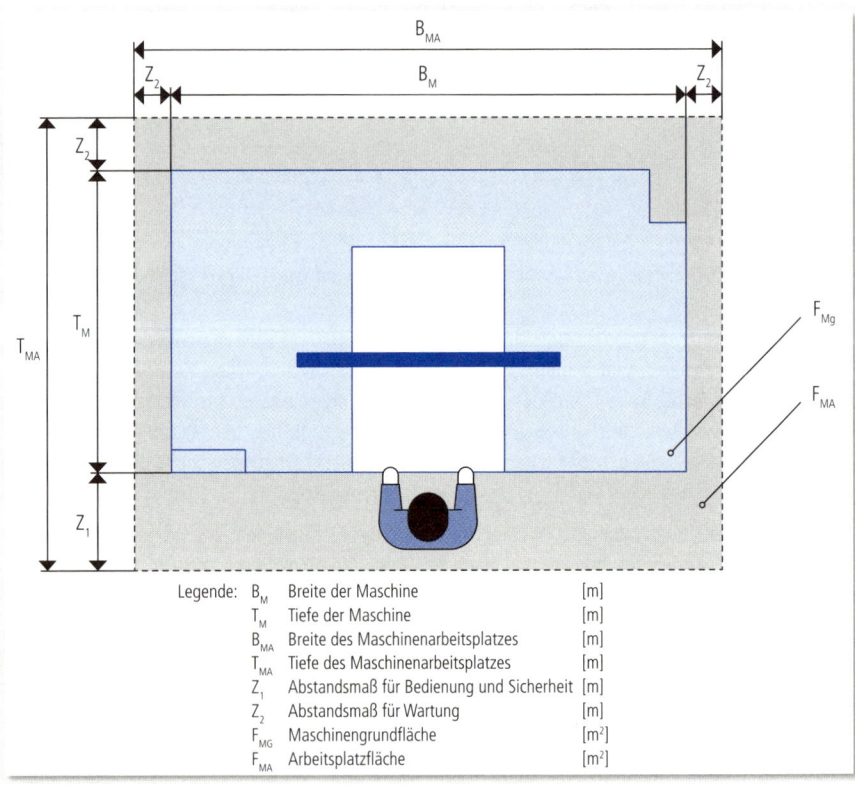

Legende:

B_M	Breite der Maschine	[m]
T_M	Tiefe der Maschine	[m]
B_{MA}	Breite des Maschinenarbeitsplatzes	[m]
T_{MA}	Tiefe des Maschinenarbeitsplatzes	[m]
Z_1	Abstandsmaß für Bedienung und Sicherheit	[m]
Z_2	Abstandsmaß für Wartung	[m]
F_{MG}	Maschinengrundfläche	[m²]
F_{MA}	Arbeitsplatzfläche	[m²]

Abbildung III-327 Flächenberechnung Maschinenarbeitsplatz[466]

466 Grundig, C.-G.: Fabrikplanung. München: Hanser, 2009.

Dabei sind berücksichtigt:

Z_1 = Zuschläge für Bedienung und Sicherheit = 0,7 m + 0,3 m = 1 m,

Z_2 = Zuschlag für Wartung = 0,4 m.

Die *Fertigungsfläche* für alle Maschinenarbeitsplätze ermittelt man zu

$$F_F = \sum_1^n F_{MA} \left[m^2 \right]$$

Die *Werkstattfläche* F ergibt sich zu

$$F = \sum F_{MA} + F_{ZL} + F_T + F_Z$$

mit den Erfahrungswerten:

F_{ZL} = Zwischenlagerfläche = 40 % von F_F

F_T = Transportfläche = 40 % von F_F

F_Z = Zusatzfläche = 20 % von F_F

Die Werkstattfläche entspricht also etwa der doppelten Fertigungsfläche. Den Flächennutzungsgrad ermittelt man folgendermaßen:

$$\text{Flächennutzungsgrad} = \frac{\text{Werkstattfläche}}{\text{Gesamtfläche}}$$

6.5 Montagesysteme

6.5.1 Begriffe

Unter *Montage* versteht man den Zusammenbau von Einzelteilen und/oder Baugruppen zu Erzeugnissen oder zu Baugruppen höherer Erzeugnisebene.[467] Einzelteile sind Gegenstände, die nicht zerlegbar sind, Baugruppen sind in sich geschlossene, aus zwei oder mehr Teilen oder Baugruppen niedrigerer Ordnung bestehende Gegenstände. Der Zusammenbau von Erzeugnissen wird in *Montage(arbeits)systemen* durchgeführt. Diese sind mit den übrigen Bestandteilen einer Produktion, z. B. der Teilefertigung oder der Materialbereitstellung, vernetzt.

Die *Montageplanung* schafft die Voraussetzungen für die möglichst rationale Durchführung der Montageprozesse, die *Montagesteuerung* stellt die kurzfristige Umsetzung der Planungsergebnisse mit den Mitteln der Disposition und Koordination sicher. Die Montageablaufstruktur (oder Montageprozessstruktur) veranschaulicht die logische und zeitliche Reihenfolge von Teilverrichtungen.

Zur Montage gehören die Teilfunktionen Fügen[468], Handhaben, Kontrollieren, Justieren und Sonderoperationen (Abbildung III-328).

Montage

467 VDI-Richtlinie 2815: Begriffe für die Produktionsplanung und -steuerung; Betriebsmittel, VDI-Verlag: Düsseldorf, 1978.
468 Auf das Fügen wurde in Bezug auf eine fügegerechte Konstruktion bereits im Abschnitt 2.4 eingegangen.

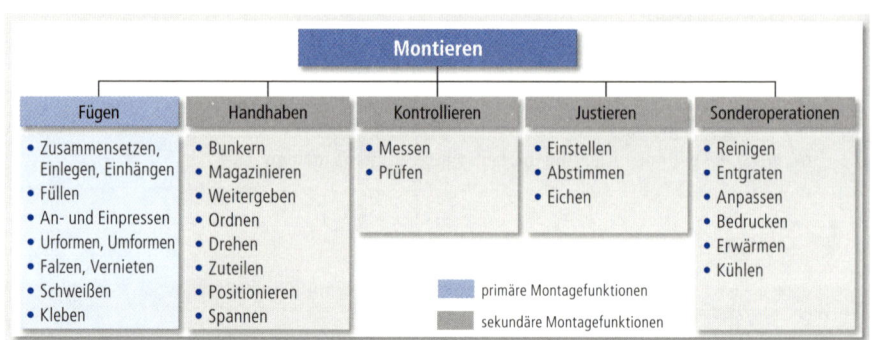

Abbildung III-328   Primäre und sekundäre Teilfunktionen des Montierens[469]

Stückweise Montage, verrichtungsweise Montage

Grundsätzlich unterscheidet man zwischen der *stückweisen Montage* und der *verrichtungsweisen Montage*.

In der Einzel- und Kleinserienfertigung wird oft in einem Arbeitssystem eine *Baugruppe* oder auch das Fertigprodukt komplett montiert, ehe mit der Montage des nächsten Produkts begonnen wird, es wird also Stück für Stück fertiggestellt (deshalb *stückweise Montage*). Der Arbeitsplatz ist stationär, die Arbeitsperson bewegt sich nur am Arbeitsplatz. Diese Universalarbeitsplätze sind sehr flexibel und gut anpassbar an veränderte Arbeitsabläufe und/oder -produkte.

Bei der *verrichtungsweisen Montage* beziehen sich alle Arbeitsvorgänge auf eine bestimmte Auflage, die kleiner oder gleich der Losgröße ist. Ein Montagedurchgang beinhaltet an allen Teilen der Auflage die gleichen Verrichtungen. Wenn diese durchgeführt wurden, schließt sich der nächste Montagevorgang wiederum an allen aufgelegten Teilen an. Diese Vorgehensweise ist typisch für Produkte mit 10 bis 100 Einzelteilen und Abmessungen bis maximal 15 cm × 15 cm × 15 cm.

Vormontage und Endmontage

Weiterhin kann man nach der *Vormontage* und der *Endmontage* gliedern. Bei der Vormontage werden Baugruppen hergestellt, oft an spezialisierten Arbeitsstationen. Die Endmontage stellt das komplette Produkt her, das entweder direkt an den Endkunden geliefert wird oder aber – im Falle eines Zulieferers – der Weiterverarbeitung in einem anderen Unternehmen zugeführt wird.

Manuelle Montage, automatisierte Montage, hybride Montage

Nach dem Technisierungsgrad trennt man auf in *manuelle Montage*, *automatisierte Montage* und *hybride Montage*. Bei der *manuellen Montage* kann man häufig von technisch und logistisch einfachen Arbeitsstationen ausgehen. Oft wird an Einzelarbeitsplätzen ohne stationäre *Verkettungseinrichtungen* mit einfachen Montagehilfsmitteln gearbeitet. Bei der automatisierten Montage werden die Teile maschinell gefügt. Das kann in Form von *Montagemaschinen* oder aber mit frei *programmierbaren Robotern* geschehen. Montageautomaten stellen im Regelfall leicht montierbare Baugruppen her, haben aber eine hohe und weitgehend konstante Ausbringung. In jedem Falle bedarf es anspruchsvoller Verkettungseinrichtungen, um einen geordneten Materialfluss sicherzustellen. Bei der *hybriden oder teilautomatisierten Montage* werden manuelle Arbeitsstationen mit Montageautomaten oder Robotern kombiniert. Auch hier muss der Materialfluss durch Verkettungseinrichtungen in definierter Form abgewickelt werden. Hybride Montagesysteme haben eine höhere Flexibilität bezüglich Ausbringung und Variantenvielfalt als automatisierte Systeme. Automatisierte und hybride Systeme sind mit höheren Investitionskosten verbunden als manuelle Montagesysteme.

---

469   Lotter, B.; Wiendahl, H.-P.: Montage in der industriellen Produktion. Berlin: Springer, 2006.

Die Montagestruktur kann als Punktmontage, Werkstattmontage, Gruppenmontage oder Linienmontage umgesetzt werden. Bei der *Punktmontage* steht der Einzelarbeitsplatz im Mittelpunkt. Sie wird für *Einzelfertigung* und *Kleinserien* eingesetzt. Der *Materialfluss* ist ungerichtet und wird mit manuellen Fördermitteln oder Staplern durchgeführt. Die verrichtungsweise Montage wird häufig als Einzelplatz-Montage durchgeführt.

Punktmontage, Werkstattmontage, Gruppenmontage oder Linienmontage

Die *Werkstattmontage* ist die älteste Organisationsstruktur und heute fast nur noch im Handwerk zu finden.

Die *Gruppenmontage* weist oft einen hohen Technisierungsgrad auf und beinhaltet Handarbeitsplätze und u. U. Montageautomaten, die meistens mit stationären Fördermitteln verkettet sind. Sie unterstützt Arbeitsbereicherungs- und Arbeitserweiterungseffekte. Oft verwendet man hierfür auch den Begriff *Montageinsel*. Die Gruppenmontage ist typisch für die *Mittelserie*.

Die *Linienmontage* wird bei der *Großserie* und der *Massenfertigung* eingesetzt. Der Materialfluss ist gerichtet und wird hauptsächlich mit stationären Fördermitteln, auch in Form von Transferstraßen, hergestellt. Es kommen Montageautomaten, Handarbeitsplätze und gegebenenfalls Roboter zum Einsatz. Die Begriffe Linienmontage und *Fließmontage* werden häufig synonym verwendet. Charakteristisch ist, dass in der Regel das Arbeitsobjekt bewegt wird (meistens über Werkstückträger, vgl. Abschnitt 6.5.7) und der Mitarbeiter stationär innerhalb eines Bandabschnittes bleibt. Das Arbeitsobjekt kann manuell, mechanisch ungeordnet und mechanisch geordnet gefördert werden. Im ersten Fall kann mit *Puffern* auf die Schwankungen der Leistungsbereitschaft der Mitarbeiter im Sinne einer »atmenden« Montage stärker Rücksicht genommen werden als bei einer mechanischen Förderung. Die Fördermittel können Verzweigungen, Parallelplätze und Zusammenführungen enthalten. Eine *Austaktung* nach der Arbeitsstation mit der längsten Ausführungszeit ist unabdingbar (vgl. Teil II, Abschnitt 4.4.4). Um die Auslastungsverluste zu minimieren wird ein Taktausgleich vorgenommen. Die Arbeitsinhalte der Mitarbeiter sind bei der Fließmontage oft nur gering.

Eine Besonderheit der Fließmontage nimmt das *One-Piece-Flow-Prinzip* ein. Hierbei sind Organisationsformen möglich, bei denen die Mitarbeiter mit dem Werkstück im Montagefluss mitgehen. Arbeitspersonen verbleiben also nicht an einem örtlich bestimmten Arbeitsplatz, sondern bewegen sich innerhalb einer Montageinsel (Abbildung III-335). Im Idealfall sind damit Arbeitserweiterungs- oder Arbeitsbereicherungseffekte gekoppelt (siehe auch Abschnitt 6.3).

One-Piece-Flow-Prinzip

Sonderfälle sind die Baustellenmontage und die Demontage, auf die hier jedoch nicht eingegangen wird.

Die Darstellung in diesem Kapitel konzentriert sich auf die Grobplanung, Feinplanung und Ausführungsplanung des Montagesystems (Abbildung III-329).[470]

Mit Hilfe der *Primär-Sekundär-Analyse* kann der »wirtschaftliche Wirkungsgrad« der Montage berechnet und so Optimierungsmöglichkeiten deutlich gemacht werden.[471] Zu den Primärvorgängen gehören alle Verrichtungen, die unmittelbar der Wertschöpfung (vgl. Teil I, Abschnitt 2.5.2) dienen, z. B. das Fügen. Sekundärvorgänge sind zwar ebenso für die Herstellung des Teils, der Baugruppe oder Erzeugnisses notwendig, sie sind jedoch nicht mit einer Wertschöpfung verbunden, z. B. Körper-

Primär-Sekundär-Analyse

---

470 Die Fabrikplanung läuft in den Phasen Zielplanung – Vorplanung – Grobplanung – Feinplanung – Ausführungsplanung – Ausführung ab. Im IE stehen naturgemäß nur die erstgenannten Phasen im Vordergrund.
471 Lotter, B.: Wirtschaftliche Montage, 2. Auflage. Düsseldorf: VDI-Verlag, 1992.

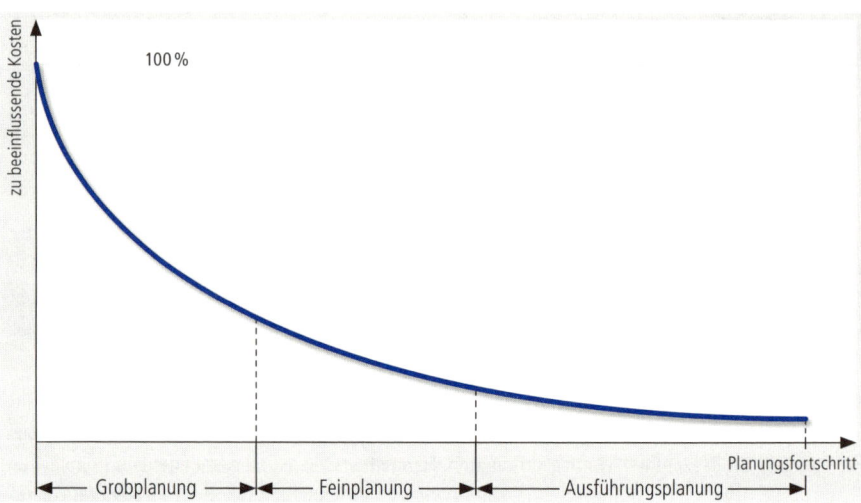

Abbildung III-329   Planungsfortschritt und zu beeinflussende Kosten

bewegungen ohne Werkstück-Handhabung. Der »wirtschaftliche Wirkungsgrad« W_M ist die Summe der Zeitdauern aller Primärvorgänge im Verhältnis zur Summe der Zeitdauern aller Primär- und Sekundärvorgänge.

$$W_M = \frac{\sum PV}{\sum PV + \sum SV} \cdot 100 \ \%$$

Zwar gestattet dieser Wirkungsgrad eine nachvollziehbare Aussage zur Effizienz eines Montagesystems, die Klassifikation von Primär- und Sekundärvorgängen ist jedoch keineswegs unumstritten. Sie ist menschbezogen und bewegungszentriert, Prozesszeiten (die durchaus wertschöpfend sind), bei denen der Mensch aber ablaufbedingte Wartezeiten hat, gelten nicht als Primärvorgänge. Weiter ordnet Lotter[472] bei kleinteiliger Montage alle Füge- und fügevorbereitenden Verrichtungen unterhalb einer bestimmten Bewegungslänge den Primärvorgängen zu. Fügevorbereitende Verrichtungen oberhalb dieser Bewegungslänge sind dagegen Sekundärvorgänge. Bei der Großgerätemontage gehören alle fügevorbereitenden Verrichtungen zu den Primärvorgängen. Andere Autoren weichen von dieser Vorgehensweise ab. In TiCon® ist deshalb eine betriebsabhängige Lösung vorgesehen, die Konflikte bei der Primär-/Sekundär-Einstufung vermeiden hilft (vgl. Teil II, Abschnitt 7.6.2 und Teil IV, Kapitel 5).

Die folgende Abbildung III-330 hilft, wesentliche nicht wertschöpfende Tätigkeiten zu identifizieren.

---

472 Lotter, B. et al.: a.a.O., 2006.

nicht wertschöpfende Tätigkeit	mögliche Einflussgrößen			
Handhaben von Schutzmitteln/Einsätzen	Art des Schutzmittels	Hauptabmessungen (Schutzmittel)	Entfernung beim Handhaben von Arbeitsmitteln	
Öffnen von Transportverpackungen	Bauform	Hauptabmessungen (Transportverpackung)	Entfernung beim Handhaben von Arbeitsmitteln	
Transport am Arbeitsplatz	Transportentfernung	Hauptabmessungen (Produkt)	Produktgewicht	Bereitstellhöhe
Montageobjekttransport zwischen Arbeitssystemen	Transportentfernung	Fördermittel	Förderhilfsmittel	
Kontrollieren mit Prüfmitteln	Prüfart	Prüfmittel	Prüfumfang	Entfernung beim Handhaben von Arbeitsmitteln
Prüfen der Identität	Infomationsaufnahme Bauteilseite	Form der Identitätsprüfung	Entfernung beim Handhaben von Arbeitsmitteln	
Reinigen	Reinigungsverfahren	zu reinigende Fläche	Grad der Verschmutzung	Entfernung beim Handhaben von Arbeitsmitteln
Justieren	Art der Justage	Entfernung beim Handhaben von Arbeitsmitteln		
Verwenden von Montagehilfen	Ausführung Schnittstelle Montagehilfe-Montageobjekt	Entfernung beim Handhaben von Arbeitsmitteln		
Rüsten von Betriebsmitteln	Anzahl Betriebsmittel	Umfang der Manipulation	Entfernung beim Handhaben von Arbeitsmitteln	
Anordnen von Material (beim Rüsten)	Anzahl Behälter	Art und Umfang des Anordnens		
Aufnehmen von Informationen (beim Rüsten)	Produktkomplexität	Detaillierungsgrad der Beschreibung	Entfernung beim Handhaben von Arbeitsmitteln	
Dokumentieren	Ort der Dokumentation	Informationsumfang	Art der Dokumentation	Entfernung beim Handhaben von Arbeitsmitteln

Abbildung III-330   Wesentliche nicht wertschöpfende Tätigkeiten und ihre möglichen Einflussgrößen[473]

6.5.2 Grobplanung

Mit der Grobplanung versucht man, sich Klarheit über die z. T. widersprüchlichen Ziele zu verschaffen, z. B.

- maximaler Ausstoß auf den Montagelinien,
- minimale Zahl an Arbeitsstationen,
- minimale Leerzeit an den Arbeitsstationen,
- möglichst hoher Bandwirkungsgrad,
- minimale Installationskosten,
- minimale betriebskostenmaximale Bandauslastung etc.

473 Picker, C.: Prospektive Zeitbestimmung für nichtwertschöpfende Montagetätigkeiten. Dissertation, Universität Dortmund, 2006, S. 90.

Die Grobplanung eines Montagesystems kann in acht Einzelschritte unterteilt werden:[474]

1. Zunächst wird die Soll-Menge pro Zeiteinheit aus den Stückzahlvorgaben und weiterer Auftragsdaten entwickelt. Sofern an einer Fertigungslinie montiert wird, muss hier die theoretische Taktzeit bestimmt werden (vgl. Teil II, Abschnitt 4.4.4).

$$\text{Taktzeit}_{theoretisch} = \frac{\text{Arbeitszeit} - \text{Arbeitszeit} \times \text{Belegungsgrad}}{\text{Stückzahl} \times \text{Verteilzeitfaktor}} \left[\frac{\text{min}}{\text{Stck}}\right]$$

2. Aus den Arbeitsplänen (vgl. Kapitel 3 und die Stücklisten) wird eine Montagestruktur entwickelt. Die Montagestruktur ist bis auf die Ebene der Teilverrichtungen und deren zeitliche Reihenfolge aufgelöst. Ergebnis ist ein Montageprozessgraph.
3. Aus den einzelnen Teilverrichtungen werden Montageabschnitte gebildet. Grundlage hierfür ist die Entscheidung für Artteilung, Mengenteilung, Baugruppen- und Variantenteilung.
   - *Artteilung*: kurze Anlernzeiten, hoher Übungsgrad, aber Monotonie und mögliche arbeitsbedingte Erkrankungen durch hoch repetitive Bewegungen beachten. Geringe Flexibilität bei Produktänderungen und Varianten.
   - *Mengenteilung*: größere Handlungsspielräume für die Mitarbeiter, geringere Umrüstkosten, aber höherer Aufwand für die Fertigungssteuerung.
   - *Baugruppen- und Variantenteilung*: werden in unterschiedlichen Montagesystemen gefertigt, geringere Umrüstkosten, größere Handlungsspielräume der Mitarbeiter möglich, aber höhere Investition.
4. Anhand der folgenden Kriterien werden Alternativ-Planungen für das Montagesystem entwickelt:[475]
   - Stückzahlen pro Zeiteinheit
   - Planungszeitraum bis SOP
   - Laufzeit des Erzeugnisses
   - Typen- und Variantenvielfalt
   - Arbeitsinhalt
   - Schwierigkeitsgrad
   - Erzeugnistransport

   Die Anbindung an den innerbetrieblichen Materialfluss kann entscheidend sein (vgl. Abschnitt 6.7). Anhaltspunkte für die Vorauswahl gibt Abschnitt 6.5.3.
5. Anhand der Bauteilabmessungen und der räumlichen Daten in der Montagehalle wird die für dieses Produkt notwendige Fläche ermittelt. Dabei unterscheidet man:[476]
   - Produktive Nutzfläche (z. B. Vormontage, Endmontage, Qualitätsprüfung)
   - Hilfsflächen (z. B. Teile An- und Ablieferung)
   - Verkehrsflächen
   - Sicherheitsflächen (z. B. geschützte Bereiche für Mitarbeiter)
   - Installationsflächen
   - Informationsflächen

   Vorausschauende Planung ist zwingend erforderlich, um eine spätere Unter- oder Überdimensionierung zu vermeiden.
6. Nach Arbeitsstrukturierungsaspekten (vgl. Abschnitt 6.3) bestimmt man den Personalbedarf (vgl. Teil IV, Kapitel 6).

---

474 Konold, P.; Reger, H.: Praxis der Montagetechnik. Wiesbaden: Vieweg, 2003, S. 39 ff.
475 Konold, P. et al.: a.a.O., 2003, S. 42 ff.
476 Konold, P. et al.: a.a.O., 2003, S. 58 ff.

$$\text{Anzahl Arbeitsstationen} = \frac{\sum n_i \cdot t_{e,i}}{\text{Netto-Arbeitszeit}}$$

7. Bewertung der Lösungsalternativen (vgl. Teil II, Abschnitt 9.7)
   - *Quantifizierbare Kriterien*: Investition für Anlagen, Vorrichtungen, Werkzeuge, Personalkosten, Service- und Reparaturkosten, Flächenbedarf, Umrüstverluste u. a.
   - *Nichtquantifizierbare Kriterien*: Flexibilität bezüglich Ausbringung und Varianten, Arbeitsstruktur (Humankriterien)
8. Projektkalkulation, Wirtschaftlichkeitsberechnung durchführen nach Montagekosten, Kapitalrückflussdauer u. a. (vgl. Teil I, Abschnitt 2.3 sowie Teil II, Abschnitt 9.7).

Die Grobplanung des Montagesystems muss bereits variantentauglich gemacht werden. Unterscheidet man z. B. in »Rennersysteme« und »Exotensysteme«, dann organisiert man die Montageprozesse des Rennersystems meist artteilig mit den Eigenschaften[477]

Variantentauglichkeit

- keine Stückzahlschwankungen,
- kein Umtakten,
- »beruhigtes«, gleichmäßiges Fahren der Linie,
- eher kleine Arbeitsumfänge mit schneller Einarbeitung, allerdings Gefahr der Monotonie und einseitiger Belastungen,
- Möglichkeiten zur Mechanisierung und Automatisierung werden genutzt,
- hohe Auslastung der technischen Einrichtungen, aber geringe Flexibilität.

Exotensysteme werden häufig in Mengenteilung organisiert mit

- hoher Flexibilität bei Stückzahlschwankungen,
- einfacher Abwicklung von Eilaufträgen,
- große Arbeitsumfänge,
- kaum Monotoniegefahr,
- niedriger Einarbeitungsgrad.

6.5.3 Kapazitätsplanung

Bei der *Kapazitätsplanung* geht es grundsätzlich um die qualitative und quantitative Kapazität der Betriebsmittel. Sie bezieht sich auf[478]

- den Ausstoß jeder Arbeitsstation und des gesamten Montagesystems,
- die richtige Anordnung und Wirkung von Puffern (für einzelne Arbeitsstationen und das gesamte Montagesystem),
- Verteilstrategien in Umlaufsystemen mit taktunabhängigen Stationen,
- Anzahl und Art von Parallelplätzen,
- notwendige Transportgeschwindigkeit von Werkstückträgern.

---

477 Schmauder, M.: Planung und Gestaltung von flexiblen Montagesystemen. Vorlesungsskript, TU Dresden, 2008.
478 Vgl. Konold, P.; Reger, H.: Praxis der Montagetechnik, 2. Auflage. Wiesbaden: Vieweg, 2003, S. 130.

Dabei wirken sich aus:

- Leistungsschwankungen und Qualifikationsunterschiede der Mitarbeiter,
- Störverhalten von Montagestationen und der Verkettungsmechanismen,
- Taktzeitschwankungen,
- Rüstzeitstreuungen,
- Losgrößen.

Kapazitätsfeld

Der Prozessgraph gibt die logische Reihenfolge der Montageoperationen wieder, enthält aber keine Mengenangaben. Deshalb ist die Bestimmung des *Kapazitätsfeldes* wichtig (Abbildung III-331).

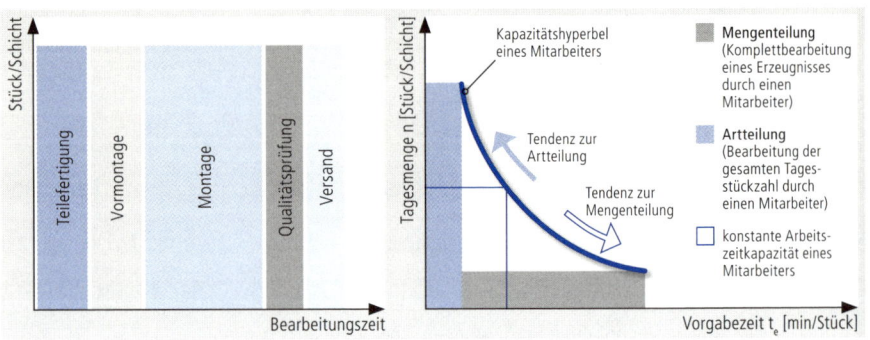

Abbildung III-331   Kapazitätsfeld und Kapazitätshyperbel

Die jeweilige Fläche im Kapazitätsfeld links in der Abbildung stellt die zeitliche Kapazität dar, die zur Herstellung eines Erzeugnisses in der benötigten Stückzahl gebraucht wird. Die Kapazitätshyperbel rechts weist im Rechteck ohne Füllung auf das Kapazitätsangebot eines Mitarbeiters hin. Er kann dieses Angebot dazu verwenden, um in Artteilung mit einem kleinen Arbeitsinhalt die gesamte Stückzahl zu bearbeiten (blaue Füllung) oder in Mengenteilung – also mit einem großen Arbeitsinhalt – das gesamte Produkt herzustellen (gelb markiert). Die Realität wird sich meistens zwischen diesen beiden Extremen bewegen. Dann kombiniert man einen »Dauerläufer«, der ohne große Stückzahlschwankungen in Artteilung läuft, mit einem »Exoten«, der in kleinen Stückzahlen in Mengenteilung produziert wird. Hierdurch kommt es zu einem wünschenswerten Belastungswechsel.

Kapazitätsabgleich

Der Kapazitätsabgleich zwischen Kapazitätsbedarf und Kapazitätsangebot führt man folgendermaßen durch:

$$C = n \cdot t_e / \eta$$

mit:

C = Kapazitätsbedarf pro Arbeitstag

n = Gesamte Stückzahl pro Arbeitstag

t_e = Zeit je Einheit

η = Systemnutzungsgrad

Der Systemnutzungsgrad η liegt üblicherweise zwischen 0,75 und 0,9 – abhängig u.a. vom Automatisierungsgrad.

Das *Kapazitätsangebot* C' bestimmt man zu:

$$C' = t_{MA} \cdot n_{MA} \cdot n_s$$

mit:

C' = Kapazitätsangebot pro Arbeitstag

t_{MA} = Verfügbare Arbeitszeit je Mitarbeiter und Arbeitstag

n_{MA} = Anzahl Arbeitsstationen bzw. Mitarbeiter

n_S = Anzahl Schichten je Tag

Die verfügbare Zeit ermittelt man aus den durch Tarifvertrag und Betriebsvereinbarung festgelegten Rahmenbedingungen und berücksichtigt darüber hinaus Schichtübergabezeiten o. a.

Kapazitätsangebot und Kapazitätsbedarf sollten auf Dauer übereinstimmen. Dazu kann man auf der Angebotsseite die Zahl der Schichten und der Mitarbeiter variieren oder mit den Methoden der Arbeitszeitflexibilisierung (vgl. Teil IV, Kapitel 4) den Abgleich herbeiführen. Darüber hinaus steht das gesamte Repertoire der Produktivitätsverbesserung zur Verfügung. *Kapazitätsangebot und Kapazitätsbedarf*

Um saisonale Schwankungen abzufangen, kann bereits bei der Montageplanung eine Überdimensionierung vorgenommen werden, beispielsweise mit einer Reservekapazität in Reihe, also mit Arbeitsstationen, die nur zeitweise besetzt werden, oder mit einer parallel geschalteten Reservekapazität.

Die Art und Größe der *Puffer* hat Einfluss auf den kurzfristigen Kapazitätsabgleich. Vor allem in verketteten Montagesystemen dienen Puffer dazu, Störauswirkungen durch benachbarte Arbeitsstationen zu minimieren. Die »kritischen« Montagestationen können durch Einzelplatz- und Abschnittpuffer entschärft werden, allerdings bringt eine Puffervergrößerung – nicht nur wegen der damit verbundenen höheren Kapitalbindung – über den ein- bis zweifachen Arbeitsinhalt einer durchschnittlichen Stördauer keine wesentliche Verbesserung mehr. Die Ermittlung der erforderlichen Pufferkapazität C_P zur Kompensation von Störeinflüssen wird anhand der mittleren Störddauer MTTR[479] vorgenommen[480]: *Puffer*

$$C_P = MTTR \cdot n_{tT} \cdot \eta$$

mit

n_{tT} = theoretischer Ausstoß je Arbeitstakt

η = Systemnutzungsgrad

Für das Beispiel Bohren von Leiterplatten errechnet man als minimale Puffergröße bei einer mittleren Störddauer MTTR = 8 min, einem theoretischen Ausstoß n_{tT} von 10 Bohrungen je Arbeitstakt und einem Systemnutzungsgrad $\eta = 0,95$ *Beispiel*

$$C_P = 8 \cdot 10 \cdot 0,95 = 76 \text{ Einheiten}$$

Die technische Verfügbarkeit V_{TS} des gesamten Montagesystems bestimmt man als Quotient aus Systemnutzungszeit T_{NS} und Systembetriebszeit $T_{Betr\,S}$ zu

$$V_{TS} = \frac{T_{NS}}{T_{Betr\,S}} \cdot 100\,\% = \left\{ 1 - \frac{T_{TS}}{T_{NS}} \right\} \cdot 100\,\%$$

---

479 Die Mean Time To Repair (MTTR) gibt die mittlere Zeit an, die zur Reparatur eines Systems benötigt wird.
480 VDI-Richtlinie 3649, Anwendung der Verfügbarkeitsrechnung für Förder- und Lagersysteme. üsseldorf: VDI, 2003.

mit

T_{TS} = technische Ausfallzeit des Montagesystems = technische Ausfallzeiten + technische Folgeausfallzeiten

T_{NS} = Systemnutzungszeit = Summe der Nutzungszeiten aller beteiligten Arbeitsstationen

$T_{Betr\,S}$ = Systembetriebszeit = Summe der Betriebszeiten aller beteiligten Arbeitsstationen.

Im Planungsstadium müssen diese Ausfallzeiten aus den Daten der bisher installierten (ähnlichen) Montagesysteme geschätzt werden. Auf allgemeine Aspekte der Kapazitätsplanung wird auch in Teil II, Abschnitt 3.8 (Wertstromanalyse) eingegangen. Das Thema Verfügbarkeit in Bezug auf OEE wird dort ebenfalls behandelt.

6.5.4 Feinplanung

Details der Montageprozesse

Mit der Feinplanung werden nach Freigabe des Montageprojekts die Details der Montageprozesse ausgearbeitet.[481]

1. Pflichtenheft ausarbeiten bzw. ergänzen. Dazu gehören:
   - Erzeugnis-Beschreibung
   - Varianten
   - Stückzahlen/Schicht
   - Detaillierung Montageablauf
   - Qualitätsprüfung
   - Anlagenkonzeption und -ausführung
   - Energieversorgung
   - Steuerung
   - Arbeitssicherheit
   - Konstruktionsrichtlinien und -dokumentation
   - Transport- und Aufstellbedingungen
   - Einkaufs-, Liefer- und Abnahmebedingungen
2. Gesamtmontagesystem und Montageabschnitte konstruktiv ausarbeiten. Dazu gehören:
   - Arbeitsinhalte prüfen und gestalten
   - Montagelagen prüfen
   - Werkstückträger gestalten
   - Manuelle Arbeitsstationen gestalten
   - Montageautomaten planen
   - Verkettungssystem festlegen
3. Terminplan erstellen. Hierzu steht z. B. die Netzplantechnik zur Verfügung (vgl. Teil II, Abschnitt 9.4.3).
4. Ausschreibung durchführen. Dazu gehören:
   - Pflichtenheft
   - Erzeugnis-Zeichnungen (incl. der Einzelteile und Baugruppen)
   - Gesamt-Layout
   - Musterteile
   - Hallenplan
5. Kritische Prozesse absichern. Hier steht die Einbindung der Lieferanten sowie die Prüfung erstmalig eingesetzter Fügeverfahren im Vordergrund.

---

481 Vgl. Konold, P.; Reger, H.: Praxis der Montagetechnik, 2. Auflage. Wiesbaden: Vieweg 2003.

6. Personalbedarf ermitteln. Das bezieht sich auf den quantitativen und qualitativen Personalbedarf, also die erforderlichen Qualifikationen in der erforderlichen Menge zum »richtigen« Zeitpunkt.

7. Wirtschaftlichkeitsnachweis führen. Die monetäre und/oder nichtmonetäre Bewertung des Montage-Arbeitssystems, die bereits in der Grobplanung durchgeführt wurde, wird überprüft und gegebenenfalls korrigiert.

Kritische, stark verkettete Montageprozesse können durch das Prinzip *Reißleine* besser abgesichert werden. Kann die Fehlfunktion an einer Montagestation den Stillstand der ganzen Produktionslinie zur Folge haben, dann wird z. B. durch Signalleuchten das Problem kommuniziert. Bei Betätigung der roten Reißleine wird die gesamte Linie gestoppt, das Band wird erst nach Problembeseitigung oder nach Entscheidung durch eine berechtigte Person wieder freigegeben. Die gelbe Reißleine macht alle Mitarbeiter an der Linie darauf aufmerksam, dass an einer Station z. B. Qualitätsprobleme auftreten und erhöhte Aufmerksamkeit erforderlich ist. Beim Ziehen der gelben Reißleine sollten Teamsprecher oder Springer das Problem beheben können. Prozessschwachstellen werden somit nach dem Reißleinenprinzip dokumentiert, analysiert und beseitigt.

Reißleinenprinzip

6.5.5 Layout manueller Arbeitsstationen

Die Grundlagen der räumlichen Arbeitsplatzgestaltung wurden bereits in Abschnitt 5.2 gelegt. Hier erfolgt nun die Detaillierung für *Montagearbeitsstationen*. Die dafür notwendigen Fördersysteme werden in Abschnitt 6.7.7 besprochen.

Abbildung III-332 führt die wichtigsten Arbeitsplatzelemente für den manuelle Montagestationen mit den zugehörigen ergonomischen Entscheidungskriterien auf.

Arbeitsplatzelemente

Werden elektrische Bauelemente montiert, die durch statische Entladungen zerstört werden können, dann sind die Arbeitsplatzkomponenten elektrostatisch leitfähig oder ableitend auszulegen.[482]

---

482 Anforderungen für den ESD (Electro Static Discharge) werden in DIN EN 61340-5-1 festgehalten.

Element	Bild	Kriterien
Grundgerüst	 	• Material und Querschnitt der Profile geben dem Arbeitsplatz gute Stabilität • bei Ausführung mit Rollen ist bei Feststellung der Rollen gute Stabilität gewährleistet • höhenverstellbare Gelenkfüße erlauben Anpassung an Bodenunebenheiten (daraus wird aber kein höhenverstellbarer Arbeitsplatz!) • trotz Verstrebung im Fußbereich muss unbehinderte Fußauflage möglich sein
Grundgerüst elektrisch höhenverstellbar	 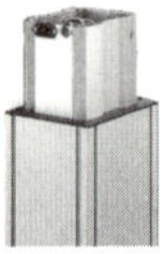	• höhenverstellbar etwa von 720 mm ≤ H ≤ 1.070 • belastbar F_{Punkt} ≥ 1.500 N • bei Arbeit im Stehen Fußvorstoßraum ≥ 200 mm tief, ≥ 150 mm hoch • keine Behinderung der Knie • Verstellgeschwindigkeit v ≥ 10 mm/s
Tischplatte		• reflexionsfrei • Farbgebung vermeidet hohe Kontraste zu Werkstück und anderen Vorrichtungen auf dem Tisch • Stärke etwa 40 mm • Beschichtung robust gegen mechanische Beanspruchung • keine Schubladen, die den Oberschenkel-Freiraum beeinträchtigen
Materialebenen	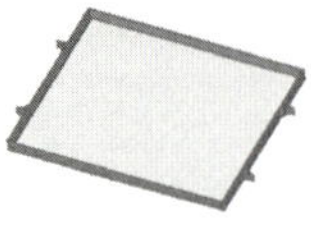	• reflexionsfrei • Farbgebung vermeidet hohe Kontraste zu Greifbehältern • Stärke ≥ 5 mm • Beschichtung robust gegen mechanische Beanspruchung • schwenkbar • aber trotzdem stabil
Fußauflage		• schwenkbar • höhenverstellbar • rutschhemmend • ggf. ölbeständig
Greifbehälter		• in Trägerrahmen zum Einhängen • bei häufigem Greifen nicht oberhalb Herzhöhe
Greifzungen	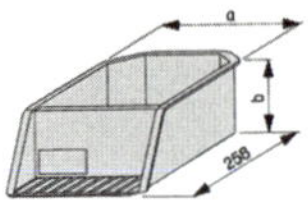	• für flache Bauteile • griffgerecht geneigt
Leuchte	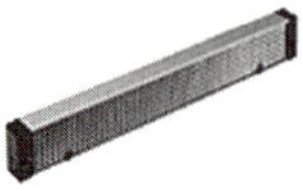	• Beleuchtungsstärke auf Tischebene 500 lx ≤ E ≤ 100 lx • blendfrei • flimmerfrei ≥ 25 kHz • vgl. DIN 5035, DIN EN 12464
Werkzeughalter		• für Handwerkzeuge bei gelegentlicher Benutzung
Werkzeugablage	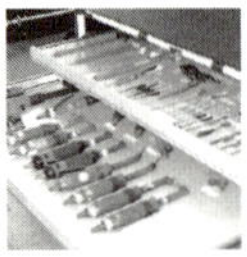	• für Handwerkzeuge bei regelmäßiger Benutzung
Schrauberaufhängung		• mit Laufwagen • bei Bedarf schwenkbar • mit Federzug

Abbildung III-332
Auswahl wichtiger Elemente für den (Hand-)Montagearbeitsplatz (Bilder: Bosch Rexroth AG; Item Industrietechnik, Sovella)

Der einfache *Montagetisch* in Abbildung III-332 (oben) kann mit einer dynamischen Teilebereitstellung erweitert werden (Abbildung III-333). Diese Montagestation besteht aus einer Kugelrollbahn, einer Bereitstellungsfläche für Werkzeuge und Teile (ganz außen) und einer mobilen Arbeitsstation. Der Mitarbeiter dreht sich mit der mobilen Arbeitsstation in die für den jeweiligen Prozessabschnitt günstigste Position. Damit können Hinlang- und Bringbewegungen optimiert werden.

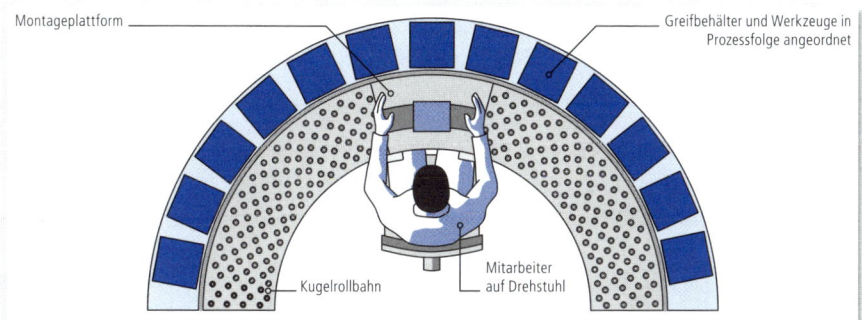

Abbildung III-333   Halbkreisförmiger Montagetisch mit dynamischer Teilebereitstellung
(Bild: LP Montagetechnik)

Je größer die Teilezahl und/oder die Abmessungen der Werkstücke sind, umso problematischer wird   Platzbedarf
der Platzbedarf auf dem Montagetisch. Die Tischfläche und der Greifraum der Arbeitsperson sind
die limitierenden Faktoren. Oft müssen Greifbehälter auch in der Vertikalen gestaffelt werden. Dadurch verlängern sich die Zeiten für Hinlangen und Bringen. Hinzu kommt die höhere Belastung der
Arbeitsperson durch das Arbeiten über Herzhöhe. Diese Problematik kann auch bei der verrichtungsweisen Montage durch Drehteller oder Paternoster gelöst werden (vgl. Abbildung III-334).

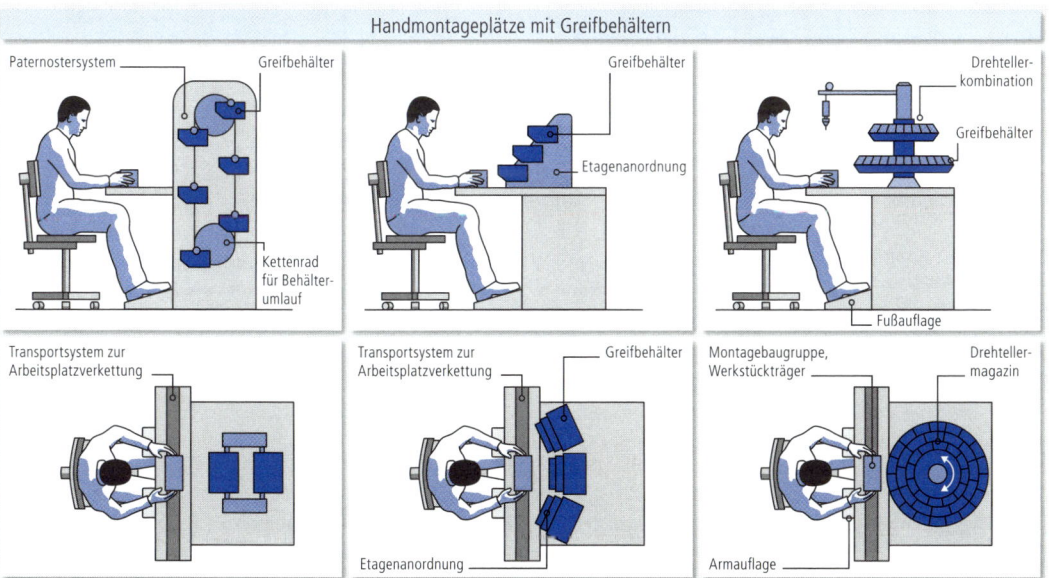

Abbildung III-334   Möglichkeiten zur Materialbereitstellung an einer einzelnen Arbeitsstation

One-Piece-Flow

Geht der Mitarbeiter mit dem Montageobjekt mit (*One-Piece-Flow*[483]), dann werden die Montageinseln im Regelfall als U- oder Ω-Linien realisiert (Abbildung III-335). Man verwendet hierfür auch den Begriff *Chaku-Chaku* und verbindet damit folgende Vorteile:

- Flexibilität bei Produktänderungen und Varianten,
- dynamischer Variantenmix,
- Flexibilität bei Nachfrageschwankungen bis hin zur Losgröße 1,
- geringere Bestände,
- Flächenreduzierung,
- Verkürzung der Durchlaufzeit u. a.

Voraussetzung hierfür ist die Qualifizierung der Mitarbeiter für alle Arbeitsgänge innerhalb der Montageinsel.

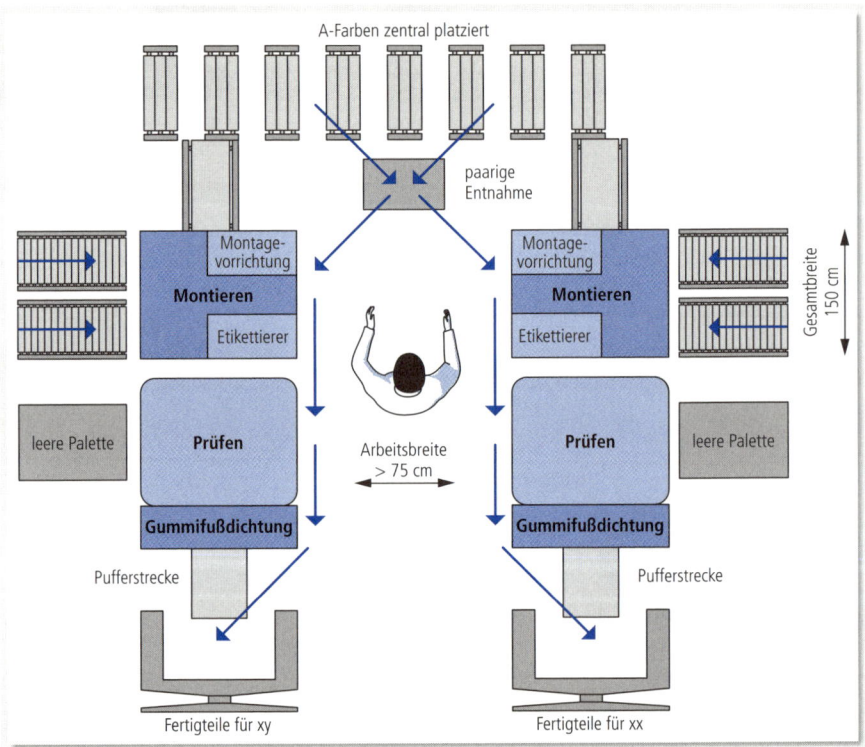

Abbildung III-335   One-Piece-Flow-Auslegung für einen Mitarbeiter, zwei technische und sieben Farbvarianten

Wird bei geringerem Auftragseingang lediglich eine Arbeitsperson eingesetzt, so stellt diese alle acht Varianten allein her, er geht also alle Arbeitsstationen in diesem U-Layout ab. Er realisiert den Bearbeitungsfortschritt nach dem One-Piece-Flow-Prinzip. Es kommt zu Arbeitserweiterungs- und Bereicherungseffekten und zu einem häufigen (wünschenswerten) Belastungswechsel. Bei hohem

---

483 Mitarbeitergebundener Arbeitsfluss, Mitarbeiter begleiten das Werkstück, damit hohe Flexibilität bei Varianten.

Auftragseingang werden zwei Mitarbeiter eingesetzt, die sich die Herstellung der Varianten aufteilen. In diesem Fall sind die Arbeitserweiterungs- und -bereicherungseffekte geringer.

6.5.6 Bereitstellung von Handwerkzeugen

Nicht nur an den bisher besprochenen Arbeitsstationen in der Mittel- und Großserienmontage gibt es zahlreiche Möglichkeiten der Optimierung, auch in der Einzel- und Kleinserienfertigung können z. B. durch die Werkzeugbereitstellung erhebliche Produktivitätszuwächse erzielt werden.

Das folgende Beispiel aus dem Flugzeugbau erläutert die Vorgehensweise: Durch die Größe der Bau-   *Beispiel*
teile und die zum Teil ergonomisch ungünstigen Montageorte können sich große Laufwege und hoch beanspruchende Körperhaltungen ergeben.[484] Diese Defizite können durch elektrisch höhenverstellbare Arbeitsplattformen sowie Fügestationen weitgehend behoben werden. So führt z. B. ein Rondell mit Ausschüben und Halterungen für sämtliche Stationswerkzeuge zu einer erheblichen Reduktion der Laufwege (Abbildung III-336).

Abbildung III-336 Fügestation im Flugzeugbau

Aufgrund des drehbaren Rondells können mehrere Mitarbeiter leicht darauf zugreifen. Durch klare und eindeutige Beschriftung hat jedes Teil seinen festgelegten Platz, daher wesentlich weniger Suchaufwände. Es besteht permanente visuelle Übersicht, ob das Stations-Equipment vollständig ist. Die Ablage- und Zugriffshöhe der Werkzeuge kann auf den Körpergrößenbereich vom 5. bis zum 95. Perzentil eingestellt werden.

---

484 Das trifft auch auf viele andere Montageobjekte (z. B. im Schiffsbau) sowie auf die Baustellenmontage zu.

Bohrerwechsel

Fallen sehr viele Bohrarbeiten mit wechselnden Bohrdurchmessern an, so sollte es keinesfalls zum ständigen Bohrerwechsel bei Verwendung nur einer Handbohrmaschine kommen. Bohrer-Wechselköpfe ermöglichen schnelles Wechseln, wobei die benötigten Bohrer immer eingespannt bleiben (Abbildung III-337).

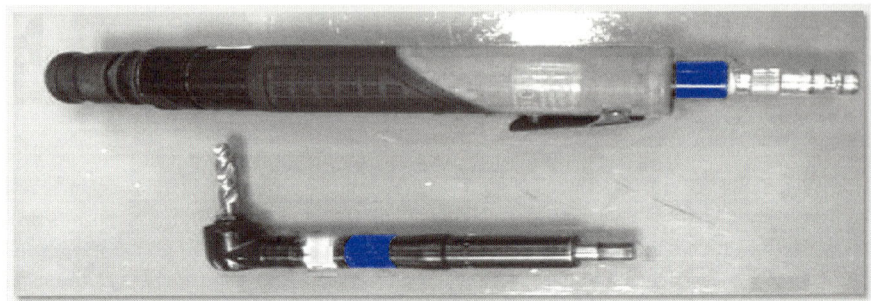

Abbildung III-337 Bohrer-Wechselköpfe mit Farbkonzept

Durch farbliche Markierungen und Beschriftungen an allen Handmaschinen und Normteil-Kästen wird ein Suchen reduziert, aber auch die Qualitäts-und Prozesssicherheit erhöht.

Werkzeugverwaltung

Das Kanban-Konzept sollte auch in der Werkzeugverwaltung umgesetzt werden. Abbildung III-338 zeigt farblich gekennzeichnete Kästen für Verbrauchswerkzeug. Der Montagemitarbeiter entnimmt geschärfte Bohrer aus der grün markierten Ablage (rechts) und legt stumpfe Bohrer in der roten Ablage (links) ab. Instandhalter besorgen den regelmäßigen Austausch und das Schärfen der Bohrer.

stumpfe Bohrer und defektes Verbrauchswerkzeug   scharfe Bohrer und funktionsfähiges Verbrauchswerkzeug

Abbildung III-338 Eindeutige Kennzeichnung von Verbrauchswerkzeug

Nicht nur an wechselnden Montageorten (Wanderprinzip, vgl. Abschnitt 6.2.3), sondern generell sollten personalisierte Werkzeugkoffer zum Einsatz kommen. Die Inhalte der Werkzeugkoffer sind streng geordnet, farblich und namentlich gekennzeichnet. Inhalte und Anordnung dürfen nicht eigenständig durch den Mitarbeiter verändert werden (Abbildung III-339).

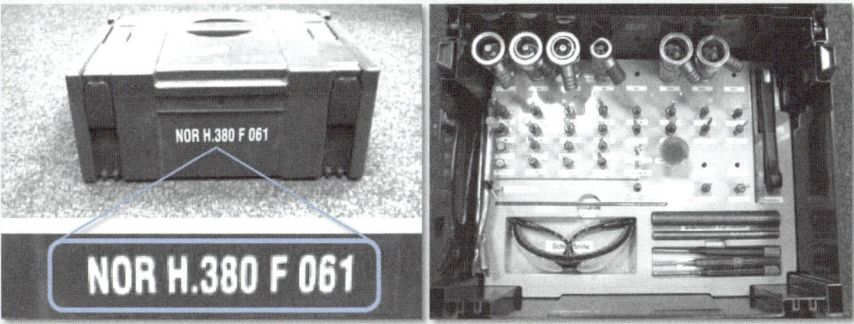

Abbildung III-339 Personalisierte Werkzeugkoffer

6.5.7 Werkstückträger

Alle für die Montage notwendigen Bauteile können auf einem *Werkstückträger* (WT) bereitgestellt werden, oft zusammen mit einer Montagevorrichtung. Naturgemäß kommen hierfür nur kleinere bis mittlere Werkstücke mit einem Volumen bis zu etwa 1/8 m³ in Betracht.[485] Werkstückförderer[486] transportieren die Werkstückträger von Arbeitssystem zu Arbeitssystem. Werkstückträger sind damit das Bindeglied zwischen einer variablen Werkstückform und einem geometrisch unveränderlichen Transportsystem. Sie werden oft in Fließsystemen eingesetzt. Montagevorrichtung

Werkstückträger können aus den verschiedensten Metallen bestehen, sie können jedoch auch aus Glasfaser- oder kohlenstoffverstärkten Kunststoffen hergestellt werden. Besonders hohe Umgebungstemperaturen fordern Hochleistungskunststoffe wie z. B. PEEK[487]. Es können auch elektrisch leitende Kunststoffe gegen statische Aufladung eingesetzt werden.

Werkstückträger weisen verschiedene Aufnahmen, z. B. Buchsen, Zentrierstifte und -leisten auf (Abbildung III-340).

Zentrierbuchsen oder -stifte sind für die eindeutige Lagesicherung erforderlich. Über Lauf- und Führungselemente wird – meistens im Reibschluss – die Verbindung zum Transportsystem hergestellt.

Der Werkstückträger muss über Eckenrollen geführt und mit Puffern bzw. Auffahrdämpfer geschützt werden und auch noch nach langen Einsatzzeiten über Positioniergenauigkeiten von ± 0,02 mm in allen Achsen verfügen.[488] Hohe Positioniergenauigkeiten sind vor allem auch für Werkstückträger erforderlich, die als Spannpaletten in der mechanischen Bearbeitung eingesetzt werden.

Werkstückträger können auch kreisförmig als Mehrfach-WT zur Verringerung unproduktiver Nebenzeiten ausgelegt werden. Werkstückträger verfügen häufig über eine eigene Logik, z. B. Schreib-Lese-Datenträger bzw. RFID-Technologie (vgl. Abschnitt 6.7.8).

---

485 Die Kommissionierung erfolgt entsprechend Abschnitt 6.7.5.
486 Z. B. Doppelgurttransfersysteme, vgl. Abschnitt 6.7.7.
487 PEEK = PolyEtherEtherKeton
488 Hesse, S.: a. a. O., 2006.

Werkstückträger haben auch Nachteile:[489]

- Bindung an ein bestimmtes Transportsystem,
- Bindung an bestimmte Produkt(-familien),
- Zusätzlicher Platzbedarf,
- Zusätzliche Kosten durch Mindestvorrat an WT.

Die Anzahl N der notwendigen Werkstückträger ist von den Förderstrecken, den Puffergrößen und der Zahl der Arbeitsstationen abhängig. Sie bestimmt sich zu:[490]

$$N = (K_1 \cdot z_1) + (K_2 \cdot z_2) + (K_3 \cdot z_3) + \frac{L \cdot 60}{v_B \cdot t}$$

mit

K_1 Anzahl Arbeitsstationen

K_2 Anzahl taktunabhängiger Arbeitsplätze

K_3 Anzahl Transfereinheiten

z_1 Anzahl Werkstückträger/Arbeitsstationen

z_2 Anzahl Werkstückträger bei Anordnung im Nebenschluss

z_3 Anzahl Werkstückträger/Einheit

L   Länge der Zwischenstrecken oder Rückführstrecken [m]

v_B Fördergeschwindigkeit [m / s]

t   Taktzeit [s]

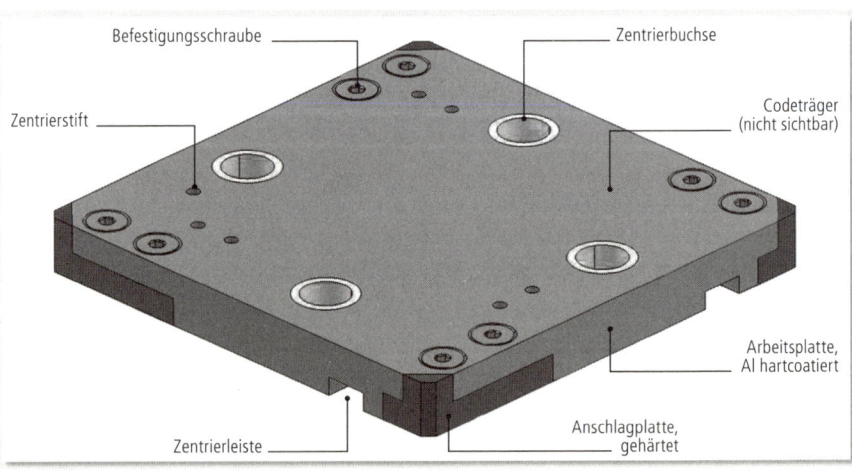

Abbildung III-340   Beispiel eines Werkstückträgers[491]

489   Vgl. Lotter, B. et al.: a.a.O., 2006.
490   Konold, P. et al.: a.a.O., 2003, S. 53–54.
491   Hesse, S.: Grundlagen der Handhabungstechnik. München: Hanser, 2006, S. 298.

Die folgende Auflistung enthält wichtige Prüfpunkte für Werkstückträger:[492]

Prüfpunkte für
Werkstückträger

1. WT erlaubt Zugänglichkeit von allen Seiten.
2. Die Positionierelemente sind verschleißfest.
3. Für sehr schnelles Umsetzen der WT ist Formschluss statt Reibschluss vorgesehen.
4. WT-Förderer mit Kurvenführung haben seitliche Rollen oder Eck-Führungsrollen.
5. Die eigentliche Werkstückaufnahme im WT ist schnell austauschbar.
6. WT ist massearm, kann aber trotzdem hohe Vertikalkräfte aufnehmen.
7. Es werden etwa dreimal so viele WT wie Arbeitsstationen bereitgestellt.

6.5.8 Bereitstellung im Arbeitssystem

Zur Versorgung des *einzelnen* Arbeitsplatzes gehören die Material-, die Energie- und die Informationsbereitstellung. Einen Überblick zu Bereitstellungsart, -menge und -form gibt Abbildung III-341.

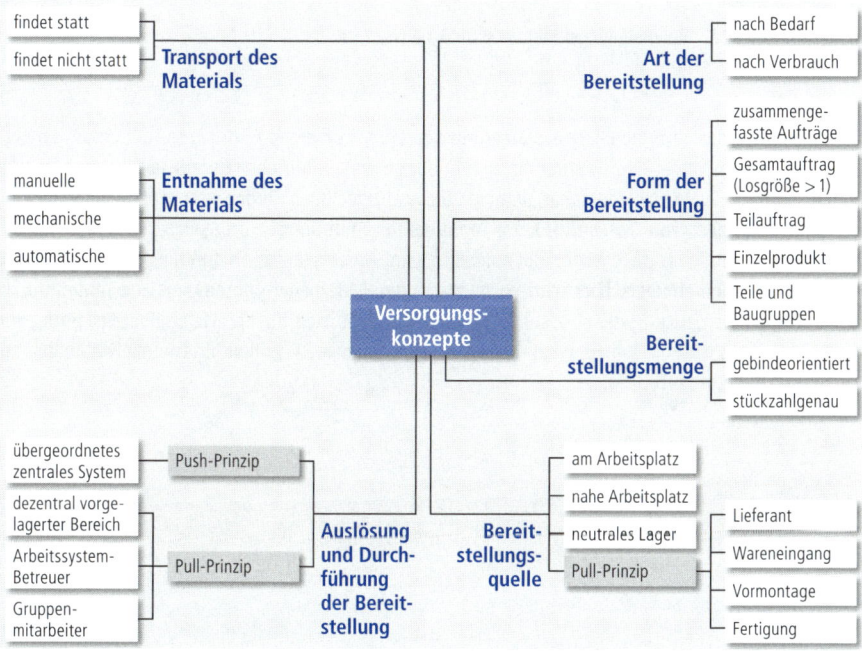

Abbildung III-341   Ordnung der Materialbereitstellungsprinzipien im Arbeitssystem[493]

Bezogen auf die einzelne Arbeitsstation unterscheidet man die in Abbildung III-342 dargestellten *Bereitstellungsfunktionen*.

---

492 Vgl. Hesse, S.: a.a.O., 2006, S. 310.
493 Vgl. Bullinger, H.J.; Lung, M.: Planung der Materialbereitstellung in der Montage. Stuttgart: Teubner, 1994, S. 17.

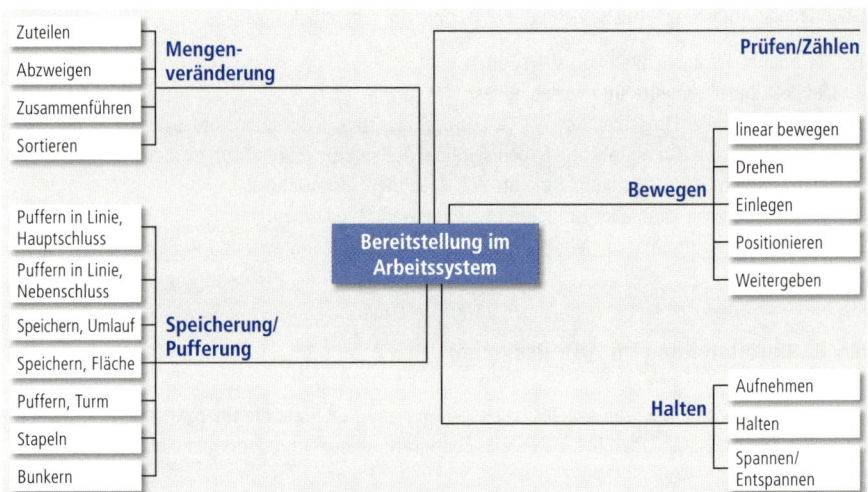

Abbildung III-342 Bereitstellungsfunktionen im Arbeitssystem

Versorgung des
einzelnen Arbeits-
platzes

Die Versorgung des einzelnen Arbeitsplatzes muss mit den *Versorgungskonzepten* der gesamten Fertigungsstätte kompatibel sein. Wenn man sich in der gesamten Betriebsstätte für das *Kanban*-System (vgl. Abschnitt 6.7.3) entschieden hat, dann gilt dies natürlich auch für den Arbeitsplatz. So wird z. B. durch das Umdrehen von *Kamishibai-Karten* dem Bereitstellungspersonal angezeigt, dass Verbrauchsmaterial nachzufüllen ist. Die Materialbereitstellung am Arbeitsplatz kann durch einfache Regale mit Gefälle-Regalböden erfolgen. Hier wird vorne durch den Mitarbeiter entnommen und hinten durch den Transporteur neues Material bestückt. Entscheidet man sich für die Materialbereitstellung auf Rollwagen, dann sind die Behälter auf den Rollwagen greifgerecht höhen- und winkelverstellbar zu platzieren (Abbildung III-343).

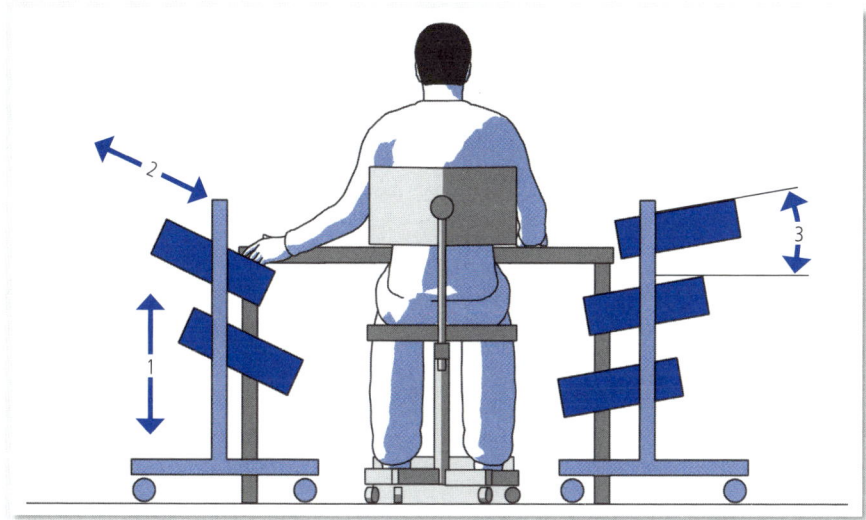

Abbildung III-343 Materialzuführung am Arbeitsplatz über Rollwagen, greifgerecht höhen- und winkelverstellbar

In verketteten Montagesystemen kann die Zuführung mit der Pufferung der Teile oder Werkstückträger kombiniert werden. Man bezeichnet dies als *Linienspeicher*. Dieser kann im Hauptschluss oder im Nebenschluss angeordnet werden. Reicht die damit verbundene Pufferkapazität nicht aus, dann kann ein *Flächenspeicher* mit einem schleifenförmig verlegten Band eingerichtet werden. Ein *Pufferturm* verlegt die schleifenförmige Teile- oder Werkstückträgerspeicherung in die Vertikale. Auch *Stapeleinheiten* nutzen den Platz in der Vertikalen aus, indem Teile auf Paletten übereinandergestapelt werden. Eine große Pufferkapazität ist auch durch *Umlaufspeicher* möglich. Die Bedienung wird häufig durch ein Beschickungs- und Entnahmegerät vorgenommen. Ungeordnetes Stückgut kann in Bunkern gespeichert werden. Häufig ist damit eine Ordnungsfunktion gekoppelt, so dass die Teile manuell oder mit Handhabungseinrichtung greifgerecht entnommen werden können.

Nach der Materialzuführung *zur* Arbeitsstation folgt die *Magazinierung*, also die geordnete Bereitstellung von Bauteilen und Baugruppen an der Arbeitsstation. Magazine haben neben der Bereitstellungsaufgabe für den manuellen oder maschinellen Zugriff vor allem Speicherfunktionen (Abbildung III-344). Magazinierung

Man unterscheidet Magazine mit

- ruhenden Teilen,
- bewegten Teilen.

und nach der Bauform Magazine mit

- freier oder geführter Teilebewegung (durch Fallen, Rollen, Gleiten infolge Schwerkraftwirkung),
- zwangsweiser Teilebewegung (durch Antriebe, Feder- oder Gewichtskräfte).[494]

---

494 Hesse, S.: a.a.O., 2006.

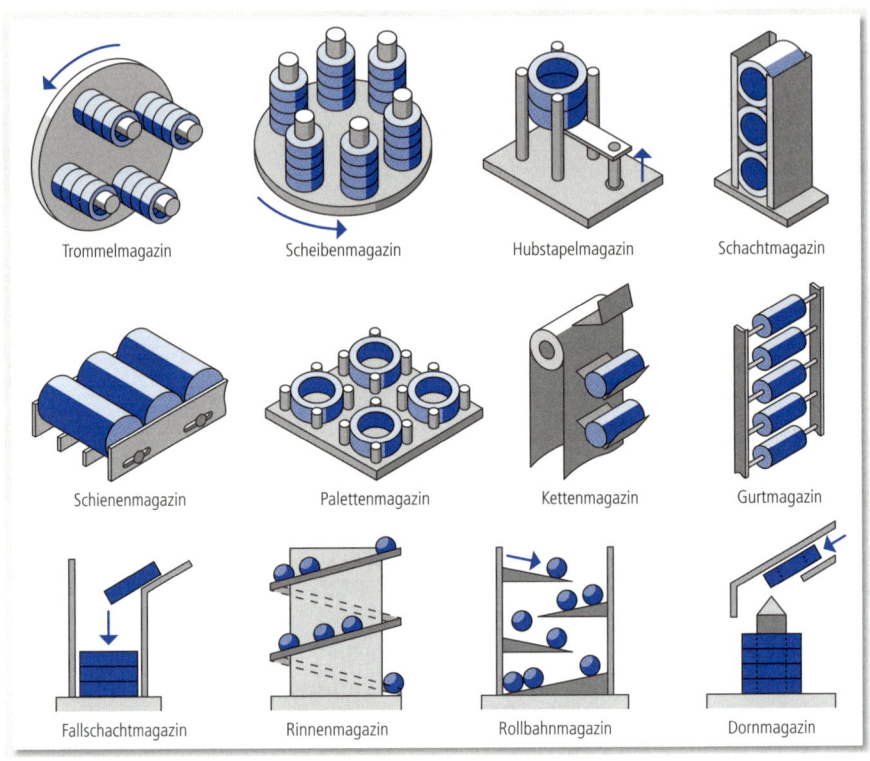

Abbildung III-344 Technische Möglichkeiten zur Magazinierung[495]

Prüfpunkte zum
Magazinieren

Die folgende Checkliste fasst die wichtigsten Prüfpunkte zum Magazinieren noch einmal zusammen:

1. Die Teilelage im Magazin hat ergonomisch günstiges Greifen zur Folge.
2. Die Teilelage im Magazin vermeidet nach der Entnahme das Vorrichten vor dem Fügen.
3. Magazine können für Teile mit ihren Varianten universell verwendet werden.
4. Magazine erlauben die rasche visuelle Kontrolle des Speicherinhalts (z. B. durch Sehschlitze).
5. Magazine, die Teile spiralförmig anordnen, haben in der Regel einen niedrigeren Flächenbedarf als rechteckige Flachpaletten. Sie werden deshalb nach Möglichkeit bevorzugt.
6. Magazine können problemlos befüllt werden. Insbesondere ist die vertikale Auffüllposition auf die kleine Arbeitsperson abgestimmt (vgl. Abschnitt 5.2).
7. Reicht die Kapazität eines Schachtmagazins nicht aus, dann ordnet man mehrere Schachtmagazine karussellartig an.

Nach dem Magazinieren folgen im Regelfall weitere Bauteilbewegungen, z. B. Zuteilen, Abzweigen, Zusammenführen, Sortieren, Drehen u. a.[496] Wird von einem Strang bereits geordneter Teile eine definierte Menge bereitgestellt, dann spricht man von *Zuteilen*. Ist die Menge = 1, dann handelt es sich um *Vereinzeln*. Das Bewegen an und in der Montagestation kann über Lineareinheiten, Dreh-, Schwenk- und Positioniertische vorgenommen werden. In der automatisierten Montage sind darüber hinaus Einlegegeräte mit Greifern zur Werkstückmanipulation erforderlich, z. B. *Pick-and-place-Geräte*.

---

495 Hesse, S.: a. a. O., 2006, S. 81.
496 Konstruktive Lösungen hierfür findet man z. B. bei Hesse, S.: a. a. O., 2006.

Während durch *Ordnen* nur die Bestimmung eines Teils nach den drei rotatorischen Freiheitsgraden vorgenommen wird, geht das *Sortieren* darüber hinaus: Zum Beispiel erfolgt die Einteilung eines Haufwerks[497] bzw. Schüttgutes nach Art, Abmessungen, Farbe etc. Ordnen bezieht sich also auf gleichartige Teile, Sortieren auf verschiedenartige. Das Ordnen kann nur bei Kleinteilen selbsttätig, z. B. durch Ausnutzung der Schwerkraft, vorgenommen werden (Abbildung III-345). Größere Werkstücke erfordern dagegen Handhabungseinrichtungen. Dieser Aufwand kann entweder an Zulieferer delegiert werden (indem diese schon geordnet anliefern) oder man behilft sich dadurch, dass die betreffenden Teile direkt im Montagesystem gefertigt und geordnet bereitgestellt werden.[498]

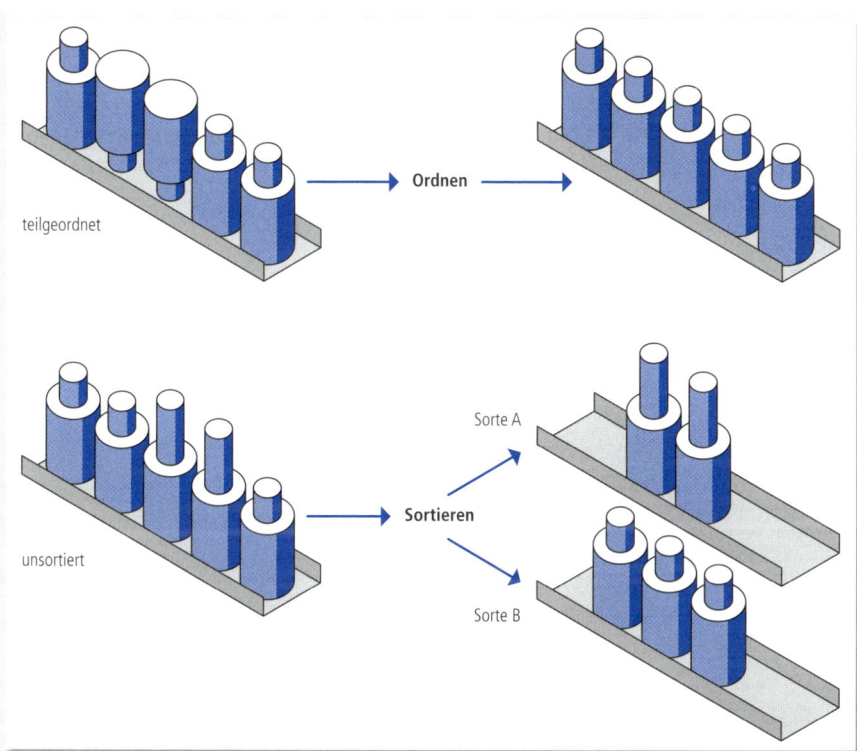

Abbildung III-345   Schematische Darstellung der Funktionen des Ordnens und Sortierens[499]

Die folgende Liste enthält wichtige Prüfpunkte zum Ordnen:

Prüfpunkte
zum Ordnen

1. Ordnen vermeiden: Montageprozess kommt mit ungeordneten Teilen zurecht.
2. Ordnen vermeiden: An Lieferanten delegieren.
3. Ordnen vermeiden: Teile erst während des Montageprozesses schon geordnet erstellen.
4. Teilgeordnetes Bereitstellen akzeptieren, Bediener führt den noch verbleibenden Ordnungsschritt während der Prozesszeit (z. B. eines Einpressvorgangs) durch.
5. Teile sind durch eindeutige Ordnungsmerkmale gekennzeichnet.
6. Nach dem Ordnen ist eine Pufferstrecke eingebaut, um Störungen beim Ordnen auffangen zu können.

---

497 Ungeordnete, gebunkerte Teile in unbestimmter Menge.
498 Integration der Teilefertigung in die Montage; vgl. Lotter, B. et al.: a. a. O., 2006, S. 354 ff.
499 In Anlehnung an Hesse, S.: a. a. O., 2006, S. 113.

7. Die Teile werden beim Ordnen geschont. Auch mehrmaliger Durchlauf eines Teils führt nicht zu Abriebspuren.

8. Der Ordnungsprozess ist wenig störanfällig. Im Störfall führen selbsthelfende Lösungen zur schnellen Fortführung des Arbeitsprozesses.

6.5.9 Hybride Montagesysteme

Bei höheren Stückzahlen und gleichzeitig großer Variantenvielfalt stoßen manuelle Montagesysteme an ihre Grenzen. Mit *hybriden Montagestationen* kombiniert man die Vorteile manueller Montagesysteme mit Montageautomaten bezüglich Stückzahl- und Variantenflexibilität.

Die Arbeitsinhalte zur Teilezufuhr, zur Montage und zur Qualitätssicherung können Mensch und/oder Maschine zugewiesen werden.[500] Da die Zeiten je Einheit bei Mensch und Automat selten übereinstimmen, spielt Art und Umfang der Pufferung eine große Rolle, besonders wenn Taktzwang besteht.

Folgende Funktionen sind auf Mensch und Maschine aufzuteilen:

- Zuführen, Sortieren, Vereinzeln,
- Trays bestücken,
- Fügen,
- Schrauben,
- Dosieren,
- Kleben,
- Fetten,
- Beschriften und
- Prüfen.

Abbildung III-346 zeigt drei hybride Montagestationen unterschiedlicher Komplexität. Im ersten Fall ist ein Mitarbeiter tätig. Er arbeitet parallel mit dem Montageautomaten, bestimmt jedoch selbst den Arbeitsfortschritt. Diese Systeme sind für Baugruppen mit kleinen Abmessungen geeignet.

Montageinsel

In der Mitte ist eine *Montageinsel* in U-Form mit fünf Arbeitsstationen dargestellt. Auch hier ist der Zusammenbau von Baugruppen mit kleineren Abmessungen und niedrigeren Teilegewichten typisch. Eine Austaktung der Stationen ist erforderlich.

Im unteren Abbildungsteil wird eine hybride Längstransfer-Montageanlage gezeigt. Sie ist nach dem Baukastenprinzip konzipiert und damit sehr gut an Produkt- und Stückzahländerungen anpassbar. Die Anlage erlaubt größere Teile-Abmessungen und Gewichte.

---

500 Montagezellen mit automatischer Teilezufuhr und automatischer Montage werden hier nicht behandelt.

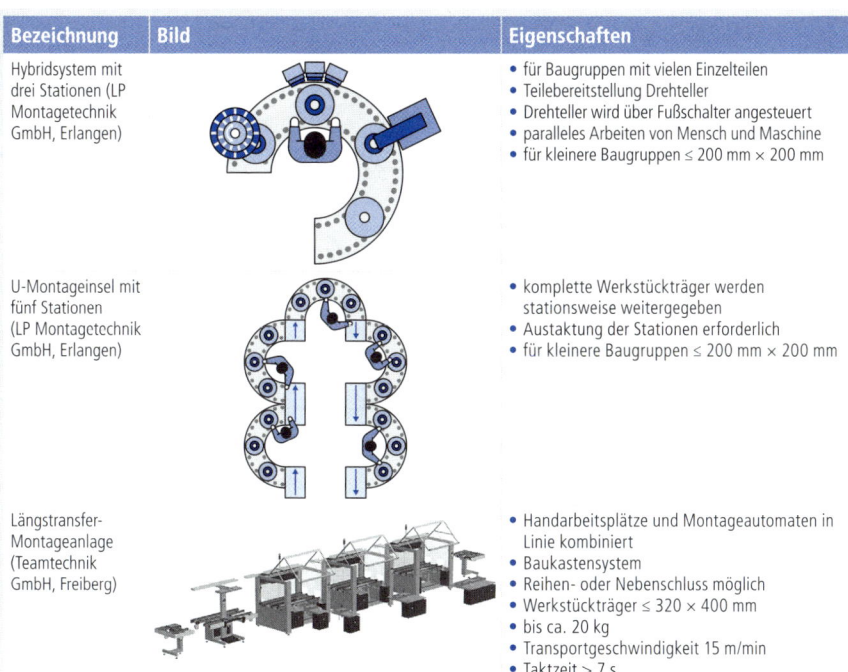

Bezeichnung	Bild	Eigenschaften
Hybridsystem mit drei Stationen (LP Montagetechnik GmbH, Erlangen)		• für Baugruppen mit vielen Einzelteilen • Teilebereitstellung Drehteller • Drehteller wird über Fußschalter angesteuert • paralleles Arbeiten von Mensch und Maschine • für kleinere Baugruppen ≤ 200 mm × 200 mm
U-Montageinsel mit fünf Stationen (LP Montagetechnik GmbH, Erlangen)		• komplette Werkstückträger werden stationsweise weitergegeben • Austaktung der Stationen erforderlich • für kleinere Baugruppen ≤ 200 mm × 200 mm
Längstransfer-Montageanlage (Teamtechnik GmbH, Freiberg)		• Handarbeitsplätze und Montageautomaten in Linie kombiniert • Baukastensystem • Reihen- oder Nebenschluss möglich • Werkstückträger ≤ 320 × 400 mm • bis ca. 20 kg • Transportgeschwindigkeit 15 m/min • Taktzeit > 7 s

Abbildung III-346   Beispiele für hybride Montagestationen unterschiedlicher Komplexität[501]

Abbildung III-347 zeigt die Umhüllung einer Montagezelle. Sie muss für Montagemitarbeiter, Einrichter und Instandhalter Zugänglichkeit von allen Seiten gewährleisten. Zugleich muss die Teilezufuhr und -abfuhr, z. B. über ein Palettiersystem, sowie die Prüftechnik gegeben sein. Standard-Schnittstellen für die mechanischen, elektrischen und IT-Prozesse erleichtern die Einbindung in größere verkettete Montagestraßen. Der Arbeitsinhalt des Montagemitarbeiters beschränkt sich auf Einlegetätigkeiten und Überwachung des Maschinenlaufs.

Die folgende Checkliste fasst die wichtigsten Prüfpunkte für die Auslegung von Montagestationen zusammen:[502]

Prüfpunkte für die Auslegung von Montagestationen

1. Montagestationen aus standardisierten Serienelementen von Systemlieferanten zusammenstellen.
2. Modular aufgebaute Montagestationen planen.
3. Manuelle und automatisierte Stationen im gleichen Abmessungsraster.
4. Standardisierte Schnittstellen zu Transfersystemen für den Werkstücktransport planen.
5. Zur Taktzeitoptimierung der automatischen Stationen in der Entwurfsphase bereits Weg-Zeit-Diagramme erstellen.
6. Zur Programmierung der Steuerungstechnik muss vom Konstrukteur ein Funktionsplan erstellt werden.
7. Automatisierte Zuführung und automatisierte Fügeeinrichtungen durch ausreichende Pufferstrecken entkoppeln.
8. Gute Zugänglichkeit der Stationen auch für Einstell-, Service- und Instandsetzung sicherstellen.

---

501   Vgl. a. Lotter, B. et al.: a. a. O., 2006.
502   Zur Abprüfung der Ergonomie vgl. Abschnitte 5.2 bis 5.6; vgl. auch Konold, P. et al.: a. a. O., 2003.

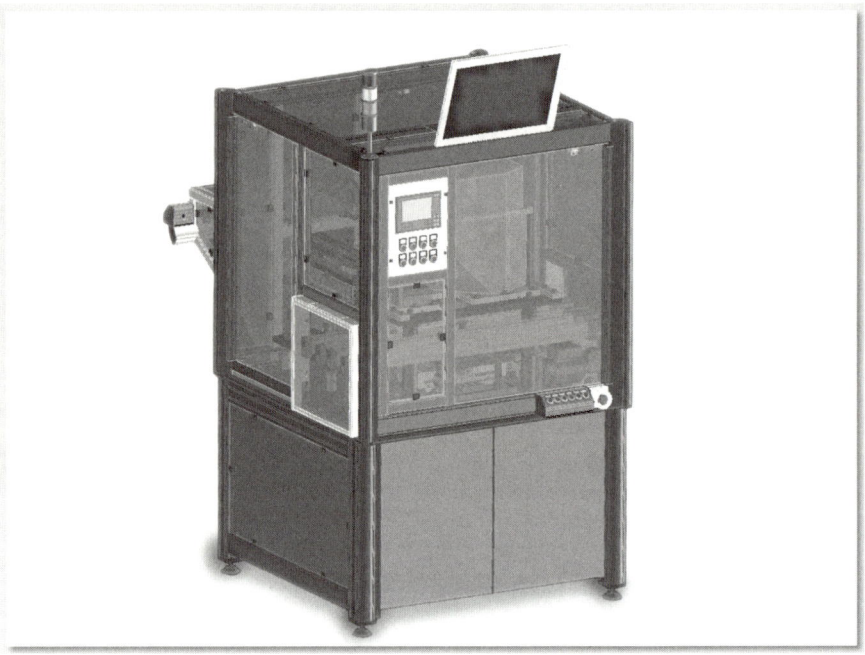

Abbildung III-347   Beispiel einer Montagezelle (Xenon Automatisierungstechnik GmbH)

9. Um kurze Umrüstzeiten realisieren zu können, sollten manuell verstellbare Anschläge maschinell verstellbar sein.
10. Montagestationen so auslegen, dass durch Mitarbeiter selbst umrüstbar.
11. Falls zwischen den Stationen keine gleichmäßige Abtaktung möglich, indirekte Tätigkeiten (z. B. Teilebeschaffung) für die geringer ausgelasteten Stationen vorsehen.
12. Ggf. Freistrecken für zusätzliche Reserveplätze einplanen.
13. Werkstückträger bezüglich Fixierung der Teile, Hilfsaufnahmen, Kodierung der Werkstückträger, Herstellkosten, Wertgestaltung optimieren.
14. Mechanische Belastung der Förderstrecken und des Hallenbodens überprüfen, gegebenenfalls reduzieren.

6.6   Sicherungs- und Notfallkonzepte

6.6.1   Technische Störungen

Nutzungsausfall

Durch *technische Störungen* sowohl in der Teilefertigung als auch in Montage und Logistik kann es zu einem beträchtlichen Nutzungsausfall mit weitreichenden Konsequenzen in den Kunden- und Mitarbeiterbeziehungen kommen. Während die traditionelle Werkstattfertigung relativ robust gegenüber technischen Störungen ist, sind komplexe, verkettete Fertigungs- und Montagesysteme anfällig gegenüber Ausfällen einzelner Komponenten.

Unter einer Störung versteht man den nicht ordnungsgemäßen Betrieb einer technischen Anlage oder eines Aggregats. Störungen können während des Bearbeitungsvorgangs oder aber auch in den Brachzeiten des Aggregats auftreten[503]. Kann das Werkstück bei einer Störung des Betriebsmittels nicht auf einem anderen Aggregat bearbeitet werden, so wirkt sich die Störung unmittelbar auf die *Durchlaufzeit* und den Ausstoß aus.

Sofern die Störung erkannt wird, kann diese zum Stillstand der Anlage führen. Das steuerungsbasierte Diagnosesystem liefert daraufhin eine Fehlermeldung. Die Störungsursache wird als Fehler oder Primärausfall bezeichnet.[504]

Die *Fehlererkennung* kann nur erfolgreich sein, wenn Ist-Zustand und Soll-Zustand eindeutig definiert sind. Schwachstellenanalysen beinhalten oft keine Angaben zu Fehlerursachen, deren Häufigkeiten und Auswirkungen. Die Störungsbehandlung wird deshalb häufig als Trial-and-Error-Ablauf durchgeführt.

Sinnvoll wäre dagegen ein DV-gestütztes *Störungsmanagement* mit den Funktionen:[505]　　Störungsmanagement

1. Störungen erkennen (Symptombildung),
2. Störungsursachen bestimmen (Störungsidentifikation),
3. Maßnahmen zuordnen (Folgenabschätzung, Therapiefindung),
4. Maßnahmen erläutern.

Ein Störungsmanagementsystem kann folgende Vorteile haben:

- Wissenskonservierung und Verbesserung der Entscheidungsfähigkeit,
- Verbesserung der Mitarbeitermotivation,
- Reduzierung der Schulungskosten für Maschinenbediener und Instandhalter,
- Verkürzung der Anlagenstillstände,
- Bessere Planbarkeit der vorbeugenden Instandhaltung.

Abbildung III-348 weist darauf hin, dass ein Störungsmanagementsystem vor allem bei der Ursachenermittlung, Fehlereinkreisung, Ursachenbeseitigung und der Instandsetzung sehr hilfreich ist. Der gesamte Zeitbedarf zur Störungsbeseitigung kann nach Analyse von Störungsfällen aus der automatisierten Fertigung um mehr als ein Viertel reduziert werden.

Man bezeichnet den Zeitmittelwert, in der eine Fertigungsanlage störungsfrei arbeitet, also die Zeitspanne zwischen dem Abschluss einer Reparatur und dem nächsten störungsbedingten Ausfall, als *Mean Time to Failure* (MTTF). Die MTTFs folgen einer Exponentialverteilung. Die Reparaturzeiten (einschließlich der Wartezeiten) unterliegen ebenfalls einer Exponentialverteilung. Man bezeichnet den Mittelwert der Reparaturzeiten auch als *Mean Time to Repair* (MTTR).　　Mean Time to Failure

Die *technische Verfügbarkeit* V einer Fertigungsanlage[506] bestimmt sich aus den beiden genannten Zeitmittelwerten zu　　Technische Verfügbarkeit

$$V = \frac{MTTF}{MTTF + MTTR}$$

503　Zur Zeitgliederung der Betriebsmittel vgl. Teil II, Kapitel 4.
504　Hesselbach, J.: Störungsvermeidung und -behandlung in der automatisierten Fertigung. In: VDI-Gesellschaft Fördertechnik (Hrsg.): Produktionslogistik; VDI-Bericht Nr. 1047. Düsseldorf: VDI Verlag, 1993, S. 53–66.
505　Hesselbach, J.: a.a.O., 1993.
506　Auf allgemeine Aspekte der Verfügbarkeitsberechnung wird im Teil II, Abschnitt 3.8 bei der Behandlung der Wertstromanalyse eingegangen.

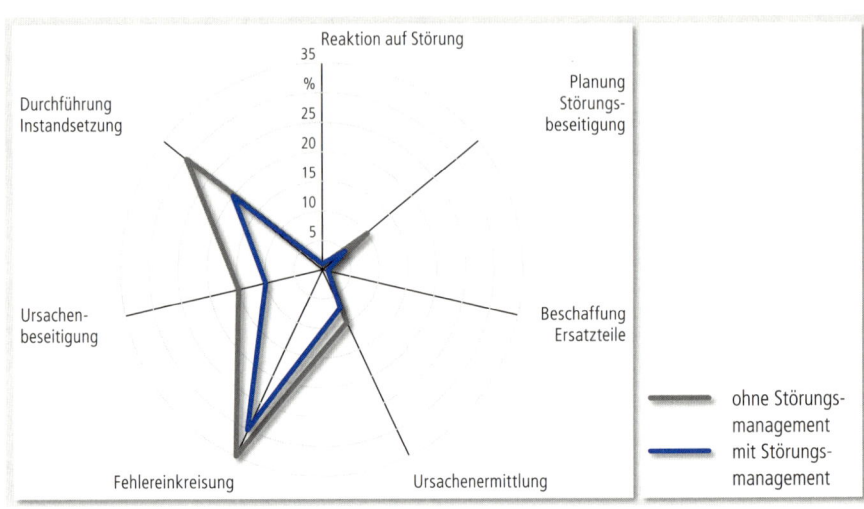

Abbildung III-348   Zeitbedarf für verschiedene Maßnahmen bei einer repräsentativen Störung[507]

6.6.2 Risiken durch Outsourcing

Durch eine immer stärker vernetzte Weltwirtschaft sind in der Vergangenheit viele Zulieferaufträge in den osteuropäischen und asiatischen Wirtschaftsraum verlagert worden. Das betrifft nicht nur die unmittelbare Fertigung, sondern oft auch die dazugehörige technische Entwicklungsarbeit. Neben dem unmittelbaren Know-how-Verlust können dadurch weitere Risiken, wie die technisch-logistische Abhängigkeit vom Lieferanten und Kontrollverlust, entstehen. Beim einheimischen Personal können sich in Teilbereichen Qualifikationsdefizite ergeben. Mittlerweile haben sich viele Unternehmen bereits zu Rückverlagerungen entschlossen, um ein Ausbluten vor allem bei den technischen Kernkompetenzen zu vermeiden.

Auch bei inländischen Zulieferfirmen können starke Abhängigkeiten zwischen Auftraggeber und Lieferant entstehen. Bei wirtschaftlichen Krisen des Lieferanten können die Unternehmen der nachgelagerten Wertschöpfungskette ebenfalls in Schwierigkeiten kommen. Diese Risiken müssen durch ein professionelles Lieferantenmanagement kontrolliert bzw. eingegrenzt werden.

Unter *Outsourcing*[508] versteht man die mittel- und langfristige Auslagerung einzelner oder aller bisher innerbetrieblich erfüllten Aufgaben der Güter- oder Dienstleistungsproduktion. Es können auch ganze Geschäftsprozesse ausgelagert werden (Business-Process-Outsourcing). Zwischen dem auslagernden Unternehmen und dem Lieferanten wird eine umfassend angelegte, partnerschaftliche Beziehung mit einer zweckgerichteten Zielsetzung angelegt. Outsourcing ist somit eine komplexe Managementaufgabe, die über das bisher bekannte »*Make or buy*« deutlich hinausgeht. Outsourcing ist keineswegs ein neues Phänomen, lediglich das Ausmaß hat durch die Öffnung der Weltmärkte bedeutend zugenommen.

---

507 Hesselbach, J.: a. a. O., 1993.
508 Outsourcing: Zusammensetzung der Wörter »Outside« und »Resourcing«.

Outsourcing kann nach drei Dimensionen der *Arbeitsteilung* unterschieden werden (Abbildung III-349):[509]

Arbeitsteilung

1. Arbeitsteilung nach Anbieterrollen: In Abhängigkeit des von den Herstellern verantworteten Wertschöpfungsumfangs lassen sich verschiedene Anbieterrollen in der Branche unterscheiden (Systemanbieter, Subsystem-/Modulzulieferer und Komponenten-/Teilelieferant);
2. Arbeitsteilung nach Verrichtungen: Innerhalb des verantworteten Wertschöpfungspakts kann sich der Hersteller auf einzelne Wertschöpfungsaktivitäten konzentrieren und andere, bspw. Fertigungs- oder Entwicklungsleistungen, an externe Zulieferer fremdvergeben;
3. Arbeitsteilung nach Branchensegmenten (Differenzierungsgrad des Produktprogramms): Unabhängig von der Anbieterrolle können Hersteller entweder breit diversifiziert im Markt auftreten oder aber sich auf Anwendungen für einzelne Marktsegmente spezialisieren.

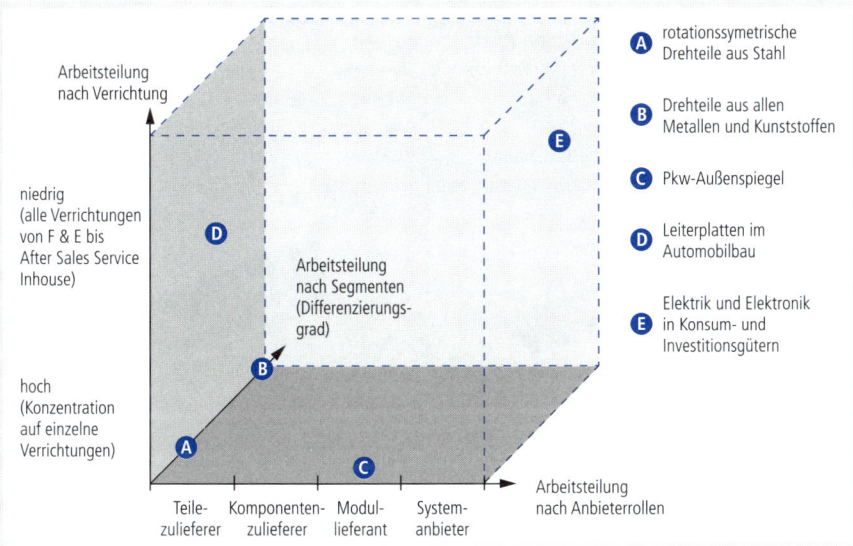

Abbildung III-349 Arbeitsteilung und Anbieterrollen[510]

Das vorherrschende Outsourcing-Motiv ist das der Kostensenkung und der Konzentration des Unternehmens auf den eigentlichen Unternehmenszweck. Niedrigere Arbeitskosten, geringere Sicherheitsstandards aber auch größere Produktionsvolumina beim Lieferanten[511] können zu z. T. bedeutend niedrigeren Stückkosten als beim auslagernden Unternehmen führen. Hinzu kommt oft ein Kostenflexibilisierungsmotiv: Die Vorhaltung von Reservekapazitäten – mit den damit verbundenen hohen Fixkosten – beim inländischen Unternehmen entfällt, Nachfrageschwankungen werden durch den Lieferanten aufgefangen. Knapp 70 % der Unternehmen geben an, Unternehmensteile ins Ausland

Outsourcing-Motiv

509 Stephan, M.: Risiken infolge von Technologie-Outsourcing? SFB 649 Discussion Paper 2007-047 Philipps-Universität Marburg.
510 Achsenbenennung nach Stephan, M.: Risiken infolge von Technologie-Outsourcing? SFB 649 Discussion Paper 2007-047 Philipps-Universität Marburg.
511 Das trifft natürlich nur dann zu, wenn der Lieferant neben dem outsourcenden Unternehmen auch noch andere, fremde Unternehmen beliefert (dadurch können allerdings besondere Know-how- bzw. Patentprobleme entstehen).

verlagert zu haben oder es zu wollen.[512] 44 % der Industrieunternehmen nutzen Osteuropa als verlängerte Werkbank.

Das folgende Beispiel zeigt die Unterschiede in Investition, Arbeitskräftebedarf und Stückkosten auf (Abbildung III-350).

Im Heimatunternehmen wird mit einer sehr hohen Investition die Zahnstange aus Stangenmaterial in einer aufwändigen Technik gerollt. Es werden nur drei Mitarbeiter benötigt. Beim Lieferanten hat man auf die hohe Investition verzichtet und stellt die Zahnstangen mit einer älteren Bearbeitungstechnologie (Hochgeschwindigkeitsdrehen und Bohren) her. Es werden 12 Mitarbeiter eingesetzt. Zwar sind die Stückkosten noch höher als beim Auftraggeber, es können jedoch mit dieser Bearbeitungsform auch kleinere Stückzahlen in vielen Varianten kostendeckend gefertigt werden.

Heimatunternehmen		Outsourcing	
Merkmale	**Zahnstange gerollt**	**Merkmale**	**Zahnstange HSC-gedreht**
Stückzahlen	4 Mio/Jahr; 10 Varianten	Stückzahlen	0,8 Mio/Jahr; 14 Varianten
Halbzeug	Stangenmaterial	Halbzeug	Stangenmaterial
Bearbeitung	gerollt	Bearbeitung	gedreht und gebohrt
Investition	2,8 Mio Geldeinheiten	Investition	0,6 Mio Geldeinheiten
Arbeitskräfte	2 Schichten à 1,5 Mitarbeiter	Arbeitskräfte	3 Schichten à 4 Mitarbeiter
Stückkosten	0,30 Geldeinheiten	Stückkosten	0,42 Geldeinheiten

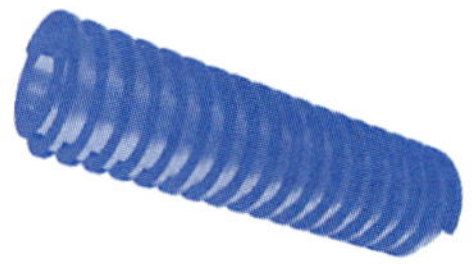

Abbildung III-350   Zwei verschiedene Herstellungsarten: Realisation im Heimatunternehmen und beim Lieferanten[513]

Mit einem outgesourcten Bauteil oder einem Produkt ist in der Regel auch eine Verbesserung der *Kostentransparenz* verbunden. Bezahlt wird per Stück, schwierige Zurechnungsaufgaben von Gemeinkosten entfallen. Die Reaktionsgeschwindigkeit auf Veränderungen des eigenen Marktes steigt gewöhnlich an, da keine schwerfälligen Unternehmensstrukturen aktiviert oder umgebaut werden müssen. Unangenehme oder nicht beherrschbare Produktions- und Garantierisiken werden auf den Outsourcing-Anbieter abgewälzt.

In der letzten Dekade verstärkte sich die Tendenz, dass Zulieferfirmen nicht nur komplette Module an die Endmontage-Arbeitsplätze des Auftraggebers liefern, sondern auch Verantwortung für die Second-Tier-Supplier übernehmen (Abbildung III-349).[514]

Allerdings sind auch die *Risiken des Outsourcings* beachtlich: Insbesondere die Anbahnungs-, Transaktions- und Abstimmungskosten können beträchtlich werden[515]. Weiterhin erfolgt eine starre Bin-

---

512 Roland Berger Offshoring-Information, 2004.
513 Abele, E.; Meyer, T.; Näher, U.; Strube, G.; Sykes, R.: Global Production. Berlin: Springer, 2008, S. 211.
514 Der First-Tier-Supplier beliefert direkt den OEM (Original Equipment Manufacturer = Originalausrüstungshersteller) und übernimmt Verantwortung für Produktentwicklungsaufgaben und für (das Netzwerk) der Second- und Third-Tier-Supplier.
515 Zur Transaktionskostenanalyse beim Outsourcing vgl. z.B. Picot, A.; Maier, M.: Analyse und Gestaltungskonzepte für das Outsourcing. In: Information Management, 7, 1992, 4; sowie Arnold, B.: Strategische Lieferantenintegration: Ein Modell zur Entscheidungsunterstützung für die Automobilindustrie und den Maschinenbau. Berlin: DUV, 2004.

dung an den technologischen Stand des Anbieters. Zudem können Kosten für Sozialpläne u. a. für die durch das Outsourcing nun nicht mehr benötigten Mitarbeiter des inländischen Unternehmens entstehen. Die eigene strategische Weiterentwicklung des inländischen Unternehmens kann nicht auf den Outsourcing-Anbieter verlagert werden, im Gegenteil, hierfür sind die jetzt freiwerdenden Managementkapazitäten zu nutzen. Bei nachträglichen Preisverhandlungen mit dem Lieferanten kann die nunmehr reduzierte Marktmacht und Informationsversorgung das outsourcende Unternehmen in die Defensive bringen.

Es sind weiterhin die mit dem Outsourcing gekoppelten, z. T. auch volkswirtschaftlichen Merkmale zu beachten: politische Instabilität im Partnerland, Wechselkursrisiken, Rohstoff- und Energieprobleme, Patentstreitigkeiten, erhöhter Export-/Import-Aufwand, natürlich auch beträchtliche soziokulturelle Friktionen u. v. m.

In vielen Fällen kann das einheimische Unternehmen, das das Outsourcing vornimmt, nicht garantieren, dass soziale Standards bei den Arbeitsbedingungen eingehalten und Raubbau an der Umwelt vermieden werden. In diesem Zusammenhang ist ein *Compliance-Nachweis* des Lieferanten einzufordern.[516]

Compliance-Nachweis

Trotzdem kann ein globaler Verdrängungswettbewerb manche Unternehmen zum »Zwangs-Outsourcing« nötigen: Zunächst durch Reduzierung der Fertigungstiefe, danach durch Einkauf von Baugruppen oder der gesamten Produkte.

Parallel dazu läuft ebenfalls seit mehreren Jahren die Verlagerung der IT-Dienstleistungen in Länder mit einem niedrigeren Lohnniveau, aber gleichzeitig gut ausgebildeten Mitarbeitern.[517]

Erfahrungen aus einer Reihe ganz verschiedener Projekte zur Produktivitätsverbesserung bei Lieferanten fasst Abbildung III-351 zusammen.

Ansatz	Maßnahme	Auswirkung	Potenzial		
			Qualität	Kosten	Liefertreue
Supply Chain	• Einführung Kanban und Pull-Prinzip • Entfall von Lagerstufen • Beseitigung von Prozessschritten	• Flexibilität ↕ • Handlingaufwand ↓ • Kapitalbindung ↓	+	€€€	+++
Fertigungs-steuerung	• Produktionsnivellierung • Einführung Fließprinzip	• Planungsaufwand ↓ • Umlaufbestände ↓	+	€€€	++
Qualität	• Prozessbeherrschung • kurze Qualitätsregelkreise • Organisationsänderungen	• Ausschuss, Nacharbeit ↓ • Kundenbeanstandungen ↓	+++	€€€	+++
Produktivität	• Anpassung/Volumen/Kapazität • Vorbeugende Instandhaltung	• Nutzungsgrad ↑ • Anlageneffektivität ↑ • Anzahl MA ↑	++	€€	++
Technik	• Spezifikationsänderungen • Redesigns • Änderungen im Fertigungsprozess	• Prozessdurchlaufzeit ↓ • Ausschuss, Nacharbeit ↓	++	€€	+
sonstige	• Werkzeugqualität u. Rüstvorgang • Vorlieferantenmanagement • Controlling	• Werkzeugverbrauch ↓ • Materialkosten ↓ • Transparenz ↑	++	€€	++

Abbildung III-351 Typische Erfahrungen bei gemeinsamen Projekten zur Produktivitätsverbesserungen bei Lieferanten[518]

516 Compliance: Gesetzliche und behördliche Vorschriften, Richtlinien und interne Vorgaben müssen erfüllt werden.
517 Vgl. Knolmayer, G. F.: Compliance-Nachweise bei Outsourcing von IT-Aufgaben. In: Wirtschaftsinformatik 49, 2007, S. 98–106.
518 Schumacher, G.: Untersuchung und Anwendung der Wertstrommethode zur Optimierung der Material- und Informationsflüsse am Beispiel eines Zulieferers der Robert Bosch GmbH, Lehrstuhl für Industriebetriebslehre und Arbeitswissenschaft, TU Kaiserslautern, 2007.

Die folgenden Empfehlungen helfen, die Risiken des Outsourcings zu mildern.[519] Die Prüfpunkte 1–4 betreffen Forschung und Entwicklung, 5–13 betreffen strategische Überlegungen, Punkt 14 betrifft taktische Überlegungen und 15 das Marketing.

1. Bei Fremdvergabe von Wertschöpfungsleistungen verbleiben die korrespondierenden technologischen Kompetenzen beim Auftraggeber.

2. Bei der Diversifikation in neue Produktbereiche wird simultan auch eine Diversifikation der technologischen Ressourcenbasis vorgenommen.

3. Unabhängig von der Breite des derzeitigen Leistungsspektrums wird in jedem Fall in neue technologischen Kompetenzen investiert.

4. Eine Fremdvergabe kann sinnvoll sein, wenn das Unternehmen nicht über die notwendigen Mittel für Forschung und Entwicklung verfügt (z. B. werden im Durchschnitt bei Automobilherstellern und Zulieferunternehmen etwa 4 % vom Umsatz jährlich in Forschung und Entwicklung investiert).

5. Es wird ein Geschäftsprozess-Portfolio aus Kundennutzen und Unternehmenserfolg erstellt. Nur Produkte oder Dienstleistungen mit niedrigem Beitrag für Kundennutzen und Unternehmenserfolg sind Kandidaten für das Outsourcing.

6. Aktivitäten, die aktuelle oder potenzielle Wettbewerbsvorteile liefern, werden nicht oder nur sehr vorsichtig ausgelagert.

7. Aktivitäten, die zukünftiges Wachstum oder Innovation liefern, werden nicht oder nur sehr vorsichtig ausgelagert.

8. Produktentwicklung und -herstellung werden dann ausgelagert, wenn Auftraggeber nicht über die entsprechende Anlagentechnologie verfügt.

9. Produktentwicklung und -herstellung werden dann ausgelagert, wenn große Know-how-Defizite in der Belegschaft des Auftraggebers vorhanden sind und diese auch kurzfristig nicht behoben werden können.

10. Produkte gehen mit den Fertigungsanlagen, Betriebsstätten und evtl. mit dem betroffenen Personal nur dann an einen Partner, wenn sie außerhalb der Kernkompetenzen liegen und für die eigenen Kunden damit kein »einzigartiger Wert« erzeugt werden kann.

11. Kernkompetenzen ermöglichen Zugang zu Vielzahl von Märkten, können vom Wettbewerb nur schwierig imitiert werden und tragen erheblich zur Wertigkeit der Produkte bei. Sie werden nicht ausgelagert.

12. Vor dem Outsourcing werden die Transaktionskosten (vor allem diejenigen, die sich aus der Logistik ergeben) bewertet und akzeptiert.

13. Vor dem Outsourcing wird die Lieferantenqualität (Entwicklungs- und Innovationsfähigkeit, Fertigungsqualität, Termintreue, Investitionspotenziale, Image, Know-how etc.) beurteilt und für gut befunden.

14. Aktivitäten, die kurzfristige Kostensenkungen, Verbesserung der Liquidität oder Senkung der Kapitalkosten versprechen, sind Kandidaten für das Outsourcing.

15. Aktivitäten, die hohen Einfluss auf die von den Kunden empfundene Wertigkeit der Produkteigenschaften haben, werden nur dann ausgelagert, wenn der Lieferant gegenüber dem Auftraggeber einen deutlichen Entwicklungsvorsprung hat.

---

519 Stephan, M.: a. a. O., 2007.
   Nitschke, C.: Outsourcing in der Automobilindustrie. Fachhochschule Wedel, 2007.

6.6.3   Rüstarbeit

Ein stark diversifiziertes Angebot gegenüber dem Kunden hat nicht nur dazu geführt, dass zu fertigende Losgrößen immer kleiner werden, sondern dass damit auch die Rüstvorgänge in ihrer Zahl und in ihrem Zeitbedarf zunehmen. Da *Rüstzeiten* nicht direkt wertschöpfend sind, sind sie nach Möglichkeit zu minimieren. Verkürzte Rüstzeiten machen sich in verringerter Kapitalbildung und einer geringeren Durchlaufzeit positiv für das Betriebsergebnis bemerkbar.

Man unterscheidet interne und externe Rüstzeiten. Interne Rüstzeiten fallen während des Produktionsstillstands an, externe Rüstzeiten dagegen bei laufender Produktion. Externe Rüstzeiten sind damit hauptzeitparallel. Weiterhin unterscheidet man beim Rüsten die Ablaufabschnitte Rüstvorbereitung, Abrüsten, Aufrüsten, Probelauf und Nachbereitung. Interne und externe Rüstzeiten

Die Rüstvor- und -nachbereitung können hauptzeitparallel abgewickelt werden. Zur *Rüstvorbereitungszeit* gehören Planungs- und vor allem Bereitstellungsarbeiten. Zur Rüstnachbereitung können BDE-Eingaben sowie das Aufräumen des Arbeitsplatzes gehören.

Abrüsten, Aufrüsten und Probelauf sind dann interne Rüstzeiten, wenn nicht mit Werkzeugwechselsystemen gearbeitet wird.

Analog zur Unterscheidung von internen und externen Rüstzeiten definiert man auch interne und externe Rüstkosten: Interne Rüstkosten beinhalten vor allem die Kosten für den Produktionsstillstand. Man unterscheidet drei Konzepte zur Reduzierung vor allem der internen Rüstkosten:[520]

1. Rüstzeitverkürzung,
2. Rüstzeitverlagerung,
3. Rüstzeitvermeidung.

Die Rüstzeitverkürzung wird z. B. durch Schnellspannsysteme ermöglicht. Bei der Rüstzeitverlagerung geht es um die Umwandlung von internen in externe Rüstzeiten, z. B. durch *Wechselpalettensysteme*. Rüstzeitvermeidung kann durch Verlagerung von Teilaufgaben des Rüstens an (billigere) Anbieter außerhalb des Unternehmens (Outsourcing) oder durch Komplettbearbeitung betrieben werden. Wechselpalettensystem

Der Verkürzung der Rüstzeit dienen damit folgende Maßnahmen:[521]

- Arbeiten, die unbedingt bei stillstehender Maschine zu erledigen sind, sind von denjenigen Arbeiten zu trennen, die auch während des Maschinenbetriebes durchgeführt werden können.
- Rüstarbeiten bei stillstehender Maschine sind durch bessere Arbeitsvorbereitung zu reduzieren.
- Justiervorgänge sind überflüssig zu machen, Befestigungen und Lösevorrichtungen sind zu vereinfachen.
- Auch die Rüstarbeiten während laufender Maschine sind zu reduzieren, da hier ebenfalls zusätzliches Maschinenpersonal gebunden wird.

Da *Stillstandszeiten* von sehr kapitalintensiven Fertigungsanlagen im Regelfall teurer zu Buche schlagen als eine für die Rüstarbeiten zusätzlich bereitgestellte Arbeitskraft, macht es oft Sinn, die Rüstarbeit bei stillstehendem Aggregat durch Einsatz eines zweiten Mitarbeiters zu verkürzen. Im Beispiel in Abbildung III-352 wurde mit dem Einsatz einer zusätzlichen Arbeitskraft eine Umgestaltung verbunden, die Wege des Personals wurden durch eine zweite Werkzeugvorrichtung deutlich verkürzt.

---

520   Frühwald, C.: Analyse und Planung produktionstechnischer Rüstabläufe, Düsseldorf: VDI-Verlag, 1990.
521   Suzaki, K.: Modernes Management im Produktionsbetrieb. München: Hanser 1989.

vorher	(gesamte Rüstzeit bei stehender Maschine: 57 min)			

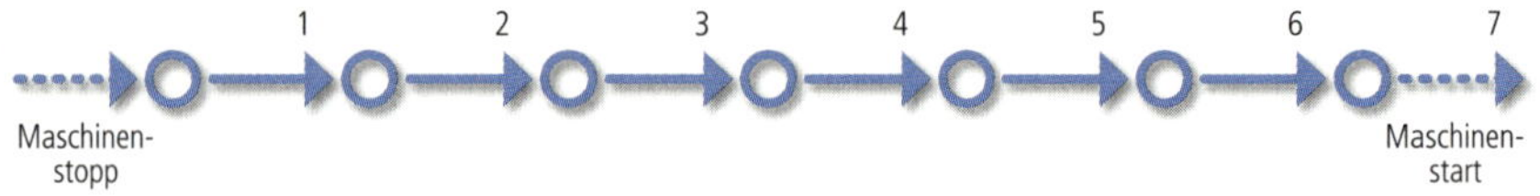

Maschinen-stopp — 1 — 2 — 3 — 4 — 5 — 6 — 7 — Maschinen-start

Schritt-Nr.	Arbeitsgang	intern/extern	benötigte Zeit (min)	durchgeführt von
1	Suche des neuen Gesenkes	I	3	Einrichter
2	Transport des neuen Gesenkes	I	10	Einrichter
3	Ausbau des alten Gesenkes	I	2	Einrichter
4	Einbau des neuen Gesenkes	I	2	Einrichter
5	Transport des neuen Materials	I	10	Einrichter
6	Justierung	I	20	Einrichter
7	Transport des alten Gesenkes	I	10	Einrichter

nachher	(gesamte Rüstzeit bei stehender Maschine: 10 min)			

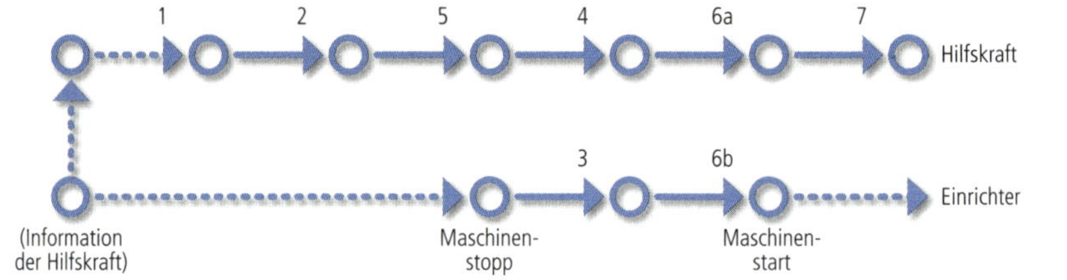

1 — 2 — 5 — 4 — 6a — 7 — Hilfskraft

(Information der Hilfskraft) — 3 — 6b — Einrichter
Maschinen-stopp   Maschinen-start

Schritt-Nr.	Arbeitsgang	intern/extern	benötigte Zeit (min)	durchgeführt von
1	Suche des neuen Gesenkes	E	3	Hilfskraft
2	Transport des neuen Gesenkes	E	10	Hilfskraft
5	Transport des neuen Materials	E	10	Hilfskraft
4	Einbau des neuen Gesenkes*	I	2	Hilfskraft
6a	Justierung**	I	7	Hilfskraft
3	Ausbau des alten Gesenkes*	I	2	Einrichter
6b	Justierung**	I	8	Einrichter
7	Transport des alten Gesenkes	E	10	Hilfskraft

*/**Diese Schritte können jeweils gleichzeitig ausgeführt werden.

Abbildung III-352 Verkürzung der Rüstarbeit an einer Presse durch Einsatz eines zweiten Mitarbeiters[522]

Rationalisie-rungspotenzial

Rüstarbeiten haben oft ein beträchtliches *Rationalisierungspotenzial*. Es handelt sich bei Rüst-arbeiten um abwechslungsreiche Tätigkeiten ganz unterschiedlicher Arbeitsformen. Handwerklich hochqualifizierte Mitarbeiter (Elektriker, Mechaniker) strukturieren den Rüstablauf allerdings oft nach althergebrachten Mustern ohne die Sinnhaftigkeit der einzelnen Arbeitsabläufe zu hinterfragen. Abbildung III-353 entstammt einer Multimomentstudie (vgl. Teil II, Abschnitt 8.6) in einem Unternehmen, das Nahrungsmittelverpackungen durch Tiefziehen und Spritzgießen herstellt und bedruckt. Knapp 15 % der Tätigkeiten der Rüstmitarbeiter entfallen auf Wegezeiten (das entspricht 1 Stunde, 12 Minuten pro Tag), etwa 14 % für Dienstgespräche mit Vorgesetzten oder Mitarbeitern. Es ist zu erwarten, dass durch eine bessere Einsatzplanung und eine optimierte Arbeitsplatzorganisation diese nur bedingt wertschöpfenden Tätigkeiten vermindert werden können.

---

522 Suzaki, K.: a. a. O., 1998, S. 35.

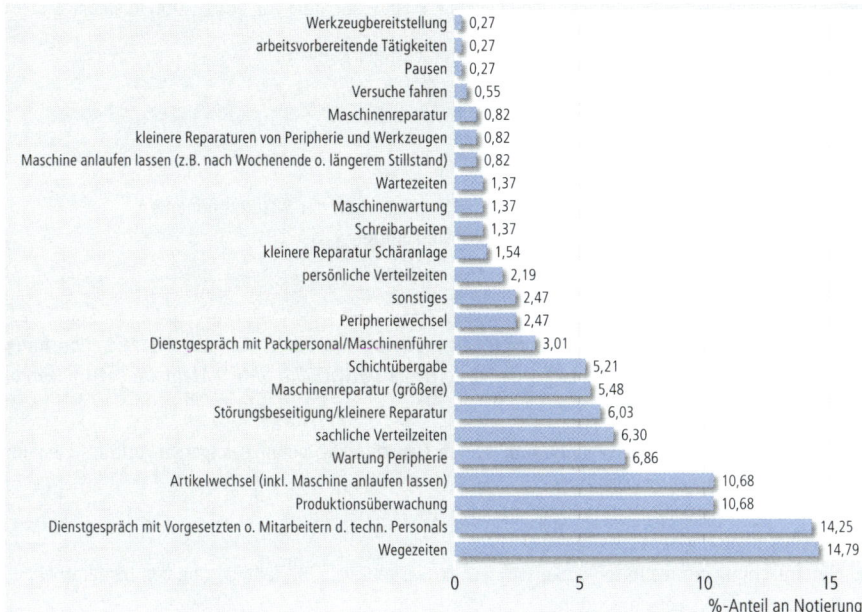

Abbildung III-353   Tätigkeitsprofil von 14 Einrichtern, erhoben über zwei Wochen im Rahmen einer Multimomentstudie (1.188 Beobachtungen)

Videoanalysen zur Dokumentation des gesamten Rüstablaufs eignen sich hervorragend dazu, ablauf-   *Videoanalysen*
organisatorische Schwachstellen aufzudecken. Abbildung III-354 zeigt den Arbeitseinsatz von insgesamt 8 Mitarbeitern eines Kunststoffherstellers bei Störungssuche und Reparatur eines Tiefzieh- und
Druckaggregates. Es kann davon ausgegangen werden, dass ein Zuviel an Personal das Umrüsten
bzw. die dabei vorzunehmende Reparatur eher behindert hat. Von einem geordnet ablaufenden Um-
rüstvorgang kann hier nicht gesprochen werden.

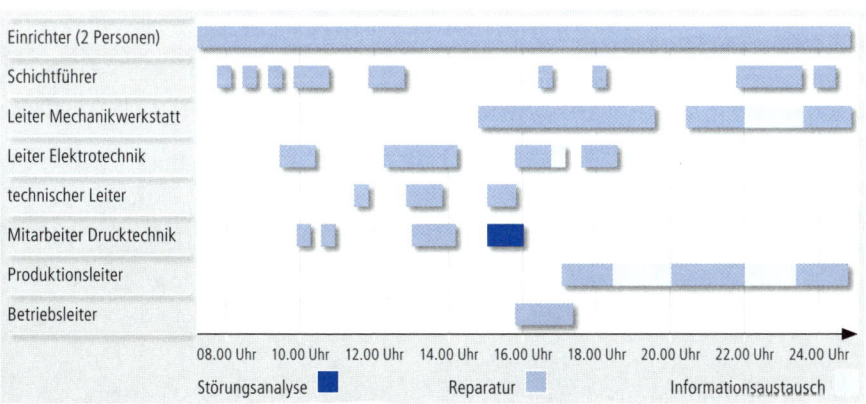

Abbildung III-354   Auswertung einer Videoanalyse über 16 Stunden bei der Umrüstung und
Reparatur eines Tiefzieh- und Druckaggregates für Kunststoffverpackungen

Organisatorische Defizite des Rüstens sind nach einer Untersuchung von etwa 1.000 Rüstabläufen:[523]

- Mangelhafte Einbindung des Rüstablaufs in den Fertigungsablauf,
- Unvollständig bereitgestellte Fertigungshilfsmittel,
- Teilweise schlechter Ausbildungsstand des Rüstpersonals.

Als Abhilfemaßnahmen werden vorgeschlagen:

- Einführung von Checklisten zur Prüfung der Verfügbarkeit der Rüstkomponenten,
- rüstgerechte Unterlagen und Dokumentationshilfsmittel,
- Rüstpläne,
- Mitarbeiterschulungen.

MTM, SMED

Die Gestaltung von Rüstvorgängen mit MTM beugt den genannten Defiziten vor (Präventionsfunktion von MTM). Darüber hinaus bietet die von Toyota *entwickelte SMED-Methode* dazu folgende Schritte an:[524]

1. Dokumentation des Rüstvorgangs vom letzten Gutstück des vorangegangenen Auftrags bis zum ersten Gutstück des Folgeauftrags,
2. Analyse der Rüsttätigkeiten und Abschätzung des Potenzials,
3. Vereinheitlichung der Fertigungshilfsmittel,
4. Vereinfachung der technisch-organisatorischen Gestaltung, z. B. Reduzierung von Justierarbeiten,
5. Reduzierung von Verschwendung,
6. Standardisierung der Rüstabläufe, Sicherung der Reproduzierbarkeit, Feedback-Schleifen,
7. Delegation der Verantwortung an die (möglichst aus Facharbeitern bestehenden) Rüstteams.

Neben dem Rüsten gibt es noch weitere sekundäre Arbeitsprozesse (Abschnitt 6.5.1) wie Reinigen, Justieren und Prüfen. Auf das Prüfen wird in Abschnitt 5.8.5 näher eingegangen. Für das Reinigen stehen spezielle MTM-Prozessbausteine zur Verfügung (vgl. Teil II, Abschnitt 7.5). Beim Justieren sind für das Rüsten besonders relevant:[525]

- Justieren durch Fügen von Ausgleichsteilen,
- Justieren durch Einstellen.

6.6.4 Instandhaltung

Sicherstellung der Fertigung

Die Sicherstellung der Fertigung erfordert eine sorgfältig geplante *Instandhaltung*. Zur Instandhaltung sind zu rechnen:

- *Wartung*,
- *Inspektion*,
- *Instandsetzung*.

---

523 Frühwald, C.: a. a. O., 1990.
524 Vgl. Blom Product Development Team: Schnellrüsten: Auf dem Weg zur verlustfreien Produktion mit Single Minute Exchange of Die (SMED): Ansbach: CETPM Publishing, 2007.
525 DIN 8580, Fertigungsverfahren – Begriffe, Einteilung.

Dabei gehören zur Wartung im Einzelnen (Abbildung III-355):[526]

- Schmieren,
- Ergänzen,
- Auswechseln,
- Nachstellen,
- Reinigen,
- Konservieren.

Bei der Durchführung der *Wartung* ist festzulegen, ob sie im Betriebszustand oder im Stillstand vorzunehmen ist. Die Wartung kann in regelmäßigen Intervallen vorgenommen werden, sie kann jedoch auch vom augenblicklichen Maschinenzustand abhängig gemacht werden.

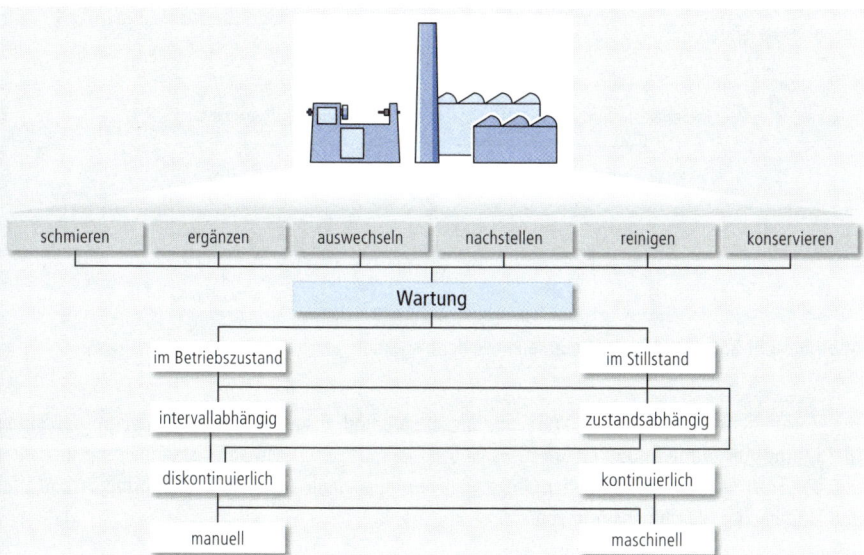

Abbildung III-355 Bestandteile und Merkmale der Wartung[527]

Primärer Nutzen einer regelmäßigen, geplanten Wartung ist:[528]

- die Verringerung der Verschleiß- und Korrosionsgeschwindigkeit und dadurch
- die Sicherstellung der Funktionsfähigkeit,
- die Reduzierung der technischen Störungs- und Ausfallzeit und damit
- nicht nur die Einhaltung der geplanten Fertigungsdurchlaufzeit, sondern auch die Reduzierung dieser Zeit.

Mit ordnungsgemäßer Wartung soll sich also die ausfallbedingte Instandsetzungszeit vermindern.

Während die Wartungsmaßnahmen manuell oder maschinell durchgeführt werden, handelt es sich bei der *Inspektion* um eine Informationsverarbeitungsaufgabe mit Entscheidungsfindung (Abbildung III-356). Die technischen Zustände (Soll und Ist) eines Aggregates oder einer größeren Fertigungsein-

---

526 Jakobi, H. F.: Nutzen-Wirkungen bei der Wartung und Inspektion. In: Biedermann, H. (Hrsg.): Inspektion und Wartung, Techniken, Organisation und Wirtschaftlichkeit, 5. Instandhaltungsforum. Köln: TÜV Rheinland, 1989.
527 Vgl. Jakobi, H. F.: a.a.O., 1989.
528 Jakobi, H. F.: a.a.O., 1989.

richtung sind zu beobachten und eventuell erforderliche Maßnahmen sind abzuleiten. Auch dabei muss unterschieden werden, ob die Inspektion im normalen Betriebszustand oder im Stillstand durchzuführen ist. Ebenso unterscheidet man auch hier diskontinuierliche und kontinuierliche Inspektionsmaßnahmen.

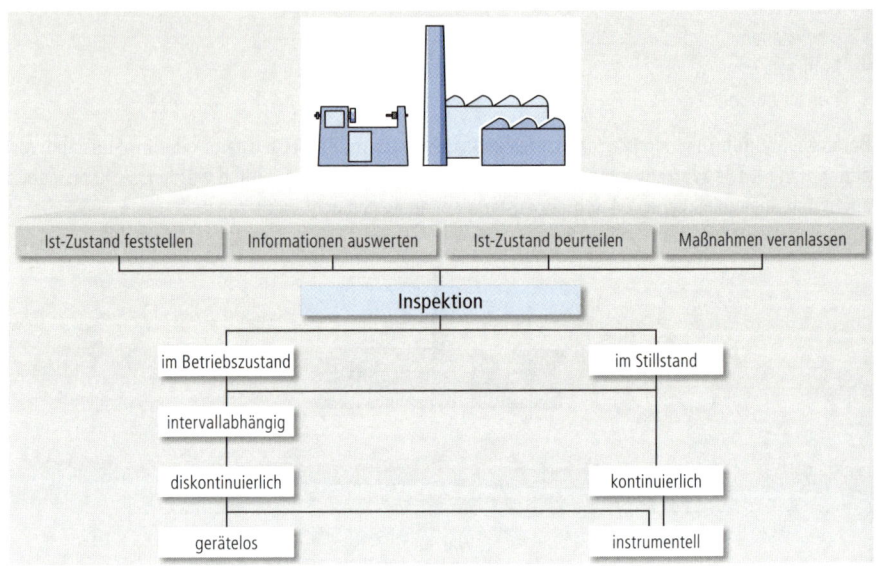

Abbildung III-356 Bestandteil und Merkmale der Inspektion

Zusammenhänge zwischen Wartung, Inspektion und Instandsetzung

Die Zusammenhänge zwischen Wartung, Inspektion und Instandsetzung werden in Abbildung III-357 und Abbildung III-358 erläutert. Es ist das Optimum zwischen der Instandhaltungsintensität und der *Störungsintensität* zu finden: Regelmäßige und geplante Instandhaltung vermindert Anzahl und Umfang der Maschinenstörungen.

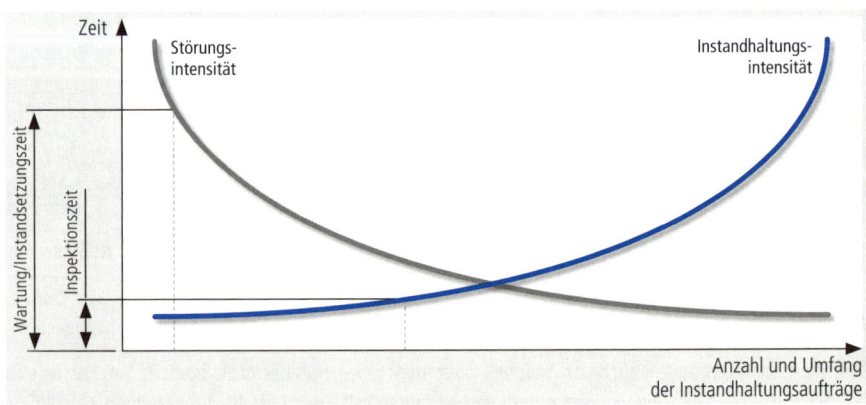

Abbildung III-357 Optimierung von Wartung, Inspektion und Instandsetzung

Abweichungen vom Soll-Zustand

Mit der Inspektion sollen frühzeitig Abweichungen vom Soll-Zustand erkannt werden. Der Störungs- bzw. Ausfalleintritt soll in der Betriebsarbeitszeit verhindert werden. Die geplante Verfügbarkeit, die Fertigungsdurchlaufzeit sowie die Produktivität sollen beibehalten werden können. Der Übergang vom betriebsfähigen in den betriebsunfähigen Zustand eines Aggregates oder einer Fertigungsanlage wird in Abbildung III-359 verdeutlicht.

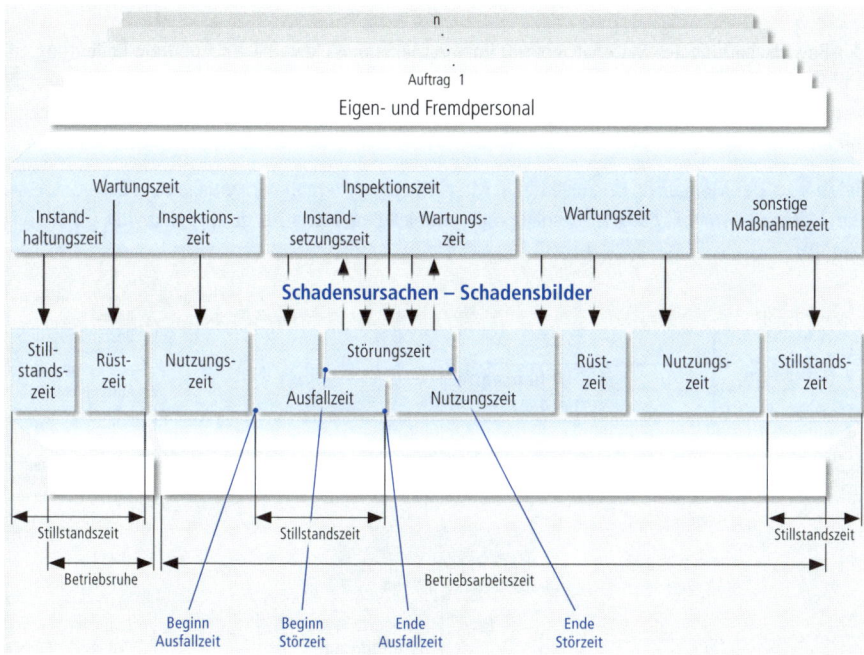

Abbildung III-358 Zeitanteile für Wartung und Inspektion[529]

In Abschnitt 6.4.5 wurde auf *Fertigungsinseln* eingegangen. Für die Instandhaltung gilt in diesem Falle, dass für das Inselpersonal nur einfache Wartungs- und Instandsetzungsaufgaben sinnvoll sind. Es ist empfehlenswert, einen Mitarbeiter der zentralen Instandhaltung als Instandhaltungsberater der Fertigungsinsel zuzuordnen.

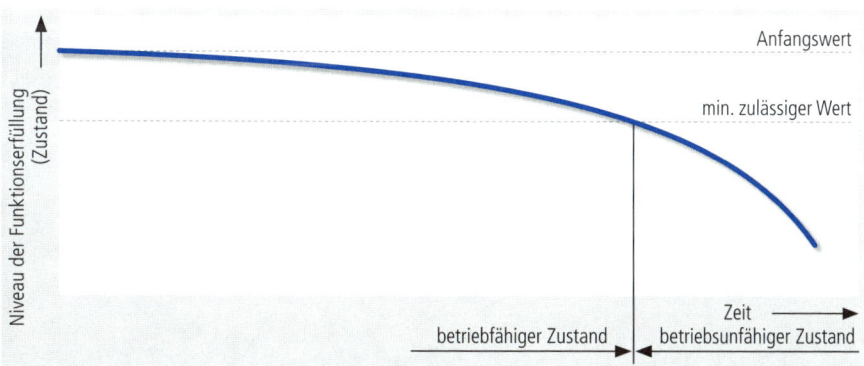

Abbildung III-359 Definition des Störungsbegriffes[530]

529 Jacobi, H. F.: a.a.O., 1989.
530 Smit, K.: Voraussetzungen und Möglichkeiten für die Anwendung der zustandsabhängigen Instandhaltung. In: Biedermann, H. (Hrsg.): Inspektion und Wartung, Techniken, Organisation und Wirtschaftlichkeit, 5. Instandhaltungsforum. Köln: TÜV Rheinland GmbH, 1989.

6.7 Logistik in Arbeitsprozessen

6.7.1 Logistik

Bewirtschaftung des Materials

Der Bewirtschaftung des Materials kommt im verarbeitenden Gewerbe eine zentrale Bedeutung zu. Im Maschinen- und Anlagenbau müssen durchschnittlich 3.000 Einzelteile pro Auftrag bereitgestellt werden; mehr als 60 % der Störungen des Montageablaufs sind auf den Faktor Material zurückzuführen.[531]

Bis zu 90 % der Montagedurchlaufzeiten in Maschinenbauunternehmen entfallen auf Lagerprozesse. Die *Materialbewirtschaftung* ist deshalb von zentraler Bedeutung für die Produktivität (Abbildung III-360).

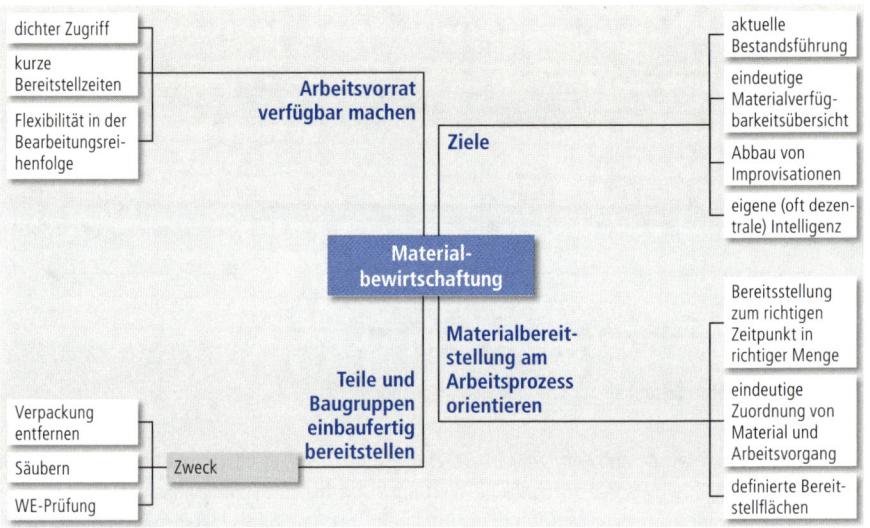

Abbildung III-360   Aufgaben der Materialbewirtschaftung[532]

Abbildung III-361 zeigt die Vielfalt der verschiedenen Lager, wie sie bis in die 1990er-Jahre für viele Unternehmen typisch war. Die Folge der vielen Zwischenlager waren: hohe Kapitalbindung, lange Durchlaufzeiten und hohe Blindleistung. Systematisches Verbesserungsmanagement, insbesondere anhand einer Wertstromanalyse, hilft jedoch, diese Gestaltungsdefizite abzubauen.

---

531 Eversheim, W.; von Pathow, C.: Montagestruktur- und Arbeitsplatzgestaltung in der Einzel- und Kleinserienproduktion. In: Landau, K.; Luczak, H.: Ergonomie und Organisation in der Montage. München: Hanser, 2001, S. 581–609.
532 In Anlehnung an Eversheim, W.; von Pathow, C.: Montagestruktur- und Arbeitsplatzgestaltung in der Einzel- und Kleinserienproduktion. In: Landau, K. et al.: a. a. O., 2001, S. 600.

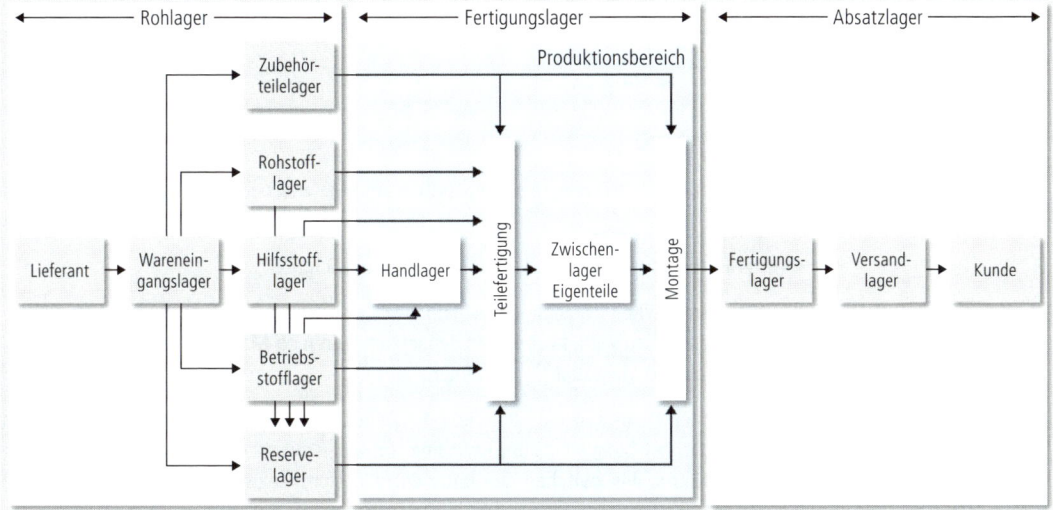

Abbildung III-361 Große Lagerzahl im Fertigungsprozess mit den Risiken hohe Kapitalbindung, lange Durchlaufzeiten, hohe Blindleistung[533]

Aus Abbildung III-361 wird auch deutlich, dass eine allein unternehmensinterne Optimierung der Materialbewirtschaftung nicht zielführend ist. Alle Beteiligten an der Wertschöpfungskette – Zulieferer, Hersteller, Großhändler, Speditionen, Lagerhäuser etc. – sind involviert. Seit zwei Jahrzehnten hat sich deshalb das Denken in Lieferketten etabliert. Man versteht in diesem Zusammenhang unter *Supply Chain Management* die unternehmensübergreifende Koordination und Optimierung der Material-, Informations- und Wertflüsse über den gesamten Wertschöpfungsprozess von der Rohstoffgewinnung über die einzelnen Veredelungsstufen bis hin zum Endkunden mit dem Ziel, den Gesamtprozess sowohl zeit- als auch kostenoptimal zu gestalten.[534] *(Randnotiz:* Supply Chain Management*)*

Der *Materialfluss* ist die Verkettung aller Vorgänge beim Gewinnen, Be- und Verarbeiten sowie beim Verteilen von Gütern innerhalb festgelegter Bereiche.[535] Der Bereich, in dem der Materialfluss gestaltet wird, kann beliebig groß sein. Man bildet daher eine stufenartige Ordnung des Materialflusses: *(Randnotiz:* Materialfluss*)*

- Der Materialfluss erster Ordnung umfasst die Transporte zwischen dem Werk und seinen Lieferanten oder Abnehmern oder zwischen Werken allgemein (Gesamtsystem).
- Der Materialfluss zweiter Ordnung umfasst die Transporte innerhalb eines Werksgeländes zwischen verschiedenen Betriebsbereichen (Betriebs- bzw. Werkstätten).
- Der Materialfluss dritter Ordnung umfasst die Transporte zwischen einzelnen Abteilungen eines Betriebsbereiches oder zwischen einzelnen Betriebsmitteln innerhalb einer Abteilung (Arbeitsplätze, Maschinen).
- Der Materialfluss vierter Ordnung umfasst den Transport an einem Arbeitsplatz (Handhabung am Arbeitsplatz).

Die Vernetzung von Arbeitssystemen über den Materialfluss wird anhand des Kooperationsgrades deutlich. Man berechnet z.B. für den Materialfluss dritter Ordnung, also innerhalb eines Betriebsbereiches,

533 Hartmann, H.: Materialwirtschaft, 8. Auflage. Gernsbach: Deutscher Betriebswirte Verlag, 2002.
534 Arndt, H.: Supply Chain Management – Strategien und Entwicklungstendenzen in Spitzenunternehmen. Berlin: Springer, 2004.
535 VDI 2411: Begriffe und Erläuterungen im Förderwesen, 1970.

$$\text{Kooperationsgrad } K = \frac{\sum\limits_{i=1}^{m} k_i}{m}$$

mit

k_i = Anzahl der Arbeitssysteme, die Arbeitssystem i mit Material beliefern oder von ihm Material erhalten,

m = Anzahl Arbeitssysteme im betrachteten Betriebsbereich.

Da häufig unter Materialfluss lediglich die körperlichen Bewegungen von Einzelteilen, Baugruppen und Fertigwaren verstanden wird, fasst man in den letzten Jahren oft Materialfluss und Informationsfluss unter dem Stichwort »Logistik«[536] zusammen.

Logistik, Intralogistik

Unter *Logistik* versteht man also die Steuerung des Güterstroms von der Rohstoffquelle bis zum Verbraucher und darüber hinaus bis zum Recycling. *Intralogistik* beschreibt dagegen den innerbetrieblichen Materialfluss, der zwischen den unterschiedlichsten »Logistikknoten« stattfindet sowie den dazugehörigen Informationsfluss.

Zur betrieblichen Logistik gehören Informations- und Materialflussprozesse zum

- Transportieren,
- Handhaben,
- Lagern.

Die Logistikstrukturen benötigen[537]

- Transport- und Fördersysteme,
- Handhabungssysteme,
- Lagersysteme.

Die Logistik ist eine wichtige Querschnittsfunktion im Unternehmen. Sie hat die Aufgabe,

- die richtigen Mengen,
- der richtigen Objekte,
- mit den richtigen Informationen,
- am richtigen Ort,
- zum richtigen Zeitpunkt,
- in der richtigen Qualität,
- zu den richtigen Kosten

verfügbar zu halten. Es erfolgt eine Optimierung nach den Kriterien Logistikleistung, -kosten und -ökologie.

Logistikbereiche

Man unterscheidet auch oft nach den Bereichen

- Beschaffungslogistik,
- Lagerlogistik,
- Produktionslogistik,
- Transportlogistik,
- Ersatzteillogistik,

---

536 Der Begriff Logistik stammt aus dem Französischen »loger« = unterbringen.
537 Vgl. Abschnitte 6.7.4 und 6.7.5.

- Instandhaltungslogistik,
- Entsorgungslogistik und
- Informationslogistik.

Beschaffungs-, Produktions- und Distributionslogistik sind miteinander vernetzt. Es ist nicht sinnvoll, sie unabhängig voneinander zu optimieren.

6.7.2 Materialbewirtschaftung und Materialbereitstellung

Die *Materialbereitstellung* hat das Ziel, termingerecht das zur Aufgabendurchführung benötigte Material (Werkstücke, Betriebsmittel, Werkzeuge, Vorrichtungen, Montagehilfsstoffe etc.) an dem dafür vorgesehenen Ort zur Verfügung zu stellen. Die Materialbereitstellung ist die zentrale logistische Aufgabe in Arbeitssystemen.

Materialbereitstellung

Sie kann in mehrere Teilaufgaben gegliedert werden (Abbildung III-362):

- Planen der Materialbereitstellung,
- Festlegen von organisatorischen Bereitstellungsprinzipien,
- Festlegung organisatorischer Abläufe.

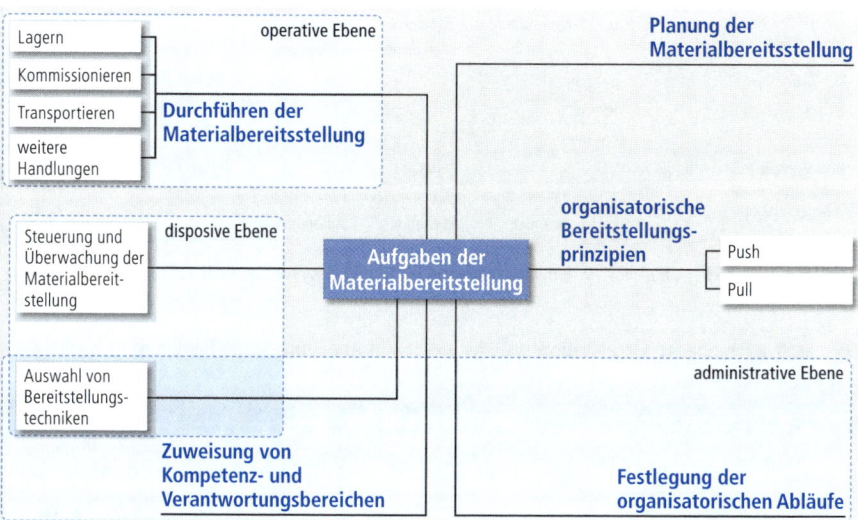

Abbildung III-362 Aufgaben der Materialbereitstellung[538]

Die Materialbereitstellung und der Materialfluss sollten anhand folgender Ziele gestaltet werden:

1. Vermeide oder reduziere die manuelle oder maschinelle Handhabung wo immer möglich.
2. Verkürze den Materialdurchlauf im Betrieb.
3. Vermeide oder reduziere den Aufwand für Inventuren.
4. Verbessere die Flächennutzung.
5. Vereinfache den Materialfluss.
6. Vermeide Materialbeschädigung und Abfall.

---

538 Vgl. Bullinger, H.-J. et al.: a.a.O., 1994.

7. Reduziere Energieverbräuche.

8. Verbessere die Arbeitssicherheit.

Materialflusssysteme   Man unterscheidet folgende *Materialflusssysteme* nach Vorgängen, Realisierungsmöglichkeiten und Materialflusseinheiten[539] (Abbildung III-363).

Materialflusssystem				
Vorgang	**Realisierungsmöglichkeiten**		**Materialfluss-einheit**	**Beispiele**
Transport der Güter zur Bereitstellung	findet nicht statt findet statt (1-dimensional / 2-dimensional / 3-dimensional) (manuell / mechanisch / automatisch)		Beschickungs-einheit	Palette, Behälter, Tray/Tablar
Bereitstellung	statisch dynamisch; zentral dezentral; geordnet ungeordnet		Beschickungs-einheit	Palette, Behälter, Schachtel, Tray/Tablar
Bewegung des Kommissionierers zur Bereitstellung	findet nicht statt findet statt (1-dimensional / 2-dimensional / 3-dimensional) (manuell / mechanisch / automatisch)		Sammeleinheit	Palette, Behälter, Schachtel, Tray/Tablar
Entnahme der Güter durch den Kommissionierer	manuell mechanisch automatisch; ein Teil pro Zugriff mehrere Teile pro Zugriff		Entnahme-einheit	Schachtel, Bündel, Packung, Einzelteil
Transport der Güter zum Abgabeort	findet nicht statt findet statt (1-dimensional / 2-dimensional / 3-dimensional) (manuell / mechanisch / automatisch)		Sammeleinheit	Palette, Behälter, Schachtel, Tray/Tablar
Abgabe	statisch dynamisch; zentral dezentral; geordnet ungeordnet		Sammelein-heit, Versand-einheit	Palette, Behälter, Schachtel, Tray/Tablar
Rücktransport der angebrochenen Ladeeinheiten	findet nicht statt findet statt (1-dimensional / 2-dimensional / 3-dimensional) (manuell / mechanisch / automatisch)		Beschickungs-einheit	Palette, Behälter, Tray/Tablar

Abbildung III-363   Überblick zu den verschiedenen Materialflusssystemen (VDI 3590)

Die damit verbundenen Organisationssysteme werden in Abbildung III-364 erläutert.

Organisationssystem			
Teilsystem	**Kriterien**	**Realisierungsmöglichkeiten**	**Bestimmungsfaktoren (Beispiele)**
Aufbauorganisation	Zonenaufteilung	einzonig mehrzonig	Artikeleigenschaft, bauliche Gegebenheiten
Ablauforganisation	Sammeln	nacheinander gleichzeitig	Durchlaufzeit, Mengendurchsatz
	Entnahme	artikelorientiert auftragsorientiert	Zugriffshäufigkeit
	Abgabe	artikelorientiert auftragsorientiert	Auftragsgröße, Auftragsvolumen
Betriebsorganisation	Auftragssteuerung	ohne Optimierung mit Optimierung	Personalbedarf, Versandart, Systemleistung

Abbildung III-364   Organisationssysteme des Materialflusses (VDI 3590)

---

539 Der Materialfluss ist eines der betrieblichen Flusssysteme. Daneben gibt es Personalfluss, Energiefluss und Informationsfluss.

Materialströme zwischen den Lager- und Fertigungsbereichen können als *Sankey-Diagramme*[540]   Sankey-Diagramm
dargestellt werden. Mit Sankey-Diagrammen visualisiert man quantitative Transportbeziehungen
nach der Anzahl der Transporte, den Transportstrecken, den Transportmengen und -kosten.[541] Man
unterscheidet gerichtete und ungerichtete Sankey-Diagramme. In den gerichteten Diagrammen werden die Transportbeziehungen in beiden Richtungen dargestellt (Abbildung III-365). Ungerichtete
Diagramme fassen das Transportvolumen »von-nach« in einem Wert zusammen. Aus dem Sankey-
Diagramm, das sowohl für das Planungsstadium als auch für das reale Layout erstellt werden kann,
lässt sich die Hauptflussrichtung ermitteln.

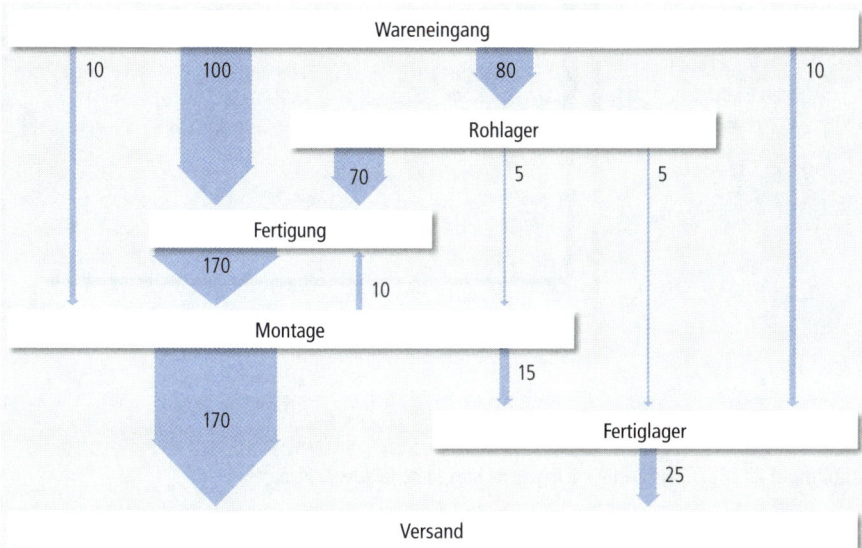

Abbildung III-365   Beispiel für ein Sankey-Diagramm

Im Gegensatz zu Sankey-Diagrammen wird bei den *lagegerechten Materialfluss-Schemata* die tat-   Materialfluss-Schema
sächliche Transportintensität mengen- und richtungsbezogen in die Hallengrundrisse eingetragen
(Abbildung III-366). Aus solchen Materialflussdaten lassen sich unter Einsatz von layoutmodellieren-
der Planungssoftware die Transportentfernungen automatisch bestimmen. Das ist Grundlage für die
Berechnung der Transportleistung (z. B. in Palettenmetern), welche die Transportkosten im Wesentlichen bestimmt.

---

540   Henry P. R. Sankey, irischer Ingenieur (1853–1921).
541   Die Ermittlung von Zustands- und Bewegungsdaten des Materialflusses kann mit den besprochenen IE-
      Methoden vorgenommen werden – von der Wertstromanalyse bis hin zu MTM-Prozessbausteinsystemen.

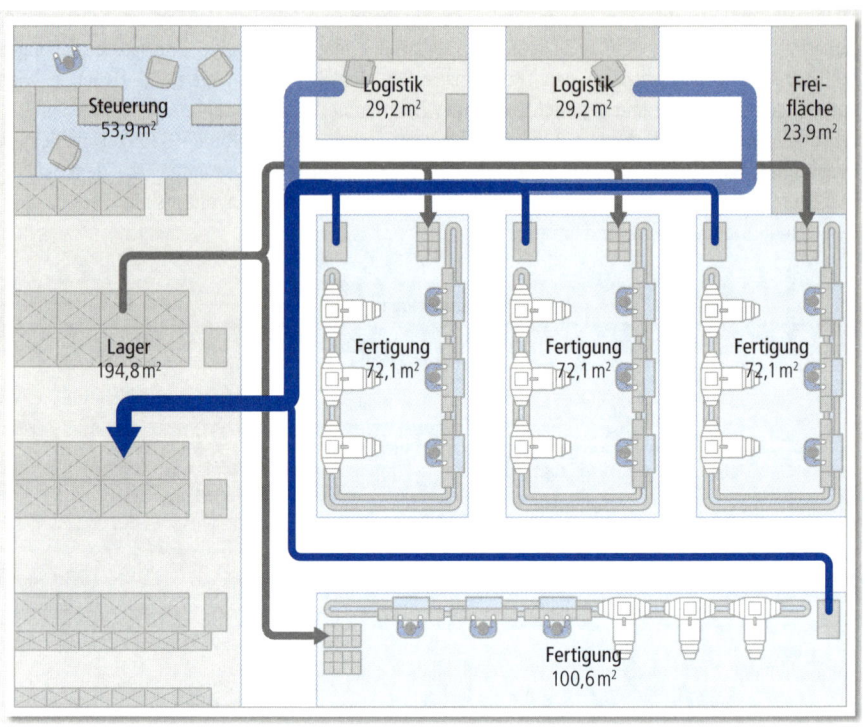

Abbildung III-366 Beispiel für ein lagegerechtes Materialfluss-Schema[542]

Grundstrukturen
im Materialfluss

Setzt man den Wertstrom einer Produktfamilie in ein Layout um, so ergäbe sich aus der Logik der Wertstromanalyse eine Linien-Struktur (Abbildung III-367). Sobald mehrere Produkte oder Produktfamilien betrachtet werden, kommen Parallel- oder Spine-Strukturen infrage. Wenn Wegeoptimierungen der Mitarbeiter eine Rolle spielen, sind U- oder Eck-Formen zu prüfen. Bei örtlichen Restriktionen, z. B. Materialversorgung und Abholung der Erzeugnisse an derselben Stelle, besteht die Möglichkeit für Ring-Strukturen.

---

542 Bildexport aus der Layoutplanungssoftware visTABLE®touch; vgl. Weber, T.: Intuition, Methodik & Werkzeuge – Erfolgsfaktoren effizienter Layoutplanung. In: Institut für Produktionstechnik (IfP) der Westsächsischen Hochschule Zwickau (Hrsg.): 3. Symposium Produktionstechnik innovativ und interdisziplinär. Tagungsband. Zwickau: IfP, 2011. S. 127–135.

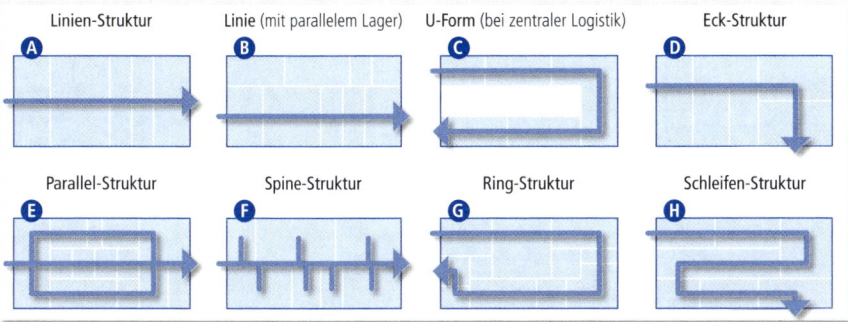

Abbildung III-367   Grundstrukturen des Materialflusses[543]

Push-System

Über mehrere Jahrzehnte beherrschten sogenannte *Push-Systeme*[544] die Materialflusssteuerung und die Versorgung der Arbeitssysteme. Unter dem Stichwort Manufacturing Ressource Planning (MRP) wurde versucht, an jedem Ort im Betrieb Bauteile und Baugruppen in der erforderlichen Menge und zur richtigen Zeit festzulegen. Durch eine zentrale Steuerungseinheit wurde also der Materialverbrauch über die betroffenen Abteilungen

- Verkauf,
- Konstruktion und Entwicklung,
- Einkauf,
- Fertigungsplanung und -steuerung,
- Teilefertigung, Vor- und Endmontage,
- Lager und Transport,
- Qualitätssicherung und Instandhaltung und
- Versand

möglichst punktgenau zeitlich und örtlich gesteuert. Die betriebliche Realität zeigte jedoch, dass dieses Versorgungskonzept zwischen den Arbeitssystemen eines Betriebes zu anspruchsvoll war.

Beispiel

Das folgende Beispiel, das aus einem mittelständischen Betrieb stammt, der Leiterplatten herstellt, verdeutlicht die Problematik eines suboptimalen MRP-Systems und der damit verbundenen, oft hohen Liegezeiten und zahlreichen Zwischenlager: In einem Betriebsgebäude aus den 1970er-Jahren ist die Fertigung historisch gewachsen (Abbildung III-368). Die Transportwege folgen keineswegs Wertstromgesichtspunkten, wobei man allerdings bedenken muss, dass wegen der z. T. notwendigen klimatisierten bzw. temperaturstabilisierten Räume ein wertstromgerechte Veränderung des Layouts nicht ohne Weiteres möglich ist. Die Mitarbeiter der einzelnen Fertigungsbereiche geben die Ware an die nachfolgenden Arbeitssysteme weiter, da diese jedoch gegenüber dem liefernden Bereich unterschiedliche Fertigungskapazitäten haben, bilden sich Zwischenlager (ZL 1–6 sowie ZL 8). Die Zwischenlager müssen mit Überstunden, Sonderschichten oder Umdisposition der Aufträge abgearbeitet werden.

543 Erlach, K.: Wertstromdesign. Heidelberg: Springer, 2007, S. 240.
544 Bringprinzip: Ohne Rücksicht auf den tatsächlichen Bedarf des nachgeordneten Prozesses wird produziert bzw. Material beschafft. Das Wertstrom-Symbol für eine Push-Bewegung ist ein gestreifter Pfeil (vgl. Teil II, Abschnitt 3.8.3).

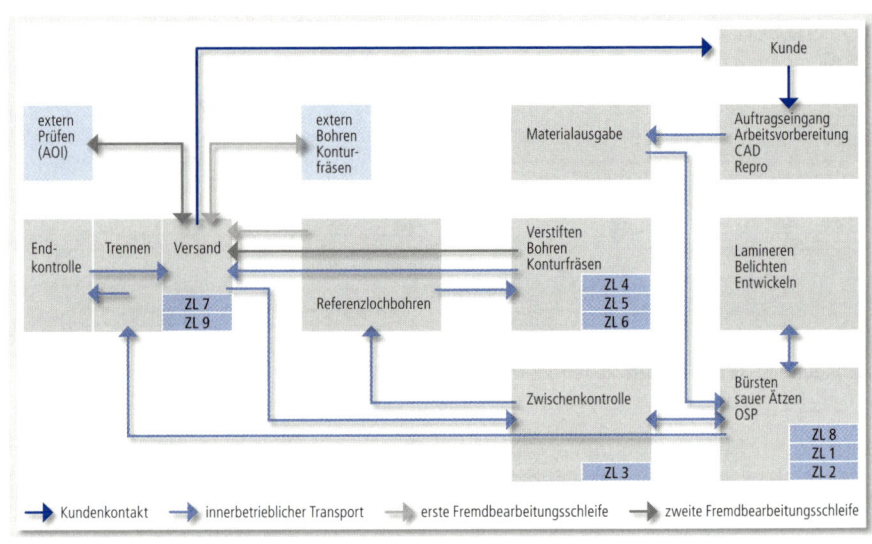

Abbildung III-368 Transportwege bei einem Leiterplatten-Hersteller

Von besonderer Bedeutung ist der Transport zu verschiedenen Subunternehmen zum Prüfen (extern AOI), Bohren und Konturfräsen (vgl. Abschnitt 6.4). Transportzeit und Bearbeitungszeit beim Subunternehmen summieren sich auf zwei bis fünf Tage – je nach Jahreszeit und Witterung. Hinzu kommen zusätzliche Eingangsprüfungen, wenn die geprüfte bzw. gebohrte Ware vom Subunternehmen zurückkommt. Das Resultat dieser suboptimalen Produktionssteuerung sind weitere Zwischenlager (ZL 7 und ZL 9). Die durchschnittliche Durchlaufzeit der Leiterplatten beträgt etwa fünf bis sechs Wochen.

Pull-System

Verzichtet man auf ein MRP-System und richtet *ein Pull-System*[545] ein, dann müssen sich dagegen die Werker in Fertigung und Montage das benötigte Material selbst (verbrauchsgesteuert) aus den entsprechenden Lager- bzw. Bereitstellbereichen holen. Das japanische *Kanban*-System hat sich im letzten Jahrzehnt als Pull-System und Alternative zu der früheren komplexen Auftragsabwicklung in der Produktion durchgesetzt (vgl. Abschnitt 6.7.3).

Im Leiterplatten-Beispiel (Abbildung III-368) führte die Anschaffung eines eigenen Prüfautomaten, die Ausweitung der Fräs- und Bohrkapazität und die Umstellung auf ein Pull-System zu einer Reduktion der Kapitalbindung in den Zwischenlagern von vorher 42 % auf 12 % des Monatsumsatzes.

Logistikinseln

Steht in einem Unternehmen die dezentrale, an Produktgruppen bzw. Teilefamilien orientierte Fertigung im Vordergrund, dann können *Logistikinseln* für die Auftragsabwicklung sinnvoll sein. Hier werden die Logistikaufgaben Vertriebsverwaltung, Einkauf, Auftragsklärung und Materialdisposition nach Produktgruppen zusammengefasst. Die übliche funktionale unternehmens- oder werksweite Logistik mit dem damit verbundenen Bereichsdenken tritt dann in ihrer Bedeutung zurück. Die Steuerung nach Produkten und Fristigkeiten in einer ganzheitlichen, teamorientierten Arbeitsweise mit umfassenden Arbeitsinhalten für die betroffenen Mitarbeiter macht Produktivitätszuwächse möglich. Allerdings kann das bedeuten, dass jede Logistikinsel für sich optimale Losgrößen bestimmt, ohne dabei den Gesamtwertstrom zu bedenken.

---

545 Holprinzip: An den vorgelagerten Prozess wird Produktionsanweisung abgegeben. Es werden nur Verbräuche ersetzt, die aus Kundenauftrag resultieren. Das Wertstrom-Symbol für eine Pull-Bewegung ist ein gebogener Pfeil.

Das *Milkrun-Konzept* ist durch eine sequenzielle Abholung bei mehreren Quellen und direkte Liefe-   Milkrun-Konzept
rung an das Empfängerwerk (oder innerbetrieblich: an die entsprechende Verarbeitungsstelle) ohne
dazwischenliegende Konsolidierungspunkte gekennzeichnet.[546] Es hat gegenüber traditionellen Versorgungskonzepten Kostenvorteile, nicht nur für die Fließfertigung. Es setzt voraus:[547]

- Transparenz über Termine, Mengen und Bedarfsorte,
- Einsatz leicht verfahrbarer Behälter,
- IT-gestützte Routenplanung,
- i.d.R. auch Kanban (vgl. Abschnitt 6.7.3).

Das folgende Beispiel zeigt das Layout für einen mittelständischen Betrieb, der Kunststoff-Lebensmit-   Beispiel
telverpackungen herstellt (Abbildung III-369). Die Verpackungen werden gespritzt oder tiefgezogen.
Ein Teil der Ware wird bis zum endgültigen Abruf durch den Kunden unbedruckt zwischengelagert.
Ein anderer Teil geht als unbedruckte Ware direkt an den Kunden. Ein Hängefördersystem bringt die
unbedruckte Ware zum Hochregallager. Die Anlieferung des Rohmaterials (in Big Bags) und die Be-
lieferung des Kunden (Kartons auf Palette) geschehen mit eigenen Lkws nach dem Milkrun-Konzept.

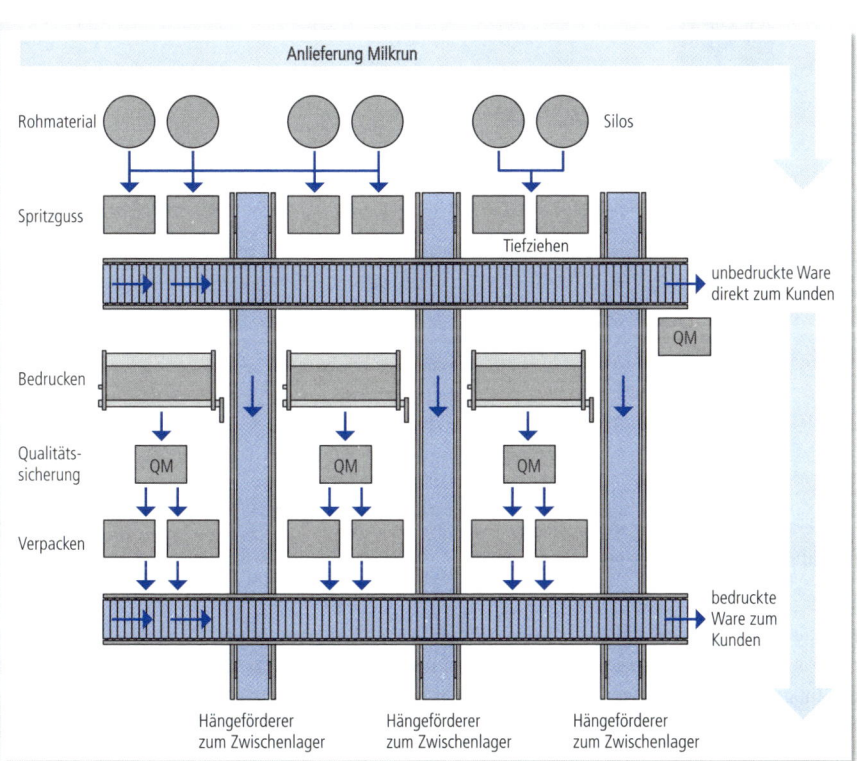

Abbildung II-369   Schematische Darstellung des Materialflusses nach dem Milkrun-Prinzip für
einen Kunststofffertiger

---

546 Wildemann, H.; Niemeyer, A.: Das Milkrun – Konzept: Logistikkostensenkung durch auslastungsorientierte
      Konsolidierungsplanung, elektronisch veröffentlicht: URL: www.tcw.de/tcw_V1/uploads/html/publikatio-
      nen/aufsatz/files/Logistikkostensenkung_Milkrun_Niemeyer.pdf, 2007.
547 Balzer, H.: Den Lieferstrom gestalten. Stuttgart: Log_X, 2005.

6.7.3 Kanban

Hohe Bestände an Rohwaren, Halbfabrikaten und Fertigzeugnissen haben eine Reihe negativer Auswirkungen auf

- die Prozessplanung im Allgemeinen,
- das Ausbalancieren der Fertigungslinien,
- die Transportwege und vor allem auch auf die
- Lieferbereitschaft und Termineinhaltung.

Materialbestände Hohe Materialbestände stehen häufig für instabile Fertigungs- und Lagerungsprozesse.

Kanban heißt wörtlich übersetzt Pendelkarte und steht für ein Informationsmedium, auf dem alle spezifischen Daten eines Bauteils oder einer Baugruppe verzeichnet sind. Dazu gehören Name des Bauteils, Menge, Lieferzeit in Tagen, Behälterart, Behältergröße etc. (Abbildung III-370).

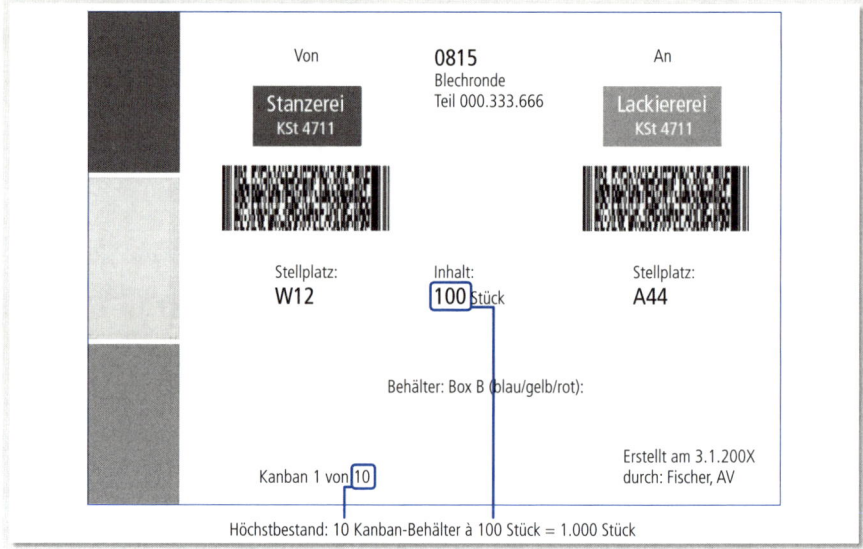

Abbildung III-370   Beispiel einer Kanban-Karte

Mit Kanban wird beabsichtigt, ein ganzheitliches, kundenorientiertes *Logistiknetzwerk* für die Produktion einzuführen. Dabei werden durch eine Reduzierung der *Materialbestände* und durch Vermeidung von Blindleistungen die Herstellkosten gesenkt und die Lieferbereitschaft erhöht.[548] Das hervorstechende Merkmal von Kanban ist das sogenannte *Pull-System*, bei dem die künftige Materialversorgung durch den gerade stattgefundenen Materialverbrauch ausgelöst wird (Abbildung III-371).

---

548   Weber, R.: KANBAN. Renningen: Expert, 2001.

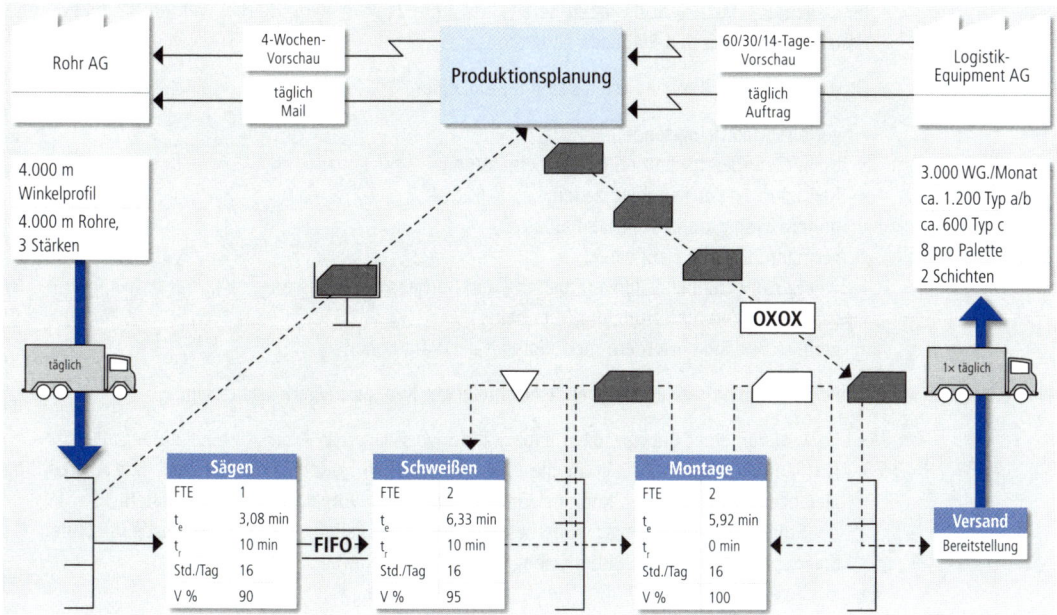

Abbildung III-371 Wertstromanalyse für einen Produktionsbereich mit Pull-Steuerung

Wird also in einem Arbeitssystem ein Meldebestand unterschritten, so werden bei den vorgelagerten Arbeitssystemen mit einem Kanban-Informationsträger Teile nachbestellt. Somit wird immer nur eine bestimmte Menge von Teilen und Baugruppen innerhalb der Fertigung bevorratet.

Den praktischen Ablauf eines Pull-Systems mit drei *Kanban-Regelkreisen* zeigt Abbildung III-372.

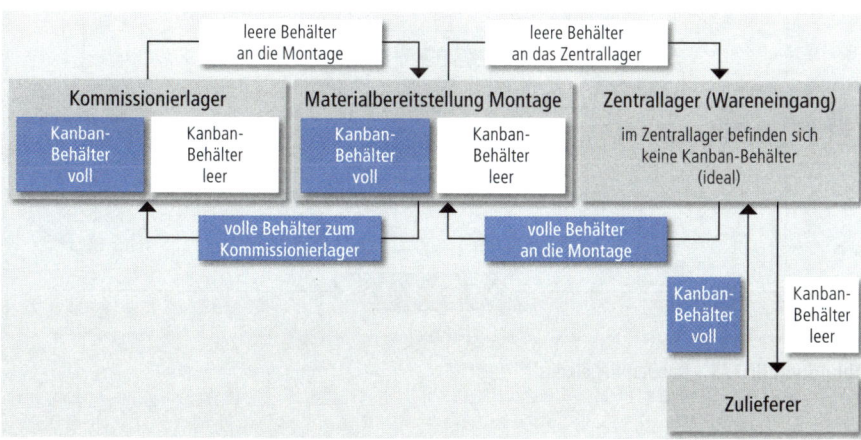

Abbildung III-372 Vernetzung von drei Kanban-Regelkreisen[549]

---

549 Deutsche MTM-Vereinigung e. V. (Hrsg.): MTM-Logistik Lehrgangsunterlage, Hamburg, 2010.

Im Gegensatz dazu steht das oben bereits erwähnte *Push-System*. Hierbei werden Produktion und Bestellungen durch den Planbedarf angestoßen.

Kanban, Vorteile   Die Vorteile eines Kanban-Systems sind im Einzelnen:[550]

- geringe Materialbestände,
- hohe Lieferbereitschaft und Termineinhaltung,
- Reduzierung der Durchlaufzeiten,
- höhere Transparenz des Materialflusses,
- geringer Steuerungsaufwand,
- wenig Aufwand bei Datenverarbeitung und Betriebsdatenerfassung,
- gestiegene Verantwortung der Mitarbeiter,
- geringe Bestände erfordern mehr Sorgfalt der Mitarbeiter.

Kanban, Nachteile   Allerdings können sich auch folgende Nachteile des Kanban bemerkbar machen:

- Es wird von einer unbegrenzten Kapazität der vorgelagerten Arbeitssysteme ausgegangen.
- Das Kanban-System enthält in dieser einfachen Form keine Prioritätenregel zur Abarbeitung gleichzeitig eintreffender, konkurrierender Aufträge im vorgelagerten Arbeitssystem.[551]
- Bei Störungen führt geringer Pufferbestand zum Ausfall aller nachfolgenden Fertigungsstufen.
- Stark schwankende Produktionsmengen sind nicht steuerbar.
- Geringe Variantenzahl/hoher Gleichanteil erforderlich.

Kanban-Regelkreis   Abbildung III-373 zeigt die sieben Mitarbeiter-Aktivitäten, die mit dem Kanban-Regelkreis verbunden sind.

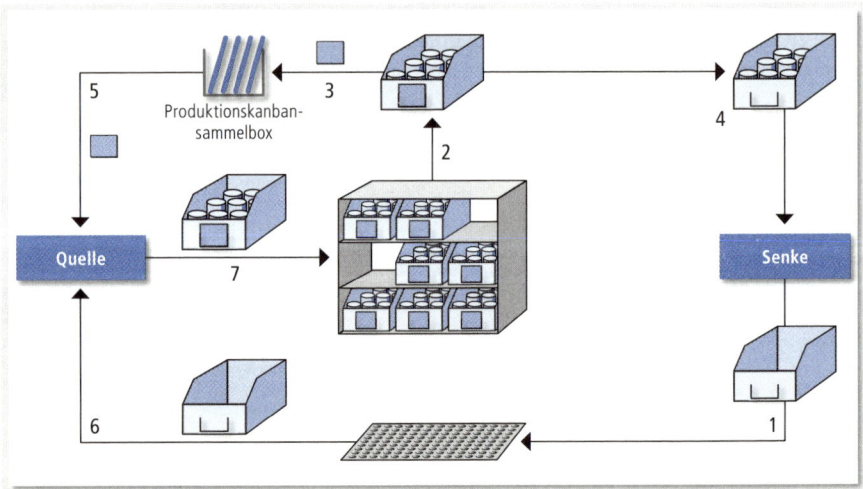

Abbildung III-373   Kanban-Regelkreis[552]

---

550   Schuh, G.; Stich, V.; Schmidt, C.: Produktionsplanung und -steuerung in Logistiknetzwerken. Berlin: Springer, 2008.

551   Zur Festlegung von Prioritätsregeln benötigt man z. B. Kanban-Tafeln.

552   WZL/Fraunhofer Institut für Produktionstechnologie, RWTH Aachen, o. Jg.

1. Um die zur Herstellung des Produkts benötigten Teile zu beschaffen, begibt sich der Mitarbeiter der Senke mit den an seinem Arbeitsplatz befindlichen leeren Behältern zu einem Pufferlager des betrachteten Regelkreises. Die leeren Behälter stellt er in der dafür vorgesehenen Fläche ab.
2. Aus dem Pufferlager entnimmt der Mitarbeiter eine dem Bedarf entsprechende Anzahl an vollen Behältern mit benötigten Teilen.
3. Er entfernt die an den Behältern befestigten Kanbans und legt diese in der sogenannten Kanban-Sammelbox ab.
4. Mit den vollen Behältern begibt er sich an seinen Arbeitsplatz und beginnt mit der Herstellung des benötigten Teils.
5. Ein Mitarbeiter der Quelle entnimmt einen Kanban aus der Kanban-Sammelbox. Der betreffende Kanban stellt für die Quelle einen Fertigungsauftrag dar.
6. Der Mitarbeiter der Quelle beschafft sich den auf dem Kanban vermerkten Standardbehälter aus dem Pufferlager, begibt sich zu seinem Arbeitsplatz und stellt das vorgegebene Teil her.
7. Die gefertigten Teile legt er in den leeren Behälter, versieht den vollen Behälter mit dem dazugehörigen Kanban und bringt ihn in das Pufferlager, wo er ihn auf den auf dem Kanban vorgeschriebenen Platz stellt.

Folgende *Kanban-Regeln* lassen sich aufstellen:[553]   Kanban-Regeln

- Das Personal des nachgeschalteten Prozesses sollte Teile vom vorgeschalteten Prozess entsprechend den Informationen auf den Kanban-Karten erhalten.
- Das Fertigungspersonal sollte nur Teile entsprechend den Informationen auf den Kanban-Karten fertigen.
- Wenn keine Kanban-Karten vorhanden sind, werden weder Produktion noch Transport durchgeführt.
- Die Kanban-Karten sollten immer an den Teilebehältern angebracht sein, außer beim Rücklauf (Anforderung von Produktion oder Transport).
- Das Fertigungspersonal sollte gewährleisten, dass nur Teile mit 100 % Qualität in den Behälter kommen. Tritt ein Defekt auf, sollte die Linie gestoppt werden, damit Gegenmaßnahmen ergriffen werden können.
- Die Anzahl der Kanban-Karten sollte allmählich reduziert werden, um Prozesse stärker miteinander zu verbinden, Verschwendung herauszustellen und Verbesserungen durchzuführen.

Ein *Produktions-Kanban* wird dem Teilebehälter in der Senke entnommen, an die Quelle weitergeleitet und löst dort einen Produktionsauftrag aus (Abbildung III-374).   Kanban-Arten

Ein *Transport-Kanban* ist ein innerbetrieblicher Transportauftrag, der von der Senke an ein vorgelagertes Arbeitssystem geleitet wird. Im Transportbehälter wird das dort vorhandene Produktions-Kanban durch das Transport-Kanban ersetzt und danach der Behälter an die Senke transportiert. Das Produktions-Kanban löst nun seinerseits einen neuen Produktionsauftrag aus.

Von einem Zukaufteile-Kanban aus werden die Arbeitsprozesse über Teilefertigungs- und bestückungs-Kanbans bis hin zum Auslieferungs-Kanban organisiert. Es entsteht ein gerichteter Materialfluss, der eine bedarfsgerechte Bereitstellung und eine Minimierung der Umlaufbestände zur Folge hat.

Anstelle mit Pendelkarten und Behälter zu arbeiten, kann die Kanban-Steuerung auch mit Informationen vorgenommen werden, die direkt an den Behältern angebracht sind. Mit Kanban-Tafeln (*Kanban-by-view*) wird der Überblick zu dem im System vorhandenen Kanban-Informationsträger und den Prioritätsregeln bei der Abarbeitung von Aufträgen sichergestellt. Kanban-gesteuerte Zulieferketten sind auch über PPS-Systeme oder über das Internet möglich (*E-Kanban*).

---

553 Suzaki, K.: Modernes Management im Betrieb. München: Hanser, 1989.

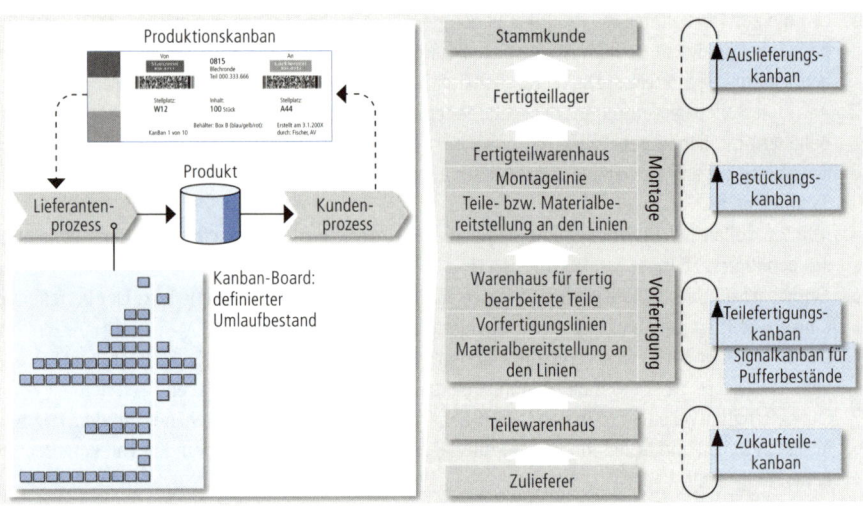

Abbildung III-374   Kanban-Arten[554]

Just in Time

Beim Pull-System wird auf allen Fertigungsstufen eine Produktion auf Abruf (*Just in Time*, JIT, vgl. Beispiel in Abbildung III-375) angestrebt, damit Materialbestände reduziert und hohe Termintreue erreicht werden können. Dabei werden die Lagerkosten auf den Zulieferer abgewälzt, der durch das Kanban-System gezwungen wird, die Teile kurzfristig bereitzustellen.

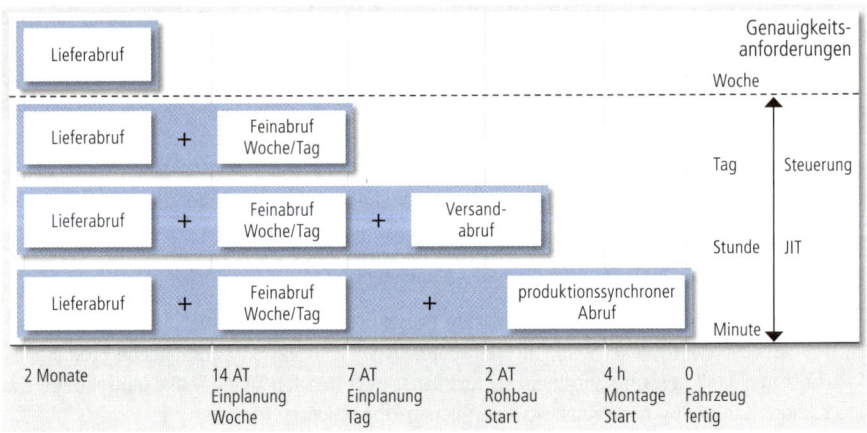

Abbildung III-375   Beispiel für JIT-Steuerung im Automobilbau[555]

---

554 Takeda, H.: Das synchrone Produktionssystem. Just-in-time für das ganze Unternehmen, 5. Auflage. Landsberg/Lech: Moderne Industrie, 2006.
555 Deutsche MTM-Vereinigung e. V. (Hrsg.): MTM-Logistik Lehrgangsunterlage, Hamburg, 2010.

JIT-Prinzipien gliedert man folgendermaßen:[556]

- JIT-Anlieferung – Entfall Eingangslager,
- JIT-Produktion – Entfall Zwischenlager (montagesynchrone Vorfertigung zu Folgebereich),
- JIS-Endmontage – Entfall Eingangslager (montagesynchrone Direktanlieferung),
- JIT-Distribution – Entfall Ausgangslager (Synchronisation zur Kundenbestellung).

JIT kann innerbetrieblich und überbetrieblich angewendet werden. In beiden Fällen muss eine saubere, möglichst aktuelle Lagerbestandsführung vorliegen. JIT ist in der Regel auf die Fließfertigung[557] und auf Standardmaterial mit möglichst gleichmäßigem Bedarf begrenzt. JIT hat erhebliche Vorteile:

- Geringere Lager-, Transport- und Verwaltungskosten,
- niedrigere Durchlaufzeiten,
- Risikominderung durch Verlagerung auf Lieferanten,
- Verbesserung der Liquidität,

aber auch Nachteile:

- Verschlechterung der Ökobilanz des Unternehmens,
- hohe Abhängigkeit von Zulieferern,
- Produktionsausfall bei Versagen der Lieferkette.

In Erweiterung zu JIT werden bei *Just in Sequence* (JIS) durch den externen Zulieferer oder das innerbetrieblich in der Prozesskette vorgelagerte Arbeitssystem Teile oder Baugruppen einbaugerecht in der richtigen Reihenfolge geliefert. JIS ist insbesondere dann interessant, wenn eine hohe Teilevielfalt durch kundenorientierte Auftragsfertigung zu einer exorbitanten Lagerhaltung führen würde. JIS bedingt die weitgehende Integration der Produktionsplanungs- und Materialbewirtschaftungssoftware von Abnehmer und Zulieferer.

Just in Sequence

Der nächste Schritt ist dann die Entwicklung eines unternehmens- und standortübergreifenden Supply-Chain-Management-Systems (SCM) zur Optimierung der gesamten Lieferkette vom Lieferanten bis zum Kunden.

---

556 Grundig, C.-G.: Fabrikplanung, 3. Auflage. München: Hanser, 2009, S. 233.
557 Ist eine kontinuierliche Produktion nicht möglich, dann bietet sich die Alternative eines Supermarkt-Pull-Systems an.

6.7.4 Fördern und Lagern

Fördern und Lagern gehört zu den Kernfunktionen eines Materialflusssystems. Die dafür notwendigen Betriebsmittel sind in Abbildung III-376 dargestellt.

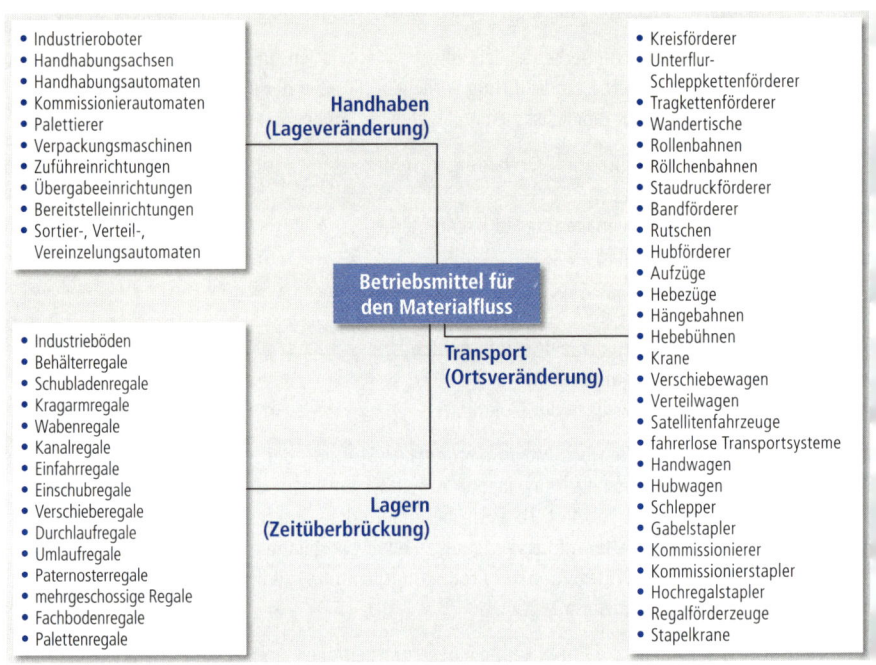

Abbildung III-376   Betriebsmittel für den Materialfluss

Wichtige Betriebsmittel für den Materialfluss in Hallen sind:

- Rollenbahn – normal oder als Skidförderer[558] für schwere Güter,
- Staukettenförderer – für die Längs- oder Querförderung, insbesondere von Paletten für schwere Güter,
- Gurtförderer – erlauben (im Gegensatz zu Rollenbahnen) schräge Anordnung und genauere Positionierung der Werkstücke,
- Palettenumlaufförderer – transportieren Werkstücke mit Werkstückaufnahmen,
- Drehtisch – Richtungsänderung der Förderstrecke oder des Förderguts,
- Stopper – Werkstücke oder Werkstückträger werden vor Bearbeitungsplätzen unter Zuhilfenahme von Kodiernocken gestoppt,
- Rhönrad – erlaubt Drehung um 360° für ergonomisch korrekten Zugang des Werkers,
- Hebe-Element – Werkstücke oder Werkstückträger werden auf ein anderes Höhenniveau gebracht,
- Vereinzelung – Werkstück-Pulks werden aufgelöst, Werkstücke werden dann einzeln weitergeleitet.

---

558   Der Skidförderer ist ein modulares Fördersystem mit Rollen-, Ketten- oder Plattenband-Technik.

Zu den Versorgungskonzepten zwischen den einzelnen Arbeitssystemen gehört auch die Zeitüberbrückung durch *Lagern*. Unterstellt man eine normalverteilte Grundgesamtheit[559], dann wird der *Lagerbestand* entsprechend ab- und wieder aufgebaut (Abbildung III-377). Da die Spitzenbestände nur selten erreicht werden, erfolgt die *Lagerdimensionierung* nicht nach dem Maximalbedarf. An einigen Tagen je Planungsperiode darf die Nachfrage auch oberhalb der oberen Bestandsgrenze liegen.

Zeitüberbrückung durch Lagern

Die Bestände verändern sich kurzfristig durch unterschiedlichen, nach Artikelart und Losgröße wechselnden Produktionsausstoß, langfristig durch Vermarktungskampagnen und saisonale Einflüsse.

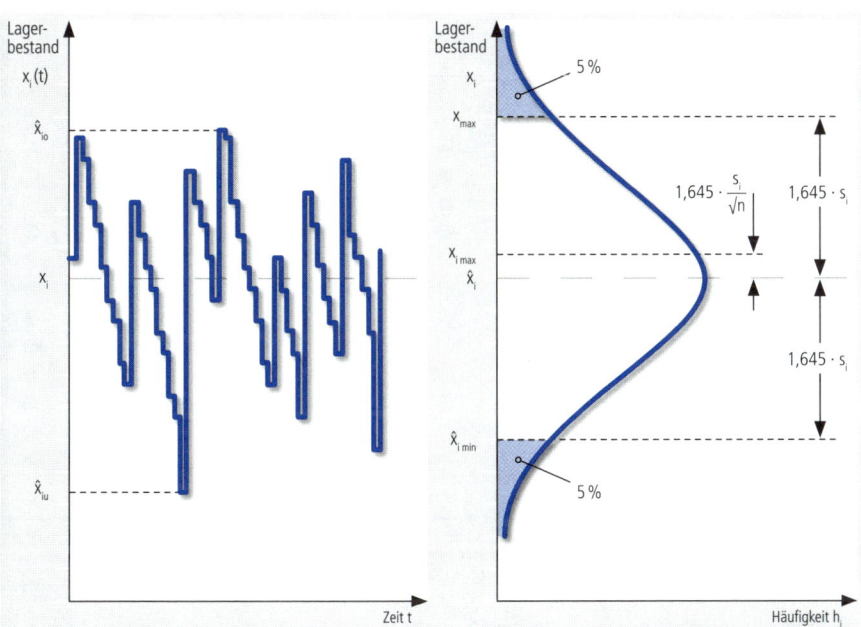

Abbildung III-377   Zeitlicher Verlauf und Häufigkeitsverteilung der Lagerbestände bei normalverteilter Grundgesamtheit[560]

---

559 Trifft für stark schwankende Nachfrage nicht zu.
560 Schulte-Zurhausen, M.: Planung von Blocklagersystemen. Berlin: Beuth, 1982, S. 19.

Lagersysteme, Eigenschaften

Die einzelnen *Lagersysteme* sind unterschiedlich gut für Teile, Baugruppen und Fertigprodukte geeignet. Abbildung III-378 stellt die Eigenschaften verschiedener Lagersysteme gegenüber. Nach der Auswahl des geeigneten Lagertyps wird das Lager dimensioniert. Hierfür werden *Lagerkenngrößen* (z. B. Flächen-, Raum- und Lagernutzungsgrade) herangezogen.

		Beurteilungsparameter									
		Eignung bezüglich des Lagergutes			Eigenschaft bezüglich der Lagerstelle				Eignung bez. der Lagerorganisation		
Lagersysteme		Abmessungen	Gewicht	Stapelfähigkeit	Lagerfläche	Automatisierungsgrad	Zugänglichkeit	Tragfähigkeit	Stückzahl Lagergut	Flexibilität	Frequenz
Bodenlager ohne Einrichtung	Lagerung in Blöcken	groß	groß	mittel	groß	gering	groß	groß	mittel	groß	gering
	Lagerung in Zeilen	groß	mittel	mittel	groß	gering	mittel	mittel	mittel	gering	gering
ortsfestes Lagergut	Palettenregallager	mittel	mittel	gering	mittel	mittel	gering	mittel	mittel	mittel	mittel
	Fachregallager	mittel	mittel	mittel	mittel	gering	mittel	mittel	mittel	mittel	mittel
	Hochregallager	mittel	mittel	groß	gering	mittel	mittel	mittel	groß	mittel	groß
	Sondergestelle	mittel	mittel	groß	gering	mittel	mittel	mittel	groß	gering	groß
ortsverändertes Lagergut	Paternosterregal	gering	gering	gering	gering	groß	gering	gering	mittel	gering	mittel
	Power & Free Förderer	gering	mittel	gering	mittel	groß	gering	gering	groß	gering	groß
	Wandertische	gering	mittel	gering	mittel	gering	mittel	mittel	gering	mittel	mittel
	Verschieberegallager	gering	gering	gering	gering	gering	gering	mittel	mittel	mittel	gering
	Kreisförderer	gering	gering	groß	groß	gering	gering	gering	mittel	gering	groß

Legende: ● groß ◉ mittel ○ gering

Abbildung III-378 Eigenschaften verschiedener Lagersysteme[561]

Statische und dynamische Lager

Weiterhin unterscheidet man auch die Begriffe *statische und dynamische Lager*. Statische Lager sind Boden- oder Regallager, die universell einsetzbar sind und geringe Investitions- und Unterhaltkosten verursachen. Sie haben jedoch im Regelfall einen geringen Flächen- oder Raumnutzungsgrad und erfordern hohen Personalaufwand. Dynamische Lager bieten dagegen höhere Flächen-/Raumnutzungsgrade und hohe Umschlagraten. Allerdings sind Anschaffung und Unterhalt mit höheren Kosten verbunden (Abbildung III-379).[562]

561 Eversheim, W. et al.: a. a. O., 2001, S. 596.
562 Für dynamische Lagerung ist eine Gütesicherung gemäß RAL-GZ 608 vorgesehen.

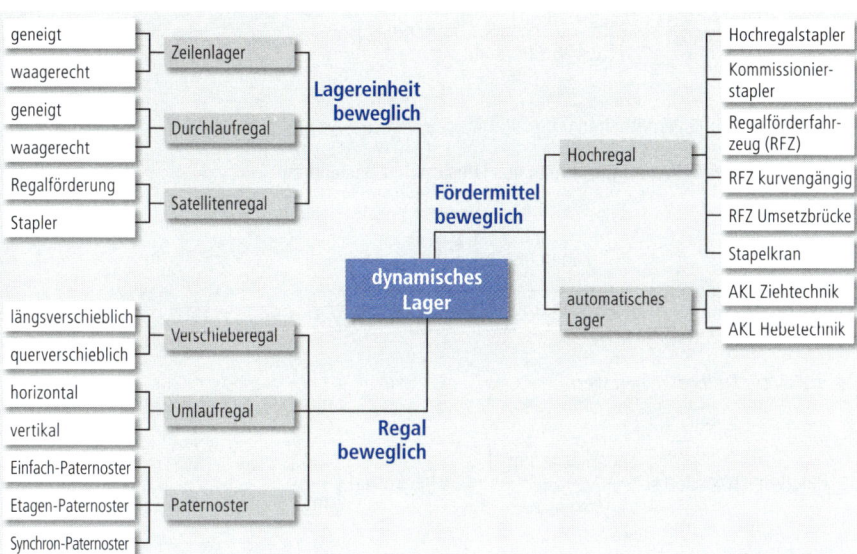

Abbildung III-379 Dynamische Lagersysteme

Die verschiedenen *Lagertypen* lassen sich anhand folgender, wichtiger Kennzahlen vergleichen: Kennzahlen

$$\text{Flächennutzungsgrad} = \frac{\text{Lager-Nettofläche}}{\text{Lager-Bruttofläche}} \times 100 \, [\%]$$

Für ausgewählte Lagertypen zeigt Abbildung III-380 typische Flächennutzungsgrade.

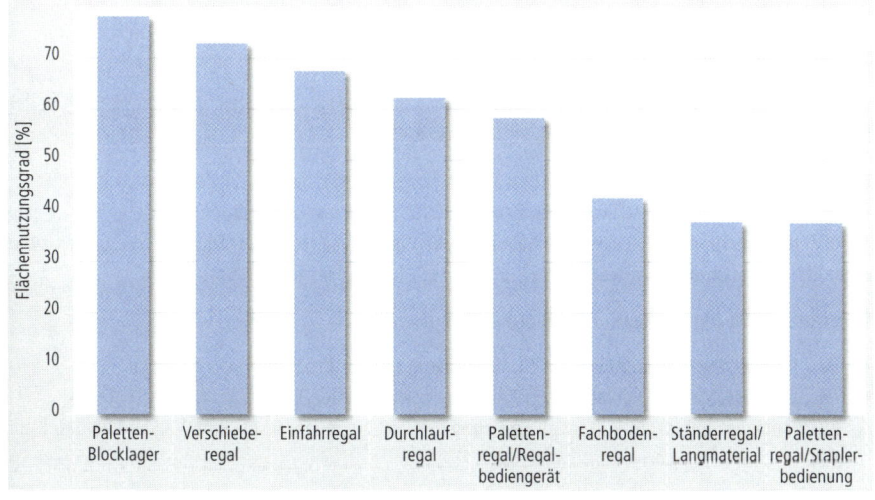

Abbildung III-380 Typische Flächennutzungsgrade für ausgewählte Lagertypen[563]

---

563 Daten nach Martin, H.: Transport- und Lagerlogistik, 7. Auflage. Wiesbaden: Vieweg+Teubner, 2009.

$$\text{Raumnutzungsgrad} = \frac{\text{Volumen pro LE} \times N_{LE}}{\text{Lager-Bruttoraum}} \times 100 [\%]$$

mit N_{LE} = Anzahl Lagereinheiten

Die *Umschlaghäufigkeit* ermittelt man aus Umsatz und Bestand zu

$$\text{Umschlaghäufigkeit} = \frac{\text{Lagerumsatz} \left[\dfrac{\text{€}}{\text{a}}\right]}{\text{durchschn. Lagerbestand} \left[\text{€}\right]}$$

Die *Palettenplatzkosten* betragen

$$\text{Palettenplatzkosten} = \frac{\text{Lagerfläche} \left[\text{m}^2\right]}{N_{\text{Palettenplätze}}} \times \text{Flächenkosten} \left[\dfrac{\text{€}}{\text{m}^2}\right]$$

Zentrale Lager

Bei der Fabrikplanung kann man sich nach Zentralisations- oder Dezentralisationskriterien entscheiden: die *zentrale Lagerung* bietet folgende Vorteile:

* keine Mehrfachlagerung,
* geringere Kapitalbindung,
* höherer Automatisierungsgrad,
* geringerer Personaleinsatz pro Lagervorgang.

Allerdings sind auch die Nachteile

* geringere Flexibilität,
* höhere Anfangsinvestition,
* hohe Anforderungen an die Lagerorganisation

zu bedenken.

Dezentrale Lager

Dezentrale Lager sind nahe am Verbraucher und haben niedrigere Materialflusskosten, jedoch in der Regel durch die Mehrfachlagerung höhere Kapitalkosten.

Eine feste *Lagerplatzzuordnung* ist leichter zu organisieren, benötigt jedoch ein Mehr an Lagerfläche. Die Flächenausnutzung ist schlecht. Sie eignet sich nur für ein großes Sortiment bei kleinen Stückzahlen, z. B. bei einem Ersatzteillager. Die freie oder chaotische Lagerplatzzuordnung setzt dagegen zwar erhebliche IT-Leistungen voraus, führt jedoch zu sehr hohen Flächennutzungsgraden.

In Ergänzung zu Abbildung III-378 unterteilt man noch in

* *Beschaffungslager* (Wareneingang) für die Versorgung der Produktion mit Material,
* *Produktionslager* (für Halbfabrikate): Pufferung zwischen den Fertigungsstufen,
* *Distributionslager* (Warenausgang): Lagerung der Fertigerzeugnisse bis zum Versand an den Kunden.

Blocklager

Man unterscheidet Lager, die ausschließlich der Zeitüberbrückung (z. B. *Blocklager*) dienen von denen, die für die Kommissionierung eingesetzt werden. Die Einlagerung erfolgt im ersten Fall als *Ladeeinheit* (LE) oder logistische Einheit (z. B. Palette), die unverändert später wieder zur Verfügung gestellt wird. Die Ladeeinheiten werden lückenlos übereinander als Stapelsäule aufgesetzt, Stapelsäulen werden zu *Stapelzeilen* und diese wiederum zu *Stapelblöcken* zusammengefasst (Abbildung III-381). Die Ladeeinheiten

- müssen stapelbar sein,
- eines Artikels unterscheiden sich nicht,
- dürfen nicht angebrochen werden.

Unterschiedliche Ladeeinheitentypen (z. B. Standardpaletten und Paletten mit Aufsteckrahmen) sind zulässig. Die Ein- und Auslagerungsstrategien sollten über eine Software zur Materialbewirtschaftung realisiert werden.

Die *Umschlagsleistung* des gesamten Lagers ergibt sich zu[564]   Umschlagsleistung

$$U_{ea} = 0{,}5\left(U_e + U_a\right) = \frac{1}{2n} \sum_{t=1}^{n} \sum_{i=1}^{N_A} \left(e_i(t) + a_i(t)\right)$$

mit

U_{ea}	durchschnittliche Umschlagleistung [LE/Tag]
U_e	durchschnittliche Einlagerungsleistung [LE/Tag]
U_a	durchschnittliche Auslagerungsleistung [LE/Tag]
n	Anzahl Lagerungsvorgänge/Tag
N_A	Anzahl Artikel
$e_i(t)$	Anzahl eingelagerter Ladeeinheiten des Artikels i zum Zeitpunkt t
$a_i(t)$	Anzahl ausgelagerter Ladeeinheiten des Artikels i zum Zeitpunkt t

Die Umschlaghäufigkeit eines Artikels wirkt sich auf die *Anfahrtdichte* der Stellplätze aus. Nach dem Paretoprinzip haben relativ wenige Artikel den größten Anteil am gesamten Umschlag des Sortiments.

Die Qualität einer räumlichen Lagerplanung wird aus dem Volumennutzungsgrad ersichtlich. Das   Volumennutzungsgrad
ist der Quotient aus dem Volumen aller zu lagernden Ladeeinheiten zum gesamten Volumen des Lagergebäudes.

Bei fester *Lagerplatzzuweisung* bestimmt man die Anzahl der Stapelsäulen je Artikel zu

$$N_{Si} = \left\{ \frac{x_{imax}}{k_s} \right\}$$

mit

N_{Si}	Anzahl Stapelsäulen des Artikels i
k_s	Kapazität einer Stapelsäule
x_{imax}	obere Bestandsgrenze

---

564 Schulte-Zurhausen, M.: a. a. O., 1982.

Bei freier Lagerplatzzuweisung – also Ladeeinheiten unterschiedlicher Artikel stehen über- und nebeneinander – wird anstelle des maximalen Bestands der mittlere Bestand verwendet.

$$N_{Si} = \left\{ \frac{x_{imit}}{k_s} \right\}$$

Die Abmessungen eines *Blocklagers* lassen sich folgendermaßen berechnen (Abbildung III-381).[565]

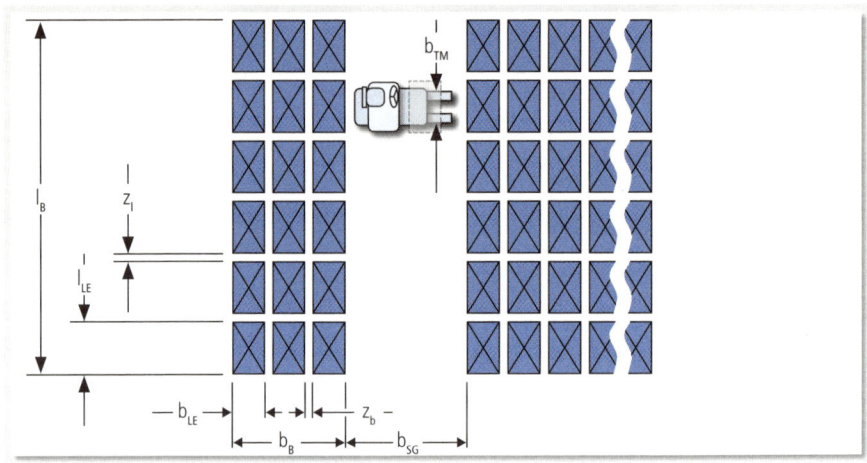

Abbildung III-381 Maße in der Lagerzone[566]

Die Tiefe des Stapelblocks ergibt sich aus der Breite der Ladeeinheiten und einem Zuschlag zu

$$b_B = \left(l_{LE} + z_l \right) \cdot z - z_l$$

und entsprechend die Blocklänge zu

$$l_B = \left(b_{LE} + z_b \right) \cdot n_s - z_b$$

Die Blockhöhe durch Übereinanderstapeln der Ladeeinheiten berechnet man zu

$$h_B = h_{LE} \cdot k_s$$

mit

b_B Blockbreite

l_B Blocklänge

---

565 Schulte-Zurhausen, M.: a.a.O., 1982.
566 Schulte-Zurhausen, M.: a.a.O., 1982, S. 41, S. 41.

h_B Blockhöhe

b_{LE} Breite Ladeeinheit

l_{LE} Länge Ladeeinheit

h_{LE} Höhe Ladeeinheit

z_l Längenzuschlag (üblich 0,2 m zur nächsten LE)

z_b Breitenzuschlag (üblich 0,02 m)

b_{SG} Breite Stapelgang (von Typ und Bauart des Transportmittels, der Art des innerbetrieblichen Verkehrs sowie Abmessungen und Lage der Ladeeinheit abhängig)

b_{TM} Breite Transportmittel

Zur Ableitung des *Transportmittel- und Personalbedarfs* in einem Blocklager benötigt man die Spielzeit. Darunter versteht man die Summe aus den wegeabhängigen Fahr- und Hubzeiten einschließlich der Brems- und Beschleunigungszeiten sowie den wegeunabhängigen Verweilzeiten an den Ein- und Auslagerungsplätzen. Man unterscheidet *Einzelspiel* (eine Ein-/Auslagerung an einem Stapelplatz) und *Doppelspiel* (eine Ein-/Auslagerung an zwei verschiedenen Stapelplätzen)

Transportmittelbedarf und Personalbedarf

$$t_{EFmit} = 0,5 \cdot \sum_{i_B=1}^{n_B} \sum_{i_Z=1}^{n_Z} h(i_B, i_Z) \cdot \sum (t_{sEFwein} + t_{sEFwaus})$$

mit

i_B Laufindex für die Stapelblöcke (insgesamt n_B)

i_Z Laufindex für die Stapelzeilen n_Z (insgesamt n_Z)

h Anfahrdichte der jeweiligen Stapelzeile

t_{sEF} Wegezeit für ein Einzelspiel = Funktion der Wege, Fahrgeschwindigkeiten)

Um die gesamte *Spielzeit* zu berechnen, sind noch Hub-, Senk- und Wartezeiten zu ermitteln:[567]

$$t_{Emit} = t_{EFmit} + 2 \cdot t_{HSmit} + t_{EV} + 0,5 \cdot t_{Umit} + t_{EWmit}$$

t_{HSmit} mittlere Hub- und Senkzeit

t_{EV} Verweilzeit bei Einzelspiel

t_{Umit} mittlere Umlagerungszeit bei Einzelspiel

t_{EWmit} mittlere Wartezeit bei Einzelspiel

Die Summe der je Arbeitstag anfallenden Spielzeit ist:

$$t_{Dges} = 2 \cdot (1 - f_D) \cdot U_{ea} \cdot t_{Emit} + f_D \cdot U_{ea} \cdot t_{Dmit}$$

---

567   Die Wartezeiten bestimmen sich nach Warteschlangenmodellen, vgl. Teil II, Abschnitt 4.4.5.

mit

f_D $(0 \leq f_D \leq 1)$ Anteil der Doppelspiele an allen Spielen

t_{Dmit} mittlere Spielzeit für Doppelspiel

Die Anzahl der *erforderlichen Transportmittel* berechnet sich daraus zu

$$N_{TM} = \frac{t_{Dges}}{\text{potenzielle Nutzungszeit T}}$$

und der Bedarf an Fahrpersonal N_{FP} zu

$$N_{FP} = \left\{ \frac{t_{EDges}}{T} \cdot (1 + g_A) \right\} \cdot n_{Schicht}$$

mit

g_A durchschnittlicher Abwesenheitsfaktor,

$n_{Schicht}$ Zahl der Arbeitsschichten pro Tag.

Kommissionierlager   *Kommissionierlager* werden nach anderen Gesichtspunkten gestaltet als Blocklager (vgl. Abschnitt 6.7.5).

6.7.5   Kommissionieren

Auch das *Kommissionieren* zählt als wertschöpfender Prozess, es stellt die Versorgung des Produktionsprozesses sicher. Es handelt sich allerdings gewöhnlich um eine kostenintensive Tätigkeit, bei der Arbeitsablauf und räumlicher Arbeitsgestaltung optimiert werden müssen.

Kommissionieren hat das Ziel, aus einer Gesamtmenge von Gütern (Sortiment) Teilmengen (Artikel) aufgrund von Anforderungen (Aufträge) zusammenzustellen.[568] Die Kommissionierung stellt in Abhängigkeit von Produktionsprogramm und Losgrößen die Versorgung des Produktionsprozesses sicher.[569] Einen Ausschnitt aus einem *Kommissionier- und Transportarbeitsprozess* zeigt Abbildung III-382.

---

568   VDI 3590a, Kommissioniersysteme, Grundlagen, 1994.
569   Die Kommissionierung in Warenverteilsystemen außerhalb der Produktion wird hier nicht behandelt.

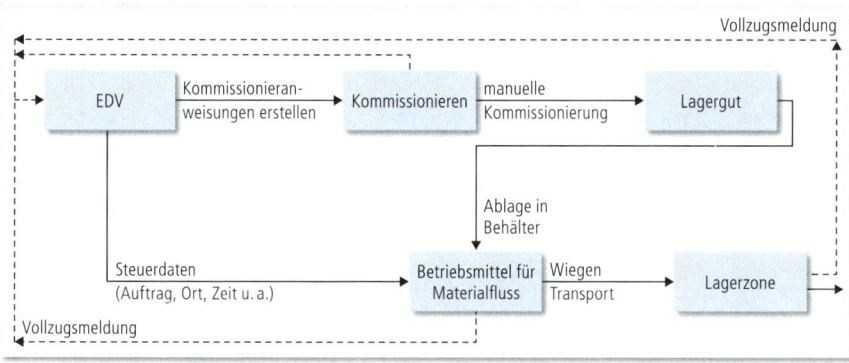

Abbildung III-382 Auszug aus einem Kommissionierungs- und Transportarbeitsprozess

Aus der EDV werden *Kommissionieranweisungen* für die Kommissionierer erstellt, ebenso werden Steuerungsdaten an die verschiedenen Betriebsmittel für den Materialfluss übertragen. Insbesondere gehören dazu Auftragsdetails, Ortsinformationen (von/nach), frühest- und spätestmögliche Abfahrtzeiten etc. (Abbildung III-383).

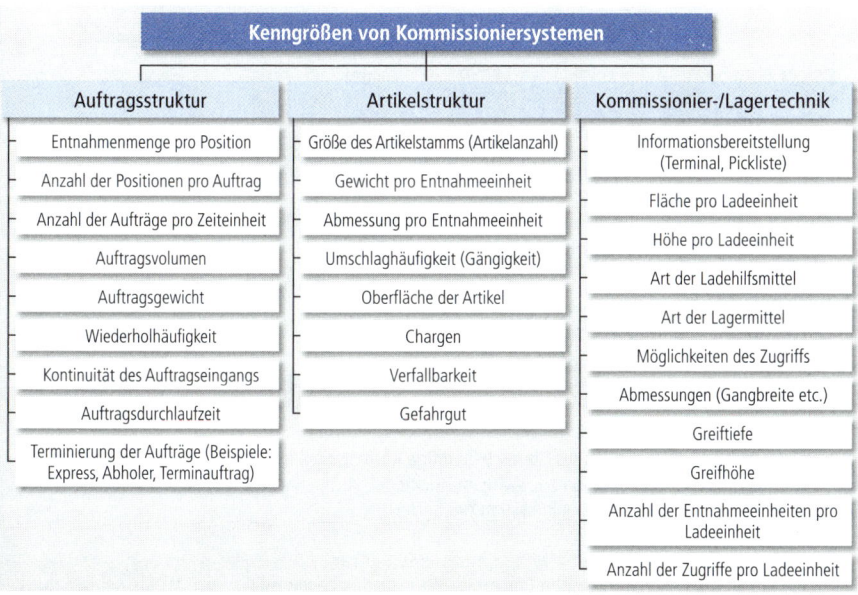

Abbildung III-383 Kenngrößen für die Analyse und Gestaltung von Kommissioniersystemen[570]

Soweit *manuelles Kommissionieren* vorgesehen ist, erfolgt durch den Kommissionierer die auftragsabhängige Ablage des Lagerguts in die Transportbehälter. Die parallele auftragsweise Kommissionierung verlangt vom Kommissionierer, Artikel, die in mehreren Aufträgen vorkommen, nacheinander zu greifen. Deshalb versucht man, Aufträge zu bündeln, artikelweise zu sortieren und daraus die Kommissionieraufträge abzuleiten. Danach werden die Artikel wieder den Kundenaufträgen zuge-

---

570 Angelehnt an VDI 3590: Technische Regel Kommissioniersysteme, Grundlagen, 1994.

wiesen (zweistufiger Vorgang). Bei der manuellen Kommissionierung handelt es sich in jedem Fall um eine sensomotorische Arbeit mit hohen Transportleistungen, die der ergonomischen Gestaltung bedarf.

Man unterscheidet statische und dynamische *Bereitstellung*. Im ersten Fall ist keine fördertechnische Maßnahme erforderlich, im zweiten Fall bewegt das Kommissioniersystem entweder die Ware zum Kommissionierer (*Ware-zur-Person, WzP*) oder umgekehrt geht der Kommissionierer die Lagerplätze ab und nimmt die Teile in einen Behälter oder Wagen auf (*Person-zur-Ware, PzW*; Abbildung III-384).

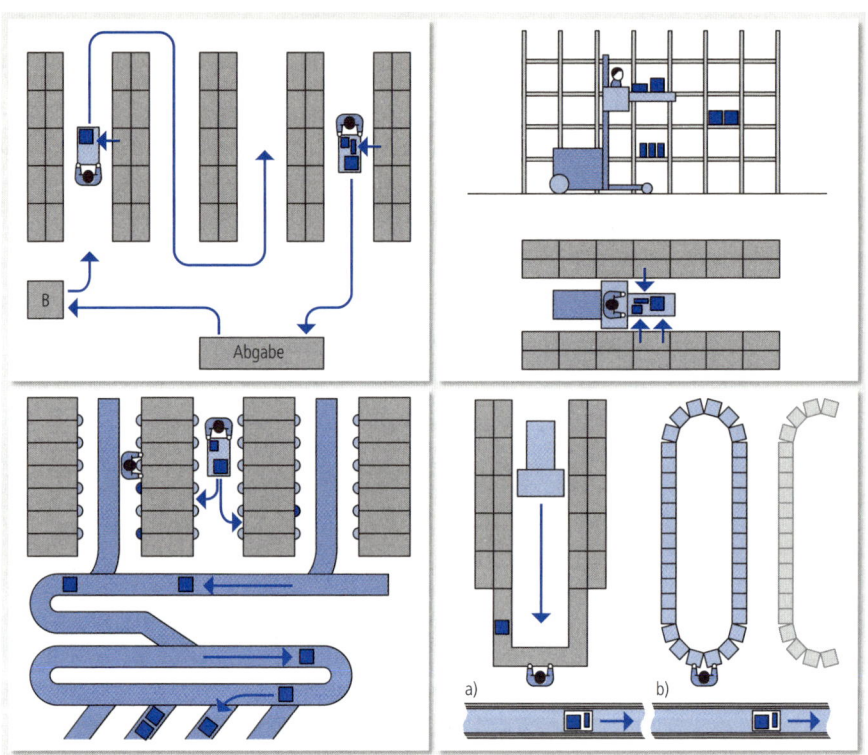

Abbildung III-384   Kommissioniersysteme (einstufige Kommissioniersysteme – links oben: Person-zur-Ware (PzW); rechts oben: Person-zur-Ware im Hochregal; rechts unten: Ware-zur-Person (WzP); links unten: zweistufiges Kommissioniersystem mit Sorter)[571]

Kommissionierstrategie Naturgemäß ergeben sich im zweiten Fall große Weg- und gegebenenfalls Suchzeiten, so dass mit verschiedenen *Kommissionierstrategien* eine Optimierung versucht wird (z.B. »Renner« werden greifgerecht in guter Einsehbarkeit zu Beginn des Laufweges eingelagert). Daneben unterscheidet man die zentrale und dezentrale Bereitstellung. Es ergeben sich somit vier Alternativen (Abbildung III-385).

Bei PzW kann sich der Kommissionierer eindimensional (z.B. seitliche Bewegung vor einer Regaleinheit), zweidimensional (z.B. mit Regalbediengerät) oder dreidimensional (mit Kran) erfolgen. Die Entnahme der Artikel kann manuell oder mit Manipulatoren erfolgen.

571   Hompel, M. ten; Schmidt, T.; Nagel, L.: Materialflusssysteme. Berlin: Springer, 2007, S. 270–273.

Kommissionierprinzipien			
statisch		**dynamisch**	
Bereitstellung	Abgabe	Bereitstellung	Abgabe

dezentral	PzW/Fachbodenregal-anlagen	Pick-to-Box	Regalfront an automati-schem Kleinteilelager	Pick-to-Belt
	K. bewegt sich entlang Regalfront; entnimmt Einheiten lt. Liste.	K. legt Einheiten in mitge-führten Behälter ab.	Kommissionierung erfolgt an der bodenebenen Re-galebene, seitlich des AKL. K. muss sich vor Regalzeile bewegen.	K. legt Artikel nach Entnahme auf parallel zur Regalfront laufendes Förderband.
zentral	Komissioniernest	WzP/Kommissionier-U	WzP/Zone vor Hochre-gallager	WzP/Paternosterregal mit Rollenbahn
	Regale U-förmig ange-ordnet, K. hat alle Artikel in Reichweite; sehr hohe Kommissionierleistungen möglich (bis 1.000 Teile/h).	Die entnommenen Artikel werden auf Palette oder in Behälter gestapelt.	Artikel werden aus auto-matischem (Hoch-)regal an zentralen Übergabepunkt befördert.	Artikel werden aus Paternosterregal entnommen und auf Bandförderer abgelegt.

Abbildung III-385   Übersicht zu den verschiedenen Kommissionierprinzipien[572]

Eine Schlüsselrolle nimmt die *Kommissionierführung* ein, also die Übermittlung der Entnahme- Kommissionierführung
Information an den Kommissionierer und die möglichst fehlerfreie Umsetzung. Am weitesten ver-
breitet ist die papiergestützte Pickliste. Sie ist zwar vorteilhaft wegen einer geringen Fehlerrate (vgl.
Abbildung III-386), stellt jedoch bei einem voll DV-gestützten *Materialbewirtschaftungssystem* eine
Insellösung dar, die zudem mit hohen Nebenzeiten für das Lesen, Identifizieren und Kontrollieren
verbunden ist. Es gibt stattdessen zahlreiche papierlose Systeme zur Kommissionierführung, die den
Bearbeitungsfortschritt und die Materialbestände in Realzeit erfassen.

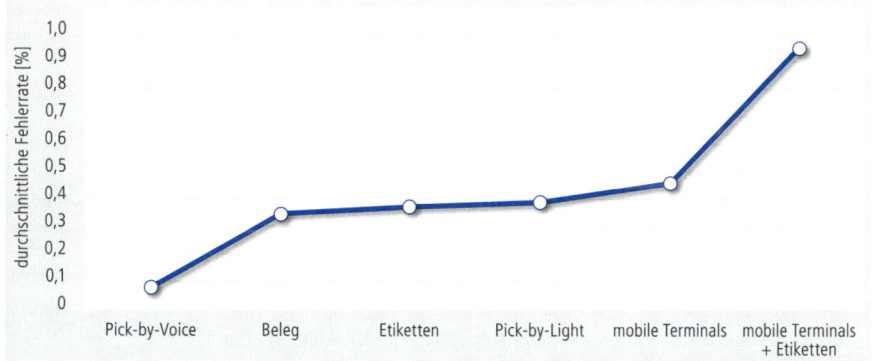

Abbildung III-386   Durchschnittliche Fehlerraten durch verschiedenartige Kommissionierführungen
(Entnahme-Information bei pick-by-voice: über Funk, bei pick-by-light über optische Anzeigen an
Regalflächen)[573]

Durch Wiegen der Transportbehälter oder des gesamten Betriebsmittels für den Materialfluss wird
der Vollzug der Kommissionieraufträge festgestellt, anschließend erfolgt der Transport zur vorgesehenen Lagerzone. Sowohl von der Lagerzone als auch von den Betriebsmitteln und vom Kommis-

---

572   Hompel, M. ten; Schmidt, T.; Nagel, L.: Materialflusssysteme. Berlin: Springer, 2007, S. 269.
573   Vgl. Hompel, M. ten et al.: a.a.O., 2007.

sionierer können Vollzugsmeldungen an die EDV erfolgen, so dass damit der Kommissionier- und Transportauftrag abgeschlossen ist.

Kommissionierleistung Die *Kommissionierleistung* P_K ergibt sich als Kehrwert der *Kommissionierzeit* für eine Position t_K[574]

$$P_K = \frac{1}{t_K} \left[\text{Positionen} / \text{h} \right]$$

Auf die Kommissionierzeit wirken die in Abbildung III-387 dargestellten Einflussgrößen.

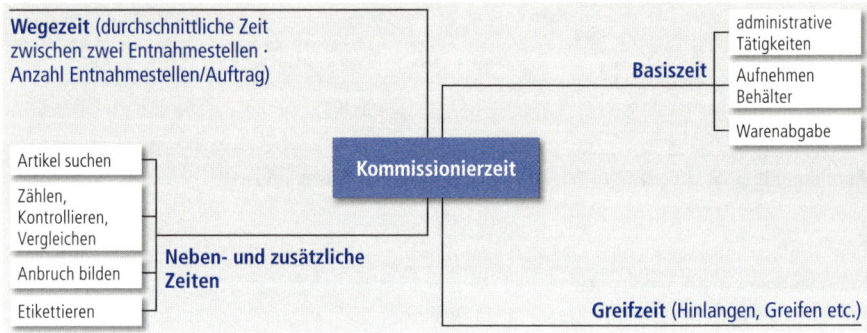

Abbildung III-387   Einflussgrößen der Kommissionierzeit[575]

Die Kommissionierzeit t_K setzt sich demnach aus Zusammenführungszeit t_Z (also Person-zur-Ware (PzW) oder Ware-zur-Person (WzP)) und Bearbeitungszeit t_{Bz} zusammen. Wenn die beiden Prozesse parallel ablaufen, wird der Maximalwert genommen:

$$t_K = t_Z + t_{Bz} \text{ für PzW}$$
$$t_K = \max\left(t_Z ; t_{Bz} \right) \text{ für WzP}$$

Die Kommissionierzeit hat den Charakter einer Grundzeit (vgl. Teil II, Kapitel 4) und ist von der gewählten Kommissionierlösung abhängig.[576]

Bei einer dezentralen, statischen PzW-Lösung, die in der Einzel- und Kleinserienfertigung im Maschinenbau häufig vertreten ist, bietet sich die *Schleifenstrategie* für den Kommissionierer an: Es werden grundsätzlich alle Gänge des Materiallagers durchlaufen (Abbildung III-388 links).

574 Hompel, M. ten et al.: a.a.O., 2007.
575 Martin, H.: Transport- und Lagerlogistik, 7. Auflage. Wiesbaden: Vieweg+Teubner, 2009, S. 430.
576 Berechnungsbeispiele enthält Hompel, M. ten et al.: a.a.O., 2007.

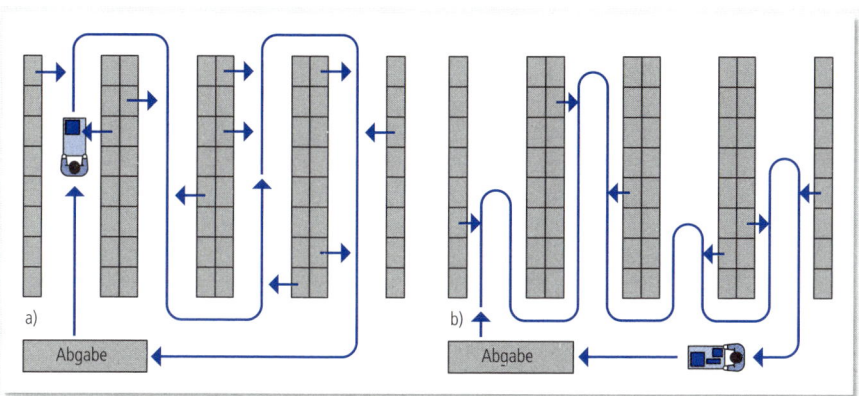

Abbildung III-388   Kommissionieren mit Schleifenstrategie (links) oder Stichgangstrategie (rechts)

Um lange Wegezeiten des einzelnen Kommissionierers zu vermeiden, können *Bucket Brigades* eingerichtet werden. Ein Kommissionierer bearbeitet nur einen Teilauftrag und übergibt diesen, wenn er fertiggestellt ist, an den (in Reihe) arbeitenden Kollegen weiter, übernimmt danach selbst den Teilauftrag seines Vorgängers.

In der Großserien- und Massenfertigung, bei der nur wenige Artikel, aber große Mengen pro Auftrag entnommen werden müssen, kann die *Stichgangstrategie* sinnvoll sein. Der Kommissionierer läuft nicht alle Gänge ab sondern kehrt an die Abgabestelle zurück (Abbildung III-388 rechts). Sinnvoll ist in diesen Fällen u. U. auch ein *Sortier- und Verteilsystem*[577].

Beliefert ein Zulieferer ein OEM mit hoher Artikelvielfalt, aber kleinen Mengen, dann sollte nicht in Sammelwanne o. Ä., sondern gleich in den Versandkarton kommissioniert werden (*Pick-and-pack*).

Typische Kommissionierleistungen fasst Abbildung III-389 zusammen. Ein Kommissionierautomat erlaubt zum Vergleich etwa 4.500 bis 9.000 Zugriffe pro Stunde.   Kommissionierleistung

---

577 VDI 3619: Sortiersysteme für Stückgut, 1999.

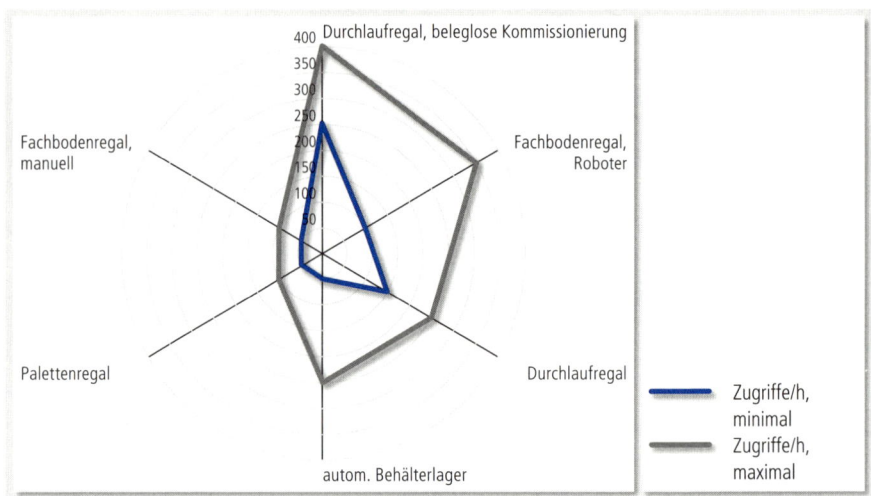

Abbildung III-389 Min/Max-Bereiche der Kommissionierleistung in Zugriffen pro Stunde und Kommissionierer (Bito-Lagertechnik)

Fließmontage

Insbesondere bei der *Fließmontage* größerer Werkstücke wird auf die Bevorratung entlang der Linie zugunsten einer Kommissionierlösung verzichtet. Die Teile und Baugruppen werden dann entweder auf dem *Werkstückträger* oder auf einem Materialwagen bereitgestellt. A- und B-Teile werden im Kommissionierlager auf dem Montagewagen platziert, C-Teile können nach dem Kanban-Prinzip vor Ort aufgefüllt werden. Die bevorratungsfreie Fließmontage reduziert die Hol-Wege der Werker deutlich und ist zudem bei Nachfrageänderungen durch Erhöhung oder Verminderung der Zahl der Montage- und Materialwagen flexibler als es durch Bereitstellung entlang der Linie möglich wäre.

Lagertypen

Die folgende Übersicht zeigt die in der Kommissionierung häufig anzutreffenden Lagertypen. Mechanisierung und Automatisierung im Hochregallager können helfen, einen Teil der Lastenhandhabung und ungünstige Körperstellungen zu vermeiden (Abbildung III-390, rechte Spalte).

Lager-typ	Lager-gut	Höhe	Belastung	Bedienung mit	Kriterien
Fach-boden-regal	Kleinteile, Behälter, Kartona-gen	2 m bis 12 m	< 300 kg	manuell	• Aushebevorrichtungen vorsehen, damit Bauelemente sich nicht unbeabsichtigt lösen können. • An Eckbereichen und Durchfahrten > 0,3 m Anfahrschutz anbringen.
Paletten-regal	Paletten, Gitter-boxen	< 16 m	< 4.000 kg/Fach	Kommissio-nierstapler	• Bei Doppelregalen (werden von 2 Seiten beladen) Durchschiebesicherung vorsehen. • An Eckbereichen und Durchfahrten > 0,3 m Anfahrschutz anbringen. • Palettierte Kleingüter gegen Auseinanderfal-len schützen (z. B. mit Schrumpffolien, Gurten oder Bändern). • Schadhafte Paletten nicht verwenden. • Nutzlast von Paletten beachten.
Hochregal-lager	Paletten, Gitter-boxen	< 55 m	< 4.000 kg/Fach	Regal-bediengerät	• An Eckbereichen und Durchfahrten > 0,3 m Anfahrschutz anbringen.
Behälter-regal	Behälter, Kartona-gen	7 m bis 18 m	Lagergut < 50 kg	Regal-bediengerät	• An Eckbereichen und Durchfahrten > 0,3 m Anfahrschutz anbringen.
alle	• Verhältnis Stapelhöhe zur Schmalseite der Grundfläche ≤ 6 : 1. • Stapelvertikale ≤ 2 % geneigt. • Eigengewicht der Ladungseinheiten darf darunterliegende Güter nicht beschädigen. • Bei Nutzung der Decken von Lagerflächen zulässige Deckenlasten berücksichtigen. • Bei Nutzung der Decken von Lagerflächen Absturzsicherungen einbauen.				
Rampen	• Wenn Rampen quer mit Unstetigförderer befahren werden: Sicherheitsabstand ≥ 0,5 m auf beiden Seiten. • Rampen nur für Fußgänger: ≥ 0,8 m breit. • Rampen regelmäßig von verschütteten Gütern und ggf. Schnee reinigen. • Rampen mit rutschhemmendem Belag versehen. • Rampen mit Abgängen für Fußgänger auslegen, damit diese nicht herabspringen. • Rampenabgänge mit Geländer ausstatten.				

Abbildung III-390 Lagertypen mit Eigenschaften und Gestaltungshinweisen[578]

Neben den fahrerlosen Transportsystemen haben in den letzten Jahrzehnten Hochregallager eine besonders wichtige Rolle in der innerbetrieblichen Logistik gespielt. Die Forderungen hierbei waren:[579]

Hochregallager

- Konzentration der zu lagernden Güter auf engstem Raum,
- gute Übersicht über den Lagerbestand,
- direkter Zugriff auf die einzelnen Lagereinheiten,
- Vermeidung von Transportschäden,
- Reduzierung des Lagerpersonals.

Hochregallager können u. a. als zentrale, dynamische Kommissionierlager eingesetzt werden. Sie haben einen hohen Flächennutzungsgrad (viel Lagergut platzsparend pro Quadratmeter). Ab einer Höhe von etwa 12 Meter muss ein Hochregallager mit einem Regalbediengerät realisiert werden, da auch ein Hochregalstapler keinen Zugriff mehr hat.

Ein *Fachbodenregal* besteht aus Stützen, Fachböden und weiterem Zubehör (vgl. Abbildung III-391, linker Teil). Es ist für kleine bis mittelgroße Teile geeignet, auch mit Schub- oder Sichtkästen. Die Lagerplatzzuordnung ist fest vorgegeben. Es finden sich viele Einsatzgebiete, z. B. vom Werkzeug- bis zum Ersatzteillager. Die Bedienung erfolgt manuell oder mit einem Regalbediengerät.

Fachboden- und Palettenregale

---

578 Vgl. Arbeitsstättenverordnung, Anhang, Anforderungen an Arbeitsstätten.
579 Kühn, F. M.; Littmann, R.; Preuß, W.; Steinert, W.: Neue Technologien im innerbetrieblichen Materialfluss. Arbeitssicherheit und Arbeitsgestaltung. Köln 1990, S. 61.

Ein *Paletten- oder Behälterregal* ist ebenfalls aus Stützen und Regalböden zusammengesetzt, die Lagereinheiten und die zulässige Bodenbelastung sind jedoch deutlich höher als im Fachbodenregal (Abbildung III-390). Es wird mit Stapler oder Regalbediengeräten bestückt. Für die Aufnahme von Langgut, z.B. Rohre oder Profile, kommen *Ständerregale* oder *Kragarmregale* in Betracht (vgl. Abbildung III-391, rechter Teil). Verschieberegale haben auf Rollen oder Schienen verfahrbare Unterwagen, auf denen Fachboden-, Paletten- oder Kragarmregale stehen. Die Verschiebung kann manuell oder mit Motor erfolgen. Wegen des höheren Bedienaufwands wird es eher für B- und C-Teile eingesetzt.

Paternoster- und
Durchlaufregale

Einen schnelleren Zugriff erlauben *Paternosterregale*. Man findet sie häufig auch im Kommissionierlager. Hier kann in ergonomisch günstiger Arbeitshaltung ein- und ausgelagert werden. Ebenso sind *Durchlaufregale* häufig beim Kommissionieren anzutreffen. Ein- und Auslagerung sind dann getrennt auf verschiedenen Seiten, die Regalböden sind als schiefe Ebene ausgelegt, so dass Behälter oder Paletten nachrutschen. Durchlaufregale führen im Regalfall zu niedrigeren Wegestrecken der Kommissionierer als z.B. Fachbodenregale.

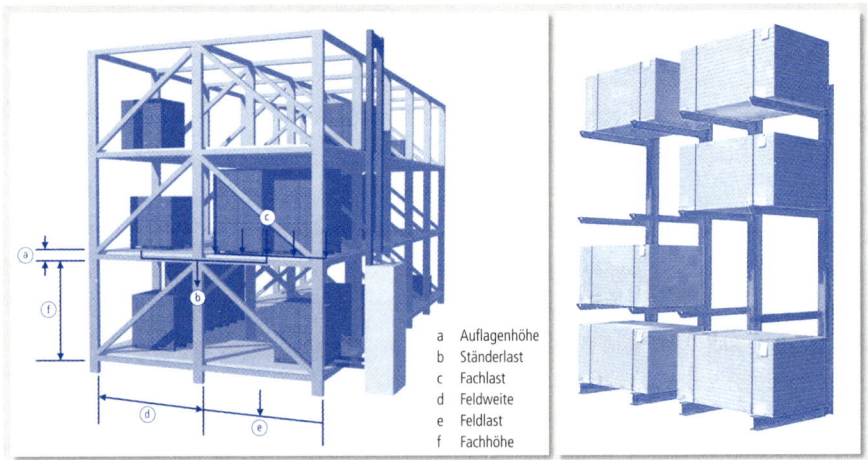

a   Auflagenhöhe
b   Ständerlast
c   Fachlast
d   Feldweite
e   Feldlast
f   Fachhöhe

Abbildung III-391   Prinzipskizzen: Fachbodenregal für Palettenlagerung und Kragarmregal

Aus der Sicht nicht wertschöpfender Materialbewegungen kann ein Lagertyp dann nachteilig werden, wenn die Lagerplätze hintereinander liegen. Dann müssen vor der Entnahme der gesuchten Palette in der Regel andere Paletten ausgelagert werden. Wenn das Regal von einer Seite aus zugänglich ist, spricht man von einem *Einfahrregal*, bei zweiseitigem Zugang vom *Durchfahrregal*. Auch dieser Lagertyp eignet sich wegen des Umlagerungsaufwands nur für B- und C-Artikel. Die Bedienstrategie ist notwendigerweise LIFO. Die Bedienung wird mit dem Stapler vorgenommen.

Rampen sind ein wichtiges Detail des Güterumschlags, auch aus Sicherheitserwägungen. Rampen können ganz unterschiedlich gestaltet werden (Abbildung III-392).

Rampen

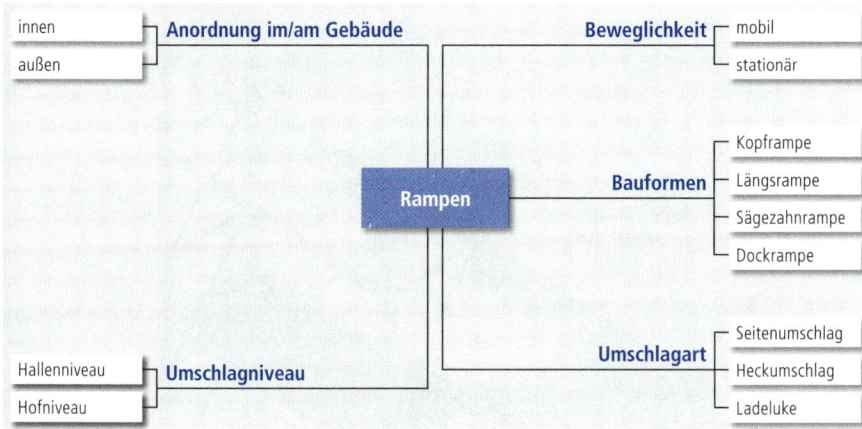

Abbildung III-392   Übersicht zu den verschiedenartigen Rampen

Mobile Rampen setzt man dort ein, wo Hallenboden und Hoffläche gleiches Niveau haben. Sie erlauben eine flexible Anpassung bei unterschiedlichen Transportaufgaben, häufig in der Einzel- und Kleinserienfertigung. Stationäre Rampen werden bereits bei der Hallenplanung berücksichtigt. Sofern sie im Innenbereich angeordnet sind, erlauben sie den Mitarbeitern wetterunabhängigen, zugluftarmen Einsatz bei gleichzeitig niedrigem Energieverlust. Bei Außenrampen sind dagegen die Witterungseinflüsse auf Mitarbeiter und Ladung zu bedenken.

Beim Kommissionieren spielen Sicherheitserwägungen eine große Rolle. Kommt es in den Regalgängen zum »Mischbetrieb« zwischen Staplern, Kommissionierwagen und Fußgängern, dann spielt die freie Sicht der Staplerfahrer eine große Rolle, um Unfälle zu vermeiden. In vielen Fällen ist der Einbau einer Personenschutzeinrichtung, von Gangendsicherungen u. a. sinnvoll.[580] Weiterhin helfen Kameras in den Gabelzinken sowie Rückfahrkameras, Unfälle zu vermeiden. Wird aus Palettenregalen kommissioniert, dann sind weitere Sicherheitsaspekte zu bedenken, z. B. der Schutz des Kommisionierers vor herabfallenden Gütern (Abbildung III-393).

Sicherheitserwägungen

---

580   Vgl. DIN 15185-2, Lagersysteme mit leitliniengeführten Flurförderzeugen; Personenschutz beim Einsatz von Flurförderzeugen in Schmalgängen; Sicherhitstechnische Anforderungen, Prüfung.

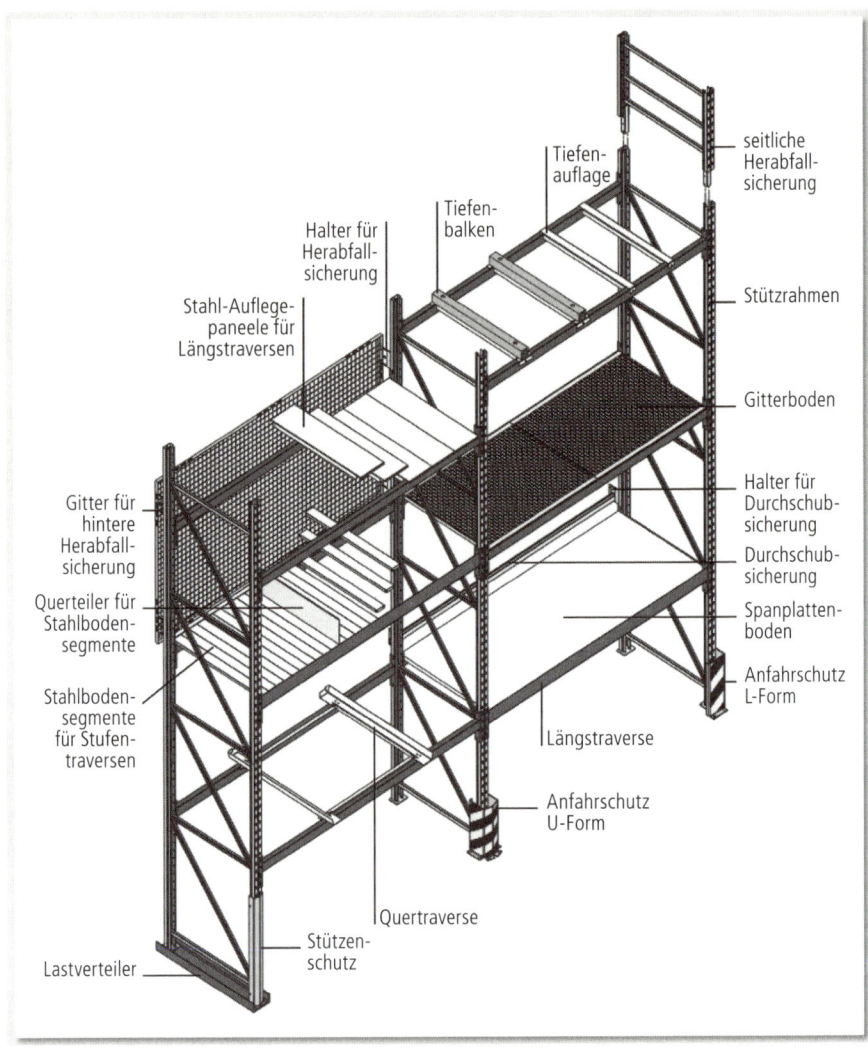

Abbildung III-393   Gestaltungselemente eines Palettenregals[581]

Insbesondere dann, wenn eine große Vielfalt von Kleinteilen im Hochregallager gelagert wird, spielt die Kommissionierung nach der Teileentnahme eine große Rolle. Üblicherweise ist dann der Entnahme-Arbeitsplatz zugleich Kommissionierplatz. Der Einsatz einer leistungsfähigen Software zur Zusammenstellung der Kommissionierungsaufträge ist zwingend.

Vollautomatisierte Hochregallager sind für komplexe Kommissionierungs- und Warenverteilungsaufgaben von großer Bedeutung. Aufgaben des Qualitätsmanagements können ebenfalls mit den Einlagerungsvorgängen im Hochregallager verbunden werden.

---

581 Unternehmer-Handbuch Gabelstapler. Großhandels- und Lagerei-Berufsgenossenschaft Mannheim, o.Jg., S. 68.

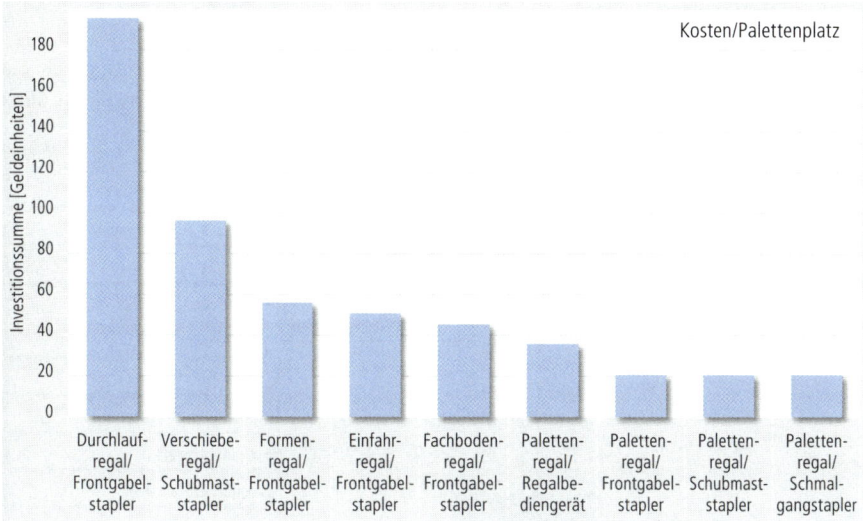

Abbildung III-394 Regaltypen und Unstetigförderer im Kostenvergleich[582]

Bei der Auswahl der »richtigen« Systemsteuerung spricht vieles für eine dezentralisierte Lösung (»ver- teilte Intelligenz«). Hohe Störanfälligkeit und lange Reaktionszeiten stellen zentral gesteuerte Syste- me infrage. Dies bedeutet, dass in den fahrerlosen Transportsystemen und den Lagersystemen eigene Intelligenz vorhanden sein muss, die in ein Gesamtkonzept eingebunden wird. Häufige Fehler beim Transportieren, Handhaben und Lagern können sein:

Systemsteuerung

- fehlerhafte Ladehilfsmittel (z. B. Paletten),
- mangelhafte Ladungssicherung,
- ungenaues Positionieren,
- zu häufige Leerfahrten,
- Fehleinlagerungen,
- Personenunfälle verschiedenster Art.

Für den Sonderfall eines *Fertigungsinselkonzepts* in der Betriebsstätte ist zu beachten:[583]

- Das Bestellwesen selbst verbleibt in der zentralen Materialbewirtschaftung. Es wird nicht an die Fertigungszelle delegiert, da dort die Spezialkenntnisse fehlen.
- Der Wareneingang erfolgt ebenfalls zentral und nicht in der Fertigungszelle. Die Wareneingangs- prüfungen und das Belegwesen im Zusammenhang mit dem Wareneingang würde die Fertigungs- zelle überfordern.
- Die Organisation der Materialflüsse in die Fertigungsinsel erfolgt zweckmäßigerweise nach dem Pull-Prinzip.
- Ein Fertigungsinsel-Lager kann für die Zwischenlagerung sinnvoll sein, allerdings resultiert daraus eine entsprechende Kapitalbindung.

---

582 In Anlehnung an Martin, H.: Transport- und Lagerlogistik, 7. Auflage. Wiesbaden: Vieweg+Teubner, 2009, S. 430.
583 Ruffing, T.: Fertigungssteuerung bei Fertigungsinseln. Köln: TÜV Rheinland, 1991.

6.7.6 Behälter und Paletten

Großbehälter

Anzahl und Bauart logistischer Betriebsmittel sind außerordentlich vielseitig und umfangreich. Sie hier auch nur annähernd darstellen zu wollen, wäre vermessen. Abbildung III-395 fasst die wichtigsten Eigenschaften von Großbehältern für Transport und Lagerung zusammen.

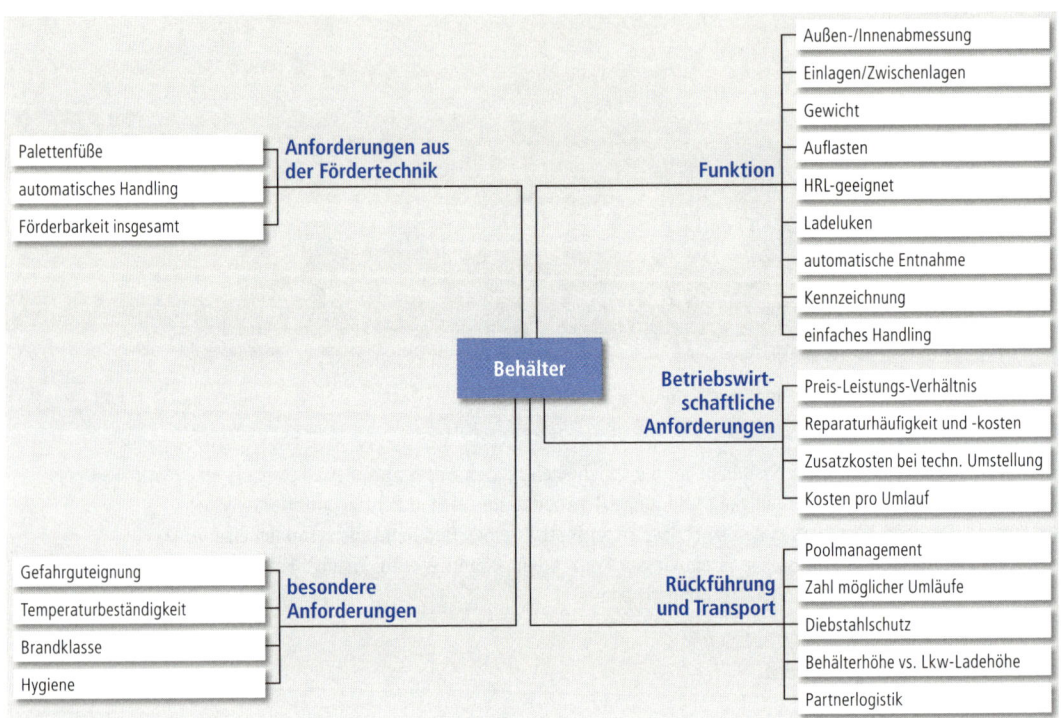

Abbildung III-395 Übersicht zu den wichtigsten Eigenschaften von Transport- und Lagerungsbehälter[584]

Behältertabelle

Exemplarisch zeigt Abbildung III-396 die Behältertabelle eines Automobilzulieferers. Die dort verwendeten Behälter müssen robust und für schwere Gussstücke geeignet sein. Einige Behältertypen sind in Hochregallagern (HRL) zu stapeln, andere müssen wetterfest für das Außenlager sein. Bei den Behältertypen für Transport von/zu den Arbeitsplätzen kommt es besonders auf einfache und sichere Handhabung an.

Bei Behältern, die für den Lkw-Transport verwendet werden, spielt zwar der sichere Transport ohne Qualitätsbeeinträchtigung der Produkte eine große Rolle – so bietet die Stahlgitterbox hier große Vorteile – allerdings werden wegen ihres hohen Gewichtes mit jedem Lkw mindestens sechs Tonnen Behältergewicht transportiert. Großladungsträger aus Kunststoff helfen, das nutzlos transportierte Behältergewicht zu reduzieren. Etwa 70 % des Leergutvolumens beim Rücktransport kann durch Klappen von Seitenwänden oder das Falten von Zwischenringen reduziert werden.

Hygieneanforderungen berücksichtigt man traditionell durch Auskleidung der Gitterboxen mit Folien oder Papier. Das hat mehrere nicht wertschöpfende Arbeitsgänge bei der Vorbereitung und der Entsorgung zur Folge. Kunststoffbehälter mit Deckel vermeiden den Folieneinsatz in vielen Fällen und bieten darüber hinaus noch den Deckel als Stapelhilfe.

584 In Anlehnung an Walther, T.: Passend zum logistischen Ablauf. In: PackReport, 7/8 2002.

Behältertyp	Ident-Nr.	Außenmaß Innenmaß Stapelmaß	Bild	Stückvolumen Stapelfaktor Behältergewicht	Einsatzzweck
B-Behälter	850 090	1200 x 800 x 750 1110 x 710 x 550 1200 x 800 x 750		400 4 124 kg	Zwischenlagerung von Wandlerteilen; kleine Pressteile – geeignet für schwere Lasten und kurzzeitige Lagerungen
F-Behälter	850 005	1240 x 840 x 670 1150 x 750 x 480 1240 x 840 x 600		211 6 75 kg	HRL-Behälter, kompatibel zu HRL-Plätzen, primär für Pressteile
P-Behälter	850 004	1500 x 800 x 1100 1400 x 710 x 900 1500 x 800 x 1100		250 4 150 kg	wie B-Behälter
R-Behälter (mit und ohne Längsklappe)	850 296 850 297	1632 x 1012 x 800 1550 x 920 x 620 1620 x 1012 x 775		1200 4 190 kg	hauptsächlich Pressteile, HRL-Behälter, kompatibel zu HRL-Plätzen, übewiegend auf Freiflächen, auch für externe Transporte verwendet (aber: nicht klappbar, Transportvolumen leerer Behälter!)
S-Behälter (leicht und verstärkt)	850 734 850 483	1200/1000 x 800 x 600		800 6 60 kg	kleinere Pressteile, z. B. von Stanzautomaten im Presswerk, geeignet an Arbeitsplätzen, dort auch stapelbar, häufig auf Rollenwagen gesetzt, um von Staplern unabhängig zu sein; nicht für HRL geeignet
U-Behälter	850 003	1920 x 1320 x 1000 1760 x 1240 x 790 1800 x 1200 x 975		320 4 260 kg	hauptsächlich Pressteile – für »große« Teile – B-Säulen, Querträger, Längsträger etc., HRL-Behälter, kompatibel zu HRL-Plätzen
Gitterbox	850 364	1240 x 835 x 970 1200 x 800 x 800 1240 x 835 x 970		500 4 95 kg	hauptsächlich verwendet für Kaufteile, z. T. mit Pappen-Zwischenlagen
Gitterbehälter	850 170	1200 x 1000 x 1000 1100 x 880 x 800 1200 x 1000 x 1000		1500 4 135 kg	klappbar, baugleich mit Kundenbehälter für gewaschene Wandlerteile; werden für Auslagerung von Wandlerteilen vor der Wäsche verwendet; Lagerung auf Freiflächen in Fertigung oder externen Lagern; nicht für HRL geeignet
Platinen-Palette (Zubehör: Trennbolzen und Stapelrungen)	850 181	2000 x 1000 x 229		20 — 265 kg	für große Platinen, Trennbolzen für Fixierung der Platinenstapel auf der Palette, Stapelrungen zur Stapelung mehrerer Paletten aufeinander, auch für externe Lieferanten Rundlauf); geeignet für Platinenlager (spezielles HRL)
Platinen-Palette (Zubehör: Trennbolzen und Stapelungen)	850 182	1200 x 800 x 800		170 — 185 kg	für Platinen; Trennbolzen für Fixierung der Platinenstapel auf der Palette, Stapelrungen zur Stapelung mehrerer Paletten aufeinander, auch für externe Lieferanten (Rundlauf); geeignet für Platinenlager (spezielles HRL)

Abbildung III-396 Beispiel für das Behälter-Repertoire eines Automobilzulieferers

Kleinladungsträger Die Zulieferer der Automobilindustrie haben Kleinladungsträger (KLT) im Einsatz[585], die Roboter-Schnittstellen für die automatische Handhabung besitzen. Durch eine stark verippte Bodenkonstruktion haben diese Behälter eine hohe Belastbarkeit und gute Stapelbarkeit. Die Kleinladungsträger haben in der Regel Abmessungen zwischen 300×200 mm bis 600×400 mm.

Behälterabmessungen Bei der Festlegung von *Behälterabmessungen* sollten Rastermaße beachtet werden. Zum Beispiel können zwei Behälter mit je 600 mm Breite und ein Behälter mit 1.200 mm Breite auf einen Großbehälter mit 2.400 mm gestapelt werden – wenn dieses Rastersystem von 600 mm eingehalten wird.

Konische Behälter sind eine weitere Möglichkeit, Leervolumen beim Rücktransport zu vermeiden. Bis zu vier Einheiten können ineinander gestapelt werden.

Checkliste Behälter Die folgenden Prüfpunkte sind für die Behälterauswahl von Bedeutung:

1. Bei manueller Handhabung: Gewichts(-bereichs)angabe gut sichtbar angebracht.
2. Bei manueller Handhabung und $G \leq 100$ N: 1 Handgriff vorhanden, bei $G \geq 100$ N: 2 Handgriffe.
3. Behälterdeckel bzw. -verschlüsse mit Handschuhen manipulierbar.
4. Öffnung und Verschluss ohne Spezialwerkzeuge möglich.
5. Keine scharfkantigen Behälterteile.
6. Keine Quetschstellen, z. B. an Griffen oder auskragenden Teilen.
7. Teile in Behälter transportgesichert.
8. Bei manueller Teile-Entnahme aus Behälter am Arbeitsplatz: Behälter auf neigbarem Scherenhubtisch platziert.

Neben den Behältern sind andere unterfahrbare *Ladehilfsmittel* besonders wichtige Betriebsmittel für Transport und Lagerung (Abbildung III-397).

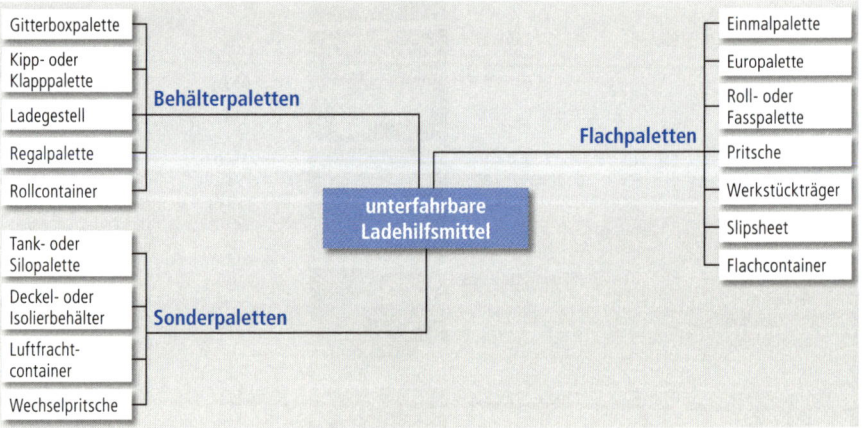

Abbildung III-397 Übersicht zu den unterfahrbaren Ladehilfsmitteln

Logistikkette Zur *Logistikkette* gehören Lieferanten, Kunden und Transportunternehmen. Der administrative Aufwand für das Behältermanagement ist deshalb beachtlich. Hinzu kommt das Verlustrisiko von Behältern. Ein Tauschkonto für Ladungsträger hilft, am jeweiligen Einsatzort die benötigten Behälter zur Verfügung zu haben und hohe Investitionen in gekaufte Behälter zu vermeiden.

---

585 Kleinladungsträger nach VDA 4500 und DIN 30820.

Erhebliche Produktivitätsverbesserungen werden mit der Standardisierung der Behälter erreicht. So konnte in einem Beispiel die Behältervielfalt von 60 Typen auf vier Standardtypen reduziert werden.[586] Aus zwei Behälterkreisläufen Lieferant/betrachteter Betrieb und betrachteter Betrieb/Kunde kann ein einziger Behälterkreislauf werden.

In der Zulieferindustrie kann der Verpackungsanteil bis zu 20 % der Logistikkosten ausmachen. Wichtige Kostentreiber sind:

- Anzahl Lager-/Transporteinheiten,
- Anzahl Vorgänge,
- Wegstrecke.

Ziel ist deshalb, die Anzahl der vom Lieferanten pro Tag kommenden Behälter mit den an die Kunden gelieferten Erzeugnissen abzugleichen, um Rücklagerungen zu vermeiden. Der Lieferant hat kein Fertigwarenlager mehr. Er erhält eine elektronische Kanban-Karte und liefert direkt an den eigenen Verarbeitungsort, um Zwischentransporte zu vermeiden. Voraussetzung hierfür ist eine tages- und stundengenaue Planung der Stückzahlen, z. B. als Heijunka-Tafel.[587]

6.7.7 Fördersysteme

Fördern ist das Fortbewegen von Arbeitsgegenständen in einem Arbeitssystem. Dazu werden Fördermittel für den innerbetrieblichen Materialfluss eingesetzt (Abbildung III-398).   Fördern

---

586 Balzer, H.; Hettig, I.; Kullen, M.: Den Lieferstrom gestalten. Stuttgart: LOG_X, 2005.
587 Heijunka: Begriff aus dem japanischen Produktionsmanagement. Harmonisierung des Produktionsflusses durch mengenmäßigen Produktionsausgleich, der Warteschlangen vermeidet.

Typ	Bild	Motorleistung	Fördergut	Förderlast	Geschwindigkeit	Eigenschaften
Unterflur-Schleppketten-förderer		0,3 – 0,5 kW/100 m Strecke	Gabel-hubwagen, Werkstück-träger	< 1.500 kg	0,2 – 0,8 m/s	für gerade, lange Wege; Verbindung Eingangs- mit Ausgangstor, robust, aber unflexibel bei Produktionsänderungen
Rollenbahn, angetrieben		0,12 – 0,75 kW	Paletten, Behälter, Kartonagen	25 – 2.000 kg/m	0,1 – 2 m/s	einfach, robust, Aufbau nach Baukastensystem; viele Sonderformen: Schwerkraftrollenbahn, Röllchenbahn, Kugelbahn
Tragketten-förderer		0,4 – 1,5 kW	Paletten, Skids	< 3.000 kg	0,2 – 1 m/s	robust, für Güter derselben Auflagebreite, z.B. Querförderung von Paletten in Kombination mit Drehtisch; Maschinenverkettung in der Produktion
Kettenförderer		0,09 – 0,75 kW	Stückgüter begrenzter Breite	< 200 kg	1 – 100 m/min	flexible Streckenführung, auch reinraumfähige Ausführungen
Handhängebahn, Kreisförderer, Elektrohänge-bahn		große Bandbreite	Stückgut im Gehänge	< 2.000 kg	von Hand < 0,2 m/s; angetrieben 0,3 – 1 m/s	Verkettung von Fertigungslinien; Elektrohängebahnen auch gut geeignet für Pufferstrecken
Handhubwagen		manuell		ca. 100 – 2.000 kg		sehr flexibel im Einsatz, jedoch für repetitive Transportvorgänge in der Großserien- und Massenfertigung nicht geeignet
Hochhubwagen		2 – 6 kW	Paletten	< 3.200 kg	6 km/h; Hubhöhe bis 5,5 m	Transport von 2 Paletten gleichzeitig; Einsatz auch bei Kommissioniertätigkeiten
Gabelstapler		4 – 120 kW (Diesel, Gas oder Elektro)	Güter auf Ladehilfs-mitteln	1.000 – 16.000 kg	Fahrgeschwindigkeit 9 – 35 km/h; Hubgeschwindigkeit 0,23 – 0,65 m/s	mit zahlreichen alternativen Lastaufnahmemitteln, flexibel für viele Anwendungsaufgaben
Regalbediengerät	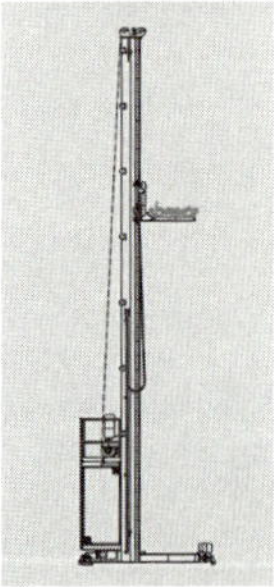	große Unterschiede je nach Bauart, z.B. horizontal 4 kW, vertikal 11 kW	Paletten, Behälter	< 1.500 kg	Fahrgeschwindigkeit < 6 m/s; Hubgeschwindigkeit < 3 m/s	Ein- und Auslagerung von Gütern auf genormten Ladehilfsmitteln (Europaletten, Gitterboxen etc.)

Abbildung III-398   Auswahl wichtiger Fördermittel[590] (Bildquellen: AML; Schierholz, FAB; Hald&Grünewald; TLS; Wagner)

Man unterscheidet stetige Fördertechnik (z. B. Rollenbahn) und unstetige Fördertechnik (z. B. Stapler). Stetigförderer können einen motorischen Antrieb, Schwerkraftantrieb oder Muskelkraftantrieb haben. Sie können aktiv sein, nehmen also einen Lastwechsel selbstständig vor, oder passiv, brauchen also Greifvorrichtungen oder Ausschleuser zusätzlich.

Von den dargestellten Betriebsmitteln für den Materialfluss sollen hier Stetigförderer, Gabelstapler und fahrerlose Transportsysteme hervorgehoben werden. Mit ihnen sind viele Vorteile, aber auch technische und sicherheitstechnische Problemstellungen verknüpft, die in Teilaspekten auch auf andere technische Entwicklungen, insbesondere hinsichtlich der Steuerung, übertragen werden können.

Stetigförderer sind wegen ihres einfachen Aufbaus, der hohen Betriebssicherheit, dem geringen Bedienungsaufwand und der großen Transportkapazität weitverbreitet. Zwischen Eigengewicht und der geförderten Nutzlast besteht ein günstiges Verhältnis mit geringem Energiebedarf und niedrigen Energiekosten.[589] Stetigförderer werden nach dem erforderlichen Durchsatz ausgelegt (Abbildung III-399).   Stetigförderer

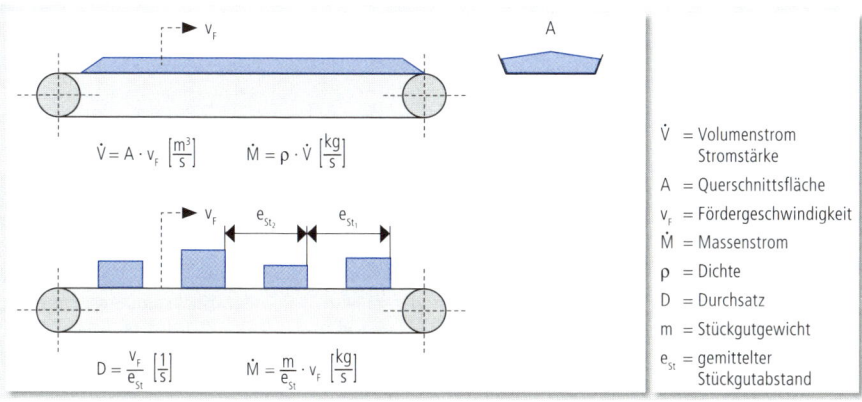

Abbildung III-399   Volumenstrom und Durchsatz von Stetigförderern[590]

Bei den *Stetigförderern* (Abbildung III-400) ist die Handhängebahn eine technisch einfache Lösung. Man findet sie häufig in Lackieranlagen, wenn nicht automatisiert und getaktet gearbeitet wird. In einem an der Decke aufgehängten Tragprofil laufen von Hand verschiebbare Wagen, die Lasten in unterschiedlichen Geometrien und Gewichten tragen können. Steigungen und Gefälle sowie Höhensprünge von einer Etage in eine andere können nur mit angetriebenen Hilfsmitteln bewältigt werden.[591] Bei automatisierten Prozessen, vor allem mit hohem Verkettungsgrad, kommen dagegen nur angetriebene Kreisförderer in Betracht. Sollen die Laufwerke individuell gefahren werden können, ist die Elektro-Hängebahn die Fortentwicklung des Kreisförderers. Muss man Ausschleusung und Pufferstrecken realisieren, kommt das sogenannte Power&Free-System zum Einsatz. Alle genannten Fördersysteme sind flurfrei, belegen damit keine wertvollen Bodenflächen.[592] Sie sind im Regelfall geräuscharm und bergen auch geringere Sicherheitsrisiken als z. B. Unstetigförderer. Sicherheitstechnische Aspekte der Fördermittel werden in Abschnitt 5.6 behandelt.

---

588   Vgl. EN 1459, EN 1525, 1526, 1551, 1726, 1755, 1757, Sicherheit von Flurförderzeugen.
589   Hompel, M. ten et al.: a. a. O., 2007.
590   Hompel, M. ten et al.: a. a. O., 2007, S. 128.
591   Meyer, G.: Förderanlagen für die Oberflächenbehandlung. Louis Schierholz GmbH, Bremen, 2009.
592   Vgl. DIN 15201, 15207, 22101, 22107; VDI 2326, VDI 3643 und VBG 10 Stetigförderer.

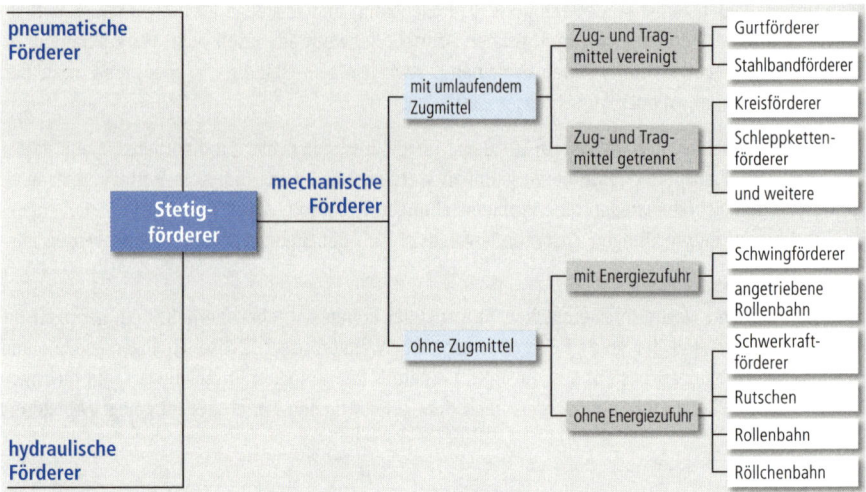

Abbildung III-400   Übersicht Stetigförderer

Bei den *Kettenförderern* übernimmt eine endlose Kette als Zugmittel den Transport von Wagen oder Gehängen. Bei Tragkettenförderern müssen die zu transportierenden Teile die gleiche Auflagenbreite haben. Sie können schwere Lasten übernehmen, diese jedoch nicht auf kurvenförmigen Bahnen transportieren. Beim Richtungswechsel müssen Drehtische eingesetzt werden. Schleppketten- und Tragkettenförderer werden häufig auch in Unterflurtechnik realisiert. Die Wagen oder Gehänge können an beliebigen Stellen ausgesteuert werden. Die *Unterflurtechnik* vermeidet Flächenbedarf auf dem Hallenboden, birgt aber Unfallgefahren durch die Bodenschlitze. Der Kettenkanal kann verschmutzen. Große Umlenkradien lassen die Einplanung von *Tragkettenförderern* nicht in allen Fällen zu.

Bei den *Rollenförderern* unterscheidet man angetriebene und nichtangetriebene Formen. Sie enthalten Ausschleuse- und Übergabestationen, die auch die Warensortierung erlauben. Für den Schwerlasttransport (z. B. von Paletten) werden Schwerlastförderer eingesetzt.

Die Vorteile von nichtangetriebenen Rollenbahnen sind:[593]

- einfache Montage,
- Flexibilität bei Umbau und Erweiterung,
- keine Energiekosten,
- Kombinationsmöglichkeit mit anderen Fördermitteln.

Rollenbahnen sind nur für Güter mit ebenen und festen Auflageflächen geeignet.

Bei *Bandförderern* oder *Gurtförderern* sind die Bänder (aus Stahl, Draht, Riemen u. a.) für die Aufnahme des Lastgewichts und für die Zugfunktion verantwortlich. Dieser Fördermitteltyp ist universell einsetzbar und in der Logistik auch weitverbreitet. Ähnlich wie die Hängeförderer verursachen auch Bandförderer nur geringen Lärm. Mit ihnen sind auch enge Kurvenradien zu realisieren. Sie sind für leichte bis mittelschwere Güter geeignet.

Besonders in der Automobilindustrie sind *Skid-Fördersysteme* anzutreffen, vor allem beim Schwerlasttransport. Skids sind Werkstückträger (vgl. Abschnitt 6.5.7), die mit unterschiedlichen Fördermitteln (z. B. Rollenbahnen, Reibradantriebe) bewegt werden können.

---

593 Martin, H.: a. a. O., 2009.

Schaukelförderer, Paternosterförderer und Wandertische sind weitere Alternativen, wenn Umlaufförderer eingesetzt werden sollen.

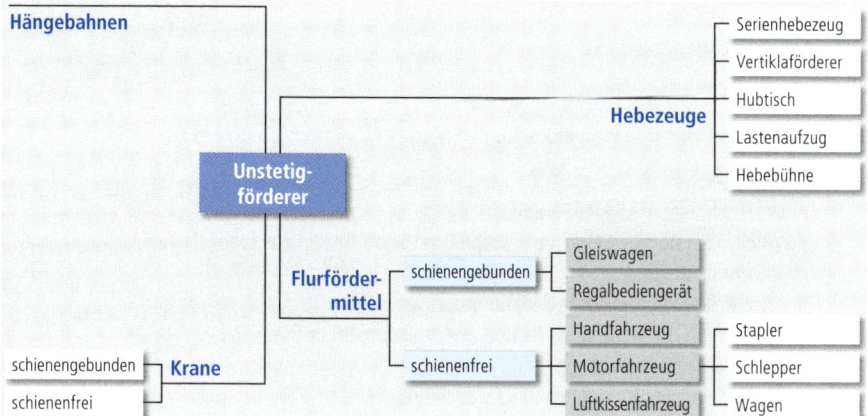

Unstetigförderer

Abbildung III-401   Übersicht zu den Unstetigförderern (s. a. DIN ISO 5053)

Gabelstapler, Regalbediengeräte, Krane u. a. gehören zu den *Unstetigförderern.* Sie transportieren intermittierend in Arbeitsspielen. Die Spielzeiten sind gewöhnlich bei Lastfahrten und Leerfahrten unterschiedlich. Unstetigförderer zeichnen sich durch große Flexibilität aus.

Man unterscheidet Mitgänger-Flurförderzeuge, Fahrerstandgeräte und Fahrersitzgeräte. Mitgänger-Flurförderzeuge werden von einer Person bedient, die vor, neben oder hinter dem Gerät läuft.[594] Bei Fahrerstandgeräten steht der Mitarbeiter auf einer Plattform. Zu den Fahrersitzgeräten gehört beispielsweise der Gabelstapler, der in den letzten Jahrzehnten sehr stark die gesamte Logistik beeinflusst hat.

Die Auswahl des für die Fertigungsprozesse geeigneten Staplertyps hängt neben Kostenbetrachtungen von folgenden Bedingungen ab:[595]

- Fahrbahnverhältnisse, Weglängen, Steigungen ($\leq 8\,\%$)
- Tragfähigkeit der Fußböden
- Tragfähigkeit und Abmessungen der Aufzüge
- Hubhöhe, Stapelhöhe, Türmaße
- Eigenschaften des Transportguts
- Verhältnis Transportarbeit zu Hubarbeit, Vorwärts- zu Rückwärtsfahrt

Vor allem für Gabelstapler stellt sich das Problem der *Kippsicherheit.* Sie definiert sich zu[596]

$$V = \frac{G_{Stapler} \cdot b}{G_{Last} \cdot a} \geq 1,4$$

594   Unternehmer-Handbuch Gabelstapler. Großhandels- und Lagerei-Berufsgenossenschaft, Mannheim, o. Jg.
595   Martin, H.: Transport- und Lagerlogistik, 7. Auflage. Wiesbaden: Vieweg+Teubner, 2009, S. 237.
596   Hompel, M. ten et al.: a. a. O., 2007.

mit

v Kippsicherheit des Staplers

$G_{Stapler}$ Eigengewicht des Staplers

G_{Last} Gewichtskraft der Last

a, b   Schwerpunktabstände

Im Folgenden sind wichtige Prüfpunkte für den Einsatz von Unstetigförderern aufgeführt:

1. Stapler[597]
   - große Hubhöhe bei kleiner Fahrzeughöhe
   - Kippsicherheit für alle Lastarten gewährleistet bzw. System zur Kippverhinderung eingebaut
   - gute Sicht nach vorne
   - Energierückgewinnung beim Senken unter Last
   - Sonderformen (Fässer, Ballen, Kisten) durch Klammern möglich
   - Wenderadien möglichst klein
   - Drehkabine für ergonomisches Rückwärtsfahren
   - bei Transport von Kleinteilen: Lastschutzgitter an Gabelträger montiert.
   - Fahrerschutzdach vorhanden, wenn Ladegut über 1,80 m angehoben wird.
   - Fahrerrückhalteeinrichtung (Gurte, Bügeltüren, geschlossene Fahrerkabine) vorhanden
   - bei Flüssiggasstapler: geregelter Katalysator vorhanden
   - bei Flüsiggasstapler: Sicht nach hinten durch Gasflaschen nicht eingeschränkt
   - bei großen Lasten: Stapler mit hochgesetztem oder hebbarem Fahrersitz
   - bei häufigem Rückwärtsfahren: Kamera-Monitor-System eingebaut
   - Fahrersitz mit guten Federungs- und Dämpfungseigenschaften
   - günstige Trittgestaltung für Auf-/Absteigen
   - bei Einsatz im Freien: Fahrerkabine als Wetterschutz
   - Hubhöhenvorwahl zur Erleichterung der Arbeit in hochgelegenen Regalfächern
   - automatische Feststellbremse vorhanden
   - bei Schubmaststaplern: Neigbare Kabine
2. Hubwagen[598]
   - Gabelhubwagen: Einsatz nur für den horizontalen Stückguttransport und kurze Transportwege
   - jährliche UVV-Prüfung (Nach Richtlinien der Berufsgenossenschaften) bei einem Elektrohubwagen vorgeschrieben.
   - gleichzeitiges Rückwärtsgehen und Ziehen einer Last vermeiden
   - Gummihandgriffe vorhanden
   - Handschutz vorhanden
   - alle Bedienelemente leicht zu betätigen und in Reichweite
   - Deichsel mit hoher Festigkeit mit niedrigem Gewicht.
   - Vollgummi-Deichselrollen
3. Regalbediengeräte[599]
   - möglichst hoher Doppelspielanteil (jeder Einlagerung folgt unmittelbar Auslagerung)
   - Gangendsicherung eingebaut
   - Personenschutzanlage eingebaut
   - Ausfallsicherheit bei Störungen

---

597 DIN EN 1459, DIN 1551, DIN 1757, DIN 3691, Sicherheit von Flurförderzeugen; DIN EN 15000, Sicherheit von Flurförderzeugen, Nachweis, Leistung und Prüfbedingungen für Lastmomentbegrenzer in Längsrichtung und weitere DIN-Normen.

598 DIN EN 1757-1, Sicherheit von Flurförderzeugen – Handbetriebene Flurförderzeuge.

599 DIN EN 528 (Regalbediengeräte, Sicherheit).

4. alle Unstetigförderer

- regelmäßige Unterweisung nach BGV A1
- Instandhaltung und Störungsbeseitigung nur im Stillstand und Netzabschaltung.

Etwa 1 % aller *Arbeitsunfälle* und 2 % der durch Rentenzahlung entschädigten Arbeitsunfälle sind auf Gabelstapler zurückzuführen.[600] Neben fehlerhafter Lastaufnahme und sonstigen Fahr- und Bedienfehlern sind nicht korrekte Flächen- und Einrichtungsplanungen mit Sicherheitsrisiken verbunden. So muss das Fabrik-Layout bei den Türen und Toren auf die Staplerhöhe (+ Sicherheitszuschlag von 0,2 m) ausgerichtet sein. Zur Breite des Unstetigförderers bzw. der Last ist (für Fahrgeschwindigkeiten $\leq$ 20 km/h)[601] 　　　　　　　　　　　　　　　　　　　　　　　　　　　　　　　　　　　*Arbeitsschutz*

- ein Randzuschlag von 1 m,
- bei Gegenverkehr ein Randzuschlag plus ein Begegnungszuschlag von insgesamt 1,40 m

zu berücksichtigen.

Getrennte Verkehrswege für Stapler und Fußgänger sind ein großes Sicherheitsplus. Panoramaspiegel sind in Kreuzungsbereichen vorzusehen. Falls sich Abdeckungen auf den Verkehrswegen befinden, muss deren Tragfähigkeit überprüft werden.

Um den Stellplatz muss eine Gangbreite von 0,6 m vorhanden sein.

Als *Fahrantrieb* werden Elektromotoren oder Verbrennungsmotoren (meist mit Flüssiggas) eingesetzt. E-Stapler haben keine Schadstoffemissionen und geringe Lärmbelästigung. Beim Laden der Batterie sind Mindestabstände zum Lagergut einzuhalten. Für ausreichende Lüftung ist zu sorgen.

Die Planung der Staplereinsätze sollte nicht über Auftragslisten, sondern über ein automatisches Staplerleitsystem erfolgen.

Am Beispiel Be- und Entladen von Lkws zeigen sich folgende Erfahrungswerte der Umschlagleistung:[602] 　　　　　　　　　　　　　　　　　　　　　　　　　　　　　　　　　　　*Umschlagleistung*

- Handhubwagen (2 Mitarbeiter)　　　　　　　　　　24 Paletten/h
- Elektro-Deichselhubwagen　　　　　　　　　　　　35 Paletten/h
- Elektro-Deichselhubwagen mit Plattform　　　　　48 Paletten/h
- Elektro-Fahrerstand-Hubwagen　　　　　　　　　　51 Paletten/h
- Elektro-Dreiradstapler　　　　　　　　　　　　　54 Paletten/h

Wägt man zwischen dem Einsatz von Stetigforderern, Flurförderern oder dem Handtransport ab, dann kann zu Planungsbeginn eine einfache Kostenbetrachtung helfen. Abbildung III-402 ist dazu eine Kosten-Leistungs-Betrachtung für Fördermittelalternativen zu entnehmen. Die Schnittpunkte Handtransport/Flurförderer und Flurförderer/Stetigförderer sind besonders hervorgehoben. Die einfache Kostenbetrachtung muss dann allerdings im Laufe des Planungsprozesses durch eine fundierte Wirtschaftlichkeitsanalyse ersetzt werden.[603] 　　　　　　　　　　　　　　　　　　　*Kostenbetrachtung*

600　Bei Staplerfahrten im öffentlichen Verkehr ist u. a. auch § 30 StVZO (Sicherung von Kippeinrichtungen sowie von Hub- und sonstigen Arbeitsgeräten) zu beachten.
601　Höhere Fahrgeschwindigkeiten erfordern größere Randzuschläge.
602　Martin, H.: Transport- und Lagerlogistik. Wiesbaden: Vieweg+Teubner, 2009, S. 121.
603　Vgl. VDI 2695, Ermittlung der Kosten für Flurförderzeuge; Gabelstapler.

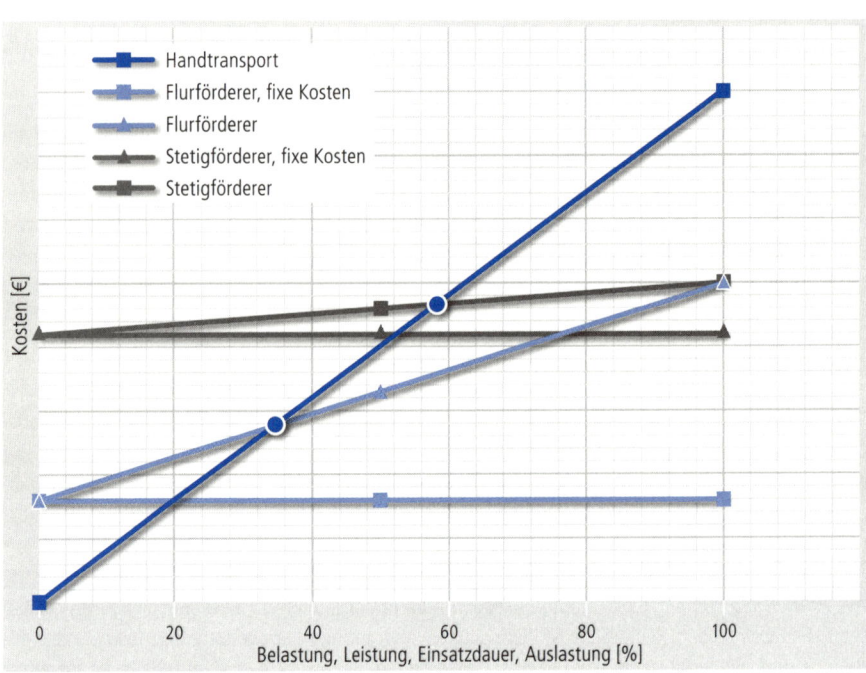

Abbildung III-402   Einsatzgebiete von Handtransport, Flurförderer und Stetigförderer für Vorplanungszwecke[604]

Fahrerlose Transportsysteme

Fahrerlose Transportsysteme (FTS) sind selbstfahrend, transportieren Lasten, Fahrweg und Fahrziel werden selbstständig angesteuert. Im Regelfall handelt es sich dabei um elektrisch angetriebene Fahrzeuge.

FTS bewegen sich mit

- Leitvorrichtungen, die in den Fußboden eingelassen oder auf den Fußboden aufgebracht sind (induktive Leitdrähte, Magnetstreifen, reflektierende Leitlinien, Raster-Positionsmarken),
- GPS-Satelliten-Navigationssystemen,
- Navigationssystemen auf Ultraschall- oder optischer Basis,
- mechanischen Bodenführungsschienen.

Fahrerlose Transportsysteme weisen eine zunehmende Verbreitung vor allem in der Automobilindustrie, im Maschinenbau, in der Werkzeugmaschinenindustrie sowie in der Herstellung von Gebrauchs- und Verbrauchsgütern auf. Sie bieten die Möglichkeit, bestimmte Orte und Funktionsbereiche individuell und automatisch zu verknüpfen. Im Fahrzeug-, Maschinen- und Anlagenbau werden sie zusätzlich häufig als Montageplattform verwendet. Weiterhin können sie auch zur Materialpufferung herangezogen werden. Funktionen der Orts- und Lageveränderung sowie der Zeitüberbrückung können mit fahrerlosen Transportsystemen gleichermaßen erreicht werden. Insbesondere wird auch deutlich, dass hier die Inputgrößen in Arbeitssysteme, nämlich Material, Energie und Information, in integrierter Weise gesehen werden müssen.

---

604 In Anlehnung an Martin, H.: Transport- und Lagerlogistik, 7. Auflage. Wiesbaden: Vieweg+Teubner, 2009, S. 121.

Die Auslegung solcher fahrerlosen Transportsysteme beinhaltet die folgenden Funktionsblöcke:[605]

- Personen- und Kollisionsschutz,
- Parcourssteuerung mit Navigationssensorik,
- Lastübergabesteuerung mit Andocksensorik,
- Steuerung angrenzender Systemelemente,
- Sensordateninterpretation,
- Datenübertragung und Zielsteuerung,
- Antriebsüberwachung,
- Fehlerdiagnosesystem.

Abbildung III-404 zeigt in Form einer Schemazeichnung ein fahrerloses Transportsystem, das auch als Montageplattform benutzt wird. Wird es auch als Arbeitsplatz verwendet, dann lässt sich durch Hub-/Senk-, Dreh- und Schwenkeinheiten ein Zugang von allen Seiten erreichen.

Dass fahrerlose Transportsysteme durchaus auch im Kostenvergleich dem Staplereinsatz überlegen sein können, zeigt folgendes Beispiel:

Beispiel

- Bei einem Automobilzulieferer werden B-Säulen in Gitterboxen zwischen 10 Arbeitsstationen transportiert.
- Auf dem Rundkurs von 500 m sind 10 Lastwechsel vorgesehen. Der Stapler bewegt sich mit 6 km/h und benötigt für einen Lastwechsel 10 Sekunden.
- Das fahrerlose Transportsystem arbeitet mit angetriebenen Rollenbahnen bei einer Geschwindigkeit von 3 km/h und einer Lastwechselzeit von 20 Sekunden.

Zeiten je Rundkurs

- Gabelstapler (einschließlich Verteil- und Erholzeiten des Fahrers):
  300 s Fahrzeit + 100 s Lastwechselzeit = 400 s
- Fahrerloses Transportfahrzeug:
  500 s Fahrzeit + 200 s Lastwechselzeit = 700 s

Dies bedeutet, dass in diesem Beispiel ein Stapler durch 1,75 fahrerlose Transportfahrzeuge ersetzt werden können. Im folgenden Vergleich wird mit einem Äquivalent von 1 Stapler : 2 fahrerlosen Transportfahrzeugen gerechnet (Abbildung III-403). Es wird deutlich, dass den Personalkosten des Staplerfahrers hohe Abschreibungen, Zinsen und Reparaturkosten des FTS entgegenstehen, so dass sich der Umstieg von Staplerverkehr auf FTS erst bei höheren Fahrzeugzahlen rechnen wird.[606]

---

605 Kühn, F. M.; Littmann, R.; Preuß, W.; Steinert, W.: Neue Technologien im innerbetrieblichen Materialfluss. Köln, TÜV Rheinland, 1990, 42; VDI 2510, Fahrerlose Transportsysteme, 10.05.
606 Projektierungskosten bleiben hier unberücksichtigt.

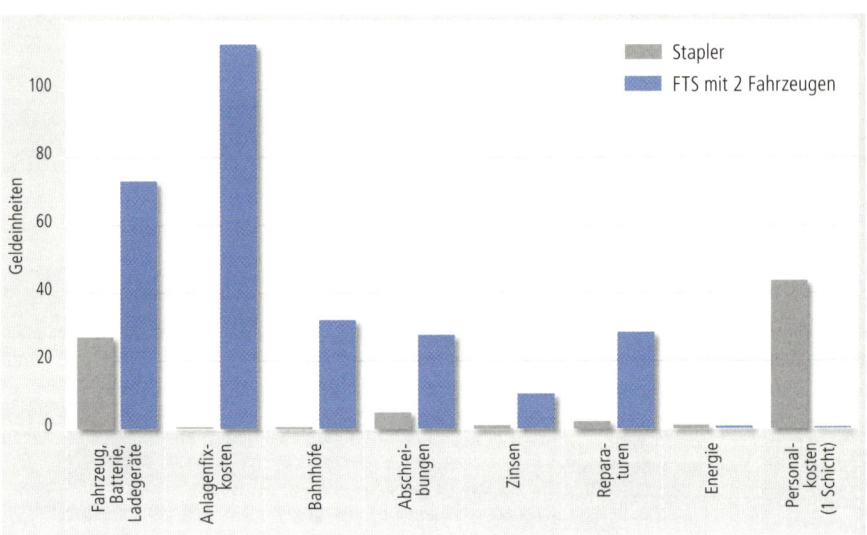

Abbildung III-403   Kostenvergleich Stapler/fahrerloses Transportsystem[607]

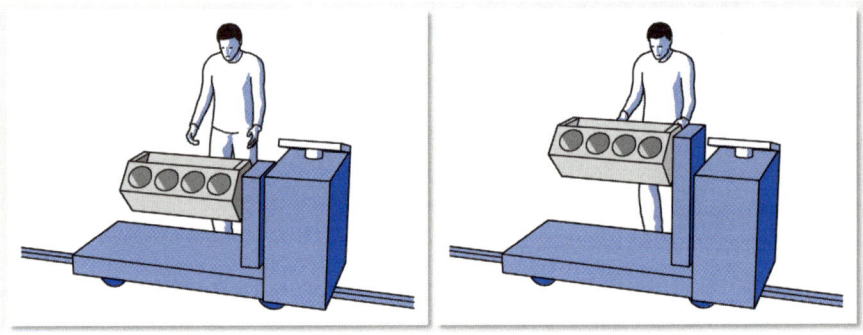

Abbildung III-404   Fahrerloses Transportsystem und Montageplattform (drehbar und höhenverstellbar)

Montageplattform

Für die Versorgung in der Halle und im einzelnen Arbeitssystem kommen auch selbstfahrende *Montageplattformen* infrage. Damit können wechselnde Produktionsanforderungen und -kapazitäten bewältigt werden. Auf einer Montageplattform können zusätzlich Teile und Baugruppen sowie das notwendige Montagezubehör untergebracht werden. Mit selbstfahrenden Montagestationen wird die Lagerhaltung reduziert und es kommt zu einem möglichst geringen Materialumlauf und damit auch gesenkten Kapitalkosten.

---

607   Kosten nach Martin, H.: Transport- und Lagerlogistik, 7. Auflage. Wiesbaden: Vieweg+Teubner, 2009.

6.7.8 Barcodes und RFID

Das Zusammenspiel von Transport und Lagerungsprozessen kann ohne eine effiziente Identifikation Barcode der Teile und/oder Behälter nicht erfolgreich sein. Hierfür kommen vor allem opto-elektronische und elektromagnetische Techniken, u. a. Strichcode (*Barcode*), mobile Datenspeicher (MDE) oder RFID-Etiketten infrage.

Seit den 1970er-Jahren sind Barcodes zusammen mit der Europäischen Artikelnummer (EAN) weitverbreitet. Die Barcode-Identifikation hat folgende Vorteile:

- hohe, weltweite Standardisierung,
- benutzerfreundlich, keine Tastatureingabe,
- niedrige Kosten,
- mit der automatischen Identifikation von Teilen über den Barcode lässt sich auch der Materialfluss weitgehend automatisch steuern.

Als Nachteile der Barcode-Technik sind zu bedenken:

- mit Barcode etikettierte Teile sind nicht umprogrammierbar, Barcodes sind also ein passives Medium,
- sie haben nur geringe Speicherkapazität,
- in rauer Umgebung ist die Barcode-Technik nur unzuverlässig einsetzbar,
- zwischen Barcode und Lesegerät muss Sichtkontakt bestehen.

RFID steht für Radio Frequency Identification, also die Identifizierung per Funk. Es können Teile, RFID Baugruppen, Fertigerzeugnisse, aber auch Behälter oder Werkstückträger mit RFID-Etiketten (oder RFID-Tags) gekennzeichnet werden. Das RFID-Etikett besteht wiederum aus einem Transponder (analoger Schaltkreis zum Empfangen und Senden, einem digitalen Schaltkreis und einer Antenne. Der Datenaustausch geschieht zwischen dem RFID-Codeträger und einer Lese-/Schreibstelle berührungslos über eine Entfernung zwischen etwa 15 mm und 10 m und benötigt weniger als eine Sekunde. Mit der RFID-Technologie können nicht nur Waren identifiziert werden. Es bieten sich eine Reihe weiterer Möglichkeiten zur Produktverfolgung, Prozesssteuerung und -kontrolle. Nichtlieferbarkeit (Out-of-stock-Situationen) und aufwändige Suchprozesse können entfallen. Spezielle RFID-Etiketten liefern Informationen über den Zustand des Teils im Rahmen des Qualitätsmanagements.

Zwar ist ein RFID-Etikett gegenüber der Anbringung eines Strichcodes teurer, bietet allerdings dann Vorteile, wenn es über die gesamte Wertschöpfungskette eingesetzt wird. Mit einem international genormten Nummerierungsstandard (Electronic Product Code EPC) kann die gesamte Lieferkette lückenlos verfolgt werden. Geschäftsprozesse zwischen Lieferant und Kunde können restrukturiert und besser abgestimmt werden. Dazu dienen *Shared Information Hubs* zwischen allen Beteiligten des Lieferkettenmanagements (*Supply Chain Management* (SCM)). Insbesondere in der Automobil- und Zulieferindustrie wird RFID vor allem zum Behältermanagement eingesetzt. Darüber hinaus ist mit RFID ein Schutz gegenüber Produktfälschungen, z. B. bei der Ersatzteilversorgung, herstellbar.

RFID hat aber auch Nachteile:

- Lesbarkeit wird durch Metallgegenstände und Flüssigkeiten beeinträchtigt.
- Nur bei Beibehaltung der Position auf Teilen oder Behälter ist das volle Potenzial von RFID nutzbar.
- RFID-Informationen sind durch Unbefugte dekodierbar.
- RFID ist nicht immun gegen Computerviren.
- Shared Information Hubs machen Kunden- oder Lieferantenverhalten transparent.

6.7.9   MTM-Prozessbausteine für die Logistik

Viele der Logistikabläufe lassen sich standardisieren – durchaus sind auch in unterschiedlichen Branchen einheitliche Standardisierungen möglich. Solche typischen Abläufe, die in ihrer Komplexität unterschiedlich sein können, werden als *Standardvorgänge im Bereich Logistik (SVL)* angesehen. MTM entwickelt und bietet hierfür beispielhaft für betriebliche Anwendungen zusammengestellte, aggregierte Prozessbausteine.

Für die Entwicklung des Systems der MTM-Standardvorgänge Logistik wurden folgende Ziele zu Grunde gelegt:

- modularer Aufbau der Standardvorgänge,
- leichte Handhabung,
- hohe Datentransparenz,
- hohe Anwendungsgeschwindigkeit,
- leichte Anpassung und Ergänzung der Bausteine.

Weiter wurde bei der Entwicklung der Bausteine von folgenden allgemeinen Prozessbedingungen für logistische Abläufe ausgegangen:

- die Standardvorgänge laufen auftragsbezogen, mit zum Teil hoher Wiederholhäufigkeit ab, so dass der Mitarbeiter die Möglichkeit zur Routinebildung hat,
- dem Mitarbeiter stehen für die Arbeitsaufgaben geeignete Arbeits- und Transportmittel zur Verfügung,
- die Arbeitsplätze sind entsprechend dem Spektrum der Arbeitsaufgaben gestaltet.

Diese Bedingungen charakterisieren den Prozesstyp 2 (Serienfertigung). Aus diesem Grund sind die Standardvorgänge Logistik (SVL) mit *UAS*-Grundvorgängen beschrieben.

Für die Anlage der Bausteine im System der Standardvorgänge Logistik auf zwei Hierarchieebenen gelten folgende orientierende Festlegungen:

- Bausteine auf der Ebene der *Vorgangsschritte* stellen eine Folge von UAS-Grundvorgängen als einen abgeschlossenen Arbeitsschritt dar. Sie sind aufgrund ihrer Größe und Komplexität wieder zu verwenden, sowohl auf der darüber liegenden Ebene der Vorgangsfolgen als auch vom Anwender zur Entwicklung unternehmensspezifischer Bausteine.
- Bausteine auf der Ebene der *Vorgangsfolgen* stellen eine Folge von Vorgangsschritten dar, die bereits zu Teilresultaten führen und bei einem hohen Arbeitsteilungsgrad bereits geschlossene Arbeitsinhalte ausmachen. Diese Bausteine sind vom Anwender zur Entwicklung unternehmensspezifischer Bausteine nutzbar.

Dieser modulare Aufbau der Standardvorgänge Logistik erlaubt für den Anwender eine flexible Nutzung der Bausteine entsprechend seiner Gegebenheiten.

Die Standardvorgänge *Transport – Allgemeine Bausteine* beinhalten Abläufe, die unabhängig vom Fahrzeugtyp pro Prozessbaustein stets die gleiche Methode widerspiegeln. Die Kodierung ist wie in Abbildung III-405 gezeigt.[608]

Transport – Allgemeine Bausteine

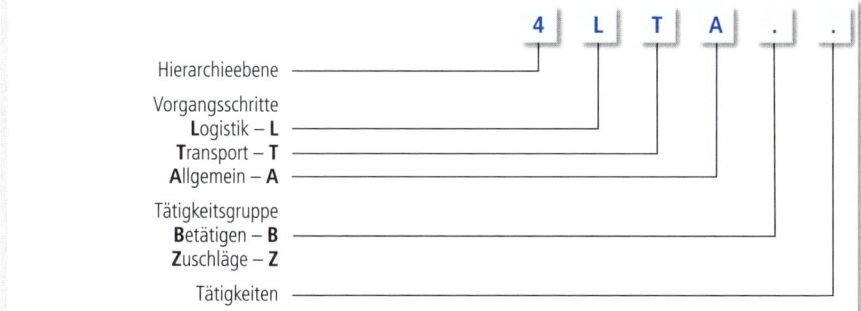

Abbildung III-405   Kodierung von Standardvorgängen »Transport – Allgemeine Bausteine«

Die *Vorgangsschritte Stapler* beziehen sich auf Fahrgast-, Schubmast- und Gehgabelstapler mit der in Abbildung III-406 gezeigten Kodierung.

Vorgangsschritte Stapler

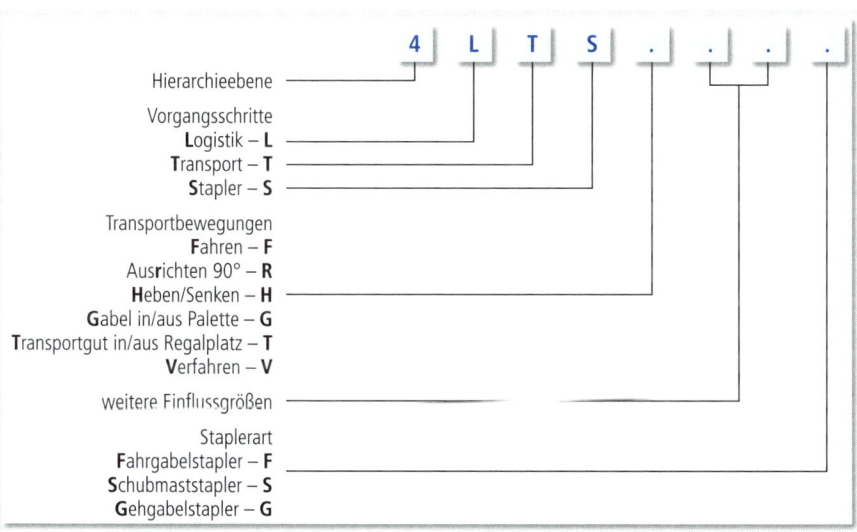

Abbildung III-406   Kodierung mit Vorgangsschritten »Stapler«

---

608 Bezugs- und Einflussgrößen werden im MTM-Lehrgang »Logistik« erläutert.

Beispiel

Das Beispiel in Abbildung III-407 zeigt eine Berechnung auf der Basis »Vorgangsschritte«.

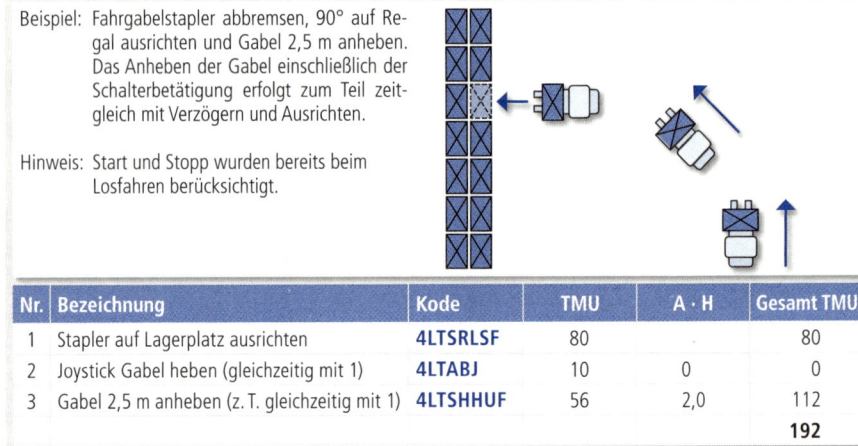

Nr.	Bezeichnung	Kode	TMU	A · H	Gesamt TMU
1	Stapler auf Lagerplatz ausrichten	**4LTSRLSF**	80	.	80
2	Joystick Gabel heben (gleichzeitig mit 1)	**4LTABJ**	10	0	0
3	Gabel 2,5 m anheben (z. T. gleichzeitig mit 1)	**4LTSHHUF**	56	2,0	112
					192

Abbildung III-407 Berechnungsbeispiel für eine Stapleraktion mit MTM-Logistik-Bausteinen

Vorgangsfolge
»Stapler«

Die *Vorgangsfolge »Stapler«* enthält alle typischen Fahroperationen für das Aufnehmen und Platzieren von Paletten, Behältern oder ähnlichen Transporthilfsmitteln mit definierten Staplern. Das Aufnehmen oder Platzieren erfolgt von/auf Boden, Behälterstapel oder Regal (Abbildung III-408).

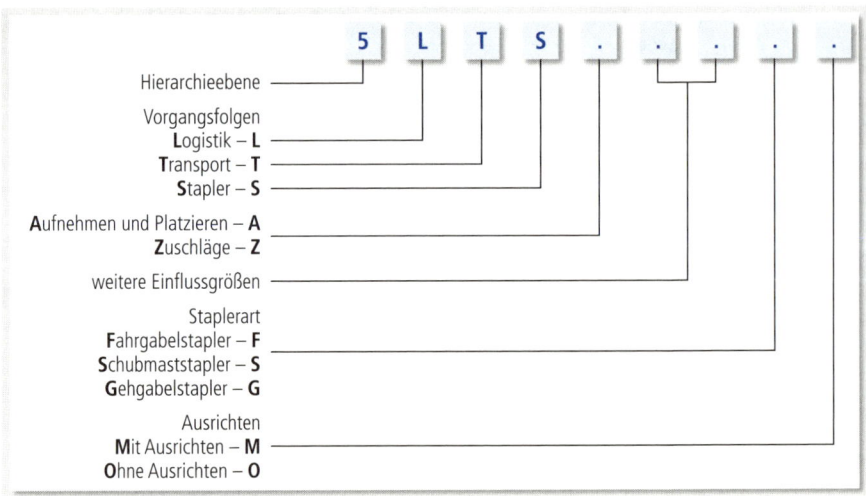

Abbildung III-408 Vorgangsfolge »Stapler«

Abbildung III-409 zeigt als Beispiel die Datenkarte »Stapler Vorgangsfolgen«.[609]

Stapler Vorgangsfolgen			Fahrgabelstapler		Schubmaststapler		Gehgabelstapler	
Aufnehmen	Platzieren (Perzentil)	Kode	mit	ohne	mit	ohne	mit	ohne
		5LT	FM	FO	SM	SO	GM	GO
Boden	Boden	SAAA	833	603	983	718	971	646
	1,2 m	SAAB	981	751	1168	903	1327	1002
	2,5 m	SAAC	1142	912	1370	1105	1767	1442
	4,0 m	SAAD	1328	1098	1602	1337	2274	1949
1,2 m	Boden	SABA	934	854	1084	1014	1210	1105
	1,2 m	SABB	1082		1269		1556	
	2,5 m	SABC	1243		1471		1995	
	4,0 m	SABD	1429		1703		2502	
2,5 m	Boden	SACA	1080	1000	1230	1160	1512	1407
	1,2 m	SACB	1228		1415		1858	
	2,5 m	SACC	1389		1617		2297	
	4,0 m	SACD	1575		1849		2804	
4,0 m	Boden	SADA	1248	1168	1398	1328	1860	1755
	1,2 m	SADB	1396		1583		2206	
	2,5 m	SADC	1557		1785		2645	
	4,0 m	SADD	1743		2017		3152	

Abbildung III-409   Datenkarte »Stapler Vorgangsfolgen«

---

609   Anwendungsregeln dazu sind dem MTM-Lehrgang »Logistik« zu entnehmen.

Das Beispiel »Schubmaststapler« erläutert die Verwendung von Bausteinen auf der Basis Vorgangs-schritte und Vorgangsfolgen (Abbildung III-410).

Zum Schubmaststapler gehen (10 m), aufsteigen, anschnallen, Motor starten und Feststellbremse lösen. Mit Schubmaststapler über 20 m zum Lager fahren (eine 180°-Kurve). Dort aus dem Regal in 6 m Höhe eine Palette aufnehmen. Mit Palette 20 m zum Montageplatz fahren und dort am Boden abstellen (2 Kurven).

Beginn: mit dem Gehen zum Schubmaststapler
Ende: nach dem Abstellen der Palette

Bezeichnung	Kode	TMU	A · H	Gesamt TMU
10 m zum Stapler gehen	**KA**	25	10	250
erstes Losfahren und Abstellen	**5LTSZEMS**	693		693
zum Regal fahren	**4LTSFISS**	13	20	260
180°-Kurve	**4LTSFKSS**	16	2	32
Palette aufnehmen und platzieren	**5LTSADASM**	1398		1.398
Zuschlag auf 6 m Hubhöhe	**5LTSZAWS**	164	2	328
Fahrt zum Montageplatz	**4LTSFISS**	13	20	260
2 Kurven	**4LTSFKSS**	16	2	32
				3.253

Abbildung III-410   Vorgänge mit einem Schubmaststapler

Die Standardvorgänge Logistik enthalten weiterhin die Vorgangsschritte für

- Elektroschlepper,
- Handgabelhubwagen,
- Transportwagen,
- Kräne,

sowie Ergänzungswerte für die Handhabung. Prozessbausteine zur Berücksichtigung von Körper-bewegungen, Holen und Ablegen von Hilfsmitteln sind UAS-Grundvorgänge und werden auch so kodiert (vgl. Teil II, Abschnitt 7.3).

6.8   Zusammenfassung

Wenn man die emotionale Umhüllung des Rationalisierungsbegriffs außer Acht lässt, dann geht es in diesem Kapitel um die rational einzusetzenden Produktionsfaktoren menschliche Arbeit und Betriebsmittel. Arbeitsprozesse sollen einen hohen Wertschöpfungsbeitrag leisten, sie sollen möglichst frei von Blindleistung sein.

Rationalisierung in der Teilefertigung und der Montage hat keineswegs die Absicht, möglichst viele Arbeitsplätze einzusparen. Es geht dagegen darum, bereits in der Entstehungsphase von Arbeitssystemen (im Sinne der Wertstromanalyse) »Sehen zu lernen«. Mit den richtigen Anordnungskonzepten im und um das Arbeitssystem lassen sich Investitionsmaßnahmen in Betriebsmittel optimieren und Wegezeiten der Mitarbeiter reduzieren. Das Denken in den späteren Fertigungskosten fängt hier an und lässt sich über die Teilefertigung, die Montage und die Logistik fortsetzen. Ablaufbedingtes Warten auf das Ende eines Bearbeitungsprozesses oder eines automatisierten Montagevorgangs verschlechtert die Produktivität und ist gleichermaßen auch für den Arbeitenden »nervig«. Wiederholtes Ein- und Auslagern von Paletten ist eine typische Blindleistung und erhöht zudem das Gefährdungspotenzial für den Mitarbeiter. Die ergonomische Auslegung von Arbeitsstationen zieht sich durch das gesamte Kapitel, auch nach dem Motto »Ergonomie rechnet sich«. Arbeitsstrukturierungsmaßnahmen und die Optimierung der Gruppenarbeit sind für die betroffenen Mitarbeiter und den Betrieb sinnvoll.

Natürlich kann man nur in seltenen Fällen von der vollständigen Harmonie zwischen Humanität und Ökonomie ausgehen. Aber die unterschiedliche Interessenausrichtung an Kostensenkung und Wohlfahrtsmehrung ist kein Widerspruch, sondern das entscheidende dialektische Element unserer Gesellschaftsordnung.[610]

---

610 Henschel, R.: Rationalisierung bei Unterbeschäftigung. In: RKW (Hrsg.): Rationalisierung heute. München: Hanser, 1978.

Literaturverzeichnis Teil III

Abele, E.; Meyer, T.; Näher, U.; Strube, G.; Sykes, R.: Global Production. Berlin: Springer, 2008.

Aggteleky, B.: Fabrikplanung, Band 1–3. München: Hanser, 1987/1990.

Andreasen, M. M.; Kähler, S.; Lund, T.: Montagegerechtes Konstruieren. Berlin: Springer 1985.

Arbeitsstättenrichtlinien ASR 5: Lüftung.

Arbeitsstättenrichtlinien ASR 6/1.3: Raumtemperaturen.

Arndt, H.: Supply Chain Management – Strategien und Entwicklungstendenzen in Spitzenunternehmen. Berlin: Springer, 2004.

Arnold, B.: Strategische Lieferantenintegration: Ein Modell zur Entscheidungsunterstützung für die Automobilindustrie und den Maschinenbau. Berlin: DUV, 2004.

Balzer, H.; Hettig, I.; Kullen, M.: Den Lieferstrom gestalten. Stuttgart: LOG_X, 2005.

Baum, E.: Motografie. Band I. Bremerhaven: Wirtschaftsverlag NW, 1980.

Baum, E.: Motografie. Band II. Bremerhaven: Wirtschaftsverlag NW, 1983.

Beitz, W.; K.-H. Küttner (Hrsg.): Dubbel. Taschenbuch für den Maschinenbau, 16. Auflage. Berlin: Springer, 1987.

Berg, K.; Wakula, J.; Schaub, K.: Isometrische Maximalkräfte des Hand-Fingersystems für einen montagespezifischen Kraftatlas. Frühjahrskongress der Gesellschaft für Arbeitswissenschaft, Dortmund, 2009.

Bernotat, R.: Anzeigengestaltung. In: Schmidtke, H. (Hrsg.): Ergonomie. München: Hanser, 1981, S. 461–471.

Berufsgenossenschaft der Feinmechanik und Elektrotechnik (Hrsg.): Lufttechnische Maßnahmen bei Tätigkeiten mit Kühlschmierstoffen. Köln, 2005.

BGIA, Institut für Arbeitsschutz der deutschen Gesetzlichen Unfallversicherungen, o. Jg.

BGR 121: Arbeitsplatzlüftung – Lufttechnische Maßnahmen, 2004.

BGR 131-1: Handlungshilfen für Unternehmer, 2006.

BGR 131-2: Leitfaden zur Planung und zum Betrieb der Beleuchtung, 2006.

BGR 143: Umgang mit Kühlschmierstoffen.

BGR 189: Benutzung von Schutzkleidung, 2007.

BGR 190: Benutzung von Atemschutzgeräten, 2004.

BGR 191: Benutzung von Fuß- und Knieschutz, 2007.

BGR 192: Benutzung von Augen- und Gesichtsschutz, 2006.

BGR 193: Benutzung von Kopfschutz, 2006.

BGR 194: Benutzung von Gehörschutz, in Vorbereitung.

BGR 195: Benutzung von Schutzhandschuhen, 2007.

BGR 197: Benutzung von Hautschutz, 2008.

BGR 198: Einsatz von persönlicher Schutzausrüstung gegen Absturz, 2004.

BGV B2 (bisher VBG 93): Unfallverhütungsvorschrift – Laserstrahlung, 2007.

BGV B3 (bisher VBG 121): Unfallverhütungsvorschrift – Lärm, 1990/2005.

Bier, M.: Ergonomie der Überkopfarbeit. Fortschritt-Berichte VDI, Reihe 17, Nr. 70. Düsseldorf: VDI, 1991.

Bildschirmarbeitsverordnung (BildscharbV), BGBl. I 1996.

Blom Product Development Team: Schnellrüsten: Auf dem Weg zur verlustfreien Produktion mit Single Minute Exchange of Die (SMED). Ansbach: CETPM Publishing, 2007.

Böcker, W.: Künstliche Beleuchtung. Ergonomisch und energiesparend. Frankfurt: Campus, 1981.

Bode, K. H.: Konstruktions-Atlas. Darmstadt: Hoppenstedt, 1984.

Bonenberger, P. R.: The first snap-fit handbook. München: Hanser, 2005.

Boothroyd, G.: Assembly Automation and Product Design. New York, Basel: Marcel Dekker, Inc., 1992.

Boothroyd, G.; Dewhurst, P.; Knight, W.: Product design for manufacture and assembly. New York: Marcel Dekker, 1994.

Boothroyd, G.; Dewhurst, P.; Knight, W.: Product design for manufacture and assembly. New York, Basel: Marcel Dekker, Inc., 2002.

Britzke, B.; Klüglich, U.; Storm, P.: Rationalisierung manueller Arbeitsprozesse. Dresden: Grafischer Großbetrieb »Völkerfreundschaft«, 1989.

Brombach, J.: Analyse, Beurteilung und ergonomische Gestaltung der Arbeitsbedingungen in Arbeitssystemen der industriellen Qualitätskontrolle. Stuttgart: Ergonomia, 2005.

Bronner, A.: Einsatz der Wertanalyse in Fertigungsbetrieben. Köln: TÜV Rheinland, 1989.

Bronner, A.; Herr, S.: Vereinfachte Wertanalyse. Berlin: Springer, 2006.

Bubb, H.; Schmidtke, H.: Physiologische und psychologische Grenzen menschlichen Leistungsvermögens. In: Masing, W. (Hrsg.): Handbuch der Qualitätssicherung. München: Hanser, 1980, S. 69–90.

Bulgrin, H.; Müller, K. G.: Prüfplanung. In: Masing, W. (Hrsg.): Handbuch der Qualitätssicherung. München: Hanser, 1980, S. 167–185.

Bullinger, H. J.: Ergonomie. Stuttgart: B. G. Teubner, 1994.

Bullinger, H. J.; Lung, M.: Planung der Materialbereitstellung in der Montage. Stuttgart: Teubner, 1994.

Bullinger, H. J.; Solf, J. J.: Ergonomische Arbeitsmittelgestaltung I–III. Bremerhaven: Wirtschaftsverlag NW, 1979.

Bundesamt für Strahlenschutz (Hrsg.): Strahlung und Strahlenschutz, 3. Auflage. 2004.

Bundesanstalt für Arbeitsschutz und Arbeitsmedizin (Hrsg.): Gesundheitsschutz 4: Lärmwirkungen. Dortmund, 2004.

Bundesanstalt für Arbeitsschutz und Arbeitsmedizin (Hrsg.): Handbuch zum Thema Hand-Arm-Vibration, Potsdam, 2007.

Bundesanstalt für Arbeitsschutz und Arbeitsmedizin (Hrsg.): Lärmarm konstruieren. Dortmund, 1990.

Bundesanstalt für Arbeitsschutz und Arbeitsmedizin (Hrsg.): Lärmwirkungen: Gehör, Gesundheit, Leistungen. 11. Auflage. Dortmund, 2004.

Bundesanstalt für Arbeitsschutz und Arbeitsmedizin (Hrsg.): Technische Regeln für Arbeitsstätten (ASR A3.4): Beleuchtung. Ausschuss für Arbeitsstätten – ASTA, Bundesanstalt für Arbeitsschutz und Arbeitsmedizin, Dortmund, Ausgabe April 2011.

Bundesministerium für Arbeit und Sozialordnung (Hrsg.): Merkblatt für die ärztliche Untersuchung zu Nr. 2108. Anlage 1, Berufskrankheitenverordnung, 1992.

Bundesverband der Unfallkassen (Hrsg.): Zeitgemäßer Arbeitsschutz, München, 2001.

Bürger, E.: Robotergerechte Gerätekonstruktion. TU Chemnitz, 1986.

Buttazzo, G. C.: Hard Real-time Computing Systems: Predictable Scheduling Algorithms and Applications. Berlin: Springer, 2005.

CEN/TR 15172-1: Ganzkörper-Schwingungen – Leitfaden zur Verringerung der Gefährdung durch Schwingungen, Teil 1: Technische Maßnahmen durch die Gestaltung von Maschinen.

CEN/TR 15172-2: Ganzkörper-Schwingungen – Leitfaden zur Verringerung der Gefährdung durch Schwingungen, Teil 2: Organisatorische Maßnahmen am Arbeitsplatz.

Cooper, R. G.: Doing it right – winning with new products. Ivey Business Journal, July–August 2000, S. 54–60.

Cooper, R. G.: Managing Technology Development Projects. IEEE Engineering Management Review, 35, 2007, 1, S. 67–76.

Cooper, R. G.; Kleinschmidt, E. J.: Stage-gate process for new product success. Product Development Institute Inc., 2010.

Day, S.: Analysis for Strategic Marketing Decisions. St. Paul, Minn.: West Publishing, 1986.

Deutsche MTM-Vereinigung e. V. (Hrsg.): MTM-Logistik Lehrgangsunterlage. Hamburg, 2010.

Dickersbach, J.; Keller, G.; Weihrauch, K.: Produktionsplanung und -steuerung mit SAP, 2. Auflage. Bonn: Galileo Press, 2006.

Diebschlag, W.: Stoffwechsel und Energieumsatz. In: Landau, K.; Stübler, E.: Die Arbeit im Dienstleistungs-betrieb. Stuttgart: Ulmer, 1992, S. 55–64.

DIN 1319-1 Grundlagen der Meßtechnik, Teil 1: Grundbegriffe.

DIN 1320/A1 Akustik-Begriffe; Änderung 1, Norm-Entwurf, 2007.

DIN 1451-1 Schriften – Serifenlose Linear-Antiqua, Teil 1: Allgemeines, 1986.

DIN 1451-2 Schriften – Serifenlose Linear-Antiqua, Teil 2: Verkehrsschriften, 1987.

DIN 1451-3 Schriften – Serifenlose Linear-Antiqua, Teil 3: Druckschriften für Beschriftungen, 1998.

DIN 15136 Anbaugeräte für Stapler und Lader, 1957.

DIN 15141 Paletten, 1986.

DIN 15155 Gitterboxpaletten, 1986.

DIN 15185-2 Flurförderzeuge – Sicherheitsanforderungen, Teil 2: Einsatz in Schmalgängen.

DIN 15201 Stetigförderer, 1994.

DIN 15207 Tanks für die Beförderung gefährlicher Güter – Steckvorrichtung und elektrische Kennwerte der Versorgung von Bedienungsausrüstungen in explosionsgefährdeten Bereichen mit 24 V Nennspannung.

DIN 2137-1 Tastaturen für die Daten- und Texteingabe, Teil 1: Deutsche Tastaturbelegung.

DIN 22101 Gurtförderer, 1982.

DIN 22107 Stetigförderer, 1984.

DIN 30602 Empfehlungen für Bildzeichenanwendung.

DIN 30790 Rollbehälter, 1991.

DIN 30820 Transportkette mit Behältern für Kleinteile – Klein-Ladungs-Träger-System (KLT-System) – Klein-Ladungs-Träger und Tablare; Anforderungen und Prüfungen.

DIN 31000 Allgemeine Leitsätze für das sicherheitsgerechte Gestalten technischer Erzeugnisse.

DIN 31001-1 Sicherheitsgerechtes Gestalten technischer Erzeugnisse, Teil 1: Schutzeinrichtungen.

DIN 32830 Gestaltungsregeln für grafische Symbole.

DIN 33402-1 Ergonomie – Körpermaße des Menschen, Teil 1: Begriffe, Messverfahren.

DIN 33402-2 Ergonomie – Körpermaße des Menschen, Teil 2: Werte.

DIN 33403-2 Klima am Arbeitsplatz und in der Arbeitsumgebung, Teil 2: Einfluss des Klimas auf den Wärmehaushalt des Menschen, 2000.

DIN 33403-3 Klima am Arbeitsplatz und in der Arbeitsumgebung, Teil 3: Beurteilung des Klimas im Warm- und Hitzebereich auf der Grundlage ausgewählter Klimasummenmaße, 2001.

DIN 33403-5 Klima am Arbeitsplatz und in der Arbeitsumgebung, Teil 5: Ergonomische Gestaltung von Kältearbeitsplätzen, 1997.

DIN 33411-1 Körperkräfte des Menschen, Teil 1: Begriffe, Zusammenhänge, Bestimmungsgrößen, 1982.

DIN 33411-3 Körperkräfte des Menschen, Teil 3: maximal erreichbare statische Aktionsmomente männlicher Arbeitspersonen an Handrändern, 1986.

DIN 33411-4 Körperkräfte des Menschen, Teil 4: maximale statische Aktionskräfte, Isodynen, 1987.

DIN 33411-5 Körperkräfte des Menschen, Teil 5: maximale statische Aktionskräfte, Werte, 1999.

DIN 33415 Fließarbeit, 1984.

DIN 33416 Zeichnerische Darstellung der menschlichen Gestalt in typischen Arbeitshaltungen, 1985 (zurückgezogen).

DIN 3691 Sicherheit von Flurförderzeugen.

DIN 45630 Grundlagen der Schallmessung, 2003.

DIN 45631/A1 Berechnung des Lautstärkepegels und der Lautheit aus dem Geräuschspektrum – Verfahren nach E. Zwicker – Änderung 1: Berechnung der Lautheit zeitvarianter Geräusche, Norm-Entwurf, 2008.

DIN 45635 Geräuschmessung an Maschinen, 1984/1987.

DIN 45641 Mittelung von Schallpegeln, 1990.

DIN 45645 Ermittlung von Beurteilungspegeln aus Messungen, 1995/1997.

DIN 5035-6 Beleuchtung mit künstlichem Licht, teil 6: Messung und Bewertung, 2006.

DIN 5035-7 Beleuchtung mit künstlichem Licht, Teil 7: Beleuchtung von Räumen mit Bildschirmarbeitsplätzen, 2004.

DIN 5035-8 Beleuchtung mit künstlichem Licht, Teil 8: Arbeitsplatzleuchten, 2007.

DIN 51385 Schmierstoffe; Kühlschmierstoffe; Begriffe.

DIN 66025 Industrielle Automation; Programmaufbau für numerisch gesteuerte Arbeitsmaschinen; Wegbedingungen und Zusatzfunktionen, 1988.

DIN 68877 Arbeitsdrehstuhl, 1981.

DIN 69901-5 Projektmanagement – Projektmanagementsysteme, Teil 5: Begriffe.

DIN 8580 Fertigungsverfahren – Begriffe, Einteilung, 2003.

DIN 8593-7 Fertigungsverfahren Fügen – Fügen durch Löten, Teil 7: Einordnung, Unterteilung, Begriffe, 2003.

DIN EN 1005-1 Sicherheit von Maschinen – Menschliche körperliche Leistung, Teil 1: Begriffe, 2002.

DIN EN 1005-2 Sicherheit von Maschinen – Menschliche körperliche Leistung, Teil 2: Manuelle Handhabung von Gegenständen in Verbindung mit Maschinen und Maschinenteilen, 2003.

DIN EN 1005-3 Sicherheit von Maschinen – Menschliche körperliche Leistung, Teil 3: Empfohlene Kraftgrenzen bei Maschinenbetätigung, 2002.

DIN EN 1005-4 Sicherheit von Maschinen – Menschliche körperliche Leistung, Teil 4: Bewertung von Körperhaltungen und Bewegungen bei der Arbeit an Maschinen, 2002.

DIN EN 1005-5 Sicherheit von Maschinen – Menschliche körperliche Leistung, Teil 5: Risikobeurteilung für kurzzyklische Tätigkeiten bei hohen Handhabungsfrequenzen, 2003.

DIN EN 1090 Ausführung von Stahltragwerken und Aluminiumtragwerken, Teil 1, 2010; Teil 2, 2008.

DIN EN 11200-11204 Akustik – Geräuschabstrahlung von Maschinen und Geräten, 1996.

DIN EN 12417/A2 Werkzeugmaschinen – Sicherheit – Bearbeitungszentren.

DIN EN 12599 Lüftung von Gebäuden – Prüf- und Messverfahren für die Übergabe raumlufttechnischer Anlagen.

DIN EN 12665-1 Beleuchtung von Arbeitsstätten, Teil 1: Arbeitsstätten in Innenräumen, 2003.

DIN EN 12665-2 Beleuchtung von Arbeitsstätten, Teil 2: Arbeitsplätze im Freien, 2007.

DIN EN 12973 Value Management, 2002.

DIN EN 1325 Value Management, Wertanalyse, Funktionenanalyse, 1996.

DIN EN 1335-1 Büromöbel – Büro-Arbeitsstuhl, Teil 1: Maße; Bestimmung der Maße.

DIN EN 13779 Lüftung von Nichtwohnräumen – Allgemeine Grundlagen und Anforderungen an Lüftungs- und Klimaanlagen, 2005.

DIN EN 14253 Mechanische Schwingungen – Messung und rechnerische Ermittlung der Einwirkung von Ganzkörperschwingungen auf den Menschen am Arbeitsplatz im Hinblick auf seine Gesundheit – Praxisgerechte Anleitung.

DIN EN 1459 Geländegängige Stapler – Sicherheitsanforderungen und Verifizierung.

DIN EN 1459 Sicherheit von Flurförderzeugen – Kraftbetriebene Stapler mit veränderlicher Reichweite, 2007.

DIN EN 15000 Sicherheit von Flurförderzeugen, Nachweis, Leistung und Prüfbedingungen für Lastmomentbegrenzer in Längsrichtung (Entwurf), 2006.

DIN EN 1525 Sicherheit von Flurförderzeugen – Fahrerlose Flurförderzeuge und ihre Systeme.

DIN EN 1526 Sicherheit von Flurförderzeugen – Zusätzliche Anforderungen für automatische Funktionen von Flurförderzeugen.

DIN EN 1551 Sicherheit von Flurförderzeugen – Kraftbetriebene Flurförderzeuge über 10000 kg Tragfähigkeit.

DIN EN 15667 Akustik – Richtlinien für den Schallschutz durch Kapseln und Kabinen, 2001.

DIN EN 1726 Sicherheit von Flurförderzeugen – Motorkraftbetriebene Flurförderzeuge bis einschließlich 10000 kg Tragfähigkeit und Schlepper bis einschließlich 20000 N Zugkraft.

DIN EN 1755 Sicherheit von Flurförderzeugen – Einsatz in explosionsgefährdeten Bereichen – Verwendung in Bereichen mit brennbaren Gasen, Dämpfen, Nebeln oder Stäuben.

DIN EN 1757 Sicherheit von Flurförderzeugen – Handbetriebene und teilweise handbetriebene Flurförderzeuge.

DIN EN 1757-1 Sicherheit von Flurförderzeugen – Handbetriebene Flurförderzeuge, Teil 1: Stapler.

DIN EN 207-2008-02 Persönlicher Augenschutz – Filter und Augenschutzgeräte gegen Laserstrahlung (Laserschutzbrillen); Deutsche Fassung prEN 207:2008.

DIN EN 27243 Warmes Umgebungsklima; Ermittlung der Wärmebelastung des arbeitenden Menschen mit dem WBGT-Index (wet bulb globe temperature).

DIN EN 457 Sicherheit von Maschinen; Akustische Gefahrensignale, Allg. Anforderungen, Gestaltung, Prüfung, 1992.

DIN EN 528 Regalbediengeräte, Sicherheitsanforderungen, 2009.

DIN EN 60825-14 Sicherheit von Lasereinrichtungen, Teil 14: Ein Leitfaden für Benutzer.

DIN EN 60825-4 Sicherheit von Lasereinrichtungen, Teil 4: Laserschutzwände.

DIN EN 61340 Elektrostatik.

DIN EN 614-1 Sicherheit von Maschinen – Ergonomische Gestaltungsgrundsätze, Teil 1: Begriffe und allgemeine Leitsätze; Deutsche Fassung EN614-1:2006+A1:2009.

DIN EN 61508 Funktionale Sicherheit sicherheitsbezogener elektrischer/elektronischer/programmierbarer elektronischer Systeme.

DIN EN 61672 Schallpegelmesser, 2003.

DIN EN 894-2 Sicherheit von Maschinen – Ergonomische Anforderungen an die Gestaltung von Anzeigen und Stellteilen, Teil 2: Anzeigen; 2008.

DIN EN 894-3 Sicherheit von Maschinen – Ergonomische Anforderungen an die Gestaltung von Anzeigen und Stellteilen, Teil 3: Stellteile, 2009.

DIN EN 954-1 Sicherheit von Maschinen – Sicherheitsbezogene Teile von Steuerungen, Teil 1: Allgemeine Gestaltungsleitsätze.

DIN EN 999 Sicherheit von Maschinen – Anordnung von Schutzeinrichtungen im Hinblick auf Annäherungsgeschwindigkeiten von Körperteilen.

DIN EN ISO 11079 Ergonomie der thermischen Umgebung – Bestimmung und Interpretation der Kältebelastung bei Verwendung der erforderlichen Isolation der Bekleidung (IREQ) und lokaler Kühlwirkungen, 2006.

DIN EN ISO 11688 Akustik – Richtlinien für die Gestaltung lärmarmer Maschinen und Geräte, 2001.

DIN EN ISO 11690 Akustik – Richtlinien für die Gestaltung lärmarmer maschinenbestückter Arbeitsstätten, 1997/1999.

DIN EN ISO 12100-1/A1 Sicherheit von Maschinen – Grundbegriffe.

DIN EN ISO 12894 Ergonomie des Umgebungsklimas – Medizinische Überwachung von Personen, die einer extrem heißen oder kalten Umgebung ausgesetzt sind, 2002.

DIN EN ISO 13849-1 Sicherheit von Maschinen, Teil 1: Sicherheitsbezogene Teile von Steuerungen, 2008.

DIN EN ISO 14163 Akustik; Leitlinien für den Schallschutz durch Schalldämpfer, 1999.

DIN EN ISO 15265 Ergonomie der thermischen Umgebung – Strategie zur Risikobeurteilung zur Abwendung von Stress oder Unbehagen unter thermischen Arbeitsbedingungen, 2004.

DIN EN ISO 5053 Kraftbetriebene Flurförderzeuge, 1994.

DIN EN ISO 7730 Ergonomie der thermischen Umgebung – Analytische Bestimmung und Interpretation der thermischen Behaglichkeit durch Berechnung des PMV- und des PPD-Indexes und Kriterien zur lokalen thermischen Behaglichkeit, 2006.

DIN EN ISO 7933 Ergonomie der thermischen Umgebung – Analytische Bestimmung und Interpretation der Wärmebelastung durch Berechnung der vorhergesagten Wärmebeanspruchung, 2004.

DIN EN ISO 8996 Ergonomie der thermischen Umgebung – Bestimmung des körpereigenen Energieumsatzes, 2005.

DIN EN ISO 9241-303 Ergonomie der Mensch-System-Interaktion, Teil 303: Anforderungen an elektronische optische Anzeigen, 2008.

DIN EN ISO 9241-5 Ergonomische Anforderungen für Bürotätigkeiten mit Bildschirmgeräten, Teil 5: Anforderungen an Arbeitsplatzgestaltung und Körperhaltung, 1999.

DIN EN ISO 9886 Ergonomie – Ermittlung der thermischen Beanspruchung durch physiologische Messungen, 2004.

DIN EN ISO 9920 Ergonomie des Umgebungsklimas – Abschätzung der Wärmeisolation und des Verdunstungswiderstandes einer Bekleidungskombination, 2004.

DIN EN ISO 9921 Ergonomie – Beurteilung der Sprachkommunikation, 2004.

Dittrich, J.; Braun, M.: Business Process Outsourcing. Stuttgart: Schäffer-Poeschel, 2004.

Domschke, W.; Scholl, A; Voß, S.: Produktionsplanung. Berlin: Springer, 2005.

Ehrenspiel, K.; Kiewert, A.; Lindemann, U.: Kostengünstig entwickeln und konstruieren, 6. Auflage. Berlin, Heidelberg, New York: Springer, 2007.

Ehrlenspiel, K.: Integrierte Produktentwicklung, 2., überarbeitete Auflage. München Wien: Hanser Verlag, 2003.

Erlach, K.: Wertstromdesign. Heidelberg: Springer, 2007.

Eversheim, W.: Organisation in der Produktionstechnik, Band 3. Düsseldorf: VDI-Verlag, 1989.

Eversheim, W.; Pathow, C. v.: Montagestruktur- und Arbeitsplatzgestaltung in der Einzel- und Kleinserienproduktion. In: Landau, K.; Luczak, H.: Ergonomie und Organisation in der Montage. München: Hanser, 2001, S. 581–609.

Fahrenwaldt, H. J.; Schuler, V.: Praxiswissen Schweißtechnik. Wiesbaden: Vieweg, 2006.

Fanger, P. O.: Thermal Comfort. Malabar: Robert E. Krieger Publishing Company, 1982.

Finsterbusch, T.; Rast, S.: Ergonomie im Industrial Engineering. In: Angewandte Arbeitswissenschaft (ifaa), 47/210, 204, S. 145.

Flügel, B.; Greil, H.; Sommer, K.: Anthropologischer Atlas. Frankfurt/M.: Wötzel, 1986.

Frankenberger, E.: Arbeitsteilige Produktentwicklung. Fortschritt-Berichte VDI, Reihe 1, Nr. 291. Düsseldorf: VDI-Verlag, 1997.

Frey, S.: Plant Layout. München: Hanser, 1975.

Friedl, G.; Hilz, C.; Pedell, B.: Controlling mit SAP, 4. Auflage. Wiesbaden: Vieweg, 2005.

Fritz, H.; Schulze, G. (Hrsg.): Fertigungstechnik. Düsseldorf: VDI-Verlag, 1990.

Frühwald, C.: Analyse und Planung produktionstechnischer Rüstabläufe. Düsseldorf: VDI-Verlag, 1990.

Fuchs, W.: Methodik zur Erstellung von Zeitmodellen zur Ablaufplanung in Arbeitssystemen. Berlin: Beuth, 1972.

Gadatsch, A.: IT-Controlling – operative und strategische Werte umsetzen. In: Tiemeyer, E.: Handbuch IT-Management: Konzepte, Methoden, Lösungen und Arbeitshilfen, 2. Auflage. München: Hanser, 2007, S. 385–428.

Gall, D.; Vandahl, C.; Greiner Mai, U.; Wolf, S.; Helm, H.-P.: Einzelplatzbeleuchtung und Allgemeinbeleuchtung am Arbeitsplatz. Dortmund: Bundesanstalt für Arbeitsschutz und Arbeitsmedizin, Fb. 753, 1998.

Gebhardt, A.: Rapid Prototyping – Werkzeuge für die schnelle Produktentstehung, 2. Auflage. München: Hanser, 2000.

Gebhardt, H.; Müller, B. H.: Ergonomische Gestaltung von Kältearbeitsplätzen. Dortmund: Bundesanstalt für Arbeitsschutz und Arbeitsmedizin (Hrsg.), 2003.

Gilbreth, F. B.: Bewegungsstudien. Berlin: Springer, 1921.

Görner, B.: Beleuchtung von Arbeitsstätten – Stand der Regelsetzung. Forschung Projekt F 1988. Dortmund: Bundesanstalt für Arbeitsschutz und Arbeitsmedizin, 2008.

Grote, K.-H.; Feldhusen, J. (Hrsg.): Dubbel. Taschenbuch für den Maschinenbau, 22. Auflage. Berlin: Springer, 2007.

Grundig, C.-G.: Fabrikplanung, 3. Auflage. München: Hanser, 2009.

Gudehus, T.: Logistikkosten und Leistungsrechnung, 3. Auflage. Berlin, Heidelberg, New York: Springer, 2005.

GUV (Hrsg.): Beurteilung von Gefährdungen und Belastungen am Arbeitsplatz, GUV-I 8700, 1997.

Hacker, W.: Allgemeine Arbeits- und Ingenieurpsychologie. Bern: Huber, 1978.

Hacker, W.: Sensumotorik aus psychologischer Sicht. In: Landau, K.; Luczak, H.; Laurig, W.: Ergonomie der Sensumotorik. München: Hanser, 1996, S. 21–33.

Hacker, W.; Wetzstein, A.; Römer, A.: Gibt es Vorgehensmerkmale erfolgreichen Entwickelns von Produkten? Zeitschrift für Arbeitswissenschaft, 56, 2002, 5, S. 305–317.

Haller, E.: Einführung von Gruppenarbeit. Unveröffentlichtes Redemanuskript, 2002.

Hartmann, H.: Materialwirtschaft, 8. Auflage. Gernsbach: Deutscher Betriebswirte Verlag, 2002.

Hecker, R.: Physikalische Arbeitswissenschaft. Berlin: Dr. Köster, 1998.

Hedtmann, A.; Krämer, J.: Prophylaxe von Wirbelsäulenschäden am Arbeitsplatz. Orthopäde 19, 1990, S. 150–157.

Helander, M. G.: Design of visual displays. In: Salvendy, G. (Hrsg.): Handbook of Human Factors, New York: Wiley, 1987, S. 507–548.

Helber, C.: Supplier Development: Erhöhung der Wettbewerbsfähigkeit wichtiger Lieferanten. VDA-Logistikkongress, 2007.

Helbig, R.; Ferreira, Y.: Bildschirmarbeit und Büroarbeit. In: Landau, K.; Pressel, G.: Medizinisches Lexikon der beruflichen Belastungen und Gefährdungen. Stuttgart: Gentner, 2008, S. 169–181.

Henschel, R.: Rationalisierung bei Unterbeschäftigung. In: RKW (Hrsg.): Rationalisierung heute. München: Hanser, 1978.

Herkommer, O.: Einführung in die Layout-Planung mit Prozess-Analyse. In: Ishiwata, J.: Die flexible Fabrik. Landsberg/Lech: Moderne Industrie, 2001, S. 11–34.

Hertog, F. J., den: Arbeitsstrukturierung. Bern: Huber, 1978.

Hesse, S.: Automatisieren mit Know-how. Darmstadt: Hoppenstedt, 2002.

Hesse, S.: Grundlagen der Handhabungstechnik. München: Hanser, 2006.

Hesselbach, J.: Störungsvermeidung und -behandlung in der automatisierten Fertigung. In: VDI-Gesellschaft Fördertechnik (Hrsg.): Produktionslogistik, VDI-Bericht Nr. 1047. Düsseldorf: VDI-Verlag, 1993.

Hirano, H.: Poka-yoke. 240 Tips für Null-Fehler-Programme. Landsberg: Moderne Industrie, 1992.

Hompel, M. t.; Schmidt, T.; Nagel, L.: Materialflusssysteme. Berlin: Springer, 2007.

Hübner, A.; Irmer, W.; Martinek, M.; Pieschel, J.; Zwickert, H.; Zinke, M.: Studienmaterial Fertigungslehre. Universität Magdeburg: Institut für Werkstoff- und Fügetechnik, 2006.

IEC/EN 60079 Explosionsgefährdete Bereiche.

IEC/EN 61496-1 Sicherheit von Maschinen – Berührungslos wirkende Schutzeinrichtungen, Teil 1: Allgemeine Anforderungen und Prüfungen.

IEC/EN 61496-2 Sicherheit von Maschinen – Berührungslos wirkende Schutzeinrichtungen, Teil 2: Besondere Anforderungen an Einrichtungen, welche nach dem aktiven opto-elektronischen Prinzip arbeiten.

Imai, M.: Kaizen. Berlin: Ullstein, 1998.

Institut für angewandte Arbeitswissenschaft IfaA (Hrsg.): Lärm und Vibrationen am Arbeitsplatz. Messtechnisches Taschenbuch für den Betriebspraktiker. Köln: Wirtschaftsverlag Bachem, 1994.

ISO 11226 Ergonomics – Evaluation of static working postures, 2000.

ISO 11228-1 Ergonomics – Manual handling; Lifting and carrying, 2003.

ISO 11228-2 Ergonomics – Manual handling; Pushing and pulling, 2007.

ISO 11228-3 Ergonomics – Manual handling; Handling of low loads at high frequency, 2007.

ISO 13406-2 Ergonomic Requirement for Flat Panel Displays.

ISO 2631-1 Mechanische Schwingungen und Stöße – Bewertung der Einwirkung von Ganzkörperschwingungen auf den Menschen – Allgemeine Anforderungen, 1997.

ISO 6385 Prinzipien der Ergonomie in der Auslegung von Arbeitssystemen, 1990.

ISO 9241-10 Ergonomie der Mensch-System-Interaktion – Grundsätze der Dialoggestaltung.

ISO 9612 Akustik – Messung und Berechnung der Lärmexposition im Arbeitsbereich – Verfahren der Genauigkeitsklasse 2.

ISO/IEC Guide 51: Leitfaden für die Aufnahme von Sicherheitsaspekten in Normen, 1999.

ISO/TS 16949:2002 Qualitätsmanagementsysteme.

Jakobi, H. F.: Nutzen-Wirkungen bei der Wartung und Inspektion. In: Biedermann, H. (Hrsg.): Inspektion und Wartung, Techniken, Organisation und Wirtschaftlichkeit, 5. Instandhaltungsforum. Köln: TÜV Rheinland, 1989.

Jenik, P.: Maschinen menschlich konstruiert. MM-Industriejournal, 78, 5, 1972, S. 87–90.

Jenner, R.-D.; Kaufmann, H.; Schäfer, D.; Bauer, O.: Bosch-Arbeitshilfen für die ergonomische Arbeitsplatzgestaltung, Zeichenschablonen für die menschliche Gestalt. Stuttgart: o. V., 1985.

Jones, L. A.; Lederman, S. J.: Human Hand Function. Oxford: University Press, 2006.

Jordan, P. W.: An Introduction to Usability. London: Taylor&Francis, 1998.

Kaiser, J.: Verwendung stereoskopischer Informationsdarstellung in durchsichtfähigen Anzeigen am Beispiel eines Head-Up-Displays. Stuttgart: Ergonomia, 2004.

Kamiske, G. F.; Tomys, A. K.: Die Rationalisierungspotentiale des TQM. Qualität und Zuverlässigkeit, 1993.

Kano, N.; Seraku, N.; Takahashi, F.; Tsuji, S.: Attractive quality and must be Quality. In: Quality Journal, 14, 1984, 2, S. 39–48.

Kilger, W.; Pampel, J; Vikas, K.: Flexible Plankostenrechnung und Deckungsbeitragsrechnung, 12. Auflage. Wiesbaden: Gabler, 2007.

Kirchner, J. H.; Baum, E.: Ergonomie für Konstrukteure und Arbeitsgestalter. München: Hanser, 1990.

Klein, B.: Kostenoptimiertes Produkt- und Prozessdesign. München, Wien: Hanser, 2010.

Klein, B.; Sanzenbacher, G.: Kostenreserven ausschöpfen durch produktionsgerechte Konstruktion (ProKon). In: Konstruktion, 2008, 4, S. 83–93.

Knolmayer, G. F.: Compliance-Nachweise bei Outsourcing von IT-Aufgaben. In: Wirtschaftsinformatik 49, 2007, S. 98–106.

Kohlhase, N.; Schnorr, R.; Schlücker, E.: Reduzierung der Variantenvielfalt in der Einzel- und Kleinserienfertigung. Konstruktion, 50, 1998, 6, S. 15–21.

Konold, P.; Reger, H.: Praxis der Montagetechnik, 2. Auflage. Wiesbaden: Vieweg, 2003.

Koppenhöfer, C.; Johannsen, A.; Krcmar, H.; Bumiller, J.: Bedarf und Nutzung von Telekooperationssystemen im verteilten Produktentwicklungsprozess. http://www.w-infobase.de/lehrstuhl\publikat.nsf, 2010.

Kramer, F.: Erfolgreiche Unternehmensplanung. Berlin: Beuth, 1998.

Kroemer, K.; Kroemer, H.; Kroemer-Elbert, K.: Ergonomics. Upper Saddle River: Prentice Hall, 2001.

KrW-/AbfG – Gesetz zur Förderung der Kreislaufwirtschaft und Sicherung der umweltverträglichen Beseitigung von Abfällen. Stand 27. September 1994.

Kühn, F. M.; Littmann, R.; Preuß, W.; Steinert, W.: Neue Technologien im innerbetrieblichen Materialfluss. Arbeitssicherheit und Arbeitsgestaltung. Köln, 1990.

Kulka, H.: Arbeitswissenschaften für Ingenieure. Leipzig: VEB Fachbuchverlag, 1980.

Kurbel, K.: Produktionsplanung und -steuerung im Enterprise Resource Planning und Supply Chain Management, 6. Auflage. München: Oldenbourg, 2005.

Kurtz, P.; Sievers, G.: Investigation and design of luminance situations at assembly workplaces. In: Proceedings of the XIX Annual International Occupational Ergonomics and Safety Conference. Las Vegas, Nevada, USA, 27–29 June 2005, S. 195–197.

Landau, K. (Hrsg.): Lexikon Arbeitsgestaltung. Best Practice im Arbeitsprozess. Stichworte Lärm, Definitionen und Vorkommen; Lärmminderung; Lärmwirkungen. Stuttgart: Gentner, 2007.

Landau, K. (Hrsg.): Montageprozesse gestalten. Stuttgart: Ergonomia, 2004.

Landau, K., Peters, H.: Organisatorische Arbeitsgestaltung. In: Landau, K. (Hrsg.): Ergonomie I, Umdruck, Darmstadt: Institut für Arbeitswissenschaft, 2003.

Landau, K.: Urformen, Umformen und Trennen im Product Engineering. Darmstadt: Institut für Arbeitswissenschaft, 2009.

Landau, K.; Hellwig, R.: Projektmanagement – Grundlagen und Anwendungen. Stuttgart: Ergonomia, 2004.

Landau, K.; Luczak, H.: Ergonomie und Organisation in der Montage. München: Hanser, 2001.

Landau, K.; Pressel, G. (Hrsg.): Medizinisches Lexikon der beruflichen Belastungen und Gefährdungen, 2. Auflage. Stuttgart: Gentner, 2008.

Landau, K.; Rohmert, W.; Imhof-Gildein, B.; Mücke, S.; Brauchler, R.: Risikoindikatoren für Wirbelsäulenerkrankungen. Berlin: Schriftreihe der Bundesanstalt für Arbeitsmedizin, FB 09.010, 1996.

Landau, K.; Schaub, K.: Körpermaße. In: Landau, K. et al.: Ergonomie I. TU Darmstadt: Institut für Arbeitswissenschaft, 2003.

Länderausschuss für Arbeitsschutz und Sicherheitstechnik (Hrsg): Handlungsanleitung zur Beleuchtung von Arbeitsstätten, Potsdam, 2005.

Lange, W.; Kirchner, J. H.; Lazarus, H.; Schnauber, H.: Kleine Ergonomische Datensammlung. Köln: TÜV Rheinland, 1991.

Lindemann, U.: Methodische Entwicklung technischer Produkte, 3. Aufl. Berlin: Springer, 2009.

Lindemann, U.; Kiewert A.: Kostenmanagement im Entwicklungsprozess – marktgerechte Kosten durch Target Costing. In: Schäppi B. et al. (Hrsg.): Handbuch Produktentwicklung. München, Wien: Hanser, 2005.

Little, A. D.: ADL Product Innovation Survey. Cambridge, Mass., 1992.

Lotter, B.: Wirtschaftliche Montage, 2. Auflage. Düsseldorf: VDI-Verlag, 1992.

Lotter, B.; Wiendahl, H.-P.: Montage in der industriellen Produktion. Berlin: Springer, 2006.

Louis, R. S.: Effiziente Materialflusssteuerung mit KANBAN und MRP II. Landsberg/Lech: Moderne Industrie, 2000.

Macha, R.: Deckungsbeitragsrechnung, 3. Auflage. Planegg: Haufe, 2006.

Magid, E. B.; Coermann, R.: The reaction of the human body to extreme vibrations. Proc. Inst. Envir. Sc., 1960.

Mainzer, J.: Ermittlung und Normung von Körperkräften. Fortschritts-Berichte der VDI-Zeitschrift, Reihe 17, Nr. 12, Düsseldorf: VDI, 1982.

Martin, H.: Transport- und Lagerlogistik, 7. Auflage. Wiesbaden: Vieweg+Teubner, 2009.

Martyrer, E.: Der Ingenieur und das Konstruieren, 12, 1960, S. 1–4.

Matousek, R.: Konstruktionslehre des allgemeinen Maschinenbaus. Berlin: Springer, 1974.

Matt, D.: Fertigungstechnik, Teil II. Universität Bozen, 2001.

McCormick, E. J.: Human Factors Engineering. New York: Wiley, 1964.

Menges, G.; Michaeli, W.; Mohren, P.: Spritzgießwerkzeuge. Auslegung, Bau, Anwendung, 6. Auflage. München: Hanser, 2007.

Meyer, G.: Förderanlagen für die Oberflächenbehandlung. Bremen: Louis Schierholz GmbH, 2009.

Meyer, M. H.; Lehnerd, A. P.: The power of product platforms. New York: Free Press, 1997.

Miles, L. D.: Technique of Value Analysis and Engineering. New York: Wiley, 1961.

Müller-Merbach, H.: Operations Research. München: Vahlen, 1973.

Müller-Stewens, G.; Lechner, C.: Strategisches Management, 2. Auflage. Stuttgart: Schäffer-Poeschel, 2003.

Nestler, H.: Wirtschaftliche Maschinenaufstellung. Berlin: Beuth, 1972.

Neudörfer, A.: Metallbearbeitung. In: Landau, K.; Pressel, G. (Hrsg.): Medizinisches Lexikon der beruflichen Belastungen und Gefährdungen, 2. Auflage. Stuttgart: Gentner, 2008.

Neumann, A.: Schweißtechnisches Handbuch für Konstrukteure, Teil I. Düsseldorf: Deutscher Verlag für Schweißtechnik, 1984.

Nitschke, C.: Outsourcing in der Automobilindustrie. Fachhochschule Wedel, 2007.

Osterholz, U.: Gegenstand, Formen und Wirkungen arbeitsweltbezogener Interventionen zur Prävention muskuloskeletaler Beschwerden und Erkrankungen. Berlin: Wissenschaftszentrum für Sozialforschung, 1991.

Pahl, G.; Beitz, W.; Feldhusen, J.; Grote, K. H.: Konstruktionslehre. Berlin: Springer, 2003.

Paul, G.: Ein Beitrag zur Methode der ergonomischen Beurteilung des Einstiegs ausgewählter Nutzfahrzeuge. Dissertation TU Darmstadt, 2002.

Peters, H.: Hitzearbeit. In: Landau, K. (Hrsg.): Lexikon Arbeitsgestaltung. Best Practice im Arbeitsprozess. Stuttgart: Gentner, 2007, S. 660–664.

Peters, H.: Klima. In: Landau, K. (Hrsg.): Lexikon Arbeitsgestaltung. Best Practice im Arbeitsprozess. Stuttgart: Gentner, 2007, S. 715–719.

Peters, H.: Klimaanlagen und Lüftung. In: Landau, K.; Pressel, G. (Hrsg.): Medizinisches Lexikon der beruflichen Belastungen und Gefährdungen, 2. Auflage. Stuttgart: Gentner, 2009, S. 525–529.

Peters, H.; Landau, K.: Kritik der bewegungstechnischen Arbeitsgestaltung. In: Landau, K.: Ergonomie I. TU Darmstadt, 2003.

Peters, H.; Landau, K.: Methoden und Hilfsmittel der Bewegungsablaufanalyse. In: Landau, K. et al.: Ergonomie I. TU Darmstadt, 2003.

Pfeiffer, W.; Dörrie, U.; Soll, E.: Menschliche Arbeit in der industriellen Produktion. Göttingen: Vandenhoeck und Ruprecht, 1977.

Pheasant, St.: Bodyspace. London: Taylor & Francis, 1988.

Picker, C.: Prospektive Zeitbestimmung für nicht wertschöpfende Montagetätigkeiten. Dissertation, Universität Dortmund, 2006.

Picot, A.; Maier, M.: Analyse und Gestaltungskonzepte für das Outsourcing. In: Information Management, 7, 1992, 4.

Pine, B. J.: Maßgeschneiderte Massenfertigung: Neue Dimensionen im Wettbewerb. Wien: Überreuter, 1994.

Popov, K.: KAMIN – Katalog technischer Schwingungsschutzmaßnahmen. Katalog praktisch erprobter Lösungen des technischen Schwingungsschutzes und für Elemente zur Schwingungsminderung, 1. Auflage. Bremerhaven: Wirtschaftsverlag NW Verlag für neue Wissenschaft GmbH, 2003. (Schriftenreihe der Bundesanstalt für Arbeitsschutz und Arbeitsmedizin: Forschungsbericht, Fb. 981).

Porter, L. W.; Lawler, E. E.; Hackman, J. R.: Behavior in Organizations. New York: McGraw Hill, 1975.

Rapp, T.: Produktstrukturierung. Norderstedt: Books on Demand, 2010.

REFA (Hrsg.): Arbeitsgestaltung in der Produktion. München: Hanser, 1991.

REFA (Hrsg.): Methodenlehre der Planung und Steuerung. Band 1. München: Hanser, 1985.

REFA (Hrsg.): Methodenlehre des Arbeitsstudiums. München: Hanser 1984.

Reinertsen, D. G.: Die neuen Werkzeuge der Produktentwicklung. München: Hanser, 1998.

Richtlinie 89/654/EWG, umgesetzt durch die deutsche Arbeitsstättenverordnung.

Riebel, P.: Einzelkosten- und Deckungsbeitragsrechnung, 7. Auflage. Wiesbaden: Gabler, 1994.

Robert Bosch GmbH (Hrsg.): Arbeitshilfen für die ergonomische Arbeitsgestaltung.

Roesgen, R.; Schmidt, C.: Auswahl und Einführung von ERP-/PPS-Systemen. In: Schuh, G. (Hrsg.): Produktionsplanung und -steuerung. Grundlagen, Gestaltung und Konzepte. Berlin, Heidelberg, New York: Springer, 2006, S. 330–375.

Rögnitz, H.; Köhler, G.: Fertigungsgerechtes Gestalten im Maschinen- und Gerätebau. Stuttgart: Teubner, 1959.

Rohmert, W. et al.: Umdruck zur Vorlesung Arbeitswissenschaft I. TU Darmstadt, 1993.

Rohmert, W.: Biomechanische Grundlagen. In: Schmidtke, H. (Hrsg.): Ergonomie. München: Hanser, 1981.

Rohmert, W.; Berg, K.; Bruder, R.; Schaub, K.: Kräfteatlas, Teil 1, Datenauswertung statischer Aktionskräfte. Berlin: Bundesanstalt für Arbeitsmedizin, 1994.

Roland Berger Offshoring-Information, 2004.

Rother, M.; Shook, J.: Learning to see: Value stream mapping to create value and eliminate muda. Brookline, Massachusetts, 2003.

Ruckes, J.: Betriebs- und Angebotskalkulation im Stahl- und Apparatebau. Berlin: Springer, 1973.

Ruffing, T.: Fertigungssteuerung bei Fertigungsinseln. Köln: TÜV Rheinland, 1991.

Sanzenbacher, G.: ProKon – Produktionsgerechte Konstruktion – Bewertung der Montagetauglichkeit von Erzeugnissen. In: Personal – MTM-Report 1993, S. 418–421.

Schaub, K.; Britzke, B.; Sanzenbacher, G.; Jasker, K. Landau, K.: Ergonomische Risikoanalysen mit MTM-Ergo. In: Landau, K. (Hrsg.): Montageprozesse gestalten. Stuttgart: Ergonomia, 2004, S. 175–199.

Schaub, K.; Britzke, B; Landau, K.: Ergonomische Risikoanalysen mit Hilfe von MTM-Ergo. In: Arbeit und Gesundheit in effizienten Arbeitssystemen. Dortmund: GfA-Press, 2004.

Schlick, C.; Bruder, R.; Luczak, H.: Arbeitswissenschaft. Berlin: Springer, 2010.

Schmauder, M.: Planung und Gestaltung von flexiblen Montagesystemen. Vorlesungsskript, TU Dresden, 2008.

Schmidtke, H. (Hrsg.): Ergonomie. München: Hanser, 1993.

Schmidtke, H.: Ergonomische Prüfung von Technischen Komponenten, Umweltfaktoren und Arbeitsaufgaben. München: Hanser, 1989.

Schoder, H.: Einführung in die Wertanalyse. Manuskript, Eggenstein, o. J.

Schuh, G.: Gestaltung und Bewertung von Produktvarianten. Fortschritt-Berichte VDI, Reihe 2. Düsseldorf: VDI, 1989.

Schuh, G.; Stich, V.; Schmidt, C.: Produktionsplanung und -steuerung in Logistiknetzwerken. Berlin: Springer, 2008.

Schultetus, W.: Montagegestaltung. Köln: TÜV Rheinland, 1980.

Schulte-Zurhausen, M.: Planung von Blocklagersystemen. Berlin: Beuth, 1982.

Schumacher, G.: Untersuchung und Anwendung der Wertstrommethode zur Optimierung der Material- und Informationsflüsse am Beispiel eines Zulieferers der Robert Bosch GmbH. Lehrstuhl für Industriebetriebslehre und Arbeitswissenschaft, TU Kaiserslautern, 2007.

Seibel, D.; Landau, K.; Brose, M.: Laser. In: Landau, K. (Hrsg.): Lexikon Arbeitsgestaltung. Stuttgart: Ergonomia, 2007, S. 768–773.

Smit, K.: Voraussetzungen und Möglichkeiten für die Anwendung der zustandsabhängigen Instandhaltung. In: Biedermann, H. (Hrsg.): Inspektion und Wartung, Techniken, Organisation und Wirtschaftlichkeit, 5. Instandhaltungsforum. Köln: TÜV Rheinland GmbH, 1989.

Sommerlatte, T.: Management erfolgreicher Produkte. Düsseldorf: Symposion, 2008.

Spelten, C.; Schaub, K.; Landau, K.: IAD-Toolbox körperliche Arbeit. In: Landau, K. (Hrsg.): Montageprozesse gestalten. Stuttgart: Ergonomia, 2004, S. 113–149.

Stark, L.; Yamashita, I.; Tharp, G.; Ngo, H. X.: Search patterns and search paths in human visual search. In: Brogan, D.; Gale, A.; Carr, K.: Visual search. London: Taylor & Francis, 1993, S. 37–58.

Stephan, M.: Risiken infolge von Technologie-Outsourcing? SFB 649, Discussion Paper 2007-047, Philipps-Universität Marburg, 2007.

Stier, F.: Über die Geschwindigkeiten von Armbewegungen unter besonderer Berücksichtigung der Einlegearbeiten an Pressen. Dissertation TH Hannover, 1959.

Strasser, H.: Dosis-Maxime und Energie-Äquivalenz bei der Beurteilung von Lärm sowie physiologische Kosten von Schallbelastungen. In: Lärmbekämpfung, 2, 2011, S. 51–57.

Suzaki, K.: Modernes Management im Produktionsbetrieb. München: Hanser 1989.

Takeda, H.: Das synchrone Produktionssystem. Just-in-time für das ganze Unternehmen, 5. Auflage. Landsberg/Lech: Moderne Industrie, 2006.

Tempelmeier, H.; Kuhn, H.: Flexible Fertigungssysteme. Berlin: Springer 1993.

Tichauer, E. R.: Occupational Biomechanics. New York: Manuskriptdruck, 1975.

TRGS 300: Technische Regeln für Gefahrstoffe, mit Änderungen und Ergänzungen. BarbBl, 1995.

TRGS 400: Gefährdungsbeurteilung für Tätigkeiten mit Gefahrstoffen, 2008.

TRGS 555: Betriebsanweisung und Information der Beschäftigten.

TRGS 611: Verwendungsbeschränkungen für wassermischbare bzw. wassergemischte Kühlschmierstoffe.

TRGS 900: Technische Regeln für Gefahrstoffe, 2001 und 2007.

Tschich, H.: Gestaltung von Prüfarbeitssystemen in der Montage. In: Landau, K.; Luczak, H. (Hrsg.): Ergonomie und Organisation in der Montage. München, Wien: Hanser, 2001, S. 196–217.

Uhlmann, E.: Gestaltung von Fertigungsprozessketten. TU Berlin, Institut für Werkzeugmaschinen und Fabrikbetrieb, o. Jg.

Uhlmann, E.: Produktionstechnik II. TU Berlin, Institut für Werkzeugmaschinen und Fabrikbetrieb, 2008.

Ulich, E.: Arbeitspsychologie. Zürich: Verlag der Fachvereine, Stuttgart: Poeschel, 1991.

Ulmer, H.-V.: Umstellung auf Arbeit. In: Rohmert, W.; Rutenfranz, J. (Hrsg.): Praktische Arbeitsphysiologie. Stuttgart: Thieme, 1983.

Unternehmer-Handbuch Gabelstapler. Großhandels- und Lagerei-Berufsgenossenschaft, Mannheim, o. Jg.

VBG 10 Stetigförderer.

VDA 4500 Kleinladungsträger (KLT)-System.

VDI (Hrsg.): VDI-Handbuch der Arbeitsgestaltung und Arbeitsorganisation. Düsseldorf: VDI-Verlag, 1980.

VDI 2057 Blatt 1: Einwirkungen mechanischer Schwingungen auf den Menschen – Ganzkörperschwingungen, 2002.

VDI 2057 Blatt 2: Einwirkungen mechanischer Schwingungen auf den Menschen – Hand-Arm-Schwingungen, 2002.

VDI 2058 Blatt 2: Beurteilung von Arbeitslärm am Arbeitsplatz hinsichtlich Gehörgefährdung, 1988.

VDI 2058 Blatt 3: Beurteilung von Lärm am Arbeitsplatz unter Berücksichtigung unterschiedlicher Tätigkeiten, 1999.

VDI 2220 Produktplanung; Ablauf, Begriffe und Organisation, 1980.

VDI 2221 Methodik zum Entwickeln und Konstruieren technischer Systeme und Produkte, 1993.

VDI 2222 Blatt 1: Methodisches Entwickeln von Lösungsprinzipien, 1997.

VDI 2225 Blatt 2: Technisch-wirtschaftliches Konstruieren, 1998.

VDI 2234 Wirtschaftliche Grundlagen für den Konstrukteur.

VDI 2319 Angetriebene Rollenbahnen, 1971.

VDI 2326 Gurtförderer für Stückgut, 1979.

VDI 2328 Kreisförderer, 1981.

VDI 2332 Schleppkettenförderer, 1976.

VDI 2345 Hängebahnen, 1987.

VDI 2361 Regalförderzeug, 1993.

VDI 2411 Begriffe und Erläuterungen im Förderwesen, 1970.

VDI 2510 Fahrerlose Transportsysteme, 2005.

VDI 2519 Blatt 1: Vorgehensweise bei der Erstellung von Lasten-/Pflichtenheft.

VDI 2569 Schallschutz und akustische Gestaltung im Büro, 1990.

VDI 2695 Ermittlung der Kosten für Flurförderzeuge; Gabelstapler.

VDI 2697 Hochregalanlagen, 1972VDI 3643, Elektro-Hängebahn, 1994.

VDI 2800 Blatt 2: Technische Regel, Entwurf, Wertanalyse-Arbeitsplan nach DIN EN12973 – Formularsatz-Wertanalyse-Arbeitsplan, 2006.

VDI 2803 Blatt 1: Funktionenanalyse – Grundlagen und Methode, 1996.

VDI 2815 Begriffe für die Produktionsplanung und -steuerung, Betriebsmittel. Düsseldorf: VDI-Verlag, 1978.

VDI 2852 Blatt 1: Kenngrößen numerisch gesteuerter Fertigungseinrichtungen. Berlin: Beuth, 1984.

VDI 2852 Blatt 3: Kenngrößen numerisch gesteuerter Fertigungseinrichtungen – Positionierzeit, Spindelbeschleunigungszeit, Wartezeit. Berlin: Beuth, 2001.

VDI 3035 Anforderungen an Werkzeugmaschinen, Fertigungsanlagen und periphere Einrichtungen beim Einsatz von Kühlschmierstoffen.

VDI 3312 Sortieren im Logistischen Prozess, 2003.

VDI 3321 Schnittwertoptimierung; Grundlagen und Anwendung, 1994.

VDI 3397 Blatt 2.

VDI 3581 Verfügbarkeit von Transport- und Lageranlagen, 2004.

VDI 3586 Flurförderzeuge, 1996.

VDI 3590 Kommissioniersysteme, Grundlagen, 1994.

VDI 3598 Tragkettenförderer, 1974.

VDI 3611 Staurollenförderer, 1981.

VDI 3619 Sortiersysteme für Stückgut, 1999.

VDI 3627 Regalförderzeuge, 1985.

VDI 3643 Elektro-Hängebahn, 1994.

VDI 3649 Anwendung der Verfügbarkeitsrechnung für Förder- und Lagersysteme, 2003.

VDI 3690 Kommissioniersysteme, 1994.

VDI 3968 Sicherung von Ladeeinheiten.

VDI-Bericht 849: Wertanalyse – Wertgestaltung – Value Management. Düsseldorf: VDI-Verlag, 1990.

Verordnung zum Schutz der Beschäftigten vor Gefährdungen durch Lärm und Vibrationen, 2007/2008.

Verordnung zum Schutz von Gefahrstoffen – GEFStffV vom 23.12.2004, BGBl. I, 2004, S. 3758–3759.

Wakula, J.; Berg, K.; Schaub, K.; Bruder, R.; Glitsch, U.; Ellegast, R.: Statische maximale Ganzkörper und Hand-Fingerkräfte für realtypische Kraftausübungen für den montagespezifischen Kraftatlas, Frühjahrskongress der Gesellschaft für Arbeitswissenschaft, Dortmund, 2009.

Walther, T.: Passend zum logistischen Ablauf. In: PackReport, 7/8, 2002.

Warnecke, H. J.; Lederer, K. G.: Neue Arbeitsformen in der Produktion. Düsseldorf: VDI-Verlag, 1982. (1979)

Wasmuth, K.: Kostenmanagement im Service Engineering industrieller Dienstleistungen. Hamburg: Dr. Kovac, 2009.

Weber, R.: Kanban. Renningen: Expert, 2001.

Weber, T.: Intuition, Methodik & Werkzeuge – Erfolgsfaktoren effizienter Layoutplanung. In: Institut für Produktionstechnik (IfP) der Westsächsischen Hochschule Zwickau (Hrsg.): 3. Symposium Produktionstechnik innovativ und interdisziplinär. Tagungsband. Zwickau: IfP, 2011. S. 127–135.

Weinrich, H.-W.: Untersuchung der Mehrmaschinenbedienung von Einspindel-Drehautomaten mit Hilfe der Simulationstechnik. Dissertation, TU Braunschweig, 1978.

Wenzel, H. G.; Piekarski, C.: Klima und Arbeit, 2. Auflage. München: Bayerisches Staatsministerium für Arbeit und Sozialordnung, 1982.

Wiendahl, H.-P.: Betriebsorganisation für Ingenieure, 7. Auflage. München: Hanser, 2008.

Wiendahl, H.-P.: Betriebsorganisation für Ingenieure. München: Hanser, 2005.

Wiendahl, H.-P.; Nofen, D.; Klußmann, J. H.; Breitenbach, F.: Planung modularer Fabriken. München: Hanser, 2005.

Wildemann, H.; Niemeyer, A.: Das Milkrun-Konzept: Logistikkostensenkung durch auslastungsorientierte Konsolidierungsplanung. Elektronisch veröffentlicht, URL: www.tcw.de/tcw_V1/uploads/html/publikationen/aufsatz/files/Logistikkostensenkung_Milkrun_Niememeyer.pdf, 2007.

Womack, J. P.; Jones, D. T.: Beyond Toyota: How to root out waste and pursue perfection. Harvard Business Review, 1996, Heft 9/10, S. 141.

WZL/Fraunhofer Institut für Produktionstechnologie, RWTH Aachen, o. Jg.

Zink, K.: Arbeitsstrukturierung. In: Landau, K.; Luczak, H.: Ergonomie und Organisation in der Montage. München: Hanser, 2001, S. 363–364.

Zink, K.; Eberhard, D.: Integration arbeitswissenschaftlicher Aspekte in ein lebenszyklusorientiertes Produktmanagement, Zeitschrift für Arbeitswissenschaft, 2, 2008, S. 69–78.

Zülch, G.; Starringer, M.: Differentielle Arbeitsgestaltung in Fertigungen für elektronische Flachbaugruppen. Zeitschrift für Arbeitswissenschaft, 4, 1994, S. 211–216.

Teil IV

Betrieb und Verbesserung von Arbeitssystemen

1 Einleitung

In diesem Teil geht es um den in der dritten Phase des PEP anfallenden Betrieb von Arbeitssystemen und Prozessen und um deren ständige Verbesserung.

Im Kapitel 2 wird dargelegt, welche Funktionen im Rahmen des »Werkstattmanagements« (Shop-floor-Management) zu erfüllen sind und welche Instrumente im Regelkreis des Werkstattmanagements einzusetzen sind. Die große Bedeutung des Werkstattmanagements für das Industrial Engineering liegt darin, dass es für die erfolgreiche Nutzung der in der zweiten PEP-Phase entwickelten Planungen und für deren weitere Optimierung zuständig ist.

Im Kapitel 3 werden zwei Themen behandelt. Zuerst geht es um das »Anlaufmanagement«. Das ist eine spezielle Form des Verbesserungsmanagements, bei der nach SOP in möglichst kurzer Zeit mindestens jenes Leistungsniveau zu realisieren ist, das der Angebotskalkulation zu Grunde lag. Beim Insourcing und Outsourcing von Produktionsaufgaben werden die dafür maßgebenden Beweggründe der Unternehmen geschildert und beispielhaft gezeigt, welche Vor- und Nachteile damit verbunden und welche Gesichtspunkte dabei zu beachten sind. Beim »Verbesserungsmanagement« ist zu klären, warum Unternehmen dem Zwang zu ständigen Verbesserungen unterliegen und welche Konzepte dafür zur Verfügung stehen. Der Schwerpunkt liegt hier beim Kontinuierlichen Verbesserungsprozess und dort wiederum bei dessen praktischem Teil, das ist die Arbeit von KVP-Teams.

Im Kapitel 4 werden mit dem »Arbeitszeitmanagement« gestalterische Optionen zum effektiven Personaleinsatz und zur Unterstützung des Werkstattmanagements behandelt. Zuerst werden die Möglichkeiten der Arbeitszeitgestaltung sowie die Vorteile und Nachteile von Arbeitszeitmodellen erläutert. Dann wird gezeigt, wie diese einzuführen und in Schichtpläne umzusetzen sind.

Im Kapitel 5 wird zunächst erläutert, was im Industrial Engineering unter »Zeitwirtschaft« verstanden wird, und es werden die systemischen und organisatorischen Grundlagen dargelegt. Da die organisatorische Ausrichtung der Zeitwirtschaft entscheidend davon abhängt, inwieweit man sie durch eine leistungsfähige IT-Lösung unterstützt, wird hier die MTM-Software TiCon® behandelt. Der Anwendungsschwerpunkt von TiCon® liegt in der Entwicklung und Verwendung betrieblicher Prozessbausteine, die ihrerseits einen Schwerpunkt bei der Zeitwirtschaft bilden. Da eine funktionierende Zeitwirtschaft die Voraussetzung für das Funktionieren wichtiger Instrumente ist, z. B. der Vorkalkulation oder der Kapazitätsplanung, wird abschließend erläutert, wie man die Zeitwirtschaft durch Revisionen permanent auf ihre Leistungsfähigkeit prüft.

Im Kapitel 6 wird ein weiteres Kernthema des Industrial Engineering behandelt, die »Personalbedarfsermittlung«. Bei der Ermittlung des quantitativen Personalbedarfs mit Hilfe der Personalbemessung wird im Schwerpunkt die analytische Personalbemessung dargestellt. Bei der Ermittlung des qualitativen Personalbedarfs wird die Stellen- und die Qualifikationsplanung erläutert und gezeigt, wie die ermittelten Bedarfskennzahlen bei der Personaleinsatzplanung umzusetzen sind. Abschließend wird beim Personalbedarfscontrolling erläutert, wie die Angemessenheit des Personalbestands permanent zu kontrollieren und zu steuern ist.

Im Kapitel 7 geht es beim Thema »Entgeltdifferenzierung« um die Differenzierung der Grund- und Leistungsentgelte. Auch wenn bei der Grundentgeltdifferenzierung weder Prozessbausteine noch Zeitstandards benötigt werden, wird dieses Thema hier mit behandelt, weil die Arbeitsbewertung in den vergangenen Jahren durch die ERA-Einführungen für das Industrial Engineering in den Unternehmen eine Renaissance erlebte. Wir können so das Thema der Entgeltdifferenzierung geschlossen darstellen. Es ist noch immer eines der Kernthemen des Produktivitätsmanagements.

2 Werkstattmanagement

2.1 Überblick

Im Teil I, Abschnitt 3.5.3 hatten drei der zwölf mit dem *MTM-Produktivitätsmanagement* verfolgten Absichten direkte Bezüge zum Werkstattmanagement (Shopfloor-Management):

- Plangerechte Mitarbeiterqualifizierung und -einsatz,
- Zielmanagement, Ergebnis-Controlling und Regelkommunikation sowie
- funktionell begründete Leitungsspannen.

Zu Art und Umfang standardisierten Werkstattmanagements gibt es kein einheitliches Verständnis. Abbildung IV-1 ist zu entnehmen, welche Aspekte häufig als standardisierungswürdig angesehen werden.

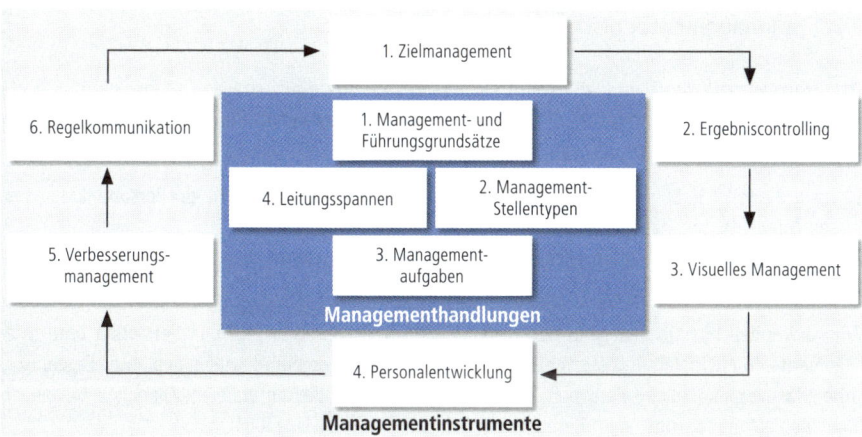

Abbildung IV-1 Produktionssystemrelevante Aspekte des Werkstattmanagements

Im folgenden Abschnitt 2.2 werden begriffliche Klärungen vorgenommen und ein Überblick zur Entwicklung der Managementlehre gegeben.

Im Abschnitt 2.3 wird erläutert, was Management- und Führungsgrundsätze sind und wie man sie formulieren kann. Führungsgrundsätze sind es wert, in ein Produktionssystem aufgenommen zu werden, wenn sie nicht schon verbindlich geregelt sind, z. B. im Organisationshandbuch. Anschließend wird gezeigt, welche Managementfunktionen zu unterscheiden sind und was Managen heißt. Ihre praktische Bedeutung liegt darin, dass die Funktionen der Formulierung von Managementaufgaben dienen.

Im Abschnitt 2.4 werden unter der Überschrift »Managementhandlungen« drei produktionssystemrelevante Aspekte des Werkstattmanagements erläutert, (Werkstatt-)Managementstellentypen, Aufgaben des Werkstattmanagements und das Ermitteln von Leitungsspannen.

Das im Abschnitt 2.5 behandelte Thema »Ziele und Zielsysteme« führt zu den im Abschnitt 2.6 erläuterten Managementinstrumenten. Die Geschäftsstrategie wird als Basis aller Zielbildungen unterstellt und gezeigt, was hierarchische Zielsysteme sind und wie aus den Unternehmenszielen konsistente Betriebsziele und Verbesserungsmaßnahmen abzuleiten sind.

Im Abschnitt 2.6 wird ein Regelkreis des Werkstattmanagements eingeführt, der sechs Managementinstrumente einschließt:

- Zielmanagement,
- Ergebnis-Controlling,
- Visuelles Management,
- Regelkommunikation,
- Personalentwicklung,
- Verbesserungsmanagement.

In diesem Kapitel werden nur die ersten vier Instrumente erläutert, weil das Verbesserungsmanagement im Kapitel 3 und die Personalentwicklung im Kapitel 6 behandelt werden.

2.2 Grundlagen

2.2.1 Managementbegriff

Der *Managementbegriff* wird wie kaum ein anderer Fachterminus strapaziert und steht, wie die Begriffe System oder Organisation, für alles Mögliche. Er wird mit institutionellem und mit funktionellem Bezug verwendet.

1. Institutioneller Bezug: In Unternehmen ist ein Management vorhanden, ein Personenkreis, dessen Mitglieder als Manager bezeichnet werden.
2. Funktioneller Bezug: Unternehmen werden »gemanagt«, womit die meisten meinen, dass sie geführt werden.

Wir verwenden hier überwiegend den funktionellen Managementbegriff und verstehen unter Management den effektiven und effizienten Einsatz von Ressourcen zum Erzielen geplanter Ergebnisse. Gute Manager sind solche Personen, die dabei hohe Wirksamkeiten erzielen. Managen ist danach mehr als Personalführung, aber diese ist ein wichtiger Teil des Managens.

2.2.2 Entwicklung der Managementlehre

Scientific Management

Die wesentlichen Inhalte der heutigen *Managementlehre* entwickelten sich in den letzten hundert Jahren, getrieben durch sich im Zeitverlauf ändernde Problemstellungen in den Unternehmen. Das erste weltweit bekannte Konzept einer Managementlehre wurde von dem Amerikaner Frederick Winslow Taylor (1856–1915) mit seinem Scientific Management (wissenschaftliche Betriebsführung)[1] vorgelegt. Taylor war Ingenieur und wollte methodische Hilfen[2] für Fragen zur Arbeitsorganisation und technischen Rationalisierung geben. Die wichtigsten Probleme waren zu dieser Zeit die organisatorische Beherrschung immer größerer Fabriken, die Gestaltung des Zusammenwirkens von Menschen und Betriebsmitteln oder die Rationalisierung von Fertigungsprozessen. Eine heute oft vergessene Rahmenbedingung war, dass auf der operativen Ebene nach heutigen Maßstäben überwiegend gering qualifizierte Personen zur Verfügung standen. Heute dominante Themen wie z. B. Marketing, Qualitätsmanagement, Wertschöpfungssteigerung oder Informationsverarbeitung spielten in Taylors Arbeitswelt keine Rolle.

---

1 Taylor, F. W.: Principles of Scientific Management, 1911. Ins Deutsche übersetzt von Roeseler, R.: Die Grundsätze wissenschaftlicher Betriebsführung. München: Oldenbourg, 1913. Neu herausgegeben und eingeleitet von Bungard, W.; Volpert, W.: Die Grundsätze wissenschaftlicher Betriebsführung. Weinheim, Basel: Beltz, 1977.
2 Der Begriff »scientific« wurde von Taylor nicht im Sinne von »wissenschaftlich«, sondern von »systematisch, methodisch« verwendet.

Ab Mitte des vergangenen Jahrhunderts gewannen der Dienstleistungssektor, der Warenabsatz und das Informationsmanagement an Bedeutung, und es waren zunehmend akquirierte Unternehmen zu integrieren. Damit entstand ein starkes Interesse am Management indirekter und administrativer Bereiche, wie Instandhaltung, Service, Personalwesen, Beschaffung und Controlling. In dieser Zeit wurden die vielen populären »Management by ... -Prinzipien«[3] kreiert, aus heutiger Sicht mehr oder weniger nützliche »Tipps und Tricks«, ähnlich dem »Best-Practice-Prinzip«. Das Management interessierte sich in dieser Phase primär für aufbauorganisatorische und kaum für prozessuale Sachverhalte.[4]

Management by ... -Prinzipien

In den letzten 20 Jahren mussten immer mehr Unternehmen Problemlösungen zu ihren internationalen Engagements finden. Dabei ging es z. B. um das Eingehen strategischer Allianzen, die Erhöhung von Markteintrittsgeschwindigkeiten (Time to Market), das Zusammenwirken mit anderen Unternehmen im Rahmen organisationaler Netzwerke, den Rückzug aus unattraktiven Geschäftsfeldern oder die Verlagerung von Produktionen über Ländergrenzen hinweg. Einem grassierenden »Auditierungstrend« folgend wurde auch vorgeschlagen, die Unternehmensführung auf den Prüfstand zu stellen, also Managementaudits durchzuführen.[5] Praktische Bedeutung hat das bisher nicht erlangt. Seit den 1990er-Jahren fokussiert sich das Management bei organisatorischen Fragestellungen stark auf prozessuale Sachverhalte.

In den 1980er-Jahren kam das Best-Practice-Prinzip in Mode, ohne seinen Anwendern allzu nachhaltige Erfolge zu bescheren. Vermutlich deshalb, weil Best-Practice-Fälle als Kopiervorlagen missverstanden wurden, wozu die Versuchung zugegebenermaßen auch groß ist. Davor ist zu warnen und man sollte sich vergegenwärtigen, dass von den über 40 Unternehmen, die Peters und Waterman in ihrem Bestseller aus dem Jahre 1982[6] als »Best-Run Companies« herausstellten, heute die meisten nicht mehr existieren. Von den Besten zu lernen ist dennoch richtig, wenn man Best Practices als prüfenswerte Handlungsgrundsätze erfolgreicher Unternehmen in bestimmten Situationen, also als Ideenstimulatoren interpretiert.[7]

Best-Practice-Prinzip

2.3 Managementgrundsätze, Führungsgrundsätze und Managementfunktionen

2.3.1 Managementgrundsätze

Es besteht keine Einigkeit darüber, welche Prinzipien am ehesten zu hohen Wirksamkeiten führen und inwieweit Managementgrundsätze, -funktionen und -instrumente transferierbar und interkulturell gültig seien. Malik[8] empfiehlt z. B. fünf *Managementgrundsätze* (Handlungsprinzipien)[9]:

Managementgrundsätze

3 Beispielsweise Management by Delegation (Abgrenzen von Aufgaben, Kompetenzen, Verantwortungen), Management by Exceptions (Eingreifen nur im definierten Ausnahmefall), Management by Objectives (Führen durch Zielvereinbarung), Management by Participation (Mitarbeiterbeteiligung an sie betreffende Zielentscheidungen).

4 Ein Kennzeichen dafür war die zu dieser Zeit populäre Gemeinkosten-Wertanalyse, die mehr zu Diskussionen als zu nachhaltigen Wirkungen führte.

5 Vgl. z. B. Wübbelmann, K.: Management Audit. Unternehmenskontext, Teams und Managerleistung systematisch analysieren. Wiesbaden: Gabler, 2001.

6 Peters, T. J.; Waterman, R. H.: In Search of Excellence. Lessons from America's best-Run Companies. New York: Harpers & Row, 1982.

7 Vgl. Jahns, C.: 12 Grundsätze erfolgreichen Managements – Orientierung an Best Practices. In: Jahns, C.; Hein, G. (Hrsg.): Handbuch Management. Mit Best Practice zum Managementerfolg. Stuttgart: Schäffer-Poeschel, 2003, S. 23–45.

8 Malik, F.: Führen, Leisten, Leben. Wirksames Management für eine neue Zeit. Frankfurt, New York: Campus, 2006.

9 Jahns empfiehlt z. B. zwölf Managementgrundsätze, die teilweise bereits Managementaufgaben enthalten: vgl. Jahns, C.: a. a. O., 2003, S. 33 f.

1. Wichtige Handlungen am Handlungserfolg messen, um ergebnisorientiert zu handeln.
2. Prüfen, ob wichtige Handlungen einen erkennbaren Beitrag zu einem übergelagerten Ganzen leisten.
3. Sich eher auf wenige wirksame Dinge konzentrieren, als sich mit Vielem zu befassen.
4. Eher die eigenen Stärken nutzen, als sich mit den eigenen Schwächen herumzuplagen.
5. Die Stärkung gegenseitigen Vertrauens zur Leitlinie jeden Handelns machen.

Diese Grundsätze wird nicht jeder uneingeschränkt, aber die meisten weitgehend akzeptieren und sie für vernünftig und praktikabel halten.

2.3.2 Führungsgrundsätze

Management ist nicht mit Führung gleichzusetzen, aber Führung ist ein wichtiger Bestandteil des Managens. Im Teil I, Abschnitt 3.3.2 wurde beim Wertesystem des Unternehmens zwischen den Wertekategorien der Unternehmensgrundsätze[10] und der Führungsgrundsätze[11] unterschieden. *Führungsgrundsätze* sollten primär durch das vertretene Menschenbild und die internen Strategien begründet sein. Ein Beispiel für Führungsgrundsätze ist Abbildung IV-2 zu entnehmen. Dort werden drei Kategorien von Grundsätzen unterschieden:

1. Authentizität und soziale Kompetenz

1.1 Vorbild sein und Grundwerte vorleben, in Verhalten und fachlicher Leistung Vorbild sein.
1.2 Persönlichkeit achten und Motivation verstehen, die Persönlichkeit und die Motivationen der Mitarbeiter verstehen und berücksichtigen.
1.3 Für Neues aufgeschlossen sein und Chancen erkennen, bei Verbesserungsprozessen die dazu erforderlichen Schritte und Maßnahmen aktiv unterstützen.
1.4 Interessenausgleich, Konsense und Kompromisse finden, Unternehmens- und Mitarbeiterinteressen in Einklang zu bringen.
1.5 Entscheidungen treffen und Verantwortung übernehmen, Mut zu vertretbarem Risiko haben und Entscheidungen begründen, so weit es dienlich ist.

2. Kommunikation und Personalentwicklung

2.1 Selbstentfaltung fördern und Eigenverantwortung stärken, Mitarbeiter gezielt selbständig handeln und entscheiden lassen.
2.2 Richtig informieren und mit Klarheit überzeugen, rechtzeitig und der Situation entsprechend informieren.
2.3 Informationsaustausch fördern und Partnerschaft aufbauen, im eigenen Mitarbeiterkreis zielorientiert Informationen austauschen, zwischen und auf die Berichtsebenen reflektieren.
2.4 Personalentwicklung fördern, Mitarbeiterpotenziale erkennen, Entwicklungsprofile erarbeiten, Qualifizierung fördern und begleiten.
2.5 Fürsorgepflicht wahrnehmen und persönlich unterstützen, persönliche Unterstützung und Hilfe zuteil werden lassen.

3. Zielmanagement

3.1 Den Mitarbeitern die Ziele und Werte des Unternehmens vermitteln und darauf aufbauend eigene klare und angemessene Ziele vereinbaren.
3.2 Aufgabenerfüllung kontrollieren und Zielerreichung unterstützen.
3.3 Faire Leistungs-/Verhaltensbeurteilung geben und sich mit Stärken/Schwächen auseinandersetzen, Gesamtleistung der Mitarbeiter in kürzeren Zeitabständen und bei Sondersituationen beurteilen.
3.4 Gute Leistungen anerkennen, Unzulänglichkeiten konstruktiv kritisieren, gegen Missstände vorgehen.

Abbildung IV-2　　Beispiel für Führungsgrundsätze

---

10 Unternehmensgrundsätze richten sich an alle Adressatengruppen und drücken das Selbstverständnis eines Unternehmens aus.
11 Führungsgrundsätze richten sich an die Adressatengruppe der Mitarbeiter. Darin wird dargelegt, wie man miteinander umgehen und zielgerichtet zusammenarbeiten will.

1. Authentizität und soziale Kompetenz: Das steht insbesondere für Vorbild sein, Glaubhaftigkeit und Aufgeschlossenheit leben und ausgleichend wirken.
2. Kommunikation und Personalentwicklung: Hierunter fallen die horizontale und vertikale Informationsversorgung und die fachliche und menschliche Betreuung der Unterstellten.
3. Zielmanagement: Das umfasst alle Aspekte der Förderung anvertrauter Personen hin zu notwendigen Ergebnissen.

Falls das nicht bereits an anderer Stelle erfolgt ist, sollten die Führungsgrundsätze als Unterstützungswerkzeug zum Element »Werkstattmanagement« im Produktionssystem enthalten sein.

2.3.3 Managementfunktionen

Darüber, worin Managen besteht, gehen die Auffassungen auseinander, so dass es verschiedene Vorschläge zu den Kernfunktionen des Managements gibt. Wübbelmann schlägt z. B. vor, die Abbildung IV-3 zu entnehmenden acht *Managementfunktionen* in Management-Context-Audits, also bei Wirksamkeitsprüfungen zum Management zu betrachten. Malik unterscheidet zwischen fünf Managementfunktionen und zudem noch zwischen sieben Managementinstrumenten[12], die teilweise Aspekte der vorstehend angeführten Managementfunktionen enthalten.

Management-funktionen

	acht Managementfunktionen nach Wübbelmann	fünf Managementfunktionen nach Malik
sachorientierte Aspekte	1. Zielsetzungen und Zielverpflichtungen entwickeln	1. Ziele schaffen
	2. Feedback zu Leistungen und Verhalten geben	2. Organisieren
	3. Leistungen und Verhalten beurteilen und belohnen	3. Entscheiden
	4. Entscheiden	4. Kontrollieren
personen-orientierte Aspekte	5. Mitarbeiter informieren und kommunizieren	5. Menschen fördern
	6. Konflikte lösen	
	7. Führungsleitbilder und -grundsätze entwickeln und anwenden	
	8. für eine strategisch begründete Unternehmenskultur sorgen	

Abbildung IV-3 Konzepte von Managementfunktionen[13]

Beide Vorschläge unterscheiden sich mehr formal als inhaltlich. Die Managementfunktionen nach Wübbelmann stehen für: »All das hat das Management zu tun.«, die nach Malik für: »Das hat das Management im eigenen Beritt zu tun.« Welche Managementfunktionen man auch für relevant hält: Sie sind, anders als die konkreten Managementaufgaben, in jedem Unternehmen gleich, und sie stehen in keinem kulturellen Kontext.

1. Jedes Unternehmen benötigt z. B. ein Zielmanagement oder eine Personalentwicklung. Verschieden sind von Unternehmen zu Unternehmen aber nicht nur die dazu geltenden Ziele oder das verfügbare Personal. Verschieden sind auch die Anforderungen, die man an das Zielmanagement oder die Personalentwicklung stellt.

---

12 Das sind: Sitzungen, Berichte, Job Design Assignment Control, Persönliche Arbeitsmethodik, Budget und Budgetierung, Leistungsbeurteilung, Systematische Müllabfuhr.
13 Wübbelmann, K.: a. a. O., 2001; Malik, F.: a. a. O., 2006.

2. Bei den Managementfunktionen gibt es keine interkulturellen Unterschiede. Interkulturell verschieden sind aber z. B. Umgangsformen, Leidensbereitschaft gegenüber Dilettantismus, religiös begründete Gepflogenheiten, Toleranzbereitschaft oder soziale Normen.

Managementaufgaben Wir haben Management interpretiert als zielgerichtetes Handeln, um Ressourcen zum Erzielen beabsichtigter Ergebnisse wirksam einzusetzen. Management wird nach diesem Verständnis auf allen Unternehmensebenen betrieben, in komplexen Systemen (z. B. durch einen Betriebsleiter) und weniger komplexen Systeme (z. B. durch einen Anlagenführer mit zwei Helfern). Wir setzen uns hier mit dem Management von Arbeitssystemen in Produktionsbetrieben auseinander und haben deshalb als Überschrift für dieses Kapitel »Werkstattmanagement« gewählt. In den folgenden Abschnitten wird stark beispielorientiert gezeigt, welche *Managementaufgaben* beim Produktivitätsmanagement von Arbeitssystemen zu erfüllen sind und welcher Unterstützungsinstrumente man sich dabei bedient.

2.4 Managementhandlungen

2.4.1 Vorgehen

Aus den vorstehend angeführten Managementgrundsätzen und -funktionen sowie den Führungsgrundsätzen sind Managementaufgaben zu begründen. Unternehmen, in denen dazu ähnliche Auffassungen vertreten werden, gelangen auch zu ähnlichen Managementaufgaben.

Produktionssystem Managementaufgaben und Regelungen von Leitungsspannen könnte man, dem in Abbildung IV-1 angeführten Konzept folgend, als Standards in das Produktionssystem aufnehmen. Dazu sind vier Entwicklungsschritte notwendig:

1. Stellentypen[14] formulieren: Werkstattmanagement findet auf verschiedenen hierarchischen Ebenen statt, z. B. auf der Meisterebene. Diese Ebenen sind zuerst zu formulieren, indem dazu Stellentypen festgelegt werden.
2. Aufgaben inventarisieren: Begründet durch die internen Strategien und die Führungsgrundsätze werden die (Werkstatt-)Managementaufgaben erfasst.
3. Aufgaben auf die Stellentypen verteilen: Die inventarisierten Werkstattmanagement-Aufgaben werden auf die Stellentypen verteilt, wie es im Teil II, Abschnitt 3.3.6 bei der Aufgabenverteilung erläutert wurde.
4. Leitungsspannen-Standards entwickeln: Die Managementaufgaben werden durch Zeitbedarfs- und Häufigkeitsfestlegungen ergänzt, um Leitungsspannen zu berechnen.

2.4.2 Stellentypen beim Werkstattmanagement

Fünf Management-stellentypen Bei unserem Beispiel werden fünf Ebenen[15] des Werkstattmanagements (Shopfloor Management) und damit fünf *Managementstellentypen* unterschieden:

1. Bereichsleitung (BL): Leitet einen geschlossenen technischen Bereich (Werkstatt), z. B. die mechanische Bearbeitung, die Montage, die Betriebstechnik.

---

14 Stellentypen sind Kategorien von Planstellen, deren Gemeinsamkeit darin liegt, dass sie die gleichen Aufgaben zu erfüllen haben.
15 Zwischen der BL-, ME-, SL- und AF-Ebene bestehen hierarchische Beziehungen, zwischen der AF- und der ER-Ebene dagegen nicht.

2. Meister (ME): Leitet eine Abteilung (z. B. Betriebsmittelinstandhaltung) in einem Bereich (z. B. Betriebstechnik) und ist dem Bereichsleiter direkt unterstellt.
3. Schichtleiter (SL): Vertritt den Meister bei Abwesenheit und ist für das operative Management in einem Abteilungsteil zuständig, z. B. einer Gruppe.
4. Anlagenführer (AF): Führt ein Betriebsmittel, bei dem er andere Personen zielgerichtet einzusetzen hat.
5. Einrichter (ER): Rüstet Betriebsmittel ein und unterstützt beim Beseitigen von Störungen, hat jedoch keine Weisungsbefugnisse.[16]

Im Beispiel gibt es nur diese fünf Stellentypen. Nicht jeder Stellentyp kommt in jedem Bereich vor, z. B. im Werkzeugbau keine Anlagenführer und Einrichter. Die einem Stellentyp zugeordneten Planstellen (z. B. die Schichtleiterstellen) unterscheiden sich nicht in den Managementaufgaben, haben im Allgemeinen jedoch unterschiedliche Fachaufgaben zu erfüllen.

2.4.3 Aufgaben des Werkstattmanagements

Die *Aufgaben des Werkstattmanagements* werden aus der internen Strategie und den Führungsgrundsätzen generiert und aus drei Gründen standardisiert:

Standardisierung der Werkstattmanagement-Aufgaben

1. Begründet man Managementaufgaben mit Hilfe von Führungsgrundsätzen, steigt die Chance, dass sich die Führungsgrundsätze in praktischem Handeln niederschlagen.
2. Wenn man standardisierte Instrumente anwendet (z. B. Zielmanagement, Regelkommunikation), müssen alle einem Stellentyp zugehörigen Werkstattmanager vergleichbar handeln, also gleiche Aufgaben erfüllen.
3. Die Werkstattmanager müssen sich auf verbindliche Sachanforderungen (= Aufgaben) stützen, also wissen, was man von ihnen erwartet und nicht darüber rätseln, was sich hinter »engagierter Führung« oder anderen Worthülsen verbergen könnte.

Im vorliegenden Beispiel werden folgende Hauptaufgaben unterschieden (vgl. Abbildung IV-4):

Hauptaufgaben

1. Führungsaufgaben: Menschen zielgerichtet leiten und fördern
   - Vereinbarungen vornehmen
   - Mitarbeiter anweisen und kontrollieren
   - Mitarbeiter fördern
2. Administrationsaufgaben: Menschen und Sachen planen, gestalten, einsetzen, verwalten
   2.1 Personale Administrationsaufgaben
      - mehrere, keine bestimmte Person betreffend
      - eine bestimmte Person betreffend
   2.2 Sachbezogene Administrationsaufgaben
      - Administration im engeren Sinne
      - Administration im weiteren Sinne, insbesondere Koordination und Kommunikation
   2.3 Verbesserungen
3. Engineering-Aufgaben: über tagesgeschäftliche Aspekte hinausgehende technische Fragen bearbeiten
   - allgemeine Engineering-Aufgaben
   - Engineering-Aufgaben beim Serienanlauf

---

16 Deshalb ist strittig, ob das ein Managementstellentyp ist.

Abbildung IV-4 sind die Managementaufgaben für die zuvor definierten Stellentypen zu entnehmen. Sie gelten für alle einem Stellentyp zugehörigen Planstellen.

		BL	ME	SL	AF	ER
		Management-Stellentypen				
1	**Führungsaufgaben**					
11	**Vereinbarungen vornehmen**					
111	periodische Kennzahlen besprechen, daraufhin Maßnahmen vereinbaren	X	X			
112	Qualifikationsstände der Mitarbeiter analysieren und Maßnahmen vereinbaren		X	(T)		
113	Zielvereinbarungen aus der Unternehmensstrategie oder aktuellen Problemlagen ableiten und vornehmen	X				
114	im Zusammenhang mit der Leistungsbeurteilung Fördergespräche führen, Fortschritte und Ergebnisse begleiten	X	X	X	(T)	
115	Arbeitsergebnisse besprechen inkl. Zeitverbräuche und Gutstückzahlen, Maßnahmen vereinbaren		(T)	X		
12	**Mitarbeiter anweisen und kontrollieren**					
121	laufende Arbeitsverteilung an Mitarbeiter durchführen, Arbeiten zuweisen unter Beachtung des Job-Rotationsprinzips		(T)	X		(V)
122	Einhalten von Terminen und Lieferstückzahl/Auftrag überwachen			X		
123	Eskalationen um Terminprobleme lösen			X		
124	untertägig Personaleinsatzsteuerung aufgrund der aktuellen Auftragssituation durchführen			X		
125	Rückkehrgespräche (Gesundheitsgespräche) führen		X	(T)		
126	Einhalten von Vorschriften (z. B. Arbeitsanweisungen, Prüfanweisungen, Arbeitsschutzbestimmungen) überwachen	X	X	X	X	X
127	Einhalten der betrieblichen Arbeitszeiten und Pausen überwachen			X		
128	zu Ordnung und Sauberkeit am Arbeitsplatz und pfleglichem Umgang mit den Betriebsmitteln anleiten und kontrollieren		(T)	X	X	X
129	Leasingkräfte und neue Mitarbeiter einarbeiten			X	X	
13	**Mitarbeiter fördern**					
131	permanent das Entstehen von Konflikten erkennen und lösen	X	X	X	X	
132	Erwartungen und aktuelle Probleme der Mitarbeiter besprechen	X	X	X	X	
133	neue Mitarbeiter, insbesondere bei Serienanläufen, in ihre Aufgaben einweisen, trainieren und Wirksamkeit kontrollieren		(T)	X	X	X
134	Unterweisungsunterlagen dokumentieren		X			
135	Mitarbeiter zur Einhaltung von Vorschriften unterweisen und das dokumentieren			X		
136	Mitarbeiter zu zweckmäßiger Nutzung der Prozesse und Einrichtungen anregen			X		(T)
137	Einarbeitungs- und Ausbildungspläne erstellen, aktualisieren		X			
138	Azubis und Praktikanten betreuen		X	X		
2	**Administrationsaufgaben**					
21	**personale Administrationsaufgaben**					
223.04	Verbesserungsvorschläge bearbeiten, weiterleiten (Bewertungskommission) und später die Umsetzung unterstützen	(T)	X			
223.05	Fehler, Beschwerden, Reklamationen unter Einbeziehung der QS bearbeiten, in Abstellmaßnahmen umsetzen	(T)	X			
223.06	Ermittlung von Mehr-/Nacharbeit sowie dazu vorzusehende Abstellmaßnahmen initiieren und verfolgen	X	X			
3	**Engineeringaufgaben**					
31	**allgemeine Engineeringaufgaben**					
311	Arbeitspapiere (insb. Stücklisten und Arbeitspläne) auf Vollständigkeit und Aktualität prüfen		(T)	X	X	
312	Fertigungs-Betriebsmittel, je nach Art, bei PM, EK, WB oder TD anfordern, Einsatzeignung prüfen und Einsatz begleiten		X			
313	Reparaturen, je nach Art, bei WB oder TD anfordern, deren Durchführung ggf. koordinieren und Ergebnis kontrollieren			X	X	
314	mit TD Wartungspläne für Betriebsmittel erstellen, implementieren und deren Durchführung überwachen		X			
315	mit WB Wartungspläne für Werkzeuge erstellen, implementieren und deren Ausführung kontrollieren		X			
316	mit LG deren Produktionspläne abstimmen und den Vorlauf verabschieden		X			
32	**Engineeringaufgaben beim Serienanlauf**					
321	vor SOP neue Prozesse mit den übergebenden Bereichen erproben, Ineffizienzen und Prozessunfähigkeiten ermitteln		X			
322	Personalbedarf berechnen, bei PE anfordern und bereitstellen	X	(T)			
323	übergebende Bereiche beim Abstellen der Mängel unterstützen, danach die Prozessverantwortung übernehmen	X	(T)			
324	übergebene Unterlagen auf Vollständigkeit und Richtigkeit prüfen und ggf. Korrekturen aufgeben		X			
325	nach SOP Planabweichungen erfassen und an Controlling zur Kostenstellenentlastung und Projektbelastung leiten	X				

x   aktiv, d. h. ausführen, dafür zuständig sein
(T), (V)   passiv, d. h. (T) = daran teilnehmen; (V) in Vertretung erfüllen

Abbildung IV-4   Beispiel für standardisierte Werkstattmanagement-Aufgaben und deren Verteilung auf Stellentypen (Ausschnitt)

2.4.4 Verteilung der Managementaufgaben auf die Stellentypen

Nun werden den Stellentypen die zu erfüllenden Managementaufgaben zugeordnet, um sicherzustellen, dass es keine Überschneidungen gibt. Dazu wird geprüft, ob Widersprüche bestehen zu den

- Führungsgrundsätzen oder den
- internen Strategien, z. B. zur Produktions-, Organisations-, Logistikstrategie.

Schichtleiter: Standardisierte Führungs-, Administrations- und Engineeringaufgaben und Kalkulation der Leitungsspanne	Personenzahl-unabhängig	Personenzahl-abhängig
1	**Führungsaufgaben**		
11	**Vereinbarungen vornehmen**		
112	Qualifikationsstände der Mitarbeiter analysieren und Maßnahmen vereinbaren		h
114	im Zusammenhang mit der Leistungsbeurteilung Fördergespräche führen, Fortschritte und Ergebnisse begleiten		h
115	Arbeitsergebnisse besprechen inkl. Zeitverbräuche und Gutstückzahlen, Maßnahmen vereinbaren		t
12	**Mitarbeiter anweisen und kontrollieren**		
121	laufende Arbeitsverteilung an Mitarbeiter durchführen, Arbeiten zuweisen unter Beachtung des Job-Rotationsprinzips	t	
122	Einhalten von Terminen und Lieferstückzahl/Auftrag überwachen	t	
124	untertägig Personaleinsatzsteuerung aufgrund der aktuellen Auftragssituation durchführen		t
125	Rückkehrgespräche (Gesundheitsgespräche) führen		f
126	Einhalten von Vorschriften (z. B. Arbeitsanweisungen, Prüfanweisungen, Arbeitsschutzbestimmungen) überwachen	f	
127	Einhalten der betrieblichen Arbeitszeiten und Pausen überwachen [bei Nr. 115 mit erfüllen]		w
128	zu Ordnung und Sauberkeit am Arbeitsplatz und pfleglichem Umgang mit den Betriebsmitteln anleiten und kontrollieren		w
129	Leasingkräfte und neue Mitarbeiter einarbeiten	f	
13	**Mitarbeiter fördern**		
131	permanent das Entstehen von Konflikten erkennen und lösen	f	
132	Erwartungen und aktuelle Probleme der Mitarbeiter besprechen		w
133	neue Mitarbeiter, insbesondere bei Serienanläufen, in ihre Aufgaben einweisen, trainieren, Wirksamkeit kontrollieren		f
135	Mitarbeiter zur Einhaltung von Vorschriften unterweisen und das dokumentieren		q
136	Mitarbeiter zu zweckmäßiger Nutzung der Prozesse und Einrichtungen anregen [bei Nr. 115 mit erfüllen]		q
138	Azubis und Praktikanten betreuen	f	
2	**Administrationsaufgaben**		
21	**personale Administrationsaufgaben**		
211.03	aus dem Produktionsplan die Schichtpläne ableiten	w	
211.06	Anwesenheitserfassung durchführen	t	
211.07	Überstundenplanung erstellen, Zeitkonten kontrollieren, Abbauszenarien erstellen und umsetzen		t
211.09	neue Anweisungen/Vorschriften/Top-down-Vorgaben der nächsten hierarchischen Ebene erläutern	f	
211.10	Vorgesetzte periodisch über aktuelle Anliegen, Probleme und Erwartungen der operativen Mitarbeiter informieren	m	
211.11	Arbeitsunfälle aufnehmen, Bericht erstellen und an UA weiterleiten	f	
212.01	bei Einstellungs- und Entlassungsgesprächen unter fachlichen Aspekten bei der Auswahl mitwirken	f	
22	**sachbezogene Administrationsaufgaben**		
221	Administration im engeren Sinne		
221.02	Controlling zu CIS-Sachverhalten durchführen	m	
221.03	Störungsarten und Störungszeitanfall sowie Rüstzeiten erfassen	t	
221.04	Störungs- und Rüstzeiten monatlich aufbereiten und auswerten	m	
221.05	Maßnahmen zur Störungs- und Rüstzeitreduzierung einleiten	m	
221.06	Schichtbericht erstellen, verteilen und archivieren lassen	t	
222	Administration im weiteren Sinne (insb. Koordination und Kommunikation)		
222.02	arbeitsorganisatorische Regelungen (z. B. Ablösungen, Springer, Job-Rotation) umsetzen, praktizieren		h
222.04	die Erfüllung von Umweltschutz-Vorschriften überwachen, Verstöße identifizieren und Abstellung anweisen	m	
223	Verbesserungen		
223.01	Prozesse im Zuständigkeitsbereich verbessern, stabilisieren, Ergebnisse visualisieren	m	
223.02	Werkerselbstprüfung fördern		m
3	**Engineeringaufgaben**		
31	**allgemeine Engineeringaufgaben**		
311	Arbeitspapiere (insb. Stücklisten und Arbeitspläne) auf Vollständigkeit und Aktualität prüfen	w	
313	Reparaturen, je nach Art, bei WB oder TD anfordern, deren Durchführung koordinieren und Ergebnis kontrollieren	w	

h = halbjährlich; **q** = quartalsweise; **m** = monatlich; **w** = wöchentlich; **t** = täglich; **f** = fallweise

Abbildung IV-5 Beispiel (Schichtleiter) zur Standardisierung der Managementaufgaben für einen Stellentyp

Verteilung von Werkstattmanagement-Aufgaben auf Managementstellentypen

Die *Verteilung von Werkstattmanagement-Aufgaben* auf die Managementstellentypen ist Abbildung IV-4 (fünf Spalten rechts) zu entnehmen. Nicht alle Aufgaben werden nur einem Stellentyp, z.B. Meister oder Schichtleiter, zugewiesen. Es gibt Aufgaben, z.B. »132 Erwartungen und aktuelle Probleme der Mitarbeiter besprechen«, die in mehreren Stellentypen zu erfüllen sind. Teilweise haben Schichtleiter und Meister gleiche Aufgaben zu erfüllen, weil einige Meister-Aufgaben in der Spät- und Nachtschicht durch die Schichtleiter zu erfüllen sind. Der Aufgabenverteilung ist zu entnehmen, dass in solchen Fällen unterschiedliche Intensitäten gefordert sind. Die Managementaufgaben sind für alle einem Stellentyp zugehörigen Planstellen gleich. Die fachlichen Aufgaben unterscheiden sich dagegen zwischen den einem Stellentyp zugeordneten Planstellen, z.B. zwischen einem Meister im Prototypenbau und in der Spritzgießerei.

Abbildung IV-5 sind die dem Stellentyp »Schichtleiter« zugeordneten Aufgaben zu entnehmen. Dort wird angegeben, wie häufig diese Aufgaben zu erfüllen sind (z.B. monatlich oder täglich) und ob der Zeitaufwand von der zu führenden Personenzahl abhängig ist oder nicht. Diese Informationen werden im folgenden Schritt benötigt, wenn die Leitungsspannen berechnet werden. Von einer Stellenbeschreibung unterscheidet sich der in Abbildung IV-5 ausgewiesene Standard dadurch, dass hier keine Fachaufgaben angeführt werden.

2.4.5 Ermittlung von Leitungsspannen

Leitungsspanne

Als *Leitungsspanne* wird die Anzahl der einer Instanz (= Vorgesetztenstelle) direkt unterstellten Personen bezeichnet. Wenn die Leitungsspannen festgelegt sind, hat man auch die Anzahl benötigter Planstellen je Stellentyp (z.B. Schichtleiterstellen) bestimmt. Es handelt sich bei der Berechnung von Leitungsspannen also um eine Methode der Personalbemessung. Dabei wird auf die in der vorhergehenden Abbildung angeführten Managementaufgaben zurückgegriffen. Für das Leitungsspannenkalkül werden dieser Darstellung drei Rechenspalten am rechten Tabellenrand und vier Rechenzeilen am Fuß der Tabelle hinzugefügt.

Leitungsspannenkalkulation

In Abbildung IV-6 wird die *Leitungsspannenkalkulation* anhand eines Beispiels gezeigt.

1. In Spalte [1] ist eingetragen, ob der Zeitaufwand primär von der Anzahl unterstellter Personen abhängt und wann die betreffende Aufgabe zu erfüllen ist. Z.B. fällt Aufgabe »114« alle halbe Jahre, Aufgabe »128« wöchentlich an.
2. Bei Spalte [2], links, ist der vorgesehene Zeitaufwand bei den personenzahlabhängigen Aufgaben pro Person eingetragen. So ist z.B. für Aufgabe »114« pro Person halbjährlich ein einstündiges Fördergespräch vorgesehen. Dem Bezugszeitraum »Halbjahr« entspricht die rechts eingetragene Häufigkeit 0,17 (-mal pro Monat). Die personenzahlunabhängige Aufgabe »126« tritt fallweise auf. Die Häufigkeit 4,2-mal pro Monat (rechte Spalte) bedeutet, dass sie im Mittel einmal wöchentlich, in etwa ½ Stunde (linke Spalte) zu erfüllen ist.
3. In Spalte [3], links, werden alle von der Personenzahl unabhängigen Zeitaufwendungen pro Monat als Produkt aus den beiden Werten in Spalte [2] ermittelt, z.B. bei Aufgabe »126« aus $0,5 \cdot 4,2 = 2,1$ Std./Monat. Unter »Stunden pro Mitarbeiter« wird ebenfalls das Produkt aus den beiden Werten der Spalte [2] gebildet, z.B. bei Aufgabe »114« aus $1 \cdot 0,17 = 0,17$ Std./Mitarbeiter.
4. Abschließend werden die Zahlen in Spalte [3] summiert. 44,49 Stunden ist der monatliche Zeitbedarf für Managementaufgaben, unabhängig von der Anzahl unterstellter Personen. Zudem fallen pro unterstellte Person monatlich 2,55 Stunden an. Bei 10 unterstellten Personen wird dann ein Zeitaufwand von 44,5 Std. + 10 · 2,55 Std. = 70 Stunden für das Erfüllen von Managementaufgaben geplant.

Nr	Schichtleiter: Managementaufgaben und Kalkulation der Leitungsspanne	[1] Personenzahl- unab-hängig	ab-hängig	[2] Aufgaben- zeit in Stunden	häufigk./Monat	[3] Std. pro Monat fix	je Mit-arbeiter
1	**Führungsaufgaben**						
11	**Vereinbarungen vornehmen**						
112	Qualifikationsstände der Mitarbeiter analysieren und Maßnahmen vereinbaren		h	0,25	0,17		0,04
114	im Zusammenhang mit der Leistungsbeurteilung Fördergespräche führen, Fortschritte und Ergebnisse begleiten		h	1,00	0,17		0,17
115	Arbeitsergebnisse besprechen inkl. Zeitverbräuche und Gutstückzahlen, Maßnahmen vereinbaren		t	0,03	21,00		0,70
12	**Mitarbeiter anweisen und kontrollieren**						
121	laufende Arbeitsverteilung an Mitarbeiter durchführen, Arbeiten zuweisen unter Beachtung des Job-Rotationsprinzips	t		0,50	21,00	10,50	
122	Einhalten von Terminen und Lieferstückzahl/Auftrag überwachen	t		0,17	21,00	3,50	
124	untertägig Personaleinsatzsteuerung aufgrund der aktuellen Auftragssituation durchführen		t	0,02	21,00		0,42
125	Rückkehrgespräche (Gesundheitsgespräche) führen		f	0,13	0,20		0,03
126	Einhalten von Vorschriften (z. B. Arbeitsanweisungen, Prüfanweisungen, Arbeitsschutzbestimmungen) überwachen	f		0,50	4,20	2,10	
127	Einhalten der betrieblichen Arbeitszeiten und Pausen überwachen [bei Nr. 115 mit erfüllen]		w	0,03	4,20		0,13
128	zu Ordnung und Sauberkeit am Arbeitsplatz und pfleglichem Umgang mit Betriebsmitteln anleiten und kontrollieren		w	0,03	4,20		0,13
129	Leasingkräfte und neue Mitarbeiter einarbeiten	f		2,00	4,20	8,40	
13	**Mitarbeiter fördern**						
131	permanent das Entstehen von Konflikten erkennen und Konflikte lösen	f		1,00	1,00	1,00	
132	Erwartungen und aktuelle Probleme der Mitarbeiter besprechen		w	0,08	0,24		0,02
133	neue Mitarbeiter, insbesondere bei Serienanläufen, in ihre Aufgaben einweisen, trainieren, Wirksamkeit kontrollieren		f	0,50	0,20		0,10
135	Mitarbeiter zur Einhaltung von Vorschriften unterweisen und das dokumentieren		q	0,25	0,33		0,08
136	Mitarbeiter zu zweckmäßiger Nutzung der Prozesse und Einrichtungen anregen [bei Nr. 115 mit erfüllen]		q	0,25	0,33		0,08
138	Azubis und Praktikanten betreuen	f		2,00	1,00	2,00	
2	**Administrationsaufgaben**						
21	**personale Administrationsaufgaben**						
211.03	aus dem Produktionsplan die Schichtpläne ableiten	w		1,00	4,20	4,20	
211.06	Anwesenheitserfassung durchführen	t		0,03	21,00	0,63	
211.07	Überstundenplanung erstellen, Zeitkonten kontrollieren, Abbauszenarien erstellen und umsetzen		t	0,03	21,00		0,63
211.09	neue Anweisungen/Vorschriften/Top-down-Vorgaben der nächsten hierarchischen Ebene erläutern	f		1,00	1,00	1,00	
211.10	Vorgesetzte periodisch über aktuelle Anliegen, Probleme und Erwartungen der operativen Mitarbeiter informieren	m		1,00	1,00	1,00	
211.11	Arbeitsunfälle aufnehmen, Bericht erstellen und an UA weiterleiten	f		0,50	0,50	0,25	
212.01	bei Einstellungs- und Entlassungsgesprächen unter fachlichen Aspekten bei der Auswahl mitwirken	f		0,25	1,00	0,25	
22	**sachbezogene Administrationsaufgaben**						
221	Administration im engeren Sinne						
221.02	Controlling zu CIS-Sachverhalten durchführen	m		1,00	1,00	1,00	
221.03	Störungsarten und Störungszeitanfall sowie Rüstzeiten erfassen	t		0,16	21,00	3,36	
221.04	Störungs- und Rüstzeiten monatlich aufbereiten und auswerten	m		0,15	1,00	0,15	
221.05	Maßnahmen zur Störungs- und Rüstzeitreduzierung einleiten	m		0,08	1,00	0,50	
221.06	Schichtbericht erstellen, verteilen und archivieren lassen	t		0,05	21,00	1,05	
222	Administration im weiteren Sinne (insb. Koordination und Kommunikation)						
222.02	arbeitsorganisatorische Regelungen (z. B. Ablösungen, Springer, Job-Rotation) umsetzen, praktizieren		h	0,03	0,17		0,01
222.04	Erfüllung von Umweltschutz-Vorschriften überwachen, Verstöße identifizieren und Abstellung anweisen	m		0,50	1,00	0,50	
223	Verbesserungen						
223.01	Prozesse im Zuständigkeitsbereichs verbessern, stabilisieren, Ergebnisse visualisieren	m		1,00	1,00	1,00	
223.02	Werkerselbstprüfung fördern		m	0,02	1,00		0,02
3	**Engineeringaufgaben**						
31	**allgemeine Engineeringaufgaben**						
311	Arbeitspapiere (insb. Stücklisten und Arbeitspläne) auf Vollständigkeit und Aktualität prüfen	w		0,25	4,20	1,05	
313	Reparaturen, je nach Art, bei WB oder TD anfordern, deren Durchführung koordinieren und Ergebnis kontrollieren	w		0,25	4,20	1,05	
	Summen					44,49	2,55
	AZ/Monat - ohne Reservebedarf (z. B. wenn der TB krank, im Urlaub ist)					168	
	Zeitbedarf für Fachaufgaben					75	
	Leitungsspanne in Anzahl Personen					**19,0**	

h = halbjährlich; q = quartalsweise; m = monatlich; w = wöchentlich; t = täglich; f = fallweise

Abbildung IV-6 Beispiel (Schichtleiter) zur Kalkulation der Leitungsspanne für einen Stellentyp

In den drei Fußzeilen der Tabelle wird die Leitungsspanne berechnet. Dazu werden die mittlere Brutto-Arbeitszeit pro Monat (hier: 168 Stunden) und der zum Erfüllen von Fachaufgaben budgetierte Zeitbedarf (»Nicht-Managementaufgaben«) eingetragen (hier: 75 Stunden). Die *Leitungsspannenformel* zur Ermittlung der Anzahl zu unterstellender Planstellen lautet:

$$LS = \frac{AZ - FZ - FIX}{VAR}$$

Darin sind:

LS   Leitungsspanne in Personen (FTE)

AZ   Regelarbeitszeit für den Planstelleninhaber in Stunden pro Monat

FZ   Zeitbedarf für Fachaufgaben in Stunden pro Monat

FIX   personenzahlunabhängiger, fixer Zeitbedarf in Stunden pro Monat

VAR   Zeitbedarf pro unterstellte Person in Stunden pro Monat

Für das in Abbildung IV-6 angeführte Beispiel ergibt sich eine Leitungsspanne von (168 Std. − 75 Std. − 44,49 Std.) / 2,55 Std./Person = 19 Personen.

Um daraus einen Standard zum Produktionssystemelement »Werkstattmanagement« zu bilden, muss man diese Berechnung verallgemeinern. Dazu wurde für den Stellentyp »Schichtleiter« aus den vorstehend angeführten Daten eine Regressionsgleichung[17] abgeleitet (vgl. Abbildung IV-7). Die Variable beträgt 0,392 Stellen pro Fachaufgabenstunde, so dass sich z.B. bei FZ = 90 Stunden für Fachaufgaben 0,392 · 90 = 35,3 Stellen ergeben. Subtrahiert man diese von der Konstanten, ergibt

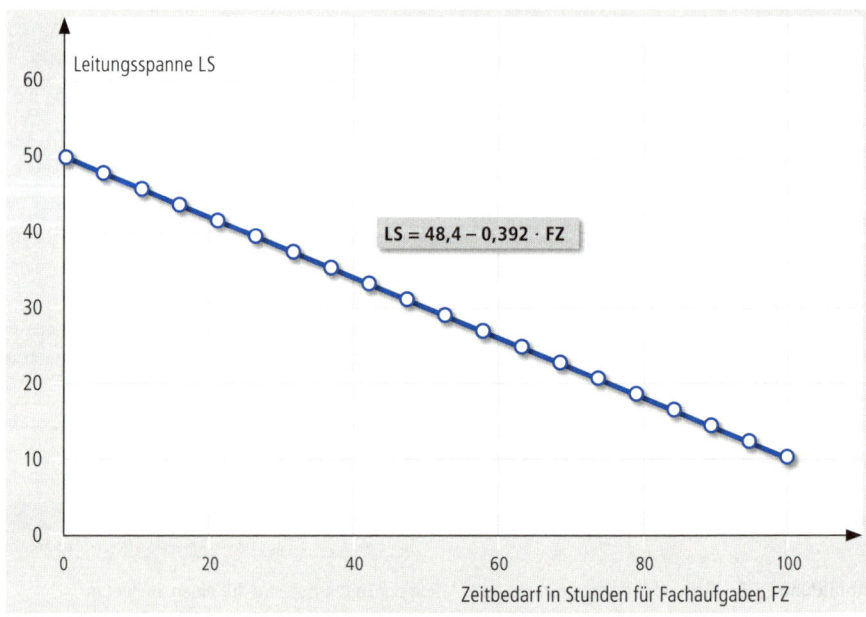

Abbildung IV-7   Beispiel (Schichtleiter) für einen Leitungsspannen-Standard

---

17 Zur Technik der Regressionsanalyse vgl. z.B. Bokranz, R.; Kasten, L.: Organisations-Management in Dienstleistung und Verwaltung, 4. Auflage. Wiesbaden: Gabler, 2003, S. 450f.

sich die Leitungsspanne LS = 48,4 – 35,3 = 13 Stellen (vgl. Abbildung IV-7). Mit diesem Regressionsgleichungs-Standard wären im vorliegenden Betrieb für alle Schichtleiter die Leitungsspannen zu bestimmen.

Leistungsspannenstandards werden z.B. benötigt, wenn die vorhandenen Leitungsspannen auf Zweckmäßigkeit zu überprüfen sind, weil man »eine flachere Hierarchie« und damit größere Leitungsspannen fordert. Bestünde z.B. der Wunsch, die Leitungsspanne bei den Schichtleitern auf 30 Personen zu erhöhen, könnte das auf zweierlei Weise erfolgen:

1. Die zu erfüllenden Fachaufgaben werden so weit reduziert, dass dafür statt derzeit 75 Stunden nur noch ca. 47 Stunden pro Monat aufzuwenden sind (vgl. Abbildung IV-7), oder

Aufgaben der Schichtleiter und die aufzuwendende Zeit in Stunden		
täglich		**Std./Tag**
115, 121, 126, 127, 128, 136	Arbeitsergebnisse besprechen inkl. Zeitverbräuche und Gutstückzahlen, Maßnahmen vereinbaren	2,5
	Einhalten von Vorschriften (z. B. Arbeitsanweisungen, Prüfanweisungen, Arbeitsschutzbestimmungen) überwachen	
	Einhalten der betrieblichen Arbeitszeiten und Pausen überwachen	
	zu Ordnung und Sauberkeit am Arbeitsplatz und pfleglichem Umgang mit den Betriebsmitteln anleiten und kontrollieren	
	Mitarbeiter zu zweckmäßiger Nutzung der Prozesse und Einrichtungen anregen	
	laufende Arbeitsverteilung an Mitarbeiter durchführen, Arbeiten zuweisen unter Beachtung des Job-Rotationsprinzips	
211.06	Anwesenheitserfassung durchführen	
124	untertägig Personaleinsatzsteuerung aufgrund der aktuellen Auftragssituation durchführen	
122	Einhalten von Terminen und Lieferstückzahl/Auftrag überwachen	
211.07	Überstundenplanung erstellen, Zeitkonten kontrollieren, Abbauszenarien erstellen und umsetzen	
221.03	Störungsarten und Störungszeitanfall sowie Rüstzeiten erfassen	
221.076	Schichtbericht erstellen, verteilen und archivieren lassen	
wöchentlich		**Std./Tag**
211.03	aus dem Produktionsplan die Schichtpläne ableiten	0,5
311	Arbeitspapiere (insb. Stücklisten und Arbeitspläne) auf Vollständigkeit und Aktualität prüfen	
313	Reparaturen, je nach Art, bei WB oder TD anfordern, deren Durchführung ggf. koordinieren und Ergebnis kontrollieren	
132	Erwartungen und aktuelle Probleme der Mitarbeiter besprechen	
monatlich		**Std./Tag**
211.10	Vorgesetzte periodisch über aktuelle Anliegen, Probleme und Erwartungen der operativen Mitarbeiter informieren (von Ebene zu Ebene)	0,2
221.02	Controlling zu CIS-Sachverhalten durchführen, die nach den vier hierarchischen Ansprechebenen unterschieden sind	
221.04	Störungs- und Rüstzeiten monatlich aufbereiten und auswerten	
221.05	Maßnahmen zur Störungs- und Rüstzeitreduzierung einleiten (Teilnahme)	
222.04	die Erfüllung von Umweltschutz-Vorschriften nach Arbeitsanweisungen überwachen, Verstöße identifizieren und Abstellung anweisen	
223.01	Prozesse im Zuständigkeitsbereichs verbessern, stabilisieren, Ergebnisse visualisieren	
223.02	Werkerselbstprüfung fördern	
quartalsweise		**Std./Tag**
135	Mitarbeiter zur Einhaltung von Vorschriften unterweisen und das dokumentieren	0,2
halbjährlich		**Std./Tag**
112	Qualifikationsstände der Mitarbeiter analysieren und Maßnahmen vereinbaren (Teilnahme)	0,0
114	im Zusammenhang mit der Leistungsbeurteilung Fördergespräche führen, Fortschritte und Ergebnisse begleiten	
222.02	arbeitsorganisatorische Regelungen (z.B. Ablösungen, Springer, Job-Rotation) im Zuständigkeitsbereich umsetzen, praktizieren	
fallweise		**Std./Tag**
125	Rückkehrgespräche (Gesundheitsgespräche) führen (Teilnahme)	0,7
129	Leasingkräfte und neue Mitarbeiter einarbeiten	
131	permanent das Entstehen von Konflikten erkennen und lösen	
133	neue Mitarbeiter, insbesondere bei Serienanläufen, in ihre Aufgaben einweisen, trainieren und Wirksamkeit kontrollieren	
138	Azubis und Praktikanten betreuen	
211.09	neue Anweisungen/Vorschriften/Top-down-Vorgaben der nächsten hierarchischen Ebene erläutern	
711.11	Arbeitsunfälle aufnehmen, Bericht erstellen und an UA weiterleiten (Teilnahme)	
212.01	bei Einstellungs- und Entlassungsgesprächen mitwirken, unter fachlichen Aspekten Auswahl treffen, bzw. neue Bewerber einfordern (Teilnahme)	
Summe pro Tag bei einer Leitungsspanne von 19 Personen		**4,1**

Abbildung IV-8 Beispiel für die Standardisierung periodenbezogener Managementaufgaben für einen Stellentyp (Schichtleiter)

2. die zu erfüllenden Managementaufgaben werden z. B. im personenzahlunabhängigen Teil auf 25 Std./Monat und im abhängigen Teil auf 2,2 Std./Person reduziert.

Dazu wären jene Aufgaben zu identifizieren, auf deren Erfüllung man künftig verzichten möchte. Dann wird schnell klar, dass eine

- Leitungsspanne umso größer sein kann, je geringer die Führungsintensität bzw. die Anzahl zu erfüllender Managementaufgaben ist und
- Führungsintensität umso geringer sein kann, je höher die Mitarbeiterautonomie ist, was oft ein Grund ist, die Einführung von Gruppenarbeit zu erwägen.

Standardisierung der Managementaufgaben

Die in Abbildung IV-5 angeführte Standardisierung der Managementaufgaben kann abschließend in eine übersichtlichere Dokumentation umgesetzt werden, was Abbildung IV-8 zu entnehmen ist. Dazu wurden die Aufgaben nach Erfüllungszeiträumen sortiert und der tägliche Zeitbedarf budgetiert.

2.5 Zielsysteme

2.5.1 Geschäftsstrategie und Zielbildung

Bedeutung von Geschäftsstrategien

Im Teil I, Abschnitt 3.3 wurde die Bedeutung von Geschäftsstrategien für das Produktivitätsmanagement erläutert. Jetzt wird gezeigt, welche Bedeutung sie für die methodische Entwicklung von Zielsystemen und zum Begründen von Projekten und Maßnahmen haben. Bei den *Positionierungsstrategien* (vgl. Teil I, Abschnitt 3.3.4) orientiert man sich an den Kunden, bei den *Wertschöpfungsstrategien* (vgl. Teil I, Abschnitt 3.3.5) an den internen Prozessen und Ressourcen. Wenn Zielsysteme entwickelt werden, sollte sich das also auf ihren strategischen Positionierungen gründen.

Ziele

Ziele sind nach vier Dimensionen zu kennzeichnende angestrebte Zustände:

1. Zielinhalt – was (z. B. »Nacharbeit«),
2. Zielrichtung – wohin (z. B. »Reduzierung«),
3. Zeitbezug – bis wann (z. B. »im Geschäftsjahr 2010, gegenüber dem Vorjahr«),
4. Erfüllungsgrad – wie viel (z. B. »3 %«).

Das Ziel lautet dann: »Reduzierung der Nacharbeit im Geschäftsjahr 2010 gegenüber dem Vorjahr um 3 %.«

Die wichtigsten Anforderungen an Zielsysteme sind:

1. Transparenz: Die Ziele und ihre Zusammenhänge sind erkennbar und verständlich.
2. Strategiebezug: Es wird begründet, welcher Strategiebezug bei welchem Ziel vorliegt.

2.5.2 Hierarchische Zielsysteme

Du-Pont-Schema

Zieltransparenz schafft man am besten mit hierarchisch strukturierten Zielsystemen. Bereits im Jahre 1919 wurde von Du Pont de Nemours (USA) ein finanzwirtschaftliches, hierarchisch strukturiertes Kennzahlensystem entwickelt, das später als *Du-Pont-Schema* bezeichnet wurde. Darin ist der *ROI (Return on Investment)*, die Rendite des Gesamtkapitals, oberstes Ziel, das schrittweise in seine Entstehungskomponenten aufgespalten wird (vgl. Abbildung IV-9). In der ersten Gliederungsebene sind das die Umsatzrentabilität und der Kapitalumschlag. Diese werden wiederum mehrfach weiter unterteilt, so dass eine Kennzahlenpyramide entsteht, die berechenbar ist und mit der ein Vergleich

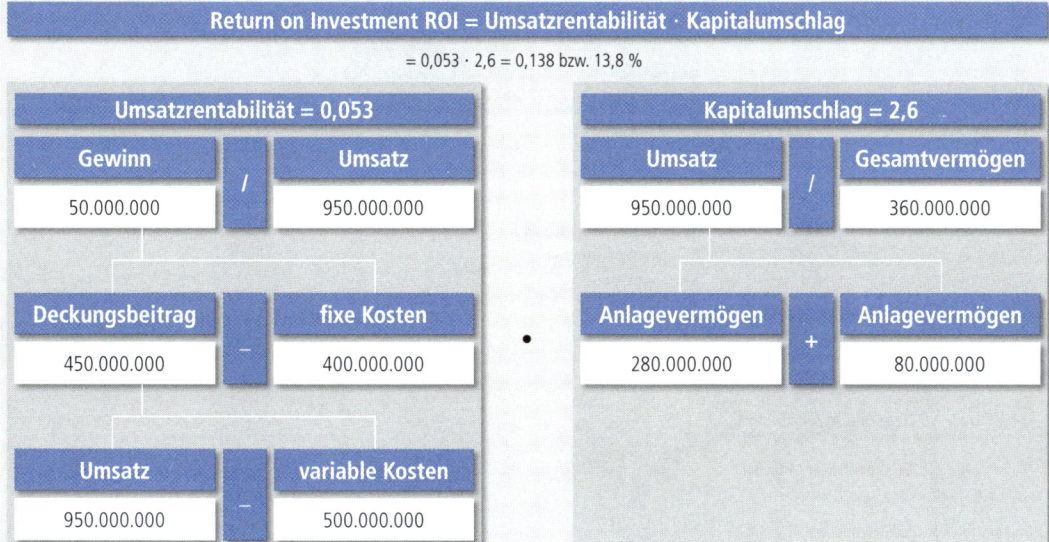

Abbildung IV-9   Rechenschema und Beispiel zum Du-Pont-Schema

mit anderen Unternehmen möglich ist. Trotz methodischer Einschränkungen[18] fand mit dem Du-Pont-Schema erstmals eine Abkehr vom Prinzip isolierter, teilweise zusammenhangsloser Kennzahlen statt. Das in Deutschland bekannteste Kennzahlensystem ist das des *ZVEI*[19]. Dort wird die Eigenkapitalrentabilität mit einem hierarchischen System von über 80 Kennzahlen ermittelt, gegliedert nach den Kategorien

- Rentabilität, Liquidität,
- Ergebnis, Vermögen, Kapital, Beschäftigung,
- Aufwand, Umsatz, Kosten, Beschäftigung, Produktivität.

Abbildung IV-10 ist ein Beispiel zum Balanced-Scorecard-Konzept zu entnehmen, bei dem vier Perspektiven[20] unterschieden werden.

Balanced-Scorecard-Konzept

18 Als wichtigste sind zu nennen: die Ex-post-Betrachtung von ausschließlich monetären Größen (anders bei der Balanced Scorecard), die Ausrichtung an der (kurzfristigen) Rentabilität und nicht an der (langfristigen) Steigerung des Unternehmenswertes sowie nur begrenzt objektive Aussagekraft durch die verwendeten bilanzpolitischen Ansätze.
19 Vgl. Zentralverband Elektrotechnik und Elektronikindustrie, www.zvei.org.
20 Die hier angeführten vier Perspektiven sind verbreitet, aber nicht zwingend. So gibt es z. B. auch Unternehmen, die zudem eine Lieferantenperspektive verwenden.

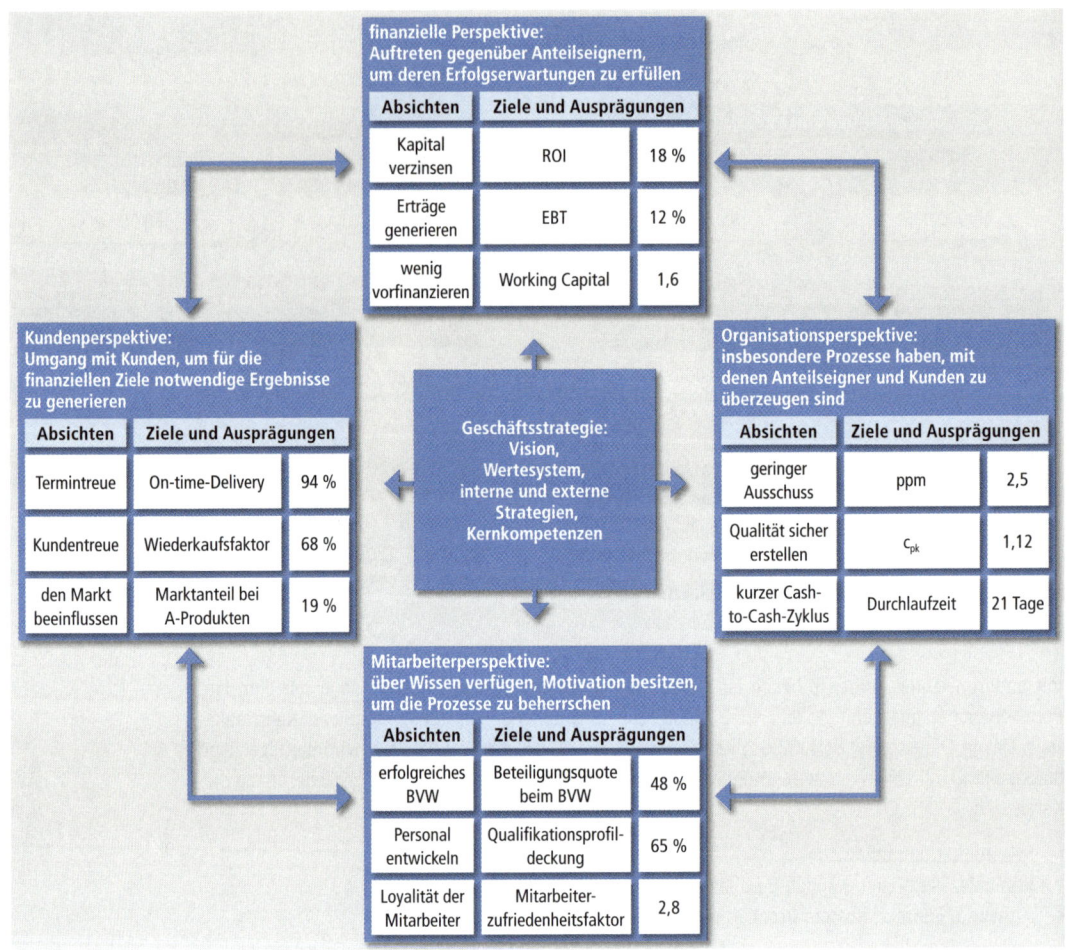

Abbildung IV-10   Beispiel für ein Balanced-Scorecard-Konzept

1. Finanzperspektive: Der Geschäftsstrategie sind die zur finanziellen Perspektive vorliegenden Absichten zu entnehmen, denen Ziele zugeordnet werden, die aus den Unternehmensgrundsätzen (vgl. Teil I, Abschnitt 3.3.2) abgeleitet sind.

2. Kundenperspektive: Um die finanziellen Ziele zu erreichen, bedarf es entsprechender Markterfolge. Dazu ist den Positionierungsstrategien zu entnehmen, wie das geschehen soll. Auch dazu sind Absichten und Ziele definiert.

3. Organisationsperspektive: Die finanziellen und kundenbezogenen Ziele sind nur zu erreichen, wenn man über eine leistungsfähige Organisation verfügt, insbesondere über effektive und effiziente Prozesse. Dazu sollte man auf die Wertschöpfungsstrategien (funktionale Strategien) zurückgreifen.

4. Mitarbeiterperspektive: Damit notwendige Leistungen generiert werden, bedarf es fähiger und einsatzbereiter Mitarbeiter auf allen Unternehmensebenen. Auch hierbei sollte man auf die Wertschöpfungsstrategien zurückgreifen.

Im Zusammenhang mit dem Balanced-Scorecard-Konzept (BSC) wird von *Key Performance Indica-* Key Performance
Indicators (KPI)
tors (KPI) gesprochen. Darunter werden Kennzahlen verstanden, die keine Ziele, sondern wichtige
(zielführende) Sachverhalte abbilden, wie z. B. Stati, Trends, Fortschritte oder Abstände zu Zielgrö-
ßen. Die vorstehend angeführten vier Dimensionen der Zielbeschreibung gelten auch für KPI. Sie
kommen überwiegend zur Kunden-, Organisations- und Mitarbeiterperspektive vor. Für das Produktivitätsmanagement maßgebende Ziele und KPI sind die zur Organisations- und Mitarbeiterperspektive. Da der Zielbegriff in der Praxis verbreitet ist und es auch zu keinen nützlichen Ergebnissen führen
würde, unterscheiden wir hier nicht zwischen Ziel und KPI.

Bei großen Unternehmen werden auch BSC für Betriebe, Werke oder Funktionsbereiche aus der Un-
ternehmens-BSC abgeleitet, z. B. eine Werks-BSC, eine Einkaufs-BSC oder eine Personalwirtschafts-
BSC.[21] Die Ziele von Funktionsbereichen oder Werken werden dabei aus den Unternehmenszielen
abgeleitet.[22] Abbildung IV-11 ist ein Beispiel einer Werks-BSC zu entnehmen. Dort sind die Finanz-
und Kundenperspektive ausgeklammert, weil sie auf Unternehmensebene vorgegeben sind.

Werks-BSC fördern das Entstehen zielbegründeter Projekte und Maßnahmen. Dort nicht angeführte
Ziele sind irrelevant, doch müssen nicht alle dort angeführten Ziele verwendet werden. Man sollte
nicht alle möglichen Abhängigkeiten und Beziehungen anführen, weil das zu endlosen Diskussionen
führt und vom Wesentlichen ablenkt. Vielmehr geht es darum, sich auf die strategisch beabsichtigten
Beziehungen zu konzentrieren.[23]

---

21 Vgl. z. B. Ackermann, K.-F. (Hrsg.): Balanced Scorecard für Personalmanagement und Personalführung. Wiesbaden: Gabler, 2000.
22 Vgl. z. B. Weber, J.; Schäffer, U.: Balanced Scorecaed & Controlling, 2. Auflage. Wiesbaden: Gabler, 2000.
23 Vgl. Horvath & Partner (Hrsg.): Balanced Scorecard umsetzen. Stuttgart: Schäffer-Poeschel, 2000, S. 169 f.

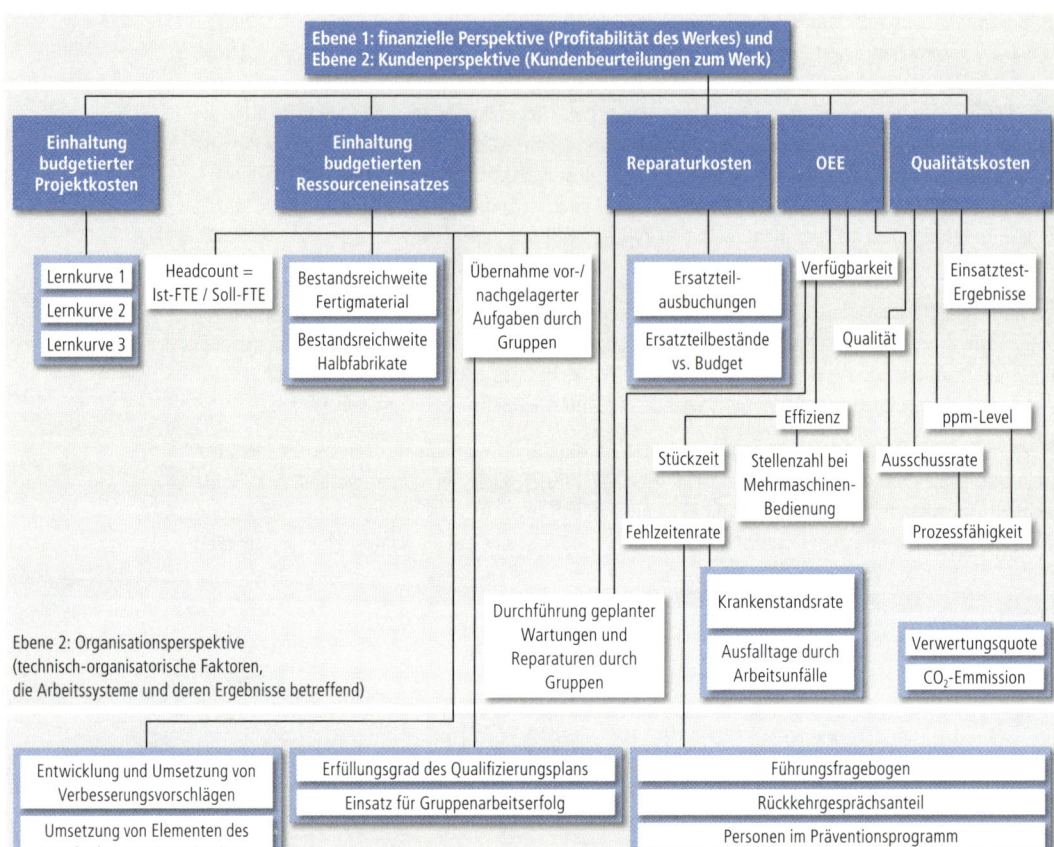

Abbildung IV-11   Beispiel für eine Balanced Scorecard auf Werksebene zur Organisations- und Mitarbeiterperspektive

2.5.3 Deduktion von Zielen

Das Entwickeln von Strategien und Zielsystemen ist kein einfaches Unterfangen, aber viel einfacher als ihre konsequente Umsetzung und das Erreichen tagesgeschäftlicher Wirksamkeiten.[24] Inzwischen findet man in vielen Unternehmen gut begründete Geschäftsstrategien und darauf basierende Zielsysteme. Aber es ist nicht selbstverständlich, dass sich diese Handlungsvorgaben im tagesgeschäftlichen Handeln, in den Werkstattprozessen, erkennbar ausprägen.

Unternehmensziele deduzieren

Um diese Stringenz zu erreichen, versuchen Unternehmen ihre strategisch begründeten Unternehmensziele mit Hilfe verbindlicher methodischer Regelungen auf die operativen Ebenen zu deduzieren, »herunterzubrechen«. In allen Betriebsteilen sollen so möglichst enge Beziehungen zu den »hehren« Unternehmenszielen entstehen und alle dort durchgeführten Maßnahmen und Projekte durch die Unternehmensziele begründet sein. Mit der Beziehungstabelle (Abbildung IV-12) ist zu prüfen, ob die

---

24 Vgl. zu den vielfältigen Umsetzungsproblemen bei Horvath & Partner (Hrsg.): a.a.O., 2000.

- Werksziele durch Unternehmensziele zu rechtfertigen sind,
- die im Werk durchgeführten Projekte und Maßnahmen klare Bezüge zu den Werkszielen und damit zu den Unternehmenszielen haben.

1. Unternehmensziele zu 2. Werksziele	2. Werksziele	2. Werksziele zu 3. Projekte, Maßnahmen
×	10	
	9 aktueller Stand Qualifizierungs-Matritzen	× × ×
×	8 Steuerung des Leihkräfteanteils auf 12 % FTE-Bestand	× ×
× ×	7 OEE im Mittel > 82 %	× ×
× ×	6 Beteiligungsrate BVW > 1	× × × ×
× ×	5 Durchlaufzeiten Logistik + Produktion um 15 % reduziert	× × × ×
× ×	4 Absenzrate < 4,5 %	×
× × ×	3 Zeitgrade in der Montage > 120 %	× × × ×
× × × × ×	2 Ausschussrate in der Oberflächentechnik < 1,5 %	× ×
× × ×	1 C_{pk} in mechanischer Fertigung > 1,15	×

1. Unternehmensziele

10	9	8	7	6	5	4	3	2	1
Zunahme der Kundenzufriedenheit gg. Vorjahr	Produktivitätssteigerung > 4,5 %	Zero-Defects-Faktor < 10^{-3}	Mitarbeiterzufriedenheit (EOS) > 85 %	25 % der Produkte nicht älter als drei Jahre	Marktführer bei den A-Produkten sein	Working Capital-Faktor > 1,60	ROCE > 30 %		EBIT > 12 %

3. betriebliche Projekte und Maßnahmen

1	2	3	4	5	6	7	8	9	10
Arbeitspläne aktualisieren	Kommissionierungen im Lager	UAS in der Montage einführen	Toyotablättereinsatz an Betriebsmitteln	Schulung der KVP-Teams	Aktivierung des BVW	Versorgung der Montage mit kleinen Zügen			

Abbildung IV-12 Beispiel für eine Ableitung von Maßnahmen auf Werksebene aus den Unternehmens- und Werkszielen

In Abbildung IV-12 sind im linken unteren Teil die wichtigsten, für das Geschäftsjahr geltenden Unternehmensziele, im mittleren oberen Teil die wichtigsten Werksziele aufgeführt. Werksziele sind umso konsistenter zu Unternehmenszielen, je mehr Kreuzmarkierungen im linken oberen Tabellenteil entstehen. Zu zwei Unternehmenszielen wurden keine Kreuze eingetragen, weil diese nicht auf die Werke, sondern auf Entwicklung und Marketing gerichtet sind.

Sind die Werksziele durch die Unternehmensziele hinreichend begründet, prüft man die geplanten Projekte und Maßnahmen daraufhin, ob sie geeignet sind, das Erfüllen der Werksziele zu unterstützen. Ist das bei einem geplanten Projekt der Fall, wird das im rechten oberen Tabellenteil durch ein Kreuz markiert. Dadurch wird visualisiert, welche Projekte und Maßnahmen die Erfüllung der Werksziele und damit letztlich der Unternehmensziele unterstützen.

2.6 Managementinstrumente

2.6.1 Regelkreis des Werkstattmanagements

Arbeitssysteme sind so zu führen, dass sie nachhaltig hohe Wirksamkeiten entfalten. In Abbildung IV-1 wurden die sechs wichtigsten Managementinstrumente zur Unterstützung des Werkstattmanagements angeführt. Die in Abbildung IV-4 angeführten Managementaufgaben werden umso erfolgreicher erfüllt, je systematischer diese Managementinstrumente eingesetzt werden.

Bei dem in Abbildung IV-13 dargestellten *Regelkreis des Werkstattmanagements* sind diese integriert. Damit kann die Wirksamkeit der Arbeitssysteme über eine Regelstrecke dem MTM-Produktivitätsmanagement entsprechend gemanagt werden. Durch Regelkommunikation in Form kleiner Regelkreise wird bei aktuellen Anlässen sofort eingegriffen, man lässt nichts »anbrennen«.

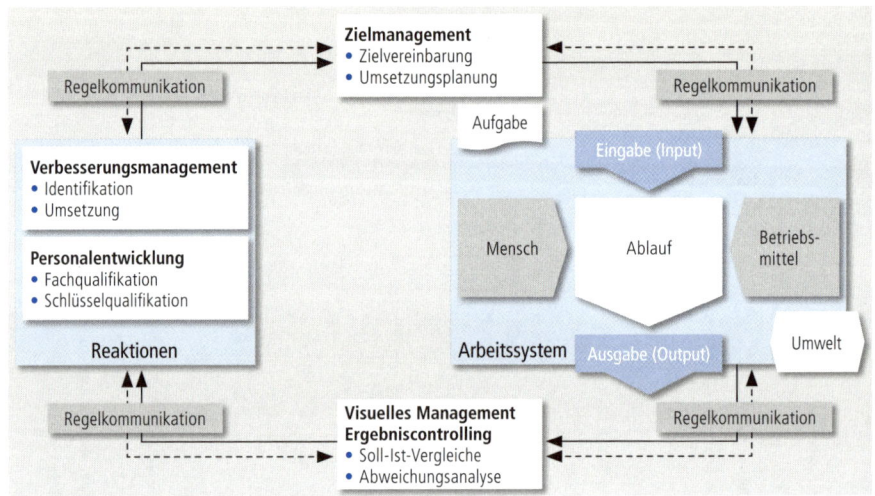

Abbildung IV-13   Regelkreis des Werkstattmanagements

Beim Zielmanagement geht es um das Vereinbaren arbeitssystembezogener Ziele. Ohne Zielvorgaben wüsste man nicht, was man erreicht hat, wie wirksam man war. Ob die vereinbarten Ziele erreicht wurden und welche Ursachen für Zielverfehlungen maßgebend waren, wird durch ein Ergebnis-Controlling geprüft. Dabei sind auch Verbesserungsoptionen zu gewinnen, insbesondere Ansätze zur Mitarbeiterqualifikation, Arbeitsgestaltung und -organisation. Das wird durch vielfältige Visualisierungen unterstützt.

Klassisch gelten in der Ergonomie zwei Forderungen: »Anpassung der Arbeit an den Menschen und Anpassung des Menschen an die Arbeit.« Bei der Personalentwicklung ist der zweiten Forderung nachzukommen, indem Mitarbeiter qualifiziert, trainiert und zielgerichtet gefördert werden. Beim Verbesserungsmanagement geht es um gezieltes Abstellen jener Unzulänglichkeiten, die vor SOP nicht auszuschließen waren oder sich danach »eingeschlichen« haben. Die Effekte aus der Personalentwicklung und dem Verbesserungsmanagement können zu veränderten Zielsetzungen führen.

Um sicherzustellen, dass die notwendige Kommunikation zwischen dem Werkstattmanagement und den Mitarbeitern sowie zwischen diesen stattfindet, sind Regelkommunikationen vorgesehen, also formalisierte mündliche oder schriftliche Kommunikationen.

2.6.2   Zielmanagement

Beim *Zielmanagement* sind die im vorhergehenden Abschnitt erläuterten Werksziele umzusetzen oder – falls erforderlich – noch weiter zu operationalisieren. Beim werkstattbezogenen Zielmanagement sind zwischen Vorgesetzten und Unterstellten Kontrakte über das Erreichen von Zielausprägungen abzuschließen. Das Prozedere des Zielmanagements ist in den meisten Unternehmen standardisiert und oft auch Bestandteil des Produktionssystems.

Kontrakte im werkstattbezogenen Zielmanagement

Ein besonders wichtiges Ziel ist die *Arbeitssystem-Produktivität* (vgl. Teil I, Abschnitt 2.4.5), weil

Arbeitssystem-Produktivität

1. es sich um ein relevantes Ziel handelt,
2. eine hohe Datenvalidität vorliegt,
3. es sich um eine hierarchische Kennzahl handelt, der die internen Wirkeffekte zu entnehmen sind (vgl. Abbildung IV-14).

Manche Ziele werden nur über einen begrenzten Zeitraum verwendet. Man gibt sie auf und ersetzt sie ggf. durch andere, wenn sich ein Zweck erledigt hat, z. B. nach abgeschlossenen Produktanläufen oder Änderungsvorhaben. Die Arbeitssystem-Produktivität ist ein dauerhaft verwendetes Ziel. Die dazu vereinbarte Zielausprägung, z. B. 82 %, wird man nur dann ändern, wenn sich die Rahmenbedingungen geändert haben.

Bei *Zielformulierungen* sollten, wie im Abschnitt 2.5.1 dargelegt, vier Zieldimensionen festgelegt werden. Beim Formulieren von Zielen sind folgende Grundsätze zu beachten:

- Ziele müssen überschaubar und relevant sein. Zu viele Ziele verwirren und lenken von den relevanten Zielen ab.
- Ziele müssen eindeutig und so konkret sein, dass zu erkennen ist, ob sie erreicht sind oder nicht. Sie sind stets schriftlich zu vereinbaren.
- Erfüllungsgrade können zwar auch auf Ordinal-Skalenniveau (qualitativ) definiert sein. Wenn möglich, sollte man jedoch metrisch skalierte Skalen (quantitativ) verwenden.
- Zielerfüllungen sollten kurzfristig rückgemeldet (schnelles Feedback), jedoch längerfristig vereinbart werden.
- Ob Ziele relevant und der vereinbarte Erfüllungsgrad realistisch sind, sollte in Zwischengesprächen erörtert werden.
- Zielinhalte müssen vom Individuum oder der Gruppe zu beeinflussen und die vereinbarten Erfüllungsgrade nicht nur unter denkbar günstigsten Rahmenbedingungen erreichbar sein. Den eigenen Zuständigkeitsbereich überschreitende Zielinhalte sind auszuschließen.
- Ziele können kontradiktorisch, müssen aber widerspruchsfrei sein[25].

Im Abschnitt 7.4.5 werden Zielvereinbarungen im Rahmen der Leistungsentgeltdifferenzierung behandelt. Beim Vereinbaren von Zielen sollte man auch Belohnungen festlegen, um das Engagement der Mitarbeiter beim Erfüllen der Ziele zu unterstützen. Unter Belohnungen wird ein weites Feld möglicher Bestätigungsreaktionen verstanden, von verbaler Anerkennung über die Gewähr von Auszeichnungen bis hin zu monetären Belohnungen. Produktivitätsmanagement ohne Belohnungsinstrumente ist nur schwer vorstellbar.

Zielvereinbarungen

Zielerfüllungskontrollen zu Kontrakten sind notwendig, um den Mitarbeitern ein Feedback zu geben. Das sollte systematisch im Rahmen des Ergebnis Controllings erfolgen, wie im folgenden Abschnitt beschrieben.

---

25 So sind die Ziele »hohe Zuverlässigkeit« und »geringe Kosten« zwar kontradiktorisch, stellen aber keinen Widerspruch dar, wohl aber »geringstmögliche Durchlaufzeiten« und »ausreichend lange Kundenberatungszeiten«.

2.6.3   Ergebnis-Controlling mit Hilfe von Production Scorecards

Ergebnis-Controlling   In Abbildung IV-13 ist ein *Ergebnis-Controlling* vorgesehen. Damit wird permanent geprüft, ob ver-einbarte Ziele erreicht, vorgegebene Freiräume richtig genutzt und die vorgesehenen Rahmenbedin-gungen eingehalten werden. Den Betroffenen ist zu vermitteln, dass

- es um ein Ergebnis- und um kein Personal-Controlling geht und
- Risikoerkennung vor persönlichen Befindlichkeiten rangiert.

Das Verfahren des Ergebnis-Controllings kann im Produktionssystem festgelegt werden. Auch bei wirksamem Ergebnis-Controlling sollte das Werkstattmanagement nicht auf persönliche Inaugen-scheinnahmen verzichten. Sich nur auf berichtete Zahlen zu verlassen, gilt als Kardinalsünde. Fest-zulegen ist,

Soll-Ist-Vergleich   - an welchen Stellen man durch Soll-Ist-Vergleich mögliche Zielabweichungen entdecken will,
- wie das Werkstattmanagement und die operativen Mitarbeiter darüber zu informieren und
- welche Reaktionen vorgesehen sind.

Production Scorecard   Im Teil I, Abschnitt 2.4.6 wurde das *Produktivitätscontrolling* als standardisierungswürdig für die Betriebs- und Verbesserungsphase angeführt. Die meisten Unternehmen verfügen über ein an den Produktionsprozessen ausgerichtetes Berichtssystem, in dem meist monatlich produktionsrelevante Kennzahlen ausgewiesen werden. Für solche Datensammlungen gibt es verschiedene Bezeichnun-gen, z. B. Manufacturing Card oder *Production Scorecard*[26]. Abbildung IV-14 ist zu entnehmen, wie man die mit Scorecards zu erfüllenden Funktionen[27] begründen kann. Es soll eine Botschaft übermittelt werden,

- die zur Auseinandersetzung zwischen Beteiligten und Betroffenen anregt,
- als Zielgröße und als Anreiz zu nutzen, auch strategisch zu begründen und

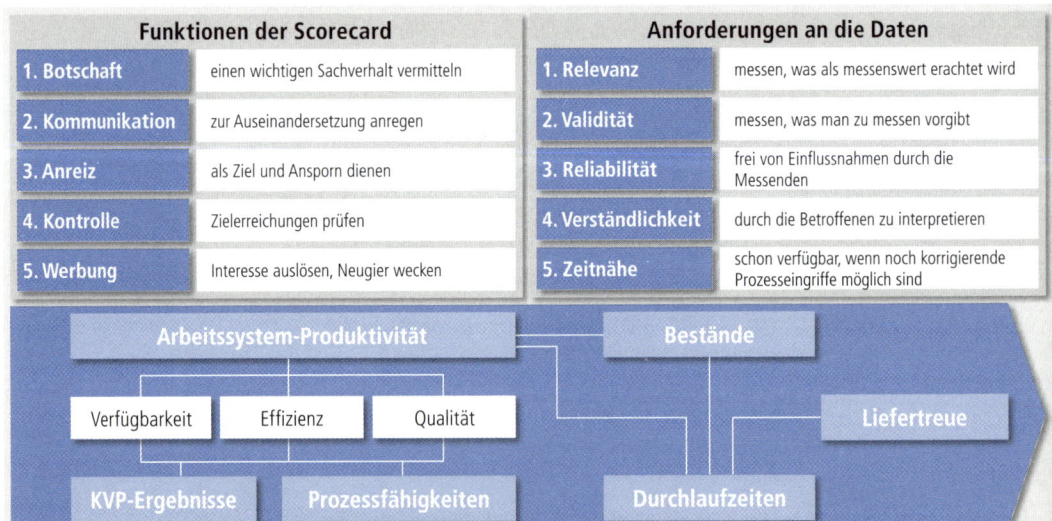

Abbildung IV-14   Begründung von Scorecard-Inhalten und Beispiel für die Datenstruktur einer Production Scorecard

---

26 Vgl. z. B. Kletti, J.; Brauckmann, O.: Manufacturing Scorecard. Wiesbaden: Gabler, 2006.

27 In Anlehnung an Osborne, D.; Gaebler, T.: Reinventing Government. Harmondworth: Penguin Books, 1992.

- deren Erreichen sicher und wirtschaftlich zu kontrollieren ist und
- an der möglichst viele interessiert sind.

Die in dem Kennzahlenkonstrukt verwendeten Daten sollten fünf Anforderungen erfüllen:

1. Jedes gemessene Datum muss relevant sein.
2. Die Messergebnisse müssen das messen, was man zu messen vorgibt.
3. Sie müssen vor individuellen Einflussnahmen sicher sein,
4. dürfen für die Empfänger nicht erläuterungsbedürftig und
5. so schnell verfügbar sein, dass man daraufhin noch korrigierend eingreifen kann. Das ist schließlich der Zweck des Ergebnis-Controllings.

Ergebnis-Controlling darf sich nicht auf Soll-Ist-Vergleiche beschränken, sondern muss auch eine Abweichungsanalyse einschließen. Es sollten nicht nur die Primär-Kennzahlen (z. B. Durchlaufzeiten), sondern auch jene Sekundär-Kennzahlen ausgewiesen werden (z. B. die Nacharbeit innerhalb der Verfügbarkeit), die bei Zielverfehlungen Aktivitäten auslösen sollen. Bei signifikanten Abweichungen müssen die Abweichungsgründe genannt werden. Die können sich im Zeitverlauf ändern. So können anfangs Qualifikationsdefizite und später Wartungsdefizite bei Werkzeugen maßgebend sein. Das Werkstattmanagement kann dann entscheiden, ob Reaktionen notwendig sind und welcher Art diese sein sollen. Eingriffe in Arbeitssysteme sollte man nur dann zulassen, wenn sie zu begründen sind. | Abweichungsanalyse

Auch wenn man die operativ tätigen Personen und das Industrial Engineering in Abstell- und Verbesserungsmaßnahmen involviert: Die Verantwortung für die Produktivität verbleibt beim Werkstattmanagement und ist nicht zu delegieren.

In Abbildung IV-13 sind zwei häufige Reaktionen auf signifikante Zielabweichungen vorgesehen,

- »Personalentwicklung« – die Personen in den Arbeitssystemen betreffend und
- »Verbesserungsmanagement« – die Arbeitssysteme allgemein betreffend.

Das sind die wichtigsten Reaktionsparameter des Produktivitätsmanagements. Das Prozedere der *Personalentwicklung* ist in vielen Unternehmen standardisiert und eigenständiges Element des Produktionssystems.[28] Bevor man sich der Personalentwicklung zuwendet, sollte geprüft werden, ob

- den betreffenden Personen klare Aufgabenstellungen vorliegen,
- ihnen vermittelt ist, welche Bedeutung ihre Arbeit für die Kundenzufriedenheit und den Unternehmenserfolg hat,
- sie im Zweifelsfall eher ihre Stärken nutzen können, als gegen ihre Schwächen angehen zu müssen.

Wenn hier gravierende konzeptionelle Mängel vorliegen, werden Qualifizierungsmaßnahmen nicht helfen.

Aus dem Produktionssystem sollte abzuleiten sein, welches Arbeitsstrukturierungs- oder Job-Design-Konzept zu verfolgen ist. Sind z. B. Gruppenarbeitskonzepte umzusetzen, stellt das andere personelle Anforderungen (z. B. in Bezug auf Schlüsselqualifikationen) als bei Einzelarbeitsplätzen. Ferner sind dann komplexere und miteinander verknüpfte Aufgaben zu schaffen. In der Geschäftsstrategie können Kernkompetenzen ausgewiesen sein, z. B. in Bezug auf logistische Fähigkeiten des Unternehmens. Dann sind die Mitarbeiter in ihrem Bemühen zu unterstützen, Beiträge zum Erringen dieser Kernkompetenzen zu leisten. | Ableitung aus dem Produktionssystem

---

28 Vgl. dazu auch Teil V, Abschnitt 6.3. Dort wird die Personalentwicklung im Rahmen der Personalbedarfsermittlung behandelt.

In der industriellen Arbeitswelt ist es eher wenigen Menschen möglich, aus ihren Arbeitshandlungen Zufriedenheit zu gewinnen. Sie sollten sich jedoch mit den erstellten Arbeitsergebnissen identifizieren können. Unter diesem Aspekt wird man solche Personen bevorzugen, bei denen man von einer Identifikation mit den Ergebnissen ihres Handelns ausgeht.

In Abbildung IV-13 ist neben der Personalentwicklung das Element »Verbesserungsmanagement« vorgesehen. Die Personalentwicklung (Anpassung des Menschen an die Arbeit) bezieht sich auf den Menschen, das Verbesserungsmanagement (Anpassung der Arbeit an den Menschen) auf die anderen Bestimmungsgrößen des Arbeitssystems.

Verbesserungs-
management

Das Verbesserungsmanagement kann nach zwei Sphären unterschieden werden:

1. Anlaufphase: Die Ergebnisse sind nach SOP so zu verbessern, dass die Kammlinie schnellstmöglich erreicht wird.
2. Betriebsphase: Über den Lebenszyklus der Arbeitssysteme und Produkte hinweg sind Verbesserungen durchzuführen, um Planungsdefizite auszumerzen und die vom Markt erzwungenen permanenten Produktivitätsverbesserungen zu realisieren.

Diese Aspekte werden im Kapitel 3 beim Veränderungsmanagement ausführlich behandelt.

2.6.4 Visuelles Management

Visualisierung

Im Teil II, Abschnitt 2.5 wurde darauf hingewiesen, dass an industriellen Arbeitsplätzen mehr als 80 % der Informationen visuell aufgenommen werden. Deshalb wird der optischen Wahrnehmung von Informationen und Darstellung von Wissen große Bedeutung beigemessen. In den 1990er-Jahren wurde dem Interesse der Wirtschaft am Thema »Visualisierung« durch einen Reihe von Publikationen Rechnung getragen.[29] Unter *Visualisierung* verstehen wir das optische Veranschaulichen von Daten, insbesondere von Texten und Zusammenhängen, die komplex und sprachlich schwer zu fassen sind. Jene Sachverhalte und Zusammenhänge, auf die es einem besonders ankommt, will man dem Adressatenkreis verdeutlichen. Dazu werden die Ausgangsdaten interpretiert und durch grafische Elemente ergänzt oder zusammengefasst.

Grundanliegen des
Visuellen
Managements

Das Grundanliegen des *Visuellen Managements* ist, durch ausgewählte optische Informationen bei den Adressatengruppen drei Dinge zu erreichen:

1. Ziele, Prozesse und Ergebnisse transparent machen und die Beteiligten dadurch in die Lage versetzen
   - ihr Denken, Handeln und Verhalten an den Zielen zu orientieren,
   - Situationen sachgerecht beurteilen zu können,
   - Planabweichungen und Probleme von sich aus zu erkennen.
2. Informationen zur Verfügung zu stellen, mit denen
   - sie sich für sie geltende arbeitssystembezogene Standards verdeutlichen und
   - Kenngrößen und deren Bedeutung für das Ganze veranschaulichen.
3. Die vertikale und horizontale Kommunikation zu fördern, indem
   - man auf Informationsprivilegien verzichtet und
   - das Prinzip der Informations-Bringschuld durch die Informations-Holschuld ersetzt.

---

29 Vgl. z. B. Bredemeier, K.; Schlegl, H.: Die Kunst der Visualisierung. Zürich: Orell Füssli, 1991. Meyer, J.-A.: Visualisierung im Management. Wiesbaden: Gabler, 1996. Greif, M.: Teamerfolge in der Produktion durch Visualisierung, 2. Auflage. Landsberg: Moderne Industrie, 1998. Dittrich, H.: Erfolgsgeheimnis Visualisierung. Planegg: WRS Verlag, 2000.

In Abbildung IV-15 wird ein Überblick zum Visuellen Management gegeben. Die angeführten Beispiele lassen sich teilweise mehreren Aspekten zuordnen, d. h. die Instrumente des Visuellen Managements dienen verschiedenen Zielsetzungen.

Aspekte des Visuellen Managements

verhaltens- und ergebnis-bezogene Visualisierung (eigener Arbeitsbereich)	steuerungs- und wertstrombezogene Visualisierung	arbeitssystembezogene Visualisierung	themenbezogene Visualisierung von Projekten und Maßnahmen
Informationssysteme in Tafelform auf verschiedenen betrieblichen Ebenen	Kanban-Karten, Signal-Kanban	Informationsampeln, Bandstopp (Andon)	Qualitätsprojekte, Anlaufprojekte, Umstellungen, Einführungsprojekte
Problemlösungsaktivitäten, Verbesserungsvorschläge	Flächenmarkierungen, Behältervisualisierungen, Warn- und Hinweisschilder	Bodenmarkierungen, Platzbeschriftung, Schattenbretter, Werkzeugaufnahmen	Plakatieren erkannter Probleme und Störungen sowie initiierter Maßnahmen
Schichtpläne/-einteilungen, Urlaubspläne, Freischichten, Qualifikationsmatrizen	Zeitplantafeln (»Toyotablätter«)		Soll-Ist-Vergleiche, sowie Wirkungen von Veränderungen
Identifikation mit der eigenen Arbeit, Basis für Selbststeuerungsaktivitäten	Probleme aufdecken, die richtigen Aktivitäten auslösen, die falschen verhindern		berichten, worauf Engagierte gespannt sind, zeigen, was bewegt wird

Abbildung IV-15 Aspekte, Beispiele und Zielsetzungen Visuellen Managements

Bei der verhaltens- und ergebnisbezogenen Visualisierung stehen Informationssysteme in Tafelform im Mittelpunkt. Je mehr diese auf die operative Ebene zielen (z. B. Werkstattbereich, Abteilung, Arbeitsgruppe), desto mehr werden sie

Verhaltens- und ergebnisbezogene Visualisierung

- durch kommunikative Elemente ergänzt, wie erarbeitete und geplante Problemlösungen und Verbesserungen oder
- den Leistungsstand widerspiegelnde Informationen, das sind insbesondere personelle Verfügbarkeiten und Qualifikationsstände.

Abbildung IV-16 ist ein Beispiel für ein hierarchisches System von Informationstafeln zu entnehmen, dessen Elemente im Produktionssystem für alle Werke festgelegt sind. Wechseln Mitarbeiter in andere Werke oder Werksbereiche, finden sie sich dort sofort zurecht. Nach den Adressatengruppen werden vier Informationsebenen unterschieden.

Die Adressatengruppe der ersten Ebene sind Besucher. Ihnen wird im Empfangsbereich mit einem Unternehmensdisplay die Unternehmensgruppe vorgestellt und in einem Werksdisplay Geschichte, Produkte und Schlüsselinformationen zum Standort vermittelt.

Die Adressatengruppe der zweiten Ebene sind sowohl Besucher als auch Interne. Die hier eingesetzte Hauptinformationstafel enthält einen Lageplan des Standortes und Jahreskumulationen zu den Themen

- Sicherheit (z. B. Fluchtwege, Haustechnik, Arbeitssicherheit),
- Qualität und Terminverhalten (z. B. Kunden-ppm, Lieferanten-ppm[30], Nacharbeit),

---

30 ppm (Engl.: parts per million) bezeichnet hier die Menge an Fehlteilen, die pro 1 Million Teile auftritt. In diesem Fall sind die fehlerhaft vom Lieferanten gelieferten bzw. an Kunden ausgelieferten Teile gemeint.

- Produktivität und Kosten (z. B. OEE, Ausschusskosten, Absenzraten),
- Engagement (z. B. Auditergebnisse, Pressespiegel).

Die Adressatengruppe der dritten und vierten Ebene sind die Produktionsmitarbeiter. Nach der gleichen Informationsstruktur wie in der zweiten Ebene wird je Produktionsbereich (z. B. Presswerk, Montage, Spitzgießerei) in Kommunikationstreffpunkten über monatsaktuelle Produktionsdaten informiert. Diese beziehen sich auf die beeinflussbaren Aspekte Qualität, Produktivität und Kosten. Dazu gibt es Problemdiskussionen unterstützende technologische, arbeitsorganisatorische und personelle Informationen (z. B. Schichtpläne, Urlaubspläne, Qualifikationsmatrizen). Hier bedeutet Visuelles Management also bereits Unterstützung von Engagements.

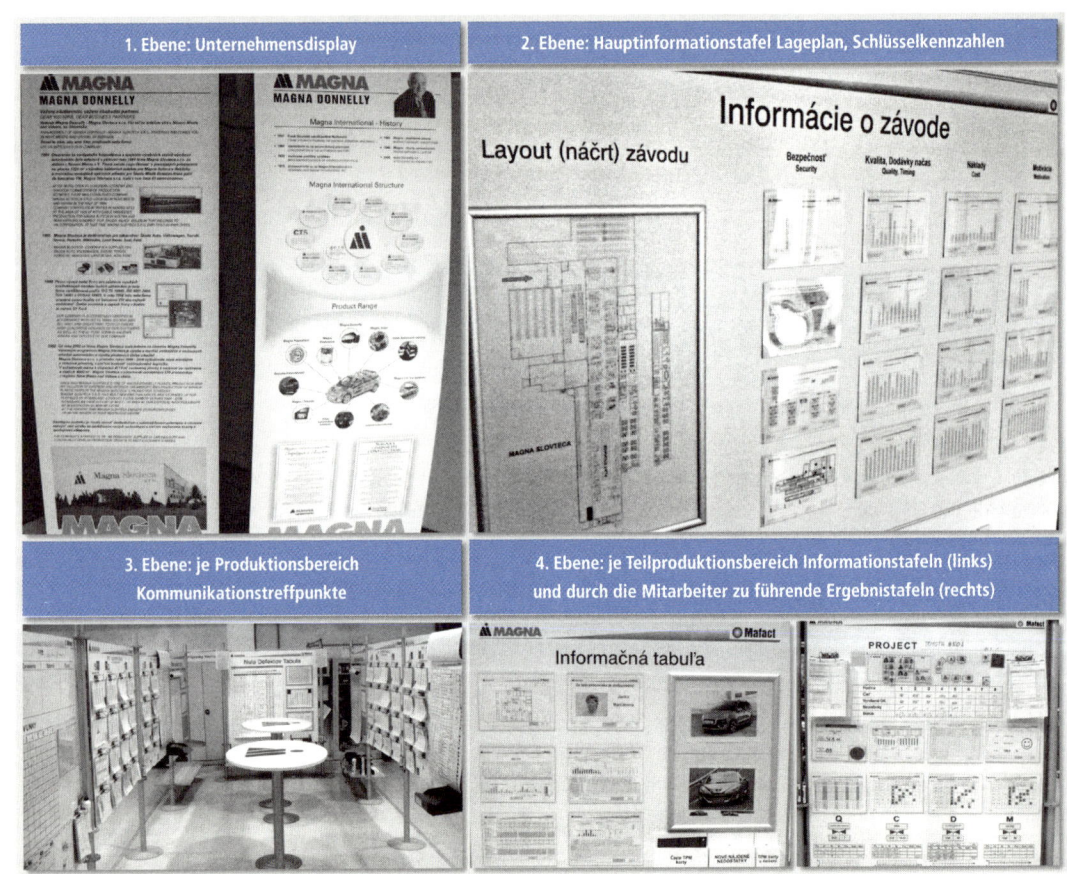

Abbildung IV-16   Beispiel für ein über mehrere Ebenen des Unternehmens angelegtes System von Informationstafeln (Magna, Visuelles Management im Produktionssystem MAFACT)

In der vierten Ebene werden für Teilbereiche, z. B. Abteilungen, Gruppen, Produktionslinien, relevante und aktuelle Sachverhalte – wiederum in standardisierter Form – wochenaktuell visualisiert. Hier geht es um die Aspekte Qualität, Produktivität und Kosten, und dabei werden spezifische technische Aspekte angesprochen. Diese Informationen sind bereits an einen namentlich festliegenden Personenkreis gerichtet (Fotos der Teammitglieder werden gezeigt). In der vierten Ebene werden zudem Ergebnistafeln geführt, in denen durch die Mitarbeiter pro Stunde, Schicht und Tag sowie wochen- und monatskumuliert Arbeitsergebnisdaten erfasst und visualisiert werden.

Zur steuerungs- und wertstrombezogenen sowie zur arbeitssystembezogenen Visualisierung werden in Abbildung IV-15 fünf Instrumente angeführt:

Steuerungs- und wert-
strombezogene sowie
arbeitssystembezo-
gene Visualisierung

1. Beständesteuerung mit Kanban-Elementen (vgl. Teil III, Abschnitt 6.7.3),
2. Flächen- und Behältnisvisualisierungen mittels Farbkodierungen (vgl. Teil III, Abschnitt 6.7) sowie die Verwendung von Warn- und Hinweisschildern (vgl. Teil III, Abschnitt 5.6),
3. Informationsampeln und Bandstopp-Systeme (vgl. Abschnitt 3.6.4),
4. Bodenmarkierungen, Platzbeschriftung, Schattenbretter, Werkzeugaufnahmen (vgl. Abschnitt 3.6.1 sowie Teil III, Abschnitt 6.5) und
5. Zeitplantafeln (vgl. Teil II, Abschnitt 9.5.2).

Abbildung IV-15 ist zu entnehmen, was man mit dem Einsatz dieser Instrumente beabsichtigt: Probleme aufdecken, die richtigen Aktivitäten auslösen und die falschen verhindern. Die vier erstgenannten Instrumente wurden in den zitierten Abschnitten erläutert, weshalb wir uns hier auf die Zeitplantafeln beschränken. Im Teil II wurde beim Thema Selbstaufschreibung bereits eine für den Einsatz in der Serienfertigung typische *Zeitplantafel* erläutert. Dort wurden zyklische Ablauffolgen unterstellt und eine schichtweise Betrachtung angestellt. In der Einzelfertigung gibt es keine zyklischen Ablauffolgen, dagegen aber Parallelarbeiten und mehrtägige, meist wochenweise, Betrachtungszeiträume.

Zeitplantafel

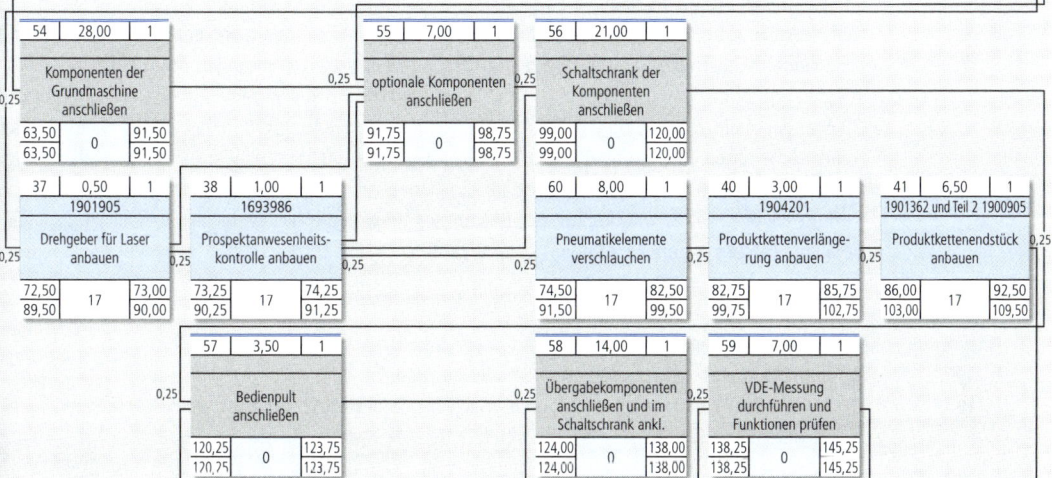

Abbildung IV-17   Beispiel für einen Montageablaufplan (Ausschnitt) in der Einzelfertigung

Abbildung IV-17 zeigt einen Ausschnitt aus einem typischen Montageablaufplan (vgl. zu Netzplänen Teil II, Abschnitt 9.4.3) im Sondermaschinenbau[31], bei dem

- es kritische Vorgänge (doppelt ausgezogene Kopflinie und Pufferzeit null) und
- nichtkritische Vorgänge gibt.

Mit Hilfe von Zeitplantafeln im Flipchartformat soll das Werkstattmanagement die Ablaufplanung (vgl. Abbildung IV-17) in eine Personaleinsatzplanung umsetzen und die Mitarbeiter mit Leistungserwartungen (Sollzeiten) konfrontieren. Diese sollen wiederum zeitnah Istzeiten und Gründe für Soll-Ist-Abweichungen eintragen. Nach dem Prinzip der kleinen Regelkreise werden Abweichungen

---

31 Die häufigsten Durchlaufzeiten liegen dort im Bereich zwischen ca. 100 und über 1.000 Stunden.

für jedermann frühzeitig sichtbar, so dass innerhalb des Betrachtungszeitraums (hier eine Woche) gegenzusteuern ist.

Die Zeitplantafeln werden durch das Werkstattmanagement am Ende einer Kalenderwoche für die jeweils folgende Kalenderwoche angelegt. Abbildung IV-18 zeigt ein Beispiel aus der Einzelfertigung, wie es am Ende der Kalenderwoche vorliegt, mit den eingetragen Ist-Daten. Im Kopfteil werden die geplanten Werktage eingetragen. Ferner sind dort die Planabweichungsgründe beschrieben.

Dem Montageablaufplan entnommene Arbeitsvorgänge und Sollzeiten werden in die Spalten »geplant« eingetragen. Der Ablaufplan wird unterschieden nach kritischen Vorgängen (ohne Pufferzeit) und nichtkritischen Vorgängen (mit Pufferzeit). Im Beispiel ist die maximale tägliche Arbeitszeit auf 10 Stunden begrenzt, bei einer Regelarbeitszeit von 7 Stunden. Der erste Vorgang (»56. Schaltschrank anschließen«) ist mit einer Durchlaufzeit von 21 Stunden geplant, der zweite Vorgang (»57. Bedienpult anschließen«) mit einer Durchlaufzeit von 3,5 Stunden. Der folgende Vorgang (»58. Übergabekomponenten anschließen«) müsste sich nach dem Montageablaufplan direkt anschließen. Darauf hat man verzichtet, wie nachfolgend begründet wird, und den Beginn auf den folgenden Morgen gelegt. Die nichtkritischen Vorgänge wurden nach dem gleichen Prinzip geplant, und zwar nach spätesterlaubten Anfangszeitpunkten (SAZ).

In den Spalten »erreicht« haben die Mitarbeiter markiert, wie viele Stunden sie gearbeitet haben. Für den Vorgang »56. Schaltschrank anschließen« wurden zwei Stunden mehr benötigt als geplant und 23 Stunden eingetragen. Durch zwei am dritten Tag geleistete Überstunden (der Zeitskalenmarkierung zu entnehmen) wurde der geplante Termin eingehalten. Neben dem Zeitverbrauchseintrag von 23 Stunden steht eine Schlüsselziffer »2« für den Planabweichungsgrund »es fehlten Material oder Teile«. Am vierten Tag wurden für den Vorgang »57. Bedienpult anschließen« statt der geplanten 3,5 Stunden 7 Stunden benötigt. Der Grund für die Planabweichung: eine Betriebsratssitzung. Da deren Termin zuvor bekannt war, konnte der Beginn des Vorgangs »58. Übergabekomponenten anschließen« erst für den folgenden Morgen geplant werden.

Bei diesem Typ von Zeitplantafel wird für jeden leicht erkennbar:

1. Planabweichungen zeitlicher Art und in der Arbeitsreihenfolge,
2. Einhaltung des und Abweichung vom Liefertermin,
3. inwieweit Termineinhaltungen durch ungeplante Mehrarbeit »erkauft« werden,
4. Abweichungsgründe.

Die Auswertung der Abweichungsgründe führt wiederum zur Identifikation zweckmäßiger Verbesserungsmaßnahmen (vgl. Kapitel 3).

Themenbezogene Visualisierung ausgewählter Projekte und Maßnahmen

In Abbildung IV-15 wird als vierter Aspekt Visuellen Managements die themenbezogene Visualisierung ausgewählter Projekte und Maßnahmen angeführt. Dabei will man zeigen, dass sich im Unternehmen »etwas bewegt« und darüber berichten, was Engagierte interessiert. Typische Projektthemen sind Anläufe, als kritisch eingeschätzte Umstellungen und Einführungen sowie komplexere Qualitätsprojekte. Wichtige Darstellungsprinzipien sind

- plakative Darlegung erkannter Probleme und Störungen, um Betroffenheit und Engagement auszulösen;
- griffige Beschreibung initiierter Maßnahmen;
- Soll-Ist-Vergleiche, aus denen zu erkennen ist, inwieweit man das schafft, was man sich vornahm;
- Auswirkungen von Veränderungen, wer davon in welcher Weise berührt ist.

Um den Beteiligten und Betroffenen den Verlauf vom bestehenden Problem bis zur Problemlösung visuell zu vermitteln, werden sogenannte *Point Photographies* erstellt, in denen die Verbesserungs-

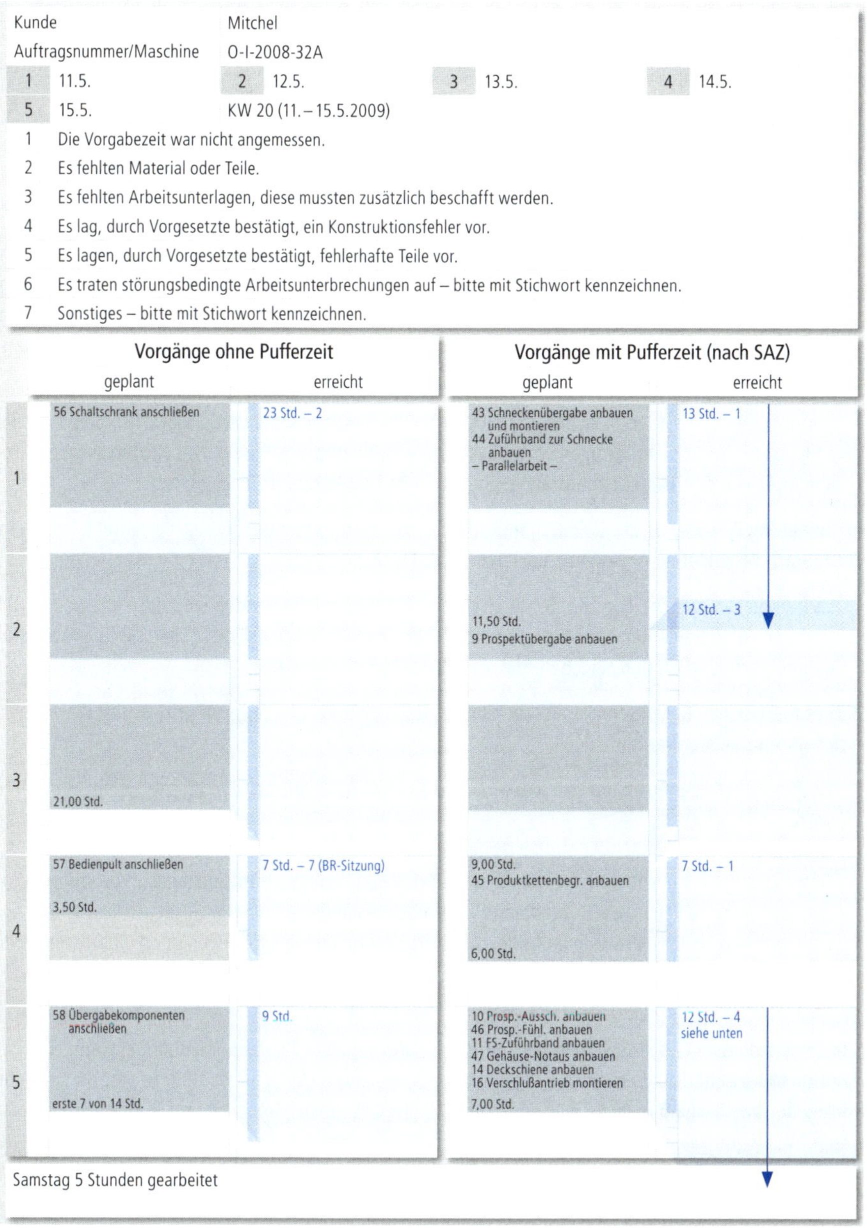

Kunde	Mitchel			
Auftragsnummer/Maschine	O-I-2008-32A			
1 11.5.	**2** 12.5.	**3** 13.5.	**4** 14.5.	
5 15.5.	KW 20 (11. – 15.5.2009)			

1 Die Vorgabezeit war nicht angemessen.
2 Es fehlten Material oder Teile.
3 Es fehlten Arbeitsunterlagen, diese mussten zusätzlich beschafft werden.
4 Es lag, durch Vorgesetzte bestätigt, ein Konstruktionsfehler vor.
5 Es lagen, durch Vorgesetzte bestätigt, fehlerhafte Teile vor.
6 Es traten störungsbedingte Arbeitsunterbrechungen auf – bitte mit Stichwort kennzeichnen.
7 Sonstiges – bitte mit Stichwort kennzeichnen.

	Vorgänge ohne Pufferzeit		Vorgänge mit Pufferzeit (nach SAZ)	
	geplant	erreicht	geplant	erreicht
1	56 Schaltschrank anschließen	23 Std. – 2	43 Schneckenübergabe anbauen und montieren 44 Zuführband zur Schnecke anbauen – Parallelarbeit –	13 Std. – 1
2			11,50 Std. 9 Prospektübergabe anbauen	12 Std. – 3
3	21,00 Std.			
4	57 Bedienpult anschließen 3,50 Std.	7 Std. – 7 (BR-Sitzung)	9,00 Std. 45 Produktkettenbegr. anbauen 6,00 Std.	7 Std. – 1
5	58 Übergabekomponenten anschließen erste 7 von 14 Std.	9 Std.	10 Prosp.-Aussch. anbauen 46 Prosp.-Fühl. anbauen 11 FS-Zuführband anbauen 47 Gehäuse-Notaus anbauen 14 Deckschiene anbauen 16 Verschlußantrieb montieren 7,00 Std.	12 Std. – 4 siehe unten

Samstag 5 Stunden gearbeitet

Abbildung IV-18 Beispiel für eine Zeitplantafel in der Einzelfertigung (Zustand: eingetragene Ist-Daten)

schritte dokumentiert werden, meist beginnend mit dem ersten Aufräumen und Organisieren des Arbeitsplatzes (z.B. nach dem 5-S-Konzept) über z.B. eine Einführung adressierter Regale und Behälter bis hin zum Neuzustand. Dabei wird vor und nach jedem Verbesserungsschritt von derselben Position aus ein Foto angefertigt. Alle Verbesserungsaktivitäten werden so chronologisch dargestellt. Die Fotos werden – kommentiert und bewertet – so nebeneinander auf einer Schautafel präsentiert, dass der Verbesserungsprozess visuell nachzuvollziehen ist. Damit will man den Mitarbeitern auf anschauliche Weise die Gewissheit vermitteln, dass man eine Managementkultur pflegt, bei der über Probleme nicht nur geredet, sondern diese auch angepackt und gemeinsam mit den Betroffenen und Beteiligten professionell gelöst werden.

2.6.5 Regelkommunikation

Regelkommunikation hat verpflichtenden Charakter

Als *Regelkommunikation* wird ein geplanter schriftlicher oder mündlicher Informationsaustausch bezeichnet, der inhaltlich und zeitlich geregelt ist. Regelkommunikation findet primär zwischen den Hierarchieebenen sowie zwischen diesen und der operativen Ebene statt.[32] Im Gegensatz zur freien Kommunikation hat die Regelkommunikation verpflichtenden Charakter – sie ist zwingend durchzuführen. Dadurch sollen

- notwendige Informationen sicher verteilt werden (insbesondere bei den Gesprächstypen 1 bis 3),
- Mitarbeiter in Problemlösungen so weit wie notwendig und gewünscht einbezogen werden, unabhängig von den Fähigkeiten und Neigungen ihrer Kollegen und Vorgesetzten.

In Abbildung IV-13 wird die Regelkommunikation als Managementwerkzeug dargestellt, mit dem der Einsatz der anderen Werkzeuge begleitet wird. Dazu

- ist festzulegen, welche Formen der Regelkommunikation zu verwenden sind,
- sind bei jedem Stellentyp die Managementaufgaben danach zu analysieren, ob eine Regelkommunikation erforderlich und welche Form zweckmäßig ist.

Gesprächstypen bei der Regelkommunikation

Bei der mündlichen Regelkommunikation können für das Werkstattmanagement z. B. fünf *Gesprächstypen* unterschieden werden.

1. Gesprächstyp 1: Informationsgespräch, aktive Kommunikation, bei der überwiegend informiert wird.
2. Gesprächstyp 2: Gesprächsrunde für Bestandsaufnahmen zu Problemen.
3. Gesprächstyp 3: Informationsaustausch, das sind Besprechungen zum Austausch von Informationen und zum Abgleich unterschiedlicher Informationsstände.
4. Gesprächstyp 4: Problemlösungsrunde, das sind Besprechungen mit Workshop-Charakter, aber keine Moderationsveranstaltungen.
5. Gesprächstyp 5: Absprachen, z. B. Zielvereinbarungsgespräche.

Bei den ersten drei Gesprächstypen besteht die Gefahr, zu viele Themen abzuhandeln und operative und strategische Sachverhalte zu vermischen. Beim Gesprächstyp 4 sind Sitzungen oft schlecht vorbereitet und deshalb ineffizient, weil es den Sitzungsleitern an Methodik und Routine mangelt.

Bei den Gesprächstypen 2 bis 4 geht es z. B. um die richtige Auswahl der Teilnehmer, Rededauerbegrenzungen, den effektiven Ablauf oder darum, dass die Ergebnisse auch Nichtteilnehmern zugänglich werden. Bei diesen drei Gesprächstypen sollten folgende Prinzipien beachtet und festgelegt sein:

1. Turnus (Datum, Dauer, wiederkehrend, einmalig),
2. Einladung (Teilnehmerkreis, Vorlaufzeit),
3. Vertretungsplan,

---

32 Regelkommunikation prägt sich aus in schriftlicher Kommunikation, das betrifft das Berichtswesen (Reporting), und mündlicher Kommunikation, wobei diese nur in Form von Gesprächen, Besprechungen, Meetings oder Workshops geregelt wird. Auf die schriftliche Regelkommunikation gehen wir hier nicht ein, weil diese nicht speziell für das Werkstattmanagement, sondern unternehmensweit geregelt wird.

4. Agenda (Themen, Ablauf, geplante Dauer). Die eigentliche Arbeit liegt in der Vor- und Nachbereitung von Sitzungen. Die Agendapunkte sollte der Sitzungsleiter mit den Teilnehmern abstimmen. Ein Agendapunkt »Verschiedenes« darf nicht dazu führen, dass am Schluss der Sitzung jeder Unsinn aufgetischt wird. Verschiedenes heißt: es ist als Thema angemeldet, aber keinem der präzisierten Agendapunkte zuzuordnen.
5. Vorbereitung der Teilnehmer. Vorab sollten Unterlagen bereitgestellt und um Vorbereitung zu bestimmten Sachverhalten gebeten werden. Vor jeder Besprechung muss geklärt sein, wer das Protokoll führt.

		keine		Gesprächstypen				
Aufgaben der Schichtleiter		ohne	Ansprache	1. Info	2. G-Runde	3. Austausch	4. P-Runde	5. Absprachen
täglich								
	Arbeitsergebnisse besprechen inkl. Zeitverbräuche und Gutstückzahlen, Maßnahmen vereinbaren					X		
	Einhalten von Vorschriften (z. B. Arbeitsanweisungen, Prüfanweisungen, Arbeitsschutzbestimmungen) überwachen		X					
115, 121, 126, 127, 128, 136	Einhalten der betrieblichen Arbeitszeiten und Pausen überwachen	X						
	zu Ordnung und Sauberkeit am Arbeitsplatz und pfleglichem Umgang mit den Betriebsmitteln anleiten und kontrollieren		X					
	Mitarbeiter zu zweckmäßiger Nutzung der Prozesse und Einrichtungen anregen		X					
	laufende Arbeitsverteilung an Mitarbeiter durchführen, Arbeiten zuweisen unter Beachtung des Job-Rotationsprinzips		X					
211.06	Anwesenheitserfassung durchführen	X						
124	untertägig Personaleinsatzsteuerung aufgrund der aktuellen Auftragssituation durchführen		X					
122	Einhalten von Terminen und Lieferstückzahl/Auftrag überwachen	X						
211.07	Überstundenplanung erstellen, Zeitkonten kontrollieren, Abbauszenarien erstellen und umsetzen	X						
221.03	Störungsarten und Störungszeitanfall sowie Rüstzeiten erfassen	X						
221.076	Schichtbericht erstellen, verteilen und archivieren lassen	X						
wöchentlich								
211.03	aus dem Produktionsplan die Schichtpläne ableiten	X						
311	Arbeitspapiere (insb. Stücklisten und Arbeitspläne) auf Vollständigkeit und Aktualität prüfen	X						
313	Reparaturen, je nach Art, bei WB oder TD anfordern, deren Durchführung ggf. koordinieren und Ergebnis kontrollieren	X						
132	Erwartungen und aktuelle Probleme der Mitarbeiter besprechen					X		
monatlich								
halbjährlich								
112	Qualifikationsstände der Mitarbeiter analysieren und Maßnahmen vereinbaren (Teilnahme)		X			X		X
114	im Zusammenhang mit der Leistungsbeurteilung Fördergespräche führen, Fortschritte und Ergebnisse begleiten		X					X
222.02	arbeitsorganisatorische Regelungen (z. B. Ablösungen, Springer, Job-Rotation) im Zuständigkeitsbereich umsetzen, praktizieren		X					
fallweise								
125	Rückkehrgespräche (Gesundheitsgespräche) führen (Teilnahme)		X					
129	Leasingkräfte und neue Mitarbeiter einarbeiten	X						
131	permanent das Entstehen von Konflikten erkennen und lösen						X	
133	neue Mitarbeiter, insbesondere bei Serienanläufen, in ihre Aufgaben einweisen, trainieren und Wirksamkeit kontrollieren		X					
138	Azubis und Praktikanten betreuen		X					
211.09	neue Anweisungen/Vorschriften/Top-down-Vorgaben der nächsten hierarchischen Ebene erläutern				X			
211.11	Arbeitsunfälle aufnehmen, Bericht erstellen und an UA weiterleiten (Teilnahme)	X						
212.01	bei Einstellungs- und Entlassungsgesprächen mitwirken, unter fachlichen Aspekten Auswahl treffen, bzw. neue Bewerber einfordern (Teilnahme)				X			

Abbildung IV-19   Beispiel (Ausschnitt) für die Begründung von Regelkommunikationen für einen Stellentyp (Schichtleiter)

Je nach Gesprächstyp und Thema hat man sich in den Unternehmen »Agendenstandards« geschaffen, z. B.:   *Agendenstandards*

1. Unklarheiten zum letzten Protokoll,
2. offene Punkte aus der letzter Sitzung,
3. Maßnahmen aufgrund der letzten Sitzung und deren Erledigungsstand sowie die Auswirkungen auf definierte Ergebnisparameter, z. B. auf die Entwicklung von

- Durchlaufzeit-, Stückzeit-, Rüstzeit- und Störzeitensenkung,
- Prozessfähigkeiten,
- Ausschuss und Nacharbeit,
- Beständen.

4. Korrigierende Maßnahmen aufgrund mangelhaftem Erledigungsstand.
5. Feste Agendapunkte (z. B. Auftragseingang, Finanzen, Stand bei wichtigen Vorhaben) kehren immer wieder. Im Werkstattbereich sind das z. B.:
   - Verfügbarkeiten, Effizienzen, Qualitätslagen,
   - Personalbestand, Absenzen und Leihkräftesituation,
   - verfügbare Rohstoffe und Teile,
   - Lieferstatus bei den Kunden inkl. Rückstände.

   Davon zu unterscheiden sind sogenannte »Dauerbrenner«, die immer wiederkehren, weil sie nie erledigt werden. Deshalb: strenge Fristsetzung und dann streichen.
6. Durchführungsfestlegungen (Wer macht was, ggf. mit wem, bis wann, mit welchem geplanten Ergebnis?). Kein Agendapunkt darf ohne Beschluss und kein Beschluss ohne präzisierte Maßnahme sein. Ansonsten würde viel besprochen und wenig erreicht.

Bei jedem der fünf Gesprächstypen sind Ergebnisprotokolle unerlässlich, die umgehend zu verteilen sind. Der Sinn von Ergebnisprotokollen ist, dass man sich keine Details merken muss und alle das gleiche Verständnis über wichtige Sachverhalte haben. Protokolle sind umso wörtlicher zu führen, je formeller eine Sitzung ist, im Werkstattmanagement also nur im Ausnahmefall. Zu jedem Agendapunkt muss protokolliert sein:

- beschlossene Maßnahme,
- Zuständigkeit und Verantwortlichkeit,
- geplante Ziele und Ergebnisse,
- verabredete Termine (Wiedervorlage der Termine führen, denn das Nachfassen ist so wichtig wie die Sitzung selbst).

Um festzulegen, welcher Gesprächstyp bei welcher Gelegenheit vorzusehen ist, greift man auf die Managementaufgaben (vgl. Abbildung IV-8) zurück und prüft je Aufgabe, ob dazu eine Regelkommunikation erforderlich ist. Dem in Abbildung IV-19 angeführten Beispiel ist zu entnehmen, dass das bei ca. ¾ der Aufgaben nicht der Fall ist. Bei den verbleibenden Aufgaben wird der zweckmäßige Gesprächstyp festgelegt.

Anhand der Aufgaben mit Periodenbezug ist die Bedeutung der Gesprächstypen für jeden Stellentyp leicht zu erkennen. Der »Informationsaustausch« kommt am häufigsten vor, ist also trainingsrelevant. »Informationsgespräche« haben für Schichtleiter geringe Bedeutung, weil sie nur jährlich vorkommen.

Die Regelkommunikation ist nicht nur zu organisieren, sondern auch zu trainieren. Bei transparenten Aufgabenstrukturen ist für die damit beauftragten Personen klar, wen sie wohin zu qualifizieren haben. Ferner können sie so gegen ausgemachte Kommunikationsmängel gezielt vorgehen.

2.7 Zusammenfassung

Das Werkstattmanagement ist zwar auch in die 2. PEP-Phase (Prozessplanung) eingebunden, sein Wirkungsschwerpunkt liegt jedoch in der Betriebs- und Verbesserungsphase. Die Bedeutung für den Unternehmenserfolg liegt darin, dass es täglich an vielen Stellen des Betriebes zu praktizieren ist. Daraus begründet sich die Notwendigkeit zur Standardisierung, so dass es häufig in Produktionssysteme einfließt.

In den vorhergehenden Abschnitten wurden unter der Überschrift »Managementhandlungen« vier Sachverhalte[33] als standardisierungswürdig postuliert:

1. Führungsgrundsätze: auf einem bestimmten Menschenbild und den menschbezogenen internen Strategien des Unternehmens basierende Standards für den Umgang der Menschen miteinander.
2. Managementstellentypen: Kategorien von Planstellen, deren Gemeinsamkeit darin liegt, dass sie die gleichen Managementaufgaben zu erfüllen haben.
3. Werkstattmanagement-Aufgaben: auf den Führungsgrundsätzen und internen Strategien basierende Vorgabe nichtfachlicher Aufgaben.
4. Leitungsspannenformel: Berechnungsvorschrift zum Bestimmen der Anzahl direkt unterstellter Planstellen.

Beim »Regelkreis des Werkstattmanagements« wurden vier standardisierungswürdige Lösungsmethoden und mit der »Personalentwicklung« und dem »Verbesserungsmanagement« zwei weitere zu standardisierende Aufgaben im Werkstattmanagement angeführt. Standards sollten vorliegen für:

1. Zielmanagement[34]: Prinzipien und Vorgehen zum Vereinbaren von Erfolgskenngrößen. Im Werkstattbereich ist das bevorzugt die Produktivitätskenngröße OEE.
2. Ergebnis-Controlling: Ablauf des Soll-Ist-Vergleichs, basierend auf einer Production Scorecard, dazu vereinbarte Erfolgskenngrößen und eine Abweichungsanalyse.
3. Visualisierungsmanagement: Optisches Veranschaulichen von Daten, insbesondere von Texten und Zusammenhängen, die komplex und sprachlich schwer zu fassen sind.
4. Regelkommunikation: Standardisierter schriftlicher oder mündlicher Informationsaustausch, der den Stellentypen strukturell, inhaltlich und zeitlich geregelt vorzugeben ist.

Die Standardisierung des Werkstattmanagements ist eine notwendige Bedingung für eine hohe Effektivität und Effizienz in der Betriebs- und Verbesserungsphase. Die hinreichende Bedingung ist, dass das Management über die notwendige Begabung verfügt und ein hohes Maß an Engagement mitbringt.

---

33 Anhand der dazu angeführten Beispiele wurden die den Lösungsmethoden zugehörigen Unterstützungswerkzeuge gezeigt.
34 Das Zielmanagement wird in vielen Unternehmen außerhalb des Produktionssystems standardisiert, worauf dann im Rahmen des Werkstattmanagements zurückgegriffen wird.

3 Veränderungsmanagement

3.1 Überblick

Um veränderten rechtlichen Bestimmungen und Marktanforderungen zu entsprechen, müssen sich Unternehmen ständig Veränderungen unterziehen. Ein hoher Anteil der Beschäftigten steht Ungewohntem und Neuem eher zurückhaltend gegenüber. Deshalb und auch weil häufig die Einbindung des Betriebsrates erforderlich ist, versucht man Veränderungen im Unternehmen möglichst methodisch anzugehen. Als Sammelbegriff für methodisch fundierte Konzepte und Vorhaben hat sich der Begriff *Veränderungsmanagement* (Change Management) eingebürgert. Anders als bei temporär attraktiven, gut vermarkteten, plakativen Konzepten wie Gemeinkostenwertanalyse, Lean Management, Business Process Reengineering oder TQM handelt es sich beim Veränderungsmanagement aufgrund seiner Inhalte um keine Modeerscheinung. Abbildung IV-20 zeigt die in der Literatur am häufigsten angeführten Aspekte des Veränderungsmanagements: das sind Strategien, die Leistungswirtschaft und die Organisation im weitesten Sinne.[35] Wir interessieren uns beim Produktivitätsmanagement und Industrial Engineering nur für die Leistungswirtschaft.

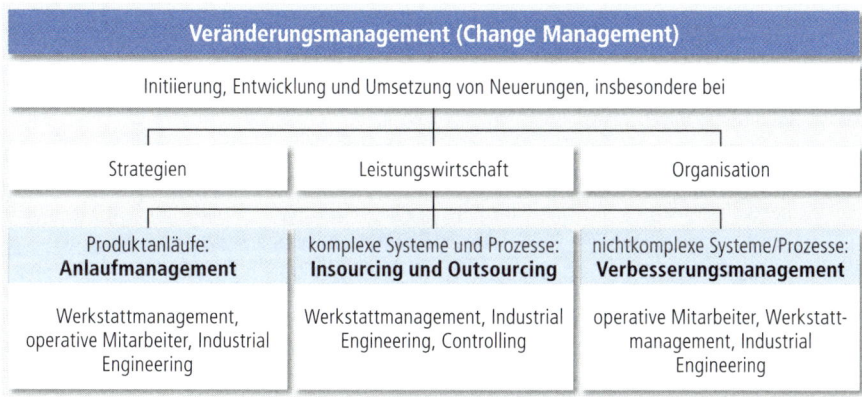

Abbildung IV-20 Überblick zu produktivitätsrelevanten Aspekten des Veränderungsmanagements

Im Teil I, Abschnitt 3.5 wurde zu den Absichten beim *MTM-Produktivitätsmanagement* auch die »Maximale Arbeitssystem-Produktivität« ausgewiesen. Im Abschnitt 3.2 wird erläutert, wie man mittels *Anlaufmanagement* die geplanten Arbeitssystem-Produktivitäten schnellstmöglich zu erreichen versucht. Beim Anlaufmanagement handelt es sich um ein Einführungsprojekt (vgl. Teil II, Abschnitt 9.2.1).[36] Da das Projektmanagement im Teil II, Kapitel 9 ausführlich behandelt wurde, können wir uns auf spezifische Aspekte von Anlaufprojekten beschränken, primär auf die organisatorische Regelung von Anläufen. Wir begrenzen das Anlaufmanagement auf die zwischen dem

Anlaufmanagement

---

35 Vgl. z.B. Kraus, G.; Becker-Kolle, C.; Fischer, T.: Handbuch Change Management. Berlin: Cornelsen Verlag, 2006.
Osterhold, G.: Veränderungsmanagement. Wege zum längerfristigen Unternehmenserfolg. Wiesbaden: Gabler Verlag, 2002,
Stolzenberg, K.; Heberle, K.: Veränderungsprozesse erfolgreich gestalten – Mitarbeiter mobilisieren, 2. Auflage. Springer: Heidelberg, 2009.
36 Ein Projekt ist ein auf Entwicklung, Einführung oder Verbesserung (allesamt Neuartigkeiten hervorbringend, im Gegensatz zum Tagesgeschäft) ausgerichtetes, einmaliges und komplexes Vorhaben (eine große Anzahl von Einzelaktivitäten umfassend) mit begrenzter Dauer und definiertem Beginn und Ende (also zeitlicher Befristung, im Gegensatz zum Tagesgeschäft), mit dem vorgegebene (Projekt-)Ziele zu erreichen sind.

SOP und dem Erreichen der Kammlinie liegenden Aktivitäten. Im Abschnitt 3.2.2 wird beispielhaft gezeigt, wie das Anlaufmanagement ablauforganisatorisch zu regeln ist. Dann wird seine aufbauorganisatorische Gestaltung diskutiert. Das folgt dem Prinzip des »structure follows process«. Aus dem Prozess wird eine Aufgabenverteilung begründet und aus dieser aufbauorganisatorische Regelungen. Wir plädieren für einen »starken« Anlaufmanager mit klar geregelten Weisungsbefugnissen, der durch Anwendung kleiner Regelkreise die Anlaufergebnisse im Plan hält oder sogar noch übertrifft.

Insourcing und Outsourcing

Im Abschnitt 3.3 werden unter der Überschrift *Insourcing* und *Outsourcing* komplexe Veränderungsvorhaben behandelt, bei denen zuvor von Externen erbrachte Leistungen integriert bzw. zuvor integrierte Leistungen extern verlagert werden. Das erfolgt meist in enger Zusammenarbeit von Industrial Engineering und Werkstattmanagement mit anderen Bereichen, insbesondere Controlling, Qualitätsmanagement, Werksplanung, Logistik und Personalwesen. Die dabei zu lösenden Probleme sind fallspezifisch, so dass diese Thematik beispielhaft zu behandeln ist, wenn man nicht zu sehr abstrakten Darstellungen gelangen will. Wir behandeln dieses Thema deshalb am Fall eines Produktionsprozesses, weil das im Rahmen des Produktivitätsmanagements am häufigsten vorkommt.

Verbesserungsmanagement

Insourcing- und Outsourcing-Vorhaben werden weitestgehend durch Fachbereiche bearbeitet. Das *Verbesserungsmanagement* wird dagegen in hohem Maße durch operative Mitarbeiter getragen. Grundlage aller Verbesserungen ist das Generieren von Ideen. Deshalb werden im Abschnitt 3.4 mit dem Ideenmanagement die Grundlagen allen Verbesserungsmanagements dargelegt. Dann werden mit dem Betrieblichen Vorschlagswesen (BVW) und dem Kontinuierlichen Verbesserungsprozess (KVP) zwei Konzepte des Verbesserungsmanagements behandelt. Das BVW basiert unausgesprochen auf der Erwartung, durch relativ hohe Belohnungen kreativ begabte Mitarbeiter zum Entwickeln innovativer Verbesserungen, also zu relativ großen Verbesserungssprüngen zu stimulieren. Das KVP basiert auf dem Gedanken des KAIZEN, jener japanischen Leitidee, die das Streben nach ständigen, eher kleineren Verbesserung zur Rahmenbedingung jeglichen Handelns macht.[37] In vielen Unternehmen genießt heute nicht mehr das BVW, sondern der KVP die vorrangige Wertschätzung.

Im Mittelpunkt des KVP steht die Identifikation und Eliminierung von Verschwendung. Im Abschnitt 3.5 wird erläutert, woran Verschwendung auszumachen ist und wie sie zu typisieren ist. Damit wird jener Aspekt behandelt, der von KVP-Teams oft als »Verschwendung sehen lernen« bezeichnet wird.

Im Abschnitt 3.6 werden Konzepte zur arbeitssystembezogenen Elimination von Verschwendungen vorgestellt. Dabei geht es zuerst um grundlegende Sachverhalte zum Erscheinungsbild und zur rationellen Nutzung von Arbeitsplätzen. Dann werden Betrachtungen zum Einsatz von Betriebsmitteln, zu Montagen, zur Arbeitssteuerung und zur Beseitigung von Engpässen angestellt.

Im Abschnitt 3.7 wird erläutert, wie KVP-Workshops durchzuführen sind. Hier sollen ergebniswirksame Verbesserungen generiert werden, sobald man die »5-S-Aufwärmphase« hinter sich gebracht hat. Abschließend wird erläutert, mit Hilfe welcher Methoden das erfolgen kann, nämlich zur Workshop-Arbeit hilfreichen MTM-Instrumenten. Im Abschnitt 3.7.4 wird mit dem Methodenraum-Konzept eine besonders bei Betrieben mit umfangreichen Serienmontagen geschätzte Lösung beschrieben.

---

37 Ausführlich dargelegt wird das KAIZEN in Imai, M.: Kaizen. Der Schlüssel zum Erfolg der Japaner im Wettbewerb, 8. Auflage. Berlin: Ullstein, 1998.

3.2   Anlaufmanagement

3.2.1   Anlaufprobleme und Handlungsfelder beim Anlaufmanagement

Durch sinkende Produktlebenszyklen und kürzere Produkteinführungszeiten (Time to Market) stiegen die Anforderungen an die Leistungsfähigkeit des *Anlaufmanagements*. Es gibt unterschiedliche
Auffassungen darüber, was zum Anlaufmanagement gehört. Die weitestreichenden Interpretationen
schließen alle Aktivitäten zwischen der Konzeptionsphase eines Produkts und dem Erreichen der
Kammlinie ein, stehen also für den gesamten PEP.[38] Dem folgen wir nicht, sondern einer engen
Begriffsauslegung, die alle Aktivitäten zwischen dem SOP und dem Erreichen der Kammlinie einschließt. Im Teil I, Abschnitt 3.2.3 wurden deshalb unter dem Anlaufmanagement alle Aufgaben subsumiert, die zwischen der Produktionsfreigabe und dem Erreichen der Kammlinie zu erfüllen sind.

Anlaufmanagement

In den letzten Jahren in der europäischen Automobilindustrie durchgeführte Untersuchungen er-
gaben, dass bei ca. 1/3 der Produktionsanläufe die wirtschaftlichen Ziele und bei ca. der Hälfte die
technischen Ziele nicht erreicht wurden.[39] Die Ursachen für Anlaufprobleme sind vielschichtig, auch
wenn sich Unternehmen auf wenige Hauptursachen konzentrieren können:[40]

*Ursachen für
Anlaufprobleme*

1. Betriebsmittel   31 %
2. Produktentwicklung   26 %
3. Lieferanten   16 %
4. Personal   11 %
5. Organisation   7 %
6. Produktplanung   5 %
7. Sonstige   4 %

Die drei ersten Ursachen sind den beiden ersten PEP-Phasen, also nicht dem Anlaufmanagement
anzulasten, »Personal« und »Organisation« dagegen dem Anlaufmanagement. Wir unterscheiden drei
Handlungsfelder:

Handlungsfelder

1. Ablauf- und Aufbauorganisation von Anläufen,
2. Änderungsmanagement im Anlauf,
3. Wissens- und Risikomanagement.

3.2.2   Ablauforganisation von Anläufen

Die Organisation von Anläufen wurde im vorhergehenden Abschnitt zwar nicht als häufige Ursache
von Anlaufproblemen ausgewiesen. Bei guter Organisation bekommt man die drei Hauptprobleme
jedoch besser in den Griff, weshalb sie mindestens »Mittel zum Zweck« ist. Anlaufmanagement ist
Projektmanagement. Bei erfolglosen Projekten stellt sich immer wieder die Person des Projektleiters
als Schlüsselfaktor heraus, gefolgt von der Projektorganisation. Auch unter diesem Gesichtspunkt
ist es zweckmäßig, sich mit der Organisation von Abläufen auseinander zu setzen. Serienhersteller

*Person des
Projektleiters*

---

38 Vgl. z. B. Fitzek, D.: Anlaufmanagement in Netzwerken. Bern: Haupt, 2006, S. 53. Wildemann, H.: Anlaufma-
    nagement. Leitfaden zur Verkürzung der Hochlaufzeit und Optimierung der An- und Auslaufphase von Pro-
    dukten, 4. Auflage. München: TCW, 2006, S. 22. Abele, E.; Eichhorn, N.: Richtig planen oder kontinuierlich
    verbessern? In: Britzke, B. (Hrsg.): MTM in einer globalisierten Wirtschaft. München: mi-Wirtschaftsbuch,
    2010, S. 226 f.
39 Vgl. Bischoff, R.: Anlaufmanagement. Schnittstelle zwischen Projekt und Serie. Konstanz: Konstanzer Manage-
    mentschriften, 2007, S. 7 f.
40 Vgl. Bischoff, R.: a. a. O., 2007, S. 10.

müssen für die dritte PEP-Phase die Ablauforganisation beim Anlaufmanagement festlegen. Der Abbildung IV-21 ist dazu ein Beispiel zu entnehmen.

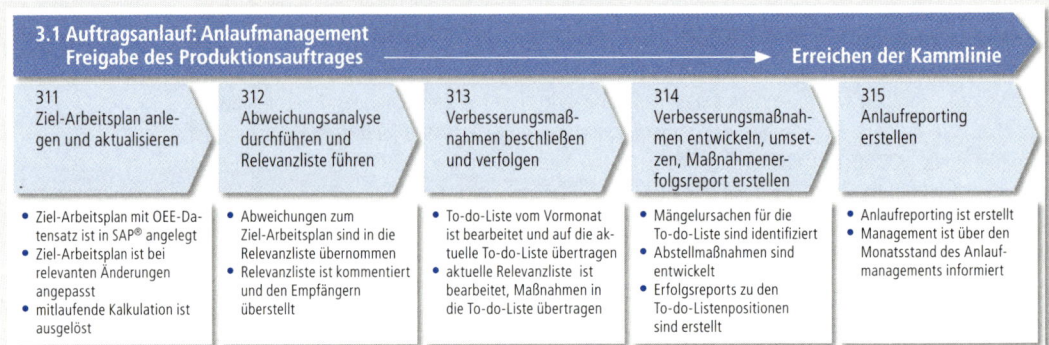

Abbildung IV-21   Beispiel für einen Anlaufprozess mit unterlegten Quality Gates

Quality Gates

Im Mittelpunkt dieses Prozesses stehen die Identifikation und Durchführung von Verbesserungsmaßnahmen sowie das Verwenden von *Quality Gates*. Die wichtigsten Merkmale dieses Prozesses sind:

1. Es wird ein Zielarbeitsplan verwendet, der auch die Soll-Arbeitsproduktivitäten (vgl. Abbildung IV-23) für die eingeschlossenen Arbeitssysteme enthält. Mit Beginn des Serien- oder Vorserienanlaufs wird vom Controlling eine mitlaufende Kalkulation ausgelöst.
2. Durch das Controlling werden in einem (zuerst wöchentlichen, später monatlichen) Abgleich des Zielarbeitsplans mit den Ergebnissen der mitlaufenden Kalkulation relevante Abweichungen zur Verfügbarkeit, Effektivität und Qualität erhoben. Diese werden in eine Relevanzliste übernommen, die an die Betroffenen sowie die Teilnehmer periodischer Ratiorunden (vgl. Abbildung IV-22) geht.
3. In den Ratiorunden wird die Relevanzliste abgearbeitet, indem Maßnahmen abgesprochen werden und aus der so präzisierten Relevanzliste eine To-do-Liste entsteht. Diese enthält alle offenen Maßnahmen und dient dem Projektmanager als Steuerungsgrundlage.
4. Durch die betroffenen Bereiche werden die Mängelursachen identifiziert, Abstellmaßnahmen mit Terminen versehen und in die To-do-Liste aufgenommen. Bei Misserfolgen werden in der nächsten Ratiorunde die Ursachen erörtert.
5. Die To-do-Liste ist die Grundlage für das monatlich durch den Anlaufmanager zu erstellende Anlaufreporting für die Geschäftsleitung und die betroffenen Bereiche.

Der in Abbildung IV-21 angeführte Prozess wird im folgenden Abschnitt weiter präzisiert. Nach diesem Verständnis ist Anlaufmanagement so wenig die alleinige Aufgabe eines Anlaufmanagers, wie Qualitätsmanagement die alleinige Aufgabe eines Bereichs »Qualitätsmanagement« sein kann. Deshalb sind alle dem Anlauferfolg verpflichteten Stellen in den Prozess einzubinden und daraus erst dann zu entlassen, wenn die Kammlinie erreicht ist. Erst danach gehen das Produkt, die Arbeitssysteme und der Prozess in die Verbesserungsphase über. Im folgenden Abschnitt geht es darum, wie man die in der Anlaufphase zu erfüllenden Aufgaben auf Aufgabenträger verteilt.

3.2.3 Aufbauorganisation des Anlaufmanagements

Zur *aufbauorganisatorischen Einbindung* des *Anlaufmanagements* gibt es Vorschläge, die Anlaufma-   Anlaufmanager
nager in Stabs- oder Matrixstellen zu positionieren[41] und diese der Geschäftsführung zu unterstellen.
Beiden Vorschlägen folgen wir nicht.

1. Die Verantwortung für die Prozesse sollte mit dem SOP vom Industrial Engineering auf die Prozessbetreiber übergehen. Folglich steht Anlaufmanagement unter der Ägide des Produktionsma-
   nagements, auch wenn andere Bereiche involviert sind.
2. Einer Matrixlösung werden die meisten Praktiker schon deshalb skeptisch gegenüberstehen, weil
   diese relativ selten zu überzeugenden Lösungen führt, auch dann nicht, wenn man die Matrixlei-
   tungen »sicherheitshalber« der Geschäftsführung unterstellt.

Eine aufbauorganisatorische Lösung für das Anlaufmanagement ist – wie bei jeder Organisationsauf-
gabe – über eine Aufgabenverteilung zu finden. Dazu wurde für das in Abbildung IV-21 angeführte
Beispiel der Prozess detailliert und die dabei definierten Aufgaben auf die involvierten Aufgabenträger
verteilt (vgl. Abbildung IV-22).

Die wichtigsten Ergebnisse dieses Schrittes sind:

1. Die Funktionen des Anlaufmanagers weisen ihn nicht als »schwache« Stabsstelle, sondern als
   »starken« weisungsbefugten Projektleiter aus, der hauptberuflich alle Produktanläufe zu betreuen
   hat.
2. Der Anlaufmanager ist der Produktionsleitung unterstellt, weil diese vom SOP bis zum EOP die
   Erfolgsverantwortung hat.
3. Alle involvierten Stellen sind Teilnehmer des Entscheiderkreises.
4. Das Werkstattmanagement, mit Bereichsleitung, Meistern und Schichtleitern, trägt die Hauptlast
   bei den Verbesserungsmaßnahmen.
5. Andere Verbesserungsansätze, die durch den Entscheiderkreis beschlossen werden, können
   Eingriffe in das Lieferantenmanagement, Einwirkungen auf die Kunden oder Maßnahmen zur
   Produktverbesserung sein. Da sie im vorliegenden Fall nicht häufig auftreten, hat man sie nicht
   angeführt, um noch umfänglichere Dokumentationen zu vermeiden.

---

41 Vgl. z. B. Bischoff, R.: a. a. O., 2007, S. 76.

Prozessschritte		Aufgaben	Engineering			Produktion				Zentralbereiche		
			IE	PE	AM	PL	BL	ME/SL	IE-P	CO	QM	LG
									Quelle: Auftragskalkulation			
311	**Ziel-Arbeitsplan in SAP anlegen und aktualisieren**											
311.1	Ziel-Arbeitsplan in SAP® anlegen	311.11 auf Auftragskalkulation und Arbeitsplan zurückgreifen	x									
		311.12 Rüstzeiten und Stückzeiten dem Arbeitsplan entnehmen	x									
		311.13 Unterbrechungszeitanteil von IE erfragen und übernehmen	x									
		311.14 Nacharbeits- und Ausschussanteile der Auftragskalkulation entnehmen	x									
		311.15 Zielarbeitsplan in SAP® einstellen	x									
		311.1 Ziel-Arbeitsplan steht für die Abweichungsanalyse zur Verfügung										
311.2	Ziel-Arbeitsplan aktualisieren	311.21 Änderungen aus dem Arbeitsplan in den Ziel-Arbeitsplan übernehmen	x									
		311.22 Änderungen aufgrund von Produktionsinformationen übernehmen	x									
		311.2 Ziel-Arbeitsplan ist bezüglich des relevanten Sachverhaltes aktualisiert										
312	**Abweichungsanalyse durchführen und Relevanzliste führen**											
312.1	monatlich mit Hilfe der mitlaufenden Kalkulation Abweichungen je Anlaufauftrag erfassen	312.11 Rüstzeitdifferenzen ermitteln und eintragen								x		
		312.12 Differenzen im Unterbrechungszeitanteil ermitteln und eintragen								x		
		312.13 Stückzeitdifferenzen ermitteln und eintragen								x		
		312.14 Differenzen bei den Nacharbeitsanteilen ermitteln und eintragen								x		
		312.15 Differenzen bei den Ausschussanteilen ermitteln und eintragen								x		
		312.16 relevante Abweichungen kennzeichnen und +/--Veränderung ermitteln								x		
		312.17 Abweichungsanalyse dem Empfänger zuleiten								x		
		312.1 Abweichungsanalyse zu allen Anlaufaufträgen ist nach Verteilerschlüssel an die Empfänger (neben Ratio-Runde: VE, EK, PE) gegangen										
312.2	Relevanzliste erstellen (je Anlaufauftrag)	312.21 Abweichungsanalyse auf relevante Differenzen prüfen			x							
		312.22 Abweichungsschwerpunkte ermitteln und Prioritäten bestimmen			x							
		312.23 Relevanzpositionen nach Anlaufaufträgen, darin nach Prioritäten erstellen			x							
		312.2 aus der Abweichungsanalyse ist die Relevanzliste extrahiert										
314	**Verbesserungsmaßnahmen entwickeln, umsetzen und Maßnahmenerfolgsreport erstellen**											
314.1	Mängelursachen für die To-do-Listenpositionen identifizieren	314.11 Workshop vorbereiten, einladen (bei komplexeren Themen auch IE-P)				x		x	(x)			
		314.12 Workshop durchführen und Mängelursachen identifizieren				x		x	(x)			
		314.13 Mängelursachen so beschreiben, dass Maßnahmen zu definieren sind				x		x	(x)			
		314.1 Mängelursachen für die To-do-Listen-Positionen sind identifiziert										
314.2	Abstellmaßnahmen entwickeln und umsetzen	314.21 Workshop vorbereiten, einladen (bei komplexeren Themen auch IE-P)				x		x	(x)			
		314.22 Abstellmaßnahmen entwickeln und Realisierung festlegen				x		x	(x)			
		314.23 Abstellmaßnahmen durchführen, ggf. unter Unterstützung von IE-P				x		x	(x)			
		314.24 Verbesserung absichern und Lösungsstabilität testen				x		x	(x)			
		314.2 mit den Beteiligten sind die Abstellmaßnahmen umgesetzt										
314.3	für die nächste Ratio-Runde Erfolgsreport erstellen	314.31 Verbesserungseffekt der Maßnahme quantifizieren/qualifizieren				x						
		314.32 Abstand zu den Werten im Ziel-Arbeitsplan bestimmen				x						
		314.33 Verbesserungseffekt für die To-do-Listenposition ermitteln				x						
		314.34 Ergebnis in die To-do-Liste einstellen				x						
		314.3 über den Erfolg/Misserfolg je To-do-Position ist berichtet										
315	**Anlaufreporting erstellen**											
315.1	Anlaufreporting für die Ratio-Runde erstellen	315.11 aus Vormonats-To-do-Liste Ergebnisse extrahieren			x							
		315.12 aus Relevanzliste geplante Verbesserungen entnehmen			x							
		315.13 Anlaufreporting erstellen und an die Adressaten verteilen			x							
		315.1 Anlaufreporting ist erstellt und an die Ratio-Runde verteilt										
315.2	Anlaufreporting der GF berichten	315.21 Anlaufreporting der GF vortragen			x							
		315.22 Anregungen und Auflagen der GF erfassen und mit GF abstimmen			x							
		315.23 Auflagen der GF für die kommende To-do-Liste dokumentieren			x							
		315.2 Geschäftsführung ist über den Stand des Anlaufmanagements informiert und Auflagen der GF sind für die kommende To-do-Liste dokumentiert										
			Senke: Kammlinie erreicht oder Kammlinienkorrektur vorgenommen.									

IE = Zentrales Industrial Engineering; **PE** = Product Engineering; **AM** = Anlaufmanager; **PL** = Produktionsleitung; **BL** = Bereichsleitung; **ME/SL** = Meister, Schichtleiter; **IE-P** = MTM-Gruppe; **CO** = Controlling; **QM** = Qualitätsmanagement; **LG** = Logistik

Abbildung IV-22 Beispiel für die Aufgabenverteilung bei einem Anlaufprozess

3.2.4 Änderungsmanagement im Anlauf

Beim Serienanlauf zeigt sich, ob das Produktionssystem wirksam ist. Das ist es z. B. dann, wenn angewandte Standards erkennbar zur geplanten Produktivität führen. Stellt man beim Serienanlauf fest, dass auf nur wenige Standards zurückgegriffen wird, sollte man das Produktionssystem daraufhin prüfen, ob es das nicht leisten konnte, oder ob man sich in den beiden ersten PEP-Phasen um Standardisierungen gedrückt hat.

Wirksamkeit des Produktionssystems

Im Teil I, Abschnitt 2.4.5 wurde das *Konzept der Arbeitssystem-Produktivität* eingeführt. Sie ist der Ergebnisparameter für das

1. Werkstattmanagement, hier beim Ergebnis-Controlling (vgl. Kapitel 2),
2. Anlaufmanagement, hier beim Änderungsmanagement,
3. Verbesserungsmanagement, hier bei der Identifikation erfolgversprechender Verbesserungsmaßnahmen (vgl. Abschnitte 3.4 f.).

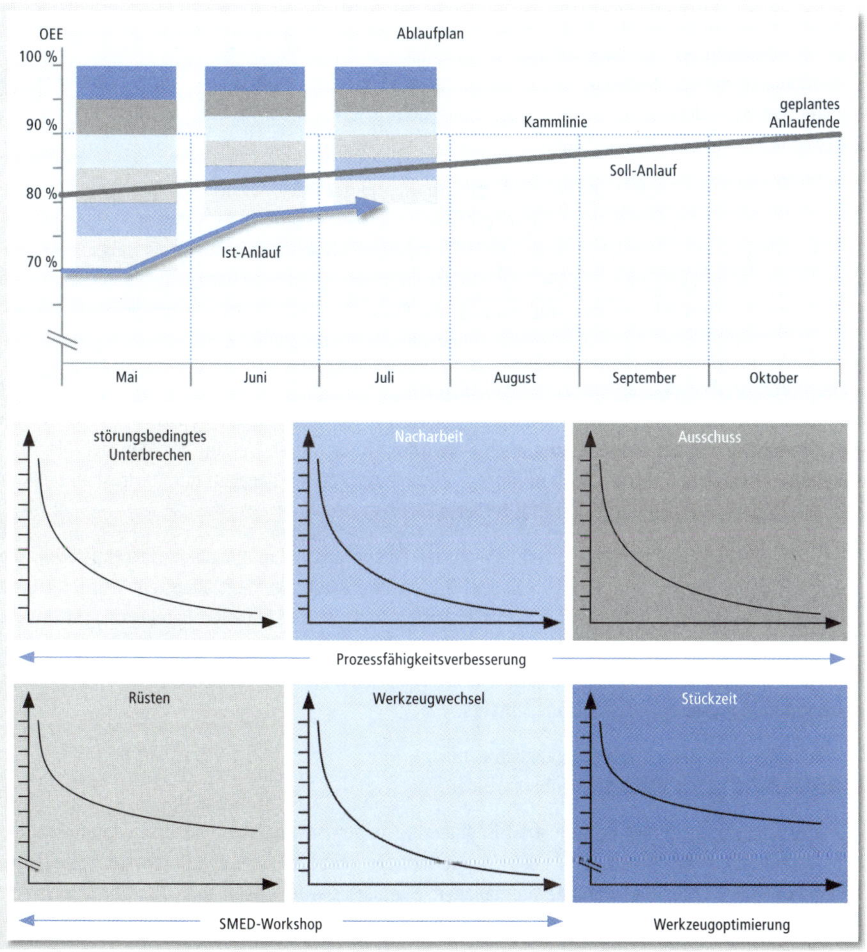

Abbildung IV-23   Prinzip des Änderungsmanagements im Anlauf auf der Grundlage des Reportings der Arbeitssystem-Produktivität

Konzept der Arbeits-
system-Produktivität

Dem Abbildung IV-22 zu entnehmenden Anlaufprozess liegt das Konzept der Arbeitssystem-Produktivität zu Grunde, was in Abbildung IV-23 verdeutlicht wird. Es ist zwar grundsätzlich auch auf Montageprozesse anzuwenden, wird jedoch vorwiegend auf betriebsmitteldominierte Prozesse angewandt.

Für das Erfassen der OEE-Daten sind *Zeitplantafeln* geeignet, wie sie im Abschnitt 2.6.4 sowie im Teil II, Abschnitt 9.5.2 erläutert wurden. Über einen festgelegten Zeitraum wird dabei der Verlauf der OEE-Daten erfasst und geprüft, ob man sich plangerecht der Kammlinie nähert. Diese liegt im Beispiel bei 90 % OEE. Vom SOP zur Kammlinie führt ein Soll-Anlauf, nach dem die Arbeitssystem-Produktivität binnen sechs Monaten von 80 % auf 90 % zu erhöhen ist. Dazu wurden drei Verbesserungsansätze festgelegt. Zu deren sechs Parametern sind sukzessiv Verbesserungen zu erzielen. Die Ist-Hochlaufkurve soll spätestens zum Ende der Anlaufzeit die Soll-Hochlaufkurve erreicht haben. Je früher das der Fall ist, desto höher sind die über die Produktlebensdauer zu generierenden Deckungsbeiträge. In Teil I, Abschnitt 2.5.5 wurde begründet, welche Vorteile dabei aus der Anwendung des MTM-Verfahrens resultieren.

3.2.5 Risiko- und Wissensmanagement

Risiken

Beim Serienanlauf gibt es viele Risiken. Im Abschnitt 3.2.1 wurden empirisch belegte Hauptrisiken angeführt: neue Betriebsmittel und neue Produkte, gefolgt von den Lieferanten. Eine wichtige Aufgabe des Anlaufmanagers ist, jene Risiken zu identifizieren, die kritisch sind. Dazu können drei Risikoklassen unterschieden werden:

Risikoklassen

1. Kritische Risiken: Die Risikofolgen sind gravierend, und der Risikoeintritt ist wahrscheinlich. Kritische Risiken rechtfertigen eine Eliminierung, ggf. auch mit erheblichem Aufwand.
2. Hauptrisiken: Die Risikofolgen sind deutlich, und der Risikoeintritt ist mehr als möglich. Hauptrisiken rechtfertigen, dass man sie unter vertretbarem Aufwand entschärft.
3. Nebenrisiken: Die Risikofolgen sind störend, der Risikoeintritt aber nicht wahrscheinlich. Nebenrisiken rechtfertigen, dass man sie zwar kennen möchte, aber ggf. toleriert.

Zu beachten ist, dass es phasenspezifische Risiken gibt. So kann z. B. das Risiko mangelhafter Qualität von Zulieferteilen bei und kurz nach SOP gering sein, weil sich beim Lieferanten die Bemühungen im Zusammenhang mit der Bemusterung noch auswirken. Im weiteren Verlauf könnten sich Nachlässigkeiten einschleichen, die zu Fehlern führen. Werkzeuge können dagegen mit Startrisiken belastet sein, die nach einiger Zeit an Bedeutung verlieren.

Wissen

Beim Anlaufmanagement gelten, einschließlich der Person des Anlaufmanagers (Projektleiters), die gleichen Überlegungen, die im Teil II, Kapitel 9 zum Projektmanagement angestellt wurden. Auch beim Anlauf- und beim Verbesserungsmanagement entsteht Wissen bei allen Beteiligten. Da Wissen zunächst an jene Personen gebunden ist, die es erworben haben, ist es flüchtig und für das Unternehmen noch nicht sicher verfügbar. Um dieses Individualwissen für das Unternehmen zu sichern, muss es im Rahmen gezielten Wissensmanagements

- einerseits allen Berechtigten zugänglich gemacht,
- andererseits gegen Verluste gesichert werden.

Wissensmanagement findet im Industrial Engineering seinen sichtbarsten Niederschlag im Produktionssystem und dessen Nutzung. Da beim Anlaufmanagement für das Produktionssystem relevantes Wissen entsteht, obliegt es dem Anlaufmanager, Standardisierungsideen dem Produktionssystem-Management zuzuleiten.

Eine andere Betrachtung richtet sich auf das im Verlauf von Anlaufprozessen entstehende Erfahrungswissen der Beteiligten. Das eignet sich weniger für die Standardisierung als für die Qualifizierung dieser Personen. Dabei entsteht einerseits neues Fachwissen, andererseits sind Schlüsselqualifikationen einzusetzen. Eine Herausforderung für das Management aller beteiligten Unternehmensbereiche liegt deshalb darin, längere Zeit in Anlaufprozesse involvierte Personen in ihrer weiteren Entwicklung zu begleiten und dabei deren entwickelte Potenziale für das Unternehmen zu nutzen.

3.3 Outsourcing und Insourcing

3.3.1 Prinzipien

Der Begriff *Outsourcing* steht für das Übertragen bisher selbst erstellter Leistungen auf einen internen oder externen Lieferanten. So haben Unternehmen z. B. ihren Werkzeugneubau an Werkzeugbau-spezialisten vergeben. Sie sahen darin keinen Verlust an Kernkompetenzen und haben sich auf die Werkzeuginstandhaltung beschränkt. In den letzten 20 Jahren gab es in der deutschen Wirtschaft deutlich mehr Outsourcing- als Insourcing-Projekte.

Als *Insourcing* wird der Übergang zur Eigenerstellung bisher extern bezogener Leistungen bezeichnet. Im Sondermaschinenbau wurden z. B. von einer Druckerei hergestellte Betriebsanleitungen durch selbst gedruckte kundenindividuelle Anleitungen nach dem Print-on-Demand-Prinzip[42] ersetzt. Dadurch waren ohne Mehraufwand kunden-/auftragsspezifische Anleitungen zu erstellen. Als *Backsourcing* wird ein Insourcing zuvor fremdvergebener Leistungen bezeichnet.

Bei Insourcing- und Outsourcing-Vorhaben handelt es sich aus Sicht des Projektmanagements um Verbesserungsprojekte (vgl. Teil II, Abschnitt 9.2.1). Das Projektmanagement ist ein wichtiger Bestandteil solcher Vorhaben. Da es im Teil II, Kapitel 9 ausführlich behandelt wurde, gehen wir hier darauf nicht ein. Dort wurde im Abschnitt 9.7.2 auch gezeigt, wie Entscheidungen zwischen *Eigenerstellung und Fremdbezug* aufgrund von Wirtschaftlichkeitsvergleichen zu treffen sind. Diese Kalküle fallen auch bei Insourcing- und Outsourcing-Vorhaben an, ebenso die in den Abschnitten 3.6.5 ff. erläuterte Betrachtung von Engpass-Arbeitssystemen.

Outsourcing- und Insourcing-Projekte basieren meist auf komplexen Entscheidungsszenarien, die über einen reinen Wirtschaftlichkeitsvergleich hinausgehen. Allein die arbeitsrechtlichen Konsequenzen können stärkeren Einfluss auf die Entscheidung als die Höhe der Fertigungskosten haben.

Der Unterschied zwischen Fremdbezug und Outsourcing liegt darin, dass

* Fremdbezüge einfacher Teile meist durch den Einkauf betreut werden, wenn der Lieferant einen »stabilen Zustand« erreicht hat;
* Outsourcing für einen Änderungsprozess steht, bei dem technisch-organisatorisch und personell integrierte Leistungserstellungen ausgelagert werden.

Haben Outsourcing-Vorhaben einen eingeschwungenen und stabilen Zustand erreicht, sind die betreffenden Leistungen wie ein normaler Fremdbezug zu behandeln, sofern es sich um einfache Teile handelt. Bei diffizilen Dienstleistungen oder wichtigen Baugruppen wird man es dagegen bei einem Outsourcing-Management belassen, wo immer man dieses organisatorisch eingliedert.

Insourcing- und Outsourcing-Vorhaben sollten durch eine *funktionale Wertschöpfungs-Strategie* (vgl. Teil I, Abschnitt 3.3.5, Abbildung I-38) zu begründen sein, also durch eine interne Verfahrens-Leitlinie und nicht durch das Verhalten von Wettbewerbern. Dieser sollte z. B. zu entnehmen sein, ob

42 Print-on-Demand basiert auf der Digitaldrucktechnik, d.h. die Druckvorlage liegt auf einem Datenträger vor, und gedruckt wird (im Gegensatz zu den klassischen Druckverfahren) jeweils ein Exemplar nach Bestellung.

man tendenziell eine Erhöhung oder eine Reduzierung der Wertschöpfungstiefe anstrebt. Letzteres verwirklicht man insbesondere durch Outsourcing.

In Abbildung IV-24 werden häufig genannte Gründe, Vorteile und Nachteile von Insourcing- und Outsourcing-Vorhaben im Produktionsbereich angeführt. Inwieweit diese im Einzelfall zum Tragen kommen, hängt neben den strategischen Vorgaben von der planerischen Sorgfalt und von der Form des Outsourcings ab, wie im folgenden Abschnitt erläutert. Die in Abbildung IV-24 angeführten Gründe sind auch der Literatur[43] zu entnehmen.

Abbildung IV-24   Häufig genannte Gründe, Vorteile und Risiken beim Insourcing und Outsourcing von Produktionsleistungen

Offshoring

In der Vergangenheit wurde eine Form des Outsourcings besonders publik, das *Offshoring*. Darunter versteht man eine Verlagerung von Leistungserstellungen und damit von Arbeitsplätzen aus Industrieländern in entfernte Niedriglohnländer (LCC = Low Cost Countries), bevorzugt nach Asien und dort insbesondere nach Indien und China. Offshoring-Lösungen bergen besondere Risiken, nicht nur aufgrund kultureller Unterschiede und Abstimmprozeduren über weite Entfernungen hinweg. In bestimmten Regionen von Niedriglohnländern, z. B. in den Küstenregionen asiatischer Länder, steigen die Personalkosten und Fluktuationsraten. Die Folge ist, dass Standorte weiter ins Landesinnere verlagert werden, bei schlechterer Infrastruktur und geringer qualifiziertem Personal. Insbesondere LCC-Outsourcing unterliegt dem Risiko, dass sich die Rahmenbedingungen schneller ändern, als den Planungen und Verträgen zu Grunde gelegt wurde.

Nearshoring

Als *Nearshoring* werden Verlagerungen in die Nähe des Stammlandes bezeichnet, was für deutsche Unternehmen in der Vergangenheit bevorzugt Osteuropa war. In beiden Fällen waren niedrige Perso-

43 Vgl. z. B. Köhler-Frost, W. (Hrsg.): Outsourcing – Schlüsselfaktoren zur Kundenzufriedenheit, 5. Auflage. Berlin: Erich Schmidt Verlage, 2005. Specht, D. (Hrsg.): Insourcing, Outsourcing, Offshoring. Wiesbaden: Gabler Verlag, 2007.

nalkosten und Sozialstandards sowie Steuervorteile vermutlich die häufigsten Beweggründe. Die am häufigsten genannten Risiken sind die Fähigkeit der Lieferanten, mit Notfallsituationen umzugehen, sowie die Entwicklung der Logistikkosten.

Als Alternative zum Outsourcing werden in indirekten Bereichen und in Verwaltungen auch *Shared Service Center* gebildet. Von Shared Services spricht man, wenn durch internes Outsourcing gleichartige Funktionen oder Prozesse in einer zentralen Organisationseinheit gebündelt werden, auf die alle Bereiche zugreifen können.[44]

Shared Services

3.3.2 Formen des Outsourcings

Outsourcing kann unternehmensintern und unternehmensextern erfolgen. In beiden Fällen können *Assets*[45] und/oder Personal übertragen werden[46]. Daraus entstehen arbeitsrechtliche Konsequenzen sowie ggf. die Notwendigkeit, nicht mehr benötigte Assets und Flächen auszugliedern.

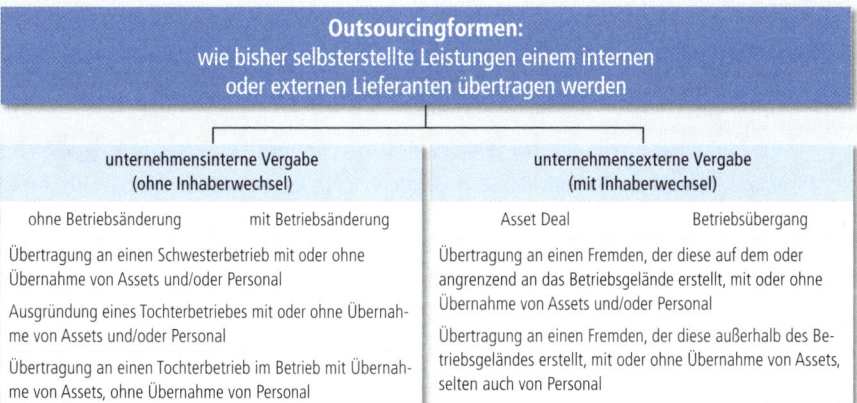

Abbildung IV-25   Outsourcing-Formen

Die verbreitetsten Formen des Outsourcings[47] sind (vgl. Abbildung IV-25):

1. Unternehmensinternes Outsourcing – ohne Inhaberwechsel
   * Schwesterbetrieb: Eine Leistung wird an einen anderen Betrieb des Unternehmens vergeben, der diese mit vorhandenen Mitarbeitern und Betriebsmitteln erstellt.
   * Tochterbetrieb: Es wird ein Betrieb ausgegründet, in dem die zu vergebende Leistung erstellt wird. Auf diesen können Assets übertragen und Mitarbeiter übernommen werden oder nicht.[48]

---

44 Beispiele mehr oder weniger gelungener Shared-Service-Versuche sind die Funktionen Archiv und Dokumentation, Büromaterial, Fuhrpark, Reisemanagement, Dolmetschen.

45 Als Assets werden materielle (z.B. Maschinen, Werkzeuge, Vorrichtungen, Prüfmittel, Transportmittel) und immaterielle Wirtschaftsgüter (z.B. Rechte, Organisationselemente, Teile des Produktionssystems) bezeichnet.

46 Vgl. Crone, A.; Werner, H. (Hrsg.): Handbuch modernes Sanierungsmanagement. München: Franz Vahlen, 2007, S. 214 ff.

47 Auf Spezifika, wie z.B. Outtasking (die Prozesskontrolle und Vermögenswerte werden nicht übertragen) oder End-of-Life-Produktion (kurz vor EOP werden Auslaufproduktionen übertragen), gehen wir hier nicht ein. Ebenso nicht auf Outsourcing über Joint Ventures, also Gemeinschaftsunternehmen.

48 Vgl. Balze, W.; Rebel, W.; Schuck, P.: Outsourcing und arbeitsrechtliche Restrukturierung des Unternehmens, 2. Auflage. Heidelberg u.a.: C. F. Müller, 2007, S. 11 ff.

- Betrieb im Betrieb: Es wird ein »Betrieb im Betrieb« gegründet, der im Allgemeinen keinen oder anderen tarifvertraglichen Regelungen unterliegt. Auf diesen können Assets übertragen und Mitarbeiter übernommen werden oder nicht.

2. Unternehmensexternes Outsourcing – mit Inhaberwechsel

- Räumliche Nähe: Eine Leistung wird durch den Auftraggeber an einen fremden Lieferanten vergeben, was über einen bloßen *Asset Deal*[49] oder über einen Betriebsübergang erfolgen kann. Dieser erstellt sie auf dem Gelände des Auftraggeber-Unternehmens oder direkt an dieses angrenzend. In der Automobilindustrie werden diese als Modul-Center bezeichnet.[50]

- Räumliche Ferne: Eine Leistung wird durch einen Auftraggeber an einen fremden Lieferanten vergeben, der sie räumlich entfernt vom vergebenden Unternehmen erstellt und anliefern muss.

Betriebsänderung

Beim unternehmensinternen Outsourcing, dem Inhouse-Outsourcing ohne Wechsel des/der Gesellschafter(s), liegt kein Betriebsübergang vor. Aber es kann sich um eine *Betriebsänderung* im Sinne von § 111 BetrVG handeln.[51] Deren Merkmale sind:

1. Der Betrieb oder wesentliche Betriebsteile werden eingeschränkt, stillgelegt oder verlegt.
2. Der Betrieb oder wesentliche Betriebsteile werden mit anderen Betrieben zusammengeschlossen oder Betriebe werden aufgespalten.
3. Die Betriebsorganisation, die Arbeitsmethoden, die Fertigungsverfahren, der Betriebszweck oder die Betriebsanlagen werden grundlegend geändert.

Bei unternehmensinternem Outsourcing ist der Betriebsrat so frühzeitig zu unterrichten, dass er noch die Möglichkeit hat, auf die Planung Einfluss zu nehmen. In Unternehmen mit mehr als 100 Arbeitnehmern ist nach § 106 BetrVG der Wirtschaftsausschuss zu unterrichten bzw. mit diesem zu beraten. Wird für das Outsourcing-Vorhaben entschieden, müssen Arbeitgeber und Betriebsrat, sofern es dabei möglicherweise zu wesentlichen Nachteilen für einen erheblichen Teil der Belegschaft kommt, zu einer Einigung über einen Interessenausgleich zur bevorstehenden Betriebsänderung kommen. Gelingt das nicht, kann eine Einigungsstelle angerufen werden, in welcher der Interessenausgleich allerdings nicht erzwingbar ist.[52]

Betriebsübergang, Voraussetzungen

Beim unternehmensexternen Outsourcing kann es sich um einen *Betriebsübergang* im Sinne von § 613a BGB, genauer um einen Teilbetriebsübergang, handeln. Die Voraussetzungen für einen Teilbetriebsübergang sind, dass

1. als Folge eines Inhaberwechsels ein neuer Betriebsteil in Form einer »auf Dauer angelegten wirtschaftlichen Einheit« entsteht,
2. die materiellen Vermögenswerte (Assets) übernommen werden,
3. die Hauptbelegschaft übernommen wird,
4. die Kundschaft (für das Endprodukt) übernommen wird.

---

49 Bei einem Asset Deal handelt es sich um einen Unternehmenskauf, bei dem nur als vorteilhaft erachtete Wirtschaftsgüter (z. B. durch den Outsourcing-Nehmer verwendbare Betriebsmittel) erworben werden. Der Verkäufer haftet für Mängel, so dass er sich gut überlegen muss, ob er nicht mehr neuwertige Betriebsmittel in ein solches Geschäft einbringen sollte. Das Gegenstück zum Asset Deal ist der sogenannte Share Deal, ein Kauf von Anteilen.

50 OEM = Original Equipment Manufacturer (Erstausrüster) ist eine gebräuchliche Bezeichnung für Automobilhersteller.

51 Wie den angeführten Merkmalen zu entnehmen, kann der Passus der Betriebsänderung auch dann wirken, wenn den betroffenen Beschäftigten nach dem Outsourcing gleichwertige Arbeitsplätze zugewiesen werden.

52 Von Betriebsänderung betroffene Arbeitnehmer haben allerdings nach § 113 BetrVG Anspruch auf Zahlung von Abfindungen durch den Arbeitgeber, den sogenannten Nachteilsausgleich.

Trifft das nicht zu, handelt es sich um keinen Teilbetriebsübergang, sondern um eine Funktionsnachfolge. Bei einem Asset Deal werden also die Voraussetzungen für einen Betriebsübergang nach § 613 BGB nicht erfüllt, weil die Hauptbelegschaft nicht übernommen wird. Nur bei einem Betriebsübergang gehen auch die Arbeitsverhältnisse auf den neuen Arbeitgeber über, d. h. dieser tritt zunächst in die Rechte und Pflichten des vorherigen Arbeitgebers ein. Betriebsvereinbarungen gehen in ihrer kollektiven Wirkung nicht auf den Erwerber über, werden aber nach § 613a Absatz 1 Satz 1 BGB Bestandteil der Einzel-Arbeitsverträge. Nach Satz 2 dieser Rechtsvorschrift sind sie nach einem Jahr durch Änderungskündigungen im Sinne von § 2 KSchG aufzuheben.

Diese Ausführungen sollen zeigen, dass in einer frühen Phase von Outsourcing-Planungen die Outsourcing-Form zu bestimmen und die daraus folgenden arbeitsrechtlichen Konsequenzen zu analysieren sind. Werden diese erst im weiteren Verlauf thematisiert, können eigentlich vermeidbare Kosten und Konflikte mit den Mitarbeitern und dem Betriebsrat entstehen.

Die beiden Formen unternehmensexternen Outsourcings lassen sich nach dem Leistungsumfang einem bipolaren Kontinuum zuordnen. Die beiden für die Pole stehenden Prinzipien werden als *verlängerte Werkbank* und als *Betreiberprinzip*[53] bezeichnet.

Verlängerte Werkbank vs. Betreiberprinzip

1. Als verlängerte Werkbank fungieren im idealtypischen Fall Lieferanten, die nur Fertigungsaufgaben (Lohnfertigung) im Rahmen eng gesteckter Vorgaben und keine darüber hinausgehenden Unterstützungsleistungen übernehmen.
2. Dem idealtypischen Betreiberprinzip liegt die Vorstellung einer langfristigen, engen Kooperation zwischen Auftraggeber und Lieferant sowie eine Lieferantenrolle als Problemlöser seines Kunden zu Grunde. Der Lieferant wird in den Wertschöpfungsprozess des Auftraggebers integriert und übernimmt auch die (Weiter-)Entwicklung des von ihm gefertigten Produkts, in Kooperation mit dem Auftraggeber. Für die Produktion übernimmt er ggf. alle Risiken (z. B. auch Investitionen), so dass der Auftraggeber die vergebene Leistung wirklich »los ist«. Je weitgehender man dem Betreiberprinzip folgt, desto langfristiger muss die Kooperation angelegt sein und desto sorgfältiger sind die rechtlichen Rahmenbedingungen festzulegen[54].

In der Realität findet man neben diesen beiden Prinzipien Zwischenformen, die sich mehr oder weniger an einem der beiden Idealtypen orientieren. In den beiden folgenden Abschnitten werden das Outsourcing und Insourcing von Produktionsaufgaben behandelt. Dabei wird den jeweiligen Spezifika Rechnung getragen:

- Bei Outsourcing-Vorhaben sind deren vertragliche Gestaltung und nicht die technisch-organisatorische Komponente das Hauptproblem des Auftraggebers.
- Bei Insourcing-Vorhaben sind nicht die vertraglichen, sondern die technisch-organisatorischen Aspekte – das Eingliederungs-Projekt – das Hauptproblem.

Deshalb wird beim Outsourcing der Vertragsrahmen und beim Insourcing die technisch-organisatorische Seite dieser Vorhaben erläutert.

---

53 Diese Unterscheidung hat nichts mit der Frage zu tun, ob es sich dabei um einen Tier-One-Lieferanten (Systemlieferanten) oder einen Second- oder Third-Tier-Lieferanten handelt
54 Darin sind neben der Laufzeit z. B. das Prozedere der Laufzeitverlängerung (z. B. mit oder ohne Neuausschreibung), ein Service Level Agreement (Qualitäts- und Quantitätsvereinbarung) sowie datenschutzrechtliche Aspekte zu regeln. Es wird zwar üblicherweise die abgenommene Produktionsmenge bezahlt. Da der Lieferant jedoch Auslastungsrisiken zu tragen hat und seine Preisbildung auf Annahmen zu Abrufmengen basiert, ist auch das Prozedere bei Absatzeinbrüchen zu regeln.

3.3.3 Outsourcing von Produktionsaufgaben

Schritte zur
Fremdvergabe

Beim Outsourcing sollte dem technisch-organisatorischen Impuls schnell die Beschreibung des rechtlichen Rahmens und die Beurteilung der potenziellen Lieferanten folgen, um die Risiken zu präzisieren und keinen technischen Lösungsideen nachzugehen, für die man keinen auch aus juristischer Sicht akzeptablen Partner findet. Nachfolgend werden die fünf Schritte zur Fremdvergabe von Produktionsaufgaben beschrieben:

1. Outsourcing-Form festlegen,
2. Arbeitsrechtliche Konsequenzen darlegen,
3. Outsourcing-Vertrag entwerfen,
4. Lieferantenfähigkeit auditieren,
5. Outsourcing-Projekt genehmigungsfähig planen.

Präferiert man bei der Outsourcing-Form eine unternehmensexterne Lösung, ist zuerst zu klären, was man mit der Auftragsvergabe noch übertragen will. In vielen Fällen wird man um die Übertragung von Assets nicht umhinkommen. Diese sind festzulegen, und dabei ist mit potenziellen Lieferanten abzuklären, inwieweit das zweckmäßig oder erforderlich ist. Hier sind bereits erste Einschätzungen zu deren *Lieferfähigkeit* (Supply Capability) zu gewinnen, d.h., ob man ihnen zutraut, die zu übertragenden Aufgaben und Verantwortungen qualitativ und quantitativ zu erfüllen. Sollte das nicht der Fall sein, kann man sie frühzeitig aus dem weiteren Prozess ausschließen.

Ist festgelegt, inwieweit es zu einem Asset Deal kommen wird, sind die im vorhergehenden Abschnitt erläuterten arbeitsrechtlichen Konsequenzen darzulegen. Spätestens jetzt ist der Betriebsrat zu involvieren. Nun lassen sich die wichtigen Sachverhalte so weit zu einem Entwurf des Outsourcing-Vertrages zusammenfassen, dass eine Verhandlungsbasis mit potenziellen Lieferanten entsteht. Liegt dieser Entwurf vor, kann man die Lieferfähigkeit des/der potenziellen Lieferanten auditieren. In der Wahl des »richtigen«, nicht zwingend des preisgünstigsten Lieferanten liegt das größte Risiko des Outsourcings. Erst nach der Vorauswahl des/der Lieferanten ist ein genehmigungsfähiges, diesen Risiken gerecht werdendes Projekt[55] zu planen.

Outsourcing-Verträge

Das Entwickeln von Outsourcing-Verträgen[56] ist zwar nicht Sache des Industrial Engineering, doch muss dort bekannt sein, welche Sachverhalte vertraglich zu regeln sind. Dazu hat das IE der Rechtsabteilung oder dem juristischen Berater die in den Vertrag aufzunehmenden technisch-organisatorischen Fakten zu liefern. Andere Bereiche, z.B. Personalwesen, Qualitätsmanagement, Product Engineering oder IT-Management sind ebenfalls einzubeziehen. Outsourcing-Vorhaben können relativ komplexe Vorhaben sein, deren Management häufig dem Industrial Engineering übertragen wird.

Erst nach Vorliegen eines Vertragsentwurfs können die Auditierung der Lieferantenfähigkeit und die methodische Projektplanung beginnen. Dabei geht es weniger um den Entwurf als um die Umsetzung einer Lösung. Bei Outsourcing-Vorhaben dominiert also, anders als bei Insourcing-Projekten, der Rechtsrahmen der Leistungsvergabe. Der Umfang technisch-organisatorischer Aspekte macht meist nur einen Teil dessen aus, was bei Insourcing-Vorhaben anfällt. Gegenüber Insourcing-Vorhaben

- entfallen z.B. die Themen Layout, Energieversorgung, Arbeitsgestaltung, Werkstattmanagement, IT-Einbindung oder Qualifizierungen;
- fallen als wichtige Arbeitspakete die Prüfung auf Betriebsübergänge oder Betriebsänderungen an sowie das Ausgliedern ggf. nicht mehr benötigter Betriebsmittel und Flächen. Letztere sind fallspe-

---

55 Vgl. Teil II, Abschnitt 9.3. Dort wird beschrieben, wie ein Projektantrag zu formulieren ist.
56 Vgl. z.B. Kotthoff, J.; Gabel, D.: Outsourcing (mit Betriebsübergang). München: Beck Verlag, 2009.

zifisch und fallen nicht in die Zuständigkeit des Industrial Engineering. Deshalb gehen wir darauf nicht näher ein.

Bei vielen Outsourcing-Verträgen sind folgende Aspekte[57] zu regeln: Aspekte

1. Technisch-organisatorische Sphäre
   - Zu übernehmende Aufgaben, inklusive Notfallkonzepte und Anlieferung
   - Zu übernehmende Assets
   - Änderungen an Prozessen und dem Produkt
   - Wartungs- und Instandhaltungsverpflichtungen
   - Anzuwendendes Qualitätsmanagement, Qualitätsstandards und -level
   - Standard-Kommunikationsmittel und Berichtswesen
   - Arbeitssprache (z. B. Englisch)
2. Personale Sphäre
   - Übernahme der gesamten oder von Teilen der vorhandenen Prozessorganisation
   - Übernahme der Mitarbeiter (Fall des Betriebsübergangs)
   - Besetzung mit operativem Personal und Managementpersonal, wenn kein Betriebsübergang erfolgt
   - Einsatz von Freelancern und Beratern
3. Haftungen, Gebote und Verbote, Vertragsbeendigung
   - Produktionshaftungen (Produkthaftung und Lieferabrisse)
   - Haftungen zu Frachten und Lagerungen
   - Zugänglichkeit des beauftragten Prozesses für Dritte
   - Unterlassungen, Geheimhaltung und Konkurrenzverbote
   - Nutzung von übertragenem Know-how bei anderen Gelegenheiten und Umgang mit gemeinsam erworbenem Know-how
   - Ordentliche und außerordentliche Vertragsbeendigung
   - Abwicklung der Vertragsbeendigung
   - Vertragsverlängerung.

Die Vertragsinhalte sind die Grundlage für eine Auditierung der Lieferfähigkeit potenzieller Lieferanten, d. h. es ist zu prüfen, ob der potenzielle Lieferant die im Vertrag festgelegten Verpflichtungen erfüllen kann. Welche Kriterien darüber hinaus noch relevant sein können, hängt davon ab, inwieweit man einen potenziellen Lieferanten kennt und aufgrund von Erfahrungen einschätzen kann. Verfügt man über keine Kenntnisse, sollte man sich mindestens zu drei Bereichen durch Inaugenscheinnahme und Interviews Sicherheit verschaffen: Auditierung der Lieferfähigkeit

1. Managementfähigkeit,
2. Wirksamkeit des Produktivitätsmanagement-Systems,
3. Wirksamkeit des Personalmanagements.

Zur Managementfähigkeit sollte man sich dafür interessieren, wie das Werkstattmanagement und das Anlaufmanagement geregelt sind. Beim Werkstattmanagement (vgl. Kapitel 2) muss erkennbar sein, dass die Werkstattmanager ihre Aufgaben (vgl. Abschnitt 2.4.3) überzeugend erfüllen, angemessene Leitungsspannen haben und Managementinstrumente (vgl. Abschnitt 2.6) systematisch einsetzen. Beim Anlaufmanagement (vgl. Abschnitt 3.2) kommt es darauf an, dass es methodisch betrieben wird. Ansonsten ist zu befürchten, dass der Outsourcing-Vertrag später bereits im Anlauf nicht erfüllt wird. Managementfähigkeit

---

57 Diese Aspekte sollen nur verdeutlichen, wie komplex solche vertraglichen Regelungen sind. Es kann also kein Anspruch auf Vollständigkeit erhoben werden. Beim Outsourcing von Dienstleistungen sind zudem hier nicht angeführte Aspekte relevant und einige der hier angeführten sind dort irrelevant.

Beim Produktivitätsmanagement sollte man prüfen, ob dazu Regelungen existieren und ein Regelkreis (vgl. Teil I, Abschnitt 2.4.6) praktiziert wird. Ferner sind auf aktuellem Stand befindliche Arbeitspläne, umgesetzte FMEA-Erkenntnisse, ein Prüfmanagement, das die operativen Mitarbeiter einbezieht und ein wirksames Verbesserungsmanagement Indizien für System-Wirksamkeiten.

Die Wirksamkeit des Personalmanagements prägt sich z. B. darin aus, dass nicht nur Qualifizierungsmatrizen aushängen, sondern angewandt werden, kein zu hoher Anteil an Leihkräften vorhanden ist, Stellvertretungen funktionieren und man in der Lage ist, Arbeitsspitzen zu begegnen.

Insbesondere bei Offshoring-Vorhaben stellen Unternehmen häufig fest, dass diese auch in entwickelten Regionen, z. B. den Südstaaten der USA, ohne Abstellen eigener Ressourcen nicht zu realisieren sind. Derartige Erkenntnisse mögen manchem ungelegen sein. Stellen sie sich aber später unerwartet ein, führt ein dann eventuell notwendiges Backsourcing zu wirklichem Verdruss.

3.3.4 Insourcing von Produktionsaufgaben

Insourcing ist in Bezug auf vertragliche Regelungen weniger aufwändig, in Bezug auf technisch-organisatorische Aspekte aber viel aufwändiger als das Outsourcing. Dort ist dafür Sorge zu tragen, dass es »mit dem Lieferanten läuft«, beim Insourcing dafür, dass »man es selbst zum Laufen bekommt«. Abbildung IV-24 ist zu entnehmen, was die häufigsten Gründe für das Entstehen von Insourcing-Vorhaben sind bzw. was man sich davon verspricht.

Bevor *Insourcing-Projekte* detailliert geplant werden, sollte man klären, ob die wichtigsten Voraussetzungen zu erfüllen sind:

1. Produktionsfläche: Ist die vermutlich benötigte Fläche vorhanden und erscheint eine Integration in die vorhandenen Wertströme unter vertretbarem Aufwand möglich?
2. Personal: Ist die benötigte Anzahl Personen mit der notwendigen Qualifikation vorhanden oder wäre sie leicht zu gewinnen?
3. Betriebsmittel: Sind freie Kapazitäten vorhanden oder maximal mit geringen Investitionen zu gewinnen? Entstehen als Folge des Insourcing Engpässe oder generell andere Schichtregime?
4. Management: Ist das Werkstattmanagement in der Lage, die mit dem Insourcing verbundenen fachlichen Anforderungen zu erfüllen?
5. Synergetische Effekte: Ist offensichtlich, dass Synergieeffekte aus dem Insourcing wirklich entstehen werden, falls das ein wesentlicher Beweggrund war?

Diese Fragen zeigen, dass man bei Insourcing-Vorhaben in einer frühen Phase mit Vertretern z. B. der Fachbereiche Industrial Engineering, Fabrikplanung, IT, Qualitätsmanagement, Personalwesen, Instandhaltung und Werkstattmanagement Workshops durchführen muss, um dazu und zu einer Reihe fallspezifischer Fragen qualifizierte Antworten zu finden. Erst wenn sich hier zeigt, dass die wichtigsten Voraussetzungen zu erfüllen sind, wird man sich mit der detaillierten Planung befassen. Dazu gelten zum organisatorischen Aspekt die Grundsätze des Projektmanagements, die in Teil II, Kapitel 9 erläutert sind. Zu den fachlichen Aspekten gelten die im Teil III in den Kapiteln 5 und 6 erläuterten Planungsmethoden.

Insourcing-Vorhaben können z. B.

- die Fertigung von Teilen oder Baugruppen umfassen und darin bestehen, »nur« in sich geschlossene Produktionen in ein Werkstatt-Layout und den Materialfluss zu integrieren.
- ganze Produkte umfassen und dann darin bestehen, diese »flächendeckend« in verschiedene Produktionsbereiche zu integrieren, wovon ein erheblicher Teil der Produktion betroffen ist.

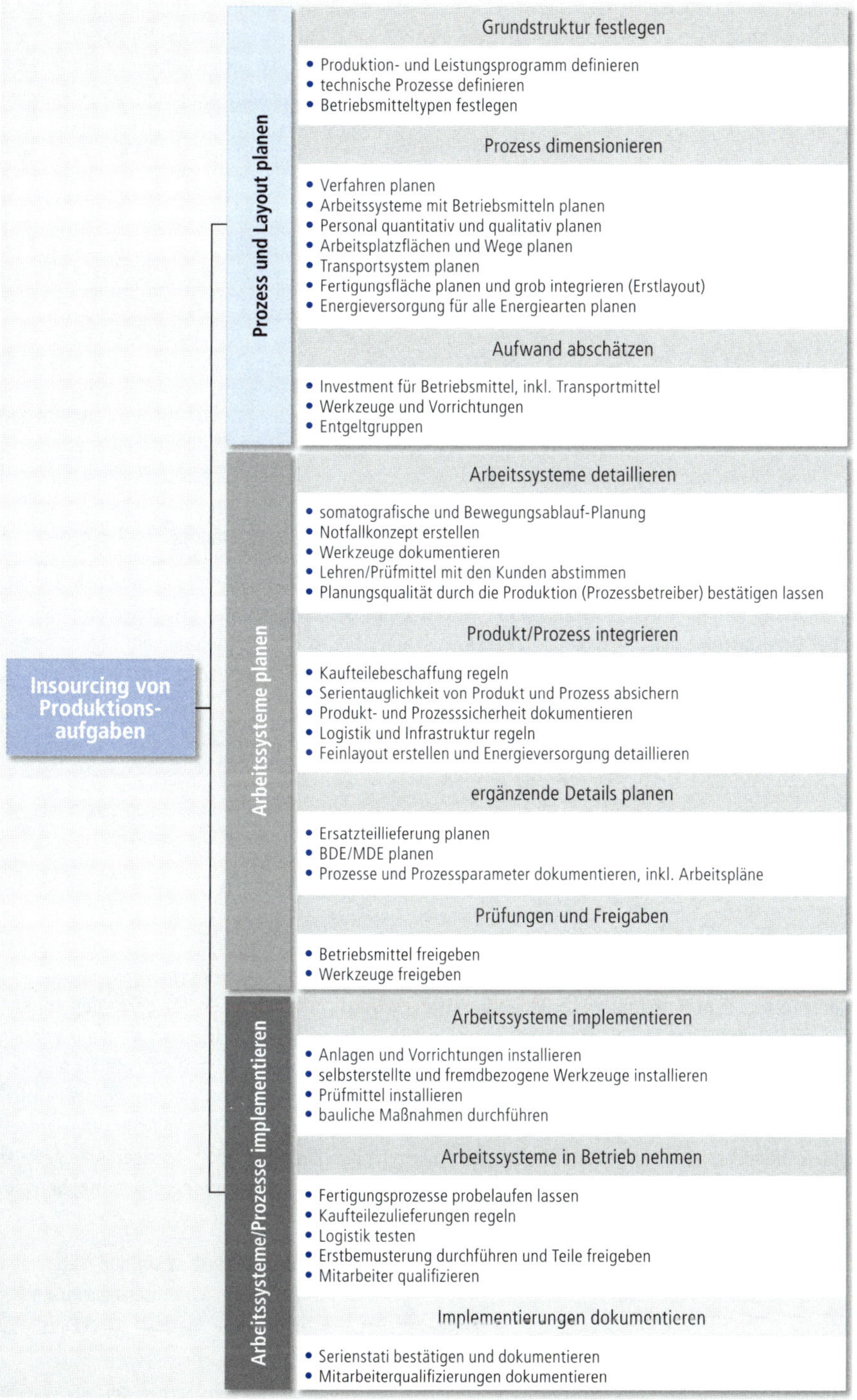

Prozess und Layout planen

Grundstruktur festlegen

- Produktion- und Leistungsprogramm definieren
- technische Prozesse definieren
- Betriebsmitteltypen festlegen

Prozess dimensionieren

- Verfahren planen
- Arbeitssysteme mit Betriebsmitteln planen
- Personal quantitativ und qualitativ planen
- Arbeitsplatzflächen und Wege planen
- Transportsystem planen
- Fertigungsfläche planen und grob integrieren (Erstlayout)
- Energieversorgung für alle Energiearten planen

Aufwand abschätzen

- Investment für Betriebsmittel, inkl. Transportmittel
- Werkzeuge und Vorrichtungen
- Entgeltgruppen

Insourcing von Produktionsaufgaben

Arbeitssysteme planen

Arbeitssysteme detaillieren

- somatografische und Bewegungsablauf-Planung
- Notfallkonzept erstellen
- Werkzeuge dokumentieren
- Lehren/Prüfmittel mit den Kunden abstimmen
- Planungsqualität durch die Produktion (Prozessbetreiber) bestätigen lassen

Produkt/Prozess integrieren

- Kaufteilebeschaffung regeln
- Serientauglichkeit von Produkt und Prozess absichern
- Produkt- und Prozesssicherheit dokumentieren
- Logistik und Infrastruktur regeln
- Feinlayout erstellen und Energieversorgung detaillieren

ergänzende Details planen

- Ersatzteillieferung planen
- BDE/MDE planen
- Prozesse und Prozessparameter dokumentieren, inkl. Arbeitspläne

Prüfungen und Freigaben

- Betriebsmittel freigeben
- Werkzeuge freigeben

Arbeitssysteme/Prozesse implementieren

Arbeitssysteme implementieren

- Anlagen und Vorrichtungen installieren
- selbsterstellte und fremdbezogene Werkzeuge installieren
- Prüfmittel installieren
- bauliche Maßnahmen durchführen

Arbeitssysteme in Betrieb nehmen

- Fertigungsprozesse probelaufen lassen
- Kaufteilezulieferungen regeln
- Logistik testen
- Erstbemusterung durchführen und Teile freigeben
- Mitarbeiter qualifizieren

Implementierungen dokumentieren

- Serienstati bestätigen und dokumentieren
- Mitarbeiterqualifizierungen dokumentieren

Abbildung IV-26 Beispiel für die Planung des technisch-organisatorischen Teils eines Insourcing-Vorhabens

Deshalb gibt es keinen allgemein verbindlichen Ansatz zum Durchführen von Insourcing-Vorhaben. Das Abbildung IV-26 zu entnehmende Beispiel steht für ein nicht sehr komplexes Vorhaben und soll zeigen, welche technisch-organisatorischen Aspekte bei Insourcing-Projekten relevant sind. Es zeigt ferner, dass mindestens die vorstehend angeführten Fachbereiche in derartige Projekte einzubeziehen sind.

3.4 Konzepte des Verbesserungsmanagements

3.4.1 Ideenmanagement

In den Unternehmen werden folgende Überlegungen angestellt:

1. Arbeitssysteme und Prozesse wurden in der Entstehungsphase über einen längeren Zeitraum hinweg mit professionellen Methoden und Werkzeugen geplant und sorgfältig implementiert.
2. Über die Anlaufphase hinweg verbliebene Mängel sind typischerweise solche, die am besten durch die Betreiber der Arbeitssysteme zu erkennen und abzustellen sind.
3. Für die nach SOP notwendigen Verbesserungen sind die Betreiber zuständig.

Ergebniskennzahlen Der Grundgedanke, Verbesserungsvorschläge durch Geldanreize zu generieren, besteht belegbar seit gut hundert Jahren. Ab den 1980er-Jahren wurde unter dem Einfluss von Erfolgsberichten japanischer Unternehmen das Interesse europäischer und amerikanischer Unternehmen am *Ideenmanagement* belebt. Beispielsweise sah man sich mit folgenden *Ergebniskennzahlen* konfrontiert.[58]

1. Anzahl Vorschläge p. a. und Mitarbeiter:
   * Japan: 25
   * Deutschland: 0,16.
2. Anteil realisierter Vorschläge:
   * Japan: 87 %
   * Deutschland: 39 %.
3. Dotierung je Vorschlag:
   * Japan: 5,60 DM
   * Deutschland: 932 DM.

Unter diesem Eindruck und weil sich andere Unternehmen mit diesem Thema beschäftigten, entstand ein starkes Engagement für das Ideenmanagement. Unter Ideenmanagement werden Aktionen und Programme bezeichnet, die das Ziel haben, das Ideenpotenzial der Mitarbeiter auf allen hierarchischen Ebenen in Erfindungen und Verbesserungen zu transferieren und es dadurch dem Unternehmen zunutze zu machen. Das kann sich auf den eigenen Arbeits- oder Zuständigkeitsbereich, auf andere Bereiche oder auf größere, komplexere Sachverhalte beziehen. Ein wichtiges Anliegen der Unternehmen ist, ihre Mitarbeiter zu bewegen, möglichst viele umsetzbare Ideen hervorzubringen. Es werden zwei Konzepte des Ideenmanagements angewandt:[59]

1. *Betriebliches Vorschlagswesen* (BVW): Beim Betrieblichen Vorschlagswesen können Mitarbeiter nach einem formalisierten Prozess ohne thematische Einschränkungen Verbesserungsvorschläge

---

58 Institut für Sozialforschung und Gesellschaftspolitik: Studie »Probleme des betrieblichen Vorschlagswesens unter besonderer Berücksichtigung kleiner und mittlerer Unternehmen«, 1993.
59 Ideenmanagement wird also als »Oberbegriff« für alle Arten von Erfindungen, Neuerungen oder Verbesserungen verwendet.

einreichen. Sie erhalten einen Teil der dadurch erzielten Einsparungen als Prämie ausgeschüttet. Produktivitätsverbesserungen haben beim BVW nur eine nachrangige Bedeutung.[60]

2. *Kontinuierlicher Verbesserungsprozess* (KVP): Beim Kontinuierlichen Verbesserungsprozess werden Mitarbeiter in Workshops (Werkstattzirkel) durch gelenkte Ideenfindung angeregt, im eigenen Zuständigkeitsbereich immer wieder überschaubare und durch sie selbst umsetzbare Verbesserungsvorschläge zu entwickeln. Auch dafür werden in manchen Unternehmen Erfolgsprämien ausgeschüttet.

Unternehmen, die ein systematisches Verbesserungsmanagement haben, folgen fünf Leitgedanken, die auch Bestandteil ihrer Unternehmenskultur sind.[61] In diesem »Klima« soll auch Veränderungsbereitschaft gedeihen.

1. Proaktivität: sich auf künftig notwendiges Handeln vorausschauend vorbereiten, agieren statt reagieren, sich zuerst mit dem Prozess, dann mit dem Ergebnis auseinandersetzen. Wenn das nicht überzeugt: wieder in die Prozessgestaltung »einsteigen«.
2. Sensitivität: offene interne und externe Informationsflüsse fördern, Wissensmanagement zu einer Kernkompetenz machen, konstruktive Kritik dankbar aufnehmen und Misserfolge tolerieren.
3. Ganzheitlichkeit: Prozesse und nicht isoliert die darin eingebundenen Arbeitssysteme optimieren. Erfolge im Rechenwerk des Unternehmens und nicht in Detailerfolgen ausmachen, in Ursache-Wirkungs-Beziehungen argumentieren, Beziehungsnetze nutzen.
4. Potenzialerschließung: die verfügbaren Mitarbeiter-, Lieferanten- und Kundenpotenziale nutzen und Fehlleistungen verhindern, gleichgerichtete Interessen schaffen und gemeinsam erzielten Nutzen fair teilen.
5. Profitabilität: Verschwendung vermeiden, um sich starke Marktpräsenz leisten zu können und hohen Kundennutzen zu schaffen. Unternehmen müssen das in eine angemessene Verzinsung des eingesetzten Kapitals und sicheres Wachstum umsetzen.

Die Verbesserungsphase hat eine so große Bedeutung, dass dazu bei den Absichten *des MTM-Produktivitätsmanagements* (vgl. Teil I, Abschnitt 3.5) die Absicht »Bestmögliche Ergebnisquoten beim KVP« ausgewiesen wird. Beim Regelkreis des Werkstattmanagements (vgl. Abbildung IV-13) sind zwei Reaktionen auf Soll-Ist-Abweichungen vorgesehen:

- problemadäquate Personalentwicklung und
- gezieltes Verbesserungsmanagement.

Die Bedeutung dieser beiden Stellschrauben des Produktivitätsmanagements zeigt sich auch darin, dass sie im Produktionssystem standardisiert sind und als Absichten des MTM-Produktivitätsmanagements ausgewiesen werden.

Das Initiieren von Verbesserungen aufgrund von Soll-Ist-Abweichungen gehört zu den elementaren Managementaufgaben. Darüber hinaus besteht für diesen Personenkreis aber auch die Verpflichtung Verbesserungen anzuregen, um Arbeitssysteme und Prozesse in ihrem Zuständigkeitsbereich permanent zu verbessern. Die Notwendigkeit permanenter Verbesserungen ergibt sich aus vier Sachverhalten.

Notwendigkeit permanenter Verbesserungen

1. Trotz präventiven Vorgehens in den beiden ersten PEP-Phasen und gekonntem Anlaufmanagement verbleiben Mängel oder stellen sich im Zeitverlauf ein.

---

60 Vgl. Jentgens, B.; Kamp, L.: Betriebliches Vorschlagswesen. Analyse und Handlungsempfehlungen. Frankfurt: Bund-Verlag, 2004, S. 22.
61 Vgl. z. B. auch Bösenberg, D.; Metzen, H.: Lean Management. Vorsprung durch schlanke Konzepte, 2. Auflage. Landsberg: Moderne Industrie, 1993, S. 40 f.

2. Produktlebenszyklen werden kürzer und Markteintrittsgeschwindigkeiten (Time to Market) höher. Deshalb sind auch bei perfekter Planung nach SOP noch Verbesserungen notwendig.

3. Kunden, die selbst unter Verbesserungsdruck stehen, üben diesen auch auf ihre Lieferanten aus, woraus ein dauerhaftes »Saving-Begehren« entsteht.

4. Die Umwelt von Unternehmen ändert sich in den meisten Branchen nicht in großen Schüben, sondern permanent und scheibchenweise, primär aufgrund von Wettbewerberaktivitäten und Änderungen in den Absatzmärkten. Deshalb müssen sich Unternehmen diesem Veränderungsdruck stellen und ihn als gegeben akzeptieren.

3.4.2 Voraussetzungen für erfolgreiches Ideenmanagement

Notwendige Voraussetzungen

Die notwendigen Voraussetzungen für ein erfolgreiches Ideenmanagement sind sowohl für das BVW als auch für den KVP:

1. der deutlich erkennbare Wille des mittleren und oberen Managements, alle potenziellen Ideenproduzenten zum Entwickeln von Ideen zu ermächtigen und

2. dazu die notwendigen Ressourcen und Freiräume zu gewähren sowie umsetzbare Ergebnisse schnellstmöglich zu realisieren.[62]

3. Mit anderen Worten: Es muss für jeden erkennbar sein, dass Ideen erwünscht sind und belohnt[63] werden.

Notwendig ist auch eine, nicht von heute auf morgen entstehende, Unternehmenskultur, in der Vorschläge von Mitarbeitern ausdrücklich erwünscht sind, Wissensmanagement thematisiert wird, Ideenproduzenten wirksam unterstützt werden und öffentlich Anerkennung erhalten.

Hinreichende Erfolgsvoraussetzungen

Die erste hinreichende Erfolgsvoraussetzung ist eine konstruktive Mitwirkung des Betriebsrates, auch dann, wenn keine mitbestimmungspflichtigen Sachverhalte berührt sind. Veränderungen rufen bei den meisten Beteiligten und Betroffenen Ängste hervor. Diese sind oft schwer zu rationalisieren, umso mehr, je weniger der Betriebsrat unterstützende Voten beisteuert. Daneben helfen Informationen durch das obere Management und die Vorgesetzten über das, was man vom Einzelnen erwartet, um Vorurteile und Ängste abzubauen.

Die zweite hinreichende Erfolgsvoraussetzung ist, dass klare Ziele gesetzt, Aufgaben und Schwerpunkte genannt werden (z. B. Ausschuss reduzieren, kürzere Lieferfristen erreichen, klare Zuständigkeiten bei Notfall-Eskalationen), aber auch Nichterstrebtes verdeutlicht wird (z . B. Senkung der Entgeltgruppen).

Die dritte hinreichende Erfolgsvoraussetzung ist die prompte Reaktion des Managements. Auf eingegangene Vorschläge ist schnellstmöglich zu reagieren. Ausbleibende oder schleppende Reaktionen oder Umsetzungen lassen die Teilnahmebereitschaft der Mitarbeiter rasch erlahmen. Auf Ideen ist zudem stets positiv zu reagieren, vor allem durch Vorgesetzte. Wenn Umsetzungen nicht möglich sind, ist das den Mitarbeitern nachvollziehbar zu begründen.

Visualisierung von Ergebniskennzahlen

Erfolgreiches Ideenmanagement, gleichgültig ob im Rahmen des BVW oder des KVP, bedingt den ständigen Einsatz des Managements und dauernde Regelkommunikation. Ansonsten kommt es zu keinen oder nur zu wenigen umsetzbaren Ergebnissen, und das Verbesserungsmanagement wird

---

62 Vgl. z. B. Schat, H.-D.: Ideenmanagement in einem kleinen Produktionsbetrieb – Erfolgreiche Umsetzung eines unbürokratischen Ansatzes. In: angewandte Arbeitswissenschaft, Nr. 196 (2008), S. 20–31.

63 Beim Begriff »Belohnung« denken wir zwar zuerst an monetäre Belohnungen. Fast gleich wichtig sind aber auch andere Belohnungsformen wie Anerkennung, Möglichkeit der Weiterqualifizierung oder Übertragung verantwortungsvollerer Aufgaben.

irgendwann aufgegeben. Deshalb hat die Publikation oder Visualisierung von *Ergebniskennzahlen* große Bedeutung. Das kann, je nach Größe des Unternehmens, an zentraler Stelle oder dezentral erfolgen. Die gebräuchlichsten Ergebniskennzahlen sind:

- Beteiligungsquote: Anzahl Vorschläge pro Mitarbeiter und Jahr.
- Annahmequote: Anteil der angenommenen Vorschläge an den vorgelegten Vorschlägen.
- Umsetzungsquote: Anteil der umgesetzten Vorschläge an den angenommenen Vorschlägen.
- Mittlere Umsetzungsdauer: mittlerer Zeitraum »Einreichung bis Umsetzung«.
- Einsparungsquoten: Einsparung pro Mitarbeiter und Einsparung pro Vorschlag.

Unternehmen müssen die für sie wichtigen Kennzahlen festlegen, sie ggf. in das *Produktionssystem* zum Element »Verbesserungsmanagement« einstellen. Ferner ist die sichere permanente Erfassung und das Reporting zu regeln.

3.4.3 Betriebliches Vorschlagswesen

In den meisten Unternehmen gibt es beim Betrieblichen Vorschlagswesen (BVW) keine thematischen Restriktionen. Ein Verbesserungsvorschlag wird, im Gegensatz zum KVP, auch dann aufgenommen, wenn er über den Rahmen des eigenen Aufgaben- und Verantwortungsbereichs hinausgeht (nicht »zur eigenen Arbeit gehört«. Nach § 87 Abs. I Nr. 12 BetrVG ist das Prozedere des BVW durch Betriebsvereinbarung zu regeln. Im Gegensatz zum KVP ist das BVW auch außerhalb der Produktion verbreitet.

Betriebliches
Vorschlagswesen

Ziele (Summe ausgewerteter Betriebsvereinbarungen: 269)		Vereinbarungen
1	Gesundheits-/Arbeitsschutz, Unfallverhütung, Anlagensicherheit	104
2	Steigerung der Wirtschaftlichkeit	103
3	Förderung der Zusammenarbeit	74
4	Umweltschutz, Energie	71
5	organisatorische Abläufe, Arbeitsmethoden, Verfahren	66
6	Arbeitszufriedenheit	65
7	Qualität, Fehlerreduzierung	59
8	Verbesserungen von Arbeitsbedingungen, Humanisierung	37
9	Kostensenkung	30
10	Produktionssteigerung, Produktivität	30
11	Kundenservice, Imagesteigerung	26

Abbildung IV-27 Ziele des Betrieblichen Vorschlagswesens[64]

Abbildung IV-27 ist zu entnehmen, dass Produktivitätsaspekte beim BVW kein primäres Ziel sind. Ferner ist verbreitet, auch Verbesserungen ohne Kosten- oder Ertragswirkung zu prämieren, denn nicht alle Vorschlagsziele sind monetär zu quantifizieren[65]. Während in der Literatur auch die Vergabe von Sachprämien nach dem sogenannten Cafeteria-Prinzip diskutiert wird, kommen in der Praxis fast ausschließlich Bargelddotierungen vor.

---

64 Jentgens, B.; Kamp, L.: a.a.O., 2004, S. 22.
65 Dazu gehören so wichtige Aspekte wie Schadens-, Unfall- und Risikoeliminierung oder Funktions- und Personensicherheitserhöhung.

Nach einer Umfrage des Deutschen Instituts für Betriebswirtschaft[66] wurden im Jahre 2005 bei 306 Organisationen mit ca. 2 Millionen Beschäftigten

- ca. 1,3 Millionen Verbesserungsvorschläge (ca. 0,64 Vorschläge pro Beschäftigtem[67]) eingereicht,
- dadurch ca. 1,6 Milliarden € an Einsparungen generiert und
- den Einreichern ca. 160 Millionen € an Prämien ausgeschüttet.

In den meisten Unternehmen ist das BVW in einer BVW-Richtlinie niedergelegt, auf die sich auch die Betriebsvereinbarung bezieht. Darin hat der meist nicht hauptamtlich fungierende BVW-Beauftragte, der Ideen-Manager, eine Schlüsselfunktion. An ihn werden hohe Anforderungen gestellt, denn ihm obliegt es z. B.,

- bei den Mitarbeitern für das Verbesserungswesen zu werben, es dauerhaft im Gespräch zu halten,
- Mitarbeiter beim Abfassen von Verbesserungsvorschlägen zu beraten und diese entgegen zu nehmen,
- die BVW-Kommission zu leiten und in dieser Eigenschaft auch Einsprüche zu vertreten sowie Stellungnahmen und Gutachten einzuholen.[68]

Die BVW-Kommission behandelt die eingereichten Vorschläge und entscheidet nach der BVW-Richtlinie, ob diese anzunehmen und wie sie zu honorieren sind.

3.4.4 Kontinuierlicher Verbesserungsprozess

Kontinuierlicher Verbesserungsprozess

Der *Kontinuierliche Verbesserungsprozess* (KVP) wurde erstmals in den fünfziger Jahren des vergangenen Jahrhunderts durch Deming[69] publiziert. Heute haben viele Unternehmen Werkstattzirkel oder *KVP-Teams* etabliert, in denen die Mitarbeiter beim Aufspüren von Verbesserungspotenzialen moderiert werden. Sie müssen zudem Umsetzungspläne entwickeln und die Umsetzung vornehmen, mindestens aber dabei mitwirken. Die meisten Unternehmen, bei denen das »Verbesserungsmanagement« ein Element des Produktionssystems ist, verwenden diesen Begriff synonym für KVP.

Um den KVP zu einem erfolgreichen Instrument zu machen, müssen die im Abschnitt 3.4.2 beschriebenen Voraussetzungen erfüllt sein. Der alleinige Wille des Managements, etwas zu bewegen, reicht nicht aus. Der KVP ist kein Selbstläufer, weil Menschen und Unternehmen tendenziell veränderungsresistent (strukturkonservativ) sind. Unternehmen wandeln sich nicht »von Natur aus«, sondern nur aufgrund äußerer Zwänge, also erst dann, wenn es oft schon zu spät ist. Der KVP wird deshalb auch als Mittel zur »permanenten Kulturrevolution« gesehen, weshalb er eng mit dem KAIZEN-Gedanken verbunden ist:[70]

KAIZEN

- Nicht die Verbesserung durch Innovationssprünge, sondern die in überschaubaren Schritten erfolgende Perfektionierung von Produkten und Prozessen führt zu schnellen, erlebbaren und nachhaltigen Erfolgen.
- Verbesserungen müssen prozessbezogen durch ihre Betreiber (alle Hierarchiestufen einbezogen) erfolgen, Erfolgskontrollen dagegen ergebnisbezogen.

Als Ergebnisse von KVP werden in der ersten Phase zwar »nur« Ressourcen- und Kostenersparnisse erwartet. In einer zweiten (Reife-)Phase wird aber auch die Entwicklung von Eigeninitiative und

---

66 Deutsches Institut für Betriebswirtschaft (Hrsg.): Jahresbericht. Frankfurt: dib, 2005.
67 Die Anzahl Vorschläge pro Beschäftigtem ist die verbreitetste Erfolgskennzahl beim Verbesserungsmanagement.
68 Vgl. Jentgens, B.; Kamp, L.: a. a. O., 2004, S. 40 f.
69 Vgl. Deming, W. E.: Out of the crisis. Massachusetts (USA): Massachusetts Institute of Technology, 1986.
70 Vgl. Imai, M.: a. a. O., 1998, S. 41 f.

Teamfähigkeit als Kernkompetenzen sowie die Entwicklung der Fähigkeit angestrebt, Leistungsdruck standzuhalten.

	KAIZEN-Konzept	Innovations-Konzept
Eignungsschwerpunkt	sich permanent, aber nicht abrupt ändernde Märkte, erwartete Kontinuität	sich schnell ändernde Märkte, erwartete gravierende Änderungen
zeitliche Komponente	kontinuierlich, in kleinen Schritten detaillierte Verbesserungen anstrebend	zeitlich befristet, große Fortschritte in kurzer Zeit anstrebend
Risiken	gering, auch bei Nichterfolg kaum Schaden	höher, bei Nichterfolg höherer Schaden
Effekte	dauernd, aber wenig sichtbar – auf Erhaltung und Verbesserung gerichtet	kurzfristig, aber ggf. dramatisch – auf Neubeginn gerichtet
personaler Rahmen	jeder Mitarbeiter, sich in Gruppenarbeit einfügend, nach festen Regeln arbeitend	wenige kreative Spezialisten, nach individuellen Lösungswegen arbeitend
finanzieller Rahmen	geringe Sachinvestitionen, aber erheblicher Organisationsaufwand	hohe Sachinvestitionen, aber geringer Organisationsaufwand
Erfolgserwartungen	prozessbezogener Abbau von Verschwendungen	sichtbare Auswirkungen auf Kennzahlen, z. B. EBIT, ROI, Working Capital

Abbildung IV-28   Das KAIZEN-Konzept im Kontext zum Innovationskonzept

In manchen Unternehmen werden KVP kaskadisch organisiert, wie Abbildung IV-29 zu entnehmen ist.[71] Dort wird in der ersten Ebene unterschieden zwischen den Verbesserungsbezügen »Prozess« und »Produkt«. In der zweiten Ebene wird weiter spezifiziert nach direktem Bereich, dem klassischen Anwendungsfeld von KVP, und indirektem Bereich bzw. Produkt und Lieferanten/Logistik. Dabei werden jeweils andere Personenkreise angesprochen. In der dritten Ebene wird, für den direkten Bereich dargestellt, mit Aufgabenstellungen geringerer Komplexität begonnen und schrittweise zu komplexeren Aufgabenstellungen übergegangen. Die Erfahrungen aus KVP praktizierenden Unternehmen gehen dahin, Geduld aufzubringen, die Anlaufphase nicht zu kurz zu bemessen und nicht zu früh ungeduldig auf monetär attraktive Verbesserungen zu drängen.   KVP-Kaskade

KVP-Kaskade

1. Prozessoptimierung		2. Produktoptimierung	
1.1. direkter Bereich	1.2. indirekter Bereich/ Angestelltenbereich	2.1. Produktprozess	2.2. Lieferantenmanagement, Logistik-Kette

| 1.1.1. Sehen lernen und Quick Wins | ➡ | 1.1.2. Abläufe | ➡ | 1.1.3. Gesamtprozess |

Abbildung IV-29   Beispiel für eine Kaskadierung des Verbesserungsmanagements[72]

Die Verbesserungsarbeit erfolgt in *KVP-Teams*. Diese werden nach Organisationseinheiten (Abteilungsteams) oder nach Prozessschritten (Prozessteams) gebildet. Sie werden durch Gruppensprecher oder Vorgesetzte moderiert (in der Einführungsphase der Regelfall). Als Vorzüge des Arbeitens mit KVP-Teams werden am häufigsten genannt: KVP-Teams

---

71   Volkswagen Slovakia, unveröffentlichtes Handout, 2008. Die Kaskadierung des Verbesserungsmanagements ist ein im VW-Konzern verbindliches Organisationsprinzip für den KVP.
72   Volkswagen Slovakia a. s., 2008.

- Es können hierarchie- und abteilungsübergreifende Teams gebildet und dadurch heterogenes Wissen und unterschiedliche Erfahrungen genutzt werden.
- Mitarbeiter können sich in der kommunikativen Arbeitsatmosphäre entfalten.
- Es kommt zu schnellen Umsetzungen, weil die KVP-Teams Umsetzungskompetenz und -verantwortung haben.
- Es müssen keine Prämien wie beim Verbesserungsvorschlagswesen gezahlt werden, weil Verbesserung zu einer normalen Aufgabe wird.[73]

Die mit KVP erzielten Erfolge werden in den Unternehmen unterschiedlich eingeschätzt. Skeptische Einschätzungen sind weniger darin begründet, dass das Instrument KVP nicht taugt, als dass Erfolgsvoraussetzungen nicht erfüllt wurden. Insbesondere darf das obere Management keine Zweifel aufkommen lassen, dass

- es für eine Unternehmenskultur steht, in der Mitarbeiterideen und Teamarbeit erwartet, gefördert, anerkannt und belohnt werden,
- die notwendigen Unterstützungsressourcen bereitgestellt und den Teilnehmern auch Fehler zugestanden werden,
- man die KVP-Teams qualifiziert und ihnen die Kompetenz zu schneller und autonomer Umsetzung einräumt. Schleppende Umsetzungsprozeduren lassen Engagements rasch erlahmen. Ferner würde man es dem Betriebsrat schwer machen, den Prozess positiv zu begleiten.

KVP-Arbeit sollte nicht begonnen werden, wenn Ist-Zustände mangelhaft dokumentiert sind, weil dann strittig wird, ob und in welchem Ausmaß Verbesserungen erzielt wurden, also das ganze Vorhaben zu dem führte, was man sich vorgenommen hatte. Wichtiger als das Aufzählen von Zielen und Beweggründen ist, vorab das System der Erfolgsfaktoren festzulegen. In allen Phasen des Verbesserungsmanagements wird in den Unternehmen immer wieder die Frage gestellt, ob »sich der ganze Aufwand eigentlich lohnt« oder woran die Unternehmensleitung den Erfolg des Verbesserungsmanagements ausmacht. Das gilt insbesondere für Unternehmen, bei denen es ein Element des Produktionssystems ist.

Vorgehensschema für KVP-Teams

Als Vorgehensschema für KVP-Teams wird der auf Vorschläge von Deming zurückgehende PDCA-Regelkreis propagiert.[74] Durch Vorgehen nach dem in Abbildung IV-30 dargestellten Schema soll ein revolvierender Vier-Phasen-Prozess entstehen.

Jeder der vier Buchstaben bezeichnet eine Vorgehensphase:

1. **P**lanen (Plan): Während oder nach der Arbeitszeit (dann zusätzlich bezahlt) kommen Gruppen von meist 3 bis 5 Personen in regelmäßigen Abständen zusammen (z.B. alle 14 Tage für 1½ Stunden), um Probleme zu bearbeiten.[75] Die Gruppe wird durch einen Betreuer (KVP-Moderator) oder einen Vorgesetzten moderiert und kann Spezialisten hinzuziehen. Die dokumentierten Sitzungsergebnisse gehen an die betroffenen Vorgesetzten und sind auch allen nicht beteiligten Mitarbeitern zugänglich. Folgende Aktivitäten sind zu leisten:

---

73 Diese Auffassung ist strittig. Es gibt Unternehmen, die so verfahren und andere, die erfolgreiche Verbesserungsarbeit honorieren.

74 Beim PDCA-Regelkreis wird auch darauf Rücksicht genommen, dass die Mitglieder des KVP-Teams bestenfalls über fragmentarische Kenntnisse des Industrial Engineering und des Qualitätsmanagements verfügen, sie also eine Reihe professioneller Analyse- und Gestaltungsmethoden nicht anwenden können. Eine vergleichende Übersicht zu Phasenschemata bei Verbesserungsprozessen geben Neuhaus, R.; Lennings, F.: Regelkreise für Produktionssysteme. In: IfaA (Hrsg): Produktionssysteme. Aufbau, Umsetzung, betriebliche Lösungen. Köln: Bachem, 2008, S. 37–47.

75 Es gibt auch Beispiele dafür, dass Unternehmen KVP-Teams für einen begrenzten Zweitraum vollzeitlich abstellen (sog. Task-Force-Prinzip).

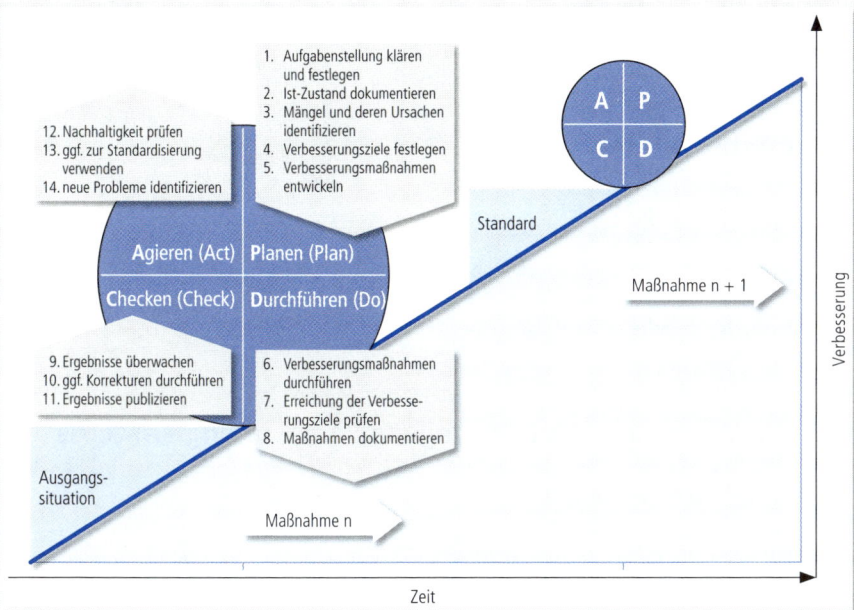

Abbildung IV-30   PDCA-Verbesserungskreislauf als Phasenschema zum Vorgehen von KVP-Teams

- Aufgabenstellung klären und festlegen,
- Ist-Zustand dokumentieren,
- Mängel und deren Ursachen identifizieren,
- Verbesserungsziele festlegen,
- Verbesserungsmaßnahmen entwickeln.

2. **D**urchführen (Do): Die Maßnahmen werden durch die Vorgesetzten initiiert und durch die Teammitglieder nach einem eigenen Zeitplan umgesetzt und dokumentiert. Aktivitäten sind:
   - Verbesserungsmaßnahmen durchführen,
   - Erreichen der Verbesserungsziele prüfen,
   - Maßnahmen dokumentieren.
3. **C**hecken (Check): Die Verbesserungsmaßnahmen werden auf ihre Zielerfüllung hin kontrolliert und bewertet. Dazu sind
   - Ergebnisse zu überwachen,
   - ggf. Nachjustagen durchzuführen und
   - Ergebnisse zu publizieren.
4. **A**gieren (Act): Aufgrund unbefriedigender Check-Ergebnisse werden ggf. Korrekturen eingeleitet. Bei befriedigenden Check-Ergebnissen wird geprüft, ob der erreichte Zustand als Standard zu verwenden ist (Nachhaltigkeitssicherung).[76] Für den Moderator des KVP-Teams stellt sich die Frage, welche Folgeverbesserungen man aufgrund der erzielten Ergebnisse erwägen sollte.

---

76 In diesem Fall würde man den gesamten Verbesserungsvorschlag dem für das Produktionssystem Verantwortlichen übergeben, der über die Aufnahme zu entscheiden hätte.

8-D-Report

In der Automobil- und Automobilzulieferindustrie ist der *8-D-Report* verbreitet, insbesondere bei Qualitätsfragen, z.B. bei Kundenreklamationen. Dabei handelt es sich um ein formalisiertes Vorgehenskonzept in acht Schritten:[77]

1. Schritt: Team formieren
2. Schritt: Problem beschreiben
3. Schritt: Sofortmaßnahmen, Messsystem prüfen
4. Schritt: Mögliche Ursachen sammeln
5. Schritt: Tatsächliche Ursachen ermitteln
6. Schritt: Abstellmaßnahmen entwickeln und umsetzen
7. Schritt: Erfolg würdigen
8. Schritt: Erfolgskontrolle

3.5 Verschwendungsartenbezogene Verbesserungskonzepte

3.5.1 Der Verschwendungsbegriff

Wertschöpfungsbegriff

Im Teil I, Abschnitt 2.5.2 wurde der Wertschöpfungsbegriff eingeführt und Prozesse wurden danach unterschieden, ob sie

* wertschöpfend in dem Sinne sind, dass ein vom Kunden bewusst honoriertes Arbeitsergebnis entsteht, ein Arbeitsfortschritt im Sinne der Arbeitsaufgabe erzielt wird oder
* Verschwendung repräsentieren in dem Sinne, dass kein vom Kunden bewusst honoriertes Arbeitsergebnis entsteht.

In den japanischen Quellen wird Verschwendung unterschieden nach

1. Muda, das ist Verschwendung im engeren Sinne (z.B. Wartezeiten, überflüssige Transporte),
2. Mura, was für Unausgeglichenheit steht (unabgestimmte Kapazitäten) und
3. Muri, was für Überlastung steht (Überbeanspruchung von Menschen oder Betriebsmitteln).

Verschwendungsbegriff

In der Folge werden alle drei Aspekte unter dem Verschwendungsbegriff subsumiert. In Teil I, Abschnitt 2.5.2 wurden unter dem Begriff der Wertschöpfung vier Arten von Handlungen oder Operationen unterschieden:

1. Sofort eliminierbare *Verschwendung*: Es entsteht keine Wertschöpfung, was stets als Verschwendung angesehen wird.
2. Betriebsmittelbedingter *Wertschöpfungsausfall*: Es entsteht zwar keine Wertschöpfung, diese Handlungen oder Operationen sind derzeit aber technisch unumgänglich.
3. Sonstiger unabwendbarer Wertschöpfungsausfall: Es entsteht zwar keine Wertschöpfung, diese Handlungen oder Operationen sind derzeit aber prozessual unumgänglich.
4. Wertschöpfung im engeren Sinne: Es entsteht ohne Wenn und Aber Wertschöpfung.

Verbesserungsprogramme sollte man nur dann durchführen, wenn auf dokumentierte und standardisierte Prozesse zurückzugreifen und zu erkennen ist, ob man überhaupt etwas zum Besseren bewegt oder lediglich etwas verändert hat.

Verbesserungsmaßnahmen im Rahmen der Prozessoptimierung (vgl. Abbildung IV-29) zielen auf die sofort eliminierbare Verschwendung. Diese Verschwendungen können im Unternehmen akzeptiert

---

77 Das standardisierte Vorgehen einschließlich Formularen und Erläuterungen kann von der Homepage des Verbandes der deutschen Automobilindustrie (www.vdaqmc.de) heruntergeladen werden.

oder unerkannt sein. So können überhöhte Materialbestände akzeptiert sein, weil man Fehlteile vermeiden oder Ausschuss kompensieren kann. Verschwendung ist nur dann durch Wertschöpfung zu ersetzen, wenn sie sichtbar ist. In den folgenden Abschnitten geht es um methodische Ansätze zum Ersatz sofort zu eliminierender Verschwendung durch Wertschöpfung.

3.5.2 Verschwendungsarten in direkten Bereichen

Seit der Verbreitung der japanischen Lean-Management-Literatur in den 1980er-Jahren werden standardisierte Verschwendungsarten, das sind Kategorien sofort zu eliminierender Verschwendung, unterschieden.[78] Überwiegend wird für den direkten Bereich zwischen sieben oder – so bei uns – acht *Verschwendungsarten* (»8 S«) unterschieden.[79]

Als *Überproduktion* wird ein Zustand bezeichnet, bei dem mehr Teile produziert, als von internen oder externen Kunden benötigt werden. Sie gilt als »schlimmste Verschwendungsart«, weil sie einige der anderen Verschwendungsarten nach sich zieht. Nur wenn Lieferanten im Betrachtungszeitraum jene Mengen und Varianten produzieren, die die Kunden benötigen, entstehen weder unnötige Fertigwarenbestände noch Lieferabrisse. Die Produktion an den Kundenverbrauchstakt anzupassen bedeutet nicht, sich dessen täglichen Abrufschwankungen zu unterwerfen. Vielmehr sind Produktionsglättungen vorzunehmen, indem z. B. für die Folgewoche das Produktionsprogramm mit konstanten Tagesmengen festgelegt und damit die Abrufschwankungen der Kunden über diesen Zeitraum nivelliert werden. Häufige Ursachen von Überproduktion sind:

(Randnotiz: Überproduktion)

- Ausschuss und Nacharbeit als Folge unfähiger Prozesse.
- Defizite in der Logistik – Teile werden zur falschen Zeit oder an den falschen Ort geliefert.
- Mangelhaftes Prozess-Layout, das zu vielen Fertigungsinseln führt.
- Lange Rüstzeiten, die wiederum große Losgrößen nötig machen.
- Vorübergehender oder dauerhafter Personalüberhang.
- Die Maschinenauslastungen werden gegenüber dem Wertstrom priorisiert.
- Aufgrund technischer und organisatorischer Mängel oder fehlender Notfallkonzepte akzeptierte Sicherheitsreserven.

Wartezeiten können für den Menschen oder das Betriebsmittel auftreten. Klassische Verschwendung liegt vor, wenn Menschen Betriebsmittel »überwachen«, obwohl diese selbstüberwachend ablaufen und mit einem automatischen Störungsstopp ausgerüstet sind. Als Möglichkeiten zum Wartezeitabbau werden das logistische Prinzip des »One-Piece-Flow« und die arbeitsorganisatorische Lösung der Mehrstellenarbeit empfohlen.

(Randnotiz: Wartezeiten)

---

78 Vgl. z. B. Suzaki, K.: Modernes Management im Produktionsbetrieb. Strategien, Techniken, Fallbeispiele. München: Hanser, 1994, S. 11 f. Shingo, S.: Das Erfolgsgeheimnis der Toyota Produktion. Landsberg: Moderne Industrie, 1992, S. 46 f. Takeda, H.: Das synchrone Produktionssystem. Just-in-Time für das ganze Unternehmen, 5. Auflage. Landsberg: Redline, 2006, S. 153 f.

79 Es gibt auch Unternehmen, die nur die ersten sieben in Abbildung IV-31 angeführten Verschwendungsarten, aber auch andere, die noch weitere verwenden. So verwendet die Volkswagen AG als neunte Verschwendungsart die »unzureichende Kommunikation«.

Verschwendungsart	mögliche Verschwendungsursache, weil z. B. …	empfohlene Methoden und Werkzeuge
1. Überproduktion	• mehr Teile als benötigt hergestellt werden • zu selten umgerüstet wird und man deshalb zu große Lose fertigt • man in Bezug auf Varianten zu inflexibel ist	• Nivellierung/Glättung • One-Piece-Flow • Mixed-Model-Produktion
2. Wartezeiten	• keine Teile verfügbar sind • ein Betriebsmittel gerüstet wird • auf eine Entscheidung gewartet wird • eine Betriebsmittelstörung vorliegt	• verbesserte Abtaktung • Rüstzeitminimierung (SMED) • U-Layout • Mehrmaschinenarbeit
3. überflüssige Transporte	• ein langer Weg vom bzw. zum Lagerplatz vorliegt • unnötige Zwischenlagerungen vorkommen • Werkzeuge, Dokumente etc. zu holen sind	• Kanban-Pull • Wertstromanalyse/-design
4. Überbearbeitung	• durch unzureichende Prozessfähigkeit Nacharbeit anfällt • falsche oder keine Standards vorliegen • Werkzeuge, Vorrichtungen oder Transportsystem mangelhaft sind • zu aufwendig gerüstet wird	• MTM-Analysen • KVP • Industrial-Engineering-Untersuchung
5. überhöhte Materialbestände	• Platzmangel an den Arbeitsplätzen herrscht • Material/Teile umgelagert werden, zu viele Transporte stattfinden • die Prozesse schlecht aufeinander abgestimmt sind • langsam drehende Lagergüter vorliegen	• JIT-Bereitstellung • Kanban-Pull • verbesserte Abtaktung • Wertstromanalyse/-design
6. unnötige Bewegungen	• weite Wege zu Lagerorten anfallen • Aufschreibungen nicht am Arbeitsplatz erfolgen • benötigte Unterlagen/Hilfsmittel nicht am Arbeitsplatz liegen • zu kleine Teile auf zu großen Maschinen bearbeitet werden	• MTM-Analysen • 6-W-Prinzipien • Adressenoptimierung • Stellflächen-Visualisierung
7. Ausschuss, Nacharbeit	• Ordnung und Sauberkeit am Arbeitsplatz mangelhaft sind • die Spezifikationen nicht vorhandene Prozessfähigkeiten bedingen • der Prozess Fehlhandlungen zu leicht zulässt • die Mitarbeiter Qualifizierungsdefizite haben	• Poka-Yoke • FMEA • Reißleine-Kompetenz • Selbst-/Folgeprüfung
8. eingeschränktes Sicherheits- und Ergonomiebewusstsein	• die Betreiber ein mangelhaftes Sicherheitsbewusstsein haben • bei den Prozessentwicklern Wissensdefizite vorliegen • die Sicherheitsfachkräfte ineffektiv agieren • ergonomische Defizite vorliegen	• Sicherheitsanalysen • ergonomische Bewertung • KVP

Abbildung IV-31   Die acht Verschwendungsarten im direkten Bereich

Überflüssige
Transporte

Überflüssige Transporte von Teilen sind solche, die weder technologisch oder qualitätssichernd notwendig sind. Transporte fallen an, weil

• Produktionsschritte nicht verkettet sind oder
• Überproduktion vorliegt.

Die Folgen überflüssiger Transporte sind Beschädigungsrisiken für das Transportgut, ein gestörter Fertigungsfluss und damit verlängerte Durchlaufzeiten sowie Logistikkosten. Als Lösungsansätze werden produktorientierte Fließ-Layouts und Zwangstransporte zwischen den Arbeitssystemen empfohlen.

Überbearbeitung,
Verschwendung
im Prozess

Überbearbeitung oder Verschwendung im Prozess liegen vor, wenn zusätzliche Handlungen oder Operationen notwendig sind, um die gewünschten Ergebnisse zu erreichen, weil das mit dem ursprünglichen Prozess nicht möglich oder dieser nicht fähig ist. Dazu zählen z. B. Bohrungen, die tiefer als erforderlich sind, oder Prüfungen, die zu keinen brauchbaren Befunden führen. Weiterhin liegt Überbearbeitung vor, wenn zu lange Prozesszeiten (Nutzungshauptzeiten) verwendet werden, also geringere Laufgeschwindigkeiten als möglich gewählt werden.

Überhöhte Materialbestände sind zu unterscheiden nach

1. Rohstoff- und Anlieferteilebeständen: Überbestände können durch Mengenrabattanreize entstanden sein, z. B. wenn Bestellmengen nicht optimiert werden (vgl. Teil II, Abschnitt 9.7.2). Abhilfen können z. B. mit den Lieferanten verknüpfte IT-Systeme (z. B. elektronischer Datenaustausch) oder Konsignationslager[80] bieten.
2. In-Prozess-Beständen: Deren Problem liegt aufgrund der relativ kurzen Lagerdauer, nicht in der Kapitalbindung, sondern in überhöhter Produktionsfläche und Durchlaufzeit. Abhilfe kann ein Einsatz von Supermärkten und Kanban bieten.
3. Fertigwarenbeständen: Ebenso wie Rohstoff- und Anlieferteilebestände führen sie zu einem überhöhten Bedarf an Working Capital[81]. Häufige Gründe für überhöhte Fertigwarenbestände sind mangelndes Vertrauen in die Zuverlässigkeit der Fertigung, saisonale Nachfrageschwankungen oder falsch verstandene Zwänge zu Kapazitätsauslastungen.

Neben dem vorstehend angeführten Liquiditätseffekt beim Working Capital sind auch die Beständekosten zu beachten, die meist unterschätzt werden.[82] Je nach Branche sind für Lagerhaltungskosten als Richtwerte anzusetzen:

- Zehnfache Lagerumschlagshäufigkeit p. a.: $\approx$ 20 bis 30 % des Lagerwertes.
- Fünffache Lagerumschlagshäufigkeit p. a.: $\approx$ 30 bis 50 % des Lagerwertes.

Unnötige Bewegungen von Menschen und Betriebsmitteln liegen vor, wenn diese zum Erzeugen von Blindleistungen führen. Sie entstehen hauptsächlich durch schlechte Arbeitsplatzgestaltung (Arbeitsmethode), unwirtschaftlichen Betriebsmitteleinsatz (z. B. zu lange Fahrstrecken bei der Bearbeitung auf zu großen Maschinen) in der Logistik oder Qualifizierung. Diese Verschwendungsursache ist ein besonders häufiger Ansatzpunkt für KVP-Maßnahmen.

Bei *Ausschuss und Nacharbeit* sind die Ursachen stets zuerst in unfähigen, risikobehafteten Prozessen, dann in nicht fertigungsgerechten Produkten und zuletzt in der Mitarbeiterqualifikation zu suchen.

Die eingeschränkte *Arbeitssicherheit* wird in der japanischen Primärliteratur nicht als eigene Verschwendungsart angeführt. Wir sehen in der Arbeitssicherheit und in der Beseitigung ergonomischer Defizite jedoch nicht nur eine elementare Verpflichtung der Unternehmen – über rechtliche Vorschriften hinaus –, sondern auch eine Absicherung von Ressourcen.

3.5.3 Verschwendungsarten in indirekten Bereichen

In indirekten Bereichen, wie z. B. Logistik, Qualitätsmanagement, Instandhaltung, Engineering oder Administration, sind die im vorhergehenden Abschnitt angeführten Verschwendungsarten weitgehend irrelevant. Abbildung IV-32 sind Beispiele für Verschwendungsarten zu entnehmen, wie sie in indirekten Bereichen vorkommen. Dort treten Verschwendungen häufig in Form vermeidbarer Arbeit auf. Die häufigste Ursache für diese Verschwendungen liegt in organisatorischen Defiziten, z. B. aufgrund unklarer Schnittstellenregelungen[83]. Ferner führen Bereichsegoismen und IT-Insellösungen zu Verschwendung.

---

80 Ein Konsignationslager ist ein Lieferantenlager, in dem nicht unmittelbar benötigte Mengen gehalten und erst bei Abruf bezahlt werden.
81 Das ist eine gebräuchliche Liquiditätskennzahl: Working Capital = Umlaufvermögen – kurzfristige Verbindlichkeiten. Vgl. dazu Teil I, Abschnitt 2.3.1.
82 Anders bei den Kosten für In-Prozess-Bestände. Diese werden häufig überschätzt.
83 Zur Auswirkung von Schnittstellen auf verschiedene organisatorische Aspekte vgl. Fischer, F.: Versteckte Potenziale im Unternehmen. In: IfaA (Hrsg.): Produktionssysteme. Aufbau, Umsetzung, betriebliche Lösungen. Köln: Bachem 2008, S. 79 ff.

Verschwendungsart	Beispiele
1. Medienbrüche	• Es kann nur auf einen Ausdruck und auf keine Datei zurückgegriffen werden. • Telefonate werden notiert und die Notizen in den Rechner eingegeben.
2. Doppelbesetzung	• Auftragsklärungen werden im Vertrieb und in der Arbeitsvorbereitung vorgenommen. • Rechnungsprüfungen werden im Einkauf, im Vertrieb und in der Logistik durchgeführt.
3. Abstimmungs-/Kontrollvorgänge	• Dienstreisen sind vom Vorgesetzten und von der Personalabteilung zu genehmigen. • Schulungsmaßnahmen werden durch den Produktionsbereich, durch das Personalwesen und durch die Geschäftsführung freigegeben.
4. Doppelarbeiten	• Anwesenheitserfassungen werden von Werkstattschreibern und von den Schichtleitern durchgeführt. • Bei der Prozessentwicklung werden Rückfragen beim Kunden durch die Qualitätsplanung und die Projektleiter beantwortet.
5. Suchprozesse	• Es gibt in der Kalkulation keinen verbindlichen Dateinamen-Syntax, so dass kein Kalkulator weiß, wo er fremde Kalkulationen findet. • Bei dem Lager entnommenen Ersatzteilen ist nicht festgelegt, wo diese vor Reparaturbeginn liegen.
6. Kommunikationsdefizite	• Der Vertrieb teilt der Kalkulation Änderungswünsche des Kunden mündlich (in Stichworten) mit. • Die Fertigung lästert über die Sparwut des Einkaufs, teilt aber nie mit, in welchen Fällen welche Materialprobleme entstehen.

Abbildung IV-32   Beispiele für Verschwendungsarten im indirekten Bereich

In den meisten Unternehmen wird durch Verbesserungsmanagement in den indirekten Bereichen nicht allzu viel versucht und auch nicht viel erreicht. Der Grund dafür ist, dass man hier mit »sehen« nicht allzu weit kommt, sondern

• in die Prozesse »einsteigen« und
• dabei die zu den Prozessen vorliegenden IT-Lösungen einbeziehen muss.

Mit solchen Erhebungen wären die meisten KVP-Teams überfordert. Ferner liegen die »gespürten« Probleme, z. B. für eine Konstruktionsabteilung, fast stets in Methodendefiziten und mangelhaftem Projektmanagement, so dass man dort mit Verschwendungsarten-bezogenen Ansätzen wenig Teilnahmebereitschaft akquiriert.

3.5.4   Checklisten beim Verbesserungsmanagement

Beim Arbeiten mit KVP-Teams ist das Verwenden von Checklisten üblich. Zwei Checklisten sind besonders verbreitet[84],

1. 6-W-Methode: Durch sechs »W-Fragen« (wer, was, wo, wann, wie, warum) wird versucht, Probleme systematisch zu erfassen.
2. 4-M-Methode: Zu Mensch, Maschine, Material und Methode wird versucht, durch standardisierte Fragen Schwachstellen zu identifizieren.

6-W-Methode

Mit der *6-W-Methode* sollen Informationen besser, d. h. möglichst alle wichtigen Aspekte einschließend, erfasst werden. Dazu werden durch die Fragenfolge des »wer – was – wo – wann – warum – wie« Informationen

---

84 Vgl. Imai, M.: a. a. O., 1998, S. 277 f.

W	Fragen	W	Fragen
1. Wer (Person)	• macht es derzeit? • macht es gerade? • sollte es machen? • kann es noch machen? • sollte es sonst noch machen? • Warum soll ich/sie/er es machen?	4. Wann (Zeitpunkt, Reihenfolge)	• wird es gemacht? • wird es wirklich gemacht? • soll es gemacht werden? • kann es sonst gemacht werden? • soll es noch gemacht werden? • ist es notwendig, es dann zu machen?
2. Was (Gegenstand)	• ist zu machen? • wird gerade gemacht? • sollte gemacht werden? • kann noch gemacht werden? • soll noch gemacht werden? • bräuchte nicht mehr gemacht werden?	5. Wie (Methode)	• wird es gemacht? • wird es wirklich gemacht? • sollte es gemacht werden? • kann es noch gemacht werden? • Ist das wirklich die beste Möglichkeit?
3. Wo (Ort)	• soll es gemacht werden? • wird es gemacht? • sollte es gemacht werden? • kann es noch gemacht werden? • sollte es noch gemacht werden? • Warum sollte es da gemacht werden?	6. Warum (Zweck)	• macht er/sie es? • soll es gemacht werden? • soll es hier gemacht werden? • wird es dann gemacht? • wird es so gemacht?

Abbildung IV-33   6-W-Checkliste[85]

• strukturiert und transparent gemacht,
• auf Vollständigkeit geprüft und systematisch fortentwickelt.

Dazu ein Beispiel: Nicht die Qualitätssicherung (wer), sondern die Mitarbeiter an der Transferpresse (wer) müssen bei Achsträgern (was) direkt am Auslageband (wo) jedes 25ste Teil (wann) röntgenprüfen (wie), weil sie so eine intensivere Beziehung zu dem von ihnen verantworteten Prozess erhalten und es zu keinen Pressenstillständen führt (warum).

Die *4-M-Methode* soll helfen, gravierende Mängel in Arbeitssystemen zu identifizieren, indem zu den vier Bestimmungsgrößen Mensch, Betriebsmittel, Eingabe und Ablauf Fragen formuliert werden, bei denen man aus Verneinungen erfahrungsgemäß auf Schwachstellen schließen kann. Die 4-M-Methode ist eine Hilfe für Personen, die über kein professionelles Wissen im Industrial Engineering verfügen, wie z.B. Mitglieder von KVP-Teams.

4-M-Methode

85 Vgl. Imai, M.: a.a.O., 1998.

M	Fragen	M	Fragen
1. Mensch	1. Befolgt er die Standards? 2. Ist seine Arbeitseffizienz akzeptabel? 3. Denkt er problembewusst? 4. Hat er Verantwortungsbewusstsein? 5. Ist er ausreichend qualifiziert? 6. Hat er genügend Erfahrung? 7. Ist der Arbeitsplatz für ihn geeignet? 8. Ist er verbesserungswillig? 9. Bemüht er sich um gute zwischenmenschliche Beziehungen? 10. Ist er gesund?	**2. Material**	1. Gibt es Abweichungen im Volumen? 2. Gibt es Abweichungen in der Qualität? 3. Ist es die richtige Marke? 4. Weist es Verunreinigungen auf? 5. Ist die Höhe des Umlaufs richtig? 6. Wird Material verschwendet? 7. Ist der Materialtransport der richtige? 8. Wird ausreichend auf den Umlauf geachtet? 9. Ist das Materiallayout geeignet? 10. Ist der Qualitätsstandard ausreichend?
3. Maschine	1. Erfüllt sie die Produktionsanforderungen? 2. Erfüllt sie die Prozessanforderungen? 3. Ist sie richtig geölt (geschmiert)? 4. Reicht die Inspektion aus? 5. Führen mechanische Probleme häufig zum Maschinenstillstand? 6. Arbeitet sie ausreichend genau? 7. Verursacht sie ungewöhnliche Geräusche? 8. Ist das Maschinenlayout richtig? 9. Reicht die Zahl der Maschinen (Anlagen) aus? 10. Ist alles in der richtigen Ordnung?	**4. (Arbeits-) Methode**	1. Gibt es geeignete Arbeitsstandards? 2. Wurde der Arbeitsstandard angehoben? 3. Ist die Methode sicher? 4. Gewährleistet die Methode ein gutes Produkt? 5. Ist die Methode effizient? 6. Ist die Arbeitsschritte-Reihenfolge sinnvoll? 7. Ist die Aufstellung richtig? 8. Passen Temperatur und Feuchtigkeit? 9. Sind Beleuchtung und Ventilation ausreichend? 10. Gibt es genügend Kontakte zum vor- und nachgelagerten Prozess?

Abbildung IV-34   4-M-Checkliste[86]

20 Keys

Die Vertreter des *20-Keys-Konzepts* nehmen für sich in Anspruch, ein alle relevanten Aspekte einschließendes Unternehmensentwicklungskonzept anzubieten.[87] Der Abbildung IV-35 sind die Keys (= Verschwendungseffekte repräsentierende Merkmale) zu entnehmen. Die 20 Keys stellen ein Angebot dar, aus denen sich Unternehmen jene heraussuchen, die sie für zweckmäßig halten.[88] Als Vorteile dieser Methode werden angeführt:[89]

- Es werden Mitarbeiter auf allen Ebenen eingebunden, als Key-Promotoren, Key-Verantwortliche oder Key-Anwender.
- Durch die Einführung von 20 Keys wissen die Beteiligten, was zu welchem Zeitpunkt auf sie zukommt.

---

86 Vgl. Imai, M.: a.a.O., 1998.
87 Kobayashi, I.: 20 Keys. Die 20 Schlüssel zum Erfolg im internationalen Wettbewerb. Bochum: Adept-Media, 2000.
88 Einige der in Abbildung IV-35 angeführten Keys repräsentieren Aspekte, die man mit professionellen Industrial-Engineering-Methoden wesentlich effektiver bearbeitet.
89 Das 20-Keys-Konzept wird in Deutschland durch Unternehmensberatungen vermarktet.

Die Erfolgsspur ist – so die Vertreter dieses Ansatzes – auch unternehmensübergreifend messbar. Maßstab sind nicht die Wettbewerber, sondern die Weltspitze. Zu jedem Key sind fünf Benchmarking-Stufen (BM-Stufen) beschrieben, mit charakteristischen Zuständen und Merkmalen. Stufe 5 soll der »Weltklasse« entsprechen.

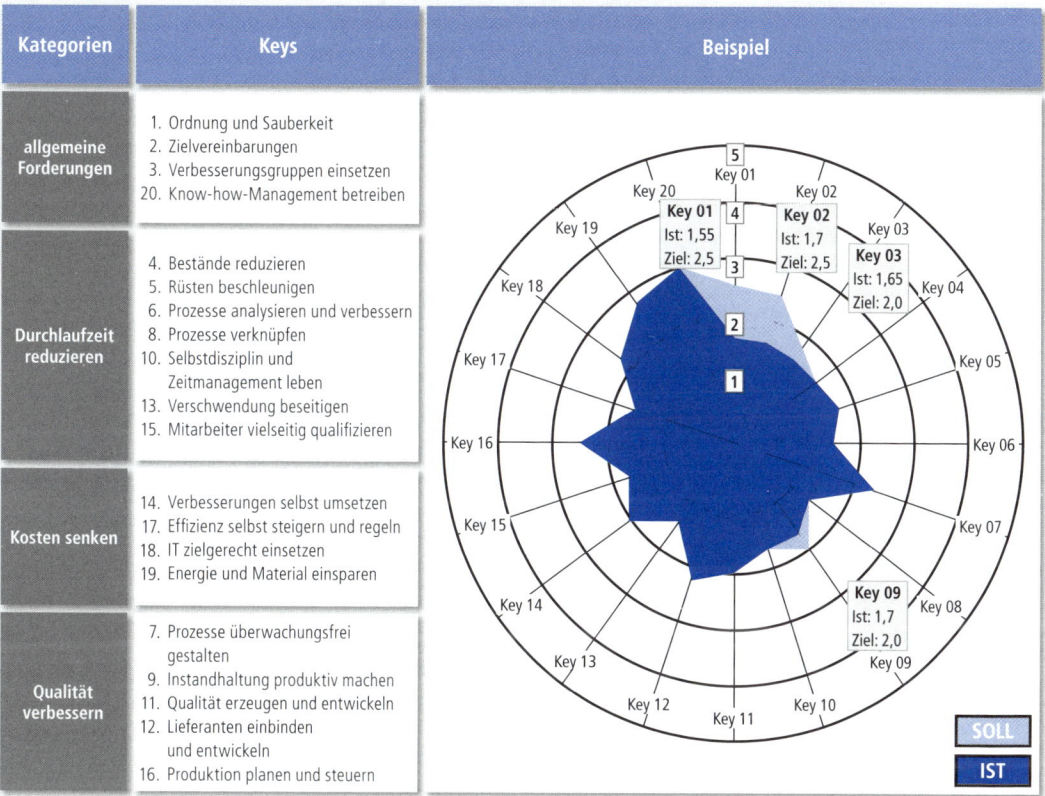

Abbildung IV-35   20 Keys und Beispiel zum Reporting[90]

In Abbildung IV-36 wird die Anwendung von Key 1 (Ordnung und Sauberkeit am Arbeitsplatz) in einem Betriebsbereich dargestellt. Die Beurteilungskriterien sind nach BM-Stufen gestuft. Die Vertreter des Verfahrens erheben den Anspruch, dass die BM-Stufen absolute Maßstäbe sind. Bei dem eingetragenen Anwendungsfall werden alle 18 Beurteilungskriterien als relevant erachtet.[91] Die BM-Stufen 2 und 3 werden noch nicht beherrscht, und die ermittelten 30 Gesamtpunkte stehen für die BM-Referenz »2«. In gleicher Weise wurde dieser Key auch bei den anderen Betriebsbereichen angewandt und dabei, so Abbildung IV-35 zu entnehmen, eine mittlere BM-Stufe von 1,55 erreicht. Angestrebt wurden jedoch 45 Punkte und damit eine BM-Stufe von 2,5. Um das zu erreichen, müssten im Durchschnitt die ersten neun Kriterien in Abbildung IV-36 als zutreffend eingestuft sein. Dazu könnte für das Folgequartal z. B. folgendes Verbesserungsprogramm beschlossen werden:

---

90 nach Kobayashi, I.: a.a.O., 2000.
91 Das wird bei diesem Key stets das Fall sein. Bei anderen Keys werden dagegen Kriterien auch als irrelevant markiert, z. B. branchenbedingt.

Key 1		Ordnung und Sauberkeit am Arbeitsplatz		relevant	Punkte*)	
Nr.	BM-Stufe	Beurteilungskriterien	*) 0 Punkte, wenn es nicht zutrifft; 5 Punkte, wenn es zutrifft	√ / -	0	5
1.01		Es liegen keine unnötigen Gegenstände herum, z. B. Kleidung, Nahrungsmittel bzw. für die vorliegende Arbeit nicht benötigte Dokumente, Werkzeuge, Vorrichtungen, Teile. Die Flächen sollen zum Arbeiten genutzt werden.		√		×
1.02		Reinigungsgeräte bzw -hilfsmittel werden ordentlich aufbewahrt, z. B. in Schränken. Teile, Werkzeuge und Hilfsmittel werden nicht auf dem Boden, sondern in Behältern, Regalen, Wagen oder auf Paletten gelagert.		√	×	
1.03	2	Die Fußböden sind sauber (kein Müll, Schmutz, Öl, Wasser, Papierfetzen, Zigarettenkippen etc.). Rutschgefahren sind beseitigt. Es gibt Entsorgungsbehälter. Darin befinden sich nur Gegenstände, die dort hinein gehören (getrennte Entsorgung).		√		×
1.04		An den Informationstafeln hängen keine veralteten, verschmutzten oder zerissenen Mitteilungen. Die Blätter sind übersichtlich angeordnet.		√	×	
1.05		Die Zugänge zu Feuerlöschern, Notausgängen, Fahrwegen usw. sind frei zugänglich. Gefahrenbereiche sind klar und einheitlich markiert (z. B. an Maschinen und Anlagen), Licht- und Notausschalter optisch gekennzeichnet und gut sichtbar.		√		×
1.06		Alle Wege sind einfach erkenn- und begehbar. Sie sind mit gut sichtbaren Linien markiert.		√		×
1.07		Die Linienkennzeichnung gilt unternehmensweit und wird eingehalten. Sperrflächen werden nicht verstellt.		√	×	
1.08		Gebäude und Inventar sind gestrichen und sauber. Alle Wände sind bis zu einer Höhe von mindestens 2 m sauber und gestrichen.		√	×	
1.09	3	An den Wänden, Fenstern, Pfeilern sowie an den Maschinen lehnen keine Gegenstände.		√	×	
1.10		Die Mitarbeiter bzw. Gruppen erhalten und kontrollieren selbstständig die Ordnung und Sauberkeit ihrer Arbeitsbereiche.		√	×	
1.11		Transport- und Transporthilfsmittel sind in den gekennzeichneten Bereichen ordentlich aufgestellt und angeordnet.		√	×	
1.12		Lagerorte und -bereiche sind mit eindeutigen Hinweisschildern oder Markierungen gekennzeichnet. Für die Markierung der Lagerflächen sind Verantwortliche benannt. Bei festen Zuordnungen von Material zu Lagerflächen ist mindestens die Materialbezeichnung am zugeordneten Lagerplatz angebracht.		√		×
1.13		Werkzeuge, Vorrichtungen und Zubehör werden nur in Bereichen gelagert, die klar und eindeutig gekennzeichnet sind.		√	×	
1.14	4	Ständig benötigte Werkzeuge, Vorrichtungen und Zubehör sind an jedem Arbeitsplatz vorhanden und werden dort anforderungsgerecht aufbewahrt.		√	×	
1.15		Alle Regale und Arbeitstische sind so unterteilt und gekennzeichnet, dass alle Dinge auf einen Blick gefunden und genauso schnell wieder zurückgelegt werden können.		√	×	
1.16		Auf den Tischen oder anderen Flächen befinden sich nur Gegenstände, die gerade verwendet werden.		√	×	
1.17		Die Ursachen von Schmutz und Unordnung sind beseitigt. Für definierte Umlaufbestände werden spezielle Transport- und Lagereinrichtungen verwendet. Jeder Mitarbeiter kann eigenständig das 5-S-Programm durchführen.		√	×	
1.18	5	Mengen und Inhalte, z. B. in Regalen und Schränken, sind wie in einem Supermarkt klar und eindeutig angeordnet und gekennzeichnet.		√	×	
Gesamtpunktzahl					30	

Punktzahl	< 18	> 18-27	> 27-36	> 36-45	> 45-54	> 54-63	> 63-72	> 72-81	> 81-91
BM-Referenz	1	1,5	2	2,5	3	3,5	4	4,5	5

Abbildung IV-36   Beispiel für die Anwendung einer Key-Checkliste auf einen Betriebsbereich[92]

- Überflüssiges ist entsorgt,
- Arbeitsplätze sind besser übersichtlich und aufgeräumt,
- Böden sind sauber und frei, nichts wird auf dem Boden gelagert,

92 Nach Kobayashi, I.: a.a.O., 2000.

- Reinigungsgeräte sind am Arbeitsplatz,
- Visualisierungstafeln sind aktuell und ordentlich,
- Schreibtische sind ordentlich und sauber, nicht genutzte Unterlagen liegen nicht auf den Schreibtischen herum,
- Wege sind frei, Gefahrenbereiche und Lichtschalter sind gekennzeichnet.

Im rechten Bildteil von Abbildung IV-35 wird das Reporting zu den vier verwendeten Keys ausgewiesen. Danach hapert es mit dem Thema »Zielvereinbarungen« am meisten, erkennbar aus der Soll-Ist-Differenz.

3.6 Arbeitssystembezogene Verbesserungskonzepte

3.6.1 Ordnung und Sauberkeit

Als Einstiegsprogramm beim Verbesserungsmanagement werden meist die *5 S* (die fünf Standardisierungsbegriffe beginnen alle mit »S«) gewählt. Bevor man anspruchsvollere Verbesserungsthemen aufgreift, möchte man mit einem 5-S-Programm zwei Dinge erreichen:

5 S

1. Bei den Mitgliedern von KVP-Teams den Sinn für geordnetes Arbeiten etablieren.
2. Als Vorstufe und Voraussetzung für komplexere, aus ergonomischer Sicht anspruchsvollere Verbesserungsvorhaben Ordnung und Sauberkeit als grundlegende Arbeitshygiene gewährleisten.

Abbildung IV-37 ist zu entnehmen, dass mit den drei ersten »S« Grundlagen geschaffen werden, ein Basisniveau erreicht wird. Ferner dient diese Grundlagenarbeit dazu, Mitarbeiter und Vorgesetzte an das Prinzip der permanenten Verbesserung zu gewöhnen.

Im ersten Schritt wird das getan, was man im Privatleben zum Jahresende oder bei Umzügen tut, nämlich sich von nicht benötigten Dingen zu trennen. Sortieren bedeutet, zwischen erforderlichen und überflüssigen Dingen am Arbeitsplatz zu trennen und daraufhin letztere zu entfernen.[93] Sortieren soll verhindern, dass

Sortieren

- Flächen, Regale und Schränke mit nicht benötigten Gegenständen belegt sind,
- durch überflüssige Lagerung unnötiger Logistikaufwand entsteht,
- falsche, defekte und veraltete Gegenstände verwendet werden.

Unnötige Gegenstände sind z. B. defekte Teile oder Werkzeuge, Abfall und Müll. Unbrauchbare Gegenstände sind z. B. unnötige Behälter, persönliche Dinge, die sich nicht an dem dafür vorgesehenen Ort befinden, überflüssige Materialien, Werkzeuge und Betriebsstoffe.

Im zweiten Schritt wird auf dieser Grundlage ein Ordnungskonzept entwickelt, sichtbare Ordnung geschaffen und angewandt. Sichtbare Ordnung bedeutet:

Sichtbare Ordnung schaffen

- Alle erforderlichen Gegenstände (Materialien, Werkzeuge, Material, Halbfertig- und Fertigteile, Ausschuss, Nacharbeit, Abfall) werden an einem zugewiesenen Platz so gelagert, dass sie im Bedarfsfall sofort zu finden sind.
- Jeder Gegenstand hat seinen festen Platz, ist dort unverwechselbar positioniert (Markierung, Kennzeichnung, Beschriftung, standardisierte Plätze, z. B. bei Werkzeugablagen) und wird nach Gebrauch dorthin zurückgelegt.

---

93 Vgl. Suzaki, K.: a. a. O., 1994, S. 26 f.

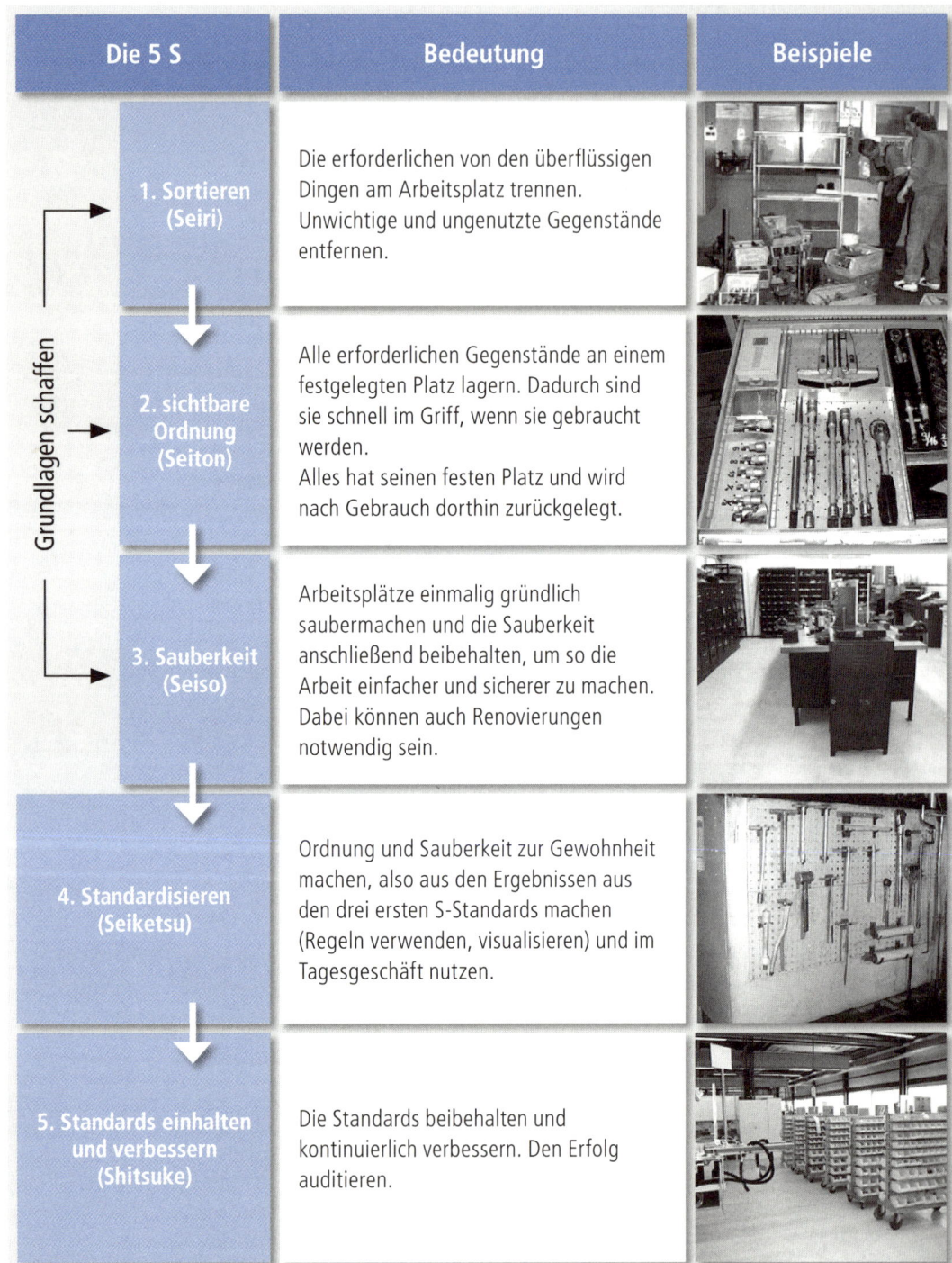

Die 5 S	Bedeutung	Beispiele
1. Sortieren (Seiri)	Die erforderlichen von den überflüssigen Dingen am Arbeitsplatz trennen. Unwichtige und ungenutzte Gegenstände entfernen.	
2. sichtbare Ordnung (Seiton)	Alle erforderlichen Gegenstände an einem festgelegten Platz lagern. Dadurch sind sie schnell im Griff, wenn sie gebraucht werden. Alles hat seinen festen Platz und wird nach Gebrauch dorthin zurückgelegt.	
3. Sauberkeit (Seiso)	Arbeitsplätze einmalig gründlich saubermachen und die Sauberkeit anschließend beibehalten, um so die Arbeit einfacher und sicherer zu machen. Dabei können auch Renovierungen notwendig sein.	
4. Standardisieren (Seiketsu)	Ordnung und Sauberkeit zur Gewohnheit machen, also aus den Ergebnissen aus den drei ersten S-Standards machen (Regeln verwenden, visualisieren) und im Tagesgeschäft nutzen.	
5. Standards einhalten und verbessern (Shitsuke)	Die Standards beibehalten und kontinuierlich verbessern. Den Erfolg auditieren.	

Grundlagen schaffen

Abbildung IV-37   Die 5 S zur Standardisierung von Ordnung und Sauberkeit am Arbeitsplatz

Die im dritten Schritt zu erreichende Sauberkeit – sauber halten von Arbeitsplatz, Maschinen und   *Sauberkeit*
Werkzeugen – bedeutet, dass die Arbeitsplätze ggf. einer Grundreinigung (bis hin zu Fußbodensa-
nierung und Malerarbeit) unterzogen werden und die Sauberkeit anschließend beibehalten wird.
Qualität, Wohlbefinden am Arbeitsplatz und Arbeitssicherheit verlangen eine saubere Arbeitsumgebung. Dazu werden Reinigungspläne entwickelt, in denen nach der 6-W-Methode festgelegt wird,
wer – was – wo – wann – wie – warum reinigt. Den Arbeitsplatz zu reinigen und sauber zu halten,
ist Teil der regulären Arbeit, was allen zu vermitteln ist.

Im vierten Schritt baut man auf dem bis dahin geschaffenen Verbesserungsstand auf, indem man   *Standardisieren*
ihn zum Standard erhebt und aufrechterhält. Dazu bedarf es griffiger Regeln und Unterstützung
durch Visualisierung. Standards müssen für jeden sichtbar werden, denn nur wenn man auf einen
Blick erkennen kann, ob sie eingehalten werden, machen sie Sinn. Der Nutzen einer verbindlichen
Visualisierung liegt darin, dass

- man schnell darüber informiert ist, was gelten soll und
- schnell erkennt, wenn man Standards nicht folgt.

Gebräuchliche Visualisierungshilfen in Arbeitssystemen und Prozessen sind z. B.

- farbliche Kennzeichnung von Arbeits-, Fahr- und Lagerflächen,
- farbliche Kennzeichnung von Maschinen und Maschinenelementen (insbesondere Gefahren- und
  Risikobereiche),
- Standortkennzeichnung von Handhabungsgeräten/Rüstwagen, um Suchzeit zu vermeiden,
- farbliche und örtliche Kennzeichnung von Behältern (Material, Abfall),
- Gänge, Fahrwege, Sperrbereiche, Notausgänge,
- definierte Standorte für alle Teile und Werkzeuge,
- Schattierungen (Matrizenprinzip) für Werkzeuge und Hilfsmittel und Visualisierung von fehlen-
  dem Werkzeug und fehlenden Teilen.

Solche Visualisierungen werden im Produktionssystem als Unterstützungswerkzeuge (vgl. Teil I, Abschnitt 3.4.5) zum Produktionssystemelement »Visuelles Management« dokumentiert.

Im fünften Schritt geht es darum, die etablierten Standards beizubehalten, sie nachhaltig werden zu   *Standards einhalten*
lassen. Erst wenn sie den meisten in »Fleisch und Blut« übergegangen sind, versucht man sie kontinuierlich zu verbessern. Hier gilt die Binsenweisheit: Ohne Standards keine Verbesserung. Erst wenn
z. B. geregelt ist, welches Material in welcher Menge auf welcher Fläche steht und wie und womit
an den Arbeitsplätzen gearbeitet wird, kann ein Verbesserungsvorschlag danach beurteilt werden, in
welchem Ausmaß er diese Situation verbessern würde. Um den Verbesserungsgedanken in Schwung
zu halten, auditiert das Management die erzielten Erfolge nach einem abgestimmten Plan, aus dem
hervorgeht, wer wann welches Audit durchführt.

Dem Management sollte klar sein, dass auch eine mustergültige Umsetzung der »5 S« zu keiner direkten betriebswirtschaftlichen Ergebnisverbesserung führt, indem z. B. das Working Capital oder der
Break-even-Punkt sinken oder sich das EBIT verbessert. Vielmehr ist »5 S« eine strategische Investition, um zu einem geordneten, übersichtlichen, disziplinierten und hygienischen Betrieb zu gelangen.
Das ist die Voraussetzung dafür, dass die dort arbeitenden Menschen reif sind für den nächsten
Verbesserungsschritt, das Erarbeiten von produktivitätsverbessernden und ergebniswirksamen Maßnahmen. Solche Aktivitäten werden in den folgenden Abschnitten geschildert.

3.6.2 Verbesserungen bei betriebsmitteldominierten Arbeitssystemen

Verbesserungsnotwendigkeiten in Arbeitssystemen sollten nicht intuitiv-spontan – Hauptsache, es bewegt sich etwas – sondern systematisch-methodisch identifiziert und gezielt umgesetzt werden.[94] Im Teil I (vgl. Abbildung I-13) wurde die *Arbeitssystem-Produktivität* als Kenngröße zur Identifikation von Produktivitätsverlusten, also Verschwendungen, eingeführt. Diese Kenngröße wird primär bei betriebsmitteldominierten Arbeitssystemen angewandt.

Der Abbildung IV-38 ist ein Beispiel zum Vorgehen unter Verwendung der Arbeitssystem-Produktivität zu entnehmen. Die Produktivitätsanalyse wird nach den drei Bestimmungsgrößen Verfügbarkeit, Effizienz und Qualität gegliedert. Im Beispiel hat man die Verfügbarkeit als primäres Problem angesehen und dabei die Entwicklung der Rüstzeitanteile priorisiert. Dem KVP-Team wurde deshalb die Reduzierung des Rüstzeitanteils übertragen.

Mit Hilfe vorgelagerter Erhebungen, z. B. dem Einsatz von Zeitplantafeln (vgl. Abschnitt 2.6.4 und Teil II, Abschnitt 9.5) oder dem Durchführen einer Multimomentaufnahme (vgl. Teil II, Abschnitt 8.6), werden Lösungsansätze gefunden. Mit Hilfe von MEK-Analysen werden diese quantifiziert, daraufhin gezielt organisatorische und technische Verbesserungen eingeleitet und mit Hilfe von Maßnahmenblättern beschrieben (vgl. Abschnitt 3.6.3).

Verbesserungsansätze Beim Verbessern betriebsmitteldominierter Arbeitssysteme geht es oft um folgende Ansätze:

1. Anlageneffizienz maximieren, z. B. durch
   - Eliminierung von Leerwegen, Handling und Transporten
   - Optimierung mechanischer Bewegungen (z. B. Vorschübe)
   - absichern von Bearbeitungsschritten durch Fehlerstopp-Meldungen
   - Anlagenstopp bei Störungen mit Störungsmeldung
   - abstellen von Überbeanspruchungen beim Menschen und Betriebsmittel
2. Rüstdauer reduzieren, z. B. durch
   - Vorbereitung des Rüsten noch während des vorhergehenden Auftrags
   - interne in externe Rüstoperationen überführen
   - Klemmen statt Schrauben, Schiebtische statt Kränen oder Gabelstaplern, Werkzeugtransportmittel, außerhalb der Maschine handhabbare Schnellspannvorrichtungen verwenden
   - separates Vorheizen, eliminieren von Justagen
   - detaillierte Standardisierung des Rüstprozesses und Mitarbeitertraining
   - Optimierung von Losgrößen und Losreihenfolgen
3. Anlagendimensionierung verbessern, z. B. durch
   - Verhältnismäßigkeit von Maschinen- und Produktgröße
   - Zusammenfassung von Bearbeitungsschritten und -stationen
   - Anlagengeschwindigkeit auf Taktzeit reduzieren
   - Kapazitäten gekoppelter Anlagen abgleichen.

3.6.3 Verbesserungen bei Montage-Arbeitssystemen

Vorgehenskonzept ist erfolgsentscheidend Wir verwenden den Sammelbegriff »Montage« für alle nicht betriebsmitteldominierten Arbeitssysteme. Auch hier ist ein klares Vorgehenskonzept erfolgsentscheidend. Abbildung IV-39 ist zu entnehmen, dass es darum geht, entweder

---

94 Vgl. z. B. Harmon, R. L.; Peterson, L. D.: Die neue Fabrik. Einfacher, flexibler, produktiver – hundert Fälle erfolgreicher Veränderung. Frankfurt: Campus, 1990, S. 151 f.

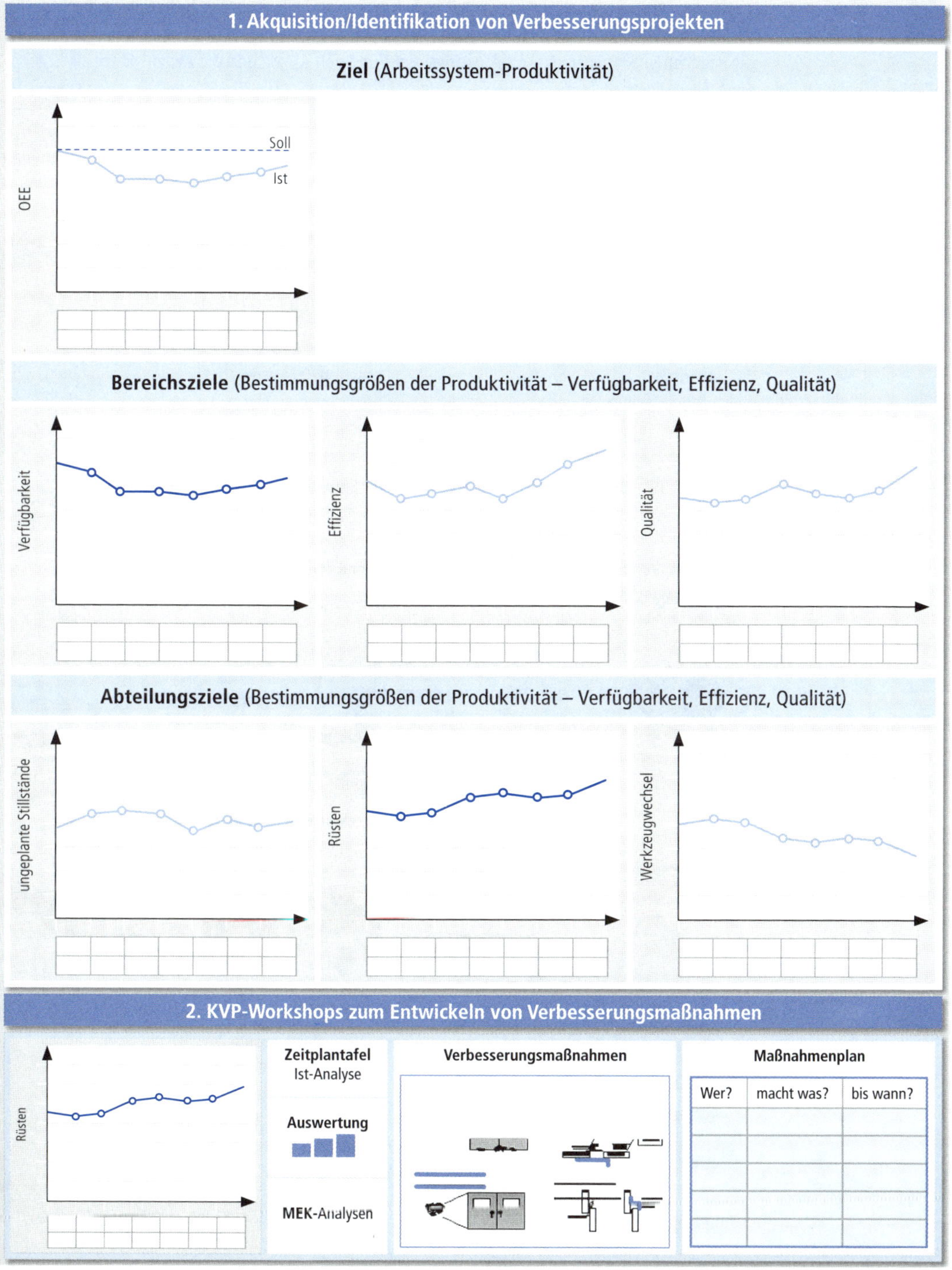

1. Akquisition/Identifikation von Verbesserungsprojekten

Ziel (Arbeitssystem-Produktivität)

[Diagramm: OEE mit Soll- und Ist-Linie]

Bereichsziele (Bestimmungsgrößen der Produktivität – Verfügbarkeit, Effizienz, Qualität)

[Drei Diagramme: Verfügbarkeit, Effizienz, Qualität]

Abteilungsziele (Bestimmungsgrößen der Produktivität – Verfügbarkeit, Effizienz, Qualität)

[Drei Diagramme: ungeplante Stillstände, Rüsten, Werkzeugwechsel]

2. KVP-Workshops zum Entwickeln von Verbesserungsmaßnahmen

[Diagramm: Rüsten]

Zeitplantafel
Ist-Analyse

Auswertung

MEK-Analysen

Verbesserungsmaßnahmen

Maßnahmenplan

Wer?	macht was?	bis wann?

Abbildung IV-38   Beispiel zum Vorgehen beim Verbesserungsmanagement bei betriebsmitteldominierten Arbeitssystemen

- zuerst den Ablauf und die Arbeitsplätze zu entwerfen und alle weiteren Bestandteile der Montage daraus abzuleiten oder
- die gegebenen Betriebsmittel als Ausgangspunkt und den Ablauf und die Arbeitsplätze als Ergebnis anzusehen oder
- einen Mittelweg einzuschlagen.[95]

Das betrieblich gültige Vorgehenskonzept ist den KVP-Teams zu vermitteln, um sicherzustellen, dass alle Teams dem gleichen Konzept folgen.

die Technik als Ausgangspunkt		die Technik als Ergebnis	
1	Betriebsmittel	1	Ablauf und Arbeitsplätze
2	Vorrichtungen und Logistik	2	Prüfkonzept
3	Layout	3	Vorrichtungen
4	Werkzeuge	4	Werkzeuge
5	Prüfkonzept	5	Betriebsmittel
6	Ablauf und Arbeitsplätze	6	Layout

Abbildung IV-39   Beispiele für Vorgehenskonzepte zur Entwicklung von Montageverbesserungen

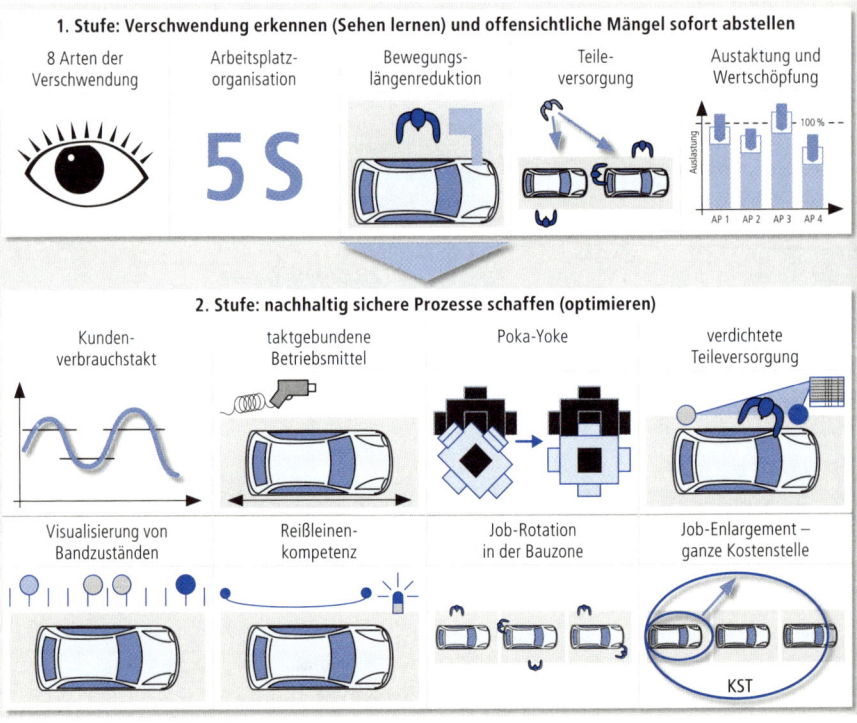

Abbildung IV-40   Beispiel zum stufendifferenzierten Vorgehen bei KVP in Montage-Arbeitssystemen[96]

---

95 Vgl. z. B. Harmon, R. L.; Peterson, L. D.: a. a. O., 1990, S. 89 f.
96 Nach Volkswagen Slovakia a. s., 2008.

Abbildung IV-40 ist beispielhaft ein stufendifferenziertes Konzept zur Themenauswahl für KVP-Teams zu entnehmen (vgl. dazu auch Abbildung IV-29).[97] Um die Teams nicht »ins kalte Wasser zu werfen«, überträgt man ihnen zunächst einfache Verbesserungsaufgaben der Stufe 1 und erwartet zumindest eine konsequente Anwendung der 5-S-Methode und insbesondere das Abstellen der in Abbildung IV-40 beispielhaft skizzierten Mängel. Typische Verschwendungen, die dabei entdeckt werden, sind z. B.

- Werkzeugkästen und Materialkästen bewegen,
- Beugen, Bücken, Schritte beim Materialholen,
- reinigen von Resten vorhergehender Vorgänge,
- Werkzeuge und Hilfsmittel zum Arbeitsort holen,
- kommissionieren am Arbeitsplatz,
- nachstellen nach erstem Einstellen,
- störende Teile (z. B. Leitungen) zur Seite legen.

Typische
Verschwendungen

Abbildung IV-40 ist weiterhin zu entnehmen, dass in die zweite Stufe neue anspruchsvollere Verbesserungsthemen einfließen. Der Schwerpunkt liegt hier bei der Arbeitsorganisation, und mit dem Poka-Yoke werden erste Produktbezüge hergestellt. So geht es schon um Fragen wie z. B. das Sicherstellen des Drehmoments beim Verschrauben oder den Ersatz von Schraubverbindungen durch Clipsen oder Kleben.

Dabei, spätestens aber in der zweiten Verbesserungsstufe sind die in Abbildung IV-41 und IV-42 angeführten Grundprinzipien zur Ablaufoptimierung (EVOVEP) anzuwenden. Hier werden Verbesserungen mit Hilfe der MTM-Bausteinsysteme systematisch und nachvollziehbar erarbeitet und ihrem Effekt nach bewertet. Das erfolgt nicht durch die KVP-Teams, sondern durch sie betreuende Industrial Engineers.

Systematisches
Verbessern mit MTM

Ist-Kodierung	A · H		EVOVEP-Gestaltungsregel	Soll-Kodierung	A · H
R30C	4	E	Entfall (von Bewegungen)	R30C	1
R30C	1	V	Verkürzen (Reduzieren der Bewegungslänge)	R10C	1
R10C	1	O	Ordnen (der Teilebereitstellung)	R10A	1
G4B	1			G1A	1
P2NSE	1	V	Vereinheitlichen (der Teilegeometrie)	P2SE	2
P2SSE	1				
P2SE	1	E	Erleichtern (des Fügens)	P1SE	1
M20C	1	P	Parallelisieren/Kombinieren (von Bewegungen)	M20A	1
P1SE	1				

Abbildung IV-41 Begründung der EVOVEP-Gestaltungsregeln durch MTM-1-Analysen

Neben den kodierten Informationen gilt der Gewichtung (Faktor A · H) besonderes Augenmerk, weil dabei Mengenhinweise entstehen, z. B. auf

- Mehrfachhandling (Layout-Verbesserung, Mehrfachvorrichtungen) und
- Engpassindikation (Häufigkeiten von Bücken, Beugen, Knien).

97 Vgl. Volkswagen Slovakia (Hrsg.): Wettlauf mit der Zeit. Die KVP-Kaskade sichert unsere Zukunft. Volkswagen Slovakia a. s.: Bratislava, 2008.

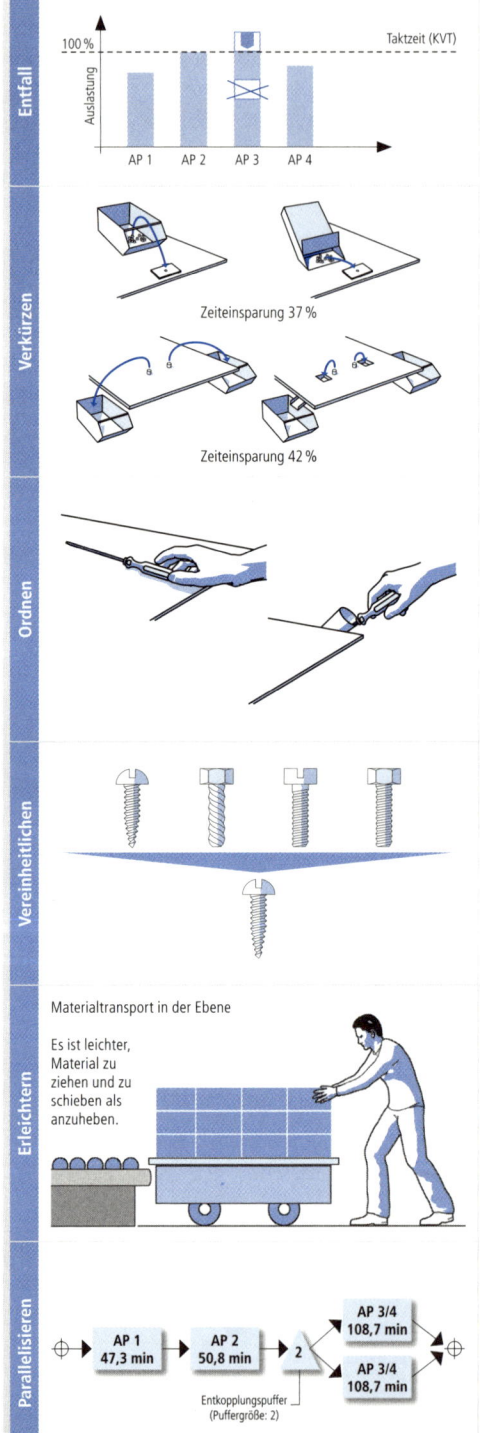

Entfall

Ablaufoptimierung durch Eliminieren von Prozessbausteinen, die entbehrlich sind. Hilfreich dazu ist Klassifizierung von Prozessbausteinen nach Verschwendungsarten bzw. Wertschöpfungskategorien.

Beispiel: Entfall von Prüfschritten. Prüfen gilt für die meisten als nicht wertschöpfend bzw. Verschwendung.

Verkürzen

Ablaufoptimierung durch Verkürzen von Bewegungslängen.

Beispiel: Reduzieren der Bewegungslänge durch entsprechende Anordnung von Behältern, Material oder Werkzeug.

Ordnen

Ablaufoptimierung durch geordnete Bereitstellung (Teile, Werkzeug). Idealfall: Gegenstand ist immer an exakt selber Position angeordnet. Das führt auf den effektivsten Fall des Hinlangens.

Beispiel: Ordnen der Werkzeugbereitstellung durch einen Köcher. Das Ergreifen wird einfacher, da sich das Werkzeug immer am selben Ort befindet (ermöglicht „blindes" Hinlangen), das Ablegen wird darüber hinaus durch die Trichterform soweit vereinfacht, dass beim Ablegen nicht mehr gezielt werden muss.

Vereinheitlichen

Ablaufoptimierung durch Reduzierung der Vielfalt an Teilen, Werkzeugen, Behältern etc.

Beispiel: Vereinheitlichung der Schraubengrößen bei einer Baugruppe:
- Es sind weniger Schraubentypen bereitzustellen (bessere Platzausnutzung, nur ein Werkzeug erforderlich).
- Es muss nicht zwischen verschiedenen Schrauben beim Verbau unterschieden werden (kein Suchen, keine Verwechslung).

Erleichtern

Ablaufoptimierung durch Reduzierung von Bewegungslängen, Kräften, Gewichten, Nutzung der Schwerkraft.

Aufnahme schwerer Baugruppen in drehbare Gehänge, um manuelles Handling zu erleichtern. Leichtere Gegenstände lassen sich auch schneller und genauer handhaben.

Beispiel: Material kann über geneigte Ebenen automatisiert bereit gestellt werden (Nutzung der Schwerkraft).

Parallelisieren

Optimierung der **Arbeitsmengenteilung,** z. B. zwischen
- Arbeitsplätzen
- Arbeitsmitteln oder auch
- beiden Händen bei manueller Arbeit.

Beispiel: Zusammenfassen von umfangreicheren Teilaufgaben zu einem Arbeitsplatz, der zweimal (parallel) installiert wird. Damit Verdoppelung der lokalen Taktzeit und Auslastungsausgleich.

Abbildung IV-42
Aus den EVOVEP-Gestaltungsregeln abzuleitende Verbesserungsstrategien

Das Wissen über Zeittreiber im Prozess entsteht über Wissen zu MTM-Prozessbausteinen. In Abbildung IV-43 ist beispielhaft für eine Hinlangbewegung dargestellt, welche Verbesserungsschritte ein Industrial Engineer beim Coaching von KVP-Teams aus der Kenntnis des MTM-Verfahrens heraus generiert. Hierbei hat die MTM-Normzeit eine besondere Bedeutung. Sie ermöglicht die quantitative Bewertung von Gestaltungsalternativen.[98]

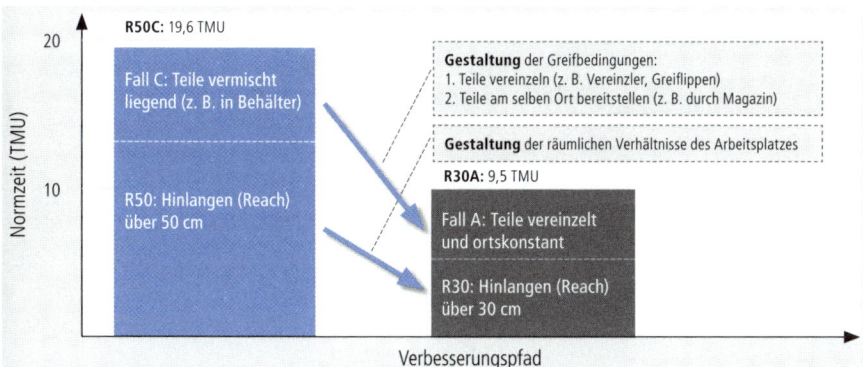

Abbildung IV-43 Verbesserungspfad beim Hinlangen

In Abbildung IV-43 stellt R30A den Soll-Ablauf (Ziel) dar. R50C steht für die Ausgangssituation im KVP. Ein Ablauf R30A ist erreichbar, wenn die Teile vereinzelt und ortskonstant bereitgestellt werden und das Arbeitsplatz-Layout entsprechend der geplanten Bewegungslänge gestaltet ist.

Eine systematische Parametervariation (Simulation) kann mit Hilfe von MTM-Datenkarten erfolgen, z. B. nach den Abbildung IV-44 zu entnehmenden Gestaltungsansätzen bezüglich der MTM-Grundbewegungen. Dies führt auf zeitoptimale Bewegungsabläufe, die sich in entsprechend gestalteten Arbeitssystemen begründen. Das MTM-Verfahren wirkt somit als Ideengeber für eine wertschöpfungszentrierte Prozessgestaltung.

---

98 Dies ist in den funktionellen Eigenschaften Modellbildungsimmanenz und Simulationsfähigkeit der MTM-Prozessbausteinsysteme begründet, vgl. Teil I, Abschnitt 4.3.4.

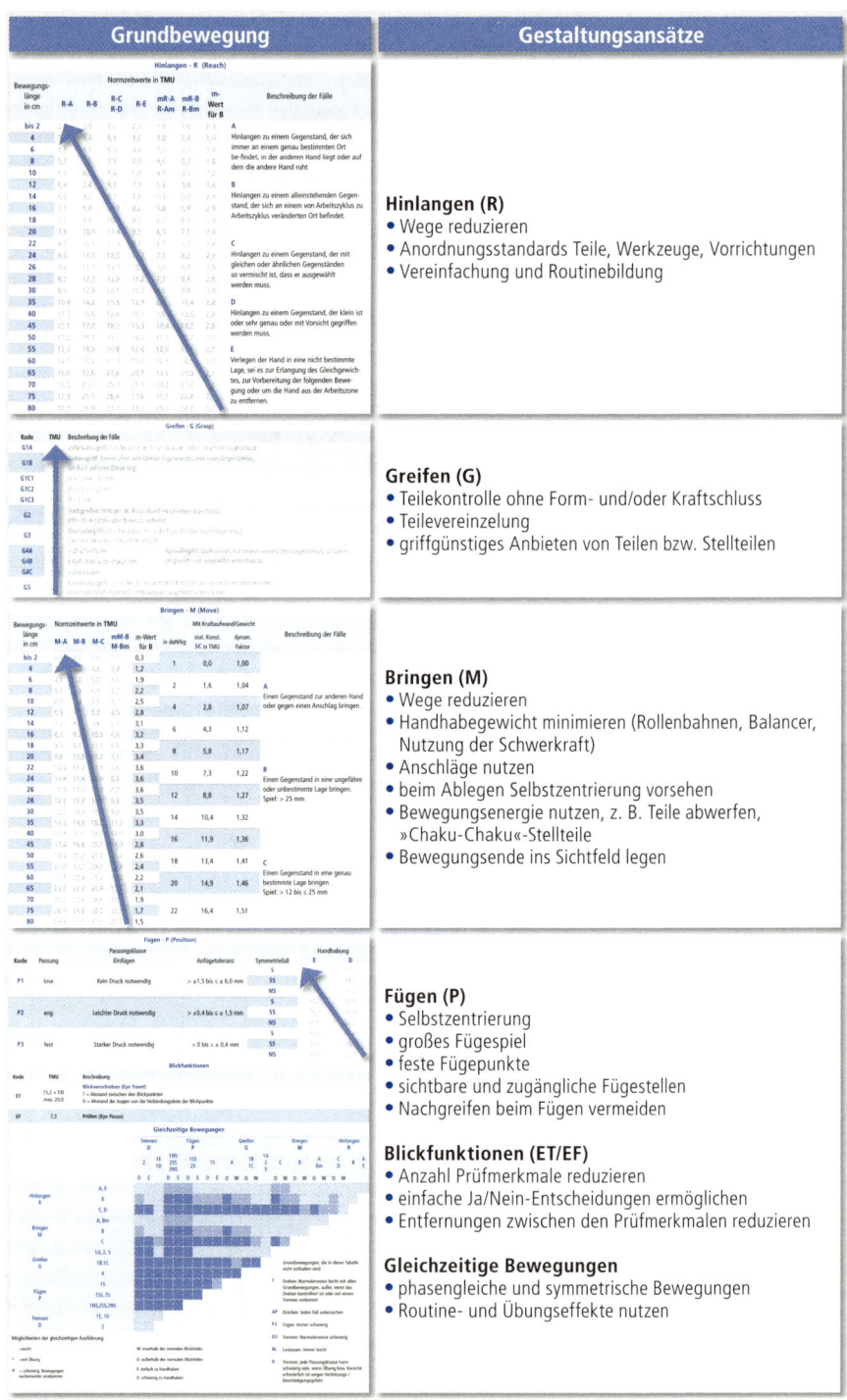

Abbildung IV-44   Ableitung von Verbesserungspfaden aus der MTM-1-Datenkarte

3.6.4 Verbesserungen der Steuerung

Im vorhergehenden Abschnitt wurden in Abbildung IV-40 neben arbeitsplatzbezogenen auch steuerungsbezogene Verbesserungsansätze angeführt. Besondere Bedeutung bei fortgeschrittener KVP-Arbeit haben Ansätze, bei denen

Steuerungsbezogene Verbesserungsansätze

* Prozesse durch teilautonome Mitarbeiter stabilisiert und
* Arbeitssystem-Zustände oder -ergebnisse visualisiert werden.

Das Hauptthema bei der Prozesssteuerung ist das Erkennen von und die Reaktion auf Fehler. Von Teilautonomie wird gesprochen, wenn Qualitätsprüfungen nicht durch Qualitätsprüfer, sondern durch die Mitarbeiter selbst durchgeführt werden. Dazu

* kennzeichnet man die betreffenden Arbeitsplätze für alle sichtbar,
* rüstet sie mit den erforderlichen Mess- und Prüfgeräten aus,
* kennzeichnet die betreffenden Arbeitsvorgänge in den Arbeitspapieren und
* lässt die Mitarbeiter Prüfbestätigungen abgeben.

Bei dieser sogenannten *Werkerselbstkontrolle* will man den Regelkreis verkürzen, wie Abbildung IV-45 zu entnehmen ist. Zusätzlich will man den Mitarbeitern ein größtmögliches Maß an Kompetenz zugestehen, ohne sie zu überfordern. Deshalb ist unter sonst gleichen Bedingungen das Selbstkontrollprinzip dem Folgekontrollprinzip vorzuziehen.

Selbst- und Folgekontrollprinzip

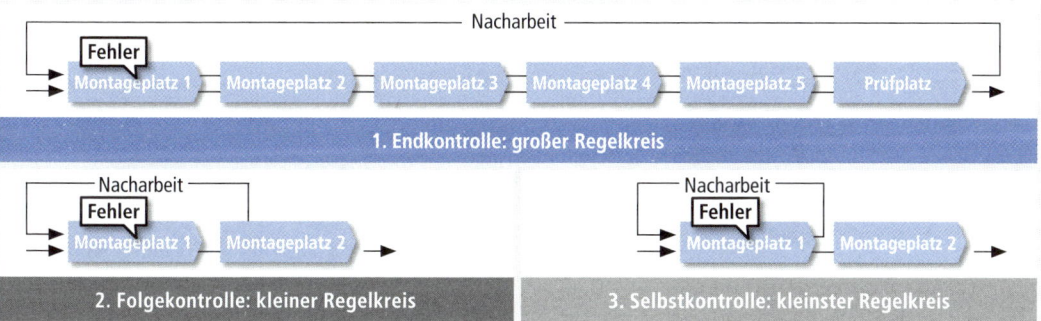

Abbildung IV-45   Prinzip des Ersetzens großer durch kleine Regelkreise

Abbildung IV-46 zeigt eine im KVP-Team erarbeitete Problemlösung zur Selbstkontrolle. Das Problem bestand darin, dass Fehler auftraten, die bei dem großen Regelkreis erst am Ende des Arbeitsprozesses entdeckt wurden. Bei nachzuarbeitenden Teilen erfolgte das so spät, dass Lieferrückstände zu Kundenabrufen entstanden. Bei irreparablen Fehlern waren zudem Demontagen erforderlich.[99]

---

99 Vgl. Hirano, H.: Poka-yoke. 240 Tipps für Null-Fehler-Programme. Landsberg: Moderne Industrie, 1992, S. 107 f.

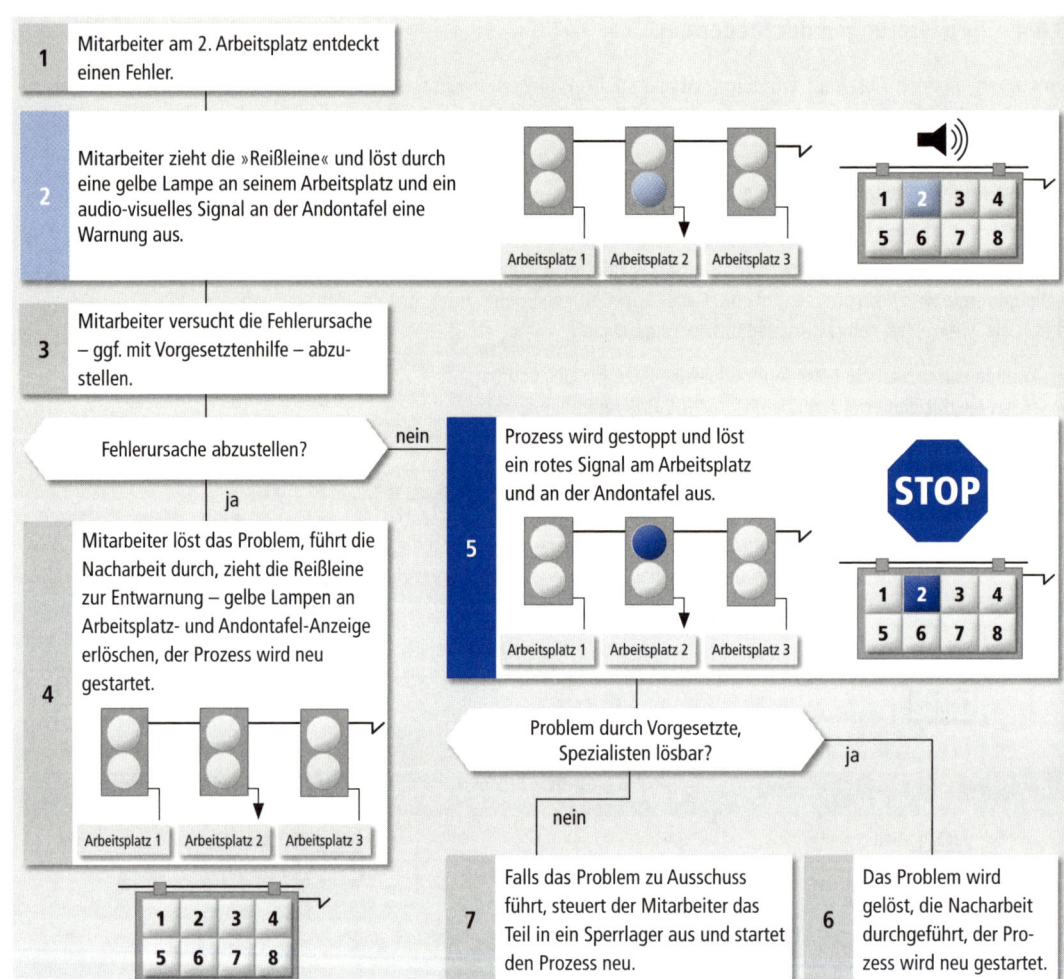

Abbildung IV-46   Prinzip der Übertragung von »Reißleine-Kompetenzen« und Visualisierung der Arbeitssystem-Zustände

Bandstopp-System   Durch das KVP-Team wurde eine Ablaufbeschreibung entwickelt, dem ein sogenanntes Bandstopp-System zu Grunde liegt, mit Reißleinen-Kompetenz für die dort tätigen Mitarbeiter.[100] Darunter versteht man ein Eskalationsszenario, bei dem Mitarbeiter den Prozess unterbrechen dürfen, wenn sie Fehler entdecken. Für den Ablauf wurde ein technischer Lösungsweg (Arbeitsplatz- und Prozessvisualisierungen) festgelegt, zu dem es verschiedene Musterlösungen gibt. Im vorliegenden Fall löst die Reißleinenbetätigung in der ersten Eskalationsstufe am Arbeitsplatz das Aufleuchten einer gelben Lampe aus. Auf der Prozessanzeige (Andontafel) wird der betreffende Arbeitsplatz angezeigt, inklusive akustischem Signal. Wenn es nicht gelingt, den Fehler am Arbeitsplatz zu beheben, wird durch nochmalige Reißleinenbetätigung die zweite Eskalationsstufe ausgelöst. Dabei geht die Arbeitsplatzanzeige auf Rot, der Prozess wird gestoppt und das fehlerhafte Teil ausgesteuert. Die Lösung wurde durch ein KVP-Team zusammen mit der Werksinstandhaltung umgesetzt.

---

100 Vgl. Suzaki, K.: a. a. O., 1994, S. 89 f.

3.6.5 Identifikation von Engpass-Arbeitssystemen

Arbeitssysteme werden als *Engpass-Arbeitssysteme* bezeichnet, wenn ihr Kapazitätsbestand dauerhaft unter dem an sie gerichteten Kapazitätsbedarf liegt und es zu keinem Gleichgewicht zwischen Kapazitätsnachfrage und -angebot kommt. Entstehen bei Arbeitssystemen nur gelegentlich Nachfrageüberhänge, ist dem durch partielle Mehrarbeit zu begegnen, sofern man sich nicht bereits im Kontischicht-Modus befindet. In dem Fall werden sie nicht als Engpass-Arbeitssysteme behandelt. Das Beseitigen von Engpässen bedingt meistens zusätzliche Aufwendungen, weshalb zu prüfen ist, ob sie wirklich dauerhaft sind.

Engpass-Arbeitssystem

Eine einfache Möglichkeit der Identifikation von Engpass-Arbeitssystemen ist die *Rückstandsanalyse,* wie in Abbildung IV-47 angeführt. Über sieben Monate wurden dort bei einem Zweischicht-Betrieb der Plan- und der Ist-Kapazitätsbestand erfasst. Diese weichen z. B. in Folge außergewöhnlicher Betriebsmittelstillstände oder Überstundenarbeit voneinander ab. Der Plan-Kapazitätsbestand ist fast jeden Monat höher als der Ist-Kapazitätsbestand.

Rückstandsanalyse

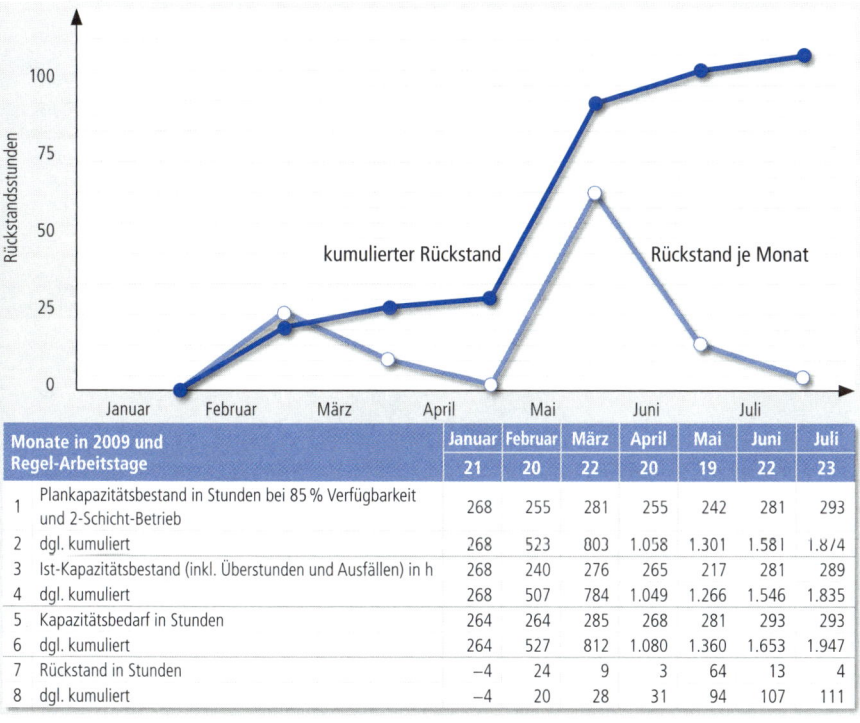

Monate in 2009 und Regel-Arbeitstage		Januar	Februar	März	April	Mai	Juni	Juli
		21	20	22	20	19	22	23
1	Plankapazitätsbestand in Stunden bei 85 % Verfügbarkeit und 2-Schicht-Betrieb	268	255	281	255	242	281	293
2	dgl. kumuliert	268	523	803	1.058	1.301	1.581	1.874
3	Ist-Kapazitätsbestand (inkl. Überstunden und Ausfällen) in h	268	240	276	265	217	281	289
4	dgl. kumuliert	268	507	784	1.049	1.266	1.546	1.835
5	Kapazitätsbedarf in Stunden	264	264	285	268	281	293	293
6	dgl. kumuliert	264	527	812	1.080	1.360	1.653	1.947
7	Rückstand in Stunden	−4	24	9	3	64	13	4
8	dgl. kumuliert	−4	20	28	31	94	107	111

Abbildung IV-47 Beispiel für das Durchführen einer Rückstandsanalyse

Der Kapazitätsbedarf ist überwiegend höher als der Plan- und noch höher als der Ist-Kapazitätsbestand. Die Differenz zwischen dem Ist-Kapazitätsbestand und dem Kapazitätsbedarf wird als Rückstand (Ist-Stunden gegenüber Soll-Stunden) bezeichnet. Im Februar und Mai entstanden mit 24 und 64 Stunden besonders hohe Rückstände. Betrachtet man in Abbildung IV-47 die Kurve der kumulierten Rückstände, wird klar, dass es hier zu keinem Gleichgewichtszustand zwischen Kapazitätsnachfrage und -angebot kommt. Wachsende Rückstände sind ein Kennzeichen für das Vorliegen eines Nachfrageüberhangs, also einer Engpass-Situation.

Engpassprobleme wurden bereits in den 1970er-Jahren in der Literatur zur Teilkostenrechnung behandelt.[101] Ungleich mehr Interesse löste in der Praxis jedoch die populärwissenschaftliche Veröffentlichung von Goldratt in den 1990er-Jahren aus.[102] Ihm gebührt der Verdienst, publizistisch geschickt den Blick vom einzelnen Arbeitssystem auf den Gesamtprozess und dessen Optimierung gelenkt zu haben. Mit dem Verwenden spezifischer Deckungsbeiträge als Entscheidungsgröße zur Engpassbeurteilung folgt er einem tradierten betriebswirtschaftlichen Ansatz. Die von ihm verwendeten Termini sind gewöhnungsbedürftig, für viele aber offenbar plastisch.

3.6.6 Auswirkung von Engpässen

Prozessanalyse zur Identifikation und Quantifizierung eines Engpasses

Das wirtschaftliche Problem von Engpässen zeigt sich weniger im Engpass-Arbeitssystem als im Prozess: Der *Durchsatz* aller im Prozess eingeschlossenen Arbeitssysteme wird durch das Engpass-Arbeitssystem limitiert. Als Folge entstehen *Deckungsbeitragsverluste*. Abbildung IV-48 ist ein Beispiel für eine *Prozessanalyse* zur Identifikation und Quantifizierung eines Engpasses zu entnehmen.

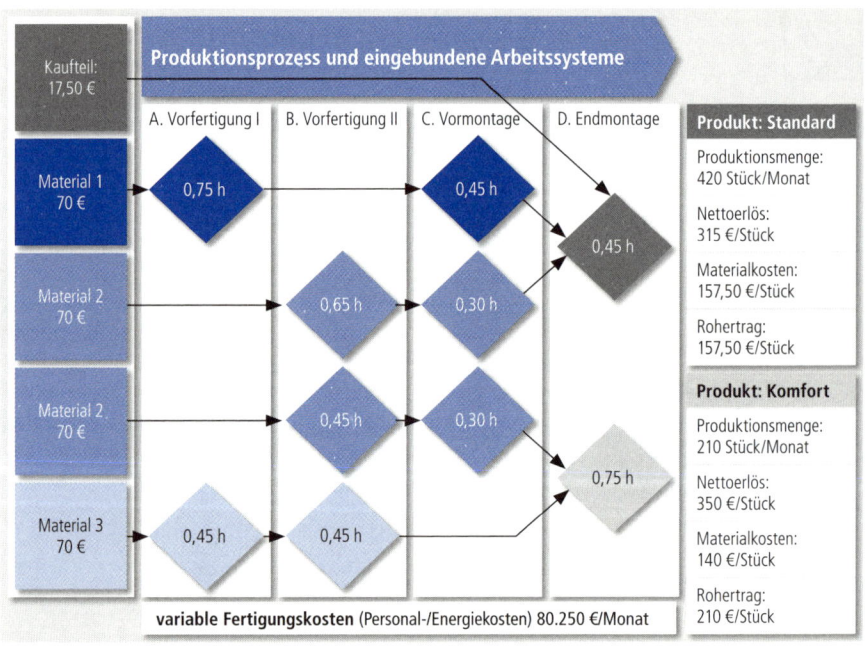

Abbildung IV-48 Prozessanalyse zur Quantifizierung von Engpässen

101 Vgl. z.B. Riebel, P.: Einzelkosten- und Deckungsbeitragsrechnung. Opladen: Westdeutscher Verlag, 1972, S. 56. Böhm, H.-H.; Wille, F.: Deckungsbeitragsrechnung, Grenzpreisrechnung und Optimierung, 5. Auflage. München: Verlag Moderne Industrie, 1977, S. 20f. Kilger, W.; Pampel, J.; Vikas, K.: Flexible Plankostenrechnung und Deckungsbeitragsrechnung, 12. Auflage (1. Auflage 1961). Wiesbaden: Gabler Verlag, 2007, S. 272f.
102 Vgl. Goldratt, E. M.: Theory of Constraints. Croton-on Hudson: North River Press, 1990.

1. Es wird gezeigt, welche Produkte zu fertigen sind, welche Nettostückerlöse dafür zu erzielen und welche monatlichen Produktionsmengen zu erreichen sind.
2. Dann werden der Materialeinsatz und die sich daraus ergebenden Materialstückkosten ausgewiesen. Beim ersten Produkt ergeben sich Materialkosten von 70 € (Material 1) + 70 € (Material 2) + 17,50 € (Kaufteil) = 157,50 €.
3. Als Differenz aus Nettoerlös und Materialkosten wird der Rohertrag bestimmt.
4. In den Prozess sind vier Arbeitssysteme eingebunden. Beide Produkte bestehen aus zwei Baugruppen. Beim Produkt »Standard« wird zudem ein Kaufteil verbaut. Die erste Baugruppe durchläuft die Vorfertigung I und die Vormontage, die zweite die Vorfertigung II und die Vormontage. In der Endmontage werden die Baugruppen zusammengebaut. Die je Arbeitssystem anfallenden Stückzeiten t_e sind Abbildung IV-48 zu entnehmen. Ferner werden die variablen Fertigungskosten pro Monat für den betrachteten Prozess in Höhe von 80.250 € ausgewiesen.

Abbildung IV-49 ist zu entnehmen, dass bei diesem Prozess im Dreischichtbetrieb gearbeitet wird, der Engpass also nicht mit Hilfe von Überstunden zu beseitigen ist. Ferner ist die Prozessverfügbarkeit mit 88 % relativ hoch.

Im oberen Bildteil werden vier Dinge ermittelt:

1. Aus dem Produkt von Stückzahl und geplanter monatlicher Produktionsmenge wird der Kapazitätsbedarf je Arbeitssystem bestimmt. In der Vorfertigung II beträgt er z. B. 462 Stunden.
2. Der Kapazitätsbestand ergibt sich aus dem Produkt von durchschnittlichen Monatsarbeitstagen, täglicher Schichtzeit und Verfügbarkeit. Er beträgt 415,80 Stunden in allen vier Arbeitssystemen.
3. Die Auslastung ergibt sich als Differenz aus Kapazitätsbestand und -bedarf. Die Vorfertigung II ist ein so gravierender Engpass, dass bereits im ersten Monat inakzeptable Rückstände entstehen.
4. Um das monatliche Produktionsprogramm von insgesamt 630 Stück zu erreichen, wäre in der Vorfertigung II ein Kapazitätsgewinn von 47 Stunden erforderlich.

Diesem Rechengang ist zu entnehmen, dass permanent Rückstände entstehen und der Produktionsplan von 630 Stück pro Monat nicht zu erfüllen ist. Im unteren Bildteil von Abbildung IV-49 werden deshalb zwei Dinge ermittelt:

- Erfolgsoptimale Splittung der Engpasskapazität auf die beiden Produkte: Zu präferieren ist das Produkt mit dem höchsten Rohertrag pro Engpassstunde. Das ist hier das Produkt »Standard«. Ist dessen geplante Produktionsmenge erreicht, verbleiben noch 142,80 Stunden, bei denen 159 Stück des Produkts »Komfort« zu fertigen sind.
- Ermittlung des Deckungsbeitrages: Aus der Splittung von 420 Stück und 159 Stück ergibt sich ein Rohertrag von 99.470 €/Monat. Werden davon die variablen Fertigungskosten in Höhe von 80.250 € subtrahiert, erhält man den Deckungsbeitrag, hier 19.220 €. Das sind ca. 10 % der Nettoerlöse.

Engpassanalyse – Ausgangssituation

Arbeitssystem		Produkt	Stückzeit in Std. (h)	Stückzahl	Kapazitätsbedarf in Std./Monat	Kapazitätsbestand*)	Auslastung absolut	Auslastung relativ
A	Vorfertigung I	Standard (S)	0,75	420	315,00			
		Komfort (K)	0,45	210	94,50	409,50	415,80	-6,30	98 %
B	Vorfertigung II	Standard (S)	0,65	420	273,00			
		Komfort (K)	0,45	210	94,50	462,00	415,80	46,20	111 %
		Komfort (K)	0,45	210	94,50			
C	Vormontage	Standard (S)	0,45	420	189,00			
		Standard (S)	0,30	420	126,00	378,00	415,80	-37,80	91 %
		Komfort (K)	0,30	210	63,00			
D	Endmontage	Standard (S)	0,45	420	189,00			
		Komfort (K)	0,75	210	157,50	346,50	415,80	-69,30	83 %

*) 21 Arbeitstage/Monat, 3-Schicht-Betrieb mit 3 · 7,5 Std./Tag, Verfügbarkeit 88 %

Deckungsbeitrag-maximierendes Produktmix – Ausgangssituation

	Produkt	Standard (S)	Komfort (K)
1	Nettoerlös in €/Stück	315,00	350,00
2	Materialkosten in €/Stück	157,50	140,00
3	Rohertrag in €/Stück (= 1 – 2)	157,50	210,00
4	Zeitbedarf Engpass in Std./Stück	0,65	0,90
5	Rohertrag in €/Engpassstunde (= 3 / 4)	242,31	233,33
6	Engpasskapazitätsbestand in Std.	415,80	
7	erfolgsmaximale Produktionsmenge	420	Stück/Monat
	dazu erforderlicher Kapitalbedarf in Std.	273,00	
8	verbleibender Kapitalbestand in Std.		142,80
	verbleibende Produktionsmenge	in Stück/Monat	159
9	Erlös in €/Monat	132.300	55.333
		187.833	
10	Rohertrag in €/Monat	66.150	33.320
		99.470	
11	variable Fertigungskosten in €/Monat	80.250	
12	Deckungsbeitrag in €/Monat (= 10 – 11)	19.220	
13	relativer Deckungsbeitrag (= 12 / 9)	10,2 %	

Abbildung IV-49 Ermittlung der wirtschaftlichen Auswirkung von Engpässen

Deckungsbeitrags-optimale Engpass-belegung

Die *deckungsbeitragsoptimale Engpassbelegung* verhindert unter den gegebenen Bedingungen zwar das Entstehen noch geringerer Deckungsbeiträge. Solange der Engpass aber besteht, gehen Deckungsbeiträge für 51 Stück des Produkts »Komfort« durch »kapazitatives Unvermögen« verloren.

3.6.7 Auflösung von Engpässen

Mit dem vorstehend ausgewiesenen Ergebnis wurde die Ausgangssituation für das Verbesserungsmanagement beschrieben und die Aufgabenstellung grundsätzlich vorgegeben. KVP-Teams könnten im Arbeitssystem »Vorfertigung II« folgende Lösungswege verfolgen (vgl. Abbildung IV-48):

Engpassanalyse nach Verbesserung (Investitionsausgaben: 225.000 €)							
Arbeitssystem	Produkt	Stückzeit in Std. (h)	Stückzahl	Kapazitätsbedarf in Std./Monat	Kapazitätsbestand*)	Auslastung absolut	Auslastung relativ
A Vorfertigung I	Standard (S)	0,75	420	315,00			
	Komfort (K)	0,45	210	94,50	409,50	415,80	-6,30	98 %
B Vorfertigung II	Standard (S)	**0,50**	420	273,00			
	Komfort (K)	**0,45**	210	94,50	**399,00**	415,80	**-16,80**	**96 %**
	Komfort (K)	**0,45**	210	94,50			
	Standard (S)	0,45	420	189,00			
C Vormontage	Standard (S)	0,30	420	126,00	378,00	415,80	-37,80	91 %
	Komfort (K)	0,30	210	63,00			
	Standard (S)	0,45	420	189,00			
D Endmontage	Komfort (K)	0,75	210	157,50	346,50	415,80	-69,30	83 %

*) 21 Arbeitstage/Monat, 3-Schicht-Betrieb mit 3 · 7,5 Std./Tag, Verfügbarkeit 88 %

Deckungsbeitrag-maximierendes Produktmix – Ausgangssituation				
	Produkt	Standard (S)	Komfort (K)	Amortisationsrechnung:
1	Nettoerlös in €/Stück	315,00	350,00	Investitionsausgaben = 35.000
2	Materialkosten in €/Stück	157,50	140,00	Deckungsbeitrags-Plus = 10.780
3	Rohertrag in €/Stück (= 1 – 2)	157,50	210,00	Amortisationsdauer = 3,2
4	Zeitbedarf Engpass in Std./Stück	0,50	0,90	
5	Rohertrag in €/Engpassstunde (= 3 / 4)	**315,00**	**233,33**	
6	Engpasskapazitätsbestand in Std.	415,80		
7	erfolgsmaximale Produktionsmenge	**420**	Stück/Monat	
	dazu erforderlicher Kapitalbedarf in Std.	210,00		
8	verbleibender Kapitalbestand in Std.		205,80	zu produzieren
	verbleibende Produktionsmenge in Stück/Monat		**229**	**210**
9	Erlös in €/Monat	132.300	73.500	
		205.800		
10	Rohertrag in €/Monat	66.150	44.100	
		110.250		
11	variable Fertigungskosten in €/Monat	80.250		
12	Deckungsbeitrag in €/Monat (= 10 – 11)	30.000		
13	relativer Deckungsbeitrag (= 12 / 9)	14,6 %		

Abbildung IV-50   Ermittlung der wirtschaftlichen Auswirkung der Auflösung von Engpässen

1. Stückzeit beim Produkt »Standard« reduzieren und/oder
2. beim Produkt »Komfort«, hier bei der ersten und/oder zweiten Baugruppe.

Das Ergebnis der Verbesserungsarbeit ist dem in Abbildung IV-50 weitergeführten Beispiel zu entnehmen. Die Stückzeit für das Produkt »Standard« in der Vorfertigung II wurde von 0,65 Std. auf 0,50 Std. reduziert. Die bei der Verbesserungsmaßnahme anfallenden Investitionsausgaben betragen 35.000 €.

Engpassmanagement Im Engpass-Arbeitssystem wurde damit die relative Auslastung um 15 % auf 96 % gesenkt, so dass nun das gesamte Produktionsprogramm von 630 Stück pro Monat zu fertigen ist. Dadurch wird der Erlös um ca. 18.000 €/Monat und der Deckungsbeitrag um 10.780 €/Monat auf dann 30.000 €/ Monat erhöht. Der Quotient aus Investitionsausgaben und Deckungsbeitrags-Plus weist die *Amortisationsdauer* aus (vgl. Teil II, Abschnitt 9.7.3), hier ca. 3 Monate. Die meisten Unternehmen betreiben Engpassmanagement, um Erweiterungsinvestitionen zu vermeiden und den *Break-even-Punkt* möglichst niedrig zu halten (vgl. Teil II, Abschnitt 9.7.2)

Abbildung IV-50 ist zu entnehmen, dass beseitigte Engpässe zum Entstehen neuer Engpässe führen können. Beim Arbeitssystem »Vorfertigung I« liegen gerade noch ca. 6 Stunden freie Kapazität vor. Bei dem attraktiven Rohertrag beim Produkt »Komfort« könnte man versuchen, den Absatz dieses Produkts zu erhöhen. Würde man ihn um 6 Std./0,45 Std. ≈ 14 Stück erhöhen, wäre bereits die Vollauslastung erreicht. Absatzmengen von mehr als 225 Stück/Monat führen also zum Entstehen eines neuen Engpasses und zu einer neuen Anforderung an das Verbesserungsmanagement.

3.7 Arbeiten mit KVP-Teams

3.7.1 Organisation und Rahmenbedingungen von KVP-Workshops

KVP-Workshops Im Abschnitt 3.4.4 wurde ausgeführt, dass KVP-Teams in Workshops Verbesserungen erarbeiten. Viele Unternehmen haben das Planen und Durchführen von KVP-Workshops detailliert geregelt[103] und in ihr *Produktionssystem* eingestellt, z. B. zu folgenden Aspekten:

1. Die Untersuchungsbereiche oder Problemlösungsfelder werden für jedes KVP-Team festgelegt, abgegrenzt und beschrieben. Es gibt Vorschläge, wonach Mitarbeiter bis zu einem bestimmten Zeitanteil an selbst gewählten Verbesserungsprojekten zu vorgegebenen Themen arbeiten sollten. Diejenigen, die diesem Gedanken etwas abgewinnen, sollten sich darüber klar sein, für welchen Personenkreis dieses Prinzip gelten soll.
2. Die zu erfüllenden Aufgaben sowie die damit verbundene Kompetenz und Verantwortung sind den Teilnehmern zugewiesen. So wichtig herausfordernde Standards und Ziele sind, so wichtig ist eine Toleranz gegenüber Fehlschlägen. Sie sind unumgängliche Begleiterscheinungen von Lernprozessen.
3. Es ist für alle klar, bei welchen Aufgaben die Zustimmung des Vorgesetzten erforderlich ist. Gilt für Geschäftsbereiche z. B. die Vorgabe, 75 % des Umsatzes mit Produkten zu erwirtschaften, die nicht länger als fünf Jahre auf dem Markt sind, ergeben sich für deren Management besondere strategische Verpflichtungen. Diese sind bei der Wahl der Verbesserungsschwerpunkte zu beachten.
4. Ferner ist transparent, welche Funktionen Dritte (z. B. Vorgesetzte, Industrial Engineering, Betriebsmittelbau) in diesem Prozess haben und zu welchen Unterstützungsleistungen sie verpflich-

---

103 Vgl. z. B. Kostka, C.; Kostka, S.: Der kontinuierliche Verbesserungsprozess. Methoden des KVP, 3. Auflage. München: Hanser, 2006. Witt, J.; Witt, T.: Der kontinuierliche Verbesserungsprozess (KVP). Konzept, System, Maßnahmen. München: Sauer, 2006.

tet sind. In den Unternehmen liegen strukturierte und unstrukturierte Probleme vor. Je mehr letzteres der Fall ist, desto wichtiger ist eine Unterstützung und kein dozierendes Schulmeistern der KVP-Teams durch fachkompetente Dritte.

5. Die Regelkommunikation (wer, in welcher Form, wann, warum, an wen?) ist festgelegt[104], so dass eine angemessene Informationsversorgung für alle Involvierten und Betroffenen gewährleistet wird.

6. Es gibt Regeltermine, zu denen KVP-Teams ihre Ergebnisse dem Management präsentieren, so dass klar ist, wer, wann, wem, was darzulegen hat.

Die Mitglieder von KVP-Teams (meist drei bis fünf Personen) werden aus den Bereichen rekrutiert, für die Verbesserungen zu erarbeiten sind. Die Moderation wird meist durch einen *KVP-Moderator* durchgeführt.[105] Das kann im Ausnahmefall ein Gruppensprecher sein, wenn dieser entsprechend geschult ist. Im Regelfall übernimmt diese Funktion aber ein Vorgesetzter oder ein Industrial Engineer. An die Qualifikation eines KVP-Moderators sollte man mindestens folgende Anforderungen stellen:

Moderation

1. Fachliche Qualifikationen: Das Unternehmen und insbesondere die Aufgaben und Prozesse im betreffenden Bereich kennen, im Industrial Engineering inkl. des Qualitätsmanagements über gute Kenntnisse verfügen, die herzustellenden Produkte kennen.

2. Schlüsselqualifikationen: Hier ist primär eine hohe Sozial- und Methodenkompetenz erforderlich (vgl. dazu Abschnitt 6.3.5).

Hohe Anforderungen an die Sozialkompetenz stellt man, weil Moderationen konsensorientiert erfolgen müssen. Die Entscheidungen und Ergebnisse sind von allen Teammitgliedern zu tragen. Im direkten Bereich werden Workshop-Veranstaltungen meist auf wenige Stunden begrenzt. Manche Unternehmen führen KVP-Workshops auch im Rahmen bezahlter Überstunden und in indirekten Bereichen auch als Ganztages-Workshops durch. KVP-Workshops werden oft in drei Phasen durchgeführt (vgl. Abbildung IV-30, Planungsphase und Abbildung IV-51):

KVP-Workshop	Planen-Schritt im PDCA-Regelkreis	Instrument/Arbeitstechniken (Beispiele)
1. Ausgangssituation erklären	1.1 Aufgabenstellung klären und festlegen	• Brainstorming • Mindmapping
	1.2 Ist-Zustand dokumentieren	• diverse Instrumente
2. Verbesserungsmaßnahmen entwickeln	2.1 Problemanalyse i. e. S. (Mängel und deren Ursachen identifizieren)	• 4-M-, 6-W-Checkliste, 8 Arten der Verschwendung • Ishikawa-Diagramm • Morphologischer Kasten
	2.2 Verbesserungsziele festlegen	• interne Strategien, Produktionssystem • Entscheidungskalküle bestimmen und ggf. Nutzwertanalyse anlegen
	2.3 Verbesserungsmaßnahmen entwickeln (inkl. Bewertung)	• Brainstorming, Osborn-Checkliste, Morphologischer Kasten • MTM-Industrial-Engineering-Instrumente für KVP-Teams • KVP-Maßnahmenplan anlegen
3. Ergebnis präsentieren		

Abbildung IV-51 Vorgehensschritte beim Durchführen von KVP-Workshops

---

104 Vgl. Abschnitt 2.6.5.
105 In den Unternehmen gibt es für diese Funktion auch andere Bezeichnungen, z.B. bei ZF Friedrichshafen »Prozessbegleiter«.

1. Ausgangssituation klären,
2. Verbesserungsmaßnahmen erarbeiten (und später umsetzen),
3. Ergebnis präsentieren.

Diese Phasen werden in den folgenden Abschnitten erläutert.

3.7.2 Klärung von Ausgangssituationen

Zwei Ansätze bei der Klärung der Ausgangssituation

Inwieweit Ausgangssituationen zu klären sind, hängt vom KVP-Konzept des Unternehmens ab. Wir unterscheiden zwei Ansätze:

1. Lösung definierter Probleme: Es gibt Unternehmen, die aufgrund vorgelagerter Problemerhebungen, z.B. mit Hilfe einer Multimomentaufnahme (vgl. Teil II, Abschnitt 8.6) oder den Einsatz von Zeitplantafeln (vgl. Abschnitt 2.6.4 und Teil II, Abschnitt 9.5), die Aufgabenstellung geklärt und den Ist-Zustand hinreichend beschrieben haben. KVP-Teams müssen sich damit nur vertraut machen und keine eigenen Erhebungen durchführen.
2. Lösung undefinierter Probleme: Andere Unternehmen sehen es als Aufgabe ihrer KVP-Teams an, die Probleme und Verbesserungsnotwendigkeiten zu identifizieren.

Über die Aufgabenstellung ist Einvernehmen zu erzielen, innerhalb des KVP-Teams und mit dem zuständigen Management. Wird beim Anlaufmanagement (vgl. Abschnitt 3.2) mit der *Arbeitssystem-Produktivität* gearbeitet, wird man diese auch beim Verbesserungsmanagement verwenden. Dann werden jene Sachverhalte als verbesserungsbedürftig ausgewiesen, die eine unbefriedigende Produktivität verursachen (vgl. Teil I, Abschnitt 3.4.3). Das könnten z.B. ein zu hoher Ausschuss, ein zu hoher Anteil von Nacharbeit, zu lange Rüstzeiten oder zu häufige Störungen sein. Wenn Aufgabenstellungen bereits so weit formuliert sind, ist durch das KVP-Team zu klären, worin die Ursachen liegen könnten und wie weit man den Lösungsrahmen abstecken muss. Dazu werden oft zwei sich ergänzende Arbeitstechniken eingesetzt, *Brainstorming* und *Mindmapping*. Letzteres wurde im Teil II, Abschnitt 3.3.4 erläutert.

Brainstorming

Brainstorming ist eine Arbeitstechnik, bei der in Workshops ein Moderator Ideenfindungsgruppen zur assoziativen Ideengenerierung bringt. Die Rolle des Moderators im Rahmen von ca. 30-minütigen Sitzungen ist, die Teilnehmer durch »Reizfragen« anzuregen (z.B. »Warum leisten wir uns den Luxus einer Nacharbeitszone?«), spontan Ideen zu äußern, die er auf Pinnwänden notiert. Durch die visualisierten Beiträge sollen die Teilnehmer angeregt werden, eigene Ideen beizusteuern. Aufgabe des Moderators ist es, diese zu strukturieren, z.B. mit Hilfe der Mindmapping-Technik. Bei Brainstorming-Sitzungen hat der Moderator dafür zu sorgen, dass drei Arbeitsprinzipien gefolgt wird:

1. Keine Kritik: Jegliche Wertungen von Ideen sind einer späteren Phase vorbehalten, weil sie die Ideengenerierung stören. Dazu gehören insbesondere die sogenannten Killerphrasen (z.B. »Haben wir schon probiert, ging nur nicht.«, »Hört sich aber sehr theoretisch an.«, »Dafür haben wir weder Ressourcen, noch kann sich das rechnen.«).
2. Quantität vor Qualität: Es kommt darauf an, möglichst viele spontane Ideen zu sammeln, weil damit die Wahrscheinlichkeit steigt, an alles Wichtige gedacht zu haben.
3. Freier Assoziationslauf: Ideenflüsse sind vom Moderator nur dann vorsichtig zu kanalisieren, wenn deutliche Abschweifungen vom Thema entstehen. Ferner hat er die Teilnehmer zu bewegen, die Ideen der anderen aufzugreifen und fortzuentwickeln.

Das Ergebnis einer Brainstorming-Sitzung ist vom Moderator aufzubereiten und den Teilnehmern in übersichtlicher Form auszuhändigen. Auf dieser Basis werden dann Folge-Brainstormings durchgeführt, die mit einer Ideenverdichtung und -bewertung enden sollen.

Ist-Zustände müssen so weit dokumentiert werden, dass KVP-Teams am Ende ihren Erfolg anhand einer Ist-Zustand-Verbesserung messen können. Dazu sollten Kennzahlen (z. B. Zeitbezüge, Bestandsbezüge, Anteilsbezüge) beschafft werden, weil eine Regel lautet: »Konzentration auf messbare Ergebnisse, die man versteht und selbst beschaffen kann«.[106] Wie Ist-Zustände zu dokumentieren sind, hängt vom Problem ab und ist nicht zu verallgemeinern. Werden z. B. Engpässe aufgelöst, wie im Abschnitt 3.6.5 beschrieben, ist der Erfolg leicht zu erkennen. Werden dagegen Steuerungsprobleme bearbeitet (vgl. Abschnitt 3.6.4), sind Erfolge ohne klare Beschreibung des Ist-Zustands schwer nachzuweisen. Mitunter helfen auch *Point Photographies* (vgl. Abschnitt 2.6.4).

Ist-Zustände dokumentieren

3.7.3 Entwicklung und Bewertung von Verbesserungsmaßnahmen

Auch die Entwicklung von Verbesserungen sollte durch einen KVP-Moderator betreut werden. Er muss dazu methodisches Wissen und Erfahrung einsetzen und Authentizität erkennen lassen. In Abbildung IV-51 wird ausgewiesen, dass am Anfang die Problem- oder Schwachstellenanalyse steht. Dabei sind Mängel und Problemursachen offenzulegen, zu priorisieren sowie Wechselbeziehungen und Abhängigkeiten herauszuarbeiten. Die Problembeschreibung ist präzise und nachvollziehbar zu dokumentieren. Mit Hilfe der 4-M- und 6-W-Checkliste sowie des Gedankenguts aus den acht Arten der Verschwendung ist z. B. zu erheben, was das Problem ist, worin es besteht, wo man es beobachten kann, welche Teile, Produkte, Betriebsmittel davon betroffen sind und wann und wie häufig es auftritt.

Checkliste

Bei der Ursachenanalyse sind alle relevanten Gründe für das Auftreten des identifizierten Problems herauszuarbeiten. Auch hierbei ist die 6-W-Methode nützlich. Die dabei gewonnenen Erkenntnisse lassen sich übersichtlich in Form von *Ishikawa-Diagrammen* (Fischgrät-Diagrammen) abbilden.

Ishikawa-Diagramm

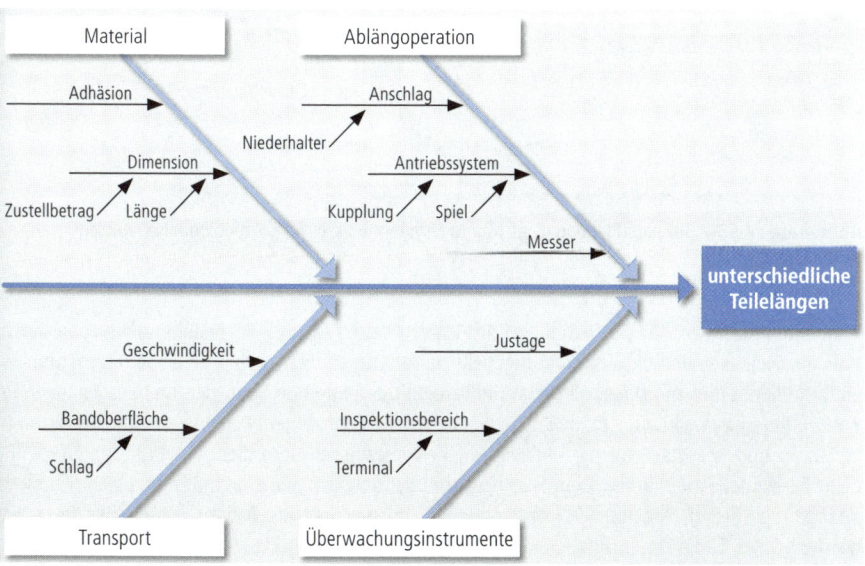

Abbildung IV-52 Beispiel für ein Ishikawa-Diagramm

---

106 Nicht empfehlenswert ist das Verwenden von Kenngrößen aus anderen Unternehmenssphären, z. B. Bandstopp-Point, Opportunitätskosten, Interner Zinsfuß, die von den KVP-Teams weder zu beschaffen noch wirklich zu verstehen sind.

Abbildung IV-52 ist zu entnehmen, wie damit schrittweise die auf eine Zielgröße (dort: unterschiedliche Teilelängen) wirkenden Einflussgrößen (Ursachen) herausgearbeitet wurden. Ishikawa-Diagrammen sind mögliche Ursachen bemängelter Ergebnisse oder Effekte und deren funktionelle Zusammenhänge zu entnehmen.

Morphologischer Kasten

Eine weitere Möglichkeit der Bestandsaufnahme von Ursachen und Möglichkeiten bietet der *Morphologische Kasten*[107]. Abbildung IV-53 ist dazu ein Beispiel zu entnehmen. Als erstes werden jene Elemente, Parameter oder Aspekte zusammengestellt, die es zu berücksichtigen gilt, sortiert nach Kategorien (dort z.B. Logistik, Montage-Layout). Zu diesen Elementen werden die möglichen Ausprägungen (Lösungsalternativen) angeführt. Da der Morphologische Kasten für alle sichtbar ist, führt das meist zu einer vollständigen Problemanalyse. In Abbildung IV-53 ist mit den Punkten und der Verbindungslinie bereits das Ergebnis des übernächsten Schrittes eingetragen: Durch Auswahl der Elemente-Ausprägungen wird ein Lösungsvorschlag formuliert.

Elemente/Parameter/Aspekte		Ausprägungen		
Logistik	Materialbereitstellung	vor der Montagelinie in markierten Bereitstellzonen	an den Arbeitsplätzen in Transportbehältern (ohne Befüllung)	an den Arbeitsplätzen in Entnahme-/Greifbehältern (mit Befüllung)
	Teilebereitstellung	im Auslaufpuffer, ungeordnet	auf Paletten abgesetzt	
Montagelayout	Anordnung	Skelettbandlinie	U-Karee	Einzelplätze (Inselprinzip)
	Verkettung	antrieblose Röllchenbahn	permanent laufendes Gurtband	Schiebetische
Arbeitsinhalte	Aufgabenumfang	ohne Prüfaufgaben	prüfen der eigenen Ergebnisse	prüfen der eigenen Ergebnisse und der des Vorgängers
	Aufgabenabgrenzung	feste Abgrenzung (starrer Takt)	variable Abgrenzung (Plus-Minus-Aufgaben)	

Abbildung IV-53   Beispiel (Planung eines Montagesystems) für einen Morphologischen Kasten (Ausschnitt)

Bewertungsverfahren und -maßstäbe festlegen

Wenn die Problemanalyse i. e. S. durchgeführt ist, sind durch das KVP-Team die Verbesserungspotenziale abzuschätzen und die Verbesserungsziele zu bestimmen. Ferner sind Verbesserungsrichtungen zu formulieren und zu prüfen, ob sie im Einklang mit den internen Strategien und Festlegungen im *Produktionssystem* stehen. Jetzt und nicht erst bei der Maßnahmenentwicklung sind die Bewertungsverfahren und -maßstäbe für die Problemlösungen festzulegen, falls diese für das Element »KVP« nicht bereits im Produktionssystem festgelegt sind. Ist dort z. B. die Durchführung einer *Nutzwertanalyse* (vgl. Teil II, Abschnitt 9.7.4) vorgesehen, müssen hier die Bewertungskriterien festgelegt werden. Soll z. B. die Durchlaufzeit reduziert werden, ist dazu der Zielwert festzulegen.[108]

---

107 Der Begriff »Morphologischer Kasten« ist zwar etabliert, aber nicht sehr sinnfällig, weil es sich um keinen Kasten, sondern um eine zweidimensionale Tabelle handelt.

108 Dieser Zwang zu einer frühzeitigen Zielfestlegung ist unter zwei Aspekten zu begründen. Die KVP-Teams sollen sich ein anspruchsvolles Ziel setzen und sich nicht mit dem zufriedengeben, was dann »eben herauskam«. Ferner soll vermieden werden, dass »Lieblingslösungen« entstehen, die vom KVP-Team aus nichtrationalen Gründen präferiert werden.

Beim Entwickeln der Verbesserungsmaßnahmen werden in Abbildung IV-51 drei Arten methodischer Hilfen angeführt:

Entwickeln der
Verbesserungs-
maßnahmen

1. Brainstorming, Osborn-Checkliste, Morphologischer Kasten;
2. Industrial-Engineering-Instrumente für KVP-Teams;
3. KVP-Maßnahmenplan.

Die Prinzipien des Brainstorming wurden bereits im vorhergehenden Abschnitt erläutert. Sie lassen sich nicht nur bei der Problemanalyse, sondern auch beim Erzeugen von Verbesserungsideen nutzen. Während die *6-W-* und die *4-M-Checkliste* die produkt- und prozessbezogene Analyse unterstützen, zielt die Osborn-Checkliste auf eine produkt- und prozessbezogene Veränderung (vgl. Abbildung IV-54).[109]

	Veränderungsaspekte	kreative Fragen
1	Zweckänderung	Wie ist es alternativ zu gebrauchen? Wie könnte man es nach welchen Modifikationen gebrauchen?
2	Adaptierung	Worin liegen Ähnlichkeiten? Welche Parallelen kann man ziehen? Was kann man kopieren, übernehmen?
3	Modifikation	Was müsste man hinzufügen in Bezug auf Zweckbedeutung, Form, Abmessungen, Bewegung, höhere/geringe Präzision etc.?
4	Verkettung	Was könnte vergrößert werden, im Sinne von höher/länger/dicker? Was wäre zu multiplizieren/zusammenzufügen/zu verdoppeln?
5	Verkleinerung	Was könnte man weglassen, verkleinern, verkürzen, vertiefen, aufteilen?
6	Substitution	Wodurch wäre es ersetzbar? Ist das Material, der Prozess, der Standort zu verändern?
7	Umgruppierung	Was wäre zu vertauschen? Welche anderen Reihenfolgen wären möglich?
8	Umkehrung	Lässt sich positiv in negativ kehren? Lassen sich Teile/Dinge in das Gegenteil verkehren? Sind Rollen zu vertauschen? Lassen sich Ursachen und Folgen tauschen?
9	Kombination	Was ließe sich kombinieren? Sind Ideen oder Absichten kombinierbar?

Abbildung IV-54 Osborn-Checkliste

In Abbildung IV-51 ist die Osborn-Checkliste in Verbindung mit dem Brainstorming angeführt, weil man zu jedem Veränderungsaspekt und den zugehörigen kreativen Fragen ein kurzes Brainstorming durchführt und aus den Ergebnissen eine Mind Map entwickelt.

Aus den Ergebnissen dieses Prozesses ergeben sich ggf. Begründungen für die Weiterverarbeitung im zuvor angelegten *Morphologischen Kasten.* In Abbildung IV-53 sind jene Elemente-Ausprägungen mit einem Punkt markiert, die beim Verbesserungsvorschlag verwendet werden. Durch verknüpfen dieser Punkte entsteht eine Kette von Lösungselementen, wird die Verbesserungsmaßnahme skizziert. Ob diese Lösungsidee eingehenden Prüfungen standhält, ist nun zu klären. Das erfolgt mit Hilfe von Industrial-Engineering-Methoden, die auf die Anwendung durch KVP-Teams abgestimmt sind und im folgenden Abschnitt erläutert werden.

---

109 Die Osborn-Checkliste sollte man nicht verwenden, wenn wirkliche Innovationen zu erarbeiten sind, weil sie dem Prinzip der »Analogien-Nutzung« folgt (»Hatten wir das nicht schon mal?«).

Von KVP-Teams entwickelte Verbesserungsmaßnahmen werden oft unterschieden nach

1. Sofortmaßnahmen (z. B. um weitere Schäden oder Fehler zu vermeiden), oft nur mit Umsetzungs-verantwortung und Termin versehen;
2. Konzeptmaßnahmen. Das sind an Umsetzungsfristen gebundene, meist komplexe und Abstimmungen bedingende Vorhaben, die mit Umsetzungen, Unterstützungen, Sponsoring sowie Terminen versehen sind.

Die Maßnahmen sollten durch die KVP-Teams in Maßnahmenplänen dokumentiert werden. Ein Muster aus einem mittelständischen Betrieb ist Abbildung IV-55 zu entnehmen.

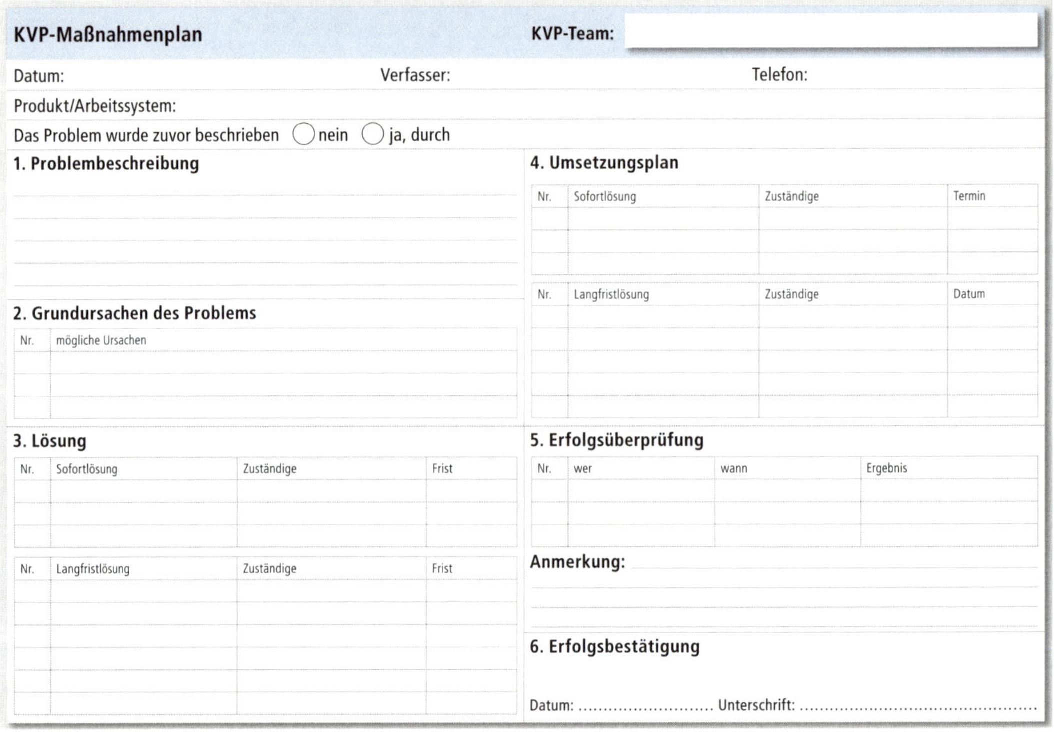

KVP-Maßnahmenplan		KVP-Team:	
Datum:	Verfasser:	Telefon:	
Produkt/Arbeitssystem:			
Das Problem wurde zuvor beschrieben ◯ nein ◯ ja, durch			

1. Problembeschreibung

4. Umsetzungsplan

Nr.	Sofortlösung	Zuständige	Termin

Nr.	Langfristlösung	Zuständige	Datum

2. Grundursachen des Problems

Nr.	mögliche Ursachen

3. Lösung

Nr.	Sofortlösung	Zuständige	Frist

Nr.	Langfristlösung	Zuständige	Frist

5. Erfolgsüberprüfung

Nr.	wer	wann	Ergebnis

Anmerkung:

6. Erfolgsbestätigung

Datum: .... Unterschrift: ....

Abbildung IV-55   Beispiel für einen KVP-Maßnahmenplan

Das Ergebnis ist den Betroffenen und den tangierten Bereichen zu präsentieren. Falls das im Produktionssystem nicht grundsätzlich geregelt ist, muss das KVP-Team das Umsetzungscontrolling festlegen.

3.7.4 Methodenraum – Begriff und Funktionen

Vor den Einsatz von Stammpersonal und Leihkräften werden zwei Institutionen geschaltet:

1. *Assessment-Center*[110], wenn es darum geht, die Eignung von Personen zu beurteilen und für oder gegen ihren Einsatz zu entscheiden.
2. Übungs- und Trainings-Center[111], wenn es darum geht, Personen Grundqualifikationen zu vermitteln, dabei auch auf ihre Eignung zu prüfen und ihnen eine Einführung in ihre künftige Arbeit zu geben.

Die Institutionalisierung von Assessment-Centern ist durch die Vorschriften des § 95 BetrVG (Auswahlrichtlinien) reglementiert. In den meisten Unternehmen sind sie dem Personalwesen zugeordnet, und das Industrial Engineering ist davon nur mittelbar berührt.[112] Für Trainings- und Übungs-Center hat sich in vielen Unternehmen mit Serien- oder Massenfertigung der Begriff *Methodenraum* eingebürgert.[113] Stammpersonal und Leihkräfte werden außerhalb der laufenden Produktion qualifiziert, um den Produktionsablauf nicht unbillig zu behindern und/oder weil es dazu besonderer Übungs-Arbeitsplätze und -Techniken bedarf. Ferner ist das Betreuungspersonal, die Methodenraumtrainer, für die dabei auftretenden Aufgabenstellungen besonders qualifiziert. Es ist oft dem Industrial Engineering, seltener der Produktionsleitung zugeordnet. Neben der Qualifizierungsfunktion erfüllen Methodenräume bei manchen Unternehmen aber noch eine weitere Funktion, nämlich die der Erprobung von Entwürfen in der zweiten Phase und von Verbesserungen in der dritten Phase des PEP (vgl. Abbildung IV-56).

Assessment-Center, Methodenraum

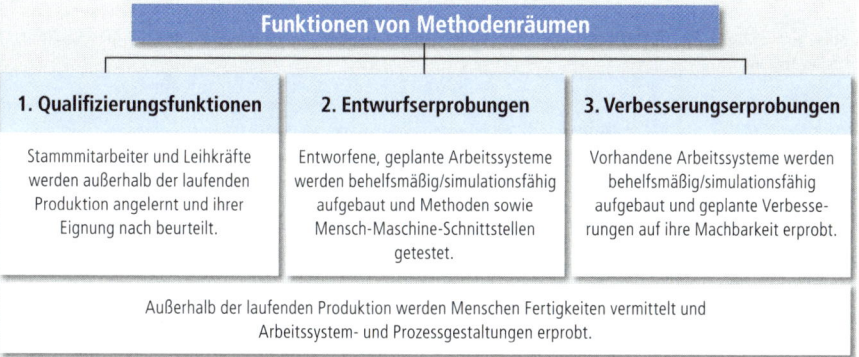

Abbildung IV-56   Funktionen von Methodenräumen

---

110 Vom Englischen to assess (= beurteilen) abgeleiteter Begriff für betriebliche Organisationseinheiten, in denen interne und externe Bewerber, auch angeforderte und angebotene Leihkräfte, daraufhin geprüft werden, inwieweit sie den Anforderungen des Unternehmens entsprechen. Hierzu werden diesen Personen standardisierte Aufgaben gestellt. Der Umgang mit den damit verbundenen Problemen und die Lösungsergebnisse werden bewertet. Das Bewertungsergebnis ist dann Maßstab für die Eignung dieser Personen.
111 Solche Institutionen werden im gewerblichen Bereich manchmal auch als Assessment-Center, überwiegend aber als Methodenraum bezeichnet. Es gibt aber auch andere Begriffe. So bezeichnet man sie z. B. bei der Volkswagen AG als »Profiraum«.
112 Vgl. z. B. bei Obermann, C.: Assessment Center. 3. Auflage. Wiesbaden: Gabler, 2006.
113 Ein anderer, heute nicht mehr gebräuchlicher Begriff ist die Lernstatt (für: Lernen in der Werkstatt). Er entstand vor dem Hintergrund der massenhaften Beschäftigung und damit der fachlichen und sozialen Integration ausländischer Arbeitnehmer in den 1970er-Jahren. Dabei standen die Bildung von Qualitätsbewusstsein, die Identifikation mit dem Betrieb, das Entwickeln von Verbesserungsideen oder die Bereitschaft für Veränderungen im Vordergrund. Das Lernstattkonzept wurde in der Folge auch auf die deutschen Mitarbeiter ausgedehnt. Publik wurden insbesondere Anwendungen bei BMW, Bosch, Continental und Hoechst. Anders als bei Trainings- und Übungs-Centern stand beim Konzept der Lernstatt das Vermitteln von Schlüsselqualifikationen im Vordergrund.

3.7.5 Qualifizierungsfunktion von Methodenräumen

Zwei Qualifizierungs-
funktionen

Verbreitet sind zwei *Qualifizierungsfunktionen*:

1. Einführungsqualifizierung für Stammpersonal und Leihkräfte mit dem Ziel, diesen Personen Selbstsicherheit und ein Grundverständnis für die wichtigsten betrieblichen Prozesse zu vermitteln. Sie sollen für Qualität und Leistung sensibilisiert sein, einen Überblick über die Prozesse und die organisatorischen Rahmenbedingungen sowie erste praktische Erfahrungen mit den gängigen Teilen und Werkzeugen haben.
2. Aufbauqualifizierung für Stammpersonal und Leihkräfte mit dem Ziel, sie für einzelne Arbeitsvorgänge oder eine Gruppe von Arbeitsvorgängen bis zu definierten Beherrschungsstufen zu qualifizieren.

Programmstufen			Lernschritte
1. Tag 2. Tag	1. Q.-Baustein: Organisatorisches	Personal- wesen	• Einführung Personalwesen, Belehrungen • Arbeitsschutz, Arbeitssicherheit, Gesundheitsschutz, Brandschutz • Arbeitsordnung, Arbeitskleidung
3. Tag 4. Tag	2. Q.-Baustein: organisatorische und technische Grundlagen, Grundlagen Qualität, allgemeine Montage-Operationen, Elektronik-Schulung	Trainer Methoden- raum	• Führung durch die Produktion, Elemente des Produktionssystems, Dokumente, Bauteile, Kleinteile, Behälter, Werkzeuge, erste Arbeitsproben, Qualität • Steckverbindungen, Schrauben, Drehmoment, EC-Schraubertechnik, Knickschlüssel, Clipsen, Elektronik-Schulung, Kratzer und Beschädigungen
5. Tag 6. Tag	3. Q.-Baustein: Erlernen spezifischer Operationen und deren Training		• Beobachtung der Tätigkeiten in der Produktion, ausführen spezifischer Operationen im Methodenraum, trainieren der Operationen bezogen auf den späteren Einsatzort • längeres trainieren dieser Operationen im Methodenlabor
7. Tag 8. Tag 9. Tag 10. Tag	4. Q.-Baustein: Einweisung in die Produktionsarbeitsplätze, betreute Onlinequalifizierung, inkl. Team-Einbindung, Prüfung auf Qualitäts- und Mengenleistung, Übergabe der Mitarbeiter an die Produktionsbereiche	Trainer Methoden- raum und Gruppen- leiter Produktion	• Einweisung im Team, erlernen spezifischer Operationen in der Produktion unter fachlicher Betreuung durch den Methodenraum-Trainer • Trainieren spezifischer Operationen in der Produktion unter fachlicher Betreuung durch den Methodenraum-Trainer • Testen der erlernten Operationen auf Qualität und Menge durch den Methodenraum-Trainer, Nachweis durch Eintrag in den Qualifizierungspass, Ausfüllen des Feedback-Bogens, Übergabe der Person an einen Produktionsbereich

Abbildung IV-57 Beispiel für den Ablauf von Einführungsprogrammen[114]

Einführungs-
qualifizierung

Ein Beispiel eines Programms zur Einführungsqualifizierung in der Serienfertigung für gering vorqualifizierte Personen ist Abbildung IV-57 zu entnehmen. Danach werden diese im ersten Schritt zu allgemeinen organisatorischen und ordnungsrechtlichen Aspekten eingewiesen, unter der Zuständigkeit des Personalwesens. Anschließend geht die Zuständigkeit an das Methodenraum-Management über, weil nun technische Grundlagen vermittelt werden. Erst wenn man beim dritten Schritt dazu übergeht, auch in der Produktion zu trainieren, wird diese mit zuständig. Nach Abschluss des vierten Schrittes endet die Zuständigkeit der Methodenraumtrainer. Diesem Beispiel ist auch zu entnehmen, dass solche Einführungsprogramme darauf abzielen,

- die Produktion einerseits so weit wie möglich vor Risiken zu bewahren, die von ungenügend qualifizierten neuen Mitarbeitern ausgehen und
- diesen Personen die Identifikation mit ihrer Arbeit zu erleichtern und Frustrationen zu ersparen.

---

114 Nach Volkswagen Slovakia a. s., 2007.

Bei der Aufbauqualifizierung sind die Fertigkeiten für das Erfüllen neuer Aufgaben zu vermitteln oder die Einsetzbarkeit auszuweiten. Die Methodik der Arbeitsunterweisung folgt der in der Arbeitspädagogik etablierten *Vier-Stufen-Methode der Arbeitsunterweisung*:[115]

Aufbauqualifizierung

1. Stufe. Vorbereiten und erklären (Thema): Lernziel bekanntgeben, Vorkenntnisse ermitteln, Nutzen aufzeigen, Vorgehen beschreiben und Arbeitsplatz vorbereiten.
2. Stufe. Ausführung der Arbeit vormachen und erklären: Der Ausbilder führt den gesamten Arbeitsgang vor und erklärt, was, wie und warum er es tut.
3. Stufe. Nachmachen und erklären lassen durch den Auszubildenden: Der Auszubildende führt die Arbeitsschritte erstmals aus und erklärt und begründet sie.
4. Stufe. Selbstständig üben lassen: Der Ausbilder stellt vertiefende Übungsaufgaben, bewertet und führt eine Lernzielkontrolle[116] durch, im kognitiven, affektiven und psychomotorischen Bereich.

Die dabei eingesetzten *Arbeitsanweisungen* reichen von schriftlichen Hinweisen, z. B. Methodenbeschreibungen durch MTM-Analysen, bis hin zu sprachunterstützten 3-D-Bewegungsablauf-Animationen am Produkt.

Beim Visualisieren der erreichten Qualifizierung verfahren die Unternehmen unterschiedlich. Um den Qualifizierungsstand für jeden einsehbar zu dokumentieren, werden *Qualifikationsmatrizen* (vgl. Abbildung IV-106) ausgehängt. Manche Unternehmen versehen ihre Mitarbeiter mit äußeren Kennzeichen, denen ihr Qualifizierungsstand zu entnehmen ist und begründen das aus dem Element »Visualisierungsmanagement« ihres Produktionssystems. So tragen z. B. bei Volkswagen Slovakia Personen, die für drei Arbeitsplätze qualifiziert sind, ein bronzenes, die für fünf Arbeitsplätze qualifiziert sind, ein silbernes, und ein goldenes »Q-Abzeichen«, wenn sie sich für mindestens sieben Arbeitsplätze qualifiziert haben.[117]

3.7.6 Erprobungsfunktion von Methodenräumen

In Abbildung IV-56 sind zwei Erprobungsfunktionen bei Methodenräumen angeführt. Auch diese im Methodenraum zu erfüllen, wird mit zwei Argumenten begründet:

Erprobungsfunktionen, zwei Argumente

1. Know-how-Nutzung: Die Methodenraumtrainer wissen, ob geplante Arbeitsmethoden lerngünstig, risikoarm und der Personalentwicklung förderlich sind. Deshalb ist es zweckmäßig, sie phasenweise in die Arbeitssystem-Planung einzubeziehen.
2. Equipment-Nutzung: In Methodenräumen sind oft Trainingsarbeitsplätze mit einer großen Anzahl von Werkzeugen und Vorrichtungen vorhanden, an denen das Entwickeln simulationsfähiger Planungen leicht zu bewerkstelligen ist. Deshalb ist es auch aus technischer Sicht zweckmäßig, hier Erprobungen durchzuführen.

Als problematisch wird erachtet, dass die Methodenraumtrainer bei termingebundenen Entwurfserprobungen in Konfliktsituationen geraten können. Für die Qualifizierungsarbeit ist ihnen ein Terminrahmen vorgegeben und auf diesen und die geplante Anzahl zu qualifizierender Personen ist ihr eigener Personalbestand abgestimmt. Hat man keinen Kapazitätsanteil für Erprobungsarbeit reserviert, wird diese auch nur eingeschränkt stattfinden.

---

115 Vgl. z. B. Schelten, A.: Grundlagen der Arbeitspädagogik, 4. Auflage. Stuttgart: Steiner Verlag, 2005.
116 Derartige Lernzielkontrollen werden meist standardisiert, z. B. in der Weise, dass die an einem Arbeitsplatz vorkommenden Arbeitsvorgänge 15-mal fehlerfrei und unter Erreichen der betrieblichen Bezugsleistung durchgeführt werden und die zu qualifizierende Person die Qualitätsmerkmale und deren Prüfung erläutern kann.
117 Vgl. Volkswagen Slovakia a. s. (Hrsg.): Profiraumkonzept Montagen. Bratislava: Volkswagen Slovakia a. s., 2007, S. 7.

Bei Verbesserungserprobungen sind zum Betreuen der KVP-Teams eher Werkstattmanager und KVP-Moderatoren als die Methodenraumtrainer gefordert. Dann liegt das Hauptproblem darin, den KVP-Teams geeignete Versuchsarbeitsplätze zur Verfügung zu stellen und zu vermeiden, dass sie bei ihren Verbesserungserprobungen den Qualifizierungsbetrieb stören. Hinzu kommt, dass bei Verbesserungserprobungen oft weitere Personen hinzugezogen werden, insbesondere aus dem Werkzeug- und Betriebsmittelbau.

In Methodenräumen auch Erprobungsfunktionen zu erfüllen, kann sinnvoll sein, wenn die dazu notwendigen Voraussetzungen erfüllt sind. Das sind in erster Linie darauf abgestellte organisatorische Regelungen und die entsprechende personelle Ausstattung.

3.7.7 Qualifizierung von KVP-Teammitgliedern

MTM für KVP-Teams

KVP-Moderatoren müssen über profunde Kenntnisse des Industrial Engineering verfügen (vgl. Abschnitt 3.7.1) sowie das MTM-Verfahren und damit das »Denken in Prozesseinflussgrößen« beherrschen. Die potenziellen Mitglieder von KVP-Teams sind dagegen primär fachlich-technisch qualifiziert. Damit sind sie nicht darauf vorbereitet, was von ihnen bei der KVP-Arbeit erwartet wird:

1. Ressourcenverschwendung erkennen, durch gezielte Verbesserungen eliminieren und Kosten sparen.
2. Verbesserungspotenziale zu Qualität und Zeitaufwand sowie Synergiechancen bei Prozessen erkennen und durch gezielte Verbesserungen eliminieren.
3. Mit Daten argumentieren und erhöhtem Leistungs- und Erfolgsdruck standhalten.

Damit KVP-Teammitglieder diese Ziele erreichen können, sind sie zu qualifizieren. Sie sollten produktivitätswirksame Verbesserungslösungen erzielen und sich nicht über Gebühr lange dem Aspekt »Sauberkeit und Ordnung« widmen. In Abbildung IV-58 sind jene Themen angeführt, zu denen die Teammitglieder Grundkenntnisse besitzen müssen, um Ausgangssituationen klären (vgl. Abschnitt 3.7.2) und Verbesserungen entwickeln und bewerten zu können (vgl. Abschnitt 3.7.3). Dazu müssen sie

1. zielgerichtet Informationen und Daten beschaffen und aufbereiten,
2. im eigenen Arbeitsbereich und im logistischen Umfeld Verschwendungen erkennen und Verbesserungsideen/-ansätze entwickeln,
3. Verbesserungenansätze bewerten, schwierige Bewertungsprobleme an andere delegieren und Verbesserungsvorschläge verständlich darlegen können.

Grundsachverhalte zur KVP-Arbeit

KVP-Teams sollten einige Grundsachverhalte kennen, in deren Kontext ihre Arbeit steht. So müssen sie wissen, was Produktivität ist und wie man sie beeinflussen kann. Da sie mit Kostenargumenten konfrontiert werden, müssen sie das Wesen von Kosten kennen, wissen wie Kosten entstehen und was Wirtschaftlichkeit bedeutet. Sie müssen verstehen, welche Rolle die Belange der Beschäftigten spielen, also auch ihre eigenen Belange. Dabei geht es nicht um subjektive Vorstellungen von Interessenvertretern, sondern darum, welche gesundheitlichen Forderungen und soziale Normen in unserer Rechts- und Gesellschaftsordnung zu erfüllen sind. Diese hat der Gesetzgeber z. B. im Betriebsverfassungsrecht unter dem Begriff der »menschengerechten Gestaltung« der Arbeit postuliert. Ferner sollten sie mit dem Wertschöpfungsbegriff umgehen und Verschwendung erkennen können, weil sich die durch KVP-Arbeit zu erarbeitenden Verbesserungen primär darauf richten. Zu den Letztzielen der KVP-Arbeit gehört es, mit »Daten zu argumentieren«. Deshalb sollen aus Verbesserungen erwartete Wirkungen auf die Produktivität mit Hilfe der *Arbeitssystem-Produktivität* begründet werden. Damit wird den KVP-Teams auch der Zweck und die Organisation ihres Tuns deutlich: im eigenen Zustän-

zweckmäßige Kenntnisse für KVP-Teammitglieder			
1. Grundsachverhalte zur KVP-Arbeit	**2. Informations- und Datenbeschaffung**	**3. Verbesserung von Arbeitsplatz und Umfeldlogistik**	**4. Bewertung und Umsetzung von Verbesserungs- vorschlägen**
1.1 Produktivität, Wirtschaftlich- keit und die Belange der Mitarbeiter	2.1 Strukturierung von Sachverhalten durch Mindmap- ping und Ishikawa-Diagramm	3.1 5 S und Verwendung allgemeiner Checklisten	4.1 Messen und Schätzen des Zeitbedarfs
1.2 Wertschöpfung und Verschwendung	2.2 Anlage und Auswertung von Aufschreibungen	3.2 MTM-Checkliste für Bewegungsabläufe und Mensch-Maschine-Schnittstellen	4.2 Arbeiten mit dem Morphologischen Kasten
1.3 Messung von Verbesserungen mit Hilfe des OEE-Datensatzes	2.3 Beschaffung und Verwendung von Zeitinformationen	3.3 Analyse der räumlichen Verhältnisse am Arbeitsplatz und im Umfeld	4.3 Zusammenstellen der Elemente eines Verbesserungsvorschlages
1.4 Zweck und Organisation der KVP-Arbeit	2.4 Beschaffung und Verwendung von Qualitätsinformationen	3.4 Körperhaltung und Kräfte	4.4 Bewertung von Verbesserungsvorschlägen durch Nutzwertanalyse

Abbildung IV-58   Zweckmäßige Kenntnisse für KVP-Teammitglieder

digkeitsbereich und in dessen unmittelbarer Nähe Verbesserungsnotwendigkeiten quantifizierend begründen und quantitativ abgesicherte Verbesserungen entwickeln.

Probleme liegen nur selten wohlstrukturiert und formuliert vor, sondern sind herauszuarbeiten. Der Einstieg in die meisten KVP-Vorhaben erfolgt deshalb, indem man Sachverhalte strukturiert und sich so einen ersten Überblick über das vermutete Problem verschafft. Typische Strukturierungstechniken sind das *Mindmapping* (vgl. Teil II, Abschnitt 3.3.4) und die Anlage von *Ishikawa-Diagrammen* (vgl. Abschnitt 3.7.3). Informations- und Datenbeschaffung

Zu diesem Themenkreis gehört auch die elementare Fähigkeit, Aufschreibungen durchzuführen, die erfassten Daten auszuwerten und zu interpretieren. Ferner sind Tabellen und Regelkarten anzule- gen, auszuwerten und zu interpretieren und drei statistische Sachverhalte zu verstehen: Streuungen, Trends und Verteilungsschwerpunkte (z. B. in Form der ABC-Analyse).

Weitere Themen sind der Umgang mit Zeitinformationen und Auftragszeitalgorithmen sowie Sinn und Bedeutung von Bezugsleistungen. Es muss bekannt sein, wie die wichtigsten Qualitätsdaten ent- stehen, Ausschuss, Nacharbeit und Prozessfähigkeit und über welche qualitätsbezogenen Kundenäu- ßerungen man verfügen kann. Die Teammitglieder müssen auch wissen, von welchen betrieblichen Bereichen sie diese Daten erhalten können.

Das Fehlen ergonomischer Grundkenntnisse macht das Arbeiten mit Checklisten erforderlich. Das sind hier zunächst die auf das Erkennen allgemeiner Schwachstellen ausgerichteten 5-S-, 4-M-, 6-W- und Osborn-Checkliste (vgl. Abschnitte 3.5.4 und 3.7.3). KVP-Teams sind in deren Gebrauch zu trainieren. Speziell auf die Identifikation von Verschwendung bei Bewegungsabläufen und bei Mensch-Maschine-Schnittstellen sind die EVOVEP-Gestaltungsregeln ausgerichtet. Damit können die Teammitglieder visuell erkennbare Mängel identifizieren und werden für Zeittreiber sensibili- siert. Weiter- und tiefergehende Sachverhalte bleiben der professionellen Unterstützung vorbehal- ten. Verbesserung von Arbeitsplatz und Umfeldlogistik

Zur Analyse der räumlichen Verhältnisse am Arbeitsplatz dient die Methode der Schablonen-Soma- tografie (vgl. Teil III, Abschnitt 5.2.6). Die KVP-Teams haben damit die Möglichkeit, Verbesserun- gen bis hin zum Entwurf vermaßter räumlicher Auslegungen von Arbeitsplätzen zu präzisieren. Zu

Körperhaltungen und Kräften werden einfache biomechanische Analysen (vgl. Teil II, Abschnitt 2.7) durchgeführt. Bei der Identifikation der räumlichen Verhältnisse des Arbeitsumfeldes und dabei erkannten Verschwendungen sind Wegediagramme anzufertigen, um Flächenverbräuche, Teilefluss, Bereitstellung und Lagerung sowie Transporte im Nahbereich zu erfassen.

Bewertung und Umsetzung von Verbesserungsvorschlägen Der vierte Themenkomplex, zu dem KVP-Teams gefordert sind, ist das Aufbereiten und Bewerten der entwickelten Verbesserungsvorschläge sowie deren Umsetzung. Dazu genügt es, einfachste Zeitmessungen durchzuführen, z. B. mit dem Handy oder der Armbanduhr mit Stoppuhrfunktion. Ferner muss man den Zeitbedarf methodisch schätzen können (vgl. Teil II, Abschnitt 8.2).

Um Verbesserungsvorschläge zu entwickeln und darzustellen, sollen sie das Prinzip des *Morphologischen Kastens* (vgl. Abschnitt 3.7.3) verwenden. Damit ist eine gewisse Gewähr gegeben, dass Verbesserungen nicht ad hoc, sondern analytisch basiert entstehen. Ferner müssen die Teammitglieder ihren Verbesserungsvorschlag unter Anleitung ihres KVP-Moderators für Dritte verständlich dokumentieren, ggf. nach einem unternehmenseinheitlichen Schema.

KVP-Teams müssen ihren Verbesserungsvorschlag seiner Vorzugswürdigkeit nach bewerten. Das kann darin bestehen, dass der Ist-Zustand mit der vorgeschlagenen Verbesserung verglichen wird oder dass Verbesserungsalternativen gegeneinander abzuwägen sind. Monetäre Verfahren, z. B. die Ermittlung eines Break-even-Punktes oder eines Kapitalwertes, fallen nicht in den Zuständigkeitsbereich von KVP-Teams. Dagegen sollten sie einfache *Nutzwertanalysen* selbst durchführen, allein schon deshalb, weil sie so dem »heilsamen Zwang« ausgesetzt sind, ihren Vorschlag noch einmal gründlich zu prüfen.

3.8 Zusammenfassung

Mehr als die Hälfte der Probleme bei Produktanläufen in der Serienfertigung resultieren aus neuen Betriebsmitteln und dem neuen Produkt. Da Letzteres auch auf die Lieferanten wirkt, sind diese der dritte Risikofaktor. Um ein erfolgreiches *Anlaufmanagement* zu betreiben, sollte man sich dreier Handlungsfelder annehmen:

1. Organisation aller mit Anläufen zusammenhängenden Aufgaben,
2. Regelung des Änderungs-/Verbesserungsmanagements im Rahmen des Anlaufs und
3. Risikomanagement (ein Muss) sowie Wissensmanagement (ein Soll).

Bei der Organisation geht es um aufbau- und ablauforganisatorische Fragen. Bei der Aufbauorganisation sind Lösungen mit einem »starken« Anlaufmanager zu bevorzugen. Die Person des Anlaufmanagers ist ein hochsignifikanter Erfolgsfaktor. Im Mittelpunkt der Ablauforganisation sollte der permanente Abgleich von Zielarbeitsplan- und Ist-Produktivitäten stehen. Durch daraus abgeleitete Verbesserungen soll die Kammlinie so früh wie möglich erreicht werden, um den über die Produktlebensdauer zu erzielenden Deckungsbeitrag zu maximieren. Verspätetes Erreichen von Kammlinien ist Verschwendung.

Risikomanagement Beim Risikomanagement sind die kritischen Risiken herauszuarbeiten, weil diese nicht nur zu Anlaufverzögerungen führen. Sie können die Produkteinführung gefährden und im schlimmsten Fall zu einem Marktrückzug führen. Beim Wissensmanagement ist das Produktionssystem auf den Prüfstand zu stellen: Wenn man bei Serienanläufen nicht auf dessen Standards zurückgreift, sind Defizite zu vermuten. Beim Anlaufmanagement entstehen bei allen Beteiligten attraktive Fach- und Schlüsselqualifikationen, die es künftig für das Unternehmen zu nutzen gilt.

Outsourcing- und Insourcing-Vorhaben gehören unter dem Gesichtspunkt des Projektmanagements zur Kategorie der Verbesserungsprojekte (vgl. Teil II, Abschnitt 9.2.1). Beim *Outsourcing* ist zu unterscheiden, ob man es als unternehmensinterne Lösung (ohne Inhaberwechsel) oder als unternehmensexterne Lösung (mit Inhaberwechsel) vollzieht. Der Schwerpunkt bei der internen Lösung liegt im Regeln arbeitsrechtlicher Sachverhalte, insbesondere wenn es zu Betriebsänderungen kommt. Bei der externen Lösung ist das Entwickeln von Outsourcing-Verträgen das Hauptproblem. Das Augenmerk von Outsourcing-Vorhaben ist darauf gerichtet, »dass es beim Lieferanten läuft«. Beim *Insourcing* geht es primär darum, dass »man es selbst zum Laufen bekommt«. Dazu ist in einer Vorphase abzuklären, ob man dazu überhaupt in der Lage ist, z. B. personell oder von der Betriebsfläche her. Bei Insourcing-Projekten dominieren die technisch-organisatorischen Aspekte. Dabei sind jene Methoden anzuwenden, die im Teil III zur Entwicklung von Arbeitssystemen und Prozessen behandelt werden.

Outsourcing und Insourcing

Beim Verbesserungsmanagement ist nicht nur das auszubügeln, was bis zum SOP nicht gelang. Unternehmen müssen sich fortlaufend Veränderungen anpassen, die aus den Märkten, aus der Gesetzgebung, dem technischen und sozialen Fortschritt resultieren. Deshalb sind permanente Verbesserungen eine unabwendbare Gegebenheit. Nachhaltig erfolgreiches Verbesserungsmanagement entsteht nur dann, wenn mindestens die obere und mittlere Führungsebene Wissensmanagement als Bestandteil der Unternehmenskultur lebt und die Ideen von Mitarbeitern auch dann nicht vorschnell verworfen werden, wenn sie nicht den eigenen Vorstellungen entsprechen.

Verbesserungs-management

Das BVW zielt auf alle hierarchischen Ebenen, das KVP auf die operative Ebene. Anders als das BVW geht es ausschließlich um die eigene Arbeit. Man setzt weniger auf den »großen Wurf« als auf schrittweise, durch die Ideenentwickler umzusetzende Verbesserungen. Dieses mit KAIZEN bezeichnete Prinzip hat sich in den letzten Jahren in der Wirtschaft ausgebreitet.

Beim KVP besteht die Gefahr, dass keine attraktiven Verbesserungen entstehen, wenn die KVP-Teams nicht durch professionelles Industrial Engineering unterstützt werden. Gut gemeint ist nicht zwingend auch gut gemacht, und Zeichen für nicht gut gemacht sind z. B.:

- Die KVP-Teams halten sich zu lange mit den »5 S« auf oder sie halten diese für den Kern des Ideenmanagements.
- Sie suchen sich ihre Themen selbst aus, ohne Orientierung an bestehenden Problemen.
- Das Unternehmen beharrt auch dann noch auf entgeltfreien Verbesserungsvorschlägen, wenn kaum noch welche entstehen.
- Es wird nicht mit Ergebniskennzahlen argumentiert oder sie spiegeln relative Erfolglosigkeit wider.
- Nach mehr als einem Jahr ist noch keine erfolgswirksame Maßnahme umgesetzt.

MTM-Wissen ist für gut gemachten KVP nicht nur hilfreich, sondern in vielen Fällen erforderlich. Das MTM-Verfahren eröffnet eine Expertensicht auf den Prozess, die verbesserungsrelevante Gestaltungsansätze sichtbar macht (konstruktive, logistische und arbeitsplatzgestalterische Gegebenheiten) und diese anhand belastbarer Ergebnisgrößen quantifiziert. Das ermöglicht eine objektive Einschätzung der Erfolgswirksamkeit von Verbesserungsideen (Nachhaltigkeitseffekt). MTM-qualifizierte Prozessgestalter haben die Fähigkeit, Abläufe aufzulösen und dadurch Gestaltungsdefizite zu erkennen. Insofern ist die Mitwirkung von MTM-Experten in KVP-Teams immer sinnvoll.

MTM-Wissen für KVP

Eine Institution zur systematischen Qualifizierung von Stamm-Mitarbeitern und Leihkräften wird in vielen Unternehmen als Methodenraum bezeichnet. Er dient ggf. auch der Entwicklung von Methoden in der zweiten und der Prozessverbesserung in der dritten PEP-Phase. Er bietet KVP-Teams die Möglichkeit, ihre Ideen zu testen und damit ein besseres Gefühl für Schwierigkeiten und Machbarkeiten zu gewinnen.

Methodenraum

KVP-Workshops

Das effektive Durchführen von KVP-Workshops ist ein Erfolgshebel für das Entstehen von Verbesserungen. Die durch KVP-Teams zu leistende Arbeit wird dann wirksam unterstützt, wenn man sie professionell moderiert und coacht. Ferner müssen professionelle, aber durch Nichtprofis zu handhabende Instrumente zur Verfügung stehen.

4 Arbeitszeitmanagement

4.1 Überblick

In diesem Kapitel wird erläutert, welchen Beitrag das Arbeitszeitmanagement zur Produktivitätsverbesserung leisten kann. Wichtig sind am Anfang einige Definitionen und die Kenntnis der europäischen und deutschen Rechtsgrundlagen zum Thema Arbeitszeit und Schichtarbeit (Abschnitt 4.2). Bemessungszeiträume des Arbeitszeitmanagements können die tägliche Arbeitszeit, die Wochenarbeitszeit, die Jahres- und die Lebensarbeitszeit sein (Abschnitt 4.3). Insbesondere bei der Flexibilisierung der Arbeitszeit ergeben sich hier – auch in Abhängigkeit der tariflichen und betrieblichen Regelungen – Gestaltungsmöglichkeiten, die sich direkt auf Arbeitsproduktivität und Lohnkosten auswirken. Nach den Kriterien der Zeitautonomie der Mitarbeiter lassen sich verschiedene Flexibilisierungsansätze unterscheiden und bezüglich ihrer betriebswirtschaftlichen und menschbezogenen Wirkungen bewerten (Abschnitt 4.4).

Anschließend werden die besonderen Arbeitsbedingungen und die sich daraus möglicherweise ergebenden Konsequenzen der Schicht- und Nachtarbeit besprochen (Abschnitte 4.5 und 4.6). Arbeitszeitmodelle werden beschrieben und einer betriebswirtschaftlichen und menschbezogenen Bewertung zugeführt (Abschnitt 4.7). Hier werden auch Empfehlungen zur Einführung eines neuen Arbeitszeitmodells dargestellt. Die Steuerungsmechanismen der Personalführung werden erläutert (Abschnitt 4.7.4).

4.2 Grundlagen

4.2.1 Definitionen

Unter *Arbeitszeitmanagement* versteht man die ökonomische und gleichzeitig human-zentrierte Optimierung von Arbeitszeiten, Schichtsystemen und Pausen.

Arbeitszeitmanagement

Ein *Arbeitszeitmodell* regelt die Lage und Verteilung der laut Arbeitsvertrag, Tarifvertrag oder Betriebsvereinbarung zu leistenden Arbeitszeit auf Wochentag, Monat und Jahr oder einen anderen definierten Zeitraum.

Mit *Schichtarbeit* bezeichnet man alle Arbeitszeitmodelle, in denen Arbeit zu einer regelmäßig wechselnden Tageszeit (Wechselschichtsysteme) oder zu einer festen, aber ungewöhnlichen Tageszeit (permanente Schichtsysteme) ausgeführt wird.[118] Bei Schichtarbeit wird das Arbeitszeitmodell in einem *Schichtsystem* konkretisiert. Das Schichtsystem legt Anzahl, Dauer, Lage und Wechsel der Schichten am Tag und in einer bestimmten Zeitspanne fest. Die Festlegung der Reihenfolge einzelner Schichten für jede Schichtbelegschaft oder auch für einen einzelnen Schichtarbeiter wird als *Schichtplan* bezeichnet

Schichtarbeit

Die *Arbeitszeit* umfasst den Zeitraum, in dem der Mitarbeiter arbeitet oder zu arbeiten verpflichtet ist, es ist also die Zeit vom Beginn bis zum Ende der Arbeit ohne Ruhepause. Man unterscheidet:

Arbeitszeit

1. die gesetzliche Arbeitszeit, als die vom Gesetzgeber zugelassene Arbeitszeit;
2. die tarifliche Arbeitszeit, als die zwischen den Tarifvertragspartnern vereinbarte regelmäßige wöchentliche Arbeitszeit;
3. die betriebliche Arbeitszeit, als die tatsächlich regelmäßige tägliche und wöchentliche Arbeitszeit

118 Rutenfranz, J.: Arbeitsphysiologische Grundlagen der Nacht- und Schichtarbeit, Vorträge N 275. Opladen: Westdeutscher Verlag, 1978.

4. die Anwesenheitszeit und die Schichtzeit, als die Arbeitszeit zuzüglich der Betriebs- und Ruhepausen sowie der Zeit für Waschen, Umkleiden etc.

5. Werden zur Anwesenheitszeit am Arbeitsort noch die *Wegezeiten* addiert, dann ergibt sich daraus die sozial wirksame Arbeitszeit bzw. arbeitsgebundene Zeit.

4.2.2 Rechtliche Rahmenbedingungen

Arbeitszeitrichtlinie

Einheitlich für die Europäische Union werden durch die Arbeitszeitrichtlinie 93/104/EG Mindestvorschriften festgelegt:[119]

- eine tägliche Mindestruhezeit von elf zusammenhängenden Stunden in einem Zeitraum von 24 Stunden,
- pro Siebentageszeitraum durchschnittlich ein Mindestzeitraum von einem Ruhetag, der sich unmittelbar an die tägliche Ruhezeit anschließt,
- bei einer täglichen Arbeitszeit von mehr als sechs Stunden eine Ruhepause; die Modalitäten werden in Tarifverträgen, sonstigen Vereinbarungen der Sozialpartner oder einzelstaatlichen Rechtsvorschriften festgelegt,
- ein bezahlter Jahresurlaub von mindestens vier Wochen Dauer gemäß den in den einzelstaatlichen Rechtsvorschriften bzw. nach der einzelstaatlichen Praxis vorgesehenen Bedingungen,
- die Begrenzung der wöchentlichen Arbeitszeit auf durchschnittlich 48 Stunden; darin eingeschlossen ist die im jeweiligen Siebentageszeitraum geleistete Mehrarbeit,
- bei regelmäßiger Nachtarbeit darf die normale Arbeitsdauer im Durchschnitt acht Stunden pro 24-Stunden-Zeitraum nicht überschreiten.

Arbeitszeitgesetz

In dieser Richtlinie sind noch weitere Vorschriften für die Nacht- und Schichtarbeit enthalten, auf die noch eingegangen wird. Über diese Mindestbestimmung hinaus regelt das *Arbeitszeitgesetz* (ArbZG) Arbeitszeit und Pausen im Detail. Das Arbeitszeitgesetz löste die Arbeitszeitordnung (AZO) aus dem Jahr 1938 sowie die Sonn- und Feiertagsruhebestimmungen der Gewerbeordnung aus dem Jahr 1891 ab. Gegenüber der AZO eröffnet es zusätzliche Flexibilisierungspotenziale für die Gestaltung der Arbeitszeit. Außerdem wurde die unterschiedliche Behandlung von Männern und Frauen in Bezug auf Pausen und Nachtarbeit aufgehoben.[120]

Das Arbeitszeitgesetz enthält folgende wichtige Regelungen:

1. Arbeitszeitgrundnormen
   - Bei entsprechendem Ausgleich darf die Arbeitszeit auf 10 Stunden verlängert werden.
   - Arbeit ist durch feststehende Ruhepausen zu unterbrechen.
   - Es besteht Anspruch auf eine ununterbrochene Ruhezeit von 11 Stunden.
2. Nachtarbeit
   - Das Nachtarbeitsverbot für Frauen ist aufgehoben.
   - Arbeitswissenschaftliche Erkenntnisse zur Nachtarbeit sind zu berücksichtigen.
   - Nachtarbeitnehmer mit Familienpflichten/gesundheitlichen Beeinträchtigungen haben das Recht auf einen geeigneten Tagesarbeitsplatz.
   - Nachtarbeitnehmer haben Anspruch auf Zuschläge/freie Tage.
3. Sonn- und Feiertagsarbeit
   - Arbeitnehmer dürfen an Sonn- und Feiertagen nicht beschäftigt werden.
   - Ausnahme: Daseinsvorsorge, Dienstleistungsbereich, technische Erfordernisse etc.

---

119 Richtlinie 93/104/EG des Rates vom 23. November 1993 über bestimmte Aspekte der Arbeitszeitgestaltung. Geändert durch die Richtlinie 2000/34/EG des Europäischen Parlaments und des Rates vom 22. Juni 2000.
120 Vgl. auch Beermann, B.: Bilanzierung arbeitswissenschaftlicher Erkenntnisse zur Nacht- und Schichtarbeit. Amtliche Mitteilungen der Bundesanstalt für Arbeitsschutz 1/96. Dortmund, 1996.

4. Frauenarbeitsschutz

* Die Arbeitszeitgrundnormen finden einheitlich für Frauen und Männer Anwendung. Ausnahme: Arbeitsverbot für Frauen im Bergbau unter Tage bleibt bestehen.

Gegenüber früheren gesetzlichen Regelungen erlaubt das Arbeitszeitgesetz eine bessere Angleichung von Arbeitsanfall und Betriebszeit. So dürfen die Arbeitszeiten auf bis zu zehn Stunden verlängert werden, wenn innerhalb eines Ausgleichszeitraums von sechs Kalendermonaten oder 24 Wochen im Durchschnitt acht Stunden werktäglich nicht überschritten werden. Der Ausgleichszeitraum kann durch Tarifverträge oder durch in einem Tarifvertrag zugelassene Betriebsvereinbarung verlängert werden.[121] Das Arbeitszeitgesetz intendiert Tariföffnungsklauseln, es räumt Tarifvertragsparteien und Betriebsparteien wegen ihrer größeren Nähe zum Markt mehr Gestaltungsfreiheit ein.

Personalplaner und Betriebsräte müssen neben Arbeitszeitgesetz und den tarifrechtlichen Vorschriften weiterhin beachten:

* Gesetz über Teilzeitarbeit und befristete Arbeitsverträge (Teilzeit- und Befristungsgesetz – TzBfG),
* Ladenschlussgesetz (LSchlG),
* Jugendarbeitsschutzgesetz (JarbSchG),
* Mutterschutzgesetz (MuSchuG),
* Gesetz über Arbeitsrechtliche Vorschriften zur Beschäftigungsförderung (BeschFG),
* Sozialvorschriften im Straßenverkehr,
* Richtlinie 93/104/EG.

4.3 Bemessungszeiträume

4.3.1 Tägliche Arbeitszeit

Bei einer achtstündigen *Tagesarbeitszeit* werden im Regelfall *Dauerbeanspruchungsgrenzen* des Mitarbeiters nicht überschritten. Ausnahmen sind jedoch möglich.[122] Verlängert man die Arbeitszeit über acht Stunden hinaus, dann ist mit folgenden Risiken zu rechnen:[123]

Dauerbeanspruchungsgrenze

* progressiver Anstieg der Ermüdung,
* geringere Leistung pro Zeiteinheit,
* höheres Unfallrisiko,
* Probleme in Bezug auf die Aufnahme und den Abbau von Gefahrstoffen im Körper,
* auf längere Sicht und auf den gesamten Betrieb bezogen – höherer Krankenstand.

Abbildung IV-59 zeigt als Schemazeichnung den Verlauf der Leistung über 12 Arbeitsstunden. Die fett gezeichnete Kurve P1 bezieht sich auf leichte und mittelschwere körperliche Arbeit, Kurve P2 auf schwere und schwerste körperliche Arbeit.

Die Kurvenzüge weisen auf die drei Leistungsphasen (Aufwärmen, Hochleistung, abnehmende Leistung) hin. Bei der Leistungserbringung nach acht Stunden ist bei körperlich schwerer Arbeit nur noch mit relativ geringen Leistungen pro Zeiteinheit zu rechnen.

Auch das relative *Unfallrisiko* nimmt bei Arbeitszeiten über acht Stunden deutlich zu. Naturgemäß hängt allerdings das Unfallgeschehen im Betrieb auch von einer Reihe anderer Einflussfaktoren[124] ab.

---

121 Ferreira, Y.: Auswahl flexibler Arbeitszeitmodelle und ihre Auswirkungen auf die Arbeitszufriedenheit. Stuttgart: Ergonomia, 2001.
122 Z.B. bei gefahrengeneigter Arbeit, bei Tätigkeiten mit hohem Verantwortungsdruck (z.B. Fluglotsen) etc.
123 Knauth, P.: Arbeitszeit und Arbeitsdauer: In: Landau, K.; Pressel, G. (Hrsg.): Medizinisches Lexikon der beruflichen Belastungen und Gefährdungen, 2. Auflage. Stuttgart: Gentner, 2009, S. 101–105.
124 Dazu zählen z.B. die Tätigkeitsart, die verwendeten Transportmittel oder die Branche.

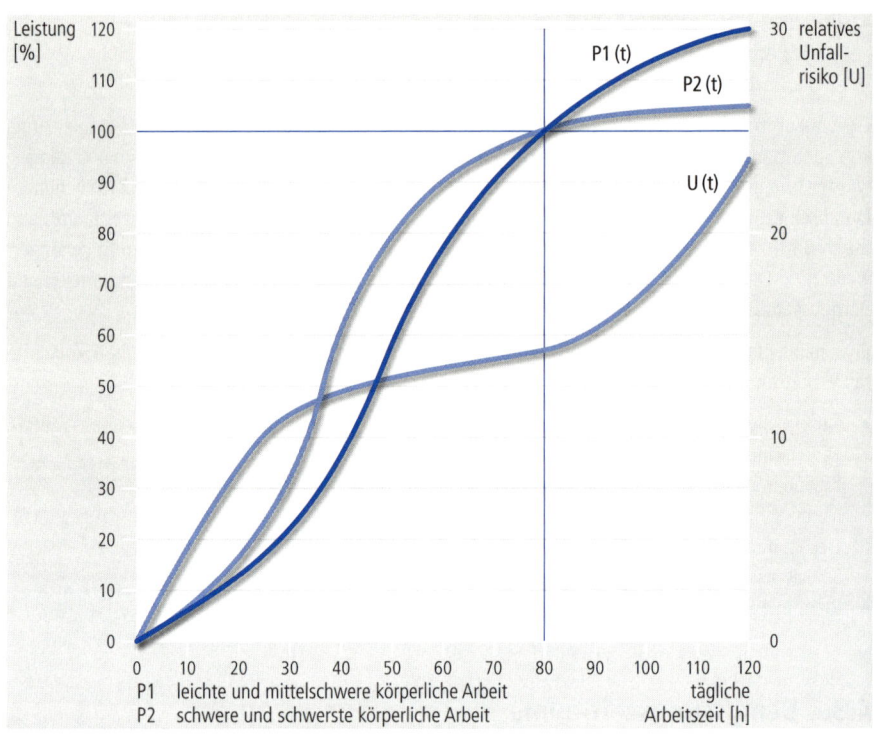

Abbildung IV-59 Leistung und relatives Unfallrisiko in Abhängigkeit von der Arbeitszeit

Für einige Berufe haben sich verlängerte Arbeitsschichten pro Tag für bestimmte Tätigkeiten durchgesetzt.[125] Soweit diese verlängerten Tagesschichten *Bereitschaftszeiten* enthalten, in denen der Mitarbeiter nicht voll gefordert wird, können sie aus ergonomischer Sicht akzeptiert werden. Insbesondere verbindet der Mitarbeiter mit verlängerten Tagesschichten eine erhöhte Zahl von freien Tagen, die für Freizeitaktivitäten benutzt werden können.

4.3.2 Wöchentliche Arbeitszeit

Wochenarbeitszeit

In den westlichen Industrieländern liegt in vielen Unternehmen die *Wochenarbeitszeit* zwischen 35 und 42 Stunden. Nach Jahrzehnten mit einem ständigen Rückgang der Wochenarbeitszeit ist seit einigen Jahren eine gegenläufige Entwicklung festzustellen. Stand bisher die 5-Tage-Woche im Vordergrund – die Samstags- und Sonntagsarbeit wurde zum Teil mit erheblichen Lohnzuschlägen honoriert – so ist, durch den stärkeren internationalen Wettbewerb bestimmt, die 6-Tage-Woche im Vormarsch. Der sechste Arbeitstag ist in diesem Fall Regelarbeitstag, der nicht mit Lohnzuschlägen versehen ist.

In einigen Branchen bzw. Unternehmen ist auch die *verdichtete Arbeitswoche* eingeführt, bei der die gesamte wöchentliche Arbeitszeit nur auf drei oder vier Arbeitstage verteilt ist. Naturgemäß erhöhen sich dadurch die Arbeitsstunden pro Tag. Auf die sich dadurch ergebenden Risiken für Leistungsabfall, Unfallhäufigkeiten etc. sei hingewiesen. Auf der anderen Seite hat eine verdichtete Arbeitswoche eine Reihe ökologischer Vorteile, da das Verkehrsaufkommen dadurch zurückgeht.

125 Z.B. in der Chemieindustrie, in der Berufsfeuerwehr und einigen weiteren Dienstleistungsberufen.

Abweichungen von der gewöhnlichen wöchentlichen Arbeitszeit sind bedingt durch

- Teilzeitarbeit,
- Saisonarbeit,
- Kurzarbeit,
- Mehrarbeit,
- Schichtarbeit (vgl. dazu Abschnitt 4.5),
- Flexible Arbeitszeitregelungen (vgl. dazu Abschnitt 4.4).

Nach dem Gesetz über *Teilzeitarbeit* und befristete Arbeitsverträge liegt eine Teilzeitbeschäftigung vor, wenn die regelmäßige Wochenarbeitszeit kürzer ist als die eines vergleichbaren, vollzeitbeschäftigten Arbeitnehmers. Ist eine regelmäßige Wochenarbeitszeit nicht vereinbart, so ist ein Arbeitnehmer teilzeitbeschäftigt, wenn seine regelmäßige Arbeitszeit im Durchschnitt eines bis zu einem Jahr reichenden Beschäftigungszeitraums unter der eines vergleichbaren vollzeitbeschäftigten Arbeitnehmers liegt. Als teilzeitbeschäftigt gilt auch der Arbeitnehmer, der eine geringfügige Beschäftigung ausübt.   *Teilzeitarbeit*

Mit dem Gesetz sollen Teilzeitbeschäftigte und befristet beschäftigte Arbeitnehmer nicht diskriminiert werden. Jeder Mitarbeiter hat einRecht auf Reduzierung der Arbeitszeit (bei Unternehmen mit mehr als 15 Mitarbeitern), sofern dadurch keine unverhältnismäßigen Kosten entstehen, die Sicherheit nicht wesentlich beeinträchtigt wird oder der Arbeitsablauf dies zulässt.

Zwischen Arbeitgeber und Arbeitnehmer kann eine Vereinbarung getroffen werden, dass der Arbeitnehmer seine Arbeitsleistung entsprechend dem Arbeitsanfall zu erbringen hat (*Arbeit auf Abruf*). Die Vereinbarung muss eine bestimmte Dauer der wöchentlichen und täglichen Arbeitszeit festlegen. Wenn die Dauer der wöchentlichen Arbeitszeit nicht festgelegt ist, gilt eine Arbeitszeit von zehn Stunden und der Arbeitgeber muss die Arbeitsleistung des Arbeitnehmers für mindestens drei aufeinanderfolgende Stunden in Anspruch nehmen. Der Arbeitgeber muss die Lage der Arbeitszeit mindestens vier Tage im Voraus mitteilen.   *Abrufarbeit*

4.3.3   Jahres- und Lebensarbeitszeit

Mit einer flexiblen Regelung der *Jahres-* oder *Lebensarbeitszeit* versucht man, ökonomische und humane Ziele gleichermaßen zu erreichen. Zum einen lassen sich saisonale Arbeitsspitzen besser abfangen. Zum anderen erhöht sich der Grad der *Zeitsouveränität* der Arbeitnehmer, indem sie die Dauer und Lage der Arbeitszeit selbst beeinflussen und bestimmen können, woraus sich für sie folgende Vorteile ergeben:

- längere Erholungsurlaube (z. B. für ältere oder leistungsgewandelte Mitarbeiter) sind möglich,
- längere Weiterbildungszeiten können eingeplant werden,
- Ausgleichs-Freizeitregelungen können bei Mehrarbeit, bei besonderen Belastungen und Gefährdung, bei Sonn- und Feiertagsarbeit sowie bei Nacht- und Schichtarbeit in Anspruch genommen werden.

Mit der Vereinbarung einer *Jahresarbeitszeit* verbindet das Unternehmen im Regelfall die Absicht, saisonale Spitzen besser ausgleichen zu können. Für die Arbeitnehmer hat die Vereinbarung von Jahresarbeitszeiten Vorteile in Richtung der eigenen Weiterbildung oder ausgedehnter Erholungs- oder Familienphasen. Die Variation der *Lebensarbeitszeit* bietet ebenfalls die Möglichkeit, auf familiäre Situationen und Ausbildungsphasen besser Rücksicht nehmen zu können. Im Vordergrund steht jedoch der vorgezogene Ruhestand. Er kann für den Arbeitgeber interessant sein, da er auf diesem Wege Personalüberkapazitäten besser abbauen kann, für den Arbeitnehmer ist ein früherer Eintritt in die Ruhestandsphase ebenfalls oft attraktiv. Über die Variation der Lebensarbeitszeit sind   *Jahres-, Lebensarbeitszeit*

- Unterbrechungen für Familienphasen,
- vorgezogene Ruhestandsregelungen,
- individuelle Lebensplanungen (z. B. für Studien- und Weiterbildungsaktivitäten)

verträglich für Unternehmen und Mitarbeiter zu steuern.

4.4 Flexibilisierung der Arbeitszeit

Zur Verbesserung der Wettbewerbssituation bemühen sich Unternehmen und Belegschaften, die Arbeitszeit zu flexibilisieren und besser an den jeweiligen Arbeitsanfall anzupassen. In diesem Zusammenhang spielen *Jahres-* und *Lebensarbeitszeitkonten* eine Rolle (vgl. Abschnitt 4.3.3). Ein entscheidendes Kriterium für die Sozialverträglichkeit solcher Modelle liegt in der *Zeitsouveränität* der Arbeitnehmer. Die Einflussgrößen der Zeitsouveränität sind folgende:[126]

Zeitsouveränität
- Variabilität der Lage (Tag, Woche, Monat, Jahr, Arbeitsleben),
- Verfügbarkeit der Variabilität (für Arbeitnehmer, Arbeitgeber, beide),
- Variabilität der Dauer (Stundenzahl innerhalb eines Tages, Woche, Monats, Jahres, Arbeitslebens),
- Ausgleichszeitraum,
- Arbeitszeitkorridor.

In Abbildung IV-60 werden einige *Flexibilisierungsansätze* aufgeführt.[127]

Nach § 87 Abs. 1 Nr. 2 BetrVG hat der Betriebsrat bei Beginn und Ende der täglichen Arbeitszeit einschließlich der Pausen sowie der Verteilung der Arbeitszeit auf die einzelnen Wochentage mitzubestimmen. Dies trifft auch für die Regelung der flexiblen Arbeitszeit zu. Das Arbeitszeitgesetz hat die Möglichkeiten zur Einführung flexibler Arbeitszeitmodelle erheblich verbessert (vgl. Abschnitt 4.2.2). Aus betriebswirtschaftlicher Sicht möchte man mit Flexibilisierungsmodellen die Betriebszeit erhöhen und Leerzeit oder Stillstandzeit verringern oder ganz vermeiden.[128]

Wettbewerbsdruck
Häufig verbinden Unternehmen, die sich unter starkem Wettbewerbsdruck befinden, die Flexibilisierung der Arbeitszeit mit folgenden Zielsetzungen:

- verbesserte saisonale Anpassung,
- Reduktion der Überstundenzahl und -vergütung,
- Reduktion von Spät-, Nacht- und Feiertagszuschlägen,
- Reduktion Unterbesetzung und Maschinenstillstände,
- Verbesserung der Planungsqualität.

Zur Umsetzung sind flankierende Maßnahmen erforderlich:[129]

- Abschluss einer Betriebsvereinbarung (soweit tarifvertraglich vorgesehen),
- Schulung der Führungskräfte und der betroffenen Mitarbeiter,
- systematische Personaleinsatzplanung,
- Zeiterfassung.

---

126 Ferreira, Y.: a. a. O., 2001, S. 26.
127 Ferreira, Y.: a. a. O., 2001, S. 29–51.
128 In der Betriebszeit werden Umsatz und Ertrag erwirtschaftet, in Leer- und Stillstandzeiten werden die Betriebsmittel nicht genutzt und daher kein Umsatz und Ertrag erzielt.
129 Bittelmeyer, G.; Hegner, F.; Kramer, U.: Bewegliche Zeitgestaltung im Betrieb. Köln: Gesamtverband der metallindustriellen Arbeitgeberverbände e. V., 1987.

Gleitzeit	Betrieblich vereinbarte Regelungen zur Variation von Beginn und Ende der täglichen Arbeitszeit.
gleitende Arbeitswoche/ Arbeitsmonat	Anstelle von Kern- und Gleitstunden (wie bei der täglichen Gleitzeit, s. o.) gibt es hier Kern- und Gleittage einer Woche bzw. eines Monats. Der Arbeitnehmer verfügt an den Gleittagen über die Zeitsouveränität.
Vertrauensarbeitszeit	Hier verzichtet man auf die Zeiterfassung, da durch das Führungsverhalten im Unternehmen auf die Eigenverantwortlichkeit der Mitarbeiter abgestellt wird.
Arbeitszeitkorridor	Wie Gleitzeit, es gibt jedoch weder Kernzeiten noch eine Mindestarbeitszeit pro Tag.
Kapazitätsorientierte Variable Arbeitszeit (KAPOVAZ)	Das Unternehmen nimmt die Anpassung der Arbeitszeit in Abhängigkeit des jeweiligen Arbeitsanfalls vor. Es handelt sich also um eine bedarfsorientierte variable Arbeitszeit. Das Leistungsbestimmungsrecht ist einseitig beim Arbeitgeber.
Staffelarbeitszeit	Festliegende Arbeitszeiten werden hinsichtlich ihres Arbeitsbeginns gestaffelt. Die Mitarbeiter sprechen sich untereinander über die jeweilige Staffelbesetzung ab.
Altersteilzeit	Das Altersteilzeitgesetz (ATZG) regelt die zeitliche und finanzielle Abwicklung eines vorgezogenen Ruhestands. Ab einer bestimmten Altersgrenze besteht für Arbeitnehmer die Möglichkeit der Altersteilzeit. Hier wird das Ausscheiden aus dem Erwerbsleben nicht abrupt, sondern gleitend vollzogen. Der Mitarbeiter hat dabei die Möglichkeit, seine Arbeitszeit bis zum Ausscheiden aus dem Erwerbsleben über einen längeren Zeitraum ständig zu verkürzen. Die Bundesagentur für Arbeit fördert durch Leistungen nach diesem Gesetz die Teilzeitarbeit älterer Arbeitnehmer, die ihre Arbeitszeit ab Vollendung des 55. Lebensjahres vermindern, und damit die Einstellung eines sonst arbeitslosen Arbeitnehmers ermöglichen. Es stehen zwei Altersteilzeitmodelle zur Auswahl: Das erste Modell sieht eine gleichmäßige Reduzierung der Arbeitszeit um 50 % vor. Dieses Modell ist für Arbeitnehmer interessant, die vor ihrer Rente die Arbeitsbelastung reduzieren wollen. Das zweite Modell wird Blockmodell genannt. Nach einer ersten Phase mit nicht reduzierter Arbeitszeit folgt eine Freistellungsphase.
Sabbatical*	Darunter versteht man eine geplante Phase der Nichtarbeit, die üblicherweise zwischen drei Monaten und einem Jahr dauert und die Rückkehr in das Berufsleben (meist in dasselbe Unternehmen) vorsieht. Das Sabbatical kann im Rahmen einer Jahresarbeitszeitregelung vereinbart werden.
Arbeitszeitkonten	Die Arbeitszeit wird stundenweise einem Mitarbeiterkonto gutgeschrieben. Entweder werden die Stunden genutzt, um ein Guthaben aufzubauen oder aber um ein Defizit abzubauen. Die Rahmenbedingungen für Arbeitszeitkonten werden in Betriebsvereinbarungen festgelegt.
Überstunden bzw. Mehrarbeit	Durch Überstunden werden Arbeitsspitzen durch Arbeitnehmer abgefangen. Dabei sind die Bestimmungen des Arbeitszeitgesetzes und weiterer Gesetze zu beachten.
Job-Sharing	Hierbei wird ein Arbeitsplatz auf zwei Personen aufgeteilt. Die beiden Mitarbeiter regeln ihren Arbeitseinsatz in gegenseitiger Absprache. Sie sind für die Erfüllung der Aufgabe gemeinsam verantwortlich.
Telearbeit	Durch Telearbeit kann der Mitarbeiter seine Arbeitszeit autonom gestalten. Neue Medien unterstützen die Abkoppelung von Arbeitsabläufen am Sitz des Unternehmens. Telearbeit ist häufig auch eine Form der Vertrauensarbeitszeit.

* Klober, A.: Sabbatical – Aussteigen auf Zeit. Personalführung PLUS 2, 1999, S. 44-47

Abbildung IV-60 Flexibilisierungsansätze

Zur *Ausdehnung der Betriebszeiten* gibt es folgende Ansätze:

- Tägliche Betriebszeit wird auf Teilzeitschichten aufgeteilt.
- Wöchentliche Betriebszeit wird auf Voll- und Teilzeitschichten aufgeteilt. Teilzeitarbeit wird also als Ergänzung zur Vollzeitarbeit eingeführt.
- Job-Sharing wird eingeführt.

Gleitzeit wird auch im Schichtbetrieb eingeführt, wozu Abbildung IV-61 ein Beispiel zu entnehmen ist. Absprachen zwischen jeweils zwei Mitarbeitern oder innerhalb der Arbeitsgruppe sind dabei wichtige Hilfsmittel.

Bereitschaftsdienst

Der *Bereitschaftsdienst* ist eine Sonderform der Flexibilisierung. Der Bereitschaftsdienst

- liegt außerhalb der regelmäßigen Arbeitszeit,
- wird durch den Aufenthalt an einer vom Arbeitgeber bestimmten Stelle gekennzeichnet,
- sieht die Arbeitsaufnahme nur im Bedarfsfall vor.

Mitarbeiter		Woche 1							Woche 2							Woche 3							Woche 4							Woche 5							Woche 6						
		Mo	Di	Mi	Do	Fr	Sa	So	Mo	Di	Mi	Do	Fr	Sa	So	Mo	Di	Mi	Do	Fr	Sa	So	Mo	Di	Mi	Do	Fr	Sa	So	Mo	Di	Mi	Do	Fr	Sa	So	Mo	Di	Mi	Do	Fr	Sa	So
Frühschicht	A	9	9	9	9											9	9						9	9								9	9	9	9								
Spätschicht	A										9	9	9	9						9	9						9	9								9	9	9	9			
Frühschicht	B					9	9		9	9								9	9	9	9																		9	9	9	9	
Spätschicht	B	9	9										9	9									9	9	9	9				9	9	9	9										
Frühschicht	C										9	9	9	9											9	9	9	9		9	9						9	9					
Spätschicht	C			9	9	9	9									9	9	9	9															9	9							9	9

Anmerkung: Falls bis dahin im Einschichtbetrieb gearbeitet wurde, werden zum Erreichen der Betriebszeit von 108 Wochenstunden zwei zusätzliche Mitarbeiter benötigt (Neueinstellung oder Umsetzung). Falls bereits im Zweischichtbetrieb gearbeitet worden ist, wird ein zusätzlicher Mitarbeiter benötigt.

Abbildung IV-61 Erhöhung der Betriebszeit durch Einsatz von drei Mitarbeitern je Schicht im Wechsel[130]

4.5 Schichtarbeit

Schichtarbeit ist Arbeit zu wechselnder Tageszeit (z. B. Wechselschicht) oder zu konstanter, aber ungewöhnlicher Zeit (z. B. Dauer-Nachtschicht). Aus der Sicht des Betriebes dient Schichtarbeit dazu, die gesamte betriebliche Arbeitszeit auf mehrere Zeitabschnitte mit versetzten Anfangszeiten aufzuteilen. Diese Zeitabschnitte können auch unterschiedlicher Dauer sein. In Abbildung IV-62 werden die verschiedenen Schichtsysteme klassifiziert.

Wechselschichtsystem

In *permanenten Systemen* wird für lange Zeit eine bestimmte Schicht übernommen. *Wechselschichtsysteme* werden nach Vorkommen von Nacharbeit/Wochenendarbeit, Anzahl beteiligter Schichtbelegschaften und Regelmäßigkeit der Systeme unterschieden nach:

- *Voll-kontinuierlichen Schichtsystemen* mit Nacht- sowie Sonn-/Feiertagsarbeitszeit. Sie erfordern bei einer tariflichen Wochenarbeitszeit von 40 Stunden und einer Besetzung der Arbeitsplätze von 0 bis 24 Uhr mindestens vier Schichtbelegschaften.
- Diskontinuierlichen Schichtsystemen, bei denen an Werktagen über 24 Stunden gearbeitet wird, im Allgemeinen der ganze Sonntag, oft auch der Samstag (zumindest teilweise) arbeitsfrei ist.
- Unregelmäßigen Schichtsystemen, die vor allem im Dienstleistungssektor vorkommen, weil dort oft tageszeitlich variierender Arbeitsanfall vorliegt.

---

130 Bittelmeyer, G. et al.: a. a. O., 1987, S. 47.

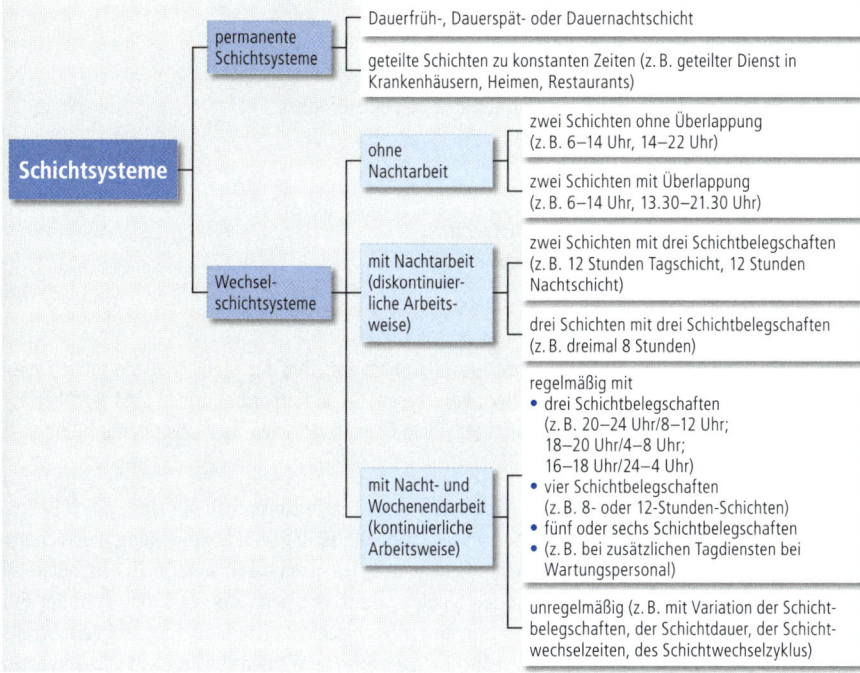

Abbildung IV-62 Klassifizierung von Schichtsystemen

Über diese Schichtsystem-Kategorisierung hinaus können *Schichtpläne* nach drei Merkmalen unterschieden werden:

Schichtpläne

- Schichtwechselzyklusdauer
  - kurz (z. B. vier Wochen),
  - lang (z. B. 20 Wochen),
- Zahl aufeinanderfolgender Nachtschichten
  - kurz (z. B. zwei Nachtschichten),
  - lang (z. B. sieben Nachtschichten),
- Rotationsrichtung
  - vorwärtslaufend, bei der auf Frühschichten erst Spät- und dann Nachtschichten folgen,
  - rückwärtslaufend, bei der die Reihenfolge Nacht-, Spät- und Frühschicht vorliegt,
  - gemischt.

Vorwärtswechsel entspricht dem aus Zeitzonenflügen bekannten Erlebnis des Fluges in westlicher Richtung, bei dem es zu einer schnelleren Anpassung der biologischen Tagesrhythmik als bei Flügen in östlicher Richtung (entspricht dem Rückwärtswechsel) kommt.

Darüber hinaus können Schichtpläne auch nach ihren Anfangs- und Endzeiten, nach der Schichtdauer, der Wochenarbeitszeit, der Organisation von Bereitschaftszeiten und der Verteilung der Freizeiten unterschieden werden.

Aus Schichtarbeit können möglicherweise Folgewirkungen entstehen:

- Gesundheitliche Beschwerden
  - Schlafstörungen,
  - Beschwerden des Magen- und Darmtraktes, Appetitstörungen,
- Einschränkungen im sozialen Bereich
  - Veranstaltungen,
  - Fortbildungskurse,
  - kulturelle, religiöse, politische Aktivitäten,
- Einschränkungen im familiären Bereich
  - Wohnbedingungen,
  - Familienkontakte.

Gesundheitliche Beschwerden treten in der Regel deshalb auf, weil der Mensch gegen seine *Tagesrhythmik* lebt. Der Mensch ist ein tagaktives Lebewesen. Seine Körperfunktionen sind tagsüber auf Leistung und nachts auf Erholung ausgerichtet. Viele Organfunktionen und Leistungen unterliegen diesem Rhythmus.

Deutlich wird dabei, dass gerade die Nachtschicht das ausgeprägte Tief enthält mit einem anschließenden Anstieg zum Zeitpunkt der Schichtübergabe Nacht/Früh. Häufig wird argumentiert, dass sich der Körper an die wechselnden Schichten »gewöhnen« würde, vor allem dann, wenn man beispielsweise ausschließlich Nachtschicht arbeitet. In vielen Studien wurde nachgewiesen, dass dies nicht der Fall ist; die Leistungskurve wird sich auch nach jahrelanger Nachtschicht nicht umdrehen, sondern bereits nach drei bis vier Nachtschichten in Folge abflachen. Dies führt zu vermehrten Problemen bei diversen Körperfunktionen (beispielsweise Schlafrhythmus, Verdauung etc.). Zudem ist der Tagschlaf nicht so erholsam wie der Nachtschlaf, was unter anderem an der erhöhten Geräuschkulisse am Tag liegt.

Die Auswirkungen dieser schlechten Schlafbedingungen (äußeres Umfeld, Tagesperiodik …) äußern sich in den Änderungen der sogenannten Rapid-Eye-Movement-Phasen (REM-Phasen). Als REM-Phase oder REM-Schlaf bezeichnet man diejenige Phase im Schlafzyklus, in der schnelle Augenbewegungen auftreten. In den REM-Phasen treten Veränderungen im EEG (Elektro-Enzephalogramm) auf, die auf ein erhöhtes Aktivationsniveau hindeuten. Es wird angenommen, dass nur in diesen Phasen geträumt wird. Die Anzahl der REM-Traumphasen ist ein wichtiger Indikator für die Erholung während des Schlafes.

Seit einiger Zeit wird mit einem gezielten Lichtmanagement die Synchronisation der circadianen Rhythmen und damit auch die Anpassung an Nachtarbeit verbessert. Wegen der noch nicht geklärten Neben- und Folgewirkungen wird die flächendeckende Umsetzung jedoch noch nicht empfohlen.

Unregelmäßige und unvorhersehbare Arbeitszeiten führen zu Einschränkungen im sozialen Bereich. Nach wie vor liegen Veranstaltungen in der Regel in den Abendstunden, in denen der Großteil der Bevölkerung Freizeit hat; anders ist das bei in Schicht arbeitenden Menschen. Viele Veranstaltungen können von ihnen nicht besucht werden. Das gleiche gilt für Fortbildungskurse, die in der Regel am gleichen Tag zur gleichen Uhrzeit liegen. Hier ist es oftmals so, dass Schichtarbeiter solche Kurse nur alle zwei oder drei Wochen besuchen könnten. Auch kulturelle, religiöse und politische Aktivitäten können nur eingeschränkt wahrgenommen werden.

Je nach Größe der Wohnung und Familienstand des in Schicht arbeitenden Menschen gibt es Einschränkungen bei der Wohnqualität. Muss ein Familienmitglied tagsüber schlafen, so haben die anderen Familienmitglieder Ruhe zu halten. Besonders bei kleinen Kindern ist das nicht umsetzbar. Viele Tätigkeiten, die tagsüber als normal anzusehen sind (z. B. Musik hören, handwerkliche Tätigkeiten etc.), müssen auf einen anderen Zeitpunkt verschoben werden.

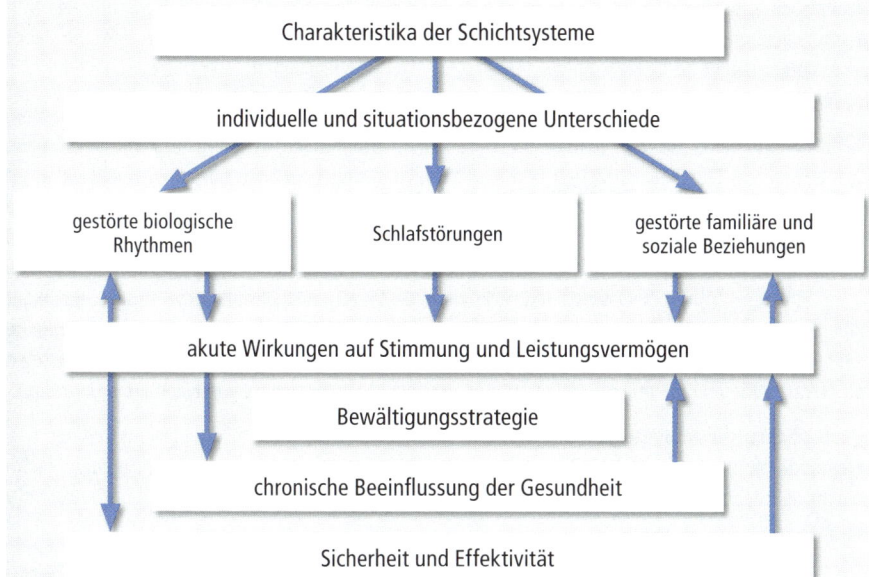

Abbildung IV-63 Modellvorstellung zur Belastungswirkung durch Schichtarbeit[131]

Die Familienkontakte können stark eingeschränkt werden, wenn der Schichtplan entsprechend ungünstig angelegt ist. Je nachdem, ob und zu welchen Uhrzeiten der Partner arbeitet, können tagelange Phasen bestehen, in denen sich die Partner nicht oder nur schlafend sehen.

Auswirkungen der Schichtarbeit

Mögliche Auswirkungen der Schichtarbeit auf die Beschäftigten fasst Abbildung IV-63 zusammen.

Der Aussagewert der zahlreichen Untersuchungen zum Einfluss der Schichtarbeit auf Krankheitsentstehung ist allerdings limitiert, weil es sich in aller Regel um Querschnittstudien handelt, die keine Ableitung von Ursache-Wirkungs-Beziehungen zulassen. So ist zum einen mit einem *Healthy-Worker-Effekt* zu rechnen und zum anderen davon auszugehen, dass gesundheitlich relevante Symptome und Beschwerden nicht durch die Schichtarbeit an sich, sondern durch sich gleichzeitig damit ändernde Bedingungen verursacht werden (größere Verantwortung, klimatische Bedingungen etc.).[132]

Healthy-Worker-Effekt

4.6 Nachtarbeit

Nachtarbeit im Sinne des deutschen Arbeitszeitgesetzes ist jede Arbeit, die mehr als zwei Stunden der Nachtzeit (23 Uhr bis 6 Uhr) umfasst (ArbZG, §2, Abs. 3 und 4). Etwa 18 % der deutschen Arbeitnehmer arbeiten in Wechselschichtarbeit mit Nachtschichten, etwa 8 % regelmäßig in Nachtarbeit.[133]

Noch wesentlich stärker als der Mitarbeiter in *Wechselschicht* arbeitet der Nachtschichtarbeiter gegen die biologische Tagesrhythmik des Körpers. Diese Tagesrhythmik kann sich nicht vollständig an

Umstellungsarbeit

---

131 Nach Deutsche Gesellschaft für Arbeitsmedizin und Umweltmedizin e.V., Leitlinien Nacht- und Schichtarbeit, o.Jg.
132 Deutsche Gesellschaft für Arbeitsmedizin und Umweltmedizin e.V., a.a.O., o.Jg.
133 Knauth, P.: Nachtarbeit. In: Landau, K.; Pressel, G. (Hrsg.): Medizinisches Lexikon der beruflichen Belastungen und Gefährdungen, 2. Auflage. Stuttgart: Gentner, 2009, S. 715–718.

Nachtarbeit anpassen. Nachtschichttage sind durch eine Störung der inneren Zeitordnung des Mitarbeiters gekennzeichnet. Insbesondere macht auch ein freies Wochenende nach einer Nachtschicht die vorangegangene Teilanpassung wieder zunichte. Der Nachtschichtarbeiter muss also ständig *Umstellungsarbeit* leisten.

Nachtschichtarbeiter klagen oft über Schlafprobleme, insbesondere während des Tagschlafs nach Nachtschichten. Die Schlafenszeiten sind hier deutlich geringer als beim normalen Nachtschlaf, sie sind auch von schlechterer Qualität. Haben Nachtarbeiter Kinder oder sonstige Familienangehörige zu versorgen, kommt es zu einer Kombination ungünstiger Belastungen aus der Berufsarbeit und der Haushaltsarbeit. Nachtarbeit hat auch Konsequenzen vor allem im Hinblick auf Magen-Darm-Erkrankungen: Chronische Gastritis und rezidivierende Magen- und Darmgeschwüre sind signifikant höher bei Nachtarbeitern als bei Mitarbeitern in der Tagschicht. Daneben können eine ganze Reihe von Stoffwechselerkrankungen von der Nachtschichtarbeit beeinflusst werden. Ebenso sind Personen mit Herz-Kreislauf-Leiden und ernsthaften psycho-vegetativen Störungen von Nachtarbeit betroffen.

Wenn Nachtarbeit unumgänglich ist, sind nach Möglichkeit nicht mehr als drei Nachtschichten hintereinander einzuplanen. Das Unfallrisiko nimmt nach der dritten hintereinander liegenden Nachtschicht deutlich zu. Weiterhin gelten die Gestaltungsregeln zur Wechselschichtarbeit (vgl. Abschnitt 4.5).[134]

Das Ziel besteht hierbei darin, physiologische Anpassungsprozesse im Zusammenhang mit Nachtarbeit zu minimieren, dem Nachtarbeiter die Chance auf soziale Kontakte an Werktagen und Wochenenden zu geben und eine Anhäufung von Erholungsdefiziten zu vermeiden. Sogenannte *kurzrotierende Schichtsysteme* geben dem Nachtschichtarbeiter die Möglichkeit zu sozialen Kontakten und vermindern die Wahrscheinlichkeiten der genannten Erkrankungen. Auf Nachtschichten sollten wenigstens 24 Stunden Freizeit folgen. Jeder Schichtplan sollte mindestens zwei aufeinanderfolgende arbeitsfreie Tage enthalten. Dafür wären Wochenenden zu bevorzugen.

Einige dieser Anforderungen widersprechen sich, so dass im Regelfall ein Kompromiss gesucht werden muss, der neben den ökonomischen Forderungen des Betriebes auch die gesundheitlichen und sozialen Anforderungen des Mitarbeiters beachtet.

Dauernachtschichten   *Dauernachtschichten* sind in vielen Ländern stärker verbreitet, als dies in Deutschland der Fall ist. Viele Beschäftigte in Dauernachtschichten meinen, sich besser an dieses Schichtregime gewöhnen zu können als an Wechselschicht mit Nachtschicht. Arbeitsmedizinische und epidemiologische Studien sprechen jedoch gegen Dauernachtschichten.

---

134 Zur Durchführung arbeitsmedizinischer Untersuchungen bei Nachtarbeitern: Ausschuss Arbeitsmedizin beim Hauptverband der gewerblichen Berufsgenossenschaften – Arbeitsgruppe ‚Nachtarbeit‘ – in Zusammenarbeit mit dem Länderausschuss für Arbeitsschutz und Sicherheitstechnik erarbeitet. Bundesarbeitsblatt 10/1995, S. 79–80 (Bek. des BMA vom 22.08.1995–IIIb 8-36607-4/7) enthalten Hinweise zu Eignungskriterien, Untersuchungsmethoden, möglichen Beschwerdebildern und Beschäftigungsverboten.

4.7 Einführung eines Arbeitszeitmodells

4.7.1 Menschbezogene Kriterien

Aus arbeitswissenschaftlicher Sicht ergeben sich folgende Empfehlungen für die Schichtplangestaltung:[135]

Empfehlungen für die Schichtplangestaltung

- Geringe Anzahl hintereinander liegender Nachtschichten,
- Abhängigkeit der Schichtdauer von der Arbeitsschwere,
- nicht zu früher Beginn der Frühschicht,
- keine zu kurzen arbeitsfreie Zeiten zwischen den Schichten,
- Wochenenden mit zwei zusammenhängenden arbeitsfreien Tagen (0.00–24 Uhr) bei kontinuierlichem Schichtsystem,
- Vorwärtsrotation bei kontinuierlichem Schichtsystem,
- keine zu lange Schichtwechselzyklusdauer und möglichst Regelmäßigkeit der Schichtsysteme.

Da kognitive Zeitgeber (z.B. Kenntnisse der Uhrzeit, Wissen um das soziale Verhalten der Umwelt) unveränderbar sind und eine vollständige Rückanpassung aller physiologischen Funktionen innerhalb von sieben Nachtschichten nicht erfolgt, sollte die Anzahl hintereinander liegender Nachtschichten gering sein. Je länger die Nachtschichtperiode ist, desto ausgeprägter wird die Teilanpassung und desto länger der Rückanpassungsprozess sein. Bereits einwöchige Nachtschichtperioden führen zu akkumuliertem Schlafmangel. Je mehr Nachtschichten in Folge geleistet werden, desto stärker sind auch Kontakte eingeschränkt. Wechselschichtsysteme sind deshalb günstiger als Dauernachtschichtsysteme und kurzrotierte empfehlenswerter als langrotierte Schichtsysteme. Dieser Einschätzung scheinen sich auch Betroffene tendenziell anzuschließen.[136]

Nachtschichten

Eine Festlegung der Schichtdauer auf genau 8 Stunden ist ergonomisch nicht zu begründen. Je nach Belastung sind sowohl kürzere als auch eine längere Schichtdauer vertretbar. Es überwiegen zwar 7- bis 8-Stunden-Schichten, jedoch wird regelmäßig auch kürzer (z.B. 4 Stunden auf Schiffen) oder länger (z.B. 12 Stunden in manchen Bereichen der chemischen Industrie) gearbeitet.

Schichtdauer und Arbeitsschwere

Auch zwölfstündige Schichtsysteme haben sich bei geringer Belastung, fehlender Einwirkung gesundheitsgefährdender Arbeitsstoffe und ausreichendem Schlaf der Wegzeiteinsparung und der günstigeren Freizeitverteilung wegen bewährt.[137] Dagegen sollten Nachtschichten bei hoher Belastung auf deutlich unter acht Stunden verkürzt werden.

Beim Festlegen von Schichtwechselzeiten sind Kompromisse zwischen teilweise konkurrierenden Zielen zu schließen:

Beginn der Frühschicht

- ausreichender Schlaf,
- geringes Unfallrisiko,
- ausreichende abendliche Freizeit,
- gemeinsame Mahlzeiten mit der Familie,
- günstige Verkehrsverhältnisse.

---

135 Knauth, P.: Arbeitswissenschaftliche Kriterien der Schichtplangestaltung. In: Kutscher, J.; Eyer, E.; Antoni, H. (Hrsg.). Das flexible Unternehmen. Wiesbaden, 1996.
136 Hedden, I.D. Bonitz, H.; Grzech-Sukalo, H.; Nachreiner F.: Zur Klassifikation und Analyse unterschiedlicher Schichtsysteme und ihre psychosozialen Effekte. Teil 2: Differentielle Effekte bei Gruppierung nach periodischen Merkmalen. Überprüfung eines alternativen Klassifikationsansatzes. In: Zeitschrift für Arbeitswissenschaft 43 (15 NF) 1989, S. 73–78.
137 Zu bedenken ist allerdings die Erniedrigung der Dauerleistungsgrenzwerte bei 12-Stunden-Schichten (vgl. Teil II, Abschnitt 2.5.2).

Die Probleme bei den verbreiteten Schichtwechselzeiten von 6, 14 und 22 Uhr sind vor allem die Schlafreduktion, häufige Fehlzeiten sowie ein erhöhtes Unfallrisiko in der Frühschicht und einge-schränkte Freizeitmöglichkeiten für die Spät- und Nachtschichten.

In den USA wird die 8, 16, 24-Uhr-Regelung praktiziert, möglicherweise deshalb, weil dort Geschäfte und Freizeitstätten bis in die Nacht durchgehend geöffnet sind. Dagegen findet man in Frankreich die 4, 12, 20 Uhr Regelung, die die Vorteile bietet, dass der Schlaf nach der Nachtschicht vielleicht länger ist, mittags und abends familiäre Gemeinsamkeiten und Hobbies gepflegt werden können.

Eine Verschiebung der üblichen Schichtwechselzeiten von 6, 14 und 22 Uhr auf 7, 15 und 23 Uhr würde die eingangs angeführten Ziele besser erfüllen. Ob dabei die primären Wünsche der Betroffe-nen, wie zeitgünstige Anfahrt und geringstmögliche Einschränkung der Freizeitaktivitäten, zu errei-chen sind, lässt sich nur im Einzelfall beantworten.

Arbeitsfreie Zeiten zwischen den Schichten

Folgt auf eine Frühschicht am gleichen Tag eine Nachtschicht oder auf eine Nachtschicht am folgen-den Tag eine Spätschicht, spricht man von kurzen Wechseln. Das Arbeitszeitgesetz schreibt als ar-beitsfreie Zeit zwischen Schichtende und dem Anfang der folgenden Schicht mindestens 11 Stunden vor. Bei kurzen Wechseln könnte die arbeitsfreie Zeit nur zu einem kurzen Schlaf genutzt werden, so dass Ermüdung und erhöhtes Sicherheitsrisiko zu nennen wären.

Wochenenden

Bei Wochenenden mit zwei zusammenhängenden arbeitsfreien Tagen bei kontinuierlichen Schicht-systemen ist zwar die Anzahl freier Samstage und Sonntage konstant, nicht aber die am Wochenende anfallenden Freizeitstunden. Ein Wochenende, das nach einer freitäglichen Nachtschicht beginnt, ist »freizeitreduziert«. Beginnt es dagegen nach einer freitäglichen Frühschicht und endet mit dem Beginn der montäglichen Spätschicht, ist es »freizeiterweitert«. Deshalb sollte beachtet werden, dass bei kontinuierlicher Schichtarbeit möglichst viele »volle« Wochenenden entstehen.

Schichtpläne, bei denen dieser Sachverhalt berücksichtigt wird, können nach folgenden Prinzipien ausgelegt werden:

- Minimierung der Anzahl »reduzierter« Wochenenden,
- Maximierung der Anzahl »voller« Wochenenden,
- Kompromiss aus beiden Möglichkeiten, wenn mehr als vier Personen einzubeziehen sind,
- Vorwärtsrotation bei kontinuierlichen Schichtsystemen.

Schichtzyklen

Schichtpläne müssen für die Betroffenen übersichtlich sein. Erst dann akzeptieren sie Mitarbeiter und ihre Familien. Die Übersichtlichkeit des Schichtplans ist umso besser, je kürzer der Wechselzyklus und je regelmäßiger die Schichtfolgen sind. Kurze Zyklen (z. b. vier Wochen) sind langen Zyklen (z.B. ein Vierteljahr) vorzuziehen. Als regelmäßig gelten z.B.

- diskontinuierliche Systeme mit jeweils fünf gleichen Schichten und zwei freien Tagen oder
- kontinuierliche Systeme mit identischen Unterzyklen (z.B. 12 Std. Tagschicht, 12 Std. Nacht-schicht, Freischicht, Freischicht), die sich wiederholen.

4.7.2 Wirtschaftliche Kriterien

Voll-kontinuierliches Schichtmodell

Mit einem *voll-kontinuierlichen Schichtmodell* werden die maximal zur Verfügung stehenden 168 Stunden pro Woche durch die Mitarbeiter abgedeckt. Die bestmögliche technische Ausnutzung teurer Aggregate ist damit möglich. Die Arbeit am Sonntag muss vom zuständigen Amt für Arbeits-schutz genehmigt werden. Voll-Konti-Modelle sind oft auch aus verfahrenstechnischen Gründen erforderlich, da bestimmte Anlagen am Wochenende nicht einfach abgestellt werden können. Voll-Konti-Modelle können insoweit noch Varianten aufweisen, dass nachts oder sonntags mit ausgedünnten Belegschaften gearbeitet wird. Weitere Optionen zur Verbesserung der Betriebsmittelauslastung sind:

- Erhöhung der Überlappungszeiten der Schichten,
- Abweichung von der 8-Stunden-Schicht.

Ein Voll-Konti-System bringt gegenüber teil-kontinuierlichen Systemen Personalkostenersparnisse durch den Wegfall von Mehrarbeits- und Samstagszuschlägen und eine wesentlich höhere Funktionszeit des Betriebes. Insbesondere bei kapitalintensiven Anlagen wird sich das durch niedrigere Maschinenstundensätze stark bemerkbar machen. In auslastungsschwachen Monaten sollte der Betrieb die Möglichkeit haben, auf andere Schichtmodelle eines »Schicht-Baukastens« mit niedrigeren Personalkapazitäten überzugehen.

Mit wie vielen *Schichtgruppen* die Abdeckung der wöchentlichen Betriebsnutzungszeiten realisiert wird, orientiert sich zunächst an der vertraglichen Arbeitszeit der Beschäftigten.

Schichtgruppen

Entspricht die Zahl der Gruppenmitglieder derjenigen der zu besetzenden Arbeitsplätze, handelt es sich um ein »gekoppeltes« System, in dem die Betriebszeit also unmittelbar von der Vertragsarbeitszeit (mal Anzahl der Schichtbelegschaften) vorgegeben wird.[138]

Liegt die Zahl der Gruppenmitglieder darüber, dann haben immer ein oder mehrere Gruppenmitglieder frei, können also *Zeitguthaben* abbauen oder auch Urlaub machen, ohne dass die Anlagenbesetzung hiervon beeinträchtigt wird. Dann liegt ein »entkoppeltes« System vor – oder, genauer gesagt, ein sogenanntes Mehrfachbesetzungssystem mit Arbeitsplatzkopplung. »Arbeitsplatzkopplung« beschreibt also die Zusammenfassung der einzelnen Arbeitsplätze zu einer Arbeitsplatzgruppe.

Schichtsysteme mit vier Schichtgruppen basieren auf einer wöchentlichen Arbeitszeit von 42 Stunden (168 : 4 = 42) und sind deshalb in der Mehrzahl der tarifvertraglichen Gegebenheiten nicht realistisch.

Systeme mit fünf Schichtgruppen (vgl. Abbildung IV-64) basieren zwar auf der 35-h-Woche (168 : 5 = 33,6), haben jedoch den Nachteil, dass die Differenz zwischen rechnerischer und tarifvertraglich vorgesehener Arbeitszeit – hier also 1,4 Stunden – über Zusatzschichten im Verlaufe eines Jahres nachgearbeitet werden muss.

Sie bieten größere Freiräume für eine flexible Schichtplangestaltung und erlauben eine bessere Berücksichtigung der gesicherten arbeitswissenschaftlichen Erkenntnisse über die menschengerechte Gestaltung der Arbeit (§ 6 Abs. 1 ArbZG):

- möglichst kurze Nachtschichtfolgen (zwei bis vier hintereinander),
- zwei arbeitsfreie Tage nach den Nachtschichten,
- freie Wochenenden einplanbar,
- keine Arbeitsperioden von acht oder mehr Arbeitstagen in Folge.

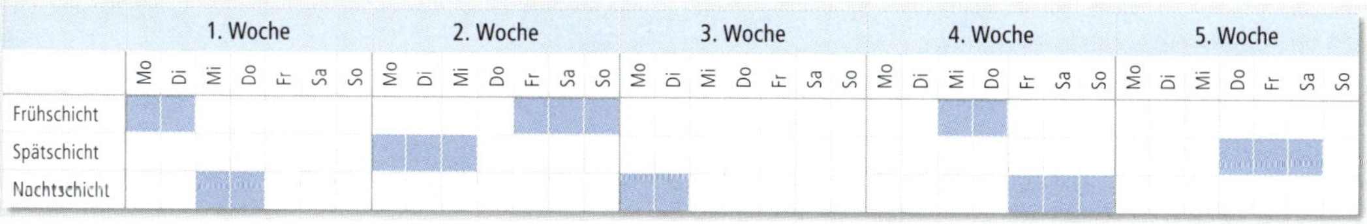

Abbildung IV-64 Auszug aus dem Schichtkalender eines 5-Schichtgruppen-Systems

138 Kipp, J.: Betriebszeitstufen und »Hausfrauenpool« zur Bewältigung saisonal schwankender Auftragslage, Manuskript, Mars Masterfoods GmbH, Viersen, o. Jg.

Für Mitarbeiter sind auch lange Freizeitphasen – hier z.B. in der dritten und vierten Woche – interessant. Allerdings werden solche Schichtpläne sehr unübersichtlich. Für Familienangehörige ist nicht transparent, in welchem Rhythmus das schichtarbeitende Familienmitglied zu Hause sein wird.

Möglich sind auch 9:2-Schichtsysteme, bei denen jeweils neun Mitarbeiter zwei Arbeitsplätze besetzen. Es kommt dadurch u.a. zu halben Schichtbelegschaften und zu durchschnittlichen Wochenarbeitszeiten > 35 h.

In manchen Fällen ist die Installation von zu vielen Schichtgruppen unerwünscht – sowohl bei der Belegschaft als auch bei der Betriebsleitung.

Betriebszeiten

Geht es in diskontinuierlichen 2-Schicht-Systemen darum, die Betriebszeiten auszudehnen, beispielsweise auf den Samstag, hilft ebenfalls die Einrichtung einer höheren Zahl von Schichtgruppen mit dem Samstag als Regelarbeitstag. Die zusätzlich gearbeiteten Stunden werden dann durch einen rollierenden freien Tag in der Woche ausgeglichen.

Freizeiten am Wochenende

Durch einen »Kunstgriff« lassen sich trotz Samstagsarbeit die Freizeiten am Wochenende vergrößern: In der Spätschichtwoche schließt sich nach der Spätschicht am Freitag am Samstag eine Frühschicht an. Um die gesetzliche Ruhezeit von mindestens 11 Stunden zu gewährleisten, muss allerdings die Spätschicht am Freitag früher enden und die Frühschicht am Samstag später beginnen. Aus arbeitswissenschaftlicher Sicht ist diese Lösung jedoch wegen des Rückwärtswechsels von Freitag auf Samstag negativ zu beurteilen.

Arbeitszeitkonten

Arbeitszeitkonten haben folgende ökonomische Potenziale:

- Samstag als normaler Werktag,
- Anlagen-Betriebszeit nach Auftragslage flexibilisieren,
- Anlagen-Betriebszeit höher als mittlere Anwesenheitszeit der Mitarbeiter durch versetzte Arbeitszeiten,
- Auftragsreichweite erhöhen (z.B. vor Ende der Werksferien der Kunden),
- Erleichterung des »Verleihs« von Mitarbeitern an andere Meistereien,
- Flexible Zeitgestaltung nach Gruppenabsprache,
- Pausendurchlauf an »teuren« Arbeitsplätzen.

Die Einführung von Arbeitszeitkonten ist jedoch nicht unproblematisch: Auf der einen Seite finden sich viele Beschäftigte, die ihr Zeitkonto uneingeschränkt in Freizeit ausgleichen. Auf der anderen Seite gibt es Beschäftigte, die auf einen finanziellen Ausgleich Wert legen und derart motiviert regelrecht Überstunden »sammeln«.

Flexible Arbeitszeiten bieten jedoch durchaus Chancen für das Unternehmen und seine Mitarbeiter – wenn der Rahmen (Unternehmensorganisation, Unternehmenskultur, Ziele etc.) und die Vereinbarungen zur Umsetzung stimmen.

Optimierung

Die *Optimierung* solcher Kontenmodelle ist nicht einfach, da zahlreiche Restriktionen beachtet werden müssen, u.a.

- am Jahresende sollte nur ein bescheidener (aber positiver) Saldo mit in das nächste Jahr genommen werden,
- die durchschnittliche Wochenarbeitszeit von 35 Std. ist über den vereinbarten Zeitraum einzuhalten,
- die 40 Std.-Grenze darf nicht überschritten werden,
- die Schichtgruppen sollen zusammenbleiben.

So zeigt Abbildung IV-65 für einen Automobilzulieferbetrieb, der starken saisonalen Schwankungen unterworfen ist, den Verlauf des Schichtguthabens für eine Abteilung über dem Jahresverlauf. Die

Guthaben werden nach dem Ende der Werksferien der Kunden im Herbst und Winter durch Anziehen der Produktnachfrage abgebaut. Ein Saldo zwischen Arbeitskräftebedarf und -bestand muss über Leiharbeiter ausgeglichen werden.

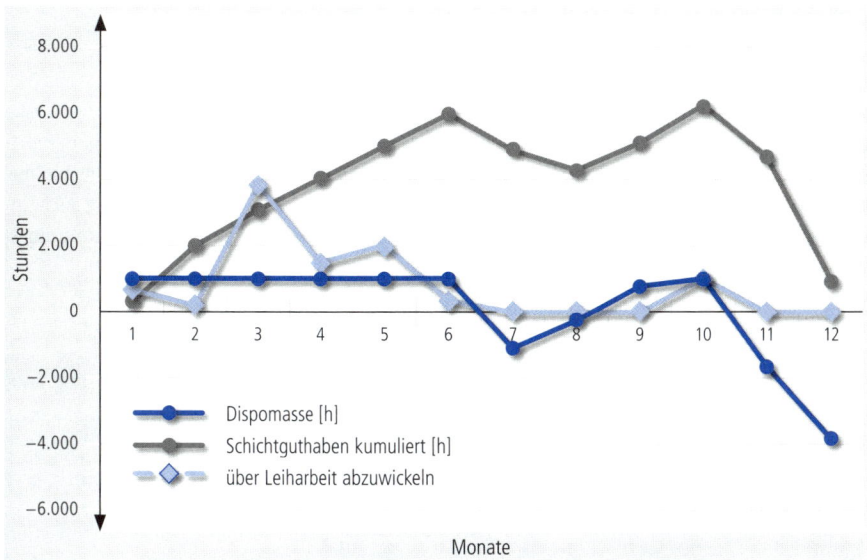

Abbildung IV-65   Jahresverlauf eines Zeitkontomodells bei einem Automobilzulieferer

Versetzte Arbeitszeiten können für die Verfügbarkeit des technischen Personals – vor allem für Rüstarbeiten und die Störungsbeseitigung – interessant sein. So lassen sich Verfügbarkeiten über die 8-Stunden-Schicht hinaus erreichen, ohne dass das technische Personal tatsächlich in ein 2-Schicht-System wechselt (vgl. Abbildung IV-66).   Versetzte Arbeitszeiten

	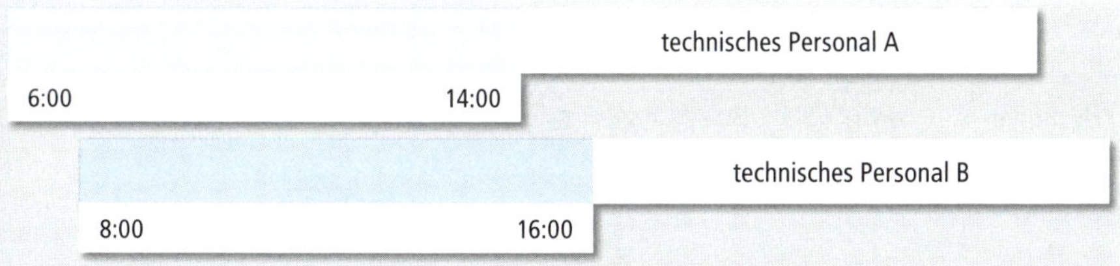 technisches Personal A
6:00 14:00	
	technisches Personal B
8:00 16:00	

Verfügbarkeit	10 h/Tag
Arbeitszeit je Mitarbeiter	40 h/Woche, Freizeitausgleich bei geringer Auftragslage
Pausendurchlauf	ja, versetzt
Kostenvorteile für das Unternehmen	bessere technische Verfügbarkeit und Wegfall von Mehrarbeitszuschlägen

Abbildung IV-66   Versetzte Arbeitszeiten für technisches Personal

Nachtschichtzulagen

Nachtschichtzulagen sind zwar nicht gesetzlich vorgeschrieben, sie werden über Tarifverträge, Betriebsvereinbarungen oder die Arbeitsverträge geregelt. Das Arbeitszeitgesetz legt in § 6 (5) fest, dass in der Nachtschicht Beschäftigte eine angemessene Zahl bezahlter freier Tage oder einen angemessenen Zuschlag auf das Entgelt erhalten müssen.

4.7.3 Umsetzung von Arbeitszeitmodellen in Schichtpläne

Die unterschiedlichen – und oft gegensätzlichen – arbeitswissenschaftlichen und ökonomischen Anforderungen lassen eine Fülle unterschiedlicher Schichtpläne zu. Gesetzliche und tarifliche Vorschriften müssen erfüllt werden, möglichst lange Betriebs- und Maschinenlaufzeiten sowie auch zusammenhängende Freizeiten der Mitarbeiter sollen erfüllt werden. Oft kann eine Schichtplanungssoftware bei z. T. widersprüchlichen Forderungen Hilfe leisten.[139]

Abbildung IV-67 sind vier Schichtpläne zu entnehmen.

Schichtplan 1

Woche	Mo	Di	Mi	Do	Fr	Sa	So	Mo	Di	Mi	Do	Fr	Sa	So
1	F	F	S	S	N	N					F	F	S	S
2	N	N					F	F	S	S	N	N		
3			F	F	S	S							F	F
4	S	S	N	N					S	F	S	S	N	N
5					F	F	S	S	N	N				

Schichtplan 2

Woche	Mo	Di	Mi	Do	Fr	Sa	So
1				S	S	S	
2	F	F	F	F	F	F	
3	N	N	N				
4	S	S	S	N	N	N	

Schichtplan 3

Woche	Mo	Di	Mi	Do	Fr	Sa	So
1	F	F	F	F	F		
2	N	N		S	S		
3	N	N	N		F		
4	S	S	N	N	N		
5	S	S	S	N	N	F	
6		F	F	F	F		
7	F			S	S	S	

Schichtplan 4

Woche	Mo	Di	Mi	Do	Fr	Sa	So
1	F	F	F	F	F	F	
2	S	S	S	S	S		
3	N	N	N				
4	F	F	F	F	F	F	
5	S	S	S	S	S		
6		F	N	N			

F = Frühschicht
S = Spätschicht
N = Nachtschicht

Abbildung IV-67 Beispiele für Schichtpläne mit kontinuierlicher und diskontinuierlicher Arbeitsweise[140]

---

139 Z. B. BASS 4; Nachreiner, F.; Grzech-Sukalo, H.; Hänecke, K.; Qin, L.; Dieckmann, P.; Eden, J.; Lochmann, R.: Arbeitszeit ergonomisch gestalten, 2. Auflage. Dortmund/Berlin, Bundesanstalt für Arbeitsschutz und Arbeitsmedizin, Fb 837, 2000.

140 Vgl. dazu Knauth, P.: Ergonomische Beiträge zur Sicherheitsaspekten der Arbeitszeitorganisation. Düsseldorf, 1983; sowie Rutenfranz, J. und Knauth, P.: Schichtarbeit und Nachtarbeit. Hrsg. vom Bayerischen Staatsministerium für Arbeit und Sozialordnung, 3. Auflage. München, 1989.
Knauth, P.; Schwarzenau, P.; Schmidt, K.-H. und Rutenfranz, J.: Computergestützte Schichtplangestaltung für flexible Arbeitszeitregelungen bei diskontinuierlicher Schichtarbeit. In: Verh. Dr. Ges. Arbeitsmed. 26, 1986, S. 439–443.

1. Kontinuierliche Arbeitsweise mit 5 Schichtbelegschaften mit mittleren Wochenarbeitszeiten von
   - 33,6 Stunden ohne Zusatzschicht,
   - 35,2 Stunden mit 1 Zusatzschicht pro 5 Wochen,
   - 36,8 Stunden mit 2 Zusatzschichten pro 5 Wochen,
   - 38,4 Stunden mit 3 Zusatzschichten pro 5 Wochen,

   bei einer Betriebszeit von 168 Stunden pro Woche und einem Personalbedarf über 24 Stunden von Montag bis Sonntag.

2. Diskontinuierliche Arbeitsweise mit 4 Schichtbelegschaften und mittleren Wochenarbeitszeiten von
   - 36 Stunden ohne Zusatzschicht,
   - 38 Stunden mit 1 Zusatzschicht pro 4 Wochen,
   - 40 Stunden mit 2 Zusatzschichten pro 4 Wochen,

   bei einer Betriebszeit von 144 Stunden pro Woche und einem Personalbedarf über 24 Stunden von Montag bis Samstag.

3. Diskontinuierliche Arbeitsweise mit 7 Schichtbelegschaften und mittleren Wochenarbeitszeiten von
   - 35,4 Stunden pro Woche mit 1 Frühschicht am Samstag,
   - 36,6 Stunden pro Woche mit 2 Frühschichten am Samstag,

   bei einer Betriebszeit von 128 Stunden pro Woche und einem Personalbedarf über 24 Stunden von Montag bis Freitag.

4. Diskontinuierliche Arbeitsweise mit ausgedünnten Nachtschichten, 6 Schichtbelegschaften und mittleren Wochenarbeitszeiten von
   - 36,0 Stunden pro Woche ohne Zusatzschicht,
   - 37,3 Stunden pro Woche mit 1 Zusatzschicht pro 6 Wochen,
   - 38,7 Stunden pro Woche mit 2 Zusatzschichten pro 6 Wochen,

   bei einer Betriebszeit von 128 Stunden pro Woche und keinem konstanten Personalbedarf über 24 Stunden.

Der erste Schichtplan ist übersichtlich und hat die Vorteile kurzer Nachtschichtperioden, mindestens eines freien Abends zwischen Montag und Freitag sowie langer Wochenendfreizeiten. Der zweite Schichtplan enthält zwei kürzere Nachtschichtperioden, aber drei aufeinanderfolgende Nachtschichten. Diese kommen im dritten Schichtplan nur zum Teil vor, der unübersichtlicher als die beiden vorhergehenden ist. Hier liegt allerdings eine wöchentliche Betriebszeit von nur 128 Stunden vor. Dem vierten Schichtplan liegt eine reduzierte Nachtschichtbesetzung zu Grunde, d. h. hier arbeiten zwei Belegschaften in der Frühschicht, zwei in der Spätschicht und eine in der Nachtschicht. `Schichtplan`

Werden Arbeitszeitkonten geführt, müssen in einer Betriebsvereinbarung festgelegt werden: `Arbeitszeitkonten`

- Höchstmögliche Zeitschuld und Zeitguthaben, die innerhalb eines bestimmten Zeitraums anfallen dürfen.
- Nach dem Umfang des beantragten Freizeitausgleichs gestaffelte Fristen für das Abbuchen von Zeitguthaben oder Abbau von Zeitschuld.
- Berechtigung, das Abbuchen von Zeitguthaben zu bestimmten Zeiten (z. B. Brückentagen) vorzusehen.
- Folgen eines kurzfristigen Widerrufs bereits genehmigten Freizeitausgleichs durch den Arbeitgeber.

Der Mitarbeiter entscheidet im Einvernehmen mit seinem Vorgesetzten über

- Zeiten, die nicht innerhalb des Jahreszeitraums ausgeglichen werden,
- nicht ausgeglichene Zeiten aus Überstunden und Mehrarbeit,
- im Verhältnis 1:1 umgewandelte Zeitzuschläge.

Arbeitszeitkorridor

Arbeitszeitkonten müssen bei der Vereinbarung eines *Arbeitszeitkorridors* zwingend geführt werden. In allen anderen Fällen ist die Führung fakultativ. Arbeitszeitkonten können durch Arbeitsvertrag oder durch Betriebsvereinbarung vorgesehen werden. Es kann der gesamte Betrieb oder aber nur Teile davon betroffen sein. Langzeitkonten sind in der Regel einzelvertraglich unter Beteiligung des Betriebsrates abzuschließen. Auf Insolvenzsicherung ist zu achten.

Ältere Mitarbeiter

Mitarbeiter, die über Jahre Schicht- und Nachtarbeit leisten, besitzen ein höheres Risiko der Frühverrentung. Werden besonders bei älteren Mitarbeitern die Massierung von Arbeitszeit vermieden, ausreichende Ruhezeiten zwischen den Schichten gegeben und kurz- und vorwärts rotierend geschichtet, dann sinkt die Gefahr arbeitsbedingter Erkrankungen und auch das Risiko der Frühverrentung.

Altersdifferenzierende Arbeitszeitmodelle

Altersdifferenzierende Arbeitszeitmodelle können demnach einen positiven Einfluss auf die Gesundheit, die Arbeitsfähigkeit und die Zufriedenheit wie auch auf betriebliche Leistungskenndaten haben.[141] Dieser Einfluss wird umso positiver sein,

- je größer die Einflussmöglichkeiten der Mitarbeiter auf die Gestaltung ihrer Arbeitszeit in den verschiedenen Lebensphasen sind,
- je eher arbeitswissenschaftliche Empfehlungen zur Gestaltung der Arbeitszeit berücksichtigt werden,
- je günstiger die Rahmenbedingungen (z. B. Einstellung der Führungskräfte zu älteren Mitarbeitern, ergonomische Arbeitsplatzgestaltung, Unternehmenskultur, Gesundheitsfördermaßnahmen, adäquate Einführungsstrategie für neue Arbeitszeitmodelle) sind.

Flexibles Arbeitszeitmodell

Ein entscheidendes Kriterium für den Erfolg eines *flexiblen Arbeitszeitmodells* für den älteren Arbeitnehmer liegt darin, dass die Arbeitnehmer die Dauer und Lage der Arbeitszeit selbst beeinflussen und bestimmen können (*Zeitsouveränität*). Damit erhöhen sie ihren Handlungsspielraum und können berufliche Interessen besser mit ihren familiären und freizeitbezogenen Interessen, aber auch ihrem gesundheitlichen Befinden abstimmen. Dies trifft in unterschiedlichem Umfang für alle hier dargestellten flexiblen Arbeitszeitmodelle zu. Es gibt auch flexible Arbeitszeitmodelle, die grundsätzlich für das Altersmanagement keine Bedeutung haben, weil die Zeitautonomie für den älteren Mitarbeiter gering ist bzw. vollständig fehlt. Dazu gehören z. B. die kapazitätsorientierte Arbeitszeit, differenzierte Einsatzpläne, Abrufarbeit, Abrufbereitschaft, Überstunden und Mehrarbeit sowie Dispositionsschichten. Der Umsetzung flexibler Arbeitszeitmodelle, die die Interessen der älteren Mitarbeiter in den Vordergrund stellen, sind Grenzen gesetzt, wenn das Unternehmen relativ klein ist und/oder aufgrund der Kundenorientierung oder vorhandener Arbeitsaufträge bestimmte Anwesenheitszeiten oder -dauern erforderlich sind.

Weibliche Schichtarbeiter

Ebenso wie bei älteren Schichtarbeitern sind auch die Besonderheiten weiblicher Schichtarbeiter bei der Schichtplanung zu berücksichtigen. Zwar unterscheiden sich circadiane Periodik und Leistungsabgabe zwischen den Geschlechtern kaum, Schicht- und Nachtarbeit haben jedoch einen Einfluss auf Menstruationszyklen und -beschwerden der Frau. Die Mehrfachbelastung der Schichtarbeiterin, Hausfrau und Mutter kann zudem mit psycho-physischen Fehlbeanspruchungen, Ermüdung und Erkrankung verbunden sein. Dies bedeutet, dass die oben erwähnten arbeitswissenschaftlichen Kriterien der Schichtplangestaltung bei weiblichen Schichtarbeitern noch viel gewissenhafter berücksichtigt werden müssen.

Akzeptanz

Vor der erfolgreichen Einführung neuer Arbeitszeitsysteme müssen vielfältige Hindernisse überwunden werden, da arbeitsorganisatorische Veränderungen Widerstände bei vielen Beteiligten hervorrufen, die auf Ängste der Betroffenen zurückzuführen sind. Der praktische Erfolg und die Akzeptanz

---

141 Karl, D.; Knauth, P.; Elmerich, K; Rott, M.; Watrinet, C.: Teilprojekt KRONOS – Lebensarbeitszeitmodelle: Chancen für Unternehmen und Mitarbeiter. Zeitschrift für Arbeitswissenschaft 60, 2006, 4, S. 256–264.

sind wesentlich durch die Vorgehensweise bei der Einführung, das Verhalten der Vorgesetzten und organisatorische Rahmenbedingungen bestimmt.[142]

Außerdem beeinflusst das Arbeitszeitsystem ganz wesentlich die Zeitverwendungsmöglichkeiten der Mitarbeiter. Die erfolgreiche Einführung eines Arbeitszeitmodells setzt daher einerseits ein systematisches Vorgehen bei der Umsetzung und andererseits die Akzeptanz durch die Mitarbeiter voraus (vgl. Abbildung IV-68). Dabei lassen sich fünf *Phasen* unterscheiden, die nachfolgend beschrieben werden.[143]

Vorgehensphasen	Vorgehensschritte – die wichtigsten Handlungen
Phase 1: Einführung planen	1.1 Projektteam bilden
	1.2 Ziele festlegen und Rahmenbedingungen formulieren
	1.3 Bedarfsanalyse durchführen
Phase 2: Analyse durchführen	2.1 Pilotgruppe für neues Arbeitszeitsystem auswählen
	2.2 Information Mitarbeiter und Vorgesetzte der Pilotgruppe
	2.3 Ist-Analyse (Stärken/Schwächen des gegenwärtigen Systems)
Phase 3: Regelung entwickeln	3.1 Pilotmodell ausarbeiten
	3.2 Alternativlösungen konzipieren
Phase 4: Pilotierung durchführen	4.1 Erprobung des Modells
	4.2 Abstimmung und Anpassung
	4.3 Diskussion mit Beteiligung
	4.4 Optimierung
Phase 5: Regelung einführen	5.1 Betriebsvereinbarung
	5.2 Einführung (ggf. auch über Pilotgruppe hinaus)

Abbildung IV-68   Systematisches Vorgehen bei der Einführung arbeitsorganisatorischer Veränderungen

1. Planungsphase
   In der Planungsphase wird ein Projektteam eingesetzt, das die Einführung des neuen Arbeitszeitsystems vorzubereiten hat. Dem Team sollen sowohl Vertreter der Arbeitnehmer als auch der Arbeitgeber angehören. Primäres Ziel in der Planungsphase ist die Bedarfsanalyse sowie die Festlegung der Rahmenbedingungen des neuen Arbeitszeitmodells.

2. Analysephase
   Die wichtigsten in der Analysephase durchzuführenden Projekte sind die Ist-Analyse und die Information der betroffenen Mitarbeiter sowie aller indirekt Betroffener. Das Vorgehen sollte zuerst auf eine Pilotgruppe beschränkt bleiben. Die Ist-Analyse kann mit Hilfe einer Fragebogenaktion durchgeführt werden, um Auswirkungen, Vor- und Nachteile des bestehenden Arbeitszeitmodells auf die Mitarbeiter zu erfassen.

Phasen

---

142 Vgl. Weißert-Horn, M.: Flexible Arbeitszeit und Teilzeitarbeit. Bericht für das Bundesministerium für Wirtschaft und Arbeit, Prävention und Rehabilitation zur Verhinderung von Erwerbsminderung. Darmstadt: Institut für Arbeitswissenschaft, 2003.
143 Knauth, P.; Hornberger, S.: Betriebs- und mitarbeiterbezogene Flexibilisierung der Arbeitszeit. Tutorial, 45. Arbeitswissenschaftlicher Kongress. Karlsruhe, 1999.

3. Ausarbeitungsphase und Arbeitszeitmodellalternativen

In dieser Phase werden mögliche Modelle entwickelt, die in Anbetracht der formulierten Ziele, Aufgabentypen und Mitarbeiterinteressen umgesetzt werden sollen. Dabei sollte der Grundgedanke Beachtung finden, nicht jede Kleinigkeit in feste Regelungen einzubetten, sondern Gestaltungsraum für Autonomie und Freiheitsgrade zu lassen. In dieser Phase ist es ratsam, auch Gestaltungsvorschläge der Mitarbeiter und des Betriebsrates einzubeziehen. Um die Präferenzen der Mitarbeiter ermitteln zu können, sollte die Einstellung zu potenziellen Arbeitszeitmodellen in einer Mitarbeiterbefragung erfasst werden. Durch eine frühe Einbindung der Arbeitnehmer können Arbeitszeitkonzepte ausgewählt werden, die später die höchste Akzeptanz aufweisen. Die infrage kommenden Arbeitszeitregelungen sind anhand organisatorischer, personeller und wirtschaftlicher Kriterien zu bewerten.

4. Pilotphase

Die Pilotphase sieht eine Erprobung des Modells für einen vereinbarten Zeitraum vor, der etwa 6 bis 12 Monate dauern sollte. Diese Probezeit sollte unter ständigem Erfahrungsaustausch zwischen dem Projektteam und der Pilotgruppe erfolgen. So können unerwartet auftretende Schwierigkeiten beseitigt werden. Eine Fragebogenaktion in dieser Phase ist sinnvoll, um ein Stimmungsbild zu erhalten und evtl. Modifikationen am Modell vornehmen zu können. Da die Pilotphase für einen bestimmten Zeitraum festgelegt wurde, muss an deren Ende über die Fortführung des neuen Arbeitszeitmodells abgestimmt werden.

5. Realisierungsphase

Die Realisierungsphase beginnt mit vier möglichen Alternativen:
* Das Pilotmodell wird abgelehnt und das alte Modell wieder aufgenommen.
* Das Pilotmodell wird abgelehnt und ein neues Modell muss erprobt werden.
* Das Pilotmodell wird mit kleineren Modifikationen akzeptiert.
* Das Pilotmodell wird ohne Modifikationen akzeptiert.

Nach Akzeptanz des Pilotmodells wird dieses in der Regel auch in anderen Abteilungen eingeführt. Bei der Übertragung des Modells auf andere Abteilungen ist jedoch Vorsicht geboten, da die Gegebenheiten gleich oder zumindest vergleichbar sein müssen.

Betriebsvereinbarung

Da die Einführung eines Arbeitszeitmodells der Mitbestimmung gemäß Betriebsverfassungsgesetz unterliegt, ist eine Betriebsvereinbarung abzuschließen. Dabei kommt es darauf an, anstelle bürokratischer Detailregelungen Grundsätze festzulegen, die den Rahmen des Arbeitszeitmodells definieren.

4.7.4 Arbeitszeitmanagement und Personalführung

Akzeptanz

Identische Arbeitszeitsysteme werden in verschiedenen Betrieben, manchmal sogar innerhalb verschiedener Abteilungen eines Betriebes unterschiedlich beurteilt.[144] Die Akzeptanz eines Arbeitszeitsystems hängt vom Verhalten der Vorgesetzten und den organisatorischen Rahmenbedingungen bei der Einführung einer neuen Arbeitszeitregelung ab. Dabei gilt es, den Mitarbeitern die betrieblichen Erfordernisse zu verdeutlichen. Die Information der Mitarbeiter und die Gewährung von Einflussmöglichkeiten bei der Planung und Einführung von Arbeitszeitsystemen sind eine wesentliche Voraussetzung für deren Akzeptanz. Erfolgreich ist ein neues Arbeitszeitsystem besonders dann, wenn es möglichst mit den privaten Aktivitäten der Mitarbeiter in Einklang zu bringen ist, wenn also auch für die Mitarbeiter Wahlmöglichkeiten bestehen.

---

144 Vgl. Miska, H.: Arbeitszeitmodelle im Urteil der Mitarbeiter. In: Institut für angewandte Arbeitswissenschaft (Hrsg.): Arbeit: Gestaltung – Organisation – Entgelt. Schriftenreihe des IfaA, Band 25. Köln: Bachem, 1991, S. 142–176.

Weiterhin sind den Mitarbeitern die vereinbarten Dispositionsspielräume auch tatsächlich zu gewähren und Tauschmöglichkeiten zwischen den Schichten zu gestatten. Wenn z. B. während einer Nachtschicht oder am Wochenende die Führungsmannschaft ausgedünnt ist, entstehen höhere Anforderungen an die Selbstständigkeit und Eigenverantwortung der Mitarbeiter. Dieser Sachverhalt wird positiv interpretiert.

Arbeitszeitsysteme, die hohe Anforderungen an die Flexibilität und Leistungsbereitschaft der Mitarbeiter richten, sind weiterhin dann erfolgreich einzuführen, wenn gleichzeitig den betroffenen Mitarbeitern besondere Infrastrukturleistungen gewährt werden. Hierzu zählen z. B. die Bereitstellung reservierter Parkplätze, Verpflegungsmöglichkeiten während der Nachtschicht und am Wochenende sowie die Ansprechbarkeit von Betriebsleitung, Personalabteilung und Betriebsrat, ggf. auch außerhalb der Tagschicht.

Sind diese Voraussetzungen erfüllt, dann lassen sich die mit der Einführung eines neuen Arbeitszeitsystems verbundenen Produktivitätsziele wie

- Verringerung oder Konstanthaltung der Arbeitskosten,
- bessere Nutzung kapitalintensiver Betriebsmittel,
- Reduzierung von Überstunden,
- Anpassungsfähigkeit an sich verändernde Bedingungen,

leichter im Einvernehmen mit der Belegschaft erreichen.

Die Abkehr von starren Arbeitszeitmustern kommt den Selbstbestimmungsmöglichkeiten der Mitarbeiter durchaus entgegen. Neue Arbeitszeitregelungen müssen den Kriterien der Steuerbarkeit durch den Betrieb (z. B. Einzelfallregelungen) und der Reversibilität (Wiederherstellung der ursprünglichen Situation) genügen. Bei der Umstellung eines neuen Arbeitszeitsystems müssen anreizpolitische Handlungsparameter genutzt werden. Hierzu zählen

- Neubewertung von Zeiteinheiten, die in den Augen der Mitarbeiter wenig attraktiv sind (z. B. durch Zuschlagssystem oder durch relative Verkürzungen des Arbeitszeitblocks),
- ggf. Lohnausgleich,
- ggf. Beschäftigungsgarantie.

Akzeptanzerhöhend können wirken

- Wahrnehmung einer fähigkeits- und neigungsentsprechenden Tätigkeit,
- Vermeidung psycho-physischer Über- und Unterforderungen,
- Möglichkeit zur Kommunikation und Interaktion,
- soziale Unterstützung durch Kollegen und Vorgesetzte,
- Möglichkeit der individuellen fachlichen und persönlichen Weiterentwicklung,
- Vereinbarkeit von berufsbezogenen und familienbezogenen Interessen.[145]

Flexible Arbeitszeiten schaffen für die Beschäftigten neue Freiräume in der individuellen Arbeitszeitgestaltung. Damit diese Vorteile auch zum Tragen kommen, müssen die Betroffenen diese Freiräume sinnvoll nutzen können. Dazu sind spezifische Qualifikationen erforderlich, die durch Aus- und Weiterbildungsmaßnahmen aufgebaut werden können.[146]

145 Marr, R.: Betriebliche Arbeitszeitmodelle. In: Handelsblatt (Hrsg.): Wirtschaftslexikon. Stuttgart: Schäffer-Poeschel, 2006, S. 476.
146 Thom, N.; Bloom, A.; Zaugg, R.: Arbeitszeitmanagement. Bern: Institut für Organisation und Personal der Universität Bern, o. J.

Zur Höherqualifizierung der Mitarbeiter, die in einem neuen Arbeitszeitsystem arbeiten sollten, gehören

- Breitenqualifikation (Hintergrundwissen über Arbeitsabläufe, Kenntnisse benachbarter Tätigkeiten; d. h. es geht um eine polyvalent einsetzbare Mitarbeiterschaft),
- Metaqualifikationen (z. B. soziale Kompetenz, Kooperations-, Kommunikations- und Konfliktaustragungsfähigkeit; weiterhin Problemlösungskompetenz und Fähigkeit zur Strukturierung komplexer Zusammenhänge).

Die Arbeitszeitbedürfnisse der Belegschaft sind auch von soziodemografischen Merkmalen wie Alter, Geschlecht und Einkommen abhängig. Jüngere Mitarbeiter fordern Arbeitszeitsysteme mit hohem Dispositionsspielraum und Zeitautonomie, weibliche Arbeitnehmer bevorzugen oft Teilzeit-Arbeitsverhältnisse. Traditionelle Führungskonzepte auf der Basis von Zeitkontrollen sind für die Akzeptanz eines neuen Arbeitssystems wenig dienlich. Abbildung IV-69 fasst die wichtigsten Einflussgrößen bei der Einführung eines neuen Arbeitszeitsystems aus der Sicht der Personalführung zusammen.

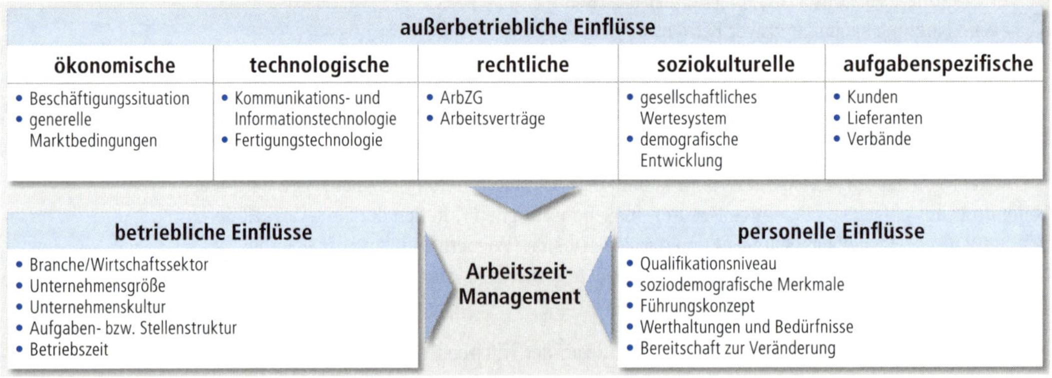

außerbetriebliche Einflüsse				
ökonomische	**technologische**	**rechtliche**	**soziokulturelle**	**aufgabenspezifische**

• Beschäftigungssituation
• generelle
  Marktbedingungen
	• Kommunikations- und
	  Informationstechnologie
	• Fertigungstechnologie
		• ArbZG
		• Arbeitsverträge
			• gesellschaftliches
			  Wertesystem
			• demografische
			  Entwicklung
				• Kunden
				• Lieferanten
				• Verbände

betriebliche Einflüsse	**Arbeitszeit-Management**	personelle Einflüsse
• Branche/Wirtschaftssektor • Unternehmensgröße • Unternehmenskultur • Aufgaben- bzw. Stellenstruktur • Betriebszeit		• Qualifikationsniveau • soziodemografische Merkmale • Führungskonzept • Werthaltungen und Bedürfnisse • Bereitschaft zur Veränderung

Abbildung IV-69   Einflussgrößen des Arbeitszeitmanagements[147]

4.8   Zusammenfassung

Das Arbeitszeitmanagement zielt darauf hin, Arbeitszeitmodelle zu entwickeln und zu implementieren. Arbeitszeitmodelle sollen möglichst gut die betrieblichen Einflüsse, insbesondere die Forderungen nach einer höheren Arbeitsproduktivität, und die Einflüsse der Mitarbeiterseite, insbesondere die Kriterien der Zeitsouveränität, in Einklang bringen. Dabei ist eine Reihe von betrieblichen und außerbetrieblichen Gegebenheiten zu beachten. Dazu gehören rechtliche Bedingungen aus dem Arbeitszeitgesetz und den gültigen Tarifverträgen, Betriebsvereinbarungen und Arbeitsverträgen, technische Gegebenheiten, insbesondere solche aus der verwendeten Fertigungstechnologie, ökonomische Bedingungen, insbesondere aus dem Blickwinkel der Kunden und Lieferanten, sowie sozio-kulturelle Gegebenheiten, die z. B. im Hinblick auf die demografische Entwicklung der Betriebsbelegschaft zu beachten sind.

Das Arbeitszeitgesetz regelt insbesondere Umfang und Lage der täglichen, wöchentlichen und auch der Jahresarbeitszeit. Neben dem Arbeitszeitgesetz und weiteren tarifrechtlichen Vorschriften sind

---

147 Thom, N.; Bloom, A.; Zaugg, R., Arbeitszeitmanagement. Bern: Institut für Organisation und Personal der Universität Bern, o. Jg.

die Gesetze über Teilzeitarbeit und befristete Arbeitsverträge, Jugendarbeitsschutzgesetz und Mutterschutzgesetz sowie weitere Gesetze und Richtlinien zu beachten.

Hohe Investitionen in Maschinen und Anlagen führen zwangsläufig zur Forderung nach Entkoppelung von individueller Arbeitszeit und Betriebszeit, z. B. der Maschinenlaufzeit. Mit zunehmender Kapitalbindung je Arbeitsplatz wächst auch das Interesse an längeren Maschinenlaufzeiten.

Dem Arbeitszeitmanagement liegen daher zwangsläufig unterschiedliche Interessenlagen von Arbeitgeberseite und Arbeitnehmerseite zu Grunde. Mit einer auf Mitarbeiterbeteiligung orientierten Entwicklung und Einführung von Arbeitszeitmodellen kann ein Interessensausgleich zwischen den Betriebsparteien unterstützt werden.

Zur Verbesserung der Wettbewerbssituation bemühen sich Unternehmen und Belegschaften, die Arbeitszeit zu flexibilisieren und besser an den jeweiligen Arbeitsanfall anzupassen. In diesem Zusammenhang spielen Jahresarbeitszeit- und Lebensarbeitszeitkonten eine Rolle. Hier kann über die Variabilität der Lage (vom Tag bis zum gesamten Arbeitsleben), über die Verfügbarkeit der Variabilität, über den Ausgleichszeitraum und über den Arbeitszeitkorridor befunden werden. Arbeitszeitmodelle sind dann sozialverträglich, wenn der Arbeitnehmer zumindest teilweise über Zeitsouveränität verfügen darf. Es gibt eine ganze Reihe von Flexibilisierungsansätzen, die von der Gleitzeit über die Vertrauensarbeitszeit, Arbeitszeitkonten bis hin zur Altersteilzeit führen.

Schichtarbeit ist Arbeit zu wechselnder Tageszeit (z. B. Wechselschicht) oder zu konstanter, aber ungewöhnlicher Zeit (z. B. Dauernachtschicht). Aus der Sicht des Betriebes dient Schichtarbeit dazu, die gesamte betriebliche Arbeitszeit auf mehrere Abschnitte mit versetzten Anfangszeiten aufzuteilen. Vollkontinuierliche Schichtsysteme beziehen das Wochenende als Arbeitstag mit ein und führen deshalb zwangsläufig zu Ausgleichstagen während der Woche, um die tarifliche Wochenarbeitszeit einhalten zu können. Diskontinuierliche Schichtsysteme halten z. B. Samstag und/oder Sonntag arbeitsfrei.

Voll-Konti-Schichtsysteme bringen gegenüber teilkontinuierlichen Systemen Personalkostenersparnisse durch den Wegfall von Mehrarbeits- und Samstagszuschlägen und eine wesentlich höhere Funktionszeit des Betriebes. Insbesondere bei kapitalintensiven Anlagen wird sich das durch niedrigere Maschinenstundensätze bemerkbar machen. In auslastungsschwachen Monaten sollte der Betrieb die Möglichkeit haben, auf andere Schichtmodelle eines »Schicht-Baukastens« mit niedrigeren Personalkapazitäten überzugehen.

Schichtpläne können nach der Schichtwechselzyklusdauer, nach der Zahl aufeinanderfolgender Nachtschichten und nach der Rotationsrichtung unterschieden werden. Durch Schichtarbeit können möglicherweise gesundheitliche Beschwerden und Einschränkungen im sozialen und familiären Bereich hervorgerufen oder verstärkt werden. Gesundheitliche Beschwerden können bei Schicht- und Nachtarbeit deshalb auftreten, weil der Mensch gegen seine Tagesrhythmik lebt. Nachtarbeit ist jede Arbeit, die mehr als zwei Stunden der Nachtzeit umfasst. Der Nachtschichtarbeiter muss ständig Umstellungsarbeit leisten und gegen seine innere Uhr arbeiten.

Aus ergonomischer Sicht empfiehlt es sich, nur wenige Nachtschichten hintereinander zu arbeiten, die Schichtdauer an die Arbeitsschwere zu knüpfen, die Frühschicht nicht zu früh zu beginnen und zwischen zwei Schichten nicht zu kurze arbeitsfreie Zeiten zu gewähren. Schichtsysteme sollten vorwärts rotieren. Versetzte Arbeitszeiten können für die Verfügbarkeit z. B. des Technischen Personals (für Rüstarbeiten und Störungsbeseitigung) interessant sein.

Werden Arbeitszeitkonten geführt, dann müssen in einer Betriebsvereinbarung die höchstmöglichen Werte für Zeitschuld und Zeitguthaben, der Freizeitausgleich, die Handhabung nicht ausgeglichener Zeiten aus Überstunden und Mehrarbeit geregelt werden. Bei Vereinbarung eines Arbeitszeitkorridors müssen Arbeitszeitkonten zwingend geführt werden.

Die Einführung eines neuen Arbeitszeitsystems geschieht zweckmäßiger Weise in den fünf Phasen

- Planung,
- Analyse des Ist-Zustands,
- Ausarbeitung eines Pilotmodells,
- Erprobung des Pilotmodells,
- Betriebsvereinbarung und Einführung.

Information und Einflussmöglichkeiten der Mitarbeiter bei der Planung und Einführung neuer Arbeitszeitsysteme sind wesentliche Voraussetzungen für die Akzeptanz. Ebenso ist der Vorgesetzte mit entscheidend für eine möglichst positive Bewertung eines neuen Arbeitssystems durch die Mitarbeiter. Dispositionsspielräume, die per Betriebsvereinbarung festgelegt wurden, sind durch die Vorgesetzten tatsächlich auch zu gewähren. Dem Mitarbeiter sind möglichst große Freiräume einzuräumen, d. h. eine hohe Zeitsouveränität. Die organisatorischen Rahmenbedingungen (Infrastruktur) sollen das neue Arbeitszeitsystem unterstützen.

5 Zeitwirtschaft

5.1 Überblick

Im Abschnitt 5.2 wird dargelegt, was unter Zeitwirtschaft verstanden wird und durch welche grundlegenden funktionalen Zusammenhänge sie gekennzeichnet ist (vgl. auch Teil I, Abbildung I-20). Zeitwirtschaft ohne IT-Unterstützung zu betreiben ist zwar grundsätzlich möglich, aber nur eingeschränkt wirksam. In den Abschnitten 5.3 und 5.4 wird deshalb mit *TiCon®* eine IT-Basierung der Zeitwirtschaft[148] vorgestellt, nachdem in den vorhergehenden Teilen und Kapiteln bereits mehrfach TiCon®-Anwendungen gezeigt wurden. Es werden das Fachkonzept und das IT-Konzept von TiCon® erläutert und das der Software immanente Konzept der »Zeitwirtschaft aus einem Guss« begründet. Die Deutsche MTM-Vereinigung e.V. erfüllt damit unter anderem die ihr vom *Internationalen MTM-Direktorat* auferlegte Garanten- und Verbreiterfunktion (vgl. Teil I, Abschnitt 4.4), denn:

1. TiCon® ist kompatibel zu den Begrifflichkeiten und dem methodischen Ansatz des MTM-Produktivitätsmanagements und des MTM-Verfahrens.
2. Mit TiCon® werden nur jene Funktionen unterstützt, die eines komplexen, datenbankgestützten IT-Instruments bedürfen.[149]
3. TiCon® folgt dem Windows-Standard, so dass es schnell zu beherrschen ist, wenn profunde Kenntnisse im Industrial Engineering und damit zu den Fachinhalten vorhanden sind.

Im Abschnitt 5.5 wird gezeigt, wie man in einem Unternehmen die Zeitwirtschaft einer Revision unterziehen kann, um zu gewährleisten, dass deren Hauptaufgabe nachhaltig erfüllt wird. Dazu sind in allen Phasen des PEP die dort benötigten zeitwirtschaftlichen Daten, primär Zeitinformationen und Hinweise auf Schwachstellen, in der erforderlichen Qualität bereitzustellen.

5.2 Grundzüge der Zeitwirtschaft

5.2.1 Begriff der Zeitwirtschaft

In diesem Abschnitt geht es um das Thema *Zeitwirtschaft*, nicht zu verwechseln mit Zeitmanagement[150]. Abbildung IV-70 ist zu entnehmen, dass es eine personalwirtschaftliche und eine arbeitswirtschaftliche Interpretation des Zeitwirtschaftsbegriffs gibt. Die personalwirtschaftliche Interpretation[151] orientiert sich an der dort vorliegenden Aufgabenstellung, nämlich das Management von Arbeitszeiten und Mitarbeitereinsätzen im weitesten Sinne. Dem personalwirtschaftlichen Zeitwirtschaftsbegriff liegen, anders als beim Industrial Engineering, Istzeiten-Betrachtungen zu Grunde.

Personalwirtschaftliche Interpretation

---

148 TiCon® ist in seinen Funktionen nicht auf die Zeitwirtschaft beschränkt, doch resultieren daraus die wichtigsten Anforderungen an die Programm-Module.
149 Damit wird vermieden, die Bedienung von Funktionen anzubieten, die schneller, einfacher und in gleicher Ergebnisgüte mit Office-Standardsoftware, z.B. Tabellenkalkulationen, zu bedienen sind.
150 Unter Zeitmanagement wird eine systematische, auf diszipliniertes Verhalten zielende Planung der Verwendung der eigenen Arbeitszeit verstanden, mit dem Ziel, mehr Zeit für das zu gewinnen, was man für wichtig hält. Vgl. z.B. Mackenzie, R.A.: Die Zeitfalle, 11. Auflage. Heidelberg: Sauer Verlag 1995. Seiwert, L.: Das neue 1 x 1 des Zeitmanagements, 8. Auflage. München: Gräfe und Unzer, 2009.
151 Diese ist auch im IT-Bereich üblich, z.B. im HR-Umfeld von SAP.

Abbildung IV-70 In der Praxis verbreitete Zeitwirtschaftsbegriffe

Arbeitswirtschaftliche
Interpretation im
Industrial Engineering

Die im Industrial Engineering übliche arbeitswirtschaftliche Interpretation wird in der Literatur zwar benutzt, aber nicht definiert[152] oder für alle möglichen Aktivitäten verwendet, die zur Bereitstellung von Sollzeiten führen[153].

Im Teil I wurde bei der Produktivitätsmessung bereits die Bedeutung der Planungs- und Rechengröße *Sollzeit* herausgestellt, und zwar bei allen drei Phasen des Produktentstehungsprozesses. Allerdings nimmt die praktische Bedeutung von Phase zu Phase zu. Im Teil I, Abschnitt 3.5 wurde auch erläutert, dass dem MTM-Produktivitätsmanagement das Erzielen von Nachhaltigkeit immanent ist. Diese wird durch ein durchgängiges, sich über den gesamten PEP erstreckendes Datenmanagement erreicht, und dabei steht die Zeitwirtschaft im Mittelpunkt. Zeitwirtschaft (Sollzeiten-Management) ist deshalb ein wichtiges Teilgebiet des Industrial Engineering (vgl. Teil I, Abbildung I-20) und des MTM-Produktivitätsmanagements.

Im Teil II, Kapitel 4 sind unter dem Thema »Algorithmen zur Berechnung von Sollzeiten« die methodischen Grundlagen der Sollzeit-Bestimmung zu finden. In den Kapiteln 5 bis 8 wird gezeigt, wie Sollzeiten mit Hilfe der MTM-Prozessbausteinsysteme und Ergänzungstechniken zu bestimmen sind.

Im Teil III, bei der Produktentwicklung und Vorkalkulation sowie beim Planen und Implementieren von Arbeitssystemen, werden Sollzeiten insbesondere als Verbrauchsmaßstäbe beim Ressourceneinsatz benötigt.

Im Teil IV werden beim Anlauf- und Verbesserungsmanagement (Kapitel 3), bei der Personalbedarfsermittlung (Kapitel 6) und bei der Entgeltdifferenzierung (Kapitel 7) Sollzeiten benötigt. Verlässliche Sollzeiten zu schaffen, ist also kein Ziel des Industrial Engineering, sondern eine wichtige Voraussetzung für das Funktionieren einer Reihe wichtiger Instrumente.

In den vorhergehenden Teilen und Kapiteln wurde begründet, warum es nicht nur um die Bereitstellung der Sollzeiten geht, sondern entscheidend um die Beschreibung jener Prozesse, für deren Vollzug die Sollzeiten gelten.[154] In Abbildung IV-71 wird der Begriff »zeitwirtschaftliche Daten« verwendet, auch wenn sich das Hauptinteresse der Praktiker auf die Sollzeiten richtet und allein diese in die Arbeitspläne eingehen.

152 Vgl. z. B. REFA (Hrsg.): Methodenlehre der Betriebsorganisation, Datenermittlung. München: Hanser Verlag, 1997.
153 Vgl. z. B. Olbrich, R.: Aufbau einer Zeitwirtschaft. Köln: Wirtschaftsverlag Bachem, 1998. Westkämper, E.; Zahn, E. (Hrsg.): Wandlungsfähige Produktionsunternehmen. Berlin, Heidelberg: Springer Verlag, 2009.
154 Aus diesem Grund sind beim MTM-Konzept und -Verfahren auch klar definierte Qualitätsstandards zu erfüllen (vgl. Abbildung I-83), die natürlich auch für die Zeitwirtschaft gelten.

5.2.2 Aufgaben und Funktionen der Zeitwirtschaft

Der Abbildung IV-71 sind Aufgaben und Funktionen der Zeitwirtschaft zu entnehmen. Danach ist die *Zeitwirtschaft* ein Teilgebiet des Industrial Engineering sowie ein Kerninstrument des MTM-Produktivitätsmanagements und schließt alle Aufgaben zur methodischen Entwicklung und Verwendung von Sollzeiten ein, ist also Sollzeiten-Management. Das erfolgt in zwei Ebenen, einer Entwicklungs-/Bereitstellungsebene und einer Verwendungsebene.

In der Verwendungsebene bedient die Zeitwirtschaft die drei Phasen des PEP. In jeder Phase gibt es andere Verwendungszwecke für Sollzeiten, ohne dass sich dabei die Anforderungen an diese Daten nennenswert ändern. Neben den dort angeführten gibt es noch weitere spezifische Verwendungszwecke. Einige dieser Verwendungszwecke sind obligatorisch, z. B. die Vorkalkulation oder die Kapazitätsplanung. Andere, wie das Personalbedarfscontrolling oder die Leistungsentgeltdifferenzierung, sind dagegen fakultativ – nicht jedes Unternehmen praktiziert sie. Eine leistungsfähige Zeitwirtschaft wird also über den gesamten PEP hinweg benötigt, eben nur für phasenspezifisch verschiedene Zwecke.

Verwendungsebene

In der Entwicklungs- und Bereitstellungsebene sind verwendungsfähige Sollzeiten, meistens als Vorgabezeiten, bereitzustellen, und die Arbeitspläne sind mit Sollzeiten zu versorgen.

Entwicklungs- und Bereitstellungsebene

1. *Vorgabezeiten* (Zeiten je Einheit, Rüstzeiten, Auftragszeiten, Belegungszeiten, Durchlaufzeiten) werden aus betrieblichen Prozessbausteinen und Zuschlagssätzen (z. B. für Verteilzeit) gebildet.

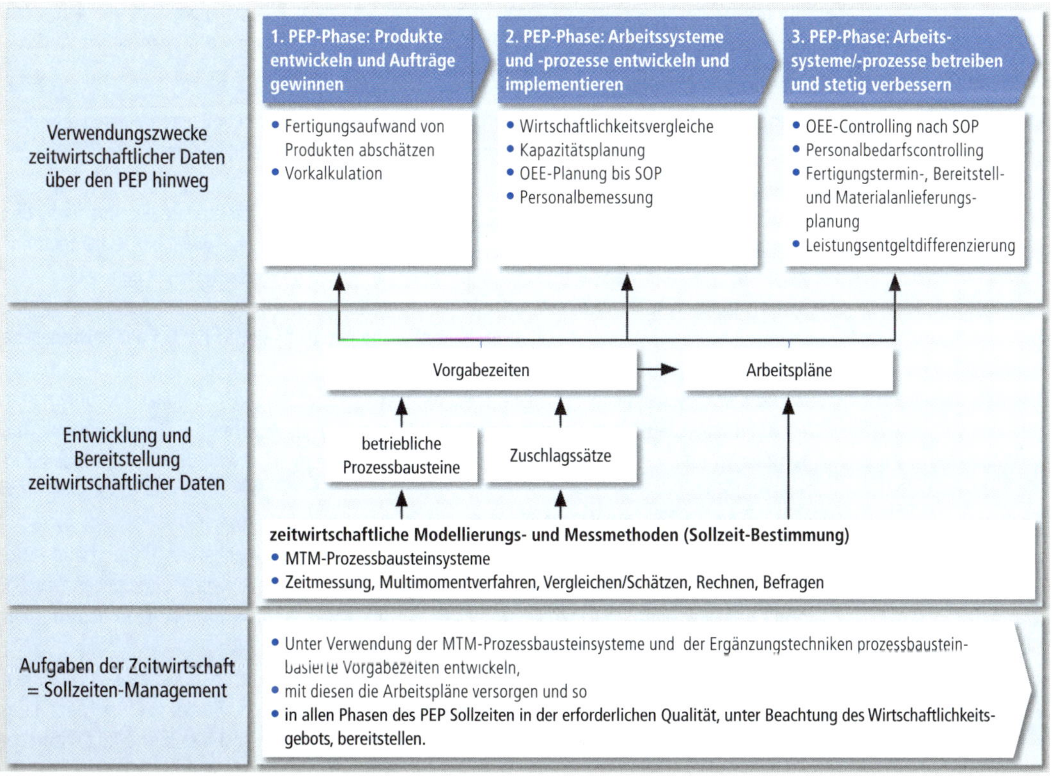

Abbildung IV-71   Funktionen der Zeitwirtschaft

Diese wiederum werden mit Hilfe zeitwirtschaftlicher Modellierungsmethoden (MTM-Prozessbausteinsysteme) und Messmethoden (Ergänzungstechniken, wie Zeitmessung, Multimomentaufnahme) gebildet.

2. Mit den Vorgabezeiten (Zeiten je Einheit und Rüstzeiten) werden die *Arbeitspläne* versorgt oder diesen werden – das sollte nur der Ausnahmefall sein – Sollzeiten direkt zugewiesen, durch Anwendung zeitwirtschaftlicher Modellierungs- und Messmethoden.

Aufgaben der
Zeitwirtschaft

Daraus sind die (wichtigsten) Aufgaben der Zeitwirtschaft zu begründen:

1. Prozessbausteine entwickeln (und im Rahmen des Änderungsdienstes aktualisieren). Daraus (auftragsbezogene) Vorgabezeiten ermitteln. Dazu dienen die MTM-Bausteinsysteme und die Ergänzungstechniken als Entwicklungsinstrumente.
2. Mit den Vorgabezeiten die Arbeitspläne versorgen und den phasenspezifischen Verwendungszwecken zuführen.

5.2.3 Organisation der Zeitwirtschaft

Die wichtigste Voraussetzung für eine sichere und wirtschaftliche Sollzeiten-Versorgung ist ein leistungsfähiges betriebliches Prozessbausteinsystem, wie es in Teil III, Kapitel 4 beschrieben wurde. In den beiden folgenden Abschnitten wird gezeigt, wie durch IT-Einbindung, hier TiCon®, das Organisationsniveau der Zeitwirtschaft zu professionalisieren ist. So ist erst bei IT-Einsatz ein zuverlässiger Änderungsdienst bei den Prozessbausteinen zu gewährleisten (vgl. dazu auch Teil III, Abschnitt 3.1.5). Manche Unternehmen haben die organisatorischen Aspekte ihrer Zeitwirtschaft in ihrem Produktionssystem geregelt, denn Sollzeiten stehen für Prozessvollzüge und Gestaltungsstandards von Prozessen. *Organisatorische Regelungen* zur Zeitwirtschaft in Produktionssystemen können z. B. folgende Kategorien betreffen:

Organisatorische
Regelungen

1. Verwendungsebene: Dazu ist festzulegen, wie Prozessbausteinen und Sollzeiten bei den drei PEP-Phasen bereitzustellen und durch die potenziellen Nutzer zu verwenden sind.
2. Entwicklungs-/Bereitstellungsebene: Dabei geht es um die
   a) anzuwendenden zeitwirtschaftlichen Modellierungs- und Messmethoden. Es darf nicht den Neigungen Einzelner überlassen sein, welcher methodische Weg bei welcher Gelegenheit eingeschlagen wird. Vielmehr muss es dafür rationale Entscheidungskriterien geben.
   b) Verwendung von Zuschlagssätzen und Leistungsbezügen. Dieser Aspekt kann, muss aber nicht, durch Tarifvertrag oder Betriebsvereinbarung geregelt sein. Er hat bei der Leistungsentgeltdifferenzierung besondere Bedeutung.
   c) Zu erfüllende Qualitätsforderungen. Das hat zwei Aspekte: Welche Qualitätsforderungen man an Prozessbausteine und Sollzeiten stellen will (vgl. Teil II, Abschnitt 5.4) und wie man mit wirklichen und vermeintlich »falschen Vorgabezeiten« umgehen will, die zu »Zeitreklamationen« führen.
3. Organisation im engeren Sinne: Dabei geht es um
   a) Die funktionelle Zuständigkeiten und Qualifikationen der Zeitwirtschaftler. Wichtig sind Autorisierungen, also wer Daten zu erheben und – auch nach Änderungen – freizugeben hat. Bei den Qualifikationen ist festzulegen, welche Ausbildungen und Kenntnisse man dem mit der Zeitwirtschaft befassten Personenkreis abverlangen will.
   b) Das Ergebnis-Controlling. Wie jedes System ist auch die Zeitwirtschaft auf ihre Wirksamkeit zu prüfen, um zu vermeiden, dass es früher oder später kollabiert. Ein klassisches Indiz dafür sind konstant hohe Zeitgrade bei nahezu allen Personen. Beim Ergebnis-Controlling wird aber auch deutlich, dass eine wichtige Aufgabe der Zeitwirtschaft darin liegt, mit Hilfe von Zeitreihenkennzahlen systematisch Verbesserungsansätze zu identifizieren und zu begleiten.

c) Arbeitsrechtliche Aspekte. Diese betreffen in erster Linie formale Verpflichtungen aus Tarifverträgen und Betriebsvereinbarungen sowie informale Informationsverpflichtungen gegenüber dem Betriebsrat aus dem Grundsatz der vertrauensvollen Zusammenarbeit heraus.

5.3 Fachkonzept von TiCon®

5.3.1 Die fachlichen Funktionen von TiCon®

Im Abschnitt 5.3 geht es um die Fachsicht zu TiCon®. Dessen Implementierung und Einführung ist im Abschnitt 5.4 erläutert, wo es um die IT-Sicht geht. Die fachlichen Funktionen von TiCon® auf dem Gebiet der Zeitwirtschaft berühren sowohl die Kategorie »Entwicklungs- und Bereitstellungsebene« als auch die der »Zeitwirtschaftsorganisation im engeren Sinne«. Zu beiden Kategorien sind mit Hilfe von TiCon® höhere Qualitätsanforderungen zu erfüllen, bei geringerem Ressourceneinsatz.

Fachliche Funktionen von TiCon®

Dienstleistungsfunktionen (Zeitwirtschaft)	fachliche Funktionen von TiCon®		
	Gestaltungsfunktionen und Unterstützung des betrieblichen Wissensmanagements		
	1. PEP-Phase	2. PEP-Phase	3. PEP-Phase
Bereitstellung von Prozessbausteinen in der TiCon®-Datenbank unter ERP-Systemen, z. B. SAP®	Module		
	MTM Prozess Designer (Visualisierung zeitlich-logischer Ereignisfolgen in Swimlane-Darstellung)		
Verwendung von Prozessbausteinen zur Versorgung von Arbeitsplänen	ProKon (MTM-basierte Quantifzierung konstruktiv bedingter Montage-erschwernisse)	MTM-Analyse (Ablaufmodellierung mit MTM-1, SD, UAS, MEK, MTM-2, MTM-Sichtprüfen)	
Verwendung von Prozessbausteinen zur Personalbedarfsplanung		MTM*ergonomics*® (Verknüpfung von MTM-Analyse und ergonomischen Bewertungssystemen)	
Verwendung generierter Datenkarten/ Kalkulationsblätter zur Vorkalkulation		Taktung (Leistungsabstimmung)	
		Mehrstellenarbeit (Auslastungsoptimierung mehrstelliger Mensch-Maschine-Systeme)	
	Objektstrukturierung (nach Mind-Mapping-Methodik)		
		MTM-Wertstromanalyse	
		MTM-Prozessnetze (Montageplanung)	

Abbildung IV-72 Übersicht zu den fachlichen Funktionen von TiCon®

Der vorstehenden Abbildung IV-72 sind die fachlichen Funktionen von TiCon® zu entnehmen, unterschieden nach zwei Grundfunktionen:[155]

1. *Dienstleistungsfunktionen*: Diese bestehen darin, Prozessbausteine im Rahmen betrieblicher ERP-Anwendungen[156] (z. B. SAP) an die dortigen Anwendungsprogramme zu übergeben. TiCon®-Daten werden dort als Stamm- oder Bewegungsdaten verwendet.
2. *Gestaltungsfunktionen* und Unterstützung des betrieblichen Wissensmanagements: Diese werden, dem MTM-Produktivitätsmanagement folgend, nach den drei PEP-Phasen unterschieden.

---

155 Dem ist zu entnehmen, dass TiCon® in seinen Dienstleistungsfunktionen auf die Zeitwirtschaft ausgerichtet ist, in seinen Gestaltungsfunktionen aber darüber hinausgeht.
156 ERP = Enterprise Resource Planning.

5.3.2 Nutzungsmanagement

Neben den fachlichen Funktionen, die in der Folge beschrieben werden, verfügt TiCon® über ein umfassendes Nutzungsmanagement, um

1. seine Anwendung zu organisieren und
2. die Software betriebs- oder unternehmensspezifischen Anforderungen anzupassen.

		Nutzungsumfänge		
		Prozessbausteine	**Kalkulationen**	**Arbeitspläne**
Nutzergruppen	**TiCon®-Administrator**	Vollzugriff	Vollzugriff	Vollzugriff
	Product Engineering	Leseberechtigung	Leseberechtigung	Leseberechtigung
	Kalkulation	Leseberechtigung	Vollzugriff	Leseberechtigung
	Industrial Engineering	Vollzugriff	Leseberechtigung	Vollzugriff
	Produktion	Leseberechtigung	Leseberechtigung	Leseberechtigung
	Betriebsrat	Leseberechtigung	Sperrung	Leseberechtigung

Abbildung IV-73 Beispiel für ein unternehmensspezifisches Berechtigungskonzept für TiCon®

Berechtigungskonzept

Die Organisation der Software-Anwendung beginnt damit, dass man das unternehmensspezifische *Berechtigungskonzept* umsetzt. Dieses besteht aus Regeln zum Passwortmanagement und zu den Zugriffsrechten. Dazu gibt es drei Kompetenzstufen:

1. Vollzugriff: Der Nutzer hat Leserechte (passive Aktionen) und Schreibrechte (aktive Aktionen).
2. Leseberechtigung: Der Nutzer hat Leserechte, jedoch keine Schreibrechte.
3. Sperrung: Teile der Software oder bestimmte Daten sind gegen Einsicht gesperrt.

Passwortmanagement und Zugriffsrechte (sog. Berechtigungsattribute) werden durch den für TiCon® zuständigen Administrator verwaltet. Er vergibt Passwörter und Nutzungsrechte an zu definierende Nutzergruppen, in Abhängigkeit von Nutzungsumfängen. Abbildung IV-73 ist ein Beispiel einer einfachen Organisation des Berechtigungskonzepts für TiCon® zu entnehmen. Daran ist zu erkennen, dass der Einsatz von TiCon® für die Zeitwirtschaft eine Reihe organisatorischer Regelungen mit sich bringt, auf die man sonst verzichtet hätte.

Journalisierung bei TiCon®

Ein zweiter Aspekt beim Nutzungsmanagement ist die *Journalisierung*. Damit wird die Nutzer-History bzw. das Software-Logbuch über alle aktiven Operationen erstellt. Jeder Nutzer muss sich mit seinem Namen und Passwort anmelden, um Zugang zu TiCon® zu erhalten. Damit ist er zum einen im Rahmen seiner Kompetenzstufe »freigeschaltet«. Jede Schreibaktion wird erfasst und in einem Journal gelistet. Dadurch entsteht eine transparente History (vgl. Abbildung IV-74).

Grundeinstellungen

Neben dem Einrichten des Berechtigungskonzepts sind eine Reihe weiterer allgemeiner Grundeinstellungen erforderlich, wie z.B. zur Sprachenwahl[157] und Anlage von Druckformularen, zu Reports oder Sicherungsprozeduren. Neben den allgemeinen Grundeinstellungen gibt es noch einige fachliche Grundeinstellungen. Dabei stehen wiederum zeitwirtschaftliche Aspekte im Mittelpunkt, z.B.

---

157 Standardmäßig wird TiCon® mit der Wahl zwischen deutsch, englisch ausgeliefert. Auf Wunsch sind auch andere Sprachausstattungen möglich, z.B. italienisch, spanisch, portugiesisch, polnisch, tschechisch.

Nr.	Zeitpunkt	Benutzer	gskennze	Änderungsgrund	Art	Status	Änderungsart
1	2005-04-12 10:13:44	MTM		Neuanlage durch Import	Ausführung [E]	Freigegeben für Prüfer [3]	Neuanlage
2	2005-04-13 13:01:35	MTM			Ausführung [E]	Freigegeben für Prüfer [3]	Zeitänderung
3	2005-04-13 13:04:08	MTM			Ausführung [E]	Freigegeben für Prüfer [3]	Zeitänderung
4	2005-04-13 13:05:12	MTM			Ausführung [E]	Freigegeben für Prüfer [3]	Kodeänderung / Zeitänder
5	2005-04-13 15:27:07	MTM			Ausführung [E]	Freigegeben für Prüfer [3]	Zeitänderung
6	2005-04-13 16:55:49	TICON	UPD	UPD: CFMV.BKL4..5	Ausführung [E]	Freigegeben für Prüfer [3]	Zeitänderung / indirekte Zeitänderung
7	2005-04-13 16:58:02	TICON			Ausführung [E]	Freigegeben für Prüfer [3]	Kodeänderung / Zeitänder
8	2006-01-09 11:00:39	MTM			Ausführung [E]	Freigegeben für Prüfer [3]	Textänderung
9	2006-07-17 17:19:57	MTM	CHC		Ausführung [E]	Freigegeben für Prüfer [3]	Kodeänderung
10	2006-07-25 12:07:05	MTM			Ausführung [E]	Freigegeben für Prüfer [3]	Textänderung
11	2006-07-25 12:09:34	MTM			Ausführung [E]	Freigegeben für Prüfer [3]	Textänderung
12	2006-12-19 15:09:21	MTM			Ausführung [E]	Freigegeben für Prüfer [3]	Zeitänderung
13	2007-03-07 19:06:26	MTM	UPD	UPD: CSMV.BKL4..5	Ausführung [E]	Freigegeben für Prüfer [3]	indirekte Zeitänderung
14	2007-03-08 18:22:03	MTM			Ausführung [E]	Freigegeben für Prüfer [3]	Zeitänderung
15	2007-08-07 10:59:54	MTM			Ausführung [E]	Freigegeben für Prüfer [3]	Textänderung
16	2007-08-24 14:52:23	MTM	UPD	UPD: CSLP.BKL...5	Ausführung [E]	Freigegeben für Prüfer [3]	indirekte Zeitänderung
17	2007-08-24 14:52:59	MTM	UPD	UPD: CSLP.BKL...5	Ausführung [E]	Freigegeben für Prüfer [3]	indirekte Zeitänderung

Abbildung IV-74   Beispiel für die Journalschreibung bei TiCon®

die Anlage von Verteilzeitzuschlagssätzen oder Kodierungsvoreinstellungen. TiCon® ermöglicht es, Verteilzeiten nach Kostenstellen oder nach Organisationseinheiten zu differenzieren. Damit kann man notwendige Differenzierungen zwischen direkten und indirekten Bereichen und beliebige Anforderungen aus Betriebsvereinbarungen erfüllen. Kodierungsschemata bergen wie alle abstrakten Sprachen die Gefahr, dass man unbeabsichtigt gegen darin festgelegte Prinzipien verstößt. Deshalb ist TiCon® eine Prozedur zur Fehlerabsicherung bei betriebsspezifischen Kodierungsschemata integriert. Eingaben sind nur an den vorgesehenen Stellen möglich, und in Form einer Hilfefunktion wird eine »Langtext-Erläuterung« der Kodeschlüssel angeboten.

5.3.3 Die Module von TiCon®

Bei der *Objektstrukturierung* geht es darum, Objekte (z. B. Produkte, Aufgaben) durch Deduzieren schrittweise hierarchisch zu gliedern. Die Methodik wurde im Teil II, Abschnitt 3.3 erläutert. Objektstrukturierungen fallen häufig als »Einstieg in das eigentliche Thema« an, z. B. wenn es darum geht, Produkt- oder Aufgabenstrukturen zu dokumentieren. Dadurch erhält man einen Überblick und kann prüfen, ob die wichtigsten praktischen Aspekte berücksichtigt werden. Bei der Objektstrukturierung werden Mind Maps verwendet, wie im Teil II, Abschnitt 3.3.4 erläutert. Die damit erhobenen Objektstrukturen können in TiCon® übernommen werden.

Die »MTM-Wertstromanalyse« basiert auf den Algorithmen zur Berechnung von Sollzeiten (vgl. Teil II, Kapitel 4) und den Funktionalitäten der Arbeitssystem-Produktivität (vgl. Teil I, Abschnitt 2.4.5). Die »rechenrelevanten« Daten werden in Arbeitssystem- und Materialboxen zusammengefasst. Sie sind die zentralen Elemente der Wertstromanalyse. Abbildung IV 75 sind die bei den Boxen notwendigen Dateneingaben und die zur Durchlaufzeit-Ermittlung verwendeten Formeln zu entnehmen. Die wichtigsten Leistungsmerkmale des Programm-Moduls »MTM-Wertstromanalyse« sind:

1. Für die Berechnung der Durchlaufzeit kann zwischen der Betrachtung »pro Stück« oder »pro Los« gewählt werden.

Objektstrukturierung

MTM-Wertstrom-analyse

2. Bei der Auftragsmengen-Berechnung werden die je Arbeitssystem anfallenden Ausschuss- und Nacharbeitsmengen berücksichtigt. Darauf basierend werden der »Zuschuss-Verlauf« über den Wertstrom hinweg und damit partielle Qualitätsmängel ausgewiesen.

3. Für jedes in den Wertstrom eingebundene Arbeitssystem sind individuelle Kapazitätsbestandsdaten (z. B. Teilzeitarbeit, verschiedene Arbeitszeitregime) zu verwenden.

4. Für alle in den Wertstrom eingebundenen Arbeitssysteme wird ein OEE-basierter Netto-Kapazitätsbestand ausgewiesen. Daraus ist gezielt auf Produktivitätsmängel zu schließen

5. Rüst- und Stückzeiten können direkt aus dem in TiCon® gehaltenen Prozessbaustein-Bestand übernommen oder eingegeben werden.

6. Engpass-Arbeitssysteme und Überkapazitäten werden in der Balancing-Übersicht ausgewiesen, unter Berücksichtigung des »Zuschuss-Verlaufs«.

7. Die Bestandsreichweiten werden zusätzlich in einer tabellarischen Übersicht ausgewiesen, um Mängel im Bestandsmanagement übersichtlich darzulegen.

Der Informationsstrom wird, wie bei manuellen Wertstromanalysen gewohnt, dargestellt, so dass dazu qualitativ basierte Schwachstellenanalysen durchzuführen sind.

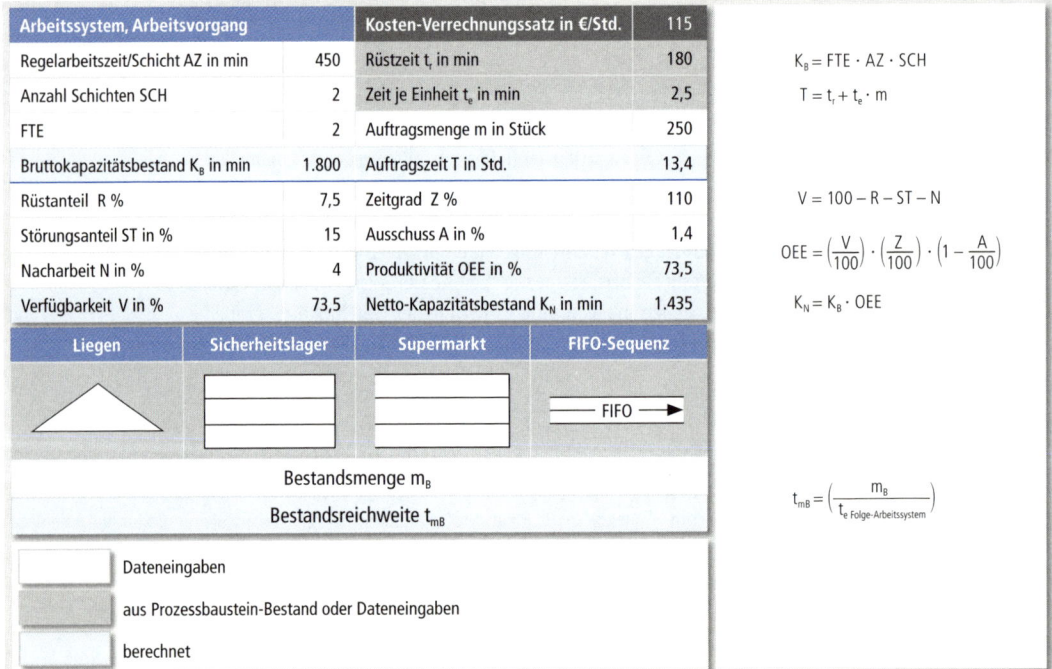

Abbildung IV-75   Algorithmen zur Durchlaufzeitberechnung bei der Wertstromanalyse in TiCon®

MTM-Prozessnetze »MTM-Prozessnetze« werden vorwiegend zur Analyse und Gestaltung von Montageprozessen verwendet. Prozessnetze sind informativer als Vorranggraphen beim Abtakten von Serienmontagen. Sie sind Grundlage der Ablauf- und Zeitplanung bei Montagen in der Einzelfertigung, z. B. im Sondermaschinenbau. Die wichtigsten Leistungsmerkmale sind:

1. Arbeitssysteme (Vorgänge) können nach Kostenstellenbereichen (z. B. Vormontage, Mechanische Montage, Elektromontage, Endabnahme) strukturiert und für die Kalkulation mit Kostensätzen (€/Std.) versorgt werden (vgl. Teil III, Abschnitt 3.3).

2. Rüst- und Stückzeiten können direkt aus dem in TiCon® gehaltenen Prozessbaustein-Bestand übernommen oder eingegeben werden.

3. Es werden die Durchlaufzeit, die Pufferzeiten und die kritischen Arbeitssysteme (Vorgänge) ausgewiesen. Das ist die Basis für die Prozessgestaltung, zu der Verbesserungen in den kritischen Arbeitssystemen zu simulieren sind.

4. Es werden die Bearbeitungszeiten und die Bearbeitungskosten je Kostenstellenbereich ausgewiesen.

Das TiCon®-Modul »MTM-Prozess-Designer« wird vorwiegend zur Analyse, Dokumentation und Visualisierung von Flowcharts bei Abläufen mit ODER- sowie UND-Teilungen und -Zusammenführungen eingesetzt. Im Vordergrund steht dabei die Visualisierung, z. B. bei der KVP-Arbeit, wenn man im Team Schwachpunkte identifizieren oder die Auswirkung von Verbesserungsmaßnahmen auf den Prozess prüfen will. Daneben sind mit dem »MTM-Prozess-Designer« alle mit der »MTM-Analyse« anzustellenden Zeitberechnungen möglich. Die wichtigsten Leistungsmerkmale des Programm-Moduls »MTM-Prozess-Designer« sind: `MTM-Prozess-Designer`

1. Aufgabenträger werden als »Spuren« angelegt und lassen insbesondere häufige Aufgabenträgerwechsel leicht erkennen.

2. Die Sollzeiten (Grundzeit) je Aufgabe (Ablaufabschnitt) können direkt aus dem in TiCon® gehaltenen Prozessbaustein-Bestand übernommen oder eingegeben werden.

3. ODER- sowie UND-Teilungen sowie alle Formen der Zusammenführung werden dargestellt und zur Berechnung der Bearbeitungszeit verwendet.

Beim Programm-Modul *MTM-Analyse* (TiCon® Base) wird die MTM-Prozesssprache angewandt. Das Analysieren mit TiCon® wurde im Teil II, Kapitel 6 und 7 bei der Behandlung der MTM-Prozessbausteinsysteme erläutert. Die wichtigsten Leistungsmerkmale des Programm-Moduls »MTM-Analyse« sind: `MTM-Analyse`

1. Den Prozessbausteinen ist frei wählbar ihre Wertschöpfungscharakteristik (vgl. Teil I, Abschnitt 2.5.2) zuzuweisen.[158] Mit dem Analyseergebnis werden zu einem erstellten Prozessbaustein aufgrund der Zuweisung die »Verschwendungen« ausgewiesen. Das kann für KVP-Team eine nützliche Arbeitshilfe sein.

2. Wie bei Stücklisten in Form von Teile-Verwendungsnachweisen können die Verwendungen eines Prozessbausteins in anderen Prozessbausteinen gezeigt werden. Auch das kann für KVP-Teams eine nützliche Arbeitshilfe sein, denn hohe Verwendungshäufigkeiten sind ein Indiz für starke Wirkungen von Verbesserungsmaßnahmen.

3. Zu jedem Prozessbaustein kann man dessen Änderungs-History ausweisen. Das kann zu verschiedenen Rückschlüssen führen, z. B. dass ein mangelhaft geplanter oder technisch nicht beherrschter oder ein unter häufigen Kundeneingriffen leidender Prozess vorliegt. Dadurch ergeben sich auch zusätzliche Aspekte zur Revision der Zeitwirtschaft (vgl. Abschnitt 5.5).

4. Es können arbeitssystembezogen differenzierte Verteilzeitzuschläge verwendet werden, z. B. wenn in verschiedenen Arbeitssystemen signifikant abweichende störungsbedingte Unterbrechungen und zusätzliche Aufgaben anfallen (vgl. Teil II, Abschnitt 4.3.5).

5. Ein wichtiges Leistungsmerkmal ist die Suchfunktion. Je umfangreicher die Prozessbaustein-Sammlungen sind, desto schwieriger ist es festzustellen, ob bereits ein passender Prozessbaustein vorhanden bzw. nach einigen Modifizierungen zu verwenden ist. Dabei kann mit Hilfe von Kode- oder Texteingaben gesucht werden. Bei der Modifikation ist ein neuer Prozessbaustein aus dem ähnlichsten Baustein durch Löschungen und Einkopieren von Teilen aus anderen Bausteinen zu erstellen.

---

158 Dadurch kann der Anwender z. B. festlegen, ob ein Prüfen als Wertschöpfung im engeren Sinne, als unabwendbarer Wertschöpfungsausfall oder als eliminierbare Verschwendung anzusehen ist.

ProKon

Mit Hilfe des Programm-Moduls *ProKon* (vgl. Teil III, Abschnitt 2.6) sind wichtige Erkenntnisse für den Produktentwicklungsprozess zu gewinnen.

1. Fügeoperationen – die zeitaufwändigsten Operationen des Hand-Arm-Systems –, ungünstige Teilelagen, Bewegungsbehinderungen und Mehrfach-Handhabungen werden identifiziert, in der Dimension »ProKon-Einheiten« quantifiziert und so auf den Prüfstand gestellt.
2. Die erforderlichen Werkzeugeinsätze werden herausgestellt.
3. Desgleichen werden bewegungsungünstige Positionierungen und »verdächtige« Häufigkeiten ausgewiesen.

Vergleichbare Produktlösungen können nach den vorstehend angeführten ProKon-Kriterien in eine Rangreihe gebracht und damit einem Benchmarking unterzogen werden.

MTM*ergonomics*®

Das Programm-Modul MTM*ergonomics*® wurde im Teil III, Abschnitt 5.5 beschrieben. Es basiert auf MTM-Analysen und ist eine Ergänzung des Programm-Moduls »MTM-Analyse« um den Aspekt der »Haltungs- und Lastentoleranz«.[159] Die wichtigsten Leistungsmerkmale dieses Programm-Moduls sind:

1. Zu den MTM-Prozessbausteinen des analysierten Prozesses wird ein *Ergonomiekode* eingegeben, der Schlüsse auf die Bedeutung auftretender physiologischer Belastungen zulässt. Die Nutzerpopulationen sind frei wählbar.
2. Aus der Folge/Sequenz der Ergonomiekodes wird für den analysierten Prozess eine ergonomische Risikoanalyse nach dem Ampelprinzip ausgewiesen.
3. Aus der Aggregation der Risikoanalysen für die wichtigsten in einem Arbeitssystem vorkommenden Prozesse wird, ebenfalls nach dem Ampelprinzip, dessen ergonomische Bedenklichkeit oder Unbedenklichkeit ausgewiesen.

Taktung

Das Programm-Modul *Taktung* (TiCon® Takt) wird nicht ausschließlich, aber hauptsächlich zum Abtakten von Montageprozessen eingesetzt. Seine wichtigsten Leistungsmerkmale sind:

1. Den Montagestationen werden manuell Prozessbausteine zugewiesen und visualisiert. Dabei sind Produktvarianten (sog. Mixtaktung) zu berücksichtigen.
2. Die erreichten Effizienzen werden grafisch und als Kenngrößen (Taktausgleich, Bandwirkungsgrad) ausgewiesen.
3. Abtaktungs-Alternativen werden im Benchmark verglichen.

5.3.4 Die Dienstleistungsfunktionen von TiCon®

Arbeitsprinzipien

Die Dienstleistungsfunktionen von TiCon® sind der Nukleus seines zeitwirtschaftlichen Teils. Anwendungen, die mit Prozessbausteinen zu versorgen sind, insbesondere Arbeitspläne, können nach *drei Arbeitsprinzipien* mit TiCon® verknüpft werden:[160]

1. Manuelle Eingabe unter TiCon® gehaltener Prozessbausteine.
2. Automatisierter Datenaustausch über eine TiCon®-Schnittstelle[161].
3. Integration von TiCon® in die Anwendungssoftware[162].

---

159 Vgl. Rast, S.; Finsterbusch, T.: Ergonomie im Industrial Engineering. In: IfaA (Hrsg.). Methodisches Produktivitätsmanagement, Umsetzung und Perspektiven. Köln: Bachem, 2010, S. 133–152.
160 Vgl. dazu Ebert, K.: Über die Schnittstelle zur Integration. In: MTMaktuell, 13. Jg., Ausgabe 39, Heft 3/2008, S. 26–27.
161 Diese Lösung ist z. B. bei der Volkswagen AG, der Daimler AG oder bei der König und Bauer AG im Einsatz.
162 Diese Lösung ist z. B. bei der Heidelberger Druckmaschinen AG und der Egston GmbH im Einsatz. Vgl. Teil III, Abschnitt 3.1.5.

In Abbildung IV-72 sind die *Dienstleistungsfunktionen* von TiCon® angeführt. Diese basieren darauf, dass die TiCon®-Prozessbaustein-Datenbank zum automatisierten Datenaustausch verwendet oder in die Anwendungssoftware integriert wird. Damit sind z. B. Arbeitspläne nach den beiden letztgenannten Prinzipien mit Prozessbausteinen bzw. Sollzeiten zu versorgen.

Die direkte Versorgung von Arbeitsplänen durch Integration der TiCon®-Prozessbaustein-Datenbank in SAP® wurde in Teil III, Abschnitt 3.1.5 erläutert. Die Arbeitspläne werden nicht nur für die Produktionsplanung, sondern – im Falle der direkten Mengenversorgung (vgl. Abschnitt 6.2.4) – auch für die analytische Personalbemessung und die Personalkostenbudgetierung verwendet. Der Vorteil des integrativen Arbeitsprinzips liegt darin, dass die Arbeitsplaner die vertraute Anwendungsoberfläche (z. B. SAP®/R3®) nicht mehr verlassen müssen und keine Schnittstelle wahrnehmen.

Im Teil III, Kapitel 4 wurde die Entwicklung von Datenkarten und Kalkulationsblättern, also von »verwendungszweckspezifischen Prozessbaustein-Sammlungen« erläutert. Auch diese werden unter dem ERP bereitgestellt, und darauf wird insbesondere bei Vorkalkulationen – ggf. per Drag-and-Drop – zurückgegriffen.

5.4 IT-Konzept, Einbindung und Einführung von TiCon®

5.4.1 IT-Konzept von TiCon®

Abbildung IV-76 ist das *IT-Konzept von TiCon®* zu entnehmen. Es ist horizontal in zwei funktionell verschiedene Segmente gegliedert, das Fachkonzept und das Datenbanksystem.   IT-Konzept von TiCon®

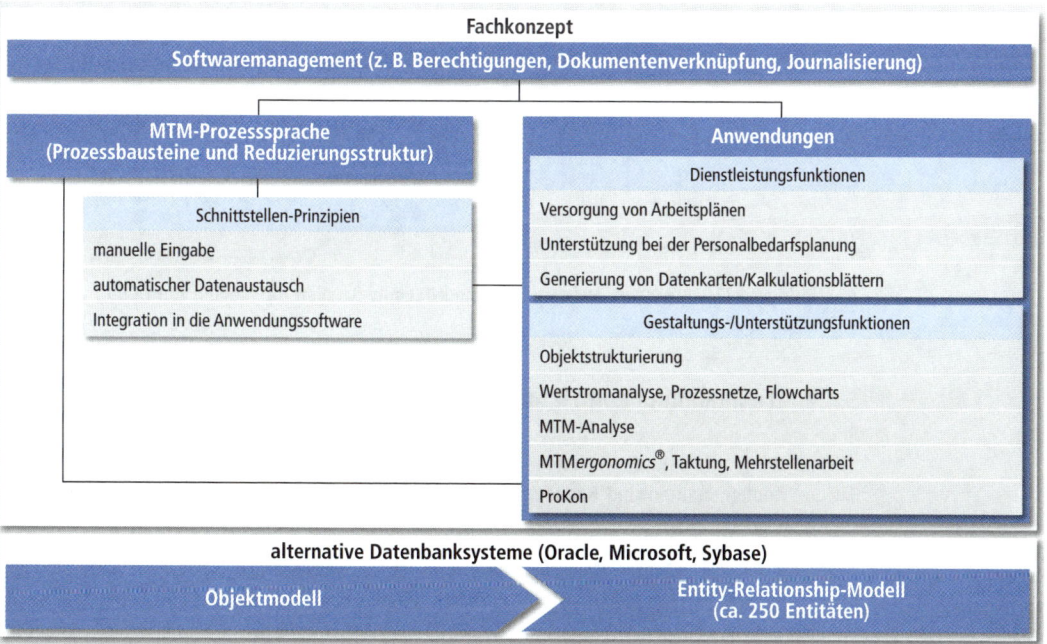

Abbildung IV-76 Das IT-Konzept von TiCon®

Beim Fachkonzept werden drei Funktionsbereiche unterschieden. Zuerst wird das übergreifende Softwaremanagement angeführt – eines der wichtigsten Elemente IT-organisatorischer Regelungen. Darin wird zum Beispiel festgelegt, wer was tun darf. Der zweite Funktionsbereich umfasst alles, was mit der *MTM-Prozesssprache* zusammenhängt, insbesondere die Prozessbausteine und deren algorithmische Beziehungen. Der dritte Funktionsbereich umfasst die Anwendungen (vgl. Abbildung IV-76).

Datenbanksystem Das Datenbanksystem ist insofern optional, als die Anwender zwischen den Datenbanken von Oracle und Microsoft wählen können, bei geringerer Komplexität auch Sybase. Das jeweilige Datenbanksystem basiert auf einem Entity-Relationship-Modell (ERM) oder Objekt-Beziehungs-Modell, das die semantische Datenmodellierung beschreibt. In dem Abbildung IV-77 zu entnehmenden Ausschnitt aus dem TiCon®-ERM werden fünf Entitäten mit ihren Beziehungen dargestellt. Derzeit werden bei TiCon® über 250 Entitäten verwendet, so dass man das vollständige Datenmodell von TiCon® hier nicht lesbar darlegen kann.

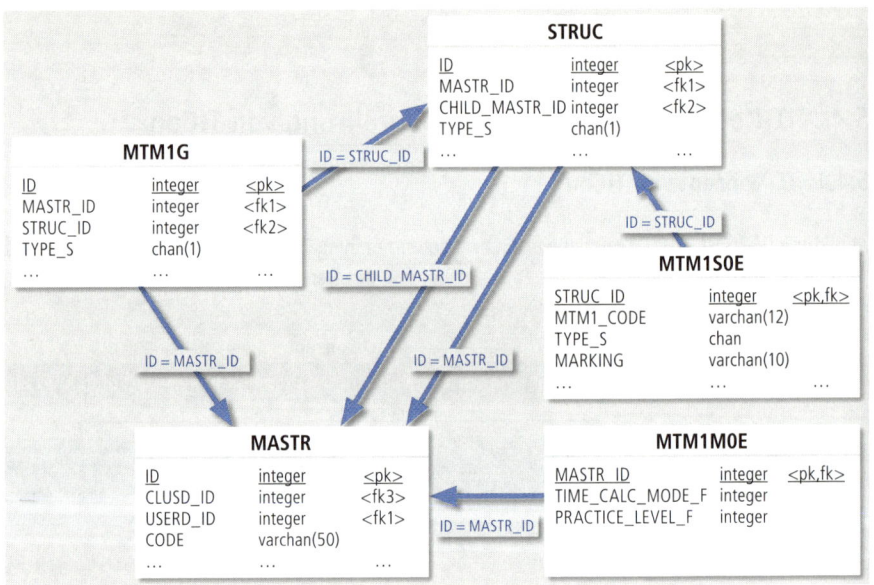

Abbildung IV-77   Ausschnitt aus dem Datenmodell (Entity-Relationship-Modell) von TiCon®

5.4.2 IT-Einbindung von TiCon®

TiCon® ist in die heute verbreiteten IT-Umgebungen einzubinden. Die beiden grundlegenden TiCon®-Konfigurationen sind Abbildung IV-78 zu entnehmen.

Bei TiCon® für Windows werden als Arbeitsplatzstandards PCs oder Laptops mit den aktuellen Microsoft-Betriebssystemen unterstellt. Bei den Datenbanksystemen wird am häufigsten auf Oracle-Datenbanken oder Microsoft-SQL-Server aufgesetzt. Für kleinere Unternehmen oder für Notebook-Anwendungen wird mit dem »Adaptive Server Anywhere« von Sybase eine Datenbank mitgeliefert, die diesen Anforderungen gerecht wird. Damit werden die marktrelevanten Datenbank-Managementsysteme unterstützt, zu denen in den Unternehmen in der Regel ein gutes Know-how und ausreichende IT-Infrastrukturen (Betreuung, Backup, Installation) vorhanden sind.

TiCon® ist in unternehmensspezifische Datennetze einzubinden. Auch Konzernstrukturen sind zu bedienen, in denen weltweit z. B. über Terminalserverprodukte von Microsoft oder Citrix auf zentrale Datenbanken zugegriffen wird. Die dabei entstehende einheitliche Datenbasis ist bei den Unternehmen deshalb beliebt, weil sie Benchmarkings und damit auch Produktivitätsvergleiche zwischen allen eingebundenen Standorten zulässt.

TiCon® für SAP läuft innerhalb der SAP-Umgebung der Unternehmen. Dadurch müssen die Anwender bei der Verwaltung von Prozessbausteinen und bei der Kalkulation der Arbeitsvorgänge ihre gewohnte SAP-Umgebung nicht verlassen. TiCon® für SAP wird auf dem SAP-Server installiert, und die Nutzer verwenden auf ihren Arbeitsplatz-PCs die SAP-Standard-oberfläche (SAP GUI).

Die IT-Abteilungen der anwendenden Unternehmen sehen die Vorteile von TiCon® für SAP darin, dass dadurch

- für TiCon® keine spezifischen Softwarekomponenten (z. B. Programme, Datenbank) an den Arbeitsplätzen sowie
- häufig aufwändig zu wartende Schnittstellen und redundante Datenhaltungen notwendig sind,
- Release-Wechsel einfach realisierbar werden, weil neue Software nur zentral am SAP/R3-Server zu installieren ist,
- die TiCon®-Prozessbausteindaten in der SAP-Datenbank vorhanden und über die SAP-Standard-werkzeuge flexibel und komfortabel auszuwerten sind.

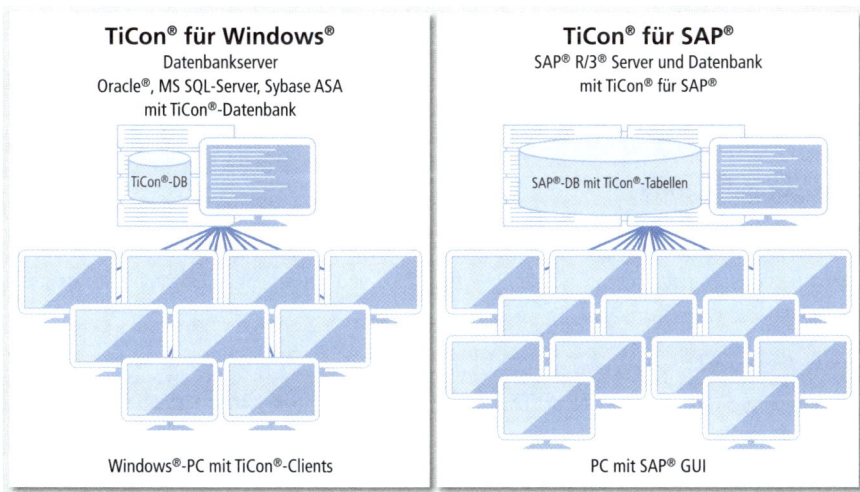

Abbildung IV-78   Die beiden grundlegenden TiCon®-Konfigurationen

5.4.3   Einführung von TiCon®

Die *Einführung von TiCon®* sollte in enger Kooperation zwischen dem IT-Bereich und dem Industrial Engineering erfolgen[163]. Durch das Industrial Engineering ist in Form einer Pflichtenheftformulierung festzulegen, was man mit TiCon® fachlich abdecken (vgl. Abbildung IV-72) und welchen Grad an Arbeitskomfort man erreichen will (vgl. dazu die drei unter Abschnitt 5.3.4 angeführten

---

163   Eine erfolgreiche Einführung von TiCon® setzt stets voraus, dass ein fachlich gut aufgestelltes Industrial Engineering existiert.

Arbeitsprinzipien). Ferner ist festzulegen, welche zeitwirtschaftlichen Verwendungszwecke zu bedienen sind (vgl. Abschnitt 5.2.2).

1. Im ersten Schritt ist zu klären, in welchem Umfang vorhandene Prozessbausteine und Regelungen zu verwenden oder zu modifizieren sind.
2. Sind Daten aus anderen IT-Anwendungen vorhanden, ist festzulegen, ob man diese nach TiCon® konvertieren möchte. In den meisten Fällen kann das mit Hilfe vorhandener Konvertierungsprogramme erfolgen oder es kann dazu ein spezielles Programm erstellt werden.
3. Ferner ist festzulegen, in welchem Umfang, in welcher zeitlichen Folge, durch wen und bis wann vorhandene Prozessbausteine anzupassen sind.
4. Dem folgt, welche Anwendungen in welcher zeitlichen Folge in Betrieb zu nehmen sind und wer dafür zuständig ist.
5. Nun können die technischen Installationen erfolgen: die Einrichtung der Datenbank und des Applikationsservers, und es können die administrativen Fragen geklärt werden, insbesondere die Berechtigungen. In TiCon®-Anwendungen unter SAP wird die Installation durch das SAP-Transportsystem vorgenommen sowie durch die Customizing-Einstellungen des Kunden-SAP-Systems.
6. Abschließend sind Schulungen (Administratoren, aktive und passive Anwender) vorzunehmen und nach dem Probelauf in den Dauerbetrieb zu übergeben.

Diese Hinweise zeigen auch, dass die im folgenden Abschnitt erläuterte Revision der Zeitwirtschaft beim Einsatz von TiCon® darauf abzustimmen, also um eine Reihe von Revisionskriterien zu ergänzen ist

5.5 Revision der Zeitwirtschaft

5.5.1 Grundbegriffe

Seit den 1950er-Jahren fand der aus der US-amerikanischen Literatur stammende Gedanke der (internen) Revision[164] neben dem Controlling[165] begrifflich und konzeptionell Eingang in die deutsche Fachsprache.

Interne Revision

Interne Revisionen werden unterschieden nach:

1. Revisionsgebiet (z. B. Materialwirtschaft, Finanz- und Rechnungswesen, Qualitätsmanagement, Zeitwirtschaft),
2. Revisionszweck (Ordnungsmäßigkeits-, Zweckmäßigkeits-, Wirtschaftlichkeitsprüfung),
3. Revisionsverfahren (Einzelfall- und Systemprüfung).

Das Revisionsgebiet ist hier die Zeitwirtschaft, das Sollzeiten-Management. Dabei ist die sachgerechte Entwicklung/Bereitstellung und Anwendung zeitwirtschaftlicher Daten zu prüfen und es sind ggf. Verbesserungsansätze darzulegen.

---

164 Externe Revisionen werden aufgrund von Rechtsvorschriften vorgenommen und unterliegen dem Gedanken der Ordnungsmäßigkeitsprüfung mit dem Ziel des Anteilseigner-, Gläubiger- und Kundenschutzes. Interne Revisionen werden über die Ordnungsmäßigkeitsprüfung hinaus auch als Zweckmäßigkeits- und Wirtschaftlichkeitsprüfungen durchgeführt. Vgl. dazu z. B. Heidl, A.: Interne Revision. In: Chmielewicz, K.; Schweitzer, M.(Hrsg.): Handwörterbücher des Rechnungswesens, 3. Auflage. Stuttgart: Schäffer Poeschel, 1993, Sp. 947–955.

165 Beim Controlling geht es wie bei der internen Revision darum, die Unternehmensleitung durch Bereitstellung relevanter Informationen zu unterstützen. Die Revision ist ein zu einem bestimmten Zeitpunkt eingesetztes Prüfungsinstrument. Das wird auch bei der in diesem Abschnitt vorgestellten Revision der Zeitwirtschaft deutlich. Das Controlling ist dagegen ein permanent eingesetztes Steuerungsinstrument.

Der Revisionszweck liegt darin zu prüfen, ob

- gesetzliche, tarifliche und betriebliche Regelungen eingehalten (Ordnungsmäßigkeit) und
- Prozessbausteine und Sollzeiten regelkonform entwickelt und verwendet werden (Zweckmäßigkeit und Wirtschaftlichkeit).

Revisionen werden in den betrieblichen Bereichen durchgeführt, in denen Prozessbausteine und Sollzeiten erstellt, gepflegt und verwendet werden. Verwendet werden sie insbesondere bei der Vorkalkulation, bei der Produktionsplanung und -steuerung sowie beim Leistungsentgelt. Wird der »Gesamtkomplex Zeitwirtschaft« geprüft, liegt eine Systemprüfung vor.

Revisionsergebnisse, wie beim folgenden Beispiel, sollen nicht Ausdruck »erhobenen Zeigefingers« sein, sondern helfen, die Zeitwirtschaft optimal zu gestalten und zu nutzen.

5.5.2 Systemprüfung der Zeitwirtschaft

Revisionen der Zeitwirtschaft verschaffen dann Erkenntnisse über Verbesserungsmöglichkeiten, wenn man eine Zeitwirtschaft längere Zeit nach allgemein verbindlichen Regelungen betreibt. Man erhält dann Erkenntnisse über ihre Nützlichkeit und Hinweise zu Verbesserungsoptionen. Auch wenn von vornherein klar ist, dass man bei der Zeitwirtschaft eine »Baustelle« vor sich hat, sind Revisionen nützlich. Aus der Anwendung einer Revisions-Checkliste gewinnt man Hinweise zu regelungsnotwendigen Sachverhalten und einen Eindruck darüber, was man sich vornehmen sollte.

Beim folgenden Beispiel wird eine *Revisions-Checkliste zur zeitwirtschaftlichen Systemprüfung* angewandt. Darin sind die *Revisionskriterien* nach drei Revisionsbereichen bzw. sieben Revisionskategorien gegliedert:

Revisionskriterien

1. Verwendungsebene (41 Revisionskriterien)
2. Entwicklungs-/Bereitstellungsebene (80 Revisionskriterien)
   a) Zeitwirtschaftliche Modellierungs- und Messmethoden
   b) Zuschlagssätze und Leistungsbezüge
   c) Qualitätsforderungen
3. Organisation im engeren Sinne (65 Revisionskriterien)
   a) Funktionelle Zuständigkeiten und Qualifikationen der Zeitwirtschaftler
   b) Ergebnis-Controlling
   c) Arbeitsrechtliche Aspekte

Zu jeder Revisionskategorie sollte man eine Checkliste verwenden, die im Revisionsverlauf schrittweise abgearbeitet wird. In den meisten Fällen ist bei jedem Revisionsbereich ein anderer Informant zuständig.

Es werden sowohl Systemprüfungen, wie im folgenden Beispiel gezeigt, als auch Einzelfallprüfungen (z. B. ausschließlich zu den Prozessbausteinen oder zu den Qualitätsforderungen) durchgeführt. Je häufiger man Zeitwirtschaftsrevisionen durchführt, desto eher wird man anstelle von Systemprüfungen Einzelfallprüfungen vornehmen. Die im Beispiel verwendeten Revisionskriterien sind unternehmensspezifisch zu modifizieren. Sie können also nur den Lösungsweg und die Lösungsrichtung aufzeigen. So ist hier auch der Einsatz von TiCon® ausgeklammert, weil das in hohem Maße unternehmensspezifisch erfolgt und im Kontext zur bestehenden IT-Landschaft steht.

Abbildung IV-79 ist zur Verwendungsebene zu entnehmen, dass Produktentwicklung, Arbeitssystem-Gestaltung, Management der Arbeitssystem-Produktivität, Personalbemessung und Personalbedarfscontrolling nicht zeitwirtschaftlich unterstützt werden. Die vielen »n-Einstufungen« zeigen zudem, dass für die Verwendungsebene kein Konzept erkennbar ist.

Verwendungsebene

1 Verwendungsebene		
11 Sollzeiten werden in der ersten PEP-Phase verwendet für (j = ja; n = nein – Kommentierungen im Anhang)		
111	Produktentwicklung/Product Engineering	n
	1111 aus Prozessbausteinen oder ProKon	
	1112 die Verwender besitzen die dazu notwendigen Sachkenntnisse	↓
	1113 die Übereinstimmung mit der späteren Realität ist als akzeptabel einzustufen	
112	Vorkalkulation	j
	1121 hoher Anteil verwendeter Prozessbausteine	n
	1122 die Verwender besitzen die dazu notwendigen Sachkenntnisse	j
	1123 die Abweichungen gg. Nachkalkulationen sind gering	j
12 Sollzeiten werden in der zweiten PEP-Phase verwendet für (j = ja; n = nein – Kommentierungen im Anhang)		
121	Arbeitspläne	j
	1211 Rüstzeiten werden aus dem Prozessbausteinsystem (Planzeiten, Zeitstandards) entnommen	n
	1212 Stückzeiten werden aus dem Prozessbausteinsystem (Planzeiten, Zeitstandards) entnommen	j
	1213 die Verwender besitzen die dazu notwendigen Sachkenntnisse	j
	1214 der Änderungsdienst ist unter Einbindung der Fertigung geregelt und funktioniert	n
122	Wirtschaftlichkeitsvergleiche bei Arbeitssystementwicklungen	n
	1221 Arbeitssystemplanungen werden mit Sollzeiten bewertet	
	1222 Prozesszeiten werden unter Einbeziehung der Maschinenlieferanten validiert	
	1223 beeinflussbare Zeiten werden mit betrieblichen Prozessbausteinen oder mit MTM kalkuliert	↓
	1224 die Arbeitssystemplaner verfügen über eine umfassende Ausbildung im Industrial Engineering	
	1225 die Zeitplanungen zum SOP werden durch die Fertigung geprüft/bestätigt und sind realitätsnah	
123	Kapazitätsplanung	j
	1231 es wird eine Kapa pro Kostenstelle/Arbeitsplatz/relevantem Arbeitssystem betrieben	n
	1232 die Kapa basiert auf Arbeitsplanzeiten	j
	1233 Inplausibilitäten werden an die Arbeitsplanersteller und das Industrial Engineering zurückgemeldet	n
	1234 die Kapa vor und nach SOP werden abgeglichen	n
124	OEE-Planung	n
	1241 das Anlaufmanagement basiert auf dem OEE und Sollzeiten basieren auf Arbeitsplänen	
	1242 die Anlaufmanager verstehen die algorithmischen Zusammenhänge im OEE-Datensatz	↓
	1243 die Anlaufkurve der OEE wird vorgegeben und begründet	
125	Personalbemessung	n
	1251 es wird für die Produktion eine Personalbemessung (Personalbedarfsplanung) durchgeführt	
	1252 die personelle Besetzung erfolgt aufgrund der rechnerischen Personalbemessung	↓
	1253 im direkten Bereich basieren die Personalbemessungen auf Arbeitsplänen	
	1254 im indirekten Bereich basieren sie auf Zeitstandards/Richtwerten und sind auch arbeitsmengenbezogen	
13 Sollzeiten werden in der dritten PEP-Phase verwendet für (j = ja; n = nein – Kommentierungen im Anhang)		
131	OEE-Controlling nach SOP	n
	1311 die Anlaufkurve der OEE wird mindestens monatlich reportet	
	1312 bei Abweichungen werden Maßnahmen unter Involvierung der Fertigung initialisiert	
	1313 die Maßnahmenerfolge werden bis zur Leitungsebene hin begleitet	↓
	1314 durch Kunden zu vertretende Abweichungen werden diesen belastet	
	1315 es erfolgen Rückmeldungen an das Industrial Engineering über die Qualität der Sollzeiten	
132	Personalbedarfscontrolling	n
	1321 es wird ein Personalbedarfscontrolling auf der Grundlage aktueller Arbeitspläne/Sollzeiten durchgeführt	
	1322 auf die Controllingergebnisse wird durch das Produktionsmanagement angemessen reagiert	↓
	1323 die Controllingergebnisse werden an die Personalwirtschaft und die Leitungsebene berichtet	
133	Fertigungstermin-, Bereitstell- und Anlieferungsplanung	j
	1331 alle drei Terminplanungen basieren auf den Arbeitsplan-Sollzeiten	j
	1332 das führt zu einer hohen Terminsicherheit (falsche Terminplanungen kommen nur selten vor)	n
	1333 Soll-Ist-Abweichungen werden dem Industrial Engineering und der Fertigungsplanung rückgemeldet	n
134	Leistungsentgeltdifferenzierung	j
	1341 es werden die gleichen Sollzeiten für das Leistungsentgelt und den Arbeitsplan verwendet	j
	1342 es wird monatlich eine Leistungsentgeltstatistik der Produktion/dem Industrial Engineering rückgemeldet	j
	1343 Anormalitäten wird ebenso wie Reklamationen nachgegangen	n
	1344 eventuelle Sollzeit-Änderungen werden gg. Mitarbeitern, Werkstattmanagement, Betriebsrat argumentiert	j

Abbildung IV-79
Revisions-Checkliste zum Revisionsbereich »1. Verwendungseben.«

2 Entwicklungs-/Bereitstellungsebene			
Zeitwirtschaftliche Modellierungs- und Messmethoden			
21 Entwicklung von Prozessbausteinen (j = ja; n = nein - Kommentierungen im Anhang)			
211	bei beeinflussbaren Grundzeit-Prozessbausteinen wird angewandt		
	2111	MTM-1	n
	2112	UAS oder MEK	j
	2113	SD oder MTM-2	n
	2114	Zeitmessung mit Stoppuhr	j
	2115	Vergleichen und Schätzen, inkl. Befragen	j
	2116	Multimomentverfahren	n
	2117	Vereinbarungen mit Vorgesetzten/Betriebsrat	n
212	bei unbeeinflussbaren Grundzeit-Prozess- bzw. Hauptzeitbausteinen wird angewandt		
	2121	Zeitmessung mit Stoppuhr	j
	2122	Vergleichen und Schätzen, inkl. Befragen	n
	2123	Multimomentverfahren	j
	2124	Berechnen, verwenden von technologischen Tabellenwerten	j
	2125	Vereinbarungen mit Vorgesetzten/Betriebsrat	n
213	bei Rüstzeit-Prozessbausteinen wird angewandt		
	2131	MTM-1	n
	2132	UAS oder MEK	j
	2133	SD oder MTM-2	n
	2134	Zeitmessung mit Stoppuhr	j
	2135	Vergleichen und Schätzen, inkl. Befragen	n
	2136	Multimomentverfahren	j
	2137	Vereinbarungen mit Vorgesetzten/Betriebsrat	n
214	die Information von Mitarbeitern, Werkstattmanagement und Betriebsrat zu Datenerhebungen ist wie folgt geregelt		
	2141	das Informationsprozedere bei anstehenden Datenerhebungen ist im Detail geregelt	n
	2142	die Involvierung des Personenkreises in die laufende Erhebung ist im Detail geregelt	n
	2143	die Information über die Ergebnisse ist im Detail geregelt	n
Zuschlagssätze und Leistungsbezüge			
22 Handhabung von Zuschlagssätzen (j = ja; n = nein - Kommentierungen im Anhang)			
221	folgende Zuschlagssätze werden verwendet		
	2211	sachlicher Verteilzeitzuschlagssatz in % auf t_g	j
	2212	persönlicher Verteilzeitzuschlagssatz in % auf t_g	j
	2213	Erholungszeitzuschlagssatz in % auf t_g	n
	2214	Erholungszeitzuschlagssatz wird nicht in t_g, sondern als Pause ausgewiesen	n
222	folgende Zuschlagsatzhöhen werden verwendet (Angaben in %)		
	2221	sachlicher Verteilzeitzuschlagssatz z_{vs}	7 %
	2222	persönlicher Verteilzeitzuschlagssatz z_{vp}	5 %
	2223	Erholungszuschlagssatz z_{er}	-
223	Verteilzeitzuschlagssätze werden/wurden ermittelt durch		
	2231	Zeitmessung mit Stoppuhr	n
	2232	Vergleichen und Schätzen, inkl. Befragen	n
	2233	Multimomentverfahren	n
	2234	Vereinbarungen mit Vorgesetzten/Betriebsrat	j
23 Verwendung von Leistungsbezügen (j = ja; n = nein - Kommentierungen im Anhang)			
231	folgende Bezugsleistungen werden verwendet		
	2311	tarifliche Normalleistung	n
	2312	MTM-Normleistung	j
	2313	REFA-Normalleistung	j
	2314	betriebliche Durchschnittsleistung	j
	2315	erfasste Ist-Leistung	n
	2316	vereinbarte Leistung	n
232	neben der Bezugsleistung orientiert man sich an folgenden organisationstechnischen Rahmenbedingungen		
	2321	bei Fließarbeit am Bandwirkungsgrad	n
	2322	ggf. an einem Kundenverbrauchstakt und dieser sich wiederum an den Kundenabrufen	n
	2323	bei Mehrstellenarbeit an der Gesamtauslastung der Betriebsmittel	n
	2324	bei Gruppenarbeit an der Arbeitsverteilung in der Gruppe	n
	2325	bei Wartesystemen am Auslastungsfaktor	n

Abbildung IV-80
Revisions-Checkliste zum Revisionsbereich »2. Entwicklungs-/Bereitstellungsebene« – Teil 1

Qualitätsforderungen		
24 Richtlinien (Arbeitsanweisungen) zur Prozessbausteinentwicklung (j = ja; n = nein – Kommentierungen im Anhang)		
241	zur Vorgehensmethodik und zu den Rahmenbedingungen	
	2411	Nachvollziehbarkeit der Identifikation der benötigten Bausteine	n
	2412	Berücksichtigung von Arbeitssystem übergreifenden Prozessbausteinen	j
	2413	Ausmaß der Arbeitssystembeschreibung	n
	2414	zentrale Administration (z. B. unter TiCon®) der Prozessbausteine	n
	2415	dezentrale Nutzung der Prozessbausteine	j
242	zu den Prozessbausteinen selbst	
	2421	eindeutige Regelung des Kodierungsschema (z. B. Bezugsmengen, Zeiteinflussgrößen)	j
	2422	Verwendungs- und Nichtverwendungsempfehlungen für erstellte Prozessbausteine	n
	2423	ist festgelegt, wie das Einhalten der methodischen Richtlinien geprüft wird, und das wird angewandt	n
	2424	die Reproduzierbarkeit wird überwiegend erreicht	n
	2425	die MTM-Prozessbausteinsysteme werden methodenniveaugerecht und adäquat zur Zykluszeit angewandt	j
	2426	mit Ergänzungstechniken entwickelten Prozessbausteinen wird ihre Bezugsleistung zugeschrieben	n
	2427	Stufung von Sollzeit-Abständen (»Feinheit der Zeitstufung«)	j
	2428	Darstellungsregeln (z. B. Formeln, Tabellen, grafische Formen)	j
	2429	ist festgelegt, wie das Know-how des Werkstattmanagements bei der Prozessmodellierung genutzt wird	n
25 Richtlinien zur Administration der Prozessbausteine (j = ja; n = nein oder Werte – Kommentierungen im Anhang)		
251	Freigabe von Prozessbausteinen	
	2511	erfolgt, wenn sie nach bestehenden Vorschriften (wer, wie?) getestet/geprüft sind	n
	2512	ist als Ablauf (mit Kompetenzen, Verantwortungen und Informationspflichten) festgelegt	n
	2513	erfolgt pro rata temporis und damit permanent	n
	2514	erfolgt zu feststehenden Freigabeterminen (z. B. Monatsanfang)	n
	2515	ist bezüglich der Übernahme in Arbeitspläne geregelt (auch bei Änderungen)	n
	2516	das Freigabedatum/der Änderungsstand von Prozessbausteinen ist ihnen zu entnehmen	j
	2517	schließt auch ein, dass – insbesondere nach Änderungen – die Werkstattführung darüber informiert wird	j
	2518	Änderungsfreigaben, die zu veränderten Arbeitssystem-Outputs führen, werden wirksamkeitskontrolliert	n
252	Änderungen von Prozessbausteinen erfolgen auf Grund	
	2521	mündlicher Information über Prozessänderungen, sog. »Reklamationen« durch das Werkstattmanagement	j
	2522	von Reklamationen durch die operativen Mitarbeiter oder den Betriebsrat	j
	2523	geplanter Revisionen	n
	2524	gelegentlicher Überprüfungen	n
253	Reklamationsstatistik	
	2531	es wird eine Reklamationsstatistik geführt und daraus werden Schlüsse gezogen und umgesetzt	n
	2532	Anzahl Reklamationen von Vorgabezeiten p. a.	ca. 20
	2533	Anteil reklamierter Vorgabezeiten an der Anzahl verwendeter Vorgabezeiten	< 1 %
	2534	Anzahl Reklamationen, die zur Reduzierung von Sollzeiten führen p. a.	ca. 5
	2535	Anteil der »Reduzierungs-Reklamationen« an der Gesamtzahl an Reklamationen p. a.	ca. 25 %
	2536	Anzahl Reklamationen, die zur Erhöhung von Sollzeiten führen p. a.	ca. 5
	2537	Anteil der »Erhöhungs-Reklamationen« an der Gesamtzahl an Reklamationen p. a.	ca. 25 %
254	Wirksamkeit von Prozessbaustein- und Vorgabezeitänderungen	
	2541	wird in einer Ergebnisstatistik durch die Zeitwirtschaft nachgewiesen	n
	2542	wird durch den mit dem Änderungsvolumen korrelierten Personalbestand geprüft	n
	2543	wird durch die Leitungsebene verfolgt	n

Abbildung IV-81   Revisions-Checkliste zum Revisionsbereich »2. Entwicklungs-/Bereitstellungsebene« – Teil 2

Bei den zeitwirtschaftlichen Modellierungs- und Messmethoden fällt auf, dass die Informations-
pflichten ungeregelt sind. Hier muss man in die Kommentierungen einsteigen, um zu beurteilen,
ob Modellierungen professionell erfolgen und man das misst, was zu messen notwendig ist. Bei den
Zuschlagssätzen fällt z. B. auf, dass auch die Höhe der sachlichen Verteilzeit vereinbart ist und bei
durchgängig 7 % sich die Frage zum Stand von Arbeitsgestaltung und -organisation stellt. Bei den
Leistungsbezügen ergeben sich methodische Fragen, wenn man drei verschiedene Bezugsleistungen
verwendet, dabei als tarifgebundener Betrieb trotz Leistungslohn (vgl. Nr. 134 in Abbildung IV-79)
nicht die »tarifliche Normalleistung« verwendet.

*Modellierungs- und
Messmethoden,
Zuschlagssätze,
Leistungsbezug*

Bei den Qualitätsforderungen liegen Einschränkungen bei den »24 Richtlinien zur Prozessbaustein-
entwicklung« und damit ein klares Verbesserungspotenzial vor. Bei den »25 Richtlinien zur Administration von Prozessbausteinen« wird deutlich, dass es kein funktionierendes Freigabe- und Änderungs-
wesen gibt. Die geringe Zahl von Reklamationen passt nicht zu dem schwachen Qualitätsniveau.
Diese Skepsis wird dadurch bestätigt, dass man sich für die Wirksamkeit des Änderungsdienstes gar
nicht interessiert.

Qualitätsforderungen

Wer angesichts der schlechten Ergebnisse bei den Qualitätsforderungen bei der Organisation im engeren Sinne nicht viel erwartet, wird nicht enttäuscht: Aufbau- und Ablauforganisation der Zeitwirtschaft sind nicht nennenswert geregelt. Bei der geplanten Qualifizierung der Zeitwirtschaftler ist
wenig Kritik anzubringen, wohl aber dazu, wie deren Arbeitseinsatz gesteuert wird.

*Organisation im
engeren Sinne*

Das Ergebnis-Controlling beschränkt sich darauf, die Zeitgradentwicklung, den Mehrzeitverbrauch
und die Arbeitsplanversorgung zu prüfen. Dabei scheint aber nicht viel herauszukommen, wie dem
»34 Maßnahmenmanagement« zu entnehmen ist. Auch hier müssen die Kommentierungen herangezogen werden. Diese sind für das Erstellen eines Revisionsberichts mindestens so informativ wie die
ausgefüllte Checkliste selbst.

Ergebnis-Controlling

Bei den arbeitsrechtlichen Aspekten ist das, was man praktiziert, weitgehend geregelt, vermutlich
schon deshalb, weil der Leistungslohn einen Mindest-Regelungsumfang bedingt. Die Kommunikation und Information beschränkt sich auf das, was gerade passiert und nicht auch darauf, was man
vorhat.

*Arbeitsrechtliche
Aspekte*

Dieses Beispiel zeigt, dass der Nutzen von Zeitwirtschaftsrevisionen darin liegt, Verbesserungspotenziale aufzuzeigen und kritische Diskussionen anzustoßen, was zu tun ist, um das zu erreichen,
was man eigentlich erreichen wollte. Im vorliegenden Fall kommt allerdings hinzu, dass man relativ
konzeptlos ist. Umso besser ist es, das nüchtern und in einer nachvollziehbaren Form vorgetragen
zu bekommen.

		3 Organisation im engeren Sinne **funktionelle Zuständigkeiten und Qualifikationen der Zeitwirtschaftler**	
31		organisatorische Einbindung der Zeitwirtschaft (j = ja; n = nein – Kommentierungen im Anhang)	
311		aufbau-, aufgabenorganisatorische Regelungen – Zeitwirtschaft …	
	3111	basiert auf einer strategischen Begründung durch das Produktionssystem oder die Geschäftsstrategie	n
	3112	basiert auf dokumentierten Aufgaben, Kompetenzen und Verantwortungen der Zeitwirtschaftler	n
	3113	basiert auf dokumentierten Zielen für die Zeitwirtschaft, und die Zielerreichungen werden kontrolliert	n
	3114	ist fachlich und disziplinarisch begründet klar in die Aufbauorganisation eingebunden	j
	3115	findet sich in den Stellenbeschreibungen der Zeitwirtschaftler wieder	n
	3116	ist bezüglich ihrer personellen Besetzung (MA-Zahl) anhand zu erfüllender Aufgaben begründet	n
312		ablauforganisatorische Regelungen – Zeitwirtschaft …	
	3121	ist zu den Kernpunkten Freigabe, Reklamation und Änderung von Sollzeiten formal geregelt/dokumentiert	n
	3122	basiert auf geregelten Schnittstellen der Zeitwirtschaftler zu den Verwendern	n
32		als notwendig erachtete Qualifikationen (j = ja; n = nein – Kommentierungen im Anhang)	
321		Personen, die mit konzeptionellen Aufgaben betraut sind (im Kommentar anführen)	
	3211	REFA-Techniker	n
	3212	REFA-Ingenieur	j
	3213	MTM-Instruktor	j
	3214	MTM-Engineer	n
322		Personen, die mit elementaren, analysierenden Aufgaben betraut sind (im Kommentar anführen)	
	3221	REFA-Grundausbildung	j
	3222	MTM-Praktiker	j
323		Bei der Personalentwicklung/dem Qualifikationsmanagement (im Kommentar begründen)	
	3231	werden die Soll-Qualifikationen und die Ist-Qualifikationen jedes Mitarbeiters dokumentiert	j
	3232	werden die Soll-Ist-Qualifikationsdifferenzen der Mitarbeiter bis zur Behebung begleitet	n
	3233	orientieren sich der Personaleinsatz und die Weiterbildung an diesen Differenzen	n
		Ergebniscontrolling	
33		Organisation des Ergebniscontrollings und verwendete Kennzahlen (j = ja; n = nein – Kommentierungen im Anhang)	
331		Organisation des Ergebniscontrollings	
	3311	die Organisation ist aufbau- und ablauforganisatorisch eingeführt und dokumentiert	n
	3312	das Controllingkonzept ist mit dem betriebswirtschaftlichen Controlling abgestimmt, ergänzt dieses	n
	3313	basiert auf dem controllingtypen Regelkreiskonzept	n
	3314	wird jährlich auf ihre Wirksamkeit durch einen anderen Bereich (z. B. Logistik, Personalwesen) geprüft	n
332		verwendete Kennzahlen und Controllingaspekte	
	3321	es wird ein Controlling auf Basis des OEE-Konzepts (Arbeitssystemproduktivität) durchgeführt	n
	3322	die Zeitgradentwicklungen werden permanent geprüft	j
	3323	es werden Mehrzeitverbräuche (ungeplante Zeiten) geprüft	j
	3324	es wird permanent die Sollzeit-Versorgung der Arbeitspläne geprüft	j
	3325	es wird die Reklamationsstatistik als Controllingaspekt (vgl. 523) herangezogen	n
	3326	die in der Zeitwirtschaft geleisteten Arbeitsstunden werden zu diesen Kenngrößen/Aspekten korreliert	n
34		Maßnahmenmanagement (j = ja; n = nein – Kommentierungen im Anhang)	
341		Ergebnisreflektionen auf die eigene Arbeit	
	3411	eigene Arbeitsschwerpunkte werden durch Kennzahlenentwicklungen begründet	j
	3412	eingesetzte Methoden werden anhand der Kennzahlenentwicklungen kritisch hinterfragt	n
	3413	Qualifikationen der Zeitwirtschaftler werden anhand der Kennzahlenentwicklung gesteuert	n
	3414	die Zeitwirtschaftler werden primär anhand von Kennzahlen leistungsbewertet	n
342		Ergebnisreflektionen auf die Produktionsprozesse und Arbeitssysteme	
	3421	es ist festgelegt, bei welchem Ausmaß an Soll-Ist-Abweichungen Eingriffe und Maßnahmen anstehen	n
	3422	dem Werkstattmanagement werden monatlich die Kennzahlen moderiert	n
	3423	das Werkstattmanagement wird bei Initiierung von Verbesserungsmaßnahmen erkennbar unterstützt	n
	3424	der Leitungsebene wird über den Stand der Ergebnisreflektionen monatlich berichtet	n
	3425	die erzielten Verbesserungen werden allgemein zugänglich gemacht und als Motivationsmittel genutzt	n

Abbildung IV-82　　Revisions-Checkliste zum Revisionsbereich »3. Organisation im engeren Sinne« – Teil 1

arbeitsrechtliche Aspekte		
35 einschlägige Betriebsvereinbarungen (j = ja; n = nein – Kommentierungen im Anhang)		
351	Verfahren zur Sollzeitbestimmung betreffend/einschließend oder ausschließend	
	3511 MTM-Prozessbausteinsysteme (welche)	j
	3512 Berechnungen, Arbeiten mit Prozess-/Hauptzeitformeln	j
	3513 Multimomentverfahren	j
	3514 Zeitmessungen, inkl. Videoaufnahmen	j
	3515 Befragen	n
	3516 Vergleichen und Schätzen	j
	3517 Verwenden von Prozessbausteinen (Planzeiten, Zeitstandards)	n
	3518 Speicherung und Dokumentation von Prozessbausteinen	n
	3519 weitere: …	
352	zeitwirtschaftliche Sachverhalte betreffend/einschließend	
	3521 Ermittlung sachlicher Verteilzeiten	n
	3522 vereinbarte Höhe sachlicher Verteilzeitzuschlagssätze	j
	3523 Höhe persönlicher Verteilzeitzuschlagssätze	j
	3524 Höhe der Erholungszeitzuschlagssätze	n
	3525 Zuschlagsatzverwendung, falls das nicht innerhalb der Vorgabezeit erfolgt	n
	3526 Einarbeitungszuschläge	n
	3527 Mindermengenzuschläge	j
	3528 Springereinsätze	n
	3529 weitere: …	
36 Kommunikation und Information regelnde Vorschriften oder Prinzipien (j = ja; n = nein – Kommentierungen im Anhang)		
361	den Betriebsrat betreffend	
	3611 Information über anstehende Zeitmessungen, Multimomentaufnahmen, MTM-Analysen	j
	3612 Information über beim Ergebniscontrolling festgestellte Anormalitäten (vgl. 612)	n
	3613 Information über anstehende Prozessbaustein-/Zuschlags-/Vorgabezeitänderungen	j
	3614 Information über alle erfolgten Änderungen zu zeitwirtschaftlichen Sachverhalten	j
	3615 Teilnahme des Betriebsrats an Zeitmessungen oder MTM-Analysen	n
	3616 Information im Rahmen regelmäßiger Besprechungen	n
	3617 weitere: …	
362	die operativen Mitarbeiter betreffend	
	3621 Information über anstehende Zeitmessungen, Multimomentaufnahmen, MTM-Analysen	j
	3622 Information über anstehende Prozessbaustein-/Zuschlags-/Vorgabezeitänderungen	n
	3623 Information über erfolgte Änderungen zu zeitwirtschaftlichen Sachverhalten	j
	3624 weitere: …	

Abbildung IV-83 Revisions-Checkliste zum Revisionsbereich »3. Organisation im engeren Sinne« – Teil 2

5.5.3 Vorgehen bei der Zeitwirtschaftsrevision

Wenn es technisch, organisatorisch und finanziell möglich ist, sollte man Zeitwirtschaftsrevisionen etwa einmal jährlich durchführen. Systemprüfungen, wie im Beispiel gezeigt, werden in drei Phasen durchgeführt:

1. Revision vorbereiten,
2. Daten mit den Informanten erheben,
3. Erhebungsergebnisse auswerten und Revisionsbericht erstellen.

In der ersten Phase, der Revisionsvorbereitung, geht es um folgende Aufgaben:

1. Festlegen, wer für die Revision verantwortlich ist. Das sollte keine Person sein, der im betreffenden Unternehmen zeitwirtschaftliche Aufgaben obliegen. Die Schwierigkeit ist dann jedoch, innerbetrieblich einen kompetenten Revisor zu finden. Deshalb werden häufiger externe Sachkundige eingesetzt.
2. Festlegen des Revisionsumfangs, d. h. ob man eine Revisions-Checkliste, wie im Beispiel, verwenden oder diese ausweiten oder verkürzen will. Werden bereits seit längerem Revisionen durchgeführt, sollte man sich auf Schwerpunkte beschränken, also keine Systemprüfungen, sondern nur noch Einzelfallprüfungen durchzuführen. Das können Revisionskategorien sein (z. B. »342 Ergebnisreflektionen auf die Produktionsprozesse und Arbeitssysteme«) oder Einzelkriterien (z. B. »112 Zeitwirtschaft und Vorkalkulation«).
3. Festlegen des Revisionsbereichs, d. h. ob das gesamte Unternehmen, einzelne Geschäftsbereiche, Standorte oder ausgewählte Abteilungen einzubeziehen sind.
4. Sind Revisionsumfang und -bereich festgelegt, können mit den fachverantwortlichen Industrial Engineers die Informanten sowie der Revisionszeitpunkt festgelegt werden. Informanten können z. B. aus der Produktentwicklung, der Kalkulation, der Produktionsplanung, der Fertigung kommen. Revisionen sollten umso eher außerhalb der Urlaubszeit durchgeführt werden, je mehr Informanten einzubeziehen sind.
5. Abschließend wird der Revisionsplan erstellt, an die Betroffenen und Beteiligten verteilt und mit den Informanten die sie betreffenden Teile besprochen. Sie müssen vorab Recherchen anstellen und Informationen beschaffen.

In der zweiten Phase, der Datenerhebung, wird der Revisionsplan abgearbeitet. Im Revisionsverlauf ist zu prüfen, ob aufgrund der angefallenen Ergebnisse weitergehende Recherchen anzustellen sind. Im Revisionsbericht können so ggf. besser abgesicherte Empfehlungen gegeben werden. Die Informanten sollten zwar nicht überzeugt werden, dass bestimmte Gegebenheiten positiv oder negativ zu sehen seien. Sie sollten jedoch angeregt werden, ihre Erfahrungen zu schildern und darzulegen, wofür es sachliche Begründungen gibt und was lediglich im Zeitverlauf entstanden ist.

In der dritten Phase werden die Erhebungsergebnisse ausgewertet und ein *Revisionsbericht* erstellt. Dieser darf sich nicht auf das Referieren der Befunde und isolierte Verbesserungsideen beschränken, sondern muss in einem Verbesserungskonzept münden, das einem Entscheidungsgremium vorzutragen ist. Aus der Empirie muss man einen sichtbaren Nutzen ziehen, indem das Konzept quellengetreu mit den in der zweiten Phase herausgearbeiteten Befunden begründet wird. Dagegen sollte darauf verzichtet werden, bereits detaillierte Maßnahmen- oder Projektpläne vorzulegen, wenn Rahmenentscheidungen noch ausstehen, z. B. ob man weitere Verwendungszwecke für Sollzeiten sieht, ob das Sollzeiten-Management im Produktionssystem aufzunehmen ist oder ob die Zeitwirtschaft das Verbesserungsmanagement stärker unterstützen soll.

5.5.4 Audit zum MTM-Verfahren

In diesem Abschnitt soll mit dem Audit zum MTM-Verfahren (*Zeitwirtschaftliches Audit*) das Revisionskonzept der Deutschen MTM-Vereinigung e. V. skizziert werden.[166] Dieses umfasst die folgenden Revisionsfelder:

1. Verantwortungen der Leitung   Revisionsfelder
   Sicherstellen, dass die Leitung den Nutzen der Anwendung von Prozessbausteinen und des Controlling-Systems erkennt und Ziele quantifiziert.
2. Organisation
   Sicherstellen, dass die Aufgaben, Kompetenzen und Verantwortlichkeiten zur Anwendung von Prozessbausteinen und des Controlling-Systems dokumentiert sind, verstanden und gelebt werden.
3. Produktentstehungsprozess
   Sicherstellen, dass Prozessbausteine bereits im Produktentstehungsprozess angewendet werden und ein Controlling-System bereits zu diesem Zeitpunkt greift.
4. Lenkung von Dokumenten und Daten
   Sicherstellen, dass aktuelle Prozessbausteine angewendet werden, dass Verfahren zur Freigabe von Prozessbausteinen sowie eine wirksame Historienverwaltung und Archivierung eingeführt sind.
5. Controlling-System
   Sicherstellen, dass ein Controlling-System zur Erfassung von Abweichungen und zur Initialisierung von Verbesserungsmaßnahmen dokumentiert, installiert und aufrechterhalten wird.
6. Qualifikation
   Sicherstellen, dass die Entwicklung und Anwendung von Prozessbausteinen von Personen mit entsprechender Qualifikation durchgeführt werden.
7. Systematischer Verbesserungsprozess
   Sicherstellen, dass ein systematischer Verbesserungsprozess auf Basis von Prozessbausteinen etabliert ist.
8. Wirksamkeit von Maßnahmen
   Sicherstellen, das Maßnahmen aus dem Controlling-System oder aus dem Verbesserungsprozess wirksam umgesetzt werden.
9. Kennzahlen
   Sicherstellen, dass betriebliche Kennzahlen zur Wirksamkeit der Anwendung von Prozessbausteinen definiert sind und angewendet werden.
10. Anwendung von Prozessbausteinen
   Sicherstellen, dass Prozessbausteine regelkonform entwickelt und angewendet werden, um eine ausreichende Treffsicherheit zu gewährleisten
11. Gestaltung
   Sicherstellen, dass Gestaltungselemente systematisch erarbeitet und dokumentiert und gesetzliche, tarifliche und betriebliche Regelungen eingehalten werden.

Für die Revisionsfelder existieren Fragenkataloge, die den Revisor bei der Durchführung des Audits unterstützen. Abbildung IV-84 ist ein Beispiel zum *Revisionsbericht* des Zeitwirtschaftlichen Audits zu entnehmen.

---

166 Das Zeitwirtschaftliche Audit wurde im Jahr 2001 von einer Entwicklungsgruppe der Deutschen MTM-Vereinigung e. V. gemeinsam mit Mitgliedsunternehmen erstellt. Beteilig waren Experten von Airbus, Bosch, Daimler, der Deutschen MTM-Gesellschaft und Edscha.

Zeitwirtschaftliches Audit

Revisionsbericht

MTM

| Montage | Bericht.-Nr. 02/06/012 |
| | Blatt 6/12 |

Kapitel 6	**Qualifikation**
	Schwerpunkte
	Notwendige Qualifikation des Personals und der Dienstleister. Qualifikationsanforderungen. Schulungsmaßnahmen.

Ergebnis:	Die Beteiligten an den UAS-Analysen haben alle eine nachgewiesene Ausbildung im Analyseverfahren.
	Der Ausbildungs- und Kenntnisstand in der Anwendung von TiCon® ist mangelhaft.
	Die Anwendungsroutine ist nicht sehr hoch.
	Ein Plan zur weiteren Qualifizierung der Anwender von UAS und TiCon® existiert zur Zeit nicht.

Prozess ohne Beanstandung ○

Prozess verbesserungswürdig ○   Weitere Schulungsmaßnahmen in praktischer UAS-Anwendung und TiCon®-Anwendung sind unbedingt erforderlich.

Abweichung vom definierten Prozess bzw. es ist kein Prozess definiert ●

Zeitwirtschaftliches Audit

Revisionsbericht

MTM

| Montage | Bericht.-Nr. 02/06/012 |
| | Blatt 4/12 |

Kapitel 6	**Lenkung von Dokumenten und Daten**
	Schwerpunkte
	Verfügbarkeit aktueller zeitwirtschaftlicher Daten. Anwendung. Genehmigung. Freigabe. Historisierung. Archivierung.

Ergebnis:	Die Datengrundlagen werden in TiCon® als Bausteine der Datenebenen A–D angelegt, ergänzt und aktualisiert.
	Die Datenstruktur ist wenig übersichtlich und teilweise nur mit viel Mühe zu interpretieren.
	Es existiert kein Regelwerk zum Aufbau und zur Anwendung der Daten.
	Wegen der zum Teil unzureichenden Logik und Transparenz ist die notwendige Abstimmung und Vermittlung der Daten erschwert.

Prozess ohne Beanstandung ○

Prozess verbesserungswürdig ○

Abweichung vom definierten Prozess bzw. es ist kein Prozess definiert ●   Es gibt kein Regelwerk zum Aufbau, für die Struktur und die Anwendung der Prozessbausteine.

Abbildung IV-84   Ausschnitt aus einem Revisionsbericht für das Zeitwirtschaftliche Audit

5.6   Zusammenfassung

Unter dem Dach der Zeitwirtschaft wird eine Reihe von Aktivitäten des Industrial Engineering zu-   Zeitwirtschaft
sammengefasst, die sich treffend mit Sollzeiten-Management charakterisieren lassen. Dabei geht es
einmal um jene Aktivitäten, mit denen zeitwirtschaftliche Daten entwickelt und für potenzielle Verwender bereitgestellt werden. Das mündet zum einen in Vorgabezeiten und zeitversorgten Arbeitsplänen. Zum anderen geht es um die Verwendung zeitwirtschaftlicher Daten in den drei PEP-Phasen.
Eine leistungsfähige *Zeitwirtschaft* prägt sich einerseits darin aus, dass die Bereitstellung auf aktuellem Stand gehalten und den Verwendern nutzerfreundlich zur Verfügung gestellt wird. Andererseits
prägt sie sich darin aus, dass die Verwender mit den Daten professionell umgehen können. Um das
zu erreichen, bedarf es eines Minimums an organisatorischen Regelungen.

Professionalität lässt sich bei den heutigen komplexeren Geschäftsprozessen ohne IT-Unterstützung   TiCon®
nicht erreichen, zumal zeitwirtschaftliche Daten teilweise direkt in andere IT-Anwendungen zu über-
geben sind. Dazu eignet sich die MTM-Software TiCon®, weil sie eine Zeitwirtschaft »aus einem
Guss« unterstützt und kompatibel zum MTM-Produktivitätsmanagement und zum MTM-Verfahren
ist. TiCon® bietet zwei Grundfunktionen, eine Gestaltungsfunktion und eine Dienstleistungsfunktion.
Die *Gestaltungsfunktion* repräsentiert derzeit neun fachliche Funktionen, für die fünf Programm-
Module stehen (Objektstrukturierung, MTM-Analyse, Wertstromanalyse, Prozessnetze, Flowcharts).
Für spezifische Aufgabenstellungen gibt es vier Zusatzmodule (ProKon, MTM*ergonomics*®, Taktung,
Mehrstellenarbeit). Damit wird ein weites Feld des Industrial Engineering abgedeckt. Die *Dienst-*
leistungsfunktion bezieht sich primär auf das Prozessbaustein-Management, insbesondere auf das
Generieren verwendungsfähiger Daten (Datenkarten, Kalkulationsblätter) sowie das Versorgen von
Arbeitsplänen. Die Anwender können zwischen mehreren Schnittstellenprinzipien wählen (vgl. Ab-
bildung IV-76). Die verbreitetsten Datenbank-Managementsysteme, Oracle und MS SQL-Server, werden unterstützt, für kleine Unternehmen auch Sybase ASA.

Wie jedes System ist die Zeitwirtschaft insgesamt (Systemprüfung) oder in relevanten Teilen (Ein-   Revision der
Zeitwirtschaft
zelfallprüfung) von Zeit zu Zeit auf Ordnungsmäßigkeit, Zweckmäßigkeit und Wirtschaftlichkeit zu
prüfen. Das erfolgt durch eine *Revision der Zeitwirtschaft*. Dabei wird die Wirksamkeit des Sollzeiten-
Managements auf den Prüfstand gestellt. Die Erfahrung zeigt, dass man ansonsten auch bei besten
Absichten nach einigen Jahren auf diesem Gebiet nicht mehr das leistet, was man sich vorgenommen
hatte.

6 Personalbedarfsermittlung

6.1 Überblick

Produktivitätsmanagement zielt auf den effektiven und effizienten Einsatz menschlicher Ressourcen, denn eine angemessene personelle Ausstattung ist eine Voraussetzung für eine angemessene Produktivität. So wird diesem Sachverhalt auch bei den Absichten zum *MTM-Produktivitätsmanagement* (vgl. Teil I, Abschnitt 3.5) mit »funktionell begründete Leitungsspannen« (vgl. Abschnitt 6.2.6) Rechnung getragen. Im Teil I, Abbildung I-20 ist die Personalbedarfsermittlung als IE-Methode ausgewiesen. Abbildung IV-85 ist zu entnehmen, welche Aspekte wir unter dem Begriff der *Personalbedarfsermittlung* subsumieren.

Begriff der Personalbedarfsermittlung

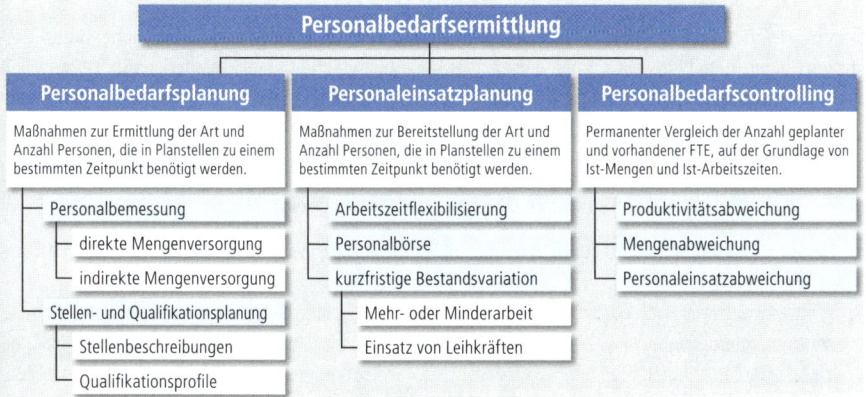

Abbildung IV-85 Themenübersicht zur Personalbedarfsermittlung

Oft werden bei der Personalbedarfsermittlung folgende Absichten verfolgt:[167]

Absichten bei der Personalbedarfsermittlung

- Eine angemessene Personalausstattung sicherstellen.
- Argumente gewinnen, wie der Personalbestand neuen Rahmenbedingungen, z. B. veränderten Mengenvolumina, modernisierter Technologie oder ausgelagerten Geschäftsprozessen, anzupassen ist.
- Einen kostenoptimalen Personaleinsatz planen und Hinweise für Verbesserungsansätze gewinnen.
- Den längerfristigen Personalbedarf abschätzen können, um kurzfristige Anpassungen zu vermeiden.
- Arbeitsspitzen ausgleichen, eine gleichmäßige Arbeitsverteilung erreichen und sowohl Überlastungen als auch mangelhafte Auslastungen des Personals vermeiden.
- Die Personalkosten budgetieren und kontrollieren.

---

167 Vgl. Drumm, H; Scholz, C.: Personalplanung – Planungsmethoden und Methodenakzeptanz, 2. Auflage. Bern, Stuttgart: Haupt, 1988, S. 104. Kador, F.-J.; Kempe, H.-J.; Pornschlegel, H.: Handlungsanleitung zur betrieblichen Personalplanung, 3. Auflage. Köln: RKW-Verlag, Verlag TÜV Rheinland, 1989, S. 11 f. RKW (Hrsg.): RKW-Handbuch Personalplanung, 2. Auflage. Neuwied: Luchterhand, 1990, S. 57 f. Bokranz, R.: Personalbedarfsplanung. In: Gaugler, E.; Oechsler, A.; Weber, W. (Hrsg.) Handwörterbuch des Personalwesens, 3. Auflage. Stuttgart: Schäffer-Poeschel, 2004, Sp. 1380 bis 1394, Sp. 1382.

Personalbedarfs-planung

Ein thematischer Schwerpunkt bei der Personalbedarfsermittlung ist die *Personalbedarfsplanung*. Dabei geht es um die

1. Personalbemessung: Das ist der quantitative Aspekt des Personalbedarfs. Mit Hilfe von Personalbemessungsverfahren wird die erforderliche Anzahl FTE je Planstelle und Planstellenbereich bestimmt.
2. Stellen- und Qualifikationsplanung: Das ist der qualitative Aspekt. In Form von Stellenbeschreibungen und Qualifikationsprofilen wird die Planungsgrundlage für die Personalbemessung geschaffen, nämlich Festlegungen zur Qualifikation der Stelleninhaber.

Personalbemessung

Als *Personalbemessung(-sverfahren)* werden Analysemethoden bezeichnet, mit denen für Planstellen, bei definierter Qualifikation, für einen bestimmten Zeitpunkt der quantitative Personalbedarf ermittelt wird. In den meisten Unternehmen gehört das zu den Kernaufgaben des Industrial Engineering. Deshalb ist die Personalbemessung für uns auch ein thematischer Schwerpunkt.

Stellen- und Qualifikationsplanung

Durch *Stellen- und Qualifikationsplanung* wird festgelegt, welche Aufgaben, Kompetenzen und Verantwortungen den Planstellen zugewiesen werden und welche Qualifikationen dafür erforderlich sind. Das ist in manchen Unternehmen dem Industrial Engineering zugeordnet, in anderen den Fachbereichen übertragen, die dabei durch die Personalwirtschaft unterstützt werden.

Personaleinsatz-planung

Die *Personaleinsatzplanung* basiert auf der Kenntnis erforderlicher Mehr- oder Minderarbeit. Auf dieser Informationsbasis können vier Maßnahmen zweckmäßig sein:

1. Der Personalbestand wird durch *Arbeitszeitflexibilisierung* (vgl. Abschnitt 4.4) dem Bedarf angepasst.
2. Wenn zwischen verschiedenen Planstellenbereichen ein kurzfristiger Personaltausch möglich ist, werden innerbetriebliche *Personalbörsen* betrieben. Damit sind ein vorübergehender Personalmehrbedarf in einigen und ein vorübergehender Personalminderbedarf in anderen Planstellenbereichen durch organisierten Personaltausch auszugleichen.
3. Der Stamm-Personalbestand wird dem Personalbedarf durch Mehr- bzw. Minderarbeit angepasst.
4. Schließlich verbleibt noch der Einsatz von *Leihkräften*, um Absenzen bei den eigenen Mitarbeitern auszugleichen oder kurzfristigen Auftragsspitzen zu begegnen.

Die durch Personalbemessung bestimmte Anzahl FTE je Planstelle ist eine Soll-Größe, bezogen auf einen bestimmten Zeitpunkt, unter Annahme eines bestimmten Arbeitsvolumens in der Planungsperiode (z. B. Monat). Im Betriebsalltag kommt es zu Ist-Personenzahlen, die von den geplanten Soll-Personenzahlen abweichen.[168] Deshalb ist durch einen Soll-Ist-Vergleich ein *Personalbedarfscontrolling* durchzuführen, um

Personalbedarfs-controlling

1. die Realitätsnähe der Personalbemessungsergebnisse und
2. das erreichte Produktivitätsniveau in den Planstellenbereichen.

zu beurteilen. Ohne sie einem Controlling zu unterziehen, könnte man die Brauchbarkeit der Personalbedarfsplanung und Personaleinsatzplanung weder beurteilen noch permanent verbessern.

---

168 In diesem Zusammenhang wird der Begriff des »atmenden Unternehmens« verwendet, womit man ausdrücken will, dass ein Unternehmen in der Lage ist, sich personell kurzfristig an veränderte Auftragslagen anzupassen.

6.2 Personalbemessung

6.2.1 Planungshorizonte und Einflussgrößen auf den Personalbedarf

Nach dem *Planungshorizont* werden kurz-, mittel- und langfristige Personalbemessungen unterschie- Planungshorizont
den. Nach überwiegender Meinung sind drei Planungshorizonte zu unterscheiden:

1. Kurzfristplanung: eine Woche bis drei Monate (Annahme: Konstanz der internen Einflussgrößen im Planungszeitraum).
2. Mittelfristplanung: ein bis drei Jahre (Annahme: Konstanz der externen Einflussgrößen, Variabilität der internen Einflussgrößen).
3. Langfristplanung: zwei bis fünf Jahre (Verwendungszweck: grobes Schätzen von Entwicklungstendenzen, z. B. für die Planung von Spezialistenstellen oder von Ausbildungsplätzen).

Personalbedarfsplanungen werden umso mehr zu groben und vagen Pauschalplanungen, je weiter der Planungshorizont ist. Deshalb begrenzen die meisten Unternehmen den Planungshorizont ihrer methodisch begründeten Personalbemessungen auf ein Jahr.

Man sollte sich der wesentlichsten *Einflussgrößen auf den Personalbedarf* bewusst sein, auch wenn Einflussgrößen auf
meist nur vier der in Abbildung IV-86 angeführten internen Einflussgrößen berücksichtigt werden. den Personalbedarf
Dort werden interne und externe Einflussgrößen (Faktoren, Determinanten, Bestimmungsgrößen) unterschieden.[169]

externe Einflussgrößen (Entwicklungstendenzen in …)	wirken auf	sind zu bestimmen durch
1. der Gesamtwirtschaft	Geschäftsvolumen-Entwicklung und damit auf das Leistungsprogramm und dessen Mengenvolumina	Analyse der Wirtschaftsstatistik, Marktanalysen, eigene Trendanalysen und Schätzungen
2. der Absatzmärkte		
3. der Einflussnahme des Staates		
4. der Arbeits- und Sozialrechtssphäre	Arbeitszeit und Einsatzbedingungen der Arbeitskräfte	Analyse arbeitssozialrechtlicher, tariflicher Entwicklungen
5. der Tarifverträge		
6. der Technologie	Kapazitätsbedarf und Prozesse	Auswertung von Publikationen, Kontakt zu Anbietern
interne Einflussgrößen (resultieren aus …)	**wirken auf**	**sind zu bestimmen durch**
1. den Absatzzielen		
2. dem Produktionsprogramm und dessen Mengenvolumina		
3. der Hierarchie- und Prozessstruktur, dem Technologieniveau		unternehmenspolitische Entscheidungen
4. unternehmens- und geschäftspolitischen Grundsätzen resultierenden Aufgabenschwerpunkten	qualitativen und quantitativen Personal-Einsatzbedarf	
5. der Qualifikation, Leistungsfähigkeit und Leistungsbereitschaft der Mitarbeiter		eigene Gestaltungsansätze
6. Arbeitszeitregelungen		
7. Urlaubsansprüche		
8. Fehlzeiten	Personal-Reservebedarf	Personal-Stammdaten, Fehlzeitenanalysen
9. Freistellung, Einarbeitungszeiten		
10. Fluktuation, Pensionierung	Personal-Ersatzbedarf	Fluktuationsanalysen, Mitarbeitergespräche

Abbildung IV-86 Einflussgrößen auf den Personalbedarf

---

169 Vgl. Drumm, H.; Scholz, C.: a.a.O., 1988, S. 109f. Kador, F.-J.; Kempe, H.-J.; Pornschlegel, H.: a.a.O., 1989, S. 50f. RKW (Hrsg.): a.a.O., 1990, S. 57f. Bokranz, R.: a.a.O., 2004, Sp. 1383.

1. Externe Einflussgrößen zeigen die Rahmenbedingungen der Personalbedarfsplanung auf und dienen ggf. dem Abschätzen des langfristigen Personalbedarfs.
2. Bei den internen Einflussgrößen bestimmen die ersten sechs den Personal-Einsatzbedarf, die unter 7 bis 9 angeführten Größen den Personal-Reservebedarf und die letztgenannte Einflussgröße die Veränderung des Personalbedarfs.

Der Personalbedarf wird nicht allein durch diese Einflussgrößen bestimmt. Um zu einer praktikablen Personalbemessung zu kommen, muss man aber bereits diese auf wenige operationale Einflussgrößen reduzieren. Die bei der kurz- und mittelfristigen Personalbedarfsplanung verwendeten Einflussgrößen sind:

- Das Produktionsprogramm und dessen Mengenvolumina. Damit wird der Einsatzbedarf begründet.
- Urlaubsansprüche, Fehlzeiten sowie Freistellungen und Einarbeitungszeiten. Damit wird der Reservebedarf begründet.

Planungsansätze bei der Personalbemessung

Bei der Personalbemessung gibt es zwei Planungsansätze (vgl. Abbildung IV-85):

1. Direkte Mengenversorgung im direkten Produktionsbereich: Das Zeiten-Mengen-Gerüst wird durch Rückgriff auf Aufträge, Losgrößen und Arbeitspläne mit Daten versorgt.
2. Indirekte Mengenversorgung im indirekten und administrativen Bereich: Das Zeiten-Mengen-Gerüst wird mit Hilfe statistisch begründeter Mengensetzungen versorgt.

In größeren Unternehmen werden in den indirekten Bereichen die im folgenden Abschnitt erläuterten summarischen Personalbemessungsverfahren angewandt. Kleine Unternehmen verwenden ausschließlich summarische Verfahren.

6.2.2 Summarische Personalbemessungsverfahren

Eigenschaften

In der Literatur und im betrieblichen Sprachgebrauch wird zwischen summarischen und analytischen Personalbemessungsverfahren unterschieden. Die *summarischen Personalbemessungsverfahren* sind durch zwei Eigenschaften gekennzeichnet:

1. Die zu erfüllenden Aufgaben werden nicht betrachtet. Deshalb wird auch nicht zwischen Grund- und Verteilzeiten unterschieden.
2. Absenzen werden nicht durch Verwenden eines Reservebedarfsfaktors berücksichtigt.

Summarisch steht also für pauschalisierend und nicht nach vorliegenden Arbeitsvolumina und erwartenden Absenzen differenzierend. In Abbildung IV-87 werden die wichtigsten Personalbemessungsverfahren angeführt, zu denen es eine Reihe von Modifikationen gibt.

Schätzverfahren

Das *Schätzverfahren* ist das übliche Bemessungsverfahren[170] in kleinen Unternehmen. Dabei werden Experten befragt, z. B. Vorgesetzte oder Betroffene, die sich beim Schätzen des Personalbedarfs für ihren Zuständigkeitsbereich an Vergangenheitswerten, eigenen Erfahrungen, am erwarteten Arbeitsanfall sowie an den üblichen Fehlzeitenraten orientieren. Um der Dominanz von Meinungsführern entgegenzuwirken, werden Expertenschätzungen nach der *Delphi-Methode* oder dem *PERT-Verfahren*[171] empfohlen:

---

170 Vgl. RKW (Hrsg.): a. a. O., 1990, S. 96.
171 Vgl. Teil II, Abschnitt 8.2.3.

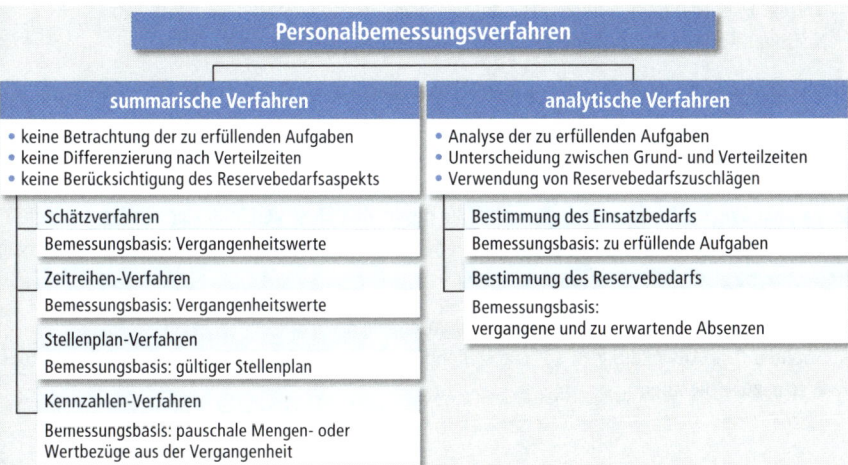

Abbildung IV-87   Die wichtigsten Personalbemessungsverfahren[172]

- Vorteile: Der Erhebungsaufwand ist gering. Im Allgemeinen wird eine gute Akzeptanz der Ergebnisse bei Schätzenden und Betroffenen erreicht. *(Delphi-Methode)*
- Nachteile: Spezifische Interessen können das Ergebnis beeinflussen. Über- und Unterbewertungen gleichen sich statistisch nicht aus, weil sie nicht stochastischer Art sind.

Bei den *Zeitreihenverfahren* wird der Personalbedarf aus Vergangenheitswerten mit Hilfe von *Regressionsanalysen* prognostiziert.[173] Dabei wird unterstellt, dass stabile Verhältnisse bei den Einflussgrößen bestehen, so dass diese auf den künftigen Personalbedarf den gleichen Einfluss wie in der Vergangenheit haben. Erkennt man Veränderungen in den internen oder externen Einflussgrößen, sind die Ergebnisse der Prognoserechnung entsprechend zu korrigieren. *(Zeitreihenverfahren)*

- Vorteil: Es entstehen begründbare Ergebnisse bei geringem Erhebungsaufwand.
- Nachteile: Der Rechengang bei der Regressionsanalyse ist den Betroffenen unverständlich. Es kommt meist zu einer unreflektierten Fortschreibung der Vergangenheitsverhältnisse in die Zukunft, weil methodische Korrekturen nicht möglich sind.

Beim *Stellenplanverfahren* wird der Personalbedarf aufgrund eines vorliegenden Stellenplans bestimmt.[174] Dabei wird unterstellt, dass er von der Arbeitsmenge weitgehend unabhängig ist. Die Anwender des Stellenplanverfahrens gehen davon aus, dass Überlegungen zur Auslastung der Mitarbeiter nicht mehr erforderlich sind, wenn Planstellen aufgrund rechtlicher Vorschriften oder personalpolitischer Setzungen festgelegt sind. Dieser Auffassung liegt die Annahme zu Grunde, dass man auf die Planstellen keine Füllarbeiten übertragen kann, z.B. administrative Speicherarbeiten in Telefonzentralen, bei Werkstattschreibern oder die Durchführung von Grundlagenarbeiten im Engineering-Bereich. Das Stellenplanverfahren ist im öffentlichen Dienst verbreitet, auch wenn vom Bundesrechnungshof seit Langem eindeutige Empfehlungen zur Anwendung einer analytischen Personalbemessung vorliegen.[175] *(Stellenplanverfahren)*

---

172 In Anlehnung an Bokranz, R.; Kasten, L.: a.a.O., 2003, S. 449.
173 Vgl. z.B. Bokranz, R.; Kasten, L.: a.a.O., 2003, S. 450f.
174 Vgl. z.B. RKW (Hrsg.): a.a.O., 1990, S. 108.
175 Vgl. Bundesrechnungshof (Hrsg.): Typische Mängel bei der Ermittlung des Personalbedarfs in der Bundesverwaltung. Stuttgart, Berlin, Köln: Kohlhammer, 1992.

- Vorteil: Es entsteht ein geringer Erhebungsaufwand, wenn ein Stellenplan festliegt.
- Nachteil: Auslastungsüberlegungen sind methodisch ausgeschlossen.

Kennzahlenverfahren

Zu den *Kennzahlenverfahren* zählen alle Ansätze, bei denen der Personalbedarf in Abhängigkeit von einer Bezugsgröße (Arbeitsmenge oder Wertgröße) bestimmt wird, z. B. »1 Güteprüfer pro 20 Spritzgussmaschinen« oder »1 Werkzeug-Instandhalter pro 10 Pressen«. Das Kennzahlenverfahren wird in erster Linie in indirekten Bereichen angewandt und basiert auf Schätzungen und Erfahrungen, gelegentlich auch auf Ergebnissen, die mit Hilfe des analytischen Verfahrens gewonnen wurden. Es wird wie beim Zeitreihenverfahren angenommen, dass stabile Verhältnisse bestehen, also die Vergangenheitswerte auch valide Planungswerte sind.

- Vorteil: Die ausgewiesenen Ergebnisse sind anschaulich.
- Nachteil: Die Anwendung ist auf Planstellenbereiche beschränkt, in denen klare Mengen- oder Wertbezüge bestehen.

6.2.3 Modell der analytischen Personalbemessung

Modell der analytischen Personalbemessung

In diesem Abschnitt wird das Modell der *analytischen Personalbemessung* erläutert. In den folgenden Abschnitten werden Beispiele gezeigt, für deren Verständnis man die grundlegenden Modellzusammenhänge und Begriffe kennen muss. Das Modell ist Abbildung IV-88 zu entnehmen.

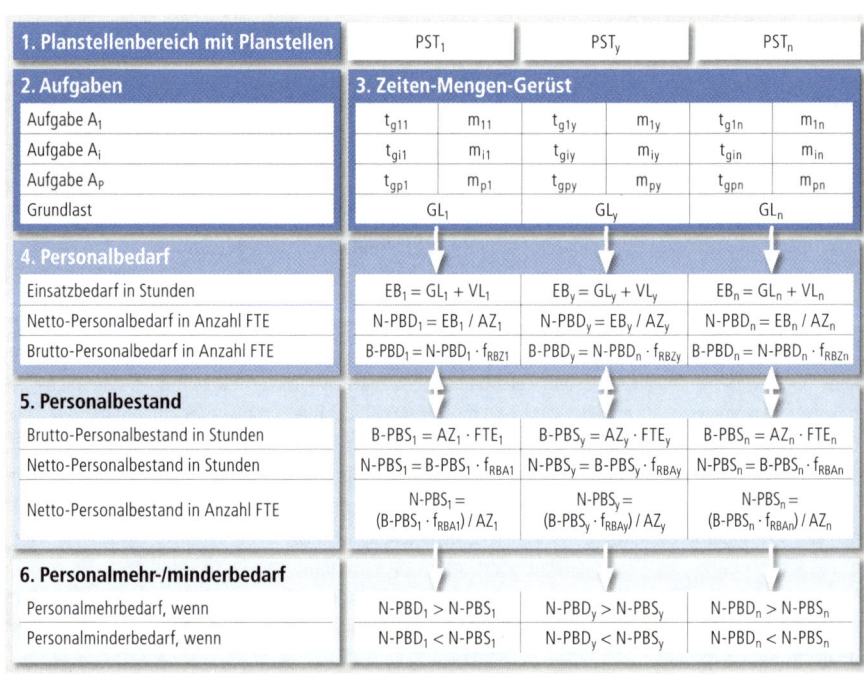

Abbildung IV-88   Modell der analytischen Personalbemessung

1. Schritt: Im Planstellenbereich Planstellen festlegen und abgrenzen.

Stellentyp

    Es werden *Stellentypen* gebildet. Als Stellentyp wird eine Kategorie von Stellen bezeichnet, in denen vergleichbare Aufgaben zu erfüllen sind, z. B. Schichtleiter, Gabelstaplerfahrer, Projektingenieure. Den gleichen Stellentyp findet man in verschiedenen Organisationseinheiten, z. B. den des Schichtleiters in jeder mehrschichtig arbeitenden Produktionsabteilung.

Wird ein Stellentyp einer Organisationseinheit zugeordnet, z. B. die des Schichtleiters der Abteilung Mechanische Fertigung, entsteht eine *Planstelle*, hier die des dortigen Schichtleiters. Planstellen können durch eine oder mehrere Personen besetzt sein. Bei einem Dreischichtbetrieb in der Mechanischen Fertigung würde man drei Schichtleiter-Planstellen vorsehen.

Planstelle

Bei der Personalbemessung werden Planstellen zu Planstellenbereichen zusammengefasst, die meist den Organisationseinheiten entsprechen, z. B. zu den Planstellen-Bereichen Teilefertigung und Montage. Für jeden Planstellenbereich, bestehend aus n Planstellen PST_y (1 ..... y ..... n), ist der Personalbedarf zu ermitteln. Planstellenbereiche können, müssen aber nicht wie Organisationseinheiten oder Kostenstellen abgegrenzt sein. Die drei wichtigsten Abgrenzungskriterien für Planstellenbereiche sind:[176]

- Ort/Raum: Man grenzt z. B. Abteilungen, Werkstätten oder Standorte als Planstellenbereiche ab. Dieses Kriterium ist für die Personalbemessung nicht zwingend.
- Leitungszusammenhang: Planstellenbereiche werden nach der Einflussnahme von Entscheidungsträgern abgegrenzt, um eindeutige Zuständigkeiten für Personalüberhänge oder -defizite oder den Einsatz von Leihkräften zu schaffen.
- Zeiten-Mengen-Gerüst: Planstellenbereiche werden so abgegrenzt, dass ihnen Zeiten und Mengen, z. B. mit Hilfe von Arbeitsplänen, eindeutig zuzuordnen sind. Das ist eine notwendige Bedingung.

2. Schritt: Aufgaben erfassen und den Planstellen zuordnen. Aufgabenstruktur

Den Planstellen PST_y werden die dort planmäßig zu erfüllenden Aufgaben A_i (1 ..... i ..... p) zugeordnet. Im direkten Produktionsbereich sind die Aufgaben den Arbeitsplänen zu entnehmen. In indirekten Bereichen, in denen es meist keine Arbeitspläne gibt, sind die Aufgabenstrukturen zu erheben.

3. Schritt: Zeiten-Mengen-Gerüst erstellen. Grundlast

In jeder Planstelle PST_y werden den Aufgaben A_i die Grundzeiten t_{gi} und Mengen m_i zugeordnet und aus deren Produkten das Zeiten-Mengen-Gerüst gebildet. Liegen Arbeitspläne vor, sind diesen die Zeiten und den Auftragsdaten die Mengen zu entnehmen. Die *Grundlast* GL_y je Planstelle PST_y für die Bemessungsperiode wird berechnet aus der Produktsumme von Grundzeit t_{gi} und Arbeitsmenge m_i, bei der Aufgabe A_i.

$$GL_y = \sum_{i=1}^{p} t_{gi} \cdot m_i$$

4. Schritt: Personalbedarf ermitteln. Personalbedarf

Auf der Grundlage des Zeiten-Mengen-Gerüsts wird der *Einsatzbedarf* EB_y je Planstelle PST_y durch Addition der Grundlast GL_y und der *Verteillast* VL_y[177] ermittelt (vgl. Teil II, Abschnitt 4.3.3).

$$EB_y = GL_y + VL_y = GL_y \left(1 + \frac{z_v}{100} \right)$$

---

176 Die Erfüllung der beiden ersten Kriterien ist eine notwendige, die des letzten Kriteriums eine hinreichende Bedingung.
177 Die Verteillast steht für das Erfüllen ungeplanter, deshalb zu periodisierender Aufgaben und wird durch Verwenden von Verteilzeit-Zuschlagssätzen zv ermittelt.

Beispiel: Für eine Planstelle wurden ermittelt (Monatswerte):

Grundlast GL (für planmäßige Aufgaben)	1.164 Stunden
+ Verteillast VL (für ungeplante Aufgaben, bei $z_v = 11\%$)	128 Stunden
= Einsatzbedarf EB	1.292 Stunden

Personal-
Reservebedarf

Der Einsatzbedarf $EB_y = 1.292$ Stunden steht für das Erfüllen des Arbeitsprogramms (Aufgaben A_i und die dazu anfallenden Arbeitsmengen m_{ij}) der Planstelle. Der Einsatzbedarf ist eine Netto-größe, weil dabei noch nicht berücksichtigt ist, dass die den Planstellen zugeordneten Mitarbeiter nicht ständig anwesend sind. Das erfolgt durch Berücksichtigung des *Personal-Reservebedarfs*. Im Jahresmittel ist täglich etwa jeder zehnte Mitarbeiter allein wegen Urlaub abwesend. Wie man mit Absenzen, z.B. wegen Urlaub, Krankheit und Fortbildung umgeht, wird nachfolgend beschrieben.

Tagearten und Reservebedarfsfaktoren (Beispiel)		Absenz wird berücksichtigt durch	
		Abschlag	Zuschlag
Anzahl Kalendertage	365		
Anzahl Regelarbeitstage	251	100 %	126,8 %
Anzahl Absenztage bzw. Reservebedarfstage	53	21,1 %	26,8 %
Anwesenheitstage	198	78,9 %	100 %
Reservebedarfsabschlagsfaktor t_{RBA} zur Bestimmung des Brutto- aus dem Netto-Personalbestand		0,789	
Reservebedarfszuschlagsfaktor t_{RBZ} zur Bestimmung des Brutto- aus dem Netto-Personalbedarf			1,268

Abbildung IV-89   Beispiel zur Ermittlung der Personal-Reservebedarfsfaktoren

Bei den folgenden Rechnungen geht es darum, methodisch eine Brücke zu schlagen zwischen dem

- *Netto-Personalbestand* $N\text{-}PBS_y$, das ist die Anzahl im Periodenmittel einsetzbarer, anwesender FTE und
- *Brutto-Personalbedarf* $B\text{-}PBD_y$, das ist die notwendige Anzahl FTE, um diese Netto-Anwesenheit zu gewährleisten.[178]

Der *Netto-Personalbedarf* $N\text{-}PBD_y$ wird ermittelt nach:

$$N\text{-}PBD_y = \frac{EB_y}{AZ_y}$$

Beispiel: Die Regelarbeitszeit pro Monat beträgt 152 Stunden:

$N\text{-}PBD_y$ = 1.292 Std. / 152 Std./FTE = 8,5 FTE

Der *Brutto-Personalbedarf* $B\text{-}PBD_y$ wird ermittelt nach:

$B\text{-}PBD_y$ = $N\text{-}PBD_y \cdot f_{RBZ}$

Beispiel: In Abbildung IV-89 wurde ein *Reservebedarfs-Zuschlagsfaktor* $f_{RBZ} = 1,268$ ermittelt.

$B\text{-}PBD_y$ = 8,5 FTE $\cdot$ 1,268 = 10,8 FTE

---

178 Wir haben es hier mit einer Mittelwertbetrachtung zu tun. Das bedeutet, dass diese Zahlen aus Jahresstatistiken gewonnen werden und an manchen Tagen zu knapp, an anderen Tagen eigentlich zu reichlich bemessen sind.

Das bedeutet, dass man einen Brutto-Personalbestand von 11 FTE haben müsste, um den Netto-Personalbedarf von 8,5 FTE zu decken.

5. Schritt: Personalbestand ermitteln. *Personalbestand*

Der *Brutto-Personalbestand* B-PBS$_y$ in Stunden wird ermittelt nach:

$$B\text{-}PBS_y = AZ_y \cdot FTE_y$$

Beispiel: Der betrachteten Planstelle sind 12 FTE zugewiesen, und die Regelarbeitszeit beträgt 152 Stunden/Monat/Planstelle.

$$B\text{-}PBSy = 152 \text{ Std./FTE/Planstelle} \cdot 12 \text{ FTE} = 1.824 \text{ Std.}$$

Der *Netto-Personalbestand* N-PBS$_y$ in Stunden wird ermittelt nach:

$$N\text{-}PBS_y = B\text{-}PBS_y \cdot f_{RBAy}$$

Beispiel: In Abbildung IV-89 wurde ein *Reservebedarfs-Abschlagsfaktor* $f_{RBA} = 0{,}789$ ermittelt.

$$N\text{-}PBSy = 1.824 \text{ Std.} \cdot 0{,}789 = 1.440 \text{ Std.}$$

Der Netto-Personalbestand N-PBSy in FTE wird daraus ermittelt nach:

$$N\text{-}PBS_y = \frac{\left(B\text{-}PBS_y \cdot f_{RBAy}\right)}{AZ_y}$$

Beispiel: Die 1.440 Stunden stehen für 1.440 Std./152 Std/FTE = 9,5 FTE

6. Schritt: Personalmehrbedarf/Personalminderbedarf ermitteln. *Personalmehr- oder -minderbedarf*

Die *Personalbestands-Überdeckung* oder *-Unterdeckung* wird ermittelt durch Subtraktion des Netto-Personalbedarfs N-PBDy (die erforderlich verfügbaren FTE) und des Netto-Personalbestands N-PBSy (die wirklich verfügbaren FTE).

Wenn N-PBDy > N-PBSy, liegt ein Mehrbedarf bzw. eine Unterdeckung vor.

Bei (N-PBDy = 8,5 FTE) < (N-PBSy = 9,5 FTE) → 1 FTE Überdeckung im aktuellen Monat.

Dieser Effekt ergibt sich auch beim Verwenden der Bruttogrößen, (B-PBDy = 10,8 FTE) < (B-PBSy = 12 FTE) → 1,2 FTE Überdeckung.

6.2.4 Analytische Personalbemessung bei direkter Mengenversorgung

Nachfolgend wird ein Beispiel zur kurzfristigen Personalbemessung (Planungshorizont: 1 Kalenderwoche) für einen Fertigungsbetrieb gezeigt. Dabei handelt es sich um eine Kombination von Personalbemessung und Personaleinsatzplanung, weil bei den Absenzen mit differenzierten Werten gerechnet wird. Aufgrund der ausgewiesenen Unterdeckungen wird Mehrarbeit geplant, und es werden Leihkräfte disponiert. Abbildung IV-91 ist zu entnehmen, dass die Personalbemessung für sechs Planstellenbereiche in vier Werken für die direkten Mitarbeiter durchgeführt wird. Das Zeiten-Mengen-Gerüst wird also über Arbeitspläne versorgt. In Abbildung IV-90 wird für den ersten Planstellenbereich (= Werk 1 – Spritzgießerei) die Personalbemessung dargelegt. *Beispiel*

Stand 19.02.2010 · Werk 1 Spritzgießerei	Std./Woche	Std./Tag	FTE	Anteile vom B-PBD
1. Netto-Personalbedarf KW10 2010 nach SAP-APL	988,0	198,0	28,2	48,1 %
2. Zuschläge auf den Netto-Personalbedarf lt. SAP-APL				33,9 %
2.1 + Rüsten und Störungen (in SAP-APL nicht enthalten)	172,9	34,7	4,9	8,4 %
2.2 + Ausschuss im Mittel über alle Artikel in Werk 1	29,6	5,9	0,8	1,4 %
2.3 + Kleinmengenzuschlag auf die APL-Zeiten	148,2	29,7	4,2	7,2 %
2.4 + ungeplante Personalineffizienzen für Serienartikel	247,0	49,5	7,1	12,0 %
2.5 + Personalmehraufwand bei Neuanläufen	98,8	19,8	2,8	4,8 %
3. Netto Personalbedarf nach Zuschlägen auf SAP-APL	1.684,5	337,6	48,1	
4. Absenzen (Ist-Werte)				18,0 %
4.1 Abwesenheiten geplant (z. B. Urlaub)	28,0	5,6	**0,8**	1,4 %
4.2 Abwesenheiten ungeplant (z. B. krank)	343,0	68,3	**9,8**	16,7 %
5. Brutto-Personalbedarf	2.055,5	411,5	**58,7**	100,0 %
6. Stammpersonal lt. Personalplan (Brutto)			**45,0**	76,6 %
7. Personal-Unterdeckung (Mehrarbeits- oder Leihkräftebedarf)			**13,7**	23,4 %
8. Anzahl Leihkräfte bestellt oder vorhanden			**10,4**	17,7 %
9. Personalunter-/-überdeckung nach Bestellung Leihkräfte – Mehrarbeitsvolumen			**-3,3**	-5,7 %

Abbildung IV-90   Beispiel zur Personalbemessung für einen Planstellenbereich

1. Im ersten Schritt wird aus den Aufträgen pro Kalenderwoche und den zugehörigen Arbeitsplänen der Netto-Personalbedarf mit 28,2 FTE ermittelt.
2. Dann wird im zweiten Schritt berücksichtigt, dass die Arbeitspläne hier keine Rüstzeiten enthalten, Ausschuss erwartet wird oder Mehrzeiten wegen Kleinstlosen und Neuanläufen entstehen. Dafür werden die planmäßigen Ausführungszeiten beaufschlagt.
3. Es wird der Netto-Personalbedarf mit 48,1 FTE ermittelt.
4. Da es sich um einen sehr kurzen Planungszeitraum handelt, wird kein statistisch ermittelter Reservebedarfszuschlag verwendet, sondern zwischen langfristig vorhersehbaren (4.1) und kurzfristig erkannten Abwesenheiten für die Planungswoche (4.2) unterschieden.
5. Der Brutto-Personalbedarf beträgt dann 58,7 FTE, und als Brutto-Personalbestand (Stammpersonal) werden 45 FTE ausgewiesen.
6. Kurz- bis mittelfristige Personalunterdeckungen, hier von 13,7 FTE, begegnet man durch den Einsatz von Leihkräften und Mehrarbeit der Stammbelegschaft.
7. Durch Subtraktion der verfügbaren Leihkräfte (10,4 FTE) von der Personalunterdeckung wird die verbleibende Personalunterdeckung ermittelt.
8. Die verbleibende Personalunterdeckung von 3,3 FTE könnte man über Mehrarbeit abfangen. Dann würden in der Planungswoche pro Stamm-Mitarbeiter weniger als eine Überstunde anfallen.

Bei den beiden letzten Schritten liegt bereits eine *Personaleinsatzplanung* vor, weil es hier schon um die Personalbereitstellung geht. In der Praxis werden Personalbemessung und Personaleinsatzplanung oft zusammengefasst.

In Abbildung IV-91 sind die Planungen für alle sechs Planstellenbereiche zusammengestellt. Die Daten für die anderen Planstellenbereiche wurden in gleicher Weise ermittelt, wie vorstehend zum Planstellenbereich »Werk 1 – Spritzgießerei« erläutert. Auffällig ist der hohe Anteil an Leihkräften[179],

---

179 Eine andere Situation liegt vor, wenn sich Unternehmen oder Unternehmensteile in der Krise befinden. Um die Kosten für einen dann ggf. anstehenden Personalabbau möglichst gering zu halten, streben diese einen möglichst hohen Leihkräfteanteil an.

insbesondere dann, wenn sich dieser über einen längeren Zeitraum stabilisieren würde. Die nominalen Personalkosten von Leihkräften sind meistens höher als die von Stamm-Mitarbeitern. Andererseits ist für Leihkräfte kein Reservebedarfszuschlag vorzusehen.

Betriebsbereich	Position		Planstellenbereiche		
			Werk 1	Werk 2	Werk 3
Spritzgießerei – KW 8/2010, Angaben in FTE	1	Brutto-Personalbedarf	58,7	103,6	114,0
	2	Stammpersonal lt. Personalplan (Brutto)	45,0	72,0	103,0
	3	Leihkräftebedarf	13,7	31,6	11,0
	4	bestellte Leihkräfte	10,4	35,0	11,0
	5	Differenz Bedarf/Bestellung Leihkräfte	-3,3	3,4	-

Betriebsbereich	Position		Planstellenbereiche			
			Werk 1	Werk 2		Werk 4
Montage und andere Bearbeitungen – KW 8/2010, Angaben in FTE	1	Brutto-Personalbedarf	33,2	156,5		57,8
	2	Stammpersonal lt. Personalplan (Brutto)	19,0	120,0		51,4
	3	Leihkräftebedarf	14,2	56,5		6,5
	4	bestellte Leihkräfte	13,0	49,0		1,0
	5	Differenz Bedarf/Bestellung Leihkräfte	-1,2	-7,5		-5,5

Gesamtbetrieb	Nr.	KW 8/2010	FTE	Anteil
	1	Brutto-Personalbedarf	523,9	
	2	Stammpersonal lt. Personalplan (Brutto)	410,4	78 %
	3	Leihkräftebedarf	133,6	25 %
	4	bestellte Leihkräfte	119,4	
	5	Differenz Bedarf/Bestellung Leihkräfte	-14,2	-3 %

Abbildung IV-91   Beispiel zur Personalbemessung für den Gesamtbetrieb (direkte Mitarbeiter in der Produktion)

Beim folgenden Beispiel diente die Personalbemessung der Personalkostenbudgetierung. Ferner war zu beurteilen, ob der Personalbestand der Planstellen angemessen ist. Abbildung IV-92 ist zu entnehmen, dass Qualitätsprüfungen sowohl durch die Produktion als auch durch das Qualitätsmanagement durchgeführt werden. Für jede Funktionsgruppe wurde stichprobenmäßig der Prüfaufwand erhoben, über die geplanten Jahresmengen auf das Geschäftsjahr hochgerechnet und daraus die Anzahl erforderlicher FTE ermittelt.

Beispiel

Abbildung IV-92   Beispiel zur Abgrenzung der Funktionsgruppen für den Funktionsbereich »Qualitätsprüfungen«

Das Vorgehen ist Abbildung IV-93 zu entnehmen. In den Spalten [1] und [2] sind die Produktionsbereiche und deren Produktgruppen angeführt. Da es zu jeder Produktgruppe zwischen 10 und 50 Produkte gibt, wäre der Erhebungsaufwand bei einer Analyse aller Produkte nicht zu rechtfertigen.[180] Deshalb werden in den Spalten [1] und [2] jene Bereiche und Produktgruppen angeführt, bei denen eine Werkerselbstprüfung vorkommt. Für die Produktgruppen wurden repräsentative Produkte ausgewählt, sogenannte Referenzprodukte.

[1]	[2]	[3]	[4]	[5]	[6]	[7]	[8]
Bereich	Funktionsgruppe Werkerselbstprüfung - Produktgruppen und Referenzprodukte	Menge in Stück p. a. der Referenzprodukte	Prüfzeit lt. APL in Std./Stück	Prüfzeit bei den Referenzprodukten in Std. p. a. {= [3] · [4]}	Jahresmenge der Produktgruppe	Prüfzeit zur Produktgruppe {= [4] · [6]}	Brutto-Personalbedarf in FTE bei 1.450 Std. Netto-AZ p. a. {= [7] / 1.450]}
KM	zu PG 1: Integralträger	76.538	0,02931	2.243	329.206	9.648	6,7
	zu PG 2: ZB B-Säule	257.020	0,00154	395	4.540.705	6.978	4,8
	zu PG 3: ZB Aufnahme	10.690	0,00558	60	9.276.630	51.720	35,7
ÜB	PG 4: ÜRB	125.603	0,01389	1.745	834.656	11.596	8,0
PW	zu PG 5: Querträger	242.885	0,00014	35	2.923.118	421	0,3
	zu PG 6: Haltergewindeplatte	178.309	0,00007	12	3.768.500	254	0,2
	zu PG 7: Anschlussträger	213.325	0	0	5.642.483	0	0
Summe aller Bereiche						**80.617**	**55,6**

Abbildung IV-93 Beispiel zur Ermittlung des Brutto-Personalbedarf für eine Funktionsgruppe

In Spalte [3] werden die Jahresmengen der Referenzprodukte und in Spalte [4] die Prüfzeiten laut Arbeitsplan angeführt. Deren Produkt ergibt in Spalte [5] den Prüfzeitaufwand p. a. für die Referenzprodukte. In Spalte [6] werden die Jahresmengen der Produktgruppen angeführt. Da die Referenzprodukte für eine Produktgruppe repräsentativ sind, gilt das auch für die in Spalte [4] angeführten Prüfzeiten. Deshalb wird in Spalte [7] durch Multiplikation der Prüfzeit aus Spalte [4] mit den in Spalte [6] angeführten Produktgruppen-Jahresmengen der Prüfzeitaufwand p. a. je Produktgruppe bestimmt. Absenzen werden berücksichtigt, indem die Netto-Jahresarbeitszeit pro FTE bestimmt wird. Sie beträgt 1.450 Stunden. Dann wird der Brutto-Personalbedarf (B-PBD) in Spalte [8] durch Division des Prüfzeitbedarfs mit 1.450 bestimmt.

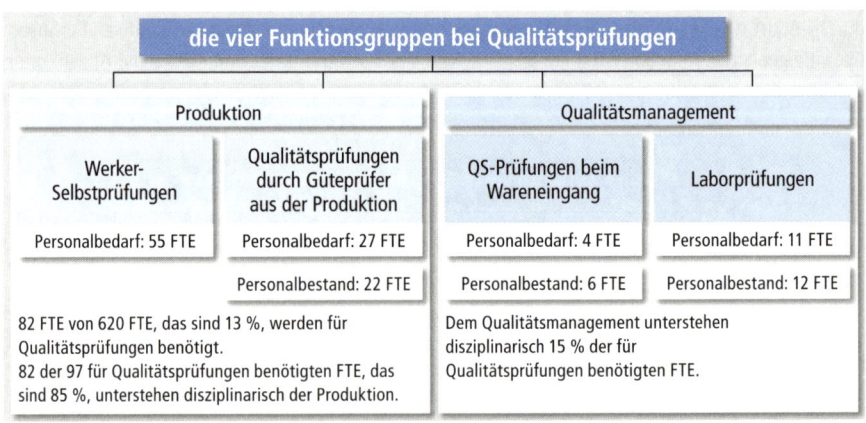

Abbildung IV-94 Beispiel zur Personalbemessung für den Funktionsbereich »Qualitätsprüfungen«

---

180 Das gilt für den hier vorliegenden Entwicklungsstand der IT. Bei höheren Entwicklungsständen kann das ggf. kein Problem darstellen.

Die Ergebnisse zu den vier Funktionsgruppen sind Abbildung IV-94 zu entnehmen. Bei der Werkerselbstprüfung ist kein Personalbestand eingetragen, weil diese in verschiedenen Planstellen vorkommt und dort nur einen relativ geringen Teil der Kapazität bindet. Bei den anderen Funktionsgruppen liegen einmal ein Personalminderbedarf und zweimal ein Personalmehrbedarf vor. Auf der Grundlage der ausgewiesenen FTE sind die Personalkosten für Qualitätsprüfungen im Rahmen der Qualitätskosten zu planen. Der in der Produktion in Qualitätsprüfungen gebundene Ressourcenanteil von 13 % führt zu einer hohen Qualitätskosten-Belastung, so dass sich hier eine tiefergehende Analyse anbietet. Eventuell funktioniert die Werkerselbstprüfung noch nicht oder man meint, sich nicht darauf verlassen zu können. Positiv ist, dass 85 % der FTE der Produktion und nur 15 % dem Qualitätsmanagement zugeordnet sind.

6.2.5 Analytische Personalbemessung bei indirekter Mengenversorgung

Analytische Personalbemessungen mit indirekter Mengenversorgung werden z. B. in der Entwicklung, im Engineering, Werkzeug-, Vorrichtungs-, Prototypen- und Musterbau oder in der Wartung und Instandhaltung durchgeführt. Sind dort nur wenige Personen beschäftigt, wird man ein summarisches Verfahren verwenden. Nur bei größeren Personenzahlen und Budgetierungen[181] bietet sich ein analytisches Verfahren an. In Abbildung IV-95 wird der Personalbedarf für eine Entwicklungsabteilung für das laufende Geschäftsjahr 2009 und das Planungsgeschäftsjahr 2010 ermittelt. Es werden 9 Planstellen unterschieden und drei Auftragsarten:

1. Vorentwicklungsprojekte. Diese sind »fest gebucht« und teilweise erlöswirksam.
2. Serienprojekte inkl. dazu anfallender Änderungen und Betreuungsleistungen für das Engineering und die Produktion.
3. Des langen Planungszeitraums wegen auch erwartete Entwicklungsaufträge (sog. Opportunities).

Planstellen	FTE 1.7.2009	FTE Vorentwicklungsprojekte		FTE Serie inkl. Änderung/ Betreuung		FTE Opportunities		FTE Personalbedarf		FTE Mehr-/ Minderbedarf	
		2009	2010	2009	2010	2009	2010	2009	2010	2009	2010
Anzahl Projekte		10	10	13	13	23	37	46	60		
1 Projektleiter	20	6,0	6,0	6,8	6,1	5,0	10,0	17,8	22,1	-2,2	2,1
2 Konstrukteur	22	0,0	0,0	14,5	14,5	7,0	11,5	21,5	26,0	-0,5	4,0
3 Technischer Zeichner	5	0,0	0,0	0,5	0,2	1,3	2,0	1,8	2,2	-3,3	-2,8
4 Versuchskoordinator	6	2,8	2,8	2,0	2,0	2,5	5,0	7,2	9,7	1,2	3,7
5 Versuchsmechaniker	4	0,0	0,0	3,3	3,3	1,5	3,3	4,8	6,6	0,8	2,6
6 FMEA-Moderator	3	0,7	0,7	0,8	0,6	1,0	2,0	2,4	3,3	-0,6	0,3
7 Entwicklungs-Controller	2	0,2	0,2	0,2	0,2	0,4	0,8	0,8	1,2	-1,2	-0,8
8 FEM-Berechner	4	1,5	1,5	1,3	1,3	5,0	4,0	7,8	6,8	3,8	2,8
9 FEM-Vernetzer	1	0,0	0,0	0,2	0,2	1,3	2,0	1,4	2,2	0,4	1,2
Summe FTE	67	11,1	11,1	29,6	28,4	24,9	40,6	65,6	80,0	-1,4	13,0

Abbildung IV-95   Beispiel zur Personalbemessung bei indirekter Mengenversorgung (Entwicklungsaufträge)

Für das laufende Geschäftsjahr wird ein Personalüberhang von 1,4 FTE ausgewiesen. Bei den Technischen Zeichnern liegt ein Personalabbau, bei den FEM-Berechnern ein Personalaufbau nahe. Nur ca. 40 FTE des für 2010 geplanten Personalbedarfs resultieren aus erwarteten und nicht aus erteilten

---

181 Bei der Budgetierung wird oft ein Zeiten-Mengen-Gerüst erstellt, das man auch für die Ermittlung des Personalbedarfs verwenden kann.

Entwicklungsaufträgen. Diese Relation ist für die Entwicklungsbereiche vieler Unternehmen typisch und weist auf ein Risiko hin.

Abbildung IV-96 ist der Rechengang zur Personalbedarfsbestimmung für die Opportunities zu entnehmen.

1. Die Wahrscheinlichkeit, mit der man von einer Auftragserteilung ausgeht, ist der vierten Spalte zu entnehmen. Beim Auftrag Nr. 10 rechnet man sich z. B. für die Auftragsgewinnung eine Chance von 50 % aus.
2. In die Tabellenfelder ist in der Einheit »1/10 FTE« der Brutto-Personalbedarf je Auftrag (Nr., Kunde, Bauteil) und Planstelle eingetragen. Dieser wurde durch Division von geschätzten Zeitaufwand in der Planstelle und Netto-Jahresarbeitszeit (= 1.450 Stunden) ermittelt. Darin ist der Reservebedarf berücksichtigt. Da es sich um Schätzwerte handelt, wurden die Ergebnisse auf 1/10 gerundet.
3. Je Planstelle werden die FTE-Summen gebildet. Bei den Konstrukteuren wird z. B. ein Brutto-Personalbedarf von 11,5 FTE für die Bearbeitung der vorliegenden Opportunities errechnet.
4. Die Summation über alle Planstellen weist aus, dass die Opportunities 40,6 FTE binden. Davon entfallen über 50 % auf zwei Planstellen: Projektleiter und Konstrukteure.
5. Die in der Fußzeile von Abbildung IV-96 ausgewiesenen FTE wurden in die Spalte »FTE Opportunities 2010« von Abbildung IV-95 übernommen.

Opportunities für 2009			Wahrschein-lichkeit per 1.7.08	[1] Projekt-leiter	[2] Konstruk-teur	[3] Tech-nischer Zeichner	[4] Versuchs-koordi-nator	[5] Versuchs-mechaniker	[6] FMEA-Moderator	[7] Entwick-lungs-Controller	[8] FEM-Berechner	[9] FEM-Vernetzer
Nr.	Kunde	Bauteil										
1	Arden	Front-Crashbox 4	30 %	0,2			0,2	0,1			0,1	
2	Arden	Heck-Crashbox 4	30 %	0,2			0,1	0,1			0,1	
3	Arden	Haubenscharnier 4	30 %	0,1							0,1	
4	Arden	Vorderachsträger 4	50 %	0,8	1,5	0,3	0,3	0,1	0,1	0,1	1,0	0,3
5	Arden	Front-Crashbox 6	50 %	0,5		0,1	0,5	0,3	0,1	0,1	0,3	0,1
6	Arden	Heck-Crashbox 6	30 %									
7	Arden	Reserveradmulde 4	30 %	0,2			0,1	0,1			0,1	
8	Arden	Haubenscharnier 6	30 %	0,2	0,2		0,1	0,1			0,1	
9	Arden	Vorderachsträger 4	30 %									
10	Arden	Modulträger 4	50 %	0,8	1,5	0,3	0,3	0,1	0,1	0,1	1,0	0,3
11	Bemer	B-Säule 2	30 %									
12	Bemer	div. Fahrwerksteile	30 %									
13	Bemer	Querträger 2	50 %	0,5		1,0	0,5	0,3	0,1	0,1	0,3	0,1
14	Bemer	Aktorik 2	30 %									
15	Bemer	A-Säule 4	100 %	1,0		0,3	1,0	0,5	0,3	0,1	0,5	0,3
Summe FTE (wahrscheinlichkeitsgewichtet)				10,0	11,5	2,0	5,0	3,3	2,0	0,8	4,0	2,0
							40,6					

Abbildung IV-96 Ermittlung des Personalbedarfs bei indirekter Mengenversorgung aus erwarteten Entwicklungsaufträgen (Ausschnitt)

6.2.6 Personalbemessung mit Hilfe von Leitungsspannenkalkülen

Leitungsspanne

Für Planstellen, bei denen Managementaufgaben dominieren, kann man eine Personalbemessung mit Hilfe von Leitungsspannenkalkülen durchführen. Das trifft z. B. in der Produktion für die Hierarchieebenen Bereichsleitung, Meister und Schichtleiter/Vorarbeiter zu. Als *Leitungsspanne* wird die Anzahl direkt unterstellter Personen bezeichnet. Die Personalbemessung für die drei vorstehend genannten Hierarchieebenen kann in drei Schritten durchgeführt werden:

Bereichsleiter: standardisierte Führungs-, Administrations- und Engineeringaufgaben	Personenzahl- unabhängig	abhängig (variabel)	Ausführungs- zeit in Std.	häufigkeit/Monat	Std. pro Monat fix	variabel	Aufwandsanteil in % fix	variabel
1 Führungsaufgaben								
111 periodische Kennzahlen besprechen, daraufhin Maßnahmen vereinbaren	Woche		3,00	4,20	12,60			
113 Zielvereinbarungen aus der Unternehmensstrategie oder aktuellen Problemlagen ableiten und vornehmen	Halbjahr		8,00	0,17	1,33			
114 im Zusammenhang mit der Leistungsbeurteilung Fördergespräche führen, Fortschritte und Ergebnisse begleiten	Quartal		1,00	0,33		0,33	26,9 %	52,5 %
126 Einhalten von Vorschriften (z. B. Arbeitsanweisungen, Prüfanweisungen, Arbeitsschutzbestimmungen) überwachen	Woche		1,00	4,20	4,20			
131 permanent das Entstehen von Konflikten erkennen und lösen	fallweise		1,50	4,20	6,30			
132 Erwartungen und aktuelle Probleme der Mitarbeiter besprechen	Woche		0,25	4,20		1,05		
2 Administrationsaufgaben								
21 personale Administrationsaufgaben								
211 personale Aufgaben im Zusammenhang mit mehreren Personen								
211.01 Stellenpläne entwickeln und Stellenausschreibungen bei PE initiieren	Halbjahr		8,00	0,17	1,33			
211.02 theoretischen Personalbedarf lt. PE mit aktuellen Gegebenheiten abgleichen und mit PE ggf. Korrekturen absprechen	Woche		1,50	4,20	6,30			
211.04 Leasingkräfte über Fertigungsleitung bei PE anfordern	Monat		1,00	1,00	1,00		18,7 %	-
211.09 neue Anweisungen/Vorschriften/Top-down-Vorgaben der nächsten hierarchischen Ebene erläutern	fallweise		1,00	4,20	4,20			
211.10 Vorgesetzte periodisch über aktuelle Anliegen, Probleme und Erwartungen der operativen Mitarbeiter informieren (von Ebene zu Ebene)	Woche		1,00	4,20	4,20			
212 personale Aufgaben im Zusammenhang mit einer Person								
212.01 bei Einstellungs- und Entlassungsgesprächen mitwirken, unter fachlichen Aspekten Auswahl treffen, bzw. neue Bewerber einfordern	fallweise		6,00	0,17	1,00			
212.02 Abmahnungen bei der PE initiieren und aktiv mittragen	fallweise		1,00	0,33	0,33			
212.03 Reisen entscheiden, einschließlich der damit verbundenen Zwecke und Kosten	fallweise		2,00	1,00	2,00		3,7 %	3,1 %
212.04 bei Stellenwechseln von Mitarbeitern die PE informieren und damit ggf. eine Änderung der Entgeltgruppe sicherstellen	Quartal		0,25	0,33		0,08		
22 sachbezogene Administrationsaufgaben								
221 Administration im engeren Sinne								
221.01 Fraktal-Budget (Indirektes Personal, Gemeinkosten-Personal, Arbeitsschutzausgaben, GwG, Ausschuss/Nacharbeit) erstellen u. Budgeteinhaltung kontrollieren	Monat		4,00	1,00	4,00			
221.02 Controlling zu CIS-Sachverhalten durchführen, die nach den vier hierarchischen Ansprechebenen unterschieden sind	Woche		2,00	4,20	8,40		13,6 %	-
222 Administration im weiteren Sinne (insb. Koordination und Kommunikation)								
222.01 proaktiv Kundenkontakte (Direktverbraucher, QS) gemeinsam mit der QS, VE herstellen und pflegen	Quartal		8,00	0,33	2,64			
222.02 arbeitsorganisatorische Regelungen (z. B. Ablösungen, Springer, Job-Rotation) im Zuständigkeitsbereich umsetzen, praktizieren	Halbjahr		1,00	0,17		0,17		
222.03 Meetingstrukturen im Zuständigkeitsbereich bestimmen und Zweckmäßigkeit von Meetings sicherstellen	Halbjahr		4,00	0,17	0,67		3,6 %	44,3 %
222.04 Erfüllung von Umweltschutz-Vorschriften nach Arbeitsanweisungen überwachen, Verstöße identifizieren und Abstellung anweisen	Monat		1,00	1,00	1,00			
223 Verbesserungen								
223.04 Verbesserungsvorschläge bearbeiten, weiterleiten (Bewertungskommission) und später im Verantwortungsbereich die Umsetzung unterstützen	Monat		2,50	1,00	2,50			
223.05 Fehler, Beschwerden, Reklamationen unter Einbeziehung der QS technisch bearbeiten, in Verbesserungen und Abstellmaßnahmen umsetzen	Tag		1,00	21,00	21,00		31,6 %	-
223.06 Ermittlung von Mehr-/Nacharbeit sowie dazu vorzusehende Abstellmaßnahmen initiieren und verfolgen	Woche		1,25	4,20	5,25			
3 Engineeringaufgaben								
322 Personalbedarf berechnen, bei PE anfordern und bereitstellen	fallweise		4,00	0,08	0,33			
323 übergebende Bereiche beim Abstellen der identifizierten Mängel unterstützen und danach die Prozessverantwortung übernehmen	fallweise		8,00	0,08	0,67		1,8 %	-
325 nach SOP kostenträchtige Planabweichungen erfassen und an Controlling zur Kostenstellenentlastung und Projektbelastung leiten	fallweise		8,00	0,08	0,67			
Summen					90,92	2,63		
AZ/Monat - ohne Reservebedarf z. B. Krankheit, Urlaub					168			
Zeitbedarf für Fachaufgaben					60			
Leitungsspanne in Anzahl Meister					**6,5**			

Abbildung IV-97 Beispiel zur Ermittlung der Leitungsspanne aus der Aufgabenstruktur und dem Zeiten-Mengen-Gerüst

1. Auf der Basis »operative Mitarbeiter« wird die Leitungsspanne bei den Schichtleitern/Vorarbeitern errechnet. Der (Netto-)Personalbedarf für diesen Stellentyp ergibt sich dann aus dem Quotienten »operative Mitarbeiter/Leitungsspanne«.
2. Der Personalbedarf an Schichtleitern/Vorarbeitern bildet wiederum die Basis für die Ermittlung des Personalbedarfs bei den Meistern und
3. dieser die Basis für die Ermittlung des Personalbedarfs bei den Bereichsleitern.

Leitungsspannen-kalkulation

Die Methode der *Leitungsspannenkalkulation* wurde im Abschnitt 2.4.5 erläutert. Anhand des in Abbildung IV-97 angeführten Beispiels wird sie nachfolgend für den Stellentyp des Bereichsleiters zum Zwecke der Personalbemessung angewandt.

In Abbildung IV-97 ergibt sich folgendes Ergebnis:

$$LS_{SOLL} = (168 \text{ Std.} - 60 \text{ Std.} - 90{,}92 \text{ Std.}) / 2{,}63 \text{ Std./Person} = 6{,}5 \text{ Personen}$$

Die Soll-Leitungsspanne eines Bereichsleiters liegt zwischen 6 und 7 Meistern. Wurde z. B. im vorhergehenden Schritt ein Bedarf von 20 Meistern ermittelt, würde man, technische und andere Aspekte

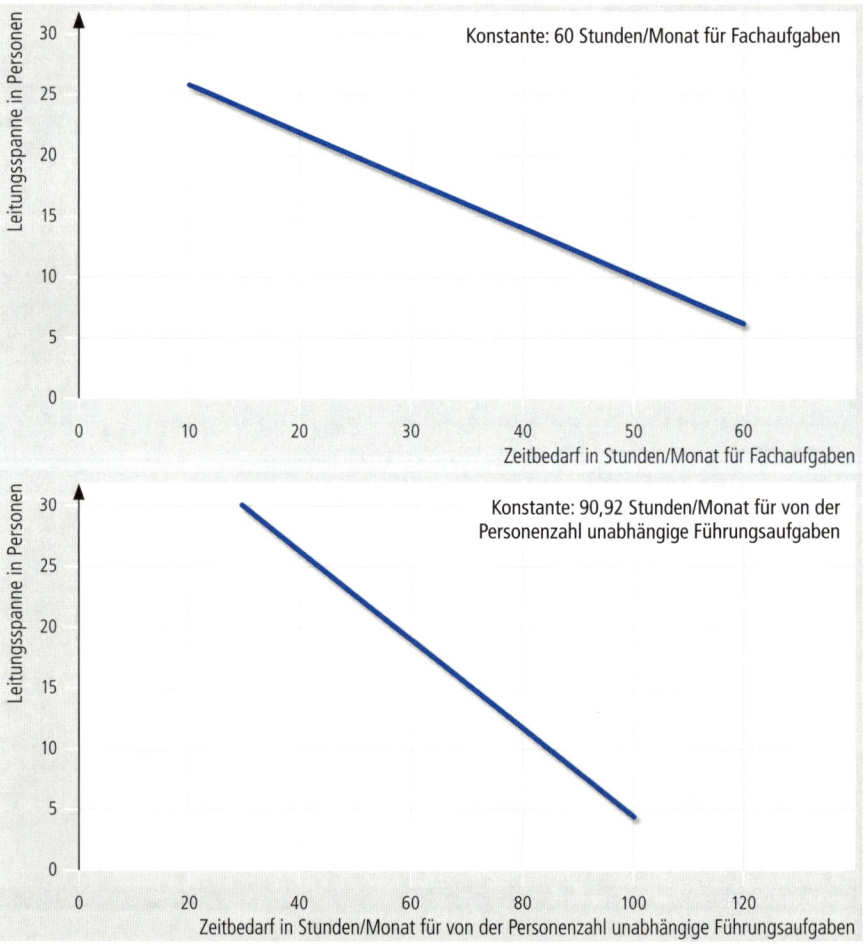

Abbildung IV-98　Beispiel für die Abhängigkeit der Leitungsspanne von Leitungsstellen und vom Ausmaß an Fachaufgaben (oben) und vom Ausmaß personenzahlunabhängiger Führungsaufgaben (unten)

außer Acht gelassen, 3 Bereichsleiter einsetzen. Dabei handelt es sich um einen Netto-Personalbedarf. Dieser wird bei Managementstellen jedoch auch als Bruttobedarf behandelt, weil man Stellvertretungen im Allgemeinen durch die nächstniedere Hierarchieebene vornehmen lässt.

Abbildung IV-98 ist zu entnehmen, wie die Leitungsspanne zunimmt und der Personalbedarf sinkt, wenn der Zeitbedarf für das Erfüllen von Fachaufgaben sinkt (hier 35 %). Dem unteren Bildteil ist zu entnehmen, wie man die Leitungsspanne erhöhen könnte, wenn man den großen Block der personenzahlunabhängigen Managementaufgaben reduzieren würde.

6.3 Personalentwicklung

6.3.1 Überblick

Der Begriff der *Personalentwicklung* wird unterschiedlich interpretiert. Als engste Interpretation steht Personalentwicklung als Synonym für Qualifizierung. In einem weit gefassten Verständnis steht sie für das Bemühen, Menschen und Organisationen zu befähigen, ihre Arbeit effektiv und effizient zu leisten und sich offen neuen Herausforderungen zu stellen. Unternehmen, die sich als Akteur in einer Wissensgesellschaft sehen, werden eher zu einem weit gefassten Verständnis neigen: Personalentwicklung ist ein Schlüssel zur Förderung der Unternehmensentwicklung durch gezielte Lern-, Entwicklungs- und Veränderungsprozesse. Die Personalentwicklung ist auch im Produktionssystem zu berücksichtigen (vgl. Teil I, Abschnitt 3.4).

Wir setzen uns hier mit zwei Aspekten der Personalentwicklung auseinander:

1. *Stellen- und Qualifikationsplanung*: Festlegungen,
   * welche **A**ufgaben, **K**ompetenzen und **V**erantwortungen (= AKV) den Planstellen zu übertragen und
   * welche Qualifikationen dafür erforderlich sind.
2. *Qualifizierungssteuerung*: Maßnahmen, mit denen sichergestellt wird, dass die Planstellen mit Mitarbeitern besetzt sind, die über die erforderlichen Qualifikationen verfügen.

6.3.2 Grundbegriffe

Die Stellen- und Qualifikationsplanung ist die Grundlage der Personalbemessung, denn ein Personalbedarf von z. B. vier Prüfern im Wareneingang oder von drei Bereichsleitern basiert auf den zugewiesenen

1. *Aufgaben*: Beschreibungen vorgesehener, zielgeleiteter Handlungen, die Stelleninhabern (Aufgabenträger) abverlangt werden;
2. *Kompetenzen*[182]: Befugnisse, die Stelleninhabern übertragen und deren Ausübung notwendig ist, um die Aufgaben erfüllen zu können;
3. *Verantwortungen*: Verpflichtungen, die Stelleninhabern im Zusammenhang mit der Aufgabenerfüllung und Kompetenzausübung auferlegt werden;

Personalentwicklung

Aufgabe, Kompetenz, Verantwortung, Qualifikation

---

182 Dabei handelt es sich um die sogenannte formale Kompetenz. Daneben spricht man von informaler Kompetenz und von Sozialkompetenz. Die informale Kompetenz ist die durch Bildung und Persönlichkeit erworbene und von anderen anerkannte Geltung eines Menschen. Im Gegensatz zur formalen Kompetenz kann die informale Kompetenz nicht delegiert, sondern nur erworben werden. Die soziale Kompetenz ist insofern ein schwammiger Begriff, als sie nicht methodisch zu bestimmen ist. In der Arbeitswelt verstehen die meisten darunter die Fähigkeit, durch eigenes Verhalten das Verhalten anderer im Sinne der Unternehmensziele zu beeinflussen.

4. *Qualifikationen*: Fähigkeiten von Stelleninhabern, ihre Aufgaben auf einem »gewissen Niveau« zu erfüllen bzw. Anforderungen gerecht zu werden, denen sie allein aufgrund ihrer Berufsausbildung nicht gerecht werden könnten. Qualifikationen im hier verstandenen Sinne werden durch Fort- und Weiterbildung erworben.

Stellenplanungsergebnisse werden meistens in Form von Stellentypen- und Planstellenbeschreibungen dokumentiert. Bei der Qualifikationsplanung gibt es keine einheitlichen Lösungsschemata.

Das Entwickeln von *Stellenbeschreibungen* unter dem primären Aspekt der Entgeltdifferenzierung wird im Abschnitt 7.3.4 beschrieben. Um sie für die Personalbedarfsplanung verwenden zu können, müssen die zu erfüllenden Aufgaben vollständig sein. Die Kompetenzen und Verantwortungen müssen nicht explizit angeführt werden, jedoch den Aufgaben zu entnehmen sein. Die wichtigsten *Kompetenzarten* sind:

Kompetenzarten

- Ausführungskompetenz: im Rahmen einer übertragenen Aufgabe tätig werden,
- Anordnungskompetenz: andere Stellen veranlassen, Entscheidungen umzusetzen,
- Vertretungskompetenz: einen Stelleninhaber bei dessen Abwesenheit vertreten,
- Verfügungskompetenz: über Ressourcen auch dann verfügen, wenn sie nicht zum eigenen Zuständigkeitsbereich gehören,
- Entscheidungskompetenz: zwischen Alternativen wählen können.

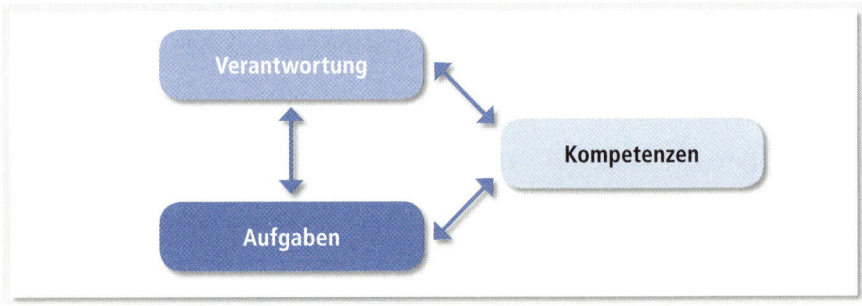

Abbildung IV-99   Die wechselseitige Abhängigkeit von Aufgaben, Kompetenzen und Verantwortungen

Ergebnisverantwortung

Werden Ausführungs- und Entscheidungskompetenzen delegiert, entsteht entsprechend des Delegationsumfangs eine bestimmte *Ergebnisverantwortung*. Werden Vertretungs- und Verfügungskompetenzen delegiert, entstehen auch hierzu Verantwortungen. In der Praxis wird, meist Bezug nehmend auf die Vertreter des *Harzburger Modells*[183], die Kongruenz von Aufgabe, Kompetenz und Verantwortung (= AKV-Kongruenz) postuliert (vgl. Abbildung IV-99). Danach bedingt jede Aufgabe notwendige Kompetenzen, und die vergebenen Kompetenzen gebieten die Übernahme eines bestimmten Ausmaßes an Verantwortung. Das trifft für Ausführungs- und Entscheidungskompetenzen zu, denn diese beziehen sich auf Aufgaben und die aus der Aufgabenerfüllung entstehenden Arbeitsergebnisse. Werden andere Befugnisse delegiert, z. B. Vertretungs- und Verfügungskompetenzen, entstehen andere Arten von Verantwortungen, letztendlich aber stets für irgendwelche Resultate. Zu allen nicht delegierten Kompetenzen verbleibt die Verantwortung bei der entsprechenden Instanz.

Die wichtigste Verantwortungsart ist die Ergebnisverantwortung. Zum Zusammenhang zwischen Entscheidungskompetenz und Ergebnisverantwortung gibt es unter dem Aspekt des dadurch ausgelösten Personalbedarfs zwei Betrachtungen:

---

183 Vgl. z. B. Höhn, R.: Führungsmodelle – Harzburger Modell. In: Kieser, A.; Reber, G.; Wunderer, R. (Hrsg.): Handwörterbuch der Führung. Stuttgart: Poeschel, 1987, Sp. 614–621.

1. Festlegung der Verantwortung: Das Ausmaß zu delegierender Entscheidungskompetenz hängt vom gewünschten Ausmaß an Ergebnisverantwortung bei der betrachteten Aufgabe ab. Der funktionelle Zusammenhang lautet dann:

   Ergebnisverantwortung = f (Aufgaben, übertragene Entscheidungskompetenzen).

2. Festlegung der Kompetenz: Das Ausmaß an Ergebnisverantwortung hängt vom Ausmaß übertragener Entscheidungskompetenzen bei der betrachteten Aufgabe ab. Es wird ein höheres Maß an Entscheidungskompetenz delegiert, wenn Aufgabenträger komplexere Aufgaben erfüllen sollen. Der funktionelle Zusammenhang lautet dann:

   Entscheidungskompetenzen = f (Aufgaben, gewünschten Ergebnisverantwortungen).

6.3.3 Stellenplanung

Bei der Stellenplanung bestehen folgende Gestaltungsräume (vgl. Teil III, Abschnitt 6.3):

Gestaltungsräume bei der Stellenplanung

1. Quantitative Aufgabenreduzierung (Aufgabenniveaukonstanz bei Reduzierung der Aufgabenmenge): Aufgaben werden auf andere gleichrangige Planstellen verlagert, weil man die Aufgabenmenge reduzieren will, z. B. um durch Spezialisierung die Produktivität zu erhöhen. Dabei reduziert man weder Kompetenzen noch Verantwortungen. Da sich die qualitativen Anforderungen nicht verändern, verändert sich für die Planstelle im Allgemeinen auch die Entgeltgruppe nicht.
2. Qualitative Aufgabenreduzierung (Aufgabenniveausenkung bei Reduzierung der Aufgabenmenge): Es werden schwierigere und komplexere Aufgaben und damit weitergehende Kompetenzen und Verantwortungen verlagert, auf andere gleichrangige Planstellen oder ins Management. Da die Anforderungen sinken, kann sich für die Planstelle auch eine niedrigere Entgeltgruppe ergeben.
3. Tendenz zur Hierarchieausweitung: Die Verlagerung von Aufgaben auf gleichrangige Planstellen kann zwei Konsequenzen haben. Die Kompetenzen und Verantwortungen der »aufnehmenden« Planstelle erhöhen sich und damit evtl. deren Entgeltgruppe. Oder deren Kompetenzen und Verantwortungen waren ohnehin schon hoch genug. Dann besteht eine Chance für einen Einspareffekt bei der Entgeltgruppe. Die Verlagerung ins Management führt dort zu mehr Aufgaben, im Allgemeinen aber zu keiner Anhebung des Kompetenz- und Verantwortungsniveaus.
4. Quantitative Aufgabenmehrung (Job-Enlargement, d. h. Aufgabenniveaukonstanz bei Erhöhung der Aufgabenmenge): Es werden mehr artgleiche, aber keine schwierigeren Aufgaben übertragen. Die notwendige Kompetenz erhöht sich dabei im Allgemeinen nicht und dann auch nicht die Verantwortung. Da sich die Anforderungen nicht verändern, verändert sich für die Planstelle im Allgemeinen auch nicht die Entgeltgruppe.
5. Qualitative Aufgabenmehrung (Job-Enrichment, d. h. Aufgabenniveauerhöhung durch weitere anspruchsvolle Aufgaben): Es werden mehr, und zwar schwierigere und komplexere Aufgaben übertragen. Für deren Erfüllung sind im Allgemeinen weitergehende Kompetenzen und Verantwortungen erforderlich. Aufgabenbereicherung führt also zwingend zu Kompetenz- und Verantwortungsausweitungen. Daraus kann sich eine höhere Entgeltgruppe ergeben.
6. Tendenz zur Hierarchiereduzierung: Die vorstehend angeführte Kompetenz- und Verantwortungsverlagerung führt dazu, dass diese zu einer Entlastung des Managements führt. Je höher die Qualifikation und damit das Potenzial der »aufnehmenden« Hierarchieebene sind, desto größer ist die Chance, eine hierarchische Ebene abzubauen.

Bei der Stellenplanung geht es also nicht nur darum, Planstellenbeschreibungen zu erstellen, sondern auch die hierarchische Struktur zu gestalten.

Planstellenbeschreibung Vorarbeiter in der Landeklappen-Fertigung		Version-Nr.	04	Bearbeiter:	Krämer
				Datum:	12.01.2009

I. Einbindung der Stelle in die Organisation		
Planstellenbezeichnung		Vorarbeiter in der Landeklappen-Fertigung
Bereich		OP-MT 2
Kostenstelle		13T-0a8
Stellentyp		Vorarbeiter
Unterstellung	disziplinarisch	Meister
	fachlich	dto.
Überstellung	disziplinarisch	keine
	fachlich	operative Mitarbeiter
vertritt		andere Vorarbeiter, Meister in Fachaufgaben
wird vertreten durch		andere Vorarbeiter, Meister

II. typische Charakteristika der Stelleninhaber		
verfügt über folgende	allg. Sachkenntnisse	einsatzdienliche Facharbeiterausbildung, PC Office-Grundkenntnisse, MTM-Grundkenntnisse
	spezielle Sachkentnisse	Arbeitssicherheitsschulung
	Erfahrungen	in Fertigung und Logistik des Einsatzbereichs
zeichnet sich durch folgende Begabungen aus		Führungsfähigkeit, Mitarbeiterentwicklung, Organisationsgeschick, Kooperationsfähigkeit, Veränderungskompetenz, »Coacher«-Mentalität
ist typischerweise insbesondere zuständig für		verantwortlich für die Einhaltung von Tagesfertigkeitsterminen, sachliche Richtigkeit der Anerkennung der MZ- und GK-Anteile, Einhaltung des Qualitätsniveaus

III. zu erfüllende stellentypspezifische Fachaufgaben (ohne Managementaufgaben)	
1	**Gemeinkosten- u. Mehrzeiten überwachen:** 11 mögliche MZ- und GK-Zeiten vermeiden und Abstellmaßnahmen, in Abstimmung mit dem Meister, durchführen 12 Bedarf an MZ- und GK-Zeiten mit Werkern klären, diesen bestätigen oder ablehnen
2	**Arbeits-/Fertigungsprozesse unterstützen und sicherstellen:** 21 Arbeiten einteilen 22 den Abtransport fertiger Produkte veranlassen 23 bedarfs- und termingerechte Materialbereitstellung (»Versorger«) kontrollieren 24 besonders schwierige und verantwortungsvolle Arbeiten ggf. selbst erledigen 25 Maschinen einrichten und Betriebsstörungen beheben 26 Mitarbeiter bei schwierigen oder neuen Arbeiten fachlich unterstützen und einweisen 27 Fertigungstermine überwachen 28 Fehlteile, Reklamationen, Bauabweichungen, fehlerhafte Arbeitsunterlagen, Ausschuss etc. handhaben (Sachverhalt klären, Abstellmaßnahmen dem Meister vorschlagen, deren Umsetzung begleiten)
3	**Einhaltung der Arbeitsqualität und der Vorschriften zur Arbeitsicherheit**
4	**Teilnahme an Besprechungen nach Anweisung des Bereichsleiters**
5	**Erfüllen von fallweise durch Bereichsleiter übertragenen Sonderaufgaben, inkl. Delegation in Projekte**

IV. zu erfüllende stellentypspezifische Managementaufgaben	
11	**Vereinbarungen vornehmen:** 112 Qualifikationsstände der Mitarbeiter analysieren und Maßnahmen vereinbaren (Mitwirkung) 114 Arbeitsergebnisse besprechen (Mitwirkung)
12	**Mitarbeiter anweisen und kontrollieren:** 121 laufende Arbeitsverteilung an Mitarbeiter durchführen, Arbeiten zuweisen 122 Einhalten von Terminen überwachen 123 Personaleinsatzsteuerung aufgrund der Auftragssituation durchführen (Mitwirkung) 126 Einhalten der Arbeitsanweisungen, Arbeitsschutzbestimmungen überwachen (Mitwirkung) 128 zu Ordnung und Sauberkeit am Arbeitsplatz und pfleglichem Umgang mit den Betriebsmitteln anleiten
13	**Mitarbeiter fördern:** 131 permanent das Entstehen von Konflikten erkennen und lösen (Mitwirkung) 132 Erwartungen und aktuelle Probleme der Mitarbeiter besprechen 133 neue Mitarbeiter in ihre Aufgaben einweisen, trainieren 136 Arbeitsplatzwechsel (Job-Rotation) initiieren (Mitwirkung) 137 Einarbeitungs- und Ausbildungspläne erstellen, aktualisieren (Mitwirkung) 138 Azubis und Praktikanten betreuen (Mitwirkung)
14	**Administrationsaufgaben:** 211.4 Urlaubsplanung initiieren und koordinieren (Mitwirkung) 212.2 Mitarbeiter zu zweckmäßiger Nutzung der Prozesse und Einrichtungen anregen 223.1 Geschäftsprozesse im Zuständigkeitsbereich verbessern, stabilisieren; KVP-Engagements initiieren (Mitwirkung) 223.3 Fehler, Beschwerden, Reklamationen in Verbesserungen und Abstellmaßnahmen umsetzen (Mitwirkung)

Abbildung IV-100
Beispiel einer Planstellenbeschreibung zur Festlegung der Aufgaben, Kompetenzen und Verantwortungen

6.3.4 Planung der fachlichen Qualifikation

Die Qualifikationsplanung wird auch als Planung der *Personalentwicklung* bezeichnet. Dabei geht es in erster Linie um zwei Aspekte:

1. Fachliche Qualifikationen, die sich direkt aus den zu erfüllenden Aufgaben begründen lassen,
2. Schlüsselqualifikationen (überfachliche Qualifikationen), die zu zielorientiertem Handeln befähigen und helfen, bei sich wandelnden Anforderungen neues Fachwissen zu erschließen.

Personalentwicklung

Die notwendigen *fachlichen Qualifikationen* werden durch Analyse der Stellenbeschreibungen oder der Prozesse ermittelt. Daraus entstehen stellen- oder prozessbegründete Qualifikationsprofile. Der zweite Ansatz hat den Vorteil, dass man die Qualifikationsprofile aller in den Prozess involvierten Planstellen erheben, abgleichen und in ein abgestimmtes Qualifizierungsprogramm umsetzen kann. Fachliche Qualifikationen können geplant werden als:

Fachliche Qualifikationen

1. Endqualifikationen: Am Ende eines Qualifizierungsprozesses sollen Aufgabenträger darüber verfügen.
2. Eingangsqualifikationen: Aufgabenträger müssen von Anfang an darüber verfügen, um die ihnen gestellten Aufgaben erfüllen zu können.

In der Folge wird anhand von Beispielen gezeigt, wie man *prozessbezogene Qualifikationsprofile* für End- und Eingangsqualifikationen entwickeln kann.

Ausgangspunkt sind Prozessdokumentationen, denen die zu erfüllenden Aufgaben und die involvierten Planstellen zu entnehmen sind. Bei dem in Abbildung IV-101 angeführten Beispiel sind zeilenweise die zu erfüllenden Aufgaben, spaltenweise die involvierten Planstellen angeführt und in den Tabellenfeldern deren Zuständigkeiten markiert. So ist die Planstelle »Qualitätsplanung (QP)« zuständig für die Aufgabe »B17 QS-Vereinbarungen und Technische Lieferbedingungen des Kunden«.

Bei jeder Aufgabe ist zu prüfen, ob die Planstelleninhaber dafür ausreichend qualifiziert sind. Für die Aufgabengruppen »A1 Projektteam bilden« und »A2 Projektablauforganisation festlegen« wurde z.B. entschieden, dass aufgrund eines Studiums vorhandene Kenntnisse und angelesenes Wissen nicht ausreichen, um ein professionelles Projektmanagement zu betreiben und die betrieblichen Besonderheiten zu berücksichtigen. Deshalb wurde in der letzten Spalte die erforderliche Qualifikation in Form einer zu absolvierenden Qualifizierungsmaßnahme festgelegt, hier z.B. das Seminar »Projektmanagement«.

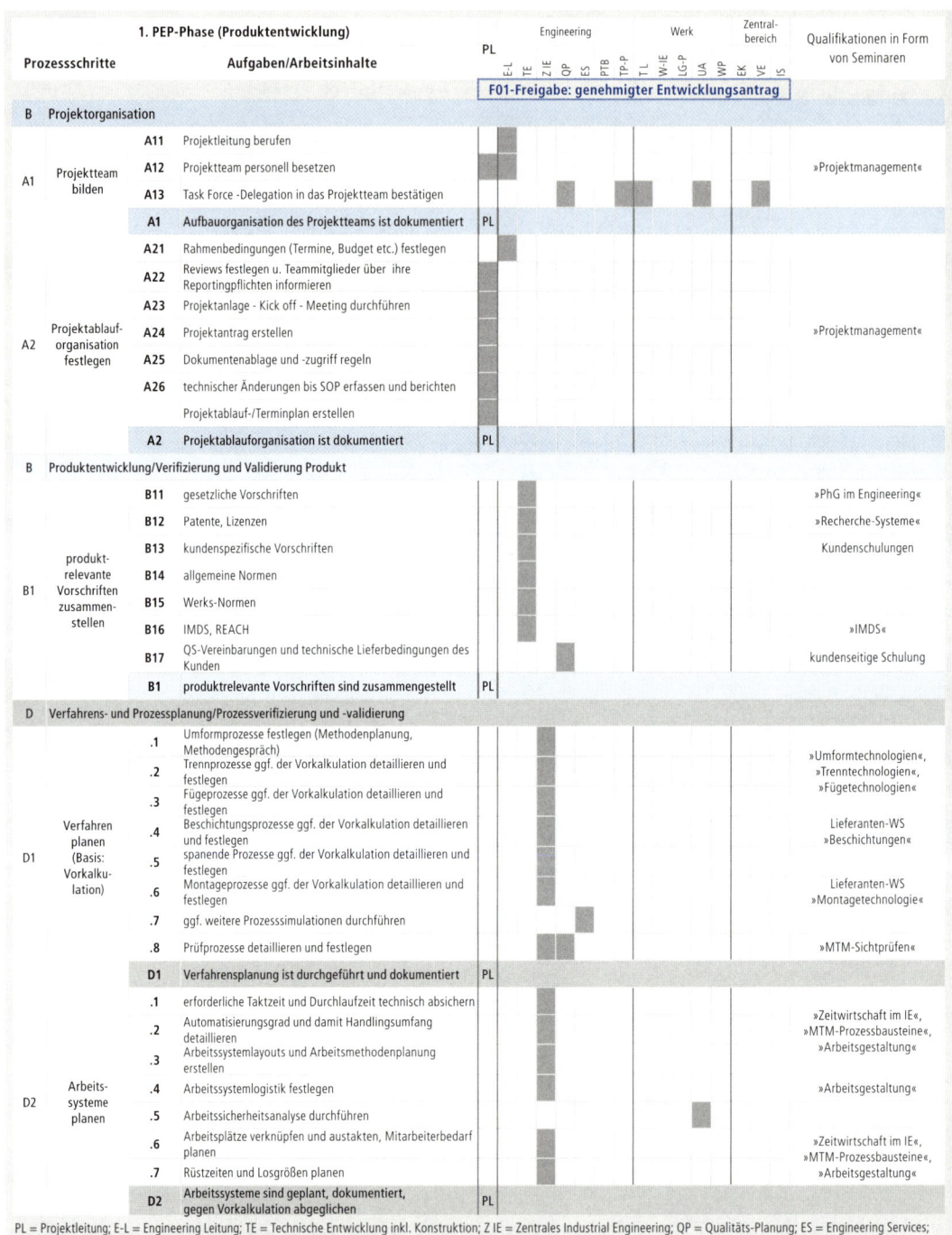

Abbildung IV-101   Beispiel (Ausschnitt) für eine Ableitung des Qualifikationsbedarfs aus einer Prozessdokumentation für PEP-Involvierte

Als erster Auswertungsschritt wird für den gesamten Prozess und alle darin eingebundenen Stellen der Qualifikationsbedarf bestimmt. In Abbildung IV-102 sind die entsprechenden Qualifikationsprofile angeführt.

Seminare und Workshops		Qualifikationsprofile der Planstellen														
		Engineering							Werk						ZB	
Themenbereich	Qualifizierungsmaßnahmen	Projektleitung	Engineering-Leitung	Technische Entwicklung inkl. Konstruktion	zentrales Industrial Engineering	Qualitätsplanung	Werkzeugbau, Werkzeugkonstruktuion, Arbeitsvorbereitung, NC-Programmierung	Transportplanung	Technische Leitung	Produktions-Industrial Engineering	Logistikplanung	Unfallschutz und Arbeitssicherheit	Technische Dienste	Werkplanung	Einkauf	Vertrieb
1. Management, Kunden und Lieferanten	11. Projektmanagement	X	X	X	X	X	X	X	X	X	X	X		X		X
	12. Kundenschulungen		X		X											
	13. Verträge im Einkauf				X										X	
	14. Lieferanten-Workshop »Beschichtungen«			X	X											
	15. Lieferanten-Workshop »Montagetechnologie«			X	X											
2. IT	21. PhG im Engineering			X												
	22. Recherche-Systeme			X												
	23. IMDS-Seminar			X												
3. Technik	31. Umformtechnologien			X												
	32. Fügetechnologien			X												
	33. Trenntechnologien			X												
	34. Toleranzanalyse			X	X	X				X						
	35. 3F-Synchronisation			X	X	X										
4. Industrial Engineering	41. MTM-Sichtprüfen			X	X											
	42. Zeitwirtschaft im Industrial Engineering			X						X						
	43. MTM-Prozessbausteinsysteme			X						X						
	44. MTM-1 und Arbeitsgestaltung			X						X						
	45. Wertstromanalyse			X				X		X	X			X		
	46. MTM-ProKon			X	X	X				X						
5. Qualitätsmanagement	51. Design- und Prozess-FMEA mit SW-Einsatz			X		X										
	52. Qualität im Engineering			X	X					X			X		X	

Abbildung IV-102 Beispiel für eine prozessbegründete Planung von Qualifikationsprofilen

Die Qualifizierungsprofile beziehen sich auf Planstellen. Sie sind in Abbildung IV-102 spaltenweise zu lesen und stehen für Endqualifikationen. Der Tabelle ist   Qualifizierungsprofile

- spaltenweise zu entnehmen, welche Qualifikationsmaßnahmen je Planstelle zu absolvieren sind und
- zeilenweise, welchen Adressatenkreis es für jede Qualifizierungsmaßnahme gibt.

Damit ist zu klären, ob auf die eigenen Bedürfnisse zugeschnittene In-House-Veranstaltungen oder externe Veranstaltungen vorzuziehen sind. Einige Maßnahmen sind erfahrungsgemäß so unternehmensspezifisch, dass ihre Inhalte nur über In-House-Veranstaltungen anforderungsgerecht zu vermitteln sind.

Abbildung IV-103 ist für vier der in Abbildung IV-102 angeführten Qualifizierungsmaßnahmen zu entnehmen, welche Planstellen betroffen sind, also welche Adressatengruppen angesprochen werden, welche Ziele zu erfüllen und welche Inhalte zu vermitteln sind.

11	Projektmanagement	Teilnehmer: alle Personen, die in Projekten arbeiten
Stufe 2	Teamarbeit in und Führung von Projekten	Dauer: 2 Tage
Ziele	Dynamik von Gruppen und Teams verstehen die Leistungsfähigkeit eines Teams einschätzen und damit in projektphasentypischen Situationen umgehen können die Rollen und deren Verteilung in Projekten kennen und berücksichtigen können	
a) allgemein	Abgleich von erforderlichen Fähigkeiten und vorhandenem Potenzial, Qualifikationsmatrix Leistungsunterschiede zwischen Gruppe, Team und Hochleistungsteam (Leistungsniveaus in Organisationen) Motivation und Einstellungen	
b) Teams	Phasen der Teamentwicklung Gemeinsamkeiten versus Verschiedenartigkeiten und Teampflege Einflussfaktoren auf den Teamerfolg (Klarheit, Offenheit, Einflussnahme, Position beziehen) Rollen und Normen in Teams (Führer und Führungsstile)	
c) Kommunikation	Regeln für Gruppenarbeit (Installieren und praktizieren) inhaltliche Gestaltung von Projektbesprechungen Widerstände, Barrieren, Hindernisse und mögliche Interventionen Konfliktstrategien	

35	3-F-Synchronisation	Teilnehmer: Technische Entwicklung, Industrial Engineering, Qualitätsplanung
		Dauer: 2 Tage
Ziele	Zusammenhänge zwischen »Fertigen«, »Fügen« und »Fixieren« in Bezug auf Produktqualität und Robustheit des Produktionsprozesses kennen Bedeutung eines durchgängigen Spann- und Fixierprozesses verstehen	
Inhalte	Abgrenzung Fügeplan und Spann- und Fixier-Konzept Zusammenhang zwischen Maßbezügen in der Produktbeschreibung und Fixierungen in der Fertigung Bedeutung der Fixierung in der Umformtechnik Abhängigkeit des Fertigungsverfahrens und der Art der Fixierung Top-down-Strategie in der Fehleranalyse Richtlinien für die Unterscheidung möglicher und tatsächlicher Fehlerursachen zeitliche und organisatorische Einordnung im PEP bei der ISE Bedeutung des Werkzeuges der Toleranzanalyse bei der 3-F-Synchronisation	

44	MTM-1 und Arbeitsgestaltung	Teilnehmer: Industrial Engineering
		Dauer: 12 Tage (inkl. praktischen Übungen und MTM-1-Prüfung)
Ziele	Methoden für manuelle Handhabungen in der Serienfertigung entwickeln können Arbeitssysteme (inkl. Vorrichtungen) nach ergonomischen und methodisch-technischen Anforderungen gestalten können Arbeitsabläufe nach dem MTM-1-Verfahren bewerten/kalkulieren können	
a) allgemein	Grundlagen der Arbeitssystemgestaltung Auswirkung der Gestaltung auf Belastung und Beanspruchung, Produktivität und Qualität Berücksichtigung menschlicher Fähigkeiten, Fertigkeiten und deren Wandel auf die Arbeitssystemgestaltung	
b) MTM-1	Durchführung von MTM-Analysen unter Berücksichtigung der Anwendungsregeln Bewertung von Arbeitsmethoden und von partiellen Methodenverbesserungen Einsatz von Hilfsmitteln zur Rationalisierung von Arbeitsmethoden Bestimmung von Vorgabezeiten mit MTM	
c) Arbeitsgestaltung	Aspekte der Arbeitssystemgestaltung Arbeitsorganisation (Job-Rotation, Gruppenarbeit, Springer) und Arbeitszeitgestaltung räumliche Arbeitsplatzgestaltung, inkl. Somatografie sowie Sichtgeometrie und Beleuchtung Arbeitssystemlogistik, inkl. Lasten handhaben, Anordnungs-, Versorgungs- und Sicherungskonzepte Anzeigen, Signale, Stellteile	

51	Design- und Prozess-FMEA mit SW-Einsatz	Teilnehmer: Technische Entwicklung, Industrial Engineering, Qualitätsplanung
		Dauer: 3 Tage
Ziele	Die Arbeitsprinzipien der FMEA kennen Aus FMEA-Ergebnissen Konsequenzen ableiten können mit Hilfe der Software das Management von FMEAs durchführen können	
a) FMEA-Technik	Arten von FMEA Fehler, Folgen, Ursachen und Abstellmaßnahmen in Moderationssitzungen generieren können im Team Risikobewertungen in verschiedenen Präzisierungsstufen durchführen können Verbesserungs-/Abstellmaßnahmen entwickeln und in Maßnahmenpläne umsetzen können Maßnahmen-Umsetzungsprojekte entwickeln können	
b) IQ-FMEA	Einsatz des Struktur-Editors Nutzung des Fehler- und Funktionsanalyse-Editors Einsatz des Formblatt-Editors und Verfolgung von Maßnahmen-Umsetzungsprojekten allgemeine Funktionen des Tools (Drucken, Suchen, Datenaustausch, Schnittstellen, Terminologiekontrolle)	

Abbildung IV-103   Beispiel für eine Umsetzung von Qualifikationsprofilen in Qualifikationsmaßnahmen

In den Unternehmen werden Qualifikationsprofile nicht nur als Ergebnis einer Personalentwicklung, sondern auch zur Formulierung von Eingangsqualifikationen verwendet. Dabei müssen die fachlichen Qualifikationen nicht immer so methodisch begründet werden, wie im vorhergehenden Beispiel. Mitunter entwickelt man sie auch in Workshops mit den operativen Mitarbeitern und deren Vorgesetzten. Das wurde bei dem folgenden Beispiel für den Einsatz von Leihkräften getan.

Eingangsqualifikationen

1. Präambel: Leihkräfte werden nur dann eingesetzt, wenn der Personalbedarf kurz- bis mittelfristig über dem verfügbaren Stammpersonalbestand liegt.	
2. Anforderungen werden an folgende Leistungs- und Verhaltensaspekte gestellt:	
2.1	**Detektionsleistung:** Fähigkeit, Fehler zu entdecken.
2.2	**Intensität und Wirksamkeit:** Schnelligkeit der Motorik sowie Treffsicherheit und Präzision.
2.3	**Fleiß und Beständigkeit:** Kontinuierliches Arbeiten.
2.4	**Soziales Verhalten:** Kollegialität, erkennbares Interesse am Job.
3. Basis-Qualifikationsprofil aufgrund der Präambel und den Erfahrungen des Managements:	
3.1	**Sprachfähigkeit:** Die deutsche Sprache so weit beherrschen, dass man sich in betrieblichen Belangen artikulieren kann und Anweisungen uneingeschränkt versteht.
3.2	**Lesefähigkeit:** Alle verwendeten Anweisungen lesen und anfallende Aufschreibungen durchführen können.
3.3	**Rechenfähigkeit:** Die vier Grundrechenarten beherrschen.
3.4	**Sehfähigkeit:** Über eine uneingeschränkte Farbsehfähigkeit und volle Sehschärfe verfügen.
3.5	**motorische Fähigkeit:** Durch keine motorischen Einschränkungen in ihrer Leistungsfähigkeit gemindert sein.

Abbildung IV-104 Beispiel für ein Eingangs-Qualifikationsprofil für Leihkräfte im gewerblichen Bereich

6.3.5 Planung der Schlüsselqualifikationen

Neben den fachlichen Qualifikationen werden auch *Schlüsselqualifikationen* benötigt. Diese stehen für das Vermögen, mit Fachwissen kompetent umzugehen. Schlüsselqualifikationen setzen sich aus übergreifenden kognitiven und affektiven Fähigkeiten zusammen und sind in verschiedenen Situationen und Funktionen flexibel und innovativ einzusetzen. Die Schlüsselqualifikations-Konzepte der Unternehmen unterscheiden sich im Detail, folgen aber weitgehend der Kategorisierung von Schlüsselqualifikationen nach fünf Kompetenzbereichen:

Schlüsselqualifikationen

1. Sozialkompetenz,
2. Methodenkompetenz,
3. Selbstkompetenz,
4. Handlungskompetenz,
5. Medienkompetenz[184].

Sozialkompetenz ist zu interpretieren als die Summe von Kenntnissen, Fähigkeiten und Fertigkeiten, die eine Person befähigen, zusammen mit anderen situationsadäquat zu handeln. Dazu gehören z. B.

Sozialkompetenz

- Kommunikationsfähigkeit,
- Kooperationsfähigkeit,
- Konfliktfähigkeit,

---

184 Die Medienkompetenz wurde erst in den letzten Jahren thematisiert. Sie ist auch eine Forderung der ständigen Kultusministerkonferenz und der Bund-Länder-Kommission für Bildungsplanung und Forschungsförderung aufgrund des immer größeren Einzugs der digitalen Medien in die Gesellschaft und damit auch in die Unternehmen.

- Einfühlungsvermögen,
- Emotionale Intelligenz.

Die Schlüsselqualifikation »Zusammenarbeitsfähigkeit« könnte z. B. bedeuten:

1. Merkmale: ausgleichend wirksam und sozial gut eingebunden sein; Arbeitseinteilung und -verteilung durch inhaltliche Abstimmung optimieren; für Atmosphärisches sensibel sein und mit Spannungen konstruktiv umgehen, um Konfliktenergie produktiv zu nutzen.
2. Erfolgstypische Verhaltensweisen: achtet auf Zusammenarbeit; schätzt die Meinungen anderer; stimmt eigene Aktivitäten mit anderen ab und vermeidet Alleingänge; ist als Moderator akzeptiert; bietet Hilfe und Lösungen an; legt Gemeinsamkeiten dar; verhält sich kompromissbereit und stellt zielorientierte Konsense her; pflegt zielorientiert Kontakte zu Personen in anderen Organisationseinheiten.
3. Beurteilungsskala: Der Sachverhalt »Zusammenarbeitsfähigkeit« ist in Abbildung IV-105 am treffendsten in der Stufe 4 beschrieben.

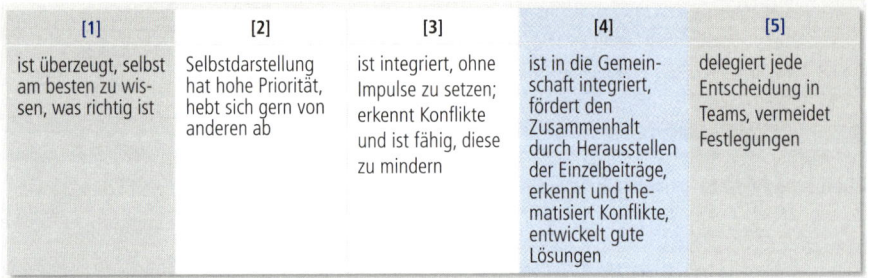

[1]	[2]	[3]	[4]	[5]
ist überzeugt, selbst am besten zu wissen, was richtig ist	Selbstdarstellung hat hohe Priorität, hebt sich gern von anderen ab	ist integriert, ohne Impulse zu setzen; erkennt Konflikte und ist fähig, diese zu mindern	ist in die Gemeinschaft integriert, fördert den Zusammenhalt durch Herausstellen der Einzelbeiträge, erkennt und thematisiert Konflikte, entwickelt gute Lösungen	delegiert jede Entscheidung in Teams, vermeidet Festlegungen

Abbildung IV-105   Beurteilungsskala für Zusammenarbeitsfähigkeit

Methodenkompetenz   *Methodenkompetenz* entsteht aus Kenntnissen, Fähigkeiten und Fertigkeiten, die eine Planung und Umsetzung zielführender Problemlösungen ermöglicht. Dazu gehören z. B.

- Analysefähigkeit,
- Kreativität,
- Lernbereitschaft,
- Abstraktes und vernetztes Denken und Denken in Zusammenhängen,
- Rhetorik.

Selbstkompetenz   *Selbstkompetenz* ist ein Ausdruck für Persönlichkeitseigenschaften und entsteht aus Fähigkeiten und Einstellungen, in denen die individuelle Haltung zur Mitwelt zum Ausdruck kommt, insbesondere zu arbeitsrelevanten Aspekten. Dazu gehören z. B.

- Leistungsbereitschaft, Engagement, Motivation,
- Flexibilität und Mobilität,
- Zuverlässigkeit,
- Selbstständigkeit,
- Ausdauer, Belastbarkeit und Anpassungsfähigkeit.

Handlungskompetenz   Als *Handlungskompetenz* wird die aus Lernprozessen entstandene Fähigkeit bezeichnet, sich in beruflichen und privaten Situationen sachgerecht, durchdacht, sowie individuell und sozial verantwortlich zu verhalten. Dazu verfügt man – unter Rückgriff auf die drei vorstehend angeführten Kompetenzarten – über Handlungsmuster, die zu professionellem Handeln befähigen und sozial anerkannt werden. Handlungskompetenz steht für Verhaltenssicherheit, indem man sich z. B.

- situativ angemessen verhält,
- selbstverantwortlich Probleme löst,
- bestimmte Leistungen unzweifelhaft erbringt,
- mit anderen Menschen angemessen umzugehen weiß.

Bei der *Medienkompetenz* geht es darum, dass sich Personen als mündige und reflektierende Bürger einbringen können. In der industriellen Arbeitswelt hat diese Schlüsselqualifikation, im Verhältnis zu den vier vorstehend angeführten, vorzugsweise im oberen Management Bedeutung.

Medienkompetenz

6.3.6 Qualifizierungssteuerung

Bei der *Qualifizierungssteuerung* wird die Qualifizierungsplanung umgesetzt. Dazu werden die Mitarbeiter plangerecht qualifiziert, der Qualifizierungsprozess kontrolliert und korrigiert. Die Qualifizierungssteuerung wird auch als Lösungsmethode zum Produktionssystemelement »Personalentwicklung« geführt. Ein verbreitetes Unterstützungswerkzeug sind sogenannte Qualifikationsmatrizen. Als *Qualifikationsmatrix* werden tabellarische Darstellungen bezeichnet, denen der Qualifizierungsstand der Mitarbeiter einer Organisationseinheit zu entnehmen ist (vgl. Abbildung IV-106).

Qualifikationsmatrix

Qualifikationsmatrizen werden durch die Vorgesetzten geführt, wenn ihnen die Personalentwicklung in ihrem Zuständigkeitsbereich obliegt. Meistens werden zeilenweise die zugeordneten Mitarbeiter und spaltenweise die Qualifikationsmaßnahmen eingetragen. Die Tabellen werden dann in zwei Schritten bearbeitet:

1. In der Ausgangstabelle wird je Planstelle eingetragen, welche Qualifizierungsmaßnahmen geplant sind. In Abbildung IV-106 sind dafür die Felder für die ausgeschlossenen Qualifizierungsmaßnahmen geschwärzt.

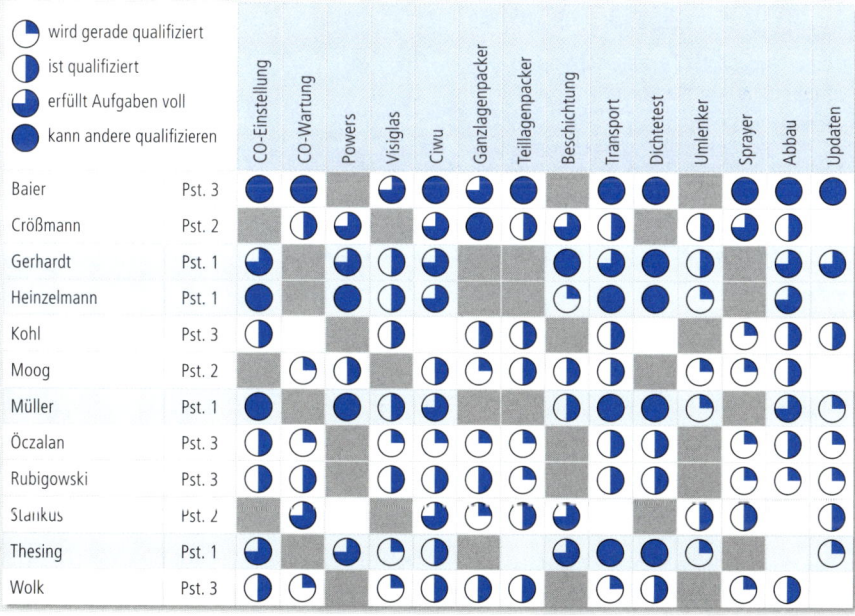

Abbildung IV-106 Beispiel für eine Qualifikationsmatrix

2. In die nicht ausgeschlossenen Felder wird der Qualifizierungsstand eingetragen. Dabei werden fünf Stände unterschieden:

- Bei einem Mitarbeiter, Planstelleninhaber, wurde noch keine Qualifizierung durchgeführt: durch leeres Feld zu erkennen.
- Laufende Qualifizierung: viertel Kreisfüllung.
- Durchgeführte Qualifizierung: halbe Kreisfüllung.
- Besitzt darüber hinaus so viel Routine, dass die Aufgabe vollständig und eigenständig erfüllt wird: dreiviertel Kreisfüllung.
- Ist so qualifiziert, dass sie/er andere Personen qualifizieren kann: volle Kreisfüllung.

Aufgabe der Vorgesetzten ist es, alle Mitarbeiter so zu qualifizieren, dass Aufgaben auch im Vertretungsfall zu erfüllen sind. Andererseits sind die Potenziale der Mitarbeiter zu beachten, weil nicht jeder unbegrenzt qualifizierbar ist und keine unbegrenzten Qualifizierungen benötigt werden.

6.4 Personaleinsatzplanung

Bei der Personalbedarfsplanung wurde ausgeklammert, dass Fähigkeiten und Fertigkeiten von Menschen interindividuell verschieden sind. Bei der *Personaleinsatzplanung*[185] geht es, wie in Abbildung IV-85 angeführt, darum, dass nicht irgendwelche Personen, sondern solche mit den notwendigen Qualifikationen zu einem bestimmten Zeitpunkt in bestimmten Planstellen verfügbar sind. Die Personaleinsatzplanung ist ein wichtiges Instrument beim Produktivitätsmanagement, weil sie sicherstellen soll, dass kein Leerlauf entsteht, sondern alle Mitarbeiter jederzeit möglichst wertschöpfend eingesetzt sind.

Die wichtigsten Instrumente zur Personaleinsatzplanung, bis hin zum operativen Personaleinsatz, sind

- Arbeitszeitmanagement,
- innerbetriebliche Personalbörsen,
- Mehr- oder Minderarbeit,
- Einsatz von Leihkräften.

Im Kapitel 4 wurden beim *Arbeitszeitmanagement* Möglichkeiten zur Flexibilisierung von Arbeitszeiten gezeigt, um kurzfristig schwankenden Personalbedarf ohne Mehr- oder Minderarbeit decken zu können. Kurzfristige Personalbedarfsschwankungen führen in der Regel zu Überstundenbedarf. Beim Verwenden von *Arbeitszeitkonten* wird versucht, kurzfristige Mehr- oder Minderarbeit zu organisieren.

Wenn es kurzfristige, gegenläufige Schwankungen des Personalbedarfs in verschiedenen Planstellenbereichen gibt und die Möglichkeiten der Arbeitszeitflexibilisierung ausgeschöpft sind, können durch *Personalbörsen* geregelte innerbetriebliche Versetzungen unterstützt werden. Die Personalabteilung »makelt«, wie hoch und wie lange für die relevanten Planstellenbereiche

- Personalüberhänge vorhanden sind und ob
- andernorts ein ungedeckter Personalbedarf besteht.

---

185 Davon zu unterscheiden ist die Personaldisposition, mit der man den täglichen oder stündlichen Ausgleich zwischen Personalbedarf und Personalbestand herstellt.

Zwischen diesen beiden Situationen soll vermittelt werden. Ein Anreiz für das Management, sich hierbei aktiv zu beteiligen, entsteht dann, wenn ein Personaleinsatz-Controlling durchgeführt und dabei die Produktivität permanent auf den Prüfstand gestellt wird.

Sind diese beiden Instrumente ausgeschöpft oder stehen sie nicht zur Verfügung, liegt die nächste Möglichkeit, den Personalbedarf und -bestand abzugleichen, in Überstundenarbeit[186]. Das wurde bereits in dem im Abschnitt 6.2.4 angeführten Beispiel (vgl. Abbildung IV-90 und Abbildung IV-91) gezeigt. Bei einem Personalbestandsüberhang wird es schwieriger, kurzfristig sinnvolle Anpassungen vorzunehmen.

Die letzte Möglichkeit ist der Einsatz von Leihkräften. Der Umgang mit der Frage der Leiharbeit sollte durch eine entsprechende *Ressourcenstrategie*[187] begründet sein, insbesondere welche Stellen man als leiharbeitsrelevant einstuft, welche Anforderungen man an Leiharbeitsfirmen und Leihkräfte stellt. Das ist auch deshalb zweckmäßig, weil die Leiharbeit von zahlreichen Beteiligungsrechten des Betriebsrats berührt wird.[188]

6.5 Personalbedarfscontrolling

6.5.1 Modell des Personalbedarfscontrollings

Bei der Personalbemessung wird der Netto- und Brutto-Personalbedarf für Planstellen oder Planstellenbereiche ermittelt, basierend auf

- einem Zeiten-Mengen-Gerüst und dem daraus resultierenden Einsatzbedarf sowie
- einer jahresdurchschnittlichen Absenz der Mitarbeiter.

Dieser Personalbedarf ist eine Forecast- oder Prognosegröße. Neben diesen beiden Annahmen wird eine Mittelwertbetrachtung angestellt, weil alle jahreszeitlichen Effekte (z. B. Ultimo, Urlaubszeit) unberücksichtigt bleiben. Deshalb sollten die Ergebnisse der Personalbemessung und damit die geplante Ressourcenproduktivität einem *Personalbedarfscontrolling* unterzogen werden. Das nachfolgend angeführte Modell des Personalbedarfscontrollings basiert auf dem Modell der analytischen Personalbemessung (vgl. Abbildung IV-88). Im Teil I, Abschnitt 2.4.6 wurde das Produktivitätscontrolling als relevantes Element des Produktivitätsmanagements ausgewiesen. Das hier angeführte Modell könnte man dabei als Muster verwenden.

Modell des Personalbedarfscontrollings

Im Controlling-Prozess[189] wird eine dreistufige Abweichungsanalyse durchgeführt:

1. Forecast-Bedarf: Das ist der berechnete, vorhergesagte Personalbedarf.
2. Ist-Bedarf: Das ist der aufgrund ungeplant anfallender Aufgaben eigentlich zutreffende, vom Forecast-Bedarf abweichende Ist-Einsatzbedarf.
3. Abweichung: Neben der Forecast-Ist-Differenz können Abweichungen auch noch durch mehr oder weniger geleistete Arbeitsstunden entstehen. In der Abweichungsanalyse werden deshalb drei Abweichungsgründe unterschieden.

---

186 Die Genehmigungspflicht durch den Betriebsrat wird hier nicht weitergehend ausgeführt.
187 Vgl. Teil I, Abschnitt 3.3.5. In Abbildung I-37 ist ein Beispiel für eine Personalstrategie angeführt.
188 Anders als gelegentlich vermutet, vertritt der Betriebsrat auch die Leiharbeitnehmer, so auch in den wichtigen, im § 87 BetrVG geregelten Mitbestimmungssachverhalten.
189 Zum konzeptionellen Inhalt von Controlling-Prozessen vgl. z. B. bei Horvath, P.: Controlling, 6. Auflage. München: Vahlen, 1996, S. 138 f.

Die *Produktivitätsabweichung* $\Delta\text{-}P_y$ wird ermittelt nach:

$$\Delta\text{-}P_y = 1 - (EB_{y\text{-Ist}} / AZ_{y\text{-Ist}})$$

Die *Mengenabweichung* $\Delta\text{-}m_y$ wird ermittelt nach:

$$\Delta\text{-}m_y = EB_{y\text{-Ist}} - EB_y$$

Die *Personaleinsatzabweichung* $\Delta\text{-}PE_y$, wird ermittelt nach:

$$\Delta\text{-}PE_y = AZ_{y\text{-Ist}} - \Delta\text{-}m_y - EB_{y\text{-Ist}}$$

Darin sind:

EB_y Forecast-Einsatzbedarf lt. Personalbemessung

$EB_{y\text{-Ist}}$ Ist-Einsatzbedarf aufgrund des tatsächlichen Arbeitsanfalls

$AZ_{y\text{-Ist}}$ angefallene und erfasste Ist-Arbeitsstunden

Forecast	**1. Planstellenbereiche, Planstellen**	PST_y	
	2. Aufgaben im Forecast	**3. Zeiten-Mengen-Gerüst im Forecast**	
	Aufgabe A_1	t_{g1y}	m_{1y}
	Aufgabe A_i	t_{giy}	m_{iy}
	Aufgabe A_p	t_{gpy}	m_{py}
	Forecast-Grundlast	GL_y	
	4. Personalbedarf im Forecast	$EB_y = GL_y + VL_y$	
	Forecast-Einsatzbedarf in Stunden		
Ist	**5. Aufgaben im Ist**	**6. Zeiten-Mengen-Gerüst im Ist**	
	Aufgabe $A_{1\text{-Ist}}$	t_{g1y}	$m_{1y\text{-Ist}}$
	Aufgabe $A_{i\text{-Ist}}$	t_{giy}	$m_{iy\text{-Ist}}$
	Aufgabe $A_{p\text{-Ist}}$	t_{gpy}	$m_{py\text{-Ist}}$
	Ist-Grundlast	$GL_{y\text{-Ist}}$	
	7. Personalbedarf im Ist	$EB_{y\text{-Ist}} = GL_{y\text{-Ist}} + VL_{y\text{-Ist}}$	
	Ist-Einsatzbedarf in Stunden		
Abweichung	**8. Produktivitätsabweichung**	$\Delta P_y = 1 - (EB_{y\text{-Ist}} / AZ_{y\text{-Ist}})$	
	ohne Berücksichtigung der Gründe		
	9. Mengenabweichung	$\Delta m_y = EB_{y\text{-Ist}} - EB_y$	
	aus ungeplanten Mehr-/Mindermengen		
	10. Personaleinsatzabweichung	$\Delta PE_y = AZ_{y\text{-Ist}} - \Delta m_y - EB_{y\text{-Ist}}$	
	aus ungerechtfertigtem Personaleinsatz		

Abbildung IV-107   Modell des Personalbedarfscontrollings

6.5.2   Durchführung des Personalbedarfscontrollings

Im folgenden Beispiel wird das im Abschnitt 6.2.4 angeführte Beispiel (vgl. Abbildung IV-90) weitergeführt. Dort wurde als Forecast eine Einsatzlast $EB_y = 1.685$ Std. ausgewiesen. In der Planungswoche wurden eine Ist-Einsatzlast $EB_{y\text{-Ist}} = 1.770$ Std. sowie 1.925 geleistete Arbeitsstunden ($AZ_{y\text{-Ist}}$) erfasst. Daraus ergeben sich folgende Abweichungen:

1. Bei der *Produktivitätsabweichung* wird ausgewiesen, ob zum geplanten Zeiten-Mengen-Gerüst ein angemessener Personaleinsatz vorlag. Angemessen wäre er bei $\Delta\text{-}P_y = 0$. Bei unserem Beispiel ergibt sich folgende Produktivitätsabweichung: Produktivitäts-
abweichung

$$\Delta\text{-}P_y = 1 - (1.770 \text{ Std.} / 1.925 \text{ Std.}) \approx 0,08$$

Es fielen 155 Arbeitsstunden mehr an, als zum vorliegenden Arbeitsvolumen hätten anfallen sollen. Es waren zu viele Personen eingesetzt, was zu einem Produktivitätsverlust von 8 % führte. In welchem Ausmaß dieser durch das Management zu vertreten ist und abzuwenden war, wird nach dem Splitten der Produktivitätsabweichung in eine Mengen- und Personaleinsatzabweichung geklärt.[190]

2. Bei der *Mengenabweichung* wird konzediert, dass das Management zu Beginn der Controlling-Periode die angefallenen Arbeitsmengen nicht kennen konnte. Bei unserem Beispiel ergibt sich folgende Mengenabweichung: Mengenabweichung

$$\Delta\text{-}m_y = 1.770 \text{ Std.} - 1.685 \text{ Std.} = 85 \text{ Std.}$$

Dem Management wurde ein um 85 Stunden pro Woche oder 2,4 FTE zu geringes Arbeitsvolumen prognostiziert, d. h. es war mehr zu tun als vorhergesagt. Ein Mehreinsatz von 2,4 FTE bzw. ein Produktivitätsverlust von 4,4 % ist ihm nicht anzulasten bzw. bei der Produktivitätsabweichung »gutzuschreiben«.

3. Mit der *Personaleinsatzabweichung* wird ausgewiesen, in welchem Ausmaß das Management zu Beginn der Controlling-Periode eine personelle Anpassung hätte vornehmen können (sofern solche Möglichkeiten betrieblich bestehen). Bei unserem Beispiel ergibt sich folgende Personaleinsatzabweichung: Personaleinsatz-
abweichung

$$\Delta\text{-}PE_y = 1.925 \text{ Std.} - 85 \text{ Std.} - 1.770 \text{ Std.} = 70 \text{ Std.}$$

Es lag ein um 70 Stunden bzw. 2 FTE zu hoher, vom Management zu vertretender weil vorherzusehender Personaleinsatz vor. Sollte es über einen längeren Zeitraum dabei verbleiben, wird das Management um eine Anpassung des Personalbestands nicht umhinkommen.

Beim Personalbedarfscontrolling sollte man die Ergebnisse nicht unreflektiert verwenden, sondern sich mit drei Fragen kritisch auseinandersetzen:

1. Sind in der Controlling-Periode atypisch viele, in den Sollzeiten nicht berücksichtigte Schwierigkeiten, Störungen oder Besonderheiten aufgetreten? Beispielsweise könnten Mitarbeiter in Projekte eingebunden sein, und es wurden dafür keine entlastenden Zeitgutschriften eingestellt. Es könnten auch gravierende Störungen aufgetreten sein, mit denen man sich künftig auseinandersetzen muss.
2. Fielen in der Controlling-Periode atypisch viele oder wenige Absenzen an? Beispielsweise könnten viele oder wenige Mitarbeiter im Urlaub sein. Dann stellt sich die Frage, ob eine vorausschauende Planung von Urlaubszeiten und Fortbildungsmaßnahmen Abhilfe schaffen kann.
3. War die Effizienz der Mitarbeiter atypisch hoch oder niedrig? Ein in der Praxis oft zu beobachtender Effekt ist, dass man die Effizienz steigert, wenn man es angesichts starken Arbeitsanfalls für geboten hält, und sie dann reduziert, wenn man einen geringen Arbeitsanfall zu erkennen glaubt. Ferner könnten Abweichungen durch Wahl effektiverer oder weniger effektiver Arbeitsweisen entstehen.

Dauerhafte, gravierende Personaleinsatzabweichungen müssen Anlass sein, den Ursachen nachzugehen und Abstellmaßnahmen einzuleiten.

---

190 Dieses Schema entspricht dem in der Plankostenrechnung verwendeten Soll-Ist-Kostenvergleichsprinzip. Vgl. z. B. Kilger, W.; Pampel, J.; Vikas, K.: a. a. O., 2007, S. 360 f.

6.6   Zusammenfassung

Personalbemessung

Die Personalbedarfsermittlung ist ein gebräuchliches Instrument zum Sichern der Arbeitsproduktivität. Mit Hilfe der Personalbemessung sollen Personalbedarf und -bestand in einem angemessenen Verhältnis gehalten werden. Dafür gibt es zwei Konzepte:

1. Summarische Verfahren, bei denen der Personalbedarf anhand von Analogieschlüssen oder pauschalen Setzungen bestimmt wird.
2. Analytische Verfahren, bei denen der Personalbedarf durch die zu erfüllenden Aufgaben und dazu anfallenden Arbeitsvolumina begründet wird.

Analytische Verfahren werden bevorzugt in den direkten Bereichen angewandt, in denen die Zeiten-Mengen-Gerüste mit Hilfe von Auftragsmengen und den dazu gehörenden Arbeitsplänen »automatisch« zu versorgen sind. In den indirekten Bereichen werden sie seltener angewandt. Im Managementbereich, wenn die Erfüllung von Fachaufgaben im Hintergrund steht, kann der Personalbedarf auch mit Hilfe von Leitungsspannenkalkülen bestimmt werden.

Stellenplanung

Die Personalbemessung basiert auf der Stellen- und Qualifikationsplanung, weil sich der ausgewiesene Personalbedarf auf den definierten »qualitativen Personalbestand« bezieht. Das Ergebnis der Stellenplanung wird in Form von Planstellenbeschreibungen ausgewiesen. Der planerische und gestalterische Spielraum bei der Stellenplanung liegt in der Wahl zwischen

* Kompetenz- und Verantwortungsreduzierung oder
* Kompetenz- und Verantwortungsmehrung.

Welche dieser Strategien zweckmäßig ist, hängt z. B. von den Prozessen, den Standorten und vom verfügbaren Personal ab. Bei der Stellenplanung geht es in erster Linie darum, die hierarchische Struktur zu gestalten, und erst dann geht es um die dafür geltenden Stellenbeschreibungen.

Fachliche Qualifikationen, Schlüsselqualifikationen

Die fachlichen Qualifikationen sind am besten analytisch über eine Prozessbetrachtung zu begründen, insbesondere dann, wenn es um Planstellen für hochqualifizierte Personen und um deren Endqualifikationen geht. Dagegen sind summarische Begründungen zu vertreten, wenn elementare Eingangsqualifikationen festzulegen sind. Bei der Überlegung, wie fachliche Qualifikationen anzuwenden, an den »Mann zu bringen« sind, geht es um Schlüsselqualifikationen. Diese sind nicht von geringerer Bedeutung als die fachlichen Qualifikationen, insbesondere bei Managementplanstellen. Die Schlüsselqualifikationen sind die für den Einsatz der fachlichen Qualifikationen notwendigen, flankierenden Befähigungen.

Personaleinsatzplanung

Bei der Personaleinsatzplanung ist der Personalbestand an den mit Hilfe der Personalbemessung erhobenen Personalbedarf anzupassen, möglichst einer klaren Ressourcenstrategie folgend. Die vier meistverwendeten Mittel sind dabei die Arbeitszeitflexibilisierung, die innerbetriebliche Personalbörse, Mehr- oder Minderarbeit sowie der Einsatz von Leihkräften.

Personalbedarfscontrolling

Mit Hilfe des Personalbedarfscontrollings soll sichergestellt werden, dass

* die Personalbemessung ein taugliches Instrument zur Ressourcensteuerung ist,
* das Management durch effektiven und effizienten Personaleinsatz seinen Beitrag zum Produktivitätsmanagement leistet.

Letzteres wird durch Splittung ungeplant angefallener Arbeitszeiten in einen vom Management nicht zu vertretenden Anteil (Mengenabweichung) und einen von ihm zu vertretenden Anteil, die Personaleinsatzabweichung, erreicht.

7 Entgeltdifferenzierung

7.1 Überblick

Für die meisten Arbeitnehmer sind Arbeitsentgelte die wichtigste, für viele die einzige Einkommensquelle. Für Arbeitgeber sind sie dagegen Ausgaben. Deshalb sind Arbeitnehmer an gesichert hohem Arbeitseinkommen und Arbeitgeber an tragbaren Personalkosten interessiert. Die Mehrzahl der Arbeitnehmer möchte sein Einkommen weitestgehend unabhängig von erbrachten Leistungen gesichert sehen. Die meisten Arbeitgeber möchten dagegen Arbeitsentgelte zumindest teilweise an Arbeitsergebnisse koppeln. Insofern sind beide risikoavers. Zwischen diesen beiden Positionen wird zu vermitteln versucht, indem man Entgelte anforderungs- und leistungsbezogen differenziert.[191] Die sozialpolitische und tarifliche Entwicklung der letzten 50 Jahre führte allerdings dazu, dass tarifvertraglich abgesicherte Arbeitnehmer heute nur begrenzt mit Erfolgsrisiken belastet sind.[192]

In der betriebswirtschaftlichen und volkswirtschaftlichen Literatur der 1960er-Jahre wurde die Frage nach dem *gerechten Arbeitsentgelt*[193] ausgiebig diskutiert.[194] Das Resümee dieser Betrachtungen war, dass die »Gerechtigkeitsfrage« nur zu beantworten ist, wenn man die Marktmechanismen ausschließt. In marktwirtschaftlich organisierten Gesellschaften werden die Verteilungsmechanismen primär durch die »Gesetze des Marktes« und weniger durch ethische oder philosophisch begründete Normen bestimmt. Deshalb hat sich in der Folgezeit

- die Diskussion von der »Gerechtigkeitsfrage« auf die Frage der Mindesthöhe von Arbeitsentgelten verlagert,
- das betriebswirtschaftliche Interesse auf die arbeitsrechtlich korrekte und aus arbeitspsychologischer Sicht ergebnisförderliche Entgelthöhe und Entgeltdifferenzierung konzentriert. Auf diese Aspekte beschränken wir uns hier.

Aus der Motivationspsychologie zielen drei Betrachtungsansätze auf Entgeltfragen:

1. Partizipationsansätze: Arbeitsentgelt als Mittel zum Gewinnen und Erhalten von Mitarbeitern.
2. Beitragsansätze: Arbeitsentgelt als Mittel zum Stimulieren gewünschten Arbeitsverhaltens, meist zur Erhöhung der Produktivität.
3. Zufriedenheitsansätze: Arbeitsentgelt als Mittel zur Vermittlung von Arbeitszufriedenheit und damit zum Engagement der Mitarbeiter.

In der Praxis hat man sich bei motivationspsychologischen Ansätzen bevorzugt mit den Erwartungs-Valenz-Theorien beschäftigt, die dem zweiten Betrachtungsansatz zuzuordnen sind.[195] Mit Hilfe motivationspsychologischer Ansätze lassen sich Risiken erklären und begrenzt prognostizieren, z. B. die Risiken beim Gewähren von Leistungsentgelten für Arbeitsgruppen. Wir verzichten hier auf die Behandlung dieser interessanten Ansätze und stellen nur einen als *Theorie des sozialen Vergleichs*

Randspalte:

Arbeitsentgelt

Motivationspsychologie, Betrachtungsansätze

Theorie des sozialen Vergleichs

---

191 Das ist nicht der einzige Grund, so entspricht man damit z. B. auch den Erwartungen besonders leistungsstarker Personen.

192 Vgl. Diepold, M.: Die leistungsbezogene Vergütung. Berlin: Duncker Humblot, 2005, S. 199.

193 Als (Arbeits-)Entgelt bezeichnet man Vergütungen, die Arbeitnehmer vom Arbeitgeber für ihre Arbeitsleistung erhalten. Vgl. zu rechtlichen Aspekten der leistungsbezogenen Vergütung Diepold, M.: a. a. O., 2005.

194 Vgl. z. B. Heckel, T.: Der gerechte Lohn. München: Oldenbourg, 1963. Kosiol, E.: Leistungsgerechte Entlohnung, 2. Auflage. Wiesbaden: Gabler, 1962. Nell-Breuning, O. v.: Kapitalismus und gerechter Lohn. Freiburg: Herder, 1960.

195 Vgl. Vroom, V. H.: Work and motivation. New York: Wiley, 1964. Porter, L. W.; Lawler, E. E.: Managerial attitudes and performance. Homewood: Irwin-Dorsay, 1968.

bezeichneten Erklärungsansatz aus der Equity Theory[196] dar. Dieser verdeutlicht uns in Abbildung IV-108 grundlegende Ablaufmechanismen auf einfache Weise.

1. Personen bilden Wertkriterien (Inputs), wie z. B. Betriebszugehörigkeit, Ausbildung, Einsatzbereitschaft. Das sind Gesichtspunkte, die sie als entgeltwürdig und durch sich selbst als gut erfüllt erachten. Diese Wertkriterien sind subjektiv, weil man z. B. eine lange Betriebszugehörigkeit nur dann verwendet, wenn man schon viele Jahre im Betrieb arbeitet, oder eine solide Ausbildung, wenn man darüber zu verfügen meint.
2. Sie suchen sich Vergleichspersonen. Das sind entweder solche, für die ihrer Auffassung nach die gleichen Wertkriterien (Input) gelten oder von denen sie meinen, dass sie das gleiche Arbeitsentgelt (Outcome) erhalten. Dann vergleichen sie ihr eigenes Input-Outcome-Verhältnis (was sie einbringen und was sie dafür erhalten) mit dem der Vergleichspersonen.
3. Es entsteht kurzfristig Zufriedenheit, wenn das Input-Outcome-Verhältnis zu eigenen Gunsten, und Unzufriedenheit, wenn es zu eigenen Ungunsten ausfällt. Die Zufriedenheitswirkung ist, wie bei allen extrinsischen Motiven, zeitlich begrenzt. Nach einiger Zeit wird sich die Einsicht einstellen, dass dieses gute Abschneiden nicht mehr als recht und billig ist, weil sich dafür immer eine Begründung finden lässt. Unzufriedenheitswirkungen werden dagegen als längerfristig wirksam unterstellt.
4. Dieser Prozess wiederholt sich, je nach aktuellem Anlass. Dabei sind die eigenen Wertkriterien eher stabil, die Vergleichspersonen wechseln jedoch, dem Anlass entsprechend.

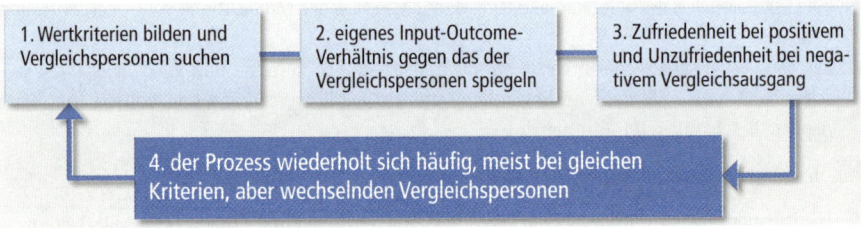

Abbildung IV-108   Das Prinzip des sozialen Vergleichs (Equity Theory)

Das Prinzip des sozialen Vergleichs zeigt, dass

1. mit Hilfe von Entgeltgestaltungen und Entgeltdifferenzierungen keine länger währenden Zufriedenheitswirkungen zu erzielen sind,
2. jedoch dauerhafter Unzufriedenheit entgegenzuwirken ist, wenn man durch methodische Entgeltdifferenzierung Wertkriterien objektiviert und für alle transparent macht,
3. Vorsicht geboten ist vor undifferenzierter Gleichmacherei, indem z. B. gleiche Prämienlohnhöhen auf große, inhomogene Gruppen angewandt werden, deren Mitglieder ganz unterschiedliche Leistungen erbringen.

Mit diesen Thesen lässt sich auch das Prinzip der kausalen Entgeltfindung (vgl. Abbildung IV-110) begründen, nach dem eine höchstmögliche Äquivalenz von individueller Leistung und individuellem Entgelt anzustreben ist. Dieses Prinzip wird als *Äquivalenzprinzip* bezeichnet.

196 Vgl. Heckhausen, H.; Heckhausen, J.: Motivation und Handeln, 3. Auflage. Berlin, Heidelberg, New York: Springer, 2006, S. 324 f.

Das MTM-Institut hat im Jahre 2007 eine Untersuchung bei ausgewählten Mitgliedsunternehmen der Deutschen MTM-Vereinigung e.V. aus der Metall- und Elektroindustrie über die Anwendung leistungsbezogener Entgeltanreize durchgeführt.[197]

Was man mit Entgeltanreiz positiv zu beeinflussen hofft:	Anteil der Unternehmen
1 Erhöhung der Produktivität	92 %
2 Sicherung von Termintreue	79 %
3 Senkung der Durchlaufzeiten	79 %
4 Förderung von Engagement und Umsicht	66 %
5 Verbesserung der Qualität	58 %
6 Erhöhung der Arbeitszufriedenheit	8 %

Abbildung IV-109   Die häufigsten Erwartungen an die Wirkung leistungsbezogener Entgeltanreize[198]

Fast alle befragten Unternehmen erwarteten aus Entgeltanreizen eine Erhöhung der Produktivität, aber nur etwa die Hälfte eine positive Beeinflussung der Qualität. Das überrascht insofern, als die meisten Unternehmen nur »Gutstückzahlen« honorieren, sich also Nacharbeit und Ausschuss produktivitäts- und entgeltmindernd auswirken müssten. Etwa drei Viertel der befragten Unternehmen erwarteten aus gesteigerter Effizienz zwei positive Folgen: kürzere Durchlaufzeiten und verbesserte Termintreue. Etwa zwei Drittel glaubten, dass es eine positive Wirkung auf das Arbeitsverhalten (Engagement und Umsicht) gibt. Dagegen geht nur etwa jedes zehnte Unternehmen von einem Zusammenhang zwischen positiv erlebtem Entgeltanreiz und Arbeitszufriedenheit aus. Diese Untersuchung hat die Vermutung bestätigt, dass die Mehrzahl der Unternehmen leistungsbezogene Entgelte in erster Linie als Mittel zur Produktivitäts- und Prozessstabilisierung ansehen.

7.2   Prinzipien und Konzepte der Entgeltdifferenzierung

Der Abbildung IV-109 ist eine verbreitete Kategorisierung von *Entgeltfindungsprinzipien* zu entnehmen. Am bekanntesten und am meisten diskutiert ist das Prinzip der *kausalen Entgeltfindung*. Darunter fallen alle Konzepte, bei denen versucht wird, eine möglichst enge Koppelung von individuellem Leistungsbeitrag und individuellem Entgelt herzustellen. Dem Prinzip der *finalen Entgeltfindung* sind alle Konzepte zuzurechnen, bei denen die Mitarbeiter ungeachtet ihrer individuellen Leistungsbeiträge am Unternehmenserfolg partizipieren. Dazu gehören auch alle Gainsharing-Konzepte.[199] Konzepte der finalen Entgeltfindung werden überwiegend im außertariflichen Bereich angewandt, wenn kausale Beitrags-Entgelt-Beziehungen nicht herzustellen sind oder für unzweckmäßig erachtet werden. Bei den beiden anderen Prinzipien werden weder Beitrags- noch Erfolgsaspekte berücksich-

Entgeltfindungsprinzipien

---

197 Bokranz, R.; Britzke, B.: Anwendung und Rahmenbedingungen von Leistungsentgeltgrundsätzen in der Metall- und Elektroindustrie. Eine Befragung von MTM-Mitgliedsunternehmen durch das MTM-Institut. In: MTMaktuell, 14. Jg. (2009), Ausgabe 42, S. 17–18, Ausgabe 43, S. 23–24. Diese Untersuchung basiert zwar auf einer relativ kleinen Stichprobe, die aber nicht als Zufallsstichprobe, sondern als Repräsentativstichprobe (gezielt ausgewählte Unternehmen) angelegt war.
198 Bokranz, R.; Britzke, B.: a.a.O., 2009.
199 Vgl. dazu z.B. Lang, J. M.: Gainsharing, Zielvereinbarung, Balanced Scorecard. In: Eyer, E. (Hrsg.): Entgeltsysteme für produzierende Unternehmen, 4. Auflage. Düsseldorf: Symposion Publishing, 2004, S. 275–295. Siegel, K.: Gainsharing – die Verstetigung des Verbesserungsprozesses. In: Eyer, E. (Hrsg.): a.a.O., 2004, S. 297–334.

tigt. Sie sind tarifvertraglich oder betrieblich, auf freiwilliger Basis begründet.[200] Wir beschäftigen uns hier nur mit dem Prinzip der kausalen Entgeltfindung.

Entgeltfindungsprinzipien			
mit Leistungs- bzw. Erfolgsbezug		**ohne Leistungs- bzw. Erfolgsbezug**	
1. kausale Entgeltfindung	**2. finale Entgeltfindung**	**3. tarifliche Entgeltbestandteile**	**4. übertarifliche Entgeltbestandteile**
Es wird eine Kausalität zwischen individuellem Beitrag (erfüllen von Anforderungen und erbringen von Ergebnissen) und individuellem Entgelt angestrebt.	Es wird unterstellt, dass alle in etwa gleiche Erfolgsbeiträge leisten und deshalb ohne Berücksichtigung ihres individuellen Beitrags am Unternehmenserfolg zu beteiligen sind.	Zusatz-Entgeltbestand-teile auf Grund tarifvertraglicher Vereinbarungen, ohne Bezug zu erfüllten Anforderungen oder erbrachten Ergebnissen.	Freiwillige Zusatzentgelt-Bestandteile, die außerhalb tarifvertrag-licher Verpflichtungen gewährt werden.
Beispiele: • Arbeitsbewertung • Akkord-, Prämien-, Pensumentgelt • Zielvereinbarung Leistungsbewertung	Beispiele: • Umsatz-, Gewinnbeteiligung • Tantiemen, Gratifikationen • Aktienoptionsprogramme	Beispiele: • Nacht-/Schichtzulagen • Überstundenzuschläge • zusätzliches Urlaubsgeld	Beispiele: • Treueprämien • Jubiläumszahlungen • Fahrgeldzuschüsse

Abbildung IV-110 Die Entgeltfindungsprinzipien

Entgeltfindungs-konzepte

Bei der kausalen Entgeltfindung werden die interindividuellen Leistungsbeiträge nach zwei *Entgeltfindungskonzepten* honoriert (vgl. Abbildung IV-110):

* *Grundentgeltdifferenzierung*: Die bei der Arbeit zu bewältigenden Schwierigkeiten (Anforderungen) werden anhand der Anforderungsmerkmale von Arbeitsbewertungsverfahren bewertet. Als Resultat wird ein Anforderungsentgelt in Form der Entgeltgruppe oder in Form eines Arbeitswertes und mit diesen das Grundentgelt ausgewiesen.
* *Leistungsentgeltdifferenzierung*: Der erarbeitete Leistungserfolg wird anhand von Ergebniskomponenten beurteilt (vgl. Abbildung IV-111). Als Resultat wird ein Leistungsentgelt in Form einer Leistungszulage, eines Leistungsbonus oder eines Mehr-/Zusatzentgelts ausgewiesen.
* Das Arbeitsentgelt setzt sich danach aus den beiden Grundbestandteilen Anforderungs- und Leistungsentgelt zusammen. Auf weitere, tarifliche und übertarifliche Bestandteile (vgl. Abbildung IV-110) gehen wir hier nicht ein. In den beiden folgenden Abschnitten wird erläutert, wie Grundentgelte und Leistungsentgelte interindividuell zu differenzieren sind.

---

200 Vgl. Ehlscheid, C.; Meine, H.; Ohl, K.: Handbuch Arbeit – Entgelt – Leistung, 4. Auflage. Frankfurt/Main: Bund-Verlag, 2006, S. 102 f.

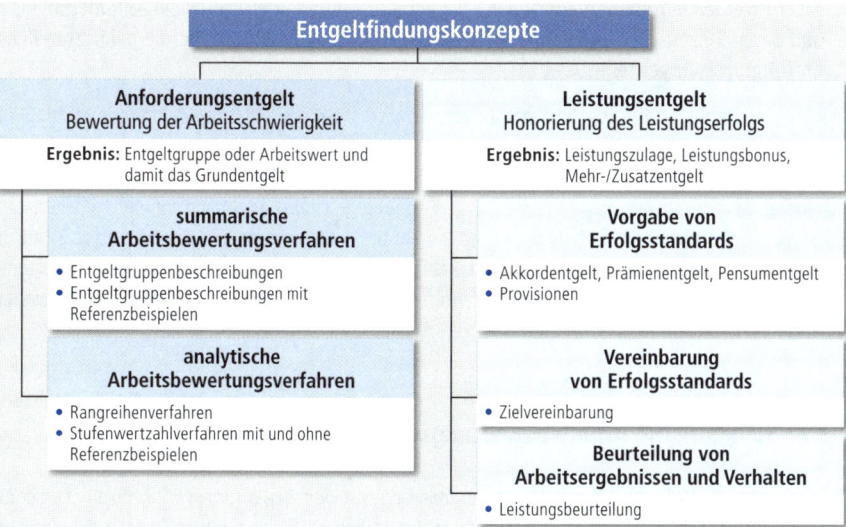

Abbildung IV-111   Die gebräuchlichen Entgeltfindungskonzepte bei der kausalen Entgeltfindung

7.3   Grundentgeltdifferenzierung

7.3.1   Überblick

Abbildung IV-111 ist zu entnehmen, dass es zwei Arten von *Arbeitsbewertungsverfahren* gibt[201], die summarische und die analytische Arbeitsbewertung. Tarifgebundene Unternehmen haben keine Wahlfreiheit zwischen diesen beiden Konzepten, sondern müssen jenes Verfahren anwenden, das ihnen im Tarifvertrag vorgeschrieben ist[202], sofern dieser keine Öffnungsklausel enthält. Deshalb sind Vorteils-Nachteils-Diskussionen müßig, und die Erfahrung lehrt, dass diese auch nicht objektiv zu führen sind.

Arbeitsbewertungs- verfahren

1. Bei der summarischen Arbeitsbewertung werden die aus den Arbeitsaufgaben resultierenden Anforderungen aufgrund von Arbeitsbeschreibungen (z.B. in Form von Stellenbeschreibungen)[203] als Ganzes bewertet und daraus die zutreffende Entgeltgruppe bestimmt.
2. Bei der analytischen Arbeitsbewertung werden die aus den Arbeitsaufgaben resultierenden Anforderungen nach Anforderungsarten unterschieden. Anhand von Arbeitsbeschreibungen (z.B. in Form von Stellenbeschreibungen oder auch nur durch Beschreibung der sog. prägenden Auf-

---

201 Vgl. z.B. Breisig, T.: Entgelt nach Leistung und Erfolg. Frankfurt/M.: Bund-Verlag, 2003, S. 81 f. Ehlscheid, C.; Meine, H.; Ohl, K.: a.a.O., 2006, S. 11 f.
202 Es gibt auch Tarifverträge, nach denen Betriebe zwischen einem analytischen und einem summarischen Arbeitsbewertungsverfahren wählen können.
203 Nicht immer werden Entgeltgruppen auf der Basis von Arbeitsbeschreibungen und methodischer Arbeitsbewertung bestimmt. Insbesondere bei kleineren Betrieben werden sie auch vereinbart. Neuere Tarifverträge (z.B. ERA ME NRW, 2006) schreiben das Vorliegen von Arbeitsbeschreibungen auch nicht zwingend vor. Sie ermöglichen den Betriebsparteien im Verfahren der sogenannten Regelüberleitung sogar, Entgeltgruppen aus einem Vorgänger-Tarifvertrag in jene nach einem neuen Tarifvertrag zu überführen, die bei den Stelleninhabern zur gleichen Grundentgelthöhe führen – alles ohne Arbeitsbewertung. Je größer aber die Beschäftigtenzahl ist, desto empfehlenswerter ist der hier beschriebene methodische Weg.

gaben) werden je Anforderungsart die Teilanforderungen ermittelt. Über alle Anforderungsarten und deren Teilanforderungen wird die Gesamtanforderung bestimmt und die dafür zutreffende Entgeltgruppe ausgewiesen.

Objekte der Arbeitsbewertung sind nicht Personen, weil bei der Grundentgeltdifferenzierung keine interindividuell unterschiedlichen Leistungen zu bewerten sind. Bewertet werden die zu *Planstellen*[204] oder Stellentypen (= Kategorien von Stellen, z.B. Gabelstaplerfahrer, Schichtleiter) bestehenden Anforderungen aus Aufgaben. Das Grundentgelt wird also nach jenen *Anforderungen* differenziert, die von Stelleninhabern zu erfüllen sind.[205] Anforderungen können sich z.B. an das notwendige Können richten oder an die Fähigkeit, Konflikte auszutragen. Deshalb unterscheidet man bei den analytischen Arbeitsbewertungsverfahren zwischen verschiedenen Anforderungskategorien, die als *Anforderungsarten* (vgl. Abbildung IV-114) bezeichnet werden.

7.3.2 Summarische Arbeitsbewertungsverfahren

ERA-Bayern

In Abbildung IV-112 ist als Beispiel für ein *summarisches Arbeitsbewertungsverfahren* ein Ausschnitt aus dem *ERA*-Tarifvertrag der Metall-/Elektroindustrie Bayern [206] angeführt. Typisch für summarische Verfahren ist, so auch diesem Beispiel zu entnehmen, dass die »Qualifikation« (Anforderungsart, Kenntnisse, Fertigkeiten) im Vordergrund steht. Betriebe, die ein summarisches Verfahren anwenden, bemühen sich deshalb weniger um fundierte Stellenbeschreibungen als jene, die ein analytisches Verfahren anzuwenden und mehrere Anforderungsarten zu bewerten haben.

Referenzbeispiele

Abbildung IV-112 sind, als Ausschnitt aus der Beschreibung von 12 Entgeltgruppen, jene Texte zu entnehmen, anhand derer den zu bewertenden Planstellen oder Stellentypen Entgeltgruppen zuzuweisen sind. Dabei haben Anwender das Problem, Begriffe wie z.B. »einfach«, »erweitert« oder »umfangreich« auszulegen und abzugrenzen. Um ihnen hierbei zu helfen, enthalten manche summarische Verfahren durch die Tarifvertragsparteien erstellte Orientierungs-, Niveau- oder *Referenzbeispiele*. An denen wird beispielhaft gezeigt, welche typischen Tätigkeiten den jeweiligen Entgeltgruppen zuzuweisen sind. In den meisten Tarifverträgen sollen diese Beispiele das Verfahren plausibilisieren, nicht aber einzelne Einstufungen begründen.

---

204 Im SAP HR wird als Stelle das bezeichnet, was hier als Stellentyp bezeichnet wird. Der Planstellenbegriff wird dort wie hier definiert verwendet.

205 Die Arbeitsbewertung erfolgt nachfrage- und nicht angebotsbezogen. Bewertungsrelevant ist nicht das, worüber Stelleninhaber individuell verfügen (auch wenn das sehr attraktiv ist), sondern nur das, was zur Aufgabenerfüllung objektiv erforderlich ist. Bewertet wird also nicht das Qualifizierungsangebot einer Person, sondern die zu einer Planstelle bestehenden Anforderungen. Dieser Sachverhalt ist vielen Betroffenen nur schwer zu vermitteln.

206 Als ERA (= Entgeltrahmen-Tarifvertrag) werden die in den letzten Jahren abgeschlossenen Tarifverträge für die Metall- und Elektroindustrie bezeichnet, in denen bei der Entgeltgruppenbestimmung nicht mehr zwischen Lohn- und Gehaltsempfängern oder Arbeitern/Gewerblichen und Angestellten unterschieden wird. Bereits im Jahre 1987 wurde mit dem BETV Bergbau, Energie, Chemie der erste Manteltarifvertrag mit einer einheitlichen Entgeltstruktur (nicht mehr zwischen Gewerblichen und Angestellten unterscheidend) abgeschlossen. Im Jahre 2004 wurde mit dem ERA ME Nordwürttemberg/Nordbaden der erste gemeinsame Manteltarifvertrag mit einem analytischen Arbeitsbewertungsverfahrens abgeschlossen.

> **Entgeltgruppe 7**
>
> Die Arbeitsaufgabe erfordert Kenntnisse und Fertigkeiten, wie sie in der Regel durch eine einschlägige dreijährige abgeschlossene Berufsausbildung und **erweiterte** fachspezifische Zusatzqualifikation erworben werden.
>
> Die erforderliche Zusatzqualifikation kann auch durch eine mehrjährige, d. h. mindestens dreijährige fachspezifische Erfahrung erreicht werden.
>
> Gleichgestellt werden Kenntnisse und Fertigkeiten, wie sie in der Regel durch eine qualifizierte Weiterbildung zum Meister oder Fachwirt erworben werden.
>
> Die insgesamt erforderlichen Kenntnisse und Fertigkeiten können auch auf andere Weise erworben werden.

> **Entgeltgruppe 8**
>
> Die Arbeitsaufgabe erfordert Kenntnisse und Fertigkeiten, wie sie in der Regel durch eine einschlägige dreijährige abgeschlossene Berufsausbildung und **umfangreiche** fachspezifische Zusatzqualifikation erworben werden.
>
> Gleichgestellt werden Kenntnisse und Fertigkeiten, wie sie in der Regel durch eine qualifizierte Weiterbildung (z. B. Techniker, Betriebswirt) erworben werden. Dazu gehören auch Meister oder Fachwirte mit zusätzlichen Aufgaben, wie z. B. Führungsaufgaben und fachlicher Verantwortung für unterstellte Mitarbeiter.
>
> Die insgesamt erforderlichen Kenntnisse und Fertigkeiten können auch auf andere Weise erworben werden.

Abbildung IV-112 Beispiel für ein summarisches Arbeitsbewertungsverfahren (ERA ME Bayern, 2005, Ausschnitt)

Auch mit Hilfe von Referenzbeispielen sind nicht alle Auslegungsfragen zu klären. Deshalb werden in den Unternehmen zwischen Arbeitgeber und Betriebsrat begriffliche Konkretisierungen verein- _Begriffliche_ bart und in tabellarischen Übersichten zusammengestellt. Damit sollen die Ermessensspielräume und _Konkretisierungen_ Möglichkeiten zur Fehlinterpretation verringert werden.

In Abbildung IV-113 wird dazu ein Beispiel angeführt, dem drei Sachverhalte zu entnehmen sind:

1. Hinter der Summarik »verbergen« sich drei Anforderungsarten, die im Beispiel bezeichnet werden als »Fachliche Basisqualifikation«, »Erfahrung, Zusatzqualifikation, Weiterbildung« und »Handlungsspielraum«.
2. Die in der tarifvertraglichen Fließtextversion nicht zu erkennende Verfahrenslogik wird verdeutlicht.
3. Zwischen den Anforderungsarten gibt es Korrelationen[207], die in der Fließtextversion auch nicht zu erkennen sind.

---

207 Die analytische Aufschlüsselung weist Plausibilitäten aus, die sich aus der ursprünglichen Fließtextfassung nicht erschließen. Beispielsweise bedingen Anlerntätigkeiten keine Erfahrung, keine Zusatzqualifikation und sind typischerweise mit Arbeitsanweisungen dokumentiert. Auch wenn man Übersichten, wie in Abbildung IV-113 angeführt, nicht zur Bewertung verwendet, haben sie den Vorteil, die Zusammenhänge zwischen den verwendeten Anforderungsarten zu verdeutlichen.

1. Fachliche Basisqualifikationen: Eine Basisqualifikation liegt vor, wenn Fähigkeiten/Fertigkeiten vermittelt werden, die mindestnotwendig sind, um die gestellten Aufgaben erfüllen zu können. Z. B. ist der Gabelstaplerschein für einen Gabelstaplerfahrer eine Basisqualifikation. Dagegen ist für einen Maschinenführer eine Zusatzqualifikation. Weiterhin liegt dann eine Basisqualifikation vor, wenn Fähigkeiten/Fertigkeiten in der Berufsausbildung/dem Studium nicht vermittelt werden, weil zuvor eine praktische Tätigkeiten erforderlich ist, ansonsten aber vermittelt würden und mindestnotwendig sind, um die gestellten Aufgaben überhaupt erfüllen zu können. Für jede Basisausbildung gilt: die zur Aufgabenerfüllung notwendigen Kenntnisse können auch auf andere Weise als hier angeführt erworben werden.

	11. Anlernen über eine Zeitdauer			12. einschlägige qualifizierte Berufsausbildung		13. einschlägige qualifizierte Weiterbildung		14. einschlägige fachspezifisches Studium	
						Was als einschlägig zu verstehen ist, entnimmt man der formulierten Stellenanforderung (z. B. Metallfacharbeiter oder Maschinenbauingenieur - Fachrichtung Produktionstechnik).			
	111. ≤ 3 Tage	112. ≤ 2 Wochen	113. ≤ 6 Wochen	121. ≥ 2 Jahre	122. ≥ 3 Jahre	131. ≥ 1 Jahr (Meister oder Fachwirt)	132. ≥ 2 Jahre (Techniker oder Betriebswirt)	141. ≤ 4 Jahre	142. > 4 Jahre
	EG1	EG2	EG3 / EG4	EG4c	EG5	EG7	EG8	EG9	EG10
231. ≤ 6 Monate				EG5	EG6				
232. ≤ 15 Monate					EG7				
233. ≤ 36 Monate									
					EG6 / EG7	EG9	EG11	EG10 / EG11	EG11 / EG12
					EG8	EG10	EG10	EG12	EG12
					EG9	EG11	EG11		
					EG10		EG12		

2. Erfahrung, Zusatzqualifikation, Weiterbildung:
a) Erfahrung: methodisches Üben mit dem Ziel, jene Fertigkeiten zu erlangen, die zur selbständigen Aufgabenerfüllung notwendig sind. Es handelt sich nicht um den Erwerb von Routinen, mit deren Hilfe bessere Leistungen zu erzielen sind (das Gewinnen von Lebenserfahrungen).
b) Zusatzqualifikation: punktuelle Vertiefungs- oder Ergänzungsqualifikation, um aufgabenbedingte fachspezifische Kenntnisse zu erwerben, die in Berufsausbildungen und Studiengängen nicht vermittelt werden.
c) Weiterbildung: ausgehend von einer qualifizierten Berufsausbildung werden durch einjährige (z. B. Meister, Fachwirt) oder zweijährige (z. B. Techniker, Betriebswirt) Aufbauausbildungen höherrangige Berufsabschlüsse erworben.
d) Keine Zusatzqualifikation oder Weiterbildung liegt bei Übungs-, Trainings- oder Auffrischungsmaßnahmen vor, weil dabei lediglich eine Anpassung der Fertigkeiten erfolgt (sog. Anpassungsausbildung).

21. ohne zusätzliche Qualifikation und Erfahrung: die übertragenen Aufgaben können allein auf Grund der fachlichen Basisqualifikation erfüllt werden.

22. zusätzliche aufgabenbezogene Qualifikation: über die Anlerndauer hinaus sind zu einer oder mehreren zu erfüllenden Aufgaben zusätzliche Kenntnisse oder Fertigkeiten zu erwerben, wobei die die dazu erforderliche Qualifikationsdauer der Anlerndauer nicht überschreitet.

23. Fachspezifische Erfahrung: zur Erfüllung der Arbeitsaufgaben (nicht zur effizienteren Erfüllung - das wäre Leistung) notwendiges, systematisch betriebenes gewinnen von Routine, was in der Berufsausbildung nicht zu vermitteln ist.

24. Fachspezifische Zusatzqualifikation: wenn es für die Aufgabenerfüllung unumgänglich ist, durch eine Qualifizierungsmaßnahme die Fachkenntnisse gezielt zu vertiefen, oder wenn das durch Rechtsvorschriften geboten ist. Sie muss über eine erfolgreich absolvierte Prüfung (deshalb ist sie mit einem Lernaufwand verbunden) zu einem Zeugnis/ Zertifikat führen.

241. einfach: eine Maßnahme, mit der das Wissen zu einem Teil eines Fachgebietes vermittelt wird, z. B. die MTM-Grundausbildung, das ist der Erwerb eines Grundwissens zur Arbeitswirtschaft

242. erweitert: mehrere Maßnahmen, mit denen darüber hinaus das Wissen zu einen erweiterten Teil eines Fachgebietes erworben wird, z. B. die Ausbildung zum Prozessorganisator, das ist die Qualifizierung zum Arbeitsgestalter

243. umfangreich: wenn über mehrere Maßnahmen hinaus ein erheblicher Teil des Wissens zu einem Fachgebietes erworben wird, z. B. mit dem Seminar Industrial Engineering für das Fachgebiet Arbeitswirtschaft oder mit der gesamten DGQ-Ausbildung für das Fachgebiet Qualitätsmanagement

244. umfangreicher Art: wenn diese einen erheblichen Teil benachbarter Fachgebiete (z. B. das gesamte Seminar Industrial Engineering und die gesamte DGQ-Ausbildung) umfasst.

245. besonders umfangreich: wenn diese nicht nur einen erheblichen Teil benachbarter Fachgebiete umfasst, sondern auch besondere theoretische Vertiefungen oder Lehrberechtigungen einschließt

25. Qualifizierte Weiterbildung und darauf bezogene fachspezifische Zusatzqualifikation: neben der ein- oder zweijährigen fachspezifischen Weiterbildung werden darauf abgestimmte Zusatzqualifikationen erworben.

251. einfach (wie 241)
252. erweitert (wie 242)
253. umfangreich (wie 243)
254. bes. umfangreich (wie 245)

3. Handlungsspielraum: Typisch, aber nicht einstufungsverbindlich, sind die den Entgeltgruppen zugeordneten Handlungsspielräume aufgrund der Vorbestimmtheit der Arbeitsausführung. Der Handlungsspielraum wird beschrieben durch das Ausmaß an Entscheidungsnotwendigkeiten bei der Arbeitsausführung. Dabei werden vier Determiniertheitsgrade unterschieden, beginnend damit, dass das motorische Handeln durch Anweisungen detailliert vorgeschrieben ist, bis dahin, dass nur vorgegeben ist, was zu erreichen ist.

31. Die Abläufe sind durch Anweisungen festgelegt,

1.a) bei EG1 – EG3 so, dass keine nennenswerten Entscheidungsspielräume bestehen.	EG8	EG9	
	EG9	EG10	
1.b) bei EG4/EG4c nicht für alle Ablaufphasen festgelegt: dazu bestehen Entscheidungsspielräume.	EG10	EG11	
	EG11	EG12	

32. Es sind nur die Arbeitsaufgaben festgelegt,
weshalb Entscheidungsspielräume bezüglich der Art der Aufgabenerfüllung gegeben sind, was für die EG 5 – EG 8 unterstellt wird.

33. Es liegen nur die allgemeine Rahmenanweisungen vor,
so dass für die Aufgabenerfüllung Prioritäten zu setzen sind, was für die EG9 und EG10 unterstellt wird.

34. Es sind nur Handlungsziele vorgegeben,
was dazu führt, dass häufig zwischen Lösungsalternativen zu wählen ist und Entscheidungsfreiräume bezüglich der Interpretation der eigenen Aufgabenstellung gegeben sind. Dieses Ausmaß an Handlungsspielraum ist als für die EG11 und EG12 typisch unterstellt.

Abbildung IV-113 Beispiel für eine unternehmensintern vereinbarte Interpretation eines summarischen Arbeitsbewertungsverfahrens (Basis: ERA ME Bayern, 2005)

7.3.3 Analytische Arbeitsbewertungsverfahren

Ausgangspunkt der klassischen *analytischen Arbeitsbewertungsverfahren* ist das Anforderungsarten- Genfer Schema
Konzept nach dem *Genfer Schema*[208]. In Abbildung IV-114 ist dieses klassische Konzept denen
moderner analytischer Verfahren, hier beispielhaft den ERA ME Baden-Württemberg und ME Nordrhein-Westfalen, gegenübergestellt. Daraus wird deutlich, dass die Arbeitsbewertung zur damaligen
Zeit »belastungsdominiert« war. Insbesondere muskuläre Belastungen standen im Vordergrund, zumal Anwendungen auf den gewerblichen Bereich beschränkt waren.

Bei den beiden ERA-Verfahren handelt es sich um sogenannte »Stufenwertzahlverfahren mit ver-
deutlichenden Referenzbeispielen«[209]. Mit dem ERA Baden-Württemberg wurde erstmals ein gemeinsames, auf gewerbliche Mitarbeiter und Angestellte anzuwendendes analytisches Verfahren[210]
verbindlich. Bei den ca. 50 Jahre später entstandenen ERA-Verfahren war drei Gegebenheiten Rechnung zu tragen:

1. Neben dem gewerblichen Bereich war auch der kaufmännisch-administrative Bereich zu berücksichtigen, also Arbeitssysteme mit ganz anderen Arten von Tätigkeiten.
2. Es war zu berücksichtigen, dass auch in der Produktion ein Schritt hin zu einer »Wissensgesellschaft« vollzogen wurde.
3. Deshalb sollten nicht mehr »zu ertragende« Belastungen, sondern »zu erfüllende« Aufgaben
   sowie mitzubringende Kompetenzen und für das eigenen Handeln zu tragende Verantwortung
   verfahrensprägend sein.

Im Mittelpunkt der ERA-Verfahren steht das im Abschnitt 6.3 erläuterte AKV-Prinzip[211], wonach die
Anforderungs- und damit die Entgelthöhe in erster Linie bestimmt wird von

1. der Art zu erfüllender Aufgaben,
2. den dabei notwendigen Kompetenzen und
3. den zu übernehmenden Verantwortungen.

---

208 So benannt nach einer internationalen Konferenz zu Fragen der Arbeitsbewertung im Jahre 1950 in Genf,
     bei der ein Anforderungsarten-Konzept entwickelt wurde, das in der Folge die methodische Basis für die
     Entwicklung von Arbeitsbewertungsverfahren war. Neuere Tarifverträge haben sich allerdings von dem stark
     belastungsbezogenen Genfer Schema entfernt.
209 Neben den Stufenwertzahlverfahren gibt es noch Rangreihenverfahren (vgl. Abbildung IV-111). Da diese
     heute jedoch nicht mehr gebräuchlich sind, werden sie hier nicht behandelt.
210 Bei den ERA-Verfahren werden deshalb, anders als bei den »frühen«, ausschließlich auf den gewerblichen
     Bereich angewandten analytischen Verfahren, Belastungen und Umgebungseinflüsse außerhalb der Anforde-
     rungsanalyse behandelt. Diese Anforderungen werden deshalb nicht in der Entgeltgruppe, sondern in Form
     von Zuschlägen entgolten.
211 Aufgaben-Kompetenzen-Verantwortung.

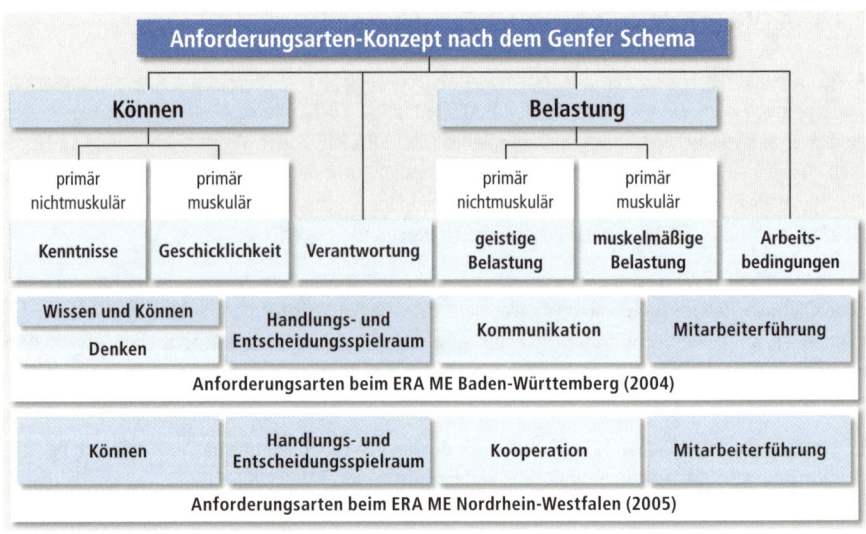

Abbildung IV-114   Das Anforderungsarten-Konzept nach dem Genfer Schema und bei aktuellen analytischen Arbeitsbewertungsverfahren (Beispiele)

7.3.4 Stellenbeschreibungen

Stellenbeschreibung   Vor Anwendung eines analytischen Arbeitsbewertungsverfahrens sollten Stellenbeschreibungen vorliegen, denen die zu erfüllenden Anforderungen zu entnehmen sind.[212] Als *Stellenbeschreibung* wird eine dokumentierte aufbauorganisatorische Regelung bezeichnet, der mindestens zu entnehmen sind, die

1. hierarchische Einbindung einer *Planstelle* oder eines *Stellentyps*[213] in die Organisationsstruktur,
2. an die Stelleninhaber gerichteten Kernanforderungen (Charakteristika) und
3. vom Stelleninhaber zu erfüllenden Aufgaben.

Über den zweckmäßigen Umfang inhaltlicher und formaler Aspekte von Stellenbeschreibungen gehen die Auffassungen auseinander.[214] Unstrittig ist jedoch, dass die Aufgabenbeschreibung der für die Arbeitsbewertung wichtigste Dokumentationsteil ist. Werden Stellenbeschreibungen für die analytische Arbeitsbewertung verwendet, müssen daraus für alle Anforderungsarten die Anforderungshöhen (bei ERA: Stufenwertzahl) abzuleiten sein. Es kann deshalb erforderlich sein, vorhandene Stellenbe-

---

212 Das Vorliegen von Stellenbeschreibungen ist nicht zwingend und nur dann zielführend, wenn ihnen jene Informationen zu entnehmen sind, die man zur Einstufung nach den tarifvertraglichen Anforderungsarten benötigt. Ist den Stellenbeschreibungen z. B. nicht zu entnehmen, auf welcher Anforderungsstufe zu »kooperieren« ist, sind sie für die Arbeitsbewertung nicht zu gebrauchen, wenn dort nach einem Anforderungsmerkmal »Kooperation« zu bewerten ist.

213 Als Stelle (SAP HR: Planstelle) bezeichnen wir die kleinste betrachtete Organisationseinheit, der mindestens eine Person zugeordnet ist. Als Stellentyp (SAP HR: Stelle) bezeichnen wir eine Kategorie von Stellen, die zum Großteil gleiche Aufgaben (= stellentypspezifische Aufgaben) erfüllen, sich bei einigen Aufgaben (= stellenspezifische Aufgaben) aber von anderen Stellen des gleichen Stellentyps unterscheiden können. Z. B. gibt es beim Stellentyp des »Schichtleiters« Aufgaben, ohne deren Erfüllung der Stelleninhaber kein Schichtleiter wäre. Dann gibt es aber auch stellenspezifische Aufgaben, in denen sich z. B. der Schichtleiter in der Galvanik von dem in der Montage unterscheidet. Die Bildung von Stellentypen dient der Standardisierung und ist bei manchen Unternehmen Bestandteil des Produktionssystems.

214 Vgl. z. B. Bokranz, R.; Kasten, L.: a. a. O., 2003, S. 202 f.

schreibungen um ERA-relevante Sachverhalte zu ergänzen, z.B. zur Anforderungsart »Erfahrung« um die notwendigen Zusatzqualifikationen.

Abbildung IV-115 und Abbildung IV-116 ist ein Beispiel einer Stellentypenbeschreibung zu entnehmen. Diese gilt für alle Meister, deren stellentypspezifische Fachaufgaben sich nicht unterscheiden. Wäre das der Fall, würde man diese zwischen verschiedenen Meisterstellen differenzieren, die stellentypspezifischen Managementaufgaben aber unverändert lassen. Das Arbeiten mit Stellentypen führt zu einer Aufwandsminimierung und unterstützt durch das darin enthaltene Standardisierungsprinzip die Umsetzung von Produktionssystemen. Dieses Beispiel zeigt eine Möglichkeit des strukturellen Aufbaus. Die Zweckmäßigkeit solcher Schemata ist nicht zu verallgemeinern, sondern zu jedem Tarifvertrag zu prüfen und ggf. zu modifizieren.

Beispiel

Stellentypen-Beschreibung:	Planstelle: unspezifiziert vertritt: Schichtleiter	Stellentyp: Meister wird vertreten: fachl. Schichtleiter	Version-Nr. 3	Bearbeiter: Datum:	Hü 12.01.2012

I. Einbindung des Stellentyps in die Organisation

Unterstellung	disziplinarisch	Bereichsleiter
	fachlich	dto.
Überstellung	disziplinarisch	Schichtleiter und Mitarbeiter
	fachlich	dto.

II. Charakteristika der Stelleninhaber: sollte verfügen über, sich auszeichnen durch, typischerweise zuständig sein für ...

allgemeine Sachkenntnisse	Meisterausbildung, Ausbildereignungsprüfung, PC-Office Anwendungen, VPPS-Kenntnisse, IE-Grundkenntnisse
spezielle Sachkenntnisse	Arbeitssicherheitsschulung, Arbeits- und Betriebsverfassungsrecht, Besuch von Best-practice-Unternehmen
Erfahrungen	Erfahrung als Teamleader, Erfahrung in der Prozessunterstützung/-ablauf
Begabungen	Führungsfähigkeit, Mitarbeiterentwicklung, Organisationsgeschick, Kooperationsfähigkeit, Veränderungskompetenz
zuständig für	Kosten, Termine, Qualitätsniveau, Angemessenheit der MZ- und GK-Anteile und Leistung in der Kostenstelle

III. stellentypspezifische Fachaufgaben (können sich zwischen den Meistereien geringfügig unterscheiden)

1	**Gemeinkosten- u. Mehrzeiten(-budgets) überwachen:** 11 genehmigte GK-Zeiten überwachen und ggf. Abstellmaßnahmen intensivieren 12 genehmigte MZ überwachen und ggf. Abstellmaßnahmen intensivieren 13 Einhaltung der Budgets der Betriebs- und Geschäftsausstattung überwachen
2	**Arbeits-/Fertigungsprozesse umsetzen, überwachen und optimieren:** 21 freigegebene Arbeits-/Fertigungsprozesse in der Werkstatt umsetzen und deren Einhaltung überwachen 22 Vorschläge zur weiteren Fertigungsoptimierung bzw. Ablaufverbesserung einbringen
3	**Personalbedarf planen und nach Freigabe in Einsatzplanung umsetzen:** 31 Jahres-/Halbjahresplanung erstellen (zur Genehmigung dem Bereichsleiter vorlegen) 32 Mehrarbeit planen, abstimmen und beantragen 33 Einsatz der Sicherheitsbeauftragten planen und kontrollieren
4	**Arbeitsqualität und -sicherheit , Termine überwachen:** 41 Mitarbeiter bez. der Arbeitsqualität und in Fragen der Arbeitssicherheit unterweisen 42 Einhaltung der Arbeitsqualität und -sicherheitsvorschriften überwachen (Qualitäts-, Arbeits-, Sicherheits- und Fertigungsvorschriften) 43 Anweisungserstellung initiieren 44 Terminverzögerungen rechtzeitig durch geeignete Maßnahmen abwenden (z. B. pers. Umbesetzung, ...)
5	**Ansprechpartner in allen Fragen der Fertigung gegenüber anderen Stellen im Hause:** 51 Abstellen z. B. zu hoher MZ, fehlerhafte Arbeitsunterlagen, Reklamationen, Bauabweichungen mit den zuständigen Stellen erarbeiten 52 Mitwirkung bei der fertigungstechnischen Umsetzung von Neuanläufen
6	**Teilnahme an Besprechungen:** 61 fixe Besprechungen (z. B. Qualitätsbesprechung, Bereichsleiterrunde, ...) 62 auf Einladung des Bereichsleiters (z. B. Workshop)

Abbildung IV-115   Beispiel einer Stellentypenbeschreibung, Teil 1

Die ERA bedingen nicht zwingend Stellenbeschreibungen. Es ist auch zulässig, lediglich die sogenannten »prägenden Aufgaben« zu beschreiben. Das sind die für die Einstufung maßgebenden »anspruchsvollsten« Aufgaben, weil diese einstufungsrelevant sind. Ob das ein empfehlenswerter Weg
ist, muss jedes Unternehmen für sich entscheiden. Zu bedenken ist, dass den Mitarbeitern erfahrungsgemäß schwer zu vermitteln ist, dass man die meisten ihrer Aufgaben nicht vergessen hat, sondern
dass es auf diese nicht ankommt, sondern nur um die prägenden Aufgaben geht.

IV. stellentypspezifische Managementaufgaben	
11	**Vereinbarungen vornehmen:** 111 periodische Kennzahlen besprechen, daraufhin Maßnahmen vereinbaren 112 Qualifikationsstände der Mitarbeiter analysieren und Maßnahmen vereinbaren 113 Fördergespräche führen, Fortschritte und Ergebnisse begleiten 114 Arbeitsergebnisse besprechen
12	**Mitarbeiter anweisen und kontrollieren:** 121 laufende Arbeitsverteilung an Mitarbeiter durchführen, Arbeiten zuweisen 122 Einhalten von Terminen überwachen 123 Personaleinsatzsteuerung aufgrund der Auftragssituation durchführen 124 Befolgen von Vorschriften überwachen 125 Rückkehrgespräche (Gesundheitsgespräche) führen 126 Einhalten der Arbeitsanweisungen, Arbeitsschutzbestimmungen überwachen 127 Einhalten der betrieblichen Arbeitszeiten und Pausen überwachen 128 zu Ordnung und Sauberkeit am Arbeitsplatz und pfleglichem Umgang mit den Betriebsmitteln anleiten
13	**Mitarbeiter fördern:** 131 permanent das Entstehen von Konflikten erkennen und lösen 132 Erwartungen und aktuelle Probleme der Mitarbeiter besprechen 133 neue Mitarbeiter in ihre Aufgaben einweisen, trainieren (Mitwirkung) 134 Unterweisungsunterlagen dokumentieren 135 Mitarbeiter zur Einhaltung von Vorschriften unterweisen und das dokumentieren 136 Arbeitsplatzwechsel (Job-Rotation) initiieren 137 Einarbeitungs- und Ausbildungspläne erstellen, aktualisieren 138 Azubis und Praktikanten betreuen
211	**personale Administration im Zusammenhang mit mehreren Personen:** 211.1 Personalbedarf ermitteln und daraus Einsatzplanung ableiten (Mitwirkung) 211.2 Stellenpläne entwickeln und Stellenausschreibungen initiieren (Mitwirkung) 211.3 Vertretungen bei ungeplanten Absenzen sicherstellen 211.4 Urlaubsplanung initiieren und koordinieren 211.5 Überstundenplanung (Mitwirkung) 211.6 neue Anweisungen/Vorschriften/Top-down-Vorgaben erläutern 211.7 Bereichsleitung über Anliegen, Probleme und Erwartungen der Mitarbeiter informieren
212	**personale Administration im Zusammenhang mit einer Person:** 212.1 Personaltausch zwischen den Kostenstellen zum Vermeiden von Leerlauf initiieren (Mitwirkung) 212.2 Mitarbeiter zu zweckmäßiger Nutzung der Prozesse und Einrichtungen anregen 212.3 Einstellungs- und Entlassungsgespräche führen (Mitwirkung) 212.4 Abmahnungen erteilen (Mitwirkung)
22	**sachbezogene Administration:** 221.1 Budget erstellen und Budgeteinhaltung kontrollieren (Mitwirkung) 221.2 Berichte bearbeiten (Mitwirkung) 221.3 Überwachung der Kern- und Hebezeuge sicherstellen 221.4 Akten und Dateien führen 223.1 Geschäftsprozesse im Zuständigkeitsbereich verbessern, stabilisieren; KVP-Engagements initiieren 223.2 Fehler, Beschwerden, Reklamationen in Verbesserungen und Abstellmaßnahmen umsetzen 223.3 Verbesserungsvorschläge bearbeiten und im Verantwortungsbereich umsetzen

Abbildung IV-116   Beispiel einer Stellentypenbeschreibung, Teil 2

7.3.5 Durchführung der Arbeitsbewertung

Abbildung IV-114 ist zu entnehmen, dass beim ERA ME Nordrhein-Westfalen vier Anforderungsarten unterschieden werden. Zu diesen wird in Abbildung IV-117 eine Bewertungstabelle angeführt. Dabei ist zu beachten, dass in der Arbeitsbewertung einige Begriffe anders interpretiert werden als in der Umgangssprache üblich.[215] In Abbildung IV-117 wird der in Abbildung IV-115 angeführte Stellentyp bewertet.
Bewertungstabelle

In Abbildung IV-117 sind die *Anforderungsarten* nach *Anforderungsstufen* unterteilt. Die unterste Stufe 1 steht bei der Anforderungsart »Kooperation« z. B. dafür, dass »die Erfüllung der Arbeitsaufgabe kaum Kooperation und Zusammenarbeit erfordert«, also für geringste Anforderungen. Bei der obersten Stufe 5 sind die Anforderungen hoch, denn diese Stufe steht für »die Erfüllung der Arbeitsaufgabe erfordert in hohem Maße Kommunikation, Zusammenarbeit und Abstimmung«. Wie man sich das konkret vorstellen kann, ist Abbildung IV-118 zu entnehmen. Dort wird interpretiert, was unter Kommunikation und Zusammenarbeit und was unter Abstimmung (nämlich nicht wie umgangssprachlich gewohnt: votieren) zu verstehen und wann das, gegenüber der Stufe 4, in hohem Maße gegeben ist.
Anforderungsarten, Anforderungsstufen

Den Stufenbeschreibungen sind Punktwerte (Teilarbeitswerte) zugeordnet, z. B. 2 Punkte zur Stufe 1 beim Anforderungsmerkmal »Kooperation«. Je höher die beschriebenen Anforderungen sind, desto höher sind die Punktwerte, z. B. 20 Punkte bei der Stufe 5. Abbildung IV-117 ist ferner zu entnehmen, dass beim Anforderungsmerkmal »Handlungs- und Entscheidungsspielraum« die doppelte Maximalpunktzahl gegenüber dem Anforderungsmerkmal »Kooperation« zu erreichen ist, nämlich 40 Punkte.

Abbildung IV-117 ist zu entnehmen, wie die auf der Stellentypenbeschreibung basierende Planstelle eingestuft wurde. Die Punktezahlen je Anforderungsart, das sind die Teilarbeitswerte, sind dort eingekreist. Die erforderlichen »Fachkenntnisse« entsprechen der Beschreibung zur Stufe 9. Ihnen wird ein Teilarbeitswert von 69 Punkten zugewiesen. Bei den »Berufserfahrungen« wird zur Stufe 2 ein Teilarbeitswert von 12 Punkten ausgewiesen. Beim »Handlungs- und Entscheidungsspielraum« werden mit der Stufe 3 18 Punkte, bei der »Kooperation« mit der Stufe 4 15 Punkte und bei der »Mitarbeiterführung« mit der Stufe 4 20 Punkte vergeben.

Die Summe der Teilarbeitswerte über alle Anforderungsarten beträgt 134 Punkte, wird als Gesamtsumme bezeichnet und stellt den *Arbeitswert* dar. Für Punktespannen zwischen 129 und 142 Punkten wird die Entgeltgruppe 13 ausgewiesen. Analysiert man, welchen Beitrag die Anforderungsarten zur Entgeltgruppenhöhe beisteuern, so ergibt sich bei diesem Beispiel, dass die Entgelthöhe
Arbeitswert

1. zu 60 % aus den Anforderungen an das Können[216] bestimmt. Die erforderliche Qualifikation hat also eine herausragende Bedeutung.
2. zu 25 % aus Anforderungen an das notwendige Lösen von Fachproblemen (Handlung/Entscheidung, Kooperation) bestimmt wird.
3. zu 15 % durch Anforderungen an das Führungsvermögen begründet ist.

Die Entgeltgruppe 13 war beim ERA ME Nordrhein-Westfalen im Jahre 2009/2010 bei mehr als 36 Beschäftigungsmonaten mit einem tariflichen Grundentgelt[217] von 4.064,50 €/Monat zu vergüten.
Tarifliches Grundentgelt

---

215 Berufserfahrung wird hier nicht als »Arbeitslebenserfahrung«, sondern als notwendige Weiterqualifikation interpretiert, aufbauend auf den Fachkenntnissen. Abstimmung wird nicht als »votieren« interpretiert, sondern als wohlüberlegtes Eingehen von Konsensen mit dem Risiko von Fehlentscheidungen.
216 Dieses entsteht zwar im Regelfall durch Ausbildung, doch lässt der ERA ausdrücklich zu, dass es auch auf anderen Wegen zu erwerben ist.
217 Diesem ist ein Leistungsentgelt zuzuschlagen, das im Betriebsdurchschnitt mindestens 10 % betragen muss.

1. Können

1.1 Arbeitskenntnisse

Nr.	Beschreibung	Punkte
1	Arbeitsaufgaben, die ein Können erfordern, das durch ein Anlernen von bis zu 1 Woche erworben wird.	6
2	Arbeitsaufgaben, die ein Können erfordern, das durch ein Anlernen von weniger als 4 Wochen erworben wird.	12
3	Arbeitsaufgaben, die ein Können erfordern, das durch ein Anlernen ab 4 Wochen erworben wird.	18
4	Arbeitsaufgaben, die ein Können erfordern, das durch ein Anlernen ab 3 Monaten erworben wird.	25
5	Arbeitsaufgaben, die ein Können erfordern, das durch ein Anlernen ab 6 Monaten erworben wird.	32
6	Arbeitsaufgaben, die ein Können erfordern, das durch ein Anlernen ab einem Jahr erworben wird.	40

1.2 Fachkenntnisse

Nr.	Beschreibung	Punkte
7	Arbeitsaufgaben, die ein Können erfordern, das i. d. R. durch eine abgeschlossene Ausbildung in einem anerkannten Ausbildungsberuf von mind. zweijähriger Regelausbildungsdauer erworben wird.	48
8	Arbeitsaufgaben, die ein Können erfordern, das i. d. R. durch eine abgeschlossene Ausbildung in einem anerkannten Ausbildungsberuf von mind. dreijähriger Regelausbildungsdauer erworben wird.	58
9	Arbeitsaufgaben, die ein Können erfordern, das i. d. R. • durch eine abgeschlossene Ausbildung in einem anerkannten Ausbildungsberuf oder • durch eine zusätzliche anerkannte einjährige Fachausbildung erworben wird.	69
10	Arbeitsaufgaben, die ein Können erfordern, das i. d. R. • durch eine abgeschlossene Ausbildung in einem anerkannten Ausbildungsberuf oder • durch eine zusätzliche anerkannte zweijährige Fachausbildung erworben wird.	81
11	Arbeitsaufgaben, die ein Können erfordern, das i. d. R. durch eine abgeschlossene Fachhochschulausbildung erworben wird.	94
12	Arbeitsaufgaben, die ein Können erfordern, das i. d. R. durch eine abgeschlossene Hochschulausbildung erworben wird.	108

1.3 Berufserfahrungen

Nr.	Beschreibung	Punkte
0	Arbeitsaufgaben, bei denen zusätzlich zu den Fachkenntnissen • keine Berufserfahrungen erforderlich bzw. • Berufserfahrungen von bis zu einem Jahr ausreichend sind.	–
1	Arbeitsaufgaben, die zusätzlich zu den Fachkenntnissen Berufserfahrungen von mehr als einem Jahr bis zu drei Jahren erfordern.	6
2	Arbeitsaufgaben, die zusätzlich zu den Fachkenntnissen Berufserfahrungen von mehr als drei Jahren erfordern.	12

2. Handlungs- und Entscheidungsspielraum

Nr.	Beschreibung	Punkte
1	Die Erfüllung der Arbeitsaufgabe ist im Einzelnen vorgegeben.	2
2	Die Erfüllung der Arbeitsaufgabe ist weitgehend vorgegeben.	10
3	Die Erfüllung der Arbeitsaufgabe ist teilweise vorgegeben.	18
4	Die Erfüllung der Arbeitsaufgabe erfolgt überwiegend ohne Vorgaben weitgehend selbständig.	30
5	Die Erfüllung der Arbeitsaufgabe erfolgt weitgehend ohne Vorgaben selbständig.	40

3. Kooperation

Nr.	Beschreibung	Punkte
1	Die Erfüllung der Arbeitsaufgaben erfordert kaum Kommunikation und Zusammenarbeit.	2
2	Die Erfüllung der Arbeitsaufgaben erfordert regelmäßige Kommunikation und Zusammenarbeit.	4
3	Die Erfüllung der Arbeitsaufgaben erfordert regelmäßige Kommunikation und Zusammenarbeit sowie gelegentliche Abstimmung.	10
4	Die Erfüllung der Arbeitsaufgaben erfordert regelmäßige Kommunikation, Zusammenarbeit und Abstimmung.	15
5	Die Erfüllung der Arbeitsaufgaben erfordert in hohem Maße Kommunikation, Zusammenarbeit und Abstimmung.	40

4. Mitarbeiterführung

Nr.	Beschreibung	Punkte
1	Die Erfüllung der Arbeitsaufgaben erfordert kein Führen.	0
2	Die Erfüllung der Arbeitsaufgaben erfordert, Beschäftigte fachlich anzuweisen, anzuleiten und zu unterstützen.	5
3	Die Erfüllung der Arbeitsaufgaben erfordert, Beschäftigte zur Zielerreichung zweckmäßig einzusetzen, zu unterstützen, zu fördern und zu motivieren.	10
4	Die Erfüllung der Arbeitsaufgaben erfordert, Ziele zu entwickeln und die Beschäftigten zweckmäßig zur Zielerreichung einzusetzen, zu unterstützen, zu fördern und zu motivieren.	20

Punkte	10–15	16–21	22–28	29–35	36–43	44–54	55–68	69–77	78–88	89–101	102–112	113–128	129–142	143–170
EG	1	2	3	4	5	6	7	8	9	10	11	12	13	14

Abbildung IV-117
Bewertungstabelle des ERA ME Nordrhein-Westfalen (2005)

Die in Abbildung IV-117 angeführten Stufenbeschreibungen lassen Interpretationsspielräume zu, was zu einer eingeschränkten Objektivität und Reliabilität führen kann. Um das einzuschränken, kann man innerbetriebliche Präzisierungen in Form von Anwendungsrichtlinien vornehmen, die zwischen Arbeitgeber und Betriebsrat zu vereinbaren sind. Abbildung IV-118 ist ein Beispiel einer Anwendungsrichtlinie zu entnehmen, mit deren Hilfe die in Abbildung IV-117 angeführte Beschreibung zur Anforderungsart »Kooperation« interpretiert wird.

Anwendungsrichtlinien

Merkmal K: Kooperation – es ist mit anderen zusammenzuwirken und es sind Absprachen/Abstimmungen zu treffen. Kommunikation und Zusammenarbeit sind ….		
K1 = 02	kaum erforderlich (Betrachtung des Auftrags)	a) **Kommunikation/Zusammenarbeit:** Informationen einholen/weitergeben, nicht um die Aufgaben erfüllen zu können, sondern weil sich im Vorfeld zur, bzw. als Folge der Arbeitsausführung Kooperationsnotwendigkeiten ergeben, z. B. Auftrag entgegennehmen, auftretende Abweichungen/Fehler oder Störungen melden. b) **Abstimmung:** Es sind keine Abstimmungen vorzunehmen.
K2 = 04	regelmäßig erforderlich (Betrachtung des Auftrags)	a) **Kommunikation/Zusammenarbeit:** Bei einem Arbeitsauftrag sind routinemäßig Einzelfragen zu besprechen, die einen unmittelbaren Auftragsbezug haben, z. B. zu berücksichtigende Besonderheiten, in vorhergehenden Arbeitsschritten aufgetretene Schwierigkeiten, Erläuterungen zu Unterlagen oder Arbeitspapieren. Die auftragsbezogene Kooperation ist die Voraussetzung für eine sachgerechte Aufgabenerfüllung. b) **Abstimmung:** Es sind keine Abstimmungen vorzunehmen.
K3 = 10	regelmäßig erforderlich, mit gelegentlichen Abstimmungen (Betrachtung der Stelle)	a) **Kommunikation/Zusammenarbeit:** Es sind, unabhängig von den übertragenen Arbeitsaufträgen, regelmäßig Einzelfragen aus dem eigenen Zuständigkeitsbereich innerhalb dieses Zuständigkeitsbereichs zu besprechen. Es handelt sich, im Gegensatz zur Stufe K2, also bereits um eine stellenbedingte und nur in zweiter Linie um eine auftragsbedingte Kooperation. b) **Abstimmung:** Da es sich um eine stellenbedingte Kooperation handelt, müssen dabei gelegentlich (in seltenen Fällen) auch unterschiedliche Sichten und Interessenslagen gegenüber der Kooperationsstellen im eigenen Bereich (z. B. innerhalb der Abteilung) abgestimmt werden. Es findet also noch keine bereichsübergreifende Abstimmung statt, bzw. die Kooperation und die notwendige Abstimmung hat noch keine nennenswerte Bedeutung für den eigenen Erfolg. Abstimmung bedeutet, dass die Notwendigkeit der Konsenserzielung besteht. Dabei können leichtfertige Zugeständnisse ebenso wie Rechthaberei zu unerwünschten Rückwirkungen auf die eigene Arbeitssituation führen. Abstimmung kann für manche zu Stress führen.
K4 = 15	regelmäßig erforderlich, mit regelmäßigen Abstimmungen (Betrachtung der Stelle)	a) **Kommunikation/Zusammenarbeit:** Auftragsbedingte Kooperationen sind von ihrer Bedeutung her zu vernachlässigen. Abstimmungen sind regelmäßig (periodisch vorhersehbar, in größerer Häufigkeit) mit Stellen aus anderen Zuständigkeitsbereichen (auch Externen) vorzunehmen. Das stellt eine wichtige Aufgabe, aber nicht die Kernaufgabe dar. Es finden also kennzeichnender Weise bereichsübergreifende Kooperationen statt, dabei sind regelmäßig Abstimmungen zu erzielen. b) **Abstimmung:** Bei den Abstimmungen sind nicht nur unterschiedliche Problemsichten und Interessenslagen (wie in der vorhergehenden Anforderungsstufe), sondern auch bereichsunterschiedliche Zielsetzungen und Funktionsnotwendigkeiten zu berücksichtigen. Es besteht regelmäßig, grundsätzlich und nicht, wie in der Stufe K3, nur gelegentlich die Notwendigkeit zur Konsensfindung (z. B. Arbeitsvorbereitung gg. Vertrieb, Einkäufer gg. Lieferanten).
K5 = 20	in hohem Maße (extensiv) erforderlich, ebenso die Abstimmungen (Betrachtung der Stelle)	a) **Kommunikation/Zusammenarbeit:** Es sind permanent Interessen aus dem eigenen Zuständigkeitsbereich gegenüber Personen aus anderen Zuständigkeitsbereichen (auch Externen) zu vertreten. Die bereichsübergreifende Kooperation ist, anders als bei der vorhergehenden Stufe, eine Kernaufgabe. b) **Abstimmung:** Dabei sind systematisch Verhandlungen zu führen, bei denen es um über den eigenen Aufgabenbereich hinausgehende Themen geht. Typisch dabei ist, dass die Verhandlungspartner anderen Fachrichtungen oder Berufen angehören. Solchen Verhandlungen liegen oft konträre Zielsetzungen zu Grunde, und als Erfolgsmaßstab gilt die Wahrung gesamtbetrieblicher Interessen und nicht nur der Interessen des eigenen Zuständigkeitsbereichs.

Abbildung IV-118   Beispiel einer innerbetrieblichen Anwendungsrichtlinie zu einer ERA-Bewertungstabelle (ERA ME Nordrhein-Westfalen)

7.4 Leistungsentgeltdifferenzierung

7.4.1 Konzepte

Ob monetäre Leistungsanreize zweckmäßig sind oder nicht, war stets umstritten. Es gibt allerdings nur wenige entwickelte Industriestaaten, in denen man auf monetäre Leistungsanreize völlig verzichtet. Die verwendeten Konzepte sind allerdings unterschiedlich. Eine in der Praxis verbreitete Auffassung ist, dass es ohne monetäre Leistungsanreize nicht möglich sei, zu einem wettbewerbsfähigen Produktivitätsniveau zu gelangen. Bis heute liegen dazu zwar keine belastbaren Untersuchungsergebnisse vor, doch scheint man in den meisten Unternehmen diese Auffassung zu teilen. Zu diesem Thema muss es aber keinen Meinungsstreit geben, weil tarifgebundene Unternehmen in den letzten Jahren zunehmend durch tarifvertragliche Vorschriften zur leistungsbezogenen Entgeltdifferenzierung verpflichtet wurden.

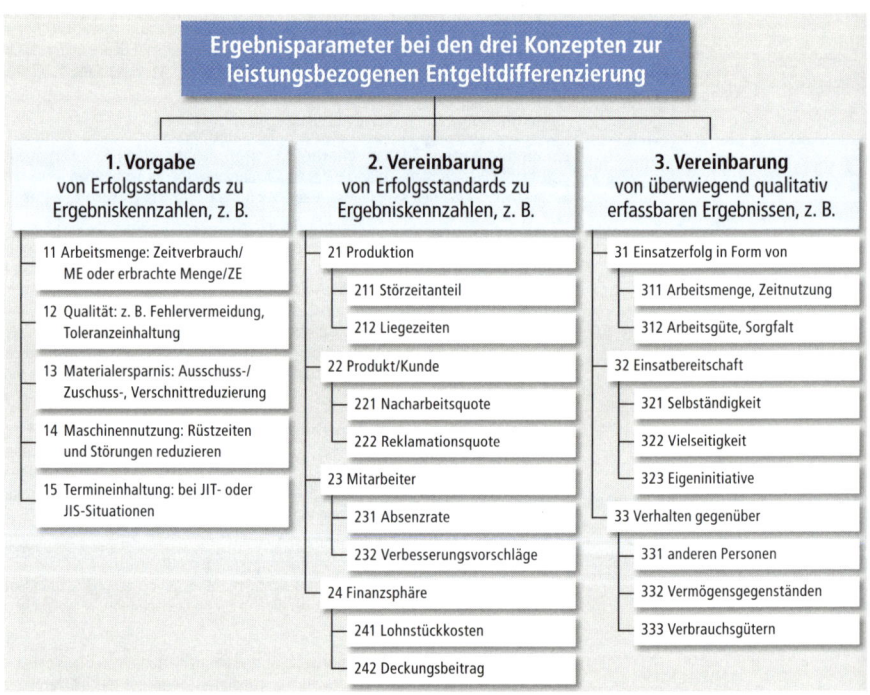

Abbildung IV-119 Ergebniskennzahlen bei den drei Konzepten zur leistungsbezogenen Entgeltdifferenzierung

Konzepte zur leistungsbezogenen Entgeltdifferenzierung

In Abbildung IV-111 wurden drei Konzepte zur leistungsbezogenen Entgeltdifferenzierung angeführt:[218]

1. Vorgabe von Erfolgsstandards: Ergebniskennzahlen werden mit Hilfe arbeitswirtschaftlicher Methoden geplant und z. B. als Zeitstandards oder Soll-Nutzungsgrade vorgegeben, wie Abbildung IV-119 zu entnehmen ist. Der Leistungserfolg wird durch Zählen oder Messen ermittelt. Mit

---

218 Die von uns verwendeten Begriffe decken sich nur teilweise mit den in den Tarifverträgen verwendeten Termini. Einerseits sind dort teilweise eigenwillige Begriffsauslegungen zu finden. Zum anderen weichen die verwendeten Begriffe zwischen den Tarifverträgen ab.

dem Akkord-, Prämien- und Pensumentgelt werden in der Folge drei Entgeltgrundsätze erläutert, bei denen das Vorgabekonzept angewandt wird. Alle Ergebniskennzahlen basieren auf *Bezugsleistungen*, häufig allerdings auf der Betrieblichen Durchschnittsleistung.

2. Vereinbarung von Erfolgsstandards: Wenn man analytisch ermittelte Standards nicht bereitstellen kann oder will, jedoch in der Lage ist, Leistungsergebnisse durch Zählen oder Messen zu ermitteln, kann man zu den betreffenden Ergebniskennzahlen Ziele vereinbaren und deren Erreichung kontrollieren. Das Vereinbarungskonzept ist in den ERA unter dem Begriff »Zielvereinbarungen« optional zum Vorgabekonzept vorgesehen.

3. Beurteilung von Ergebnissen: Wenn Leistungserfolge nicht durch Zählen oder Messen zu quantifizieren sind, verbleibt noch die Möglichkeit, sie anhand nicht messbarer, »nur« qualifizierbarer Ergebnisse zu beurteilen, mit Hilfe der Leistungsbeurteilung. Leistungsbeurteilung ist in den ERA optional zum Vorgabe- und Vereinbarungskonzept vorgesehen.

Unternehmen, die an einen ERA gebunden sind, können sich für eines der drei Konzepte, aber auch für Kombinationen entscheiden, z. B. kollektiv für eine größere Personengruppe Zielvereinbarungen und individuell Leistungsbeurteilungen. Alle drei Konzepte werden in den folgenden Abschnitten erläutert, ohne besonderen Bezug zum ERA. In anderen Tarifverträgen sind alle oder einige der hier angeführten Konzepte vorgesehen, so dass für tarifgebundene Unternehmen stets der Tarifvertragsvorbehalt gilt. Es sollte nicht darauf verzichtet werden, *Schattenrechnungen* durchzuführen[219]. Damit werden die monetären Auswirkungen von Änderungen im Entgeltsystem simuliert und »Vorher-nachher-Betrachtungen« angestellt. Als Ergebnis erwartet man eine Entscheidungshilfe zur Beurteilung der arbeitsrechtlichen Zulässigkeit, der Sozialverträglichkeit und der Vertretbarkeit aus betriebswirtschaftlicher Sicht. Schattenrechnungen haben sich zudem als nützliches Instrument zur Vertrauensbildung zwischen den Betriebsparteien bei Fragen der Entgeltsystemgestaltung und -änderung erwiesen.

Abbildung IV-120 ist eine Übersicht zu den drei Entgeltgrundsätzen beim Vorgabekonzept zu entnehmen, gegliedert nach ihren vier wichtigsten Eigenschaften, den

1. Ergebniskennzahlen,
2. Anreizfunktionen,
3. Entgeltstückkostenfunktionen,
4. Anwendungsprämissen.

In den folgenden Abschnitten betrachten wir diese drei Entgeltgrundsätze nach den in Abbildung IV-120 angeführten Eigenschaften, um zu zeigen, unter welchen Rahmenbedingungen sie produktivitätsförderlich sein können. Im Gegensatz zum Vereinbarungs- und Beurteilungskonzept sind bei diesen drei Entgeltgrundsätzen folgende Voraussetzungen zu erfüllen:

1. Ausgereifte Zeitwirtschaft: Die Ergebniskennzahlen (z. B. Rüstzeiten, Stückzeiten, Maschinennutzungsgrade) sind analytisch-methodisch zu ermitteln. Die verwendeten Prozessbausteine sollten eine hohe Qualität (vgl. Teil II, Abschnitt 5.4) haben, weil sie die Verdienstchancen maßgeblich beeinflussen. Das bedeutet, dass man aus wirtschaftlichen Erwägungen die Vereinbarung von Akkord- und Prämienentgelten nur dann in Erwägung ziehen sollte, wenn es Arbeitspläne gibt, die zuverlässig mit aktuellen Prozessbausteinen versorgt werden.

Voraussetzungen

---

219 Vgl. dazu z. B. Neisen, M.: ERA-Entgeltlösungen bei Bosch – Praxisbericht eines großen Industriebetriebes aus dem norddeutschen Raum. In: angewandte Arbeitswissenschaft Nr. 198 (Juni 2008), S. 15 f.

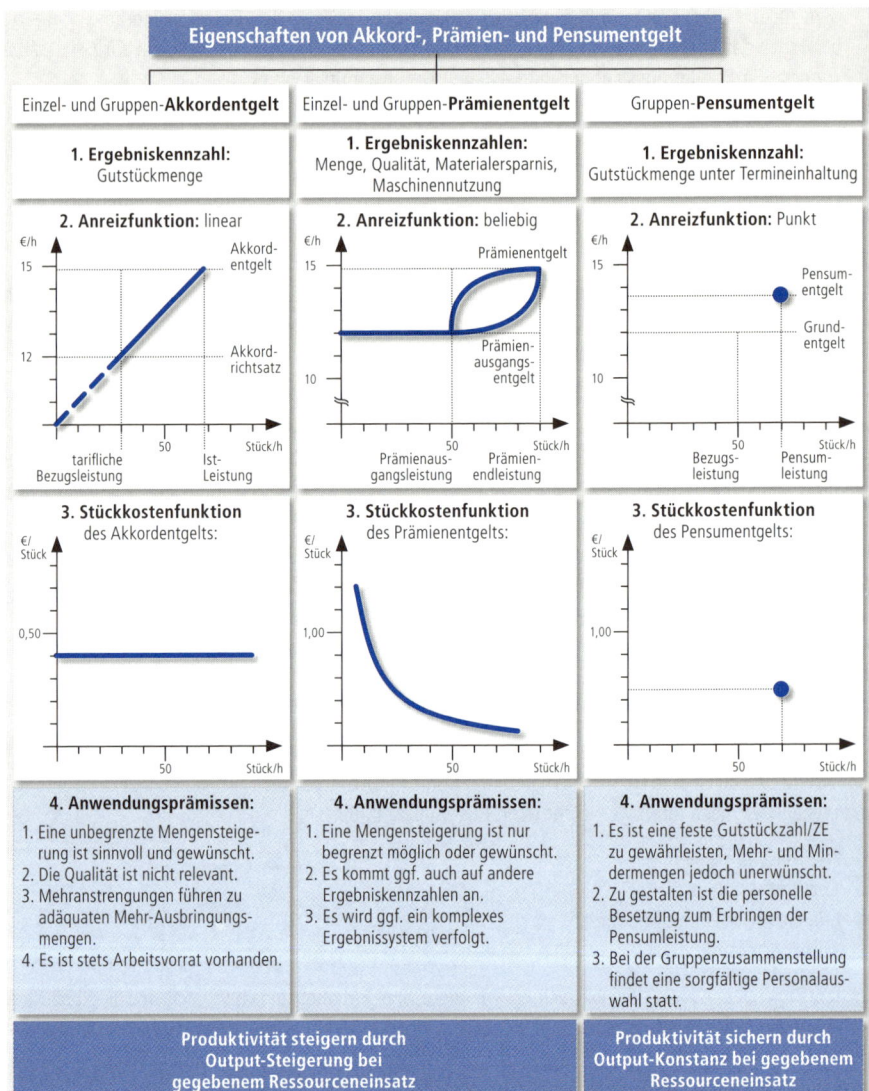

Abbildung IV-120   Die wichtigsten Eigenschaften von Akkord-, Prämien- und Pensumentgelt

2. Ausgereifte Arbeitsgestaltung und -organisation: Die Arbeitssysteme müssen ein ausgereiftes Gestaltungsniveau aufweisen und Störungen sollten nicht über das hinausgehen, was mit den sachlichen Verteilzeiten abgedeckt ist. Die Vereinbarung von Akkord-, Prämien- oder Pensumentgelten sollte man nicht in Erwägung ziehen, wenn eine solche organisatorische Stabilität nicht gewährleistet ist.

3. Sichere Rückmeldesysteme: Den Planstellen sind nicht nur Soll-Daten vorzugeben. Sie müssen auch Ist-Daten rückmelden. Die Vereinbarung von Akkord-, Prämien- und Pensumentgelten sollte man nicht in Erwägung ziehen, wenn man sich auf kein sicheres Rückmeldesystem verlassen kann.

Als Fazit ist festzuhalten, dass die Arbeitssystem-Gestaltung und die Produktionsorganisation ein relativ hohes Niveau haben sollten, bevor man eine Anwendung dieser drei Entgeltgrundsätze erwägt.

7.4.2 Akkordentgelt

Beim *Akkordentgelt* gibt es nur eine *Ergebniskennzahl*, die Arbeitsmenge (Zeit pro Mengeneinheit oder Zeit/Auftrag). Daraus wird durch Sollzeit-Istzeit-Vergleich der Zeitgrad abgeleitet. Es gibt nur eine mögliche Anreizfunktion, auch Lohnlinie genannt, nämlich einen linear-proportionalen Verlauf. Abbildung IV-120 ist zu entnehmen, dass das Ausgangsentgelt durch den Akkordrichtsatz bestimmt wird, der für eine der Tariflichen Normalleistung entsprechende Ergebniskennzahl gilt. Das ist, anders als beim Prämienentgelt, stets eine Vorgabezeit. Wird das Akkordentgelt für einzelne Mitarbeiter bestimmt, bezeichnet man das als *Einzelakkord*. Wird für eine Gruppe von Mitarbeitern ein gemeinsames Akkordentgelt bestimmt, nennt man das *Gruppenakkord*.[220]

Ergebniskennzahl

Ein Grund, warum Akkordentgelte über lange Zeit von vielen Unternehmen präferiert wurden, war vermutlich ihre Stückkostenfunktion. Anders als beim Prämienentgelt bestand eine feste, lineare Beziehung zwischen Mehrergebnis und Mehrverdienst. Das wurde als vorteilhaft erachtet, weil dadurch kein Kalkulationsrisiko bezüglich der Lohnstückkosten bestand. Dieser »Vorzug aus betriebswirtschaftlicher Sicht« besteht bei den heutigen Regelungen von Akkordentgelten nur noch eingeschränkt.

Der Verdienst beim Akkordentgelt ist nach zwei Ermittlungsphasen zu unterscheiden, dem Verdienst pro Auftrag und dem Monatsverdienst[221]. Der Abbildung IV-119 ist dazu ein Beispiel zu entnehmen. Als *Akkordrichtsatz* wird das für Akkordlöhner geltende Grundentgelt einer Entgeltgruppe bezeichnet[222]. Es ist dem jeweiligen Tarifvertrag zu entnehmen.

In Abbildung IV-121 wird der *Akkordverdienst pro Auftrag* ermittelt[223]. Diesen erhalten nach dem Akkordentgelt Beschäftigte, gleichgültig wie viel Zeit sie für den Auftrag benötigen. Im Beispiel wurden bei diesem Auftrag 6 Stunden »hereingearbeitet« bzw. über den Mindestverdienst[224] hinaus ein Mehrverdienst von 78 € erzielt.

Akkordverdienst pro Auftrag

---

220 Auf mögliche Probleme bei Gruppenentgelten wird beim Pensumentgelt eingegangen.
221 Andere Abrechnungszeiträume sind unüblich.
222 Das bedeutet, dass ein Mitarbeiter in der Entgeltgruppe 3 bei gleichem Zeitgrad ein geringeres Akkordentgelt als z. B. ein Mitarbeiter in der Entgeltgruppe 5 erhält.
223 Bei den Berechnungsvorschriften gibt es Unterschiede zwischen den Tarifverträgen.
224 Dieser liegt in Höhe des Akkordrichtsatzes bzw. – in den Tarifverträgen unterschiedlich geregelt – in Höhe eines bestimmten Prozentsatzes des darüber liegenden »Garantielohns«.

Auftrag	Stückzahl	Rüstzeit t_r in Std.	Stückzeit t_e in Std.	Auftragszeit T in Std.	benötigte Zeit in Std.
1	250	0,50	0,11	28,00	22,00
2	300	0,30	0,09	27,30	23,00
3	80	0,50	0,14	11,70	9,00
4	180	0,25	0,15	27,25	20,50
5	450	0,60	0,10	45,60	38,25
6	260	0,50	0,16	42,10	34,00
7	190	0,30	0,13	25,00	16,75
Akkordrichtsatz: 13 €/Std.				206,95	163,50

Akkordverdienst pro Auftrag:
1. Geldfaktor = 13 €/Std. / 60 min/Std. = 0,21667 €/min
2. Auftragszeit = 0,5 Std. · 60 min/Std. + 250 Stück · 0,11 Std./Stück · 60 min/Std. = 1.680 min
3. Auftrags-Akkordverdienst = 1680 min · 0,217 €/min = 364 €
4. Akkordmehrverdienst/Auftrag = (28 Std. − 22 Std.) · 13 €/Std. = 78 €

Monats-Akkordverdienst:
5. Monats-Akkordverdienst = 206,95 Std. · 13 €/Std. = 2.690,35 €
6. Akkordmehrverdienst = (206,95 Std. − 163,50 Std.) · 13 €/Std. = 564,85 €
7. Verdienstgrad = (206,95 Std. / 163,50 Std.) · 100 = 126,6 %

Abbildung IV-121   Beispiel für die Berechnung von Akkordentgelten

Monats-Akkord-verdienst

Der *Monats-Akkordverdienst ergibt sich aus der Summe der Auftragszeiten. Im Beispiel wurden der betrachteten Person 206*,95 Stunden vorgegeben (budgetiert), für die sie je Stunde 13 € erhält, was zu einem Verdienst von 2.690,35 € führt. Sie hat in diesem Monat für die sieben Aufträge nur 163,50 Stunden benötigt, also 43,45 Stunden »hereingearbeitet«, was zu einem Akkordmehrverdienst von 564,85 € führt. Der Zeitgrad entspricht beim Akkordlohn numerisch dem Verdienstgrad und beträgt hier 126,6 %.

Diesem Beispiel ist zu entnehmen, was unter einer linear-proportionalen Anreizfunktion verstanden wird.[225] Ferner wird deutlich, dass korrekte Zeitstandards eine maßgebende Bedeutung für das Funktionieren des Akkordentgelts haben. Sie bestimmen

- einerseits, ob Akkordlöhner eine faire, den tariflichen Bestimmungen entsprechende Verdienstchance haben und
- andererseits, ob das Produktivitätsmanagement dabei wirksam unterstützt wird, also nur gute Leistungen auch zu »gutem Geld« führen.

Anwendungsprämissen

Dem Akkordentgelt werden zwei Vorteile zugebilligt. Es ist arbeitsrechtlich leicht zu handhaben, weil es – anders als Prämien- und Pensumentgelte – in den Tarifverträgen vollumfänglich geregelt und seine Wirkungsweise einfach zu verstehen ist. In Abbildung IV-120 werden *Anwendungsprämissen* angeführt, die zum Akkordentgelt zu beachten sind.

1. Unlimitierte Anreizfunktion: Die Anreizfunktion ist nicht limitiert, d. h. die sogenannte Lohnlinie ist nicht begrenzt.[226] Damit wird unterstellt, dass es betriebswirtschaftlich sinnvoll ist, zu einer

---

225 Mathematisch gesehen ist der Zeitgrad ein Vektor, der Akkordrichtsatz ein Skalar, und aus diesen wird das Produkt gebildet. Somit wächst das Ergebnis, der Zeit- oder Verdienstgrad, proportional über den Vektor hinweg.

226 Dessen ungeachtet haben Unternehmen als Reaktion auf extrem hohe, sachlich nicht zu erklärende Zeitgrade Begrenzungen vorgenommen. Das ist fast immer ein Zeichen dafür, dass man die Handhabung von Prozessbausteinen nicht beherrscht oder das Akkordentgelt ein ungeeigneter Entgeltgrundsatz ist.

unbegrenzten Mengensteigerung anzureizen und keine Gefahr besteht, dass sich Personen unter diesem Anreiz überfordern.

2. Beschränkung auf die Ausführungsmenge: Es kommt nur auf das Ausführen an. Hohe Anteile von Rüstzeiten an den Auftragszeiten und von Störungsbeseitigungszeiten werden ausgeschlossen und nur die beim Ausführen anfallende Arbeitsmenge berücksichtigt.

3. Qualitätsignoranz: Die Qualität ist entweder nicht gefährdet oder irrelevant. Lediglich Ausschuss wird berücksichtigt, weil Stückzahl »Gutteile-Stückzahl« bedeutet.

4. Losgrößenkonstanz: Auftragsmengen (Losgrößen) schwanken nur innerhalb enger Grenzen, so dass Einarbeitungs- und Übungseffekte ohne Bedeutung sind.

5. Unbeeinflusstes manuelles Handeln: Jede Mehranstrengung kann in eine adäquate Arbeitsmengen- bzw. Zeitgraderhöhung umgesetzt werden. Das bedeutet, dass keine durch den Menschen unbe- einflussbaren Ablaufabschnitte vorkommen sollten. Das wäre jedoch z. B. der Fall, wenn Personen während der Hauptnutzungszeit (Prozesszeit) einer Maschine überwachend tätig sind.

6. Unbegrenzter Arbeitspuffer: Es ist stets genügend Arbeitsvorrat vorhanden, d. h. die Akkordlöhner werden nicht durch logistische, technische und dispositive Einschränkungen in ihrer Leistungs- entfaltung begrenzt.

Diese Aufzählung macht deutlich, dass es in der heutigen Arbeitswelt in entwickelten Industrielän- dern nicht mehr viele Arbeitssysteme gibt, bei denen die Anwendungsprämissen des Akkordentgelts uneingeschränkt zu erfüllen sind.

7.4.3 Prämienentgelt

Das *Prämienentgelt* unterscheidet sich vom Akkordentgelt durch folgende Eigenschaften:

Prämienentgelt

1. Problemorientierte Ergebniskennzahlen: Es können verschiedene *Ergebniskennzahlen*, auch sachbezogene Bezugsmerkmale genannt, verwendet werden. Wie beim Akkordentgelt wird häufig die Arbeitsmenge (Zeit pro Mengeneinheit oder Zeit/Auftrag) oder daraus abgeleitet, der Zeitgrad, als Ergebnis des Soll-Ist-Vergleichs verwendet. Daneben werden aber auch, als alleinige Bezugsgrößen oder als Kombinationen mehrerer Bezugsgrößen, Qualitäts-, Maschinennutzungs- oder Materialersparniskennzahlen verwendet.

2. Beliebige, aber limitierte Anreizfunktionen: Es gibt nicht nur lineare Anreizfunktionen, sondern, wie Abbildung IV-120 zu entnehmen ist, auch progressive und degressive Verläufe. Es kann jede beliebige Funktion verwendet werden, also z. B. auch diskrete (Treppenfunktionen) oder S-förmi- ge Funktionsverläufe. Die Anreizfunktionen werden fast immer limitiert, d. h. das zu honorieren- de Arbeitsergebnis wird begrenzt, anders als beim Akkordentgelt.

3. Tarifentgelt als Basis: Vergütungsbasis ist nicht ein Akkordrichtsatz, sondern üblicherweise das tarifliche Grundentgelt zur betreffenden Entgeltgruppe.

Das individuelle leistungsbezogene Entgelt kann als *Einzelprämie* auf Einzelpersonen oder als *Grup- penprämie* auf Arbeitsgruppen bezogen werden.[227] Wie beim Akkordentgelt erfolgt die Verdienstbe- rechnung in zwei Schritten, pro Auftrag und pro Monat.

Die am häufigsten genannten Gründe, warum Unternehmen in der Vergangenheit Akkord- durch Prämienentgelte ersetzt haben, sind:

Gründe für
Prämienentgelt

1. Es soll das Erbringen solcher Arbeitsergebnisse unter Entgeltanreiz gestellt werden, die beim Akkordentgelt ausgeschlossen waren und in der Vergangenheit zunehmend an Bedeutung ge-

---

227 Auf mögliche Probleme bei Gruppenentgelten wird beim Pensumentgelt eingegangen.

wannen.[228] Dazu zählen z. B. einrichten, programmieren, Störungen beseitigen, andere Personen führen. Wie Abbildung IV-120 zu entnehmen ist, muss man sich beim Prämienentgelt nicht auf das Mengenergebnis beschränken, sondern kann auch andere Ergebniskenngrößen oder Kombinationen von Ergebniskenngrößen in Form sogenannter Verbundprämien[229] verwenden.

2. Es bestehen mehrere Möglichkeiten, die *Funktionsverläufe bei der Anreizfunktion* (Lohnlinie) zu wählen:

   - Stetig-linear: Der Anstieg muss nicht, wie beim Akkordentgelt, linear-proportional sein, sondern kann auch über- und unterproportional verlaufen.
   - Diskret-linear oder diskret-nichtlinear: Anreizfunktionen sind auch als »Treppenfunktion« zu gestalten, z. B. wenn Ergebnisse stärker schwanken.
   - Degressiv: Ist zu erwägen, wenn man bis zu einem bestimmten Ergebnisniveau stark und nach dessen Überschreiten weniger stark anreizen möchte, z. B. aus Sorge darum, dass sich Einzelpersonen überfordern oder die Qualität vernachlässigt wird.
   - Progressiv: Ist zu erwägen, wenn man glaubt, dass viele Personen leicht ein bestimmtes Ergebnisniveau erreichen, es darüber hinaus aber nur wirklich leistungsstarken Personen zutraut. Diese möchte man zu besonders hohen Leistungen stimulieren, also besonders leistungsstarke Personen ansprechen.
   - Progressiv-degressiv: Bei der Wahl eines S-förmigen Funktionsverlaufs wird unterstellt, dass es sinnvoll ist, zu einem mittelhohen Ergebnis anzureizen.

3. Es besteht die Möglichkeit, auch längere Abrechnungszeiträume zu wählen. Je länger diese sind, desto besser sind Zufallseinflüsse auszugleichen, z. B. die Wirkungen schlecht zu verarbeitenden Materials, den Einfluss vieler kleine Lose. Desto wichtiger ist es aber auch, die Mitarbeiter über Zwischenergebnisse zu informieren.

4. Es besteht die Möglichkeit, größere Personengruppen, mit unterschiedlichen Aufgaben, zu Prämiengruppen zusammenzufassen, z. B. Monteure, Logistiker, Instandhalter und Qualitätsprüfer. Die Vertreter solcher Konzepte setzen darauf, dass sich durch Lohnanreize teilautonom agierende Gruppen bilden, in denen sich Mitarbeiter gegenseitig unterstützen, was produktivitätsförderlich wäre.[230]

Beispiele zum Prämienentgelt

Abbildung IV-122 sind drei Beispiele zum Prämienentgelt zu entnehmen: für eine Maschinennutzungsprämie[231], eine Qualitätsprämie und eine Verbundprämie.

1. Bei der *Nutzungsprämie* wird als Ergebnisspanne der Bereich von 73 % bis 85 % verwendet.[232] Die Anreizfunktion hat einen linearen Verlauf, und die Prämienspanne beträgt 24 %. Nutzungsgrade bis zu 73 % führen zu keinem Prämienentgelt. Nutzungsgrade über 85 % hält man für ausgeschlossen, weshalb die Ergebnisspanne darauf begrenzt wurde. Im Abrechnungsmonat wurde ein

---

228 Vgl. z. B. IfaA (Hrsg.): Handbuch des Prämienlohns. Köln: Bachem, 1989, S. 42 f. Breisig, T.: a. a. O., 2003, S. 170 f.

229 Verbundprämien werden z. B. für die Arbeit an Druckmaschinen eingesetzt. Dabei werden Einrichten und Drucken unter Prämie gestellt und meistens die Gutstückmenge, die Qualität und die Materialersparnis (Papierverbrauch beim Einrichten und über den Auftragsverlauf) als Ergebniskenngrößen verwendet. In der Literatur wird empfohlen, sich auf maximal drei Bezugsgrößen zu beschränken (vgl. z. B. IfaA (Hrsg): a. a. O., 1989, S. 81). Praktische Erfahrungen gehen aber dahin, dass für die Betroffenen meistens die Wirkung von zwei Bezugsgrößen gerade noch zu durchschauen ist.

230 Dieser Ansatz steht im Widerspruch zum Prinzip des sozialen Vergleichs sowie zur Grundidee der kausalen Entgeltfindung. Bei der Einschätzung solcher Konzepte auf ihre Eignung zur nachhaltigen Produktivitätsförderung sollte man sich deshalb eine gewisse Skepsis bewahren. Der wesentliche Vorzug solcher »Großgruppenkonzepte« liegt nicht darin, dass sie sonderlich wirksam wären, sondern dass sie einfach zu handhaben sind, insbesondere in Bezug auf die Ergebnisrückmeldung und Prämienabrechnung.

231 Eine technische Voraussetzung für die Anwendung von Nutzungsprämien ist ein Betriebsdaten-Erfassungssystem (BDE). Ohnehin müssten die Unterbrechungen und Unterbrechungsdauern dauerhaft manuell erfasst werden.

232 Statt Nutzungsgraden werden auch Verfügbarkeiten verwendet, bei denen neben den störungsbedingten Unterbrechungen auch die Rüstzeiten einbezogen werden.

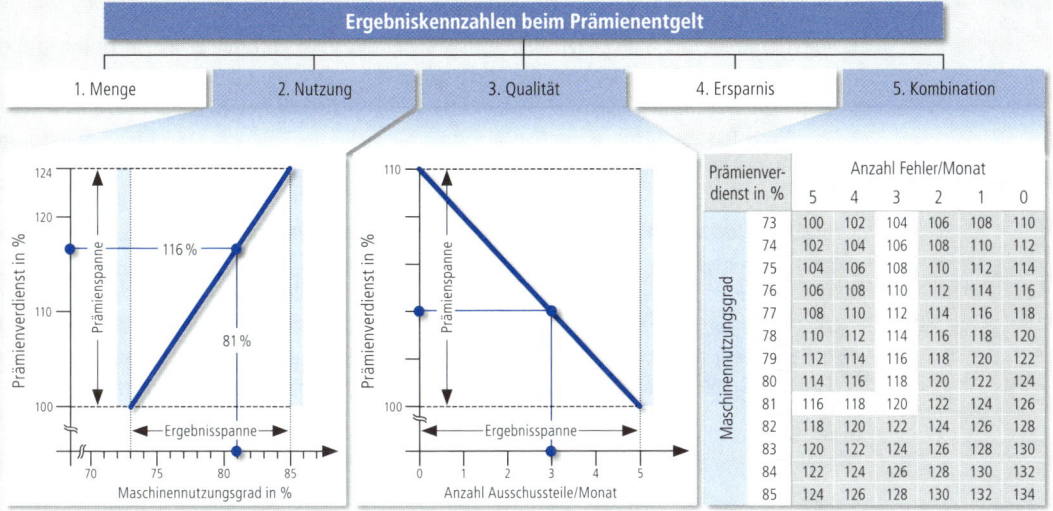

Abbildung IV-122 Beispiel für eine Maschinennutzungsprämie, Qualitätsprämie und Verbundprämie

Nutzungsgrad von 81 % erreicht (100 % = keine Störungsstillstände und kein Rüsten), was zu einem Prämienverdienst von 116 % führt. Hat der Mitarbeiter z. B. die Entgeltgruppe 6 nach dem ERA ME Nordrhein-Westfalen, erhielt er in den Jahren 2009/2010 ein tarifliches Grundentgelt von 2.076,50 € pro Monat. Diesem Grundentgelt wird ein Prämienentgelt in Höhe von 16 % zugeschlagen, das sind ca. 332 €. Damit ergibt sich für den betreffenden Abrechnungsmonat ein Entgelt von ca. 2.409 €.

2. Bei der *Qualitätsprämie* wird als Ergebnisspanne der Bereich von 0 bis 5 Ausschussteilen pro Monat verwendet. Die Anreizfunktion hat auch hier einen linearen Verlauf, und die Prämienspanne beträgt 10 %. Erst bei 4 oder weniger Ausschussteilen pro Monat entsteht für den betreffenden Mitarbeiter ein Prämienverdienst. Im Abrechnungsmonat fielen 3 Ausschussteile an, was zu einem Prämienverdienst von 104 % führt. Bei der unterstellten Entgeltgruppe 6 führt das zu einem Prämienentgelt von ca. 83 €. Damit ergibt sich für den Abrechnungsmonat ein Entgelt von ca. 2.160 €.

3. Bei der *Verbundprämie* wurde die Nutzungs- mit der Qualitätsprämie additiv verknüpft.[233] Bei 3 Ausschussteilen im Monat und einem Maschinennutzungsgrad von 81 % ergibt sich ein Prämienverdienst von 120 % und bei der unterstellten Entgeltgruppe 6 ein Prämienverdienst von 415 € bzw. ein Entgelt von 2.492 €.

Auch beim Prämienentgelt sind korrekte Zeitstandards bei den Ergebniskennzahlen Menge und Maschinennutzung eine Voraussetzung für dessen Funktionieren. Die Entwicklung von Prozessbausteinen ist jedoch weniger schwierig als die Ermittlung relevanter Häufigkeiten, z. B. für

- das Auftreten von Störungen,
- den Anteil durch die Mitarbeiter verursachter und damit zu vertretender Fehler. Erfahrungsgemäß versuchen die betreffenden Personen sich auch dann zu exkulpieren, wenn sie Fehler zu vertreten haben, und Vorgesetzte sind im Regelfall in einer schwierigen »Beweislage«.

---

233 Statt diesem Verbundansatz aus Nutzung und Qualität werden auch OEE-Prämien angewandt, bei denen zusätzlich noch die Effektivität einbezogen wird (vgl. dazu Teil I, Abschnitt 2.4).

In Abbildung IV-120 sind drei zum Prämienentgelt zu beachtende *Anwendungsprämissen* angeführt.

1. Anreizkonzept und -funktionen sind zu begründen: Es muss ein Anreizkonzept vorliegen (Bezugsgrößen und Ergebniskennzahlen) und daraus eine geeignete Lohnlinie einschließlich ihrer Begrenzung abzuleiten sein.
2. Zur Ergebniskennzahl führendes Handeln ist festgelegt: Bei der Produktivitätsförderung muss man sich nicht auf das Ausführen und die dazu geltende Arbeitsmenge beschränken. Auch Rüsten, dispositives Handeln oder Störungsbeseitigungen sind unter Entgeltanreiz zu stellen, wenn sie Ergebnisrelevant sind. Man kann also auch die *Arbeitssystem-Produktivität* (OEE) als Ergebniskennzahl verwenden
3. Das Informationssystem existiert: Mengenergebnisse sind meist einfach zu erfassen und zurück zu melden. Bei den anderen Ergebniskennzahlen, z.B. Maschinennutzungen, ist das oft nicht der Fall. Bei jeder verwendeten Ergebniskennzahl ist sicherzustellen, dass die dazu anfallenden Ergebnisse fehlerfrei sind und sie nicht ausschließlich für das Prämienentgelt zu erfassen sind.

In der Arbeitswelt entwickelter Industrieländer wird das Prämienentgelt häufiger zur Produktivitätsförderung eingesetzt als das Akkordentgelt, allein deshalb, weil es über dessen Anwendungsrahmen hinausgeht.

7.4.4 Pensumentgelt

Das *Pensumentgelt* unterscheidet sich vom Prämienentgelt durch folgende Eigenschaften:

1. Ergebniskennzahl: Als *Ergebniskennzahl* wird nur die Gutstückzahl verwendet unter der Prämisse einer Termineinhaltung. Die Anforderungen an die Qualität der bereitzustellenden Prozessbausteine sind hoch und entsprechen denen beim Akkord- und Prämienentgelt.
2. Pensumleistung und -entgelt: In der Ergebniskennzahl prägt sich die Pensumleistung aus. Diese liegt in einem bestimmten Ausmaß (z.B. 15 %) über der Bezugsleistung. Dieses Ausmaß bestimmt, um wie viel das Pensumentgelt über dem tariflichen Grundentgelt liegt.
3. Vorteil für das Unternehmen: Wie Abbildung IV-120 zu entnehmen ist, wird keine Anreizfunktion verwendet, weil es eine feste Zielmenge gibt, das Pensum. Überschreitungen des Pensums sind nicht verwertbare Ergebnisse. Unterschreitungen würden dazu führen, Lieferverpflichtungen nicht zu erfüllen. Das Unternehmen erhält genau jenes Arbeitsergebnis, das es benötigt.
4. Vorteil für die Mitarbeiter: Vergütungsbasis ist üblicherweise das tarifliche Grundentgelt zur betreffenden Entgeltgruppe. Für die Mitarbeiter entsteht eine Einkommenskonstanz, was für die meisten attraktiver ist als schwankende Akkord- oder Prämienverdienste.

Wir verwenden den Pensumentgelt-Begriff, weil er sich in der Praxis in einigen Branchen eingebürgert hat und anschaulich ist. Man kann das Pensumentgelt auch als eine Sonderform einer Mengenprämie interpretieren, bei der eine genaue, mehr als das Erbringen der tariflichen Bezugsleistung bedingende »Zielmenge« abgefordert wird. Das Pensumentgelt wird wegen der Entgeltkonstanz auch interpretiert als »Entgelt nach dem Zeitentgeltprinzip, aber auf Leistungsentgeltniveau für eine dem entsprechende Leistung«.

Bei Arbeitssystemen, die an einen *Kundenverbrauchstakt* gebunden und zur Lieferung festgelegter Mengen pro Zeiteinheit (z.B. alle 4 Stunden oder zu Schichtende 300 Teile) verpflichtet sind, kann das Pensumentgelt ein adäquates Unterstützungsinstrument sein. Es soll das exakte Erreichen benötigter Arbeitsergebnisse unterstützen. Höhere Ergebnisse führen zwar zu höherer partieller Produktivität, sind aber Blindleistungen, weil sie zu keinen Ressourceneinsparungen führen. Dazu ein Beispiel:

Bei einem Zulieferer in der Luftfahrtindustrie werden durch den hohen Zeitgrad einer 12-köpfigen Beispiel Arbeitsgruppe im Einschichtbetrieb täglich sieben Landeklappen hergestellt. Der Spediteur holt, dem Kundenverbrauchstakt entsprechend, täglich sechs Landeklappen ab. Um wieder in den Verbrauchs-takt zu kommen, kann die Gruppe am folgenden Tag nur noch fünf Stück herstellen und hat ihre Arbeit mittags beendet. Ihr für den Rest des Tages andere Arbeiten zuzuweisen, ist zwar eine oft empfohlene Lösung, die nur den Nachteil hat, dass es fast nie gelingt, sie akzeptabel zu realisieren. Wir haben es mit einer zweifachen Verschwendung zu tun:

1. Das Prämienentgelt mit seiner Anreizfunktion stimuliert die Gruppe zum Erbringen eines nicht benötigten Ergebnisses. Eine Landeklappe liegt einen Tag im Versand.
2. Die Mitarbeiter werden für die Überproduktion honoriert und sind für 7,5 Stunden, einschließlich Prämienverdienst, zu bezahlen, obwohl sie das, was benötigt wird, in ca. 6,5 Stunden erstellen. Der Personalbestand der Gruppe ist also zu hoch.

Bei einem Pensumentgelt würde eine 10-Personen-Pensumgruppe genau sechs Landeklappen pro Tag herstellen. Daran wird nochmals deutlich, worin die Grundidee des Pensumgelts besteht: Arbeitssysteme durch Personalbemessung personell so auszustatten, dass sie mit der Pensumleistung genau den Kundenverbrauchstakt erreichen. Das ist tarifvertragsgerecht zu honorieren.

Pensumentgelt wird fast ausschließlich bei Gruppenarbeit als *Gruppenpensum* angewandt. Sind die Gruppenmitglieder nicht sorgfältig ausgewählt, können daraus schwer lösbare Probleme entstehen.

1. Fehlender Regulationsmechanismus beim Pensumentgelt: Anders als beim Akkord- und Prämien- Probleme entgelt gibt es beim Pensumentgelt keinen Regulationsmechanismus für unterhalb des Pensums liegende Arbeitsergebnisse. Diese führen beim Akkord- und Prämienentgelt zu entsprechend ge-ringeren Entgelten. Weil es diesen Mechanismus beim Pensumentgelt nicht gibt, ist hier durch sorgfältige personelle Auswahl sicherzustellen, dass die Mitarbeiter die Pensen schaffen können und wollen.[234]
2. Notwendiges Mindestmaß an Gruppenkohäsion[235]: Eine sorgfältige personelle Auswahl ist bei jedem Gruppenentgelt zu empfehlen. Nur bei einem Mindestmaß an Gruppenkohäsion toleriert die Gruppe Personen, die gelegentlich unterdurchschnittliche Leistungen erbringen. Mindestens vorübergehend gibt es in jeder Gruppe solche »Minderleister«.

Eine weitere Möglichkeit darauf zu reagieren, liegt darin,

- in ersten Schritt die Gruppenleistung als Pensum abzubilden und
- im zweiten Schritt die Individualleistung durch Leistungsbeurteilung zu bewerten.[236]

In Abbildung IV-120 sind drei *Anwendungsprämissen* angeführt, die zum Pensumentgelt zu beach- Anwendungsprämissen ten sind.

1. Der Anreizpunkt ist sachlich zu begründen: Aufgrund eines Kundenverbrauchstaktes sind die Ergebnismengen und Termine gegeben.

---

234 In manchen Unternehmen schließt man deshalb zwischen den Gruppen (rechtlich vertreten durch den Be-triebsrat) und dem Unternehmen förmliche Kontrakte ab und spricht von einem Kontraktlohn. Gegenstand solcher Kontrakte sind aufgrund des Kundenverbrauchstakts erforderliche Liefermengen sowie Tagesfertig-keiten. Das bedeutet, dass man sich beim Auftreten von Produktionsproblemen ggf. zur Mehrarbeit verpflich-tet, um die Lieferverpflichtung zu erfüllen.
235 Gruppenkohäsion steht für zwischenmenschliche Stabilität in Gruppen, für die soziale Bindung der Grup-penmitglieder an ihre Gruppe. Sie ist dann nicht nur eine formale Gruppe, eine vom Unternehmen geformte Organisationseinheit, sondern auch eine informale Gruppe, eine über ein Mindestmaß von »Wir-Gefühl« verfügende Gemeinschaft.
236 Vgl. Eyer, E.; Webers, T.: Leistungsbeurteilung bei Gruppenarbeit. In: Eyer, E. (Hrsg.): Entgeltsysteme für produzierende Unternehmen, 4. Auflage. Düsseldorf: Symposium Publishing, 2004.

2. Die Personalbemessung steht im Mittelpunkt: Die personelle Besetzung der Gruppe ist genau so, dass dadurch eine vereinbarte Pensumleistung zu erbringen ist.

3. Die personelle Auswahl wird getroffen: Da es keinen Regulationsmechanismus für Minderleistungen gibt, wird durch personelle Auswahl sichergestellt, dass die Mitglieder der Gruppe die Pensumleistung erbringen werden.

Das Pensumentgelt ist besonders für Zulieferbetriebe ein erwägenswertes Instrument zur zielgenauen Produktivitätsförderung.

7.4.5 Zielvereinbarung

Anwendung von Zielvereinbarungen

Abbildung IV-119 ist zu entnehmen, dass Erfolgsstandards nicht nur analytisch zu ermitteln und vorzugeben sind, z. B. in Form von bezugsleistungsbasierten Zeitstandards. Man kann Erfolgsstandards auch über Kontrakte zwischen Vorgesetzten und Mitarbeitern vereinbaren. Diese Möglichkeit ist, anders als in den älteren Tarifverträgen, in den neuen ERA ausdrücklich vorgesehen.[237] Die Anwendung von Zielvereinbarungen ist gegenüber den Leistungsbeurteilungen und dem Akkord-, Prämien- und Pensumentgelt abzugrenzen.

1. Eine notwendige Bedingung für die Anwendung von *Zielvereinbarungen*[238] ist, dass Leistungserfolge mit Hilfe von Istwerten abzubilden, also durch Zählen oder Messen zu bestimmen sind. Wenn das nicht möglich ist und die vorstehend geschilderten Vorgabekonzepte nicht infrage kommen, verbleibt die Möglichkeit, Leistungsbeurteilungen durchzuführen.[239]

2. Grundsätzlich könnte man zu den beim Akkord-, Prämien- und Pensumentgelt vorgegebenen Erfolgsstandards auch Kontrakte schließen. Zielvereinbarungen wird man jedoch nur dann treffen, wenn es um andere Erfolgsstandards als bei diesen drei Entgeltdifferenzierungs-Konzepten geht. Das wäre z. B. bei der »Anzahl Verbesserungsvorschläge pro Mitarbeiter«, der »Einhaltung vereinbarter Budgets« oder bei »Reaktionen auf Kundenreklamationen« der Fall.

Anwendungsaspekte

Folgende Aspekte sind bei der Anwendung von Zielvereinbarungen zur Entgeltdifferenzierung zu beachten:[240]

1. *Geltungsbereich*: Es ist zu regeln, auf welche Bereiche und Stellentypen sie anzuwenden sind. Insbesondere wird man die indirekten Bereiche (z. B. Logistik, Werkzeugbau) sowie das untere Werkstattmanagement (z. B. Einrichter, Schichtleiter, Vorarbeiter) berücksichtigen. Ferner ist festzulegen, ob man Zielvereinbarungen mit Einzelpersonen und/oder mit Personengruppen treffen will.

2. *Zielformulierungen*: Durch Betriebsvereinbarung ist zu regeln, welche Ziele (Zielinhalte) in welchem Anwendungsbereich zu verwenden sind. Im Gegensatz zum Akkord-, Prämien- und Pen-

---

237 Tatsache ist allerdings, dass man das Konzept der Zielvereinbarung, wie es in den ERA optional vorgesehen ist, bisher in nur wenigen Unternehmen anwendet, also kaum Anwendungserfahrungen vorhanden sind. Vgl. auch Busch, E.: Motivation und Verbesserungsorientierung durch Leistungsentgeltsysteme. In: Industrial Engineering, Heft 3, 2008; S. 24–29.

238 Die Durchführung von Zielvereinbarungen ist stets mitbestimmungspflichtig. Werden Zielvereinbarungen nicht zum Zwecke der Entgeltdifferenzierung durchgeführt, handelt es sich um einen allgemeinen Beurteilungsgrundsatz nach § 94 Abs. 2 BetrVG. Werden zum Zwecke der Entgeltdifferenzierung Zielvereinbarungen vorgenommen, ohne dass das tarifvertraglich geregelt ist, ergibt sich das Mitbestimmungsrecht aus § 87 Abs. 1, Nr. 10, 11 BetrVG. Sind sie dagegen tarifvertraglich geregelt, ergibt sich ebenfalls ein Mitbestimmungsrecht beim Festlegen jener Leistungsmerkmale, zu denen man Ziele vereinbaren will.

239 Damit wird eine klare Anwendungsabgrenzung vorgenommen, wie wir sie in den ERA so nicht finden.

240 Vgl. dazu Eyer, E.; Haussmann, T.: Zielvereinbarung und variable Vergütung, 3. Auflage. Wiesbaden; Gabler, 2007.

sumentgelt kann man über die Vereinbarungsperioden hinweg wechselnde Erfolgsgrößen (Ziele) vereinbaren. Beim Formulieren von Zielen sind folgende Grundsätze zu beachten:[241]

- Ziele sollen eindeutig und so konkret sein, dass zu erkennen ist, ob sie erreicht sind oder nicht. Erfüllungsgrade können zwar auch auf Ordinal-Skalenniveau definiert sein. Wenn es möglich ist, sollten jedoch metrisch skalierte Skalen verwendet werden.[242]
- Ziele sollen überschaubar und relevant sein, weil zu umfängliche Zielkataloge verwirren und von den relevanten Zielen ablenken.
- Zielinhalte müssen vom Individuum oder der Gruppe zu beeinflussen und die vereinbarten Erfüllungsgrade nicht nur unter denkbar günstigsten Rahmenbedingungen erreichbar sein.
- Daraus folgt, dass den eigenen Zuständigkeitsbereich überschreitende oder sogar das Gesamtunternehmen, z. B. die Steigerung des Unternehmenswertes[243], betreffende Zielinhalte auszuschließen sind.
- Ziele können kontradiktorisch, müssen aber widerspruchsfrei sein. So sind die Ziele »hohe Zuverlässigkeit« und »geringe Kosten« zwar kontradiktorisch, stellen aber keinen Widerspruch dar, wohl aber »geringstmögliche Durchlaufzeiten« und »ausreichend lange Kundenberatungszeiten«.

Abbildung IV-123 ist ein Beispiel für einen Zielkatalog aus dem Produktionsbereich eines Konsumgüterherstellers zu entnehmen.

3. *Zieldefinition*: Ziele sollen nach vier Dimensionen beschrieben werden:
   - Zielinhalt – was (z. B. »Ausschuss«)
   - Zielrichtung – wohin (z. B. »Reduzierung«)
   - Zeitbezug – bis wann (z. B. »im Geschäftsjahr 2010, gegenüber dem Vorjahr«)
   - Erfüllungsgrad – wie viel (z. B. »5 %«)

Das Ziel lautet dann: »Reduzierung des Ausschusses im Geschäftsjahr 2010 gegenüber dem Vorjahr um 5 %.«

4. *Zielvereinbarungsperiode*: Verbreitet ist ein Zeitraum von einem Jahr. Spätestens nach einem halben Jahr sollte man bei einem Zielmeilensteingespräch prüfen, ob das Ziel wirklich relevant und der vereinbarte Erfüllungsgrad realistisch ist.

5. *Zielerreichungs-Entgelt-Verhältnis*: Es ist festzulegen, welche Zielerfüllungen zu welchen Zielentgelten führen.[244] Dazu gibt es verschiedene technische Lösungen. Diese sind durch Betriebsvereinbarung festzulegen und bilden die methodische Basis für die Zielvereinbarungsgespräche.[245]

6. *Zielvereinbarungsprozess*: Es ist zu regeln, wie die Zielauswahl, das Kontraktgespräch, die verwendeten Hilfsmittel (z. B. Vordrucke, Software), mögliche Einspruchsfristen, das Zielgespräch (nach z. B. einem halben Jahr) und das Zielkontrollgespräch (zum Ende der Vereinbarungsperiode) erfolgen sollen.

---

241 Vgl. Bokranz, R.; Kasten, L.: a. a. O., 2003, S. 126.

242 Die Ausprägungen ordinal skalierter (rangskalierter) Ziele sind in eine Rangfolge zu bringen, lassen sich in »Größer-als-Relationen« bringen, sind bezüglich ihrer Abstände aber nicht definiert, nicht quantifizierbar (Beispiel: Bewertungsnoten 1 = sehr gut; ... ; 5 = ungenügend. Man weiß nicht, ob 1 gegenüber 2 um so viel besser als 3 gegenüber 4 ist). Die Ausprägungen metrisch skalierter (kardinal skalierter) Ziele (z. B. Zeitwerte, Prozentwerte, Geldwerte) sind dagegen auch abstandsdefiniert.

243 Pellens, B. (Hrsg.): Unternehmenswertorientierte Entlohnungssysteme. Stuttgart: Schäffer-Poeschel, 1998.

244 Vgl. dazu Ehlscheid, C.; Meine, H.; Ohl, K. (Hrsg.): a. a. O., 2006, S. 308 f.

245 Vgl. dazu Eyer, E.; Haussmann, T.: a. a. O., 2007, S. 43 f.

Produktion		
Ziel	**wird ermittelt nach**	**sagt aus**
1. Produktivität/MA/Schicht	Arbeitsmenge/Mitarbeiter/Schicht.	wie produktiv die Mitarbeiter sind (Speed, Run-time, Man-machine-ratios sind darin berücksichtigt), kann für jede Produktionsstufe bestimmt werden.
2. Effizienz/Mengeneinheit	z. B. Zeitaufwand in min pro 1.000 Cartridges (Gutstückzahl).	wie produktiv die Mitarbeiter sind (Speed, Run-time, Man-machine-ratios sind darin berücksichtigt), kann für jede Produktionsstufe bestimmt werden.
3. Net Efficiency	$\dfrac{\text{Gross Output} - \text{Production Losses}}{\text{Theoretischem Gross Output}}$	in welchem Ausmaß es gelang, die Anlagen zu nutzen und Nutzungsunterbrechungen zu vermeiden.
4. Net Utilization	Run Time/Available Time.	in welchem Ausmaß es gelang, die maschinellen Kapazitäten auszulasten.
5. Qualitätslage	Fehleranzahl/Stück.	Ausmaß an Fehlern (nicht an Ausschuss!).
6. Ausschussrate	kumulierter Ausschuss/produzierte Mengeneinheit.	Qualitätsergebnis eines Prozesses.
7. Rohmaterial-Bestand	Lagerumschlagshäufigkeit Rohmaterial.	wie weit es gelingt, im Rohmaterial gebundenes Netto-Umlaufvermögen zu minimieren.
8. Halbfabrikate-Bestand	Lagerumschlagshäufigkeit Halbfabrikate.	wie weit es gelingt, in Halbfabrikaten gebundenes Netto-Umlaufvermögen zu minimieren.
9. ET-Bestand	Bestandswert Ersatzteile/Organisationseinheit.	wie weit es gelingt, in Ersatzteilen gebundenes Anlagevermögen zu minimieren.
10. ET-Verbrauch	Ersatzteilverbrauchswert/Maschinenstunde.	wie effektiv Ersatzteilmanagement betrieben wird, indem man sich an der Maschinennutzung orientiert.
11. Internal Quality Quote	gefundene Beanstandungen in Stück/Gutstück-Produktionsmenge.	in welchem Ausmaß die Produktion zuverlässig prüft.
12. Outgoing Quality Quote	gefundene Beanstandungen in Stück/zur Auslieferung bereitgestellter Produktionsmenge.	in welchem Ausmaß Quality Audit zuverlässig prüft.
13. Liefertreue	Anzahl Terminreklamationen	in welchem Ausmaß zugesagte Termine, Liefermengen und Beschädigungsfreiheit eingehalten werden.
14. Beschwerdebearbeitung	mittlere Durchlaufzeit über alle Beschwerdefälle eines Jahres.	wie effizient die Bearbeitung vorgenommen wird – Zeitdauer, bis der Beschwerdeführer zufrieden gestellt ist, relativiert an der Zeitdauer, die man für das unmittelbare Handling benötigte.

Abbildung IV-123   Beispiel für einen Zielkatalog

Vorzüge

Als Vorzüge von Zielvereinbarungen gelten[246], dass

1. man im indirekten Bereich und beim Werkstattmanagement zweckmäßigere Erfolgsstandards als bei den Vorgabekonzepten verwenden kann,
2. nicht zwingend analytisch zu ermittelnde Erfolgsstandards bereitzustellen sind,
3. manche Mitarbeiter durch ihr Mitwirken bei der Zielvereinbarung motivierbar sind,
4. auf viele Vorgesetzte ein »heilsamer Zwang« zu aktivem Führen ausgeübt wird.

---

246 Vgl. dazu, sowie zu Einführungsrisiken z. B. Münch, M.: Konsequente Verknüpfung von strategischer Ausrichtung und Vergütungssystemen. In: Industrial Engineering, 61. Jg. (2008), Heft 5, S. 14–20.

Zielvereinbarung für Arbeitsgruppen Zeitraum vom: 1.1.2010 bis: 31.12.2010 Bereich: Produktion · Abteilung: Cartridges-Montage · Gruppe: DRW-T 22						
Ziel Nr. 4: Erhöhung der Net Utilization				**vereinbart**	**Erfolgsskala**	
1: sehr gut	2: noch gut	3: ausreichend	4: ungenügend	Erhöhung der Net Utilization um 2 %	1: 2,0 % 2: 1,5 bis < 2,0 % 3: 1,0 bis < 1,5 %	
6 Punkte	4 Punkte	2 Punkte	0 Punkte			
Ziel Nr. 6: Reduzierung der Ausschussrate				**vereinbart**	**Erfolgsskala**	
1: sehr gut	2: noch gut	3: ausreichend	4: ungenügend	Reduzierung der Ausschussrate um 1,6 %	1: 1,6 % 2: 1,3 bis < 1,6 % 3: 1,0 bis < 1,3 %	
9 Punkte	6 Punkte	3 Punkte	0 Punkte			
Ziel Nr. 16: Übernahme definierter Wartunsgarbeiten				**vereinbart**	**Erfolgsskala**	
1: sehr gut	2: noch gut	3: ausreichend	4: ungenügend	Übernahme von 85 % der Wartungsaufgaben	1: 90 bis 100 % 2: 70 bis < 90 % 3: 50 bis < 70 %	
6 Punkte	4 Punkte	2 Punkte	0 Punkte			

Σ Punkte	0 bis 3	4 bis 6	7 bis 9	10 bis 12	13 bis 15	16 bis 18	19 bis 21
% auf TG	2,5	5	10	13	17	22	28

Kontraktergebnis: Zielentgelt von 13 % auf das tarifliche Grundentgelt		
Datum: 20.11.2009	Gruppe: Jünda	Abteilung: Ehrstein

Abbildung IV-124   Beispiel für eine Zielvereinbarung

7.4.6   Leistungsbeurteilung

In den beiden vorhergehenden Abschnitten wurden Instrumente zur Leistungsentgeltdifferenzierung erläutert, bei denen Erfolgsstandards verwendet werden. Kann man auf solche Standards nicht zurückgreifen, verbleibt noch die Möglichkeit, eine Leistungszulage zu verwenden. Diese kann, stets unter Tarifvorbehalt, nach drei Ansätzen bestimmt werden.[247]

1. Keine Leistungsbeurteilung: Es wird eine einheitliche, nicht leistungsdifferenzierte Leistungszulage gezahlt.
2. Summarische Leistungsbeurteilung: Durch die Vorgesetzten wird eine pauschale Leistungsdifferenzierung aufgrund mehr oder weniger subjektiver Einschätzungen vorgenommen.
3. Analytische Leistungsbeurteilung: Durch die Vorgesetzten wird eine methodische Leistungszulagen-Differenzierung nach einem Leistungsbeurteilungsverfahren vorgenommen. Nur dieser Ansatz wird hier behandelt.

In Abbildung IV-119 wird als dritter Ansatz zur leistungsbezogenen Entgeltdifferenzierung die *Leistungsbeurteilung* (Leistungsbewertung) angeführt. Dabei bewerten Vorgesetzte anhand ordinal skalierter Beurteilungsmerkmale den Leistungserfolg und die Leistungsbereitschaft von Personen über einen längeren Zeitraum. Als Beurteilungsergebnis wird ein Punktwert bestimmt und aus diesem ein prozentualer Zuschlag zum Grundentgelt abgeleitet, die *Leistungszulage*. Verbreitete Auffassung ist, dass die Leistungsbeurteilung dann anzuwenden ist, wenn Vorgaben oder Vereinbarungen von Erfolgsstandards ausscheiden. Das ist z. B. im administrativen oder im indirekten Bereich häufig der

Leistungsbeurteilung

---

247   Vgl. Ehlscheid, C.; Meine, H.; Ohl, K.: a.a.O., 2006, S. 226.

Fall, weil es dafür nur selten methodisch ermittelte Erfolgsstandards gibt. In den ERA sind, wie bereits bei ihren Vorläufern, Leistungsbeurteilungsverfahren eingeschlossen. Diese sind, sofern das tarifvertraglich nicht ausgeschlossen ist, über den Weg einer Betriebsvereinbarung durch betriebliche Leistungsbeurteilungsverfahren zu ersetzen.

ERA ME Bayern
maximale Punktzahl: 100
Punktwert: 0,28 % des Tarifgrundentgelts
durchschnittlicher betrieblicher
Mindestpunktwert: 13 %
Beispiel: EG 8 = 2.400 €/Monat
  Beurteilungsergebnis = 60 Punkte
  Leistungszulage =
  (60 · 0,28) % · 2.400 € = 403,20 €

Beurteilungsmerkmal	A: Leistung entspricht dem Ausgangsniveau der Arbeitsaufgabe	B: Leistung entspricht im Allgemeinen den Erwartungen	C: Leistung entspricht im vollen Umfang den Erwartungen	D: Leistung liegt über den Erwartungen	E: Leistung liegt weit über den Erwartungen
1. Effizienz: Quantität, termingerechte Arbeitsergebnisse, Umgang mit Zeit, rationelle Durchführung, Setzen von richtigen Prioritäten	0	5	10	15	20
2. Qualität: sorgfältige Durchführung von Aufgaben, Häufigkeit von Fehlern und Mängeln, Einhaltung von Zusagen und Absprachen	0	5	10	15	20
3. persönlicher Einsatz: Arbeiten in unterschiedlichen Arbeits- u. Organisationsstrukturen; Initiative; Übernahme von Verantwortung; Einbringen bzw. Umsetzung von Ideen u. Anregungen, Umgang mit Arbeits- und Gesundheitsschutz	0	5	10	15	20
4. methodisches Arbeiten: Fähigkeit zur Analyse und Entscheidungsfindung, Kostenbewusstsein, übergreifendes Denken/Handeln, Kundenorientierung	0	5	10	15	20
5. Zusammenarbeit: Teamverhalten, Kommunikationsverhalten, Konfliktlösungsfähigkeit, Informationsaustausch, Führungsverhalten, Hilfsbereitschaft	0	5	10	15	20

ERA ME Nordrhein-Westfalen
maximale Punktzahl: 32
Punktwert: 0,625 % des Tarifgrundentgelts
durchschnittlicher betrieblicher
Mindestpunktwert 10 %
Beispiel: EG 9 = 2.337 €/Monat
  Beurteilungsergebnis = 18 Punkte
  Leistungszulage =
  (18 · 0,625) % · 2.337 € = 262,91 €

Beurteilungsmerkmal	A: genügt den Leistungsanforderungen nicht immer	B: genügt den Leistungsanforderungen fast immer	C: genügt den Leistungsanforderungen in vollem Umfang	D: übertrifft die Leistungsanforderungen	E: übertrifft die Leistungsanforderungen in besonderem Umfang
1. Anwendung von Kenntnissen und Fertigkeiten: Sorgfalt, Genauigkeit, Zuverlässigkeit	0	2	4	6	8
2. Arbeitseinsatz: Intensität, Wirksamkeit, Selbständigkeit, Kostenbewusstsein, sachgerechte Behandlung der Betriebsmittel	0	2	4	6	8
3. Beweglichkeit: Überblick, Setzen von Prioritäten, Arbeitsverhalten bei verschiedenen Arbeitssituationen	0	2	4	6	8
4. Zusammenarbeit/Führungsverhalten: Informationsaustausch, Überzeugungsfähigkeit, aufgabenorientierte Zusammenarbeit	0	2	4	6	8

Abbildung IV-125   Bewertungsmerkmale und Bewertungsstufen der Leistungsbeurteilungsverfahren in den ERA ME Bayern und Nordrhein-Westfalen (keine Gewichtung der Beurteilungsmerkmale)

Beurteilungsmerkmal, Beurteilungsstufe

In den Tarifverträgen werden vier bis sechs *Beurteilungsmerkmale* verwendet. Jedem Beurteilungsmerkmal sind nach dem Schulnotenprinzip (ordinal skaliert) meistens fünf *Beurteilungsstufen* zugewiesen. Es gibt Leistungsbeurteilungsverfahren, bei denen die Merkmale gewichtet (vgl. Abbildung IV-126) und andere, bei denen sie nicht gewichtet sind. In der Abbildung IV-125 sind die in den ERA ME Bayern und ME Nordrhein-Westfalen vorgesehenen Verfahren mit je einem Anwendungsbeispiel gegenübergestellt.

Die Leistungsbeurteilung wird meist einmal jährlich durchgeführt. Die Ergebnisse aus den dazu durchgeführten Beurteilungsgesprächen werden in Beurteilungsbögen protokolliert. Das Prozedere bei Konfliktregelungen aufgrund von Mitarbeitereinsprüchen ist in den Tarifverträgen geregelt oder in Betriebsvereinbarungen zu regeln.

Betriebliche Anwendungsrichtlinien

Abbildung IV-125 ist zu entnehmen, dass beim Beurteilungsprozess Spielräume bestehen. Zum einen sind die Stufenbeschreibungen interpretationsfähig, z. B. wann Leistungsanforderungen »übertroffen« und ab wann sie »in besonderem Umfang übertroffen« werden. Um die Ermessensspielräume einzugrenzen, werden in den Unternehmen betriebliche Anwendungsrichtlinien verwendet, wie der Abbildung IV-124 beispielhaft zu entnehmen ist.

Beurteilungsstufen / Beurteilungsmerkmale	A	B	C	D	E
	für eine Leistungszulage nicht ausreichend (ist seinen Aufgaben nicht gewachsen)	entspricht im allgemeinen den Anforderungen (Aufgabengebiet überwiegend beherrscht)	entspricht in vollem Umfang den Anforderungen (Aufgabengebiet beherrscht)	übertrifft die Anforderungen erheblich (Aufgabengebiet überragt)	übertrifft die Anforderungen in hohem Maße (über das Aufgabengebiet hinausgewachsen)

1. Einsatzerfolg

1.1 Arbeitsquantität

Arbeitsergebnisse, Arbeitsintensität, Zeitnutzung	0	7	14	21	28
	wird mit seiner Arbeit nie richtig fertig	braucht gelegentlich mehr Zeit als andere	erledigt seine Arbeiten mit normalem Zeitaufwand	wird auch mit verstärktem Arbeitsanfall gut fertig	bewältigt auch starken Arbeitsanfall in kurzer Zeit

1.2 Arbeitsqualität

Fehlerquote, Güte, Perfektion	0	7	14	21	28
	arbeitet fehlerhaft, unselbständig, hält Termine nicht ein	arbeitet manchmal flüchtig, dadurch fehlerhaft; ist gelegentlich nicht selbständig genug; ist gelegentlich an Termine zu erinnern	arbeitet meist sorgfältig, selbständig und terminbewusst	arbeitet selbständig, sorgfältig und termingerecht	arbeitet in jeder Hinsicht fehlerfrei

2. Einsatzbereitschaft

2.1 Arbeitseinsatz

Initiative, Belastbarkeit, Vielseitigkeit	0	4	8	12	16
	zeigt keine Einsatzbereitschaft und Arbeitsfreude; gibt bei Schwierigkeiten und äußeren Störungen leicht auf; hat keine Ideen; braucht Anregungen und Ermunterung; ahmt nach	Einsatzbereitschaft und Arbeitsfreude sind nicht stetig; Schwierigkeiten und äußeren Störungen beeinflussen gelegentlich die Beständigkeit; ist manchmal anfällig gegen äußere Störungen; ist Termindruck nicht immer gewachsen; bringt noch zu wenig eigene Ideen und Anregungen; braucht hin und wieder Ermunterung	zeigt beständige Einsatzbereitschaft und Arbeitsfreude; gibt bei Schwierigkeiten nicht auf; schafft seine Arbeit auch unter Termindruck; hat eigene Ideen und gibt Anregungen	ist immer bereit, über sein Arbeitsgebiet hinaus zusätzliche Aufgaben zu übernehmen; Beständigkeit wird auch durch äußere Störungen nicht beeinträchtigt; schafft seine Arbeit auch unter Termindruck; gibt aufgrund seiner Ideen gute Anregungen und setzt sich für deren Verwirklichung ein	sucht stets Aufgaben, die ihn fordern; geht in der Arbeit und im Beruf auf; steigert sich selbst bei erheblichen Schwierigkeiten; sehr schöpferischer Mensch, der sich bei der Verwirklichung seiner Ideen durch besondere Aktivität auszeichnet

3. Verhalten

3.1 Arbeitssorgfalt

Verbrauch und Behandlung von Arbeitsmitteln aller Art, zuverlässiges, rationelles und kostenbewusstes Verhalten	0	4	8	12	16
	plant, organisiert wenig sachgerecht und nicht genügend rationell; hat Schwierigkeiten, Störungen, Abweichungen und Leistungsabfall zu erkennen und unterlässt korrigierende Maßnahmen	plant in gewohntem Rahmen, übersieht gelegentlich Störungen, Abweichungen und Leistungsabfall und trifft nicht immer korrigierende Maßnahmen	plant sachgerecht im Rahmen gestellter Aufgaben; setzt Mitarbeiter und Sachmittel meist wirtschaftlich ein; erkennt Störungen, Abweichungen und Leistungsabfall fast immer und ergreift entsprechende Maßnahmen	plant umsichtig; gute Arbeitsorganisation; Störungen, Abweichungen und Leistungsabfall werden erkannt und wirksam korrigiert	plant stets vorausschauend und umfassend; setzt Mitarbeiter und Sachmittel stets wirtschaftlich ein; Störungen, Abweichungen und Leistungsabfall werden sofort erkannt und unverzüglich wirksam korrigiert

3.2 betriebliches Zusammenwirken

gemeinsame Bewältigung von Arbeitsaufgaben	0	3	6	9	12
	verschlossen und kontaktarm; Einzelgänger; stört Teamarbeit; kann sich nicht in eine Gruppe einordnen; nutzt Möglichkeiten zur Information und fachlichen Hilfe zu selten oder gar nicht	ist nicht immer/noch nicht genügend kontaktfreudig; ist etwas schüchtern; arbeitet im Team mit und ordnet sich ein, liefert aber noch zu wenig eigene Beiträge; harmoniert nicht immer mit der Gruppe; nutzt i. a. Möglichkeiten zur Information und fachlichen Hilfe	kontaktfreudig; nutzt regelmäßig Möglichkeiten, um Informationen und fachliche Hilfen zu geben; bereitwilliger Teammitarbeiter mit eigenen Beiträgen; nutzt regelmäßig Möglichkeiten, um Informationen auszutauschen und fachliche Hilfen zu geben	stellt stets gute persönliche Kontakte her; gewinnt Vertrauen; sucht Möglichkeiten, um Informationen auszutauschen und fachliche Hilfe zu geben; zielorientierter Teamarbeiter, der sich aktiv in die Gruppe einfügt	stellt in kürzester Zeit gute persönliche Kontakte her, die er dauerhaft pflegt; findet in kürzester Zeit das Vertrauen anderer; gibt gezielt jede erforderliche Information und fachliche Hilfe; vorbildlicher Teamarbeiter, der stets das Gruppeninteresse voranstellt

Abbildung IV-126 Beispiel für eine betriebliche Anwendungsrichtlinie zur Leistungsbeurteilung (mit gewichteten Beurteilungsmerkmerkmalen)

Der Konfliktprozess ist in den meisten Tarifverträgen und Betriebsvereinbarungen in etwa wie folgt geregelt:

- Mindestens einmal jährlich wird eine Beurteilung durch Vorgesetzte durchgeführt.
- Dem Arbeitnehmer wird sein Beurteilungsergebnis mitgeteilt.
- Er kann dem Beurteilungsergebnis zustimmen oder dagegen Einspruch einlegen.
- Nach den tariflichen oder betrieblichen Vorschriften werden Einsprüche in einer paritätischen (betrieblichen) Kommission behandelt.
- Wird dort keine Einigung erzielt, entscheidet eine Einigungsstelle über den strittigen Sachverhalt.
- Wird auch dort noch keine Einigung erzielt, steht der Rechtsweg offen.

Praktische Probleme

Als praktische Probleme bei der Leistungsbeurteilung gelten:

1. Die Objektivität und Reliabilität eines Leistungsbeurteilungsverfahrens[248] wird signifikant beeinflusst von den Managementfähigkeiten der Vorgesetzten.
2. Um zu verhindern, dass zwischen verschiedenen Organisationseinheiten unterschiedliche Beurteilungsniveaus entstehen, müssen diese koordiniert und abgeglichen werden. Selbst wenn die Mitarbeiter in einer Organisationseinheit überdurchschnittlich gut oder schwach sind, werden sie dadurch mehr oder weniger stark »zwangsnivelliert«.
3. Betrieblich werden für die erbrachten Leistungen in einer Organisationseinheit meist Normalverteilungen unterstellt. Diese können sich, wenn überhaupt, nur bei großen Personenkollektiven einstellen. Bei Organisationseinheiten von weniger als etwa 30 Personen ist diese Modellannahme problematisch.
4. Erfahrungsgemäß schaffen es die wenigsten Vorgesetzten, eine deutliche Differenzierung zwischen guten und schwachen Mitarbeitern herzustellen. Deshalb ist die Leistungsbeurteilung zur Realisierung des Kausalitätsprinzips nur begrenzt tauglich.

Vorzüge

Der Leistungsbewertung sind aber auch Vorzüge beizumessen, in erster Linie, dass sie

1. bei allen Einschränkungen zu besseren Ergebnissen führt als methodisch nicht abgesicherte Verfahren, bei denen Vorgesetzte aus eigenem Ermessen bestimmte Leistungszulagen bestimmen,
2. auf viele Vorgesetzte einen »heilsamen Zwang« zu aktivem Führen ausübt.

---

248 Um zu verhindern, dass Vorgesetzte, die Konflikte mit ihren Mitarbeitern scheuen, diese – im Widerspruch zum angewandten Verfahren – zu hoch bewerten, sollten dauerhaft Anwendungs-Auditierungen durchgeführt werden. Praktische Erfahrungen gehen dahin, dass in den Unternehmen die Beurteilungsergebnisse meist eine über die Jahre steigende Tendenz haben. Das liegt jedoch nicht ausschließlich an Anwendungsfehlern, sondern auch daran, dass Mitarbeiter über die Jahre zu steigenden Leistungen kommen und man sich schwacher Mitarbeiter bei passender Gelegenheit entledigt. Diesem Sachverhalt müssen sich die Leistungsbeurteilungsverfahren jedoch, methodisch notwendig, verschließen.

7.5 Zusammenfassung

Nachfolgend werden zu den in den vorhergehenden Abschnitten erläuterten Konzepten einige empirische Erkenntnisse angeführt und daraus Schlussfolgerungen gezogen. Die empirische Basis war zwar mit 20 ausgesuchten, weil MTM intensiv nutzenden Unternehmen der Metall- und Elektroindustrie (überwiegend tarifgebunden) eher schmal. Andererseits repräsentierten diese 20 Mitgliedsunternehmen ca. 70.000 im Produktionsbereich beschäftigte Mitarbeiter. Dabei beziehen wir uns auf Abbildung IV-127, um folgende vier Sachverhalte zu diskutieren:[249]

1. Die Verbreitung von Leistungsentgeltgrundsätzen: Fast die Hälfte der befragten Unternehmen wendet ein Zeitentgelt mit Leistungsbewertung an. Dieses Konzept hat in der Wirtschaft große Bedeutung, auch wenn es bezüglich seiner Wirksamkeit von Arbeitnehmern und Unternehmen eher zurückhaltend beurteilt wird. Deshalb hätte die Zielvereinbarung gute Chancen, die Leistungsbewertung teilweise zu ersetzen. Bisher ist das aber nicht zu erkennen. Das Akkordentgelt wurde bei den befragten Unternehmen auf jeden fünften unter Leistungsentgelt gestellten Arbeitsplatz angewandt. Wir sind skeptisch, ob es dort so viele Arbeitsplätze gab, für die das Akkordentgelt ein angemessenes Konzept ist.
2. Die produktionslogistischen Bedingungen: Bei den befragten Unternehmen unterlag etwa ein Drittel der Arbeitsplätze einem Kundenverbrauchstakt. Pensumentgelt wurde aber auf weniger als 10 % der Arbeitsplätze angewandt, obwohl es hier ein adäquater Entgeltgrundsatz wäre. Etwa 80 % der Unternehmen hatten keine Fertigwarenlager, woraus man schließen kann, dass sie besonderen Anforderungen an ihre logistischen Fähigkeiten unterlagen. Auch darin sehen wir einen Grund, sich mit dem Konzept des Pensumentgelts auseinanderzusetzen.

Leistungsentgeltgrundsätze		Anteil der Arbeitsplätze
1	Zeitentgelt mit Leistungsbewertung	45 %
2	Akkordentgelt	21 %
3	Mengenprämienentgelt	20 %
4	Nutzungsprämienentgelt	-
5	Verbundprämienentgelt	7 %
6	Pensum-/Kontraktentgelt	6 %

logistische Rahmenbedingungen		Anteil der Arbeitsplätze
1	Produktion auf Lager	21 %
2	lagerfreie Produktion, aber nicht im Kundenverbrauchstakt	44 %
3	Just-in-time-Produktion	19 %
4	Just-in-sequence-Produktion	17 %

unter Entgeltanreiz gesetzte Funktionen			Anteil der Arbeitsplätze
1	Rüsten	durch die Mitarbeiter im Arbeitssystem	88 %
		durch Einrichter	41 %
2	Ausführen	ohne Beseitigen von Störungen	50 %
		mit Beseitigen von Störungen	53 %
3	Übernahme weiterer Funktionen, z. B. Transporte		91 %

Verdienstgrade im Jahresmittel		Anteil der Arbeitsplätze
1	mittlerer Verdienstgrad	130 %
2	Spannweite der Verdienstgrade	17 %
3	Monatsschwankung des mittleren Verdienstgrades	5 %

Abbildung IV-127   Leistungsentgeltgrundsätze, Anwendungsrahmen und Verdienstgrade

---

249 Vgl. Bokranz, R.; Britzke, B.: a.a.O., 2009.

3. Die unter Entgeltanreiz gesetzten Funktionen: Die meisten Unternehmen waren daran interessiert, weitere Funktionen per Job-Enlargement in die Arbeitssysteme zu integrieren, komplexere Aufgaben zu schaffen und Schnittstellen zu reduzieren. Interessant ist, inwieweit auf Produktivitätsverbesserung zielende Entgeltfindungskonzepte angewandt wurden. Das Rüsten zogen die meisten in den Entgeltanreiz ein, Störungsbeseitigungen aber nur etwa die Hälfte. Inwieweit Ausschussvermeidung einbezogen wurde, ist schwer zu beurteilen, weil ein erheblicher Teil der Unternehmen nur »Gutstückzahlen« honorierte und damit zur Ausschussvermeidung anzureizen glaubte.

4. Bei Leistungsentgelten erzielte Verdienstgrade: Bei einem mittleren Verdienstgrad von 130 %[250] hatte das Leistungsentgelt einen relevanten Anteil am Gesamtentgelt. Mit einer mittleren Spannweite von 17 % lag keine starke interpersonelle Streuung vor, so dass eine Tendenz zu einer eher moderaten interpersonellen Entgeltspreizung bestand. Es bestand also eine Tendenz zur Verdienstverstetigung.

Die Entgeltdifferenzierung ist kein zur Vermittlung von Arbeitszufriedenheit taugliches Instrument. Bestenfalls dient es der Vermeidung dauerhafter Unzufriedenheit. Dabei geht es weniger um die absolute Entgelthöhe. Diese ist, zumindest das Grundentgelt betreffend, durch tarifvertragliche Regelungen festgelegt. Es geht um die relative Entgelthöhe, denn diese ist für die Mitarbeiter Anlass, über den »sozialen Vergleich« die relative Angemessenheit oder Unangemessenheit ihrer Vergütung zu beurteilen. Unternehmen haben bei der Entgeltgestaltung nur geringe, durch tarifvertragliche Regelungen und wettbewerbsbedingten Kostendruck begrenzte Spielräume. In den vorhergehenden Abschnitten wurde gezeigt, dass dennoch Gestaltungsmöglichkeiten verbleiben. Dabei kommt es auf folgende Überlegungen an:

1. In welchem Ausmaß will man dem Prinzip der kausalen und in welchem Ausmaß dem Prinzip der finalen Entgeltfindung folgen und auf welche Personengruppen will man diese anwenden? Da man finale Entgeltfindungsprinzipien in der Praxis nur im oberen Segment des außertariflichen Bereichs antrifft, haben wir diese hier ausgeklammert.

2. Bei der Grundentgeltdifferenzierung ist die Methode für tarifvertragsgebundene Unternehmen vorgegeben, weil der Tarifvertrag das Arbeitsbewertungsverfahren vorschreibt. Auch wenn es Öffnungsklauseln gibt, überlegen sich Unternehmen, wie weit sie sich von dem entfernen, was ihre Wettbewerber praktizieren. Gestaltungsspielräume verbleiben jedoch bei der Anforderungsermittlung, einschließlich der Stellenbeschreibungen. Transparente analytische Stellenbeschreibungen (vgl. Abbildung IV-115) bedingen gegenüber summarischen, pauschalen Beschreibungen zwar einen Mehraufwand. Dieser ist aber dadurch zu rechtfertigen, dass der »soziale Vergleich« so stärker zu objektivieren ist und Einsprüche qualifizierter zu behandeln sind.

3. Bei der Leistungsentgeltdifferenzierung sind, neben größtmöglicher Transparenz, aus den Geschäftsprozessen wirkende Rahmenbedingungen zu beachten. Unterliegt man einem Kundenverbrauchstakt oder hat man überwiegend hochmechanisierte Arbeitsplätze, sollte man z. B. keinen Akkordlohn anwenden.

4. Akkord-, Prämien- und Pensumentgelte sollten dann durch Zielvereinbarungen ersetzt werden, wenn dabei relevantere Erfolgsstandards zu verwenden sind. Das ist häufiger in den indirekten Bereichen und beim Werkstattmanagement, seltener in den direkten Bereichen möglich.

5. Sind keine Erfolgsstandards zu bestimmen, sondern Arbeitsergebnisse nur qualitativ zu beurteilen, verbleibt die Möglichkeit der Leistungsbeurteilung.

---

250 Bei den meisten ERA ist beim Zeitentgelt ohne Leistungsbeurteilung eine Leistungszulage von 10 % vorgesehen. Bei den hier erfassten Unternehmen wurden mittlere Verdienstgrade zwischen 116 % und 145 % erhoben. Das heißt, bei der Verdienstgradhöhe bestehen erhebliche Unterschiede zwischen den Unternehmen.

Literaturverzeichnis Teil IV

Abele, E.; Eichhorn, N.: Richtig planen oder kontinuierlich verbessern? In: Britzke, B. (Hrsg.): MTM in einer globalisierten Wirtschaft. München: mi-Wirtschaftsbuch, 2010, S. 226 f.

Ackermann, K.-F. (Hrsg.): Balanced Scorecard für Personalmanagement und Personalführung. Wiesbaden: Gabler, 2000.

Balze, W.; Rebel, W.; Schuck, P.: Outsourcing und arbeitsrechtliche Restrukturierung des Unternehmens, 2. Auflage. Heidelberg u.a.: C. F. Müller, 2007.

Bass K.; Nachreiner, F.; Grzech-Sukalo, H.; Hänecke, K.; Qin, L.; Dieckmann, P.; Eden, J.; Lochmann, R.: Arbeitszeit ergonomisch gestalten, 2. Auflage. Dortmund/Berlin, Bundesanstalt für Arbeitsschutz und Arbeitsmedizin, Fb. 837, 2000.

Beermann, B.: Bilanzierung arbeitswissenschaftlicher Erkenntnisse zur Nacht- und Schichtarbeit. Amtliche Mitteilungen der Bundesanstalt für Arbeitsschutz 1/96. Dortmund: o. V., 1996.

Bischoff, R.: Anlaufmanagement. Schnittstelle zwischen Projekt und Serie. Konstanz: Konstanzer Managementschriften, 2007.

Bittelmeyer, G.; Hegner, F.; Kramer, U.: Bewegliche Zeitgestaltung im Betrieb. Köln: Gesamtverband der metallindustriellen Arbeitgeberverbände e. V., 1987.

Böhm, H.-H.; Wille, F.: Deckungsbeitragsrechnung, Grenzpreisrechnung und Optimierung, 5. Auflage. München: Verlag Moderne Industrie, 1977.

Bösenberg, D.; Metzen, H.: Lean Management. Vorsprung durch schlanke Konzepte, 2. Auflage. Landsberg: Moderne Industrie, 1993.

Bokranz, R.: Personalbedarfsermittlung. In: Gaugler, E.; Oechsler, W. A.; Weber, W. (Hrsg.): Handwörterbuch des Personalwesens, 3. Auflage. Stuttgart: Schäffer-Poeschel, 2004, Sp. 1380–1394.

Bokranz, R.; Britzke, B.: Anwendung und Rahmenbedingungen von Leistungsentgeltgrundsätzen in der Metall- und Elektroindustrie. Eine Befragung von MTM-Mitgliedsunternehmen durch das MTM-Institut. In: MTMaktuell, 14. Jg. (2009), Ausgabe 42, S. 17–18, Ausgabe 43, S. 23–24.

Bokranz, R.; John, B.: Arbeitsdatenermittlung, 3. Auflage. Gräfelfing: Resch, 1986.

Bokranz, R.; Kasten, L.: Organisations-Management in Dienstleistung und Verwaltung, 4. Auflage. Wiesbaden: Gabler, 2003.

Bredemeier, K.; Schlegl, H.: Die Kunst der Visualisierung. Zürich: Orell Füssli, 1991.

Breisig, T.: Entgelt nach Leistung und Erfolg: Köln: Bund, 2003.

Bundesrechnungshof (Hrsg.): Typische Mängel bei der Ermittlung des Personalbedarfs in der Bundesverwaltung. Stuttgart, Berlin, Köln: Kohlhammer, 1992.

Busch, E.: Motivation und Verbesserungsorientierung durch Leistungsentgeltsysteme. In: Industrial Engineering, Heft 3, 2008, S. 24–29.

Crone, A.; Werner, H. (Hrsg.): Handbuch modernes Sanierungsmanagement. München: Franz Vahlen, 2007.

Deming, W. E.: Out of the crisis. Massachusetts (USA): Massachusetts Institute of Technology, 1986.

Deutsche Gesellschaft für Arbeitsmedizin und Umweltmedizin e.V. (Hrsg.): Leitlinien Nacht- und Schichtarbeit, o. Jg.

Deutsches Instituts für Betriebswirtschaft (Hrsg.): Jahresbericht. Frankfurt: dib, 2005.

Diepold, M.: Die leistungsbezogene Vergütung. Berlin: Duncker & Humblot, 2005.

Dittrich, H.: Erfolgsgeheimnis Visualisierung. Planegg: WRS Verlag, 2000.

Drumm, H.; Scholz, C.: Personalplanung – Planungsmethoden und Methodenakzeptanz, 2. Auflage. Bern, Stuttgart: Haupt, 1988.

Ebert, K.: Über die Schnittstelle zur Integration. In: MTMaktuell, 13. Jg., Ausgabe 39, Heft 3/2008, S. 26–27.

Ehlscheid, C.; Meine, H.; Ohl, K. (Hrsg.): Handbuch Arbeit – Entgelt – Leistung, 4. Auflage. Köln: Bund, 2006.

Eyer, E.; Haussmann, T.: Zielvereinbarung und variable Vergütung, 3. Auflage. Wiesbaden: Gabler, 2007.

Eyer, E.; Webers, T.: Leistungsbeurteilung bei Gruppenarbeit, In: Eyer, E. (Hrsg.): Entgeltsysteme für produzierende Unternehmen, 4. Auflage. Düsseldorf: Symposium Publishing, 2004.

Ferreira, Y.: Auswahl flexibler Arbeitszeitmodelle und ihre Auswirkungen auf die Arbeitszufriedenheit. Stuttgart: Ergonomia, 2001.

Fischer, F.: Versteckte Potenziale im Unternehmen. In: IfaA (Hrsg.): Produktionssysteme. Aufbau, Umsetzung, betriebliche Lösungen. Köln: Bachem 2008, S. 79 ff.

Fitzek, D.: Anlaufmanagement in Netzwerken. Bern: Haupt, 2006.

Goldratt, E. M.: Theory of Constraints. Croton-on Hudson: North River Press, 1990.

Greif, M.: Teamerfolge in der Produktion durch Visualisierung, 2. Auflage. Landsberg: Moderne Industrie, 1998.

Harmon, R. L.; Peterson, L. D.: Die neue Fabrik. Einfacher, flexibler, produktiver – hundert Fälle erfolgreicher Veränderung. Frankfurt: Campus, 1990.

Heckel, T.: Der gerechte Lohn. München: Oldenbourg, 1963.

Heckhausen, H.; Heckhausen, J.: Motivation und Handeln, 3. Auflage. Berlin, Heidelberg, New York: Springer, 2006.

Hedden, I. D.; Bonitz, H.; Grzech-Sukalo, H.; Nachreiner, F.: Zur Klassifikation und Analyse unterschiedlicher Schichtsysteme und ihre psychosozialen Effekte. Teil 2: Differentielle Effekte bei Gruppierung nach periodischen Merkmalen. Überprüfung eines alternativen Klassifikationsansatzes. In: Zeitschrift für Arbeitswissenschaft 43 (15 NF) 1989, S. 73–78.

Heidl, A.: Interne Revision. In: Chmielewicz, K.; Schweitzer, M.(Hrsg.): Handwörterbücher des Rechnungswesens, 3. Auflage. Stuttgart: Schäffer-Poeschel, 1993, Sp. 947–955.

Held, S.: Entgeltformen. München, Mering: Hampp, 2005.

Hirano, H.: Poka-yoke. 240 Tips für Null-Fehler-Programme. Landsberg: Moderne Industrie, 1992.

Horvath, P.: Controlling, 6. Auflage. München: Vahlen, 1996.

Horvath & Partner (Hrsg.): Balanced Scorecard umsetzen. Stuttgart: Schäffer-Poeschel, 2000.

Höhn, R.: Führungsmodelle – Harzburger Modell. In: Kieser, A.; Reber, G.; Wunderer, R. (Hrsg.): Handwörterbuch der Führung. Stuttgart: Schäffer-Poeschel, 1987, Sp. 614–621.

IfaA (Hrsg.): Handbuch des Prämienlohns. Köln: Bachem, 1989.

Imai, M.: Kaizen. Der Schlüssel zum Erfolg der Japaner im Wettbewerb, 8. Auflage. Berlin: Ullstein, 1998.

Institut für angewandte Arbeitswissenschaft (Hrsg.): Handbuch des Prämienlohns. Köln: Wirtschaftsverlag Bachem, 1989.

Institut für angewandte Arbeitswissenschaft (Hrsg.): Abläufe verbessern – Betriebserfolge garantieren. Köln: Wirtschaftsverlag Bachem, 2008.

Institut für angewandte Arbeitswissenschaft (Hrsg.): Erfolgreich mit Personalmanagement. Köln: Wirtschaftsverlag Bachem, 2010.

Jahns, C.: 12 Grundsätze erfolgreichen Managements – Orientierung an Best Practices. In: Jahns, C.; Hein, G. (Hrsg.): Handbuch Management. Mit Best Practice zum Managementerfolg, Stuttgart: Schäffer-Poeschel, 2003, S. 23–45.

Jentgens, B.; Kamp, L.: Betriebliches Vorschlagswesen. Analyse und Handlungsempfehlungen. Frankfurt: Bund-Verlag, 2004.

Kador, F. J.; Kempe, H. J.; Pornschlegel, H.: Handlungsanleitung zur betrieblichen Personalplanung, 3. Auflage. Köln: TÜV Rheinland, 1989.

Karl, D.; Knauth, P.; Elmerich, K.; Rott, M.; Watrinet, C.: Teilprojekt KRONOS – Lebensarbeitszeitmodelle: Chancen für Unternehmen und Mitarbeiter. Zeitschrift für Arbeitswissenschaft 60, 2006, 4, S. 256–264.

Kilger, W.; Pampel, J.; Vikas, K.: Flexible Plankostenrechnung und Deckungsbeitragsrechnung, 12. Auflage (1. Auflage 1961). Wiesbaden: Gabler Verlag, 2007.

Kipp, J.: Betriebszeitstufen und »Hausfrauenpool« zur Bewältigung saisonal schwankender Auftragslage, Manuskript. Viersen: Mars Masterfoods GmbH, o. Jg.

Kletti, J.; Brauckmann, O.: Manufacturing Scorecard. Wiesbaden: Gabler, 2006.

Knauth, P.: Arbeitswissenschaftliche Kriterien der Schichtplangestaltung. In: Kutscher, J.; Eyer, E.; Antoni, H. (Hrsg.): Das flexible Unternehmen. Wiesbaden, 1996.

Knauth, P.: Arbeitszeit und Arbeitsdauer. In: Landau, K.; Pressel, G. (Hrsg.): Medizinisches Lexikon der beruflichen Belastungen und Gefährdungen, 2. Auflage. Stuttgart: Gentner, 2009, S. S. 101–105.

Knauth, P.: Ergonomische Beiträge zu Sicherheitsaspekten der Arbeitszeitorganisation. Fortschritt-Berichte VDI, Reihe 17, Nr. 18. Düsseldorf: VDI-Verlag, 1983.

Knauth, P.: Nachtarbeit. In: Landau, K.; Pressel, G. (Hrsg.): Medizinisches Lexikon der beruflichen Belastungen und Gefährdungen, 2. Auflage. Stuttgart: Gentner, 2009, S. 715–718.

Knauth, P.; Hornberger, S.: Betriebs- und mitarbeiterbezogene Flexibilisierung der Arbeitszeit. Tutorial, 45. Arbeitswissenschaftlicher Kongress. Karlsruhe, 1999.

Knauth, P.; Schwarzenau, P.; Schmidt, K.-H.; Rutenfranz, J.: Computergestützte Schichtplangestaltung für flexible Arbeitszeitregelungen bei diskontinuierlicher Schichtarbeit. In: Verh. Dr. Ges. Arbeitsmed. 26, 1986, S. 439–443.

Kobayashi, I.: 20 Keys. Die 20 Schlüssel zum Erfolg im internationalen Wettbewerb. Bochum: Adept-Media, 2000.

Köhler-Frost, W. (Hrsg.): Outsourcing – Schlüsselfaktoren zur Kundenzufriedenheit, 5. Auflage. Berlin: Erich Schmidt Verlag, 2005.

Kosiol, E.: Leistungsgerechte Entlohnung, 2. Auflage. Wiesbaden: Gabler, 1962.

Kostka, C.; Kostka, S.: Der kontinuierliche Verbesserungsprozess. Methoden des KVP, 3. Auflage. München: Hanser, 2006.

Kotthoff, J.; Gabel, D.: Outsourcing (mit Betriebsübergang). München: Beck Verlag, 2009.

Kraus, G.; Becker-Kolle, C.; Fischer, T.: Handbuch Change Management. Berlin: Cornelsen Verlag, 2006.

Lang, J. M.: Gainsharing, Zielvereinbarung, Balanced Scorecard. In: Eyer, E. (Hrsg.): Entgeltsysteme für produzierende Unternehmen, 4. Auflage. Düsseldorf: Symposion Publishing, 2004, S. 275–295.

Mackenzie, R. A.: Die Zeitfalle, 11. Auflage. Heidelberg: Sauer Verlag, 1995.

Magnusson, K.; Kroslid, K.; Bergman, B.: Six Sigma umsetzen. München: Hanser, 2003.

Malik, F.: Führen, Leisten, Leben. Wirksames Management für eine neue Zeit. Stuttgart, München: DVA, 2006. (Frankfurt, New York: Campus, 2006.)

Marr, R.: Betriebliche Arbeitszeitmodelle. In: Handelsblatt (Hrsg.): Wirtschaftslexikon. Stuttgart: Schäffer-Poeschel, 2006, S. 476.

Meyer, J.-A.: Visualisierung im Management. Wiesbaden: Gabler, 1996.

Miska, H.: Arbeitszeitmodelle im Urteil der Mitarbeiter. In: Institut für angewandte Arbeitswissenschaft (Hrsg.): Arbeit: Gestaltung – Organisation – Entgelt. Schriftenreihe des IfaA, Band 25. Köln: Bachem, 1991, S. 142–176.

Münch, M.: Konsequente Verknüpfung von strategischer Ausrichtung und Vergütungssystemen. In: Industrial Engineering, 61. Jg., 2008, Heft 5, S. 14–20.

Nachreiner, F.; Grzech-Sukalo, H.; Hänecke, K.; Qin, L.; Dieckmann, P.; Eden, J.; Lochmann, R.: Arbeitszeit ergonomisch gestalten, Fb 837, 2. Auflage. Dortmund/Berlin: Bundesanstalt für Arbeitsschutz und Arbeitsmedizin, 2000.

Neisen, M.: ERA-Entgeltlösungen bei Bosch – Praxisbericht eines großen Industriebetriebes aus dem norddeutschen Raum. In: angewandte Arbeitswissenschaft, Nr. 198, 2008, S. 15 f.

Nell-Breuning, O. v.: Kapitalismus und gerechter Lohn. Freiburg: Herder, 1960.

Neuhaus, R.; Lennings, F.: Regelkreise für Produktionssysteme. In: IfaA (Hrsg.): Produktionssysteme. Aufbau, Umsetzung, betriebliche Lösungen. Köln: Bachem, 2008, S. 37–47.

Obermann, C.: Assessment Center, 3. Auflage. Wiesbaden: Gabler, 2006.

Olbrich, R.: Aufbau einer Zeltwirtschaft. Köln: Wirtschaftsverlag Bachem, 1998.

Osborne, D.; Gaebler, T.: Reinventing Government. Harmondworth: Penguin Books, 1992.

Osterhold, G.: Veränderungsmanagement. Wege zum längerfristigen Unternehmenserfolg. Wiesbaden: Gabler Verlag, 2002.

Pellens, B. (Hrsg.): Unternehmenswertorientierte Entlohnungssysteme. Stuttgart: Schäffer-Poeschel, 1998.

Peters, T. J.; Waterman, R. H.: In Search of Excellence. Lessons from America's best-Run Companies. New York: Harpers & Row, 1982.

Porter, L. W.; Lawler, E. E.: Managerial attitudes and performance. Homewood: Irwin-Dorsay, 1968.

Probst, G.; Raub, S.; Romhardt, K.: Wissen managen. Wie Unternehmen ihre wertvollste Ressource optimal nutzen, 5. Auflage. Wiesbaden: Gabler, 2006.

Riebel, P.: Einzelkosten- und Deckungsbeitragsrechnung. Opladen: Westdeutscher Verlag, 1972.

Rast, S.; Finsterbusch, T.: Ergonomie im Industrial Engineering. In: IfaA (Hrsg.). Methodisches Produktivitätsmanagement, Umsetzung und Perspektiven. Köln: Bachem, 2010, S. 133–152.

REFA (Hrsg.): Methodenlehre der Betriebsorganisation, Datenermittlung. München: Hanser Verlag, 1997.

RKW (Hrsg.): RKW-Handbuch Personalplanung, 2. Auflage. Neuwied: Luchterhand, 1990.

Rutenfranz, J.: Arbeitsphysiologische Grundlagen der Nacht- und Schichtarbeit, Vorträge N 275. Opladen: Westdeutscher Verlag, 1978.

Rutenfranz, J.; Knauth, P.: Schichtarbeit und Nachtarbeit, 3. Auflage. München: Bayerisches Staatsministerium für Arbeit und Sozialordnung, 1989.

Schat, H.-D.: Ideenmanagement in einem kleinen Produktionsbetrieb – Erfolgreiche Umsetzung eines unbürokratischen Ansatzes. In: angewandte Arbeitswissenschaft, Nr. 196 (2008), S. 20–31.

Schelten, A.: Grundlagen der Arbeitspädagogik, 4. Auflage. Stuttgart: Steiner Verlag, 2005.

Seiwert, L.: Das neue 1 x 1 des Zeitmanagements, 8. Auflage. München: Gräfe und Unzer, 2009.

Shingo, S.: Das Erfolgsgeheimnis der Toyota Produktion. Landsberg: Moderne Industrie, 1992.

Siegel, K.: Gainsharing – die Verstetigung des Verbesserungsprozesses. In: Eyer, E. (Hrsg.): Entgeltsysteme für produzierende Unternehmen, 4. Auflage. Düsseldorf: Symposion Publishing, 2004, S. 297–334.

Specht, D. (Hrsg.): Insourcing, Outsourcing, Offshoring. Wiesbaden: Gabler Verlag, 2007.

Stolzenberg, K.; Heberle, K.: Veränderungsprozesse erfolgreich gestalten – Mitarbeiter mobilisieren, 2. Auflage. Heidelberg: Springer Verlag, 2009.

Suzaki, K.: Modernes Management im Produktionsbetrieb. Strategien, Techniken, Fallbeispiele. München: Hanser, 1994.

Takeda, H.: Das synchrone Produktionssystem. Just-in-Time für das ganze Unternehmen, 5. Auflage. Landsberg: Redline, 2006.

Taylor, F. W.: Principles of Scientific Management, 1911. Ins Deutsche übersetzt von Roeseler, R.: Die Grundsätze wissenschaftlicher Betriebsführung. München: Oldenbourg, 1913. Neu herausgegeben und eingeleitet von Bungard, W.; Volpert, W.: Die Grundsätze wissenschaftlicher Betriebsführung. Weinheim, Basel: Beltz, 1977.

Thom, N.; Bloom, A.; Zaugg, R.: Arbeitszeitmanagement. Bern: Institut für Organisation und Personal der Universität Bern, o. Jg.

Volkswagen Slovakia (Hrsg.): Profiraumkonzept Montagen. Bratislava: Volkswagen Slovakia a. s., 2007.

Volkswagen Slovakia (Hrsg.): Wettlauf mit der Zeit. Die KVP-Kaskade sichert unsere Zukunft. Bratislava: Volkswagen Slovakia a. s., 2008.

Vroom, V. H.: Work and motivation. New York: Wiley, 1964.

Weber, J.; Schäffer, U.: Balanced Scorecard & Controlling, 2. Auflage. Wiesbaden: Gabler, 2000.

Weißert-Horn, M.: Flexible Arbeitszeit und Teilzeitarbeit. Bericht für das Bundesministerium für Wirtschaft und Arbeit, Prävention und Rehabilitation zur Verhinderung von Erwerbsminderung. Darmstadt: Institut für Arbeitswissenschaft, 2003.

Westkämper, E.; Zahn, E. (Hrsg.): Wandlungsfähige Produktionsunternehmen. Berlin, Heidelberg: Springer Verlag, 2009.

Wildemann, H.: Anlaufmanagement. Leitfaden zur Verkürzung der Hochlaufzeit und Optimierung der An- und Auslaufphase von Produkten, 4. Auflage. München: TCW, 2006.

Witt, J.; Witt, T.: Der kontinuierliche Verbesserungsprozess (KVP). Konzept, System, Maßnahmen. München: Sauer, 2006.

Wübbelmann, K.: Management Audit. Unternehmenskontext, Teams und Managerleistung systematisch analysieren. Wiesbaden: Gabler, 2001.

Stichwortverzeichnis

Die Autoren

Prof. Dr. rer. pol. Rainer Bokranz

Rainer Bokranz war von 1987 bis 2007 Professor für Arbeitswissenschaft und Organisation an der Hochschule RheinMain. Er hat mehrere Jahre als Industrial Engineer in der Industrie gearbeitet. Anschließend war er als wissenschaftlicher Mitarbeiter am REFA-Institut Darmstadt und als Mitglied der Geschäftsführung der Deutschen MTM-Vereinigung e. V. tätig.

Professor Rainer Bokranz hat als wissenschaftlicher Beirat der GPM-Sycon GmbH & Co. KG langjährige Erfahrungen in der Sanierung leistungswirtschaftlicher Bereiche von Industrieunternehmen im Inland und Ausland. Seit Gründung des MTM-Instituts ist er Mitglied des Institutsbeirats.

Univ.-Prof. Dr.-Ing. Dipl.-Wirtsch.-Ing. Kurt Landau

Professor Landau war von 1995 bis 2005 Leiter des Instituts für Arbeitswissenschaft der TU Darmstadt (IAD). Er hat als Systemanalytiker in Frankreich und in der Schweiz gearbeitet, anschließend war er Leiter der Arbeitswissenschaft und der Auslandsabteilung beim REFA-Verband. Darauf folgten zwölf Jahre als Universitätsprofessor in Stuttgart. Professor Landau war Präsident und mehrmals Vizepräsident der Gesellschaft für Arbeitswissenschaft, ist seit 15 Jahren Hauptschriftleiter der Zeitschrift für Arbeitswissenschaft, Herausgeber der Zeitschrift ASUprotect sowie Mitglied mehrerer Editorial Boards internationaler Ergonomie-Zeitschriften.

Von ihm stammen mehr als 400 Buch- und Zeitschriftenpublikationen in den Fachgebieten Ergonomie und Industrial Engineering.

Beide Autoren haben über ihr Arbeitsleben hinweg in Lehre, Forschung und praktischer Anwendung Arbeitswissenschaft, Industrial Engineering und MTM zu einem ganzheitlichen Produktivitätsmanagement zusammengeführt.